# 건축시공기술사

## 그림 · 도해

# 머 리 말

국제화, 세계화, 정보화의 흐름 속에 건설시장의 대외개방, 건설회사의 EC화, 건설사업 관리제도(CM), turn-key 및 P.Q 제도의 확대 등 건설산업은 하루가 다르게 급변하고 있다.

그러므로 국제화에 대한 감각 및 국제경쟁력 향상을 위한 고도의 전문기술인력의 양성 등을 위한 적극적인 투자와 노력이 요구된다. 이에 따라 향후 고급 전문기술인력인 기술사의 영역은 더욱더 확대될 것이며, 대량의 인력 배출의 필요성이 절실한 가운데 사회 전반적인 기술사에 대한 인식이 제고될 것이다.

기술사 시험은 자기 자신에 대한 도전이자, Vision인 동시에 생존의 수단이기도 하다. 자기 자신에 대한 도전에서 보다 쉽고, 좀 더 빠르게 승리하기 위해 본서 집필에 최선의 노력을 다하였으며, 건축시공기술사 길잡이에서 핵심적이고 중요한 문제를 엄선하여 차별화된 답안지 작성의 길잡이가 되도록 이 책을 편찬하였다.

본서가 여러분들의 합격률을 크게 향상시키고, 합격을 앞당길 수 있다고 자신하며, 수험생 여러분들의 노고에 아낌없는 치하와 많은 박수를 보낸다.

**본서의 핵심**

1. 최단기간에 합격할 수 있는 길잡이
2. 차별화된 답안지 변화의 지침서
3. 출제빈도가 높은 문제 수록
4. 시험날짜가 임박한 경우 마무리
5. 새로운 Item과 활용방안
6. 핵심요점의 집중적 공부

끝으로 이 책을 발간하기까지 도와주신 주위의 여러분들과 도서출판 예문사 정용수 사장님 그리고 편집부 직원들의 노고에 감사드리며, 이 책이 출간되도록 허락하신 하나님께 영광을 돌린다.

대표저자 金 宇 植

# 목 차

## 1장 계약공사



## 2장 가설공사



## 3장 토공사

## 4 장 기초공사

## 5 장 철근콘크리트공사

### 1 절 철근/거푸집공사



### 2 절 일반콘크리트공사

## 3 절 특수콘크리트/일반구조



## 6 장 PC공사 및 C/W공사

## 7장 철골공사 및 초고층공사



## 8장 마감 및 기타

### 1절 조적공사/석공사/타일공사/미장공사/도장공사/방수공사

## 2 절 유리공사/단열공사/소음공사/공해/폐기물/건설기계/적산/기타

## 9장 녹색건축



## 10장 총 론



## 11장 공정관리

## 부록 공정별 비교표 모음

# 1장 | 계약공사

# 문제 1 공동도급의 문제점 및 대책

## Ⅰ. 일반사항

### 1) 정 의

1개의 project에 대하여 2개 이상의 건설회사가 공동으로 도급을 받아 연대 책임하에 공사를 진행하는 방식

### 2) 특 징

| 장점 | 단점 |
|---|---|
| 위험(risk) 분산<br>기업의 융자력 증대<br>시공 기술의 확충<br>시공의 확실성 보장<br>기업의 신용 증대 | 경비(비용) 증대<br>조직 상호간 갈등<br>업무 흐름의 불일치<br>하자 책임의 불명확 |

## Ⅱ. 공동도급 방식의 분류

| 분류 | 공동 이행 방식 | 분담 이행 방식 | 주계약자형 이행 방식 |
|---|---|---|---|
| 정의 | • 시공사들이 일정 비율로 노무, 자금 등을 제공<br>• 새로운 건설 조직을 구성 | • 시공사들이 목적물을 분할(공구별, 공종별) 시공하는 방식<br>• 연속 반복되는 공사에 적용 | • 시공사와의 원활한 의사소통을 위해 주계약자를 선정<br>• 책임과 혜택을 부여 |
| 특징 | • 기업의 융자력 증대<br>• Risk 분산<br>• 시공 기술의 확충<br>• 조직 상호간의 갈등<br>• 하자 책임 관계 명확 | • 선의의 경쟁 유도<br>• 시공 기술의 확충<br>• 시공책임한계가 명확<br>• 공기 단축 효과<br>• 품질 관리에 애로<br>• 조직간 관리체계 상충 | • 전체 공사의 계획, 관리 및 조정<br>• 공사수행 효율성 증대<br>• 건설업체의 균형적 발전 도모<br>• 업체간 상호협력에 기여<br>• 추가 실적 인정받음<br>• 대형업체에 유리 |

# Ⅲ. 문제점

## 1) 지역업체와의 공동도급 의무화

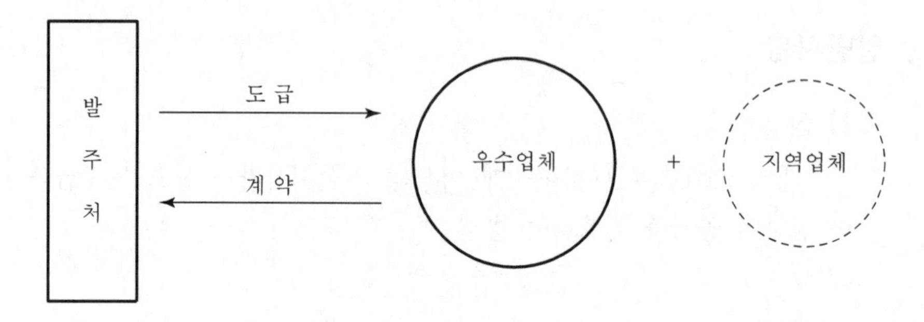


① 의무적으로 지역업체와 공동도급

② 기술 및 관리 능력 차이 현저

## 2) 도급 한도액 실적 적용

① 도급 한도액 및 실적이 부족한 업체와 공동 도급 시 합산하여 적용

② 부실시공 우려

## 3) 하자처리의 불명확

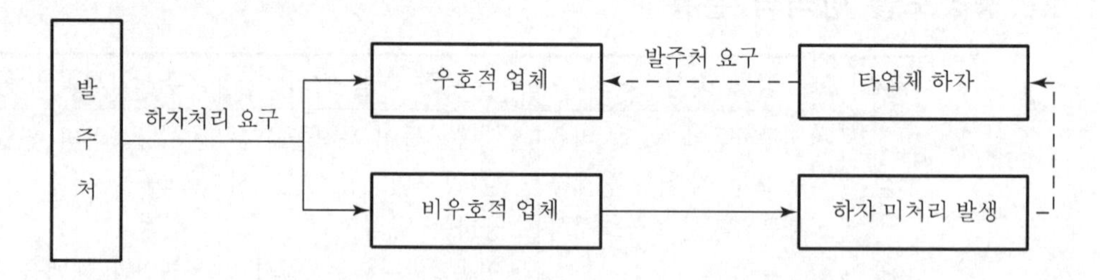


우호적 업체가 비우호적 업체의 미처리 하자(타업체 하자)를 발주처의 요구에 의해 처리

## 4) 재해 시 책임소재

① 현장에서 재해 발생 시 상호 책임 회피

② 긴급대책 수립이 안 될 수도 있음

### 5) 기술 격차

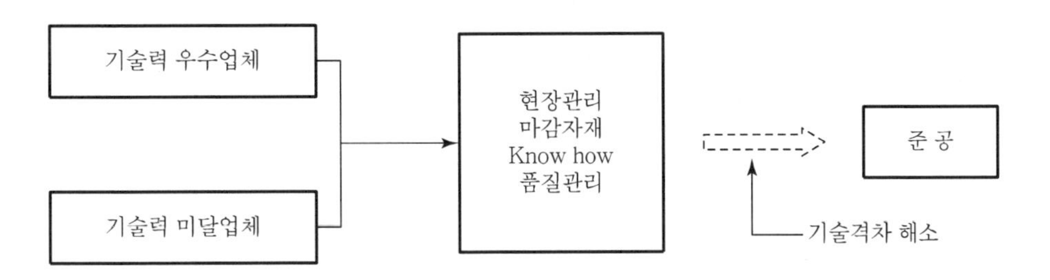


시공능력 차이에 따른 효율적 공사 관리 난해

### 6) Paper joint

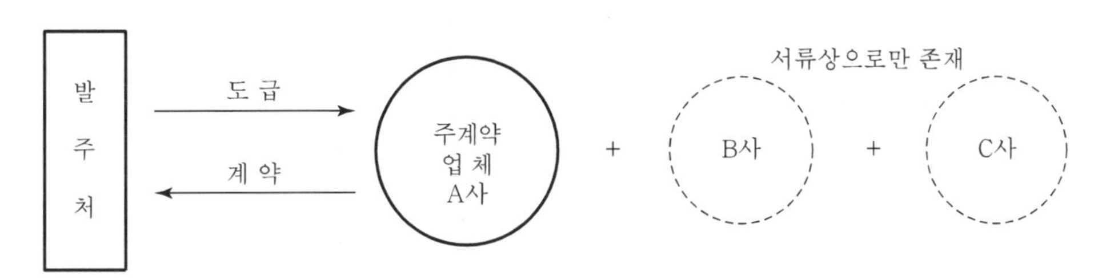


한 회사가 공사 전체를 진행하며 나머지 회사는 서류상으로만 공사 참여

### 7) 조직 상호 간 갈등

임금, 복지 등에 대한 불만 야기로 이직 발생

## Ⅳ. 대　책(활성화 방안)

### 1) 건설업의 EC화

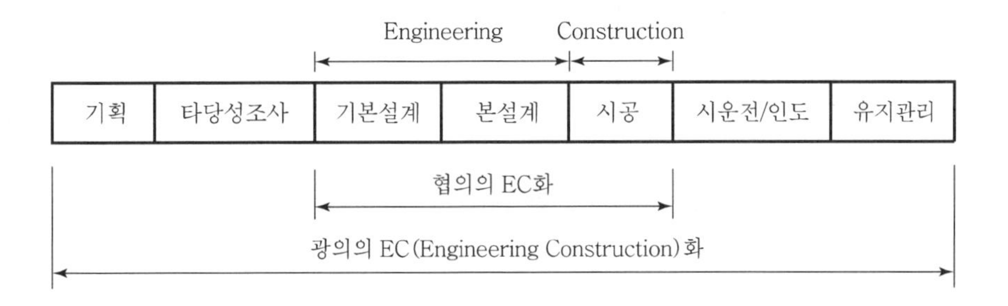

### 2) 건설업의 전문화

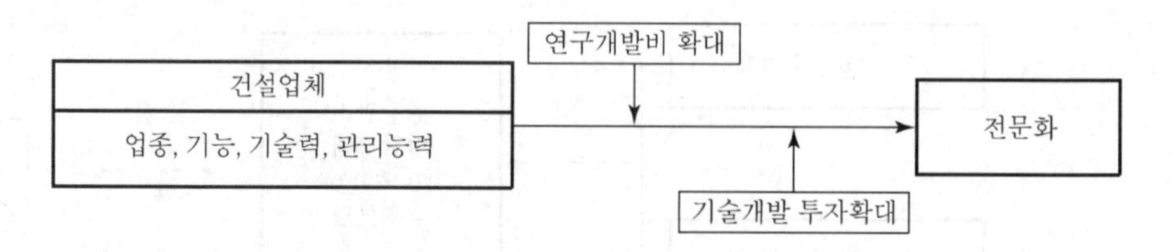


기술개발, 연구개발을 확대하여 전문성 유지

### 3) 중소 건설업체 장려제도 실시

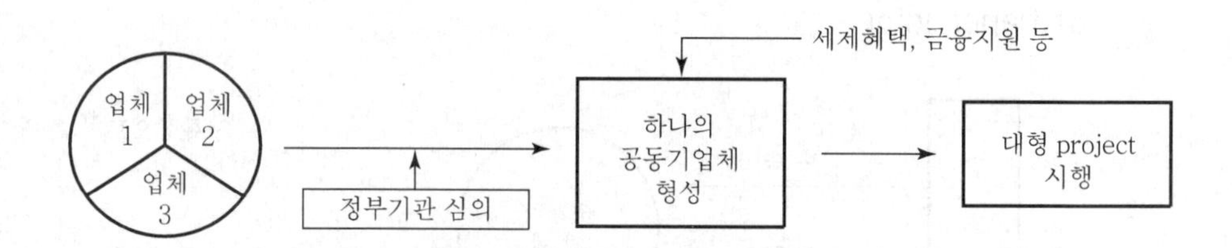


공동 도급 시 중소건설업체의 공동기업체에 대한 정부의 장려제도 실시

### 4) CM제도 도입

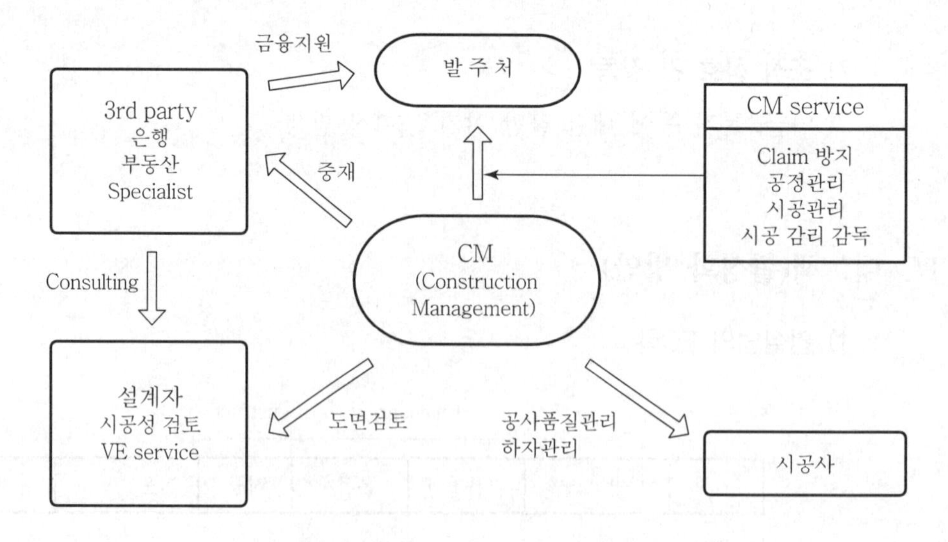


CM제도의 도입으로 원활한 project 수행 도모

### 5) Paper joint 대책

① 제도적 보안장치 강구

② 법적 제재 강화

### 6) 건설업의 표준화

① ISO 9000 인증제도 획득

② 표준화된 건설정보 분류체계 사용

### 7) 정보화 체계 구축

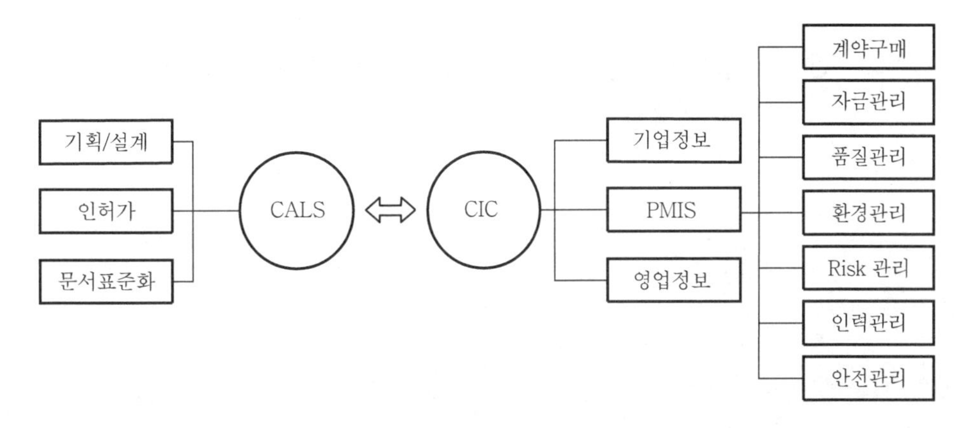


기획부터 유지관리까지 건설 전 과정의 정보화체계 구축으로 국제화시대에 대비

### 8) 하자 책임 문서화

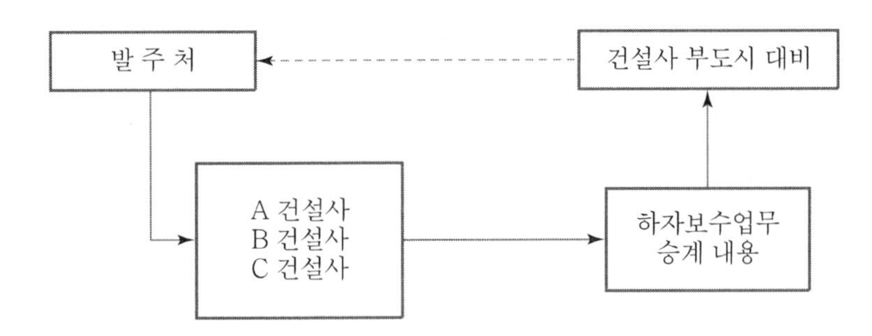


업체의 부도시를 대비하여 하자 보수업무 승계 내용을 발주처에서 관리

## V. 결 론

### 1) 공동 도급 시 상호 간의 의무사항

① 현장원 편성의 공평성 유지
② 구성원 상호 간의 의견 존중
③ 특정 회사의 색채를 띠지 않아야 함

### 2) 발전 방향

① 공동도급은 하자의 책임소재, 조직 간의 갈등으로 인한 이직현상 등의 문제점이 있으나 위험의 분산, 기술의 확충, 시공의 확실성 보장 등의 장점이 있다.
② 사무업무의 표준화를 통한 제도의 활성화와 산, 학, 연, 관이 합심하여 연구개발이 필요하다.

# 문제 2 공동도급공사 준공 후 하자발생요인 및 대책

## Ⅰ. 공동도급(joint venture) 일반사항

### 1) 정 의

① 1개의 project에 대하여 2개 이상의 건설회사가 공동으로 도급을 받아 연대 책임하에 공사를 진행하는 방식이다.

② 각 건설사간의 마감자재의 상이, 하자처리비용 관계, 발주처의 무리한 요구 또는 공사중 시공업체의 부도로 인하여 여러 가지 하자가 발생한다.

### 2) 공동도급의 이행방식

| 공동 이행방식 | 일정 비율로 노무, 자금 등을 제공하여 공동으로 시공 |
|---|---|
| 분담 이행방식 | 공구별, 공종별로 분할하여 시공 |
| 주계약자형 공동도급 | 주계약자가 전체 공사를 계획, 조정, 관리하는 방식 |

## Ⅱ. 하자발생요인

### 1) 불명확한 설계도서

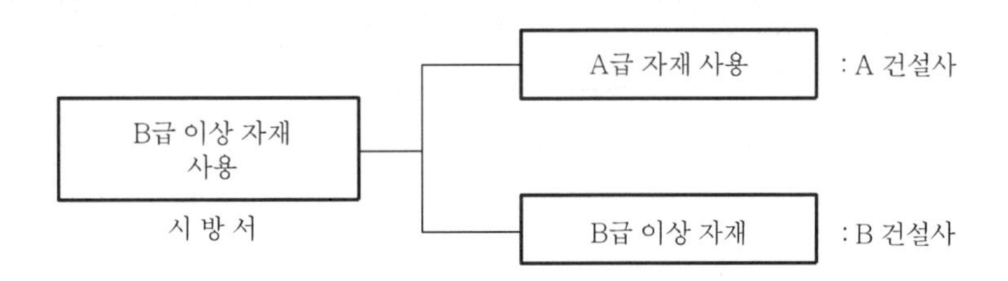


기업 이미지 제고 업체와 이윤 추구 업체 간의 충돌

### 2) 마감자재의 상이

① 도면상 마감자재의 상세 표시 누락

② 건설업체 간의 거래 업체 상이

③ 마감자재 시공 후 소비자의 기호 상이

### 3) 하자처리비용 상이

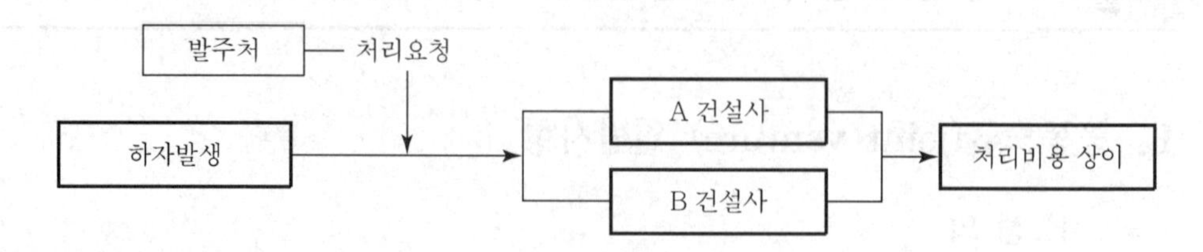


각 건설사간의 하자처리비용 상이

### 4) 발주처의 편리한 업무처리

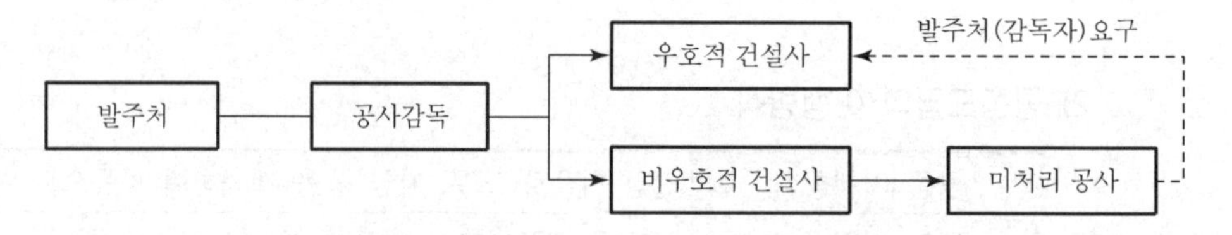


발주처의 요구에 의해 준비되지 않은 타업체의 시공부분 시공 시 빈번한 하자 발생

### 5) 일부 업체 부도

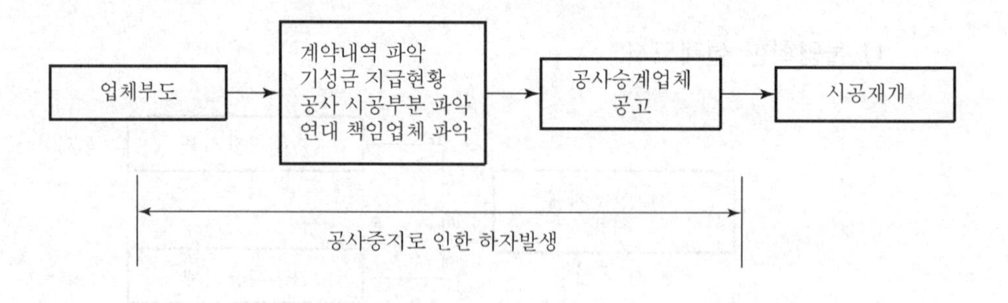


## Ⅲ. 대 책

### 1) 협력업체 통일

① 하자 발생이 우려되는 시공부분에 대해서는 각 건설업체에서 기능이 우수한 1개의 협력업체를 선정

② 협력업체의 기능 능력에 따른 하자 발생 방지

③ 하자 보수처리 시 유리

2) 긴밀한 협의

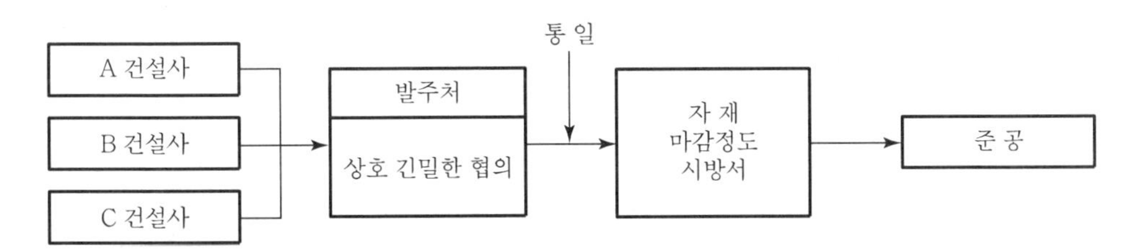


발주처와 각 건설사 간의 협조로 자재 및 마감성 통일

3) 연대책임관계 확립

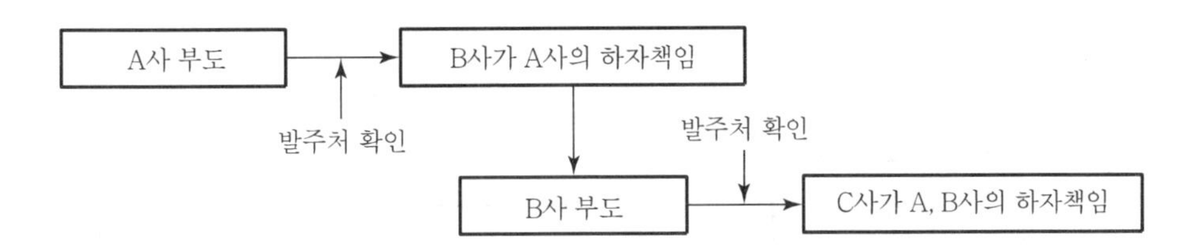


발주처는 연대책임관계를 서류상으로 확인

4) 공정(구간)이 만나는 곳 관리 철저

① 다른 건설사와 서로 교차되는 곳 관리 철저

② 하자 발생 시 책임관계 명확히 할 것

5) 주계약자의 하자처리

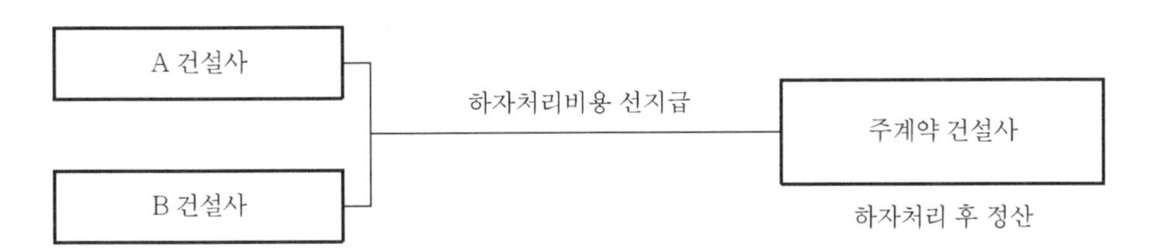


① 주계약 건설사가 책임지고 하자를 처리

② 타 건설사는 하자처리비용을 선지급

③ 신속하고 정확한 하자처리 기대

### 6) 하자책임의 문서화

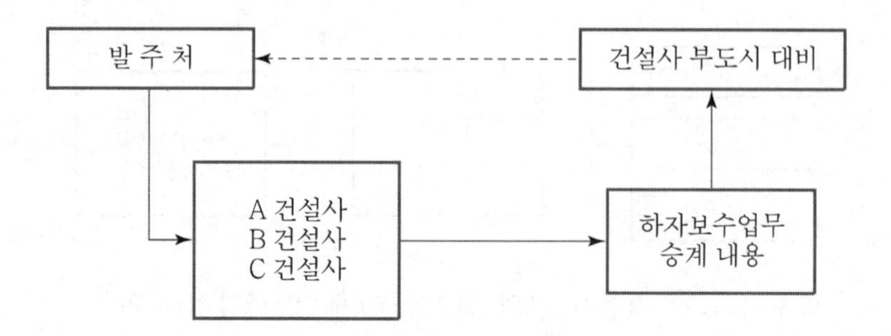


업체의 부도시를 대비하여 하자 보수업무 승계 내용을 관리

### 7) CM제도 도입

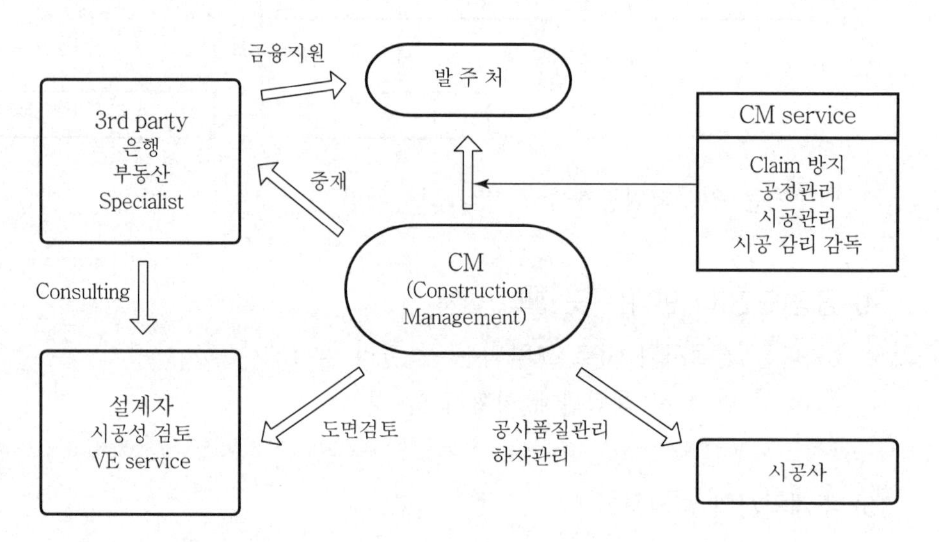


CM제도 도입으로 원활한 하자처리 업무 기대

## Ⅳ. 결 론

### 1) 하자처리 방안

공동도급공사에서의 원활한 하자처리 업무를 위하여 전체 하자업무를 책임질 수 있는 업체의 선정 및 운영이 중요하다.

2) 하자처리의 명문화

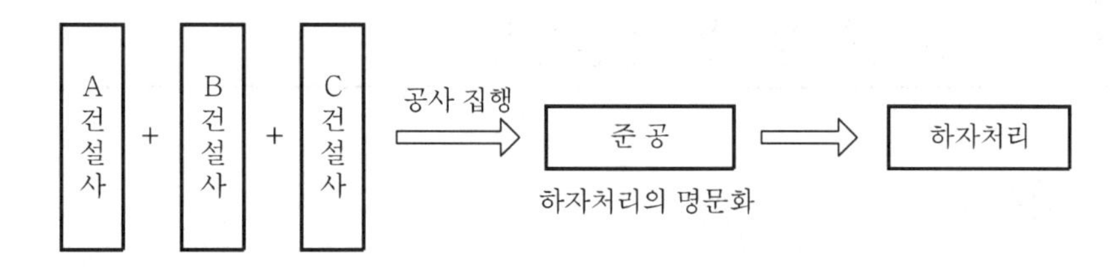


각 업체 간의 하자 책임한계를 명문화하여 원활한 하자처리가 될 수 있도록 사전에 준비

## 문제 3 설계·시공 일괄계약(turn key base contract)방식의 문제점 및 개선방안

### Ⅰ. 일반사항

1) 정 의

① 시공자가 대상 계획의 사업발굴, 기획, 타당성조사, 설계, 시공, 시운전, 조업, 유지관리까지 건축주가 필요로 하는 모든 것을 조달하여 건축주에게 인도하는 도급계약방식이 설계·시공 일괄계약방식이다.

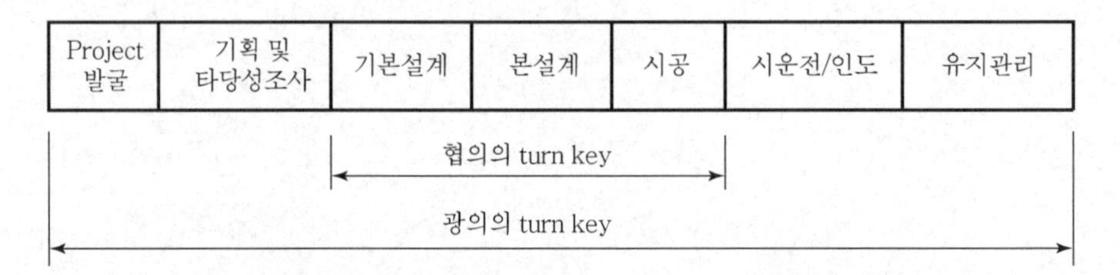


② 설계·시공 일괄계약방식의 적용 시 중소업체가 사실상 제외되며, 최저가 낙찰로 인한 부실시공의 우려가 가중되고 있다.

2) Fast track turn key

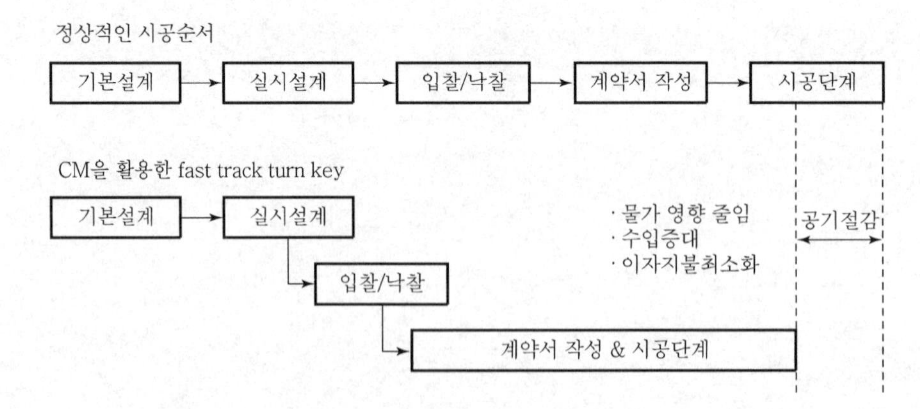

## Ⅱ. Turn key 방식의 조직

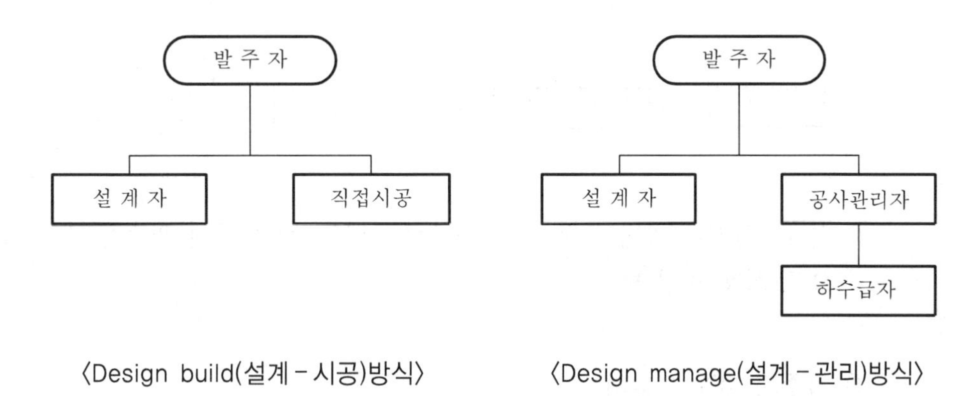


〈Design build(설계 - 시공)방식〉 〈Design manage(설계 - 관리)방식〉

## Ⅲ. 문제점

### 1) 실적 위주 경쟁

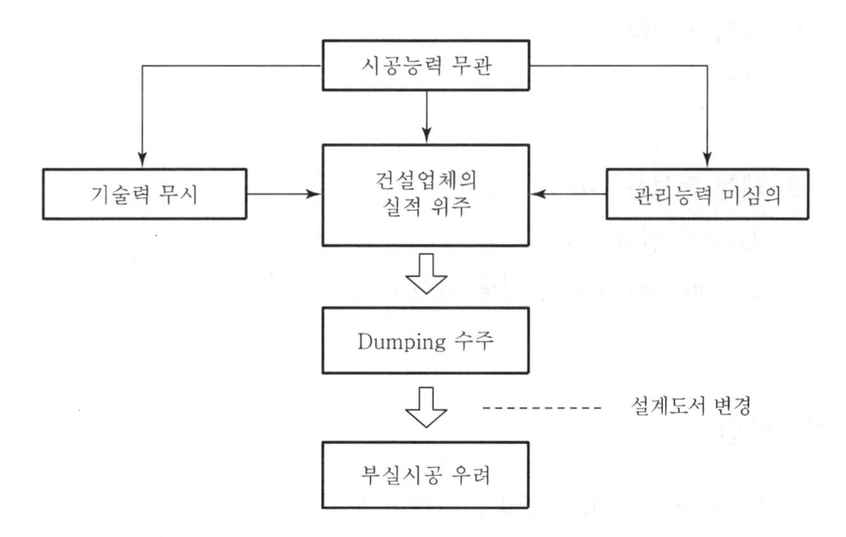


① 실적 보유를 위한 dumping 경쟁 우려

② 중소업체 및 신규업체에 불리

### 2) 과다한 경비 부담

탈락업체의 설계비용 등 경비 부담 과다

### 3) 입찰 준비일수 부족

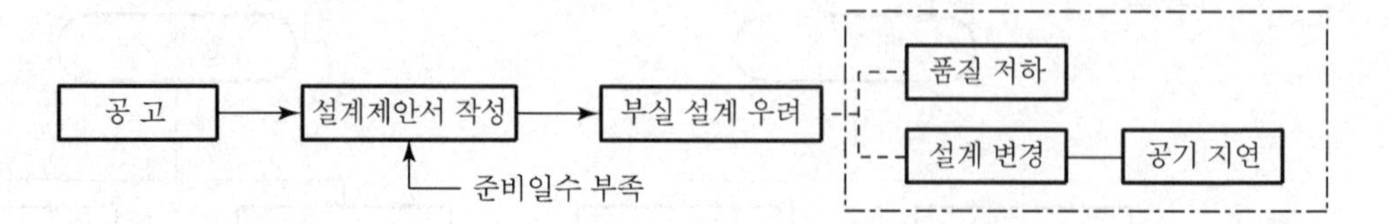


설계제안서(신공법 적용, 기술제안서), 내역 작성 등에 필요한 소요 일수 부족으로 설계 변경 발생

### 4) 발주자 설계 미참여

① 발주자의 의견 미반영
② 발주자의 전문 기술자 심사 제외 우려
③ 발주자의 의도와 무관한 설계 선정 우려

### 5) 최저가 낙찰

부실 시공과 깊은 관련

### 6) 대형 건설사 유리

① 중소 건설업체의 자금력, 기술력 부족
② Software 부분에 대형 건설사 유리

## Ⅳ. 개선방안

### 1) PQ(Pre-Qualification) 심사제도 도입

(2015. 1. 1 개정)

| 심사 항목 | | 배점 | 기준 |
|---|---|---|---|
| 경영상태부문 | | | 신용평가등급기준순 |
| 기술적 공사이행능력 부문 | 시공 경험 | 40점 | 평점 90점 이상 입찰참가 자격부여 |
| | 기술 능력 | 45점 | |
| | 시공평가 결과 | 10점 | |
| | 지역업체참여도 | 5점 | |
| | 신 인 도 | +3, −10점 | |

### 2) 건설업체의 EC화 능력 함양

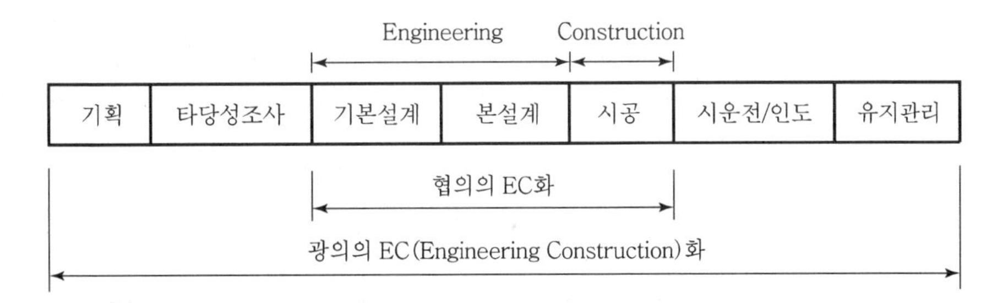


### 3) 신기술 지정 및 보호제도

① 신기술 개발업체에 수의계약 가능
② 특허기간 연장
③ 특허권 사용료 상향 조정

### 4) 건설업체의 기술개발

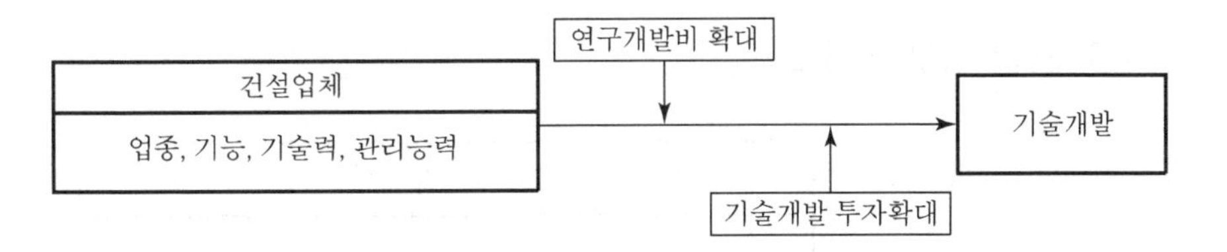


### 5) CM제도 도입

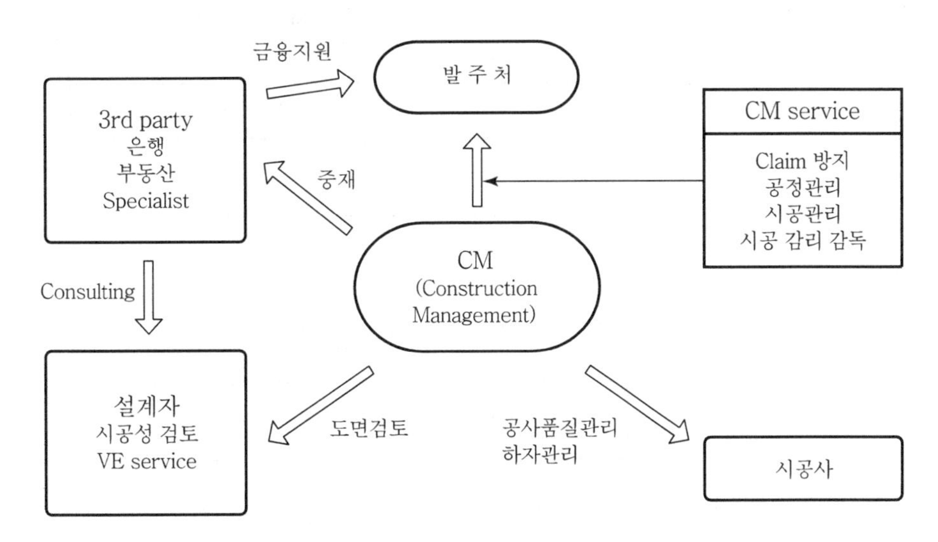


CM제도의 도입으로 원활한 project 수행 도모

### 6) 건설 정보 분류의 표준화

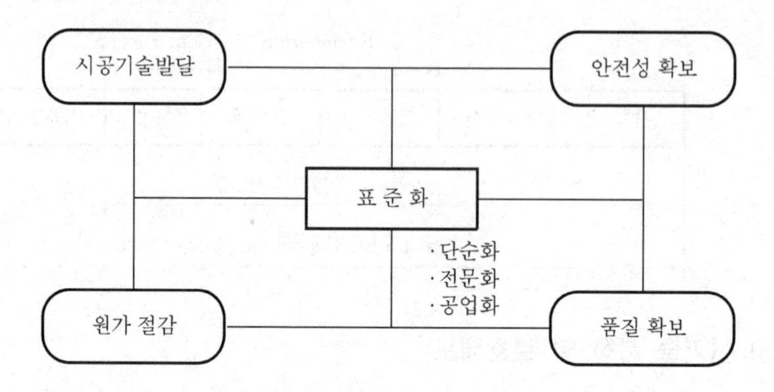


표준화로 인한 원가절감 및 품질향상 도모

### 7) 탈락업체 실비 보상

설계비, 경비 등 실비 보상

### 8) 종합 건설업 제도

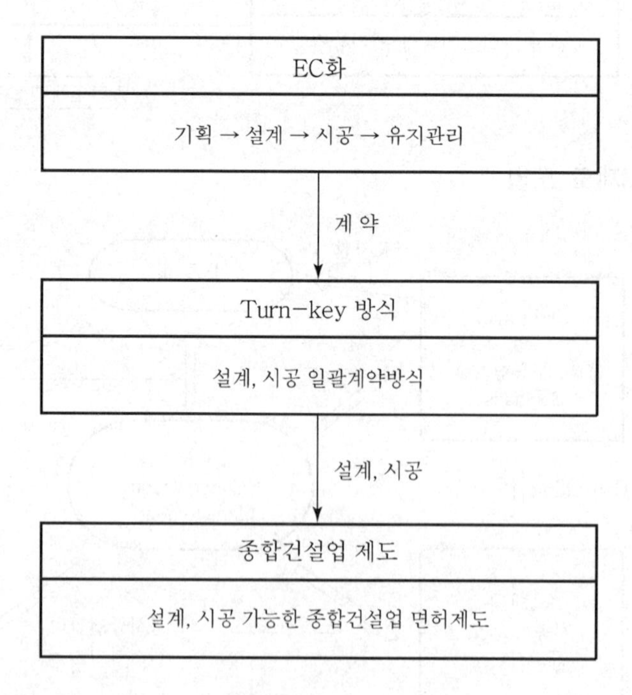


설계 능력도 겸비한 종합건설업제도의 도입 및 정착

# V. 결 론

### 1) Turn key 계약방식 종류

| 종류 | 방식 |
|---|---|
| 성능만 제시 | 설계도서는 제시하지 않고 성능만을 제시하여 모든 설계도서를 요구하는 방식 |
| 기본설계도서 제시 | 기본적인 설계도서만 제시하고 구체적인 설계도서를 요구하는 방식 |
| 상세설계도서 제시 | 상세설계도서가 제시되고 어떤 특정한 부분만 요구하는 방식 |

### 2) Turn key 발전 방향

PQ심사제도의 도입과 건설업체의 기술개발로 설계·시공을 함께할 수 있는 능력 있는 건설업체의 설립이 필요하다.

# 문제 4 SOC(Social Overhead Capital : 사회간접자본)

## Ⅰ. 개 요

### 1) SOC의 정의

① SOC(사회간접자본)란 사회간접시설인 도서관, 대학 학생회관 및 기숙사, 도로, 터널, 공항, 철도, 복지시설 등을 건설할 때 소요되는 자본이다.

② 사회간접시설의 확충에 대한 요구가 증대되고 있으며, 이를 위한 정부와 기업간의 협조로 인해 SOC사업이 활성화되고 있으며, 최근에는 BTL에 의한 사업이 많이 시행되고 있다.

### 2) SOC의 필요성

① 사회간접시설 확충의 요구
② 국가재정 기반의 미흡
③ 기업의 투자 확대 기회의 창출
④ 기업 및 국가의 국제경쟁력 강화

## Ⅱ. SOC의 변천사

| 시기 | 연도 | 특징 |
|---|---|---|
| 태동기 | 1993년 이전 | • 개별법에 의한 시행 : 남산1호 터널, 원효대교 등<br>• 1991년 민자유치 특례법 제정<br>• 특혜 시비로 좌초 |
| 도입기 | 1994~1998년 | • 사회간접자본시설에 대한 민자유치촉진법령 추진<br>• 사업 타당성 미실시와 대규모성 및 혼란으로 성과 미비 |
| 성장전단계 | 1999~2002년 | • 1998년 법개정(사회간접시설에 대한 민간투자법)<br>• 제안사업 활성화<br>• 외국인 및 재무적 투자자 참여 |
| 성장기 | 2003년 이후 | • 재무적 투자자의 사업 참여에서 사업 주도 시작<br>• 경쟁체제 수용과 경쟁을 감안한 사업계획 준비 |

# Ⅲ. SOC 분류별 특징

## 1. BOO(Build-Operate-Own)

### 1) 정 의

① 사회간접시설을 민간 부분이 주도하여 project를 설계 · 시공한 후 그 시설의 운영과 함께 소유권도 민간에 이전하는 방식이다.

② 설계 · 시공 → 운영 → 소유권 획득

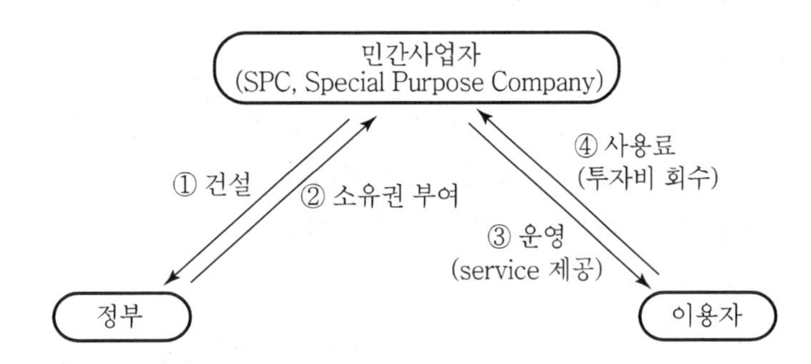


### 2) 특 징

① 장기적인 막대한 자금의 투자 및 수익성이 보장된다.

② 수익성보다 공익성이 강해서 기업의 불확실성이 초래된다.

③ 부대사업의 활성화가 도모된다.

④ 해외자본의 국내 유치효과가 있다.

## 2. BOT(Build-Operate-Transfer)

### 1) 정 의

① 사회간접시설을 민간 부분이 주도하여 project를 설계 · 시공한 후 일정 기간 동안 시설물을 운영하여 투자금액을 회수한 다음 그 시설물과 운영권을 무상으로 정부나 사회단체에 이전해 주는 방식이다.

② 설계 · 시공 → 운영 → 소유권 이전

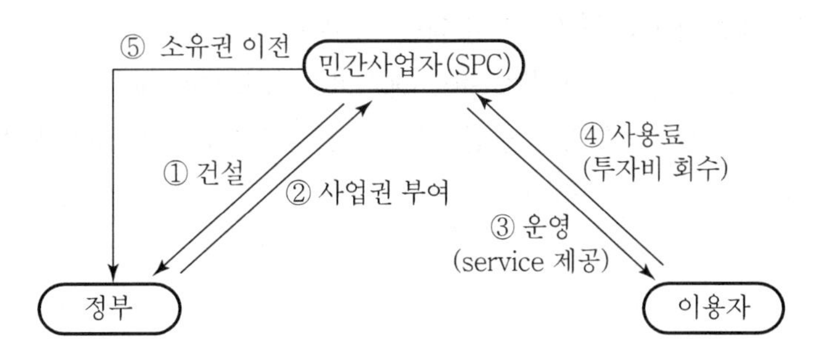

### 2) 특 징

① 사회간접시설의 확장을 유도한다.

② 정부의 재정 미흡에 대처하는 방식이다.

③ 개발도상국가에서 외채의 도움이 없어도 가능한 사업이다.

④ 유료도로, 도시철도, 발전소, 항만, 공항 등의 사업에 적용한다.

## 3. BTO(Build-Transfer-Operate)

### 1) 정 의

① 사회간접시설을 민간 부분이 주도하여 project를 설계 · 시공한 후 시설물의 소유권을 공공 부분에 먼저 이전하고 약정 기간 동안 그 시설물을 운영하여 투자금액을 회수해가는 방식이다.

② 설계 · 시공 → 소유권 이전 → 운영

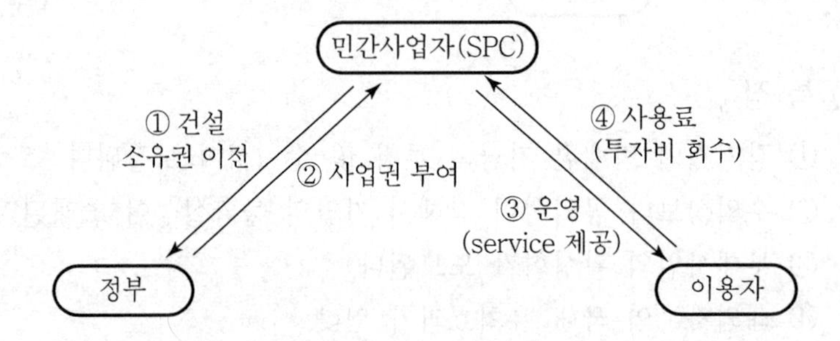


### 2) 특 징

① 준공과 동시에 국가 또는 지방자치단체 등 공공단체에 소유권이 귀속된다.

② 도로, 철도, 항만, 터널, 공항, 댐 등의 기본 사회간접시설에 적용된다.

### 3) 종 류

- BTO－a(Build Transfer Operate－adjusted)
  : 초가이익 발생 시 수익을 공유하는 방식
- BTO－rs(Build Transfer Operate－risk sharing)
  : 건설 및 운영에 따른 위험을 분담함으로써 민간의 사업위험을 낮추는 방식

### 4. BTL(Build-Transfer-Lease)

#### 1) 정 의

① 민간 부분이 공공시설을 건설(build)한 후 정부에 소유권을 이전(transfer, 기부채납) 함과 동시에 정부에 시설을 임대(lease)한 임대료를 징수하여 시설투자비를 회수해가는 방식이다.

② 설계 · 시공 → 소유권이전 → 임대료 징수

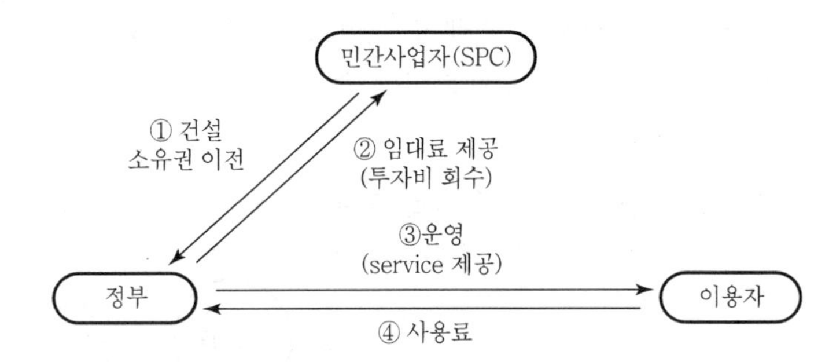


#### 2) 특 징

① 건설회사(민간사업자)의 투자자금 회수에 대한 risk 제거

② 정부의 재정지원 부담 감소로 최근에 SOC사업으로 BTL이 많이 적용됨

③ 민간사업자의 활발한 참여와 경쟁 유발

④ 정부는 이용자들로부터 시설 사용료를 징수하여 민간사업자에 임대료를 지급해야 하고 사용료 수입이 부족할 경우 정부재정에서 보조금을 지급해야 함

## Ⅳ. 개선 방향

① 정부의 치밀하고 객관성 있는 타당성 평가 필요

② Financing 능력 및 Project 창출 능력의 강화 요구

③ 민관합동방식의 사업추구 필요

④ SOC 사업추진절차의 간소화 요구

⑤ 국제협력 형태의 수주 필요

⑥ 계약 형태의 고도화 · 다양화에 적극 대응

# V. 결 론

1) SOC의 활용방안

① SOC 방식의 구조는 프로젝트 건설 및 운영을 위해 스폰서(sponsor)들에 의해 세워진 중개회사와 정부(또는 정부투자기관) 사이에 맺어진 허가계약에 기반하게 된다.

② 사회간접시설의 조기 건설을 위해 SOC방식의 활용이 높아지고 있으며, 국내에서도 활발하게 진행되고 있으나, 이를 이용하는 국민들의 만족도를 높이기 위한 방안이 선행되어야 한다.

2) SOC 사업의 project 금융기법 적용 이유

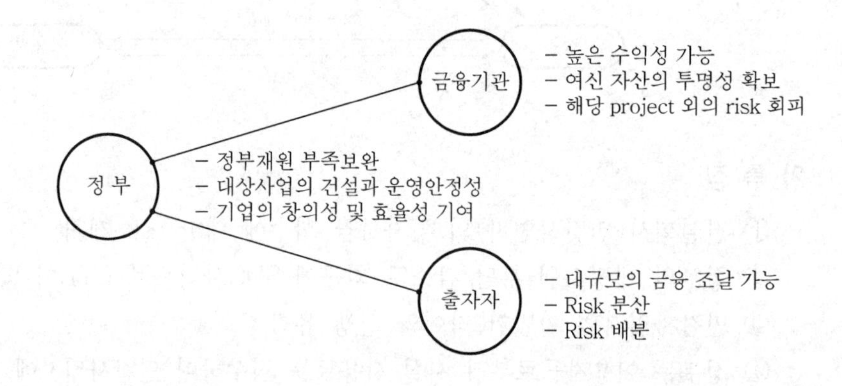

# 문제 5 신기술의 지정절차 및 문제점과 대책

## Ⅰ. 일반사항

### 1) 정 의

① 국내 개발된 건설 기술이나 외국 도입기술을 개량하여 만든 신기술에 대하여 신기술 개발업체 요청 시 신기술을 지정하여 사용자에게 기술사용료를 지급하도록 하는 제도이다.

② 신기술 지정 시 기술개발업체에 대한 정부의 지원 부족과 현장 적용성에 대한 검증이 사실상 이루어지지 않아 업체의 기술개발 의욕이 감퇴되고 있다.

### 2) 필요성

| | |
|---|---|
| 신기술개발 투자의욕 확대 | • 기술개발을 통한 원가 절감<br>• 기술개발 투자확대의 유도 |
| 기술 경쟁력 확대 | • 전문 기술자 능력 배양 및 육성 |
| 대외 경쟁력 제고 | • 국제경쟁력 고취<br>• 건설시장 개방화에 대한 대응 |

## Ⅱ. 신기술 지정 대상 및 요건(사전검토사항)

### 1) 지정 대상

① 국내에서 개발한 건설 신기술

② 외국 기술을 도입하여 개량한 건설 기술

### 2) 지정 요건

| | | |
|---|---|---|
| 신규성 | 새로운 기술 | • 기존 기술과 유사 기술인지 비교하여 신규성 증명 |
| | 외국 기술 개량 기술 | • 독창적인 국산화 정도와 기술적 독립성 증명<br>• 기술적 독립성과 자립도 제시 |
| 진보성 | 진보 기술 | • 진보된 기술의 원리 규명<br>• 진보된 기술의 객관적 검증자료 제시 |

| 진보성 | 신기술 | • 신기술의 경제성 증명<br>• 신기술 효과를 정량적으로 표현 |
|---|---|---|
| 현장 적용성 | • 건설 현장에 적용할 가치 제시<br>• 현장 적용 시 환경오염 문제 검증 | |

3) 지정 내용

① 건설 공사의 계획, 조사, 설계, 시공, 감리, 안전점검사항
② 시설물 유지, 보수, 철거 및 운용
③ 자재(물자)의 구매 및 조달
④ 건설 시험, 평가, 자문, 지도에 관한 사항
⑤ 건설장비 시운전
⑥ 건설사업관리(CM)

## Ⅲ. 지정 절차

1) 지정 절차 flow chart

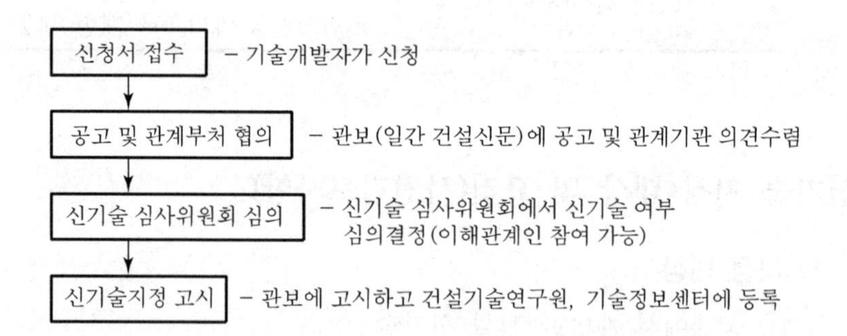


2) 지정 효과

① 공공 공사에 우선 사용
② 신기술 개발자는 신기술을 사용한 자에게 기술사용료 지급 청구 가능
③ 5~12년 이내 무단사용 규제
④ 공공 발주공사 수의계약 가능
⑤ 신기술 사용으로 공사비 절감 시 공사비 절감액을 시공자에게 보상

# Ⅳ. 문제점

## 1) 사용 실적 저조

① 신기술 및 공법 적용에 대한 위험도 우려

② 적용 기피현상

## 2) 신기술 개발의욕 부족

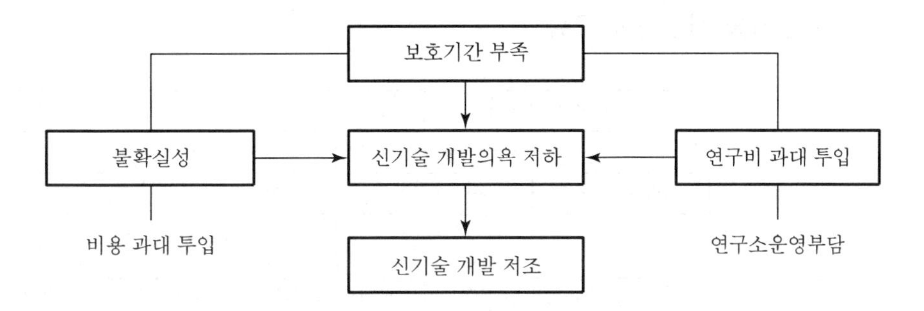


① 신기술의 짧은 보호 기간과 선투입 비용 과다로 신기술 개발에 어려움 발생

② 중소업체에서는 비용 문제로 사실상 불가능

## 3) 현장 적용성 검증 미흡

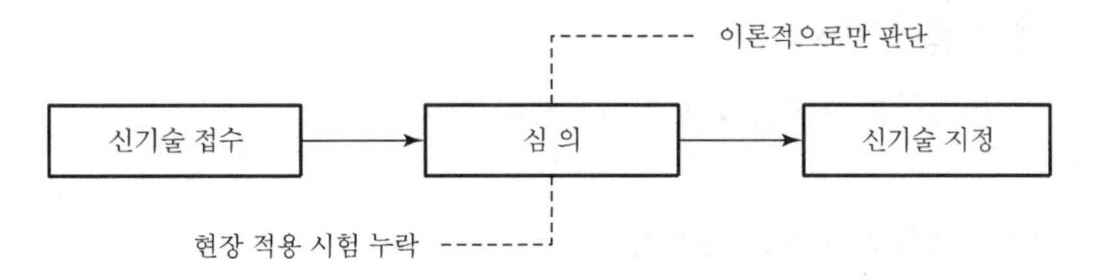


충분한 현장적용시험이 없이 이론적으로만 판단

## 4) 심사기준 미흡

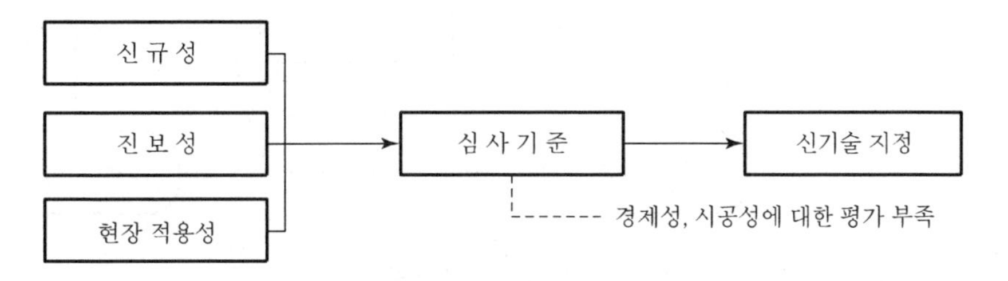


기존 기술의 대체 가능성에 대한 평가 미흡

### 5) 정부 지원 미흡

① 시험 시공을 신기술 개발자가 책임

② 세제, 금융지원, 신기술 확산 노력 부족 등의 실질적인 지원 미비

## V. 대 책

### 1) 신기술 개발의욕 고취

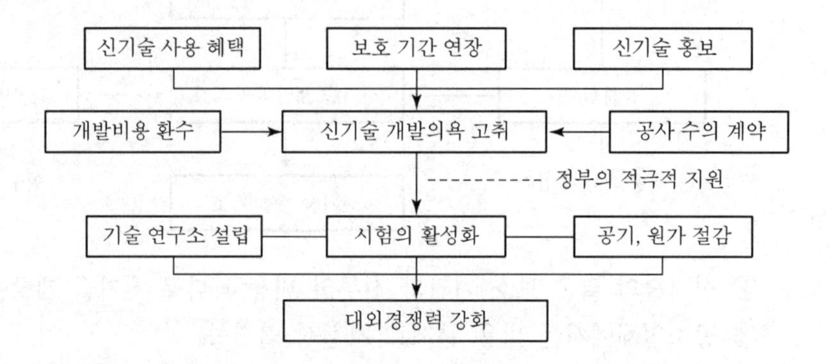


정부의 적극적인 참여로 건설업체의 신기술 개발 노력 함양

### 2) 서류의 간소화

신청서류 통폐합으로 지정절차의 간소화

### 3) 건설정보 분류의 표준화

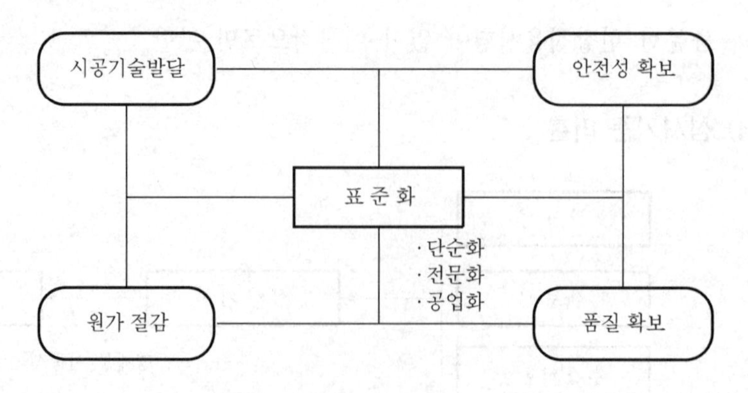


표준화로 인한 원가 절감 및 품질향상 도모

### 4) 건설업체의 기술개발 확대

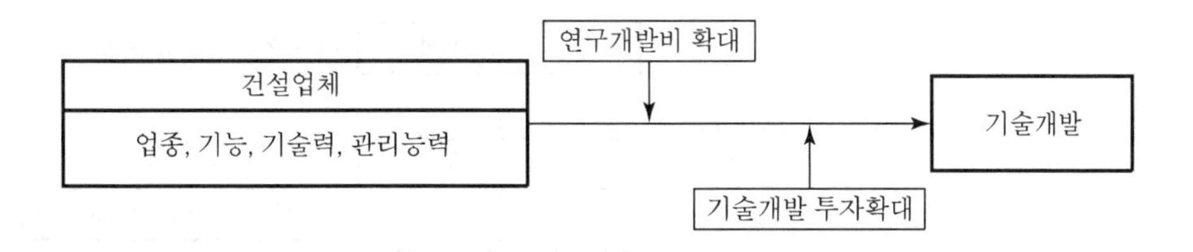


### 5) 보상제도의 활성화

① 세부절차 규정 확립

② 절차의 간소화

### 6) 적산제도의 개선

① 품셈을 폐지하고 실적 공사비 적산제도 도입

② 신기술 지정 시 개발자가 품을 산정하여 정부 공인기관에서 검증 후 반영

### 7) 원가 절감 시 인센티브 부여

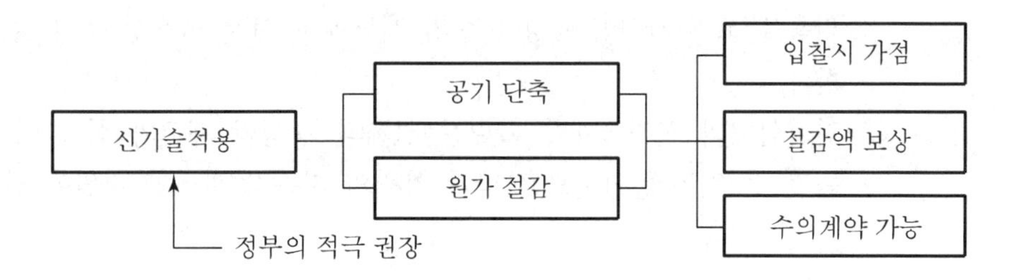

## Ⅵ. 신기술의 발전방향

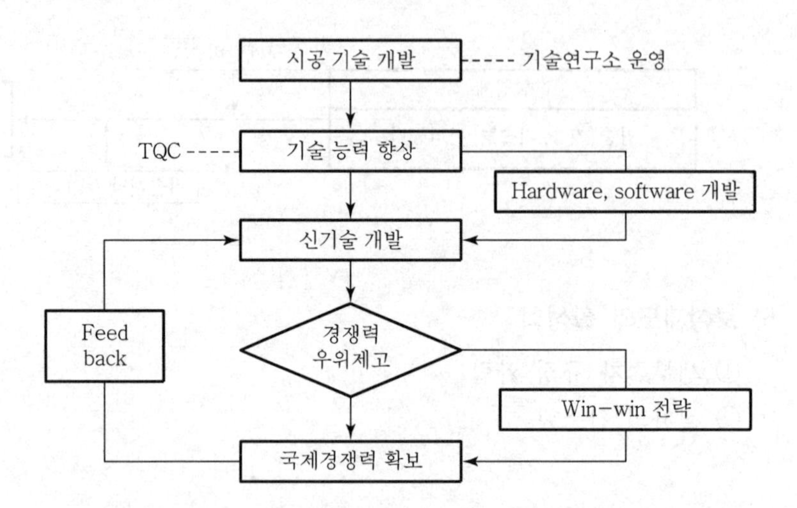


신기술 개발의 합리화로 건설업계의 국제 경쟁력 향상을 기하여야 한다.

## Ⅶ. 결 론

① 신기술 지정절차의 합리화와 지정요건의 다변화로 건설업체의 신기술개발 의욕을 고취시키며, 행정 위주의 제도에서 현장 적용성 우선 정책을 펼쳐야 한다.

② 건설업체의 신기술개발 확대는 업체의 경쟁력 제고와 함께 국제 경쟁력을 높일 수 있는 방안이므로 국가 차원의 지속적 관심과 지원이 있어야 한다.

# 문제 6 PQ(Pre-Qualification)제도의 문제점 및 개선방안

## Ⅰ. 일반사항

### 1) 정 의

공공공사 입찰에 있어서 입찰 전에 입찰참가자격을 부여하기 위한 사전자격심사제도로서 발주자가 각 건설업자의 시공능력을 정확히 파악하여 그 능력에 상응하는 수주기회를 부여하는 제도

### 2) 필요성

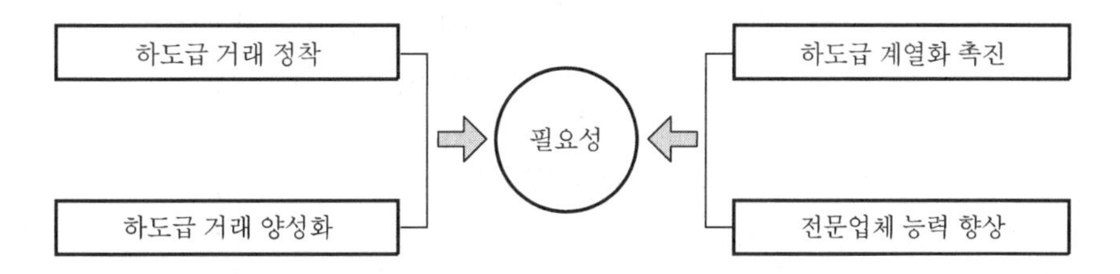


## Ⅱ. PQ제도 flow chart

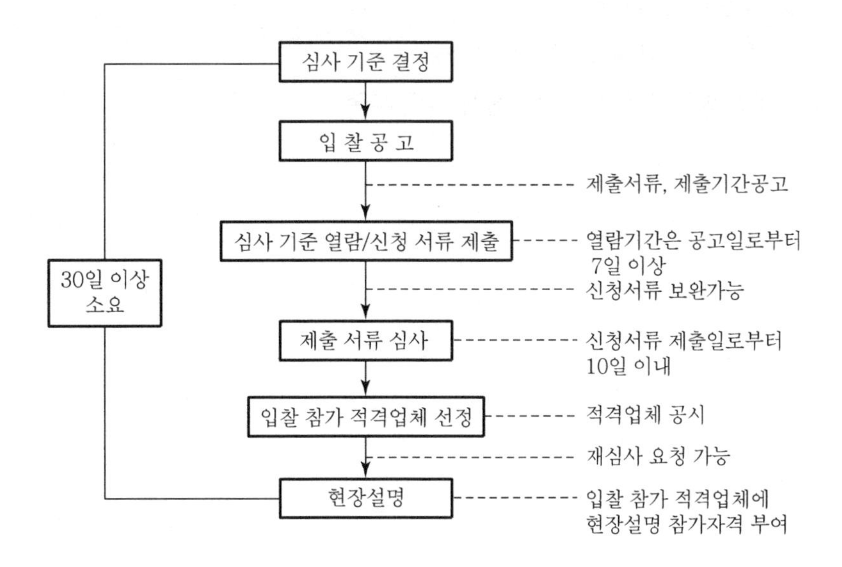

## Ⅲ. 문제점

### 1) 대상공사 경직

① 대상 공사가 200억 이상 11개 공종, 300억 이상으로 획일적

② 공사의 특수성 미고려

### 2) 건축공종 부족

| 건축 | 토목 | 용수 |
|---|---|---|
| ① 관람집회 시설공사 | ① 교량(길이 500m 이상)<br>② 공항 건설공사<br>③ 쓰레기 소각로 건설공사<br>④ 지하철공사<br>⑤ 터널공사가 포함된 공사<br>⑥ 철도공사<br>⑦ 댐<br>⑧ 발전소 | ① 하수종말처리장<br>② 폐수처리장 |

토목공종이 8개인 반면 건축공종은 1개로 부족

### 3) 입찰서류 과다

① 제출 서류 과다 및 복잡

② 제출 서류에 비해 심사기간 부족

### 4) 신기술 접목 부족

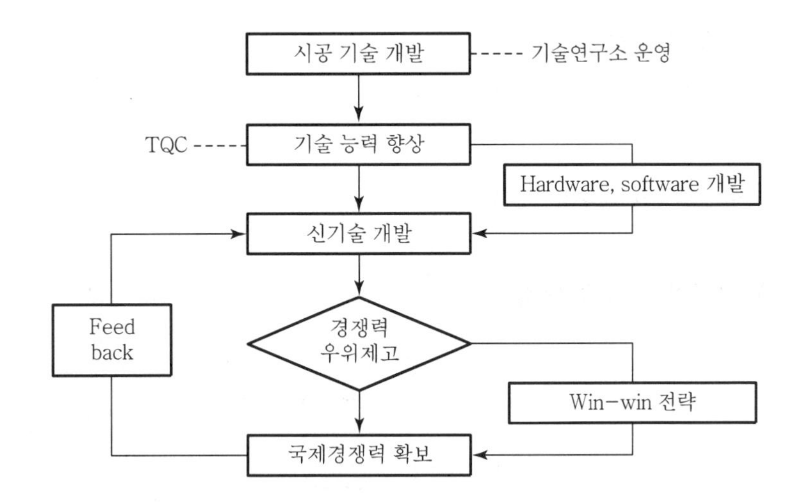


신기술에 대한 심의과정이 부족하여 업체의 기술개발의욕 저해

### 5) 실적 위주

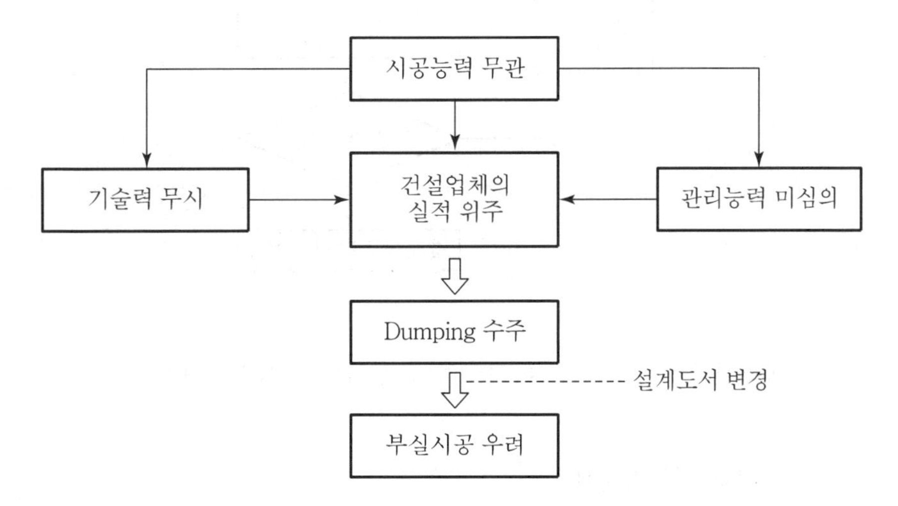


① 실적 보유를 위한 dumping 경쟁 우려
② 중소업체 및 신규업체에 불리

### 6) 중소업체에 불리

적용대상공사가 200억 이상 11개 공종, 300억 이상으로 중소업체에 불리

## Ⅳ. 개선방안

### 1) 심사기준 정립

① 공정한 전문심사기관의 선정
② 시공능력평가 기술개발
③ 내역심사기준 마련

### 2) 다단계 심사제 도입

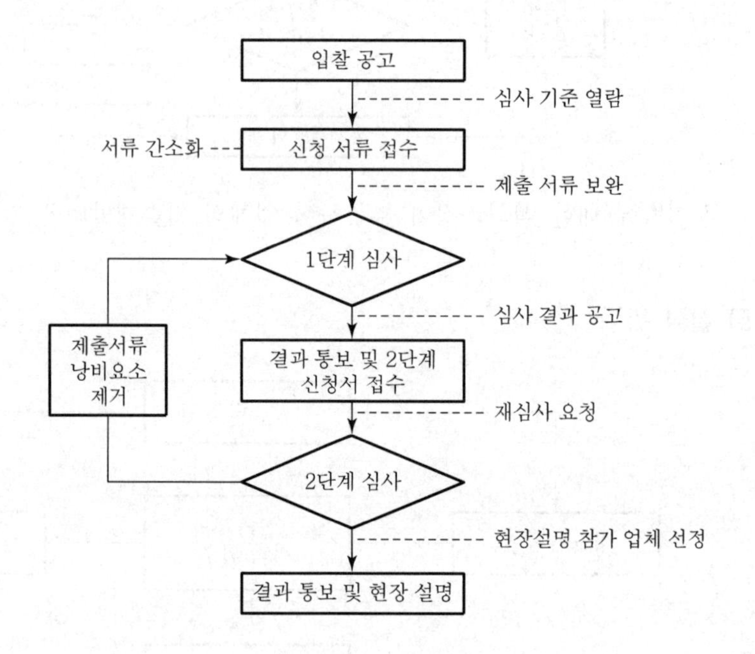


예비심사와 본심사로 이원화하여 심사의 효율성 증대

### 3) 심사제도의 이원화

① 등급별 심사제와 공사별 심사제를 이원화
② 건별 심사제로 인한 단점 보완
③ 심사업무의 시간 단축 및 효율화 증대

#### 4) 정보화 체계 구축

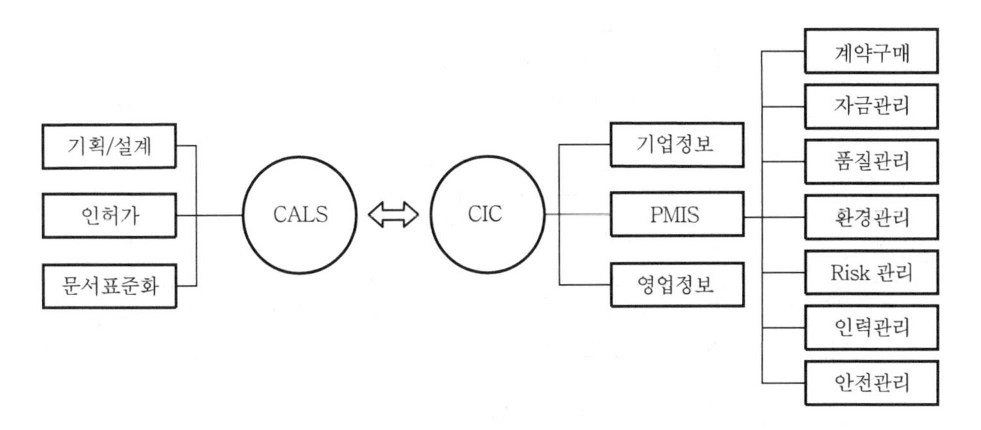


기획부터 유지관리까지 건설 전과정의 정보화체계 구축으로 심사행정의 전산화

#### 5) 건설업체의 기술개발

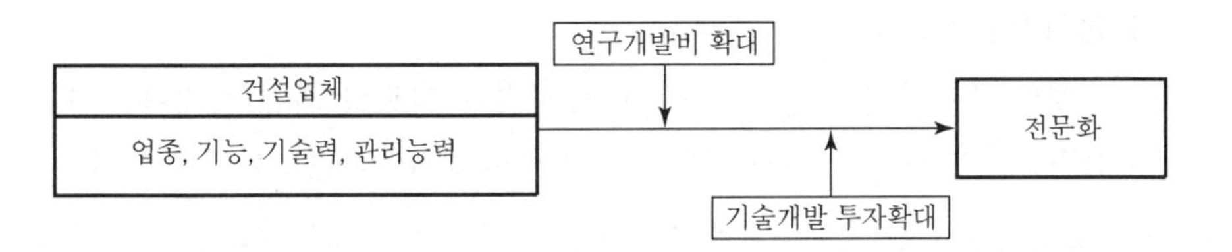


기술개발, 연구개발을 확대하여 전문성 유지

#### 6) 신규업체 배려

① 시공 경험 평가 점수 시 신규업체 배려
② 시공 경험 대신 기술력으로 심사
③ 신규업체에 대한 낙찰률 조정

### 7) 건설 정보 분류의 표준화

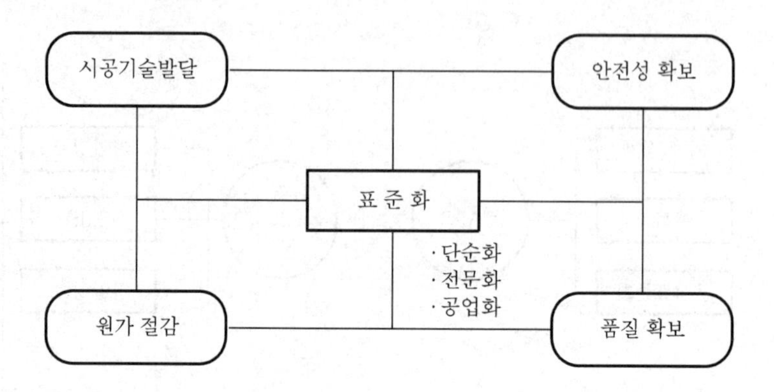


표준화로 인한 원가절감 및 품질향상 도모

## V. 결 론

### 1) 심사기준 평가정립

건설업 개방화에 따른 PQ제도는 대상공사 항목의 확대 실시와 실적 위주의 참가문제에 대한 대처방안과 심사기준의 평가 정립을 세워야 한다.

### 2) 발전 방향

| | |
|---|---|
| 건설업 개방에 따른 국제경쟁력 확보 | • 건설업체의 전문화 유도<br>• 하도급 계열화 촉진 |
| 부실공사 방지 | • 덤핑 입찰에 의한 과다경쟁 방지<br>• 품질 확보 |
| 공사규모의 대형화, 고급화 추세 | • 기술개발 투자 확대<br>• 자본 및 인력의 확보 |
| 건설수주의 pattern 변화 | • 발주방식의 turn key화<br>• 건설사업의 package화 |

# 문제 7 적격낙찰(적격심사)제도의 문제점과 활성화방안

## Ⅰ. 일반사항

### 1) 정 의

적격낙찰제도는 단순히 입찰가격만 보는 것이 아니라 공사수행능력, 자재 및 인력조달계획, 하도급 계획 등을 종합적으로 심사하여 적격입찰자에게 낙찰시키는 제도

### 2) 입찰 flow chart

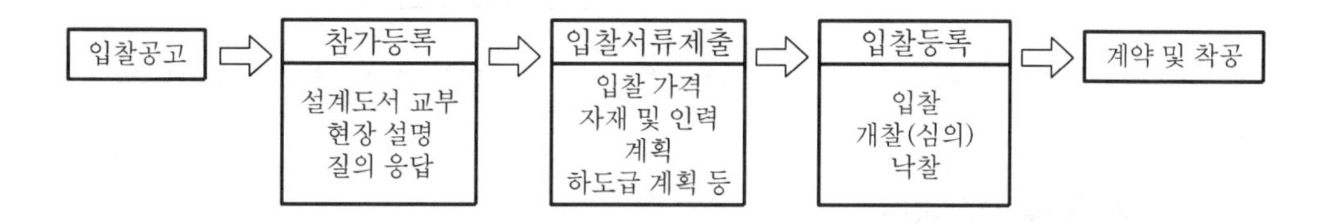


## Ⅱ. 특 징

| | |
|---|---|
| 장점 | • 견적내용, 시공능력의 종합적인 평가로 양질의 시공 가능<br>• 건설업체의 시공능력 향상<br>• 기술개발 및 공종별 전문화 유도<br>• 건전한 수주 질서와 성실 시공을 통한 건설업의 건전한 육성 |
| 단점 | • 객관적인 평가기준 미흡 시 적격업체의 선정 곤란<br>• 입찰 및 계약업무의 부담 가중<br>• 기술능력이 미비한 신규 중소건설업체에 불리 |

## Ⅲ. 문제점

### 1) 부적절한 심사기준

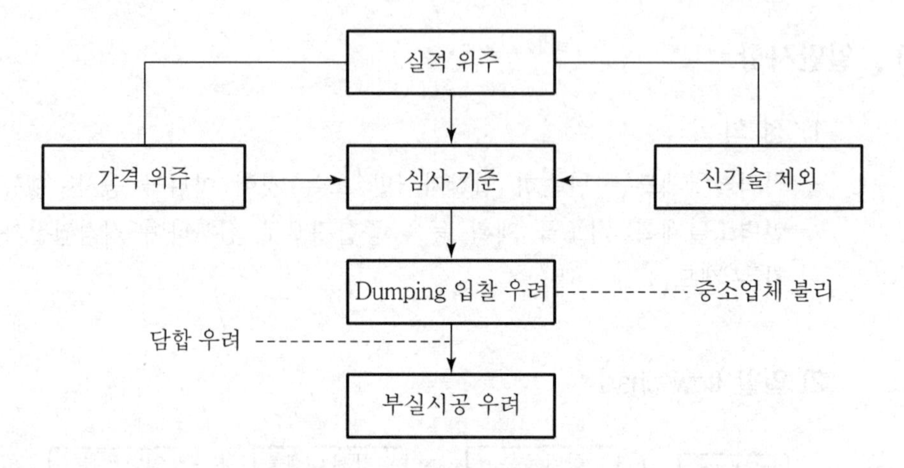


공사 금액이 낮은 경우 기술력보다 가격위주로 담합의 우려가 높음

### 2) 신규업체 불리

① 시공경험의 부재로 공사 수행 능력에서 낮은 점수

② 경영 점수, 시공 여유율 등에서 불리

### 3) 기술능력 평가 부족

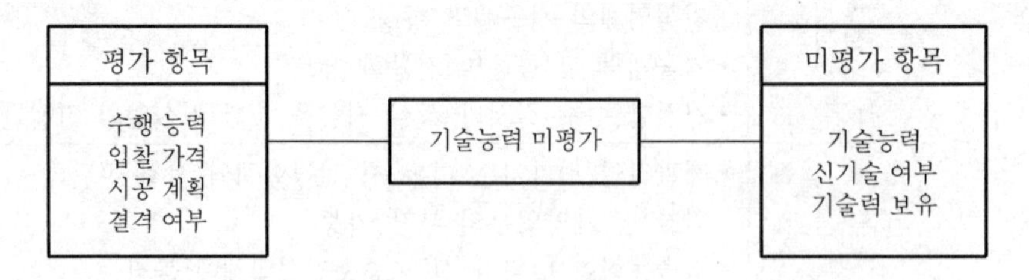


기술적 능력과 신기술 개발 여부가 심사에서 제외

### 4) 중소업체 낙찰률 저조

경영 상태가 부실한 중소업체의 낙찰률 저조

### 5) 예정가격 비현실화

① 물가 자료집이 현실의 미반영

② 설계 변경의 사유 유발

## Ⅳ. 활성화방안

### 1) 심사기준 확립

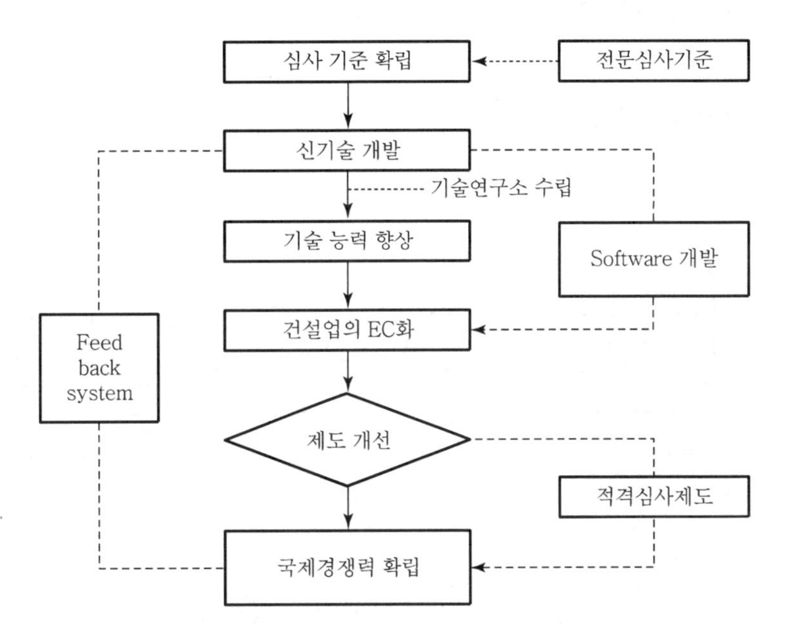


심사기준 확립으로 국제경쟁력 확보

### 2) 기술능력 평가

① 기술능력을 평가할 수 있는 항목 배점

② 기술 위주 경쟁이 될 수 있도록 배점

### 3) PQ 심사와 연계

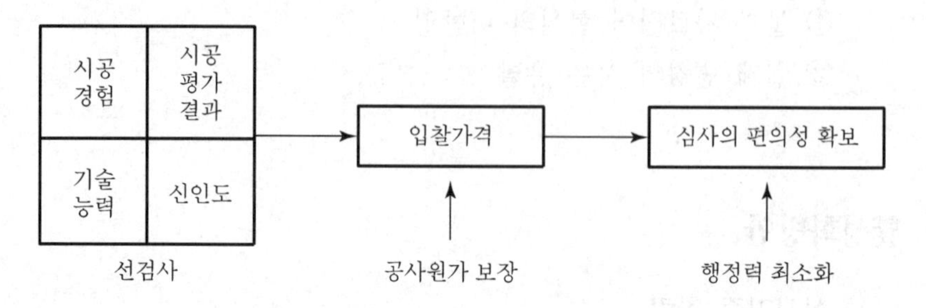


PQ 심사와 연계하여 심사의 편의성 확보

### 4) 정보화 체계 구축

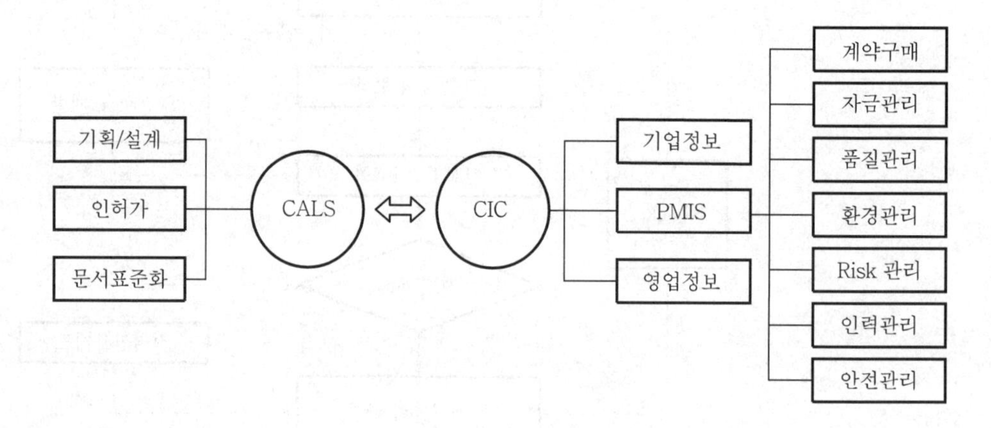


기획부터 유지관리까지 건설 전과정의 정보화체계 구축으로 심사의 일원화

### 5) 건설업체 기술 개발

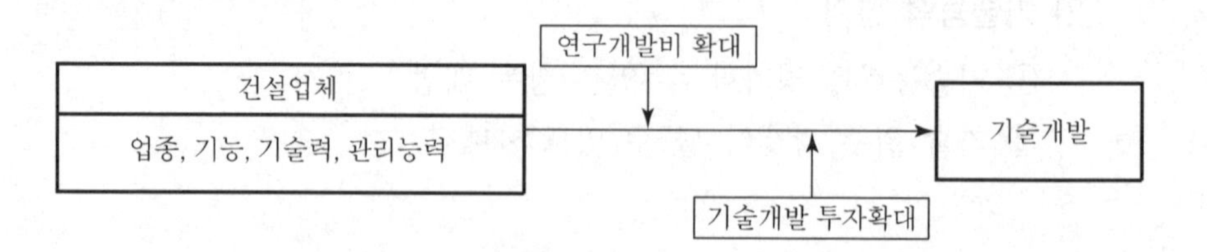

6) EC화

7) 신규업체 배려

① 경영상태 평가 점수 시 신규업체 배려

② 신규업체에 대한 낙찰률 조정

## Ⅴ. 도입 배경

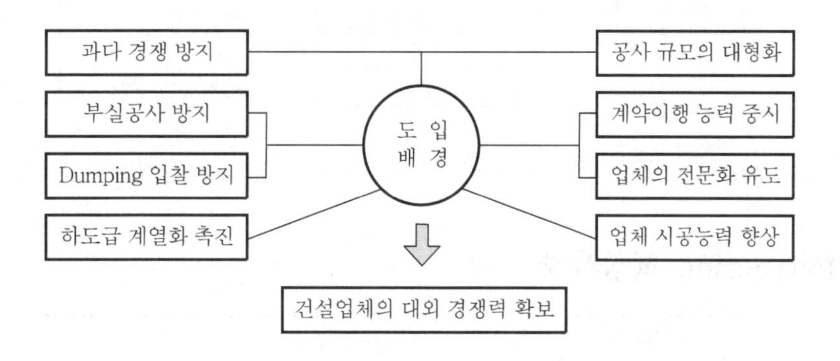


## Ⅵ. 결 론

① 적격 낙찰제도시 예정가격의 비현실화와 기술능력 위주가 아닌 가격위주의 평가로 중소업체에 대한 기회가 상실되고 있다.

② 적정 심사제도의 도입과 기술능력의 정확한 평가로 건설업체의 기술개발에 이바지하며, 신규업체에 대한 배려도 이루어져야 한다.

## 문제 8 Partnering 계약방식의 문제점과 기대효과

## Ⅰ. 일반사항

### 1) 정 의

① 발주자가 직접 설계와 시공에 참여하여 발주자, 설계자, 시공자 및 project 관련자들이 하나의 팀으로 조직하여 공사를 완료하는 방식이다.

② 각 구성원간의 믿음과 이해가 우선되어야 하며 원가절감과 품질확보에 대한 인식이 공존되어야 원만한 project 진행과 기술축적이 가능하다.

### 2) Flow chart

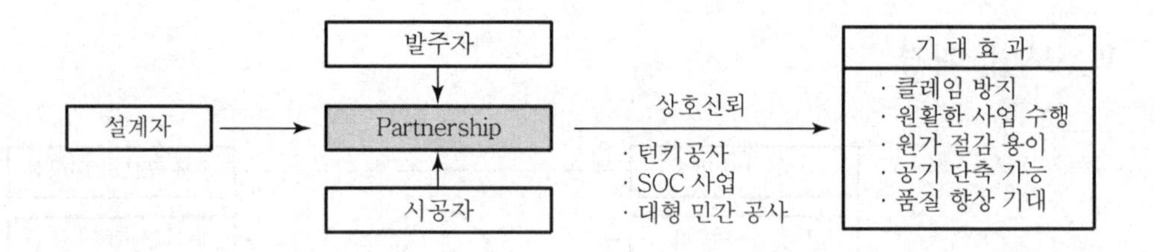


## Ⅱ. Partnering 핵심사항

| | |
|---|---|
| 신뢰성 | 서로 믿고 정보 공유 |
| 공동목표 | Win-win 유연한 관계로 공동 목표의 개발 및 수집 |
| 형평성 | 모든 구성원의 이익을 보장 |
| 적극성 | 경영진 및 참여주체의 적극 참여 |
| 적절한 조치 | 의사 교류, 정보 공유 문제점에 대한 조치 |
| 지속적 평가 | 목표를 위해 측정과 평가의 공동 점검 |
| 이행 | 공동목표 달성을 위한 전략 수립 이행 |

# Ⅲ. 문제점

## 1) 공사 관계자의 인식 부족

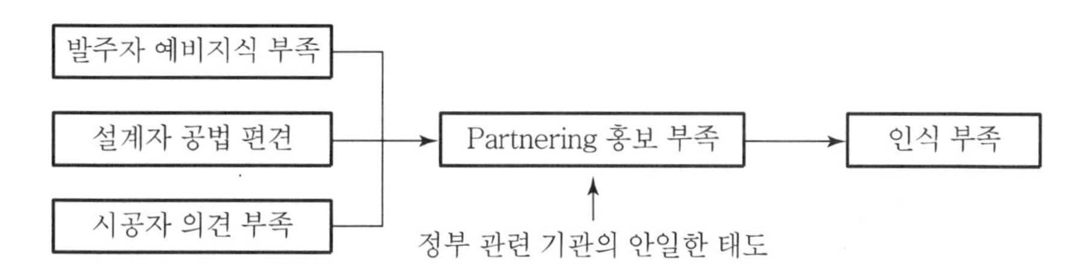


① Partnering 방식에 대한 발주자, 설계자, 시공자의 인식 절대 부족
② 정부 관련 기관에서의 홍보 부족

## 2) 구성원간의 이해 충돌

| 이해사항 | 충돌현황 |
|---|---|
| 원가 | 투입 원가에 대한 상호 의견차 |
| 공정 | 공기지연, 공정 마찰에 대한 의견 조정 난해 |
| 품질 | 발주자의 품질에 대한 기대치 |
| 안전 | 발주자의 안전에 대한 인식 부족 |
| 환경 | 환경관리비용의 과다 측정 인식 |

## 3) 관리방식 상이

① 각기 다른 사업체간의 업무처리 및 관리방식 상이
② 서식 사용, 문서 작성 등 통일 필요

## 4) VE(Value Engineering) 인식 부족

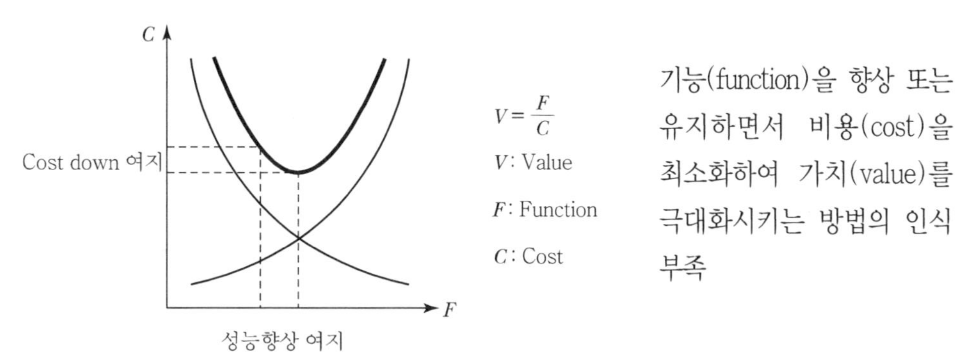


기능(function)을 향상 또는 유지하면서 비용(cost)을 최소화하여 가치(value)를 극대화시키는 방법의 인식 부족

### 5) 책임한계 불명확

① 권한 위임 결여에 의한 책임소재 한계
② 문제점 발생 시 책임 불명확
③ 신기술, 신공법 적용 등 모험 불가

## Ⅳ. 활성화방안

① 건설 기술 정보의 표준화
② 공유 문화 형성
③ VE, TQM 기법과의 접목
④ Turn key 발주 시 확대 실시
⑤ 사무 업무의 자동화
⑥ 민, 관의 적극적 홍보
⑦ 건설업체의 전문화

## Ⅴ. 기대효과

### 1) 원활한 project 수행

① 상호 신뢰에 의한 공동 목표를 가짐
② 상호 동맹 관계 유지
③ 상호간의 이익 증대를 위해 협력

### 2) 원가 절감

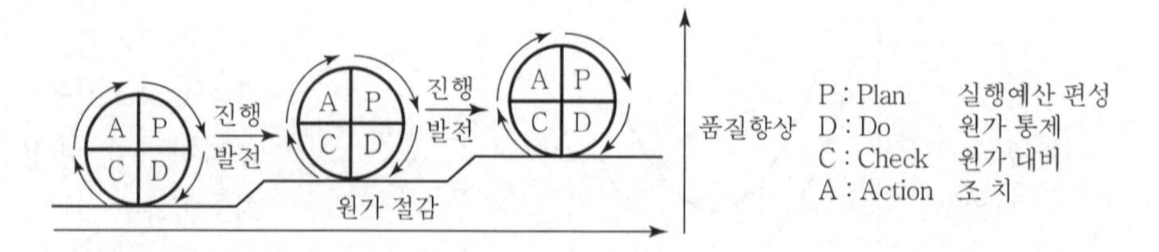


상호 협력으로 작업 대기 시간을 최소화하여 공기 단축에 커다란 효과 발휘

### 3) 작업 능률 향상

① 중복 인원의 최소화

② 효율적 현장 관리 기대

### 4) 공기 단축

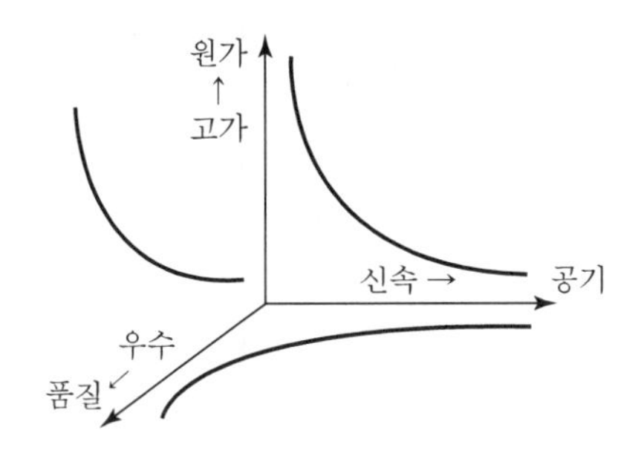


① Total cost가 최소인 경제적인 공기 가능

② 품질향상과 더불어 공기단축 가능

### 5) Claim 및 소송 감소

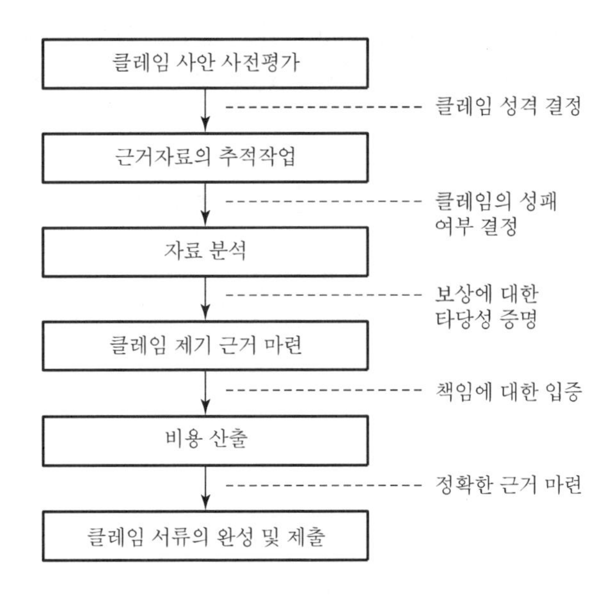


분쟁의 요소를 사전 협의에 의해 제거

### 6) 상호간의 기술 축적

① 기획, 설계 단계에서부터 상호 협력

② 건축 전과정을 통해 partnering 모두에게 타 분야의 지식 및 기술 습득

③ 유사 project에 기술 활용 가능

# Ⅵ. 결 론

## 1) 건설 환경의 변화 추이

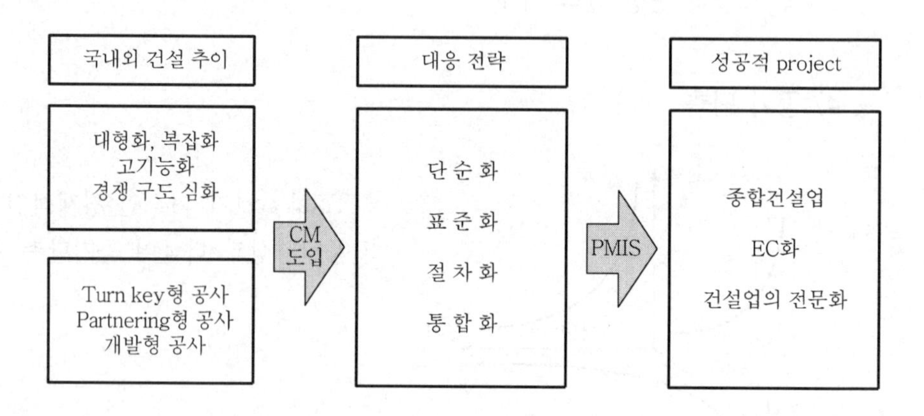


## 2) 발전 방향

최근 여러 가지 partnership이 만들어지고 있으며 원활한 project 추구와 품질 향상 및 공사비 절감의 효과를 위해 더욱 연구·발전시켜야 한다.

# 문제 9 장기계속계약제도의 문제점 및 개선방안

## Ⅰ. 일반사항

### 1) 정 의

수년간 연속적인 공사가 필요하나 예산 집행이 1년 단위로 책정될 경우 매년 계약을 계속하면서 공사를 집행하는 방식을 장기계속계약제도라 한다.

### 2) 실례(개념)

① 공사기간 : 2019년 5월 1일~2023년 9월 30일
② 총공사 금액 : 530억 원
③ 연도별 예산 집행 금액

| 연도 | 예산 편성 금액 | 계약 | 비고 |
|---|---|---|---|
| 2019년 | 100억 원 | 입찰에 의한 계약 | 정부 발주 공사 |
| 2020년 | 120억 원 | 수의 계약 | |
| 2021년 | 120억 원 | | |
| 2022년 | 120억 원 | | |
| 2023년 | 70억 원 | | |

## Ⅱ. 계약 성립의 요소와 원칙

### 1) 계약 성립의 요소

| 요소 | 해설 |
|---|---|
| 당사자 | 계약 이행의 당사자 존재 |
| 동의자 | 요청과 승낙 |
| 약정 | 각 당사자간의 약정 |
| 계약서식 | 법적으로 인정되는 정당한 서식 |
| 합법성 | 계약상 위법이 없을 것 |

2) 계약의 원칙

① 상호 대등한 위치
② 신의와 성실에 입각한 계약 이행
③ 수급자는 공사 완공의 의무와 공사비 청구의 권리를 가짐
④ 발주자는 공사비(기성) 지불 의무와 소정의 품질에 대한 기대 권리

## Ⅲ. 문제점

1) 설계변경 빈번

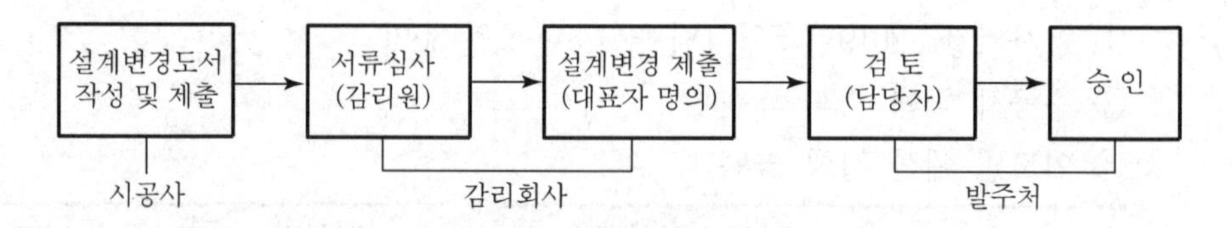


① 다년간 공사로 물가 변동에 의한 설계 변경 발생
② 정부공사의 경우 설계 변경으로 인한 국고 낭비

2) 정부 예산 손실

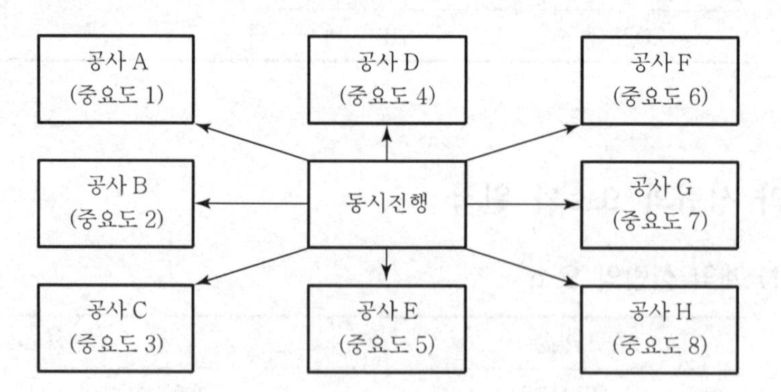


① 사업의 우선 순위(중요도)를 무시하고 동시 다발식으로 공사 진행
② 분산 시행으로 인한 경제적 손실 발생
③ 예산 편성이 누락될 경우 사업 지연에 따른 사업비 증가

### 3) 중소업체 불리

① 연간공사금액이 아닌 총공사금액으로 도급 한도액 적용

② 중소 건설업체의 참가 기회 박탈

### 4) 불평등 계약 우려

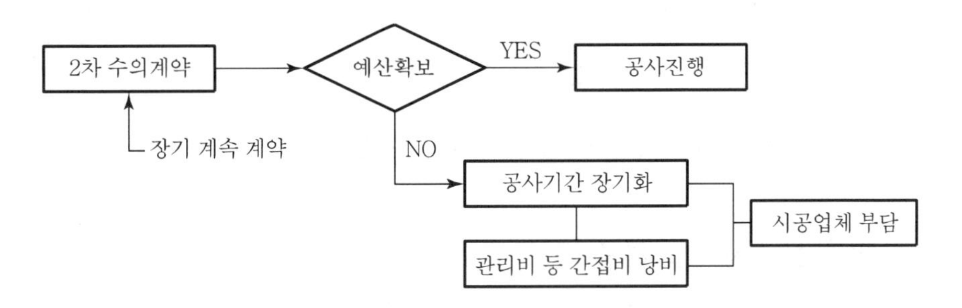


2차 수의계약 이후 예산 미확보에 따른 시공업체의 원가 부담에 대한 보상 미비

### 5) 회계연도내 예산 전액 집행제

① 예산을 후년으로 이월시키기가 난해

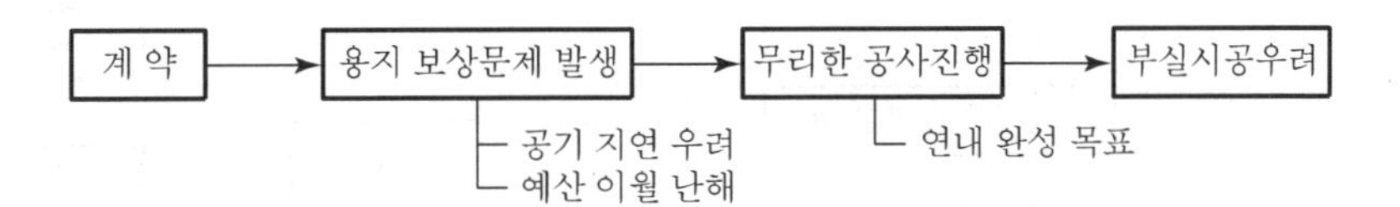


② 회계연도내 예산을 집행하기 위해 무리한 시공 강행

③ 매년 12월에 공사가 집중됨

### 6) 공사 비리 발생 우려

① 발주처 감독자와 시공업체간의 장기간 협의

② 설계 변경 등이 빈번하여 비리 발생 빈도가 높음

# Ⅳ. 개선방안

## 1) 발주처 예산 확보

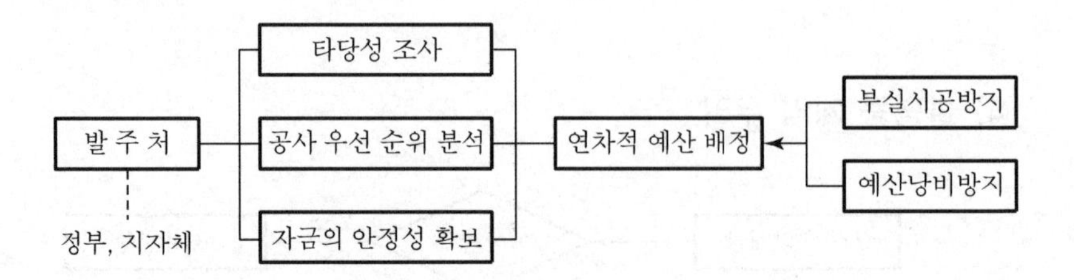


연차적 예산 배정으로 총공사비의 증액 방지

## 2) 예산의 재이월 허용

① 무리한 시공에 따른 부실공사 방지

② 연말에 집중되는 공사의 분산으로 품질 확보

## 3) 설계 및 시공의 분할 발주

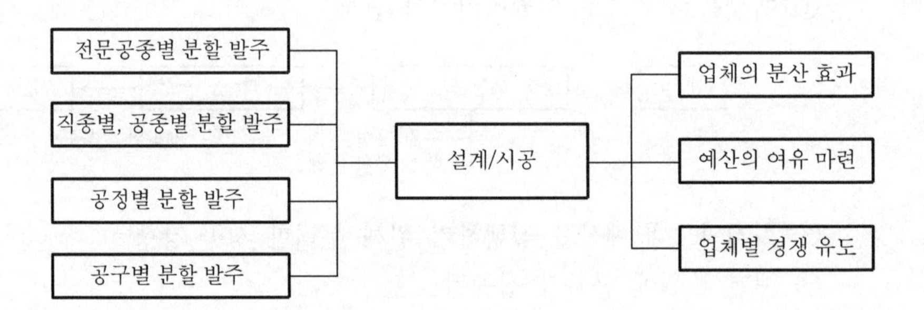


① 업체의 분산으로 상호간 경쟁 유도

② 연차별 분할 발주로 예산 집행의 여유

## 4) 중소업체의 참여 기회 마련

① 설계 및 시공의 분할 발주로 가능

② 도로, 하천, 농지 개량 공사 등에 적용 가능

## 5) 설계 변경 방지

① 물가 변동을 고려한 예산 책정

② 설계 변경 시 발생되는 비리 방지
③ 발주 물량의 철저한 조사

### 6) SOC(Social Overhead Capital)의 확대 실시

① 민간사업자가 공사비에 주도적 역할

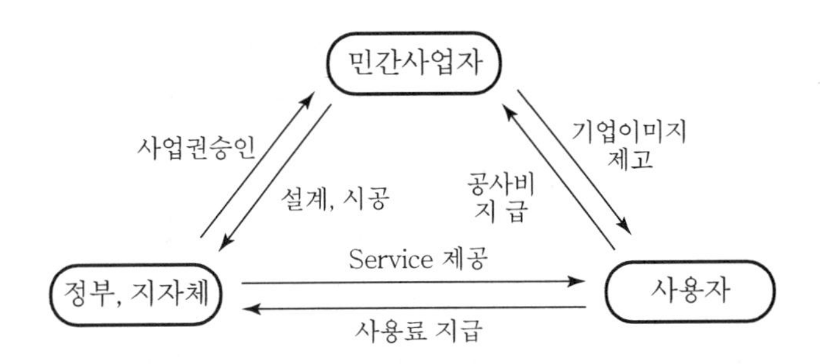


② 경제의 활성화

| 사업관련자 | 혜택 |
|---|---|
| 투자 업체 | 안정성 및 수익성 동시 보장 |
| 정부(지자체) 재정 | 재정 운영의 탄력성 및 효율성 확보 |
| 시민 생활 | 양질의 공공 시설 및 service 활용 |
| 국민 경제 | 일자리 창출로 경제 활성화 |

### 7) 건설 정보 표준화

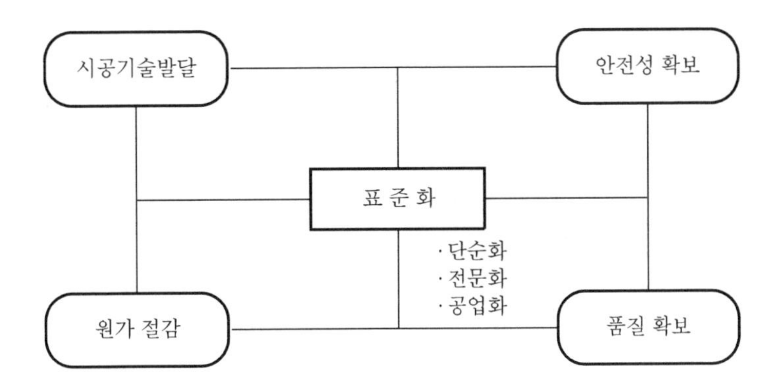


표준화로 인한 원가절감 및 품질향상 도모

# V. 결 론

1) 대국민 service 증대

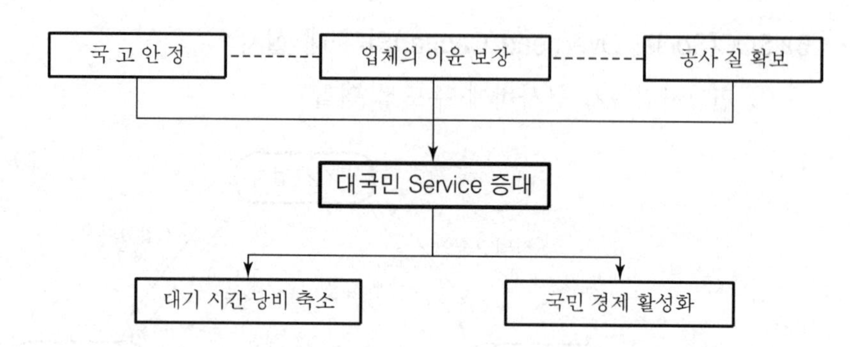


발주처의 철저한 분석과 현장조사로 국민의 세금이 낭비되지 않도록 하고 나아가 대국민 service의 증대 목표를 위해 노력하여야 한다.

2) 발전 방향

설계변경과 공사비리로 인한 정부의 예산손실이 빈번하게 발생하고 있는바 실비정산제도의 도입과 감독과 업체와의 유착관계에 대한 지속적 관리로 우수한 사회간접시설을 확충해야 한다.

# 문제 10 하도급업체 선정 및 관리 시 점검사항

## Ⅰ. 개 요

### 1) 의 의

원도급 업체는 공사품질과 공사기간의 확보를 위해 하도급업체(협력업체)의 등록 평가에 관한 합리적인 기준으로 하도급업체 선정 및 관리하는 것이 중요하다.

### 2) 필요성

| 필요성 | 필요 내용 |
|---|---|
| 건축 비수기 존재 | • 계절(동 · 하절기)에 따른 비수기<br>• 수주(수요)에 따른 비수기 |
| 수주에 의한 주문생산 | • 시공량의 변동이 심함<br>• 공사시기에 따라 하도급업체 필요시기가 옴 |
| 옥외작업 | • 시공(작업) 장소가 변동됨<br>• 공장 생산과 달리 상시 고용 곤란 |
| 복잡성 | 공사가 복잡하여 모두 겸비하기 곤란 |

## Ⅱ. 하도급업체의 선정

### (1) 선정방법

하도급업체는 공개모집, 사내추천방식, 정기 또는 수시모집 방법으로 선정

## (2) 선정 시 평가 내용

### 1) 기술능력 보유

① 건설 기술자의 보유 현황
② 특수공법 기술의 보유 유무
③ 장비, 기능 인력의 동원 능력

### 2) 시공 경험

① 업체 설립연도에 따른 공사 실적 파악
② 대상공사에 대한 시공능력과 경험 유무
③ 시공과정에서의 품질관리능력

### 3) 경영상태 파악

① 재정자립도
② 부채비율 및 연간 순이익 비율
③ 총보유 자본과 자본 회전율
④ 기술개발에 투자하는 자금 여부
⑤ 전년도 회계장부의 검토

### 4) 대외 신인도

① 우수시공 업체 지정 여부
② 안전사고율, 품질관리능력, 하자처리 등

### 5) 품질 및 안전관리능력

① 품질시공이 가능한 system 보유
② 하자처리에 대한 적극성
③ ISO 9000 인증 획득 여부

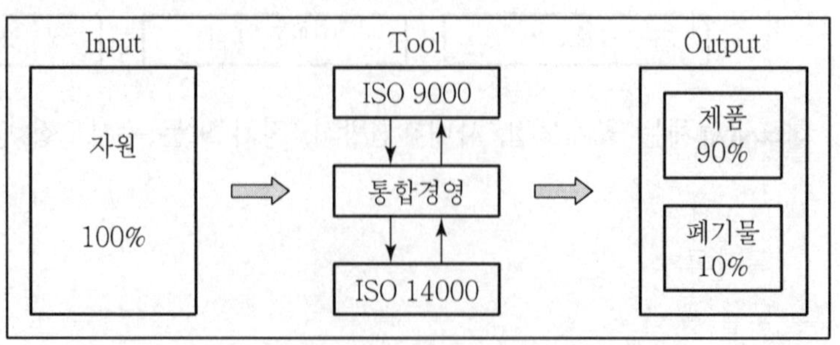

### (3) 선정 시 유의사항

#### 1) 학연 · 지연 배제

능력 위주 선정

#### 2) 선정 과정 공개

① 선정 전과정을 open하여 부조리 근절
② 선정위원의 관리 필요

#### 3) 선정 제외 업체

① 입찰 참가등록 신청 시 서류를 위조 또는 변조
② 입찰 과정에서 담합 행위
③ 과거 공사 타절로 경제적 피해를 입힌 업체
④ 기타 공사에 부적격하다고 판단되는 업체

## Ⅲ. 하도급업체 관리 시 점검사항

### (1) 업무전반

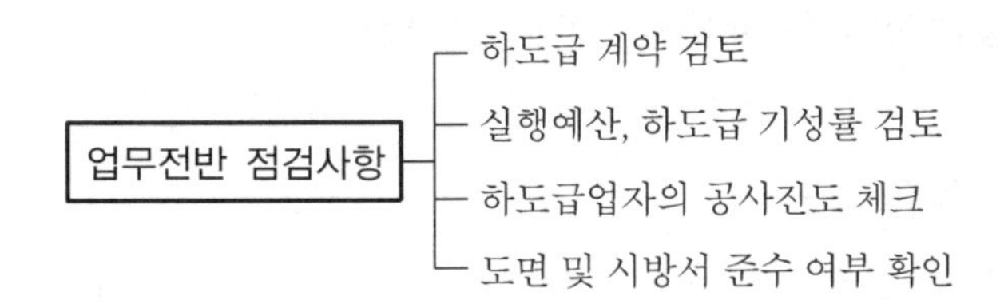


#### 1) 하도급 계약 검토

현장 공무는 하도급 계약서를 검토하여 정확한 공종에 하도급 기성 및 투자 사항을 기록

#### 2) 실행예산, 하도급 기성률 검토

① 하도급 계약건별, 공종별로 매월 기성고 조서를 작성하여 하도급 기성을 지불하고 도급, 실행예산, 하도급 기성률 검토
② 도급 및 실행예산이 변경되면 해당 하도급을 변경 계약

#### 3) 하도급업자의 공사진도 체크

① 현장의 전체적인 시공공정표의 수정을 위해서는 최종 승인된 하도급 공정계획을 사용
② 현장의 기술부서는 각 하도급업자의 공사 진도 체크
③ 하도급 계약공기에 변경이 필요할 때는 기술부의 승인을 득함

#### 4) 도면 및 시방서 준수여부 확인

기술부서에서 도면 및 시방서에 의거, 품질관리

### (2) 하도급 공사의 감독

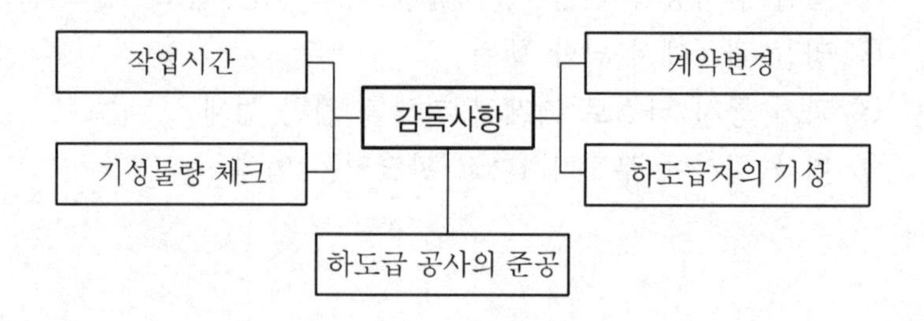


#### 1) 작업시간

각 하도급업자로 하여금 매일 당일 작업이 끝나면 모든 작업인원의 당일 작업현황(작업시간, 물량)을 기록, 제출함

#### 2) 기성물량 체크

현장 기술부서가 물량 파악 및 기성고 체크의 책임을 짐

#### 3) 계약변경

설계변경이 확정되면 즉시 변경 하도급 승인서를 기술부에 제출하여 하도급 계약변경이 이루어지도록 함

#### 4) 하도급자의 기성

현장 기술부서는 설치 물량, 완성률을 체크하고 현장 공무는 공종별로 하도급자의 기성현황을 파악

#### 5) 하도급 공사의 준공

① 하도급 공사 준공 체크리스트 작성
② 하도급 공사 분석(비용, 공정, 노무실적 등)

### (3) 분야별 하도관리

#### 1) 장 비

① 사용장비 운행일지 작성과 동일하게 서류 작성
② 하도급자의 반장 및 책임자의 확인을 득함

#### 2) 인원점검

① 담당기사는 하도급자별 일일 출력인원 점검
② 점검을 못할 경우는 하도급자에게 출력 점검을 제출받아 재확인하여 정리 보관
③ 노임체불은 절대 있어서는 안됨

#### 3) 자 재

① 반입되는 모든 자재에 대해 하도급자가 보고토록 함
② 반입 확인 후 하도급자별 대장에 기록
③ 반입 확인 시 직원이 납품서 인수증에 서명 날인 금지
④ 작업장이 분리되어 운영될 경우 철저한 관리가 필요

#### 4) 기성고 지불

① 자금을 공사비에 적절히 사용하고 있는지 여부 확인
② 하도급자의 재정상태에 대해 항상 체크
③ 하도급자의 인부에 대한 노임지불 여부를 감시 및 감독

## Ⅳ. 하도급업체 관리 시 유의사항

| 유의 사항 | 유의 내용 |
|---|---|
| 일괄 하도급 금지 | 도급 공사 전체(또는 대부분)를 제3자에게 하도급하는 행위 |
| 하도급 계약시 | • Risk의 축소 또는 은폐<br>• 계약 이행 보증서 확보<br>• 선급금 지급 보증서 확보 |
| 공사 중 | • 기성금의 확정 및 지급<br>• 공사 지체 시 지체 보상금의 관리<br>• 하도급업체의 부도 여부 |
| 준공 시 | • 시공물량의 정산<br>• 공사 수행 내용의 data base화<br>• 하자 보수 이행 보증서 확보 |

## Ⅴ. 하도급계약의 적정성 심사

1) 심사대상

| 기준 | 하도급 심사대상 공사 |
|---|---|
| 수급인 계약금액 | 하도급액 대비 82% 이하 |
| 발주자의 예정가격 | 하도급액 대비 64% 이하 |

2) 심사항목

| 심사항목 | 점수 | 심사항목 | 점수 |
|---|---|---|---|
| ① 하도급 가격의 적정성 | 50점 | ③ 하수급인의 신뢰도 | 15점 |
| ② 하수급인의 시공능력 | 20점 | ④ 하도급 공사의 여건 | 15점 |

3) 심사총점 90점 이상 총점 미달 시, 하도급 계약 내용 또는 하수급인 변경 요구 가능

## Ⅵ. 결론

하도급업체의 선정 시에는 투명하고 합리적인 방식으로 선정해야 하며, 하도급의 관리부실로 인한 문제가 발생하지 않도록 업무전반에 걸쳐 감독을 실시해야 한다.

# 문제 11 물가변동에 의한 계약금액의 조정절차와 내용

## Ⅰ. 개 요

① 중앙 관서의 장이나 그 위임을 받은 공무원은 공사·제조·용역 등 공공공사의 입찰일 이후 물가변동, 설계 변경 등으로 인하여 계약금액을 조정할 수 있다.

② 물가변동 제도 구분

| 구분 | 기간요건 | 등락요건 |
|---|---|---|
| 총액 조정 | 계약체결일 이후 90일 경과 | • 품목조정률 3% 이상<br>• 지수조정률 3% 이상<br>(조정 기준일은 입찰일) |
| 단품 조정 | 계약체결일 이후 90일 경과 | 특정 자재의 가격증감률이 15% 이상<br>*순공사원가의 1% 이상인 자재 |

## Ⅱ. 계약금액 조정 요인

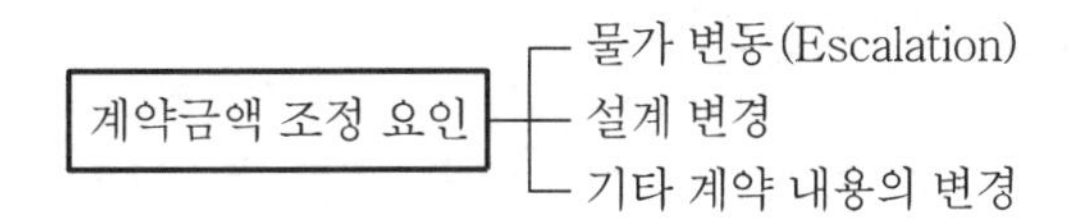


## Ⅲ. 물가변동 시 계약금액 조정요건

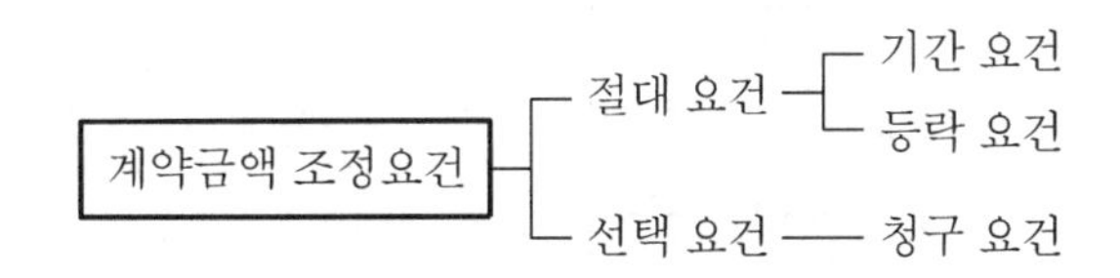


| 구분 | 종류 | 내용 |
|---|---|---|
| 절대요건 | 기간요건 | • 계약체결일 후 90일 이상 경과 후 다음 조정 가능<br>• 전(前) 조정기준일로부터 90일 이상 경과 후 다음 조정 가능 |
| | 등락요건 | 품목조정률 또는 지수조정률이 3% 이상 증감 |
| 선택 | 청구요건 | 절대요건이 충족되면 계약 상대자의 청구에 의해 조정 |

# Ⅳ. 물가변동에 의한 계약금액의 조정절차

## 1) 품목조정률에 의한 조정

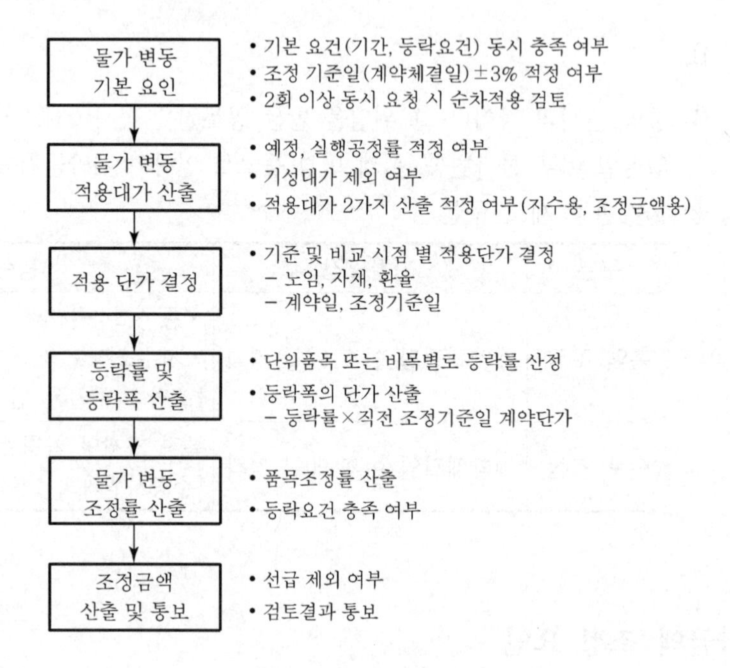


## 2) 지수조정률에 의한 조정

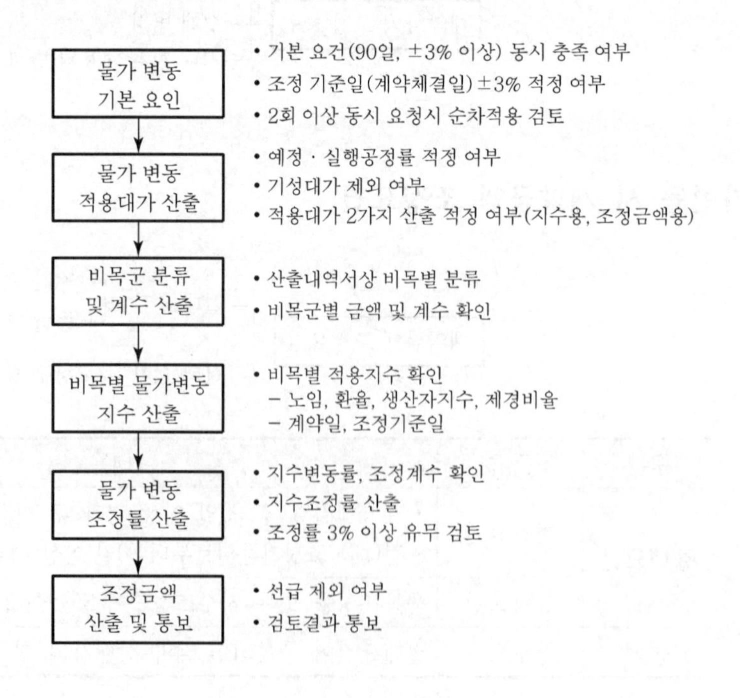

# Ⅴ. 조정내용

## (1) 물가변동(Escalation)

### 1) 조정 기준

① 계약체결일을 기준으로 90일이 경과한 후 각종 품목 및 비목의 가격 변동으로 품목 조정률 또는 지수 조정률이 3% 이상 증감된 때

② 물가변동으로 인한 계약금액 조정은 계약조건에 의해 처리되며, 품목 조정률과 지수 조정률 중 계약서에 명기된 한 가지 방법을 택일

③ 예정 가격이 100억 원 이상의 공사는 지수 조정률의 적용이 원칙

### 2) 품목 조정률(산출방법)

조정 기준일 전의 이행 완료할 계약금액을 제외한 계약금액에서 차지하는 비율

$$\text{품목조정률} = \frac{(\text{각 품목의 수량} \times \text{등락폭})\text{의 합계액}}{\text{계약금액}}$$

### 3) 지수 조정률(산출방법)

① 한국은행에서 조사하여 공표한 생산자 물가 기본 분류 지수 및 수입 물가 지수

② 국가, 지자체, 정부 투자기관이 인허가하는 노임, 가격 및 요금의 평균 지수

③ 위 내용과 유사한 지수로 기획재정부 장관이 정한 지수

### 4) 품목 조정률과 지수 조정률의 비교

| 구분 | 품목 조정률 | 지수 조정률 |
|---|---|---|
| 적용대상 | 거래실례가격 또는 원가계산에 의한 예정가격을 기준으로 체결한 계약 | 원가계산에 의한 예정가격을 기준으로 체결한 계약 |
| 특징 | • 당해 비목에 대한 조정 사유를 사실대로 반영<br>• 계산이 복잡 | • 조정률 산출 용이<br>• 당해 비목에 대한 조정 사유 미반응 |
| 용도 | • 단기적 소규모 공사<br>• 단순 공종 공사 | • 장기적 대규모 공사<br>• 복합 공종 공사 |

#### 5) 조정 시 유의점

① 조정 신청서 접수 후 30일 이내에 조정
② 계약금액 조정 후 조정 기준일로부터 90일 이내에는 다시 조정을 하지 못함
③ 동일한 계약에 대하여는 품목 조정률과 지수 조정률을 동시에 적용하지 못함
④ 조정 기준일 전에 이행 완료할 부분은 적용 제외
⑤ 예정가격이 100억 원 이상인 공사는 지수 조정률 적용

### (2) 설계 변경

① 시공 중 예기치 못한 사태의 발생이나, 공사 물량의 증감계획 변경 등으로 당초 설계내용을 변경할 경우
② 설계 변경 절차

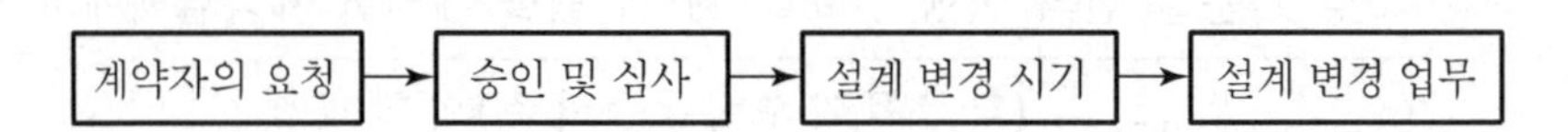


### (3) 기타 계약내용의 변경

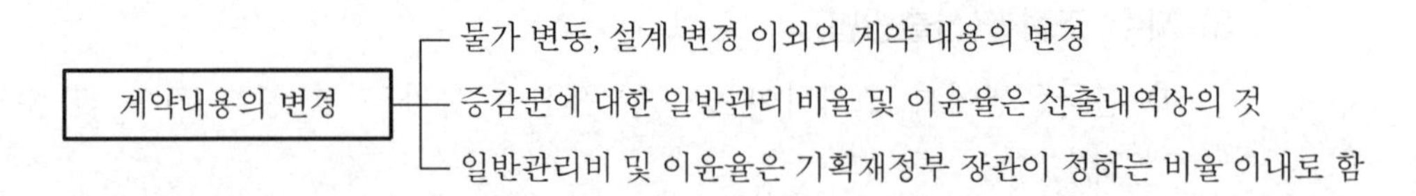


## Ⅵ. 결 론

① 계약금액 조정은 현장에서 자주 발생되고 있으나, 사전에 이에 대한 준비를 하지 않을 경우, 현장 업무의 가중으로 시공관리가 소홀해진다.
② 공무부서에서는 계약금액 조정에 대한 사전준비로, 신속한 업무처리가 되도록 준비하여야 한다.

## ■ 물에 빠져 죽은 오리

자동차 서비스 회사에 근무하는 동생이 오랫동안 서울 본사에서 근무하다가 일산에 있는 회사의 부품 창고로 자리를 옮기게 되었습니다.
울적해진 동생은 기분도 달랠 겸 창고 옆에 오리를 키울 수 있는 작은 수영장을 만들었습니다. 그리고 나서 퇴근하기 전에 오리농장에 달려가 청둥오리 한 마리를 사서 물에 넣었습니다.
그런데 다음날 아침, 밤새 안녕할 것을 기대하며 출근을 해보니 오리가 물통 속에서 죽어 있는 게 아닙니까!
깜짝 놀라 오리를 이리저리 뒤척여 봐도 짐승에게 물린 흔적은 없었습니다. 그렇다고 수영이 '전문' 인 오리가 물통 턱을 기어 올라오지도 못하고 30cm 정도밖에 안 되는 얕은 물에 빠져 죽었을 리는 없었습니다.

결국 동생은 오리농장에 가서 주인에게 따져 물었습니다. 하지만 자초지종을 들은 농장 주인은 그것도 몰랐느냐는 듯이 말했습니다.
"이 오리는 오리농장에서 부화하고 키운 오리입니다. 그래서 수영을 할 줄 모르지요. 게다가 이 오리는 어릴 때부터 물속에 집어넣지 않았기 때문에 깃털에서 기름이 분비되지 않아 물에 잘 뜨지도 못합니다."

외모가 오리라고 모든 오리가 수영을 할 수 있는 것은 아니듯, 교회에 다닌다고 그리스도인으로 바르게 사는 것은 아닙니다. 비둘기같이 순결하면서 뱀같이 지혜로울 때 온전한 그리스도인이라고 할 수 있습니다. 일상적인 삶의 현장에서 빛과 소금으로 살아가는 삶이 진정한 경건이요 성경적 세계관을 따르는 삶임을 기억합시다.

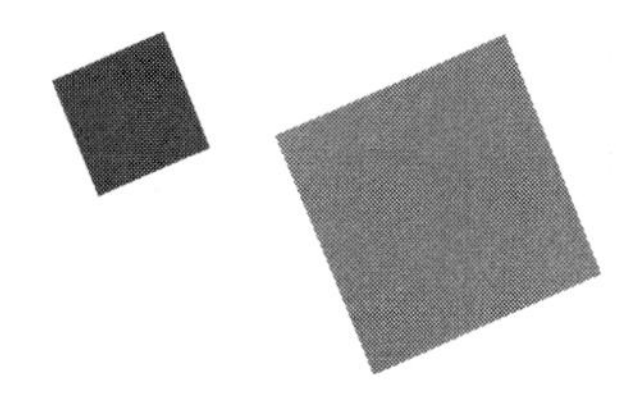

# 2장 | 가설공사

# 문제 1 가설공사 계획 시 유의사항

## Ⅰ. 서 언

### 1) 가설공사 계획방향

① 가설공사의 양부에 따라 공사 전반에 걸쳐 시공 품질에 지대한 영향을 미치게 되므로 가설 계획초기부터 철저한 사전조사 및 계획에 의해 추진되어야 한다.

② 가설공사계획 시 주요점은 본 공사에 지장을 주지 않아야 하며, 공정마찰의 발생을 방지하여 공기단축에 기여하여야 한다.

### 2) 가설공사 특성

① 도면에 표기되지 않고 시공자가 계획

② 최소한의 설비로 최대한 효과유도

③ 가설자재의 반복 사용

④ Unit한 부재의 사용으로 조정 및 해체 용이

## Ⅱ. 가설공사 항목

| 항목 | 정의 |
|---|---|
| 공통가설공사 | 공사 전반에 사용되는 공사용 기계 및 공사 관리에 필요한 시설 |
| 직접가설공사 | 본 공사의 직접적인 수행을 위한 보조적 시설 |

## Ⅲ. 가설공사 계획 시 유의사항(고려사항)

### 1) 설계도서 파악

① 가설공사에 대한 요구조건 확인

② 안전 및 환경 관리에 대한 요구조건 확인

③ 건축물의 배치, 높이, 형상 파악

### 2) 대지 및 주변 현황조사

| 조사 조건 | 조사 항목 |
|---|---|
| 대지 내 조건 | 대지 경계, 대지 지반, 장애물 유무 |
| 대지 주변 조건 | 인접 건축물, 주변 환경, 공공시설물, 전력 및 용수 공급, 주변공사 현황, 가설 용지 |
| 반출입 조건 | 자재 운반 경로, 건설 폐기물 처리 |
| 기타 조건 | 인근 주민 성향, 기상상태, 인허가 관청 등 |

### 3) 지하매설물 현황

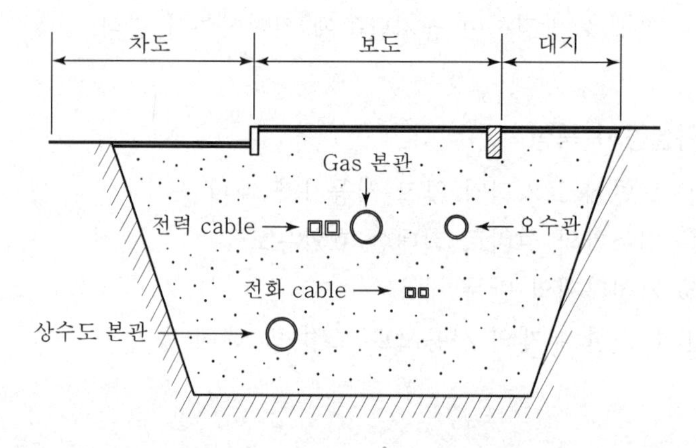


터파기, 배수 등에 의한 지반침하를 정기적으로 확인

### 4) 가설설비 비용

① 본 공사의 규모에 따른 가설비용 검토

② 일반적으로 총공사비의 10% 내외

③ 본 공사에 지장이 없는 성능의 장비나 가설기기 선정

### 5) 타공사와의 관계 검토

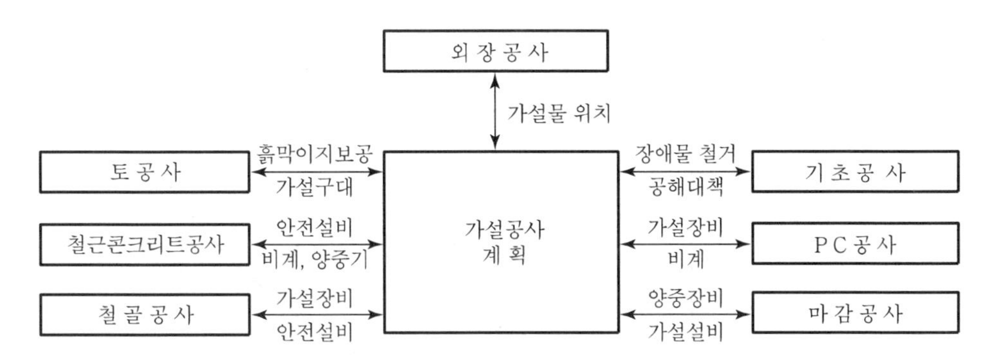


가설공사는 작업능률 및 안전을 위해 중요한 공정이므로 계획 시 유념할 것

### 6) 공정 마찰 고려

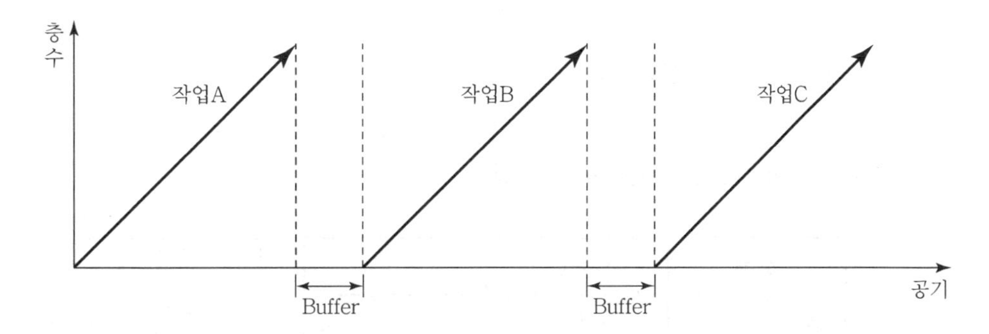


① Buffer란 공정간섭(마찰)을 피하기 위한 연관된 선후 작업 간의 여유시간

② 주공정선에는 최소한의 buffer를 두어 공기 연장 방지

### 7) 가설설비의 전용성

① 설치 및 해체가 용이하고 반복사용을 증대

② 가설재료의 경량화 및 안전성 확보

### 8) 가설설비의 안전성

① 경량으로 견고하여 안전성 유지

② 가설장비(tower crane 등)의 수시 점검으로 대형사고 방지

③ 가설 비계 해체 시 발생하는 안전사고에 대비

### 9) 공기단축 고려

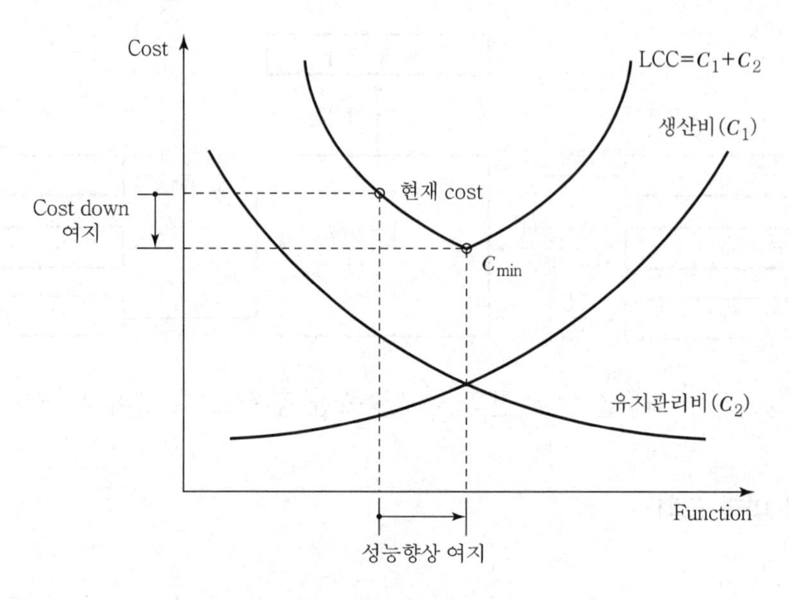


공기, 원가, 품질을 모두 고려한 계획 수립

### 10) VE(Value Engineering) 적용

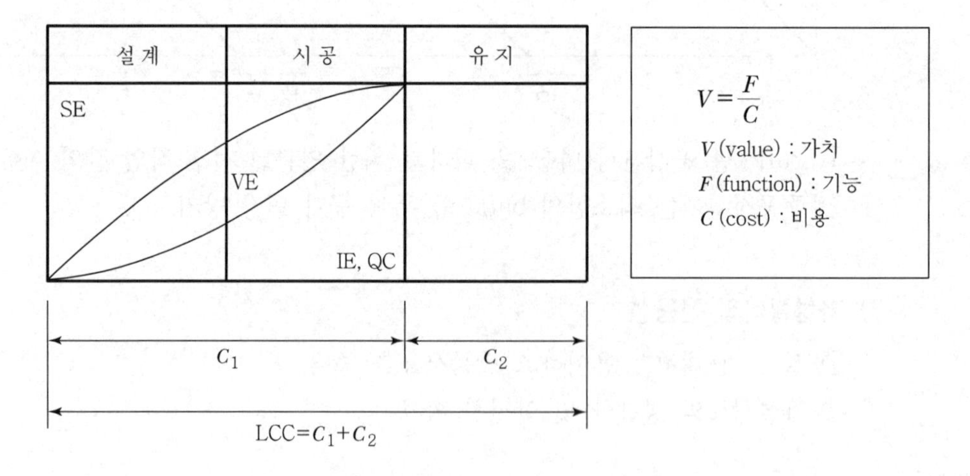


기능(function)을 향상 또는 유지하면서 비용(cost)을 최소화하여 가치(value)를 극대화시키는 것

## Ⅳ. 결 론(가설재의 개발 방향)

| 개발 방향 | 개발 내용 |
|---|---|
| 강재화 | • 강도상 안전하고 내구성 우수<br>• 접합이 확실하고 전용성 향상 |
| 경량화 | • 취급 및 운반 용이<br>• 가설부재의 체적 축소 |
| 표준화<br>(규격화, standardization) | • Unit한 부재의 사용으로 조립 및 해체 용이<br>• 경제적이며 공기단축 |
| 단순화<br>(simplification) | • 단순한 구조의 가설재<br>• 조립, 해체 용이 |
| 전문화<br>(specialization) | • 각 부분별 전문화<br>• 전용 횟수 증가 |
| 재질 향상 | • 경량 가설재의 개발<br>• 가설재의 고강도화 개발로 전용 횟수 증가 |

# 문제 2 가설공사의 주요항목(공통가설공사와 직접가설공사)

## Ⅰ. 서 언

### 1) 가설공사의 항목 분류

① 가설공사의 항목에는 공통가설공사와 직접가설공사가 있다.

② 공통가설공사는 공사전반에 걸쳐 공통적으로 이용되는 시설인 가설도로, 가설건물, 시험설비 등이 있으며, 직접가설공사에는 비계공사, 안전시설 등이 있다.

### 2) 가설공사비 구성

| 분류 | 공사비 |
|---|---|
| 가설 재료비 | 전체 공사비의 3% |
| 가설 노무비 | 전체 공사비의 2% |
| 전력 용수비 | 전체 공사비의 3% |
| 기계 기구비 | 전체 공사비의 2% |

전체 공사비의 약 10%에 해당

## Ⅱ. 주요 항목

### 1) 공통가설공사

| 공통 가설 | 항목별 내용 |
|---|---|
| 대지조사 | • 부지측량 : 경계측량, 현황측량, bench mark<br>• 지반조사 : 기초지질조사, 지하수조사, 지하매설물조사 |
| 가설도로 | • 현장진입로<br>• 현장내 가설도로 및 가설교량 |
| 가설울타리 | • 시방서에 정하는 바가 없을 때에는 지반에서 1.8m 이상의 가설울타리 설치<br>• 가설울타리 종류 : 담장울타리, 철조망/철망울타리 |

| 공통 가설 | 항목별 내용 |
|---|---|
| 가설건물 | • 가설 사무실, 숙소, 식당, 세면장, 화장실, 경비실 등<br>• 건물의 위치 확인 후 가설물의 규모, 위치 등 결정 |
| 가설창고 | • 시멘트창고, 위험물 저장창고, 자재창고 등<br>• 가설사무실과 가까운 곳에 설치하여 관리 |
| 공사용 동력 (가설전기) | • 전력 인입 시 가설전선을 보호하기 위해 튜브 또는 케이블 사용<br>• 변전시설을 설치하여 책임자를 두어 관리<br>• 작업 및 안전사고 예방, 방법 등에 지장이 없도록 가설조명장치 설치 |
| 용수설비 (가설용수) | • 수도 인입 및 지하수 설치<br>• 가설용수는 공사용, 식수용, 방화용, 위생설비, 청소용 포함 |
| 시험설비 | • 가설사무소와 근접한 위치에 시험실을 설치<br>• 본 공사용 투입자재, 모래, 자갈, 벽돌, 레미콘 등의 압축강도 test 및 기타 시험을 실시 |

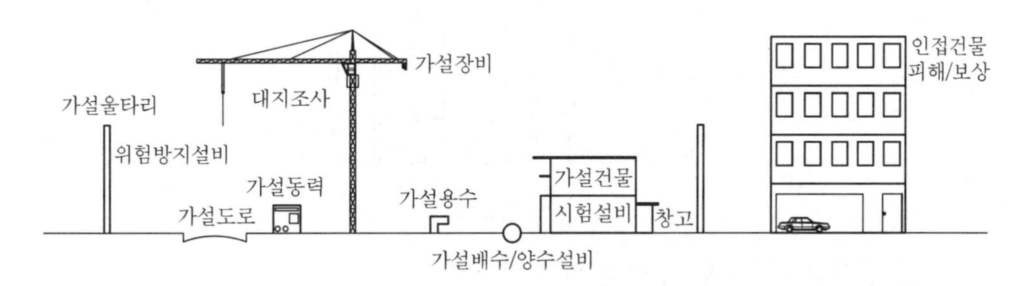


공사전반에 걸쳐 공통으로 사용되는 공사용 기계 및 공사관리에 필요한 시설

## 2) 직접가설공사

| 직접 가설 | 항목별 내용 |
|---|---|
| 규준틀 설치 | • 규준틀을 건축물의 모서리 및 기타 요소에 설치<br>• 규준틀의 종류 : 수평규준틀, 귀규준틀, 세로규준틀 |
| 비계공사 | • 건물의 외벽, 내부 천장 등의 공사에 필요한 비계를 매고 비계다리를 설치하여 사용<br>• 비계의 종류 : 외부비계, 내부비계, 수평비계, 비계다리 등 |
| 안전시설 | • 추락의 위험이 있는 곳이나 낙하물의 위험이 있는 곳에 안전시설 설치<br>• 안전시설 종류 : 안전 난간대, 안전선반, 낙하물 방지망, 위험 표지 등 |

| 직접 가설 | 항목별 내용 |
|---|---|
| 건축물보양 | • 공사중 또는 작업 후 재료의 강도 및 구조물의 보호를 위해 보양<br>• 보양 종류 : 콘크리트보양, 타일보양, 석재보양, 창호재보양, 수장재 보양 등 |
| 건축물 현장관리 | • 공사중 또는 끝난 후에는 재료운반작업 등으로 오염 및 손상 방지<br>• 현장내의 여러 자재 및 작업 잔재물 등을 정리청소 |

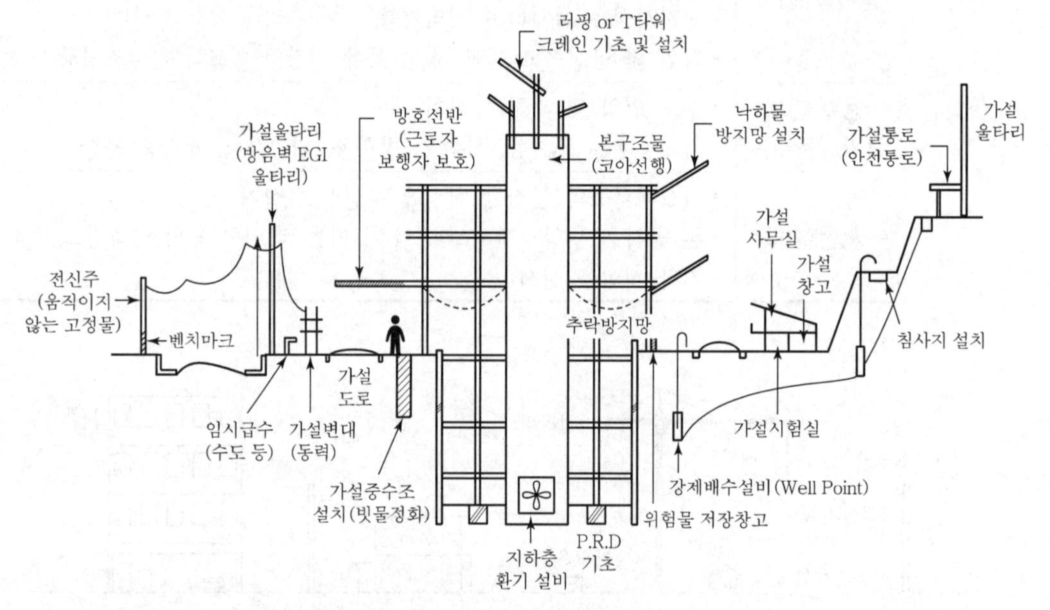


본 공사의 직접적인 수행을 위한 보조적 시설

## Ⅲ. 가설 계획 시 유의사항

① 건축물의 배치, 높이 등 설계도서 파악

② 수도관, 가스관 등 지하 매설물 위치도 입수

③ 공사 대지 및 주변 현황 조사

④ 가설 기자재 및 가설 장비 사용 계획

⑤ 공사품질, 공기단축 등 고려

## Ⅳ. 결 론

① 가설공사는 본공사를 위하여 일시적으로 행해지는 시설이므로 공사가 완공되면 보이지 않는 공사이다.

② 가설항목에 대한 경제성, 시공성, 안전성 등을 고려하여 보다 합리적이고 능률적인 계획과 실시가 이루어져야 한다.

# 문제 3 가설공사가 공사품질에 미치는 영향

## Ⅰ. 서 언

### 1) 가설공사의 영향

① 가설공사는 본공사의 원활한 추진과 완성을 위한 임시 설비이다.

② 가설공사의 양부에 따라 전체공사에 영향을 미치게 되므로 면밀한 계획수립과 경제성 및 안전성을 고려하여 시행하여야 한다.

### 2) 가설공사비의 구성

| 분류 | 공사비 |
|---|---|
| 가설 재료비 | 전체 공사비의 3% |
| 가설 노무비 | 전체 공사비의 2% |
| 전력 용수비 | 전체 공사비의 3% |
| 기계 기구비 | 전체 공사비의 2% |

전체 공사비의 약 10%에 해당

## Ⅱ. 가설공사 항목

### 1) 공통가설공사

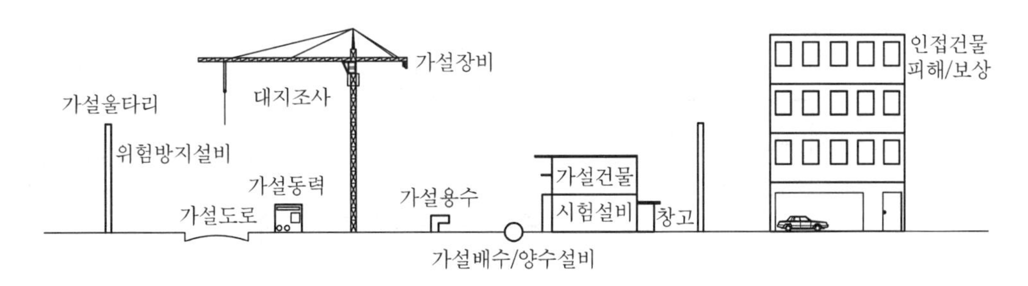


공사 전반에 걸쳐 공통으로 사용되는 공사용 기계 및 공사관리에 필요한 시설

2) 직접가설공사

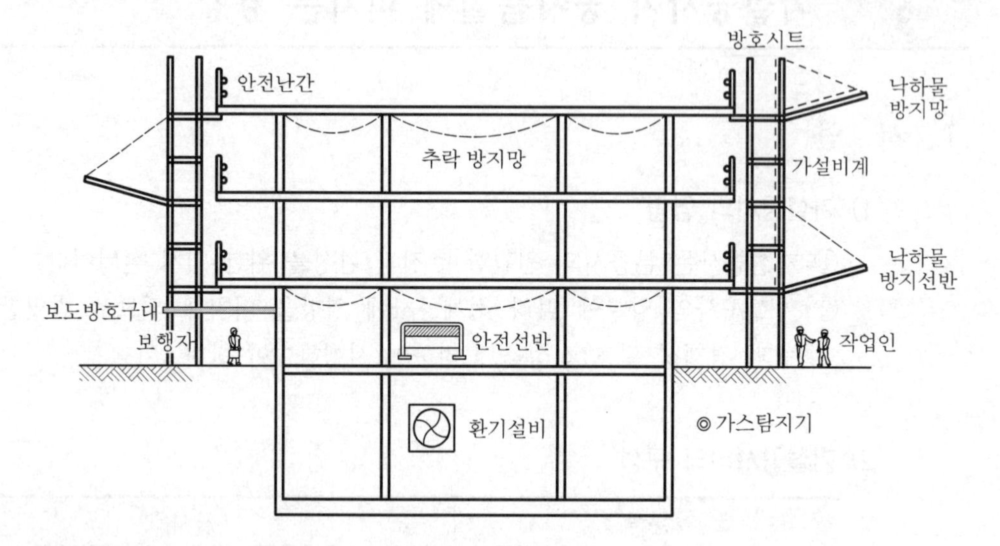


본 공사의 직접적인 수행을 위한 보조적 시설

## Ⅲ. 공사품질에 미치는 영향

1) 민원방지

① 주변 건축물에 대한 사전조사 실시

② 소음, 분진 등 공해 요소 제거

③ 적절한 보상 문제 해결

2) 건설공해

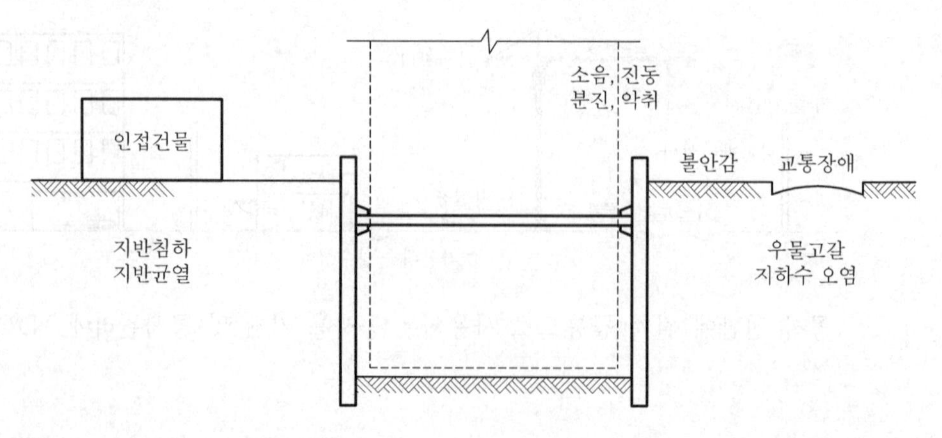


건설 공해로 인한 민원 발생 시 공기, 품질 등에 막대한 영향을 초래

### 3) 안전관리

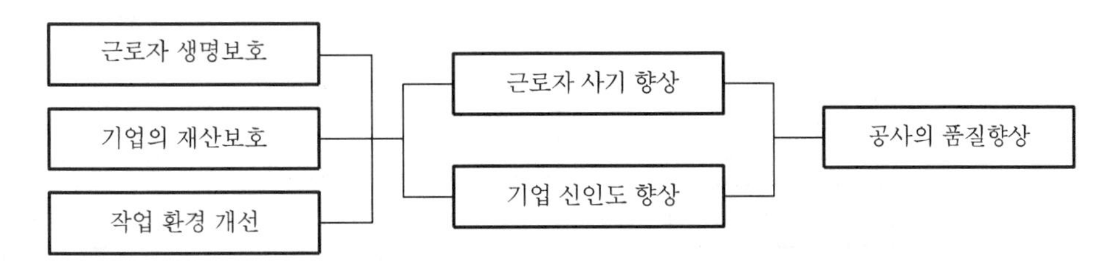


철저한 안전관리 및 안전의식은 근로자의 사기를 향상시켜 시공 품질향상에 기여

### 4) 하자방지

① 가설 공사의 양부에 따라 작업의 기능도 영향

② 효율적 가설설비는 공사품질을 향상시켜 하자방지에 유리

### 5) 공정마찰

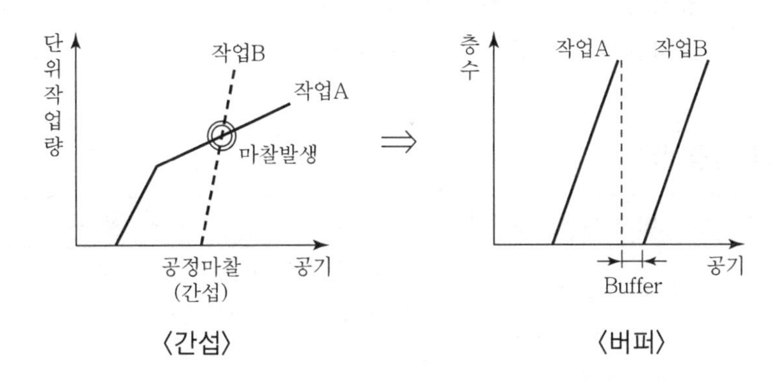


〈간섭〉 〈버퍼〉

효율적 가설 계획으로 공정마찰을 방지하여 공사 품질향상 기대

### 6) 공기단축

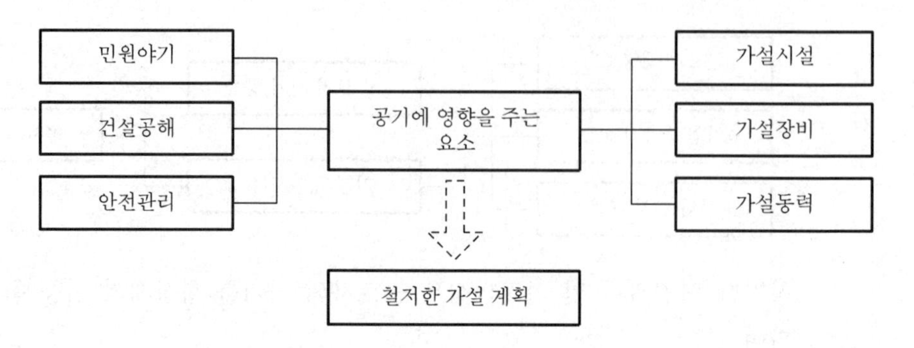


가설공사의 양부는 공사 전체 기간에 막대한 영향을 주어 공사 품질 좌우

### 7) 공사비 영향

① 가설 공사비는 총 공사비의 약 10% 내외
② 초고층 건물은 가설재의 증가와 가설 양중 장비로 인한 가설공사비 증대 요인
③ 공기가 길어질수록 가설 고정 비용 증가
④ 가설공사비의 증가는 공사 품질에 악영향

### 8) 환경관리

| 평가 항목 | 조사 항목 |
|---|---|
| 토지 이용 계획 | • 토지 이용 현황의 조사 및 분석<br>• 토지의 성격 및 규모 파악 |
| 생태계 환경 | • 동식물의 분포 현황조사<br>• 공사로 인한 변화를 예측 및 분석 |
| 대기 환경 | • 공사 시행중과 완공 후의 영향 분석<br>• 사후 환경관리 계획 |
| 수질 환경 | • 지하수, 지표수 등의 수질오염상태 조사<br>• 오염 정도 및 오염원의 파악 |
| 소음 · 진동 | • 지역별, 시간대별로 측정<br>• 교통소음, 건설장비의 소음 및 진동 파악 |

## Ⅳ. 토공사 및 콘크리트 공사의 먼지 발생

| 구분 | 발생원인 | 저감대책 |
|---|---|---|
| 토공사 | • 터파기 및 되메우기<br>• 굴착 및 운반 장비 사용 | • 이동식 살수설비 운용<br>• 바람이 심할 경우 작업 중지<br>• 수송차량 적재물에 덮개 설치<br>• 세륜세차 후 현장 밖으로 이동<br>• 저속운행 및 통행도로 살수 |
| 콘크리트 공사 | • 거푸집 공사<br>• 레미콘 차량 및 지게차 운행<br>• 콘크리트 타설 후 laitance | • 운반, 정리의 단순화 및 덮개 사용<br>• 현장 내 저속운행<br>• 정밀시공으로 먼지 발생요소 제거<br>• 세륜 및 세차 후 현장 이동<br>• 먼지망 설치로 비산방지 |

## Ⅴ. 결 론

① 가설공사는 본 공사를 능률적으로 시공 및 진행시키기 위한 기본요소로 주변환경과 지반조사 등 사전조사를 철저히 하여 시공계획을 세워야 한다.

② 가설공사의 경제성, 시공성, 안전성 등에 대한 검토와 끊임없는 연구개발로 가설공사가 전체 공사에 미치는 영향을 최소화해야 한다.

## 문제 4 가설공사의 문제점 및 합리화방안

### Ⅰ. 서 언

#### 1) 의 의

① 가설공사는 본 공사의 원활한 추진을 목적으로 본 공사 진행에 맞추어 시설 및 설비를 하여야 한다.

② 가설공사는 일반적으로 도면에 명시되지 않으므로 시공자의 경험에 의존해야 하므로 원가 상승, 안전사고 발생 등의 위험이 발생한다.

#### 2) 가설공사 기본방침

| 기본방침 | 방침내용 |
|---|---|
| 반복사용 중시 | • 조립 및 해체를 용이하게 하여 반복사용 증대<br>• 조립, 해체 시의 인력 절감 |
| 가설재료 강도 고려 | • 가설재료의 안정성 고려<br>• 경제성을 고려하여 안정성과 균형유지 |
| 고정설비로 이관 | • 가설재의 unit화로 이관 용이<br>• 품질향상 및 인건비 절감 |
| 가설재의 관리 | • 강재가설재의 방청 관리<br>• 가설재 부품의 손실 방지 |

### Ⅱ. 가설공사의 문제점

#### 1) 도면에 미명시

① 도면이나 시방서에 특별한 명시가 없음

② 시공자가 임의로 계획하여 시공

### 2) 환경 공해 발생

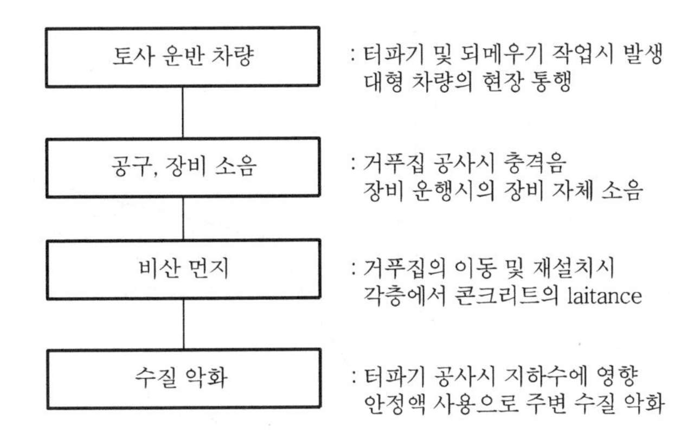


### 3) 표준화 미비

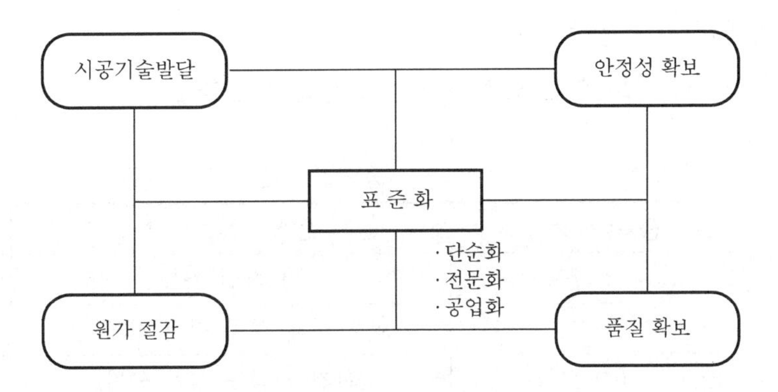


가설 기자재의 표준화 부족은 전용률 부족으로 원가 상승의 원인

### 4) 원가 비율 과다

전체 공사비의 약 10% 정도로 원가 비용이 높음

| 분류 | 공사비 |
|---|---|
| 가설 재료비 | 전체 공사비의 3% |
| 가설 노무비 | 전체 공사비의 2% |
| 전력 용수비 | 전체 공사비의 3% |
| 기계 기구비 | 전체 공사비의 2% |

5) 작업 마찰 발생

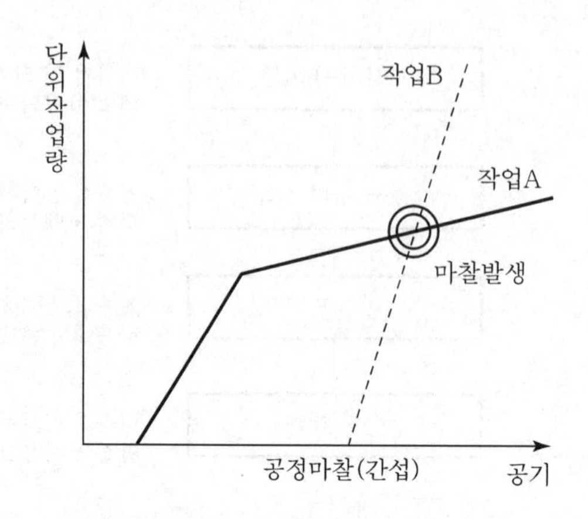


가설 계획의 미비시 작업 마찰로 인한 전체 공기 지연 가능

6) 안전사고 발생

가설공사로 인한 안전 사고의 발생률이 높음

〈풍속별 안전 작업 범위〉

| 풍속(m/sec) | 안전 작업 범위 | 경보 |
|---|---|---|
| 0~7 | 전 작업 가능 | 안전 작업 |
| 7~10 | 외부 비계 설치 및 용접 금지 | 주의 경보 |
| 10~14 | 안전 시설물 설치 금지 | 경고 경보 |
| 14 이상 | 장비 작업금지(고소자 하강) | 위험 경보 |

## Ⅲ. 합리화방안

1) 사전계획 철저

① 설계도서 및 지하 매설물 파악

② 대지, 주변 현황, 민원 발생 여부 등 파악

③ 가설 기자재 및 가설 장비 파악

### 2) 구조적 안전성 확인대상 가설구조물

① 높이 31m 이상인 비계, 브래킷 비계
② 작업발판 일체형 거푸집 또는 높이 5m 이상인 거푸집 및 동바리
③ 터널의 지보공 또는 높이가 2m 이상인 흙막이 지보공
④ 동력을 이용하여 움직이는 가설구조물
　㉮ 높이 10m 이상에서 외부작업을 하기 위하여 작업발판 및 안전시설물을 일체화하여 설치하는 가설구조물
　㉯ 공사현장에서 제작하여 조립·설치하는 복합형 가설구조물
⑤ 그 밖에 발주자 또는 인허가기관의 장이 필요하다고 인정하는 가설구조물

### 3) 가설 자재의 고품질 추구

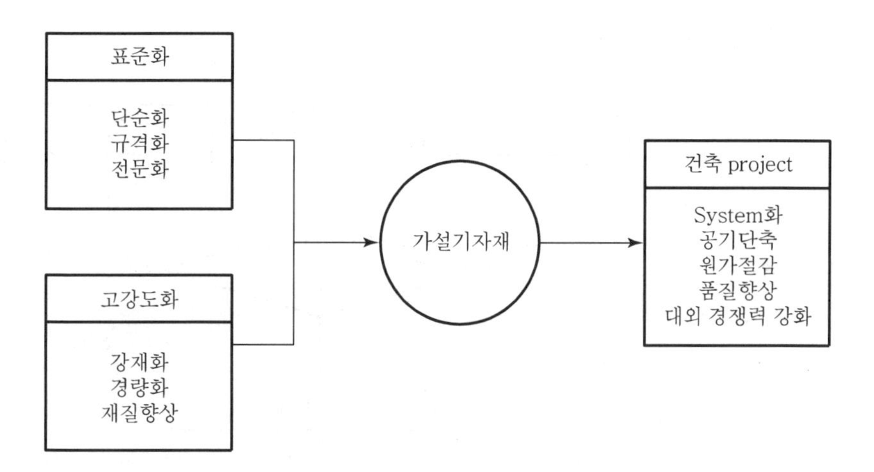


가설 기자재의 품질향상은 공사 전반에 영향을 미치므로 이에 대한 연구개발 필요

### 4) 전용률 향상

가설 기자재의 unit화로 전용률 향상

### 5) 작업마찰 해소

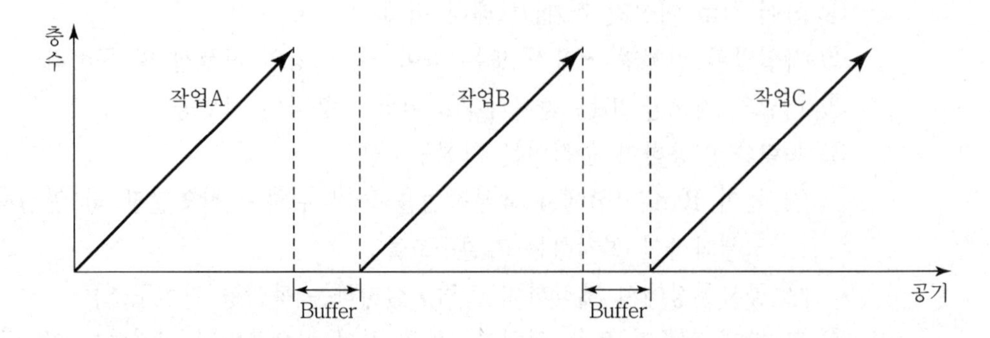


① Buffer란 공정 간섭(마찰)을 피하기 위한 연관된 선후 작업 간의 여유시간

② 주공정선에는 최소한의 buffer를 두어 공기 연장 방지

### 6) 양중 관리 철저

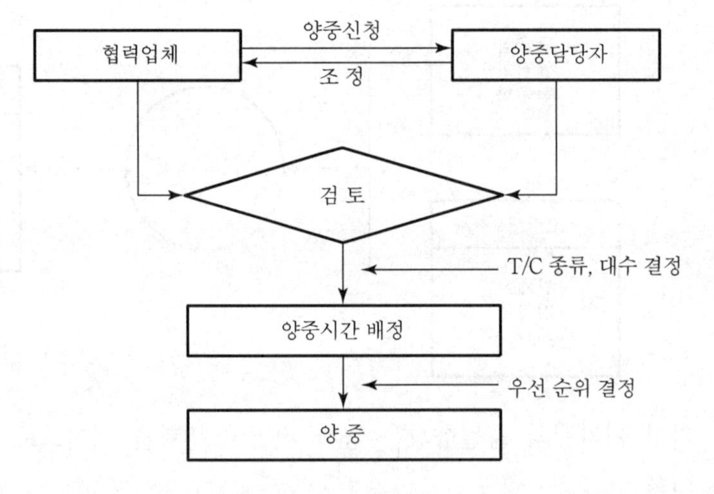


양중(tower crane) 관리 미비로 인한 공종간의 마찰이 심화되는 경우가 많이 발생하므로 원활한 공사 진행을 위해 철저한 양중계획 필요

### 7) 환경오염 방지

| 환경 오염원 | 환경오염 방지시설 |
|---|---|
| 소음 · 진동 | 방음벽, 건설기계내 방음시설, 방진 mat |
| 대기 오염 | 세륜 및 살수 설비, 분진망, 살수 차량 운행 |
| 폐기물 | 소각시설, 오폐수 처리 시설 |
| 재활용 시설 | 폐자재 수거 box, 폐자재 재활용 설비 |

#### 8) 가설공사비의 합리화

① 공사비 산출시 가설공사비에 대한 충분한 금액 확보
② 가설공사비는 본공사를 위한 것이라는 인식 필요
③ 공사의 품질, 공기, 안전 등을 위해 가설공사비 사용

## Ⅳ. 가설공사의 추진 방향

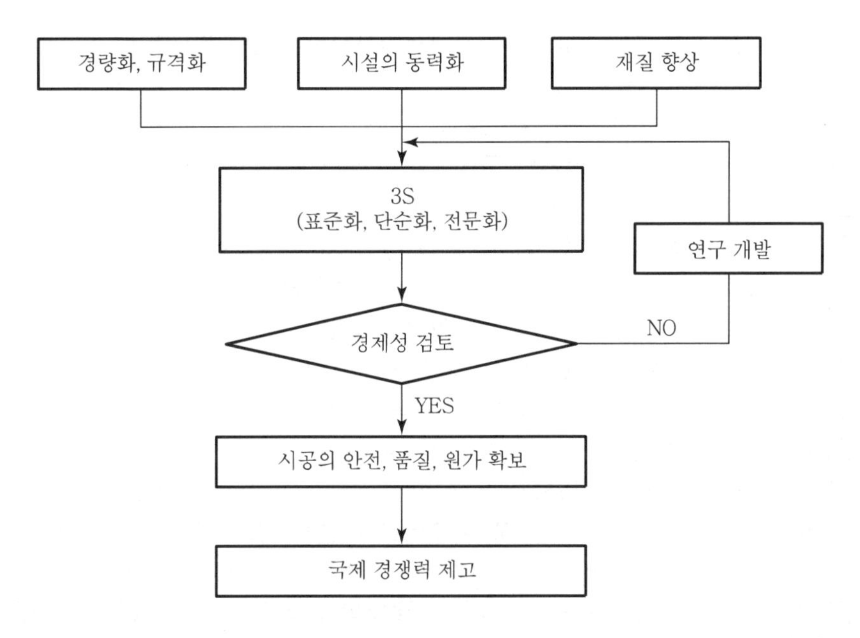


가설공사비 합리화는 저렴한 가격으로 우수한 시공을 가능케 하여 국제경쟁력을 향상시킨다.

## Ⅴ. 결 론

① 가설공사 계획을 사전에 철저히 수립하고 공사 진행에 따라 성실히 수행하여 본 공사에 지장을 주지 않아야 한다.
② 가설 공사 시 발생하는 환경오염에 대한 방안을 마련하고 안전성을 확보하여 원활한 시공이 되도록 한다.

# 3장 | 토공사

# 문제 1 도심지 토공사 계획수립 시 사전조사사항과 토질조사방법

## Ⅰ. 개 요

### 1) 의 의

토공사 진행과정에서 발생하는 안전사고는 대형사고의 위험이 크므로 철저한 사전조사 및 계측관리에 의한 시공이 필요하다.

### 2) 지반조사 flow chart

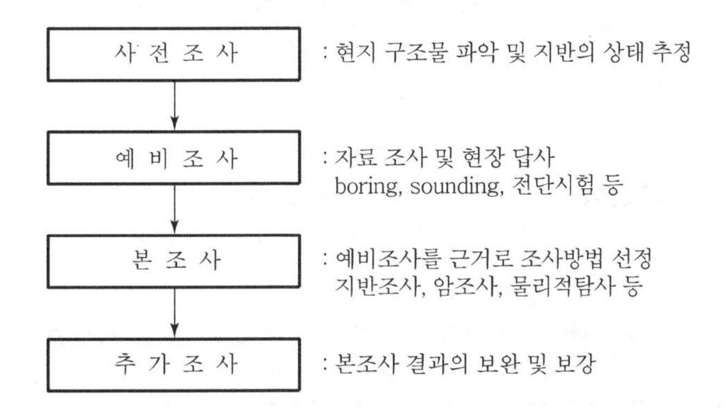


## Ⅱ. 지하안전평가 실시

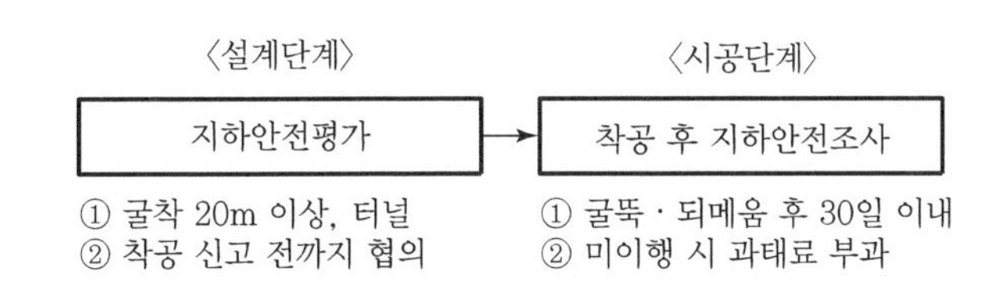

## Ⅲ. 사전 조사사항

### 1) 설계도서 및 계약조건 검토

① 설계도면, 시방서, 굴착 단면 검토

② 도면과 현장과의 차이점 분석

③ 계약서의 제반내용 숙지

### 2) 입지 조건

| 조사항목 | 조사내용 |
|---|---|
| 부지상황 | • 도로 경계선과 인접 건축물과의 경계선<br>• 주변 지반을 포함한 지반 고저차 |
| 매설물 | • 잔존 구조물의 위치 및 형상<br>• 상하수도, 전기관, 통신설비, gas관 등 |
| 공작물 | • 부지내외의 공작물 파악<br>• 연못, 우물, 수목 등의 위치 파악 |
| 교통상황 | • 부지까지의 도로폭<br>• 주변 도로의 현황 파악<br>• 잔토 처리를 위한 차량 경로 파악 |
| 인접구조물 | • 인접 구조물과의 거리<br>• 인접 구조물과의 구조 형식 및 지하층 현황<br>• 특수 구조물의 여부 |

### 3) 매설 배관류

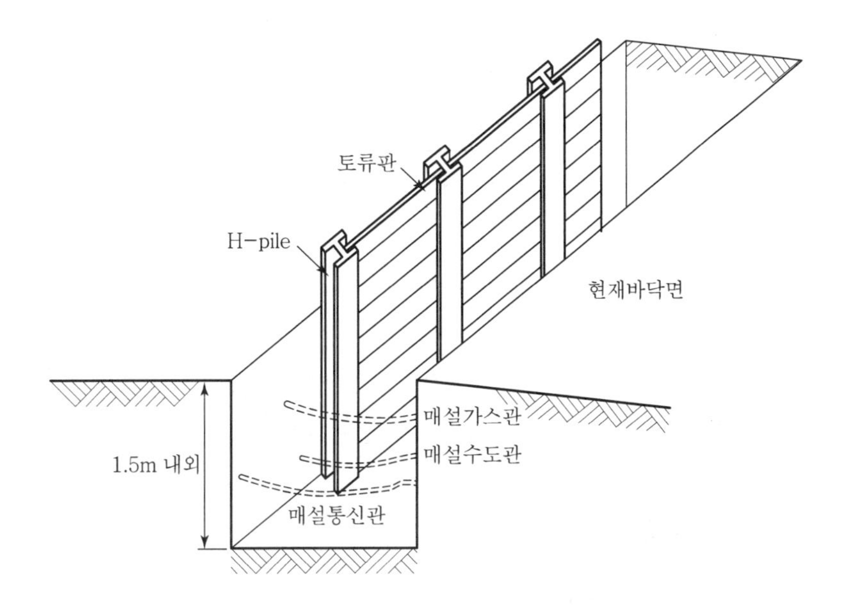


흙막이벽 설치 부위에 1.5m 정도 시험 터파기를 하여 지중 장애물을 파악

### 4) 지하 구조물 및 공동구

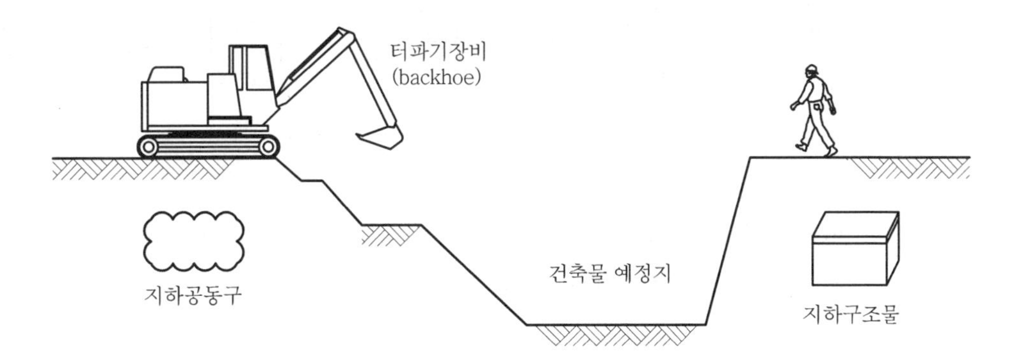


① 본공사에 장애가 되는 지하 구조물은 확인 후 제거
② 지하 공동구는 장비의 전도 원인이 되므로 되메우기 실시

### 5) 지하수 상태

지하수위, 수압, 수량 및 피압수 파악

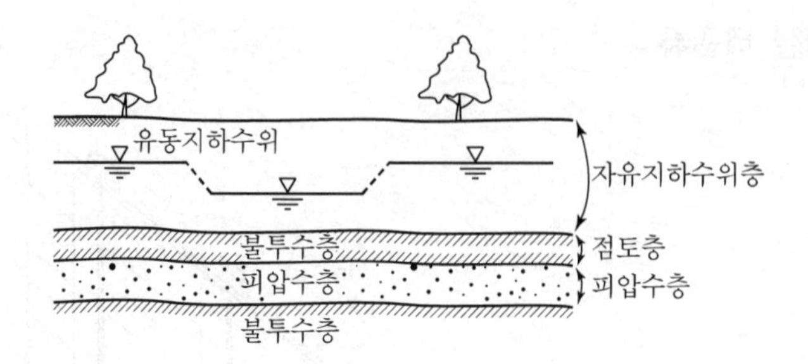


6) 유적지 여부

① 문화재 발굴시 문화재청장에 7일 이내 신고

② 매장 문화재 미신고 및 훼손 행위 금지

## Ⅳ. 토질 조사방법

1) 터파보기(test pit)

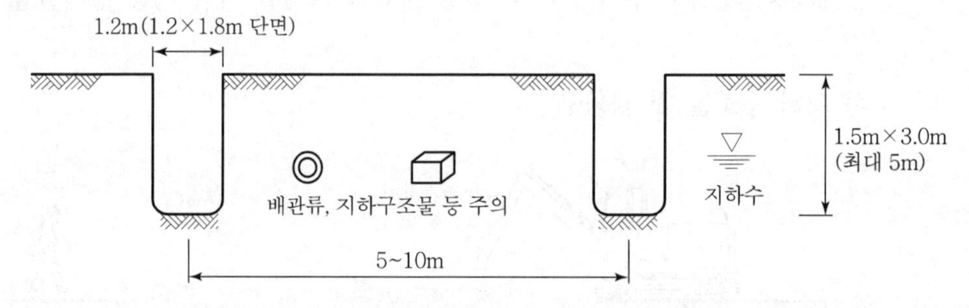


① 간단하면서도 신뢰성이 높은 방법

② 토층을 직접 관찰하여 토층의 경계면과 거시적 구성 상태를 정확하게 파악

③ 어떤 종류의 토질에도 적용 가능

2) Boring

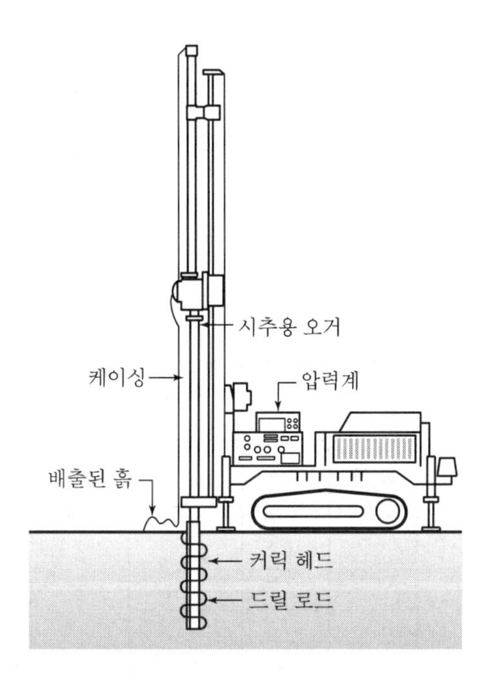


Boring test는 가장 중요한 토질 조사의 방법으로 토질 분포, 흙의 층상 및 구성 등을 알 수 있는 방법이다.

3) Sounding

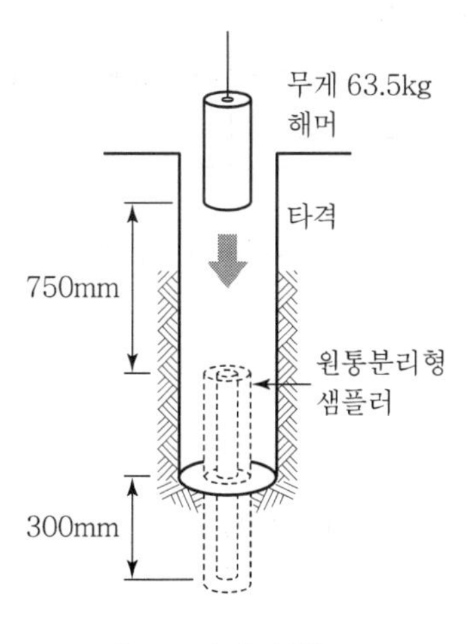


〈표준관입시험〉

Sounding은 간편한 방법이나 기능 및 정도에 난점이 있으므로 boring 등과 병용으로 효과의 증대 필요

### 4) 물리적 탐사법

① 지반을 직접 파지 않고 조사하는 방법

② 종류에는 전기 저항식, 강제 진동식, 탄성파식이 있다.

③ 지반의 구성층 및 지층 변화의 판단

## Ⅴ. 토질 주상도

| 표척 (m) | 심도 (m) | 주상도 | 토질 | 색조 | N치 (0 10 20 30 40) | 공내수위 |
|---|---|---|---|---|---|---|
| 1 | -1.5 | | 표토 | | | |
| 2, 3, 4 | -4.0 | | 사질 점토 | 암회색 | | 용수기 ▽ |
| 5, 6, 7 | -7.0 | | 가는 자갈 (굵은모래) | 암청회색 | | |
| 8, 9 | -9.4 | | 실트질 점토 | 암청갈색 | | 갈수기 ▽ |
| 10, 11 | -11 | | 점토질 모래 | 갈색 | | |
| 12, 13 | | | 굵은 자갈 | 암록회색 | | |

현장에서 boring이나 sounding을 통해 지하 부위의 단면을 나타낸 예측도

## Ⅵ. 결 론

① 사전에 철저한 지반조사를 실시하고, 토질에 적합한 공법을 선정하여 견실 시공하는 것이 무엇보다 중요하다.

② 각 지층에 적합한 다양한 공법의 개발이 필요하며, 과학적이고 체계적인 계측관리를 실시하여 인접 건축물에 피해가 발생되지 않도록 한다.

# 문제 2 지반조사의 종류

## Ⅰ. 개 요

① 지반조사란 대지 내의 토층·토질·지하수위·지내력·장해물 상황 등을 조사하는 것을 말한다.

② 지반조사는 건축물의 기초 및 토공사의 설계, 시공에 필요한 Data를 구하기 위하여 실시한다.

## Ⅱ. 지반조사의 목적

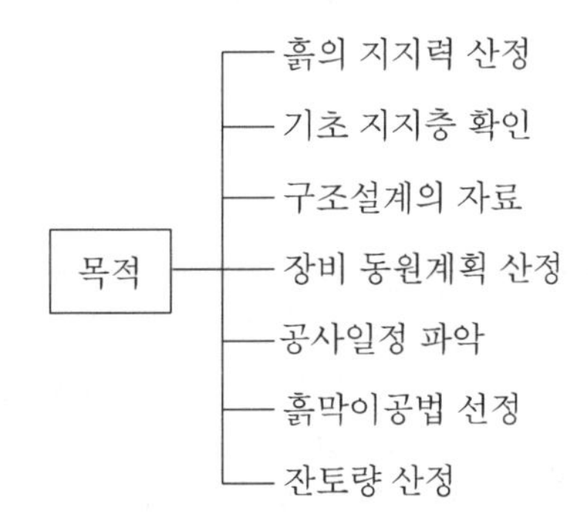


## Ⅲ. 지반조사의 종류

### (1) 지하탐사법

| 구분 | 짚어보기 | 터파보기 | 물리적 탐사법 |
|---|---|---|---|
| 시험방법 | 직경 $\phi$9mm 철봉을 이용하여 인력으로 삽입하거나 때려 박아보는 법 | 생땅의 위치, 지하수위 등을 알기 위해 삽으로 구멍을 파보는 법 | 지반의 구성층 및 지층변화의 심도를 판단하는 방법 |
| 특징 | • 저항울림, 꽂히는 속도, 내리 박히는 손짐작으로 지반의 단단함을 판단<br>• 얕은 지층의 특성 파악에 사용<br>• 숙련되면 정확도가 높음 | • 얕은 지층 토질, 지하수 파악<br>• 활석기초 등의 얇고 경미한 건축물의 기초에 사용<br>• 간격 5~10m, 구멍지름 1.0m 내외, 깊이 1.5~3.0m | • 흙의 공학적 성질을 판별하기 곤란하므로 Boring과 병용하면 경제적<br>• 종류에는 전기저항식, 강제진동식, 탄성파식 탐사방법 등이 있음<br>• 지층의 변화하는 심도를 측정할 수 있는 전기저항식을 주로 사용 |

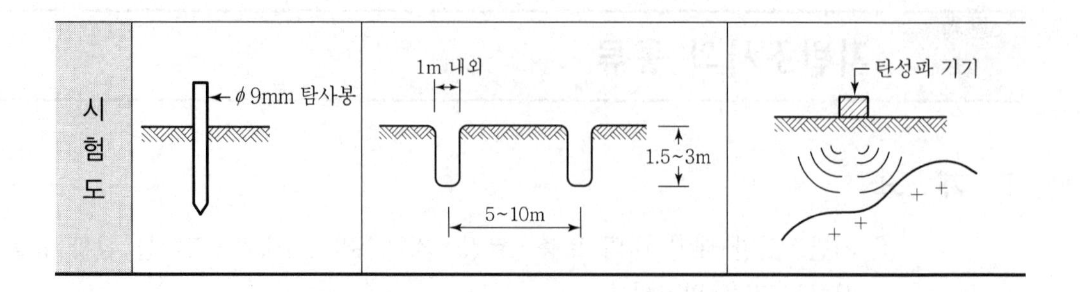


## (2) Boring

### 1) 의 의

① 지중에 φ100mm(35~500mm) 강관으로 천공 후 토사채취, 토질조사

② 흙의 지층 판단, 역학시험을 위한 시료채취, 토층성상, 층두께, 지하수 확인

③ 표준관입시험, Vane Test

### 2) 종 류

| 종류 | 내용 |
|---|---|
| 오거 보링<br>(Auger Boring) | • 나선형으로 된 송곳(Auger)을 인력으로 지중에 박아 지층을 알아보는 방법<br>• 깊이 10m 이내의 점토층에 사용 |
| 수세식 보링<br>(Wash Boring) | • 선단에 충격을 주어 이중관을 박고 물을 뿜어내어 파진 흙과 물을 같이 배출<br>• 흙탕물을 침전시켜 지층의 토질을 판별 |
| 회전식 보링<br>(Rotary Type Boring) | • Drill rod의 선단에 첨부한 날(Bit)을 회전시켜 천공하는 방법<br>• 안정액은 Drill Rod를 통하여 구멍 밑에 안정액 Pump로 연속하여 송수하고 Slime을 세굴하여 지상으로 배출<br>• Bit의 종류는 fish tail bit, crown bit, short crown bit, cutter crown bit, auger, sampling auger 등 |
| 충격식 보링<br>(Percussion Boring) | • 와이어 로프의 끝에 충격날(Percussion Bit)의 상하작동에 의한 충격으로 토사·암석을 파쇄 천공하여 파쇄된 토사는 Bailer로 배출<br>• 공벽토사의 붕괴를 방지할 목적으로 안정액 사용<br>• 안정액은 황색 점토 또는 bentonite를 사용 |

### 3) 시험도

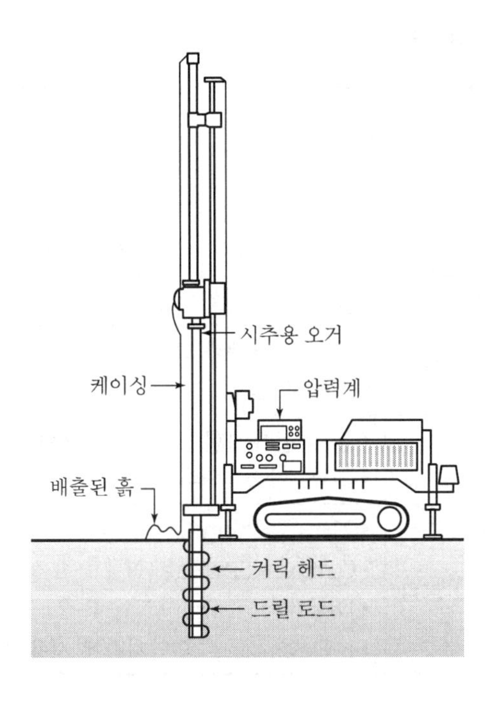


## (3) Sounding

| 구분 | 표준관입시험<br>(SPT ; Standard Penetration Test) | Vane Test | Cone 관입시험 |
|---|---|---|---|
| 시험방법 | 중량 63.5kg, 높이 750mm에서 자유낙하, 300mm 관입시 타격횟수(N치) | Boring의 구멍을 이용하여 vane(十자형 날개)을 지중에 소요깊이까지 넣은 후 회전시켜 저항하는 moment 측정 | 원추형 Cone을 지중에 관입할 때의 저항력 측정 |
| 특징 | 흙의 지내력 판단, 사질토 적용 | 점토질 점착력 판단방법, 깊이 10m 이내가 적당 | 흙의 경연 정도 측정 |
| 장치도 | 무게 63.5kg 해머<br>타격<br>750mm<br>원통분리형 샘플러<br>300mm | 회전<br>베인 | |

### (4) Sampling(시료 채취)

| 분류 | | 분류별 특징 |
|---|---|---|
| 교란 시료 채취 | 의의 | 토질이 흐트러진 상태로 채취한 시료 |
| | 특성 | • 토성, 다짐성 등을 시험<br>• 토량환산계수를 구하기 위하여 교란시료와 불교란시료를 채취 |
| | 채취방법 | Remold Sampling : Auger에 의하여 연속적으로 Sample을 채취하는 방법 |
| 불교란 시료 채취 | 의의 | 토질이 자연상태 그대로 흩어지지 않도록 채취하는 것으로 Boring과 병행하여 실시 |
| | 특성 | • 흙이 분류시험, 역학적 시험에 사용<br>• 전단, 압축, 투수, 입도 등을 시험 |
| | 채취방법 | • Thin Wall Sampling : N치 0~4 정도의 연약한 점토 채취, 높은 신뢰도<br>• Composite Sampling : N치 0~8 정도의 굳은 점토 또는 다져진 모래 채취<br>• Denison Sampling : N치 4~20 정도의 경질점토 채취<br>• Foil Sampling : 연약지반에 사용되며 완전히 연결된 시료채취 가능 |

### (5) 토질시험

#### 1) 물리적 시험(분류판별시험)

① 흙의 물리적 성질을 판단하는 시험, 안정성 판별

② 함수량, 비중, 입도, 액성한계(LL), 소성한계(PL), 수축한계(SL), 단위체적 중량, 투수시험

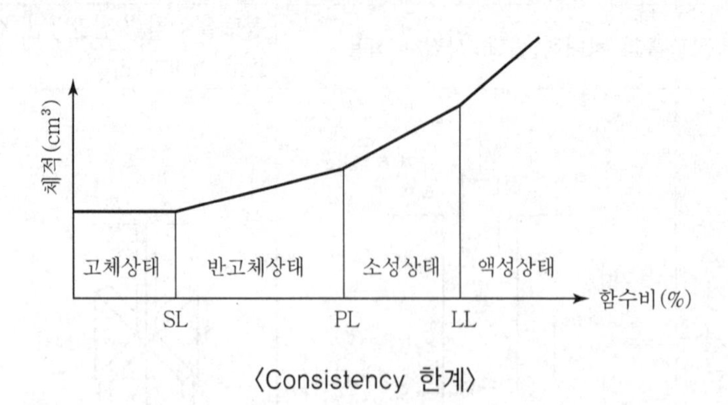


〈Consistency 한계〉

#### 2) 역학적 시험

흙의 역학적 성질을 판단하는 가장 중요한 시험. 전단강도는 점착력(C)과 마찰각($\phi$)에 의해 결정

$$\tau = C + \bar{\sigma} \tan\phi \text{ (쿨롱의 법칙)}$$

$\tau$ : 전단강도, C : 점착력
$\bar{\sigma}$ : 유효응력, $\phi$ : 내부 마찰각

① 직접전단시험 : 수직력을 가해 대응하는 전단력 측정
② 1축 압축시험 : 직접하중을 가해 파괴시험
③ 3축 압축시험 : 일정한 측압과 수직하중을 가해 공시체 파괴시험

## (6) 지내력시험

### 1) 평판재하시험(PBT ; Plate Bearing Test)

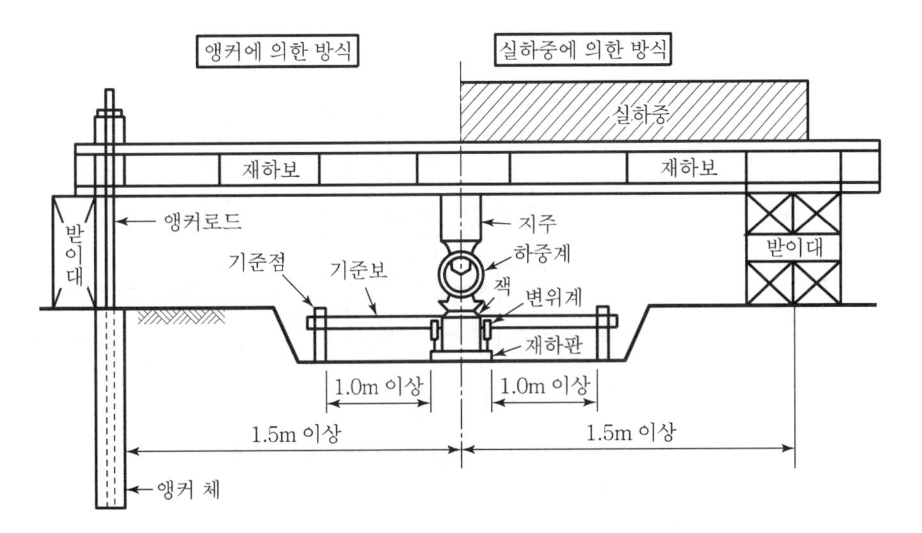


① 평판에 하중을 가하여 하중과 변위량의 관계에서 지반강도 특성 파악
② 단기하중은 장기하중의 2배

### 2) 말뚝박기시험

① 말뚝박기 장비를 이용하여 직접 관입량, Rebound 측정
② 말뚝의 장기허용지지력 산정

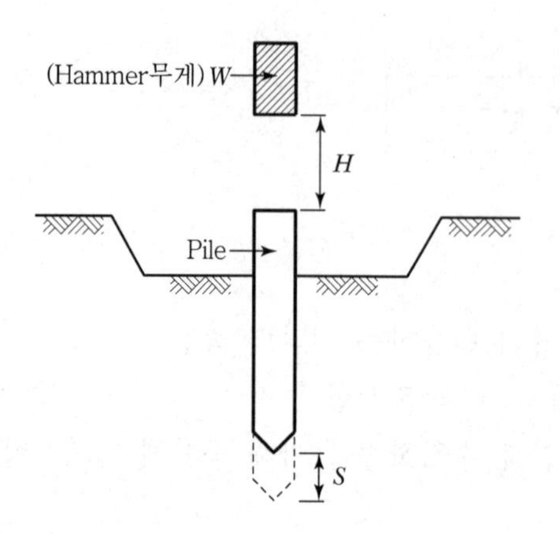


$$R_a = \frac{F}{5S+0.1} = \frac{W \cdot H}{5S+0.1}$$

- $R_a$ : 말뚝지지력(t)
- $F$ : $W \cdot H$(t · m)
- $W$ : Hammer 무게(t)
- $H$ : 낙하고(m)
- $S$ : 말뚝 최종 관입량(m)

### 3) 말뚝재하시험

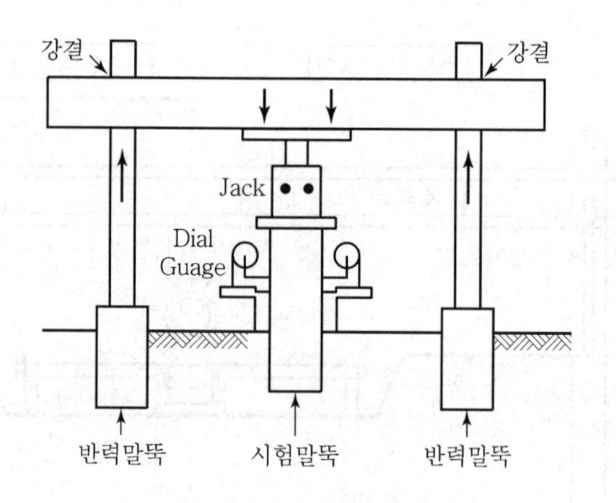


〈반력말뚝에 의한 재하시험〉

① 말뚝의 지지력을 재하시험에 의해서 판단, 실제 설계 지지력 확인 시 사용
② 연직재하 최대하중은 예상 장기 설계하중의 3배

## (7) 기타 시험

투수성, 양수, 간극수압 및 토압계를 사용한 토압시험

## Ⅳ. 지반조사 자료가 상이할 경우 대처방안

① 설계단계와 시공단계의 지반조사 자료가 서로 상이한 경우 원칙적으로 현장 여건에 맞는 재조사를 실시하여 다시 설계

② 설계단계와 시공단계의 지반조사 자료의 상이 정도를 미리 파악하기가 난해할 때 우선적으로 추가조사를 실시하여 이를 파악

③ 추가조사의 결과에 따라 저면 재설계 또는 부분 재설계를 실시하여 현장시공이 용이하도록 재조정

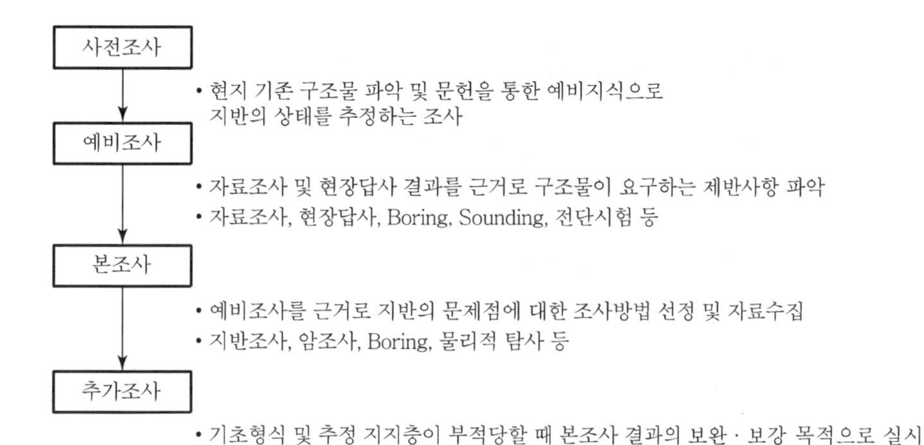


## Ⅴ. 결 론

지반조사는 공사와 관련되는 토질의 제반 문제점들을 정확히 파악하기 위해 필요하며, 사전에 본 공사에 소요되는 시간과 예산을 충분히 감안하여 종합적인 관점에서 지반조사를 실시해야 한다.

## 문제 3 토질 주상도의 용도 및 활용방안

### I. 개 요

#### 1) 의 의

지질 단면을 그림으로 나타낼 경우 사용하는 도법으로 시추주상도라고도 함

#### 2) 토질 주상도의 기입내용

- 지반조사 지역, 조사 일자 및 작성자
- Boring방법, 공내수위
- 심도에 따른 토질 및 색조
- 지층 두께 및 구성 상태
- 표준관입시험에 의한 N치

#### 3) 토질 조사의 목적

① 토층의 공학적 특성 파악

② 지하 수위 및 피압수 여부 파악

③ 토질 주상도 작성

④ 지질의 상태 및 지지력 파악

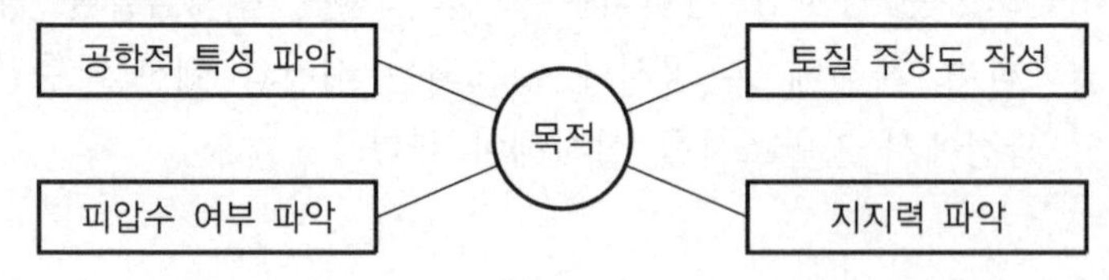

# Ⅱ. 토질 주상도 실례

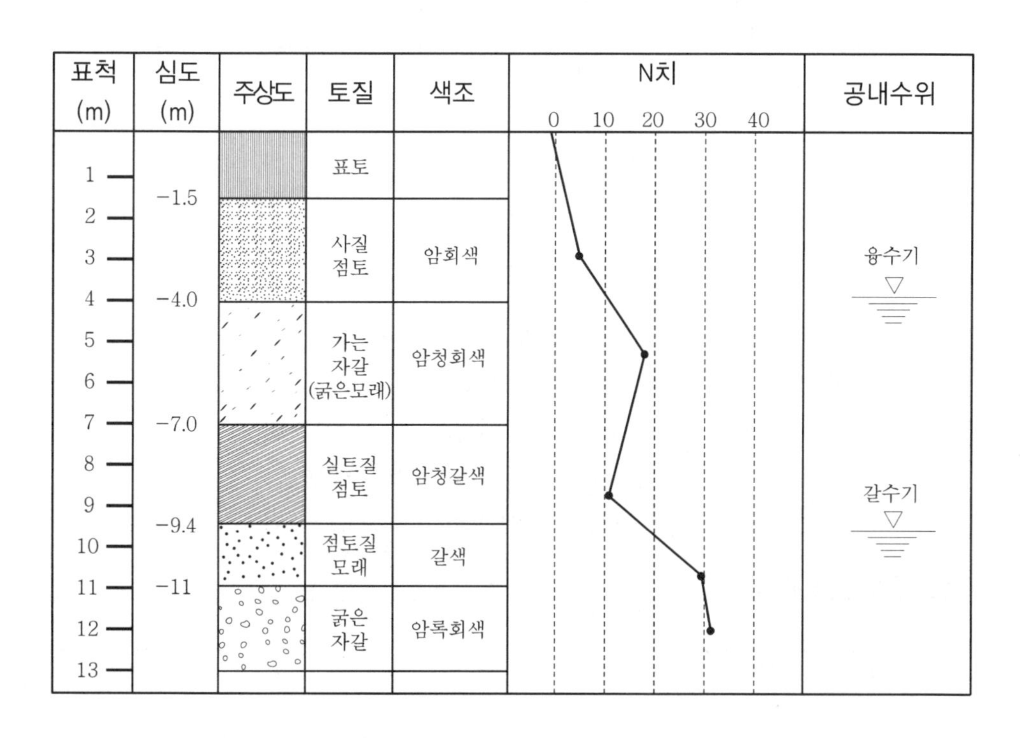

토질 주상도

| 조사명 | ○○신축공사 부지 지반조사 | | | 위치 | ○○구 ○○동 |
|---|---|---|---|---|---|
| 시추기간 | 2006. 10. 10 ~ 2006. 10. 16 | | | 사용장비 | ○○○ |
| 지하수위 | GL－40 ~ －10 | 표고 | －1.5m | 조사자 | ○○○ |

| 표척 (m) | 심도 (m) | 주상도 | 토질 | 색조 | N치 (0 10 20 30 40) | 공내수위 |
|---|---|---|---|---|---|---|
| 1 | －1.5 | | 표토 | | | |
| 2, 3 | －4.0 | | 사질 점토 | 암회색 | | 용수기 |
| 4, 5, 6 | －7.0 | | 가는 자갈(굵은모래) | 암청회색 | | |
| 7, 8, 9 | －9.4 | | 실트질 점토 | 암청갈색 | | 갈수기 |
| 10 | －11 | | 점토질 모래 | 갈색 | | |
| 11, 12, 13 | | | 굵은 자갈 | 암록회색 | | |

## Ⅲ. 용도 및 활용방안

### 1) 흙막이 공법 선정

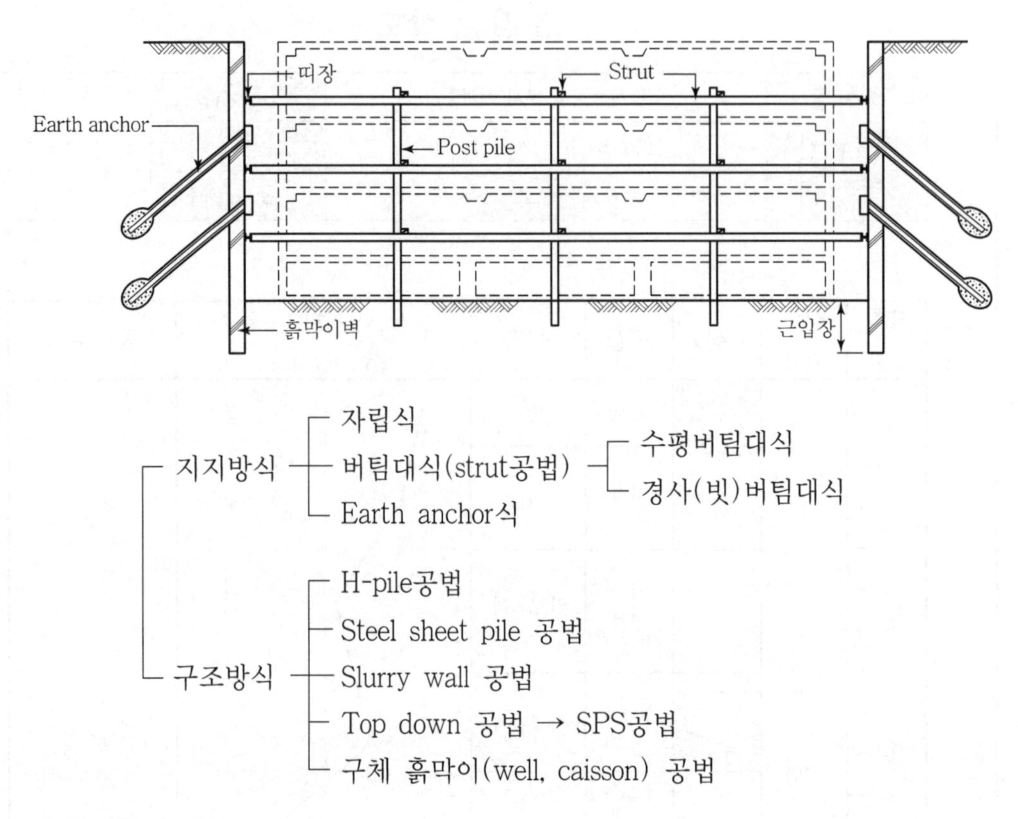


### 2) 공사일정 파악

토질 주상도의 작성으로 전체 공사일정 및 공사비 파악이 가능

### 3) 흙의 지지력 산정

① 지층별로 N치를 확인

② N치로 사질토의 상대밀도 및 점토층의 전단강도 확인

③ 기초설계 및 기초의 안정성 확인

## 4) 인접 건물의 안정성 검토

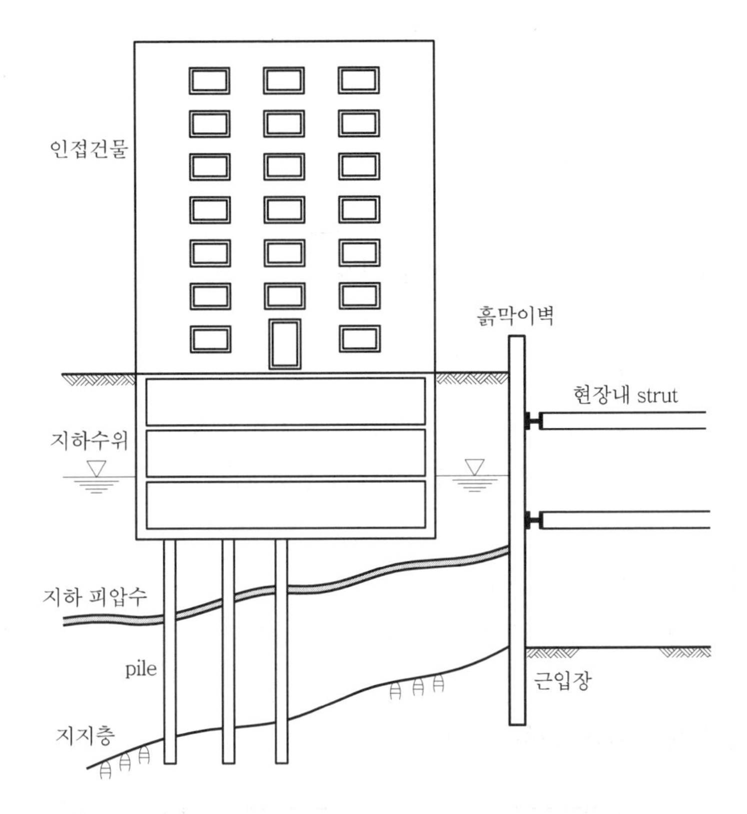


지하수위의 변동 및 지하 피압수로 인한 인접건물의 안정성 검토

## 5) 기초의 지지층 확인

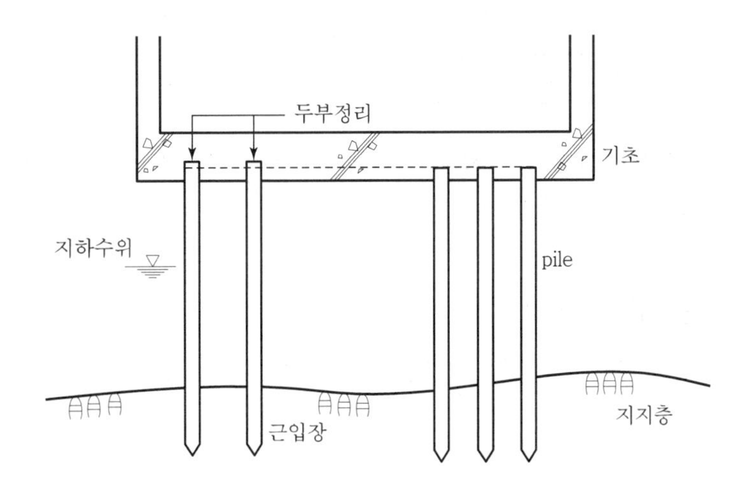

① 건물의 기초와 지지층을 연결하고 pile의 길이 산정
② 기초 pile은 지지층에 도달
③ 기초 pile의 두부는 기초 속에 묻혀 일체화시공

### 6) 구조 설계 자료

① 가시설인 구조설계의 기본 자료
② 전체 건축물의 구조설계 자료

### 7) 잔토량 산정

① 토질에 따른 흙파기시의 잔토량 차이가 발생
② 토층 파악으로 정확한 잔토량 산정 가능

### 8) 장비 동원 계획 수립

토질 및 토층의 파악으로 장비 계획 수립

### 9) 전체 공사비 산정

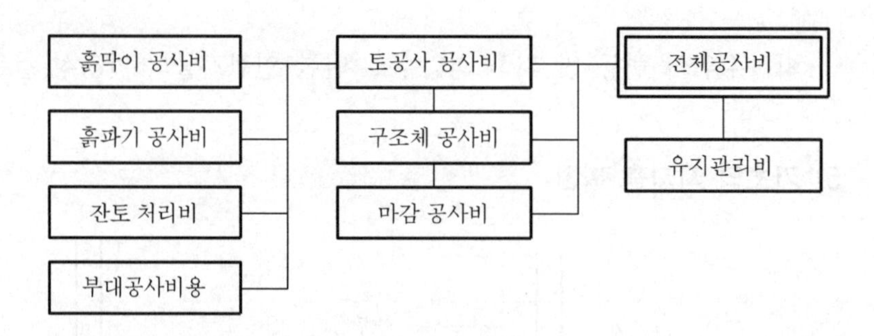


토공사비 산정이 완료되면 미리 계산된 구조체 공사와 마감 공사비를 합하여 전체 공사비 산정 용이

### 10) 동 지역 공사의 자료

같은 지역에서 공사 착공시 중요한 data로 활용

## Ⅳ. N치와 상대밀도의 상관관계 비교

| 모래 지반의 N치 | 점토 지반의 N치 | 상대 밀도 |
|---|---|---|
| 0~4 | 0~2 | 대단히 연약 |
| 4~10 | 2~4 | 연약 |
| 10~30 | 4~8 | 중간(보통) |
| 30~50 | 8~15 | 단단한 모래, 점토 |
| 50 이상 | 15~30 | 아주 단단한 모래, 점토 |
| - | 30 이상 | 경질 |

## Ⅴ. 결 론

① 토공사 계획은 주변 지반의 변화, 토질, 토층, 지하수위, 지내력 및 장애물 상황 등 철저한 사전준비조사가 중요하다.

② 토질 주상도는 공법의 선정이나 공사일정 파악의 주요 근거자료가 되므로 면밀히 파악하도록 한다.

# 문제 4 지반개량공법의 종류와 특징

## Ⅰ. 개 요

① 지반조사를 하여 원하는 지층에 지내력이 나오지 않을 경우 연약지반을 개량하여 지반의 지지력을 높이는 공법을 지반개량공법(지반안전공법)이라 한다.

② 점성토에는 흙 사이의 간극수를 탈수하는 탈수공법과 펌프를 이용하여 배수하는 배수공법 및 연약지반을 약액주입하여 고결시키는 공법 등이 있다.

## Ⅱ. 지반개량공법의 종류

| 지반구분 | 종류 |
|---|---|
| 사질토(N≤10) | • 진동다짐공법(Vibro Floatation)<br>• 모래다짐말뚝공법(Vibro Composer 공법, Sand Compaction Pile)<br>• 전기충격공법<br>• 폭파다짐공법<br>• 약액주입공법<br>• 동다짐공법(동압밀공법, Dynamic Compaction 공법) |
| 점성토(N≤4) | • 치환공법<br>• 압밀공법<br>• 탈수공법<br>• 배수공법<br>• 고결공법<br>• 동치환공법(Dynamic Replacement Method)<br>• 전기침투공법<br>• 침투압공법<br>• 대기압공법<br>• 표면처리공법 |
| 사질토 · 점성토<br>(혼합공법) | • 입도조정공법<br>• Soil Cement 공법<br>• 화학 약제 혼합공법 |

# Ⅲ. 사질토 공법별 특징

## 1) 진동다짐공법(Vibro Floatation 공법)

① 수평진동하는 Vibro Float로 사수와 진동을 동시에 일으켜 느슨한 모래 지반을 개량하는 공법

② Vibro Composer는 전단파, Vibro Float는 종파이므로 다짐효과는 Vibro Float가 유리

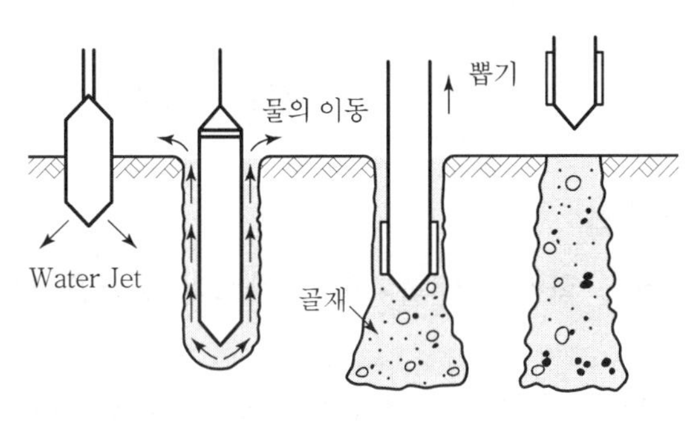


〈진동다짐공법〉

## 2) 모래다짐말뚝공법(Vibro Composer 공법, Sand Compaction Pile 공법)

① Casing을 지상의 소정 위치까지 고정

② 관입하기 곤란한 단단한 층은 Air Jet, Water Jet 공법을 병용

③ 상부 Hopper로 Casing 안에 일정량의 모래를 주입하면서 상하로 이동 다짐

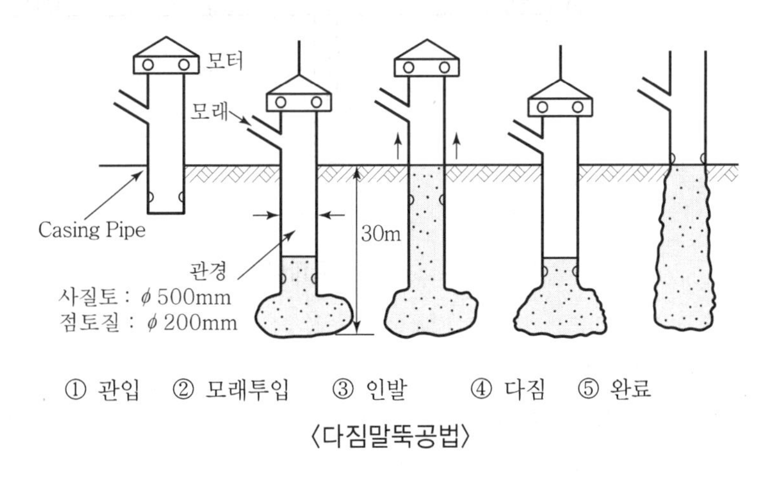


〈다짐말뚝공법〉

## 3) 전기충격공법

사질지반에서 Water Jet으로 굴진하면서 물을 공급하여 지반을 포화상태로 만든

후, 방전 전극을 삽입하여 지반 속에서 고압방전을 일으켜 이때 발생하는 충격력으로 지반을 다지는 공법

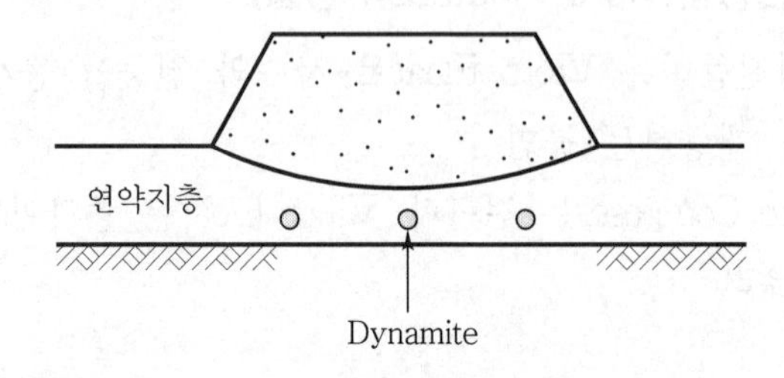


〈전기충격공법〉

4) 폭파다짐공법

① 지중에서 화약류를 폭파하여 가스의 압력을 발생시켜서, 지반을 파괴하여 다지는 공법

② 경제적으로 광범위한 연약사질층을 대규모로 다지고자 할 때 채택하는 공법

③ 주위 지반에 대한 영향이 큼

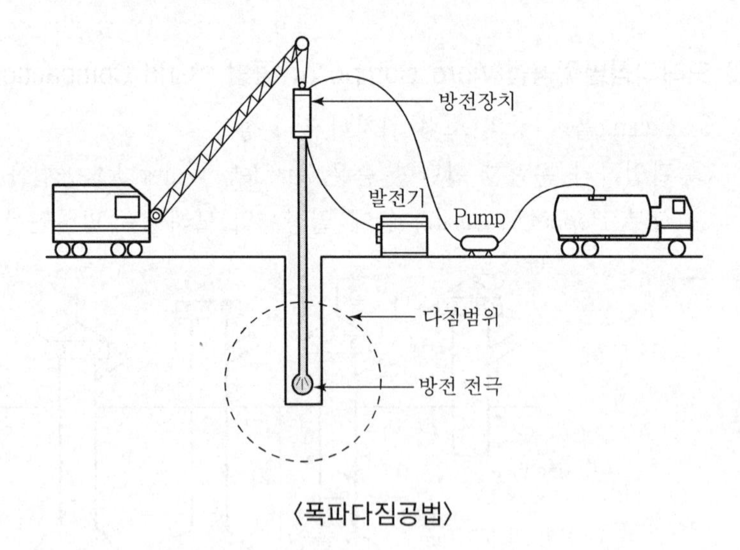


〈폭파다짐공법〉

5) 약액주입공법

① 지반 내에 주입관을 삽입하여 화학약액을 지중에 충전시켜 일정한 Gel Time이 경과한 후 지반을 고결시키는 공법

② 지반의 강도 증진이 목적

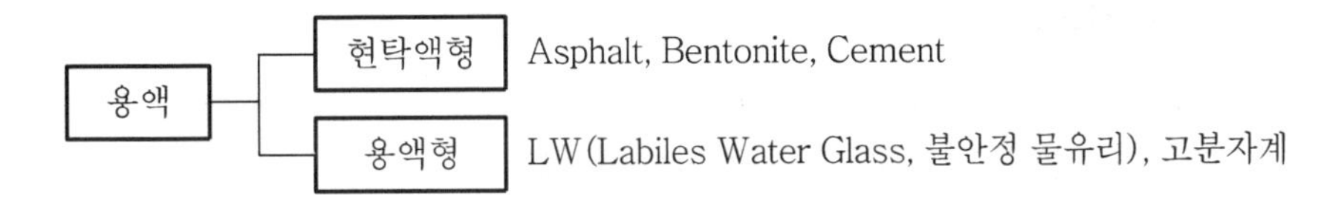


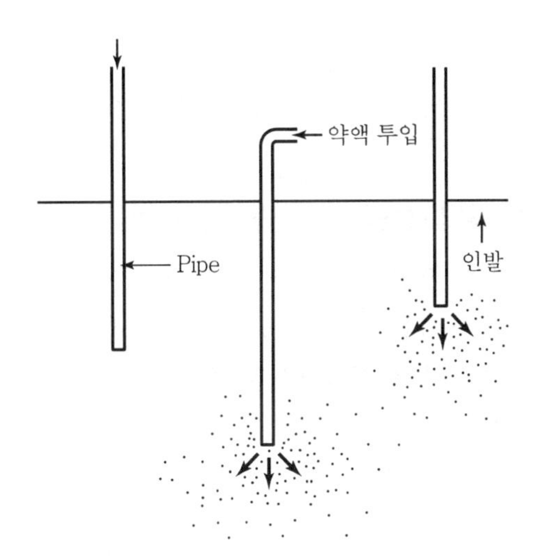


① 주입관 관입 ② 약액 주입 ③ Gel Time

〈약액주입공법〉

### 6) 동다짐공법(동압밀공법, Dynamic Compaction Method)

연약 지층에 무거운 추를 자유낙하시켜 지반을 다지고 이때 발생하는 잉여수를 배수하여 연약지반을 개량하는 공법

## Ⅳ. 점성토 공법별 특징

### (1) 치환공법

#### 1) 굴착치환공법

① 굴착기계로 연약층을 제거한 후, 양질의 흙으로 치환하는 공법

② 타 공법에 비해 능률과 경제성이 떨어짐

#### 2) 미끄럼치환공법

연약지반에 양질토를 재하하여 미끄럼 활동으로 지반을 양질토로 치환하는 공법

### 3) 폭파치환공법

① 연약지반이 넓게 분포되어 있는 경우 폭파 에너지를 이용하여 치환하는 공법
② 폭파음 진동으로 주변 지반에 영향

## (2) 압밀공법

연약지반에 하중을 가하여 흙을 압밀시키는 공법

### 1) Preloading 공법(선행재하공법, 사전압밀공법)

① 연약지반에 하중을 가하여 압밀시키는 공법으로 압밀침하를 촉진시키기 위하여 샌드드레인 공법을 병행하여 사용
② 사전 성토하여 선행침하시켜 흙의 전단강도를 증가시킨 후 성토부분을 제거하는 공법
③ 공기가 충분할 때 적용

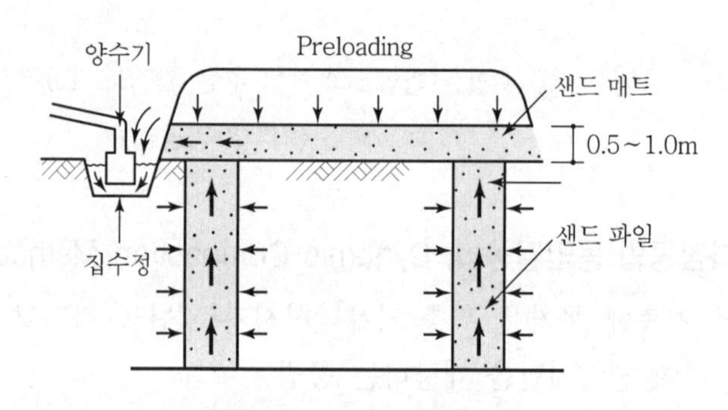


〈Preloading 공법〉

### 2) 사면선단재하공법

① 성토한 비탈면 옆부분을 0.5~1.0m 정도 더돋음하여 비탈면 끝부분의 전단 강도를 증가시킨 후 더돋음 부분을 제거하여 비탈면을 마무리하는 공법
② 흙의 압축 특성 또는 강도 특성을 이용
③ 더돋음을 제거한 후 다짐기로 다짐

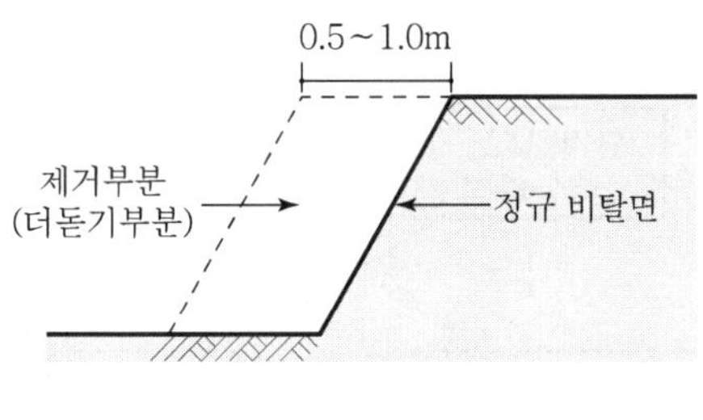


〈사면선단재하공법〉

3) Surcharge 공법(압성토공법)

① 토사의 측방에 압성토하거나 법면 구배를 작게 해서 활동에 저항하는 모멘트를 증가시키는 공법

② 측방에 여유용지가 있고 측방 융기를 방지하고자 할 때 적용

③ 압밀에 의해 강도가 증가한 후에는 압성토를 제거

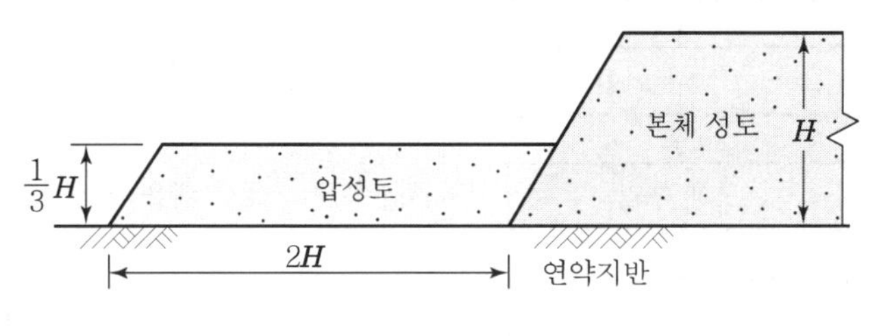


〈압성토 공법〉

### (3) 탈수공법(연직배수공법, Vertical Drain 공법)

지반 중의 간극수를 탈수시켜 지반의 밀도를 높이는 공법

1) Sand Drain 공법

① 의 의

㉮ 연약한 점토지반에 Sand Pile을 시공하여 Sand Mat를 통하여 지반 중의 물을 지표면으로 배제시켜 지반을 압밀강화하는 공법

㉯ Preloading 공법 · 지하수위저하공법 등과 병용하며, 단기간에 지반의 압축이 가능하고 압밀효과 큼

② 특 징

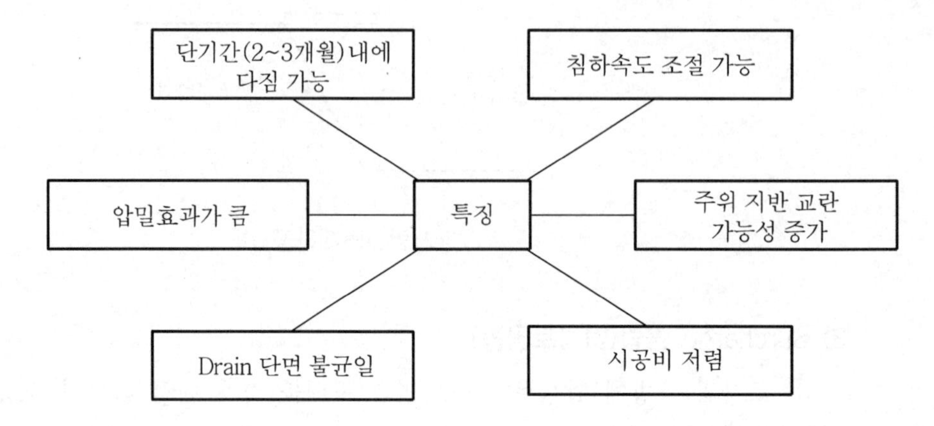


③ 시공순서

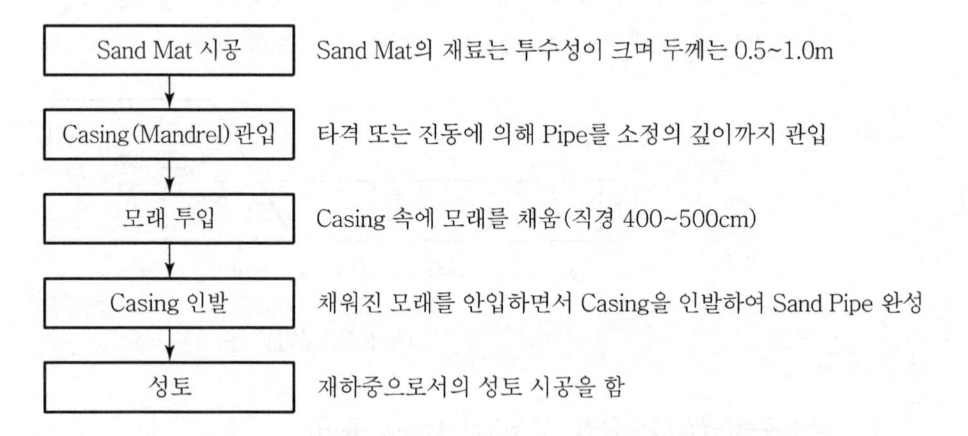


### 2) Paper Drain 공법

① 두께 3mm, 폭 100mm의 드레인 Paper를 특수 기계로 타입하여 연약지반 중에 설치하는 공법

② 사용 Paper : 크리프트지, 케미칼 보드

③ 타입이 간단하고, 장시간 사용 시 열화 및 배수효과가 감소

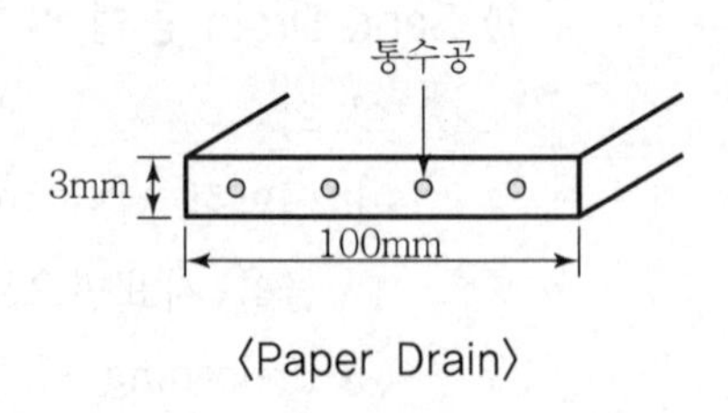

〈Paper Drain〉

### 3) Pack Drain 공법

① Vibro Hammer로 밑판이 있는 Casing을 지중에 박고 타설 완료 후 Casing 내부에 주머니를 달아매서 그 속에 모래를 채운 다음 Casing을 뽑아냄

② 이 공법에 사용되는 기계는 4개의 Casing을 동시에 박아 4개의 드레인을 만들 수 있음

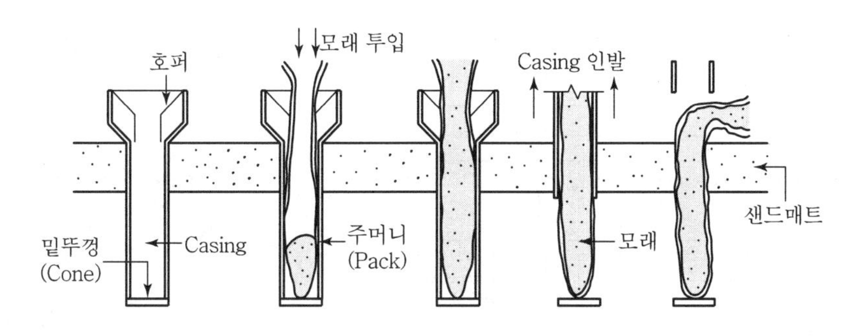


〈Pack Drain〉

### (4) 배수공법

#### 1) Deep Well 공법

① $\phi$300~1,000의 구멍을 기초바닥까지 굴착하여 우물관을 설치해서 수중 Pump로 배수하는 공법

② 우물관과 공벽 사이에 투수층이 좋은 필터 충전

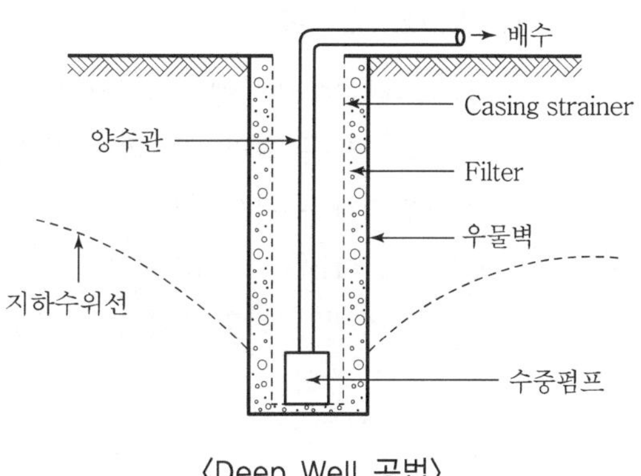


〈Deep Well 공법〉

#### 2) Well Point 공법

① 소정의 깊이까지 모래말뚝을 형성하고 Well Point를 설치

② 간극수의 투수성이 좋은 층에서는 건식 시공도 가능

③ 주로 사질지반에서 투수성이 좋기 때문에 많이 사용

④ 보일링 현상에 대응하는 공법

⑤ 양수관의 간격은 1~2m

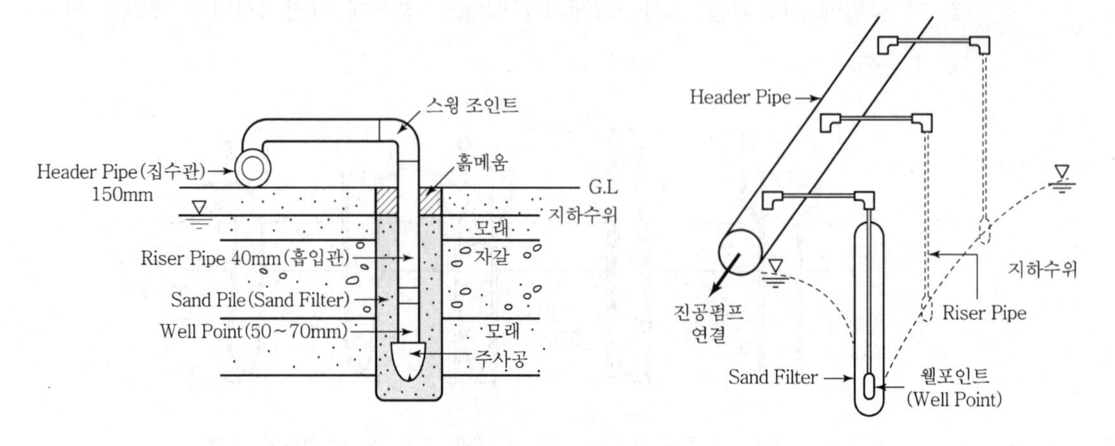


〈Well Point 공법〉

### (5) 고결공법

#### 1) 생석회 말뚝공법

① 모래말뚝 대신에 수산화칼슘(생석회)을 주입하면 흙 속의 수분과 화학반응하여 발열에 의해 수분이 증발

② $CaO + H_2O \rightarrow Ca(OH)_2$

③ 이 공법은 발열량이 많으므로 위험물 취급시 주의

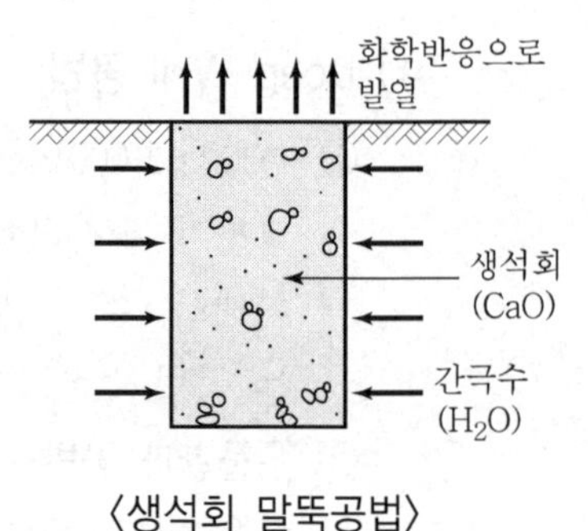


〈생석회 말뚝공법〉

#### 2) 동결공법

동결관을 땅속에 박고, 이 속에 액체 질소 같은 냉각제를 흐르게 하여 주위의 흙을 동결시켜서 일시적인 가설공법에 사용하는 공법

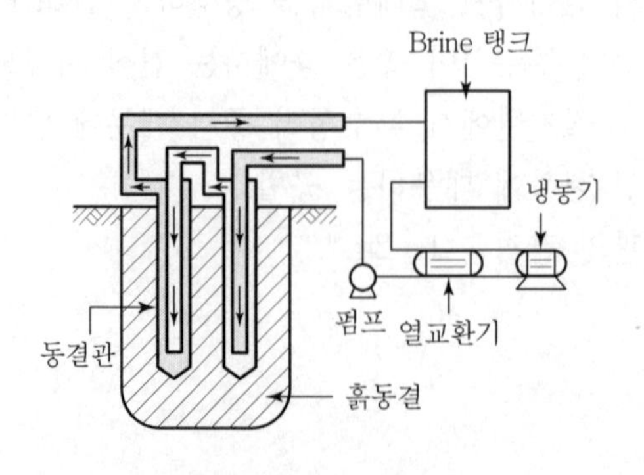


〈동결공법(Brine 방식)〉

### 3) 소결공법

점토질의 연약지반 중에 연직 또는 수평 공동구를 설치하고, 그 안에 연료를 연소시켜 고결탈수하는 공법

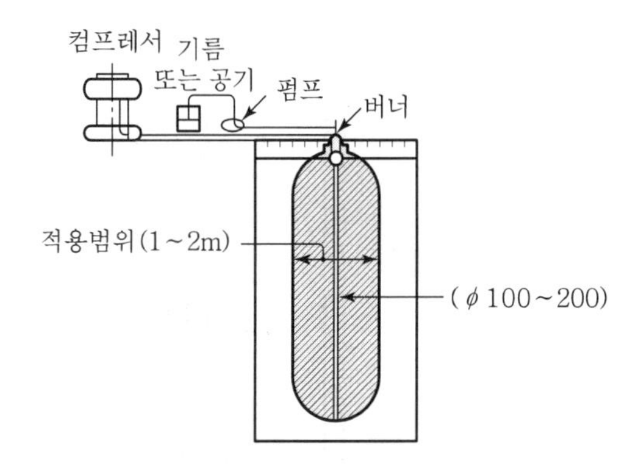


〈소결공법(밀폐식에 의한 방법)〉

## (6) 동치환공법(Dynamic Replacement)

Crane을 이용하여 무거운 추를 자유낙하시킨 후 연약지층 위에 미리 포설되어 있는 쇄석 또는 모래, 자갈 등의 재료를 타격하여 지반으로 관입시켜서 지중에 쇄석기둥을 형성하는 공법

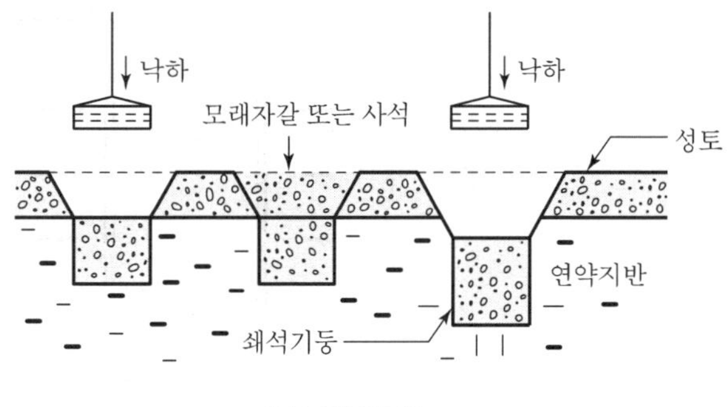


〈동치환공법〉

### (7) 전기침투공법

물의 성질 중 전기가 양극에서 음극으로 흐르는 원리를 이용하여 Well Point를 음극봉으로 하여 탈수시키는 공법

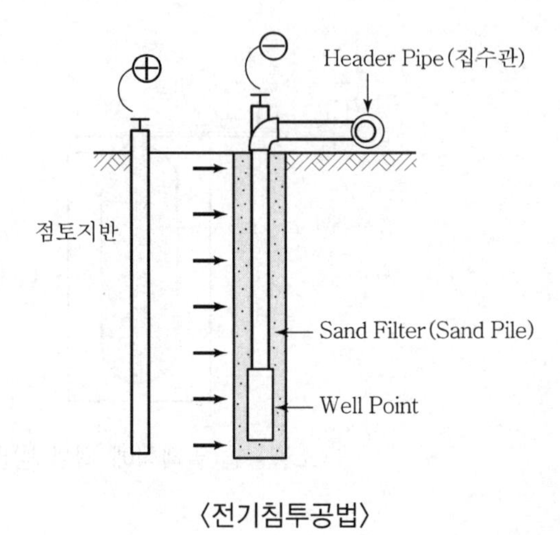


〈전기침투공법〉

### (8) 침투압공법

반투막 중공 원통을 지중에 설치하고 그 안에 농도가 큰 용액을 넣어 점토층의 수분을 빨아내는 공법

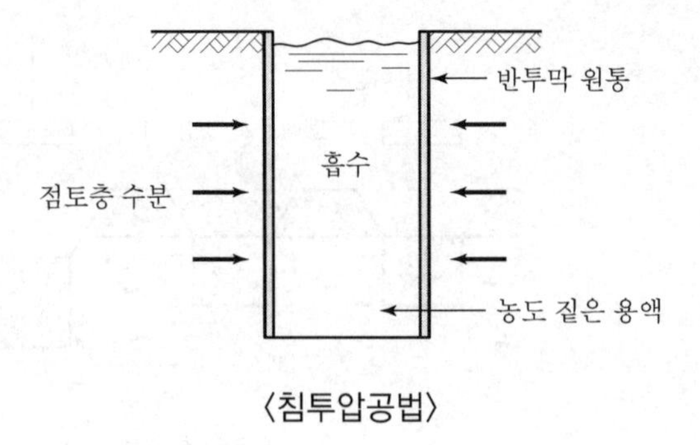


〈침투압공법〉

(9) **대기압공법(진공공법)**

비닐재 등의 기밀한 막으로 지표면을 덮은 다음 진공 Pump를 작동시켜서 내부의 압력을 내려 대기압 하중으로 압밀을 촉진하는 공법

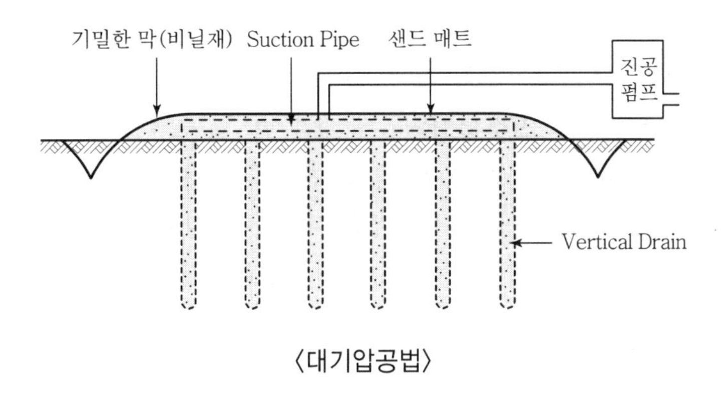


〈대기압공법〉

(10) **표면처리공법**

기초 지표면에 그라우팅, 철망, 석회, 시멘트 등을 부설하는 공법

## Ⅴ. 사질토 · 점성토 공법별 특징

(1) **입도조정공법**

흙의 안전성 · 투수성을 개량하기 위해 다른 흙 · 자갈 · 깬돌 등을 더하여 혼합하고 다지는 공법

(2) **Soil Cement공법**

**1) 정의**

분쇄한 흙과 Cement Paste를 혼합하여 다져서 보양한 혼합처리공법으로 주로 주열식 흙막이벽에 사용

**2) 특징**

① 사질토에서 압축강도가 3~10MPa까지 도달하나 점성토에서는 그다지 증대되지 않음

② 흙을 이용하기 때문에 Con'c에 비해 공사비 저렴

### (3) 화학약제 혼합공법

연약지반에 화학약제를 혼합하여 지반의 전단강도를 높이는 공법

## Ⅵ. 지반개량공법의 지하수 배수 공법

① 중력배수 : 집수통, Deep Well 공법
② 강제배수 : Well Point 공법, 진공 Deep Well 공법
③ 영구배수 : 유공관 설치공법, 배수관 설치공법, 배수판공법, Drain Mat 공법
④ 복수공법(Recharge 공법) : 주수공법, 담수공법

## Ⅶ. 결 론

지반개량공법은 흙파기 공사 시 주변 지반의 이완을 미연에 방지하거나 기초 저면의 지내력이 설계기준강도에 미달될 때 연약지반을 개량하여 지내력을 확보하는 것으로서 철저한 사전조사에 의한 적정한 공법의 선택이 중요하다.

# 문제 5 토공사 시 경사면 안정성 확보방안

## Ⅰ. 개 요

경사면 안정성 확보의 핵심은 경사면과 경사면 상부에 물의 침투를 예방하는 것이며 경사면 하부의 흙의 유실이 발생하지 않도록 한다.

## Ⅱ. 절토 사면의 표준 구배(KDS 11 70 05)

<table>
<tr><th colspan="2">토질</th><th>경사면 높이(m)</th><th>구배 기준</th></tr>
<tr><td colspan="2">모래</td><td>-</td><td>1 : 1.5 이상</td></tr>
<tr><td rowspan="4">사질토</td><td rowspan="2">밀실한 것</td><td>5 이하</td><td>1 : 0.8~1 : 1.0</td></tr>
<tr><td>5~10</td><td>1 : 1.0~1 : 1.2</td></tr>
<tr><td rowspan="2">밀실하고 입도분포가 나쁨</td><td>5 이하</td><td>1 : 1.0~1 : 1.2</td></tr>
<tr><td>5~10</td><td>1 : 1.2~1 : 1.5</td></tr>
<tr><td rowspan="4">자갈 또는 암괴 섞인 사질토</td><td rowspan="2">밀실하고 입도분포가 좋음</td><td>10 이하</td><td>1 : 0.8~1 : 1.0</td></tr>
<tr><td>10~15</td><td>1 : 1.0~1 : 1.2</td></tr>
<tr><td rowspan="2">밀실하지 않고 입도분포가 나쁨</td><td>10 이하</td><td>1 : 1.0~1 : 1.2</td></tr>
<tr><td>10~15</td><td>1 : 1.2~1 : 1.5</td></tr>
<tr><td colspan="2">점성토</td><td>0~10</td><td>1 : 0.8~1 : 1.2</td></tr>
<tr><td colspan="2" rowspan="2">암괴 또는 호박돌 섞인 점성토</td><td>5 이하</td><td>1 : 1.0~1 : 1.2</td></tr>
<tr><td>5~10</td><td>1 : 1.2~1 : 1.5</td></tr>
<tr><td colspan="2">풍화암</td><td>-</td><td>1 : 1.0~1 : 1.2</td></tr>
</table>

## Ⅲ. 굴착 시 기울기 기준(산업안전보건기준에 관한 규칙)

| 모래 | 그 외의 흙 | 풍화암 · 연암 | 경암 |
|---|---|---|---|
| 1 : 1.8 | 1 : 1.2 | 1 : 1 | 1 : 0.5 |

## Ⅳ. 안정성 확보방안

### 1) 상부 배수구 설치

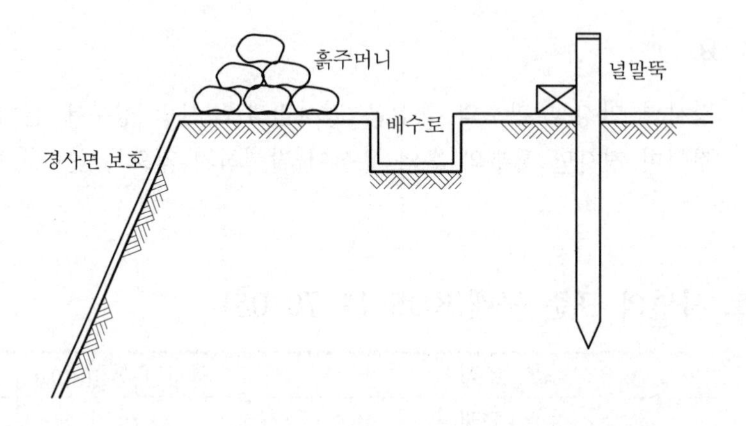


① 상부의 물이 경사면으로 침입하지 않도록 배수로 설치
② 배수로 상단에 널말뚝을 설치하여 배수로의 물 인입 최소화
③ 배수로 하부에서 누수 유의

### 2) 경사면 보호

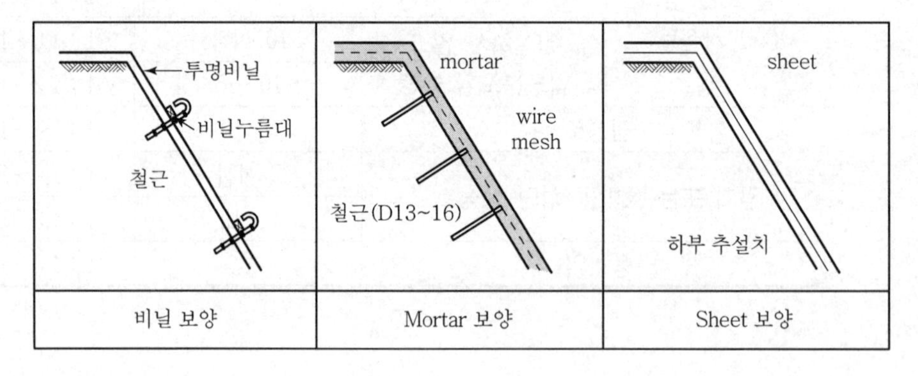


경사면의 물 침입 방지를 위해 현장 여건에 따른 적정 보양 방법을 선정

### 3) 소단 설치

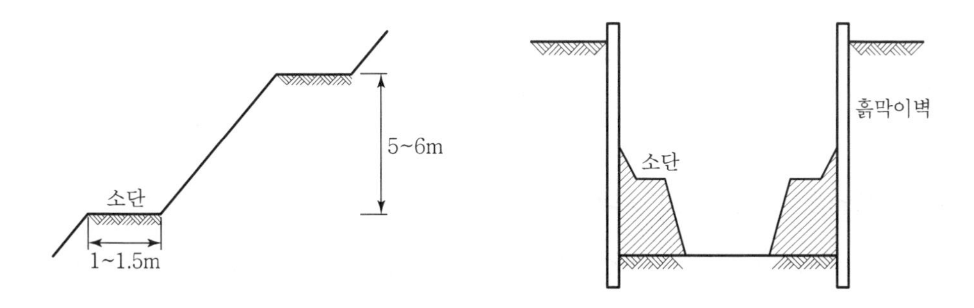


① 보통 구배의 소단은 높이 5~6m마다 1~1.5m 폭의 소단 설치
② 경사면 안정성을 확보하기 위해 법적으로 통제

### 4) 하부 배수로 및 흙막이 시공

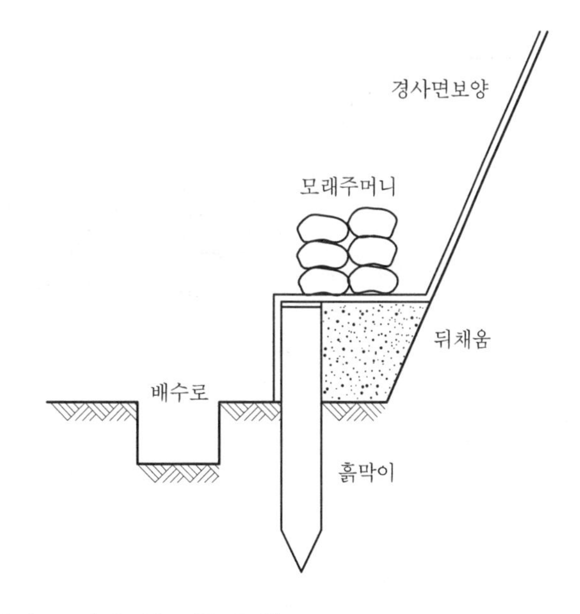


① 배수로에 물이 고이지 않도록 유의
② 배수로는 집수정과 연결하여 pumping
③ 경사면 하부에 간단한 흙막이를 설치하여 경사면 하부 파손 방지
④ 흙막이 배면 뒤채움 철저

5) 지하수 처리

① 지하 수위를 경사면 하단 아래로 관리

② Well point 등 배수 대책 마련

## Ⅴ. 비탈면 안정 조치 사항

우수기 때 경사면의 붕괴가 현저히 나타나며, 비온 뒤 현장관리자는 경사면의 안정상태를 꼼꼼히 확인하여야 한다.

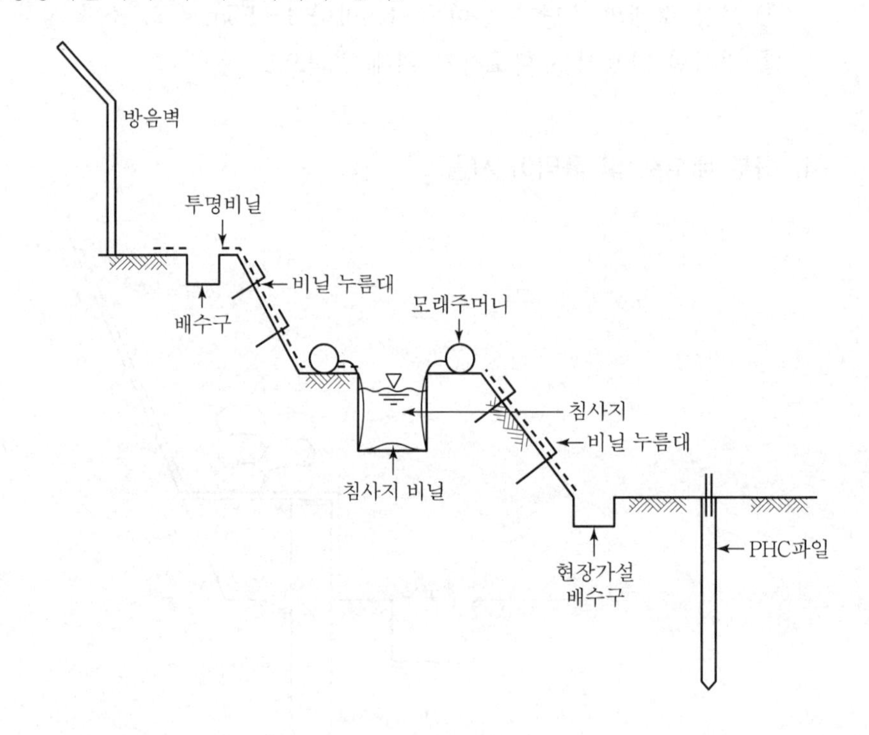


## Ⅵ. 결 론

① 경사면과 경사면 상부 물의 침투를 방지하여 토공사 시의 경사면 안정성을 확보한다.

② 흙막이 굴착 시에는 충분한 사전조사와 밀실한 흙막이 벽체의 설계, 엄격한 시공과 적절한 지하수 처리로 주위 지반면의 안정을 도모한다.

# 문제 6 도심지 심층 지하의 흙막이공법 선정 시 고려사항

## Ⅰ. 개 요

1) 의 의

흙막이 공법은 터파기의 규모, 현상, 토질, 대지의 상황, 지하수위 등에 따라 공기, 경제성을 검토하며 안전하고 공해없는 공법을 선정한다.

2) 흙막이 공사와 관련 공사

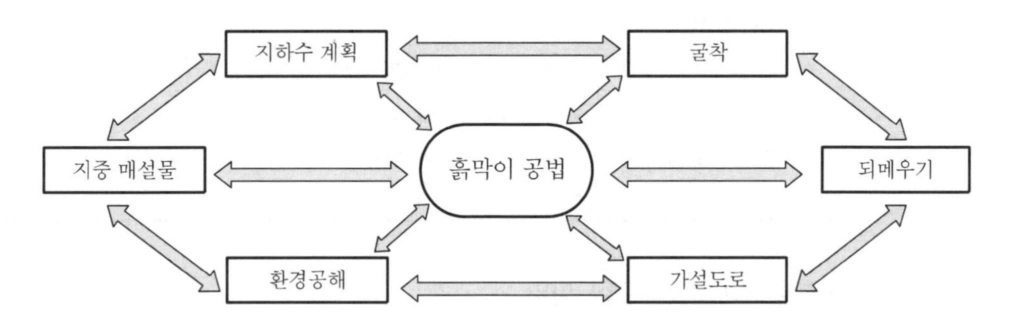


계측 관리, 지하 구조체 설치를 고려하여 흙막이 공법 선정

## Ⅱ. 흙막이벽에 작용하는 토압

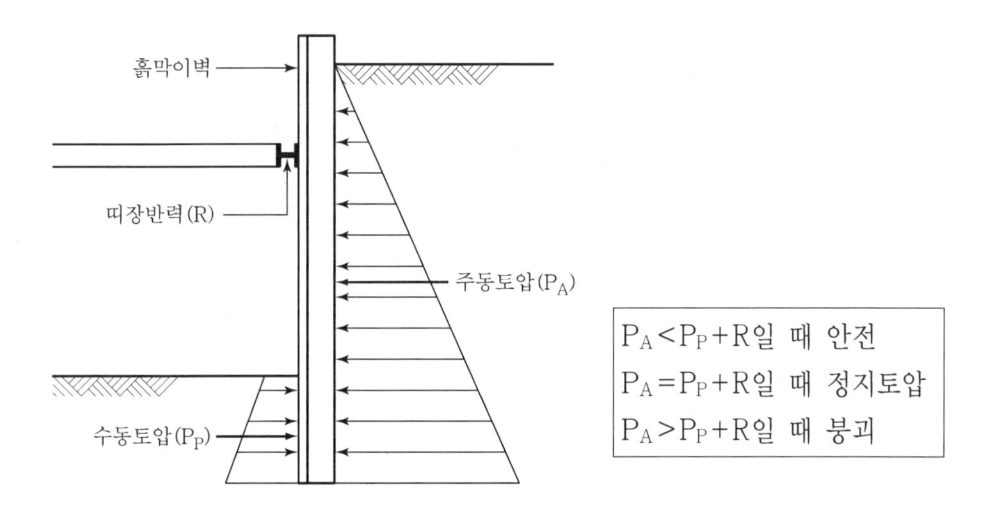

## Ⅲ. 흙막이공법 선정 시 고려사항

### 1) 사전조사

| 조사항목 | 조사내용 |
|---|---|
| 부지상황 | • 도로 경계선과 인접 건축물과의 경계선<br>• 주변 지반을 포함한 지반 고저차 |
| 매설물 | • 잔존 구조물의 위치 및 형상<br>• 상하수도, 전기관, 통신설비, 가스관 등 |
| 공작물 | • 부지내외의 공작물 파악<br>• 연못, 우물, 수목 등의 위치 파악 |
| 교통상황 | • 부지까지의 도로폭<br>• 주변 도로의 현황 파악<br>• 잔토 처리를 위한 차량 경로 파악 |
| 인접구조물 | • 인접 구조물과의 거리<br>• 인접 구조물과의 구조 형식 및 지하층 현황<br>• 특수 구조물의 여부 |

### 2) 굴착심도에 따른 토질 파악

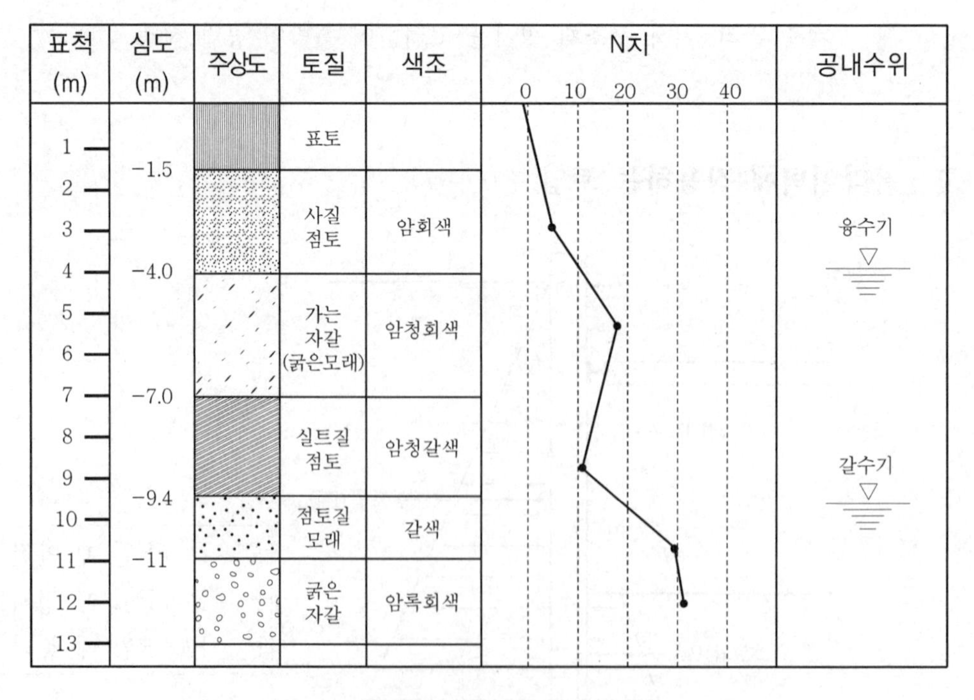


Boring test 등의 지반조사를 통하여 토질 주상도 작성

### 3) 공법 검토

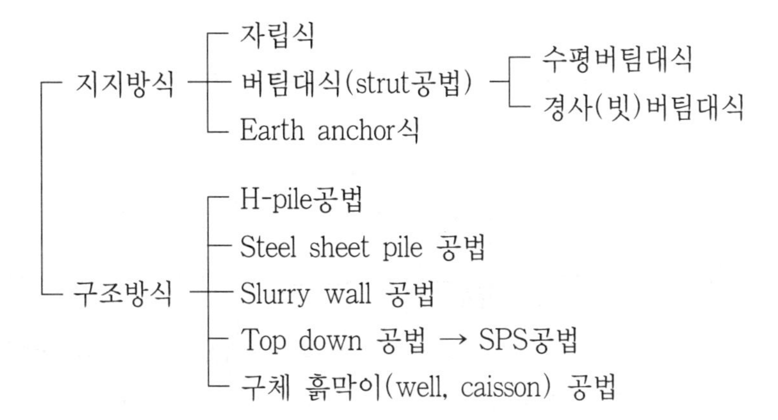


### 4) 공기 파악

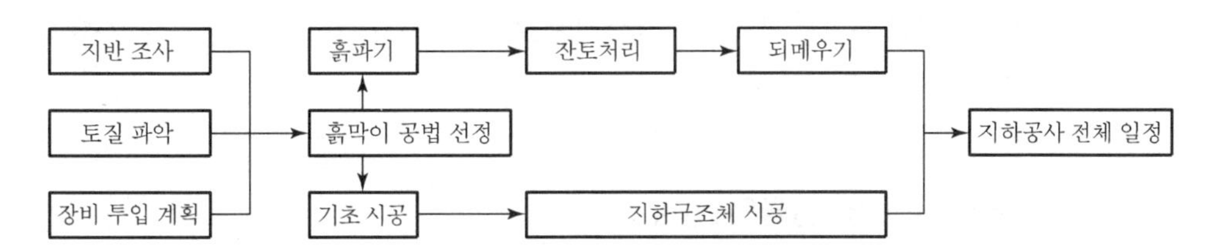


흙막이 공법과 흙파기 공법의 선정은 지하공사의 전체 공기를 좌우하므로 세심한 주의 필요

### 5) 경제성 검토

① 공사 규모에 따른 경제성 검토
② 건축물 운용 계획에 따른 경제성 검토
③ 직접 공사비에 따른 경제성 검토

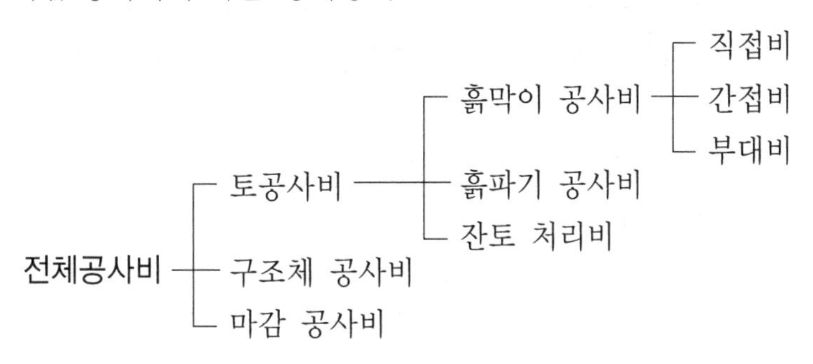

### 6) 지하수위 파악

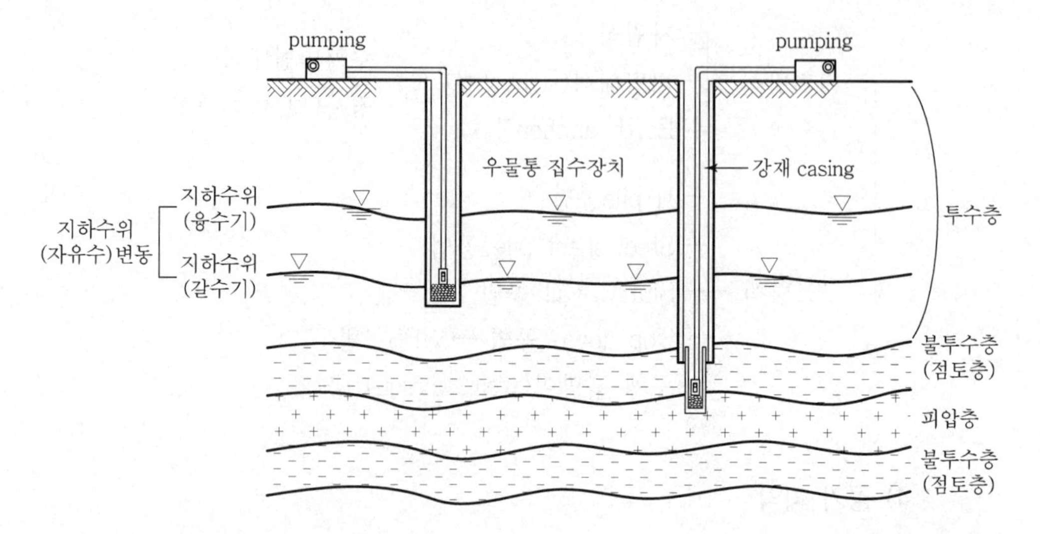


일반 지하수위는 우물통 집수정으로 제거하고, 지하 피압수는 자유수와 혼입되지 않도록 조치하며 제거

### 7) 주변 지반 및 건물의 변위

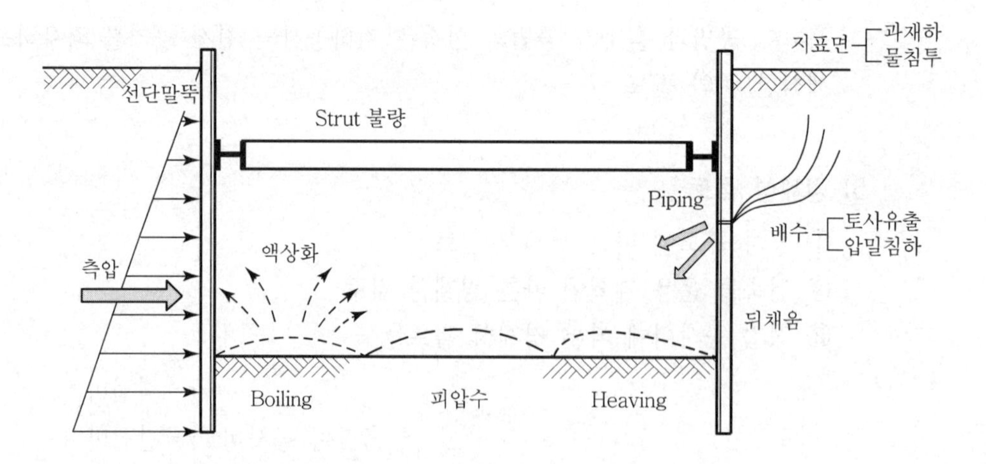


주변 지반의 변위를 최소화하기 위해서는 적정 공법의 선택과 시공 시 철저한 계측관리를 통하여 민원에 대처

8) Underpinning 검토

주변 건물에 침하 및 균열 발생시를 대비하여 지반 조사시 이를 보강하기 위한 공법 검토

9) 작업 공간 확보

① 도심지 공사로 인하여 도로 점령허가, 대형차량 출입통로 확보가 중요
② 주변 건물에 지장이 되지 않는 범위에서 최대한의 작업 공간 확보

10) 환경공해 관리

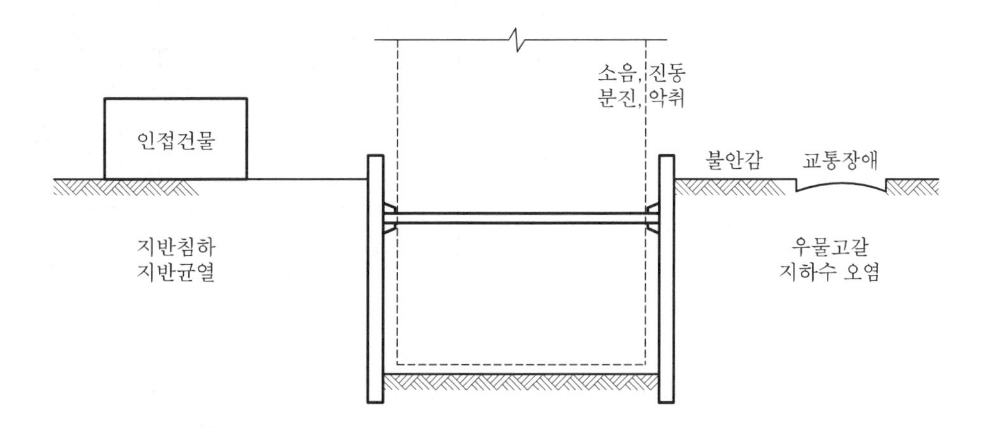


① 환경공해 발생은 민원의 원인이 되므로 최대한의 억제 대책을 마련
② 도심지 공사에서는 이를 완화하기 위해 주요 공사의 일부를 야간에 진행

## Ⅳ. 흙막이공사 시 중점관리방안

1) 도심지 공사에서의 환경공해 관리

① 소음, 진동, 먼지 등에 의한 근무의욕 감퇴
② 공사현장 주변의 생활환경 파괴
③ 민원 발생으로 인한 공기 지연 또는 공사 중단 발생

2) 계측관리

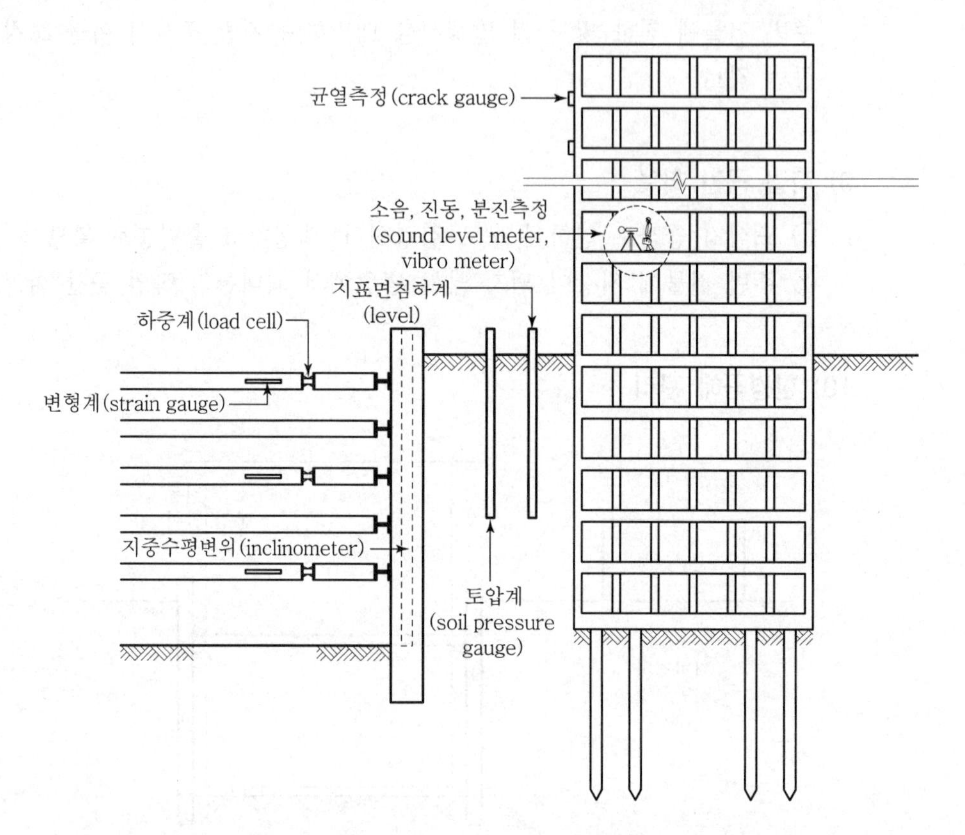


계측관리를 통한 주변 건물의 안정과 공사장내의 안전을 도모

## V. 결 론

① 근래에 지하구조물이 대형화됨에 따라 대형 붕괴사고 및 주변 건축물의 피해가 늘어 민원의 대상이 되고 있다.

② 정보화 시공(계측관리) 및 저소음, 저진동공법의 개발 등을 통하여 흙막이 공사의 안정성을 높여야 한다.

# 문제 7 Earth Anchor 공법의 시공순서와 붕괴원인 및 대책

## Ⅰ. Earth Anchor 공법의 정의

### 1) 개 요

① 흙막이벽 등의 배면을 원통형으로 굴착하고 Anchor체를 설치하여 주변 지반을 지탱하는 공법

② Earth Anchor는 흙막이벽의 Tie Back Anchor로 이용되는 경우 이외에도 흙 붕괴 방지용, 교량에서의 반력용, 지내력 시험의 반력용 등 다양한 용도로 사용

### 2) 특 징

| 장점 | 단점 |
|---|---|
| • 굴착공간을 넓게 활용<br>• 대형 기계의 반입 용이<br>• 주변 지반의 변위 감소<br>• 설계 변경이 용이하며, 작업 공간이 작은 곳에서도 시공이 가능 | • 시공 후 검사 난해<br>• 지중에서 형성되는 것으로 품질관리 난해<br>• 기능공의 기술능력 신용도 저하 |

## Ⅱ. 분 류

| 용도에 의한 분류 | 지지방식별 분류 |
|---|---|
| • 가설용 Earth Anchor(제거식, 비제거식)<br>• 영구용 Earth Anchor | • 마찰형 지지방식<br>• 지압형 지지방식<br>• 복합형 지지방식 |

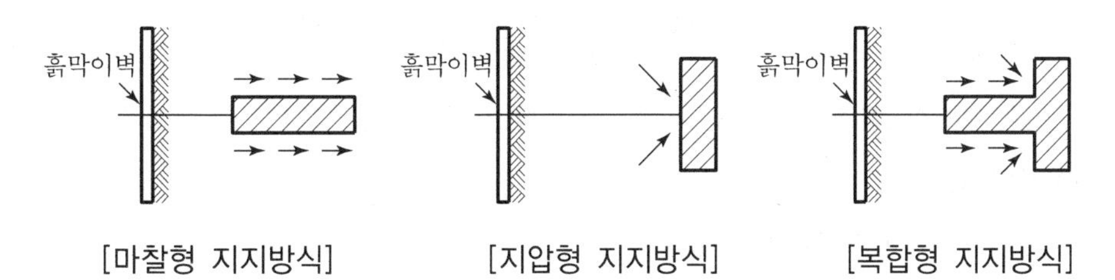


[마찰형 지지방식] [지압형 지지방식] [복합형 지지방식]

## Ⅲ. 시공순서

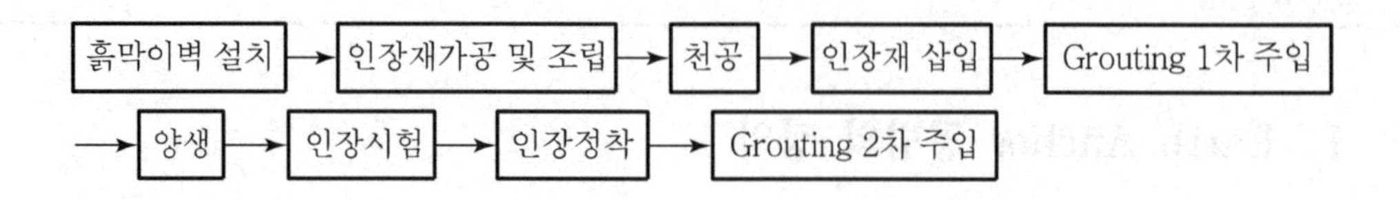


### 1) 인장재 가공 및 조립

① 인장재는 주로 PS 강선을 사용

② 가공 시 자재의 변형 방지

③ Strand에 부착된 녹과 이물질은 시공 전 제거

### 2) 천 공

① 공벽 유지를 위해 기계인발 시 유의(천천히 인발)

② 설계길이보다 0.3~0.7m 깊게

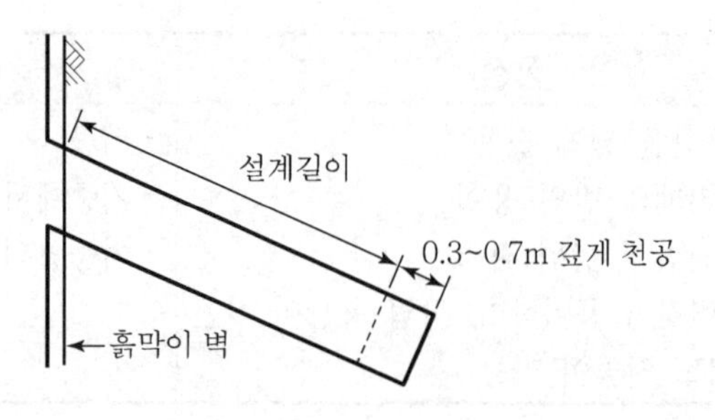


### 3) 인장재 삽입

① 인장재(PS 강선)의 적정 깊이 유지

② 삽입시 주위 공벽이 무너지지 않게 천천히 삽입

### 4) Grouting 1차 주입

① Grouting재의 품질확보

② 공벽과의 부착성이 확보될 수 있도록 시공

### 5) 양 생

① 양생 시 진동, 충격, 파손이 없도록 주의

② 기온의 변화 및 강우 후의 공벽 영향 등 점검

### 6) 인장시험

① Grout 양생 후 인장시험 실시

② 불합격시 재시공

7) 인장정착

시험합격 후 PS 강선인 인장재를 Bracket(좌대)에 정착

8) Grouting 2차 주입

영구용 Anchor인 시공 시 강선 부식 방지를 위해 2차 주입(방청재) 실시

## Ⅳ. 붕괴 원인

1) 흙막이 벽의 지지력 부족

① 벽체의 강성 부족

② 앵커 인장체의 품질 불량

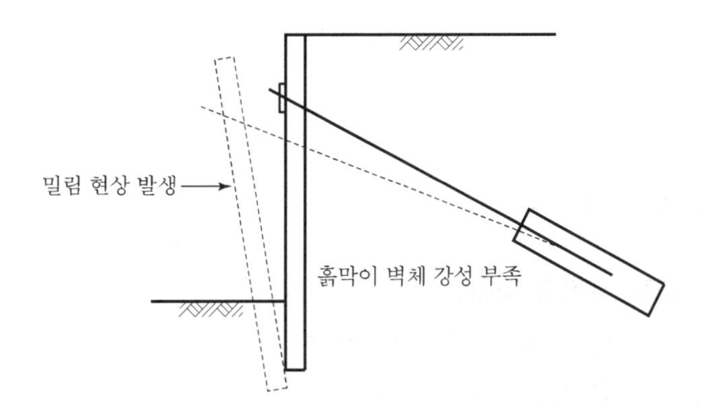


2) 굴착저면의 불안정

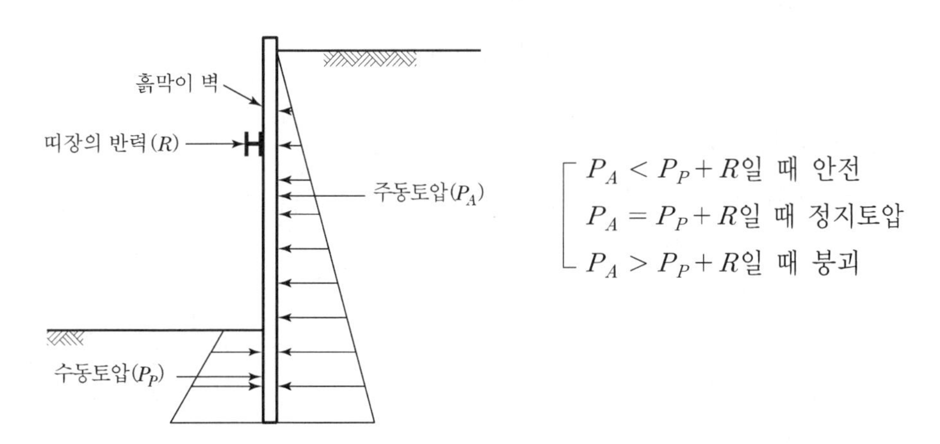

### 3) 내적 불안정

① 배면의 수위 변화
② 뒷채움 상태 불량

### 4) 외적 불안정

정착장 깊이 불량

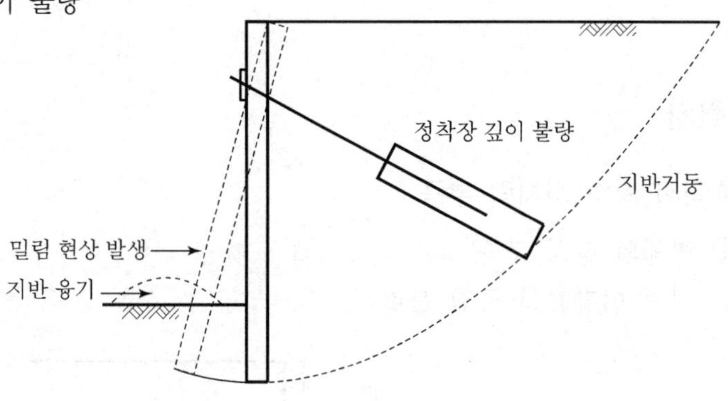


## V. 붕괴 방지대책

### 1) 인장재 부착력 향상

① 부착된 녹 및 이물질 등 제거
② 부착력 향상 방안 강구

### 2) Grouting재 시공 철저

① 인장재의 부식 방지 및 방수효과가 우수한 자재 사용
② 굴착면 주위로 Grout재의 정착방안 강구

### 3) 공벽 붕괴 방지

① 기계 인발 시 공벽의 붕괴가 없도록 천천히 시공
② 기계 선정 시 저진동 기계 선택

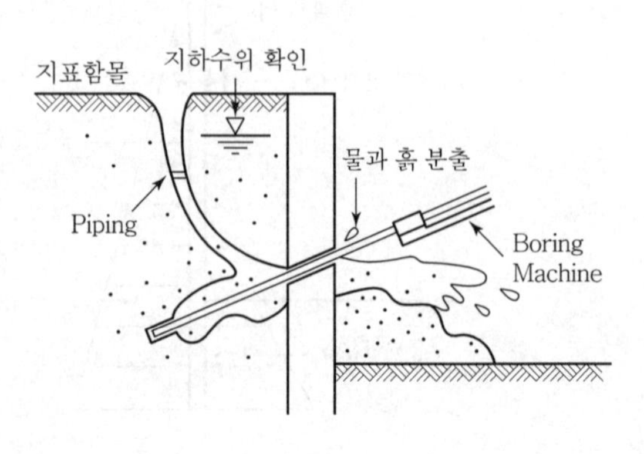


### 4) 주입압 유지

Grout재의 적정 주입압 유지

### 5) 피압수 파악

지반조사를 통한 피압수 지층을 사전 파악

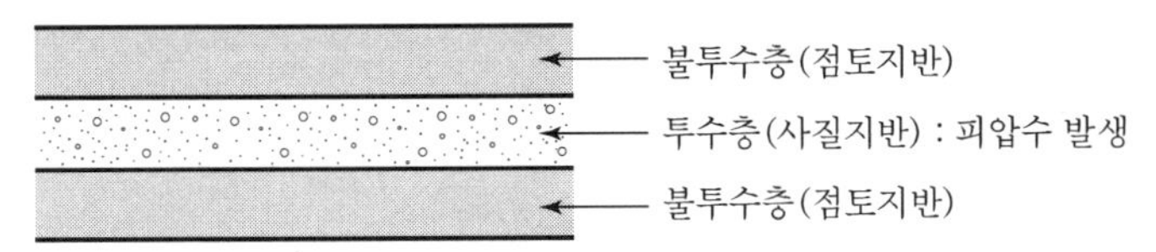


### 6) 안전성 확보

① 인장 작업 중에 안전선반 설치와 진동, 충격에 유의

② 작업대는 기계선반과 별도로 고정하여 기계진동 전달 방지

### 7) 계측관리 실시

| 종류 | 내용 |
|---|---|
| 인장시험 | • 실제시공 앵커, 또는 별도의 추가 앵커로 시험<br>• 확인시험 결과의 추정·판단 기초자료 목적<br>• 시험하중≥설계하중×1.2, 또는 인장재 항복하중 0.9 이하로 재하 |
| 인발시험 | • 시험용 앵커에서 본시공 전 실시<br>• 실제지반의 주면마찰 저항값<br>• 설계값의 안전율을 확인하기 위한 시험 |
| 확인시험 | • 본시공 앵커를 전수시험<br>• 단독, 또는 인장시험 결과와 비교하여 판단<br>• 안전율이 3.0 이상이면 설계하중까지 확인<br>• 2.5이면 '설계하중×1.2'를 적용 |
| Lift Off Load Test | • 일반적으로 긴장, 정착 후 1개월 이내에 실시<br>• 시간경과효과를 고려하여 실시<br>• Relaxation 정도에 따라 재긴장 여부를 판정 |

## Ⅵ. 결 론

① 어스앵커는 지중에 시공되므로 Con'c의 품질관리가 어렵고, 검사가 용이하지 않은 단점이 있으나 설계변경 및 기존 구조체의 보수·보강에 유리한 점이 있다.

② 어스앵커공법은 무진동, 무소음의 공법에 가까워 앞으로도 많이 활용될 전망이다.

# 문제 8 Soil nailing 공법의 장단점 및 시공방법

## Ⅰ. 공법의 개요

### 1) 정 의

① Soil nailing 공법은 철근을 이용한 절토 사면 보강공법으로 인장력과 전단력에 견디도록 보강재(nail)인 철근으로 지반을 보강하는 공법이다.

② 공법의 원리는 보강토공법과 비슷하지만 보강토공법은 주로 성토 사면에 사용하며, soil nailing 공법은 절토면이나 절토 사면 또는 흙막이 공법에 사용한다.

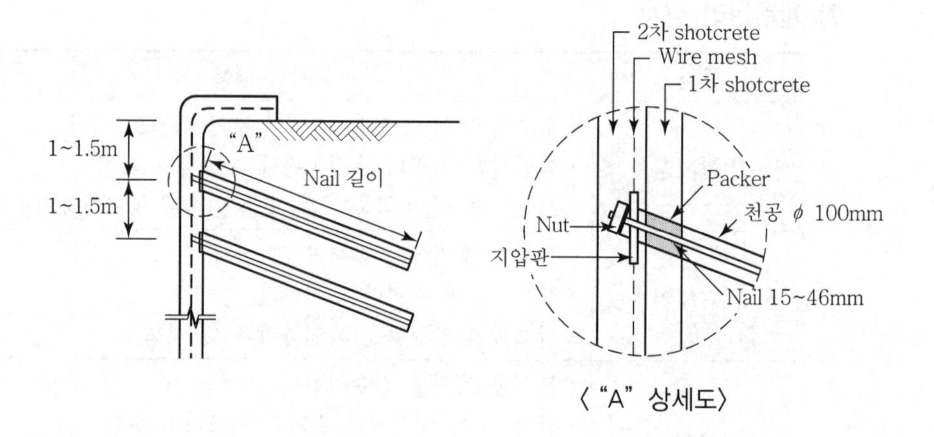


〈"A" 상세도〉

### 2) 용 도

① 굴착면이나 사면 안정

② Tunnel의 지보 체계

③ 기존 옹벽의 보강

④ 흙막이벽 등에 병용으로 활용

### 3) 사용 재료

| 사용 재료 | 재료의 품질 |
|---|---|
| 인장재(Nail) | • 주로 D29 이형철근 사용<br>• 영구 구조물의 경우에는 부식 방지를 위한 조치 필요<br>• 아연도금 또는 주름 도관에 철근을 넣고 cement paste로 채워 굳힌 것을 사용 |
| 그라우트(Grout)재 | • 보통 portland cement 및 조강 cement 사용<br>• 혼화재는 팽창제 사용<br>• 물결합재비는 45~55%가 기준 |
| 지압판 | • Nail을 shotcrete 표면에 정착하여 응력을 분산시키기 위해 사용<br>• 150×150×12mm 또는 200×200×8~10mm 강판 사용 |
| 콘크리트 | • Shotcrete 콘크리트의 배합비는 중량비 1 : 2 : 4<br>• 설계기준강도는 18MPa 이상<br>• 단위시멘트 중량은 350kg/m$^3$ 이상 |
| Wire mesh | • Shotcrete 콘크리트의 강도 증대, 균열방지와 접착력 향상을 위해 사용<br>• $\phi$4×8mm(8×100×100)의 용접된 정사각형 금속망을 사용<br>• 지압판(plate) 연결 철근은 D16 이형철근 사용 |

## Ⅱ. 장단점

### 1) 지반 자체를 이용

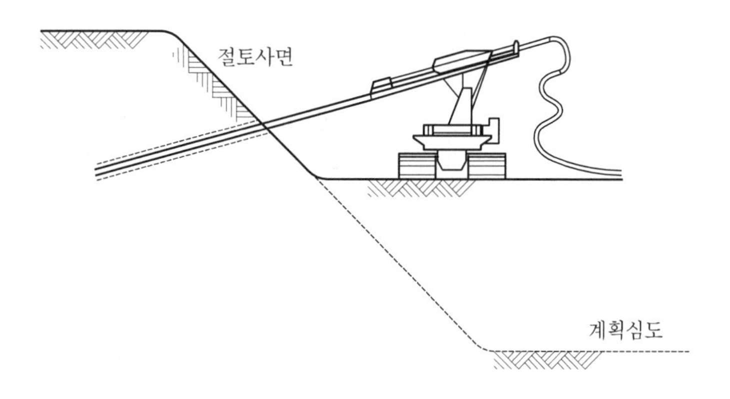


① 지반 자체를 벽체로 이용하므로 안정적

② 계획 벽체(절토면 보호, 흙막이벽, 옹벽)의 시공 용이

2) 소형장비 사용

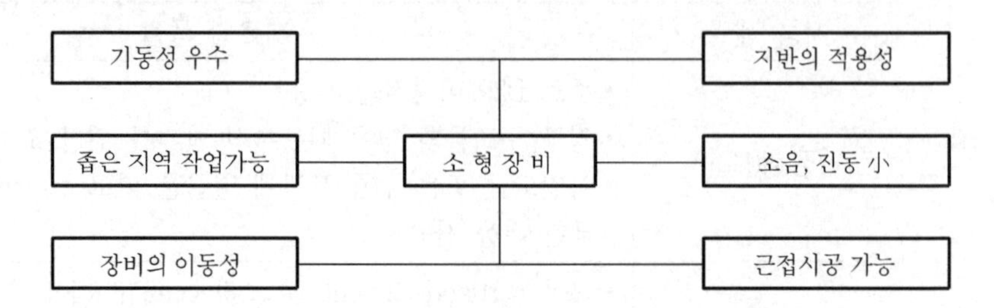


3) 지반 조건에 대응 용이

① 구조체의 유연성으로 주변 지반의 거동에 빠르게 대응
② 험준한 환경에도 작업 가능

4) 안정성 우수

시공 완료 후 지진 등 주변 지반의 moving에 안전

5) 환경 친화공법

① 작업시 소음, 진동 등이 최소
② 기존 지반을 보호

6) 굴착한도에 제한

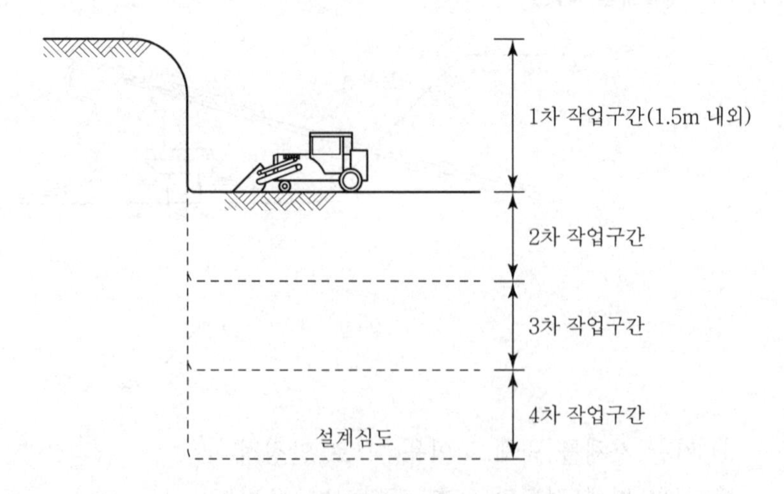


굴착 및 시공 깊이가 1.5m 내외로 작업 구간이 적음

7) 지지력 한도

큰 지지력이 요구되는 경우 곤란

## Ⅲ. 시공방법

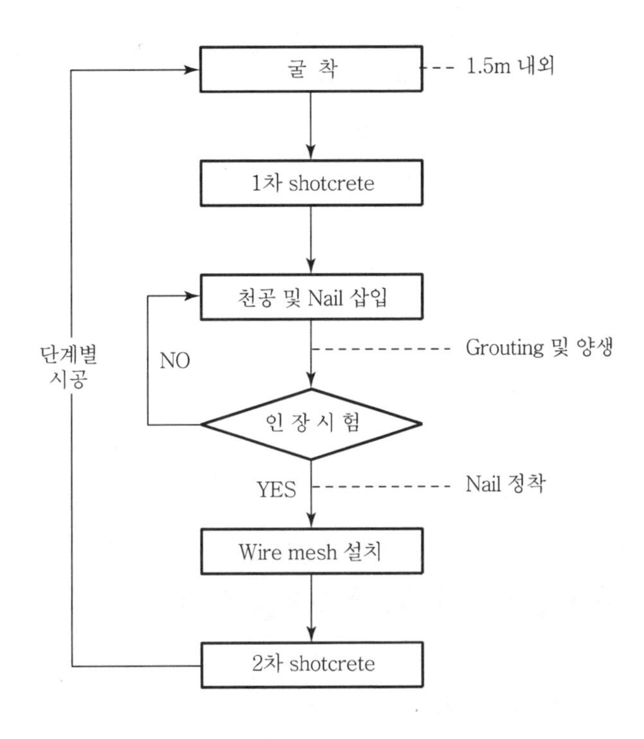


1) 굴 착

① 1차 굴착 깊이를 결정한 후 굴착

② 단계별 굴착 깊이는 토질에 따라 상이

2) 1차 shotcrete

① 굴착면을 보호하기 위해 실시

② 두께 50~100mm 두께로 전면판을 형성하여 일체화 도모

### 3) 천공 및 nail 삽입

① Shotcrete 타설 24시간 경과 후 실시
② Auger를 이용하여 지반 천공
③ 천공한 구멍 속에 철근 15~46mm를 이용하여 지반에 nail 삽입
④ 천공 구멍이 붕괴의 우려가 있을 시 casing 설치

| 지질 | 천공 속도(m/분) |
|---|---|
| 실트 · 점토 · 묽은 모래 | 5 이하 |
| 단단한 점토 · 약간 조밀한 모래 | 4 이하 |
| 조밀한 모래 · 자갈 | 3 이하 |

### 4) 인장시험

① 인발시험기를 이용하여 nail이 지반속에 견고하게 설치 여부 확인
② 인발시험은 시공 수량의 1~2%에 대하여 설계력의 발현 여부 확인

### 5) Wire mesh 설치

① 1차 shotcrete 위에 용접가공된 wire mesh 설치
② Wire mesh 위에 지압판 연결 철근(D16) 설치

### 6) 2차 shotcrete 타설

① Nail의 설치 완료 후에 wire mesh 설치 후 신속하게 shotcrete를 100~150mm 정도로 타설
② Shotcrete 타설 후 2단계 굴착 시작

## Ⅳ. 시공 시 유의사항

### 1) 사전 검토

① 지하수위의 영향이 적은 곳
② 지반의 자립 높이가 1m 이상 가능한 곳

### 2) 지반의 강도 확보

사질토의 경우 N치가 5 이상, 점성토의 경우 N치가 3 이상

### 3) 사면처리 철저

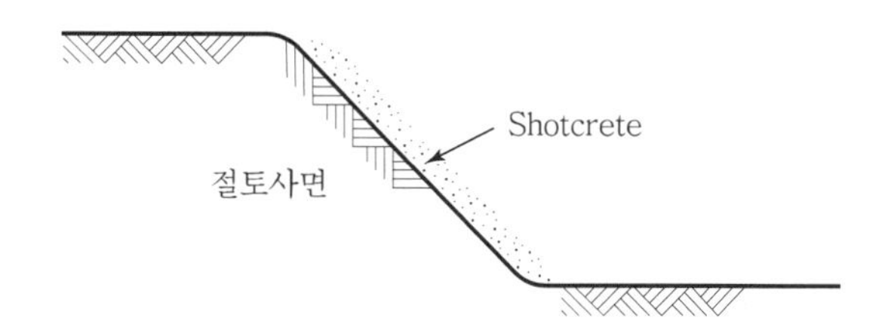


① Shotcrete의 두께는 50~100mm
② Shotcrete 시공 전까지 지반의 자립토 유지
③ 굴착 전면의 일체화 유도
④ Shotcrete 시공 24시간 후(강도 10MPa) 천공 실시

### 4) 인장시험 실시

① 시공 수량의 2% 이내(1회/200m$^2$) 실시
② Grouting 시공 후 양생기간은 1주일 이상 필요
③ 시험에 사용되는 nail은 설계 길이보다 500mm 큰 것 사용

### 5) 지압판 시공

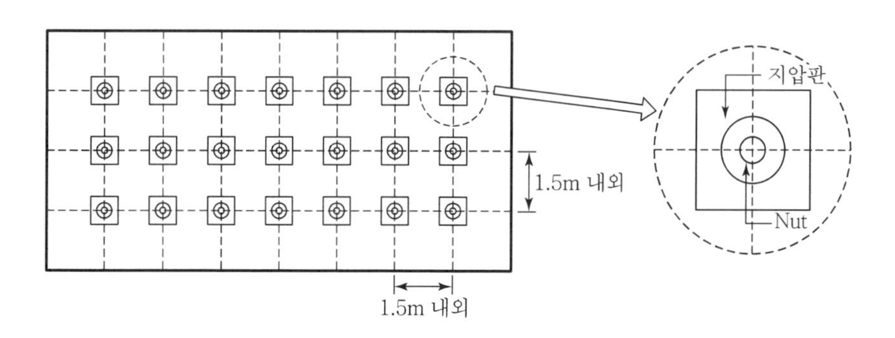


지압판 크기는 150×150×12mm 또는 200×200×10mm의 강판 사용

### 6) 배수 pipe 설치

벽면에 4~9m$^2$당 1개소씩의 배수 pipe(PVC $\phi$50) 설치

## Ⅴ. 결 론

① Soil nailing 공법은 지반 자체를 이용함으로 인해 지반조건에 대해 유연하게 대처함으로 활용이 점차 확대되고 있는 공법이다.

② 작업시에 소음 등의 오염원 발생이 적으므로 각광 받으나 큰 지지력이 요구되는 장소에는 굴착한도에 제한을 받고 있으므로 이에 대한 개발이 시급하다.

# 문제 9 보강토 옹벽의 재료, 특징 및 시공 시 유의사항

## Ⅰ. 개 요

### 1) 정 의

① 보강토란 흙과 흙속에 매설한 인장강도가 큰 보강재를 마찰력에 의해 일체화시키므로 자중이나 외력에 대하여 강화된 성토체를 구축하는 것이다.

② 흙과 보강재의 부착면에서 발생하는 마찰력으로 인한 전단 저항을 증대시키는 공법으로 근래 이용도가 높다.

### 2) 공법의 원리

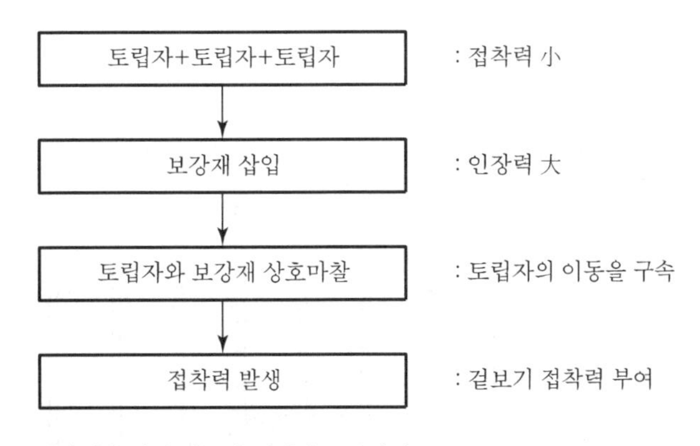


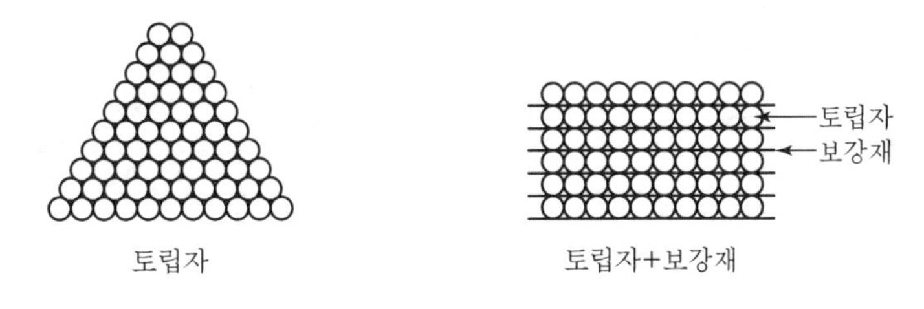


〈보강토 공법의 원리〉

## Ⅱ. 구성 요소(재료)

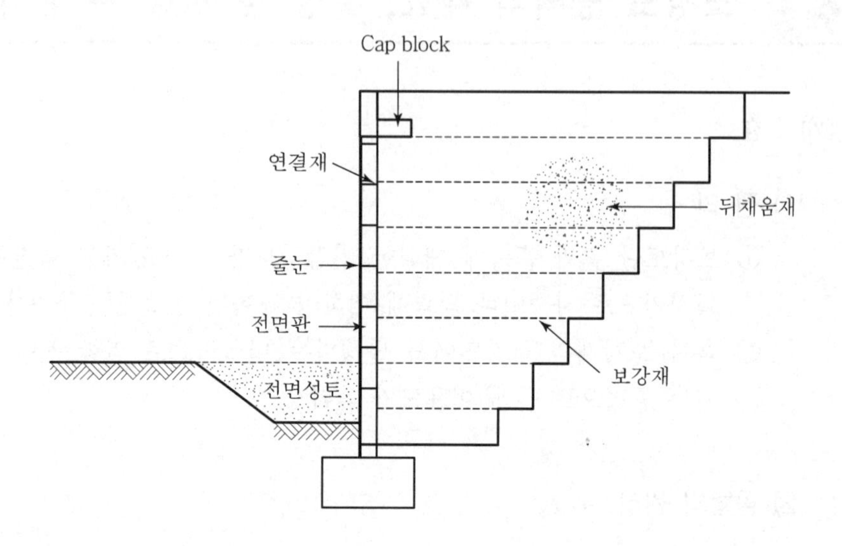


1) 전면판(skin plate)

① 뒤채움 흙의 유실방지, 보강재의 연결, 옹벽의 미관 고려 등의 역할

② 재료는 Con'c, 강재 등 공장제품 사용

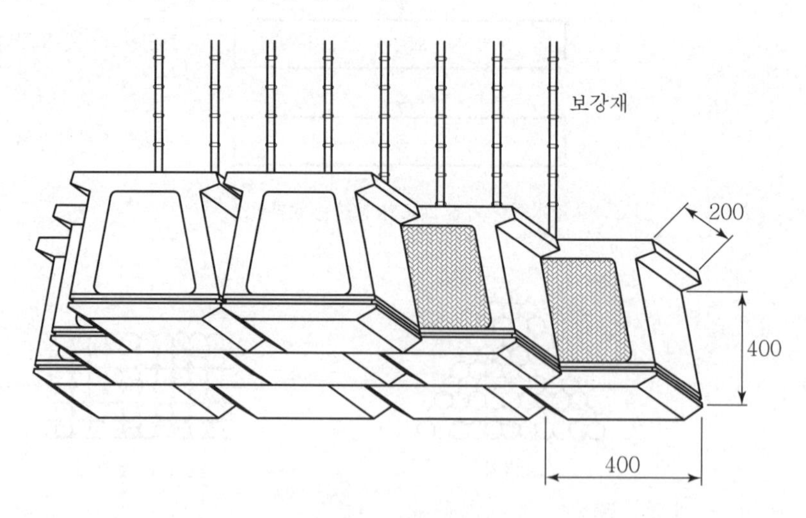


〈일반 block 형태〉

### 2) 보강재

① 마찰 저항이 크고 내구성 양호
② 뒤채움재의 토압에 의한 인장력 부담

### 3) 뒤채움재

① 내부 마찰각이 큰 조립토
② 배수성이 좋고 화학적으로 안정된 재료
③ 국내에서는 주로 마사토 사용

### 4) 연결재(tie)

옹벽 배면의 배수를 목적으로 투수성이 좋은 재료(부직포 등) 사용

### 5) 줄눈재

① 전면판 상호간의 충격 방지용
② 재료는 코르크(cork)를 주로 사용

## Ⅲ. 특 징

### 1) 신속한 시공 가능

① 기존 콘크리트 옹벽에 비해 시공 용이
② 공장 제품의 사용으로 공기 단축
③ 시공 면적이 적어도 가능

### 2) 높은 옹벽 가능

| 높이 | 일반 콘크리트 옹벽 | 보강토 옹벽 |
|---|---|---|
| 7m 이하 | 저렴 | 다소 고가 |
| 7~10m | 다소 고가 | 저렴 |
| 10m 이상 | 매우 고가 | 저렴 |

보강토 옹벽으로 20m 이상의 시공실적이 있음

### 3) 경제적

① 7m 이상의 콘크리트 옹벽을 특수 설계로 인하여 공사비 상승
② 7m 이상의 옹벽 축조시 저렴

### 4) 기초 처리 단순화

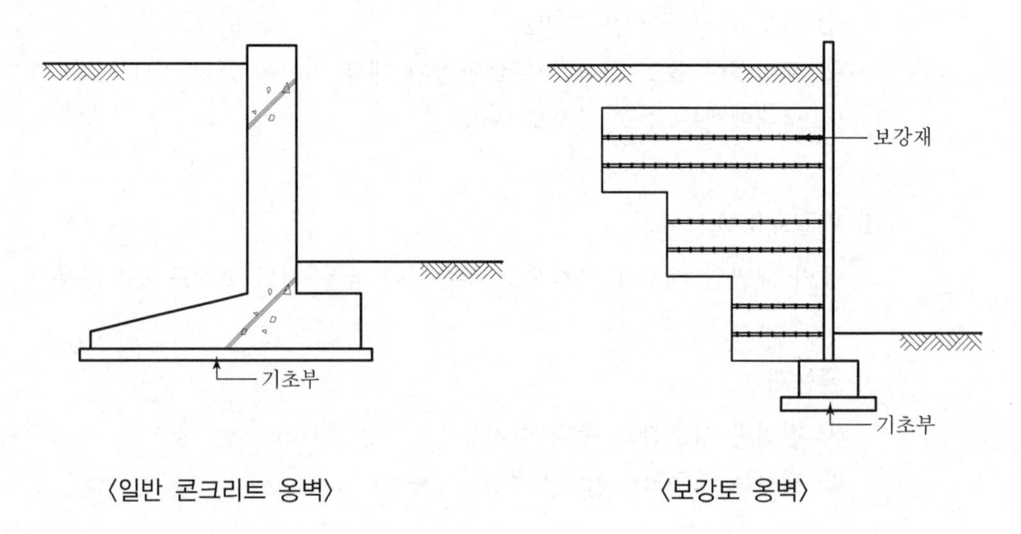


〈일반 콘크리트 옹벽〉 〈보강토 옹벽〉

기존 옹벽에 비해 자중 및 옹벽 저면의 지지력이 감소되므로 지반의 지지력이 적어도 가능

### 5) 미관 우수

공장 제품으로 형상이 정확하고 무늬 및 색상 다양

### 6) 뒤채움재료 확보 용이

국내 토질의 주류를 이루는 마사토 사용

## Ⅳ. 시공 시 유의사항

### 1) 기초 콘크리트 타설시 수평 유지

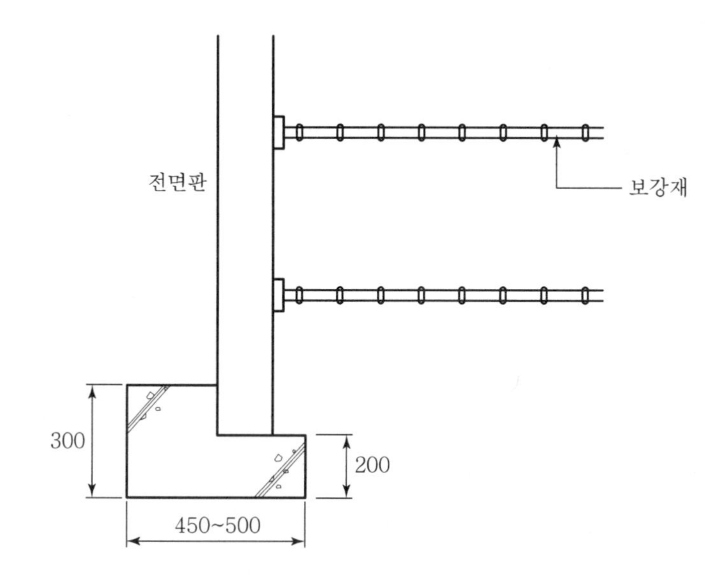


전면판 하부에 맞추어 수평으로 기초 콘크리트 타설하여야 함

### 2) 전면판 연속 보강재 시공 철저

① 전면판 접속을 위한 연결 보강재 시공 철저

② 전면판의 다양한 무늬 및 색상을 고려하여 제작

③ 주변 여건을 고려한 전면판 선택

### 3) 보강재의 마찰력 고려

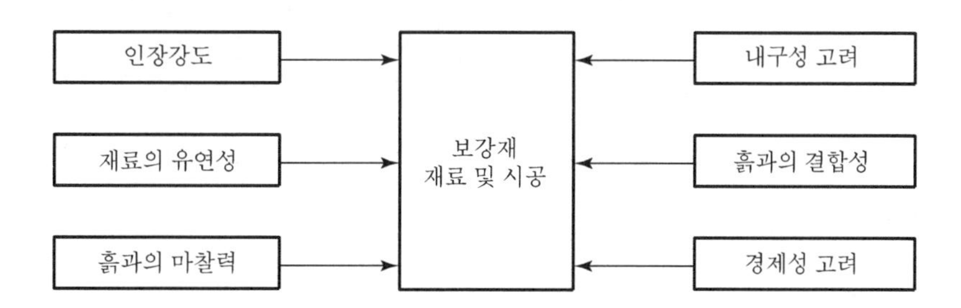


보강재의 재료는 흙과 친화력이 있는 재료로 시공

### 4) 뒤채움재 다짐 철저

① 옹벽의 뒤채움재와 동일 재료 시공

② 다짐시 전면판의 변형에 유의

③ 다짐도는 95% 이상

5) 수직도 관리 철저

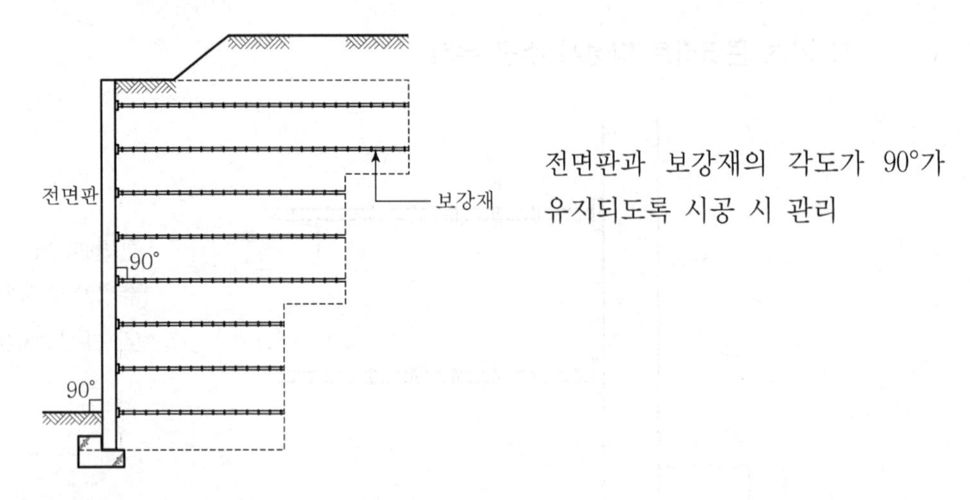


6) 배수공법 병용 검토

성토내의 물을 배수하는 배수공법 병용시 보강재에 의한 충분한 보강효과 가능

## Ⅴ. 보강토 옹벽의 발전상황

| 연도 | 발전상황 |
|---|---|
| 1960년대 | 프랑스에서 체계적인 이론 발표 |
| 1980년 | 국내 최초시공(용인군 국도) |
| 1985년 | 고속도로 공사에 적용 시작 |
| 1992년 | 보강토 옹벽 전문업체 등장 |
| 1994년 | 블록식 보강토 옹벽 등장 |
| 1995년 이후 | 보강재의 다양화 및 시공 일반화 |

## Ⅵ. 결 론

① 보강토 옹벽은 흙막이 배면 토압에 대한 전단 저항을 증대시켜 성토체 강성을 확보하는 공법이다.

② 보강토 흙막이는 토압, 수압 등에 충분히 견디어야 하고, 흙막이 배면의 변위에 대한 강성을 확보해야 한다.

# 문제 10 콘크리트옹벽의 안정조건 및 시공 시 유의사항

## Ⅰ. 개 요

### 1) 의 의

① 옹벽은 배후토사의 붕괴를 방지하고 부지 활용을 목적으로 만들어지는 구조물로서 자중과 흙의 중량에 의해 토압에 저항하고 구조물의 안정을 유지한다.

② 콘크리트옹벽의 안정조건에는 활동에 대한 안전, 전도에 대한 안정 및 지지력에 대한 안정이 있다.

### 2) 옹벽의 종류

| 종류 | 도해 | 특징 |
|---|---|---|
| 중력식 옹벽 | 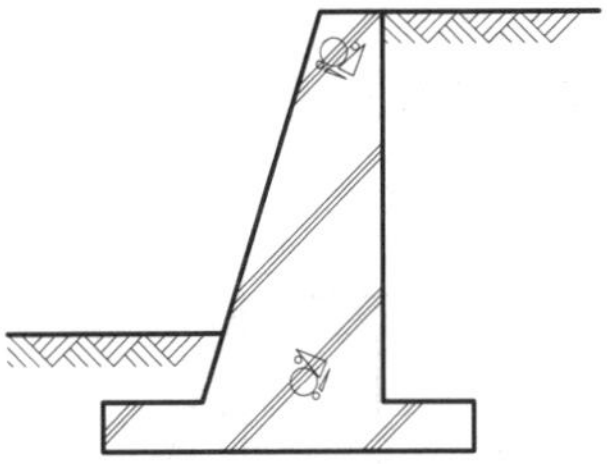 | ① 자중에 의해 토압에 저항하는 형식으로서 무근콘크리트 또는 석축 시공<br>② 기초지반이 양호한 곳에 설치 |
| 역T형 옹벽 | 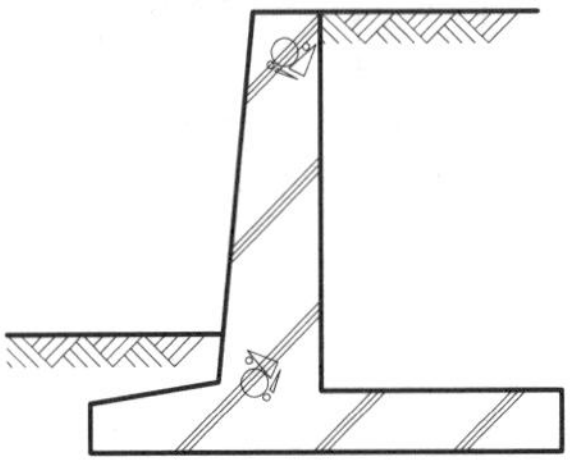 | ① 옹벽의 자중과 밑판 위에 있는 흙의 중량에 의해 토압에 저항하는 형식으로서 철근콘크리트로 시공<br>② 경제성, 시공성이 좋으므로 옹벽 높이가 높을 때 유리 |
| 부벽식 옹벽 | 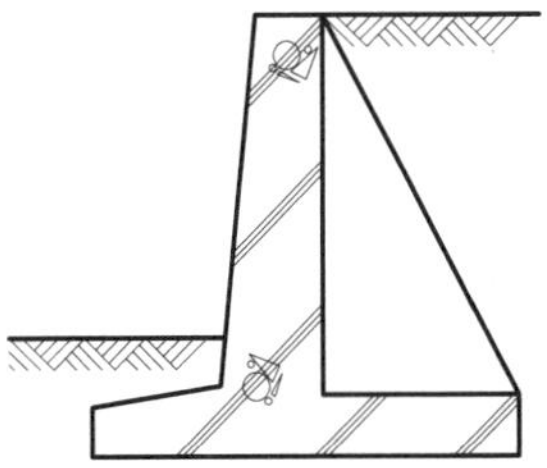 | 역T형 옹벽의 높이가 높아질 경우 전면 또는 후면에 부벽을 설치하여 전단력과 휨모멘트를 감소 |

## Ⅱ. 옹벽에 작용하는 토압

### 1) 주동토압

① 옹벽의 전방으로 변위를 발생시키는 토압(옹벽에 적용)

② $P_a = \frac{1}{2} \cdot \gamma \cdot H^2 \cdot k_a$

$k_a$(주동토압계수) $= \tan^2\left(45° - \frac{\phi}{2}\right)$

### 2) 정지토압

① 변위가 없을 때의 토압(지하구조물, 교대구조물에 적용)

② $P_0 = \frac{1}{2} \cdot \gamma \cdot H^2 \cdot k_0$

$k_0$(정지토압계수) $= 1 - \sin\phi$

### 3) 수동토압

① 옹벽의 후방으로 변위를 발생시키는 토압(sheet pile에 적용)

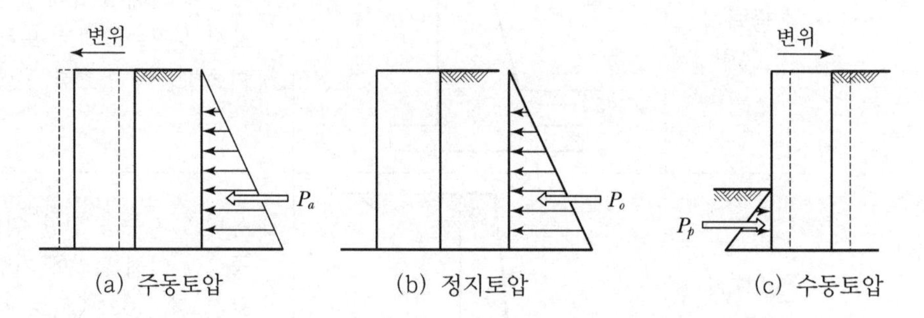


(a) 주동토압 (b) 정지토압 (c) 수동토압

② $P_p = \frac{1}{2} \cdot \gamma \cdot H^2 \cdot k_p$

$k_p$(수동토압계수) $= \tan^2\left(45° + \frac{\phi}{2}\right)$

## Ⅲ. 옹벽의 안정조건

### (1) 활 동

#### 1) 안전율($F_s$)

$$F_s = \frac{\text{기초지반 마찰력의 합계}}{\text{수평력의 합계}} \geq 1.5$$

#### 2) 안전율 부족 시

① 기초 slab 하부에 활동방지벽(shear key)

② 말뚝으로 기초를 보강

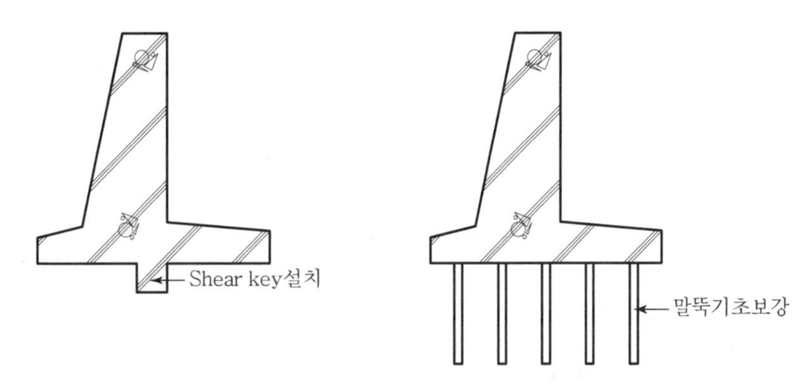


### (2) 전 도

#### 1) 안전율($F_s$)

$$F_s = \frac{\text{전도에 대한 저항모멘트}}{\text{전도모멘트}} \geq 2.0$$

#### 2) 안전율 부족 시

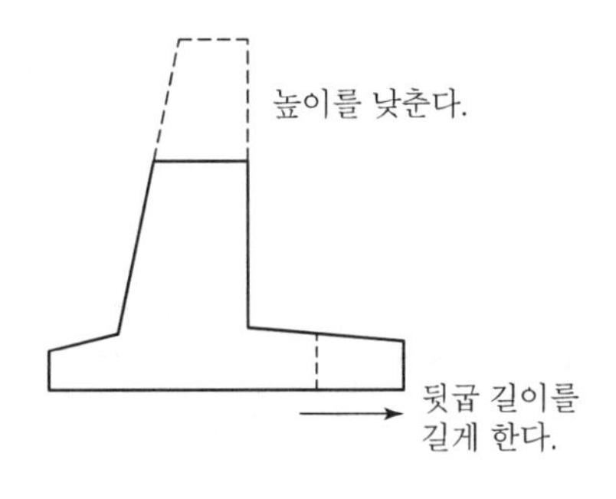

① 옹벽높이를 낮춤
② 뒷굽의 길이를 길게 시공

### (3) 지지력

#### 1) 안전율($F_s$)

$$F_s = \frac{\text{지반의 허용지지력}}{\text{연직력의 합계}} > 1.0$$

#### 2) 안전율 부족 시

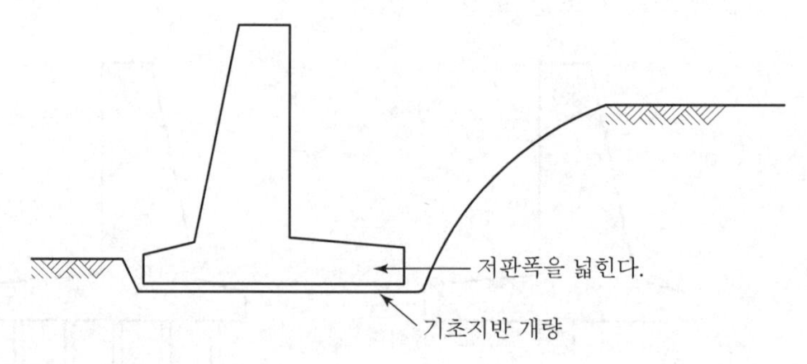


① 기초지반을 개량
② 저판의 폭을 넓힘

### (4) 경사 배수층, 저면 배수층

① 경사 배수층을 설치하여 수압 경감
② 저면 배수층을 설치하여 점성토의 압밀 촉진

### (5) 빙층방지 배수층

① 한랭지에서 지하 수면이 비교적 높은 경우
② 모관현상에 의해 지하수에 의한 흙의 동결팽창 방지를 목적으로 설치

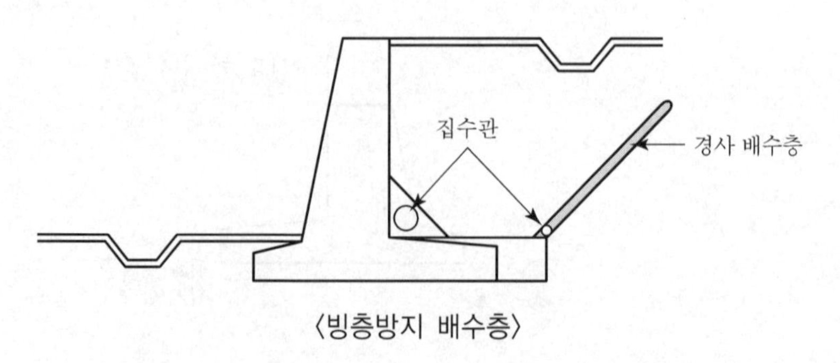


〈빙층방지 배수층〉

## Ⅳ. 시공 시 유의사항

### (1) 배수 시

#### 1) 표면배수

① 불투수층 설치로 표면수가 흙속에 침투하거나 흙을 세굴하지 않도록 함
② 배수구를 만들어 지표면수를 집수하여 유도배수 실시

#### 2) 배수공

① 옹벽의 종벽에 50~100mm의 배수공을 수평 및 수직간격 3.0m 이내마다 설치
② 옹벽 뒷면의 배수공 위치에 자갈 또는 쇄석을 채워 필터층을 만듦

#### 3) 연속배면 배수층

① 벽 내면의 전면에 걸쳐 300mm 두께의 필터층을 둠
② 기초 slab 주변에는 불투수층을 두어 유하된 물 차단

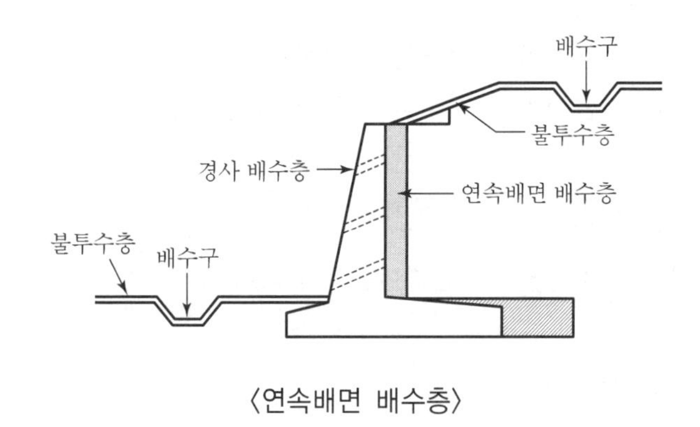


〈연속배면 배수층〉

### (2) 뒤채움시

#### 1) 투수성

① Filter층의 입도조건에 맞는 균등계수가 큰 입도의 사질토 사용
② $C_u > 6$　　　　$C_u$ : 균등계수
　$1 < C_g < 3$　　　　$C_g$ : 곡률계수

#### 2) 안정 확보

① 다짐을 철저히하여 전단강도 향상

② 옹벽 전면의 수동토압 확보를 위해 전면도 배면과 동일하게 시공관리 시행

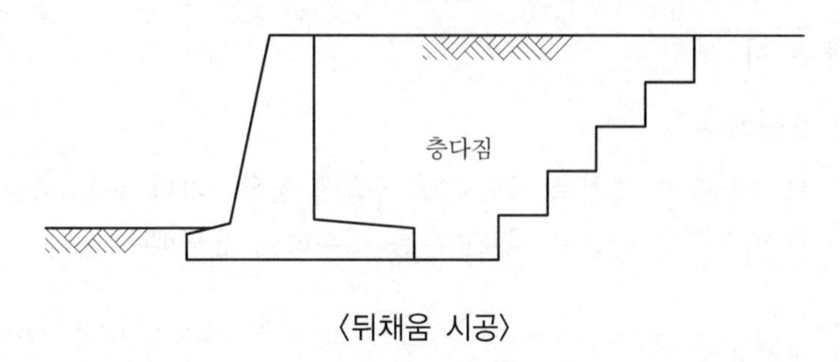


〈뒤채움 시공〉

### (3) 이음 시공 시

#### 1) 간 격

① 수축이음은 9m 이하의 간격 유지

② 신축이음은 10~15m 이하의 간격 유지

#### 2) 철근 배근

① 수축이음에서는 철근을 끊어서는 안 됨

② 신축이음에서는 철근을 완전히 절단해야 함

#### 3) 지수판 설치

수밀성 구조물일 때 신축이음부에 지수판 설치

#### 4) 채움재 사용(filler)

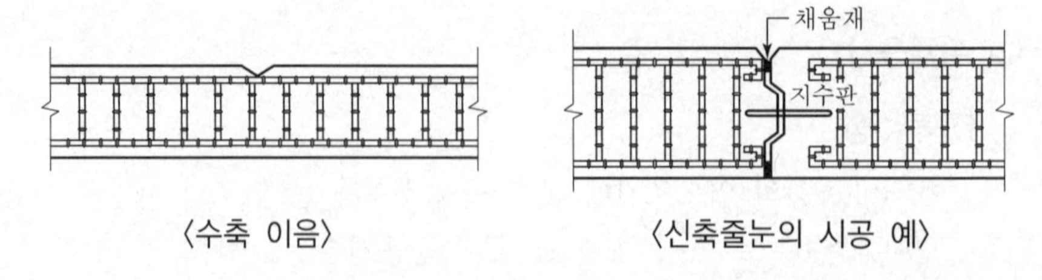


〈수축 이음〉 〈신축줄눈의 시공 예〉

신축 이음부의 간극에 흙이 들어가서 신축이음의 기능을 방해할 때 설치

## V. 역T형 옹벽과 부벽식 옹벽 비교

| 구분 | 역T형 옹벽 | 부벽식 옹벽 |
|---|---|---|
| 시공높이 | 3~9m | 6~11m |
| Con'c 소요량 | 중력식보다 적게 소요 | 역T형식보다 적게 소요 |
| 주철근 배치 | 연직배면에 수직 배치 | 연직배면에 수평배치 |
| 시공성 | 구조가 간단 | 구조가 복잡 |
| 경제성 | 재료비 상승 | 노무비 상승 |
| 안전성 | 9m를 초과할 수 없음 | 높은 옹벽 시공 가능 |

옹벽의 형식은 설치목적, 사용장소 등을 고려하여 결정

## VI. 결 론

① 옹벽의 단면이 부족하거나 지반의 지지력 부족 등으로 활동, 전도 및 침하의 발생으로 옹벽의 안정성이 위태로워질 수 있다.

② 그러므로 옹벽은 설계상 요구되는 안정조건이 만족되어야만 본래의 기능을 발휘할 수 있으므로 뒤채움시공, 배수처리 및 이음의 시공을 철저히 해야 한다.

# 문제 11 H-pile+토류판 흙막이 시공 시 유의사항

## Ⅰ. 개 요

### 1) 의 의

① H-pile+토류판 공법은 수직으로 지중에 설치한 H-Pile에 굴착의 진행에 따라 토류판을 흙막이벽으로 설치하고 굴착을 진행하는 공법이다.

② 비교적 단단한 지반과 호박돌에도 시공이 가능하나 차수성은 없다.

### 2) H-pile 흙막이벽에 작용하는 토압 분포

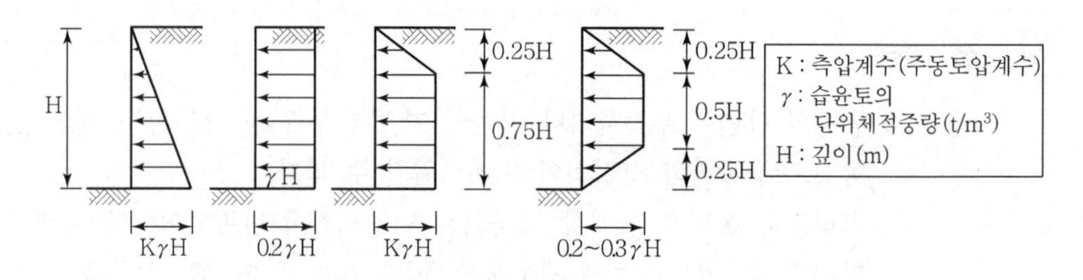


〈일반 토사〉 〈사질지반〉 〈연약점토지반〉 〈경질점토지반〉

## Ⅱ. 시공순서 flow chart

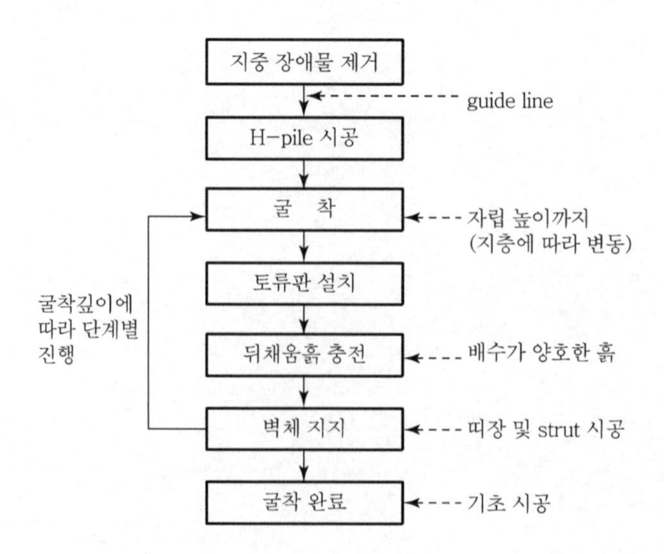

# Ⅲ. 시공 시 유의사항

## 1) 주요 구조체와 여유 확보

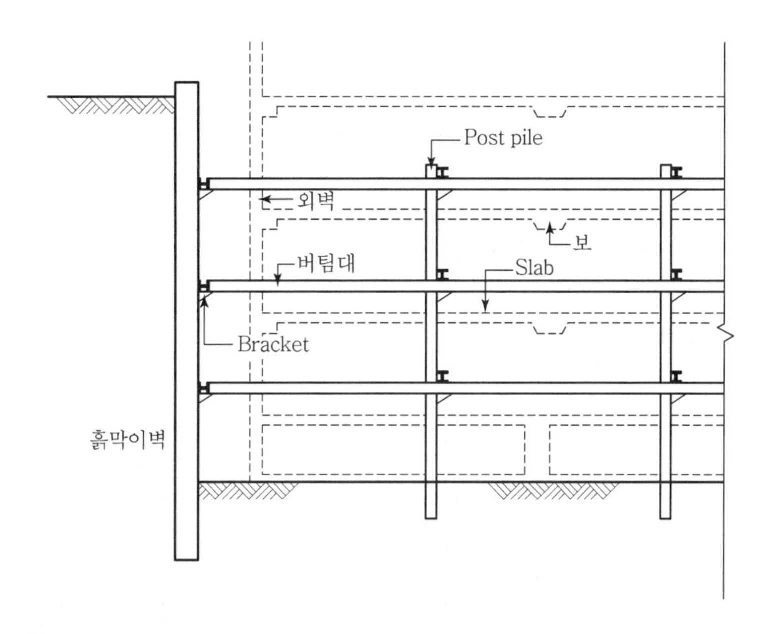


① 본 건물의 기둥, slab, 보가 가시설인 post pile과 strut에 겹치지 않도록 유의
② 흙막이벽은 건물의 외벽 시공에 지장이 없도록 여유를 두고 설치

## 2) 배수공법 고려

H-pile 흙막이벽은 차수성이 없으므로 지하수위가 높은 지반에서 시공 시 배수공법 고려

## 3) 흙막이벽체 수직도 유지

정밀도가 높은 H-pile 시공

## 4) 토류판 긴결 철저

① 토류판 위치 준수 및 상호 긴결
② 토류판 뒷면에 틈이 없도록 유의
③ 토류판 시공은 굴토 후 1일 이내 시공 완료

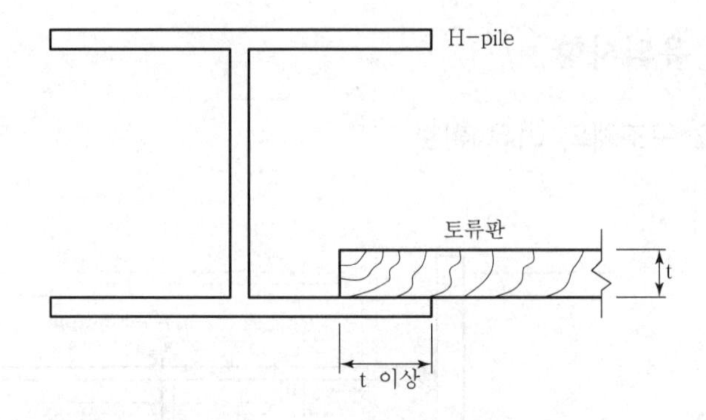


겹친길이는 토류판 두께(t) 이상 최소 40mm 이상 유지

5) 철저한 뒤채움

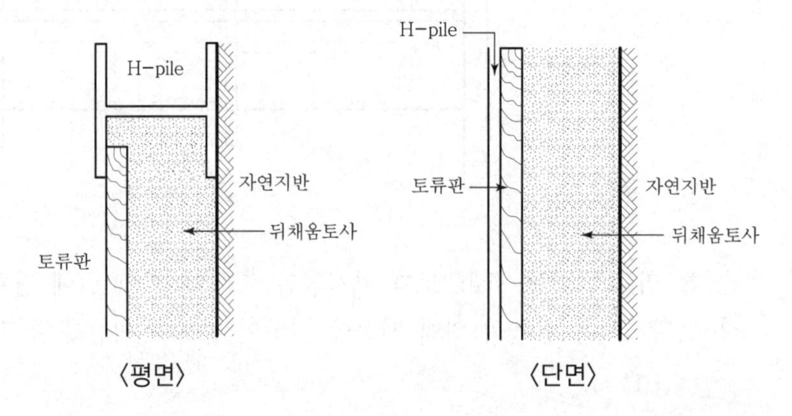


뒤채움 흙은 자연지반보다 투수계수가 약간 작고 굵은 입자의 흙 사용

6) 버팀대(strut) 단간격 준수

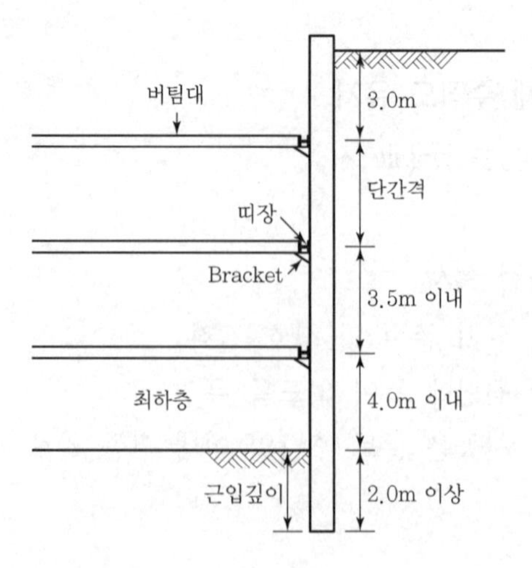

### 6) 버팀대(strut)와 띠장의 직각 유지

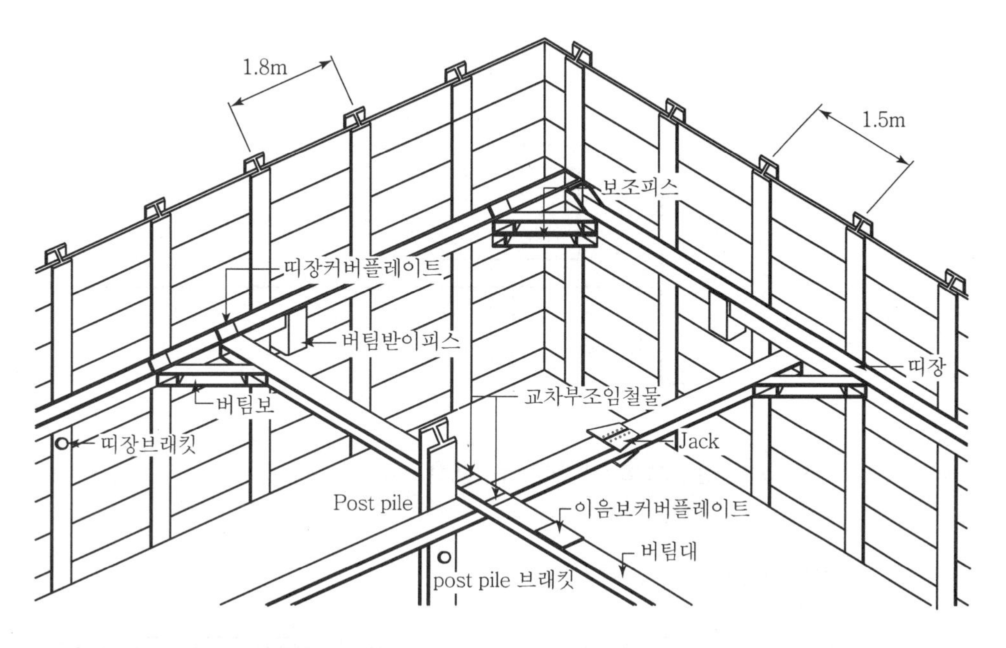


① 가압잭에 의한 띠장의 휨 방지

② 버팀대와 띠장의 직각 확인 후 버팀대 설치

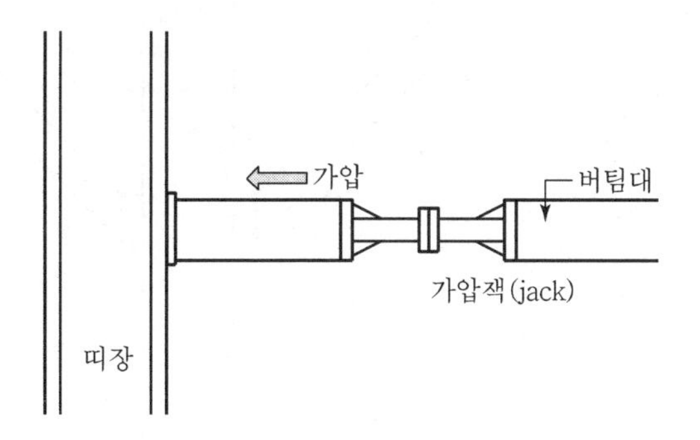

### 7) 교차부 긴결

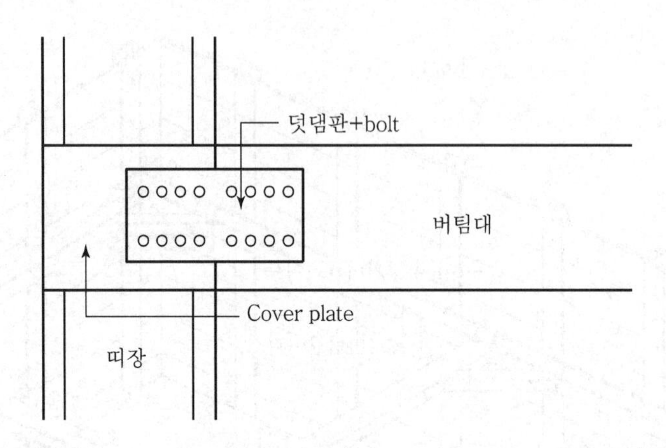


고력 bolt 접합으로 각 교차부 긴결

### 8) 버팀대 보강 각도 유지

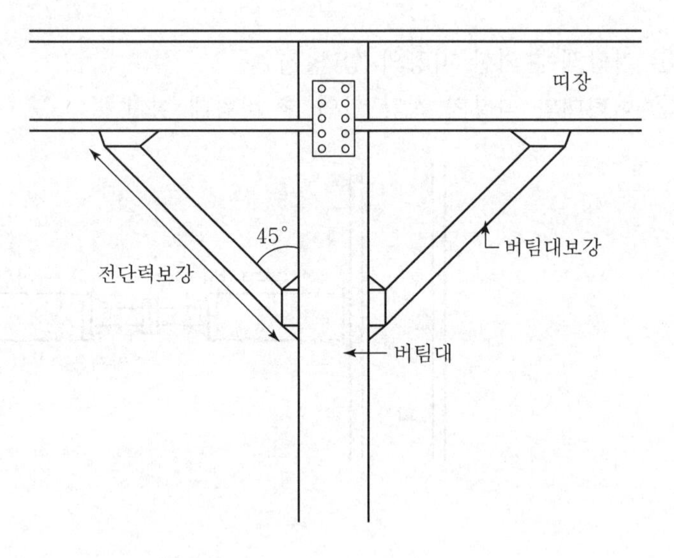


① 전단력의 국부적인 집중현상 방지

② 버팀대보강 설치 시 버팀대와 45° 유지

### 9) 띠장의 변형 방지

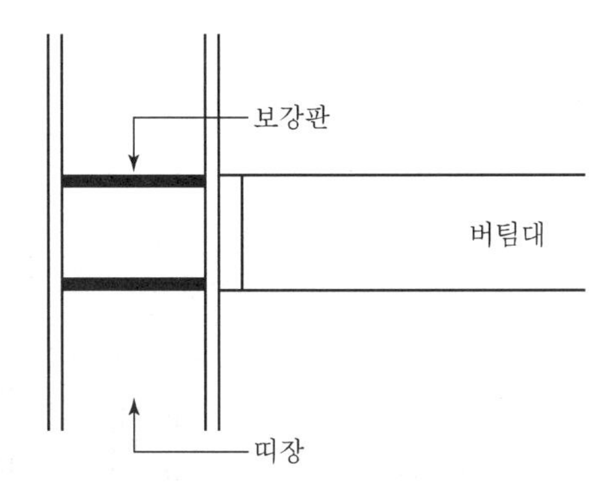


① 띠장과 버팀대가 만나는 부위의 띠장 강성 확보
② 버팀대의 가압으로 인한 띠장의 변형 방지

### 10) 가압jack 설치 시 준수사항

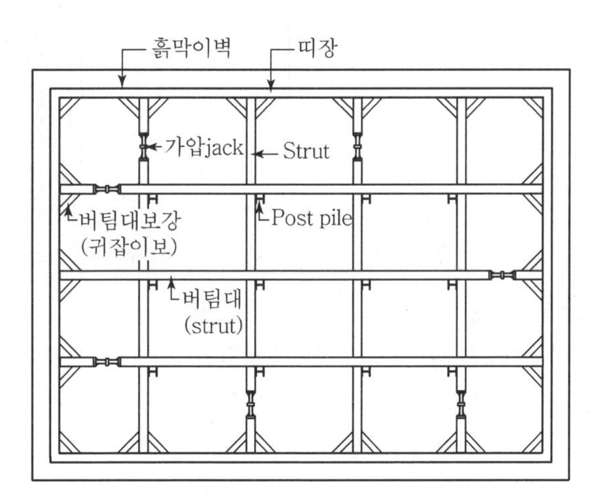


가압jack을 엇갈리게 설치

## Ⅳ. H-Pile 시공 후 계측관리방안

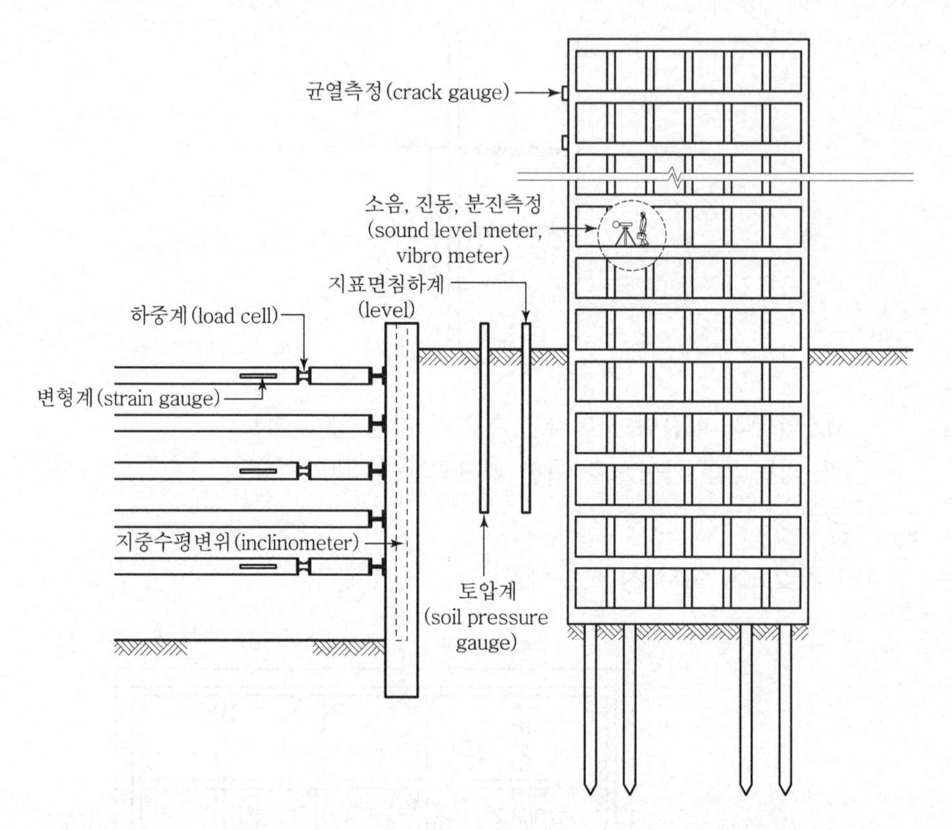


① 상호 관련 계측 근접 설치 : 지하 수위계, 간극계 등 인접 설치
② 교통량, 하중 증감이 많은 곳 설치
③ 구조물 또는 지반 특수조건이 있는 곳
④ 선행 시공부를 우선 배치 : A Zone / B Zone / C Zone 중 우선분
⑤ 지반 조건을 충분히 파악
⑥ 계측기의 고장을 감안하여 매일 확인

## Ⅴ. 결 론

① 흙막이는 토압·수압 등에 충분히 견뎌야 하고, 과대 변형이나 누수발생이 없어야 하며, 특히 지반의 침하, 균열에 유의해야 한다.
② 토압이 작용시 힘의 평형 조건인 $P_a < R + P_p$를 만족하며, pile 높이의 $h/3$인 지점에 버팀대를 두어 안전에 유의한다.

# 문제 12 흙막이 공사의 IPS공법

## Ⅰ. 개 요

### 1) 의 의

IPS(Innovative Prestressed Support)공법은 기존의 strut(버팀보)를 사용하지 않고 IPS 띠장을 흙막이벽체에 운반하여 설치한 뒤 PS강선에 긴장력(prestress)을 가하여 흙막이벽체를 지지케함으로써 굴착으로 인한 토압을 지지하는 공법이다.

### 2) 기존 strut공법의 원리

Strut의 순수한 반력(reaction)에 의해 흙막이벽체를 지지하는 공법

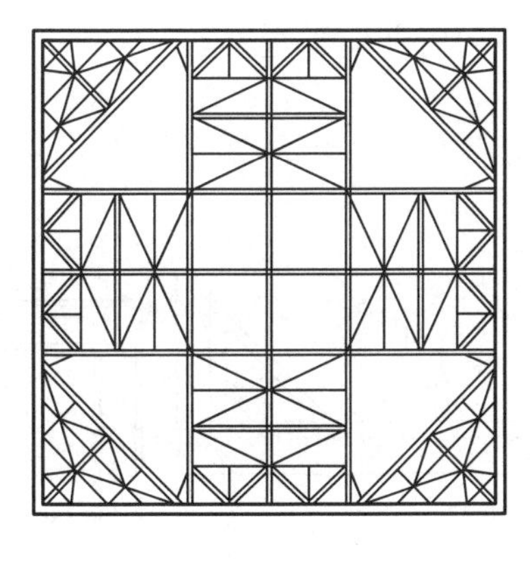

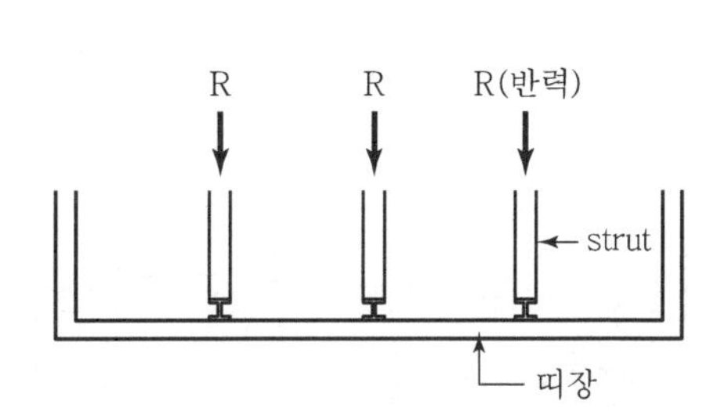


〈Strut(버팀보)공법〉

### 3) IPS공법의 원리

Corner버팀보에 설치된 정착 장치에서 PS강선에 prestress를 긴장함으로써 인장력(P)에 의해 발생된 반력(reaction)으로 흙막이벽체를 지지하는 공법이다.

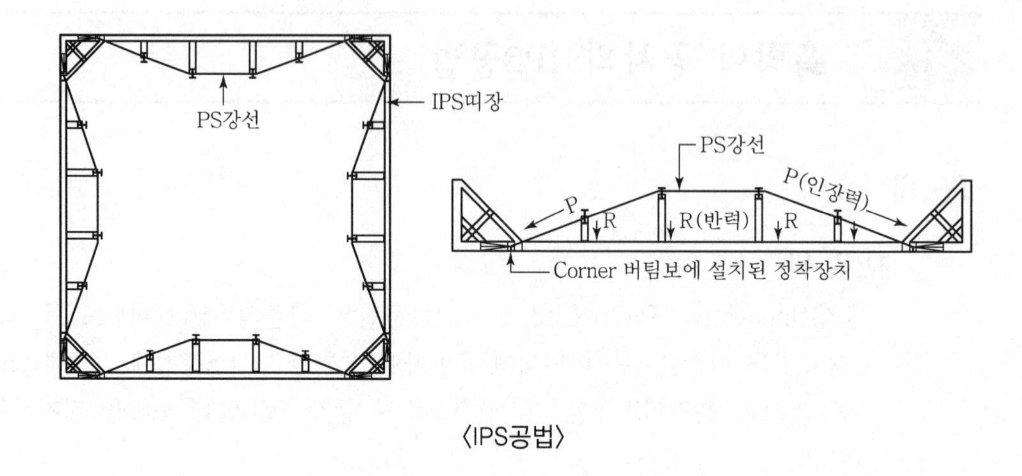


〈IPS공법〉

## Ⅱ. IPS공법의 구성

① IPS system = 띠장+받침대+PS강선

② 조립된 IPS 띠장을 운반하여 흙막이벽체에 설치

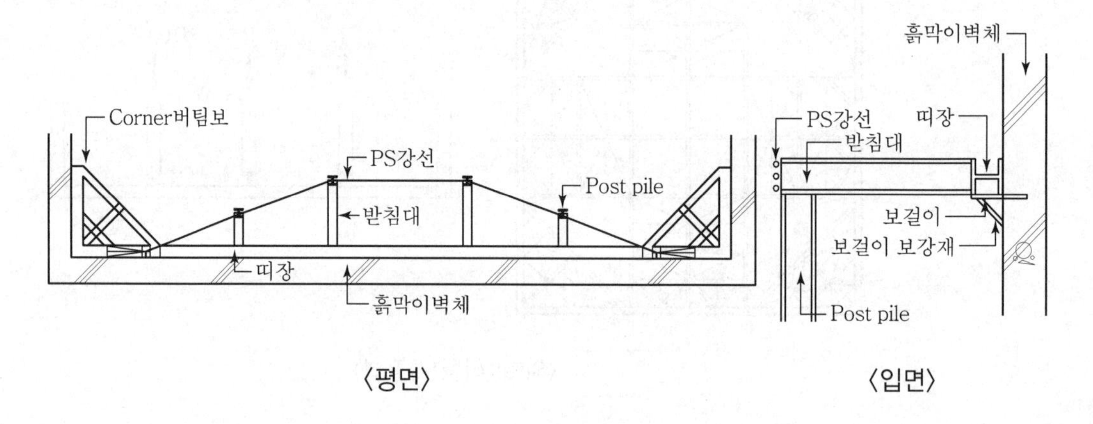


〈평면〉 〈입면〉

## Ⅲ. 특 징

① 다수의 버팀대로 인한 작업공간의 침해 방지

② 굴착 현장에서 중장비의 작업공간 확보로 작업 효율 향상

③ 본 구조물 작업인 거푸집 및 철근 공사 용이

④ 사용 강재의 회수율이 높아 경제적

⑤ 가시설 설치 및 본 구조물의 공기단축 가능

⑥ 띠장의 인장휨 파괴 방지로 안정성 증대

⑦ 강재량 및 작업 joint수 절감

## Ⅳ. 적 용

① 굴착폭이 넓은 지반으로 버팀대의 설치 및 지지가 어려울 경우
② 지중의 매설물의 손상을 최소화하는 작업
③ 굴착 공사 시 지반의 변형을 최소화하여 인근 구조물에 피해를 줄이는 경우
④ 지하수의 영향으로 earth anchor 시공이 불가능한 경우(H-pile+Earth anchor 지지 방식의 경우)
⑤ 도심지 공사

## Ⅴ. Flow chart

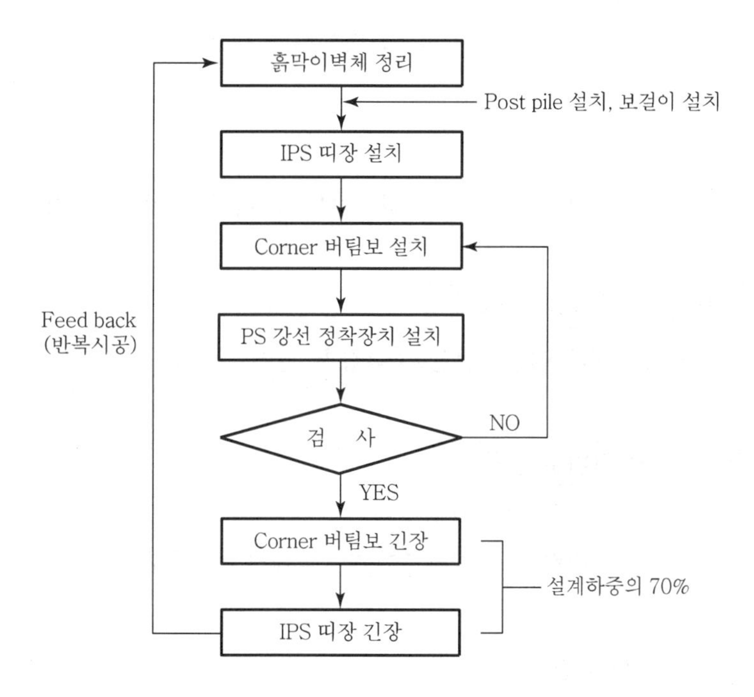


## Ⅵ. 시공순서

**1) 흙막이벽체 정리**

① 흙막이벽체는 slurry wall(지하연속벽) 또는 H형강 토류벽 등 현장여건에 따라 다름
② IPS 띠장설치를 위하여 흙막이벽의 수직도 유지

**2) Post pile 설치**

받침대를 위한 post pile을 설치하며, 보걸이의 처짐이 과도하다고 판단될 경우에는 보걸이에도 post pile의 설치 가능

↓

**3) 보걸이 설치 및 보강**

보걸이는 띠장을 받쳐주며, 보걸이의 처짐을 방지하기 위하여 보걸이 보강재로 보강하며, 과도한 처짐이 예상시 post pile의 설치 가능

↓

**4) IPS 띠장 운반 및 설치**

IPS 띠장은 띠장과 받침대 및 PS강선으로 조립된 IPS system을 의미하며, 미리 조립된 IPS 띠장을 흙막이벽체에 운반하여 설치

↓

**5) Corner 버팀보 설치**

Corner 버팀보는 corner에 설치하며, PS강선의 정착을 위해 필요

↓

**6) PS강선 정착장치 설치**

Corner 버팀보에 PS강선 정착장치 설치

↓

**7) Corner 버팀보 긴장**

① 설계하중의 70% 긴장

② Corner 버팀보 선행하중가력＝설계하중×70%

↓

**8) IPS 띠장 긴장**

① 설계하중의 70% 긴장

② IPS 띠장 선행하중가력＝설계하중×70%

↓

**9) 굴착 및 반복**

IPS 띠장 긴장 후 다음 단계의 굴착과 IPS 설치를 반복 시공

# Ⅶ. 시공 시 주의사항

## 1) 흙막이벽 수직도 유지

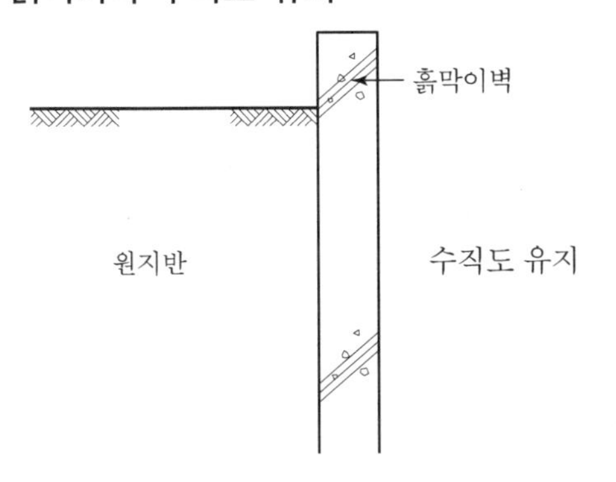


① 지하 흙막이벽체가 콘크리트일 경우 흙막이벽을 정리

② H-pile+토류벽일 경우는 띠장의 평행선 유지

## 2) 흙막이벽체와 띠장의 일체화

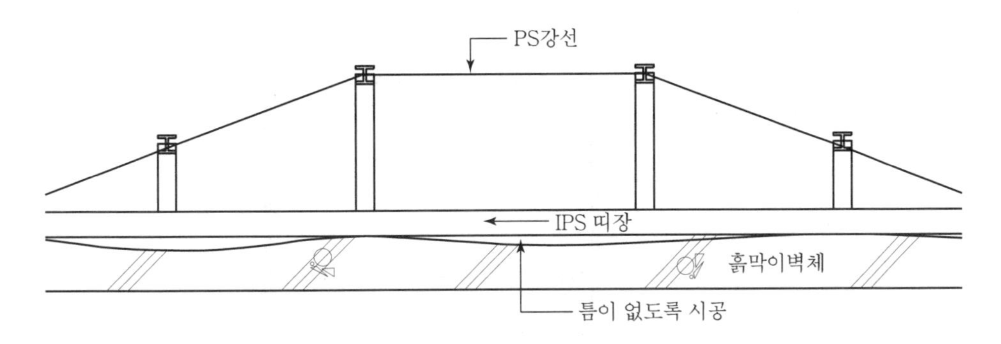


띠장과 흙막이벽체 사이에 틈이 없도록 유의

## 3) 공종 마찰 방지

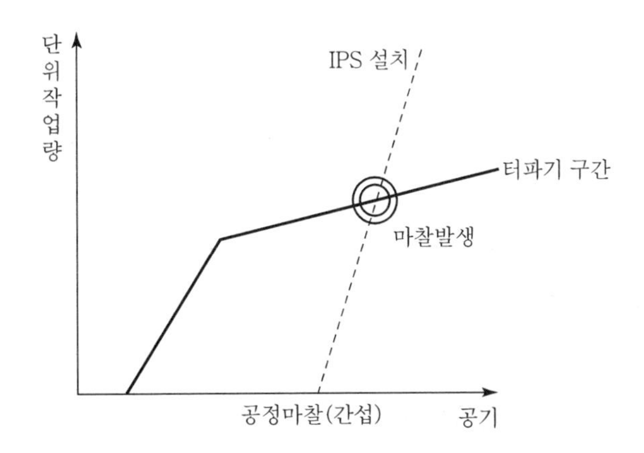


터파기 구간과 IPS 설치의 두 공종이 서로 간섭되지 않도록 계획

#### 4) 받침대 처짐 방지

① 받침대 처짐 방지를 위해 post pile 설치

② 띠장 설치용 보걸이의 보강재가 약할 때는 post pile 설치 가능

#### 5) PS강선의 겹침

강선간의 겹침 현상이 발생하지 않도록 유의

#### 6) Post pile 간격과 좌굴

① 받침대의 보걸이 지지용으로 일정한 간격 유지

② 두부의 접합부에 강성확보와 좌굴 방지

#### 7) 계측 관리

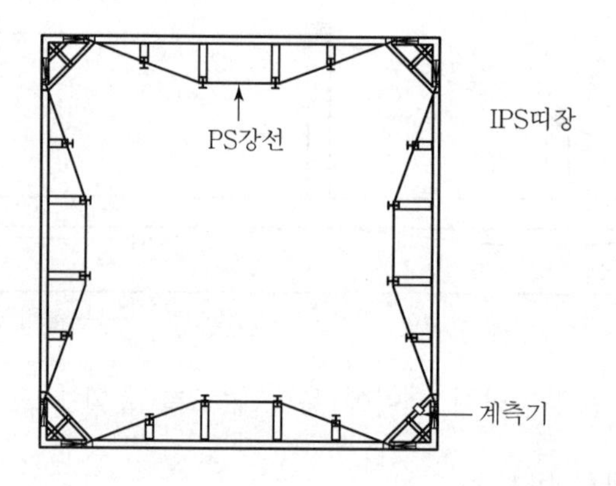


① 띠장의 중심부와 정착 장치에 계측기를 부착하여 토압에 의한 띠장의 휨변위 측정

② 실시간 자동 측정으로 변위 파악

#### 8) IPS 가력순서 준수

Corner 버팀보에 먼저 설계하중의 70%를 가한 후에 IPS 띠장의 PS강선을 설계하중의 70% 가함

#### 9) IPS 운반 전 긴장력 확인

버팀보에 설계하중의 15% 정도 긴장한 상태에서 조립하여 운반해야 함

### 10) 해체시점 유의

흙막이벽체의 콘크리트 공시체 압축강도가 설계강도의 70%에 도달할 때까지 해체 금지

### 11) 흙막이벽체와 IPS 띠장 사이의 여유공간 확보

흙막이벽체의 수직도를 고려하여 흙막이벽체와 IPS 띠장 사이에 충분한 여유공간 고려

### 12) 정착 장치의 품질확보

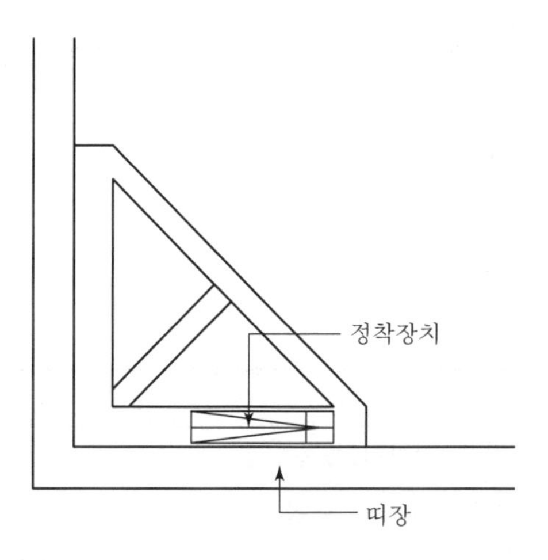


PS강선을 정착하기 위한 장치로서 corner 버팀보에 설치하며 일정한 품질을 확보해야 함

## Ⅷ. 결 론

① 흙막이 공사 시에는 흙막이 배면의 토압 및 흙막이의 변위 상태를 파악하기 위한 계측관리(정보화시공)가 필요하다.

② IPS공법은 도심지공사 등 대형공사에서 사용이 확대되고 있으므로 안정성 확보를 위하여 많은 연구 및 개발이 필요하다.

# 문제 13 지하연속벽의 시공순서와 콘크리트 타설시 유의사항

## Ⅰ. 개 요

### 1) 정 의

지하에 크고 깊은 trench를 굴착하여 철근콘크리트를 타설하는 작업을 연속하여 지중에 연속된 철근콘크리트벽을 형성하는 공법이다.

### 2) 지하연속벽(slurry wall) 분류

벽식공법 : 안정액으로 지하벽체의 붕괴를 방지하면서 연속된 지중에 벽체를 형성

주열식공법 : 현장 타설 콘크리트 pile을 연속적으로 연결시켜 지중에 벽체를 형성

## Ⅱ. 특 징

| 장점 | 단점 |
|---|---|
| 벽체 강성이 높음 | 공사비가 고가 |
| 영구 구조물로 이용 | 고도의 기술과 경험 필요 |
| 저공해 공법 | 침전 설비와 기계적 설비 필요 |
| 차수성 양호 | 콘크리트 타설시 관리에 유의 |
| 주변 구조물 영향 최소 | 벽체 수평 방향의 연속성 관리 필요 |

## Ⅲ. 지하연속벽(slurry wall) 시공순서

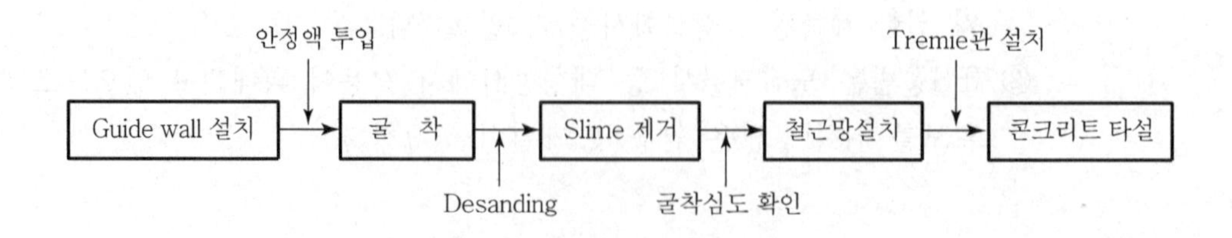

### 1) Guide wall 설치

① 굴착장비의 충격에 견딜 수 있도록 견고하게 시공

② 토압에 의한 변위가 생기지 않도록 버팀대를 설치

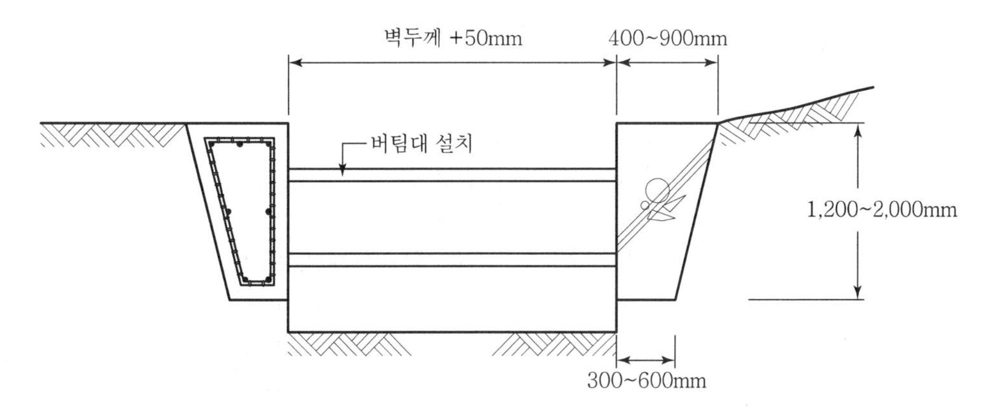


### 2) 굴 착

① 심도 2m 굴착 후 안정액을 투입하면서 굴착

② 공벽의 수직도 검사 실시

③ 안정액의 품질관리

④ 굴착 완료 후 부유 토사분의 침강대기

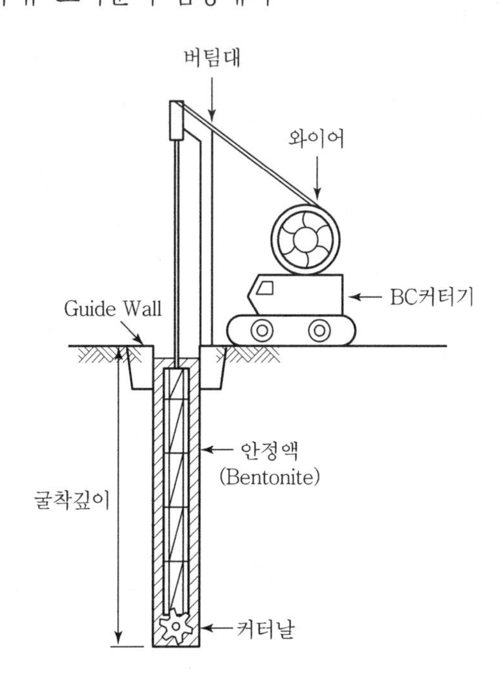

### 3) Desanding

① 안정액을 plant로 회수하여 모래 성분을 걸러냄

② 안정액 기준에 맞추어 재투입

③ 안정액 수위는 일정하게 유지

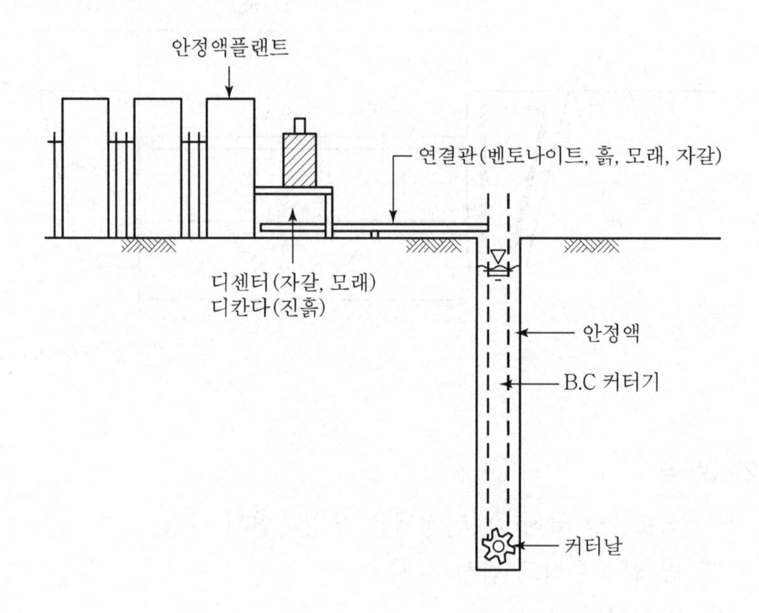


### 4) Slime 제거

① 굴착을 끝낸 지 3시간 경과 후 슬라임이 충분히 침전되었을 때 제거

② 모래 함유율이 5% 이내가 될 때까지 slime 처리

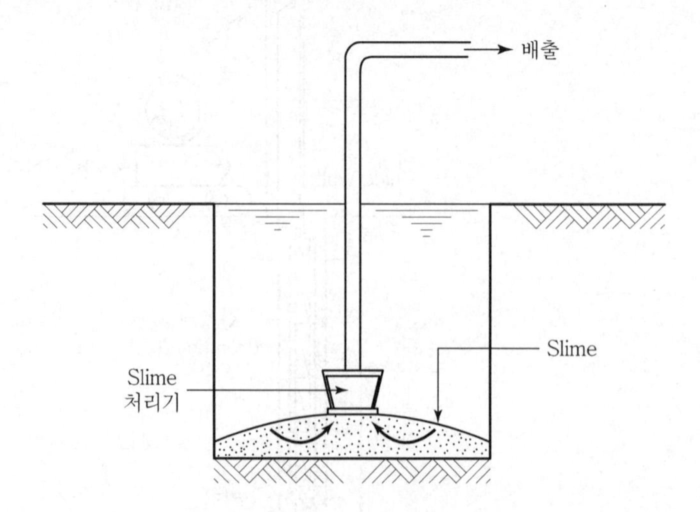

## 5) 철근망 설치

① 철근망 설치 전 굴착심도 확인

② 철근망 설치 전 panel joint 설치

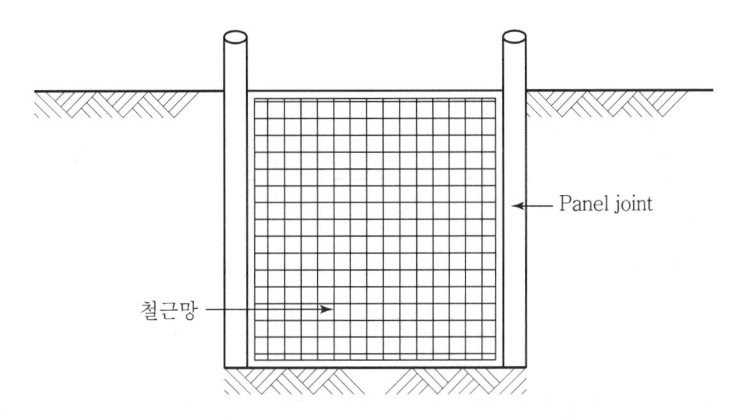


## 6) Con'c 타설

① Tremie pipe를 통하여 중단없이 Con'c를 타설

② Slump치 180±20mm로 하고 다짐기계 사용은 불가

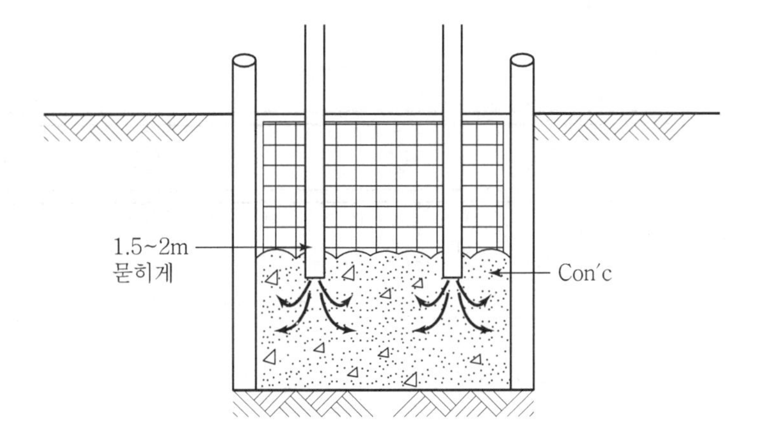

## Ⅳ. 콘크리트 타설시 유의사항

### 1) 배합 관리

| 재료 | 최대골재치수 | 잔골재율 | 단위시멘트량 | W/B 비 |
|---|---|---|---|---|
| 관리치 | 13~25mm | 40~45% | 350kg/m$^3$ | 50% 이하 |
| 재료 | 공기함유량 | slump치 | 설계기준강도 | 배합강도 |
| 관리치 | 3~5% | 180~210mm | 21~30MPa | 설계강도×1.25 |

### 2) 품질 관리

① 재령 3일, 7일, 28일 압축강도시험 실시

② 시험 횟수

| 압축강도 | panel당 1회 |
|---|---|
| slump, 공기량 | panel당 2회 |

### 3) Tremie관의 위치

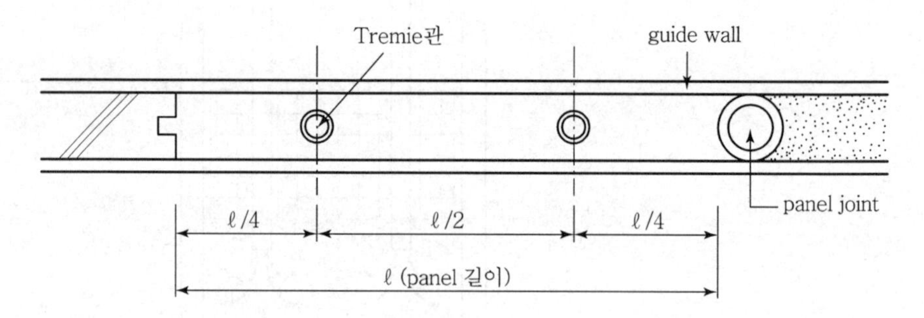


균등한 콘크리트의 타설로 slime 혼입 최소화

4) 타설 관리

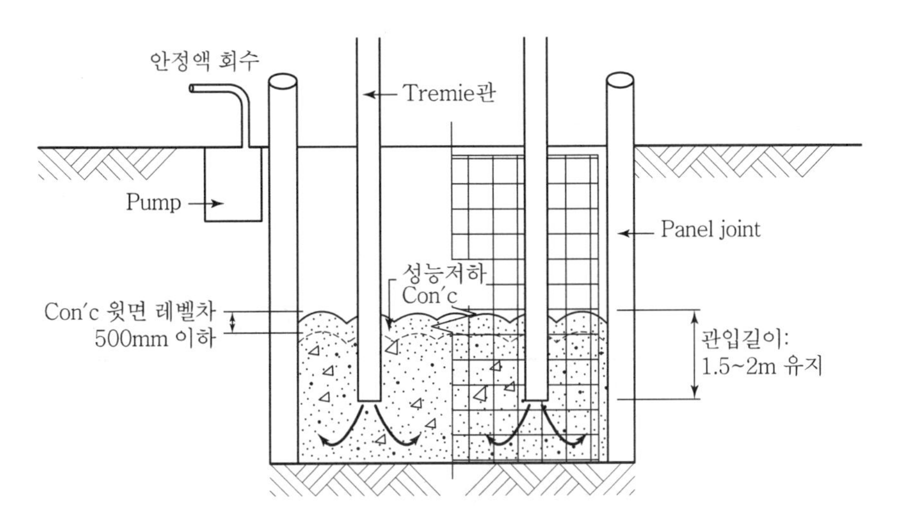


중단 없이 타설하며 타설 시간은 1시간 이내가 되도록 유의

5) 두부 정리

① Slime이 혼입된 상부의 성능 저하 콘크리트의 제거

② 이때 guide wall도 제거

③ 두부 정리 완료 후 콘크리트 상단에 cap beam 설치

## Ⅴ. 방수처리

1) Panel joint부 누수

각 panel이 분할 타설되고 철근의 연결이 없으므로 각 panel 간 누수의 가능성 산재

2) Panel joint부 방수처리

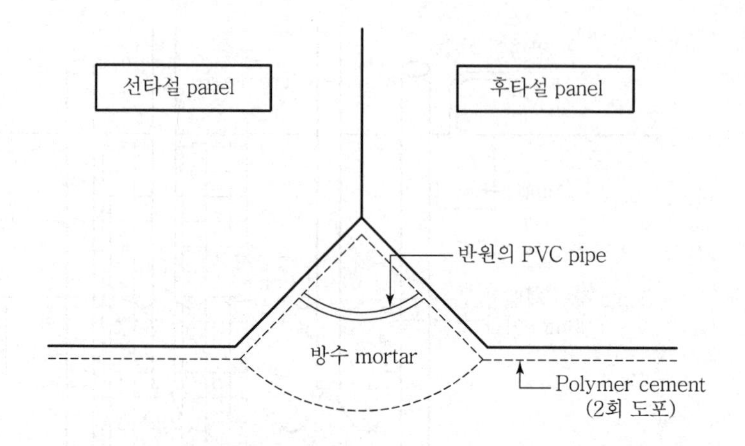


① Joint 부위를 V자로 chipping
② Polymer cement로 2회 도포
③ 반원의 PVC pipe 취부
④ 방수 mortar로 마감

## Ⅵ. 결 론

① 지하연속벽은 저소음, 저진동 공법에 가깝고 수밀성이 우수하며, 공해요소가 타공법에 비해 적으므로 많이 활용되는 추세이다.
② 도시형 굴착기계의 개발과 효과적인 slime처리가 중요한 과제이다.

문제 14

# Slurry wall 공법에서 guide wall의 역할과 안정액 관리방법

## Ⅰ. 개 요

### 1) 의 의

Guide wall은 지중벽체의 위치 파악과 표토층 보호를 위해 설치되며 지하 굴착 시 공벽 보호를 위해 안정액을 사용한다.

### 2) 안정액의 요구 성능

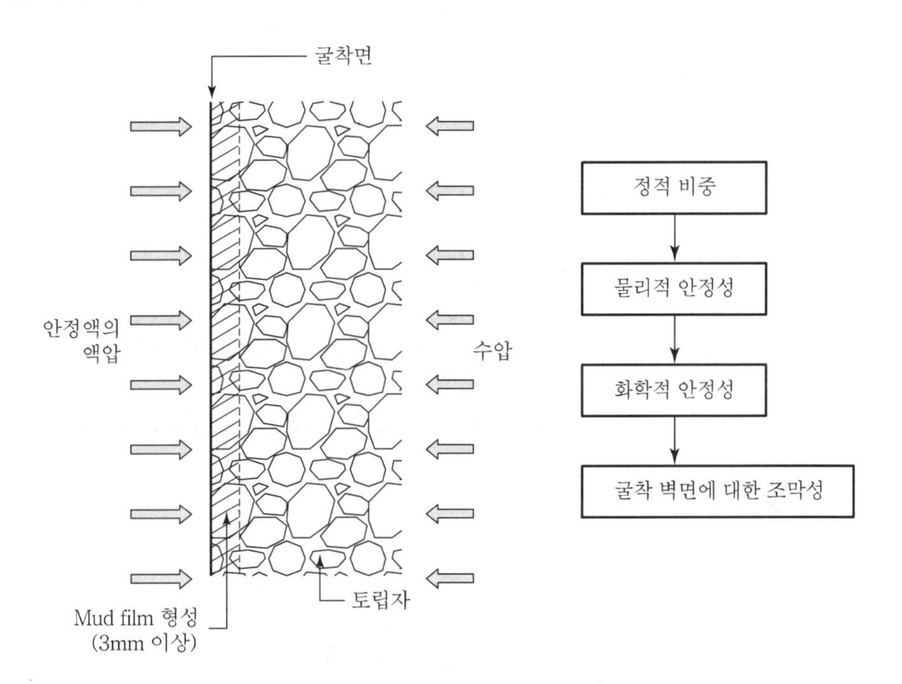


## Ⅱ. 안정액의 기능

### 1) 굴착벽면 붕괴 방지

① 굴착 벽면에 작용하는 토압과 수압을 안정액의 액압으로 저항

② 굴착면에 mud film(진흙막) 두께 형성

③ 굴착 벽면의 손상 방지

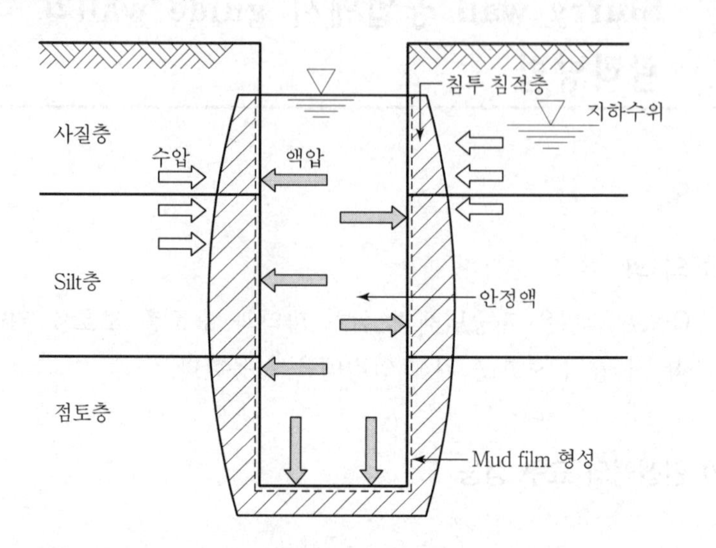


④ 힘의 분포

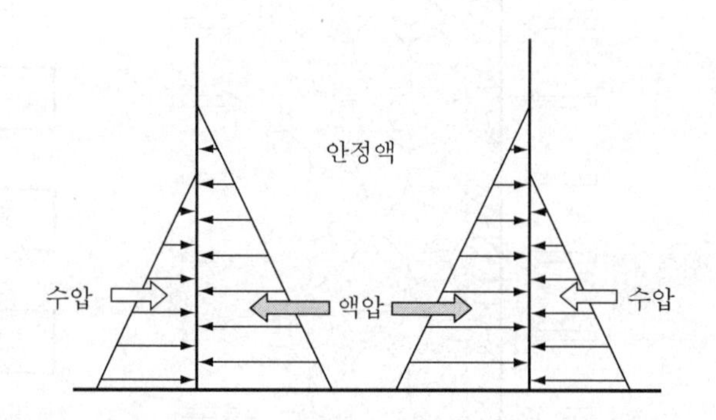


## 2) 굴착 토사 배출

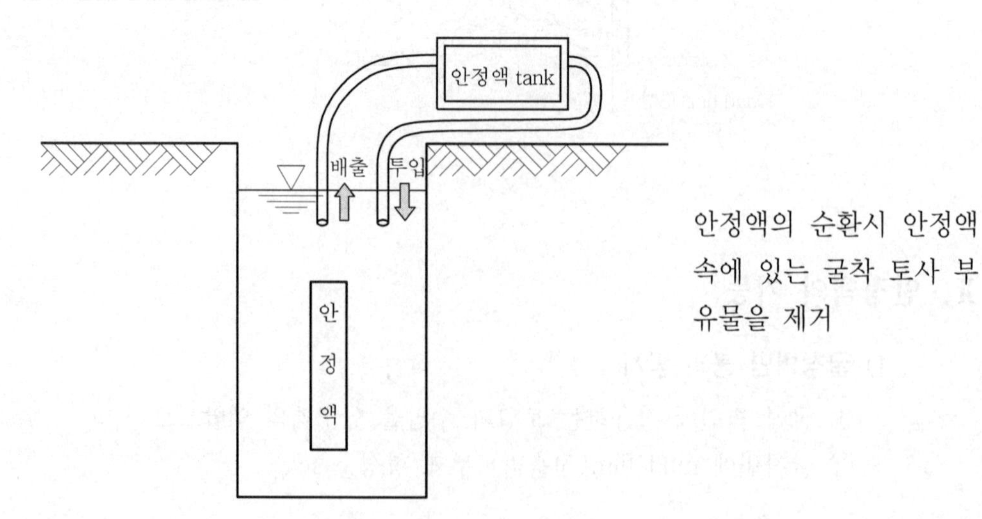


안정액의 순환시 안정액 속에 있는 굴착 토사 부유물을 제거

### 3) 부유물 침전 방지

① 안정액에 혼입된 토사 및 부유물의 저면퇴적 예방
② 콘크리트의 품질 관리에 효과적

### 4) 불투수막 형성

굴착 시 3mm 이하, slime 처리 시 1mm 이하의 불투수막(mud film) 형성

### 5) 환경공해 방지

수압 및 토압에 대한 가시설 설치 및 해체 과정 생략

## Ⅲ. Guide wall 역할

### 1) 굴착의 기준선

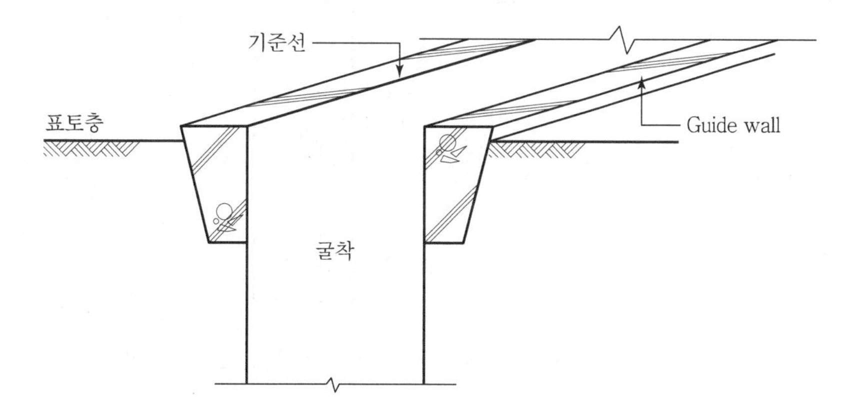


① 굴착 장비로 지하로 굴착 시 지상의 guide line을 제시
② 굴착의 수직도 check시 기준

### 2) 표토층 보호

굴착 시 굴착기계의 충격에 의해 무너지기 쉬운 표토층 보호

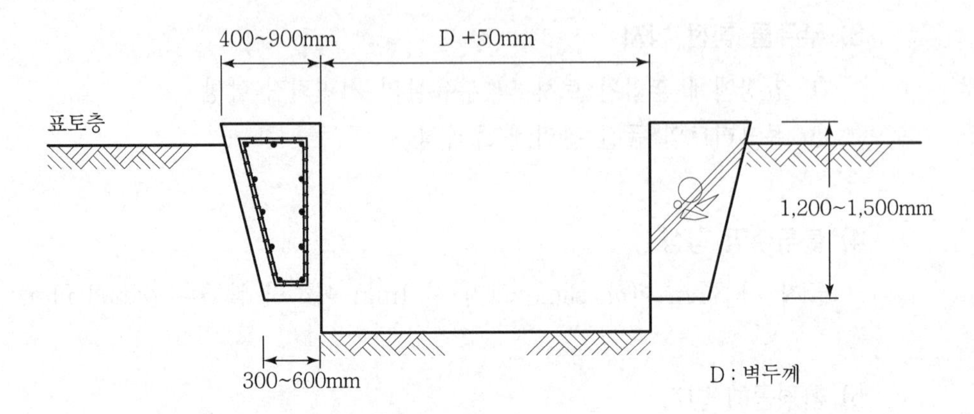


Guide wall 상단에 panel의 경계 표시

### 3) Tremie관의 받침대

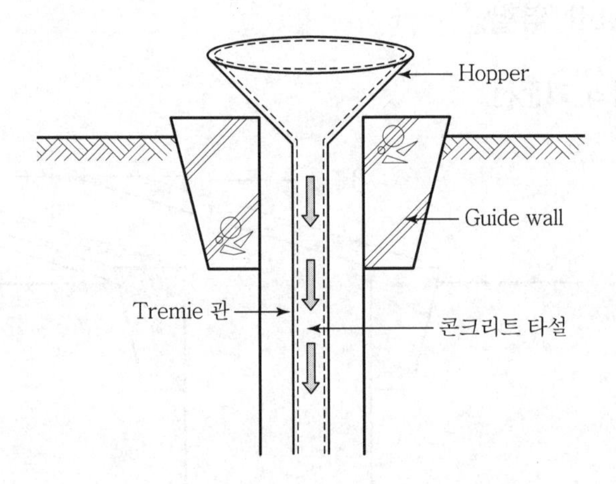


① 콘크리트 타설시 tremie관의 상부 부위의 받침대 역할

② 철근망 삽입시에도 유용

### 4) Panel joint 인발 시 지지대

① 콘크리트 타설 2~3시간 후 panel joint 인발

② 인발 시 인발장비의 지지대 역할

5) Guide wall 규격

| 벽 두께 | Guide wall 깊이 |
|---|---|
| 600~700mm | 1,200mm |
| 800mm 이상 | 1,500mm |

Guide wall은 Slurry wall의 상단 높이보다 1~1.5m 높게 설치

## Ⅳ. 안정액 관리방법

1) 안정액 관리기준

| 시험항목 | 기준치 | | 시험기구 |
|---|---|---|---|
| | 굴착 시 | slime 처리 시 | |
| 비중 | 1.04~1.2 | 1.04~1.1 | Mud balance |
| 점성 | 22~40초 | 22~35초 | 점도계 |
| pH농도 | 7.5~10.5 | | pH meter |
| Mud film 두께 | 3mm 이상 | 1mm 이상 | 표준 filter press |
| 사분율 | 15% 이하 | 5% 이하 | Sand content tube |

2) 비 중

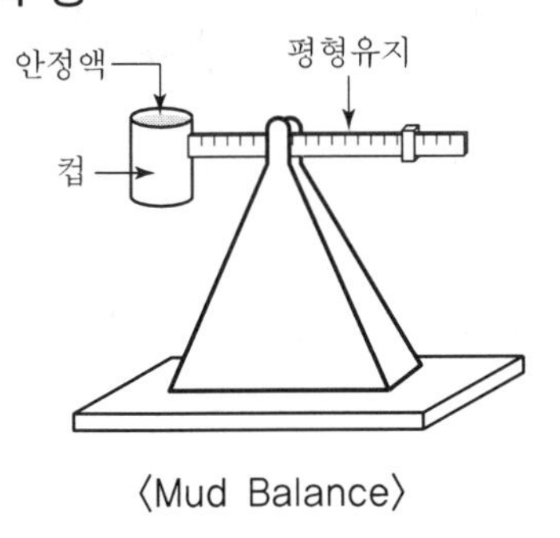

〈Mud Balance〉

① 안정액을 컵의 꼭대기까지 채우고 기포가 없어질 때까지 컵을 가볍게 두들김
② 저울 눈금을 평형이 유지될 때까지 이동, 조정
③ 안정액의 무게를 읽고 기록
④ 굴착 시 1.04~1.2, slime 처리 시 1.04~1.1 유지

### 3) 점 성

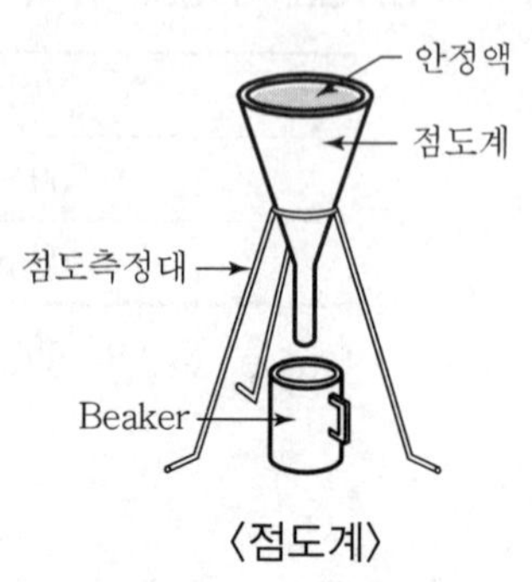

〈점도계〉

① 점도계를 점도 측정대에 똑바로 세우고 밑에 beaker를 받침
② 배출구를 막고 채취한 안정액을 부음
③ 안정액을 유출시켜 점도계에서의 유출 시간 측정
④ 굴착 시 22~40초, slime 처리 시 22~35초 유지

### 4) 사분율

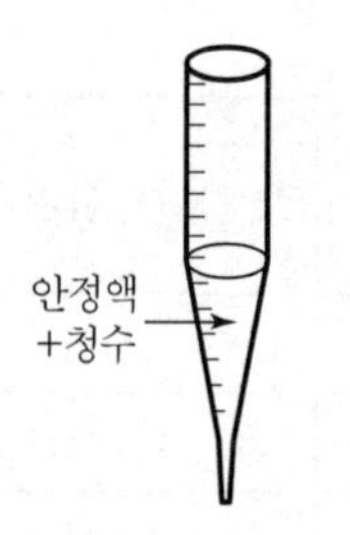

〈Sand content tube〉

① Sand content tube에 안정액을 75cc 채우고 청수를 250cc 눈금까지 넣어 흔들어 섞음
② 이 액체를 200번체에 거르고 체에 물을 부으면서 세척
③ 체에 있는 사분을 측정 tube에 넣고 완전히 침전시킨 후 체적(%) 산정
④ 굴착 시 15% 이하, slime 처리 시 5% 이하 유지

### 5) 조벽성(mud film 두께)

① 여과 실린더(안지름 76.2mm, 높이 63.5mm)에 안정액을 담고 0.3MPa의 압력으로 30분간 가압
② 남은 안정액을 버리고, 여과지에 형성된 mud film 두께와 여과 수량 측정
③ 굴착 시 3mm 이상, slime 처리 시 1mm 이상 유지

〈여과 실린더〉

### 6) 콘크리트와 혼합 방지

① 안정액 및 안정액 속의 부유물이 콘크리트와의 혼합 방지

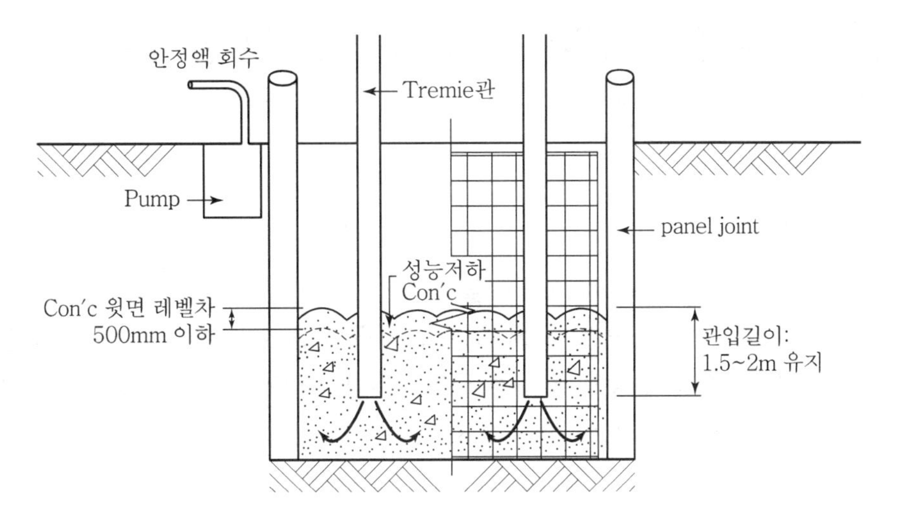


② 콘크리트 품질 불량의 원인

7) 안정액의 폐기처리

① 안정액 관리 기준에 벗어난 것은 폐기처리

② 폐기처리 시 지정 업체와 협의

## Ⅴ. Guide wall의 개선사례

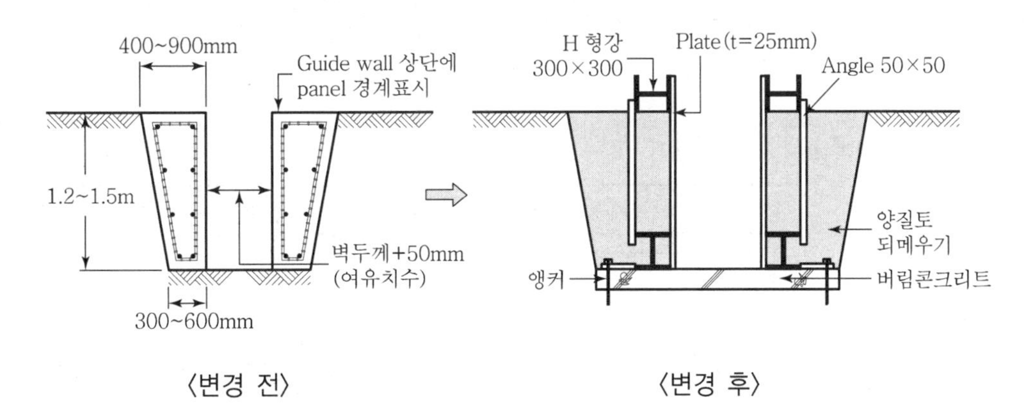


〈변경 전〉 〈변경 후〉

철거를 쉽게 하기 위하여 H-beam을 사용하여 guide wall 설치

## Ⅵ. 결 론

① 안정액은 slurry wall 시공 시 주요 오염 원인이 되므로 철저히 관리하도록 한다.

② Slime 처리시설을 확충하고 도시형 굴착장비의 개발이 시급하다.

# 문제 15 주열식 흙막이 공법의 종류 및 굴착방식, 시공 시 고려사항

## Ⅰ. 개 요

① 현장타설 콘크리트 Pile을 연속적으로 연결하여 지중에 주열식으로 흙막이벽을 형성하는 공법으로 SCW, CIP, PIP 등을 이용하여 지중에 벽체를 구축한다.

② 토질의 상황에 맞추어 공법을 적용하여야 하며, 흙막이 조성 시 벽체의 품질확보에 유의하여야 한다.

## Ⅱ. 주열식 흙막이 공법의 종류

### (1) Soil Cement Wall

1) 정의

① Soil에 직접 Cement Paste를 혼합하여 현장 Con'c Pile을 연속시켜 주열식 흙막이벽을 형성하는 공법

② 3축 Auger를 사용하여 공기가 빠르고 주변지반에 대한 소음·진동 등 공해가 적음

2) 시공순서 Flow Chart

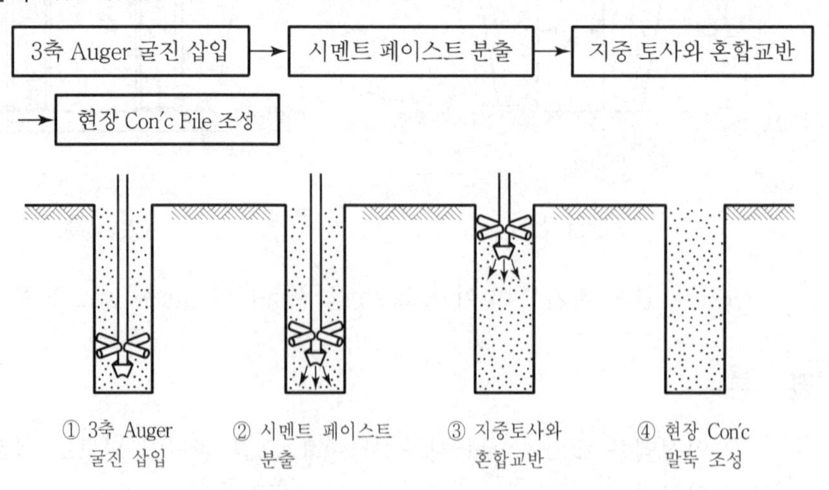

## (2) Cast In place Pile

### 1) 정의

① Earth Auger로 지중에 구멍을 뚫고, 철근망(또는 H-Beam)을 삽입한 다음 Mortar 주입관을 설치하고, 먼저 자갈을 채운 후 주입관을 통하여 모르타르를 주입하는 공법

② 지하수가 없는 곳에 적용하며, 지중에 연속하여 시공하여 주열식 흙막이 벽체를 구성

### 2) 시공순서 Flow Chart

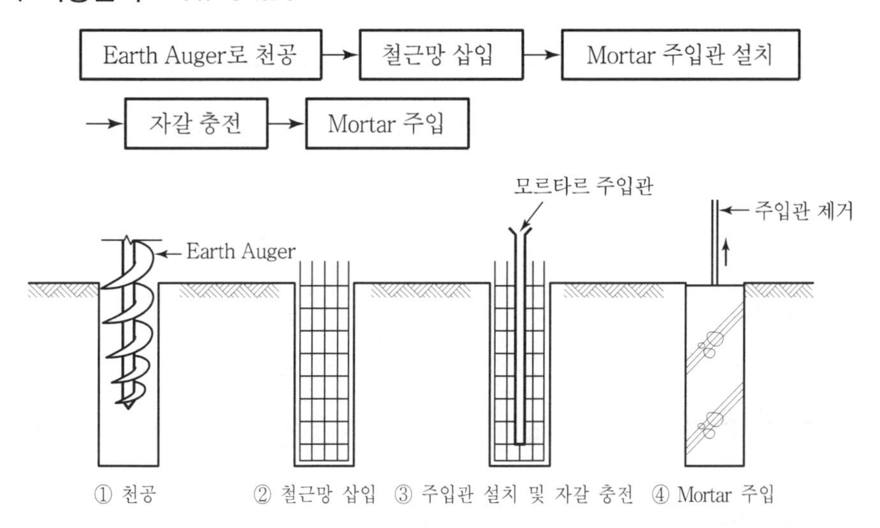


## (3) Packed In place Pile

### 1) 정의

① 연속된 날개가 달린 중공의 Screw Auger의 머리에 구동장치를 설치하여, 소정의 깊이까지 회전시키면서 굴착한 다음, 흙과 Auger를 빼올린 분량만큼의 프리팩트 Mortar를 Auger 기계의 속구멍을 통해 압출시키면서 주열식 흙막이 벽을 형성하는 공법

② Auger를 빼내면 곧 철근망 또는 H형강 등을 Mortar 속에 꽂아서 흙막이벽을 완성

2) 시공순서 Flow Chart

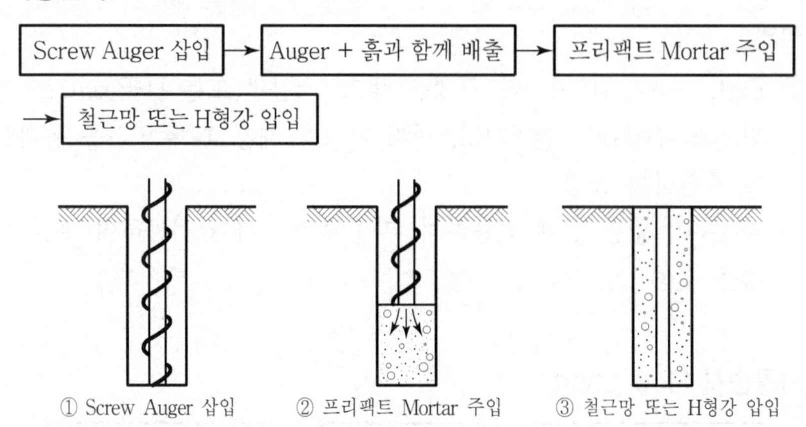

① Screw Auger 삽입　② 프리팩트 Mortar 주입　③ 철근망 또는 H형강 압입

| 구분 | SCW (Soil Cement Wall) | CIP (Cast In place Pile) | PIP (Packed In place Pile) |
|---|---|---|---|
| 굴착 장비 | 3축 Auger | Earth Auger | Screw Auger |
| 적용지반 | 양호한 토사의 사질 및 점토층 | 경질지반 | 사질층 및 자갈층 |
| 지하수 | 지하수 有 적용 가능 | 지하수 無 | 지하수 有 적용 가능 |
| 주입재 | Cement Paste | Mortar | Mortar |
| 골재(자갈) 사용 여부 | 미사용 | 사용 | 미사용 |
| 굴착흙처리 | 흙과 Cement Paste 혼합 | 반출 | 반출 |
| 경제성 | 양호 | 불리 | 보통 |
| 주열벽 강성 | 불리 | 양호 | 보통 |

## Ⅲ. 굴착방식

### 1) 연속방식

① 3축 Auger로 하나의 Element를 조성하여 그 Element를 반복 시공함으로써 일련의 지중연속벽을 구축

② N치 50 이하 토질에 적용

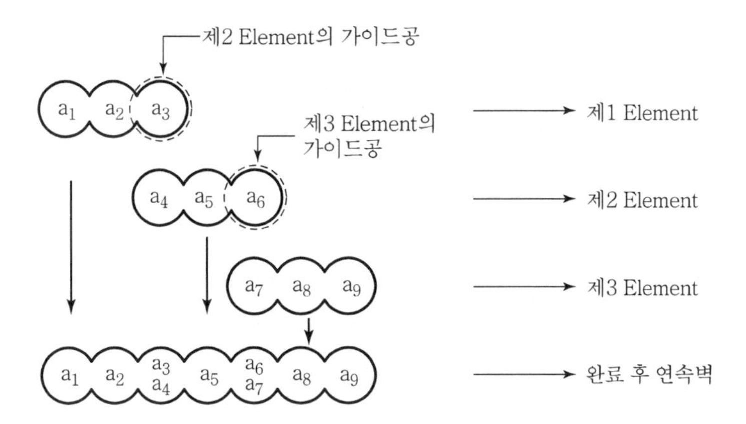


## 2) Element 방식

① 3축 Auger로 하나의 Element를 조성하여 1개공 간격을 두고, 선행과 후행으로 반복 시공함으로써 연속벽을 구축

② N치 50 이하의 일반 토질에 널리 적용

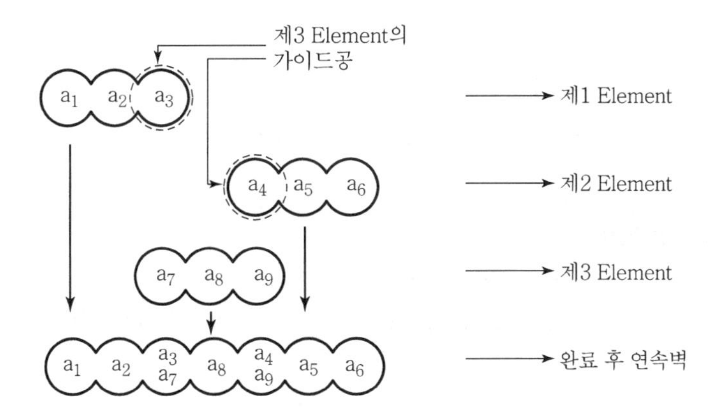


## 3) 선행방식

① 먼저 Element 구획을 조성, 단축(1축) Auger로 1개공 간격을 두고 선행 시공하여 지반을 부분적으로 이완한 후 Element와 동일한 방식으로 지하연속벽을 구축

② 100mm 이상의 호박돌이 혼합된 층, 사력층, 연암층에 적용

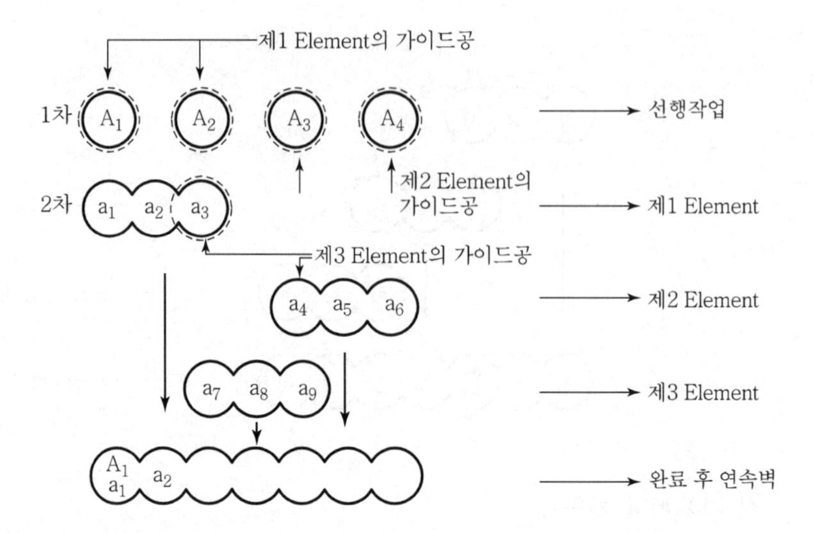


## Ⅳ. 주열식 흙막이 공법의 시공 시 고려사항

### 1) 사전조사 철저

① 토질검사 및 지반성상 파악

② 지하장애물 여부, 근접 건물의 영향 분석

### 2) 작업준비 철저

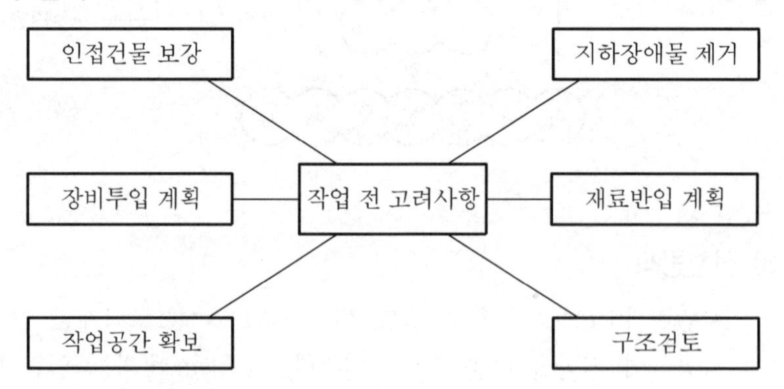


### 3) 규준틀 설치 및 Guide Wall 시공

① 기준선 실 띄우기 및 보강재 간격 표시

② 수평·수직 유지용 Guide Wall 시공

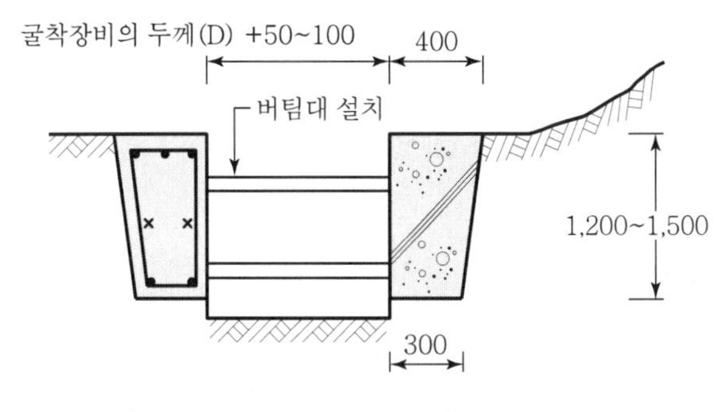


〈Guide Wall 설치〉

### 4) Element 분배 및 배치

지반의 성질과 작업 여건 고려하여 Element 분배 및 배치

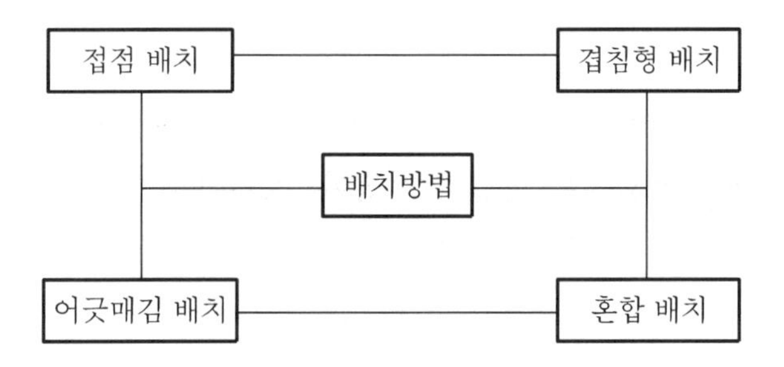


### 5) 벽체 조성

① 소정의 심도까지 천공하여 혼합 벽체를 조성

② 근입장 깊이를 고려하여 보강재를 삽입

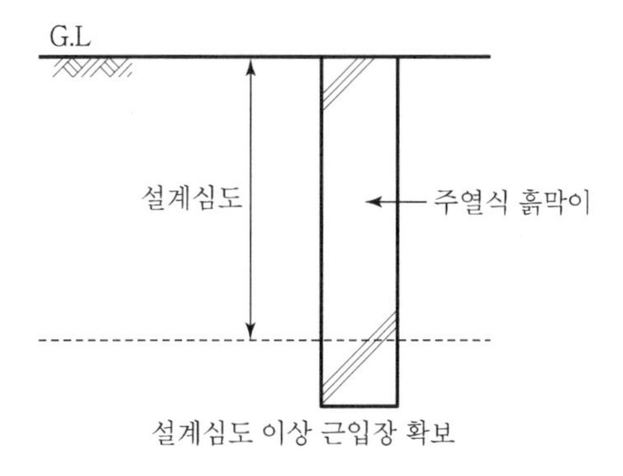

### 6) 양생

① 소요강도 확보 전 지반의 충격 및 장비 이동 금지

② 4일 이상 양생기간 확보

### 7) 폐토 처리

폐토가 발생 시 장외 반출 실시

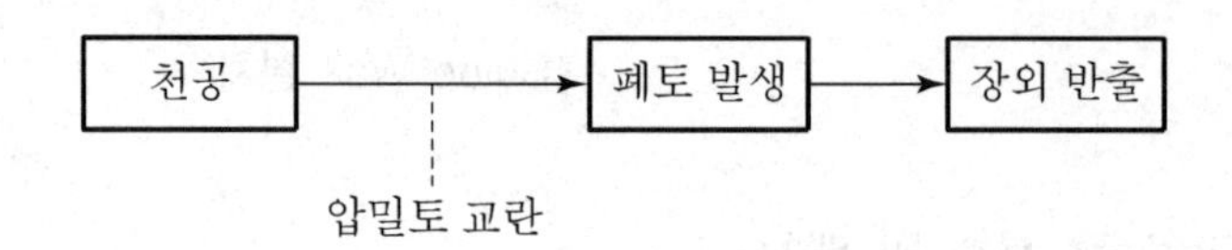


## V. 결 론

도심지 공사에서의 흙막이벽 시공은 민원 발생의 여지가 많으므로 주변지반에 영향이 최소화되는 공법의 선정이 중요하다.

문제 16

# 지하외벽의 합벽공사 시 하자 유형과 방지대책

## Ⅰ. 개 요

① 도심지 공사에서 지하공간 확보를 위하여 지하외벽 시공 시 흙막이벽(H-Pile+토류판, CIP 등)과 합쳐서 구조체인 외벽을 형성하는 것을 합벽 처리라 한다.

② 지하외벽을 합벽 처리 시에는 누수, 배부름 등의 하자에 대한 대비와 철저한 품질관리가 필요하다.

## Ⅱ. 합벽 처리 시공도

1) (H-Pile + 토류판) + 지하외벽

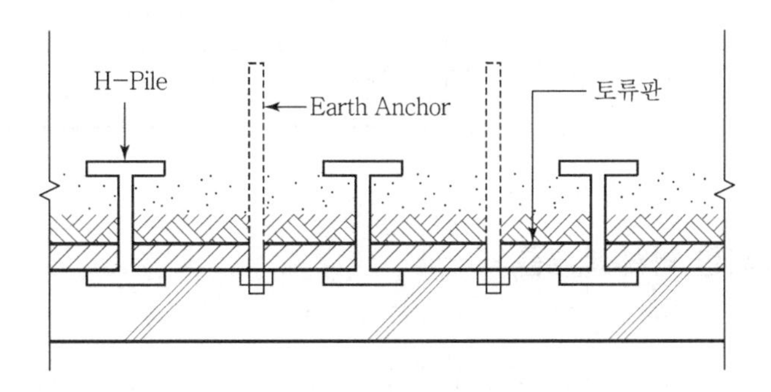


2) CIP + 지하외벽

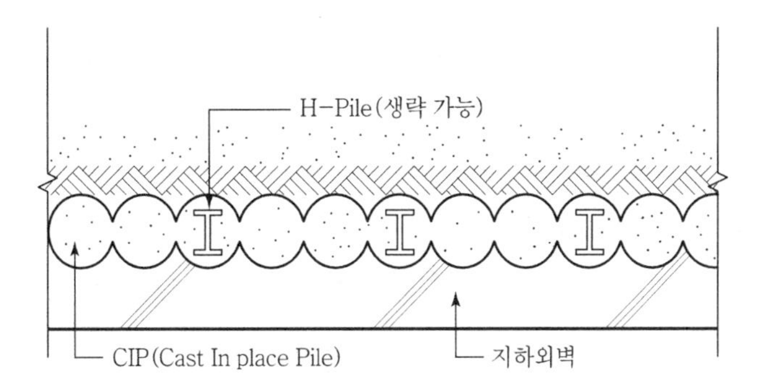

## Ⅲ. 주요 하자 유형

### 1) 누수

① 차수성이 부족한 흙막이벽 시공

② 합벽부위 방수 미시공

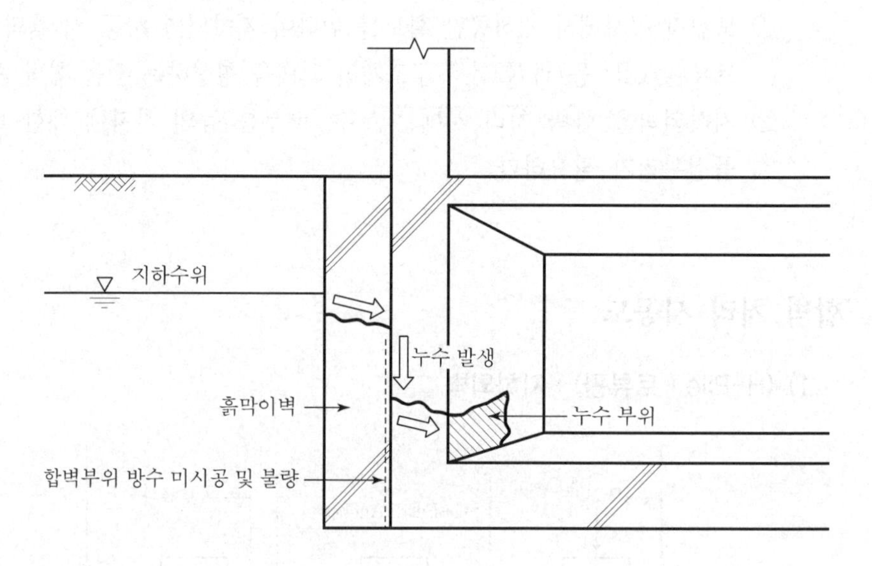


### 2) 토압에 의한 벽체 배부름

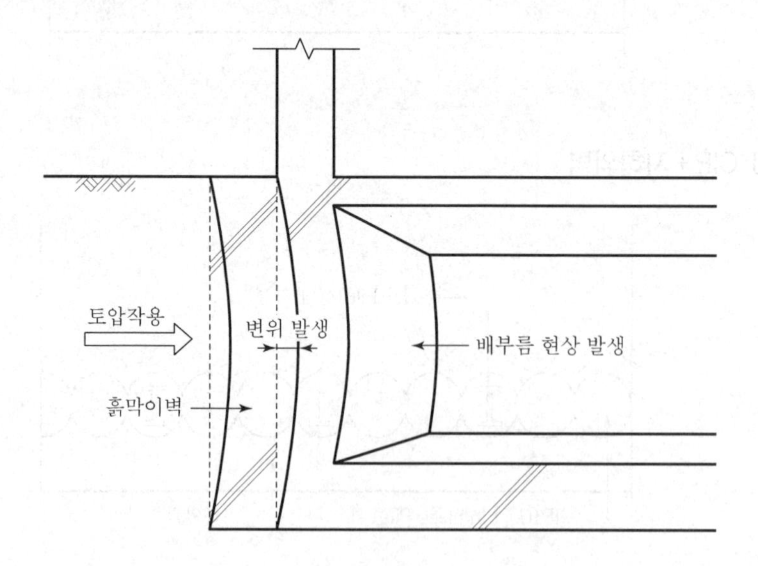

### 3) 결로현상 발생

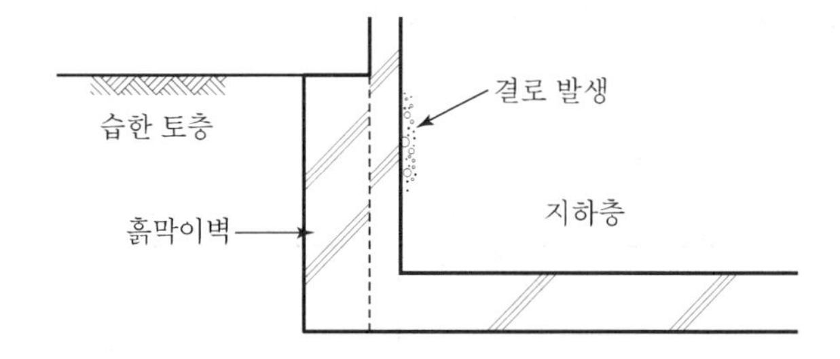


① 지중의 습기가 합벽을 통하여 지하실에 유입

② 지하벽은 항상 습기에 차 있는 경우가 많음

### 4) 마감재 박락

① 습기로 인한 마감재의 박락

② 도장의 응결이 잘 되지 않음

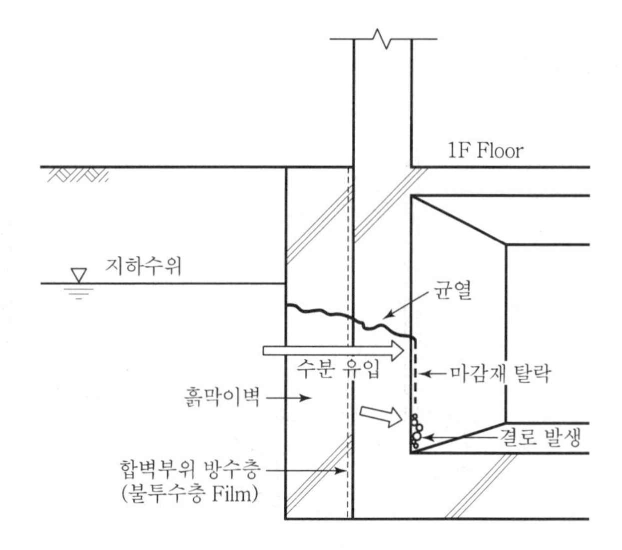

5) Cold Joint 발생

지하벽체 전체를 한번에 콘크리트 타설을 할 수 없으므로 Cold Joint에 의한 누수 발생

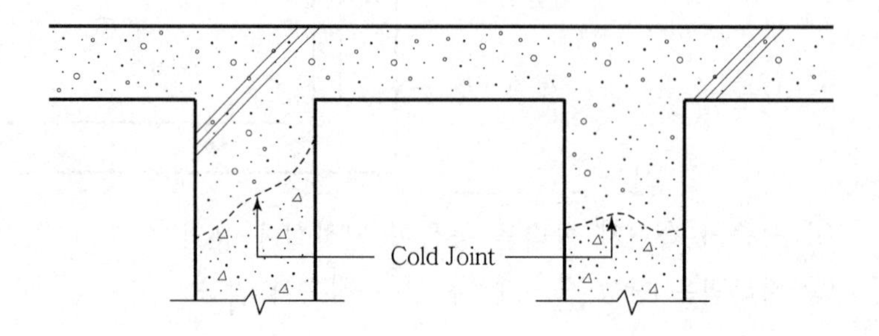


## Ⅳ. 방지대책

### (1) 설계상

1) 이중벽 구조

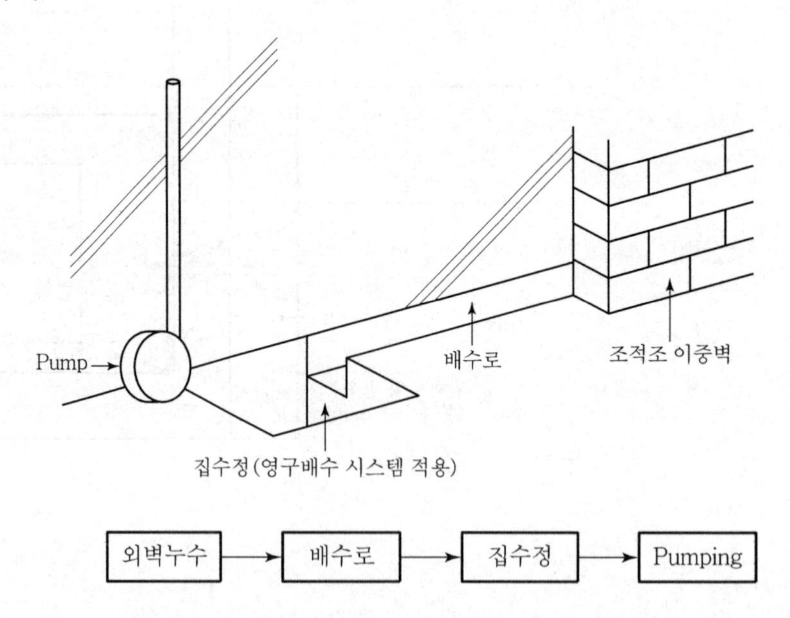


외벽누수 → 배수로 → 집수정 → Pumping

① 외벽에서 발생되는 물을 이중벽 속의 배수로를 통하여 집수정으로 집수
② 집수정의 물은 Pump를 통하여 외부로 배수
③ 집수정은 영구 배수 시스템을 적용

2) 실내 방수

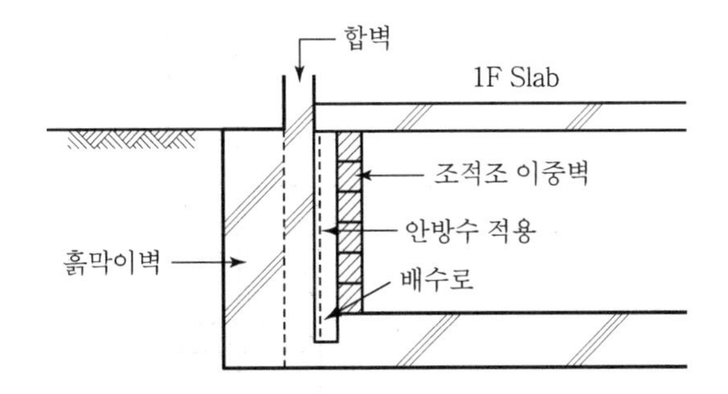


① 지하 안방수공법의 적용

② 시멘트 액체 방수가 아닌 성능이 좋은 방수공법 적용

3) 설계 변경

지하 흙막이벽을 차수성 높은 공법(Slurry Wall) 등으로 변경

(2) 시공상

1) 무폼타이 거푸집 적용

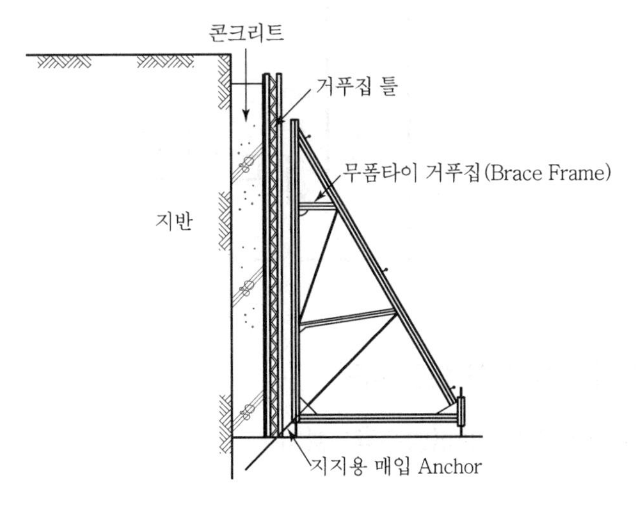


① 흙막이벽 공사 시 주로 사용

② 공법이 단순하고 시공이 용이

2) 외벽 관통 Sleeve 처리

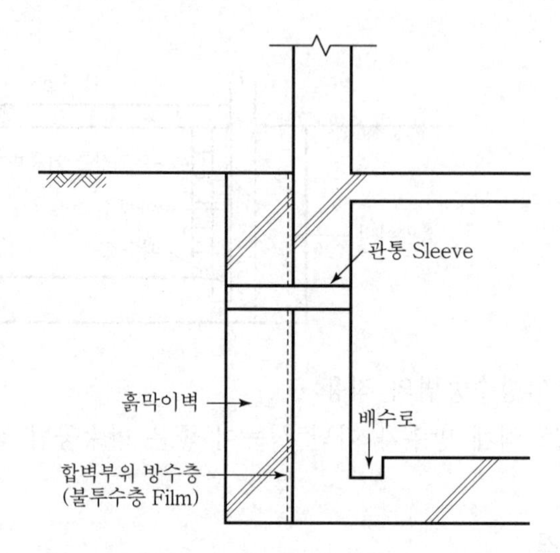


지하벽에서 생성되는 물을 Sleeve로 처리

3) 방수턱 시공

지하 가장자리에 방수턱 시공

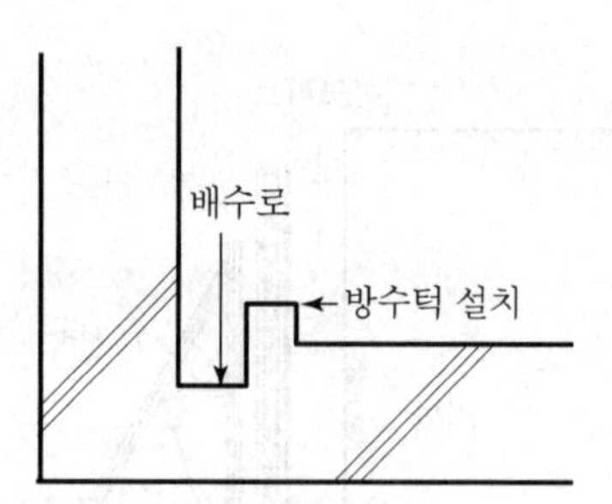


4) 콘크리트의 연속 타설 방안 마련

5) 합벽부에 불투수층 Film(방수층) 설치

## V. 결 론

지하외벽의 합벽 처리는 지하실 누수에 대한 대처가 마련된 후 임하여야 하며, 설계 시부터 이중벽 구조 설치 등 대책 수립 후 시공하여야 한다.

# 문제 17 Top down 공법의 시공순서와 시공 시 유의사항

## Ⅰ. 개 요

### 1) 정 의

지하 외벽 및 지하의 기둥과 기초를 먼저 시공하고 지하 구조체와 지상의 구조체를 동시에 진행하는 공법이다.

### 2) 공법의 특징

| 장점 | 단점 |
|---|---|
| 공기 단축 | 치밀한 계획 필요 |
| 흙막이의 안정성 우수 | 지하 구조물의 역 joint 발생 |
| 가설 자재의 절약 | 지하 굴착 공사 난해 |
| 소음 등 공해에 유리 | 조명 및 환기 시설 필요 |
| 작업 공간 확보 (1층 바닥) | |

## Ⅱ. Top down공법과 일반공법의 비교

### 1) Top down공법

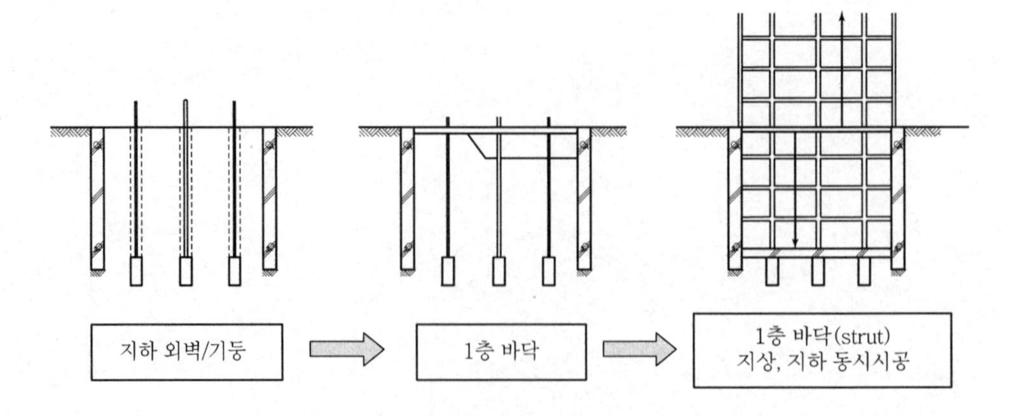

2) 일반공법

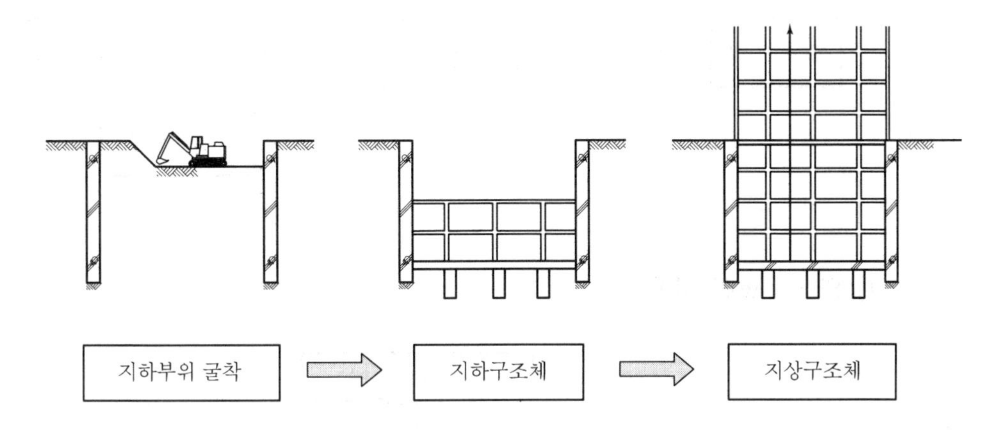


## Ⅲ. Top down 공법의 구조 요소

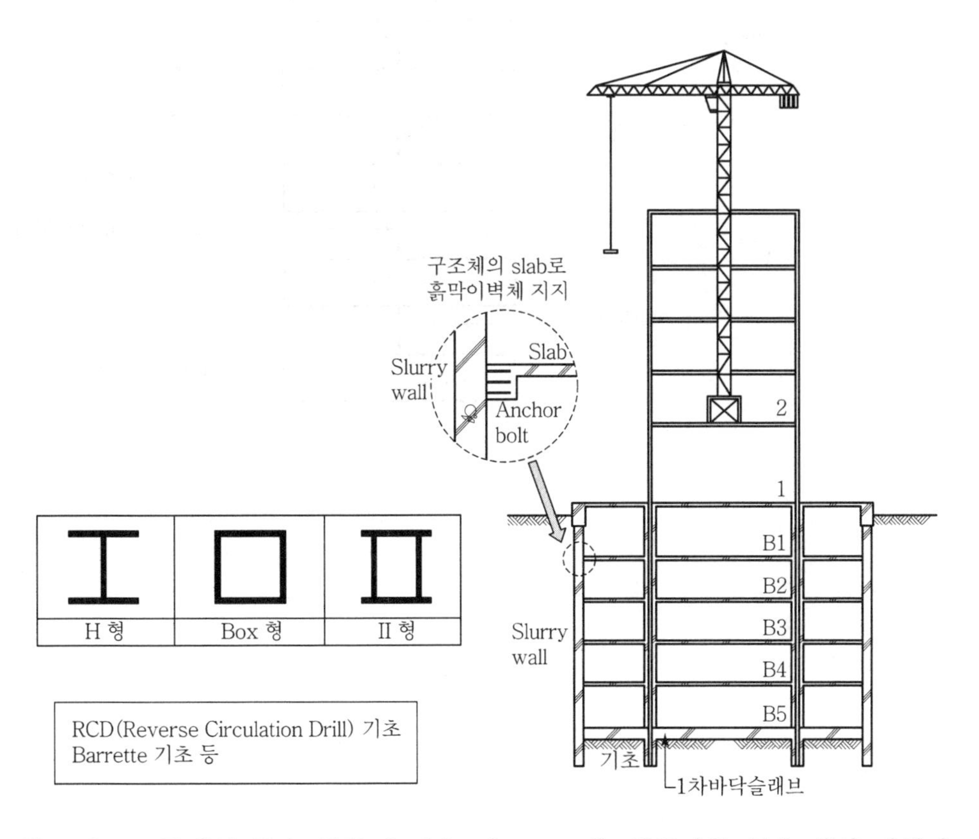


Top down 공법의 주요 항목인 기초, slurry wall, 철골기둥 등은 공사 진행시 작용하는 하중을 충분히 견디어야 하므로 계획 단계에서 충분한 검토 필요

# Ⅳ. 시공순서

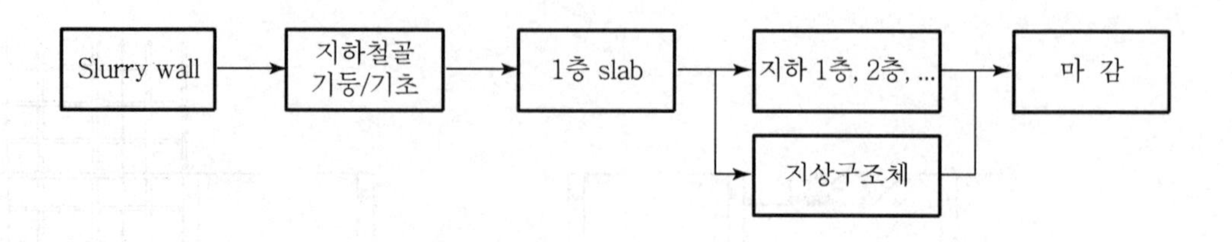


## 1) Slurry wall 시공

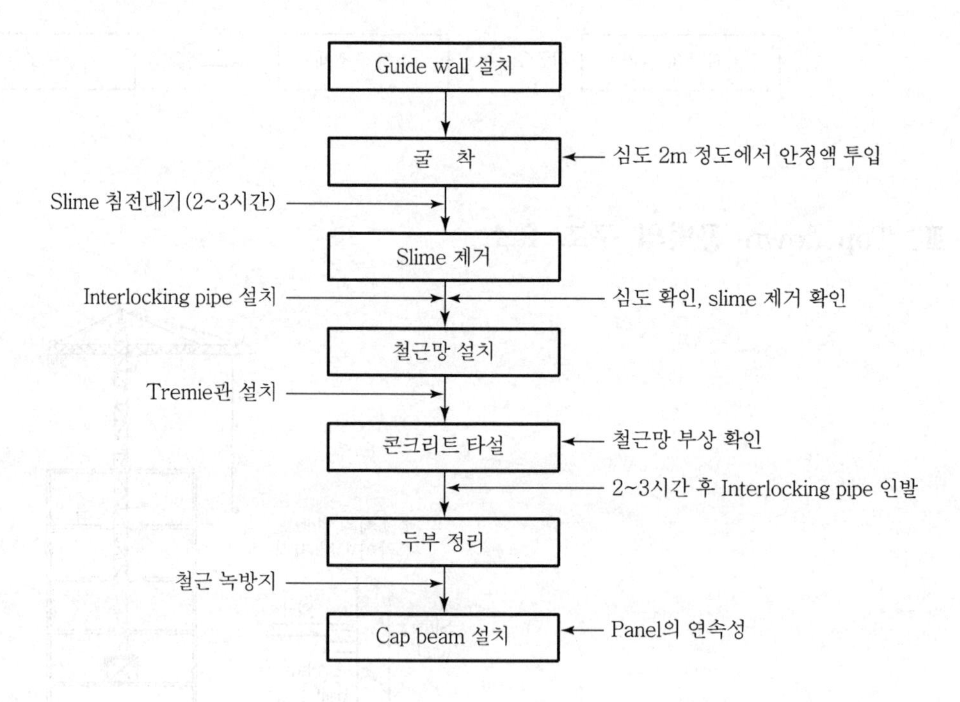

### 2) 지하 철골기둥 및 기초시공

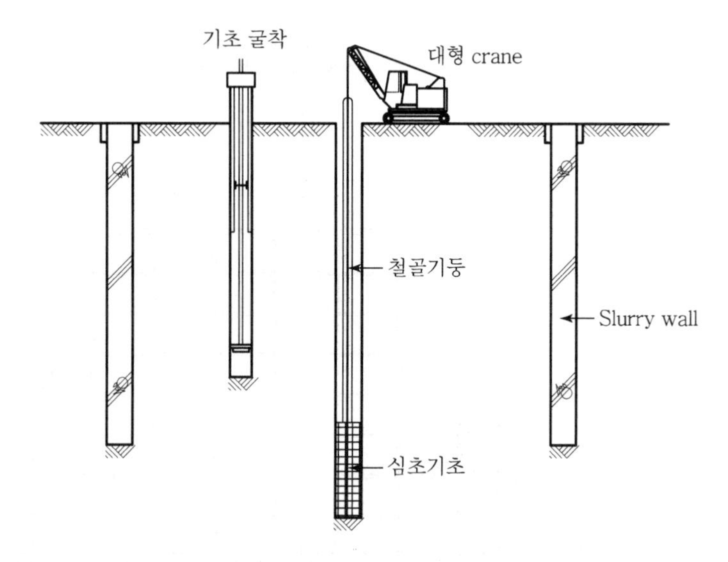


① 대구경(1.5m) steel casing pipe를 설치하고 굴착

② 기초 부분 콘크리트를 타설하고 철골기둥 부분을 자갈 등을 설치하여 철골의 이동 방지

### 3) 1층 slab 시공

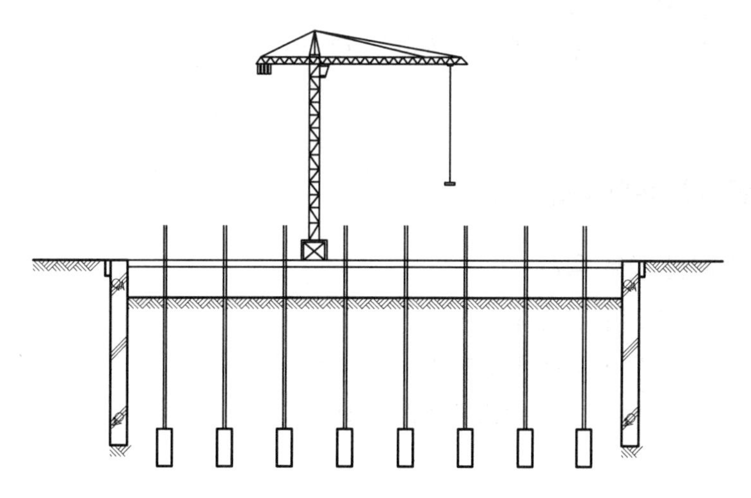

① 1층 slab 시공으로 작업 공간 및 자재 야적장 확보

② 지하 굴토 및 구조체 공사를 위한 open 구간 계획

4) 지상, 지하 동시 시공

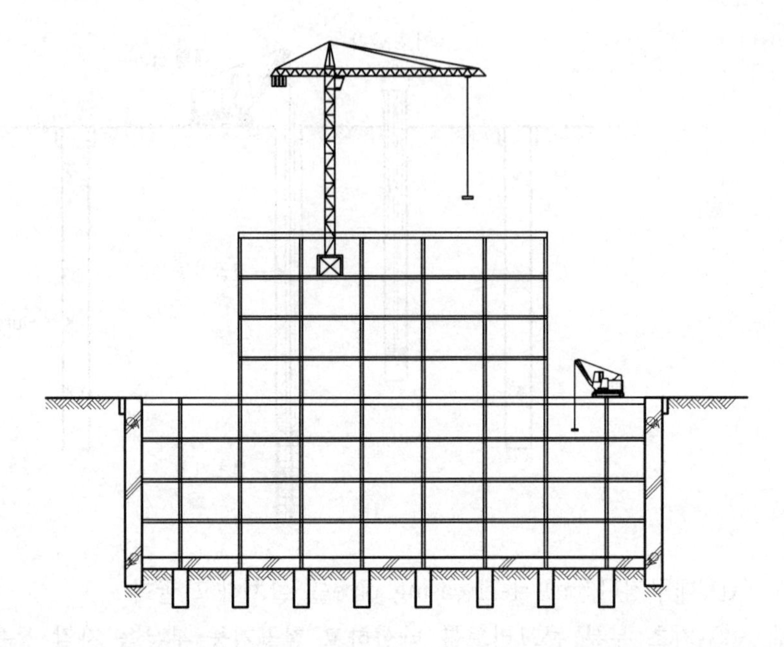

① 지하는 위에서 아래로 지상은 아래에서 위로 구조체 공사의 동시 진행
② 지하는 토공사와 구조체 공사를 함께 진행

5) 마 감

지상, 지하 동시에 마감공사 진행

## Ⅴ. 시공 시 유의사항

1) 사전 검토 철저

① 구조적 검토 필요
② 가장 효율적이고 경제적인 시공 검토
③ 지반에 맞는 기초굴착방식 선정

## 2) 토공 반출구 검토

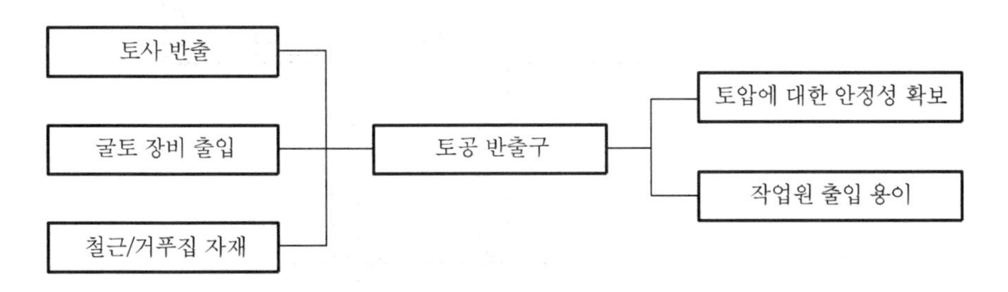


자재 및 인력의 출입이 안전한 장소 선택 및 구조적 안정성 확보

## 3) 철골 기둥 설치부 수직 굴착

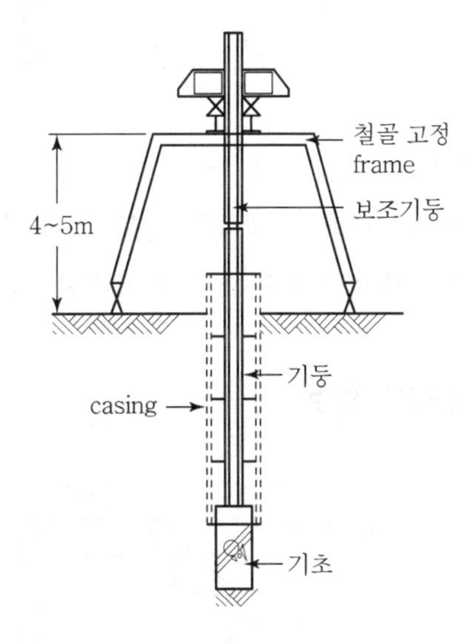


① 수직도는 1 : 300(0.3%) 이내로 유지
② 대구경 casing의 수직도를 유지하면서 casing내 굴착
③ 기둥 고정용 frame을 지상에서 4~5m 높이로 설치
④ 보조 기둥을 이용하여 구조체 철골 기둥을 고정
⑤ 기초 콘크리트 타설 1~2시간 후 콘크리트에 묻힌 깊이만큼 casing 인발
⑥ 기초 콘크리트 양생 후 casing 내부에 골재 채움

### 4) 기초 하부 slime 처리

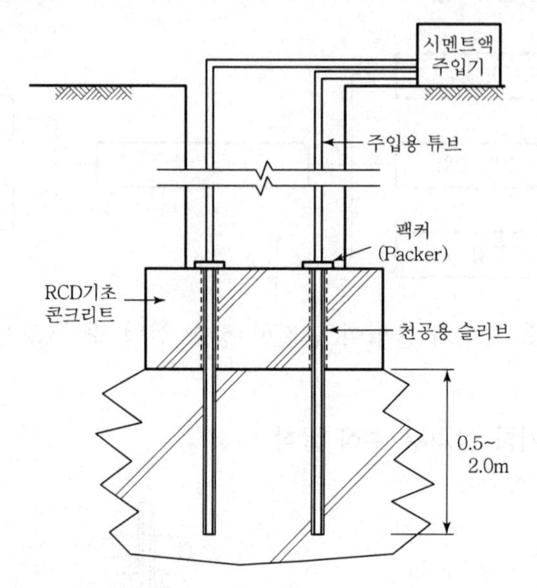


① 기초 하부 0.5~2.0m까지 천공
② 고압의 살수로 기초 콘크리트 하부 청소 및 침전물 제거
③ Toe Grouting(Cement milk로 grouting) 실시

### 5) 철골기둥의 수직도 확보

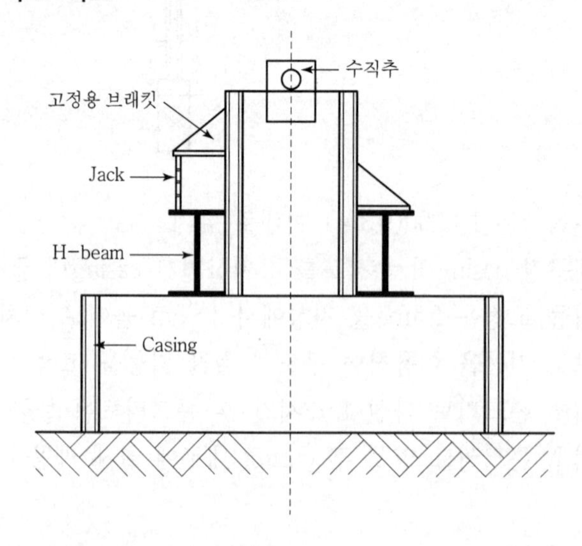


① 상부 기둥은 transit으로 수직 유지
② 하부 기둥은 수직추(내림추)로 수직 확인
③ 하부 기둥의 수직 설치 후 casing과 용접으로 고정

### 6) 환기 및 조명 설비

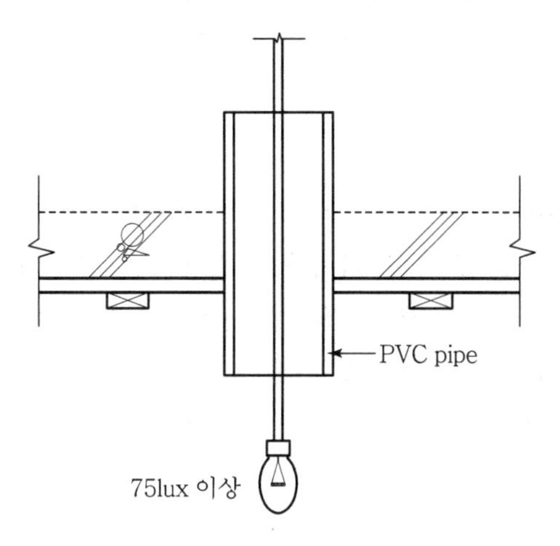


① PVC pipe는 $\phi$150 이상, 조도는 75lux 이상

② PVC pipe를 통해 이동이 용이하게 함

③ 환기를 위한 공간 확보

## Ⅵ. 역 joint 처리방법

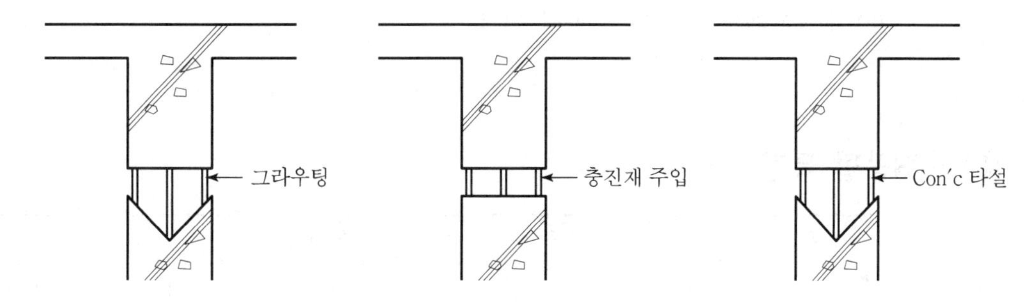


지하공사는 위에서 아래로 진행되므로 콘크리트 타설시 발생하는 역joint부분의 구조적 연속성을 확보해야 한다.

## Ⅶ. 결 론

① Top down 공법은 건설업 개방 및 UR 환경변화에 대응하기 위한 기술축적 공법으로서 저소음, 저진동공법이며, 주변 지반의 영향이 적어 민원 발생의 요소가 적다.

② 역joint 처리 문제 및 steel column의 수직도 유지 등의 문제점이 있으나 공기 단축이 용이하며 도심지 근접 시공에 적합한 공법이다.

# 문제 18 흙막이 공사의 SPS공법

## Ⅰ. 개 요

① Top down 공법은 가설 strut(버팀대)공법의 성능을 개선하여 본구조체인 기둥, 보를 흙막이 버팀대로 활용하는 공법이다.

② SPS(Strut as Permanent System : 영구 구조물 흙막이)공법은 top down 공법의 문제점인 지하공사 시 조명 및 환기 부족을 개선하여 개발된 공법으로 근래에 시공빈도가 가장 높은 공법이다.

## Ⅱ. Top down공법의 문제점

① 지하 공사 시 자연채광 부족으로 시공 곤란

② 지하 환기 부족

③ 지하 조명설비 및 환기설비의 과다 설치

④ 수직부재의 역joint 발생

⑤ 수직부재의 콘크리트 공극 발생

## Ⅲ. SPS공법 특징

| 구분 | 특징 |
|---|---|
| 환기·조명 | • 지하 공사 시 철골보만 설치하여 아래로 진행하므로 환기 양호<br>• 최소한의 조명 시설로 작업가능하며, 나머지는 자연채광 이용<br>• Top down 공법에 비해 지하 작업장의 환기·조명이 양호 |
| 구조적 안정 | • 철골과 RC slab가 띠장의 역할을 하므로 구조적으로 안정<br>• 가설 strut 해체 시 발생하는 지반 이완현상 감소<br>• 가설 띠장 해체 시 발생하는 지반 균열 방지 |
| 시공성 | • 구조체 철골 간격이 가설재의 간격보다 넓어 작업공간 확보<br>• 굴착공사용 장비의 작업성 향상 |
| 공기 | • 기초 완료 후 지상과 지하 동시 시공 가능<br>• 가설 strut의 해체 과정 생략으로 공기 감소 |

| 구분 | 특징 |
|---|---|
| 원가 | • 가시설 공사비가 필요 없음<br>• 공기 단축 및 시공성 향상으로 원가 절감 |
| 환경친화적 | • 인접 지반에 대한 피해 감소<br>• 폐기물 발생 저감 |

## Ⅳ. SPS공법 분류 및 flow chart

1) Up - up(double up) 공법

2) Down - up 공법

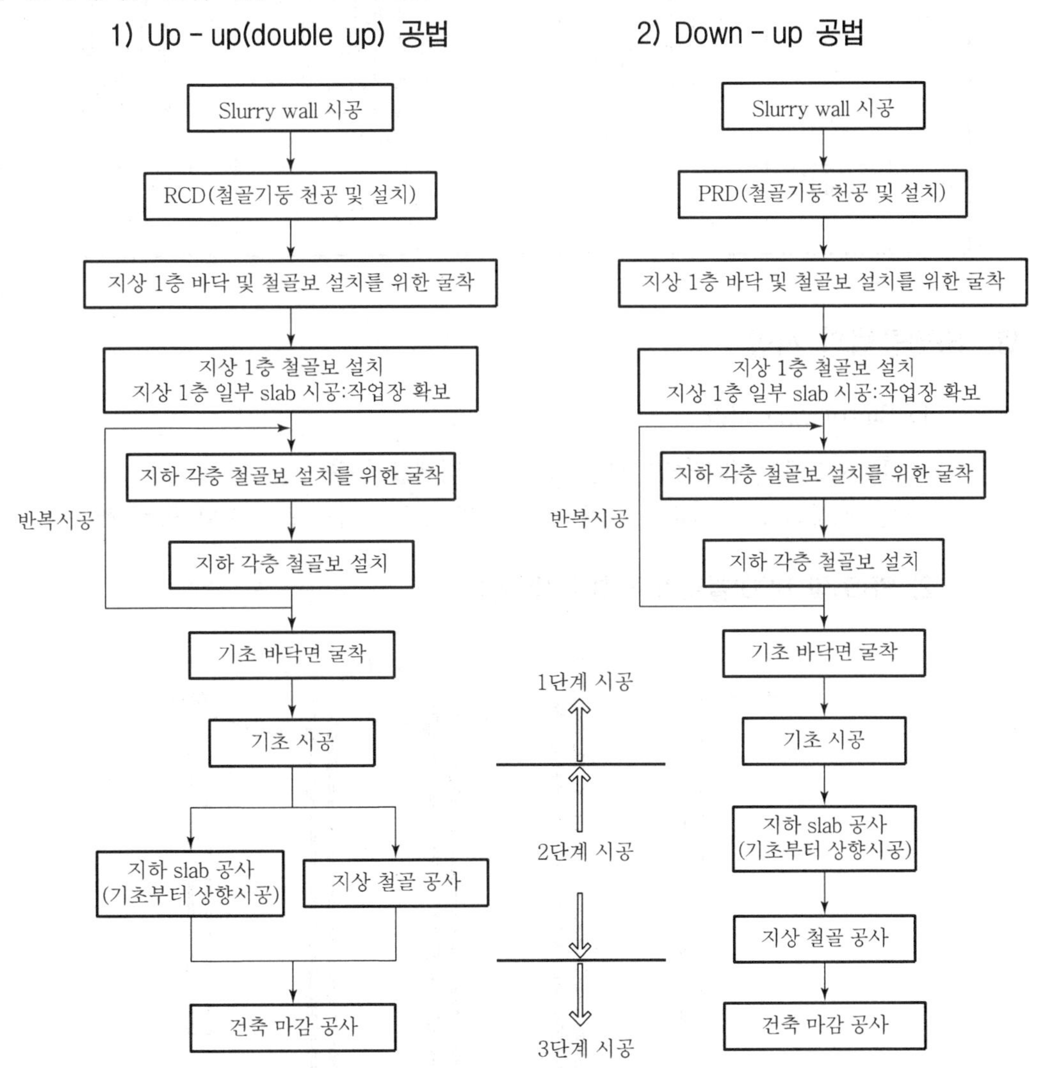

## Ⅴ. 분류별 특징

| 구분 | | Up-up 공법 | Down-up 공법 | Top down 공법 |
|---|---|---|---|---|
| 1단계 시공 | 지하구조체 하향작업 | 철골 기둥·철골보 | | |
| 2단계 시공 | 지상 철골 공사 | ① up | up ② | ① 지상 |
| | 지하 slab 공사 | ① up<br>동시작업 | ① down<br>순차작업 | ① 지하<br>동시작업 |
| 3단계 시공 | 건축마감 공사 | 마감공정 cycle에 의한 별도 시공 | | 별도 시공 |

## Ⅵ. SPS공법의 시공

1) Slurry wall 시공

① 지하에 자립가능한 철근콘크리트 벽체를 구축

② 안정액을 이용하여 공벽 붕괴를 막으면서 지하에 연속된 벽체 형성

2) PRD 및 RCD(철골기둥 천공 및 설치)

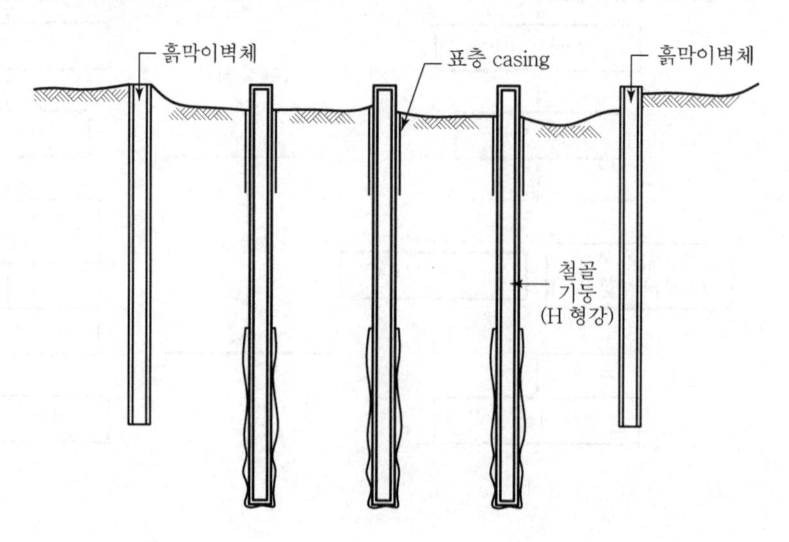

① 대구경 말뚝굴착장비로 지반굴착 후 철골(H형강) 또는 철근망 삽입
② 굴착 시 표층 Casing을 설치하여 공벽붕괴 방지
③ 천공 및 근입 시 이동이나 변형되지 않도록 정확한 수직도 유지

### 3) 1차 굴착

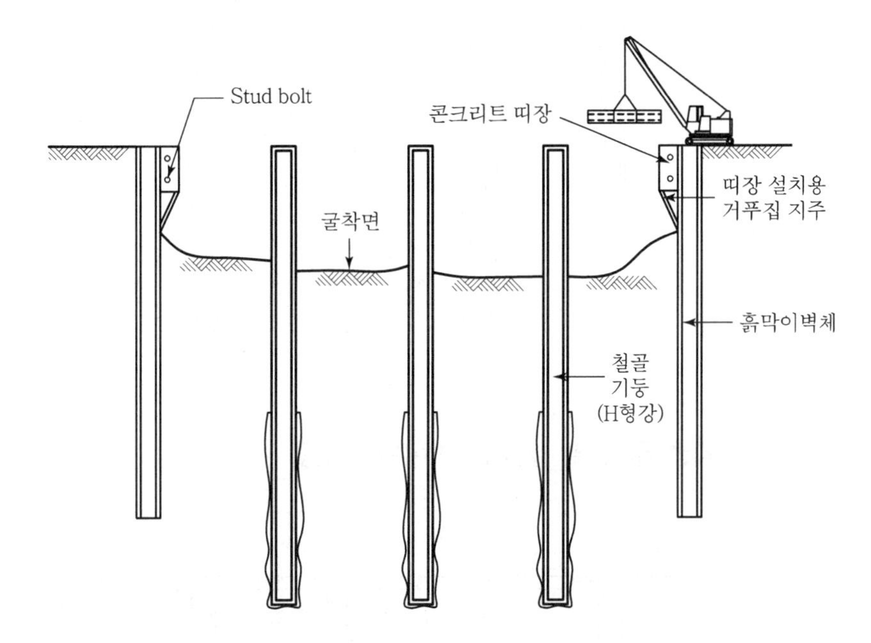


① 지상 1층 바닥 및 철골보 설치가 용이하도록 굴착
② 1차 굴토 후 콘크리트 띠장 시공
③ H-pile 플랜지 면에 stud bolt 설치

### 4) 지상 1층 철골보 설치 및 일부 slab 시공

① 철골보 설치(strut 역할)
② Slab는 작업공간이 필요한 부분에 RC로 타설
③ 지하공사 시의 환기, 조명 고려

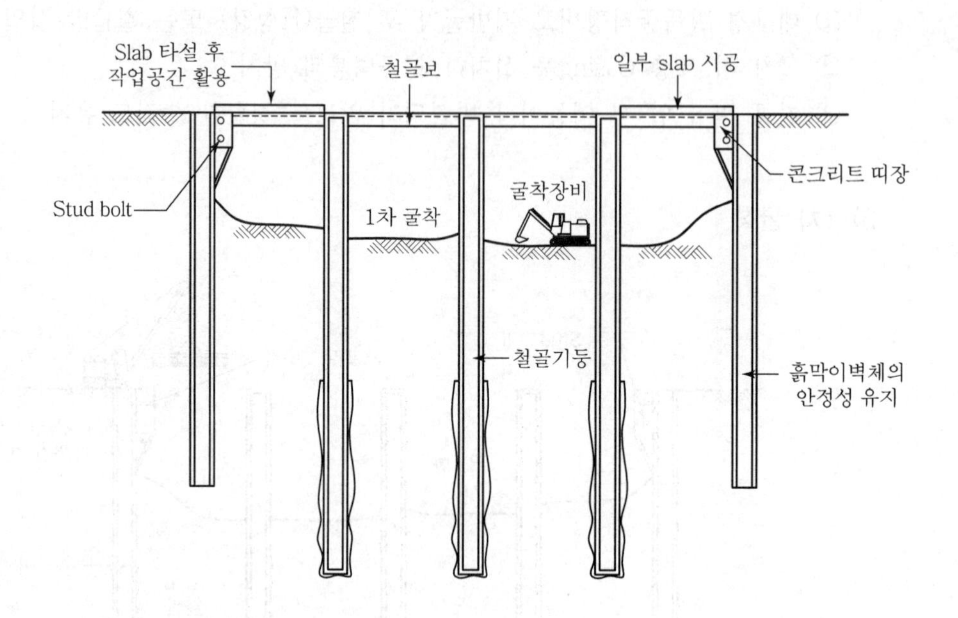


### 5) 지하 각층 굴착 및 철골보 설치(반복시공)

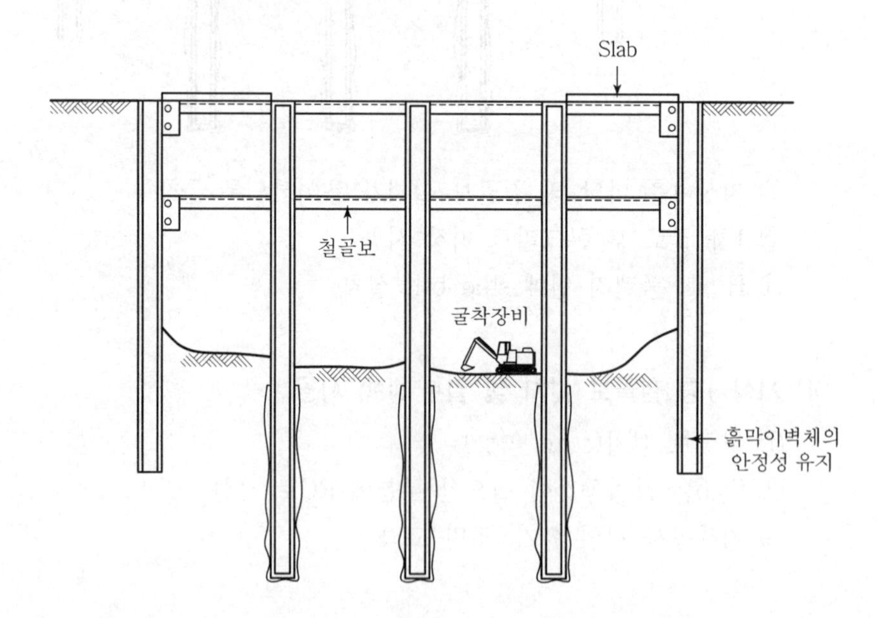


① 굴착 시 단부와 중앙부의 단차이를 이용하여 토압에 대한 흙막이벽체의 안정성 확보

② $B_1$, $B_2$, $B_3$ 순으로 굴착하여 순차적으로 철골보 설치

### 6) 기초바닥면 굴착 및 기초 시공

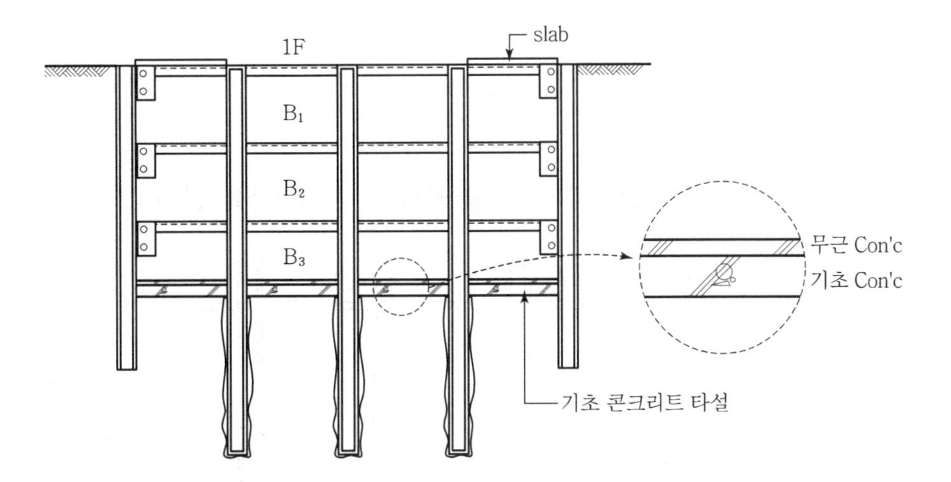


① 최하부층($B_3$)까지 굴착 완료 후 기초 콘크리트 타설

② 기초 콘크리트 타설 후 내외부 벽체 및 slab를 하부에서 상부순으로 시공

### 7) Up - up 공법 : 지하 및 지상 동시 시공

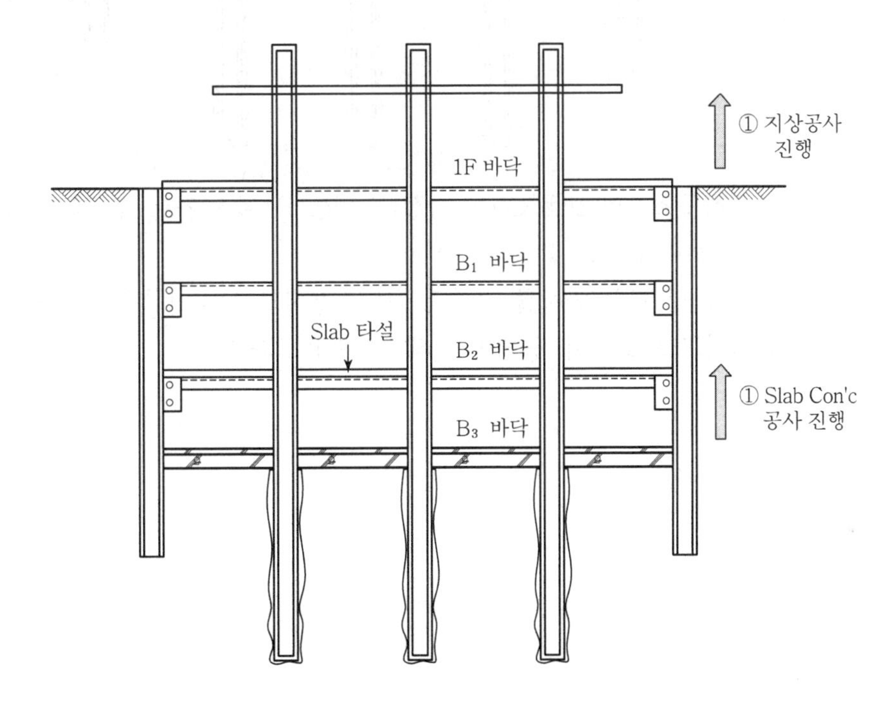

① 지하, 지상 구조체 공사의 동시 진행 가능(up - up 공법)
② 지하는 $B_3$, $B_2$, $B_1$ 순으로 slab Con'c 타설
③ 동시에 지상은 철골공사 진행
④ SPS 공법중 up - up 공법의 활용도가 높다.

### 8) Down - up 공법 : 지하구조물 공사 후 지상구조물 공사 진행

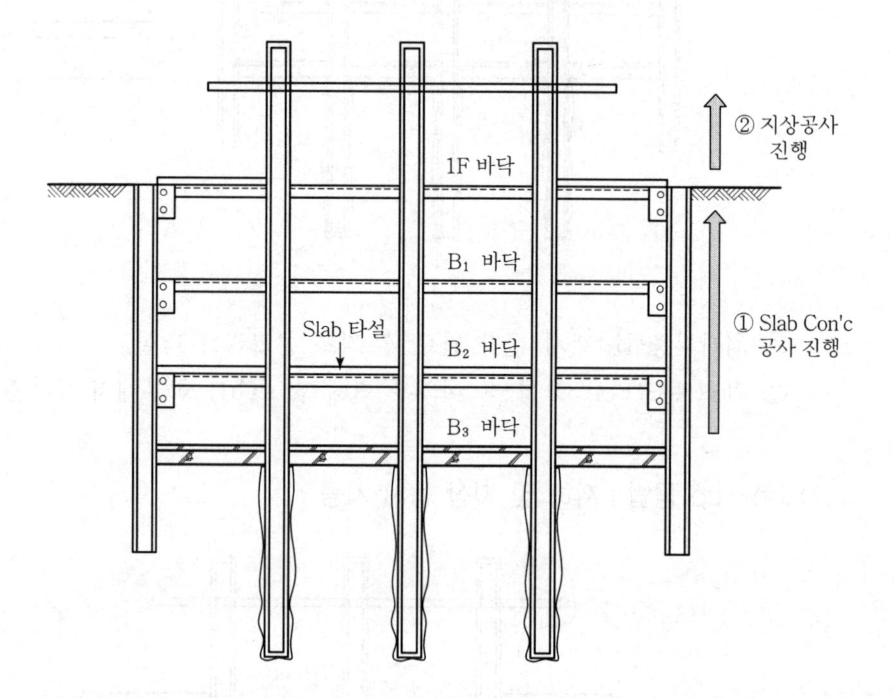


① 지하구조물인 slab Con'c 타설($B_3$, $B_2$, $B_1$ 순) 완료 후 지상 철골공사 진행 (down - up 공법)
② 지하 및 지상 공사를 순차적으로 진행하므로 공기단축에 불리
③ 그러므로 up - up 공법에 비해 그 활용도가 낮음

## Ⅶ. 시공 시 유의사항

### 1) 흙막이벽의 수직도 유지

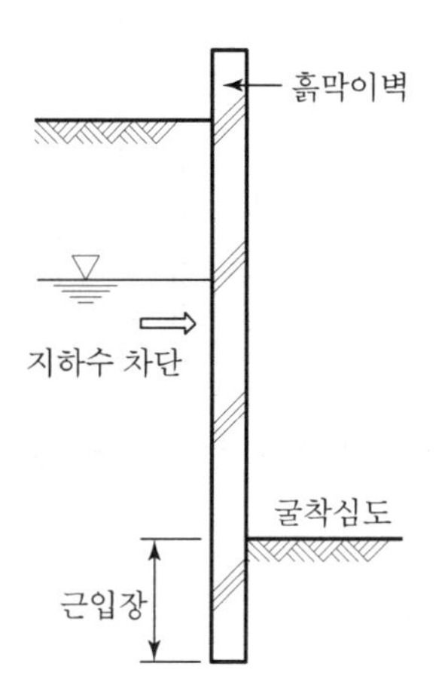


① 차수성 있는 흙막이벽체 시공

② 내부 합벽화로 구조체의 일부가 되므로 수직 정밀도 확보

### 2) 철골기둥 수직도 유지

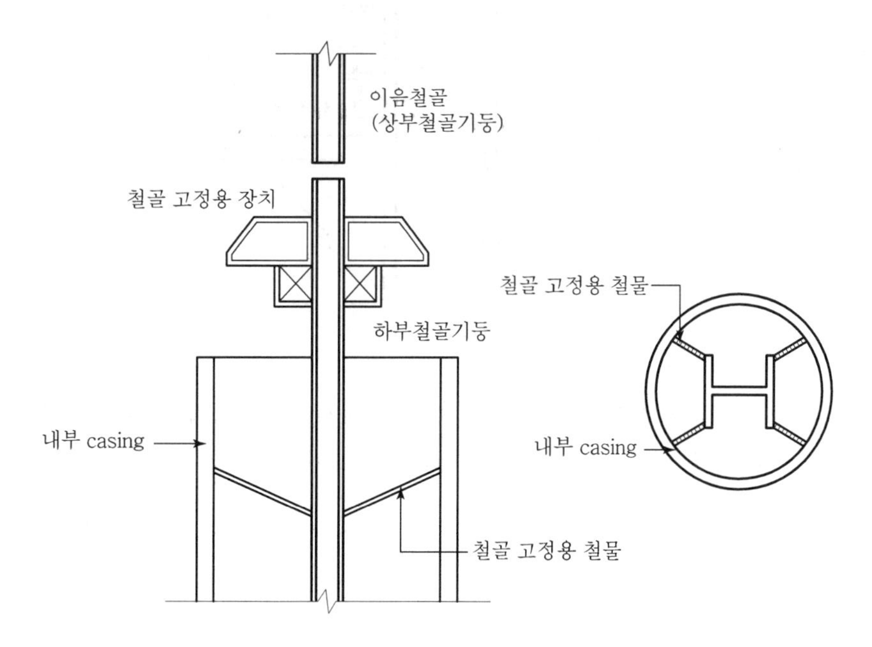


① 하부 기둥은 고정용 철물(주로철근)로 내부 casing과 용접 접합

② 상부 기둥은 transit으로 수직을 유지하면서 하부기둥과 접합

### 3) 외벽 콘크리트 타설

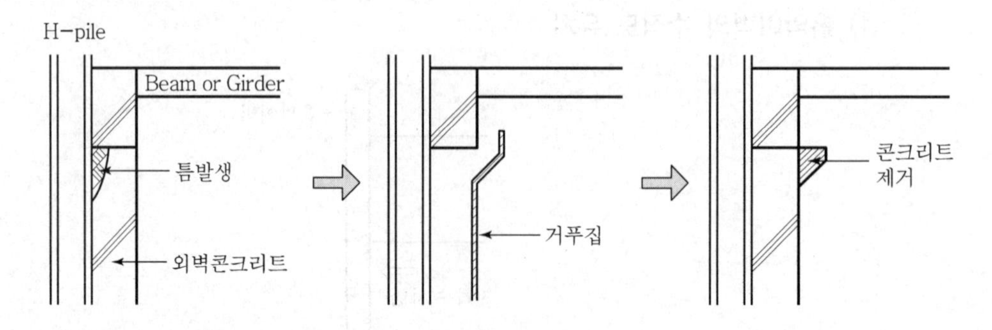


외벽 콘크리트 타설시 벽체의 밀실화에 유의

### 4) 콘크리트 띠장 시공

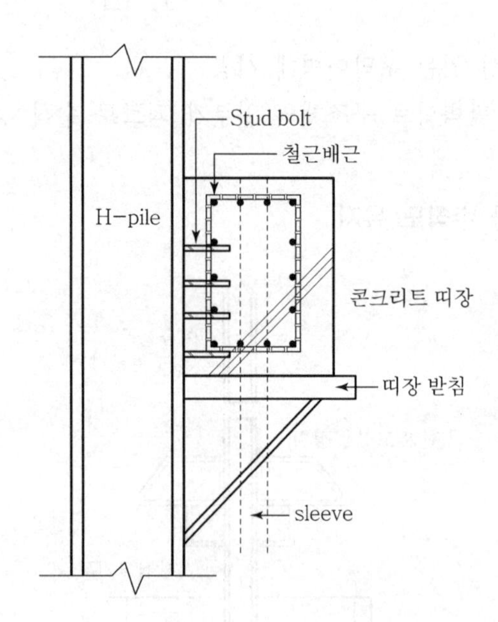


① H-pile flange 면에 stud bolt를 설치 후 콘크리트 띠장 설치
② 콘크리트 띠장에 기초 콘크리트 타설용 sleeve 매입

### 5) 조명 및 환기시설

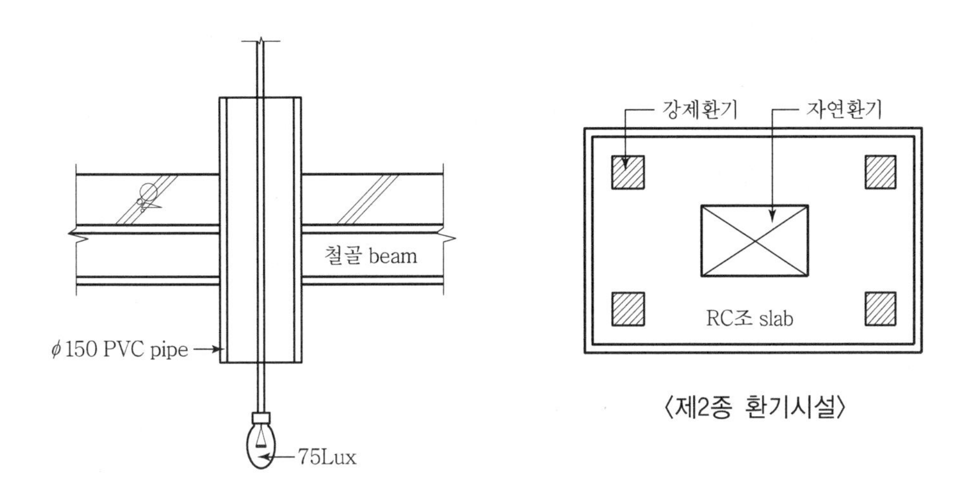


〈제2종 환기시설〉

조명시설 설치를 위한 sleeve 및 강제환기설비 설치

### 6) 계측관리 철저

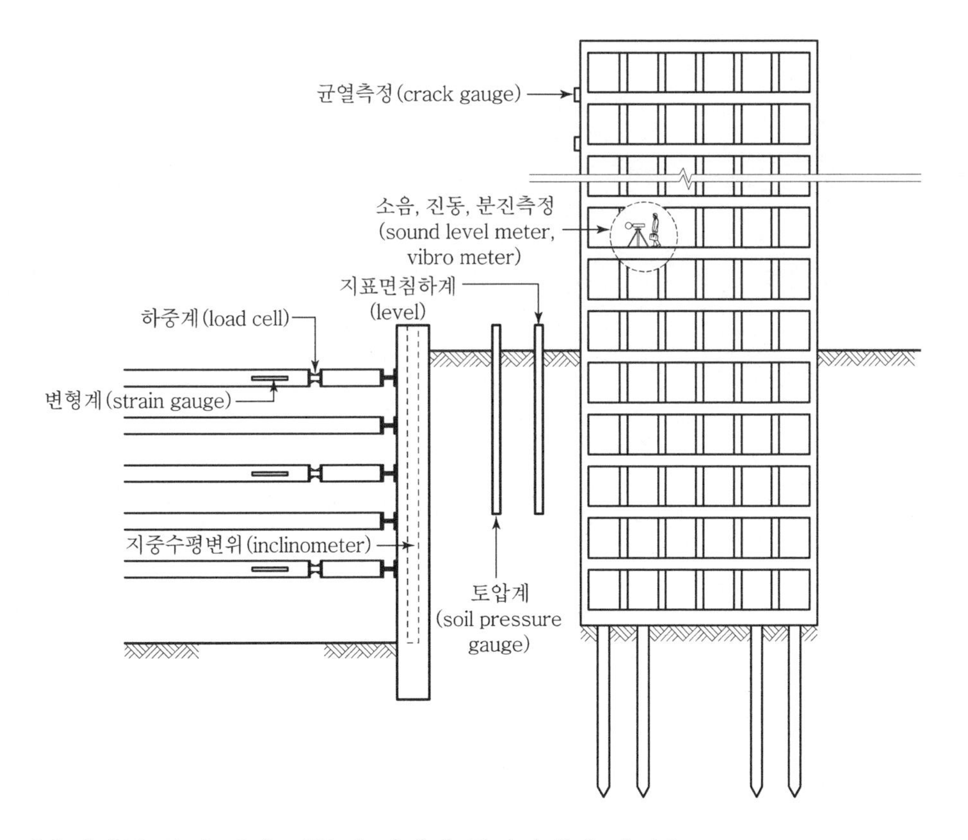


계측관리를 통한 주변 건물의 안정과 공사장내의 안전을 도모

## Ⅷ. 결 론

① SPS공법은 인접지반 및 환경에의 피해가 적으므로 점차 발전되어야 할 공법이다.

② SPS 지하 공사 시에는 공사 환경이 밀폐되어 있으므로 안전관리가 특히 요구된다.

# 문제 19 LW(Labiles Wasserglass)공법

## Ⅰ. 개 요

### 1) 의 의

① LW(Labiles Wasserglass)공법은 약액주입공법의 일종으로 cement milk에 규산소다(water glass)를 혼입하여 지반을 고결시키는 일반적 공법이다.

② 지중에 cement milk를 먼저 주입하여 지반의 공극을 채우고 LW액(water glass 용액)을 0.3~0.6MPa의 저압으로 주입하여 지반을 고결시키는 공법이다.

### 2) 적용성

① 간극이 비교적 적은 사질층

② 함수비가 적고 유속이 적은 자갈층

③ 점토층 및 밀실한 사질층

④ 공극이 크거나 유속이 빠른 경우 주입제 유실 우려로 적용 곤란

## Ⅱ. 약액의 종류

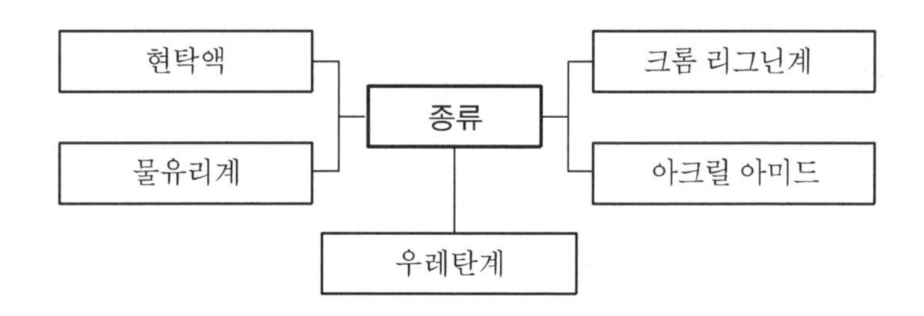


### 1) 현탁액

① 시멘트계는 굵은 사질토의 강도 증진에 주로 사용

② 점토계, asphalt계는 차수 목적에 주로 사용

### 2) 물유리계(LW : Labiles Waterglass)

① 시멘트 중량의 10% 이하의 물유리(waterglass)를 관입하였을 때 고결하는 성질 이용

② 국내에서 가장 많이 사용

### 3) 크롬 리그닌계(Chrome Lignin)

① 재료 자체의 계면활성 효과로 침투성 우수
② 지반 강도 증대의 효과 우수
③ 지하수 오염에 유의

### 4) 아크릴 아미드(Acryl amide)

① 점도가 낮아 침투성 최우수
② 수중에서의 수축 및 팽창 작용이 없어 방수성(지수성) 양호
③ Gel time 조정 용이
④ 취급 및 시공 용이

### 5) 우레탄계

① 물접촉과 동시에 급속히 고결화
② 유속이 빠른 지하수의 차수에 효과적임
③ 지반 강도 증대에 효과 우수
④ 유독 가스 발생 우려

## Ⅲ. 특 징

| 장점 | 단점 |
|---|---|
| • 일반화된 공법으로 실적이 많음<br>• 토사 안정재로 취급 용이<br>• 결함 발견시 재주입 가능<br>• 타공법에 비해 경제적<br>• 시공기기 및 재료의 국산화<br>• 천공작업과 주입작업의 분리<br>• 약액주입공법 중 고결강도 최대 | • 용탈 현상 발생<br>• 지하수 오염<br>• Seal재의 양생시간 필요<br>• Gel time 조절 난해<br>• 주입심도가 얕음 |

# Ⅳ. 시공순서

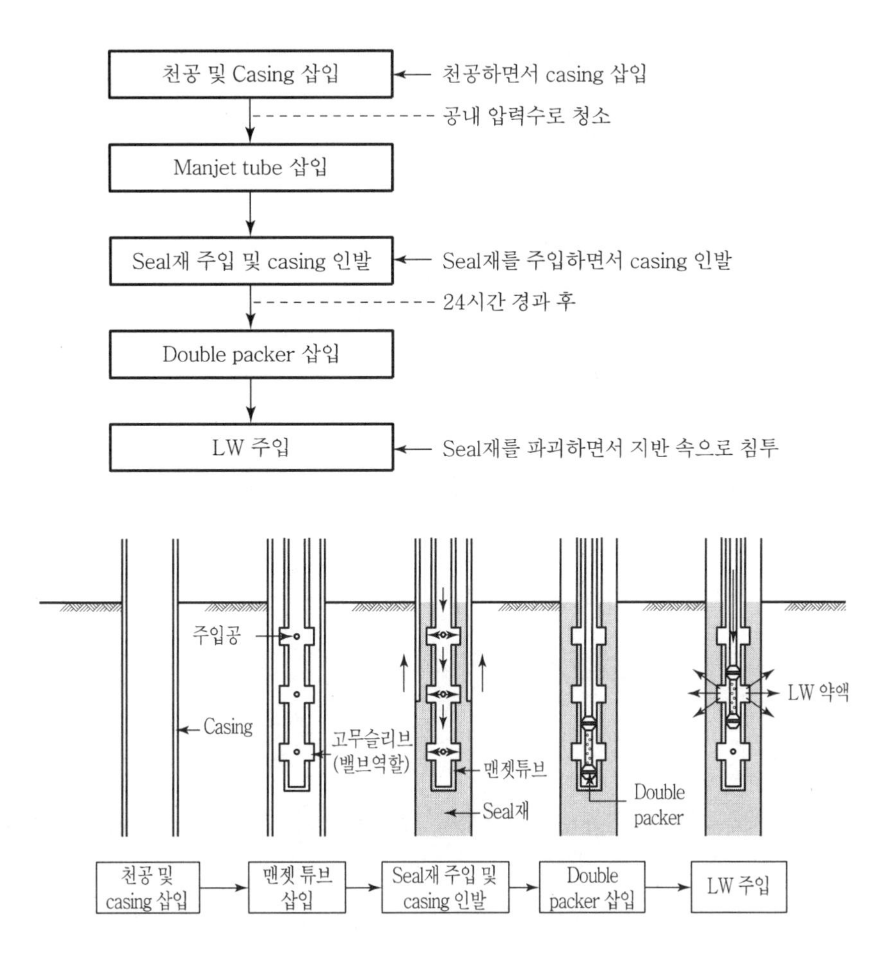


# Ⅴ. 시공 시 유의사항

① 약액의 유실방지
② 수압 파쇄(Hydraulic Fracturing) 예방
③ 물유리 농도 증대
④ 반응률이 큰 경화제 사용
⑤ 수분 사용량 억제
⑥ 정압 주입
⑦ 주입공 간격 축소
⑧ Micro cement 사용
⑨ 시험 주입 실시(test grouting)

## Ⅵ. 결 론

① LW 공법은 시공실적이 많고 타공법에 비해 경제적이기는 하나, 지하수의 오염 발생과 주입심도가 낮은 등 문제점 또한 내포하고 있으므로 이에 대한 개선노력이 필요하다.

② 현장의 토질조건 및 공사목적에 따라 다양한 공법의 개발이 필요하며 계측관리를 통한 시공이 필요하다.

# 문제 20 JSP(Jumbo Special Pile)공법

## Ⅰ. 개 요

### 1) 의 의

JSP공법이란 이중관 rod선단에 청수와 air로 계획심도까지 연약지반을 천공한 후 수평방향으로 cement milk를 강제 혼합 및 경화시켜 원주형의 고결체를 형성시키는 고압분사 주입공법이다.

### 2) 특 징

| 장점 | 단점 |
|---|---|
| • 지반보강 및 차수효과 확실<br>• 모든 토사지반에 적용 가능<br>• 협소한 장소 및 경사시공이 가능<br>• 개량범위가 일정 | • 주입재 손실이 크다.<br>• Pile 연결부 취약<br>• 지반융기 및 매설물 피해 우려<br>• 지하수오염 우려 |

## Ⅱ. 용 도

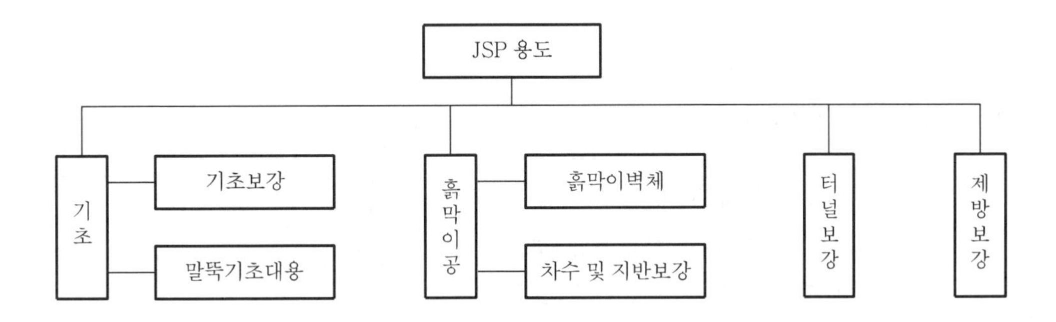

## Ⅲ. 시 공

### 1) 시공순서 flow chart

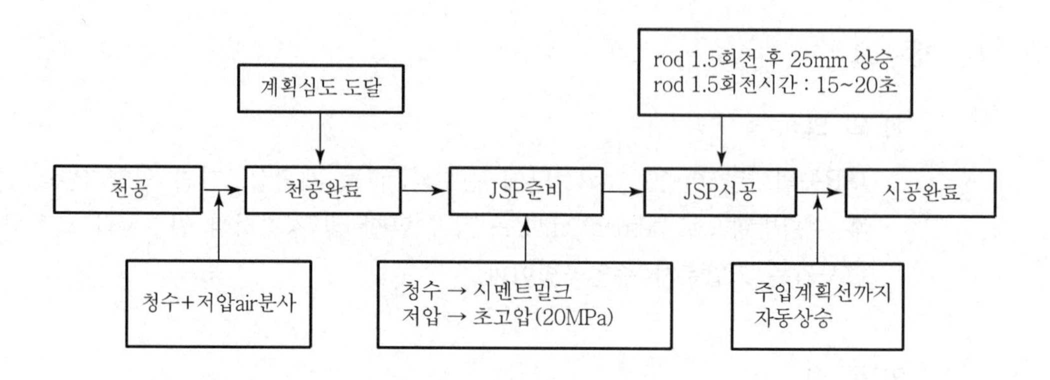


### 2) 시공순서도

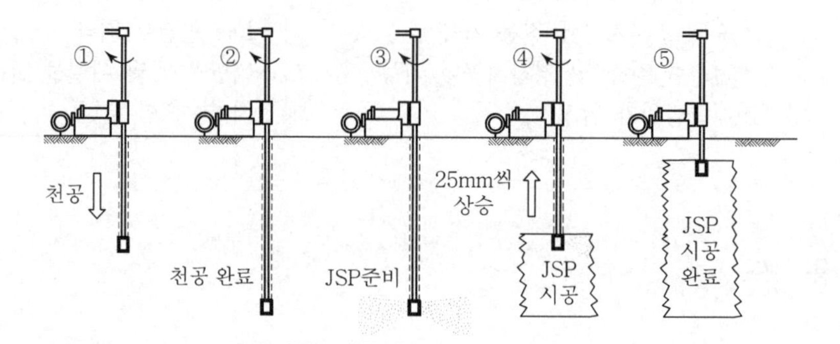


## Ⅳ. 시공 시 유의사항

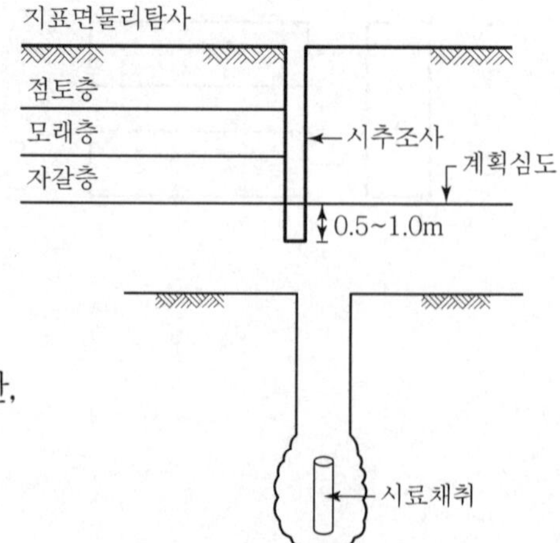


### 1) 시공지반 상태 파악

① 시공지반 토질 분포상태 파악

② 토질상태에 따라 JSP공 조절

### 2) 시공관리기준 설정

표준시료를 채취하여 분사압력, 분사시간, rod의 회전시간 등을 조절

3) 지표면 융기 및 인접구조물 균열 방지

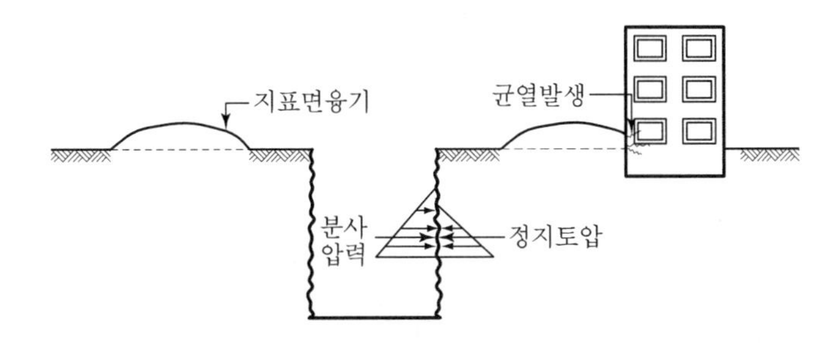


지표면 부근에서는 분사압력을 정지토압만큼 감소시켜 지표면 융기 방지

4) 시공관리 기준 준수

① 시험시공으로 결정된 배합관리 철저

② 토질별, 심도별로 분사압 및 rod 회전시간 관리 철저

5) 환경공해 관리

① 소음의 법적 기준

단위 : dB(A)

| 대상지역 | 조석 | 주간 | 심야 |
|---|---|---|---|
| 주거지역 | 60 이하 | 65 이하 | 50 이하 |
| 주거지역 외 | 65 이하 | 70 이하 | 50 이하 |

② 진동의 법적 기준

단위 : dB(V)

| 대상지역 | 주간 | 야간 |
|---|---|---|
| 주거지역 | 65 이하 | 60 이하 |
| 주거지역 외 | 70 이하 | 65 이하 |

## V. 결　론

① JSP공법은 시공법이 간편하여 연약지반의 개량공법으로 그 적용성이 높은 공법이다.

② JSP공법은 slime 발생이 많으므로 slime 발생률이 감소하면 경제적이고 안정적인 공법이다.

문제 21

# SGR(Soil Grouting Rocket)공법

## I. 개 요

### 1) 정 의

① SGR(Soil Grouting Rocket) 공법은 물유리계를 주입재로 사용하는 이중관 복합주입공법으로 목적 범위를 보다 확실하게 개량하기 위해 특수 선단 장치로 지반에 형성시킨 유도 공간을 통해 급결성과 완결성의 주입를 복합 주입하는 공법이다.

② 급결 주입재는 지반내 대공극을 충진하여 완결 주입재가 목적 밖으로의 유실을 방지하고 완결 주입재가 gel화되기 전까지 액상을 유지하여 지반의 미세공극으로의 충진을 가능하게 한다.

### 2) 시공 mechanism

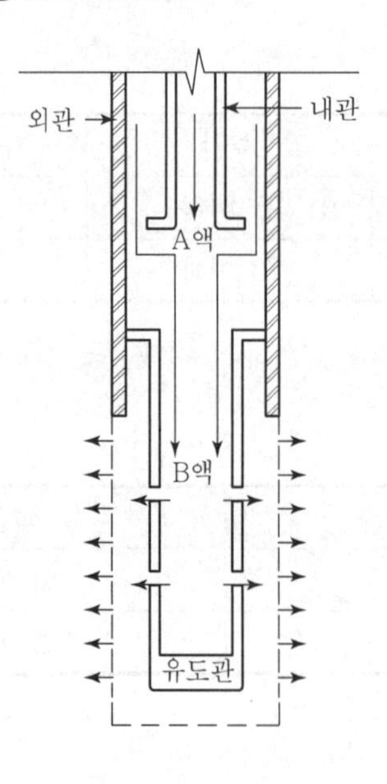


주입 노즐관을 통해 주입재를 직접 지반에 방출하는 예전 방식에 비해 유도공간을 통해 저압(0.4~0.8MPa)으로 주입재를 방출하므로 지반에 대한 균등한 침투 효과 발휘

## Ⅱ. 적용 지반

① 유속이 빠른 자갈 및 전석층
② 사질토 및 점성토에는 액상주입 가능
③ 심도 -40m 이상의 사력층에는 효과 저하
④ Silt질 점토층에 효과 저하

## Ⅲ. 시 공

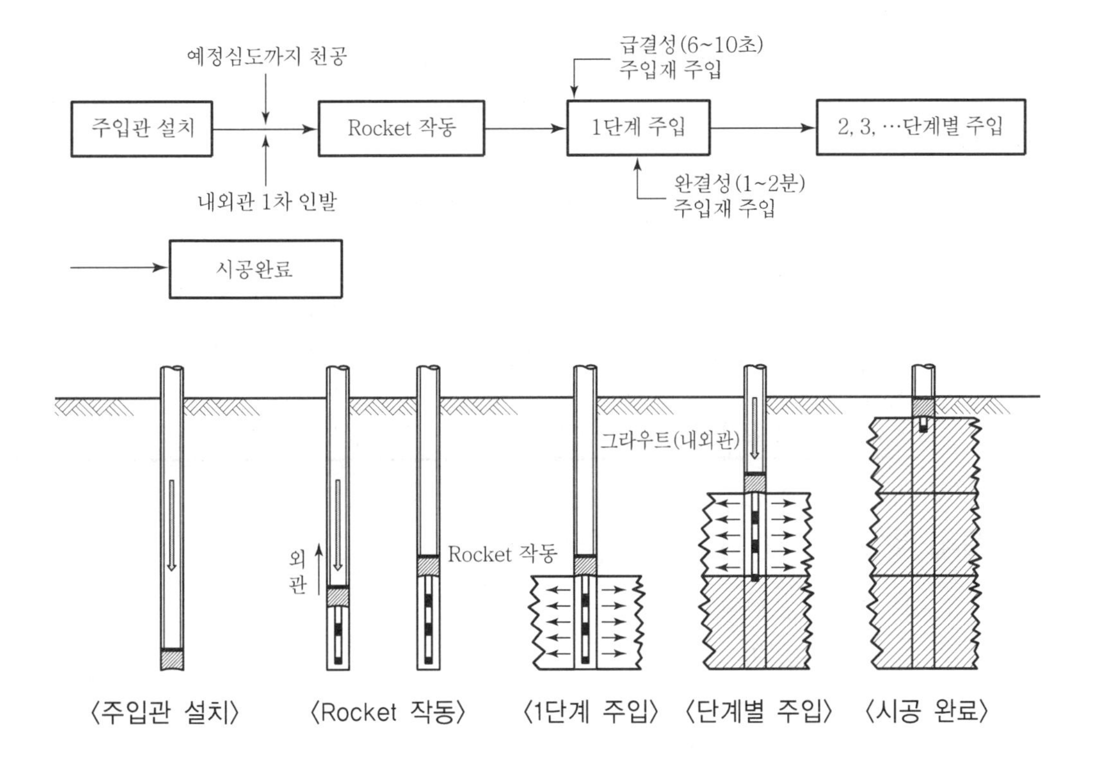

〈주입관 설치〉 〈Rocket 작동〉 〈1단계 주입〉 〈단계별 주입〉 〈시공 완료〉

### 1) 주입관 설치

① 이중관 rod의 내관으로 천공수를 주입하면서 예정 지반심도까지 천공
② 이중관 rod의 외관으로 압력수를 주입하면서 예정지반에 도달

### 2) Rocket 작동

외관을 1단계(약 500mm) 인발한 후 rocket 작동

### 3) 1단계 주입

① 내외관에 주입재를 주입
② 급결성 주입재는 6~10초 주입하고, 연속해서 완결성 주입재를 1~2분간 주입
③ 연속적으로 반복하여 주입 완료

### 4) 단계별 주입

각 단계는 500mm를 기준으로 주입관을 인발하고 rocket을 통해 주입

### 5) 시공 완료

단계별 주입을 통해 예정된 지반의 높이까지 주입

## Ⅳ. 특 징

| 장점 | 단점 |
|---|---|
| • 주입 압력이 저압으로 지반 교란이 적음<br>• 지중내 간극수만 치환<br>• 급결재의 packing 효과로 주입효과 우수<br>• Gel time 조절로 작업 범위 조절 가능<br>• 유도 공간을 통해 균일한 작업효과 및 차수 가능 | • 사용 장비의 작동이 비교적 난해<br>• 주입시간 과다<br>• 외력에 대한 저항력 저하로 장기적 효과 미비<br>• 지하수 오염 가능 |

## Ⅴ. 발전 방향

① 주입시간 단축
② 사용 장비의 단순화
③ 환경 공해 방지(지하수 오염 방지)
④ 심도가 깊은 지반(40m 이상)에 적용 가능
⑤ 토압 및 수압에 대한 저항력 증대

## Ⅵ. 결 론

① SGR 공법은 주입시간의 단축과 사용장비의 단순화를 통해 보다 경제성 있는 공법으로의 도모가 필요하다.
② 토압 및 수압에 대한 저항력을 증대시켜 심도가 깊은 지반에 대해 적용이 가능토록 해야 한다.

# 문제 22 지하 터파기공사에서 강제배수 시 발생하는 문제점 및 대책

## Ⅰ. 개 요

1) 의 의

강제 배수로 인하여 지반 침하, 주변 건물의 지지력 저하 등의 문제가 발생할 가능성이 있으므로 사전지반조사를 통해 적정 공법의 선택이 필요하다.

2) 지하배수공법

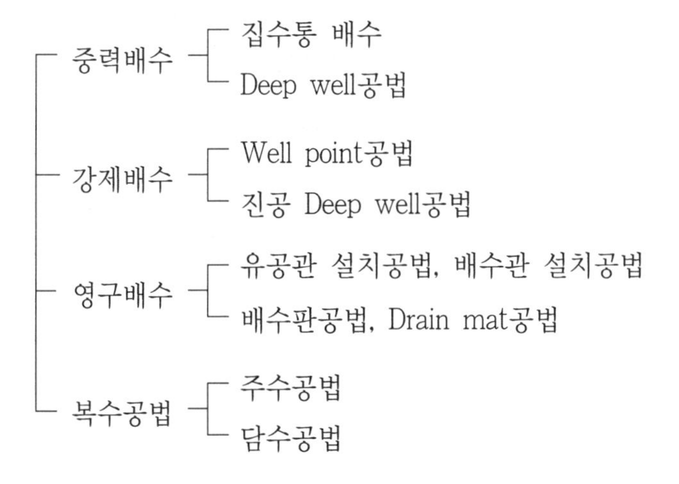

## Ⅱ. 사전 검토사항

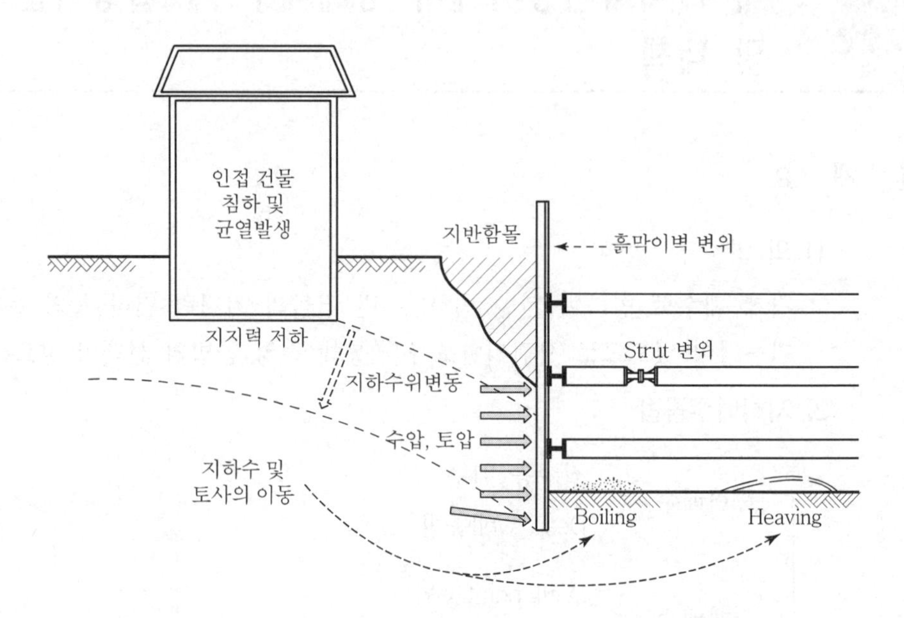


지하수위 변동으로 인한 인접 건물의 피해와 현장내의 안전 고려

## Ⅲ. 문제점

### 1) 지하수위 변화

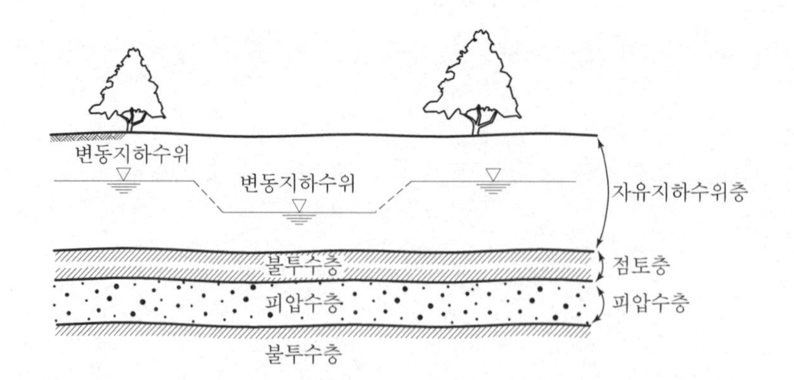


$$H = \frac{P}{\gamma_w} + Z$$

$H$ : 지하수위 $\gamma_w$ : 물의 단위 체적 중량
$P$ : 지하수압 $Z$ : 기준면에서의 높이

자유 지하수위층에서의 지하수는 외부의 변화에 의해 변동되므로 이에 대한 관리 필요

### 2) 지하수의 이동

① 주변의 우물 고갈 우려
② 주변 건물의 지지력 저하
③ 민원 발생의 원인 제공

### 3) 압밀침하 발생

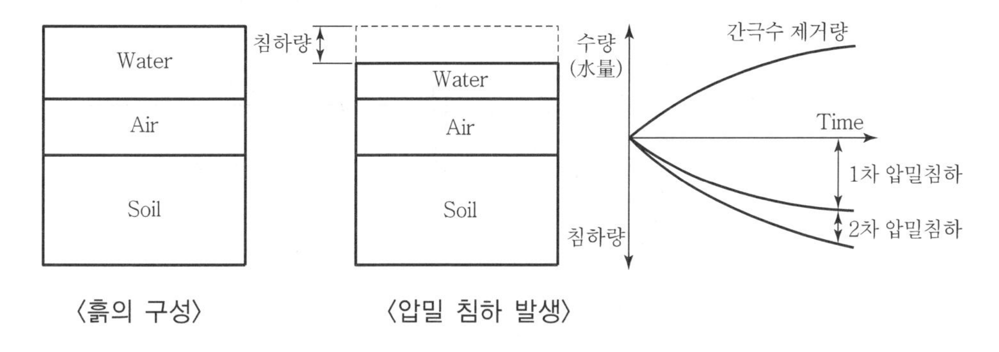


〈흙의 구성〉 〈압밀 침하 발생〉

① 점성토 지반에서 장시간 걸쳐서 일어나는 침하
② 구조물에 작용하는 부력 감소

### 4) 흙막이벽 변위

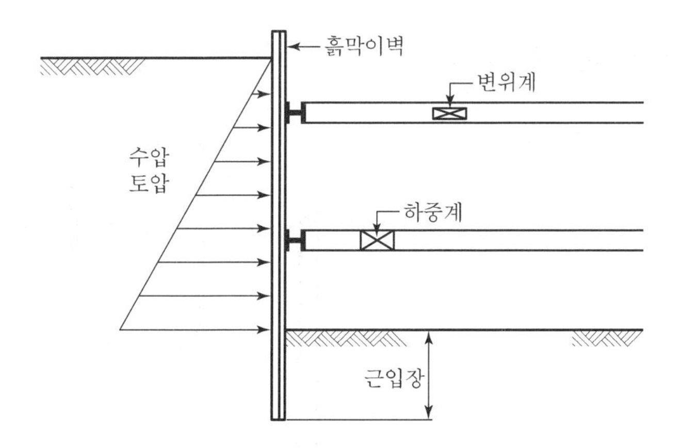


① 흙막이벽 저면에 작용하는 하중의 변화
② 흙막이벽의 붕괴 우려
③ 계측관리를 실시간 check

#### 5) 액상화 현상

흙의 전단강도가 상실되어 지지력을 상실

#### 6) Boiling 현상

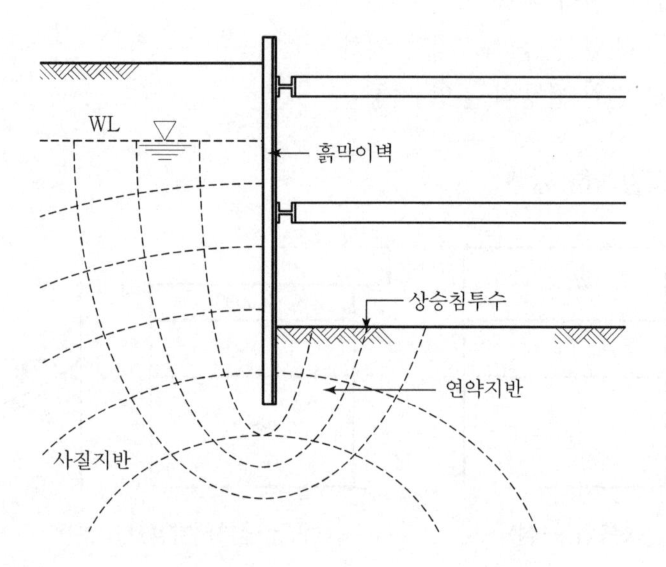


① 지반의 수위차에 의해 굴착 저면이 부풀어 오르는 현상
② 흙막이벽이 밀려나는 주원인

## Ⅳ. 대 책

#### 1) 흙막이벽의 안전시공

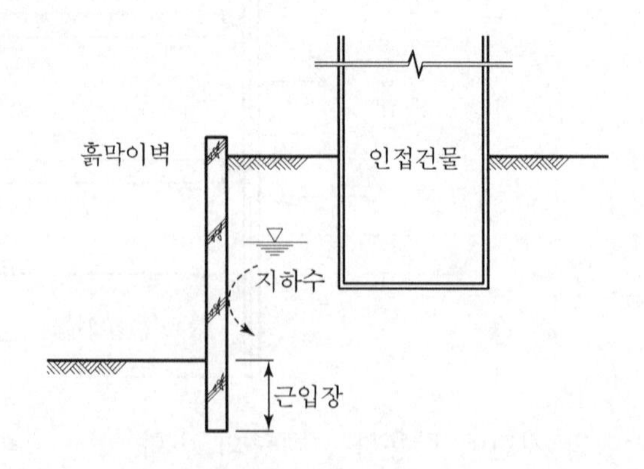


① 자립식 강성의 흙막이벽 구축
② 차수성 확보

③ 근입장 길이의 충분한 확보
④ 인접 건물의 피해 최소화
⑤ Piping 현상 방지

## 2) 복수공법

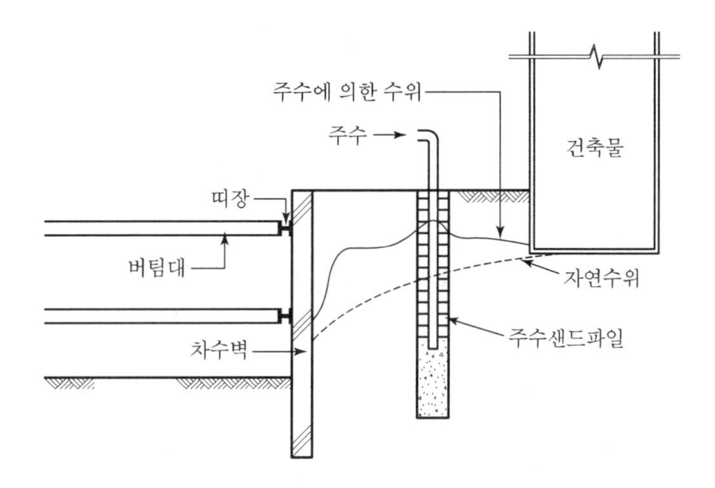


자연적으로 유출되는 물을 보충하여 지하수위 유지

## 3) 동결공법

① 가스관을 지중에 매입하여 프레온이나 질소가스 투입
② 지반의 액상화, boiling 현상 방지

## 4) Underpinning공법

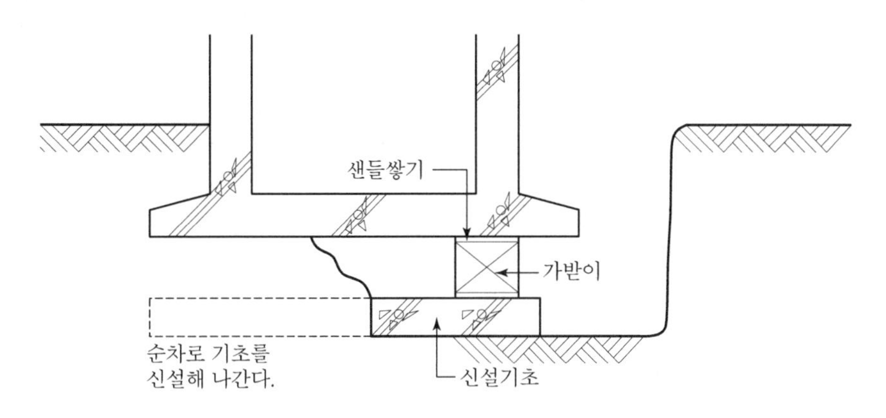


인접 건물의 부동침하를 방지하기 위해 기초 신설

### 5) 약액주입공법

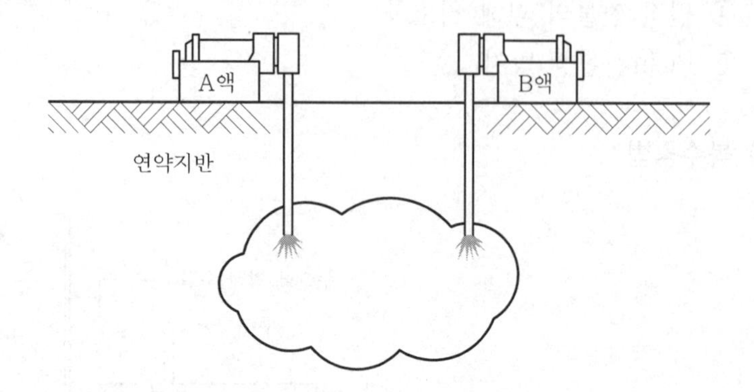


① 지중에 화학약액을 투입하여 흙입자간의 공극을 충진

② 지반의 차수성 증대 및 지반강도 향상

### 6) JSP(Jumbo Special Pile)공법

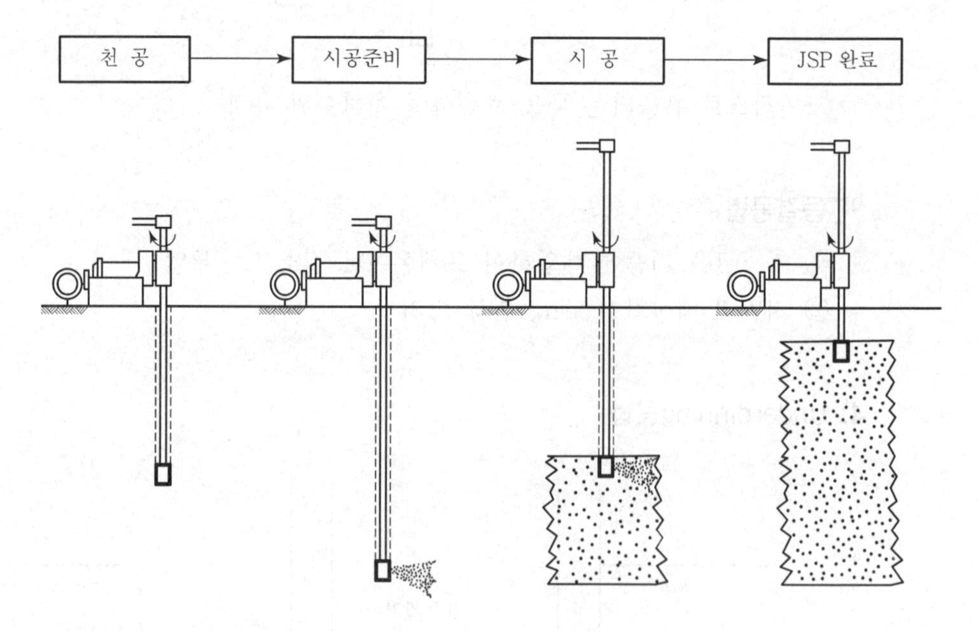


① 연약지반 개량공법

② 초고압(20MPa 이상)의 air jet를 이용하여 지반의 지지력 증대

### 7) 피압수 방지

피압 대수층 속의 지하수 압력을 감소

## Ⅴ. 계측관리

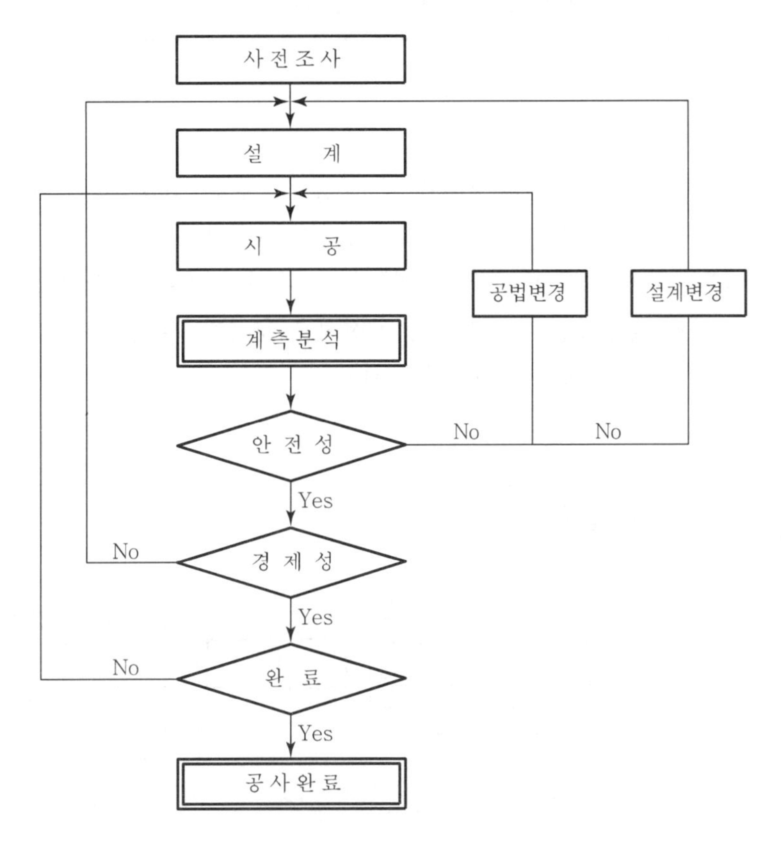


지중 간극수의 이동, 수압 등을 파악하며 흙막이벽에 작용하는 하중의 변화를 측정하여 안전하고 경제성 있는 지하공사 수행

## Ⅵ. 결 론

① 강제 배수의 적용은 주변 지반의 침하를 가져오는 중요한 요인이 될 수도 있으므로 공법 적용 시 압밀 침하에 대한 대책을 철저히 수립해야 한다.

② 지하 연속벽(slurry wall, SCW) 등 차수성이 우수한 공법선정이 공기 및 안정성 면에서 유리하다.

# 문제 23 영구배수(Dewatering)공법

## Ⅰ. 의 의

① 지하수압에 의해 건축물에 균열 및 누수 등이 발생하여 구조물 전체의 내구연한에 악영향을 미치는 사례가 발생하고 있다.

② 강, 하천 등이 주위에 있는 지하수위가 높은 지반에서 건축물의 지하공사 시 방수공법으로 건물의 안정성을 보장할 수 없으므로 지하수의 수압에 대한 영구적인 조치가 필요하다.

## Ⅱ. 수압에 의한 피해

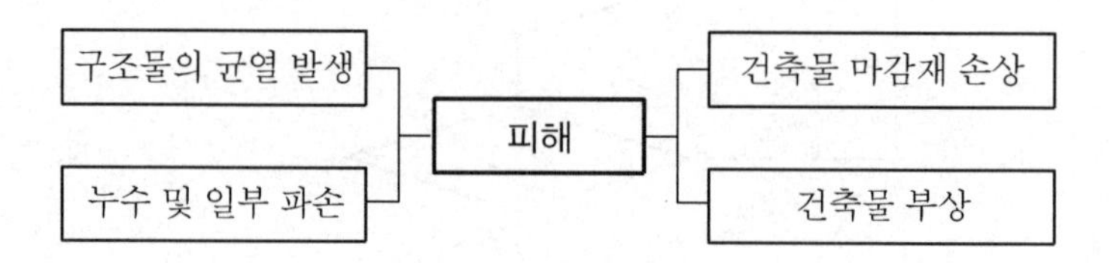


## Ⅲ. 영구배수(Dewatering)공법의 종류

### 1. 기초하부 유공관 설치공법

#### 1) 의 의

외부 압력에 강하고 균열 및 찌그러짐이 없는 HDPE(High Density Polyethylene, 고밀도 폴리에틸렌)관에 작은 구멍의 흡수공을 설치하여 지중의 물을 배수하는 공법

#### 2) 특 징

| 특성 | 내용 |
|---|---|
| 흡수성 | • 요철부에 다량의 흡수공으로 흡수면적이 많음<br>• 토사에 의해 막힐 염려가 없음 |

| 특성 | 내용 |
|---|---|
| 경량성 | • 경질 PE관으로 초경량<br>• 취급, 운반 및 시공 용이 |
| 고재질 | • 뛰어난 내충격성 겸비<br>• 내산, 내알칼리성 및 부식이 없음 |
| 고강도 | • Rib 형태로의 특수 가공<br>• 지중 매설시 형태 변화가 없음 |
| 내구성 | • 고밀도 PE 수지로 반 영구적<br>• 지반의 부동침하 등에도 안전 |

### 3) 시공도

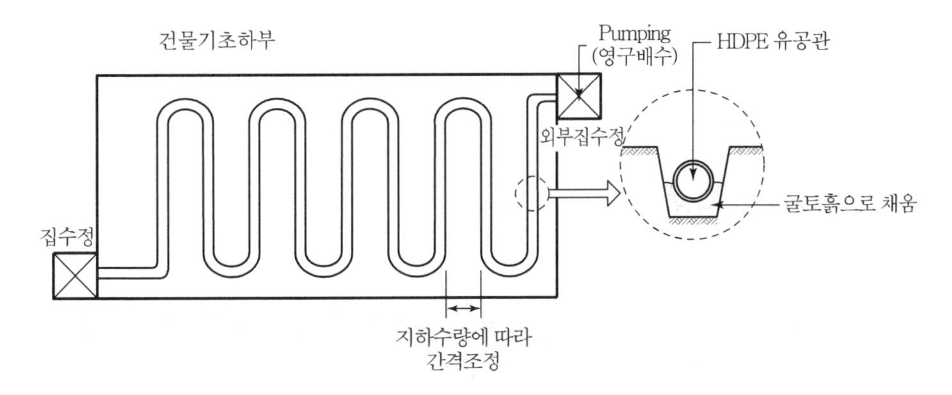


건축물 기초 하부에 HDPE 유공관을 설치하여 집수정으로 연결시키고 pumping 하는 영구배수공법

## 2. 기초상부 배수관 설치공법

### 1) 의 의

① 지하 기초내 수직으로 hole을 설치하여 기초 상부 누름 콘크리트 사이로 배수관을 연결

② 연결된 배수관을 지하층에 설치된 집수정을 통해 외부로 배수하는 공법

### 2) 특 징

① 기초시공 전후 모두 시공 가능

② 지하수의 수량에 따라 설치공 조절

③ 지하 부력에 의한 건축물의 안전 도모
④ 기초 하부에 설치되는 유공관의 막힘에 유의
⑤ 누름콘크리트내 설치되는 배수 pipe의 결로 방지

3) 시공도

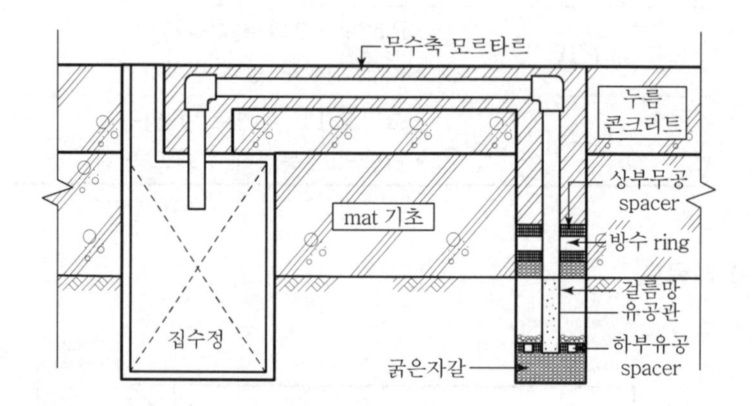


집수정에 설치된 pump로 지하수를 외부로 배수

### 3. 배수판공법

1) 의 의

① 기초 상부와 누름 콘크리트 사이에 공간을 두어 그 공간속에서 물이 이동하여 집수정으로 모이게 하는 공법
② 지하실 마감 바닥과 물이 직접 접촉되는 것을 차단하여 지하실의 누수 및 습기를 방지

2) 시공순서

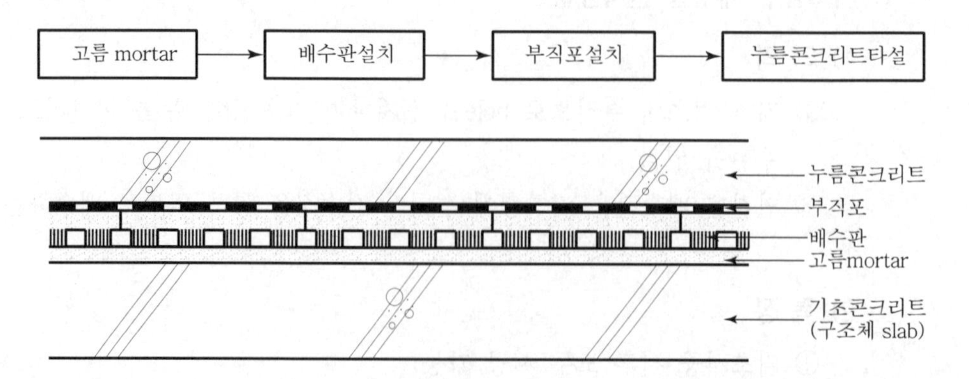

① 고름 mortar
바닥을 평활도를 유지하면서 집수정 방향으로 구배 시공
② 배수판 설치
연속하여 설치하고 절단 사용 가능
③ 부직포 설치
겹친 이음 길이 100mm 이상
④ 누름콘크리트 타설
콘크리트 타설 후 내부 건축 마감 실시

### 3) 시공상세도

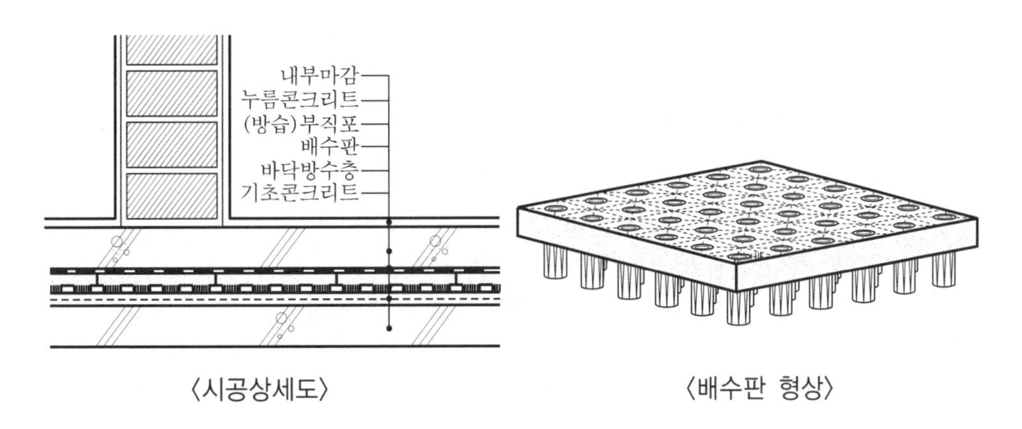


〈시공상세도〉 〈배수판 형상〉

## 4. Drain mat 배수공법

### 1) 의 의

① Drain mat 배수공법은 굴착저면 위 버림콘크리트 내에 유도수로와 배수로를 설치하여 지하수를 집수정으로 유도하여 pumping 처리하는 영구배수공법이다.
② 지하수의 부력이 기초나 건물의 구조체에 영향을 미치지 않게 하므로 구조적으로 안전성을 유지할 수 있는 공법이다.

2) 시공도

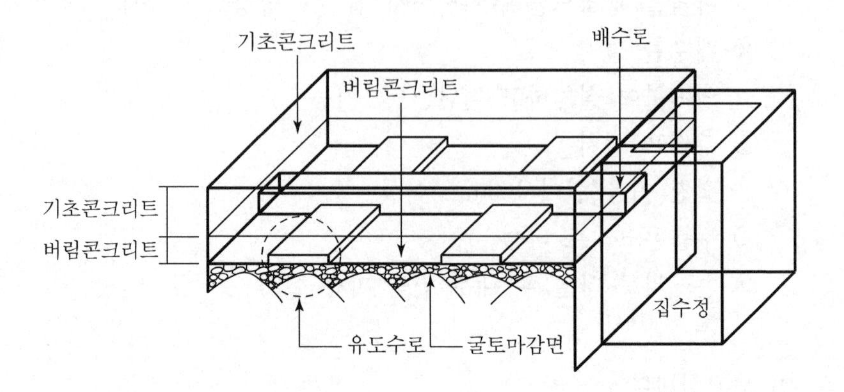


3) 특 징

① 지하수의 부력 처리속도가 빠름
② 단일공정으로 시공관리가 편리
③ 풍부한 안전율을 적용한 설계와 시공이 가능
④ 집수정에 모인 지하수의 재활용 가능
⑤ 기초 콘크리트 균열에 의한 누수 발생 예방

## Ⅳ. 시공 시 유의사항

1) 지하수 수량 파악

① 여름철 만수기 때의 수량을 기준으로 수량계산
② 배수능력이 충분하도록 시공

2) 구배 시공 철저

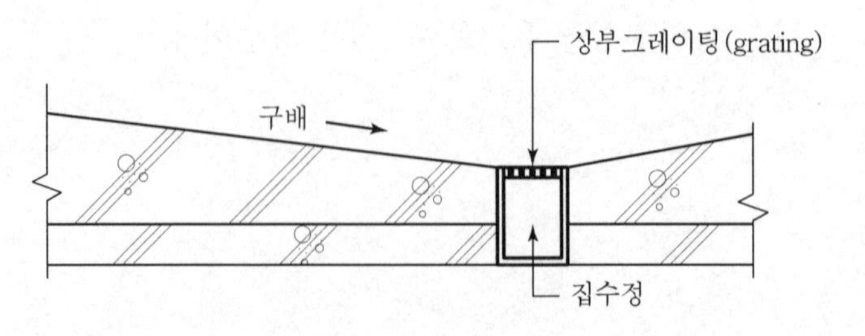


집수정으로 물이 집결될 수 있도록 구배 시공

### 3) 배수 pump 용량

① 자동 배수 pumping system 시공

② 집수정 1곳에 pump 2개 설치로 유사시 대비

③ 1일 집수량 < 1일 pump 능력

### 4) 유도 배관 막힘 방지

① 물의 이동이 자유롭게 시공 관리 철저

② 흙입자에 의한 배수관 막힘 방지

### 5) 집수정 시공

① 집수정 크기와 위치, 개수 파악

② 집수정 하부 견실한 기초 시공으로 부동침하 방지

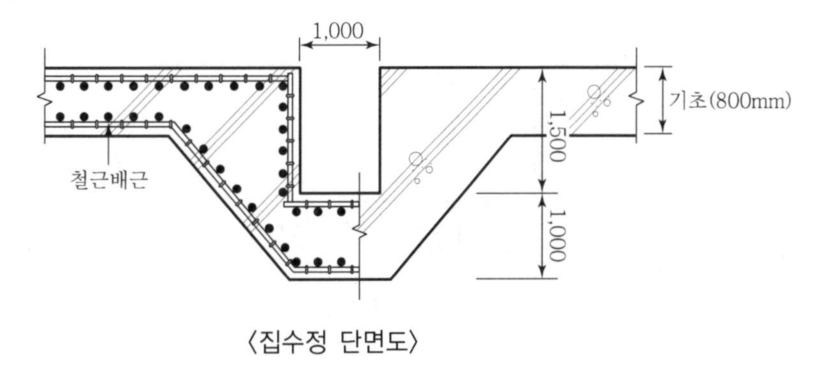


〈집수정 단면도〉

## V. 결 론

① 사전에 철저한 지반조사를 실시하고 토질에 적합한 공법을 선정하여 견실 시공하는 것이 중요하며, 주변 환경에 따른 영구배수공법을 채택함으로써 주변지반의 안전성을 확보할 수 있도록 한다.

② 지하실에 작용하는 부력과 지하수량의 파악이 우선되어야 하며 유입수량을 충분히 해소할 수 있는 자동 pumping 설비를 갖추어야 한다.

# 문제 24 지하수 수압으로 인한 문제점 및 방지대책

## Ⅰ. 개 요

### 1) 의 의

지하심도가 깊을수록 지하수의 영향이 증대하며, 지하수의 수압은 수량보다 수위에 영향이 많으므로 철저한 사전조사를 통해 안전시공이 될 수 있도록 한다.

### 2) 건축물의 안전

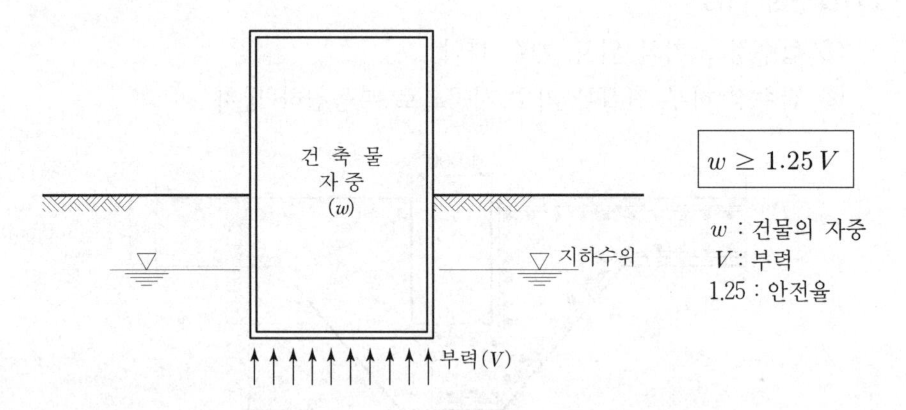


건축물의 자중이 부력보다 클 경우 건물은 부상하지 않음

## Ⅱ. 수압과 부력

### 1) 수 압

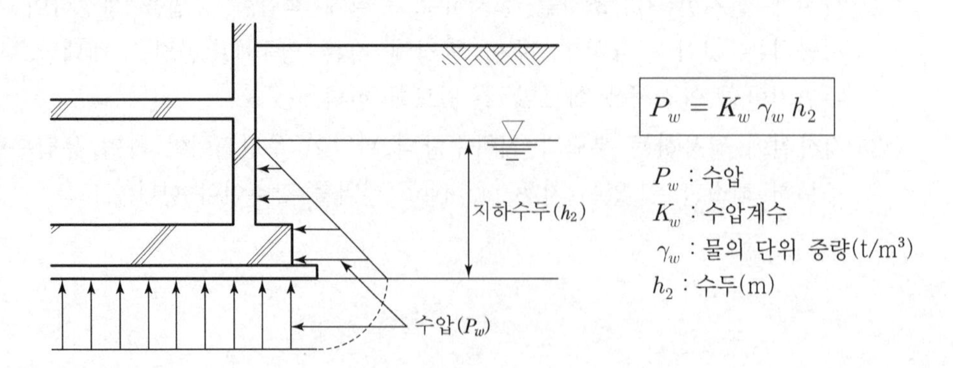

### 2) 부 력

$$V = \sum A \cdot P_w$$

$V$ : 부력
$A$ : 건축물의 바닥면적($m^2$)

## Ⅲ. 문제점

### 1) 흙막이벽 변위 발생

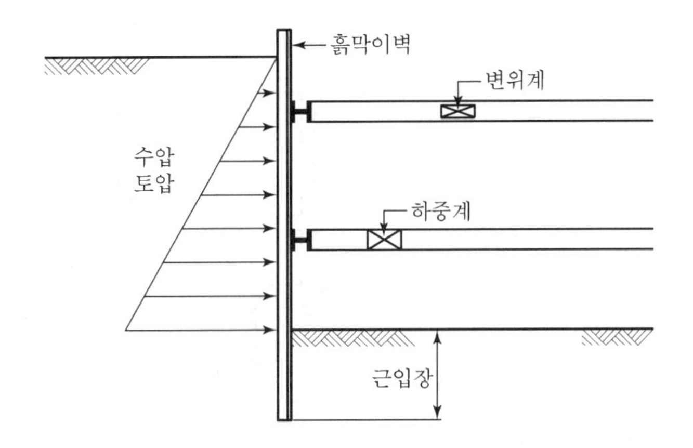


① 흙막이벽 저면에 작용하는 하중의 변화
② 흙막이벽의 붕괴 우려
③ 계측관리를 실시간 check

### 2) 흙막이 저면 붕괴

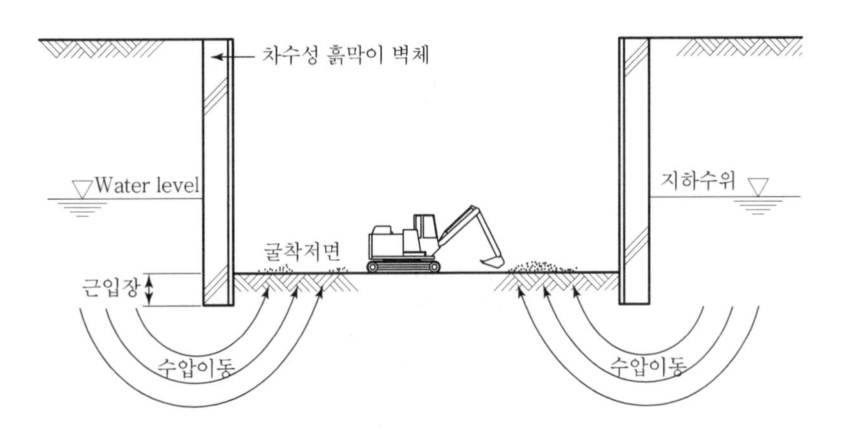

① 지하 수압이 근입장 밑으로 이동하여 굴착 저면에 작용
② 굴착 저면 지반의 지지력 상실

### 3) 배수 설비 필요

① 공사 현장에 작용하는 수압 완화
② 시공의 안정성 및 시공성 확보

### 4) 부력 발생

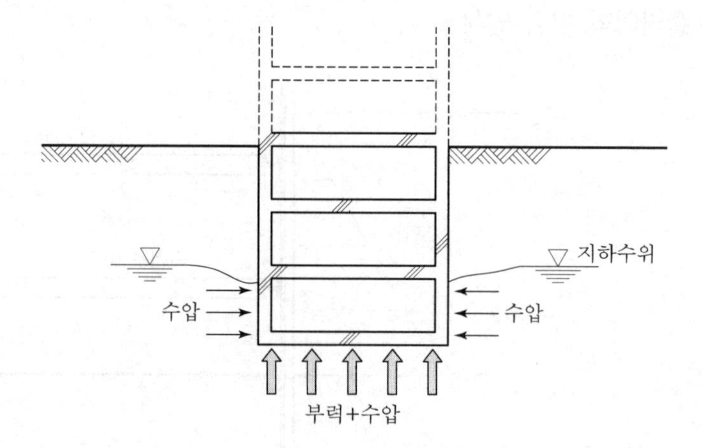


① $V = \sum A \cdot P_w$
② 지하공사완료 시점에서 부력에 의한 건축물의 부상 발생
③ 건축물 좌우측에는 수압 발생

### 5) 외방수공법 시공 필요

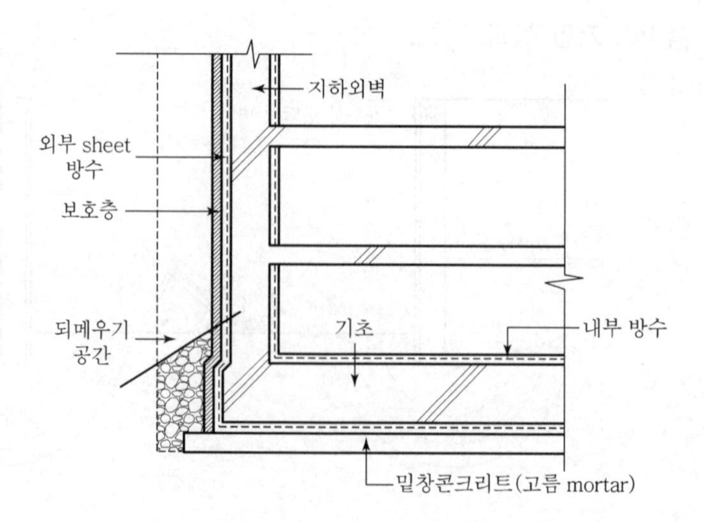

① 수압이 높은 지역에서는 지하 외방수 공법이 필수
② 지하 되메우기시 방수층 보호를 위해 보호층 필수
③ 지하 내부에도 방수 시공
④ 기초 하부에서 외벽 시공 시 유의

### 6) 우력발생

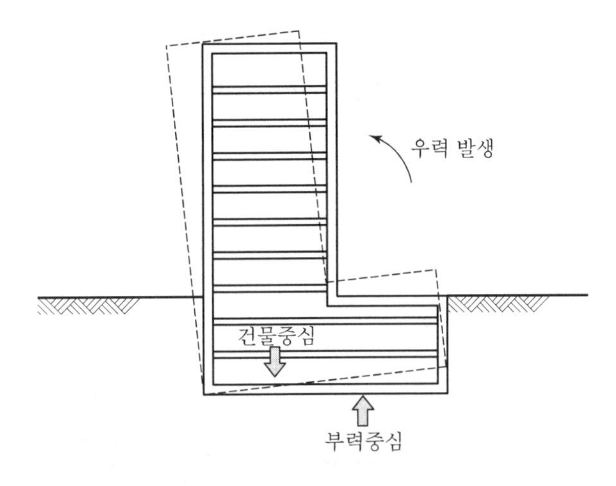


건축물 완공 후 건축물의 중심과 수압의 중심이 어긋날 경우 건물이 기울어지는 현상

## Ⅳ. 방지대책

### 1) 차수성 흙막이벽 시공

① 자립식 강성의 흙막이벽 구축
② 차수성 확보
③ 근입장 길이의 충분한 확보
④ 인접 건물의 피해 최소화
⑤ Piping현상 방지

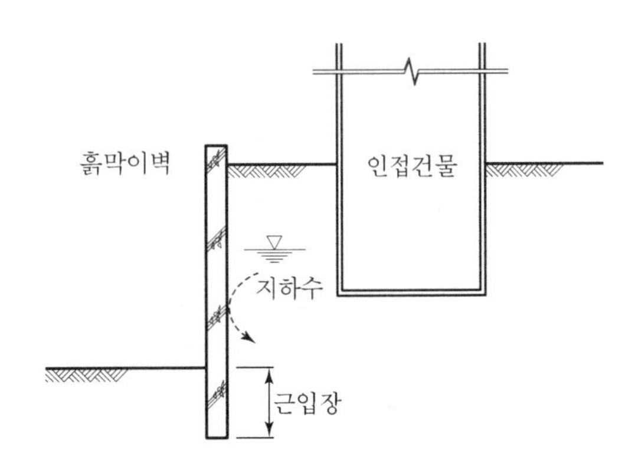

### 2) 적정배수공법 시공

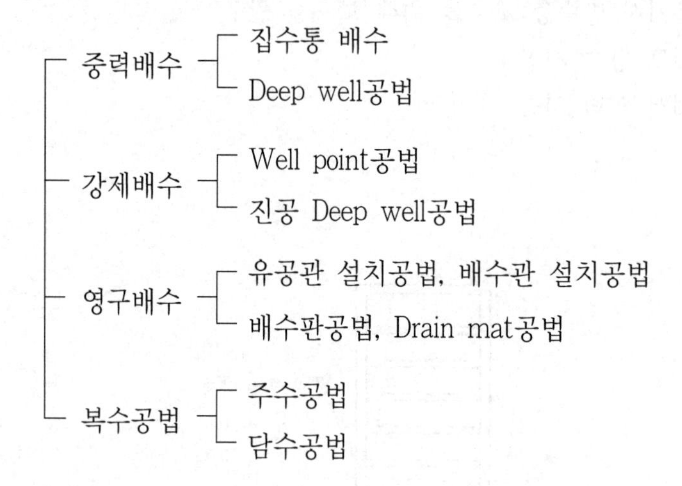


### 3) Rock Anchor 시공

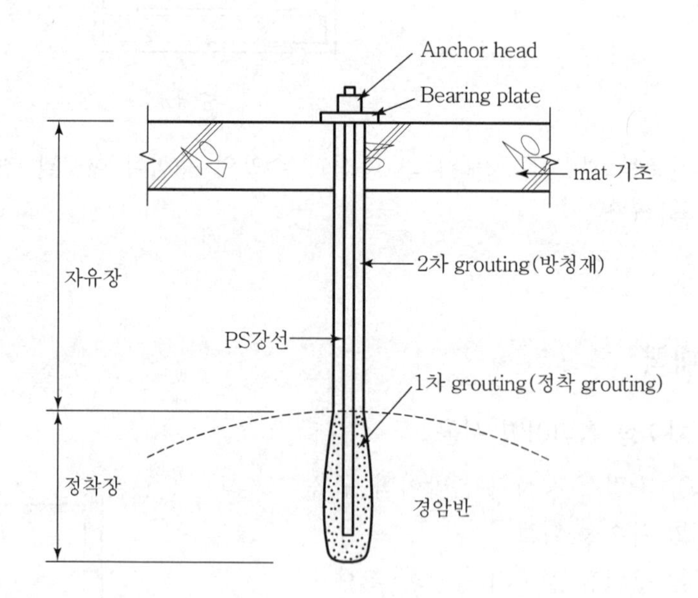


① 수압에 의한 건물의 부상 방지

② 기초 하부 암반과의 정착

③ 건축물 지하 하부에 설치하는 영구용 anchor

### 4) 지반개량공법 실시

① 약액주입공법

② JSP(Jumbo Special Pile)공법

③ LW(Labiles Wasser-glass)공법
지중에 cement milk를 채우고 공극에 water glass(규산소다)용액을 저압 주입하여 지반을 고결화시키는 공법

### 5) 부상방지대책

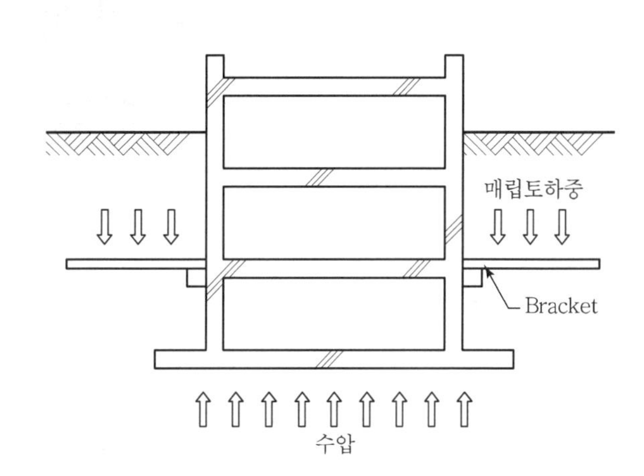


① 마찰 pile 시공

② 인접 건물 긴결

③ 강제 배수 공법

④ 구조물 자중 증대

⑤ Bracket 시공

### 6) 영구배수공법 적용

① 배수판 공법

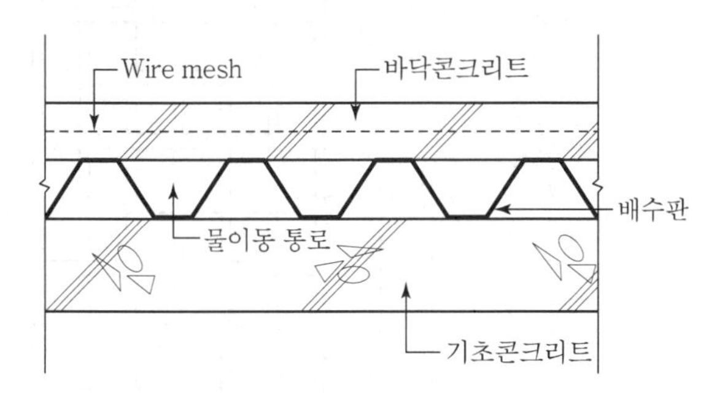


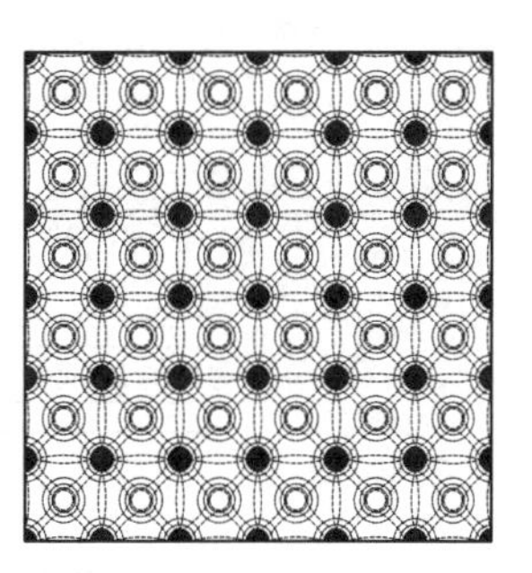

㉠ 배수판 사이로 물의 이동이 자유로움

㉡ 물을 집수정으로 모아서 외부로 pumping

㉢ 기초 저면에 발생하는 부력 저하

② 배수관 설치공법

㉠ 기초에 구멍을 내어 연결된 배수관을 통하여 집수정으로 물을 유도

㉡ 기초 저면의 부력을 줄이는 적극적인 배수공법

㉢ 기초시공 후에도 시공 가능(후시공 가능)

㉣ 기초 및 지하구조물 보호

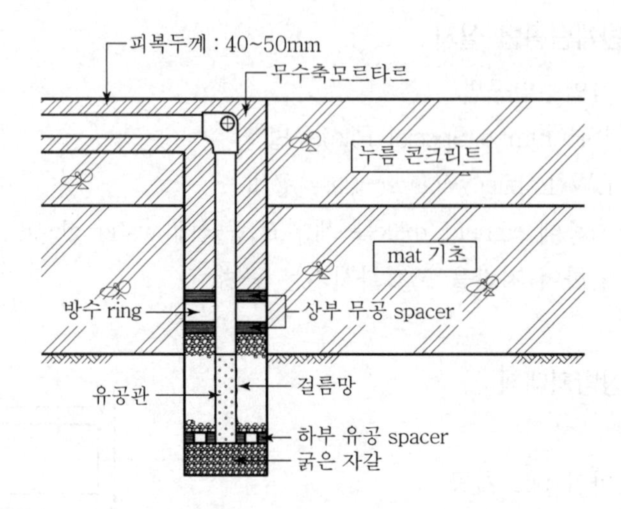
피복두께 : 40~50mm
무수축모르타르
누름 콘크리트
mat 기초
방수 ring
상부 무공 spacer
유공관
걸름망
하부 유공 spacer
굵은 자갈

## V. 계측관리

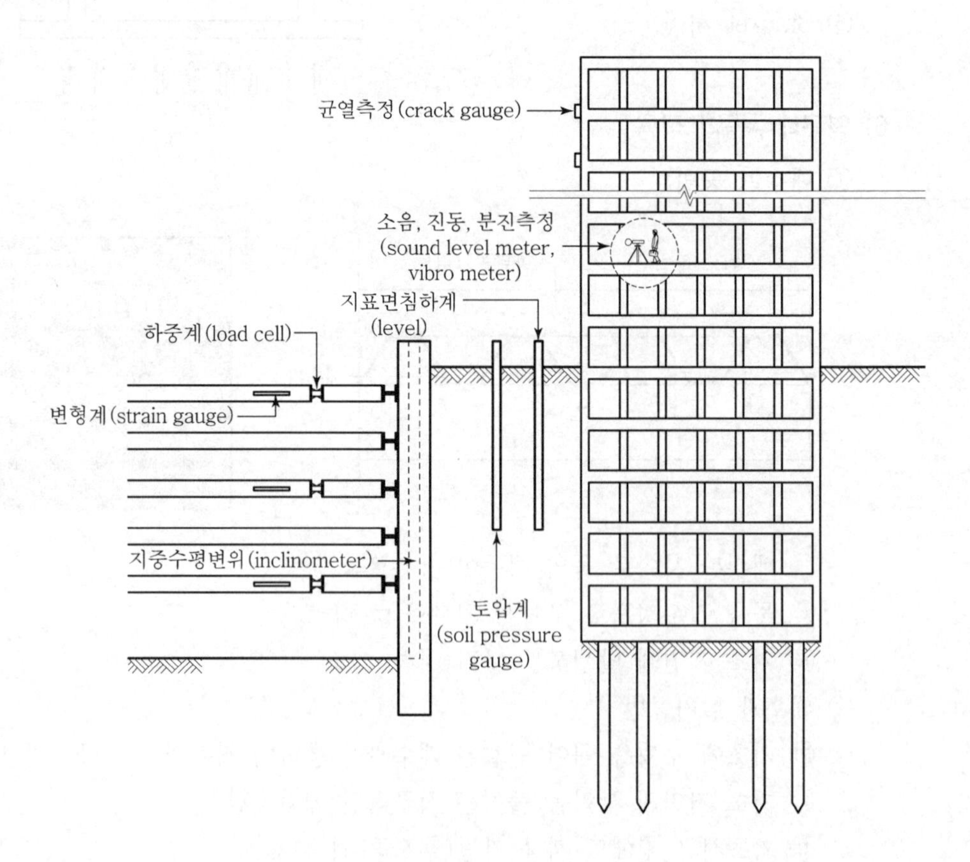
균열측정(crack gauge)
소음, 진동, 분진측정
(sound level meter,
vibro meter)
지표면침하계
(level)
하중계(load cell)
변형계(strain gauge)
지중수평변위(inclinometer)
토압계
(soil pressure
gauge)

## Ⅵ. 결 론

① 적절한 배수공법 선정 및 차수성 흙막이벽의 시공으로 수압과 부력에 대한 저항성을 증대시켜 구조물의 안전성을 확보하도록 한다.

② 지하실이 깊어질수록 지하수의 영향은 증대하여 부력 또한 커지므로 정확한 지질조사를 토대로 사전대책이 이루어져야 하며, 효율적인 대처방안이 설계 및 시공면 측면에서 검토되어야 한다.

# 문제 25 도심지 지하굴착 시 발생하는 지하수 처리방안

## Ⅰ. 개 요

① 강우 등에 의하여 물이 토양의 틈새로 침입하여 불투수층에 이르면 고이거나 흐르게 되는데 이를 지하수라 한다.

② 도심지에서의 지하 터파기 공사 시에는 사전조사를 통하여 지하수위를 정확히 파악하고 주변 여건에 적합한 지하수처리방안을 선정해야 한다.

## Ⅱ. 지하수위 관측방법

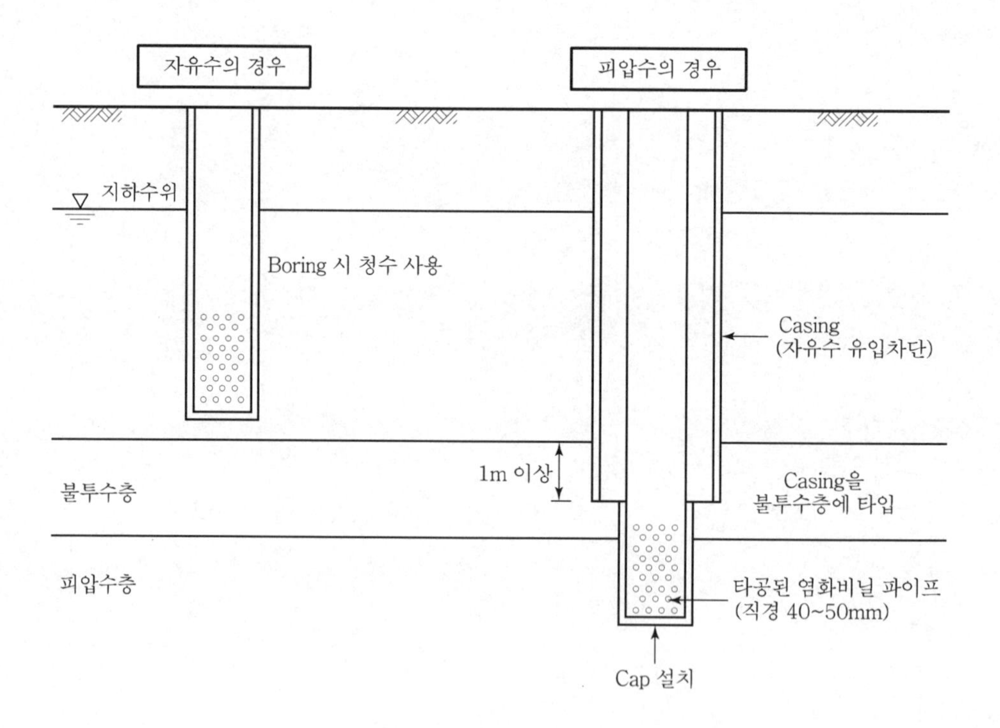

# Ⅲ. 지하수 처리 방안

## (1) 차수공법

### 1) 흙막이식 차수공법

① H-Pile 공법

② Sheet Pile 공법
U형, 직선형, H형의 Sheet Pile을 땅속에 압입하여 차수

③ Slurry Wall 공법
지중에 지하연속벽을 축조하여 차수

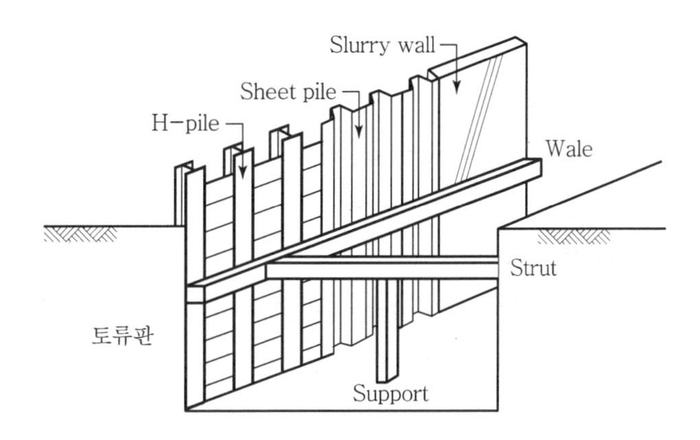


### 2) 약액주입공법

① 지반 내에 주입관을 박고 Cement Grout 또는 LW Grout를 주입관을 통해 지반에 압입

② 일정한 Gel Time 경과 후 지반 고결

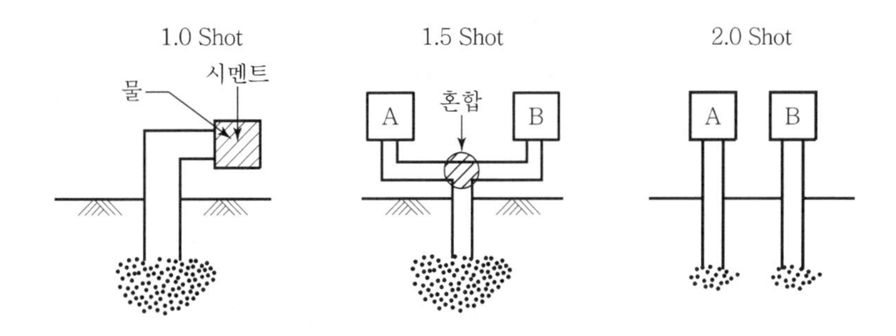

3) 고결공법

| 공법 | 내용 |
|---|---|
| 생석회 말뚝공법 | $CaO+H_2O \rightarrow Ca(OH)_2$ 반응으로 지반을 발열시켜 수분이 증발하면서 탈수 |
| 동결공법 | 땅속에 동결관을 묻고 그 속으로 액화질소, 프레온 가스를 주입시켜 지반을 동결 |
| 소결공법 | 지중에 천공한 후 연료를 주입하여 연소되면서 고결 탈수 |

## (2) 배수공법

### 1) 중력배수공법

① 집수통공법
땅속에 집수통을 만들어 집수된 물을 소형 Pump로 배수

② Deep Well 공법
지중에 천공하여 케이싱을 박고 필터층을 형성한 후 수중 Pump로 배수

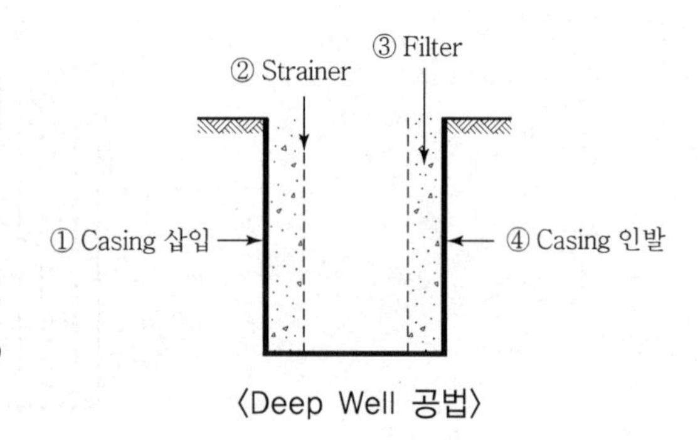

〈Deep Well 공법〉

### 2) 강제배수공법

① Well Point 공법
지중에 천공하여 Well Point를 설치하고 주위에 필터층(Sand Pile)을 형성한 후 배수

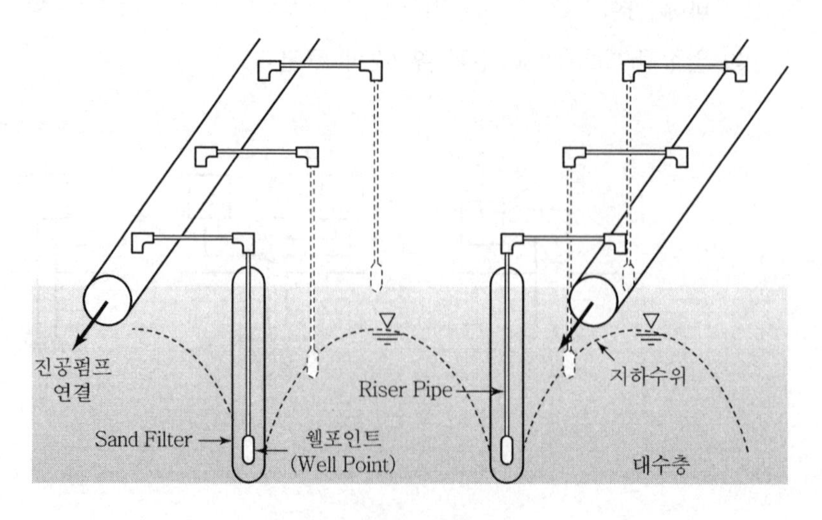

〈Well Point 공법〉

② 진공 Deep Well 공법
Deep Well 공법과 같으나 중공부를 진공상태로 만들어 배수성능 향상

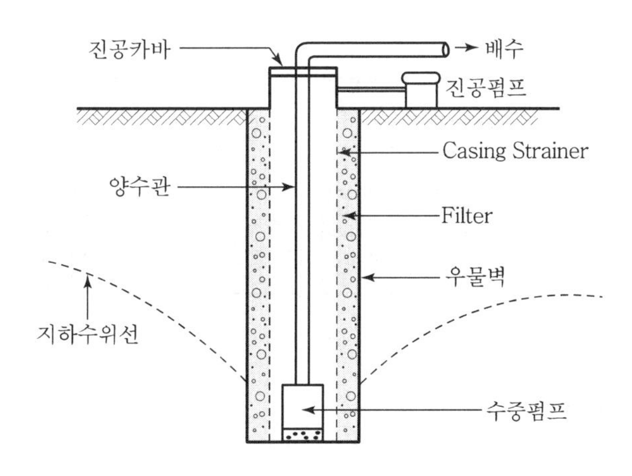


〈진공 Deep Well 공법〉

### 3) 영구배수공법(Dewatering)

① 유공관 설치공법
외부 압력에 강하고 균열 및 찌그러짐이 없는 HDPE(High Density Polyethylene, 고밀도 폴리에틸렌) 관에 작은 구멍의 흡수공을 설치하여 지중의 물을 배수하는 공법

② 배수관 설치공법
지하 기초 내 수직으로 Hole을 설치하여 기초 상부 누름콘크리트 사이로 배수관을 연결하여 외부로 배수하는 공법

③ 배수판공법
기초 상부와 누름콘크리트 사이에 공간을 두어 그 공간 속에서 물이 이동하여 집수정으로 모이게 하는 공법

④ Drain Mat 배수공법
굴착저면 위 버림콘크리트 내에 유도수로와 배수로를 설치하여 지하수를 집수정으로 유도하여 Pumping 처리하는 공법

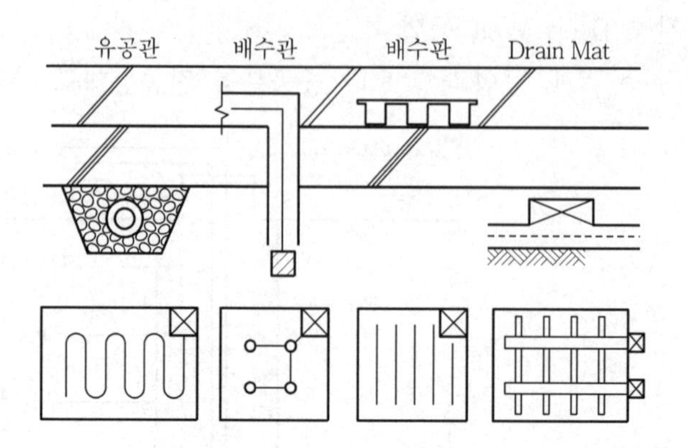


### 4) 복수공법

① 주수공법

인근 지반의 압밀침하 방지를 위해 인위적으로 자연수두를 조정

② 담수공법

지하연속벽 공사 후 공사로 인한 자연수위 강하를 Sand Pile(주수용)을 통해 수위 조정

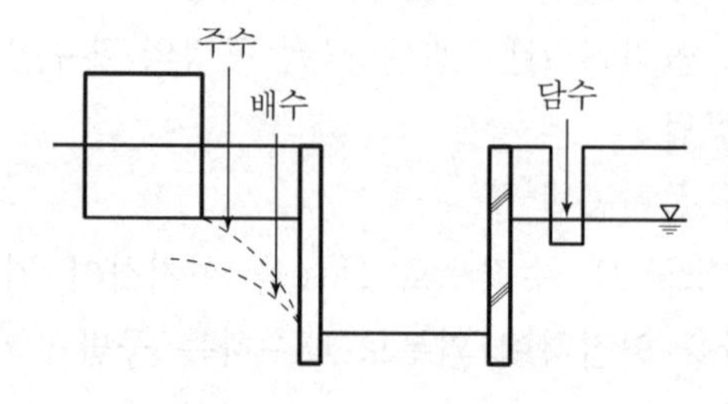


## Ⅳ. 결 론

도심지에서 대형 건축물을 건축하고자 할 때는 주변 민원·환경대책 및 공법 선정 등을 사전에 철저히 계획하고, 특히 지하공사 시에는 지하수 관리에 만전을 기해야 한다.

# 문제 26 도심 지하터파기 공사 시 주위지반이 침하하는 주요 원인과 방지대책

## Ⅰ. 개 요

### 1) 의 의

터파기 공사 시 흙막이벽체의 거동 및 주위 지하 수위의 변화에 따라 주변 지반의 토사 이동이 발생하며, 이에 따라 침하가 나타난다.

### 2) 흙막이벽체의 응력도

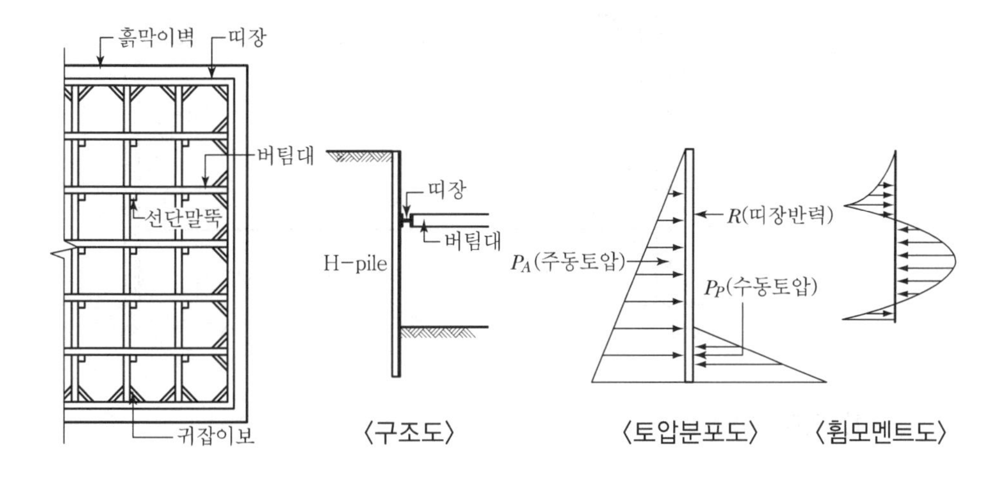


〈구조도〉 〈토압분포도〉 〈휨모멘트도〉

## Ⅱ. 지반침하의 종류

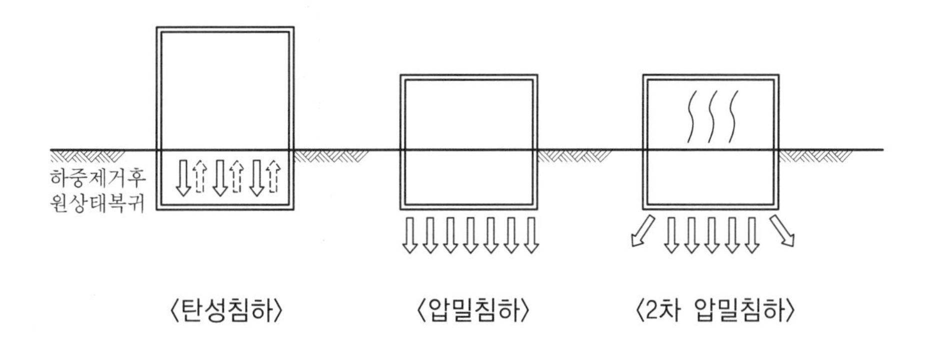


〈탄성침하〉 〈압밀침하〉 〈2차 압밀침하〉

| 탄성침하 | 재하와 동시에 일어나는 침하 |
|---|---|
| 압밀침하 | 점성토 지반에서 탄성침하 후에 장기간에 걸쳐서 일어나는 침하(1차 압밀침하) |
| 2차 압밀침하 | ① 점성토의 creep에 의해 일어나는 침하 (creep 압밀침하)<br>② 1차 압밀침하 완료 후 계속되는 침하현상 |

## Ⅲ. 주요 원인

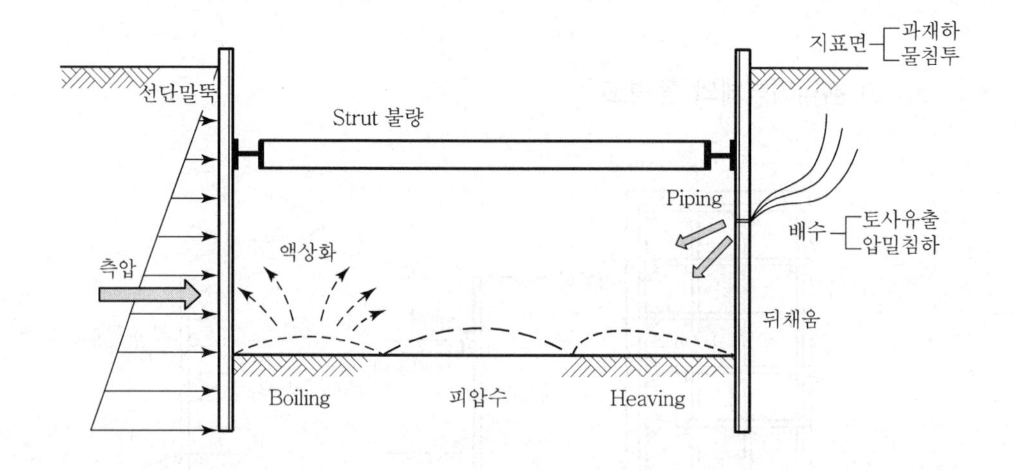


### 1) 과대 측압

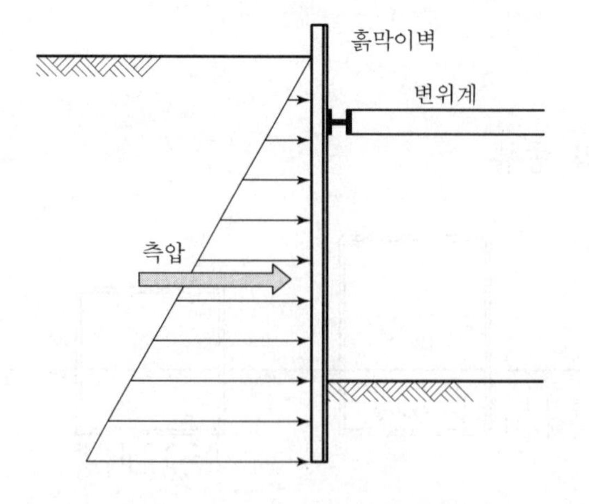


흙막이벽에 작용하는 측압이 설계강도보다 높은 경우 버팀대의 휨현상 발생

### 2) Piping 발생

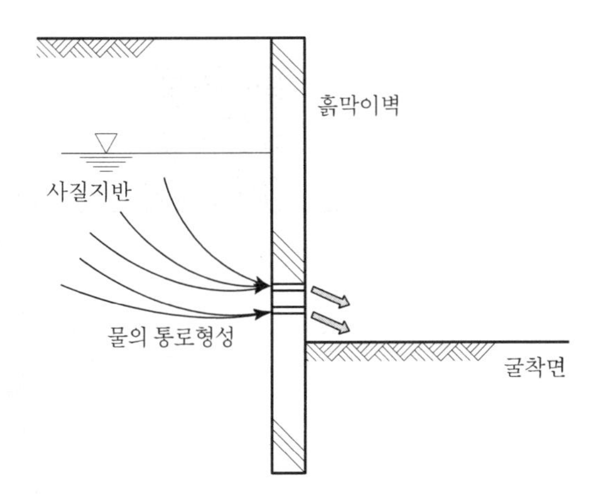


흙막이 배면의 미립토사가 유실되면서 지반내에 수로가 형성되어 지반이 점차 함몰되는 현상

### 3) 지하수위 변동

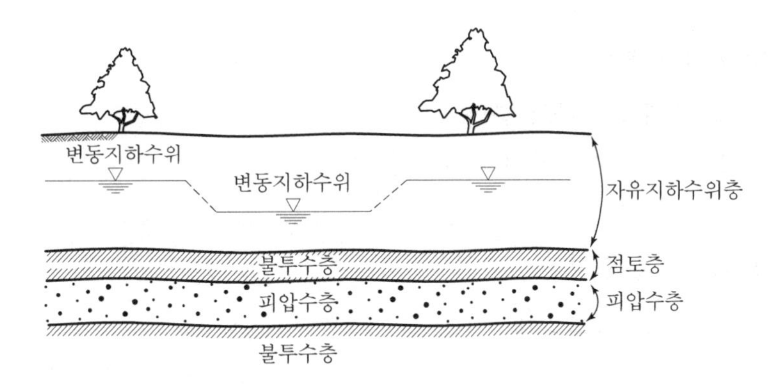


$$H = \frac{P}{\gamma_w} + Z$$

$H$ : 지하수위
$\gamma_w$ : 물의 단위체적중량
$P$ : 지하 수압

자유 지하수위층에서의 지하수는 외부의 변화에 의해 변동되므로 이에 대한 관리 필요

### 4) 지표면 과재하

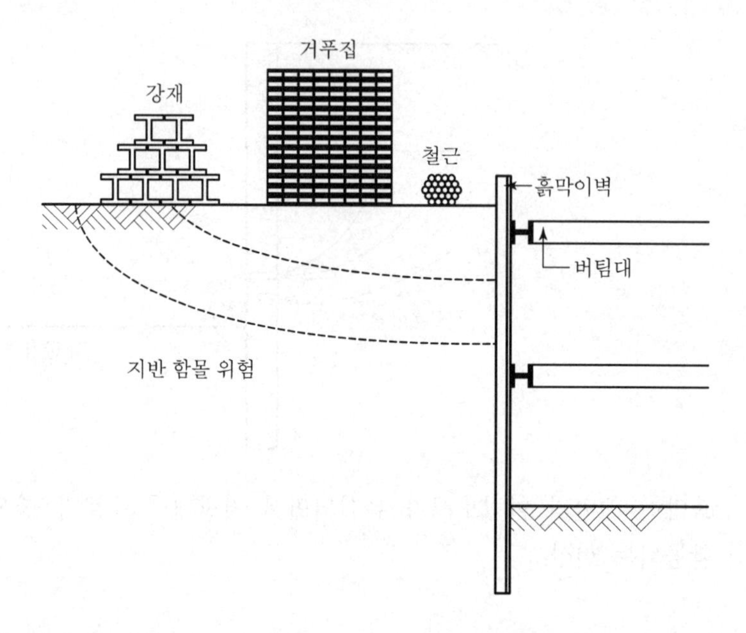


흙막이벽 배면에 계획하중 이상의 하중이 발생할 경우 주변 지반의 침하 발생

### 5) 뒤채움 불량

① 뒤채움시 다짐 불량

② 뒤채움시 콘크리트 폐기물 등 사용

### 6) Heaving 현상

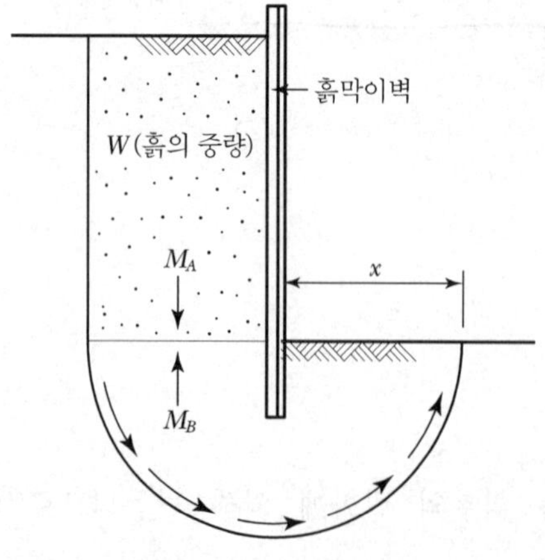


$M_A > M_B \times$ 안전율일 때 heaving 발생

- $M_A$(회전모멘트)$= W \times x/2$
- $M_B =$마찰면적×흙의 점착력
- 안전율=1.2 이상

흙막이벽 내외의 흙이 중량 차이에 의해 굴착저면 흙의 지지력 상실 현상

# Ⅳ. 방지대책

## 1) 지반조사 철저

① 철저한 지반조사로 토질 주상도 작성

② 지하 수위의 변동 확인

## 2) 적정 흙막이벽 시공

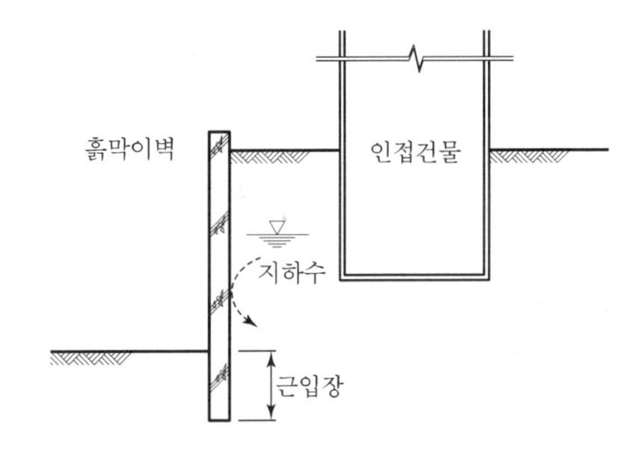


흙막이벽의 차수 성능 : Slurry wall > Sheet pile > H－pile + 토류벽

## 3) 지하수위 유지

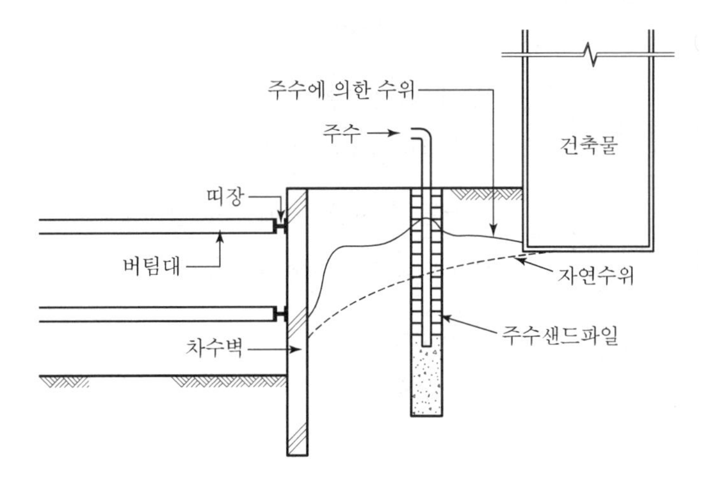


자연적으로 유출되는 물을 보충하여 지하수위 유지

#### 4) Underpinning

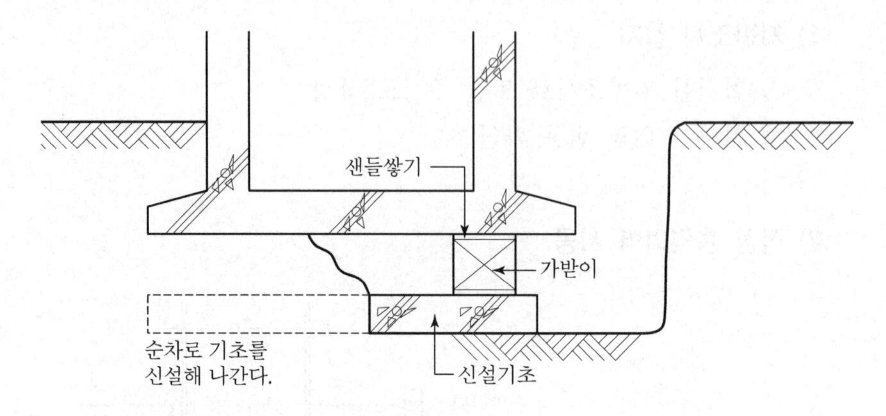


인접 건물의 부동침하를 방지하기 위해 기초 신설

#### 5) 자재의 분산 재하

자재의 중량을 감안하여 흙막이벽에서 떨어진 곳에 분산 적재

#### 6) 적정 배수공법 선정

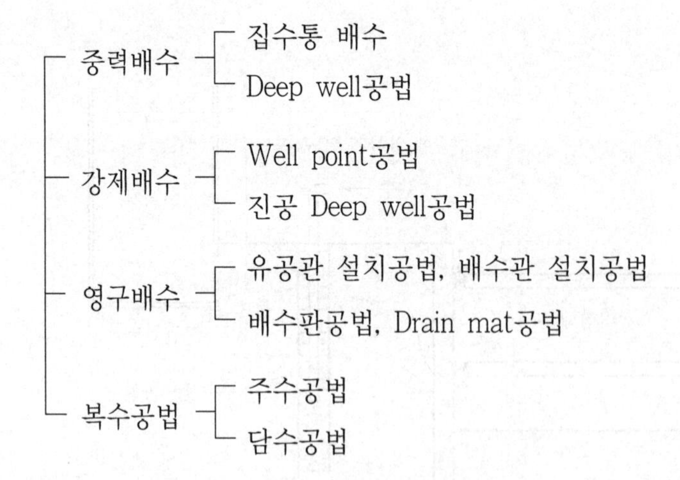

### 7) 주변 지반 개량

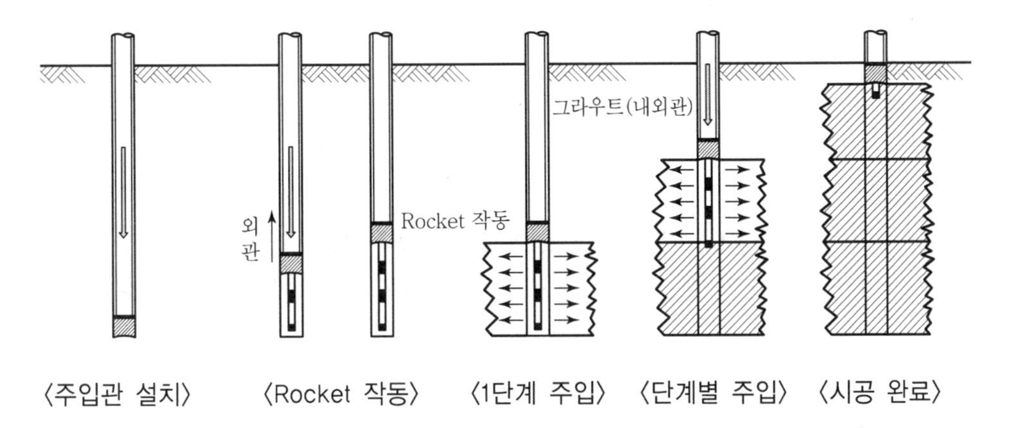


〈주입관 설치〉 〈Rocket 작동〉 〈1단계 주입〉 〈단계별 주입〉 〈시공 완료〉

SGR공법으로 연약지반을 보다 확실하게 개량하여 지반의 지지력 확보

### 8) 뒤채움 다짐 철저

뒤채움시 적정 토사로 300mm마다 다짐 실시

## Ⅴ. 결 론

① 지반을 사전조사하고 계획단계에서부터 적정공법을 선정하여 견실하게 시공해야 하며 주변지반 침하로 인한 피해가 예상될 때에는 지반개량공법을 선정하여 미연에 방지한다.

② 계측관리를 통한 정보화 시공으로 주변지반 침하로 인한 피해를 최소화해야 한다.

# 문제 27 지하 흙막이 시공의 계측관리(정보화시공)

## Ⅰ. 개 요

### 1) 의 의

토압, 버팀대, 지반의 변형, 지하수의 변동 및 인접 건물의 이상 유무를 확인하고 변동사항의 발견시 미리 조치하기 위해 계측기기를 통한 정보화 시공이다.

### 2) 계측기 배치 요령

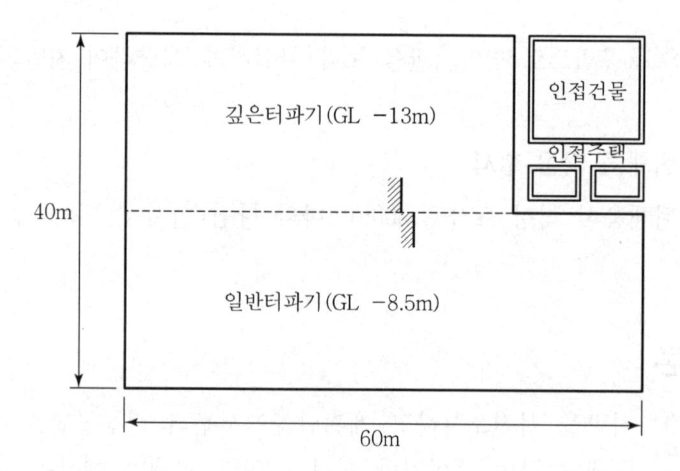


① 인접의 위험 건물 부근
② 현장내 깊은 곳
③ Corner
④ 건물의 장변 방향(가운데서 가장자리로)

## Ⅱ. 계측관리 system

지중 간극수의 이동, 수압 등을 파악하며 흙막이벽에 작용하는 하중의 변화를 측정하여 안전하고 경제성 있는 지하공사 수행

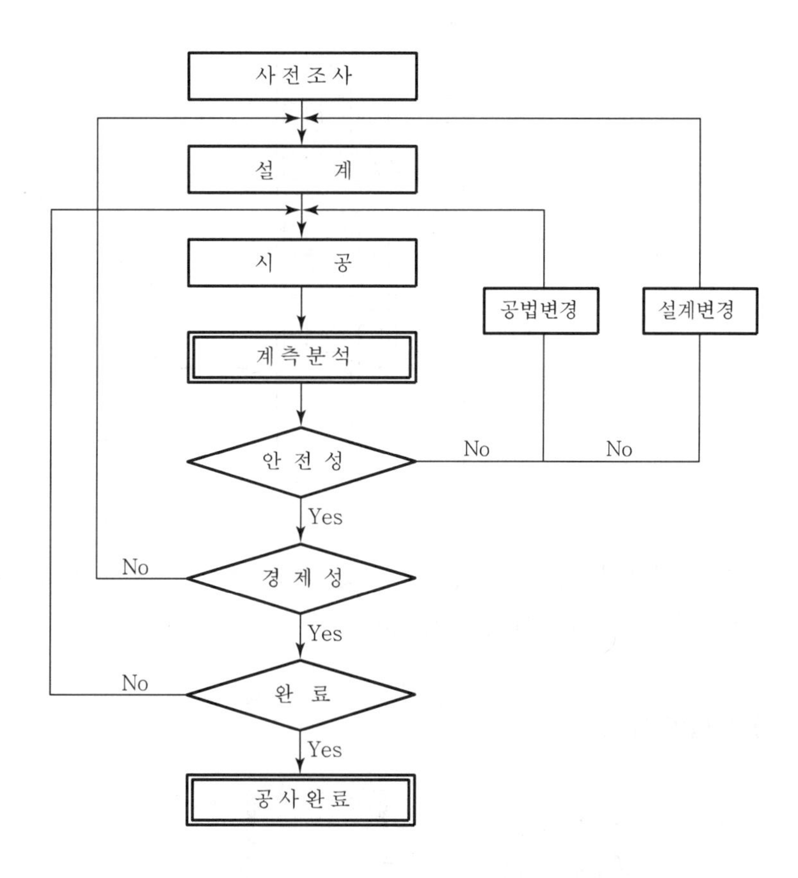

# Ⅲ. 계측관리 항목

## 1) 인접 건물(주택 포함)

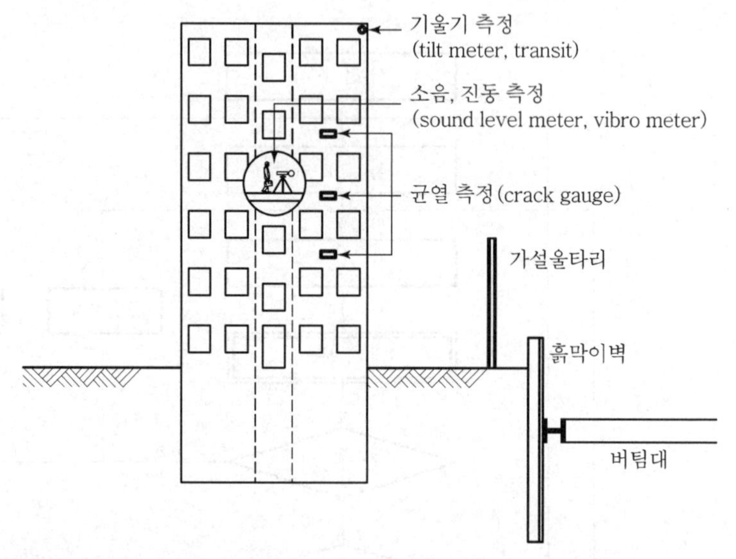


인접 건물에 crack gauge 설치 및 기울기를 측정하고 특정 공사 진행시 소음 및 진동을 측정하여 민원에 대비

## 2) 흙막이 계측

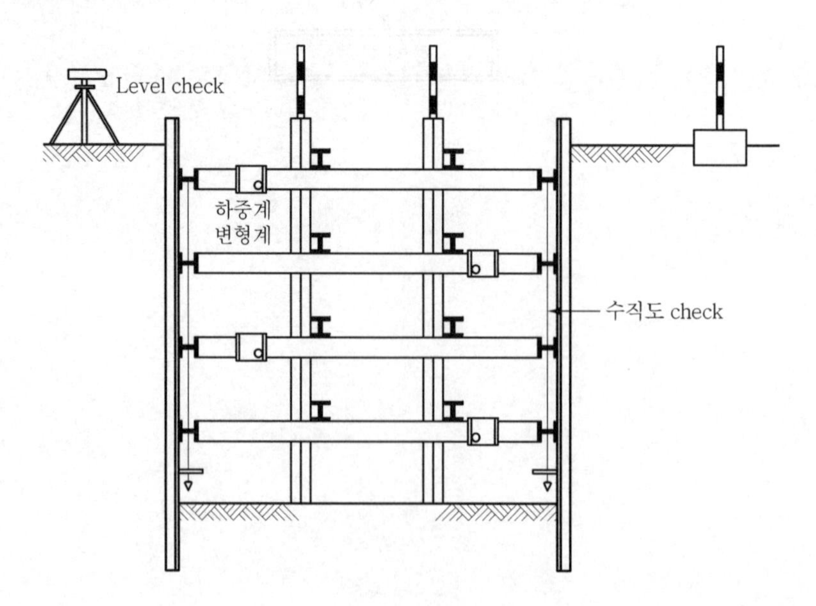

① 하중계, 변형(률)계는 버팀대(strut)에 설치
② Transit으로 흙막이벽의 수직도 check
③ 공사규모와 지반 여건에 따라 계측빈도 증가
④ 계측 결과는 한눈에 볼 수 있도록 관리

### 3) 지하수위

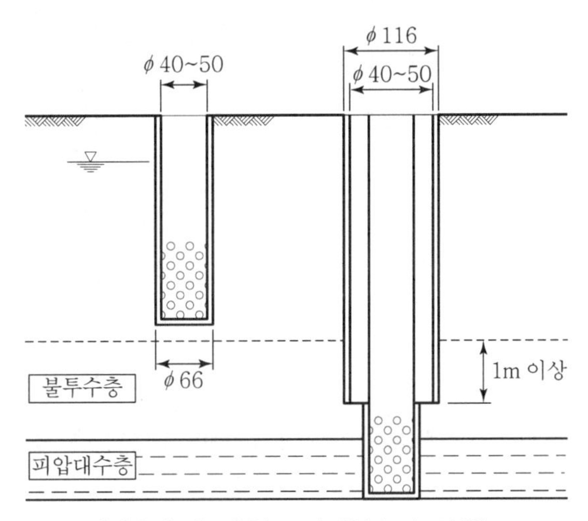


〈자유수의 경우〉 〈피압수의 경우〉

① Auger로 굴착하여 pipe관 설치
② 피압수 계측시 강재 casing pipe를 삽입하여 자유수 유입 방지
③ 일정기간(초기 1회/일, 공사진행시 2회/주)마다 지하수위 측정

### 4) 주변지반

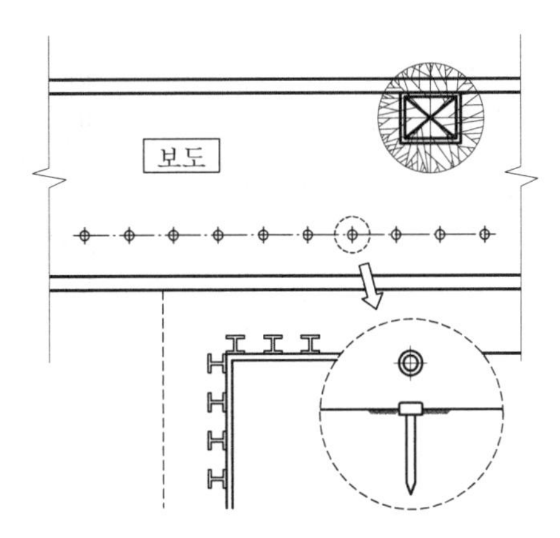

① 수직 및 수평 변위 측정은 터파기 영향이 없는 곳에 설치
② 침하, 균열, 수평이동 등의 유무 및 진행 측정

### 5) 공공매설물

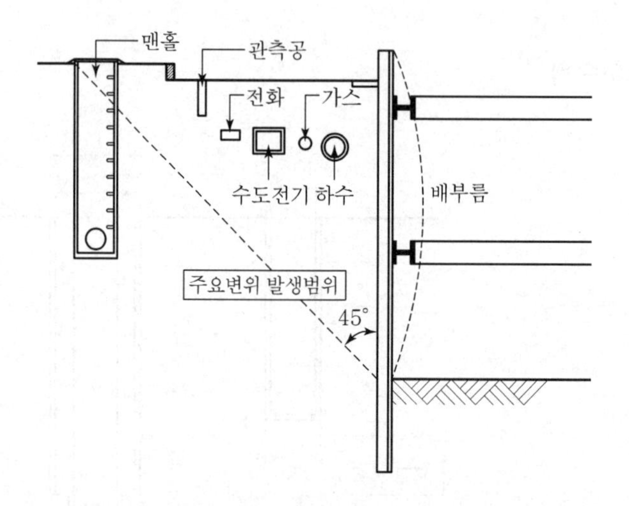


터파기공사와 관계있는 범위내의 지하 매설물의 침하 유무 측정

## Ⅳ. 계측 시 유의사항

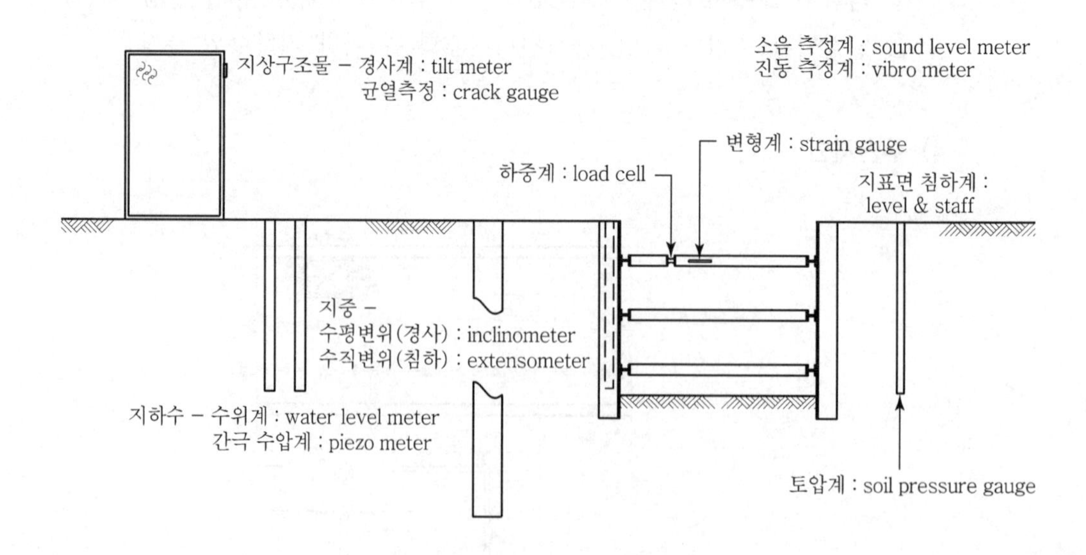

① 구조물 및 지반의 안전성을 종합적으로 평가할 수 있는 계측항목 선정
② 신속한 계측시행과 그 결과의 평가와 설계 및 시공에의 feed-back
③ 계측기 등이 시공상 장애가 되지 않아야 하며 안전한 계측작업이 가능하도록 설치
④ 계기류는 정밀도, 내구성 및 방재성의 필요조건을 만족하도록 선정
⑤ 계기에 의한 계측만이 아니라 현장기술자의 육안관찰에서 얻은 자료도 가산하여 종합적으로 평가

## Ⅴ. 계측관리 기준치

| 계측기 | 1차(안전) | 2차(주의) | 3차(위험) |
|---|---|---|---|
| 지중변위계<br>(Inclinometer) | 3차 기준치×0.6 | 3차 기준치×0.8 | 0.002H(강성)<br>~0.003H(연성) |
| 지표침하핀<br>(Settlement Pin) | 15mm | 20mm | 25mm |
| 경사계<br>(Tilt Meter) | 1/1,000 | 1/850 | 1/500 |

## Ⅵ. 결 론

① 계측관리에 의한 안전확인 및 예측이 가능하므로 경제적이고 안전한 시공을 할 수 있다.
② 현장계측기기 관계자의 성실도가 계측시행 결과의 성패를 좌우하며 시공자의 계측관리에 대한 과감한 인식전환과 예측이 정확한 계측기기의 개발이 필요하다.

# 문제 28 근접 시공 시 예상되는 문제점 및 피해 방지대책

## Ⅰ. 개 요

1) 의 의

① 도심지에 신축하는 건축물이 대형화되고 있으며, 인근 건축물과의 근접시공이 불가피하게 되어 여러 형태의 민원이 발생하고 있다.

② 근접시공 특성 flow chart

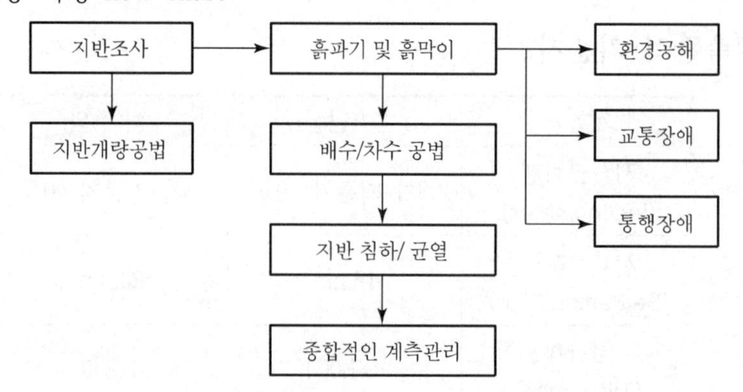


근접 시공 시 환경 공해에 대한 대책을 마련하여 종합적인 계측관리로 주변 지반 및 민원에 대비

## Ⅱ. 사전 검토사항

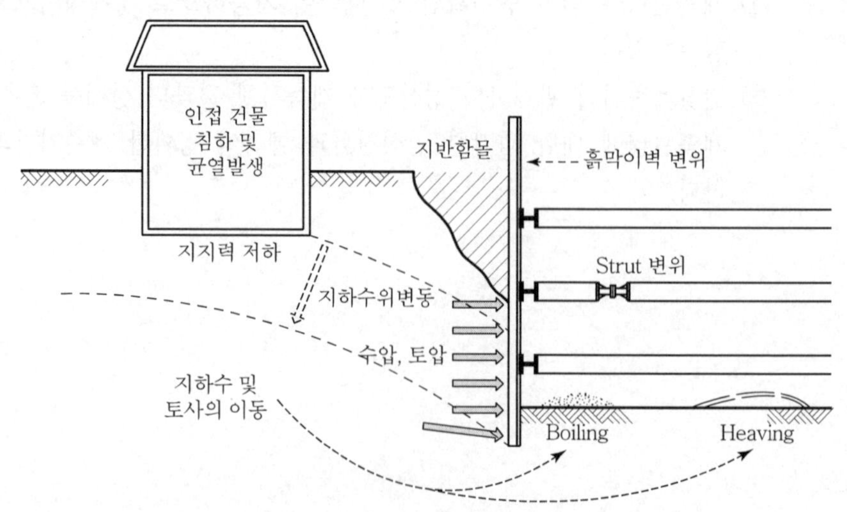


지상, 지하 모두 민원의 대상이므로 철저한 사전 계획 수립

# Ⅲ. 문제점

## 1) 통행 장애

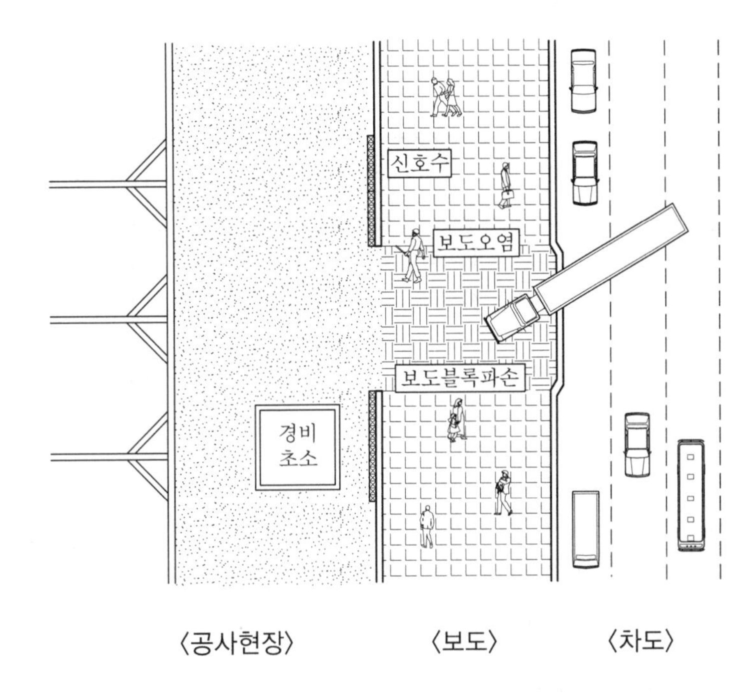


현장 진입로에 위치한 인도(보도)의 파손, 오염 및 대형 차량의 통행으로 통행의 불안감 조성

## 2) 민원 야기

① 공사 현장의 환경 공해(소음, 분진)로 인한 민원 야기
② 콘크리트 타설 등의 공정 시 극심한 교통장애 유발
③ 공사 중단으로 인한 공기 연장의 원인 제공

### 3) 주변 건물의 부동침하 발생

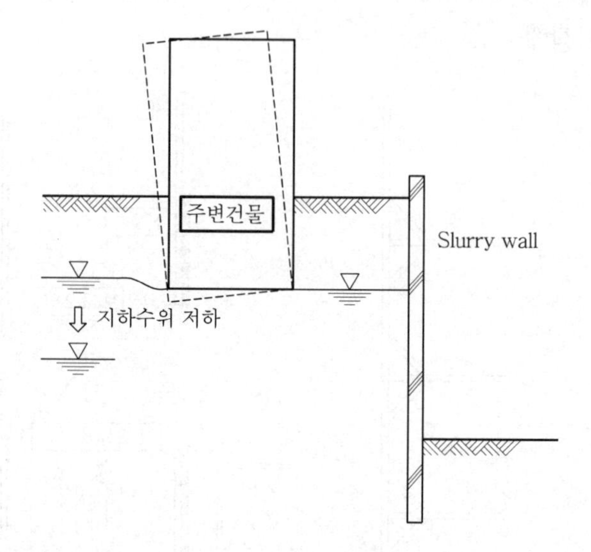


① 지하 심도가 깊은 경우 배수로 인한 지하수위 저하

② 주변 건물에 대한 지반 지지력이 저하되어 부동침하 발생 우려

③ 지하수위 변동에 유의

### 4) 주변 지반의 침하, 균열

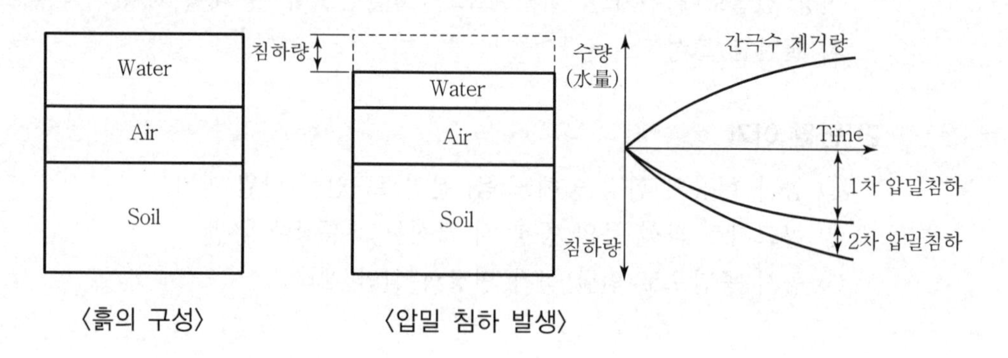


〈흙의 구성〉 〈압밀 침하 발생〉

### 5) 지하수의 이동

① 지하수위의 변화

② 지층의 간극수가 빠져나가면서 주변 지반의 균열 발생

③ 주위 건물에 사용하는 지하수 고갈

6) 환경 공해

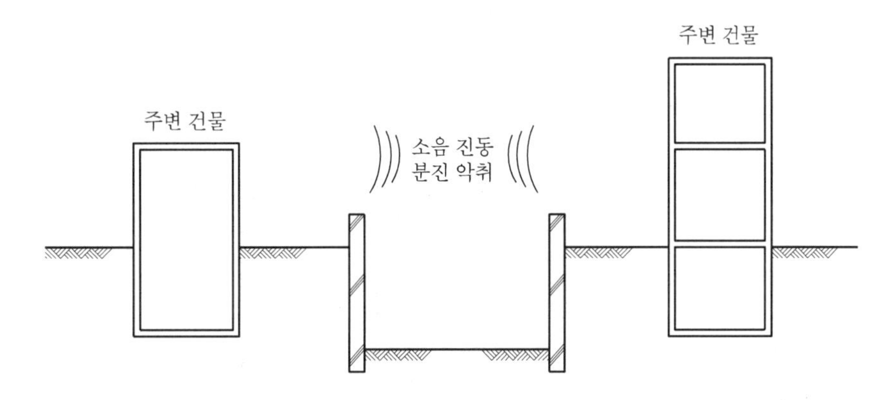


환경공해유발로 주위 사람들의 근무의욕 저하

## Ⅳ. 피해 방지대책

### 1) 교통 영향 평가 실시

① 공사중 차량 통행으로 인한 불편 요소 예측 및 대책 마련
② 공사후의 교통상황 파악
③ 착공전 충분한 시간을 가지고 정확히 파악

### 2) 강성의 흙막이 시공

① 자립식 강성의 흙막이벽 구축
② 차수성 확보
③ 근입장 길이의 충분한 확보
④ 인접 건물의 피해 최소화
⑤ Piping 현상 방지

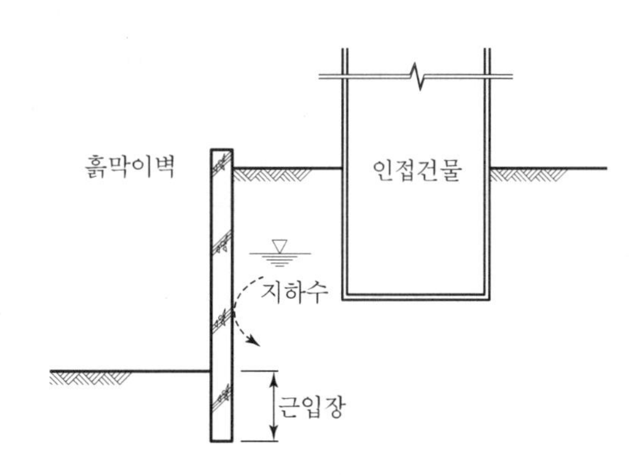

### 3) 적정 배수공법 선정

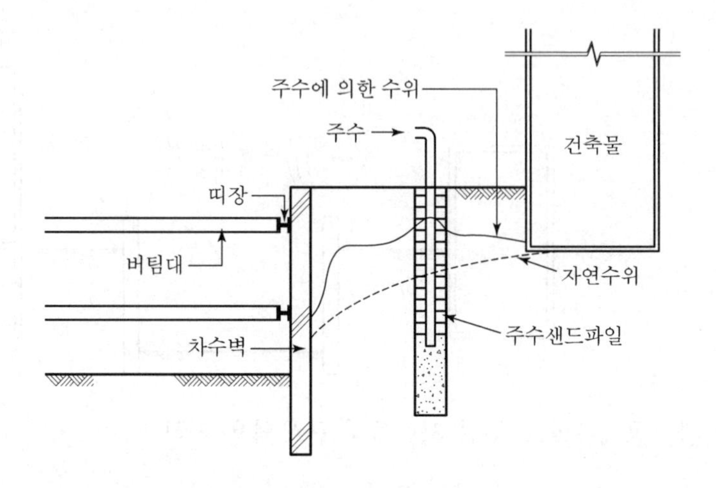


자연적으로 유출되는 물을 보충하여 지하수위 유지

### 4) Underpinning공법 검토

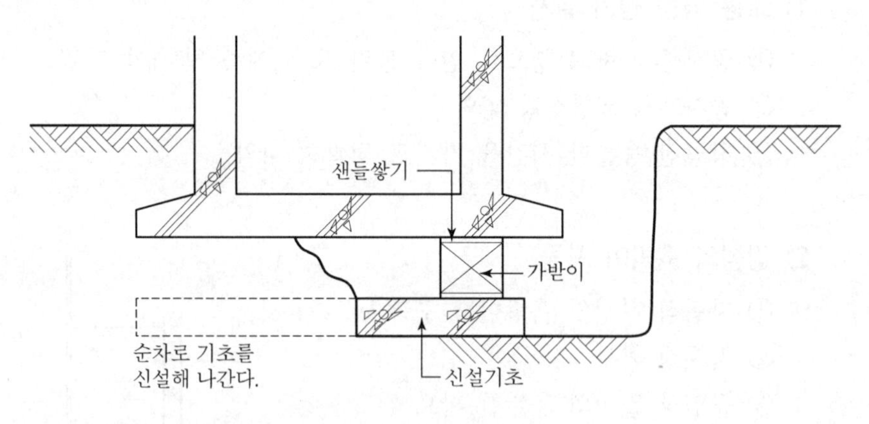


인접 건물의 부동침하를 방지하기 위해 기초 신설

### 5) 환경 공해방지

| 환경 오염원 | 환경오염 방지시설 |
|---|---|
| 소음 · 진동 | 방음벽, 건설기계내 방음시설, 방진 mat |
| 대기 오염 | 세륜 및 살수 설비, 분진망, 살수 차량 운행 |
| 폐기물 | 소각시설, 오폐수 처리 시설 |
| 재활용 시설 | 폐자재 수거 box, 폐자재 재활용 설비 |

현장 내 철저한 보양으로 소음, 분진 등의 환경 공해 최소화

### 6) 지하매설물 보호

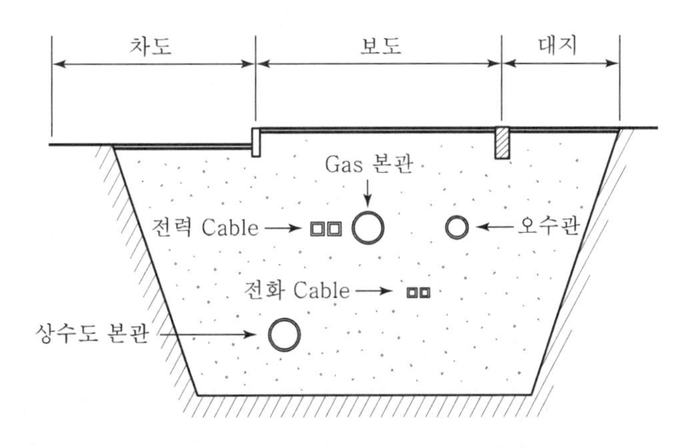


지반 침하로 인한 지하 매설물의 파손에 유의

### 7) 계측관리

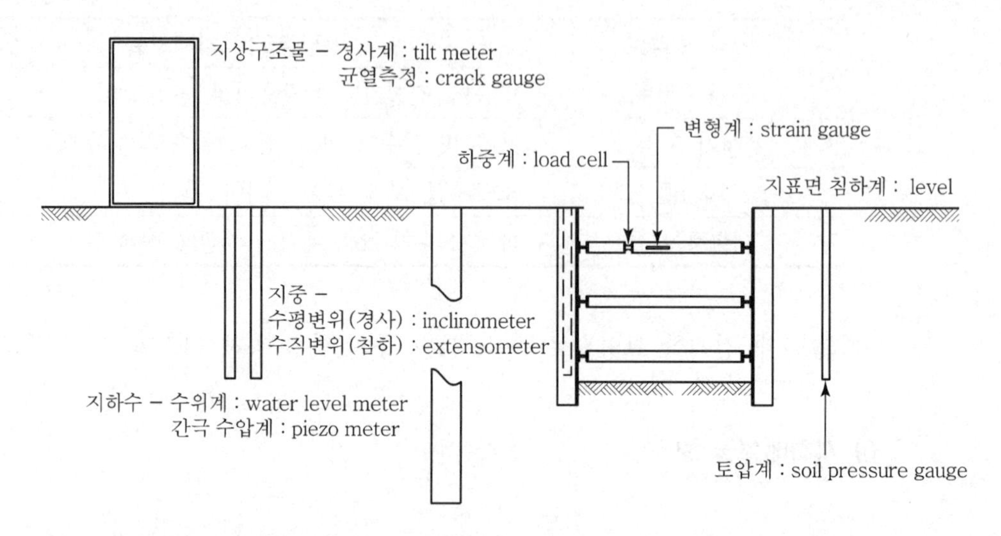


정보화 시공을 통한 주변 건물의 안전성 도모

## V. 결 론

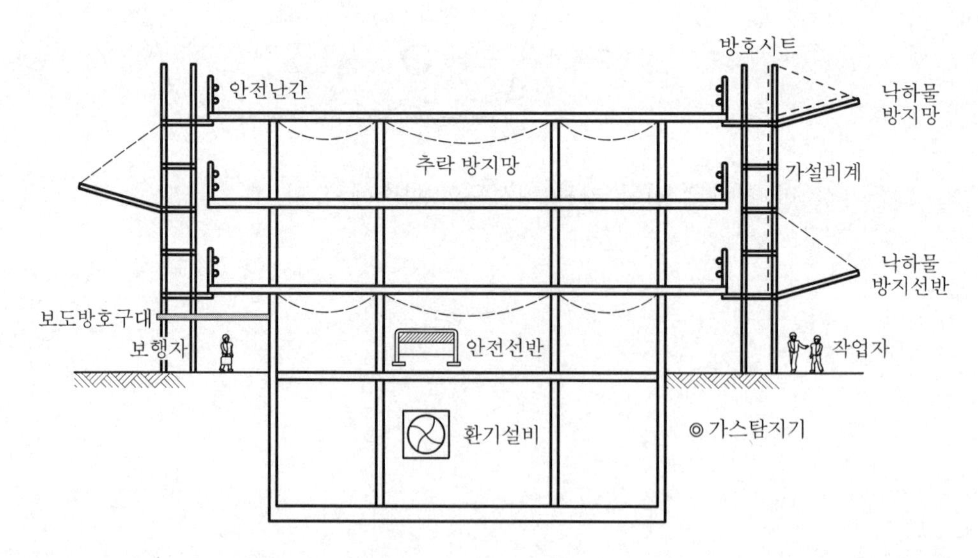


공사 진행 중 현장내의 환경공해 요소를 외부와 격리시키며 주변 민원인들에 대한 불안감을 해소한다.

## ■ 변화시키는 사랑

미국 닉슨 대통령 시절에 대통령 보좌관을 지낸 찰스 콜슨은 원래 아주 잔인한 사람이었습니다. 그는 '워터케이트 사건'에 연루돼 감옥신세를 지게 됩니다. 형기가 7개월 가량 남았을 때의 일입니다. 그를 위해 기도하던 상원의원 퀴에의 마음에 이상한 감동이 있었습니다.

콜슨 대신 7개월 동안만이라도 감옥생활을 해야겠다고 결심한 그는 이를 법원에 제안했지만 기각되었습니다. 그런데 퀴에의 이런 노력이 콜슨에게 전해지면서 그는 놀랍게 변하기 시작했습니다. 그는 자신도 누군가에게 사랑을 베풀어야 겠다고 마음먹었습니다. 그래서 그는 동료 죄수들을 위해 과연 자신이 무엇을 할 수 있는지 찾기 시작했습니다. 가만히 보니 죄수들이 제일 싫어하는 일이 있었는데, 그것은 빨래였습니다. 그래서 콜슨은 빨래를 하겠다고 나섰습니다.

처음에 사람들은 그의 태도를 받아들이지 않았습니다. 뭔가 속셈이 있다고 생각했기 때문입니다. 하지만 그가 묵묵히 빨래하는 모습을 본 동료 죄수들은 서서히 감동을 받기 시작했습니다.

그때 일을 회고하며 콜슨은 자서전에서 이렇게 말합니다.
"평생 집안에서 손가락 하나 까딱하지 않던 나는 그들을 사랑하기 시작하며 인생의 진정한 행복을 발견했다."

콜슨을 위해 기도하던 상원의원 퀴에의 모습이 바로 예수님의 모습입니다. 예수님은 죄의 포로가 되어 감옥에 갇힌 우리를 위해 대신 감옥에 갇히기로 작정하셨습니다.
그곳이 바로 십자가입니다. 우리는 그 사랑을 입은 자들입니다.

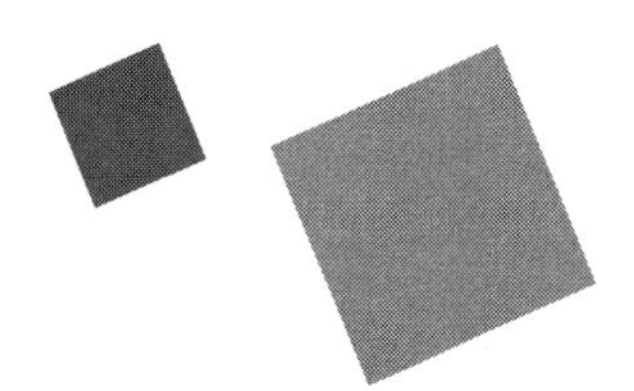

4장 기초공사

## 문제 1 공사 착수 전 기초의 안정성 검토 시 고려할 사항 및 품질확보방안

### Ⅰ. 개 요

1) 의 의

① 기초는 건축물의 최하부에서 건축물의 하중을 지반에 안정하게 전달시키는 구조부분이다.

② 기초의 안정성은 건축물하중을 충분히 지지할 수 있는 지지력에 대한 검토와 발생하는 침하량에 대한 검토로 구분된다.

2) 기초안정성 검토 시 안전기준

| 지지력 안전기준 | 침하 안전기준 |
|---|---|
| 건축물 하중 ≤ 허용지지력 | 발생침하량 < 허용침하량 |

### Ⅱ. 기초형태 및 구성

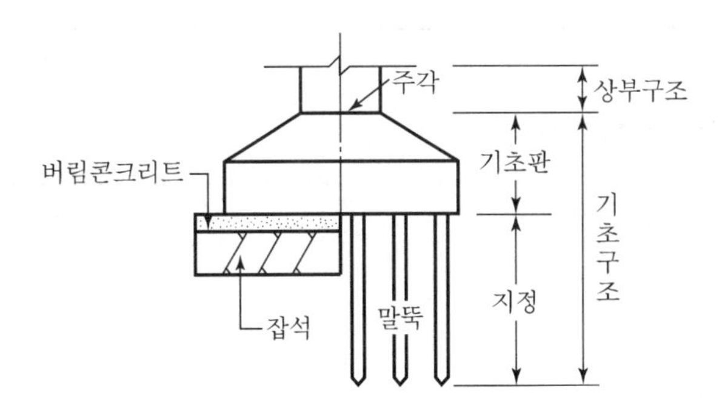


### Ⅲ. 안정성 검토 시 고려할 사항

1) 기초지지력

① 건축물 하중 ≤ 허용지지력

② 허용지지력 ─┬ 기초재료의 허용응력 산정 ┐
　　　　　　　└ 기초지반의 허용지지력 산정 ┘─ 中 작은 값

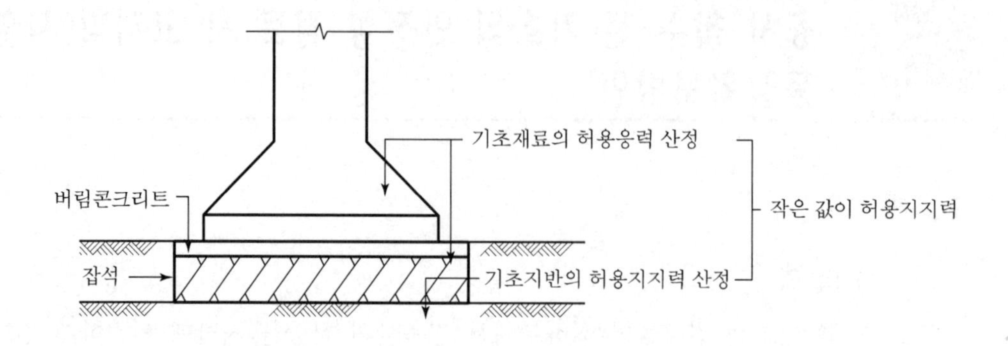


### 2) 기초침하량

① 기초침하량(S) = 탄성침하량($S_e$) + 압밀침하($S_c$) + 2차압밀침하($S_{cr}$)

② 기초침하량 < 허용침하량

### 3) 동결심도

① 동결심도보다 깊게 기초설치

② 지역별 개략적 동결심도

| 지역 | 서울 | 대전 | 광주 · 대구 | 부산 |
|---|---|---|---|---|
| 동결심도(mm) | 800 | 700 | 400 | 200 |

### 4) 직접기초의 지정두께

| 기초지반 | | 지정 | | |
|---|---|---|---|---|
| 토질 | N값 | 잡석 | | 버림Con'c 두께(mm) |
| | | 종류 | 두께(mm) | |
| 암반, 경암 | - | 자체지반 | - | 60 |
| 모래 | N < 10<br>N ≥ 10 | 자갈 | 100<br>60 | 60 |
| 실트<br>점토 | N < 2<br>N ≥ 2 | 자갈 | 150<br>60 | 60 |

### 5) 건축물 종류

① 냉동건축물 또는 용광로 및 보일러는 지반에 열을 전달시켜 심각한 문제 유발

② 단열재 설치 및 모래질 자갈로 기초지반 치환 등의 대책 수립

### 6) 말뚝 부마찰력

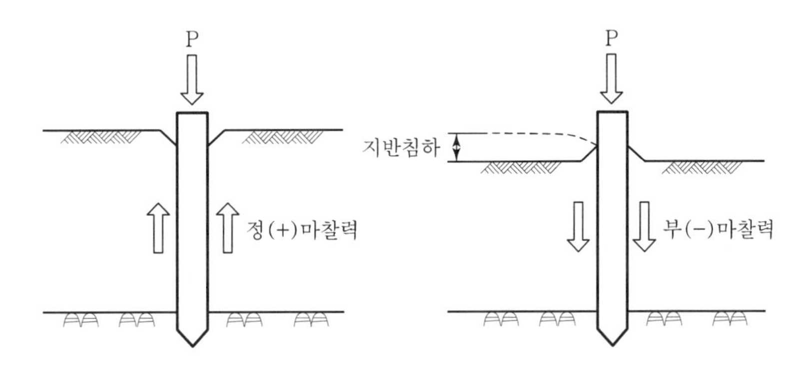


부마찰력 발생 시 말뚝지지력 감소 및 말뚝 파손

### 7) 말뚝이음

① 말뚝이음 위치 파악

② 말뚝이음에 의한 말뚝 재료의 허용하중감소율

| 이음방법 | 용접이음 | 볼트이음 | 충전이음 |
|---|---|---|---|
| 감소율(개소당) | 5% | 10% | 20% |

### 8) 부력에 의한 건축물 부상

건축물의 자중을 부력보다 크게 하여 부력에 의한 부상방지 고려

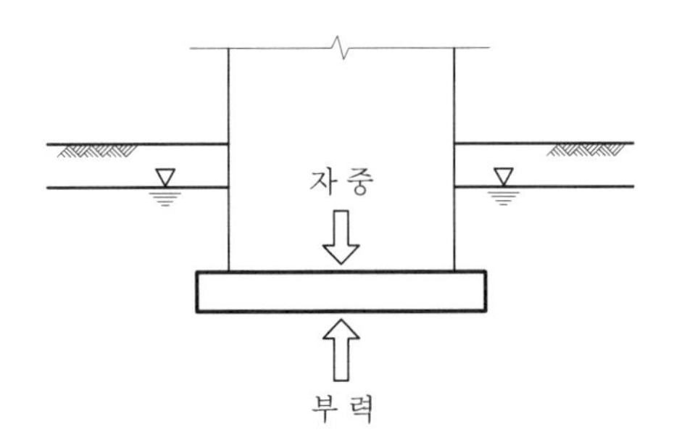

### 9) 공벽붕괴 및 Slime 처리

공벽붕괴에 따른 부마찰력이나 slime에 의한 말뚝지지력 감소 우려

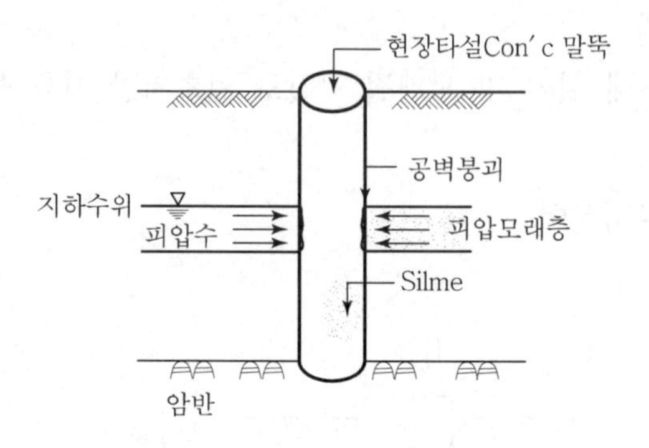


### 10) 기초 침하의 형태

| 기초침하 형태 | 균등침하 | 전도침하 | 부등침하 |
|---|---|---|---|
| 도해 | | | |
| 기초지반 및 하중조건 | • 균일한 사질토지반<br>• 넓은 면적의 낮은 건물 | • 불균일한 지반<br>• 좁은 면적의 초고층건물<br>• 송전탑 및 굴뚝 등 | • 점토 기초 지반<br>• 구조물 하중 영향 범위 내 점토층 존재 |

## Ⅳ. 결 론

① 기초의 형태는 구조계산서와 지반의 조건, 건축물의 규모·용도 및 현장 여건에 따라 정해지며, 기둥·보 등과 같이 건축물의 주요 구조부의 하나이다.

② 기초가 안정되지 못하면 건축물 전체가 구조적으로 불안정해지므로 기초시공의 철저한 품질관리가 중요하다.

# 문제 2 기성 Con'c pile 공사의 준비사항 및 공법

## Ⅰ. 개 요

### 1) 의 의

① 기성 Con'c pile공사는 사전준비상태에 따라 시공성 및 경제성과 안전성이 달라진다.

② 기성 Con'c pile은 지반상태, 공사현장여건 등 여러 사항을 검토하여 시공공법을 결정하여야 한다.

### 2) 공법 선정 시 고려사항

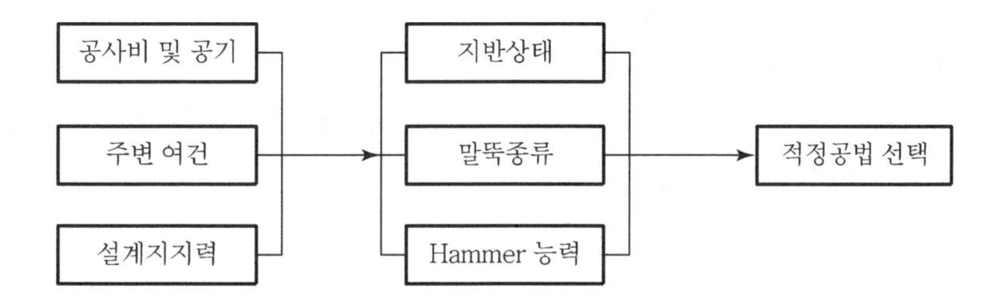


## Ⅱ. 기성 Con'c pile 시공 flow chart

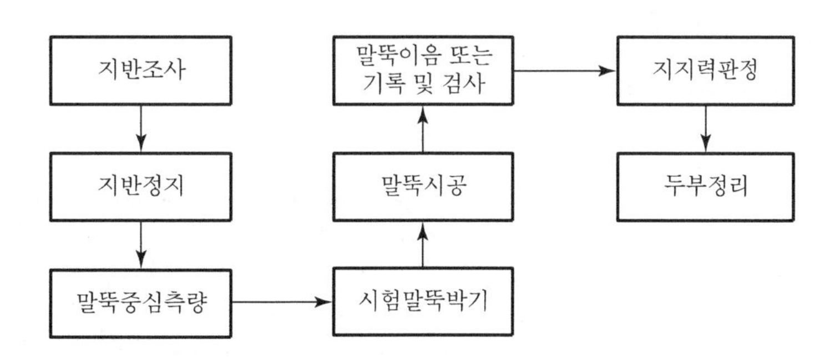

## Ⅲ. 준비사항

### 1) 지반조사로 지반상태 파악

① 지표면 물리탐사로 개략적 조사

② 시추조사로 지반 확인

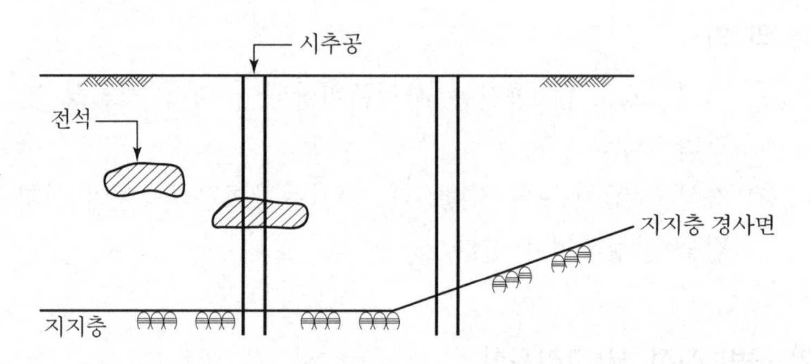


### 2) 지반의 평탄성 유지

① 지반에 패인 곳이 있거나 평탄성이 불량할 경우 30cm 이상 성토하여 지표면의 평탄성 유지

② 시공장비의 전도 방지

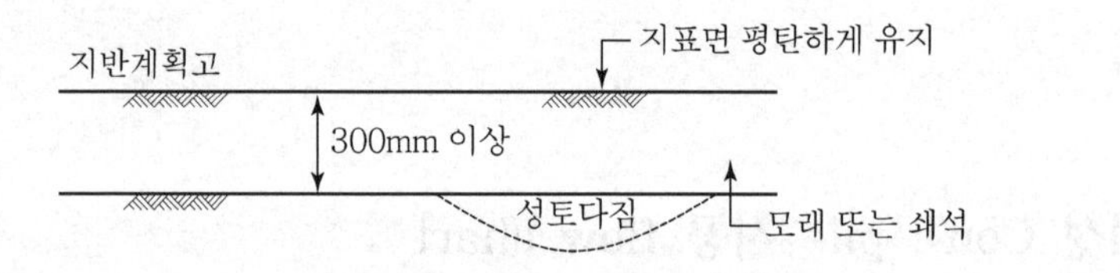


### 3) 말뚝중심 측량

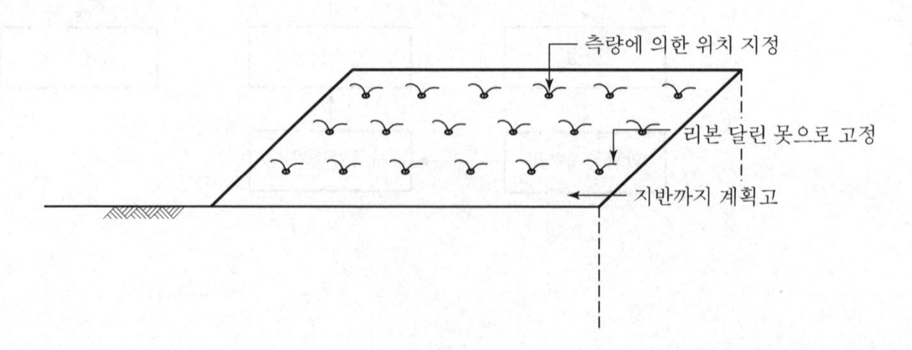

### 4) 시험말뚝으로 시공장비 및 말뚝 결정

① 동재하시험

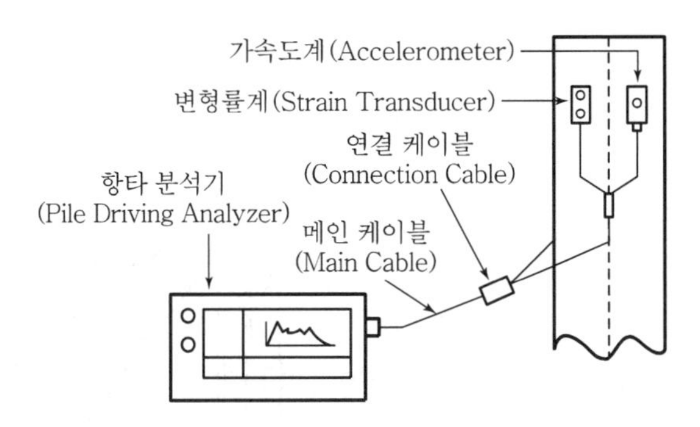


| 동재하시험자료 | 시항타로 결정사항 |
|---|---|
| • 타격에너지<br>• 타격응력<br>• 말뚝 건전도<br>• 지지도 | • 항타장비<br>• 말뚝재질 및 크기<br>• 항타공식 신뢰성 |

② 리바운드와 관입량 측정

### 5) 말뚝 반입검수 및 저장

① 말뚝 반입검수 시 말뚝종류, 길이, 본수, 규격, 치수, 균열 여부 확인

② 말뚝저장방법

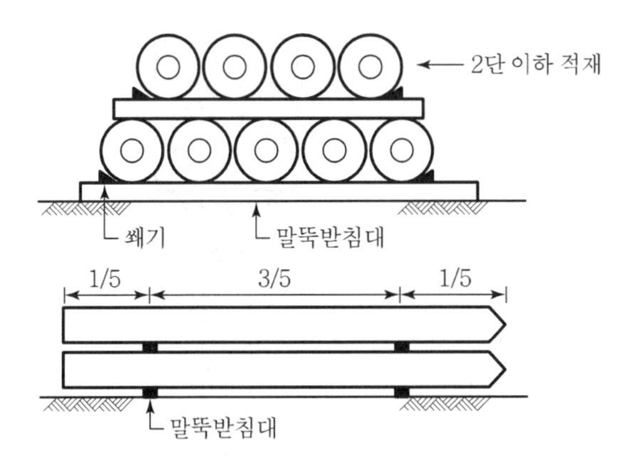

## Ⅳ. 공 법

### 1) 타격공법

① 항타기로 말뚝을 직접 타격하여 박는 공법
② 시공속도가 빠르나 소음이 크다.

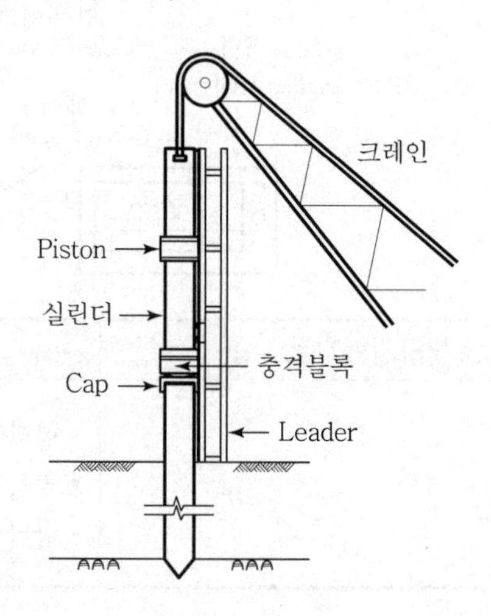


### 2) 진동공법

① Vibro hammer로 말뚝을 박는 방법
② 말뚝 인발 시에도 사용

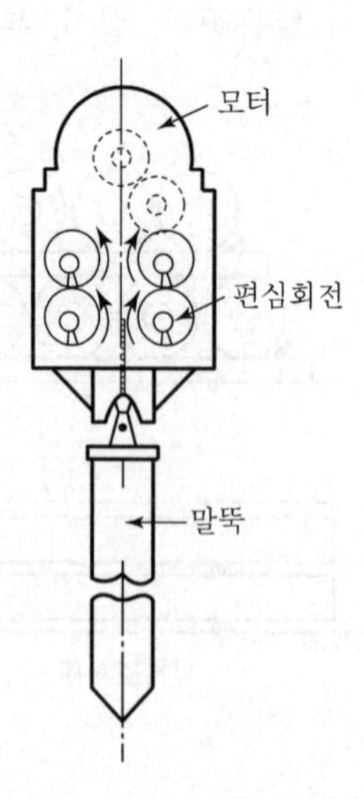

### 3) 압입공법

압입장치의 반력을 이용하여 말뚝을 압입으로 박는 공법

### 4) Water jet 공법

① 말뚝 선단부에 고압으로 물을 분사시켜 지반을 무르게 하고 말뚝을 박는 공법
② 사질지반에 유리

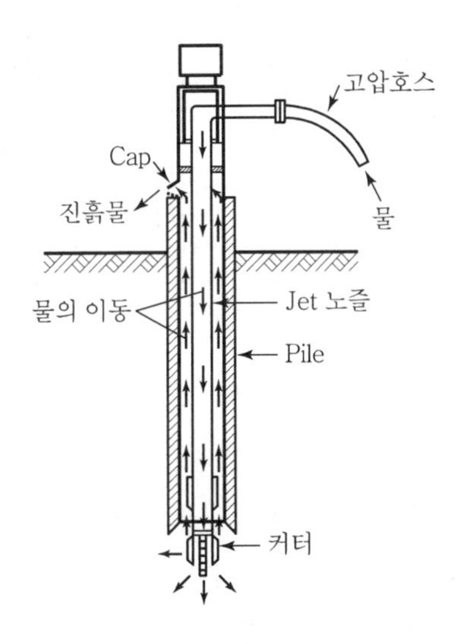


### 5) Pre-boring 공법

Auger로 구멍을 뚫고 기성 pile을 삽입한 후, 압입이나 경타로 말뚝을 박는 공법

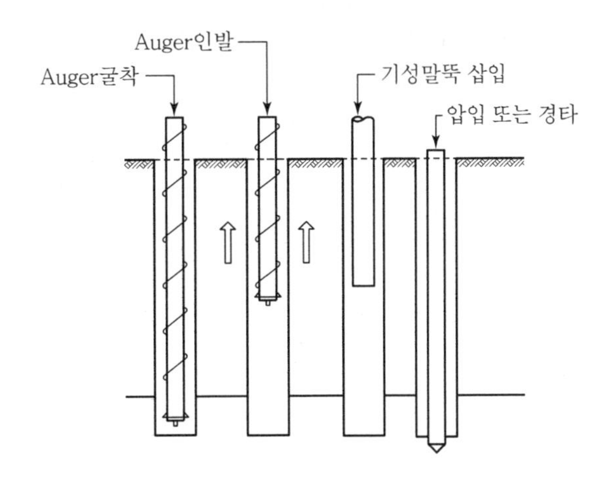

### 6) SIP공법

SIP(soil cement injected precast pile)란 auger로 cement paste를 주입하면서 굴진하고, 소정의 깊이에 도달하면 cement paste를 주입하면서 서서히 auger를 인발하여, 기성말뚝을 삽입하는 공법

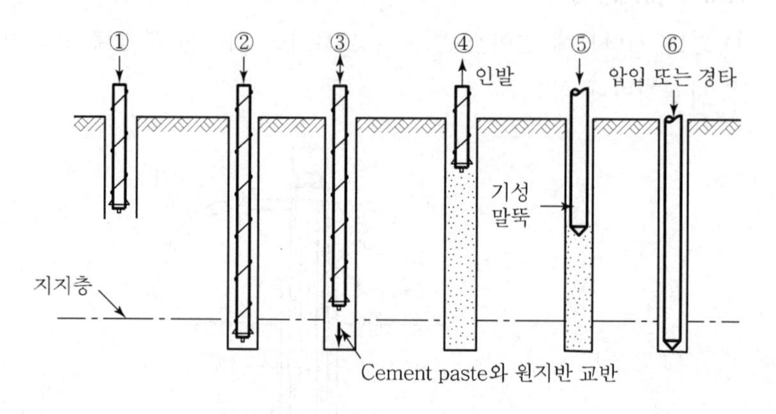


### 7) 중공 굴착공법

말뚝의 중공부에 스파이럴 auger를 삽입하여 굴착하면서 말뚝을 관입하고, 최종단계에서 말뚝선단부의 지지력을 크게 하기 위하여, 타격처리나 시멘트 밀크 등을 주입하여 처리하는 공법

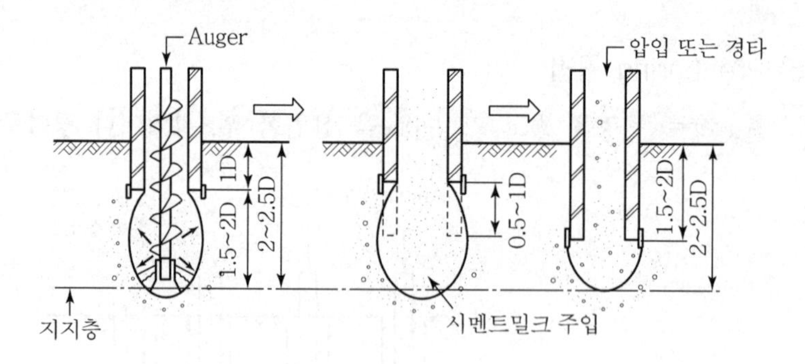

## V. 결 론

① 타격공법은 시공성은 좋으나 소음과 진동으로 민원피해가 많이 일어나고 있다.

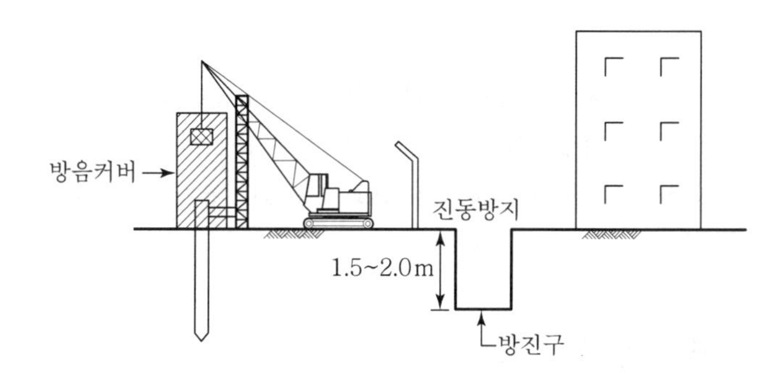


② 도심지 근접 시공 시는 방음, 진동방지 시설을 갖추고 민원인과 대화에 의한 시공관리가 필요하다.

## 문제 3 선행굴착(pre-boring)공법에 대한 시공 시 유의사항

### Ⅰ. 개 요

① 선행굴착(pre-boring)공법이란 지중에 auger로 미리 구멍을 뚫어 기성 pile을 삽입하고 압입 또는 경타(타격)에 의해 pile을 설치하는 공법이다.

② Pile박기가 용이하고 파손의 염려가 없으며 pile박기시 발생하는 소음 및 진동이 작다.

### Ⅱ. 기성 pile박기공법 분류

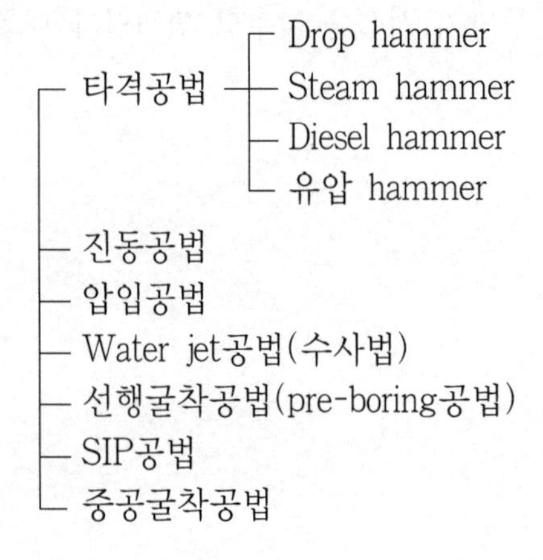


### Ⅲ. 시공 시 유의사항

1) 기초지반 상태 파악

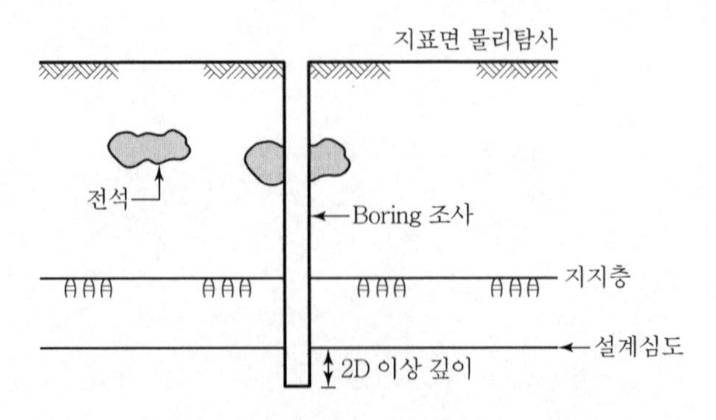


전석위치 및 깊이와 지지층의 위치 및 경사 파악

2) 정확한 위치에 말뚝 설치

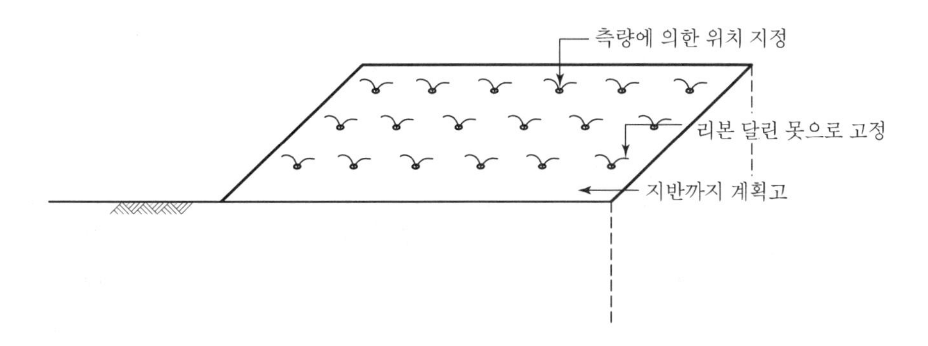


3) 말뚝직경보다 100mm 정도 크게 굴착

① 말뚝 삽입시 공벽붕괴 방지가 목적
② 말뚝이 지지층에 안전하게 도달했는지 여부 확인

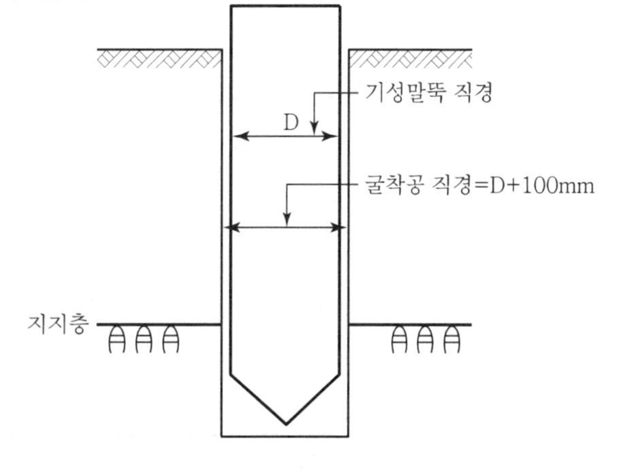


4) Auger 수직도 확인 후 굴착

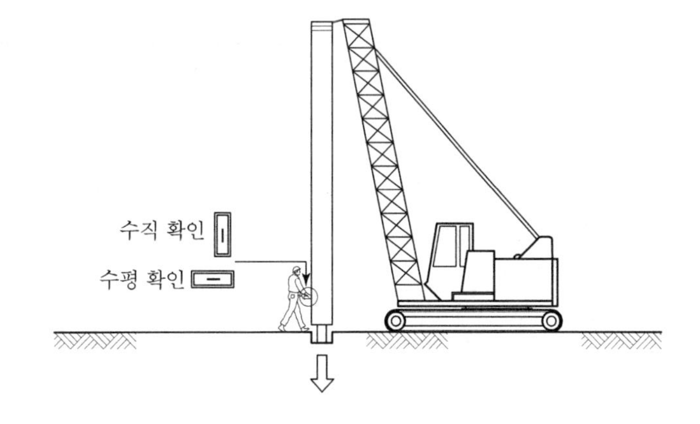


수직 및 수평 확인 후 굴진 ─ 기성말뚝 삽입 시 공벽붕괴 방지
수직 및 수평 확인 후 굴진 ─ 설계말뚝의 지지력 확보

### 5) 설계심도까지 굴진 확인 후 auger 인발

① Auger 굴진심도로 설계심도 확인

② Auger 인발 시 적정속도유지로 공벽붕괴 방지

### 6) Cement paste 배합관리 철저

| 종류 | 굴착 시 paste | 선단부 paste |
|---|---|---|
| 시멘트 | $120kg/m^3$ | $400\sim800kg/m^3$ |
| 물 | $450\ell/m^3$ | $450\ell/m^3$ |
| 벤토나이트 | $25kg/m^3$ | |

### 7) 말뚝 자유낙하 높이 제한

① 말뚝 파손 방지

② Cement paste 유실 방지

### 8) 말뚝 최종 항타 시 소음 및 진동의 법적 기준 준수

① 소음의 법적 기준

단위 : dB(A)

| 대상지역 | 조석 | 주간 | 심야 |
|---|---|---|---|
| 주거지역 | 60 이하 | 65 이하 | 50 이하 |
| 주거지역 외 | 65 이하 | 70 이하 | 50 이하 |

② 진동의 법적 기준

단위 : dB(V)

| 대상지역 | 주간 | 야간 |
|---|---|---|
| 주거지역 | 65 이하 | 60 이하 |
| 주거지역 외 | 70 이하 | 65 이하 |

### 9) 말뚝재하시험으로 지지력 확인

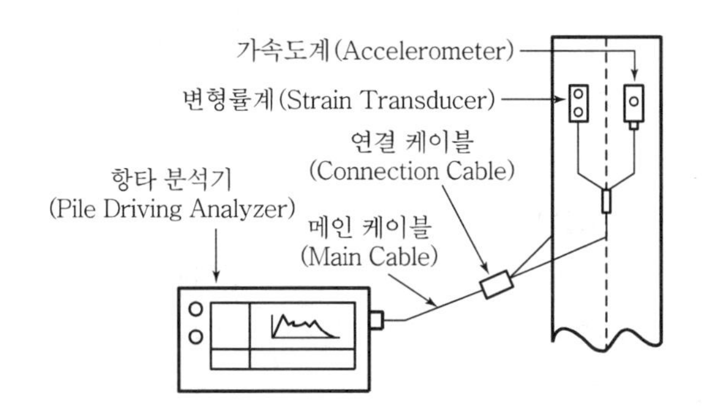


〈말뚝 동재하시험 모식도〉

### 10) 말뚝의 강도 유지

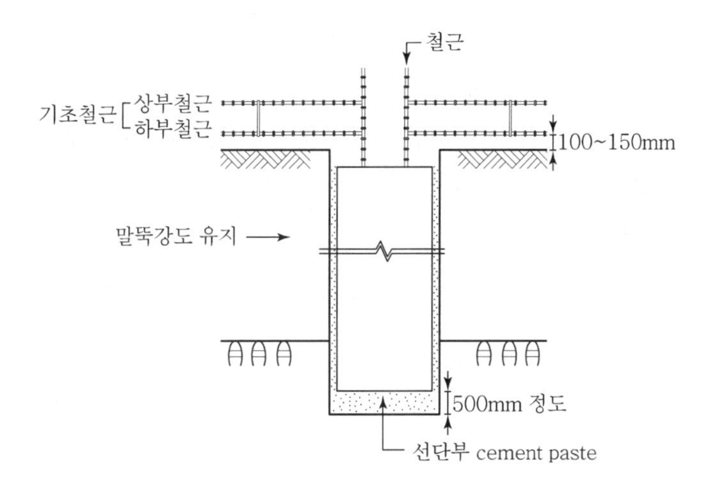


말뚝길이의 주문생산으로 타입완료 후의 말뚝의 강도 유지

## Ⅳ. 타입말뚝과 pre-boring 말뚝 비교

| 비교 | 타입말뚝 | Pre-boring 말뚝 |
|---|---|---|
| 지지력 | 大 | 小 |
| 침하량 | 小 | 大 |
| 시공비 | 저렴 | 고가 |
| 공기 | 단기간 | 장기간 |
| 시공관리 | 가능 | 불가 |
| 소음 · 진동 | 大 | 小 |
| 대구경말뚝시공 | 불가 | 가능 |

## Ⅴ. 결 론

① 선행굴착공법은 기성 pile의 시공 시 가장 일반화되어 있는 공법으로 pile 타입 시 발생하는 소음과 진동 등 환경 공해에 유리한 공법이다.

② 사전에 지반의 지지층 깊이 및 상태를 파악하여 pile이 지지층에 견고히 타입되도록 관리하는 것이 중요하며 pile의 이음이 발생하지 않도록 유의해야 한다.

# 문제 4 SIP 공사 시 시공순서 및 시공 시 유의사항

## Ⅰ. 개 요

### 1) 정 의

① SIP(Soil Cement Injected Precast Pile)란 auger로 cement paste를 주입하면서 굴진하고, 소정의 깊이에 도달하면 cement paste를 주입하면서 서서히 auger를 인발하여, 기성말뚝을 삽입하는 공법이다.

② Auger의 회전은 역회전이 가능하여 굴진과 교반작업의 구분 시공이 용이하며, pre-boring과 cement mortar 주입공법을 합한 공법이다.

### 2) 특 징

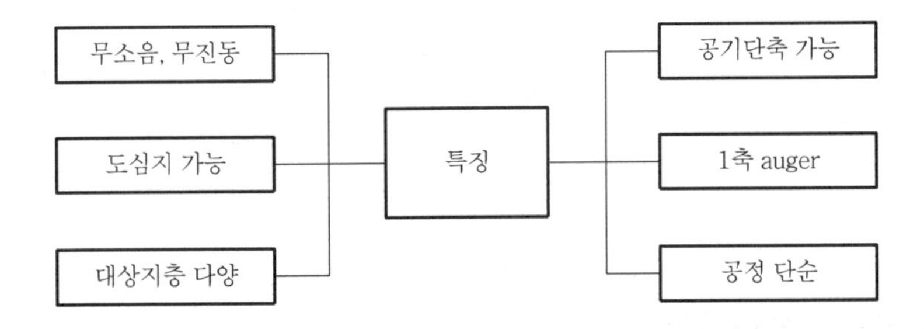


## Ⅱ. 시공순서

### 1) Flow chart

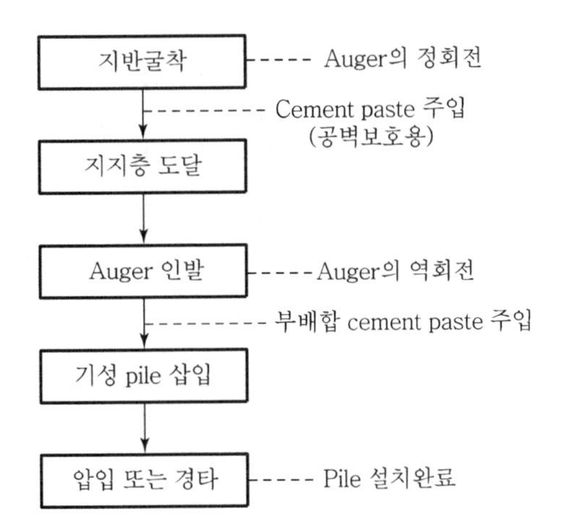

#### 2) 시공순서도

① Auger를 지중에 삽입하여 cement paste를 주입하면서 굴진(정회전)

② 지지층 확인 후 설계심도까지 굴진

③ 설계심도까지 도달하면 auger를 상하 왕복하면서 원지반토와 교반

④ Cement paste를 주입하면서 auger를 인발(역회전)

⑤ 기성말뚝 자중으로 삽입

⑥ 압입이나 경타(타격)에 의해 말뚝설치 완료

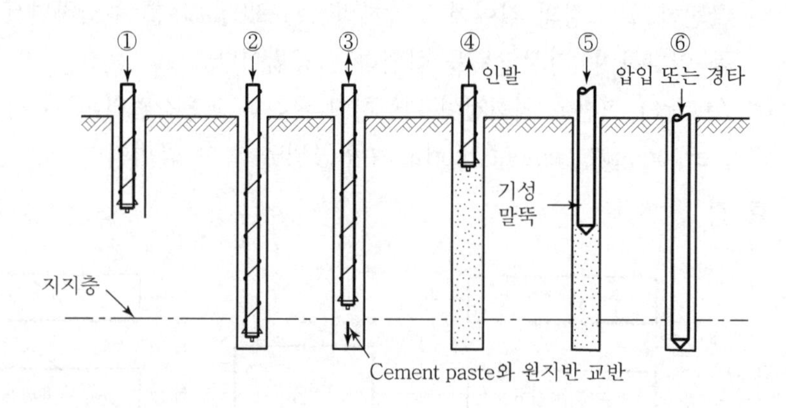


## Ⅲ. 시공 시 유의사항

#### 1) 지반 천공 시 공벽붕괴 방지

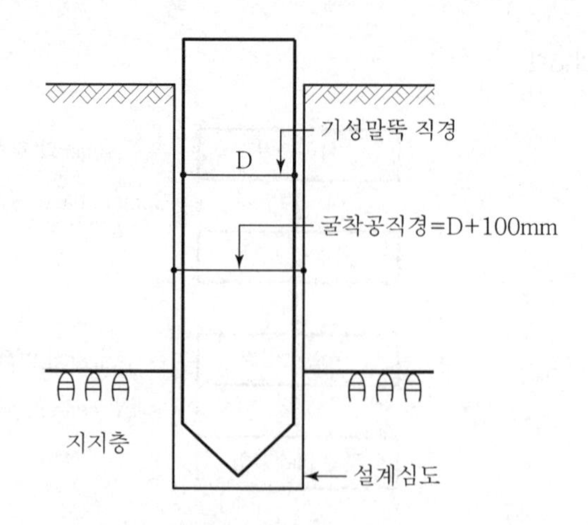


말뚝삽입 시 공벽붕괴 방지가 목적

### 2) 수직도 확인 철저

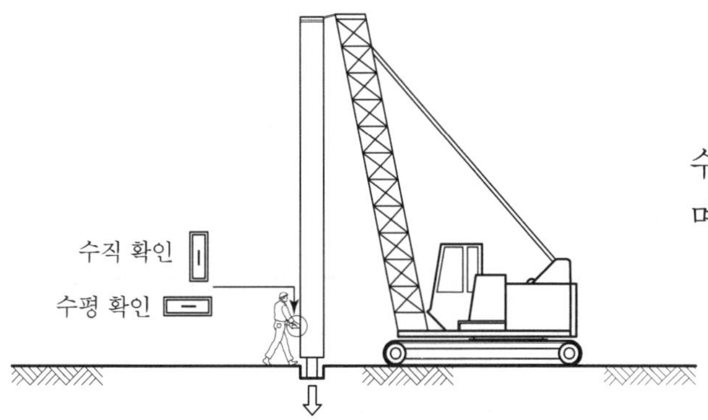


수직·수평 확인 후 굴착하며 굴착중 계속 check

### 3) Auger 인발 시 적정속도 유지

① Auger 굴진심도로 설계심도 확인
② Auger 인발 시 적정속도 유지로 공벽붕괴 방지
③ Auger 인발속도가 빠르면 공벽 붕괴

### 4) Cement paste 배합관리 철저

| 종류 | 굴착 시 paste | 선단부 paste |
|---|---|---|
| 시멘트 | 120kg/m$^3$ | 400~800kg/m$^3$ |
| 물 | 450ℓ/m$^3$ | 450ℓ/m$^3$ |
| 벤토나이트 | 25kg/m$^3$ | |

### 5) 선단부말뚝 근입깊이 확인

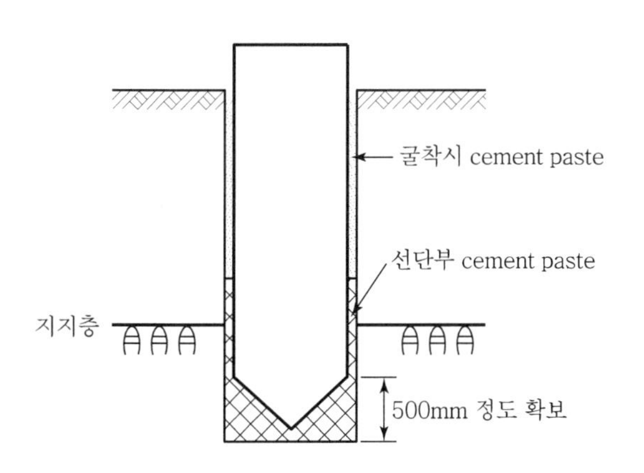


500mm 정도 선단부 cement paste 보강으로 선단지지력 확보

6) 시험말뚝으로 지지력 확인 후 말뚝 시공

① 말뚝재하시험으로 설계지지력 확보 여부 확인

② Auger 굴진속도 및 인발속도 규정

## Ⅳ. SIP 시공 시 문제점 및 대책

| 문제점 | 대책 |
|---|---|
| 공벽 붕괴 | • 굴착 시 수직도 유지<br>• Auger 인발 시 속도 규정<br>• Bentonite 배합 조절<br>• 설계심도까지 항타 |
| 최종항타 시 진동 · 소음 | • 법적 기준에 적합한 경타 실시<br>• 선단부 cement paste 배합 변경 후 압입으로 변경 |
| 시공관리 불가능 | • 동재하 시험으로 시공관리 |

## Ⅴ. 결 론

SIP공사는 선단부 cement paste의 품질관리에 따라 지지력의 차이가 많으므로 선단부 cement paste 배합관리를 철저히 하여야 한다.

문제 5

# 기성 Con'c pile 항타 시 발생하는 결함의 유형 및 대책

## Ⅰ. 개 요

1) 의 의

① 기성 Con'c의 두부는 cushion재 등으로 보호하지만 hammer의 타격에너지가 가장 크게 전달되는 부위에서 파손되는 경우가 많다.

② 말뚝의 파손형태는 휨, 종방향, 횡방향, 이음부 파손, 말뚝두부 파손 등이 있으나, 그 중에서도 말뚝두부의 파손은 항타 시 pile 강도의 부족, 편타, cushion재 두께 부족 등의 원인으로 파괴되기 쉽다.

2) 기성 Con'c말뚝 박기공법의 종류

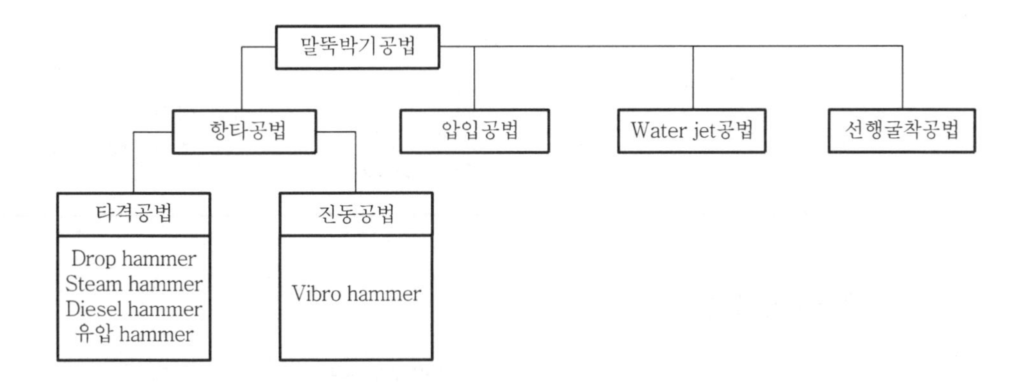


## Ⅱ. 대표적인 항타장비(디젤해머) 시공도

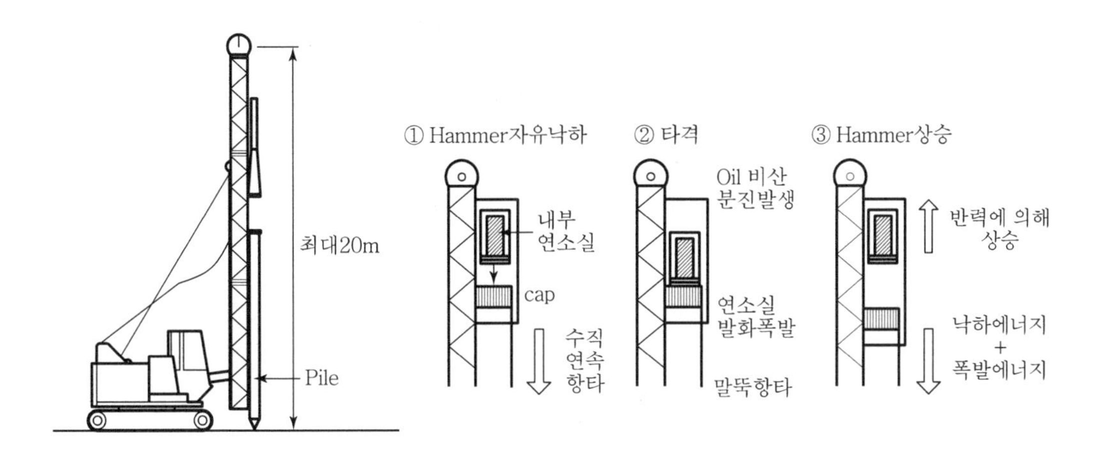

## Ⅲ. 항타 시 발생하는 결함의 유형

1) 말뚝파손

| 말뚝파손 부위 | 말뚝파손 도해 | 대표적인 원인 |
|---|---|---|
| 말뚝두부 파손 | | • 해머용량 과다<br>• 말뚝강도 부족<br>• 과잉 항타 |
| 말뚝두부<br>전단 파괴 | | • 편타(편심항타)<br>• 말뚝강도 부족<br>• 지중장애물 존재 |
| 말뚝선단부<br>파손 | | • 전석층에 의한 파손<br>• 지지층의 경사<br>• 해머용량 과다 |

2) 말뚝균열 유발

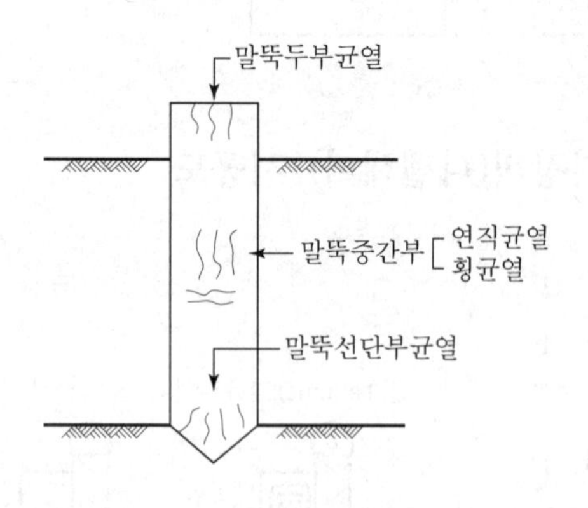

### 3) 말뚝이음부 파손

용접이음부의 불량 및 bolt이음부의 bolt 파손

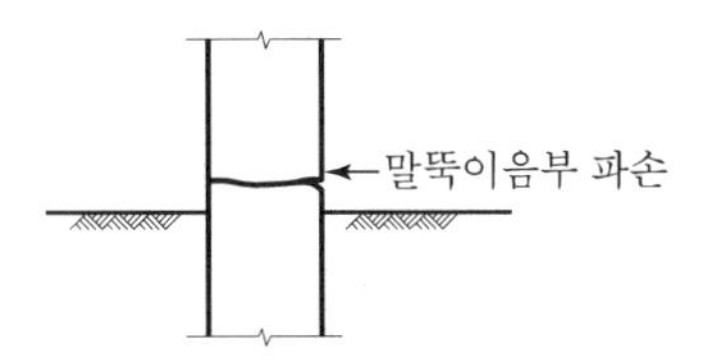


### 4) 인접말뚝 수평이동

말뚝간격이 좁은 경우 항타 시 발생하는 수동토압으로 인접말뚝을 밀어 수평이동 발생

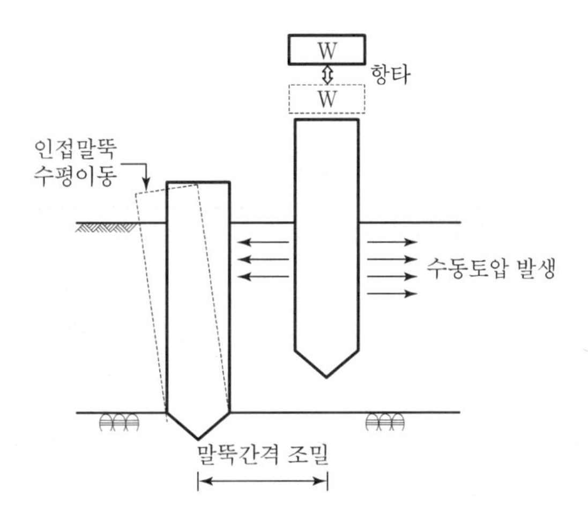


### 5) 말뚝 부동침하 유발

말뚝의 지지층 미관입으로 부동침하 유발

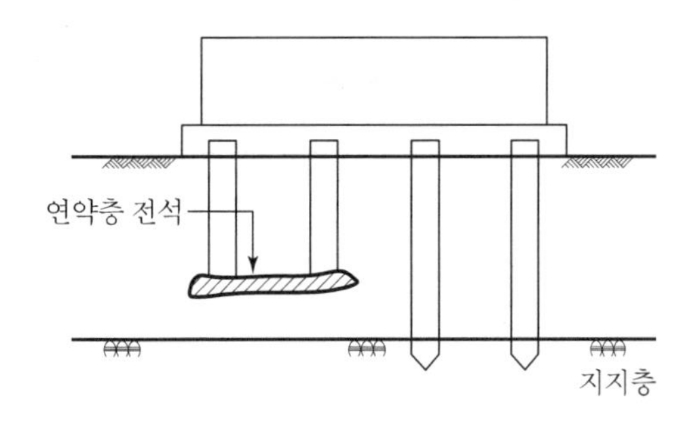

# Ⅳ. 대 책

## 1) 사전지반조사 철저

① 지표면 물리탐사로 지반조사

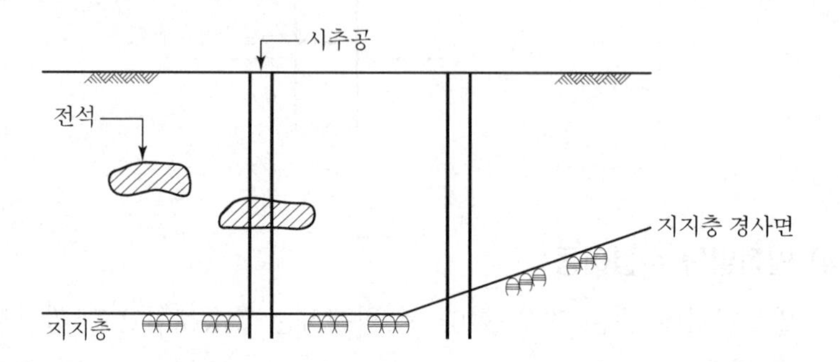


② 시추 조사로 지반 확인

## 2) 동재하시험 실시

시험말뚝항타(시항타)시 동재하시험 실시

| 동재하시험자료 | 시항타로 결정사항 |
|---|---|
| • 타격에너지<br>• 타격응력<br>• 말뚝 건전도<br>• 지지도 | • 항타장비<br>• 말뚝재질 및 크기<br>• 항타공식 신뢰성 |

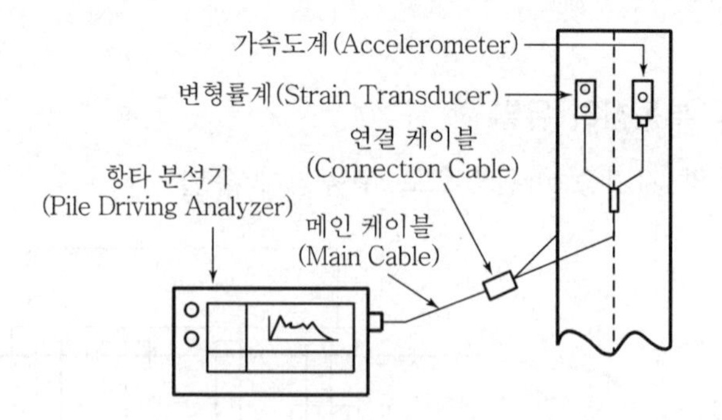

### 3) 항타시공 관리

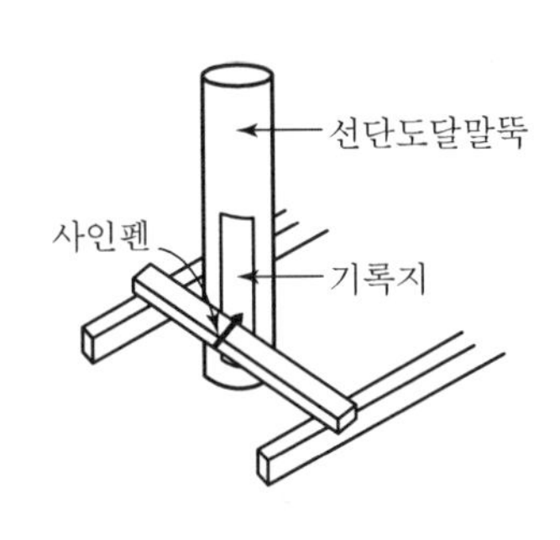


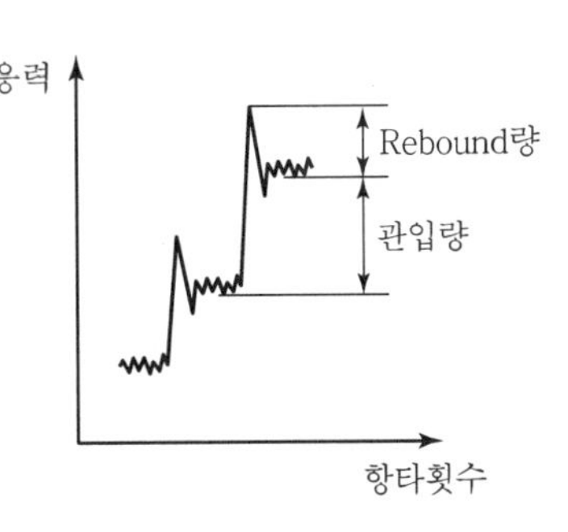


$$리바운드량 = \frac{총\ 리바운드량}{측정횟수} \leq 기준치 : OK$$

$$관입량 = \frac{총\ 관입량}{측정횟수} \leq 기준치 : OK$$

### 4) 말뚝박기순서 준수

① 구조물에서 밖으로

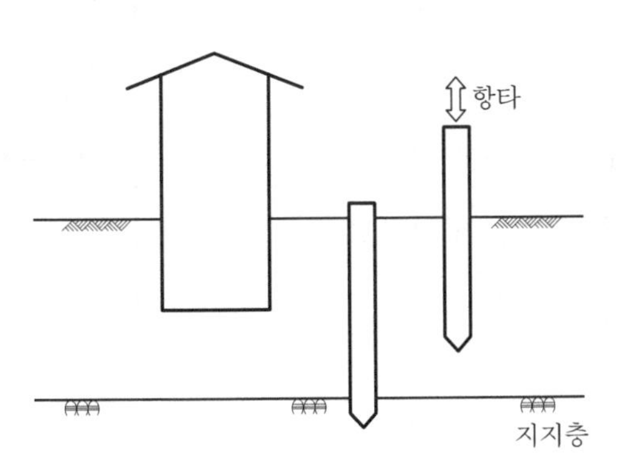


② 중앙에서 가장자리로

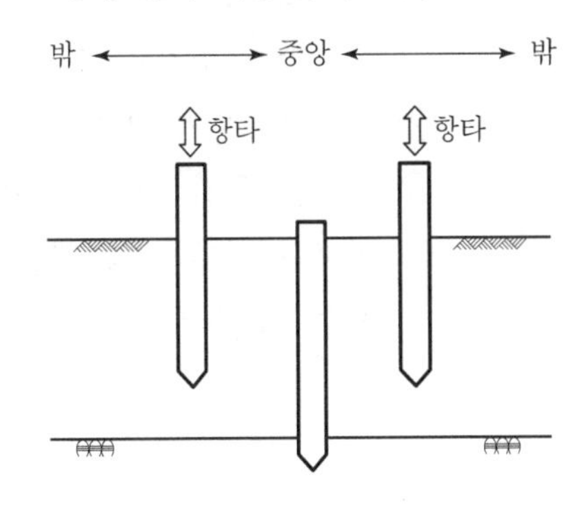


### 5) 말뚝수직도 관리

① 수준기에 의한 관리

- 말뚝세우기 직후 확인
- 2~3m 관입 후 확인

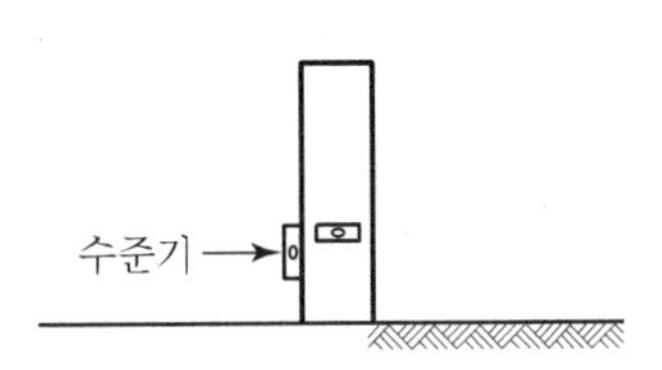

② 측량기에 의한 관리
- 두 대의 transit 측량기로 말뚝 상하 측량
- 항타 작업과 관계없이 확인 가능

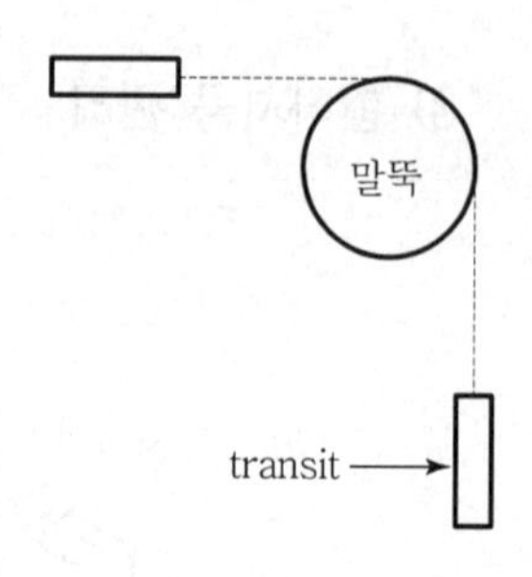


③ 허용오차기준
- 경사도(연직도) 허용오차 : 1/50 미만
- 항타 완료 후 설계도면의 위치로부터 말뚝상단위치를 기준으로 D(말뚝직경)/4와 100mm 중 큰 값 이상으로 벗어나지 않아야 함

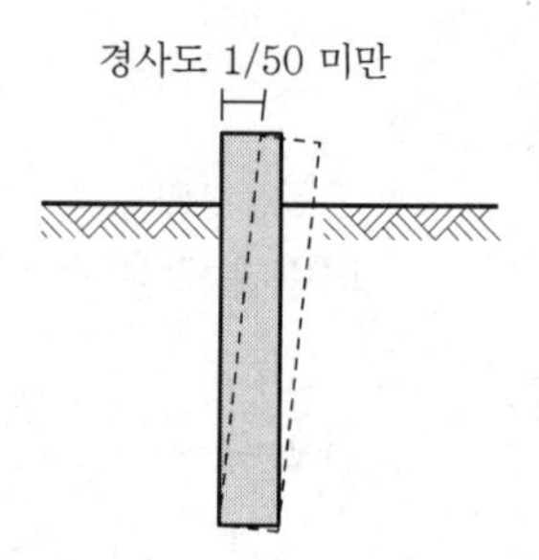


### 6) 말뚝 용접이음 철저

① 이음말뚝 수직도 오차 2mm 이하
② 오물 및 물기 제거 철저
③ 반자동 용접기능자가 용접
④ 비바람 시에는 승인된 보호설비를 설치하고 용접 시공

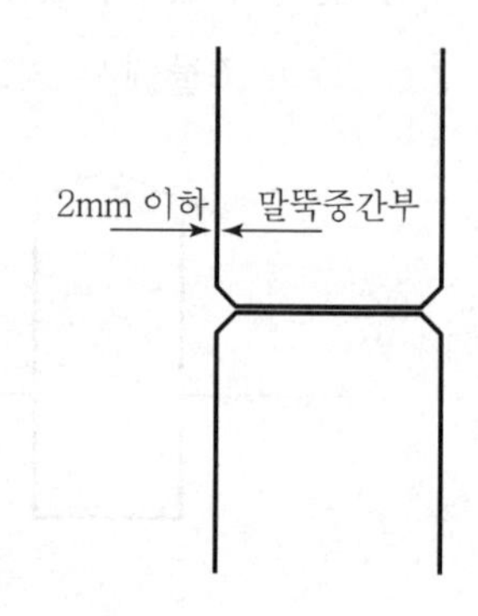


## V. 결 론

① 기초말뚝은 상부 건물의 하중을 받아 이것을 지반에 전달하는 구조부분이므로 말뚝의 결함은 건축물 전체가 구조적으로 불안정해지는 결과를 가져오게 된다.
② 말뚝재의 강도 확보와 cushion재의 두께 확보 및 연직도 확보 등으로 말뚝두부의 파손을 방지해야 한다.

문제 6

# 기성 Con'c pile 항타 시 발생하는 두부파손 원인과 대책 및 두부정리 시 유의사항

## Ⅰ. 개 요

### 1) 의 의

① 기성 Con'c pile의 두부는 cushion재 등으로 보호하지만 hammer의 타격에너지가 가장 크게 전달되는 부위에서 파손되는 경우가 많다.

② 말뚝의 파손형태는 휨, 종방향, 횡방향, 이음부 파손, 말뚝두부 파손 등이 있으나, 그 중에서도 말뚝두부의 파손은 항타 시 pile강도의 부족, 편타, cushion재 두께 부족 등의 원인으로 파괴되기 쉽다.

### 2) 말뚝 항타공법의 특징

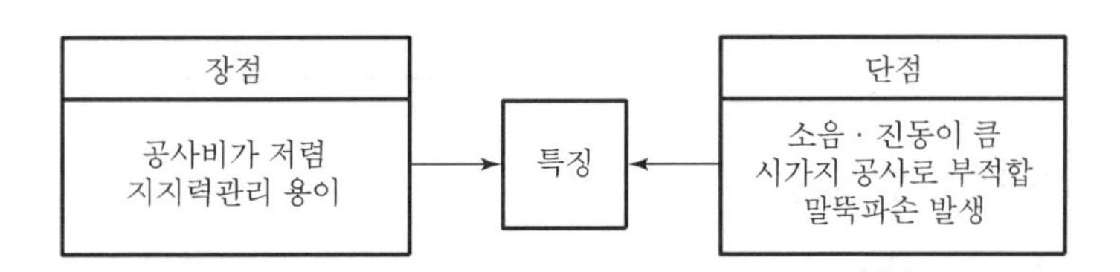


## Ⅱ. 대표적인 항타장비(디젤 해머)

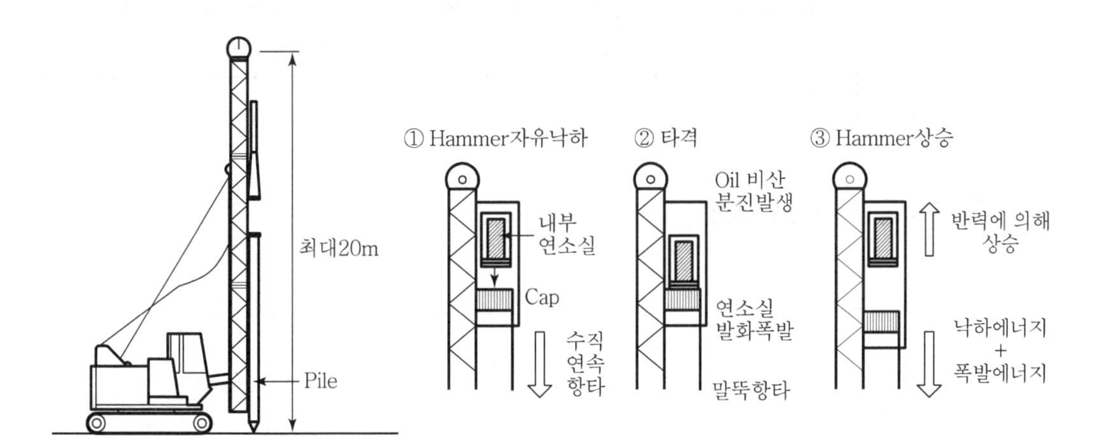

## Ⅲ. 두부파손 원인과 대책

### 1) 말뚝두부 파손

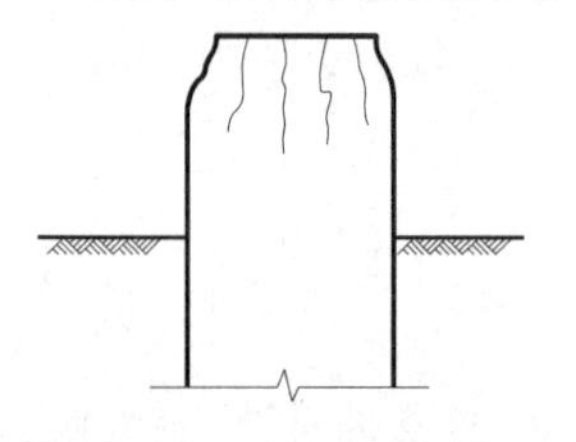

| 원인 | 대책 |
|---|---|
| • Hammer 용량 과다<br>• 말뚝강도 부족<br>• Cushion재 두께 부족<br>• 타격횟수 과다(과잉 항타) | • 적정 hammer 선정<br>• 강도가 큰 말뚝으로 변경<br>• Cushion재 두께 증가<br>• 타격횟수 엄수 |

### 2) 말뚝두부 전단파손

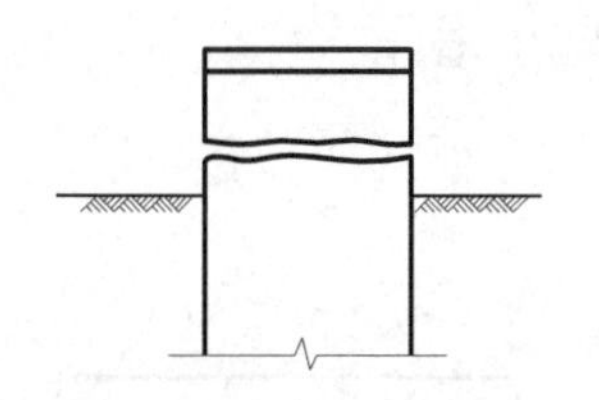

| 원인 | 대책 |
|---|---|
| • 편타(편심항타)<br>• 말뚝강도 부족<br>• 타격횟수 과다<br>• 지중 장애물 존재 | • 말뚝과 해머 축선 일치<br>• Cushion재 두께 증가<br>• 강도가 큰 말뚝으로 변경<br>• 타격횟수 엄수<br>• 전석 천공 후 항타 |

### 3) 말뚝중간부 횡균열

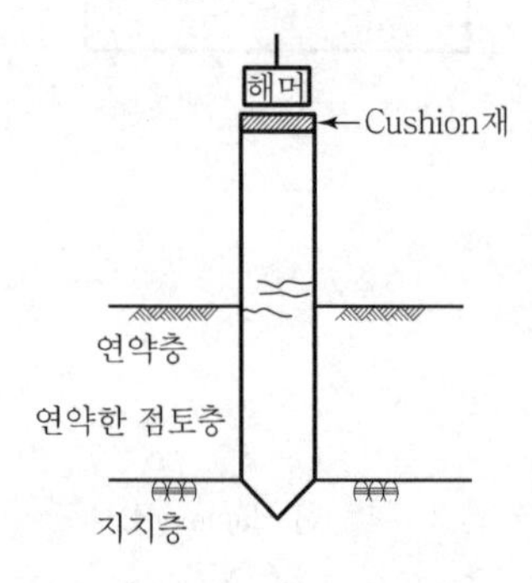


| 원인 | 대책 |
|---|---|
| • 편타<br>• 말뚝휨 강성 부족<br>• 관입 과다 | • 축선 일치<br>• Cushion재 두께 증가<br>• 휨강성이 큰 말뚝으로 변경 |

### 4) 말뚝중간부 연직균열

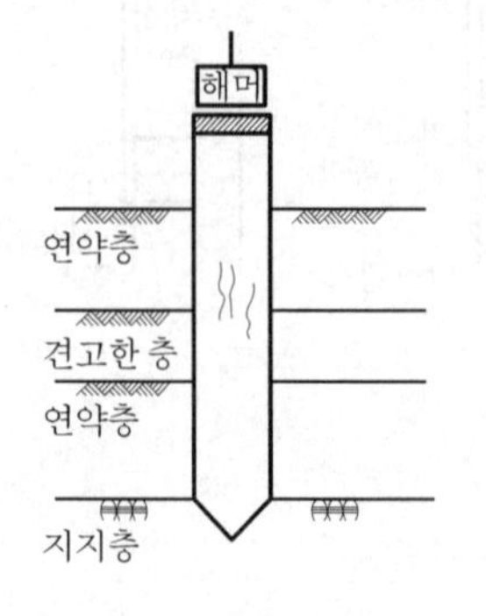


| 원인 | 대책 |
|---|---|
| • 재항타<br>• 편타<br>• 부적절한 말뚝선정<br>• 중간에 견고한 층 존재 | • 말뚝두부 수평유지<br>• Cushion재 두께 증가<br>• 강도가 큰 말뚝으로 변경<br>• 말뚝박기공법 변경 |

### 5) 말뚝선단부 파손

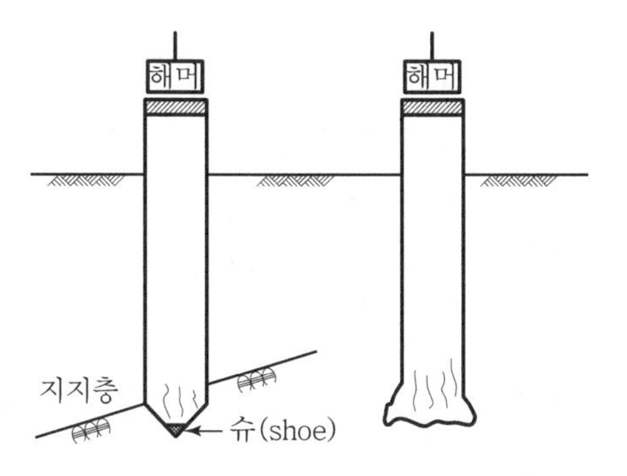

〈선단부 균열〉 〈선단부 분할〉

| 원인 | 대책 |
|---|---|
| • 전석층에 의한 파손<br>• 지지층의 경사<br>• 해머용량 과다<br>• 말뚝선단부 강도 부족 | • 선굴착 후 항타<br>• 적정해머 선정<br>• 말뚝선단부 철판으로 보강 |

## Ⅳ. 두부정리 시 유의사항

### 1) 수준측량으로 절단위치 결정

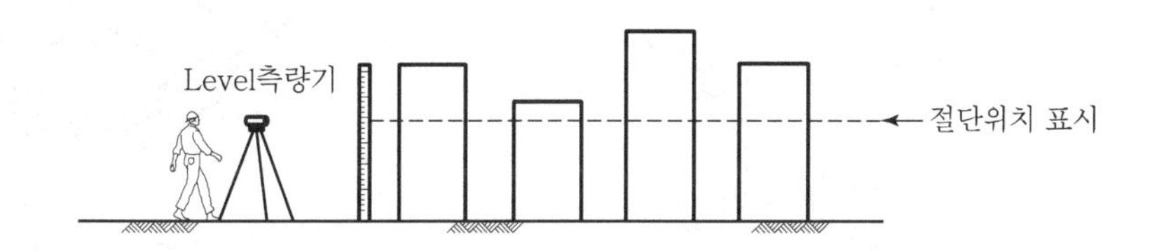


### 2) 말뚝에 유해한 충격 및 손상 최소화

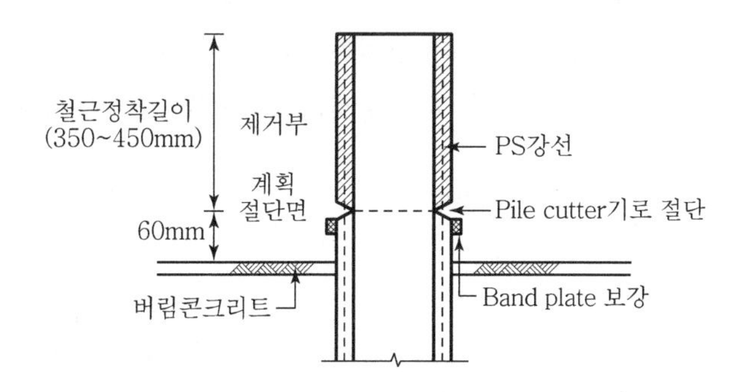


PS강재를 피하여 가능한 많이 천공한 후 손망치로 제거

### 3) 두부정리 말뚝 최소화

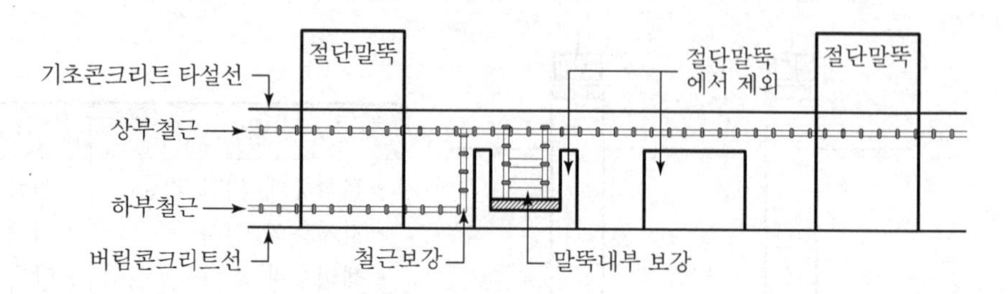


길이가 짧은 말뚝은 기초철근과의 연결 시 말뚝 내부를 철근으로 보강하여 두부정리를 최소화함

### 4) 깊게 박힌 말뚝머리 정리

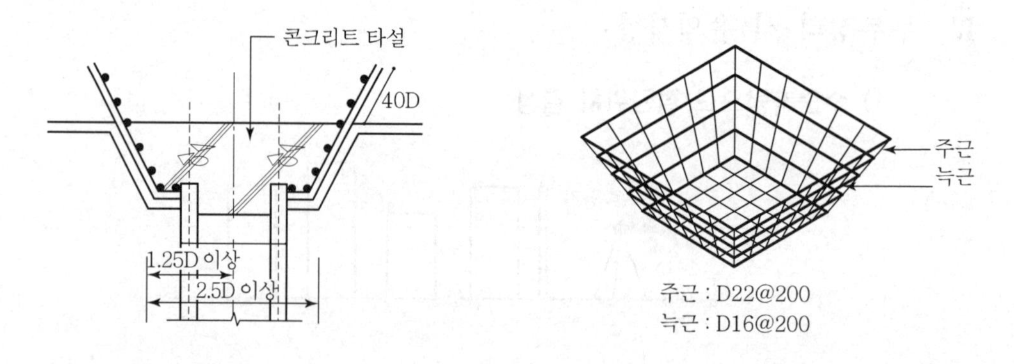


### 5) 말뚝 내부로 잔재물 낙하 방지

① 말뚝 내부로 잔재물이 낙하하면서 말뚝에 충격

② PS강재를 노출시킨 후 절단된 잔여말뚝 제거시 유의

## V. 결 론

① 기초말뚝은 상부 구조물의 하중을 받아 이것을 지반에 전달하는 부분이므로 말뚝재의 파손은 건축물 전체가 구조적으로 불안정해지는 결과를 가져오게 된다.

② 두부정리 말뚝을 최소화하여 말뚝자체 강도의 손실을 최대한 줄이고 두부 파손말뚝은 두부정리 후 보강대책을 철저히 하여야 한다.

# 문제 7 기성 Con'c pile의 지지력 판단방법

## Ⅰ. 개 요

### 1) 의 의

① 말뚝의 지지력은 말뚝 선단지반의 지지력과 주면(周面) 마찰력의 합(合)을 말하며, 말뚝의 허용지지력은 말뚝 선단의 지지력과 주면마찰력의 합(合)을 안전율로 나눈 것을 말한다.

② 말뚝의 지지력에는 축방향 지지력·수평지지력·인발저항 등이 있으나, 보통 말뚝의 지지력이라 하면 축방향 지지력을 말한다.

### 2) 허용지지력

$$허용지지력 = \frac{극한지지력}{안전율}$$

| 구분 | 정역학적 공식 | 동역학적 공식 | | |
|---|---|---|---|---|
| | | Sander식 | Engineering news식 | Hiley식 |
| 안전율 | 3 | 8 | 6 | 3 |

## Ⅱ. 말뚝의 안정성 검토

| 안정성 검토 | 안전 조건 |
|---|---|
| 말뚝지지력 검토 | 구조물 하중 ≤ 허용지지력 |
| 말뚝침하량 검토 | 침하량 < 허용침하량 |

## Ⅲ. 지지력 판단방법

### 1) 정역학적 추정방법

① 설계 전에 여건상 재하시험을 실시하기 곤란할 때 이용

② 실제 공사 시에는 필히 재하시험에 의한 허용지지력의 확인 필요

③ 토질시험에 의한 방법

$$R_u = R_p + R_f$$

$R_u$ : 극한지지력
$R_p$ : 선단 극한지지력
$R_f$ : 주면 극한마찰력

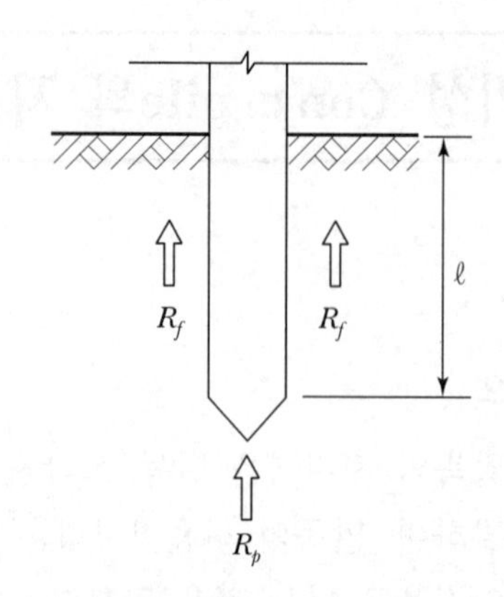


### 2) 동역학적 추정방법

① 말뚝 hammer 타격에너지와 말뚝의 최종관입량을 기준으로 추정
② 공사 규모가 작고 비용면에서 재하시험이 곤란할 경우 시행

### 3) 정재하시험

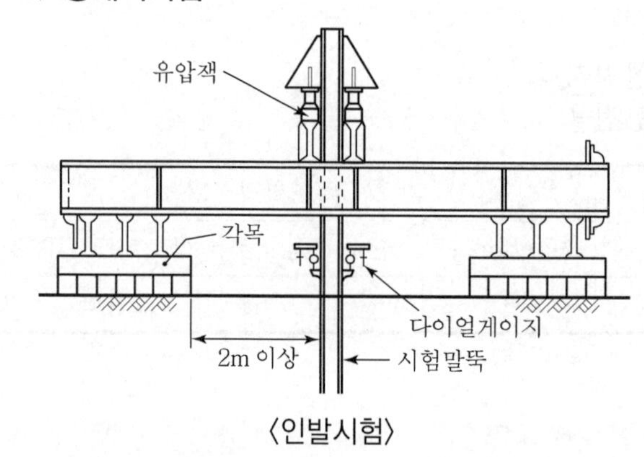

〈인발시험〉

① 타입된 말뚝에 실제하중으로 재하시험을 하는 것
② 분류 : 압축재하시험, 인발시험, 수평재하시험

### 4) 동재하시험

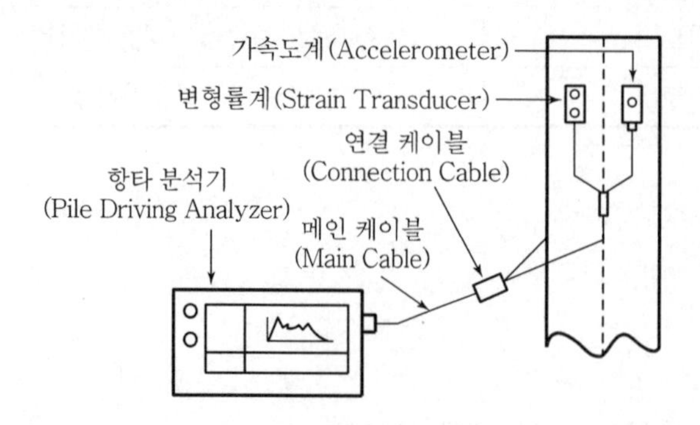


파일두부에 가속도계와 변형률계를 부착하여, 가속도와 변형률을 측정하여 파일에 걸리는 응력을 환산하여 지지력을 측정하는 방법

5) Rebound check

① 연약지반에서 말뚝기초의 허용지지력 산정

② Rebound check에 따른 관입량으로 말뚝과 지반의 탄성변형량 확인

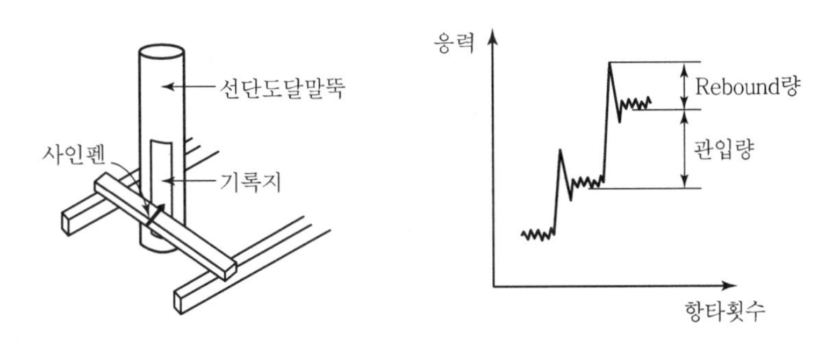


6) 소리와 진동에 의한 방법

① 말뚝박기시 소리와 진동의 크기로 지지층 도달 확인

② 지지층 도달 전 1.5m 정도 관입시 소리와 진동이 최대

7) 시험말뚝 박기

① 말뚝박기에 앞서 실제 말뚝과 동일한 조건으로 시행

② 말뚝의 장기허용지지력 산정

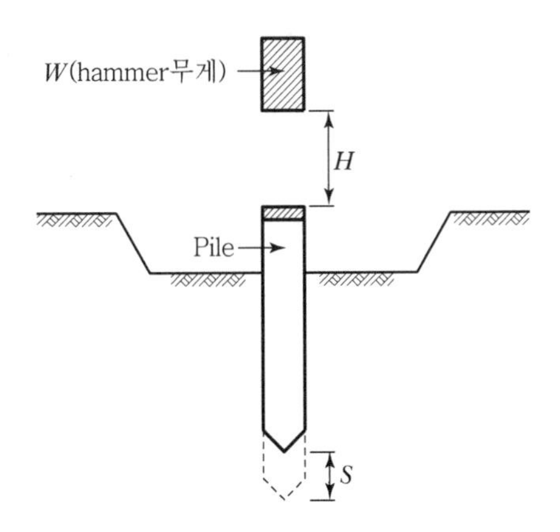


$$R_a = \frac{F}{5S+0.1} = \frac{W \cdot H}{5S+0.1}$$

$R_a$ : 말뚝지지력(t)
$F$ : $W \cdot H$(t · m)
$W$ : hammer 무게(t)
$H$ : 낙하고(m)
$S$ : 말뚝 최종관입량(m)

8) 자료에 의한 방법

참고자료 및 서적을 이용

## Ⅳ. 결 론

① 기초 pile의 지지력판단은 지질의 형태, 말뚝형식, 시공성, 경제성 등에 비추어 적당한 것을 선택하여 적용함이 타당하다.

② 지지력 산정공식은 실험실에서는 시험식 위주로 인하여 현장 적용 시 전문성의 결여와 현장에서는 경험치 위주의 불확실한 방법으로 인하여 미흡한 결과를 가져오므로 현장에서 적용이 가능한 실용성 있는 판단방법의 연구 및 개발이 필요하다.

# 문제 8 기성 Con'c pile의 동재하시험 및 시험 시 유의사항

## Ⅰ. 개 요

### 1) 정 의

동재하시험(pile dynamic analysis)은 항타 시 pile 몸체에 발생하는 응력과 속도를 측정 및 분석하여 pile의 지지력을 판단하는 시험이다.

### 2) Pile 재하시험

| Pile 종류 | 정재하시험 | 동재하시험 |
|---|---|---|
| 기성 pile | ◎ | ◎ |
| 현장타설 pile | ◎ | |

## Ⅱ. 동재하시험(pile dynamic analysis)

### 1) 시험순서

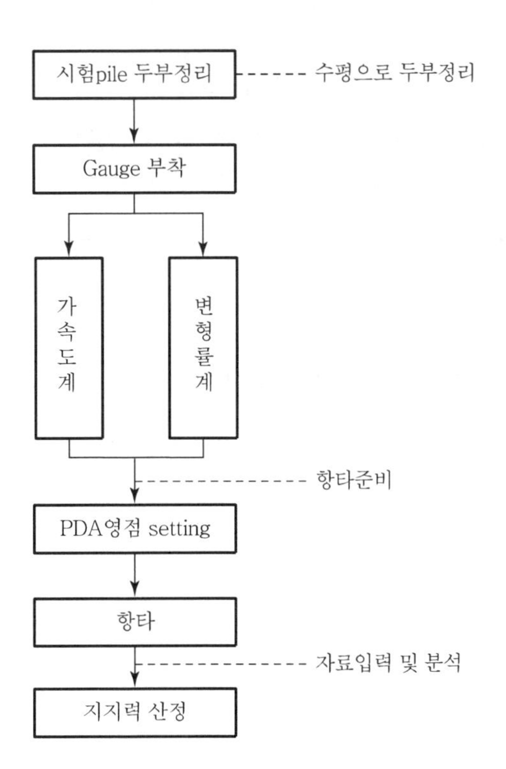

#### 2) 항타 후 시험시기까지의 경과시간

| 토질 | 모래지반 | 점토지반 |
|---|---|---|
| 경과시간 | 1~2일 | 30~90일 |

#### 3) 시험장치

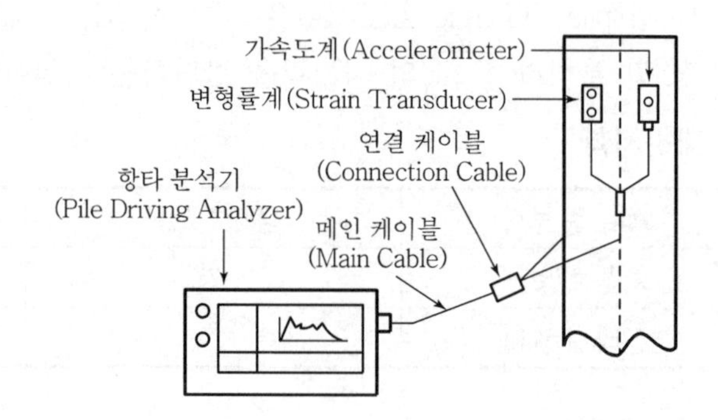


#### 4) 시험목적

| 구분 | 초기항타시험(EOID) | 재항타시험(Restrike) |
|---|---|---|
| 목적 | 항타의 시공관리기준 결정 | 말뚝의 허용지지력 산정 |
| 시험방법 | ① 항타 중 또는 항타 종료직전 시행<br>② 타격 시의 말뚝의 응력, 지지력, 항타 장비의 적정성 등을 측정 | ① 말뚝 시공 후 일정 기간 경과 후 EOID시험과 동일 말뚝에 실시<br>② 시간 경과에 따른 주면 마찰력 및 선단지지력 증감, Time Effect 등 확인 |

#### 5) 특 징

① 시험방법이 간단하고 비용이 저렴

② 신속한 판정이 가능하여 활용도가 높음

③ Pile 파손 우려

### 6) 시험결과 적용

〈항타 분석기 출력치〉

| 타격수 | 낙하고 m | 항타 에너지 t·m | 압축 응력 kgf/cm² | | 최대 정적 지지력 ton | 해머 효율 % | 건전도 % | 관입량 mm |
|---|---|---|---|---|---|---|---|---|
| | | | 두부 | 선단 | | | | |
| | | | | | | | | |
| | | | | | | | | |
| | | | | | | | | |
| | | | | | | | | |

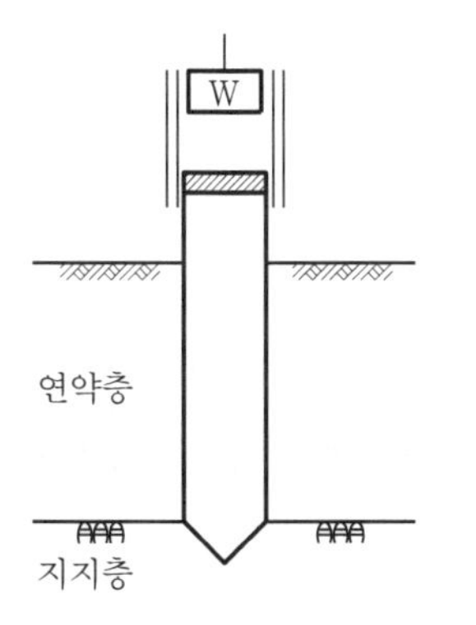


| 시험결과 | 적용 |
|---|---|
| • 타격에너지<br>• 타격응력 | • 항타장비 선정 |
| • 말뚝응력<br>• 말뚝변위 | • 말뚝재질 선정<br>• 말뚝직경 선정<br>• 말뚝파손 여부 파악 |
| • 말뚝지지력 | • 설계지지력 확인 |

## Ⅲ. 시험 시 유의사항

### 1) 시험말뚝의 두부수평 확인

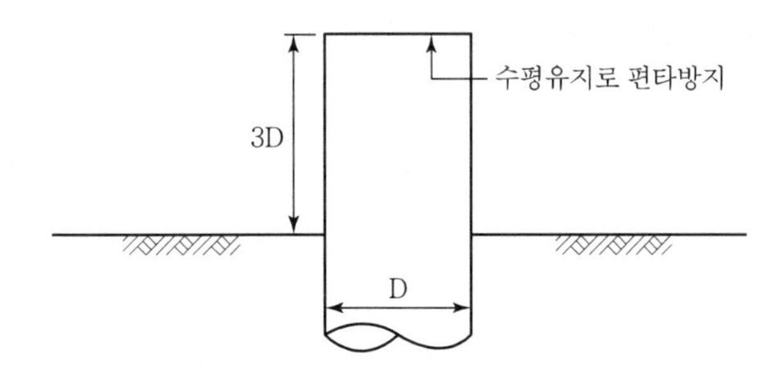


① 시험말뚝의 지상부 길이 = 말뚝직경(D)의 3배

② 말뚝두부는 수평을 유지하여 편심 방지

## 2) 견고한 gauge 부착

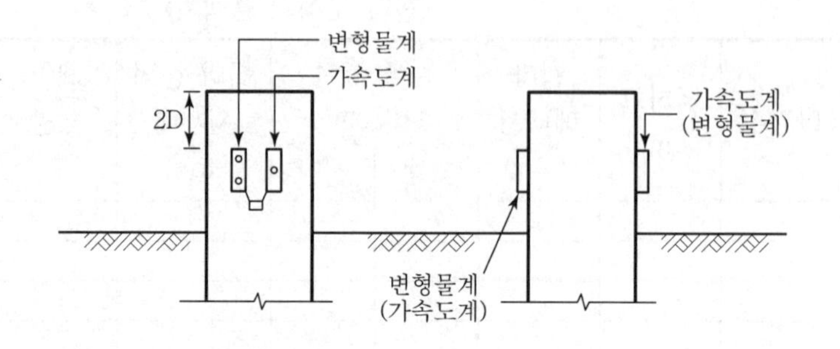


① Gauge 부착용 구멍 천공

② 고강도 bolt로 말뚝에 gauge 부착

## 3) 편타방지

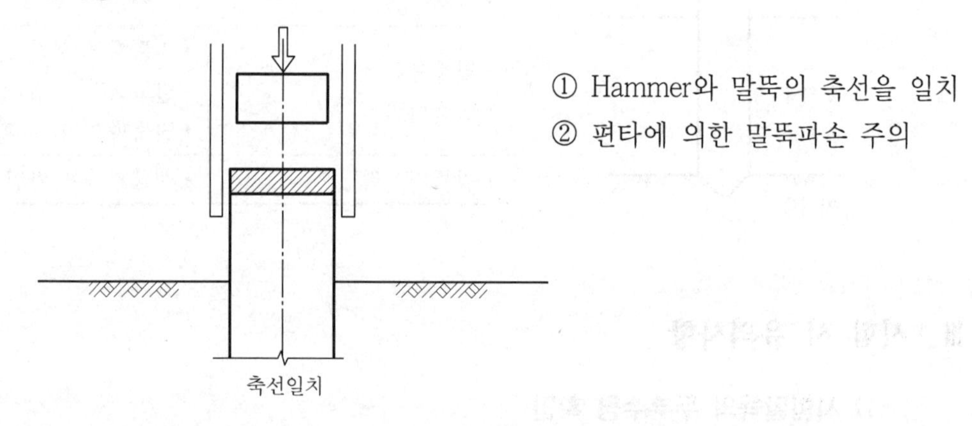


① Hammer와 말뚝의 축선을 일치

② 편타에 의한 말뚝파손 주의

## 4) Gauge 점검 및 항타분석기 영점 setting 확인

① 항타분석기에 초기값(말뚝길이, 단면적, 탄성계수) 입력

② Gauge를 항타분석기에 연결하고 점검test로 이상 유무 확인

③ 항타분석기 영점setting 후 항타 실시

## 5) 토질전문기술자에 의한 지지력해석 여부 확인

① 토질 및 기초분야 지식과 경험정도 확인

② 동재하시험 경험정도 확인

③ 말뚝지지력 판단 시 감독관 입회

## Ⅳ. 기성 pile 재하시험 특성 비교표

| 분류 | 동재하시험 | 정재하시험 |
|---|---|---|
| 방법 | 간단 | 복잡 |
| 비용 | 저렴 | 고가 |
| 시간 | 단시간 | 장시간 |
| 정도관리 | 보통 | 우수 |

## Ⅴ. 결 론

Pile 동재하시험은 간편하고 비용이 저렴하며 신속한 판정으로 인해 실용도가 높은 방법이나 시험 결과에 대한 신뢰도가 정재하시험에 비해 낮으므로 더욱 정확한 시험장치의 개발이 필요하다.

# 문제 9 현장타설 Con'c pile의 문제점 및 처리방안

## Ⅰ. 개 요

1) 의 의

① 현장타설 Con'c pile은 현장에서 소정의 위치까지 구멍을 뚫고 Con'c 또는 철근 Con'c를 타설하여 만드는 말뚝이다.

② 현장타설 Con'c pile은 상부하중이 크고 지지층이 깊은 곳의 깊은기초로 사용된다.

2) 현장타설 Con'c pile 특징

| 장점 | 단점 |
| --- | --- |
| • 무진동 · 무소음 공법<br>• 대구경말뚝 시공 가능<br>• 지반조건에 관계없이 시공 가능 | • 공사비가 고가<br>• 기초공사기간이 증가<br>• 환경공해관리가 필요 |

## Ⅱ. 시공순서 flow chart

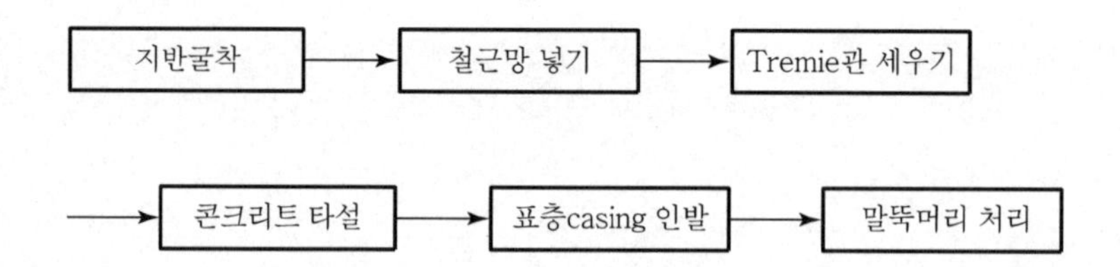

# Ⅲ. 문제점

## 1) 공내 수위저하에 따른 공벽붕괴

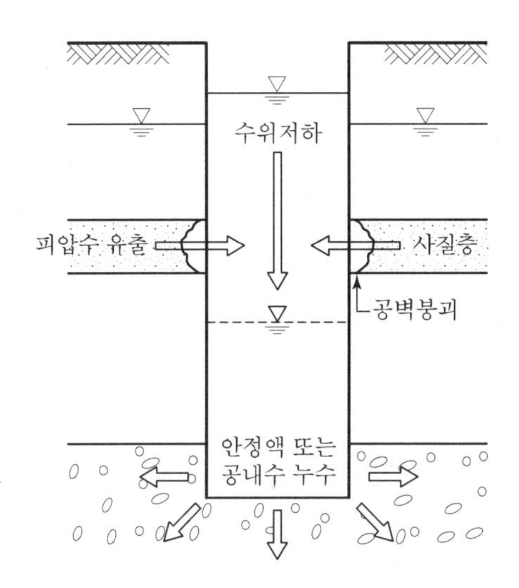


① 빠른 굴착속도로 지반이 교란되어 공벽붕괴

② 공내수 누수로 인한 공벽붕괴

## 2) 굴착수직도 불량에 따른 공벽붕괴

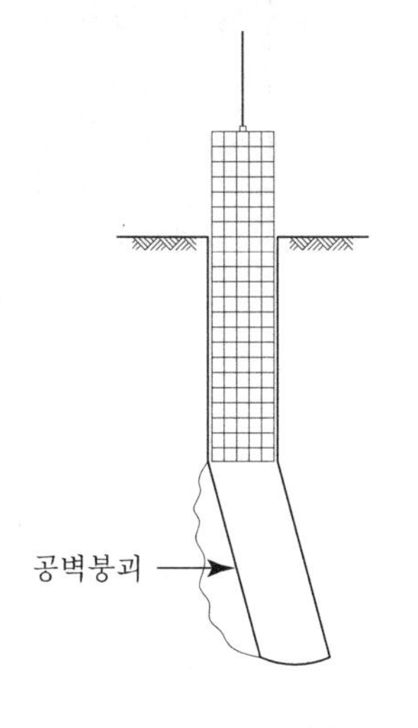


굴착 시 굴착공에 대한 수직도 관리 부족으로 철근망 삽입시 공벽붕괴

## 3) 굴착장비 매설

① 두꺼운 모래층에 관입된 casing 인발 불능

② Wire 및 케이블의 절단으로 굴착장비 인발 불능

③ 공벽붕괴로 굴착장비 매설

### 4) Casing 인발 시 철근망 부상

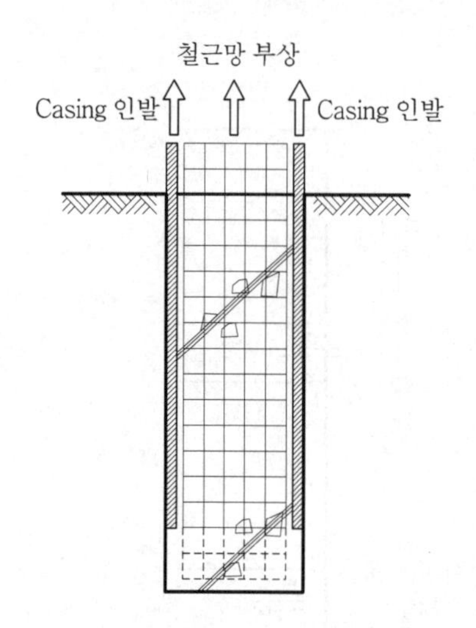


① 철근가공 조립상태 불량
② 유동성이 낮은 콘크리트 타설
③ 너무 빠른 콘크리트 타설속도
④ Casing과 철근 사이에 slime이 충진될 정도로 slime이 많은 경우

### 5) 콘크리트 품질저하

① 콘크리트 유동성 부족에 의한 품질저하
② Slime에 의한 품질저하

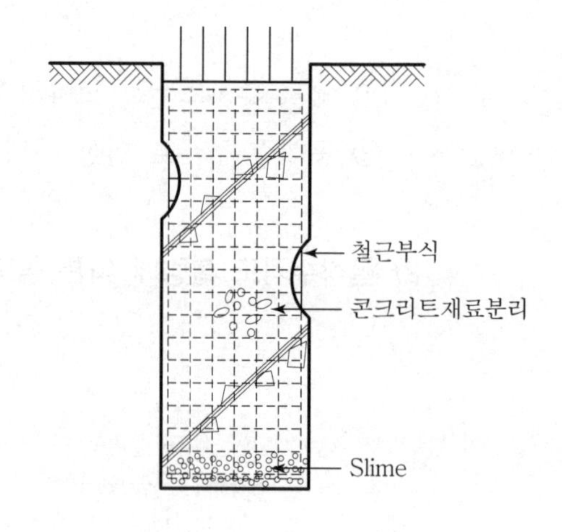


## Ⅳ. 처리방안

### 1) 케이싱에 의한 공벽 보호

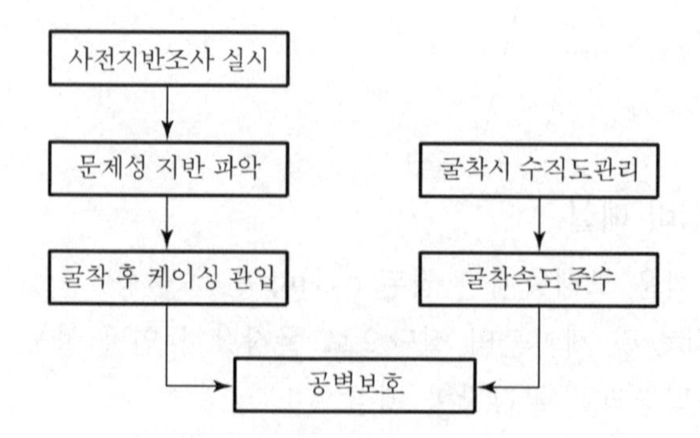

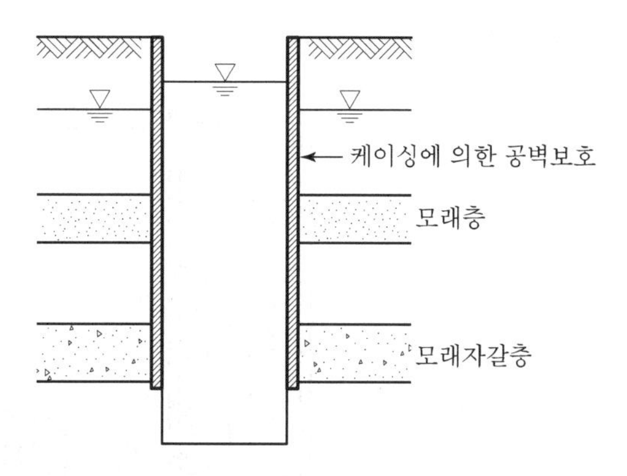


## 2) 굴착장비 매설 방지

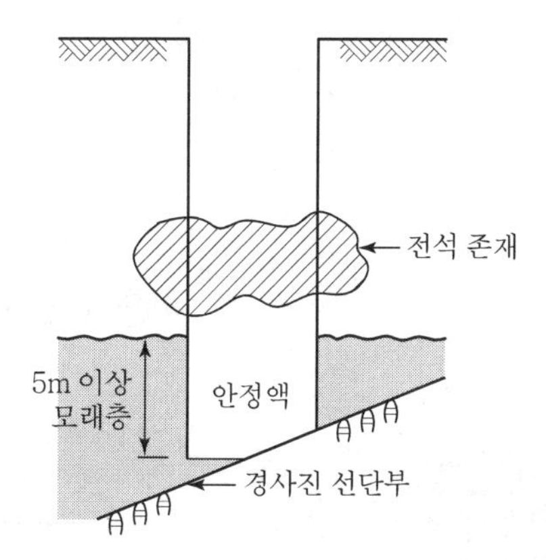


사전에 철저한 지층조사와 굴착 시공 시 정보 전달로 장비의 매설 및 전도 방지

## 3) 굴착능률 향상

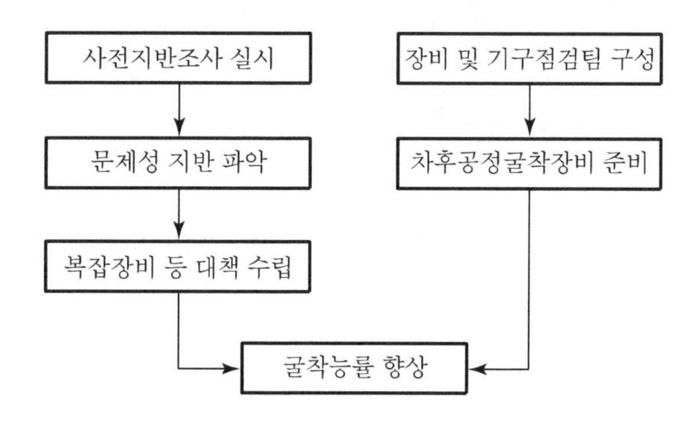


철저한 지반조사로 지반의 문제점을 미리 해결하여 굴착능률을 향상시켜야 함

### 4) 철근망 부상 방지

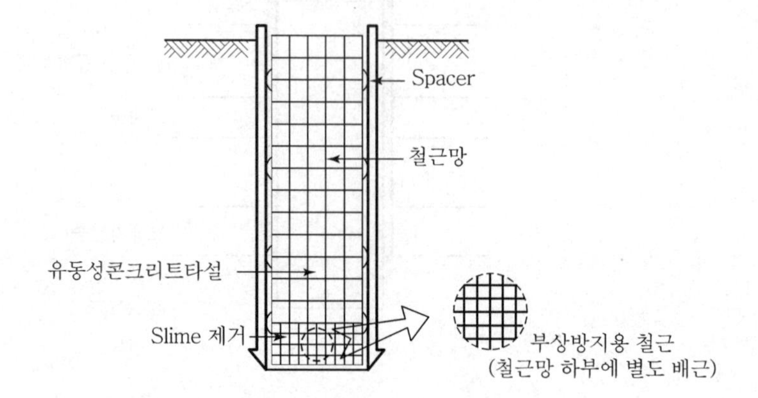


① 원형 spacer 설치로 케이싱 마찰 저감
② 콘크리트 최대치수를 고려한 철근간격 준수
③ 철근망 하부에 부상방지용 철근 설치

### 5) 슬라임 제거 철저

① Air lift공법

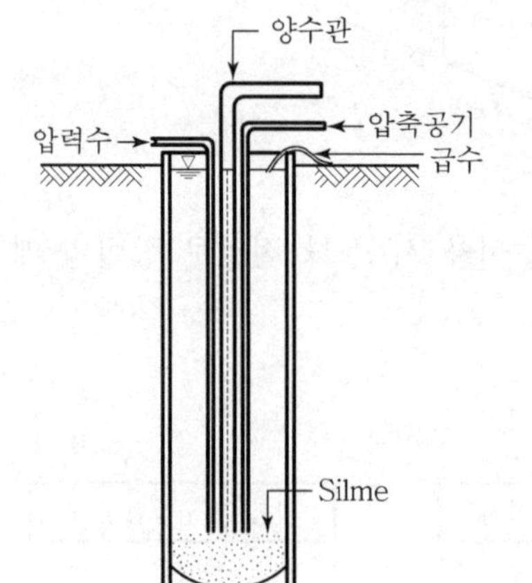


② Water jet공법

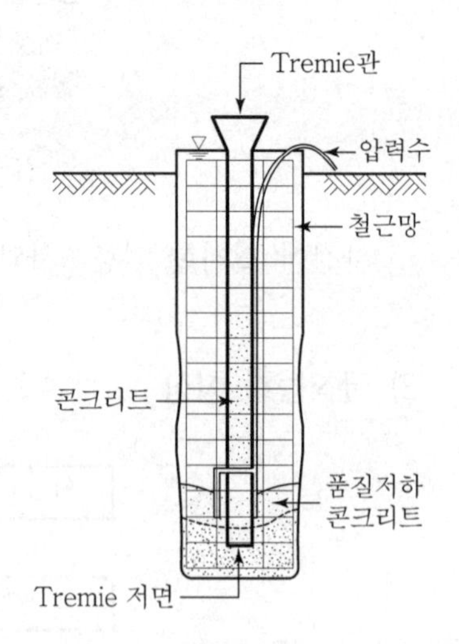


Water jet공법시 품질저하(slime 혼입) 콘크리트는 상부로 밀어 올린 후 제거함

### 6) 콘크리트 품질관리 철저

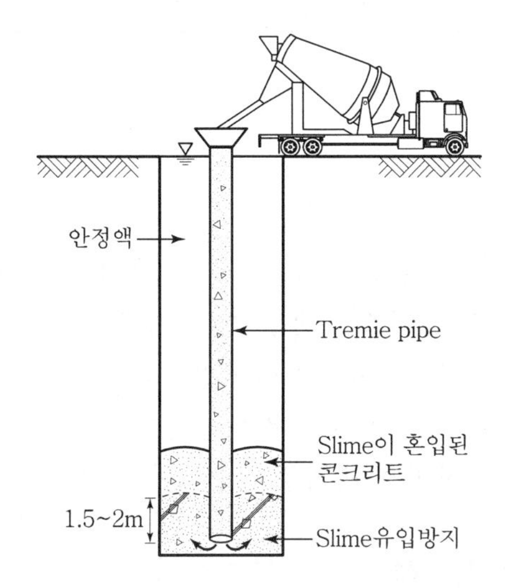


① 콘크리트는 유동화제를 첨가하고 시방 배합 준수

② 콘크리트를 채운 후 약간 상승시켜 콘크리트 타설

③ Tremie관은 콘크리트에 1.5~2m 관입 타설하여 콘크리트 품질관리

## V. 결 론

① 인접건물의 피해방지와 환경공해 발생을 방지하기 위하여 현장타설 Con'c pile의 시행이 확대되고 있다.

② Slime 관리 및 처리와 콘크리트의 품질관리를 철저히 하고 굴착기계의 소형화로 시공성을 향상시켜야 한다.

# 문제 10 부마찰력의 원인 및 대책

## Ⅰ. 개 요

### 1) 의 의

① 지지말뚝은 일반적으로 선단지지력과 주면마찰력에 의해 상부하중을 지지하나, 지반이 연약지반일 때는 주면마찰력이 하향으로 작용하는데 이때의 마찰력을 부마찰력(negative friction)이라 한다.

② 부마찰력은 마찰말뚝에서는 발생하지 않고 지지말뚝에서만 발생하며, 그 원인을 규명하여 대비책을 강구해야 한다.

### 2) 부마찰력의 문제점

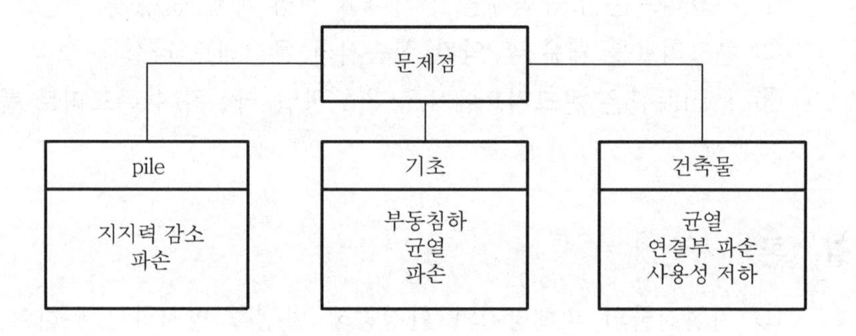


## Ⅱ. Pile의 마찰력

### 1) 정마찰력(positive friction)

지지말뚝에서의 지지력 = 선단지지력 + 정마찰력

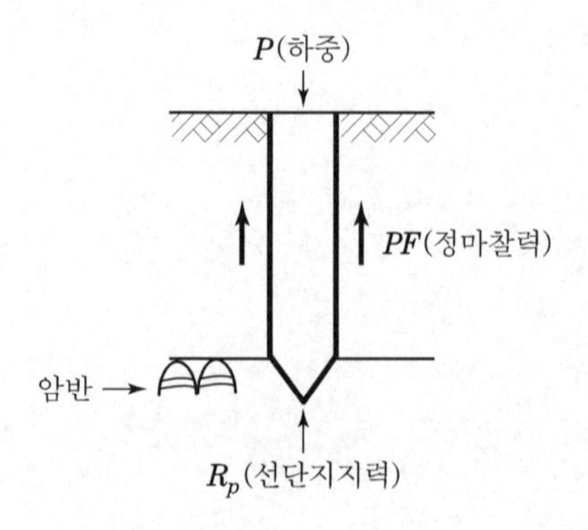

### 2) 부마찰력(negative friction)

지지말뚝에서의 지지력 = 선단 지지력 - 부마찰력

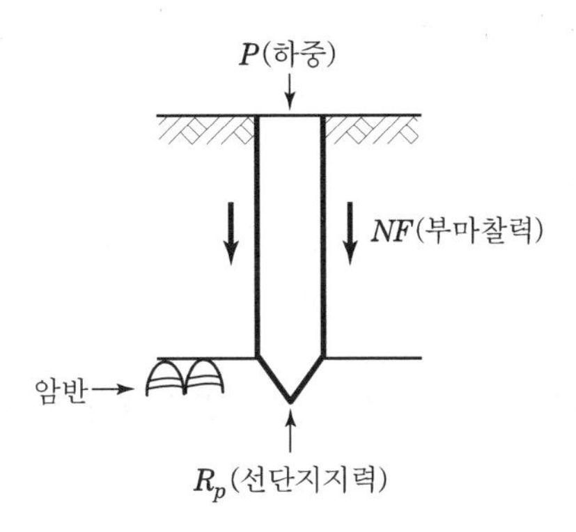


## Ⅲ. 부마찰력의 원인

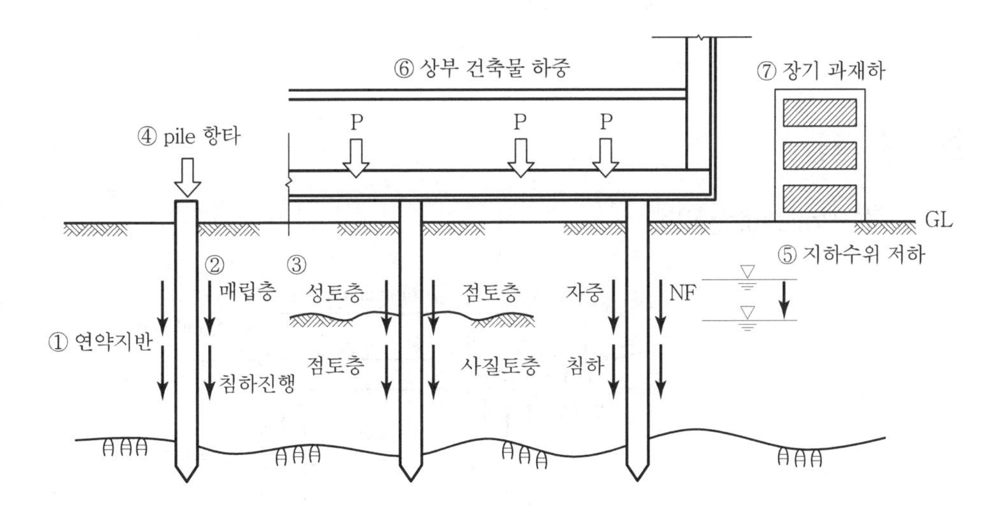


### 1) 연약지반

지중에 연약지반이 존재

### 2) 매립층의 침하

### 3) 성토하중

상부 성토층의 하중으로 지반의 압밀침하 발생

4) Pile 항타

① Pile 이음부의 단면적이 기존 pile의 단면적보다 클 경우
② 이음부의 변형으로 이상응력 발생

5) 지하수위 저하

6) 상부 하중

상부 건축물의 하중에 의한 장기압밀침하 발생

7) 지표면 장기 과재하

8) 침하지역

현재 침하가 진행 중인 지반

## Ⅳ. 대 책

1) Preloading공법

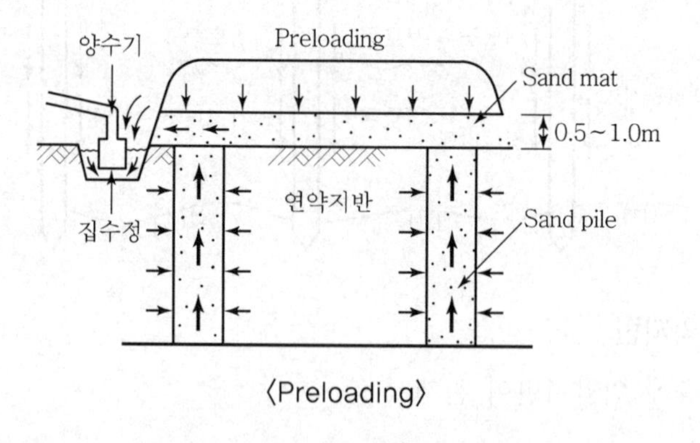


〈Preloading〉

① 사전성토하여 지반을 침하시켜 전단강도를 증가시키는 공법
② 지반의 강도를 증가시킨 후 성토부분을 제거

2) SLP(Slip Layer Pile) 설치

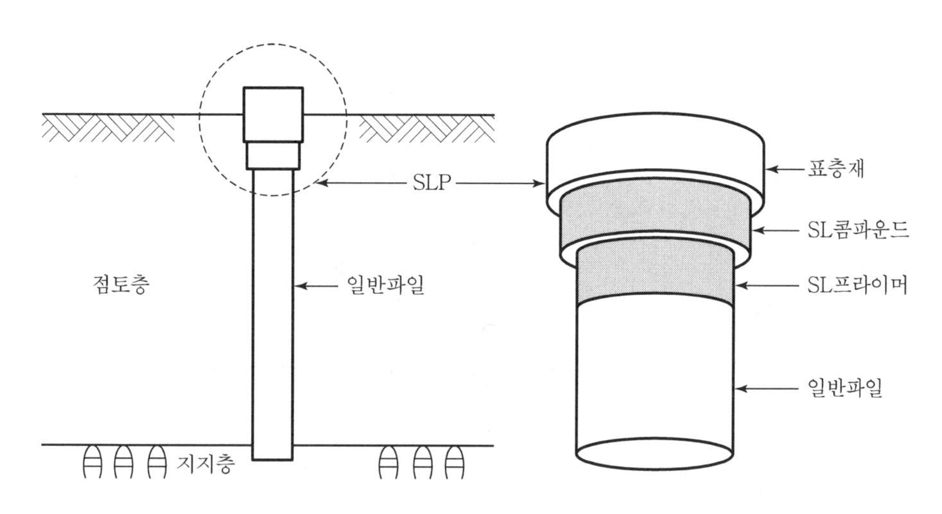


3) 이중관 말뚝 설치

외곽의 강관 pile은 부마찰력을 담당하고 내부 pile은 상부하중만 담당

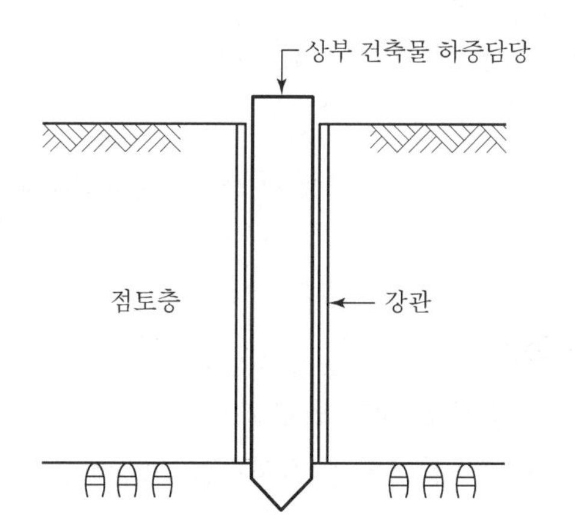


4) Tapered pile 설치

Pile의 선단폭이 좁아 부마찰력 감소

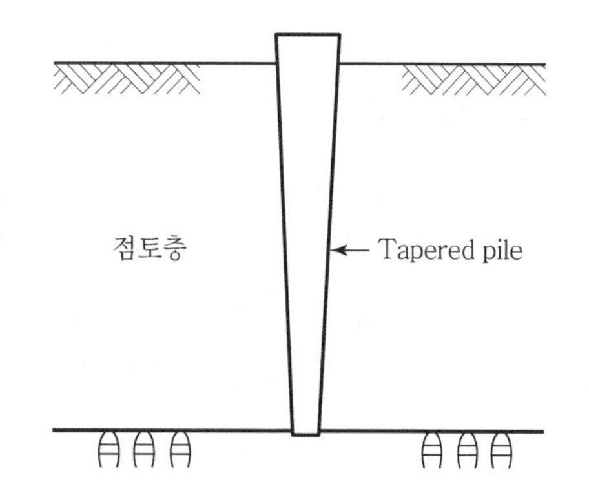

#### 5) 선행굴착공법+bentonite 충진

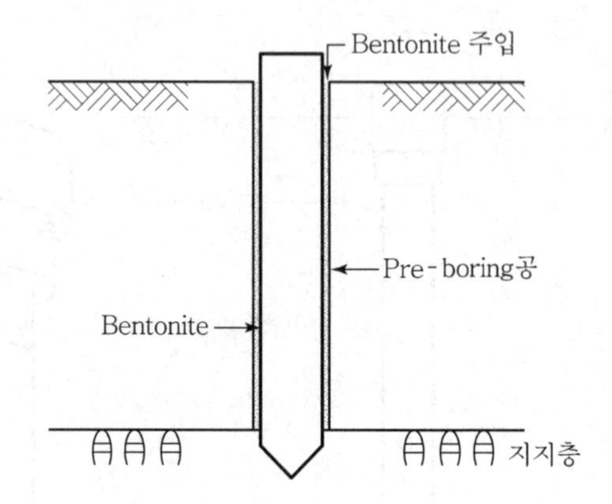


Bentonite의 주입으로 말뚝과 지반과의 마찰을 감소시킴

#### 6) 전기삼투공법 실시

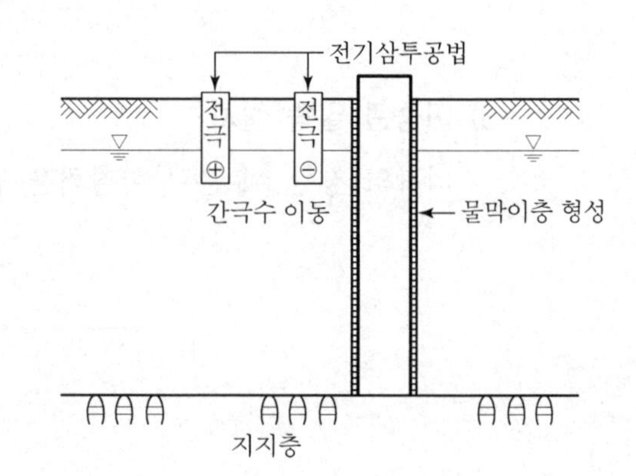


① 전기삼투작용으로 말뚝 주변에 물막이층 형성
② 말뚝과 지반의 마찰을 감소시키는 방법

#### 7) 말뚝수량 증가

① 말뚝수량 증가로 지지력 증가
② 부마찰력만큼 감소되는 지지력을 보강하는 방법

## V. 결 론

① 기성 pile은 건물의 하중을 지지하는 주요 구조물이므로 시공 시 품질관리와 인접 지반의 영향을 검토해야 한다.
② 부마찰력을 최소화하기 위해서는 토질의 성질 분석과 지하수위를 저하시켜 흙의 전단력을 증대시켜야 한다.

# 문제 11 지하수 수압에 의한 지하구조물의 부상방지대책

## Ⅰ. 개 요

### 1) 의 의

① 지하수위가 높은 지반 또는 피압수가 존재하는 지반에 설치된 지하층이 깊은 대형 건축물은 우기철 또는 인접 상수도관 파손 등으로 물이 지반으로 유입되면 건축물 바닥에 부력이 증가한다.

② 이때 건축물 자중보다 부력이 크게 증가되는 경우에는 건축물의 부상이 발생하므로 시공 시 부상방지대책이 필요하다.

### 2) 건축물 부상 mechanism

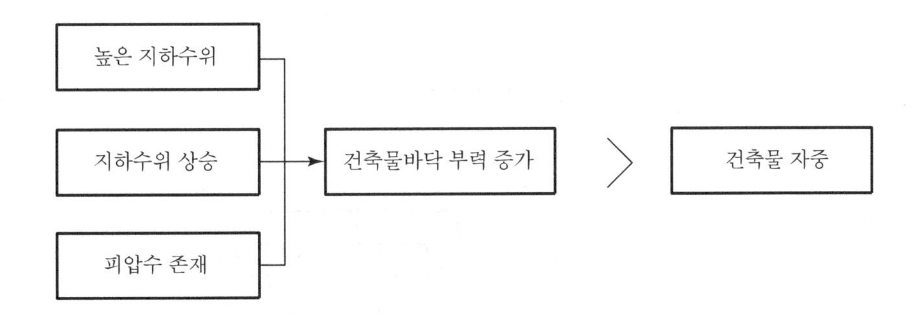


## Ⅱ. 부력과 양압력

### 1) 부 력

지하수위 이하에서 지하수위에 잠기는 체적만큼 들어올리는 힘

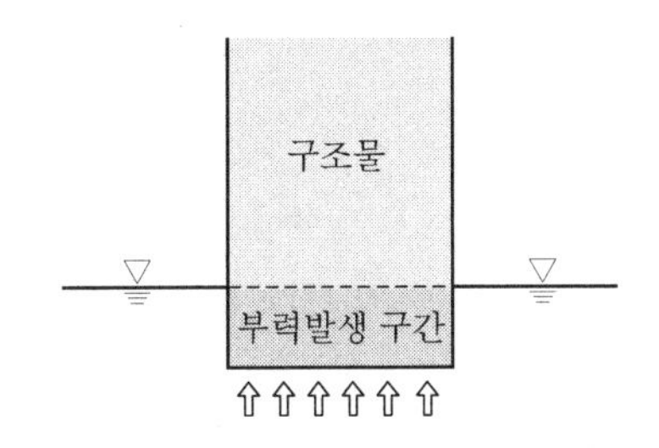

2) 양압력

물의 수위차에 의해 물의 침투력으로 구조물을 들어올리는 힘

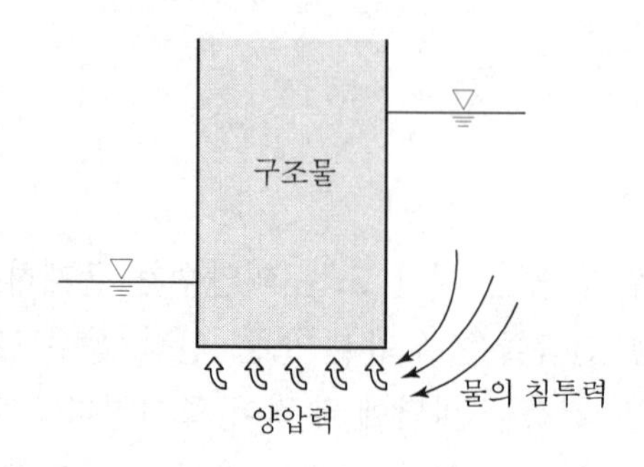


## Ⅲ. 건축물부상 검토방법

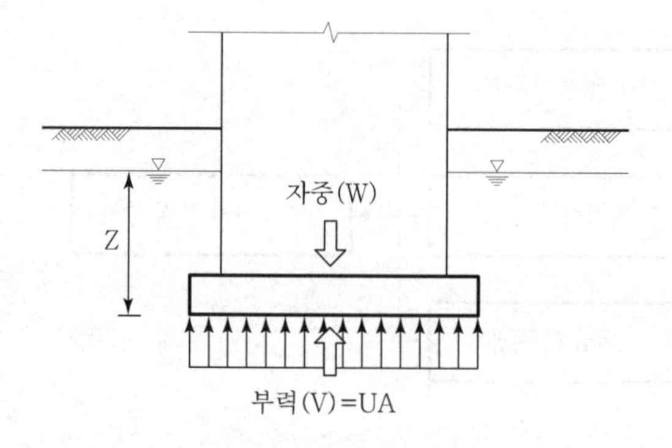


1) 안전율($F_S$)계산

$$F_s = \frac{중력(W)}{부력(V)} = \frac{\gamma_c V'}{UA}$$

$\gamma_c$ : 콘크리트 단위중량
$V'$ : 콘크리트 부피
U : 간극수압
A : 건축물 바닥면적
Z : 지하수두

2) 허용치=1.2

3) 부상에 안전한 자중≥1.2V

# Ⅳ. 대형건축물의 부상방지대책

## 1) Rock anchor 설치

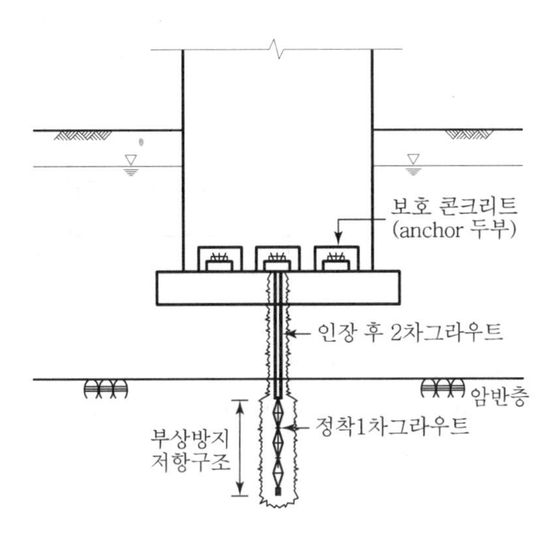


① 건축물 자중 증가가 어려울 때 적합
② 부력과 건축물 자중 차이가 많은 경우에 적합
③ 건축물 자중의 중심축이 일치하지 않는 경우에 적합
④ 암반층과 건축물 바닥의 거리가 짧은 경우 경제적임

## 2) Micro pile 설치

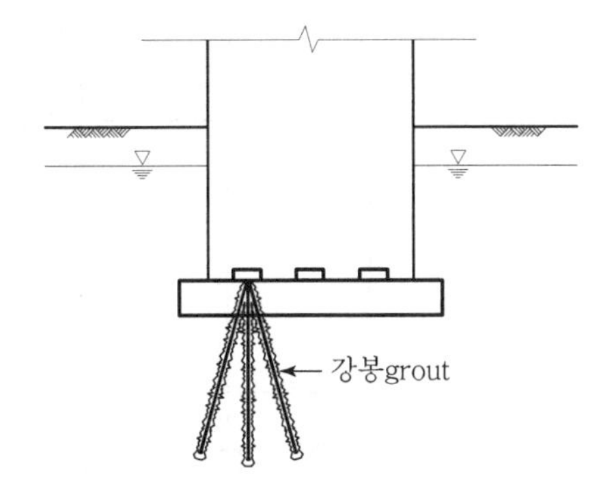


① 암반층과 건축물 바닥의 거리가 긴 경우에 적합
② Micro pile은 소구경 그물식 파일로 지반보강 및 말뚝 대용으로 사용

### 3) 자갈채움으로 건축물 자중 증대

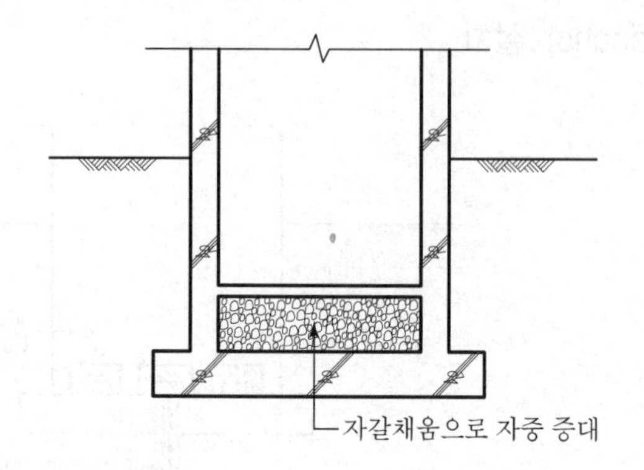


① 자갈채움으로 자중 증가함
② 부력과 건축물 자중 차이가 적은 경우 적합

### 4) 상부건축물 층수 증가

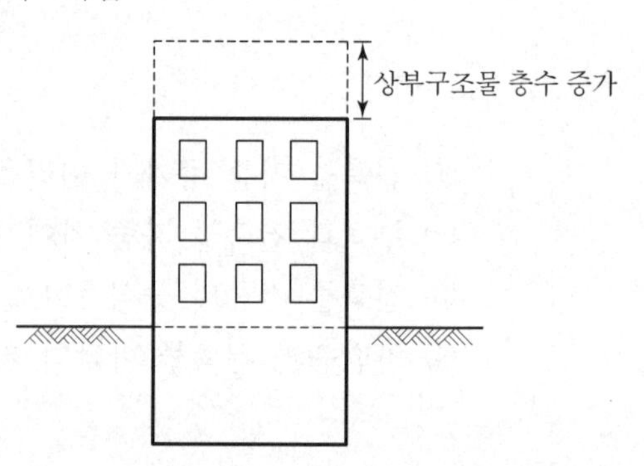


① 건축물 상부에 층수 증가로 자중 증대
② 건축물 증축이 필요한 경우

### 5) 건축물 하부에 강제배수시설 설치

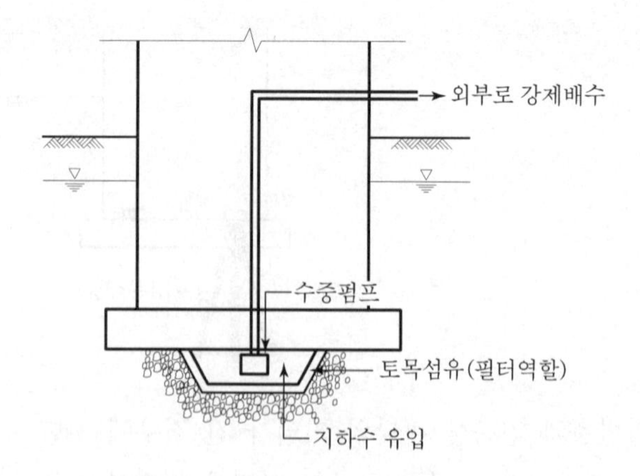


① 유입 지하수를 강제로 펌핑하여 외부로 배수
② 여유부지가 없는 경우
③ 인접구조물에 영향이 없는 경우 적합

### 6) 구조물 외부에 강제배수시설 설치

① 여유부지가 있는 경우

② 인접구조물에 영향이 없는 경우 적합

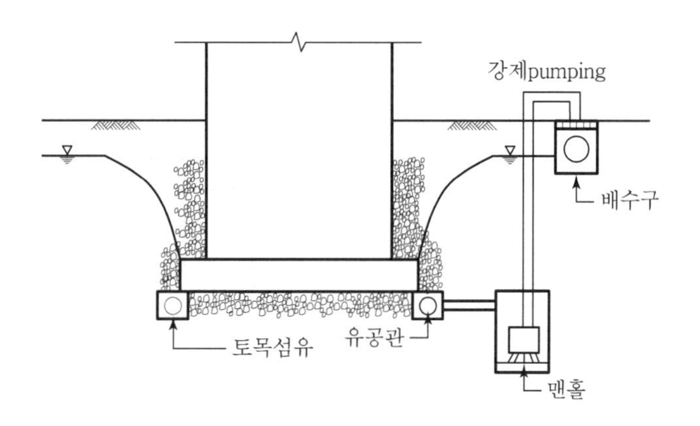


### 7) 지하수위 상승방지 유입구 설치

① 지하수위의 상승방지로 부력 증가 방지

② 지하수의 건축물내 유입으로 건축물의 자중 증가

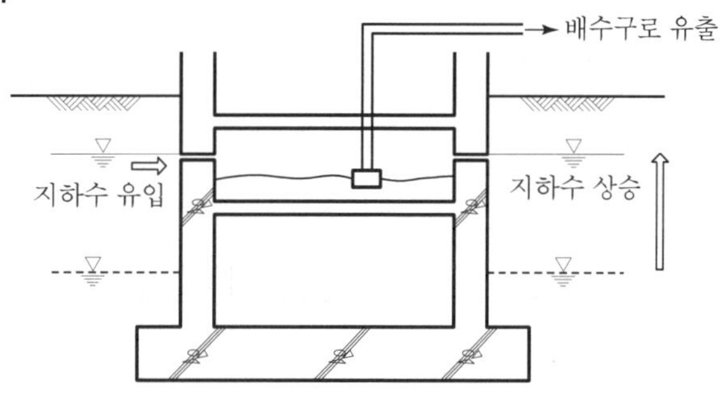


### 8) 지하층수 감소로 부력 감소

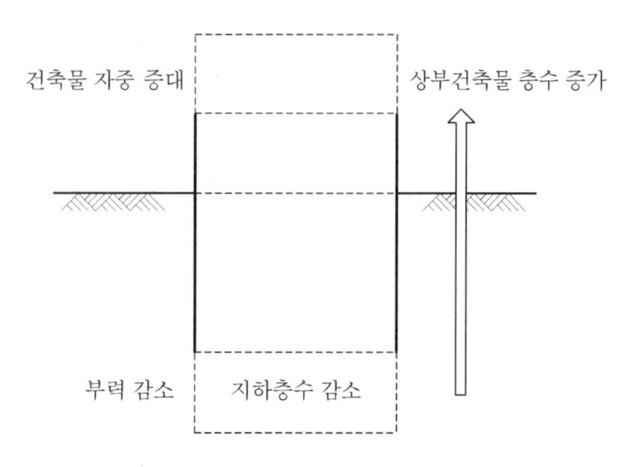


① 지하층수의 감소로 건축물의 부력 감소

② 건축물의 층수 증가로 인한 자중증가로 부력에 대항

9) 인발저항 말뚝 설치

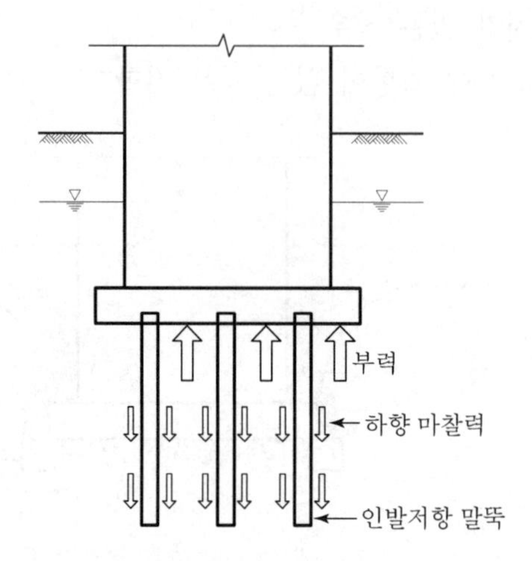


암반층이 깊은 경우 말뚝의 마찰력을 이용하여 부력에 저항

10) 지하수위 저하

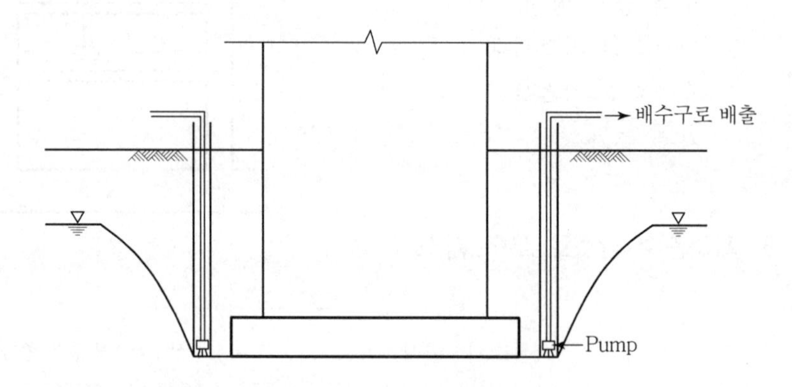


① 긴급한 경우 대책 공법
② 인접구조물에 영향이 없는 경우에는 영구대책으로 이용

## V. 결 론

① 건축물의 대형화·고층화로 기초의 깊이가 깊어져 부력에 따른 건축물의 영향은 공사 도중에도 발생되며 많지는 않지만 공사종료 후에도 나타난다.
② 지하실이 깊어질수록 지하수의 영향은 증대하여 부력 또한 커지므로 정확한 지질조사를 토대로 사전대책이 이루어져야 하며 효율적인 대처방안이 설계 및 시공 측면에서 검토되어야 한다.

# 문제 12 기초의 부동침하 원인과 대책

## Ⅰ. 개 요

### 1) 의 의

① 건축물을 축조하면 지반침하는 필연적으로 발생하는데 기초지반의 침하가 불균등하게 발생하는 지반침하를 기초의 부동침하라고 한다.

② 부동침하는 상부 구조에 일종의 강제 변형을 주는 것으로 인장응력과 압축응력이 생기고, 균열은 인장응력에 직각방향으로, 침하가 적은 부분에서 침하가 많은 부분의 빗방향으로 생기는 것이 보통이다.

### 2) 기초침하 형태

| 기초침하형태 | 균등침하 | 부동침하 | |
|---|---|---|---|
| | | 전도침하 | 부등침하 |
| 도해 | | | |
| 기초지반 및 하중조건 | • 균일한 사질토지반<br>• 넓은 면적의 낮은 건물 | • 불균일한 지반<br>• 좁은 면적의 초고층 건물<br>• 송전탑 및 굴뚝 등 | • 점토 기초지반<br>• 구조물 하중 영향 범위 내 점토층 존재 |

## Ⅱ. 압밀침하

압밀침하가 부동침하의 발생을 유발

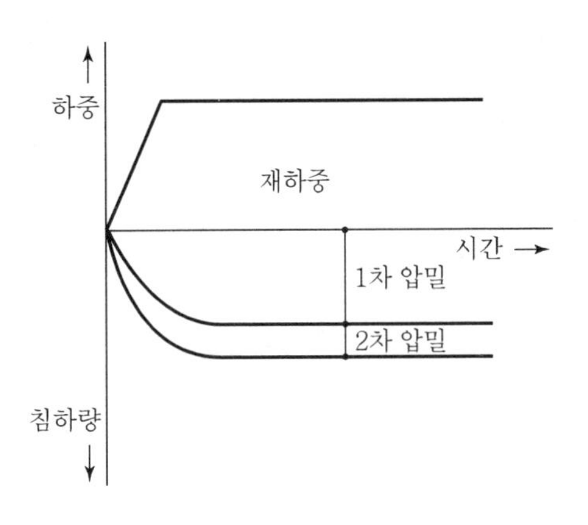

## Ⅲ. 부동침하의 원인

### 1) 연약 지반

연약지반의 분포가 깊거나 분포층의 깊이가 다른 경우

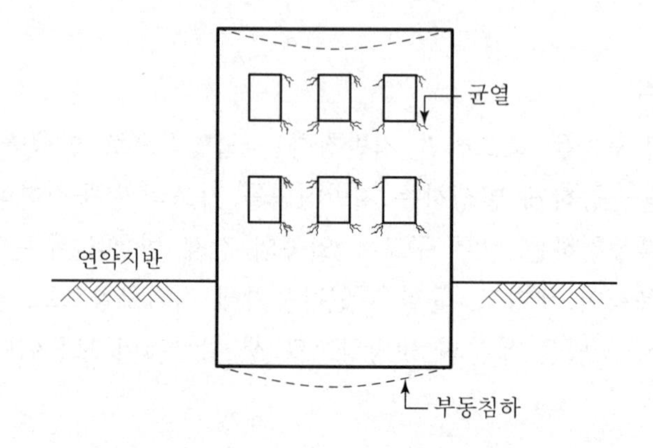


### 2) 지하공동 또는 지하매설물 존재

① 지하공동 존재

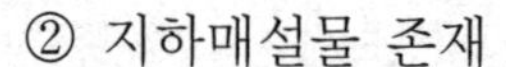

② 지하매설물 존재

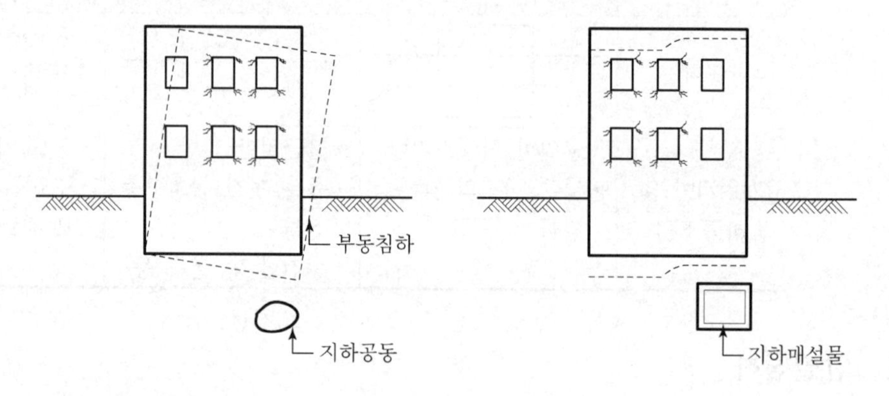


### 3) 경사지반 또는 인근터파기

① 경사지반

② 인근터파기

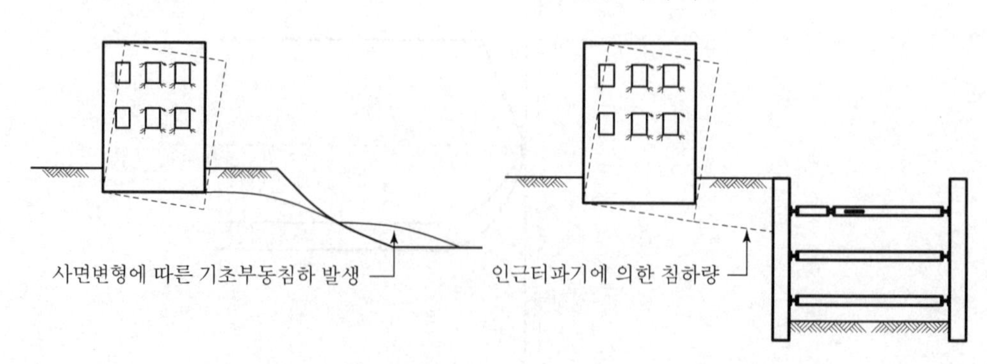

### 4) 복합기초형식

① Pile + 콘크리트 ② 긴말뚝 + 짧은말뚝

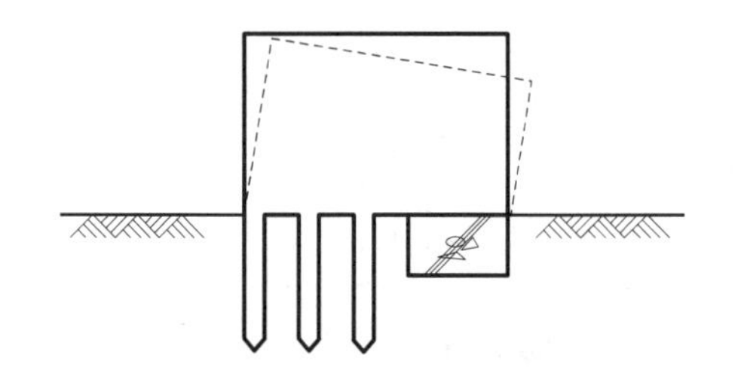

〈절성토구간 기초형식〉

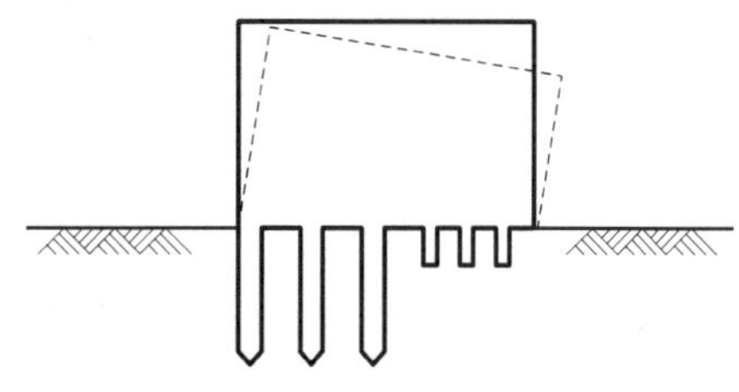

〈연약층두께가 다른 경우 기초형식〉

### 5) 편심하중 작용

① 건축물 자체 편심하중 ② 증축

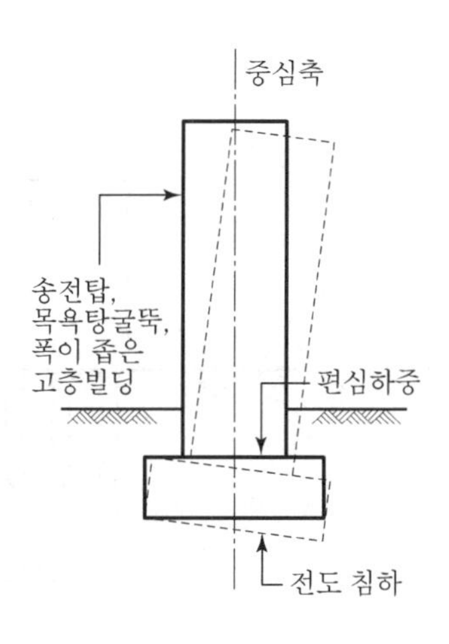


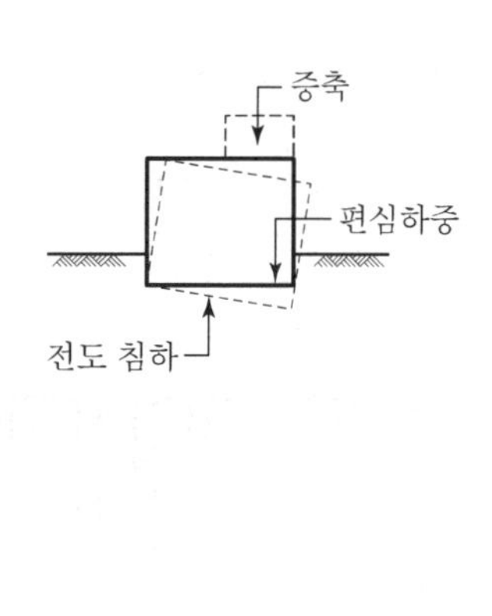


폭이 좁고 높은 건축물이나 일부 증축의 경우 발생

## Ⅳ. 대 책

### 1) 연약지반 개량

① 사전성토하여 지반을 침하시켜 전단강도를 증가시키는 공법

② 지반강도 증가 후 성토부분을 제거

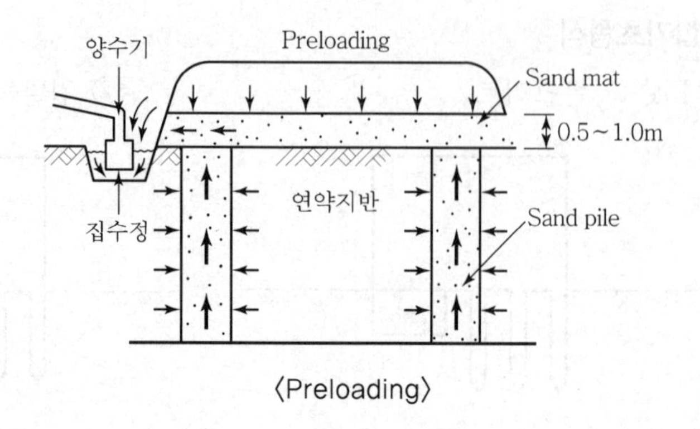

〈Preloading〉

### 2) 건물의 경량화

① 건물의 경량화로 침하 감소

② 건물의 경량화 방안(건식화, PC화)

### 3) 단일기초 설치

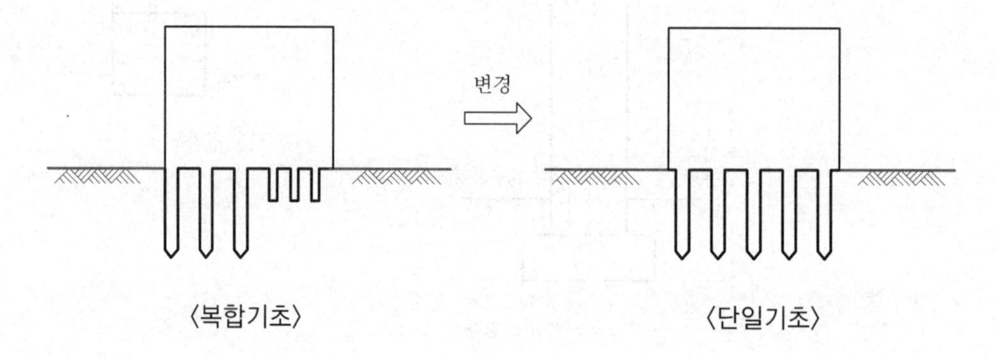

〈복합기초〉 〈단일기초〉

### 4) 건물하중 균등배분

① 접지압은 건물하중으로 기초 바로 밑의 지반에 발생하는 압력

② 균등한 접지압 분포일 때 균등침하 발생

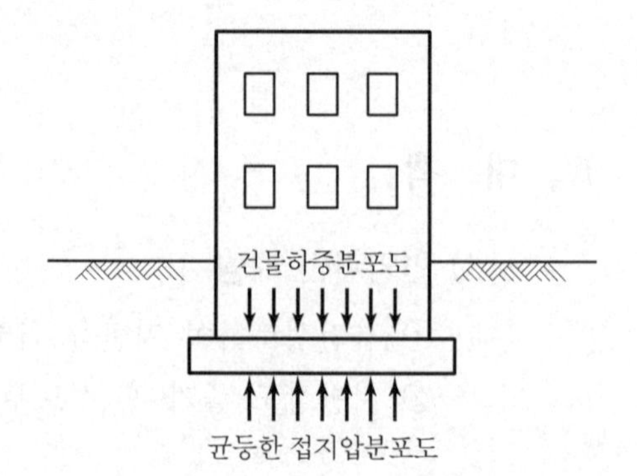

5) 지반상태가 복잡할 때는 침하량으로 규정

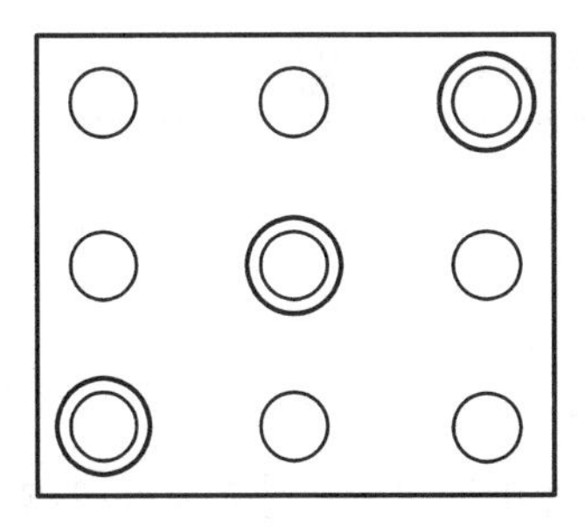

① 지반상태가 균일한 경우 : 말뚝재하시험으로 지지력, 침하량 측정

② 지반상태가 복잡한 경우 또는 편심하중 작용시

- 말뚝재하시험으로 지지력, 침하량 측정
- 부동침하량 검토

6) Underpinning공법 실시

① 기초보강

② 지반보강

## V. 결 론

① 공사완료 후 부동침하로 인한 균열이 발생되면 보수도 어려울 뿐만 아니라 건축물의 내구성에도 많은 영향을 미치게 된다.

② 사전조사단계에서부터 충분한 검토와 지반조사로 지반에 맞는 기초공법을 선정하고 시공 시 철저한 품질관리로 기초의 부동침하에 대비해야 한다.

## 문제 13 기성 Con'c pile의 하자(침하) 발생 시 보강을 위한 underpinning공법

### Ⅰ. 개 요

1) 정 의

① Underpinning이란 기존 건축물의 기초를 보강하거나 또는 새로운 기초를 설치하여 기존 건물을 보호하는 공법이다.

② 기울어진 건축물을 바로잡을 때나 인접한 토공사의 터파기 작업시에 기존 건축물의 침하를 방지할 목적으로 underpinning할 때도 있다.

2) 특 징

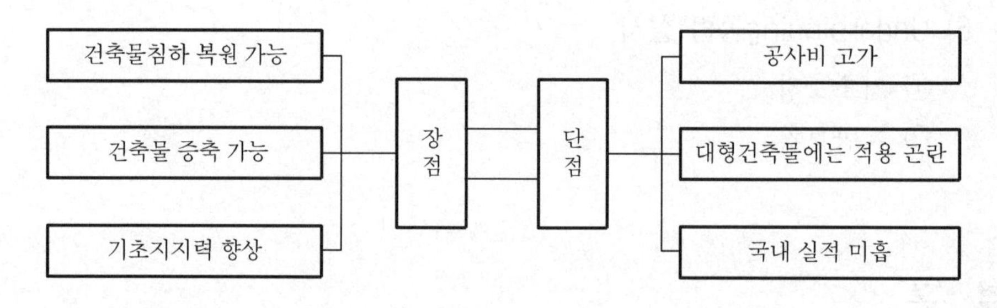


### Ⅱ. Underpinning공법의 종류

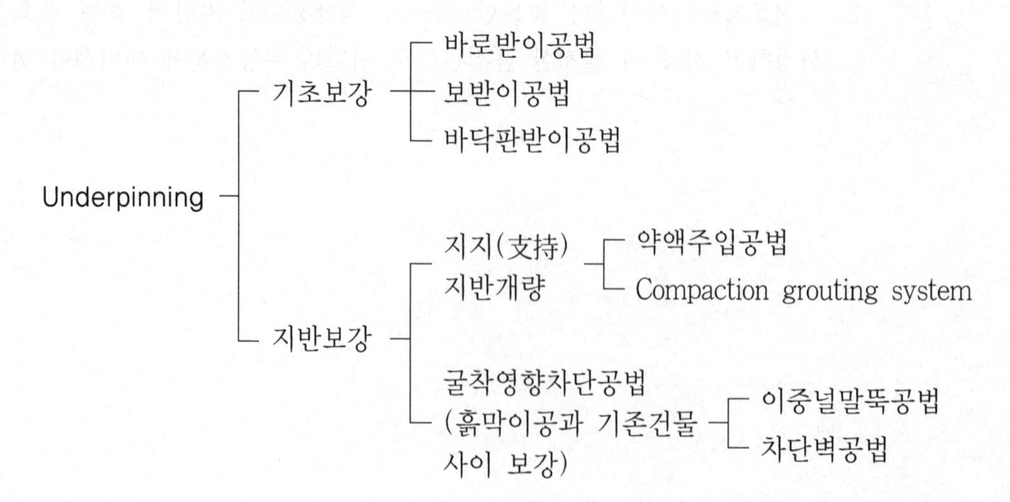

# Ⅲ. Underpinning공법

### 1) 바로받이공법

① 철골조나 자중이 비교적 가벼운 건물에 적용

② 기존 기초 하부를 바로 받칠 수 있도록 신설기초 설치

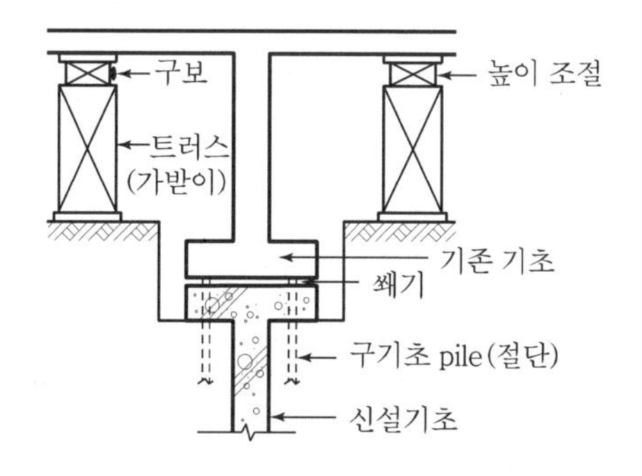


### 2) 보받이공법

① 기초하부를 보받이하는 신설보 설치

② 기존 기초를 보강

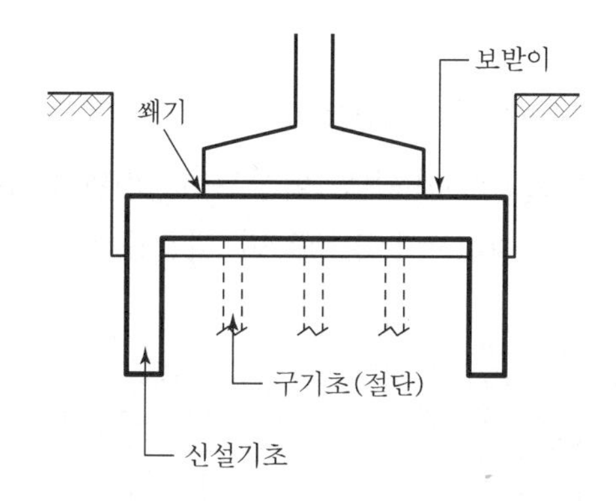


### 3) 바닥판받이공법

가받이인 콘크리트쐐기로 기존 구조물을 제거시킨 후 바닥판 전체를 신설 구조물로 받치는 공법

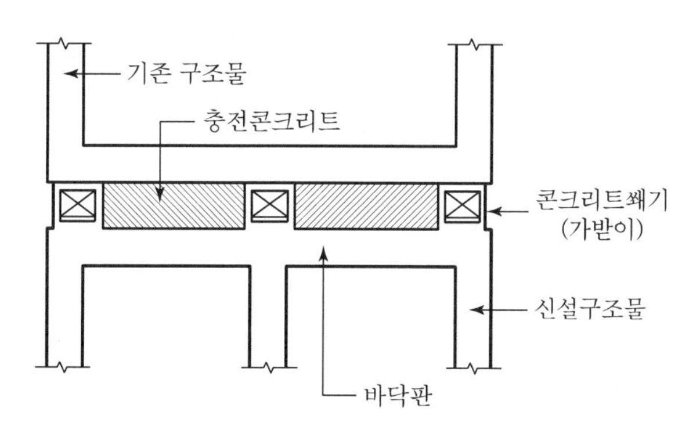

#### 4) 약액주입공법

① 고압으로 약액을 주입하면서 서서히 인발

② 약액의 종류로는 물유리, 시멘트 페이스트 등이 있음

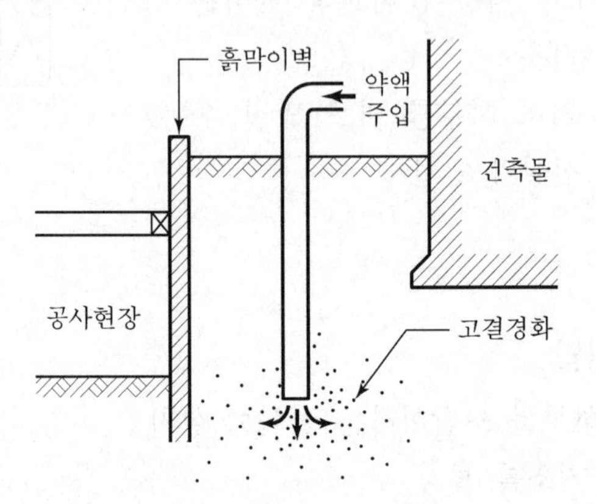


#### 5) Compaction grouting system

① Mortar를 초고압(20MPa 이상)으로 지반에 주입하는 공법

② 1차주입 후 mortar가 양생하면 재천공하여 주입을 반복

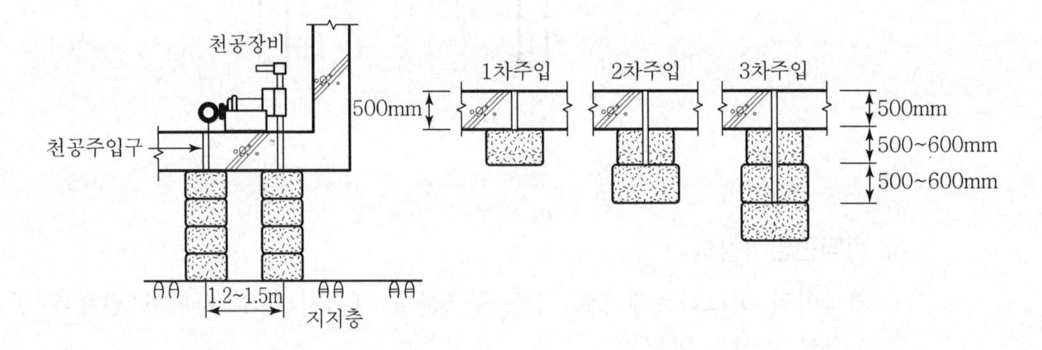

### 6) 이중널말뚝공법

① 인접 건물과의 거리가 여유있을 때 이중널말뚝공법 적용

② 지하수위를 안정되게 유지하여 침하 방지

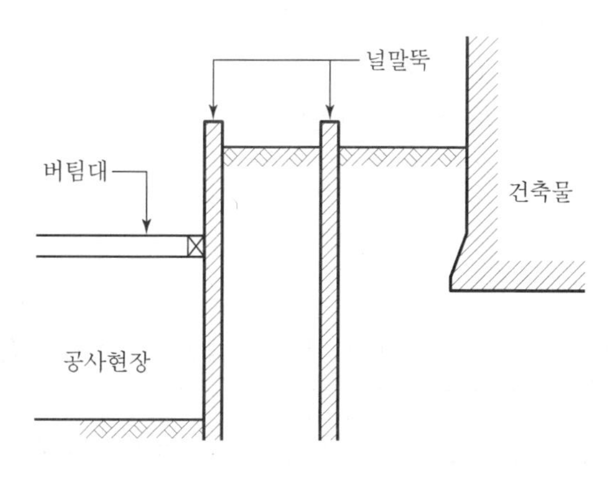


### 7) 차단벽 공법

① 상수면 위에서 공사가 가능한 경우 적용

② 건물 하부 흙의 이동을 막음

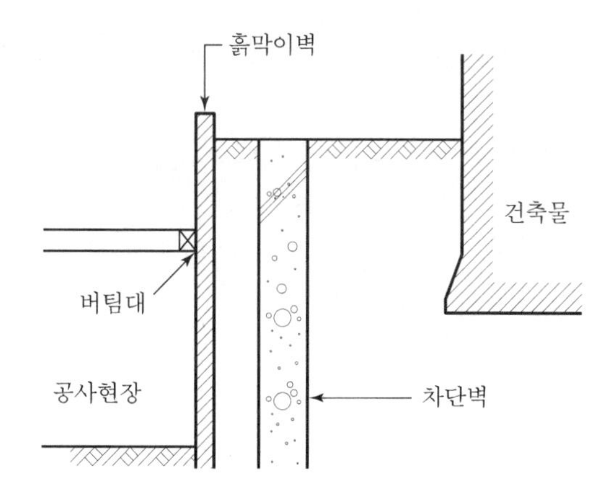

## Ⅳ. 시공 시 유의사항

① 부동침하가 생기지 않도록 기초형식을 기존의 것과 동일하게 한다.
② 시공 시에는 기초의 부동침하가 허용치 이내가 되도록 관리한다.
③ 계측관리를 하여 안전에 대비한다.
④ 흙막이 및 주변 상황을 조사한다.
⑤ 하중에 관한 조사를 실시한다.

## Ⅴ. 결 론

① Underpinning공사에서는 대상 건축물에 관한 사전조사 및 하중받이 바꿈에 관한 충분한 검토가 중요하다.
② 변위의 측정을 위해서는 계측기기를 통한 정보화시공이 필요하다.

## 永生의 길잡이-셋

### ■ 엄연한 사실

사람이 행복하게 산다는 것은 쉬운 일이 아닌 듯합니다. 몸이 건강하면 물질적으로 어렵고, 물질의 형편이 좋아지면 건강이 나빠집니다. 건강도 물질도 다 좋으면 부부문제, 자녀문제로 아픔을 안고 살기도 합니다.

엊그제까지 건강했던 분이 갑자기 병상에 눕거나, 잠시 소식이 끊겼던 친지가 한두 달 사이에 세상을 떠났다는 슬픈 소식도 가끔 듣습니다. 사람은 유일한 존재이기에 빠르고 늦은 차이가 있을 뿐 언젠가는 좋든 싫든 육신의 생명은 지상에서 사라지게 마련입니다.

그러나 사람의 영혼은 영원하다고 성경은 말씀하십니다. 평화와 사랑만이 있는 천국, 유황불이 이글거리는 지옥… 사람의 눈으로 볼 수 없다고 이 엄연한 사실을 부인하다가 임종이 가까워지면 그제야 후회하는 사람을 많이 보아왔습니다. 선생님은 어떻게 생각하십니까?

성경에는 이렇게 말씀하고 있습니다. "육은 본래의 흙으로 돌아가고, 영은 그것을 주신 하나님께로 돌아가기 전에 너의 창조자를 기억하라."

하나님의 귀하신 가정에 행복이 넘치시기를 기원합니다.

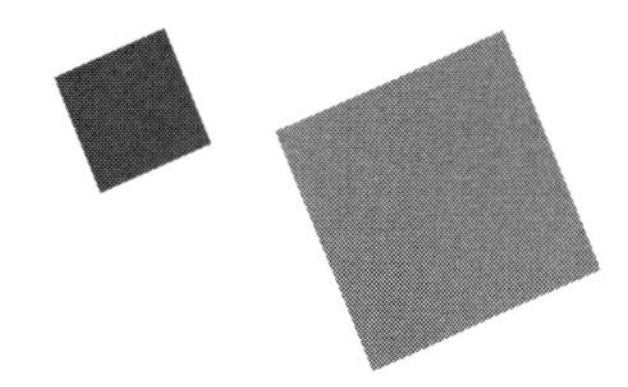

# 5장 | 철근콘크리트공사



## 1절 | 철근 / 거푸집공사

# 문제 1 철근 피복두께의 필요성과 건축공사표준시방서에서의 피복두께 유지방안

## Ⅰ. 개 요

### 1) 철근 피복두께

① 철근 조립에서 최외각 위치의 철근 외면에서부터 콘크리트 표면까지의 최단거리를 철근 피복두께라 한다.

② 철근의 피복두께는 콘크리트 부재가 필요한 성능을 나타내기 위해서 필요한 중요한 사항으로 구조체의 내구연한과 직결된다.

### 2) 피복두께 도해

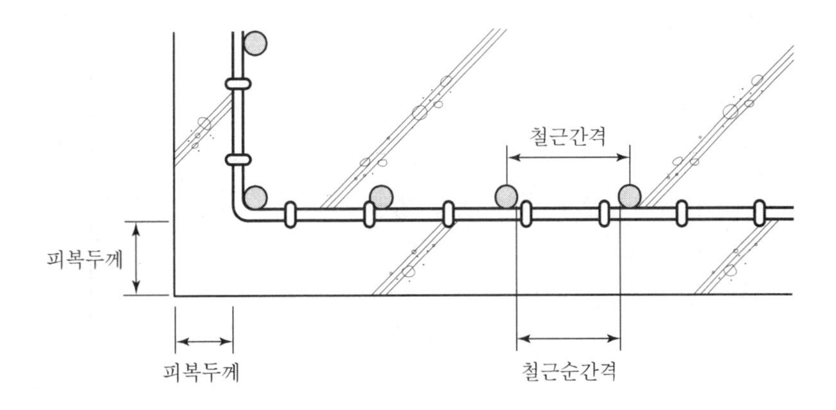


철근의 외면과 콘크리트의 표면까지의 최단거리

## Ⅱ. 피복두께 기준

<table>
<tr><th colspan="3">부위 및 철근 크기</th><th>최소피복두께<br>(mm)</th></tr>
<tr><td colspan="3">수중에서 치는 콘크리트</td><td>100</td></tr>
<tr><td colspan="3">흙에 접하여 콘크리트를 친 후 영구히 흙에 묻혀 있는 콘크리트</td><td>75</td></tr>
<tr><td rowspan="2">흙에 접하거나 옥외 공기에 직접 노출되는 콘크리트</td><td colspan="2">D19 이상 철근</td><td>50</td></tr>
<tr><td colspan="2">D16 이하 철근, 지름 16mm 이하 철선</td><td>40</td></tr>
<tr><td rowspan="3">옥외의 공기나 흙에 직접 접하지 않는 콘크리트</td><td rowspan="2">슬래브, 벽체, 장선</td><td>D35 초과 철근</td><td>40</td></tr>
<tr><td>D35 이하 철근</td><td>20</td></tr>
<tr><td colspan="2">보, 기둥</td><td>40</td></tr>
</table>

* 피복두께의 시공 허용오차는 유효깊이 200mm 이하 시에는 10mm 이내로, 유효깊이 200mm 초과 시에는 13mm 이내로 한다.

## Ⅲ. 필요성(목적, 역할)

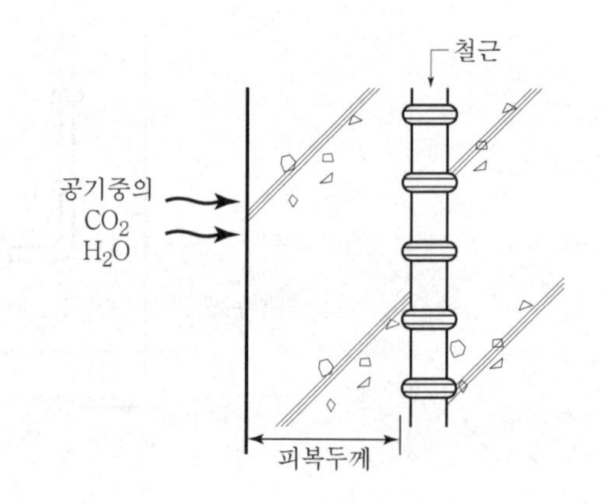


### 1) 내구성

① 공기 중의 이산화탄소와 수분이 철근을 녹슬게 하는 것을 방지

② 콘크리트의 탄산화 시간 연기 효과

③ 콘크리트의 내구성 확보

### 2) 내화성

| 화재시간(온도 약 1,000℃) | 1시간 | 2시간 | 3시간 | 4시간 |
|---|---|---|---|---|
| 내부온도가 600℃ 되는 깊이 | 20mm | 30mm | 50mm | 80mm |

① 콘크리트는 가열하면 강도가 저하되고 350℃ 이상이면 강도가 급격히 저하

② 온도 600℃에서는 강도가 50%이며, 800℃에서는 강도가 0(zero) 또는 10% 이내가 됨

### 3) 철근과의 부착

피복두께가 15mm 이상 되어야 철근과의 부착력이 확보됨

### 4) 구조내력 확보

① 철근의 공칭지름의 1.5배 이상의 피복을 확보하여야 허용부착 응력도에 도달
② 부착 파괴로 인한 콘크리트의 균열 발생

### 5) 부동태피막 유지 내부식성 확보

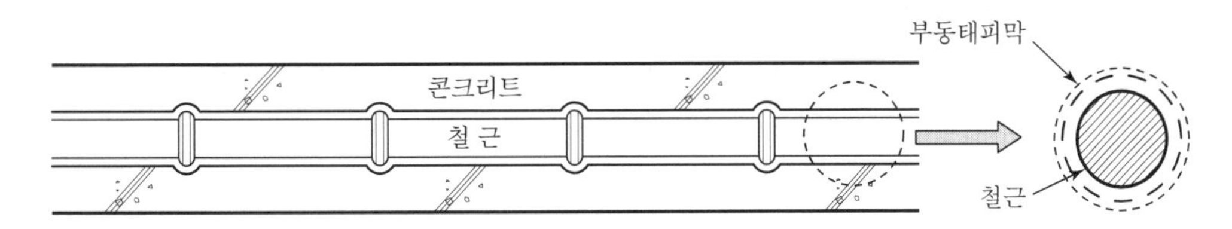


① 금속이 부식 활성을 잃고 부식하기 어려운 성질을 가진 상태를 부동태라 함
② 콘크리트 속의 철근의 피복두께 확보로 부동태피막이 유지

### 6) 콘크리트의 유동성 확보

콘크리트 속의 굵은 골재 치수 이상의 피복두께 확보

## Ⅳ. 피복두께 유지방안(확보방안)

### 1) Spacer의 적정시공

| 부위 | 수량 또는 배치(강재, 콘크리트재) |
|---|---|
| 슬래브 | 상부근, 하부근 각각 1.3개/$m^2$ 정도 |
| 보 | 간격 : 1.5m 정도, 단부는 1.5m 이내 |
| 기둥 | • 상단 : 보 밑에서 0.5m 정도<br>• 중단 : 주각과 상단의 중간<br>• 기둥폭 방향은 1.0m 이상일 때 3개 |
| 기초 | 8개/4$m^2$, 20개/16$m^2$ |
| 지중보 | 간격 : 1.5m 정도, 단부는 1.5m 이내 |
| 벽 | • 상단 : 보 밑에서 0.5m 정도, 단부는 1.5m 이내<br>• 중단 : 상단에서 1.5m 간격 정도 |

간격재(spacer)의 시공은 충분히 하여 피복두께를 유지하는 것이 중요

### 2) 철근 결속

① #18~20 철선으로 철근을 결속

② 철근 결속은 교차부마다 100% 결속하는 것이 원칙

③ 결속선의 상부 돌출에 유의

### 3) 굽은 철근 교체

① 철근 배근 후 기능공들의 과다한 출입으로 강성이 약한 slab의 D10 철근이 휘어져서 피복두께 유지 곤란

② 콘크리트 타설 직전 굽은 철근 교체

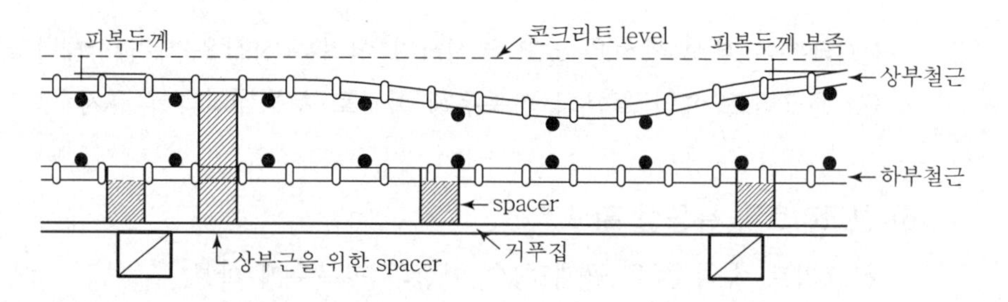


### 4) 콘크리트 타설시 시공관리

① 콘크리트 타설 직전에 피복 level 확보

② 콘크리트 타설시 타설장비에 의한 철근의 휨 방지

### 5) 철근 pre-fab 공법

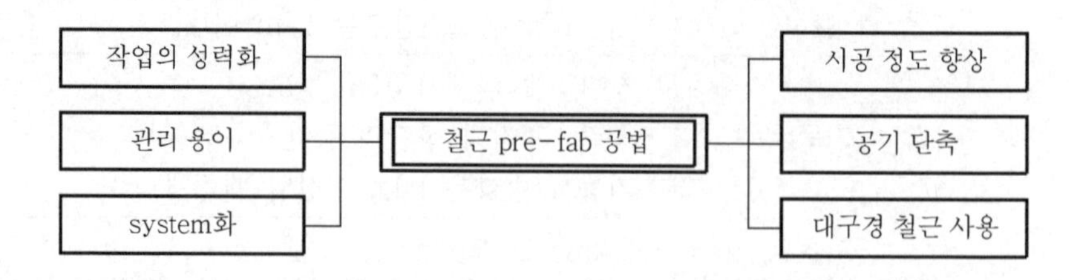


### 6) PC공법 활용

① 콘크리트의 공장 제품 사용

② 피복두께의 확보 및 밀실한 콘크리트 사용

## Ⅴ. 철근의 부착력

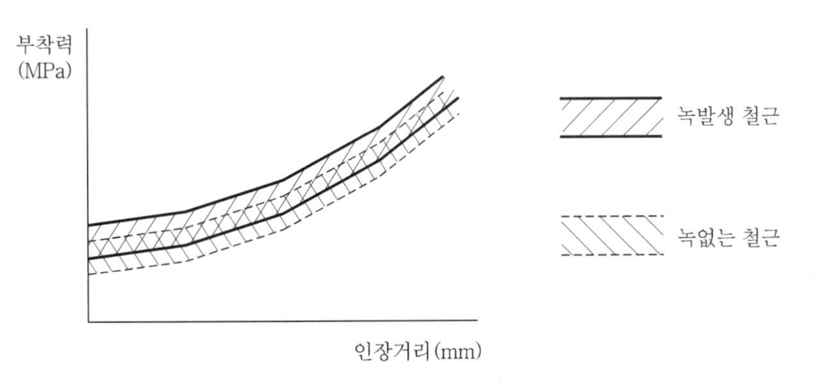


녹 발생 철근이 녹 없는 철근에 비해 콘크리트와의 부착력 증대

## Ⅵ. 결　론

① 철근의 피복두께는 구조체의 내구성과 직결되므로 콘크리트 타설 전 철근 배근에 대한 철저한 검사가 필요하다.

② 철근의 피복두께 유지를 위해서는 외곽철근의 직선 배근이 중요하며 spacer의 간격 유지 및 콘크리트 타설시 철근의 이동이 발생하지 않도록 관리해야 한다.

# 문제 2 피복두께가 과다하게 시공된 경우의 문제점 및 해결방안

## Ⅰ. 개 요

### 1) 의 의

① 철근 조립에서 최외각 위치의 철근 외면에서부터 콘크리트 표면까지의 최단거리를 철근 피복두께라 한다.

② 피복두께 과다는 구조적인 문제 발생 또는 경제적으로 불리하므로 적정 피복두께를 유지하는 것이 중요하며, 또한 콘크리트 표면에 유효한 마감으로 구조체의 내구연한을 증대시켜야 한다.

### 2) 피복두께

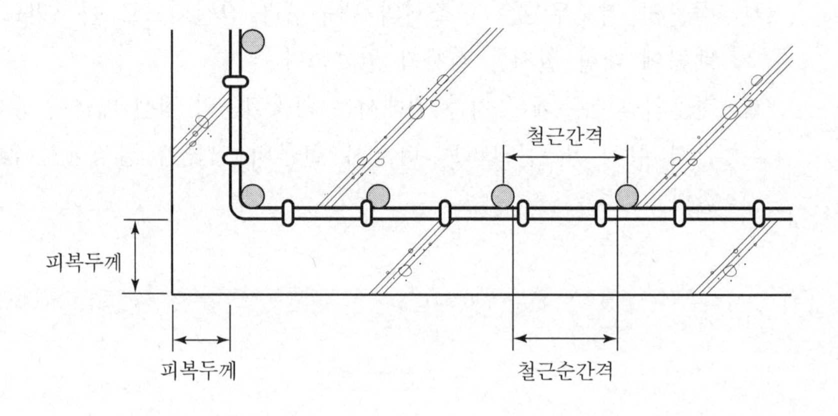


철근의 외면과 콘크리트의 표면까지의 거리

# Ⅱ. 피복두께 최소값

<table>
<tr><th colspan="3">부위 및 철근 크기</th><th>최소피복두께 (mm)</th></tr>
<tr><td colspan="3">수중에서 치는 콘크리트</td><td>100</td></tr>
<tr><td colspan="3">흙에 접하여 콘크리트를 친 후 영구히 흙에 묻혀 있는 콘크리트</td><td>75</td></tr>
<tr><td rowspan="2">흙에 접하거나 옥외 공기에 직접 노출되는 콘크리트</td><td colspan="2">D19 이상 철근</td><td>50</td></tr>
<tr><td colspan="2">D16 이하 철근, 지름 16mm 이하 철선</td><td>40</td></tr>
<tr><td rowspan="3">옥외의 공기나 흙에 직접 접하지 않는 콘크리트</td><td rowspan="2">슬래브, 벽체, 장선</td><td>D35 초과 철근</td><td>40</td></tr>
<tr><td>D35 이하 철근</td><td>20</td></tr>
<tr><td colspan="2">보, 기둥</td><td>40</td></tr>
</table>

* 피복두께의 시공 허용오차는 유효깊이 200mm 이하 시에는 10mm 이내로, 유효깊이 200mm 초과 시에는 13mm 이내로 한다.

# Ⅲ. 문제점

## 1) 구조적으로 불리

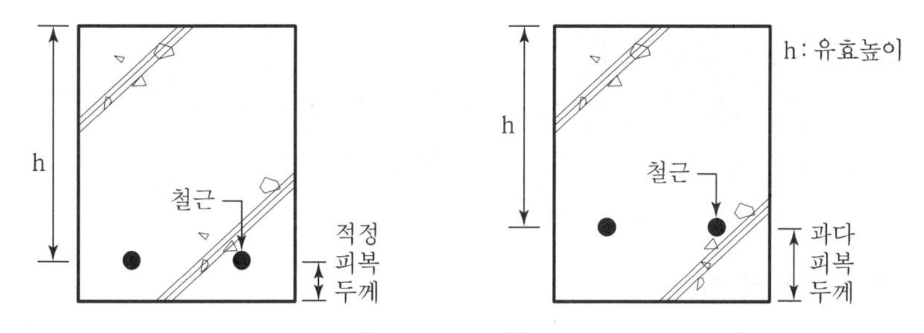


갈은 단면에서 유효높이(h)가 낮을수록 응력에 대한 저항도가 적음

## 2) 자중 증대

| 부위 | 일반 콘크리트 | 고강도 콘크리트 |
|---|---|---|
| 기둥단면 | 1,000×1,000mm | 800×800mm |
| 벽단면 | 300mm<br>250mm | 250mm<br>200mm |
| 보단면(춤) | 800mm | 600~650mm |

자중이 증대되면 피로하중의 증대로 구조체의 내구성에 악영향을 미침

#### 3) 비경제적

① 콘크리트의 가격이 타 재료에 비해 고가

② 시공비용, 양생비용, 유지관리비용 등을 계산하면 상당히 비경제적 구조체가 됨

#### 4) 온도균열 발생

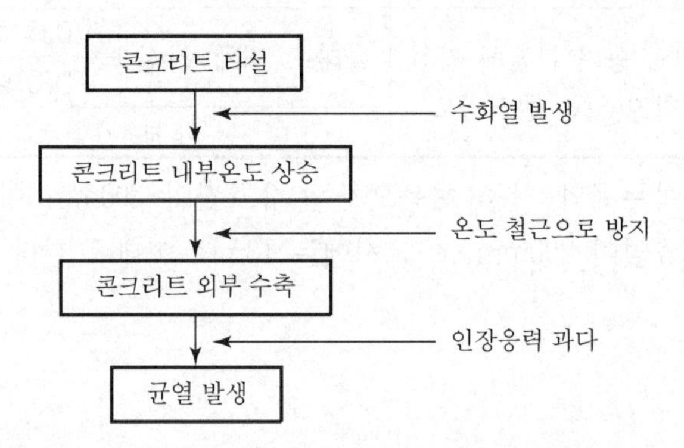


온도변화에 따른 콘크리트의 건조수축균열을 최소화하기 위해 과다피복 방지

#### 5) 콘크리트 단면 증대

① 단면 증대로 인한 자중 증대로 비경제적

② 표면적 증대로 표면 열화현상 촉진

#### 6) 재료분리 발생

철근의 순간격이 좁아지면 골재가 통과하지 못해 발생

## Ⅳ. 해결방안

#### 1) 적정 피복두께 유지

건축공사표준시방서와 구조설계상의 피복두께를 참고로 공사관리자와 협의하여 시공

2) 거푸집의 재설치

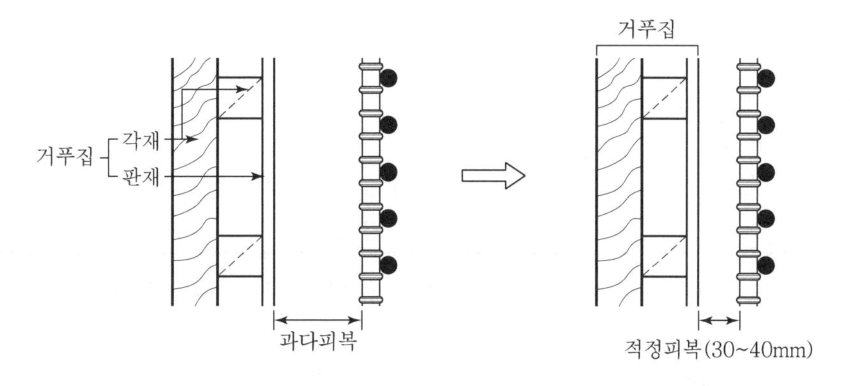


콘크리트 타설 전 거푸집 간격을 조절하여 과다피복 방지

3) 멍에, 장선, 동바리의 정밀 시공

4) Chipping 실시

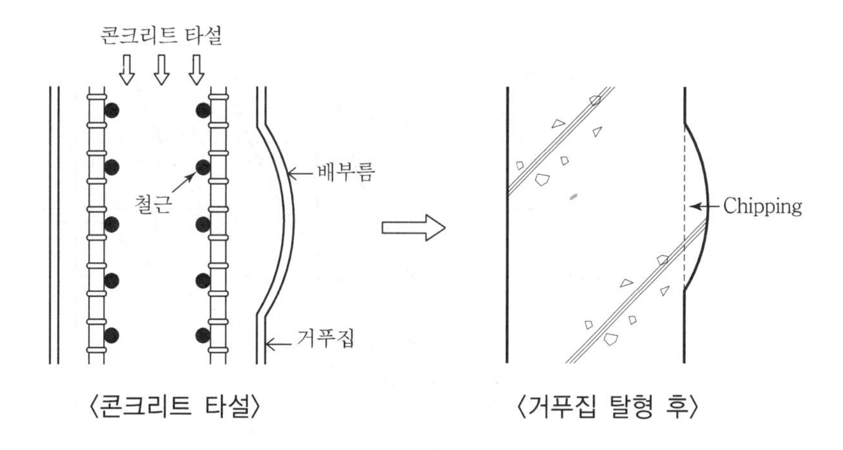


〈콘크리트 타설〉 〈거푸집 탈형 후〉

콘크리트 타설시 거푸집의 밀림현상으로 일부 배부른 곳은 chipping으로 면처리

5) Spacer의 시공처리

| 부위 | 수량 또는 배치(강재, 콘크리트재) |
|---|---|
| 슬래브 | 상부근, 하부근 각각 1.3개/$m^2$ 정도 |
| 보 | 간격 : 1.5m 정도, 단부는 1.5m 이내 |

| | |
|---|---|
| 기둥 | • 상단 : 보 밑에서 0.5m 정도<br>• 중단 : 주각과 상단의 중간<br>• 기둥 폭 방향은 1.0m 이상일 때 3개 |
| 기초 | 8개/$4m^2$, 20개/$16m^2$ |
| 지중보 | 간격 : 1.5m 정도, 단부는 1.5m 이내 |
| 벽 | • 상단 : 보 밑에서 0.5m 정도, 단부는 1.5m 이내<br>• 중단 : 상단에서 1.5m 간격 정도 |

간격재(spacer)의 시공은 충분히 하여 피복두께를 유지하는 것이 중요

### 6) 중량 마감재의 시공 고려

석재, 타일 등의 중량물로 마감 시 자중증대 우려

## V. 피복두께 과다시의 장점

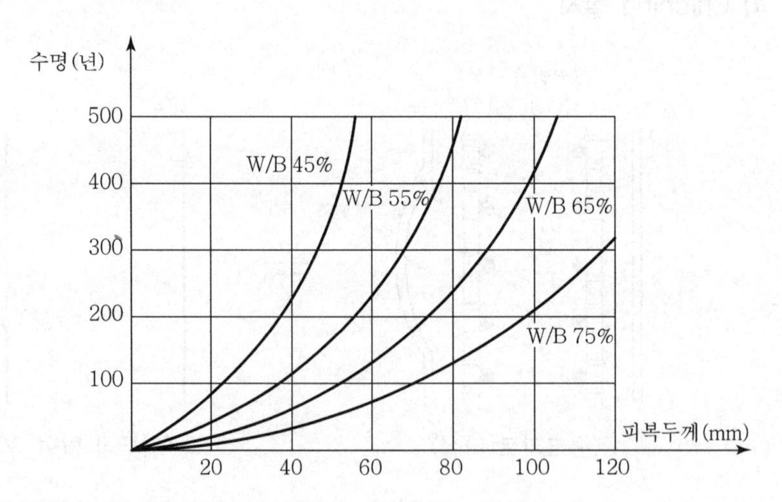


피복두께가 두꺼울수록 구조물의 내구성은 증대

피복두께는 구조물의 내구성, 경제성, 자중 등을 종합적으로 고려하여 최적의 상태로 시공하여야 한다.

## Ⅵ. 결 론

① 콘크리트의 과다 타설로 인한 경우의 피복두께 과다는 공사비 증가 등의 결과를 초래하며 구조체의 자중이 커지는 결과를 가져온다.

② 적정 피복두께의 유지를 위해서는 거푸집의 평탄성 유지, 적정 spacer의 배치 등이 선행되어야 하며 강성 거푸집의 사용으로 콘크리트의 배부름 현상 등을 미연에 방지하여야 한다.

# 문제 3 철근이음방법의 종류 및 시공 시 유의사항

## Ⅰ. 개 요

1) 의 의

① 철근의 이음은 콘크리트와의 부착강도에 의해 형성되므로 부착력 확보를 위한 소정의 이음길이 확보가 중요하며 철근 가공 시 이음이 최소화되도록 계획한다.

② 철근이음방법에는 가장 기본적인 겹친이음이 중요하며 철근의 굵기와 경제성 및 시공성을 고려하여 적정 이음방법을 선정한다.

2) 철근공사 flow chart

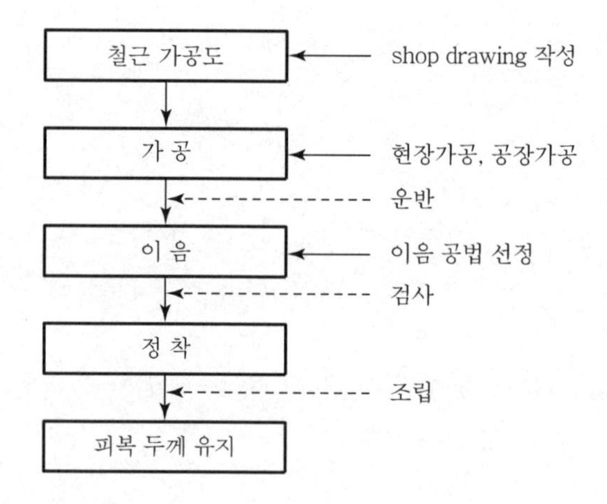


전 과정의 확인(검사)을 마친 후 콘크리트를 타설한다.

## Ⅱ. 이음 종류 및 시공 시 유의사항

(1) 겹친 이음

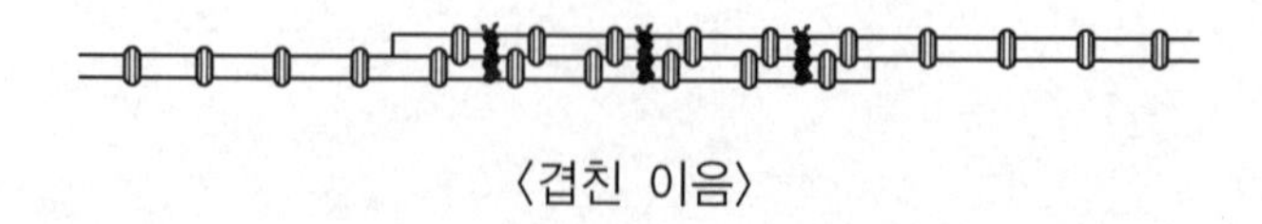

〈겹친 이음〉

### 1) 이음 방법

① 겹친 이음 1개소에 2곳 이상 결속할 것

② 철근 지름이 다를 경우 가는 철근 기준

### 2) 시공 시 유의사항

① 적정 이음

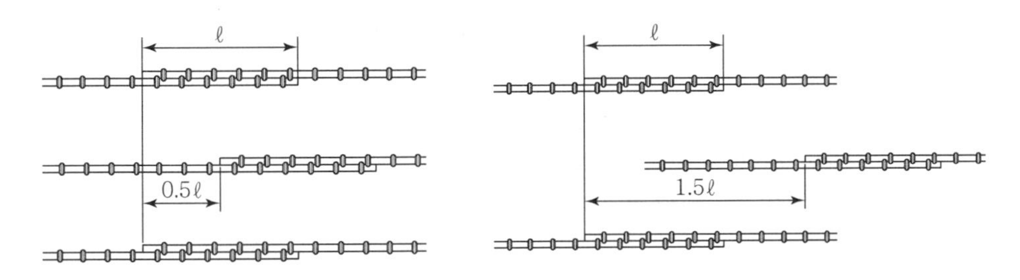


0.5ℓ 또는 1.5ℓ 이상 빗나가게 이음

② 부적합 이음

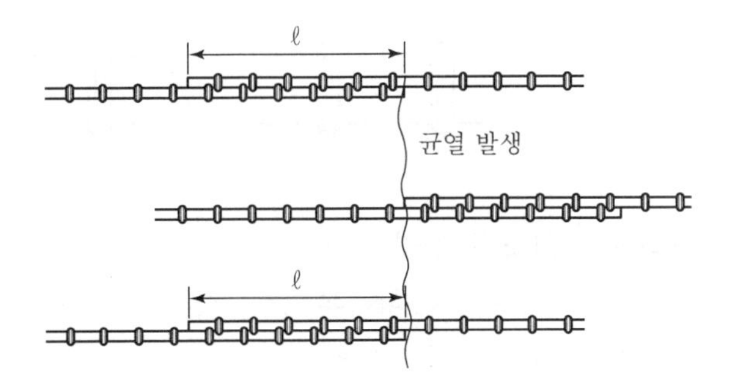


ℓ 만큼 빗나가게 이음하는 것은 균열 발생이 우려

③ 이음부는 한곳에 집중하지 않고 분산하는 것이 원칙

### (2) 용접 이음

#### 1) 이음 방법

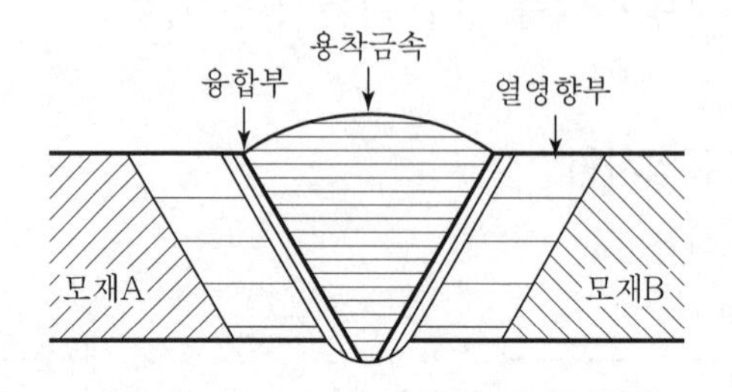


① 금속의 야금적 성질 이용
② Arc용접, flush butt용접
③ 직경이 큰 철근의 이음에 유효

#### 2) 시공 시 유의사항

① 개선 각도 유지

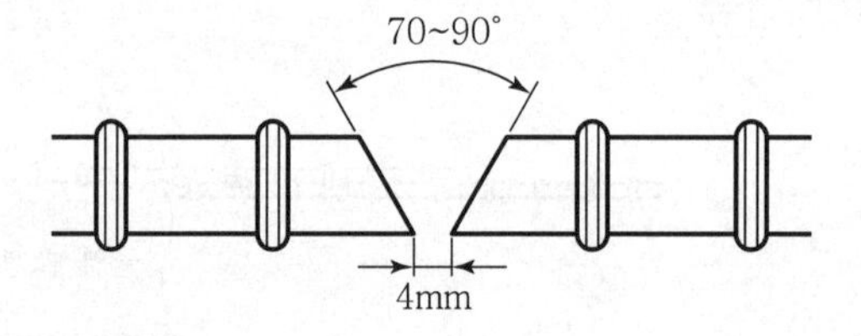


② 작업공종의 최소화 노력
③ 비파괴 검사를 통하여 이음부 상태 확인
④ D29 이상의 철근 이음 시 활용

### (3) Gas 압접

#### 1) 이음 방법

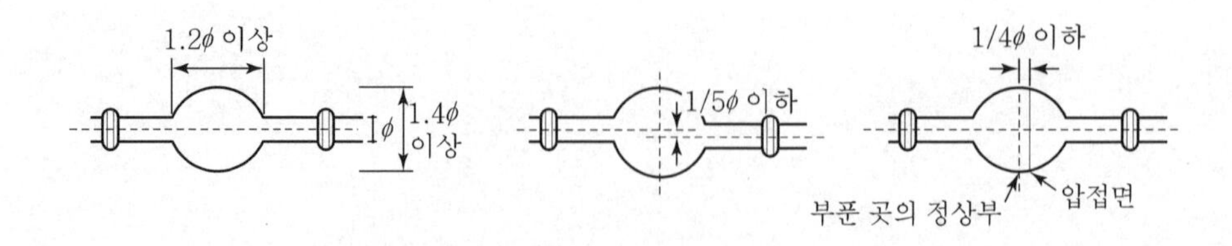

① 시공순서

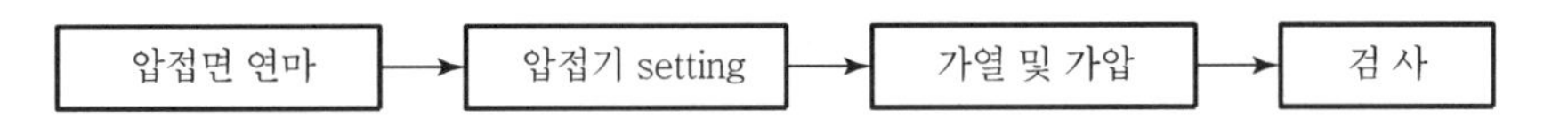


② 압접 기준
㉠ 압접돌출부의 직경은 철근직경의 1.4배 이상
㉡ 압접돌출부의 길이는 철근직경의 1.2배 이상
㉢ 철근 중심축의 편심량은 철근직경의 1/5 이하
㉣ 압접돌출부의 단부에서 용접면 엇갈림은 철근직경의 1/4 이하

### 2) 시공 시 유의사항

① 철근 지름의 차이가 6mm 이하인 경우 시공
② 압접부의 구부림 가공 금지
③ 이음부위의 간격을 400mm 이상

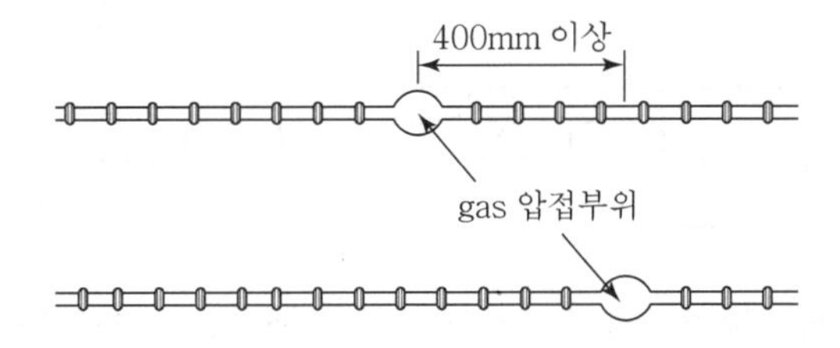


④ 압접 불꽃이 접합부위를 완전히 감싸게 하고 20mm 이하의 거리 유지

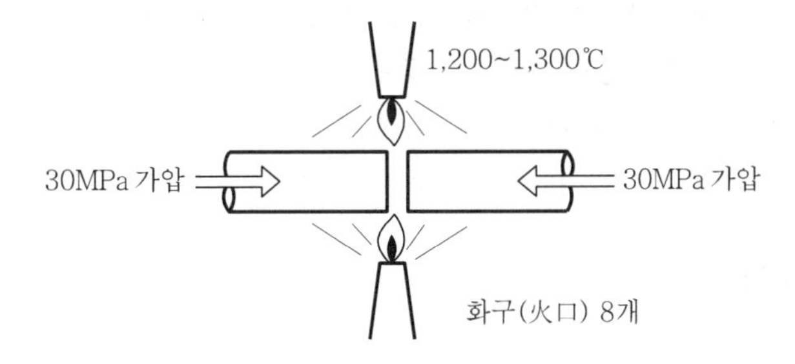


## (4) Sleeve joint(압착)

### 1) 이음 방법

① 접합할 부재를 sleeve 속에 넣고, 유압잭으로 압착
② 인장·압축에 대한 내력 확보

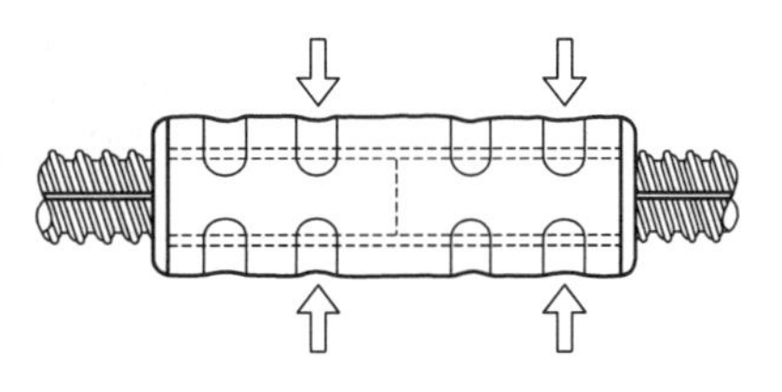
〈sleeve joint(슬리브 압착)〉

2) 시공 시 유의사항

① 장비가 대형으로 현장시공 시 유의

② Sleeve의 품질 확보

③ 3개소를 1조로 검사하며 1개 불량시 재검사

④ 시험은 인장강도시험 실시

(5) Sleeve 충진

1) 이음 방법

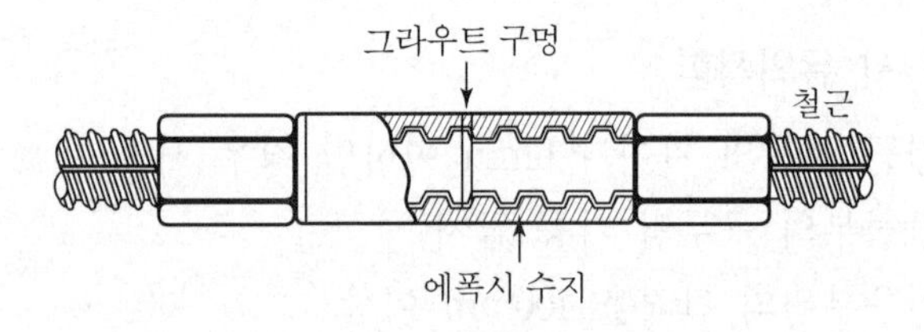


〈sleeve 충진공법〉

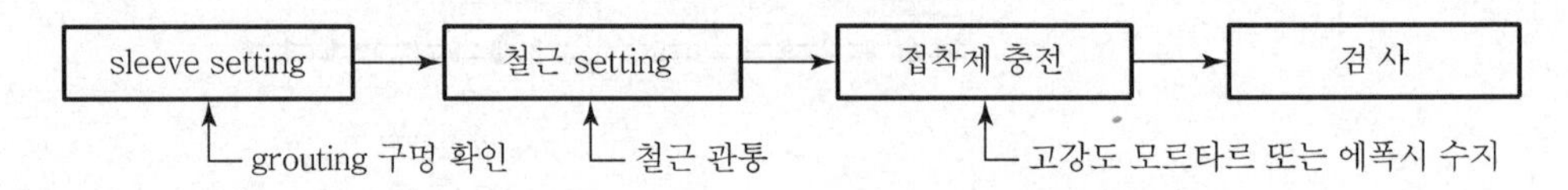


Sleeve에 철근을 압착시키고 grout 구멍을 통해 sleeve 공간을 충전하여 이음

2) 시공 시 유의사항

① Grouting 후 sleeve 내부의 충진 여부 확인

② 빈 공간이 있을 경우 재충전

③ 직경이 큰 철근의 이음에 유효

④ 육안검사가 곤란하므로 인장시험 실시

(6) 나사 이음

1) 이음 방법

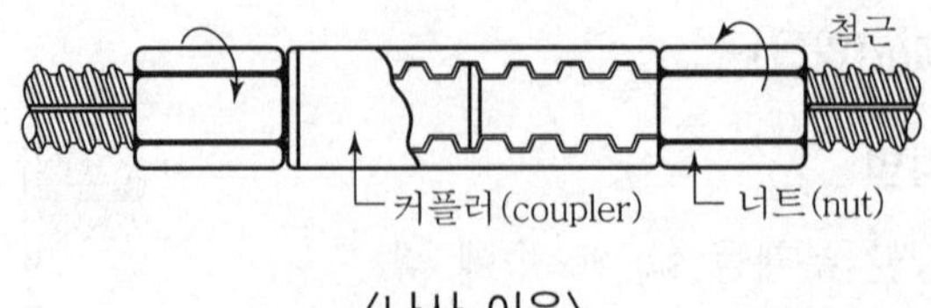


〈나사 이음〉

철근을 coupler에 끼운 후 양단부에 있는 nut를 조여 인장 이음

### 2) 시공 시 유의사항

① 나선이 coupler에 잘 물리도록 유의
② 조임은 유압 torque wrench를 사용
③ 규정 torque치가 나올 때까지 조임
④ 시공 후 조임확인 test 실시

## (7) Cad welding

### 1) 이음 방법

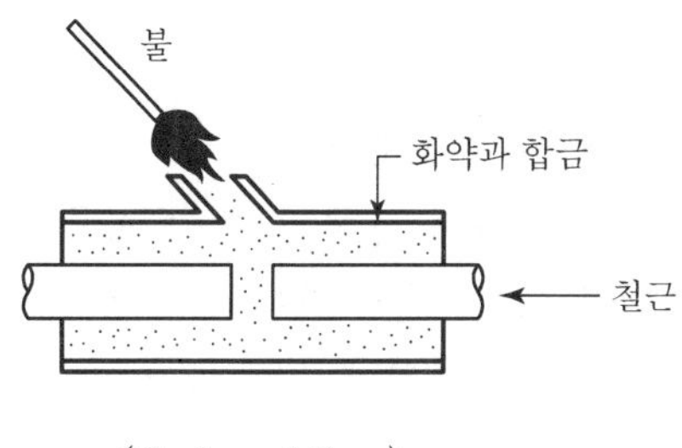


〈Cad welding〉

① 이음한 철근은 sleeve에 끼움
② Sleeve 구멍으로 화약과 합금을 섞은 혼합물을 넣어 순간 폭발
③ 합금이 녹아 공간을 충전하여 이음

### 2) 시공 시 유의사항

① 화약을 사용하므로 화재 발생에 유의
② D35 이상의 철근 이음에 유효
③ 단면이 큰 구조체에는 불리
④ 철근의 규격이 다를 경우는 곤란

### (8) G-loc splice

#### 1) 이음 방법

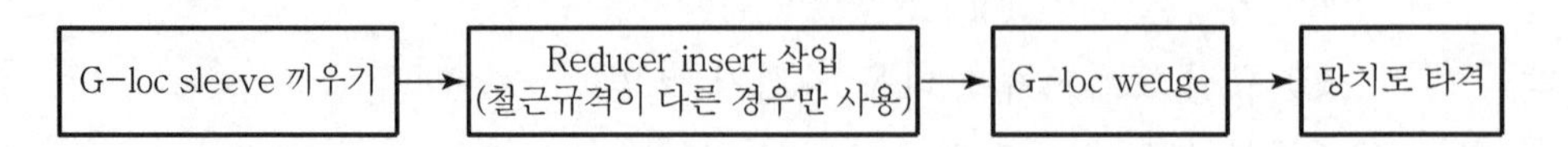


깔대기 모양의 G-loc sleeve를 철근 사이에 끼우고, G-loc wedge를 망치로 쳐서 이음

#### 2) 시공 시 유의사항

① 수직 철근 전용으로 사용
② 철근 단부의 연마작업 선행
③ 응력 전달이 확실하지 않으므로 큰 응력이 작용하는 곳은 곤란
④ 철근 직경이 상이한 경우 가는 철근을 기준
⑤ 이음의 1/2 이상은 한곳에 집중하지 말 것

## Ⅲ. 철근의 검사 및 조립

#### 1) 철근의 검사

| 검사 시점 | 검사 방법 | 검사 항목 |
|---|---|---|
| 현장반입 | 육안 검사 | 직경, 길이, 본수, 상태(녹, 휨 등) |
| | 시험성적표 | 인장 강도, 항복점, 신율 |
| 가공 | 육안 검사 | 직경, 길이, 휨, 가공 치수 |
| 배근 | 육안 검사 | 피복 두께, 이음길이 및 상태, 정착길이 |
| 이음 | 비파괴 검사 | 초음파 검사, 인장시험법 |
| | 장비 | 이음장치, 이음재료 |

육안 검사 시에는 자를 사용하여 각종 치수를 확인

2) 철근의 조립

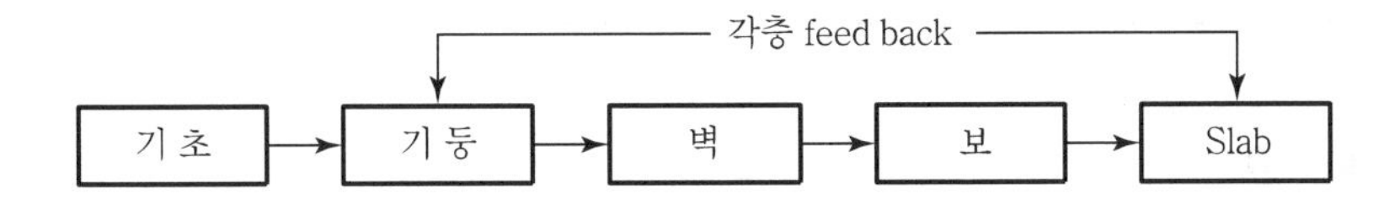


기둥 · 벽 철근은 거푸집 시공 전, 보 · slab 철근은 거푸집 시공 후 조립

## Ⅳ. 결 론

① 철근 이음에서의 품질확보를 위해서는 사전에 이음공법의 결정과 구조적으로 안전하고 내구성 있는 배근이 되도록 시공하는 것이 중요하다.

② 철근공사의 개선을 위해서는 현장에서의 가공 및 이음보다는 공장제작을 통해 현장에서는 조립만 하는 pre-fab화가 정착되어야 한다.

## 문제 4 철근 선조립(Pre-fabrication)공법

### Ⅰ. 개 요

1) 정 의

① 기둥, 벽, 보, 바닥 철근을 공장 또는 현장 가까이에 있는 야적장(stock yard)에서 미리 조립하여 현장에서 접합하여 사용하는 공법을 철근 선조립공법이라 한다.

② 공기단축, 작업환경 개선, 안정성 확보 등으로 공사의 합리화 추구 및 건설의 공업화 발전에 필요한 공법이다.

2) 공법 사용 시 선결사항

| 구분 | 선결사항 |
|---|---|
| 구조물 용접철망 선조립공법 | 1. 설계 단계에서 정밀한 구조 검토<br>2. 부피가 큰 unit한 부재로 운반 및 양중 사항<br>3. 현장의 일반 철근과의 이음 |
| 철근 선조립공법 | 1. 시공도를 통한 가공의 정밀도<br>2. 중량으로 양중에 관한 사항<br>3. 이음 부위의 응력 전달성 |

## Ⅱ. 철근공사 flow chart

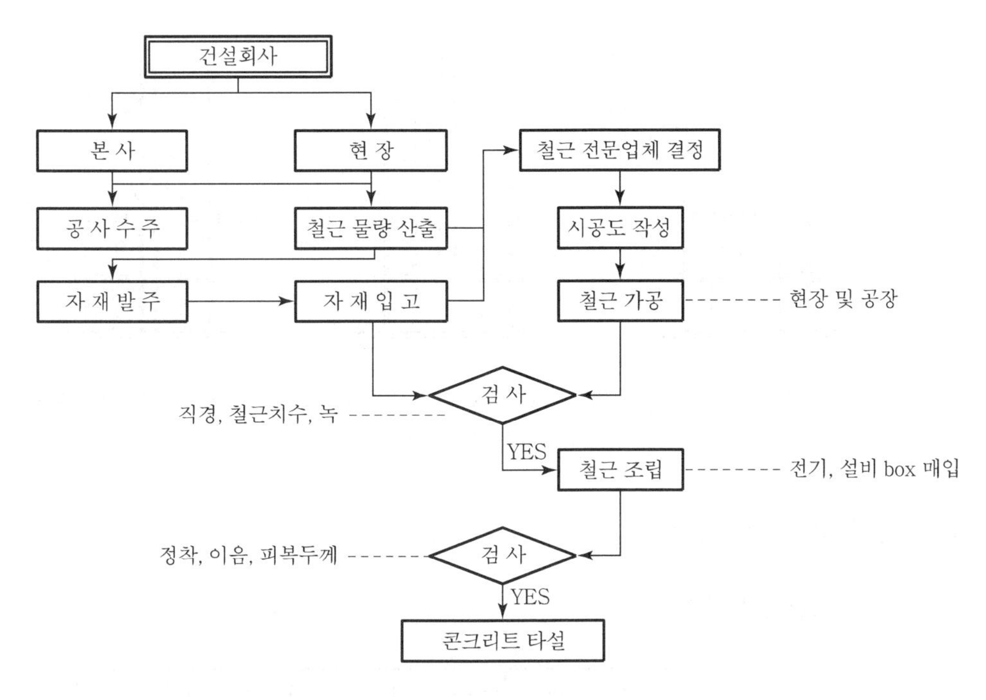


층별 물량을 철근규격별로 산출하여 just in time system이 되도록 함

## Ⅲ. 시 공

### 1) 시공순서 flow chart

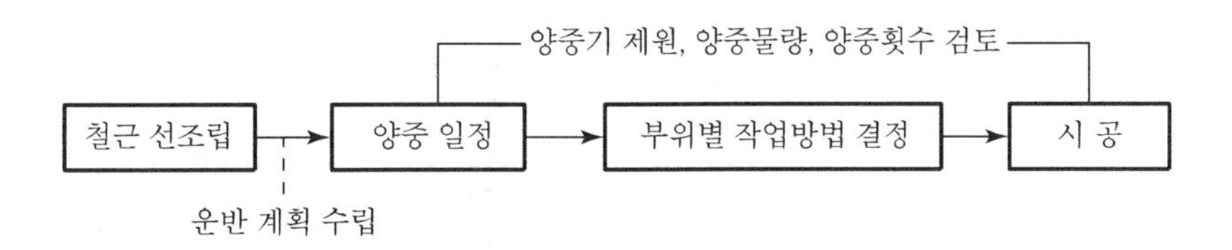


### 2) 시공(벽체 조립)

① 간격 유지용, 작업용 비계 등의 가설 frame 설치

② 양중시 변형에 유의 및 신호수 배치

③ 각종 매립물과 철근의 이음부 확보

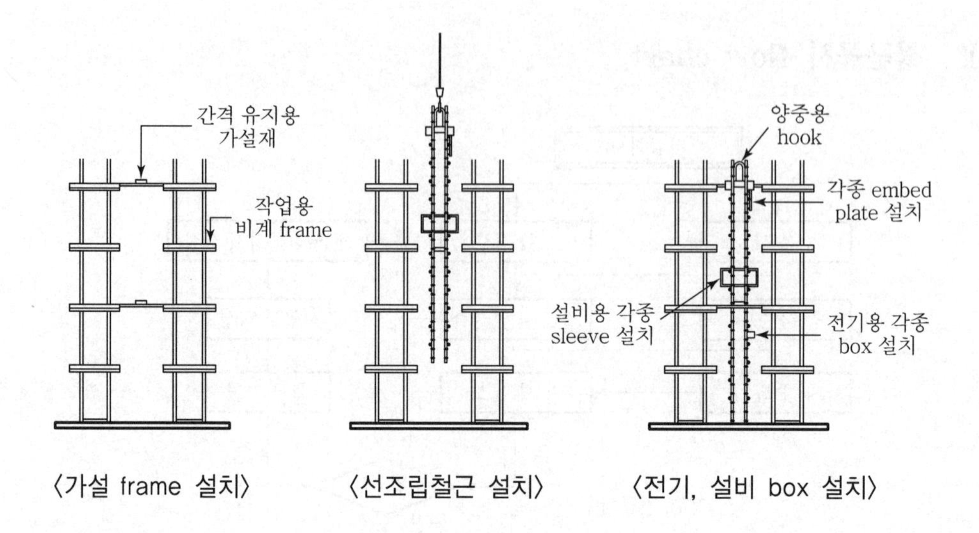


〈가설 frame 설치〉 〈선조립철근 설치〉 〈전기, 설비 box 설치〉

## Ⅳ. 시공 시 유의사항

### 1) 평면의 단순화

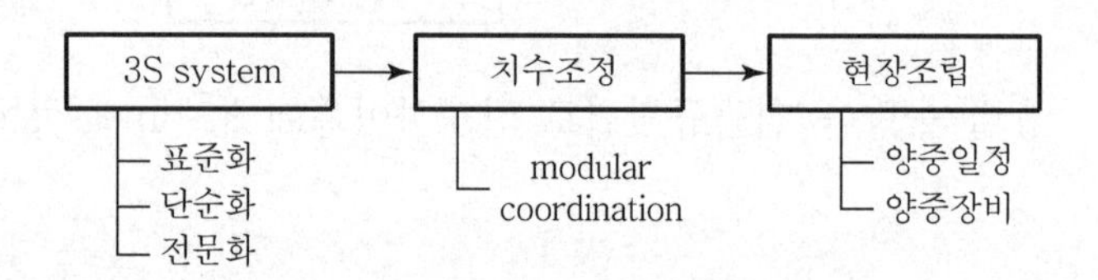


반복 생산이 가능하도록 설계 시 충분한 검토

### 2) Just in time system 활용

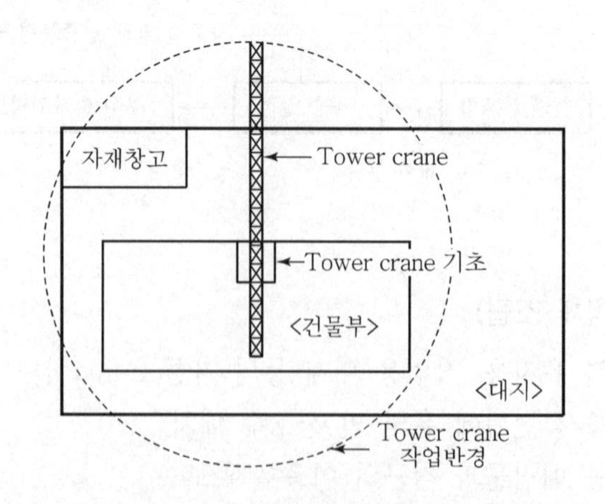


공장과 연계하여 현장에 자재 적재현상을 최소화할 것

### 3) 공정마찰

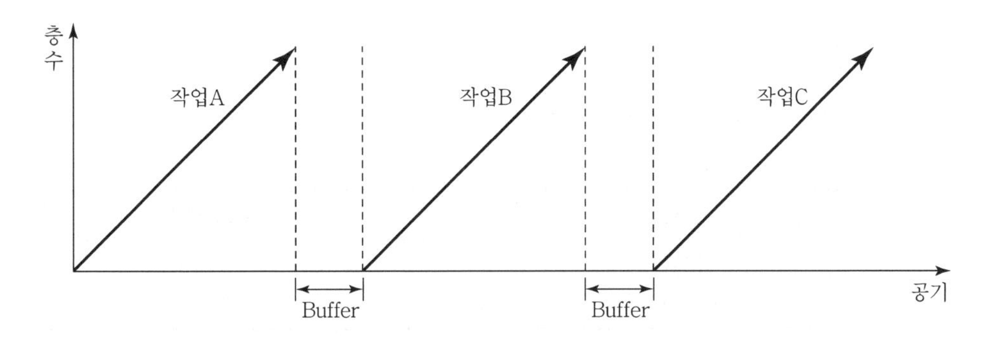


① Buffer란 공정간섭(마찰)을 피하기 위한 연관된 선후 작업 간의 여유시간

② 주공정선에는 최소한의 buffer를 두어 공기 연장 방지

### 4) 양중계획의 종합적 검토

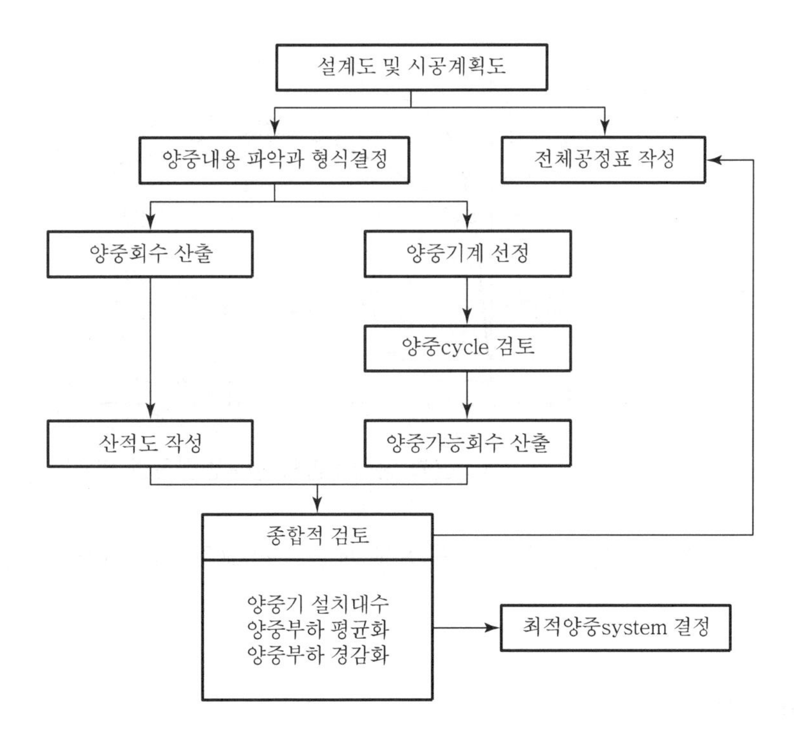


철근 선조립(Pre-fabrication)공법에서의 양중계획은 전체공사계획의 중요부분을 차지하므로 양중에 대한 철저한 분석 필요

### 5) Joint부 구조 검토

현장 접합부가 구조상 취약하지 않도록 검토

6) 적정 접합공법 선정

7) 현장정리

① 조립 전 철근의 녹, 흙 등을 제거

② 조립 허용오차

| 구분 | 허용오차 |
|---|---|
| 피복두께 | 5mm |
| 이음위치 | 20mm |

## Ⅴ. 구조용 용접철망

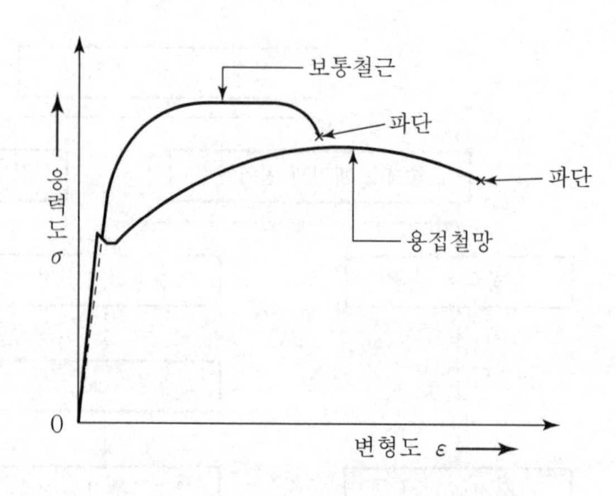


〈철근과 용접철망의 응력변형곡선 비교〉

원형 또는 이형 철선을 직교 배열하여 교차점을 전기저항용접으로 제조

## Ⅵ. 결 론

① 철근 선조립공법은 조립 후 방치기간이 있으므로 철근의 부식 억제 및 구조체의 내구성 확보를 위해 방청처리가 필요하다.

② 구조체의 합리화를 위해서는 철근 및 거푸집을 동시에 pre-fab화할 수 있는 공법의 개발이 필요하다.

# 문제 5 철근공사의 시공실태와 개선방안

## Ⅰ. 개 요

### 1) 의 의

① 근래에 건축물의 대형화와 고층화가 급속히 진행되고 있으며 대형 현장에서의 기능인력 부족이 문제화되고 있다.

② 기능인력의 부족, 고령화 등에 의해 철근공사의 공기 및 품질에 악영향을 미치고 있으므로 pre-fab화, PC화 등을 통해 철근콘크리트공사 전체를 합리화하여야 한다.

### 2) 철근공사 flow chart

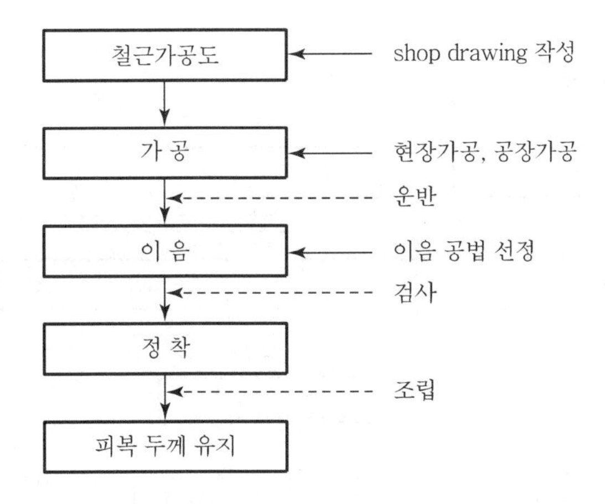


전 과정의 확인(검사)을 마친 후 콘크리트를 타설한다.

## Ⅱ. 철근의 응력변형도

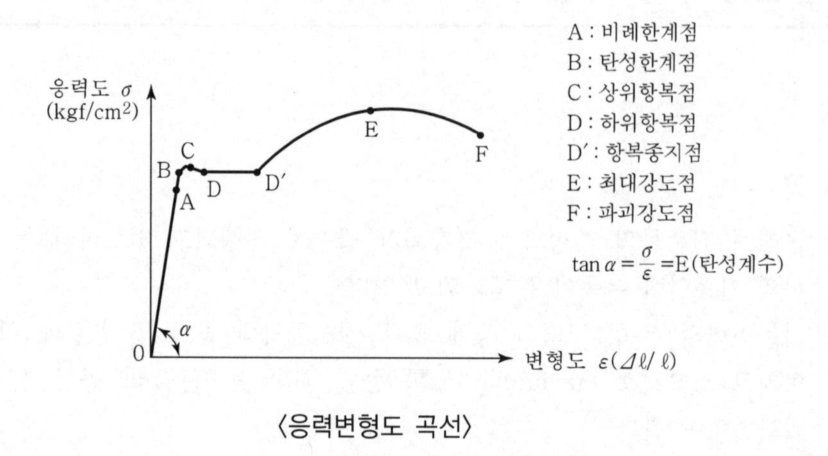


〈응력변형도 곡선〉

## Ⅲ. 시공 실태

### 1) 노동력 부족

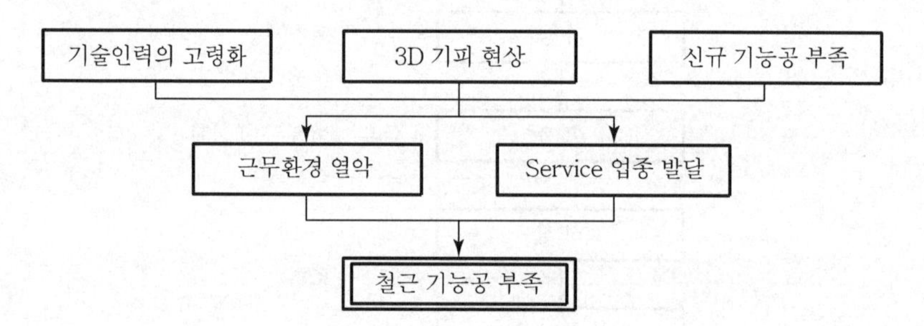


근래 취업난이 가중되고 있으나 건설현장에서는 기능공 인력난이 심화되고 있음

### 2) Shop drawing의 활용 미비

① 철근배근의 상세도를 작성할 인력 부족

② 소규모 현장에서는 철근반장에 의해 공사 진행

### 3) 거푸집공사와 공정마찰 발생

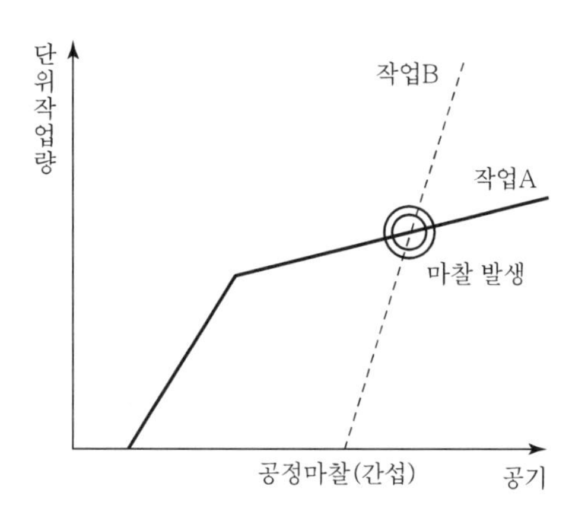


① 철근, 거푸집공사 간의 공정마찰로 공기지연
② Tower crane 시간별 운용방안이 필요

### 4) 피복두께 유지 곤란

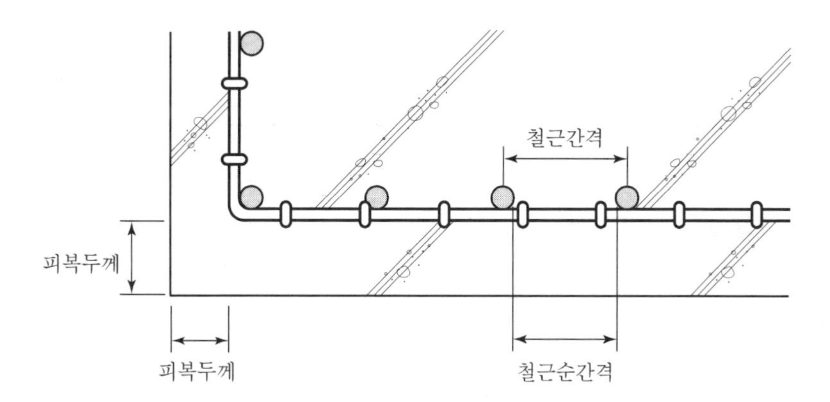


현장 배근으로 철근의 휨, 구부림 등의 발생으로 피복두께 유지 곤란

### 5) Stock yard 부족

① 현장내 자재 적재장소 부족으로 규격별 철근야적 곤란
② 철근 가공 및 배근시 자재의 정리 부족
③ 장비 대여료(지게차), 시간 손실 막대함

### 6) 자재 손실 발생

현장 가공 시 철근의 loss율 과다

## Ⅳ. 개선방안

### 1) 설계의 표준화

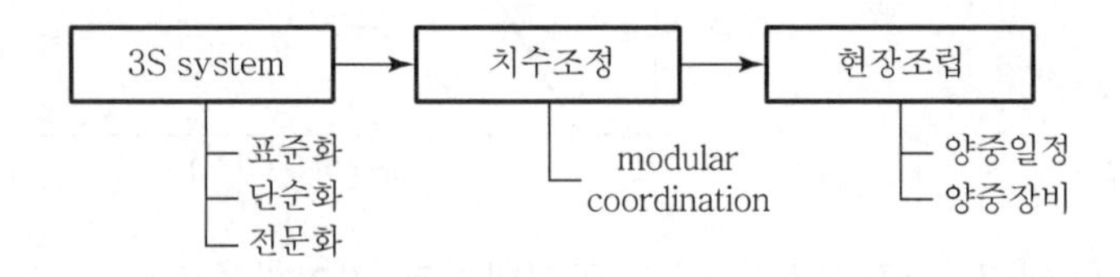


반복 생산이 가능하도록 설계 시 충분한 검토

### 2) 철근 선조립공법 활용

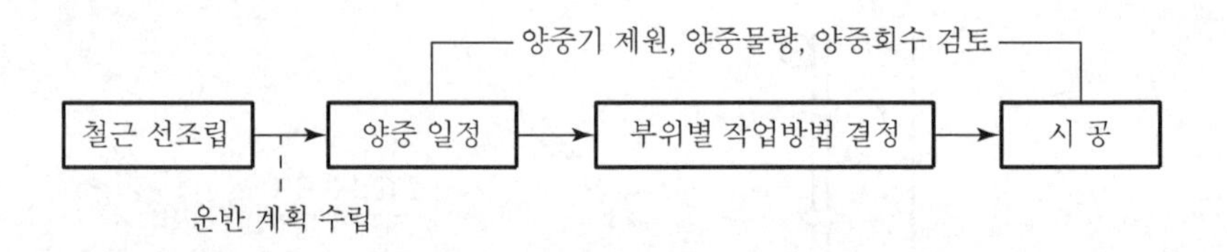


현장작업을 공장작업으로 대체 가능

### 3) PC 공법 적용

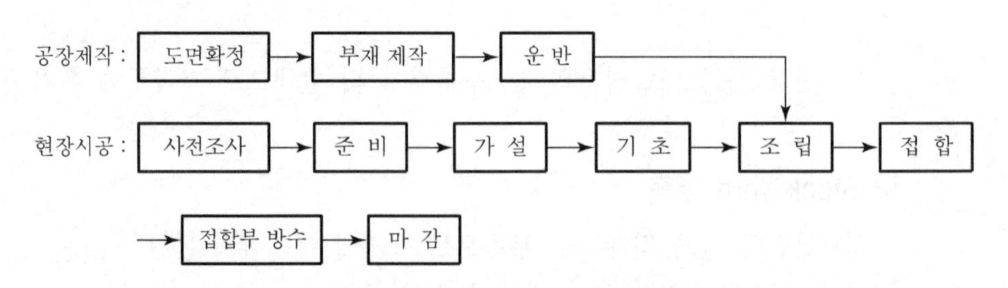


철근공사를 포함하여 구조체공사 전부를 공업화하는 방법

### 4) 공정마찰 방지

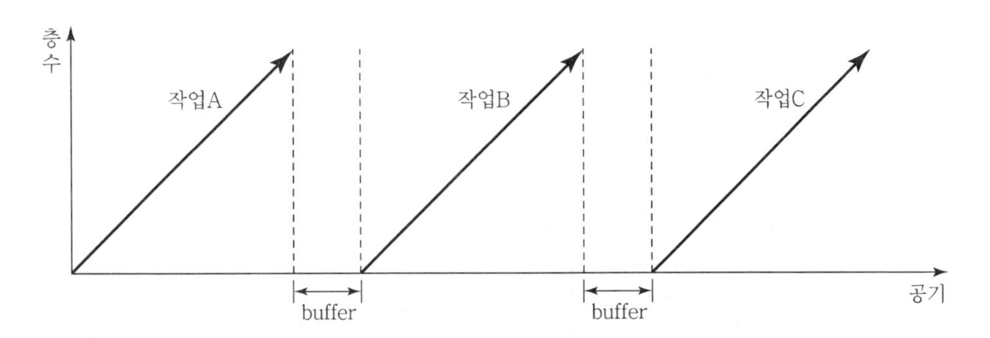


① Buffer란 공정간섭(마찰)을 피하기 위한 연관된 선후 작업 간의 여유시간

② 주공정선에는 최소한의 buffer를 두어 공기연장 방지

### 5) 가공의 전문화

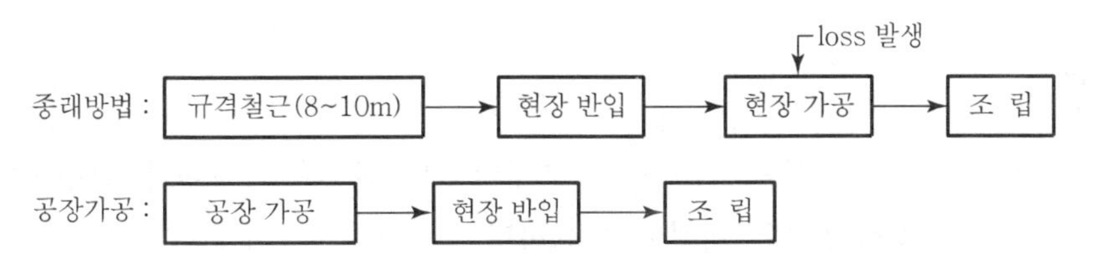


공장에서 가공된 철근을 현장에 반입하므로 철근 loss율 격감

### 6) 피복두께 확보

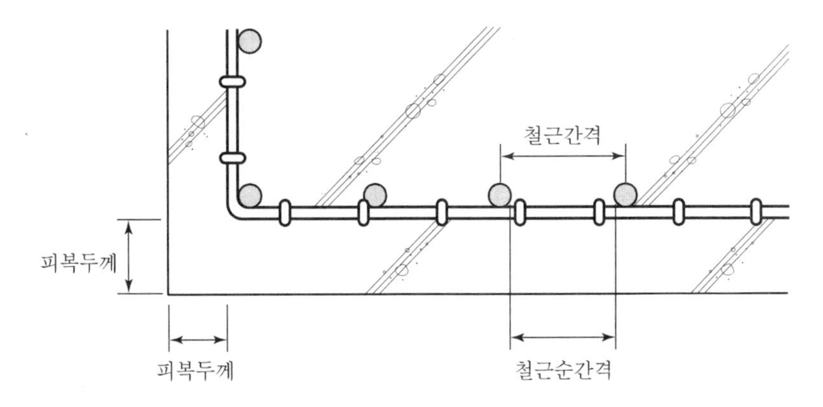


감독자 및 감리자와 협력하여 피복두께 유지에 노력

## V. 철근공사 향후 발전방향

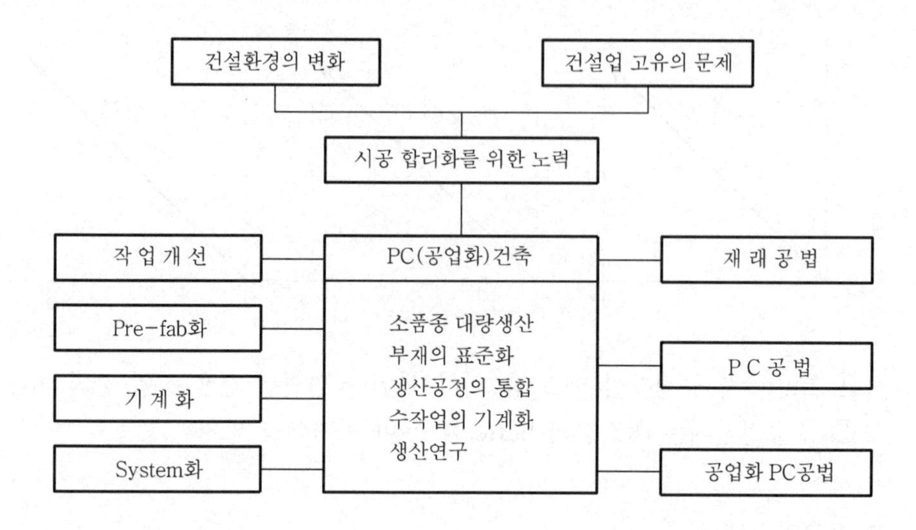


## Ⅵ. 결 론

① 철근공사의 개선을 위해서는 부재의 단순화 및 규격화가 선행되어야 하며 이음과 정착방법의 개선이 필요하다.

② 공장제작과 현장설치의 pre-fab화가 이루어져야 하며 재료의 개발, 생산방식의 합리화, 생산기계의 자동화 및 시공의 robot화 등을 위한 지속적인 연구개발이 이루어져야 한다.

# 문제 6 System 거푸집공법 선정 시 고려사항

## Ⅰ. 개 요

### 1) 의 의

① System 거푸집은 거푸집의 구성요소인 거푸집 판, 멍에, 장선 및 지지대를 일체화시킨 제품으로 근래에는 다양한 system form의 개발이 촉진되고 있다.

② System 거푸집은 조립 및 해체가 용이하고 전용성과 안전성이 있어야 하며 특히 거푸집 자체의 강성이 요구된다.

### 2) 거푸집의 시공계획

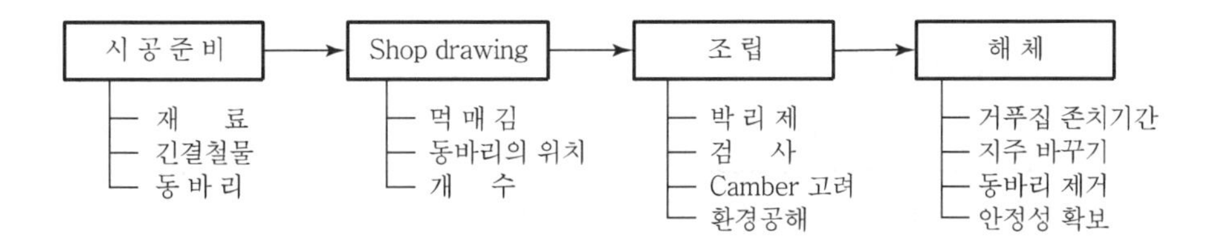


## Ⅱ. 거푸집 설치의 현장시공 실례

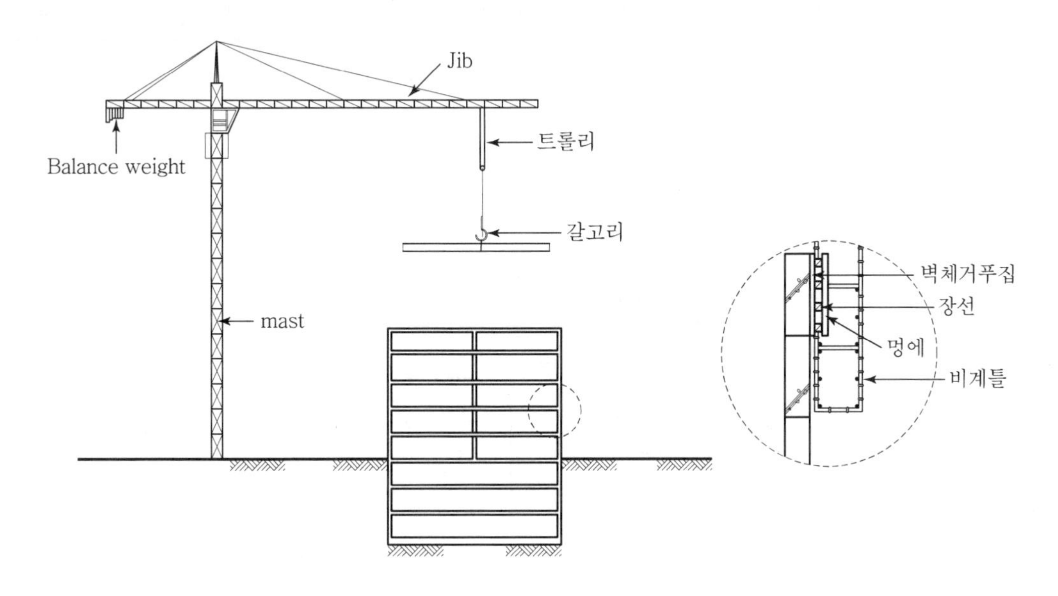

## Ⅲ. 선정 시 고려사항

### 1) 구조적 안정성

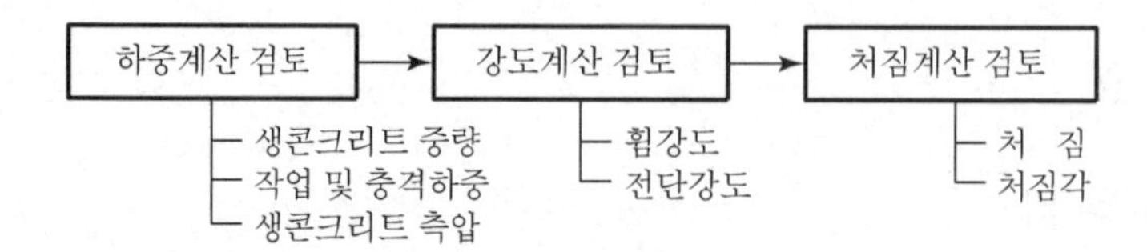


신뢰할 수 있고 재료에 의해 성능이 확인된 자재 사용

### 2) 전용성

| 구분 | 기준층(N층) | N+1층 | N+2층 | N+3층 | N+4층 |
|---|---|---|---|---|---|
| 벽 form | ○ → | ○ → | ○ → | ○ → | ○ |
| 기둥 form | □ → | → | □ → | → | □ |
| 보옆 form | | □ → | → | □ → | → |
| 보밑 form<br>slab form | △ → | → | → | △ | |
| | | △ → | → | → | △ |
| | | | △ → | → | → |

① 벽 form은 1벌, 기둥 및 보 옆 form은 2벌, 보 밑 및 slab form은 3벌을 준비

② 품질에 영향을 미치지 않은 범위에서 최대한 전용성 활용

### 3) 부재별 전용횟수

| 부재 | 일반합판 | 철재 form | 일호 form | 유로 form | AL form |
|---|---|---|---|---|---|
| 전용횟수 | 3~5회 | 100회 이상 | 25회 | 15~20회 | 150회 |

건축물의 형상, 크기 등에 따라 거푸집 부재 결정

### 4) 양중계획

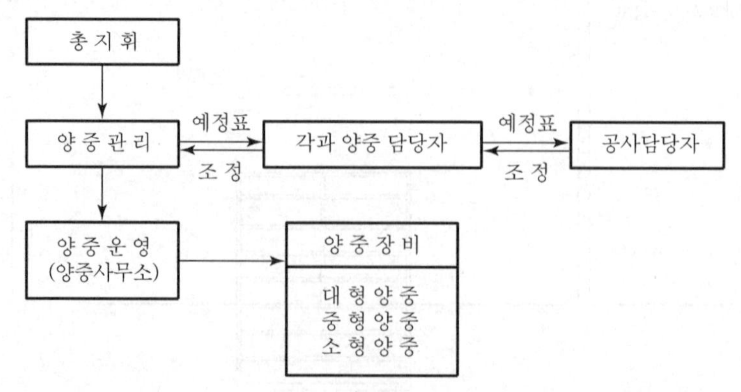


System form의 중량(50~100kg/m²)을 확인하고 tower crane 설치

### 5) 콘크리트 측압

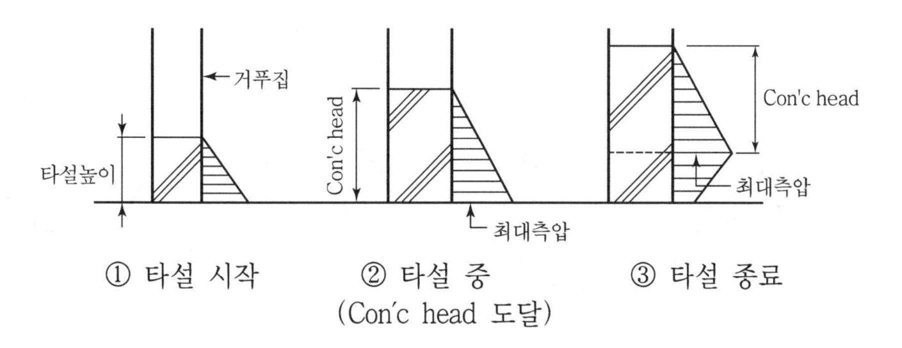


측압에 의한 거푸집의 변형이 발생하지 않도록 계획

### 6) 수밀성

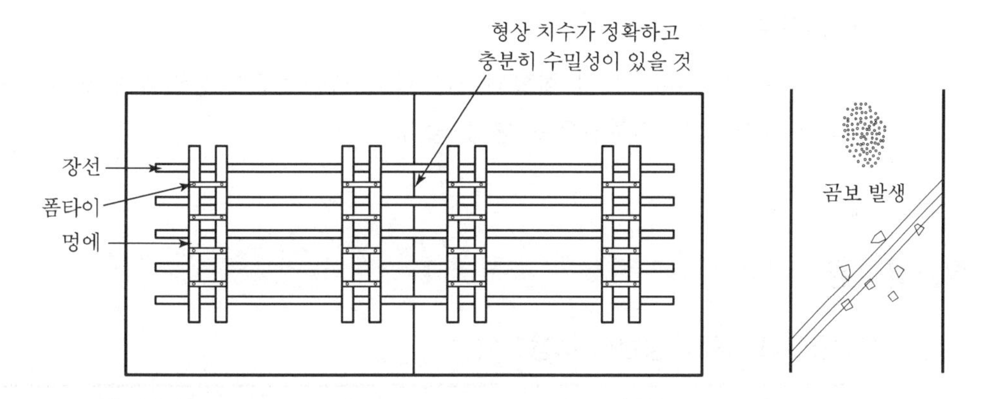


조립 후 공간이 있어 Con'c 타설 시에 모르타르나 시멘트 paste가 누출되면 Con'c 품질 손상

### 7) 경제성

① 거푸집 공사비는 골조 공사비의 15~30% 차지
② 합리화의 여하에 의하여 공비 절감의 여지가 큰 비목임

#### 8) 성력화

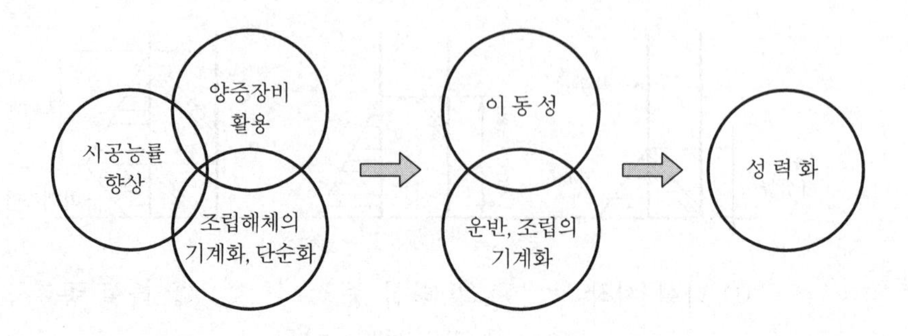


#### 9) 구조체 미관

목재의 나뭇결이 반영되고, 메탈폼을 사용하여 철판의 녹이 갈색으로 변색

#### 10) 시공오차

① 각 부재의 unit화 및 접합의 기계화로 시공정도가 동일하여 오차가 축소됨

② 강성이 높은 거푸집으로 변형 방지

## Ⅳ. 결 론

#### 1) 콘크리트 표면 평탄성 허용오차

| 외관 조건 | 허용오차 |
|---|---|
| 미관용 노출콘크리트 | 3mm 이내 |
| 마감이 있는 콘크리트 | 6mm 이내 |
| 미관 무시 노출콘크리트 | 13mm 이내 |

#### 2) System 거푸집 활성화 방안

① 설계의 표준화 · 규격화 · 단순화

② AL plastic 거푸집의 개발

③ 재료의 경량화 · 고강도화

④ 양중장비의 소형화 · 고능률화

⑤ Robot 시공

문제 7

# 거푸집 공사 중 Gang Form, Auto Climbing Form, Sliding Form 공법의 비교

## Ⅰ. 개 요

① 대형 System 거푸집은 거푸집과 동바리를 일체화하거나 대형 Panel로 Unit화 하여 거푸집 공사를 경제적으로 하기 위한 공법이다.

② Gang Form, Auto Climbing Form, Sliding Form 공법은 대형 System 거푸집의 대표적인 공법으로 현장에서 주로 사용되며, 공사의 경제성 · 효율성을 바탕으로 선정해야 한다.

## Ⅱ. 무비계공법의 종류

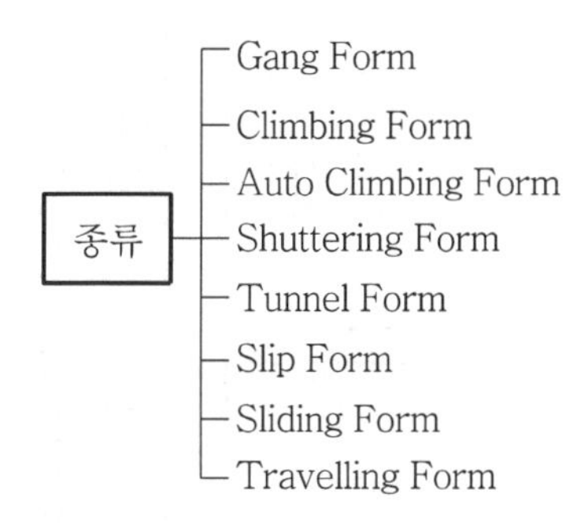


## Ⅲ. Gang Form, Auto Climbing Form, Sliding Form 공법의 비교

| 구분 | Gang Form | Auto Climbing Form | Sliding Form |
|---|---|---|---|
| 공정 Cycle(1개층) | 5일 | 3~4일 | 2일 |
| T/C 지원 | 필요 | 불필요 | 불필요 |
| 인양시 전후작업 | 많음 | 적음 | 없음 |
| 바람영향 | 많음 | 없음 | 없음 |
| 인양시 안전성 | 높음 | 양호 | 양호 |
| Form 변형 | 심함 | 거의 없음 | 전혀 없음 |
| 선정기준 | 대부분 25층 이하 건축물 | 35층 이상 초고층 | 50층 이상 초고층 |
| 구매형태 | 구매 | 임대 | 임대 |

# Ⅳ. Gang Form, Auto Climbing Form, Sliding Form 공법의 특성 및 시공 시 유의사항

## (1) Gang Form

### 1) 정의

주로 외벽에 사용되는 거푸집으로서, 대형 Panel 및 멍에 · 장선 등을 일체화시켜 해체하지 않고 반복 사용하도록 한 대형 Panel Form

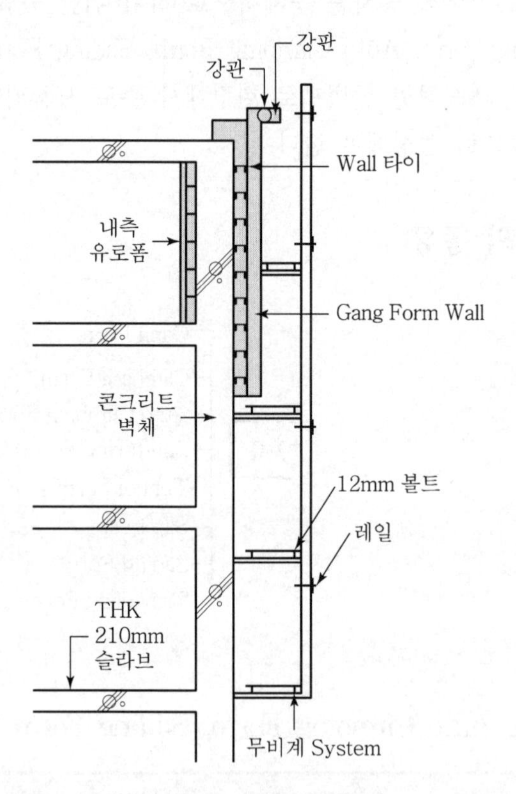


〈공동주택 갱폼 단면〉

### 2) 특성

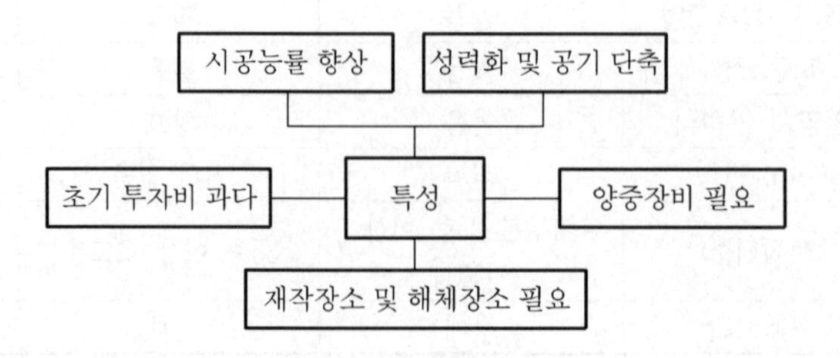

### 3) 시공 시 유의사항

① 양중장비를 고려한 Panel 제작
② 낙하 및 추락 방지를 위한 안전시설 점검
③ 바람에 의한 안전성 검토
④ 양중, 이동시 변형되지 않도록 강성 확보

## (2) Auto Climbing Form

### 1) 정의

벽체용 거푸집으로서 갱폼에 거푸집 설치를 위한 비계틀과 기타설된 콘크리트의 마감작업용 비계 및 인양용 유압잭을 일체로 조립·제작한 거푸집

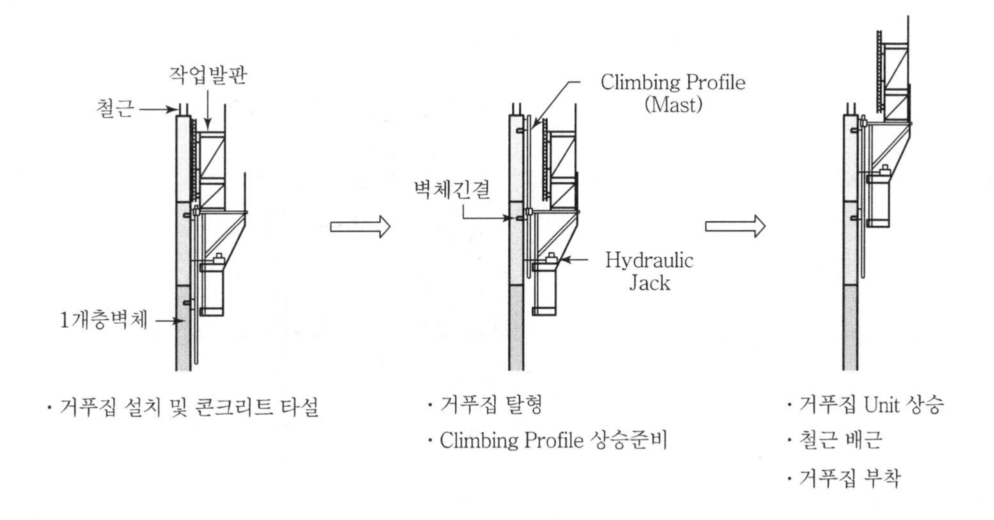


### 2) 특성

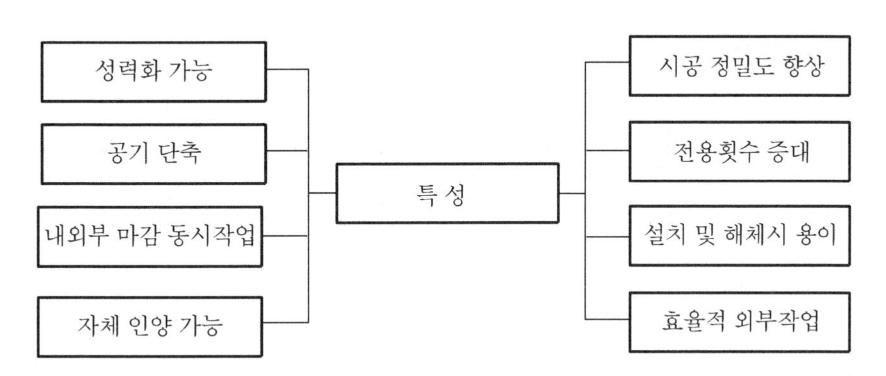

3) 시공 시 유의사항

① 박리제 도포계획을 철저히 이행

② 장비 고장시 대비책 마련

③ 낙하방지를 위한 안전시설 점검

④ 가설비계가 없으므로 후속공정과의 관계를 철저히 검토

⑤ 바람에 의한 안전성 검토

⑥ 양중 등 이동시 변형되지 않도록 충분한 강성 확보

(3) Sliding Form

1) 정의

대형 전용 거푸집공법 중 연속화 공법으로서 거푸집을 상부로 수직 이동하면서 Con'c 타설과 마감이 동시에 가능한 공법

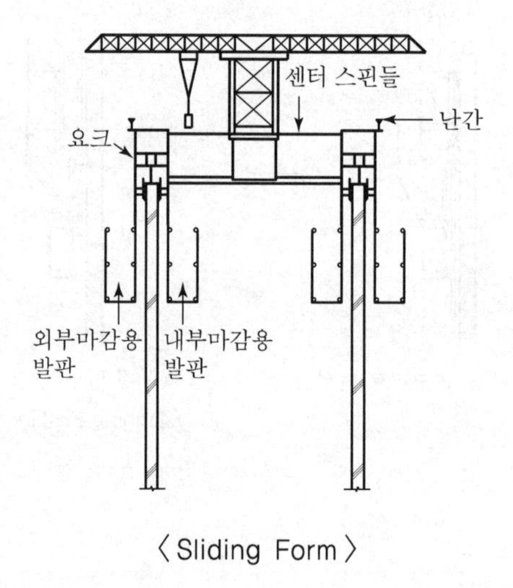


〈Sliding Form〉

2) 특성

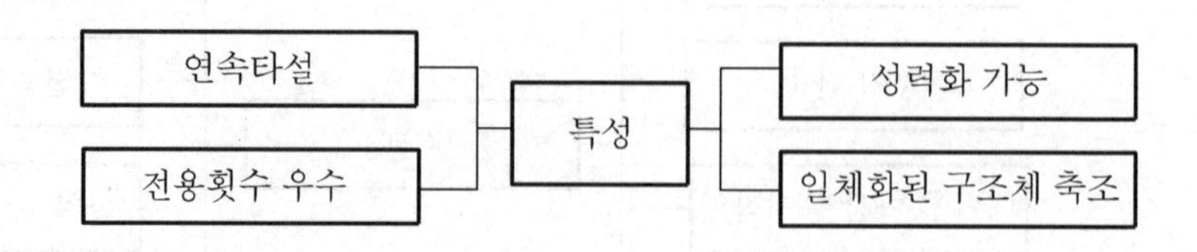

3) Sliding Form과 Slip Form의 비교

| 구분 | Sliding Form | Slip Form |
|---|---|---|
| 단면형상 | 일정 단면 | 변형 가능 |
| 정밀도 | 우수 | 보통 |

## Ⅴ. 현장 적용 조건

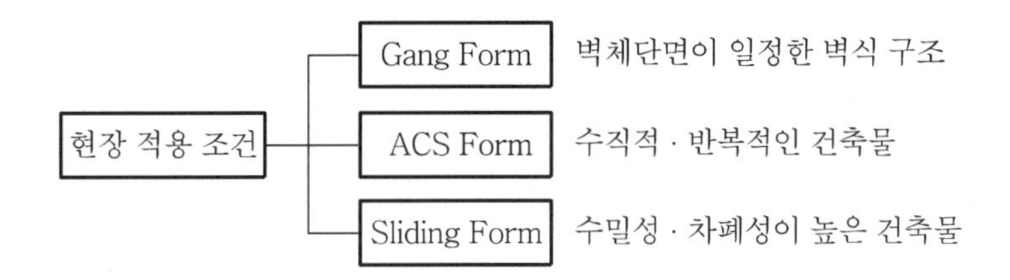


## Ⅵ. 결 론

거푸집은 충분한 강성 · 전용횟수(내구성) · 안전성 · 수밀성 및 시공이 용이하여야 하며, 반복 횟수, 즉 경제성도 함께 고려되어야 한다.

# 문제 8 콘크리트 타설시 거푸집측압의 특성 및 영향요인

## Ⅰ. 개 요

① 미경화콘크리트를 타설하게 되면 거푸집의 수직부재(거푸집널 등)는 유동성을 가진 콘크리트의 수평방향 압력을 받게 되는데, 이것을 측압이라 한다.

② 측압은 미경화콘크리트의 윗면으로부터의 거리(m)와 단위용적 중량($t/m^3$)의 곱으로 표시하며, 단위는 $t/m^2$이다.

## Ⅱ. 측압의 특성

### 1) 콘크리트 head

① 콘크리트 타설 윗면에서부터 최대 측압이 생기는 지점까지의 거리

② 콘크리트의 타설된 높이에 따라 측압이 증가되다가 일정 높이에 도달하면 측압은 오히려 감소

### 2) 인력 다짐시 측압

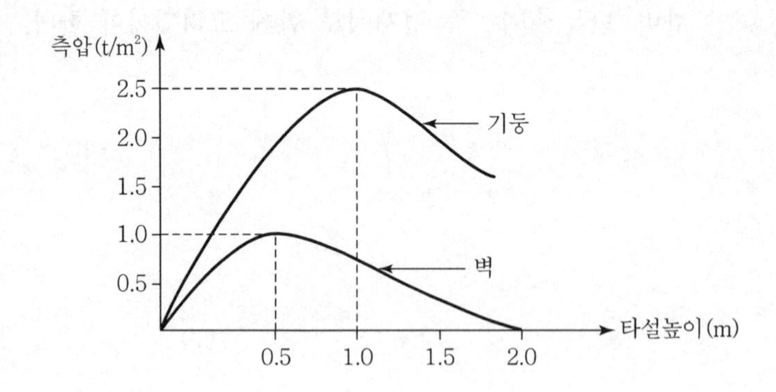


① Con'c head의 최대값

㉠ 벽 : 0.5m

㉡ 기둥 : 1.0m

② Con'c의 최대측압

㉠ 벽 : $0.5m \times 2.3t/m^3 \fallingdotseq 1.0t/m^2$

㉡ 기둥 : $1.0m \times 2.3t/m^3 \fallingdotseq 2.5t/m^2$

3) 진동 다짐시 측압 표준치

단위 : t/m²

| 분류 | 기둥 | 벽 |
|---|---|---|
| 내부 진동기 사용 | 3 | 2 |
| 외부 진동기 사용 | 4 | 3 |

4) 콘크리트 측압 변화

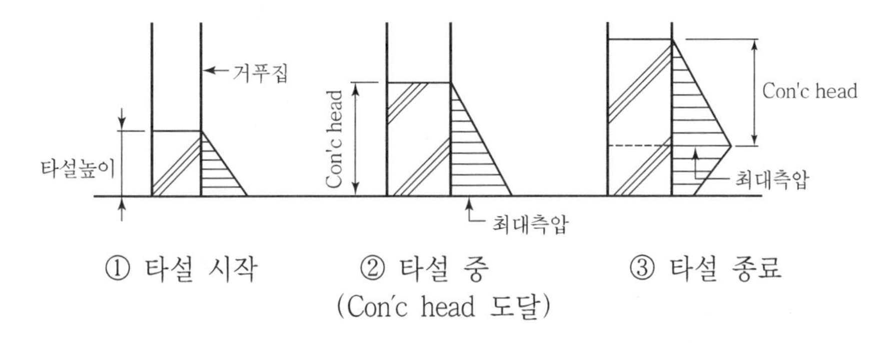


① 타설 시작　　② 타설 중 (Con'c head 도달)　　③ 타설 종료

5) 거푸집에 따른 측압 크기

강재 form < 일호 form < 유로 form < 목재 form

강재 거푸집이 측압에 대해 유리

## Ⅲ. 영향 요인

1) Slump치

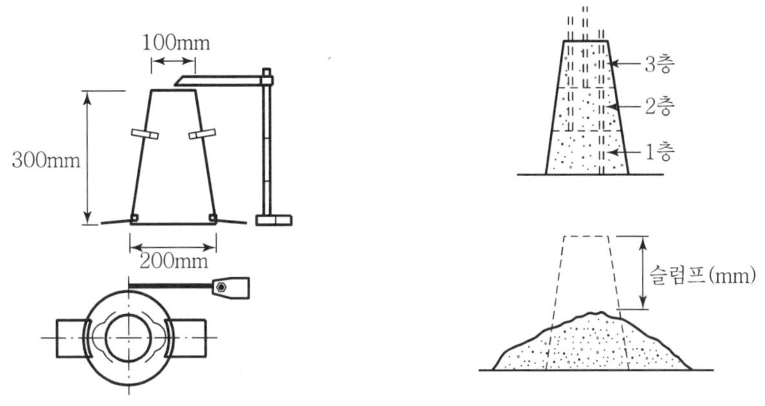


미경화콘크리트의 반죽질기를 측정하는 test로 slump 값이 높을수록 측압 증가

### 2) 다 짐

① 진동기를 사용하여 다짐을 실시한 경우 측압 증가

② 다짐 시간이 길수록 측압 증가

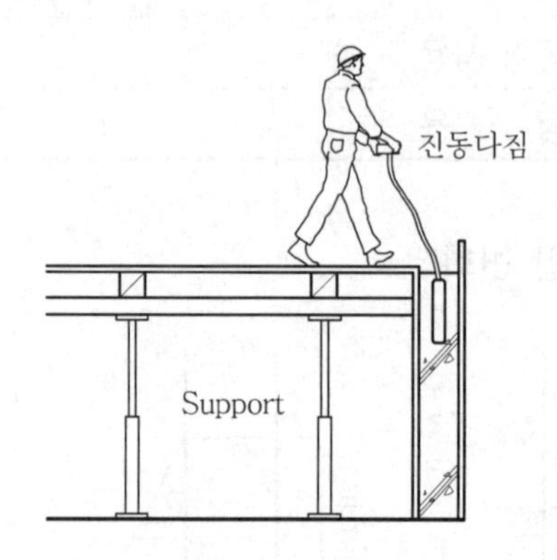


### 3) 타설계획

① 기둥, 벽 등의 수직 부재는 한번에 타설 할수록 측압 증가

② 타설 속도가 빠를수록 측압 증가

③ 타설 높이가 높을수록 측압 증가

### 4) 부재 조건

① 단면이 클수록 측압 증가

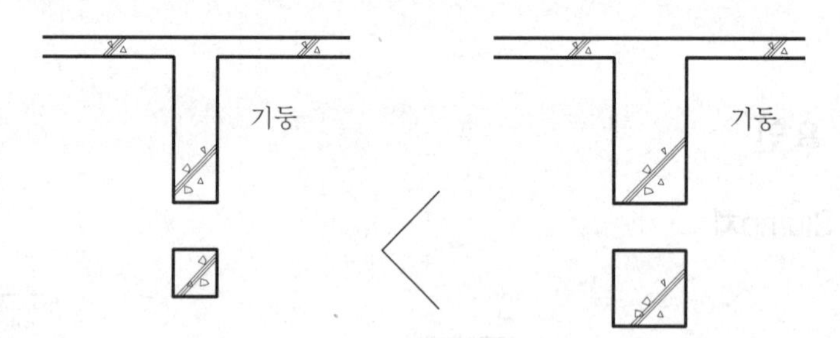


② 철근량이 적을수록 측압 증가

### 5) 외기 조건

① 온도 및 습도가 낮을수록 측압 증가

② 경화속도가 늦을수록 측압 증가

### 6) 배 합

시멘트량이 많을수록(부배합) 측압 증가

## Ⅳ. 측압 측정방법

| 측정기기 | 측정방법 | 도해 |
|---|---|---|
| 수압판에 의한 방법 | ① 금속재의 수압판을 거푸집면 바로 아래에 장착<br>② Con'c와 직접 접촉시켜 그 측압에 의한 탄성변형에서 측압력 측정방법 | 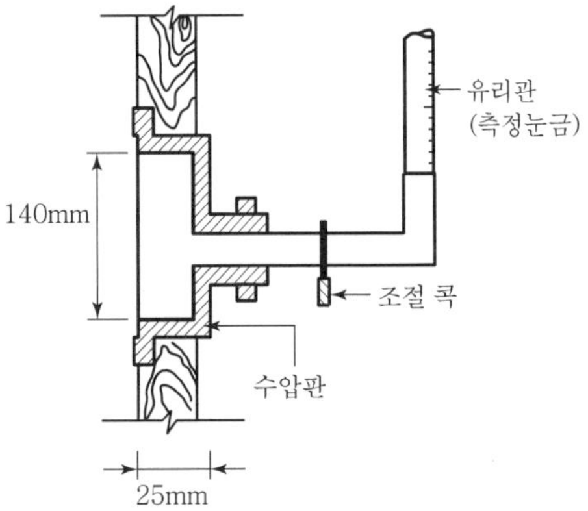 유리관 (측정눈금)<br>140mm<br>조절 콕<br>수압판<br>25mm |
| 수압계에 의한 방법 | ① 수압판에 직접 strain gauge를 부착<br>② 수압판의 탄성 변형량을 정기적으로 측정하여 실제 수치를 파악하는 방법 | |
| 죄임철물의 변형에 의한 방법 | ① 거푸집 죄임철물이나 죄임 본체인 bolt에 strain gauge를 부착<br>② Gauge에 응력변형을 일으킨 양을 정기적으로 파악하여 측압으로 환산 | 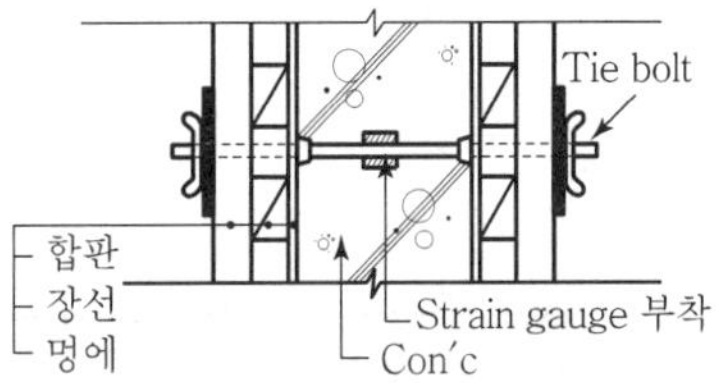 Tie bolt<br>합판<br>장선<br>멍에<br>Strain gauge 부착<br>Con'c |
| OK식 측압계 | ① 거푸집 죄임철물 본체에 유압 jack을 장착<br>② 전달된 측압을 bourdon gauge에 의해 측정 | 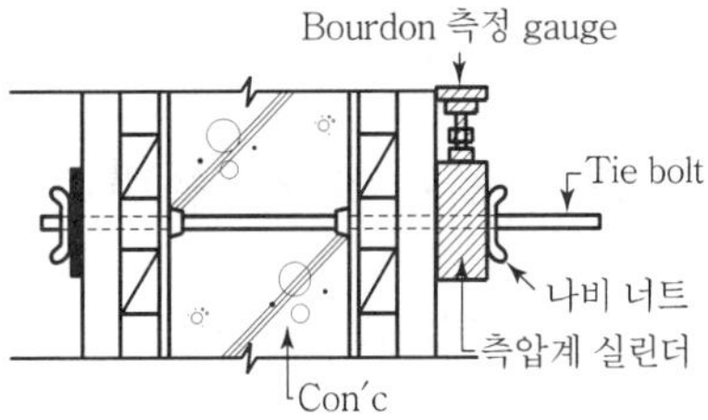 Bourdon 측정 gauge<br>Tie bolt<br>나비 너트<br>측압계 실린더<br>Con'c |

## Ⅴ. 결 론

① 측압에 영향을 주는 요인 중 콘크리트의 slump와 다짐은 직접적인 영향을 주므로 이를 감안한 콘크리트 타설계획이 필요하다.

② 거푸집 설계 시 정밀한 계측기기로 정확한 측압을 산출하므로 측압에 의한 변화를 사전에 파악할 수 있으며 거푸집공사 시의 원가절감 및 품질확보가 가능해진다.

# 문제 9 거푸집공사의 동바리 시공관리상 콘크리트 타설 전, 타설 중, 해체 시 유의사항

## Ⅰ. 개 요

1) 의 의

① 거푸집 및 동바리는 가설자재로 구조체인 콘크리트의 형상을 유지시키고 외력이나 자중에 충분히 견딜수 있도록 보조하는 장치이다.

② 유동체인 콘크리트가 고체화되어 충분한 강도를 나타낼수 있을 때까지 거푸집이나 동바리는 그 역할을 하여야 한다.

2) 철재동바리의 허용하중

| 종류 | 중량(kg/개) | 사용높이 | 허용하중 | 설계하중 |
|---|---|---|---|---|
| V1 | 12.3 | 1.8~3.3m | 1.7~2.2ton | 1.3ton |
| V2 | 12.7 | 2.0~3.5m | 1.5~2.0ton | 1.0ton |
| V3 | 13.6 | 2.4~3.9m | 1.3~1.9ton | 0.85ton |
| V4 | 14.8 | 2.7~4.2m | 1.2~1.8ton | 0.75ton |

설계하중은 동바리 사용에 따른 계수와 안전율을 감안하여 계상

## Ⅱ. 콘크리트 타설 전 동바리 유의사항

1) 동바리 설치 간격

〈Slab 두께에 따른 하중〉

| Slab 두께(mm) | 100 | 120 | 150 | 180 | 200 | 250 | 300 |
|---|---|---|---|---|---|---|---|
| 콘크리트 중량($m^2$) | 240kg | 290kg | 360kg | 430kg | 480kg | 600kg | 720kg |
| 거푸집 중량($m^2$) | 40kg | | 45kg | | | 50kg | |
| 작업 하중($m^2$) | 250kg | | | | | | |
| 하중 합계 | 530kg | 580kg | 655kg | 725kg | 775kg | 900kg | 1,020kg |

동바리의 설계하중을 검토하여 하중에 견딜 수 있도록 충분히 설치한다.

2) Camber

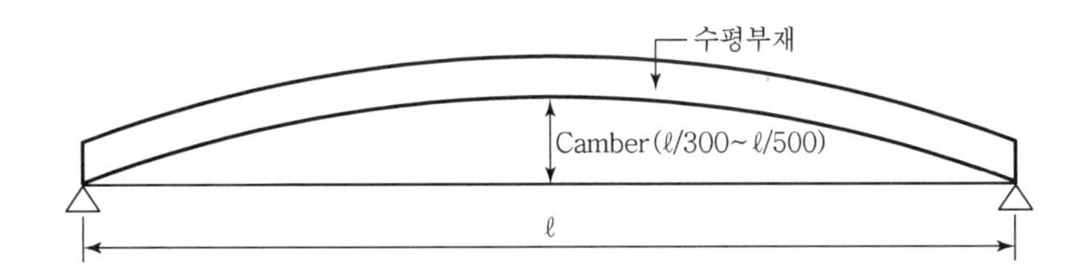


보와 slab 등의 수평부재가 콘크리트 하중에 의해 처지는 것을 방지하기 위하여 미리 솟음을 주는 것

3) 동바리 수직도

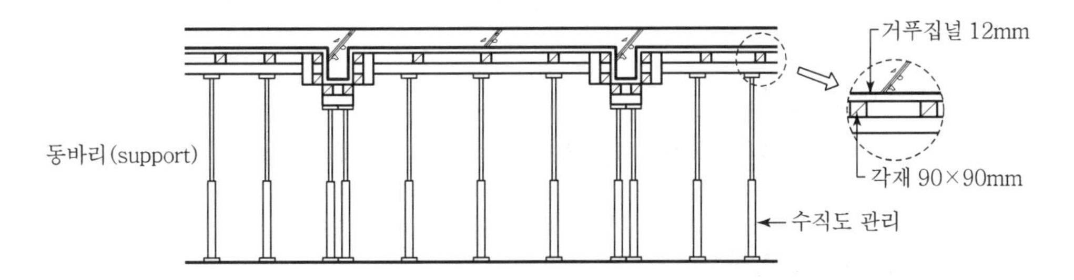


동바리는 수직 하중에 대한 저항성은 뛰어나나 경사하중에 대한 저항성은 매우 약하므로 철저한 수직도 관리를 요함

4) 동바리 고정 상태

동바리의 상하부는 못으로 고정할 것

5) 수평 연결재

높이가 3.5m 이상인 경우 2m 이내마다 수평 연결재 설치

## Ⅲ. 콘크리트 타설 중 동바리 유의사항

### 1) 이상징후(변형 또는 비틀림)

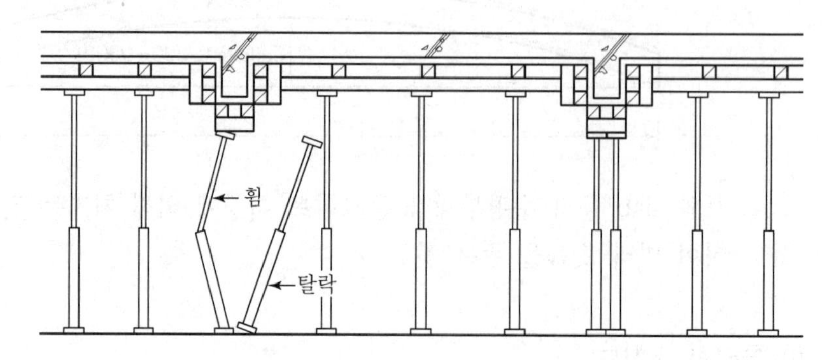


동바리가 콘크리트 하중을 견디지 못하여 휘거나 탈락되는 경우 감시

### 2) 수직도 유지

동바리의 수직도 유지를 콘크리트 타설 중 계속 check

### 3) 동바리 긴장도

전체 동바리를 check하며 느슨한 동바리는 죄어줌

### 4) 경사 support 이동 유무

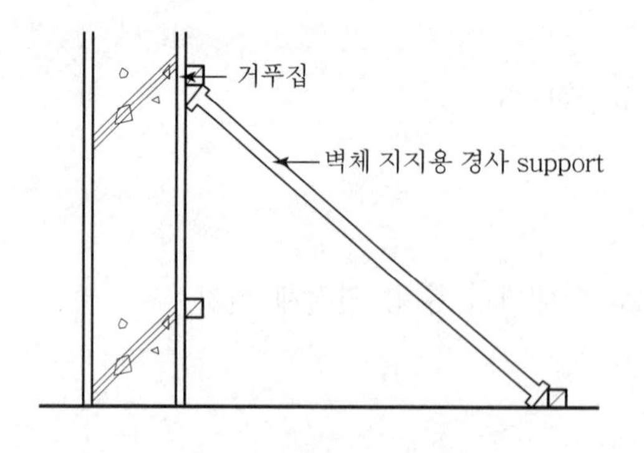


벽체 지지용 동바리의 경우 측압에 의해 탈락 또는 이동될 가능성이 많으므로 특히 유의할 것

### 5) 보조 동바리 준비

① 콘크리트 타설 도중 과다한 하중으로 동바리의 긴장도가 심한 경우 보조 동바리 설치

② 특히 벽체나 기둥에 많이 사용됨

## Ⅳ. 해체 시 유의사항

### 1) 동바리 존치기간 준수

| 부위 | 기준 |
|---|---|
| 벽, 기둥 옆 | 5MPa 이상 |
| 보밑, slab밑 | 설계기준강도 100% 이상 |

보와 slab밑 동바리는 상부층 작업하중과 콘크리트의 장기 처짐에 대비하여 100% 해체를 하지 않고 filler 처리함

### 2) Filler 처리

타설층 아래 2개층 이상 filler 처리한 동바리가 존치할 것

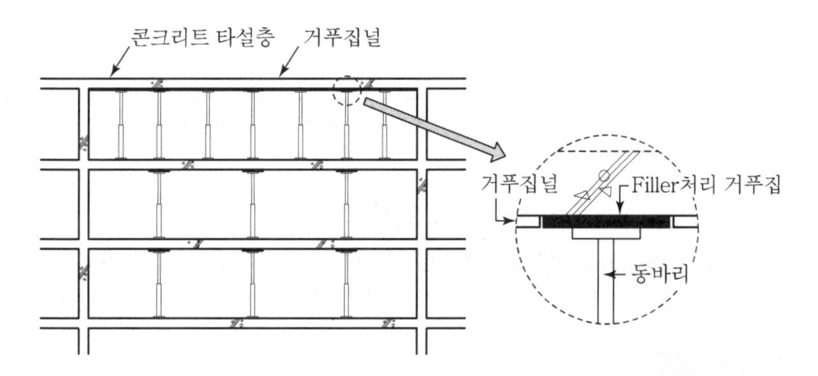


### 3) 동바리 재설치

① 거푸집 해체를 위해 임시로 제거한 동바리는 거푸집 해체 직후 재설치할 것
② 구간별로 나누어 작업하며, 전체 임시 제거 금지

### 4) 해체 순서 준수

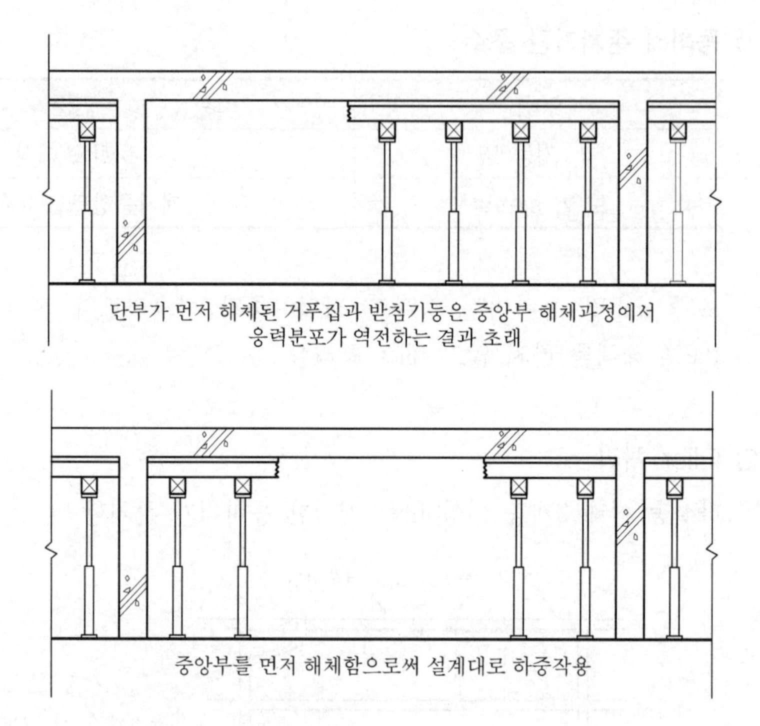


① 중앙부를 먼저 해체하고 단부 해체

② Slab의 경우 설계기준강도 100% 이상을 확인 후 해체 가능

### 5) 안전대책

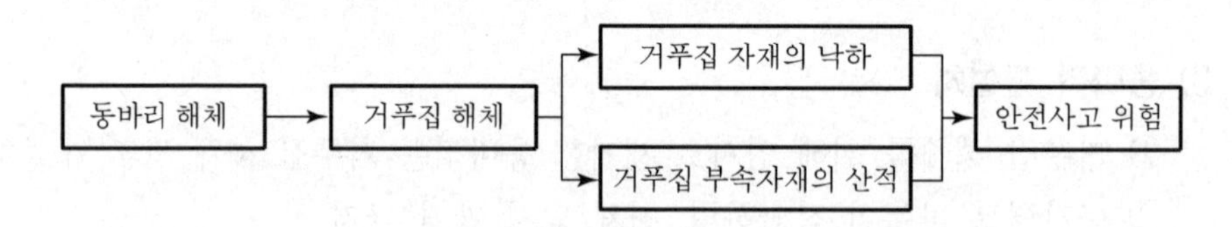


동바리 해체 시 안전사고 발생률이 높으므로 유의할 것

## Ⅴ. 틀비계 동바리의 설치

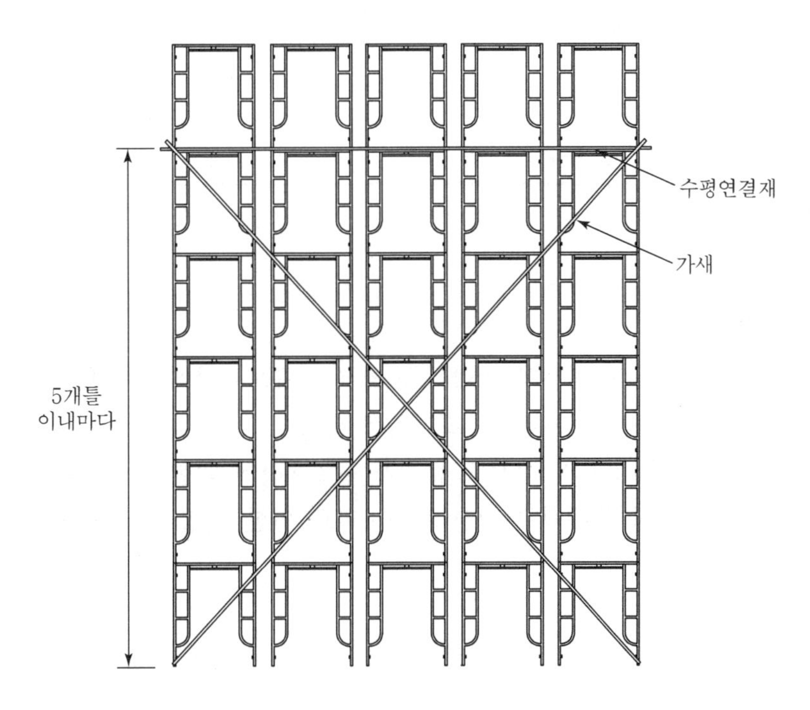


① 공장 등의 층고가 높은 건물 시공 시 동바리로 사용
② 5개틀 이내마다 수평연결재 및 가새 설치
③ 수평연결재와 가새의 긴결 철저

## Ⅵ. 시스템 동바리(System support)

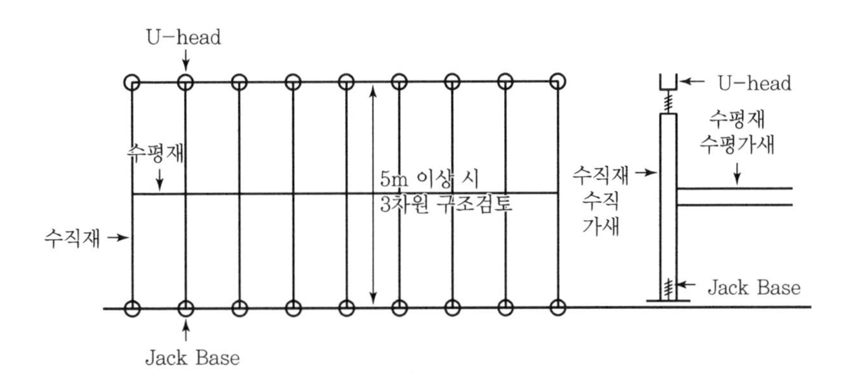

〈Support 설치높이 기준〉

| 설치높이 | 4m 이하 | 4~5m | 5m 이상 |
| --- | --- | --- | --- |
| Pipe Support | V0~V4 사용 가능 | V5 사용 가능하나<br>3차원 구조해석 실시 | V6 사용 금지 |
| System Support | 수계산 구조검토 | 수계산 구조검토 | 3차원 구조해석 실시 |

## Ⅶ. 결 론

① 근래 비규격품의 동바리를 일부 소규모현장에서 사용함으로써 거푸집공사의 안전성에 큰 지장을 초래하고 있다.

② 동바리설치의 수직도 유지와 구조계산에 의한 설치간격의 준수 및 콘크리트 타설시의 세심한 관찰로 동바리로 인한 대형 사고를 방지해야 한다.

# 문제 10 거푸집존치기간이 콘크리트강도에 미치는 영향 및 거푸집 전용계획

## Ⅰ. 개 요

### 1) 의 의

① 거푸집은 콘크리트를 타설하기 위해 설계도에 명기된 형상을 동일하게 형성시켜 주고 콘크리트가 경화될 때까지 외기 영향을 최소화하는 것이다.

② 거푸집의 존치기간이 길수록 콘크리트의 조기강도 발현이 유리하나, 거푸집의 전용계획에 의해 최소의 존치기간을 정하고 있다.

### 2) 거푸집 시공계획

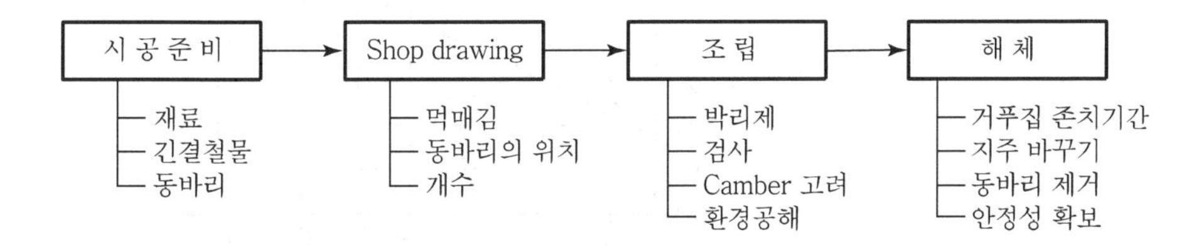


## Ⅱ. 거푸집 존치기간

### 1) 콘크리트 압축강도를 시험할 경우

| 부재 | | 콘크리트 압축강도($f_{cu}$) |
|---|---|---|
| 기초, 보, 기둥, 벽 등의 측면 | | 5MPa 이상 |
| 슬래브 및 보의 밑면, 아치 내면 | 단층구조인 경우 | 설계기준압축강도의 2/3배 이상<br>또한 최소 14MPa 이상 |
| | 다층구조인 경우 | 설계기준압축강도 이상 |

2) 콘크리트 압축강도를 시험하지 않을 경우

| 시멘트의 종류 / 평균기온 | 조강포틀랜드시멘트 | 보통포틀랜드시멘트 혼합시멘트 1종 | 혼합시멘트 2종 |
|---|---|---|---|
| 20℃ 이상 | 2일 | 4일 | 5일 |
| 10℃ 이상 20℃ 미만 | 3일 | 6일 | 8일 |

## Ⅲ. 콘크리트강도에 미치는 영향

1) 양 생

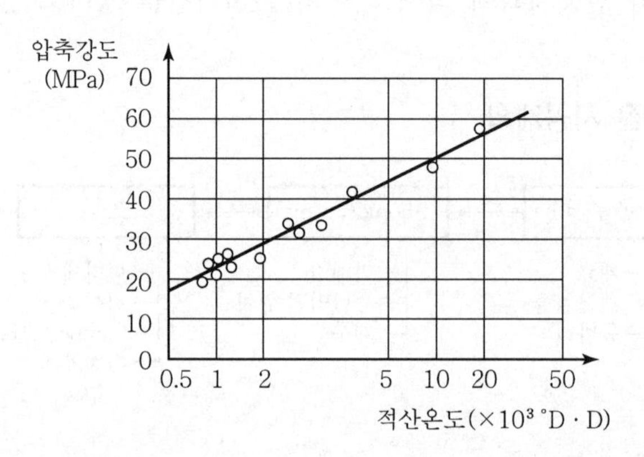


거푸집 존치기간이 길수록 외기의 영향을 적게 받아 양생에 영향을 미침

2) 처짐방지

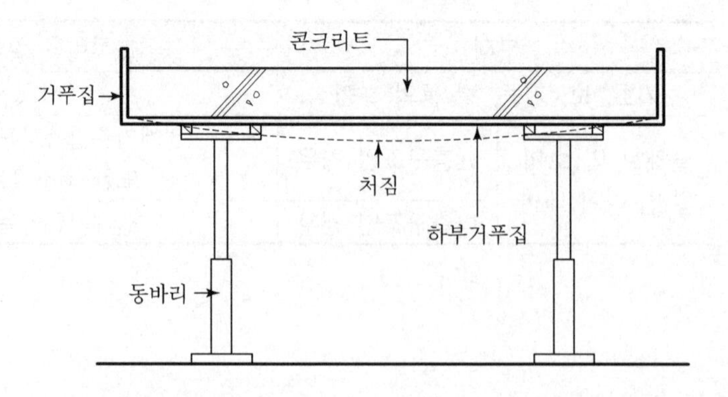


보 및 slab 하부의 경우 동바리와 거푸집의 조기해체로 처짐 발생

### 3) 온도균열 방지

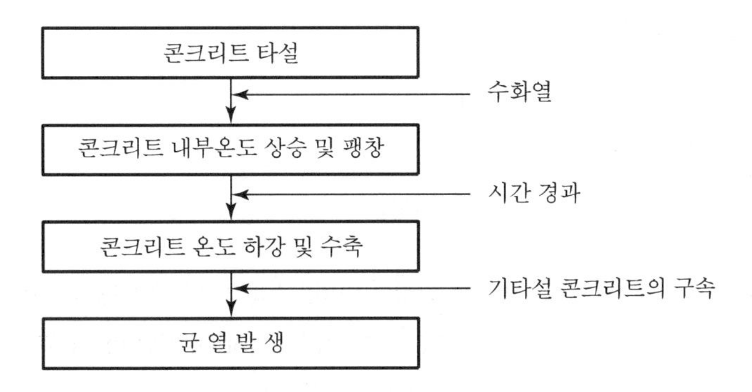


거푸집이 보온 역할을 하여 콘크리트의 내외부 온도차이를 줄임

### 4) 철근과 부착강도

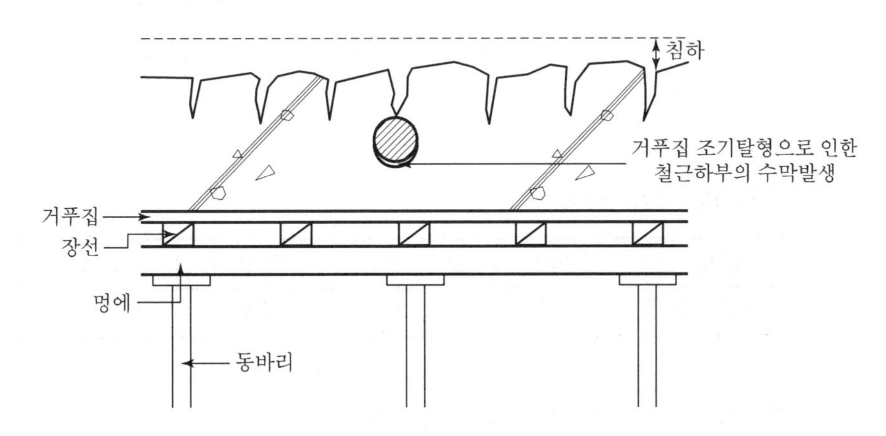


거푸집 조기 해체 시 콘크리트의 처짐으로 인한 철근하부의 수막 발생으로 철근과 콘크리트의 부착력에 영향

### 5) 콘크리트 내구성

① 콘크리트 초기강도 확보에 큰 영향을 미침

② 콘크리트 전체적인 강도에 대한 영향으로 내구성 좌우

## Ⅳ. 거푸집 전용계획

### 1) 공법 결정

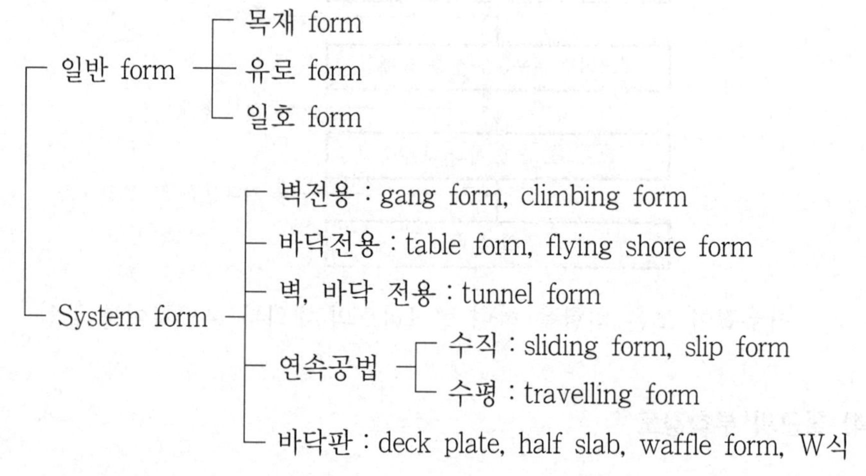


공법 및 재료에 따른 전용률이 다르므로 계획시부터 전용률에 대한 경제성 평가 실시

### 2) 전용가능 횟수 결정

| 부재 | 일반합판 | 철재 form | 일호 form | 유로 form | AL form |
|---|---|---|---|---|---|
| 전용횟수 | 3~5회 | 100회 이상 | 25회 | 15~20회 | 150회 |

부재에 따른 최대 전용 가능 횟수를 고려

### 3) 재료의 소모율

공법별로 소모되는 재료의 소모율에 대한 경제성 평가

### 4) 일반적 전용 pattern

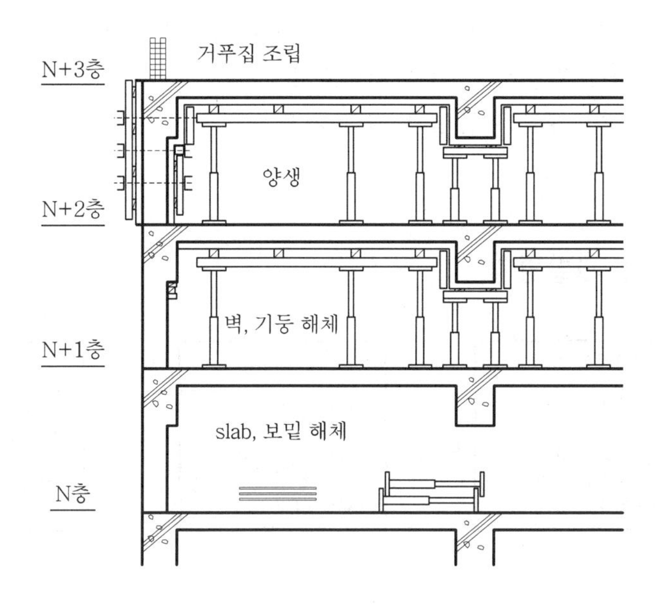


신재료의 구입은 최소화하고 가능한 많은 전용으로 재료 낭비 최소화

### 5) 전용 pattern 결정

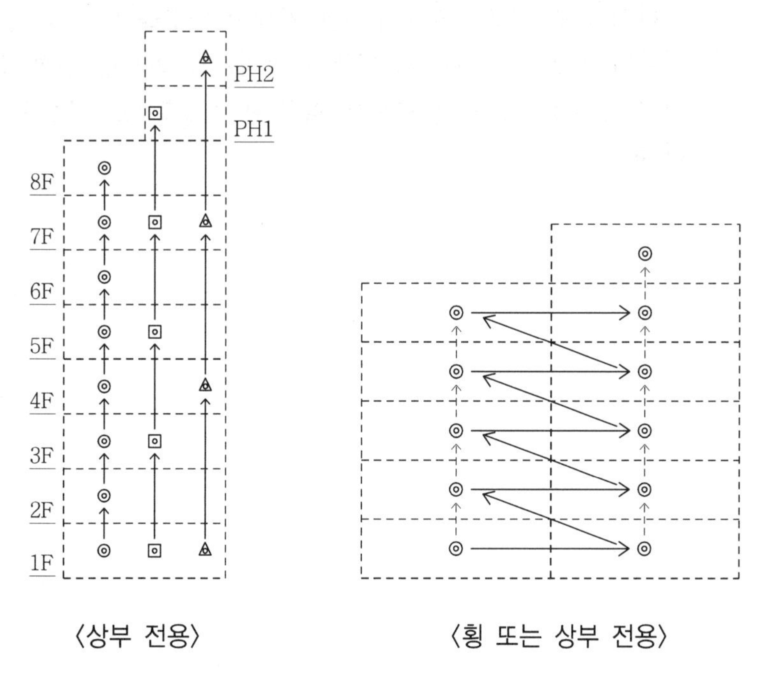


〈상부 전용〉 〈횡 또는 상부 전용〉

건축물의 형상, 크기, 등에 따라 공구나누기 등 전용 pattern 결정

### 6) 전용 예정공정표 작성

① 운반 효율을 감안하여 수직 운반 위주로 계획

② 가장 단순하고 쉬운 방법으로 전용

③ 동일 재료를 동일 부재로 전용

## V. 거푸집의 개발방향

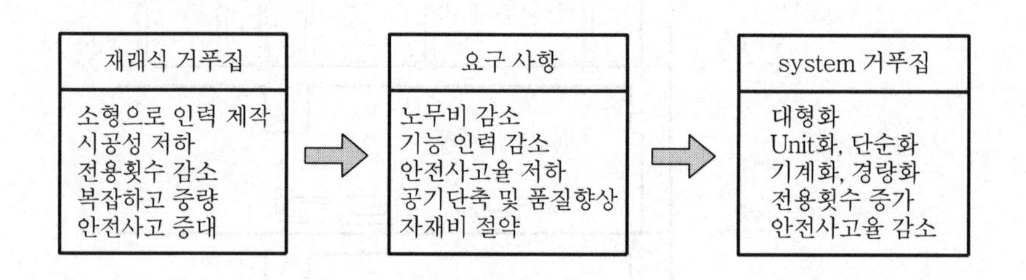


## VI. 결 론

① 거푸집 존치기간 부족으로 인하여 콘크리트의 강도 부족 및 변형 등이 발생하게 되면 구조체의 내구성에 지대한 영향을 미치게 된다.

② 거푸집 전용계획 수립 시 거푸집 존치기간 확보를 위한 방안이 선행되어야 하며, 건축물 형태 및 규모에 따른 전용계획으로 거푸집공사비를 절감하여야 한다.

# 문제 11 콘크리트 타설시 거푸집의 처짐과 침하에 따른 조치사항

## Ⅰ. 개 요

### 1) 의 의

콘크리트 타설시 거푸집의 변형이나 파손에 의해 건축물의 품질에 큰 결함이 발생하므로 사전에 거푸집의 처짐과 침하가 발생하지 않도록 유의한다.

### 2) 거푸집 구조안전 flow chart

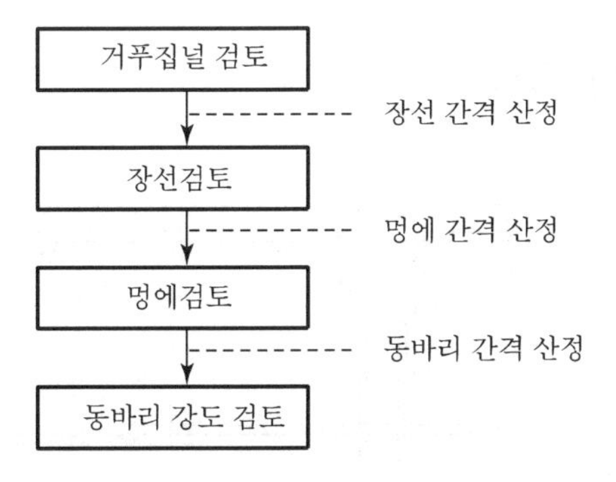


## Ⅱ. 거푸집 부위별 점검항목

| 부위 | 점검항목 |
|---|---|
| 기초 | • 버림 콘크리트 위의 먹매김<br>• 거푸집 버팀대의 견고성 |
| 벽 | • 멍에 및 띠장의 간격<br>• 긴결재 및 간격재의 간격과 조임 |
| 기둥 | • 주밴드의 상하 간격<br>• 하부 청소구멍을 통한 청소 상태 |
| 보 | • 동바리의 설치 간격<br>• Camber의 설치 유무 |
| 바닥 | • 장선과 멍에의 간격<br>• 콘크리트 하중, 충격 및 작업하중 검토 |

## Ⅲ. 처짐과 침하에 따른 조치사항

### 1) 동바리 수직도 유지

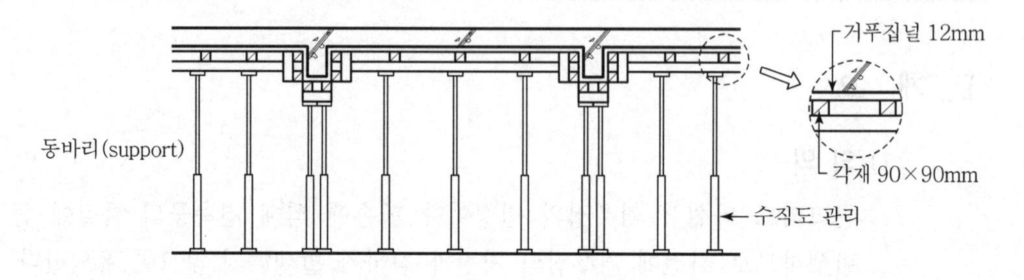


동바리는 수직 하중에 대한 저항성은 뛰어나나 경사하중에 대한 저항성은 매우 약하므로 철저한 수직도 관리를 요함

### 2) 동바리 전도 방지

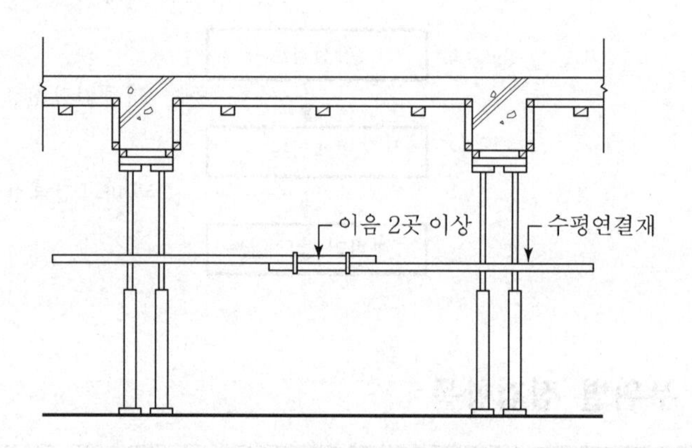


동바리가 좌굴에 의해 전도되는 것을 수평연결재의 시공으로 방지

### 3) Camber 설치

보와 slab 등의 수평부재가 콘크리트 하중에 의해 처지는 것을 방지하기 위하여 미리 솟음을 주는 것

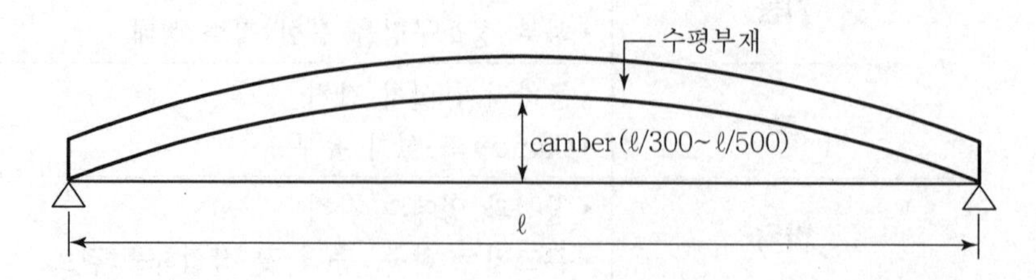

#### 4) 장선, 멍에 및 동바리 설치간격 준수

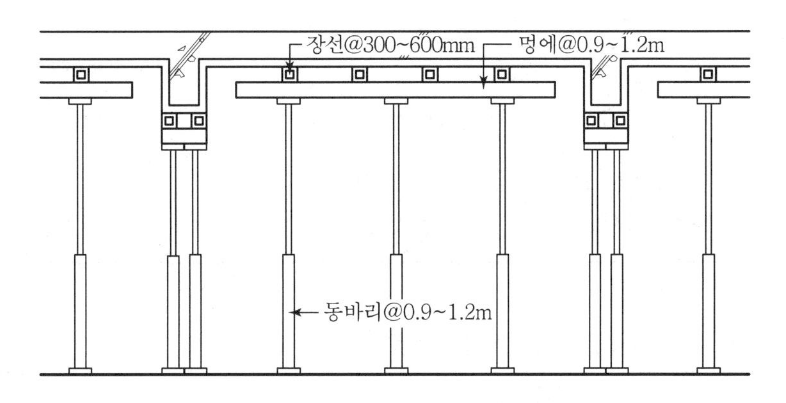


Slab 두께에 따른 상부하중의 검토로 장선, 멍에 및 동바리 간격 산정

#### 5) 과다측압 발생 금지

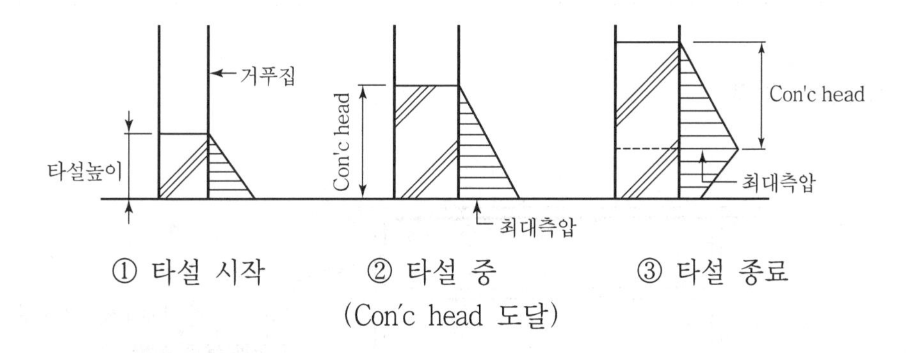


① 타설 시작　　② 타설 중 (Con'c head 도달)　　③ 타설 종료

콘크리트 타설시 타설속도 조절 및 한번에 타설을 하지 않으므로 과다측압 방지

#### 6) 타설순서 준수

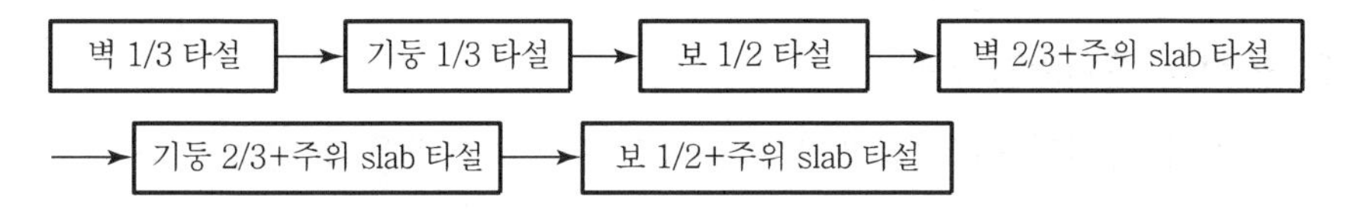


기둥과 벽 등 수직부재는 한번에 타설하지 말고 2~3회에 나누어 타설

### 7) 거푸집 및 동바리 존치기간 준수

① 콘크리트 압축강도를 시험할 경우

| 부재 | | 콘크리트 압축강도($f_{cu}$) |
|---|---|---|
| 기초, 보, 기둥, 벽 등의 측면 | | 5MPa 이상 |
| 슬래브 및 보의 밑면, 아치 내면 | 단층구조인 경우 | 설계기준압축강도의 2/3배 이상<br>또한 최소 14MPa 이상 |
| | 다층구조인 경우 | 설계기준압축강도 이상 |

② 콘크리트 압축강도를 시험하지 않을 경우

| 시멘트의 종류 / 평균기온 | 조강포틀랜드시멘트 | 보통포틀랜드시멘트<br>혼합시멘트 1종 | 혼합시멘트 2종 |
|---|---|---|---|
| 20℃ 이상 | 2일 | 4일 | 5일 |
| 10℃ 이상 20℃ 미만 | 3일 | 6일 | 8일 |

### 8) Filler 처리

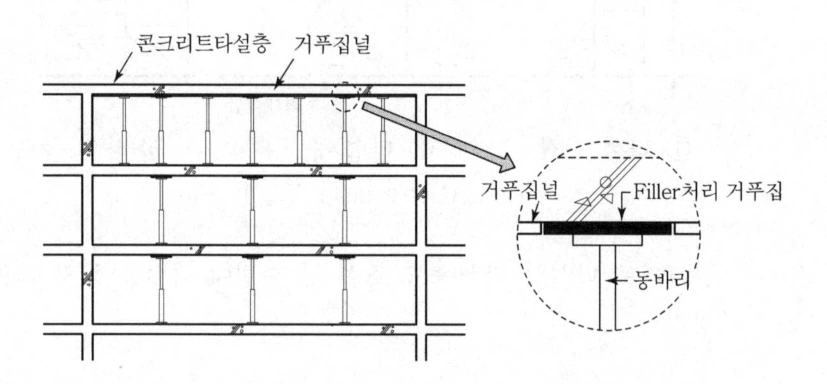


타설층 아래 2개층 이상 filler 처리한 동바리가 존치할 것

### 9) 동바리 존치기간 증대

동바리 자재의 여유를 가지고 동바리의 존치기간을 최대로 증대

### 10) 진동기의 과다 사용 금지

콘크리트 타설시 진동기의 한곳 집중 사용 금지

## Ⅳ. 처짐 및 침하시의 현장관리 방안

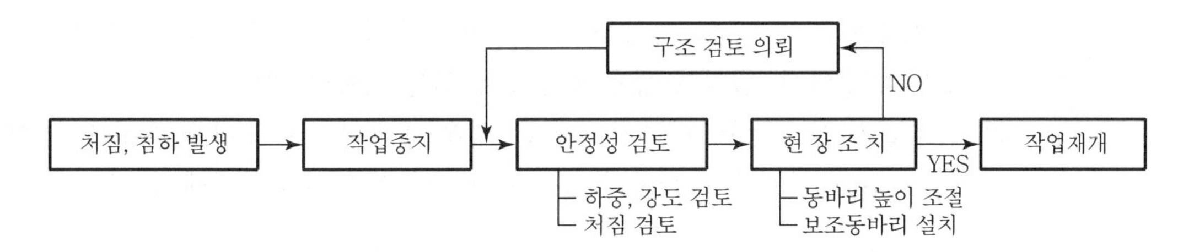


처짐 및 침하 발생 시 즉각 작업을 중지하고 안정성이 확인된 후 작업 재개함

## Ⅴ. 결 론

① 거푸집공사는 상부 하중에 대한 정확한 구조검토로 안정성을 유지하여야 하며 콘크리트의 조기강도 발현시까지 그 형상을 유지하여야 한다.

② 거푸집의 처짐 및 침하를 방지하기 위해서는 거푸집 및 동바리의 강성이 선행되어야 하여 콘크리트의 측압과 장기처짐에 대한 대책도 마련되어야 한다.

# 문제 12 거푸집공사로 인하여 발생하는 콘크리트의 하자

## Ⅰ. 개 요

### 1) 의 의

① 거푸집은 콘크리트의 형상을 일정하게 유지시켜주는 역할을 하며 콘크리트 표면의 평탄성, 밀실성 등을 갖추도록 하는 기능이 있다.

② 거푸집이 제 기능을 다하지 못하는 경우 콘크리트 구조체에 배부름, 평활도 불량 등의 하자가 발생하여 구조체의 내구성과 마감공사에도 지대한 영향을 미친다.

### 2) 거푸집 공사 flow chart

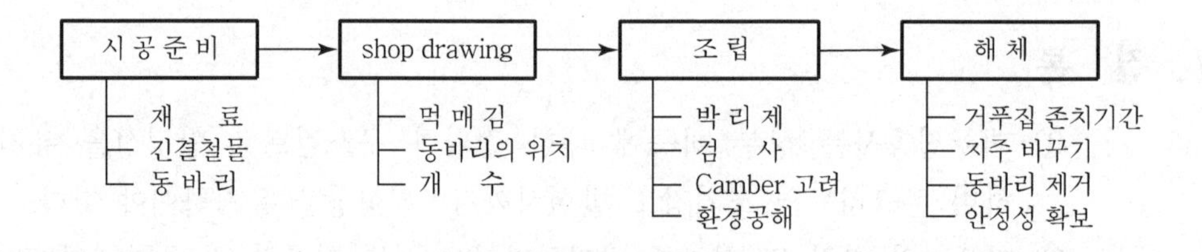


## Ⅱ. 거푸집의 구비조건

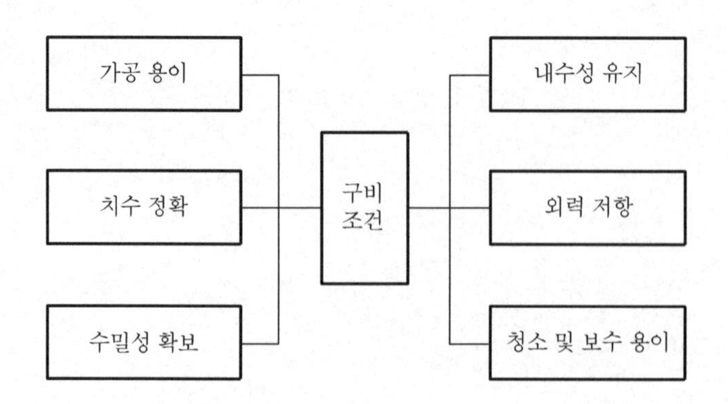

# Ⅲ. 콘크리트의 하자

## 1) 배부름

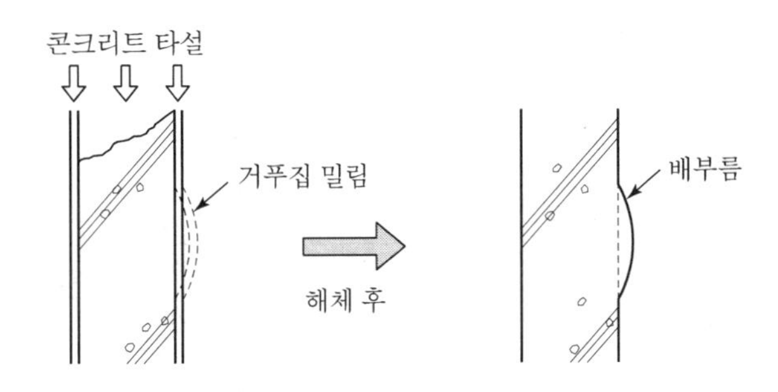


① 벽, 기둥 콘크리트 타설시 측압에 의해 거푸집이 일부 밀려서 발생
② 콘크리트 타설 후 자주 발생하는 하자로 chipping이 필요

## 2) 표면 평활도 불량

〈콘크리트의 표면 평활도〉

| 기능 | 절대허용오차 | 상대허용오차 |
|---|---|---|
| 미관이 필요한 노출콘크리트 | 3mm | ℓ/360 |
| 마감이 있는 콘크리트 | 6mm | ℓ/270 |
| 미관이 필요없는 노출콘크리트 | 13mm | ℓ/180 |

콘크리트면의 평활도는 마감공사의 시공성과 직결되므로 품질관리에 유의

## 3) 단면 변화(단면증대, 단면결손)

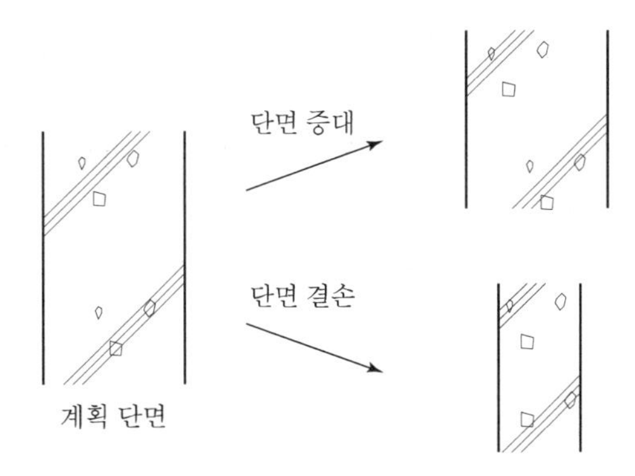


거푸집시공의 정밀도 부족과 콘크리트 타설시 거푸집 변화에 의해 단면 변화 발생

### 4) 피복두께 불량

단면 증대 및 단면 결손시 피복두께 유지곤란으로 구조물 내구성에 악영향을 미침

<table>
<tr><th colspan="3">부위 및 철근 크기</th><th>최소피복두께<br>(mm)</th></tr>
<tr><td colspan="3">수중에서 치는 콘크리트</td><td>100</td></tr>
<tr><td colspan="3">흙에 접하여 콘크리트를 친 후 영구히 흙에 묻혀 있는 콘크리트</td><td>75</td></tr>
<tr><td rowspan="2">흙에 접하거나 옥외 공기에 직접 노출되는 콘크리트</td><td colspan="2">D19 이상 철근</td><td>50</td></tr>
<tr><td colspan="2">D16 이하 철근, 지름 16mm 이하 철선</td><td>40</td></tr>
<tr><td rowspan="3">옥외의 공기나 흙에 직접 접하지 않는 콘크리트</td><td rowspan="2">슬래브, 벽체, 장선</td><td>D35 초과 철근</td><td>40</td></tr>
<tr><td>D35 이하 철근</td><td>20</td></tr>
<tr><td colspan="2">보, 기둥</td><td>40</td></tr>
</table>

* 피복두께의 시공 허용오차는 유효깊이 200mm 이하 시에는 10mm 이내로, 유효깊이 200mm 초과 시에는 13mm 이내로 한다.

### 5) 마감공사 난해

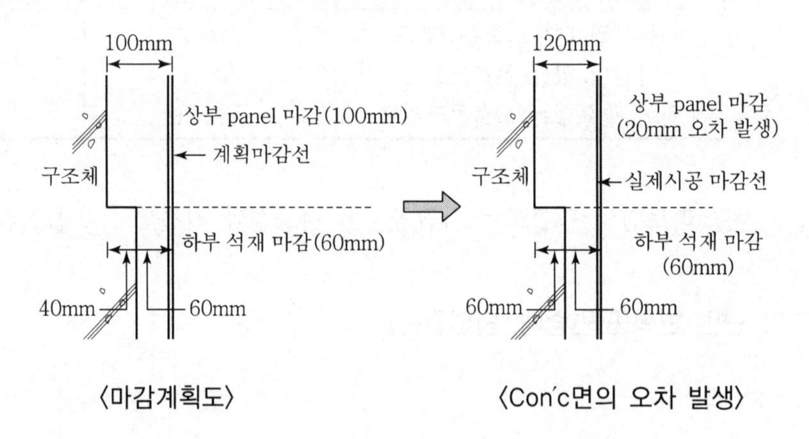


〈마감계획도〉 〈Con'c면의 오차 발생〉

① 석재 마감에 필요한 최소치수(60mm) 확보를 위해 상부 panel 마감공사 수정 불가피

② 공사비 및 공기 증대와 시공성 저하 초래

### 6) 콘크리트 표면 불량

| 표면불량 | 원인 |
|---|---|
| Honey comb(곰보) | • 거푸집 상호 간 이음부 시공불량<br>• 콘크리트 중 mortar 누출 시 |
| Dusting(먼지) | • 거푸집 청소 불량<br>• 과다한 표면 마무리로 형성된 laitance |
| Air pocket(기포) | • 박리제의 과다 사용<br>• 콘크리트속 기포의 용출 미흡 |
| 얼룩 및 색 차이 | • 거푸집 조임용 철물 노출 |
| Blister(부풀음) | • 경화 전 밀실한 마감작업 |

### 7) 콘크리트의 처짐 발생

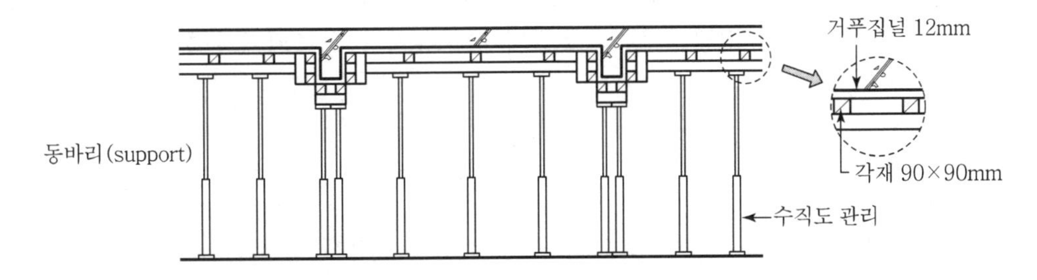


동바리의 조기 해체 시 콘크리트의 침하 및 처짐 발생

### 8) 구조물 내구성 저하

① 단면 결손에 의한 피복두께 부족 시

② 배부름, 단면 증가 등에 의해 콘크리트를 일부 chipping한 경우

## Ⅳ. 거푸집공사의 점검항목

| 부위 | 점검항목 |
|---|---|
| 기초 | • 버림 콘크리트 위의 먹매김<br>• 거푸집 버팀대의 견고성 |
| 벽 | • 멍에 및 띠장의 간격<br>• 긴결재 및 간격재의 간격과 조임 |

| 부위 | 점검항목 |
|---|---|
| 기둥 | • 주밴드의 상하 간격<br>• 하부 청소구멍을 통한 청소 상태 |
| 보 | • 동바리의 설치 간격<br>• Camber의 설치 유무 |
| 바닥 | • 장선과 멍에의 간격<br>• 콘크리트 하중, 충격 및 작업하중 검토 |

## V. 결 론

① 거푸집으로 인하여 콘크리트의 단면변화가 발생하면 단면 부족으로 인한 피복두께 부족으로 구조체에 내구성에 영향을 미치게 한다.

② 마감공사의 원활한 추진과 구조체의 내구연한을 확보하기 위해서는 거푸집 공사의 정밀도 및 거푸집의 강성유지가 확보되어야 한다.

# 문제 13 거푸집에 작용하는 각종 하중으로 인한 사고유형 및 대책

## Ⅰ. 개 요

### 1) 의 의

① 콘크리트 타설시 거푸집공사의 안정성을 확보하지 못하여 대형 참사가 발생하는 경우가 있으므로 거푸집에 작용하는 하중에 대한 충분한 내력을 갖도록 구조검토가 우선되어야 한다.

② 거푸집이 콘크리트의 하중을 견디지 못하여 벌어짐, 처짐, 터짐 등의 발생을 사전에 방지하여야 한다.

### 2) 거푸집공사의 안정성 검토

| 구분 | 하중 분류 | 하중 작용 부분 |
|---|---|---|
| 수직하중 | 고정하중<br>작업하중 | Slab, 보 등의 수평부재 |
| 수평하중 | 풍압 | 외부 거푸집(도심지역, 고층 시공 시) |
| | 유수압 | 유속이 빠른 수중거푸집 |
| | 작업하중 | 거푸집 경사면, 동바리 측면 |
| 콘크리트 측압 | | 벽, 기둥 등 수직부재 |
| 기타 하중 | 편심하중 | 비대칭 부위 |
| | 수평분력 | 계단 등 경사거푸집 |

## Ⅱ. 거푸집에 작용하는 하중

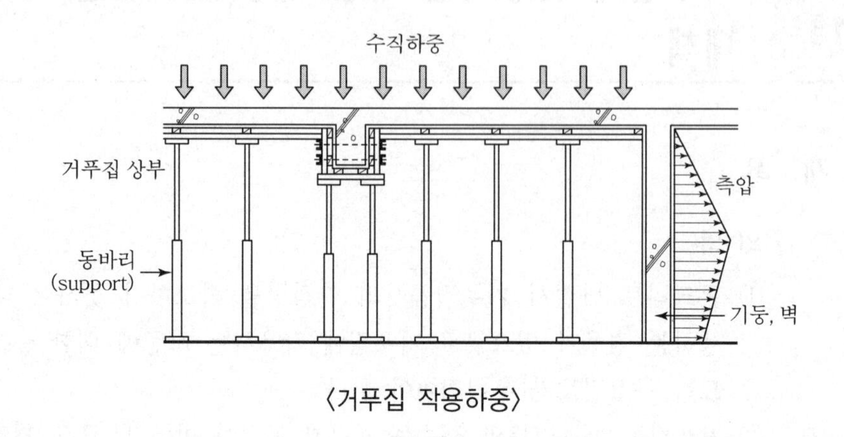


〈거푸집 작용하중〉

### 1) 연직방향 하중

콘크리트 타설높이와 관계없이 최소 5kN/m² 이상

① 고정하중 : 철근콘크리트(보통 24kN/m³), 거푸집(최소 0.4kN/m²)

② 활하중 : 작업하중(작업원, 경장비하중, 충격하중, 자재 · 공구 등 시공하중)

### 2) 횡방향 하중

① 작업할 때의 진동, 충격, 시공오차 등에 기인되는 횡방향 하중 이외에 필요에 따라 풍압, 유수압, 지진 등

② MAX(고정하중의 2%, 수평방향 1.5kN/m) 이상

③ 벽체거푸집의 경우, 거푸집 측면은 0.5kN/m² 이상

### 3) 콘크리트의 측압

굳지 않은 콘크리트 측압, 타설속도 · 타설높이에 따라 변화

### 4) 특수하중

① 시공 중에 예상되는 특수한 하중

② 편심하중, 크레인 등 장비하중, 외부 진동다짐 영향, 콘크리트 내부 매설물의 양압력

### 5) 그 밖에 수직하중, 수평하중, 측압, 특수하중에 안전율을 고려한 하중

# Ⅲ. 사고 유형

## 1) 콘크리트 누출

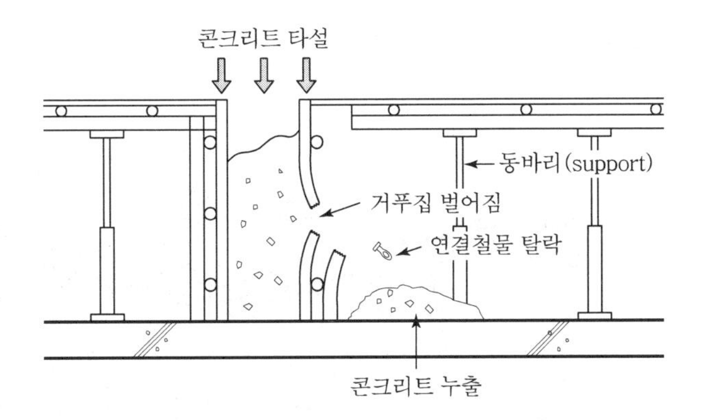


① 진동기 사용의 한곳 집중으로 거푸집 연결철물의 탈락
② 거푸집 틈의 발생 및 콘크리트 누출
③ 수직부재에 발생하는 측압으로 인해 처리 곤란

## 2) 거푸집 파손

① 거푸집널의 반복사용으로 인한 내력 손실
② 콘크리트 누출 및 단면 변형 발생

## 3) 동바리의 변형

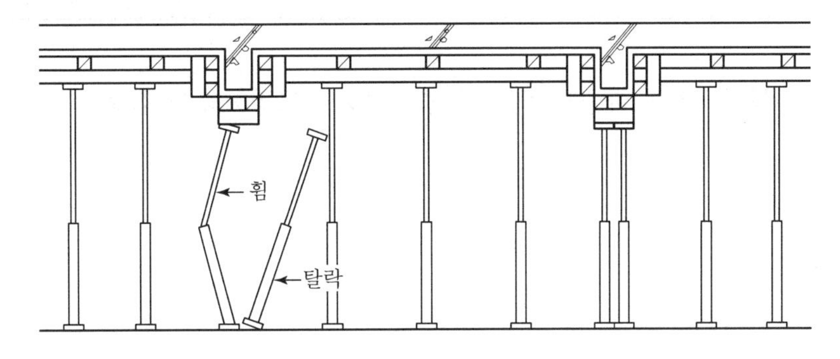


① 동바리가 콘크리트 하중을 견디지 못하여 휘거나 탈락되는 경우 감시
② 대형사고로 연결되므로 콘크리트 타설 중 계속 check

#### 4) 수평부재 침하

보, slab 등의 수평 부재의 침하

#### 5) 거푸집 붕괴

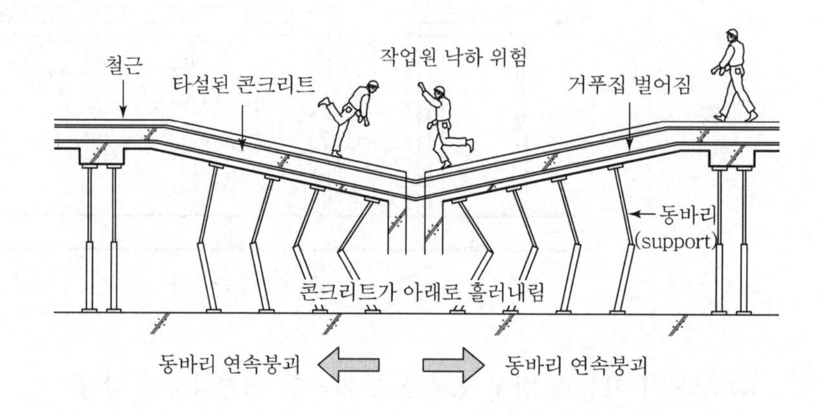


## Ⅳ. 대 책

#### 1) 수직하중검토

| Slab 두께(mm) | 100 | 120 | 150 | 180 | 200 | 250 | 300 |
|---|---|---|---|---|---|---|---|
| 콘크리트 중량(m²) | 240 | 290kg | 360kg | 430kg | 480kg | 600kg | 720kg |
| 거푸집 중량(m²) | 40kg | | 45kg | | | 50kg | |
| 작업 하중(m²) | 250kg | | | | | | |
| 하중 합계 | 530kg | 580kg | 655kg | 725kg | 775kg | 900kg | 1,020kg |

생콘크리트 하중, 작업하중(충격하중), 고정하중을 검토

## 2) 측압 검토

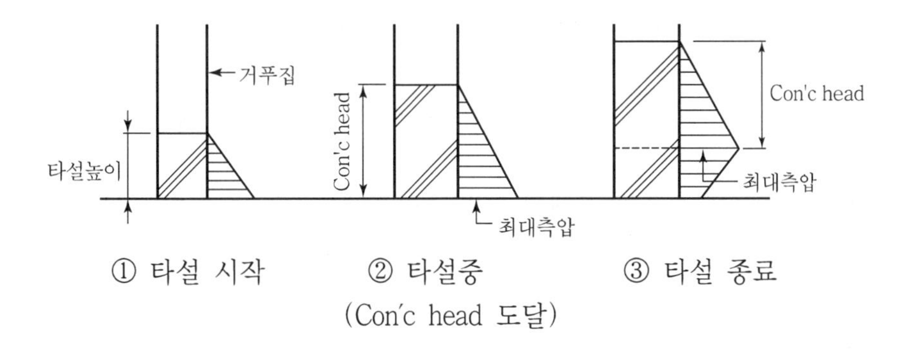


## 3) 강도 검토

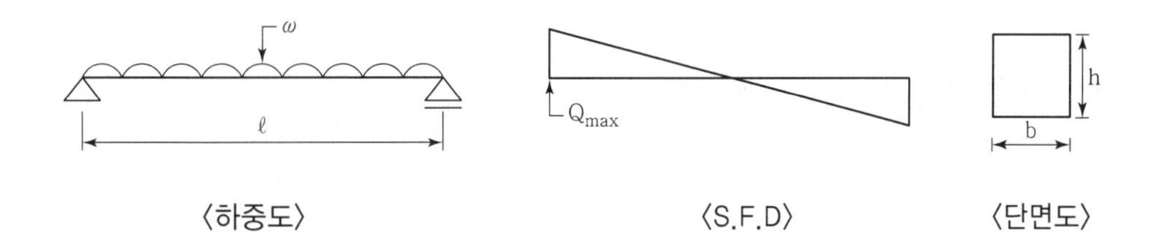


거푸집에 작용하는 각종 하중에 대한 거푸집 자재의 강도 검토

## 4) 거푸집 구조 검토

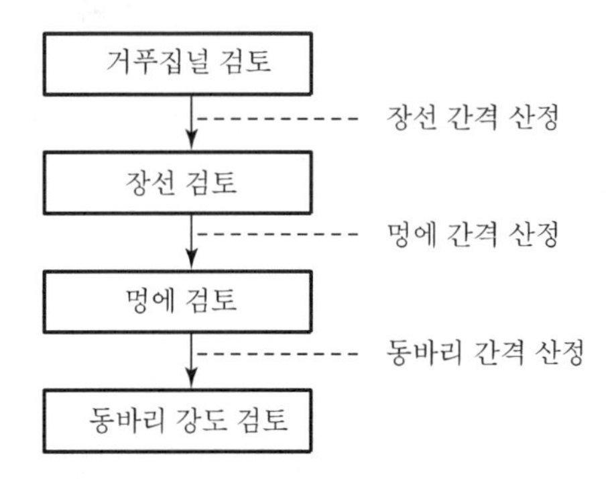

### 5) 타설구획 검토

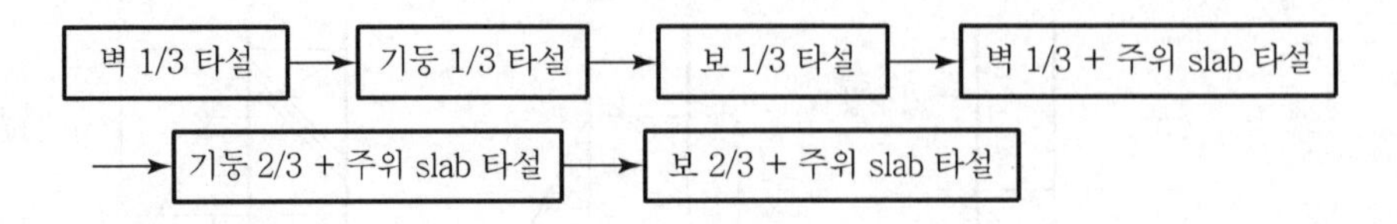


① 기둥과 벽 등 수직부재는 한번에 타설하지 말고 2~3회에 나누어 타설
② 편심하중이 발생하지 않도록 계획 및 시공

### 6) 타설속도 조절

Cold joint가 발생하지 않는 범위내에서 타설속도 조절

## Ⅴ. 거푸집공사의 합리화 방안

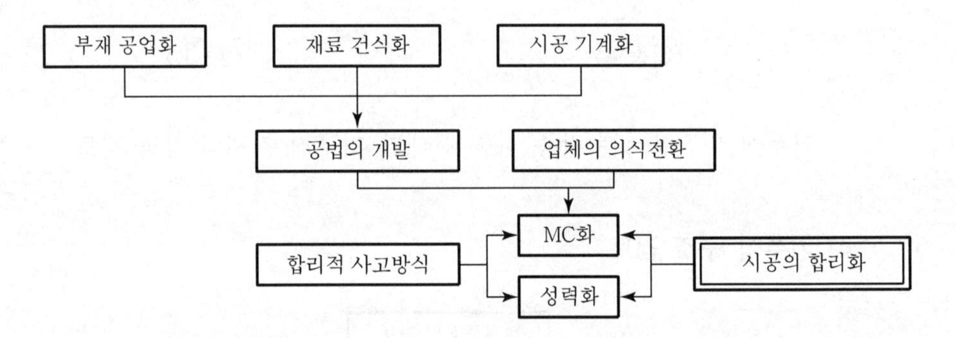


건설업체의 연구개발과 재료 및 설계의 module system 정착으로 거푸집공사의 합리화 시공을 이룩

## Ⅵ. 결 론

① 거푸집공사 시공계획 시 구조 검토와 함께 안정성 검토가 이루어져야 각종 사고를 미연에 방지할 수 있다.
② 거푸집의 붕괴사고는 사회적으로 큰 파장을 불러올 수 있으므로 콘크리트 타설 전반에 걸쳐 하부거푸집에 대한 면밀한 검토가 필요하다.

# 문제 14 거푸집 동바리의 붕괴사고 원인 및 시공 시 유의사항

## Ⅰ. 개 요

### 1) 의 의

① 거푸집 동바리는 거푸집에 작용하는 하중을 하부로 전달시키는 가설 자재로서 수직 및 수평하중에 안정되도록 설치하여야 하며 국부적인 불안정상태는 연쇄적인 붕괴를 초래한다.

② 동바리의 강성 부족 및 수직도 불량으로 인한 거푸집의 붕괴사고 발생 시 대형 참사로 이어질 가능성이 매우 높다.

### 2) 동바리 붕괴 mechanism

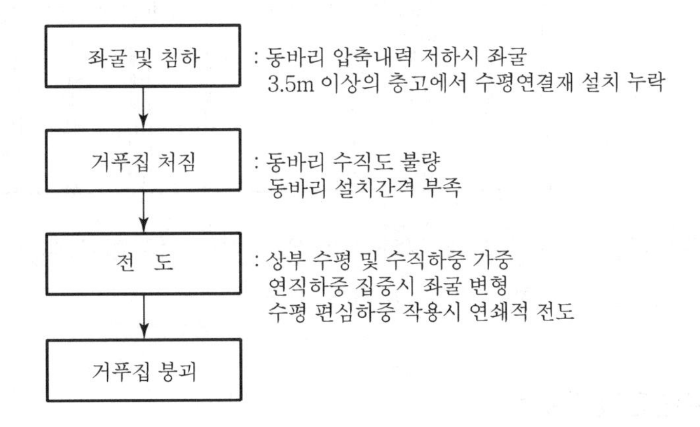


## Ⅱ. 동바리의 안정성 검토

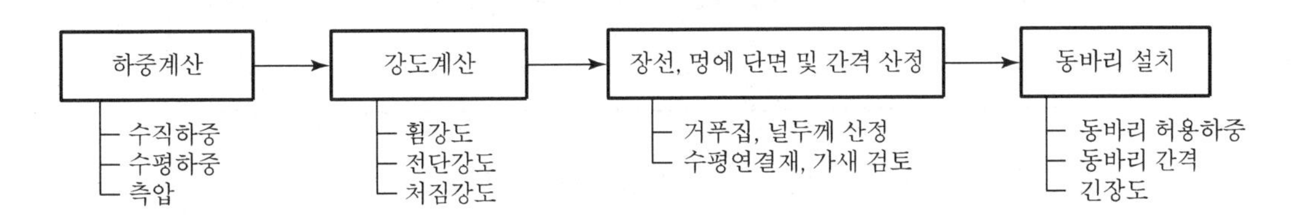

## Ⅲ. 동바리 붕괴사고 원인

### 1) 동바리의 강성 부족

① 규격품이 아닌 불량 pipe support의 사용 만연

② 동바리의 허용하중

| 종류 | 중량(kg/개) | 사용높이 | 허용하중 | 설계하중 |
|---|---|---|---|---|
| V1 | 12.3 | 1.8~3.3m | 1.7~2.2ton | 1.3ton |
| V2 | 12.7 | 2.0~3.5m | 1.5~2.0ton | 1.0ton |
| V3 | 13.6 | 2.4~3.9m | 1.3~1.9ton | 0.85ton |
| V4 | 14.8 | 2.7~4.2m | 1.2~1.8ton | 0.75ton |

### 2) 동바리 수직도 불량

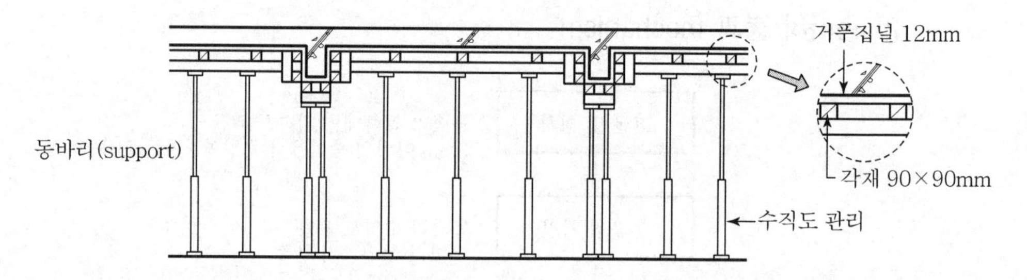


동바리는 수직 하중에 대한 저항성은 뛰어나나 경사하중에 대한 저항성은 매우 약하므로 철저한 수직도 관리를 요함

### 3) 수평연결재 누락

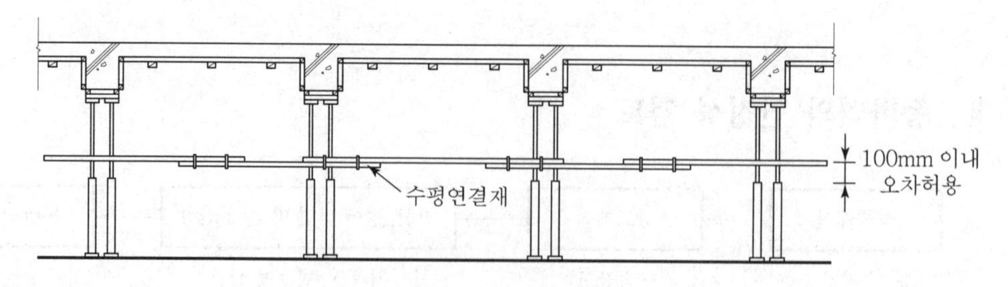


층고가 3.5m 이상시 반드시 수평연결재 설치

### 4) 가새의 미설치

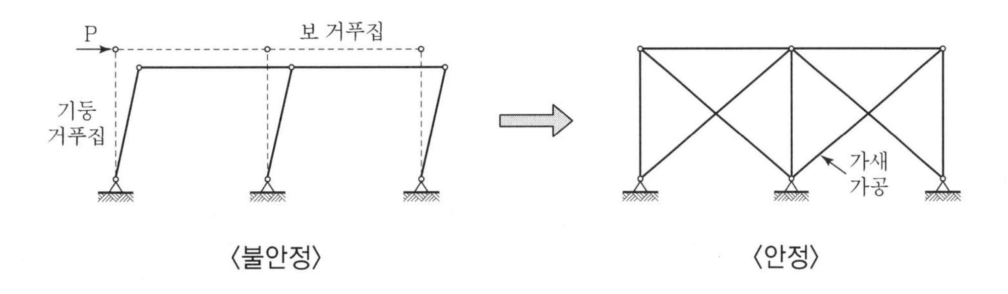


수평하중에 대한 내력 확보를 위해 가새 설치

### 5) 수직하중 과다

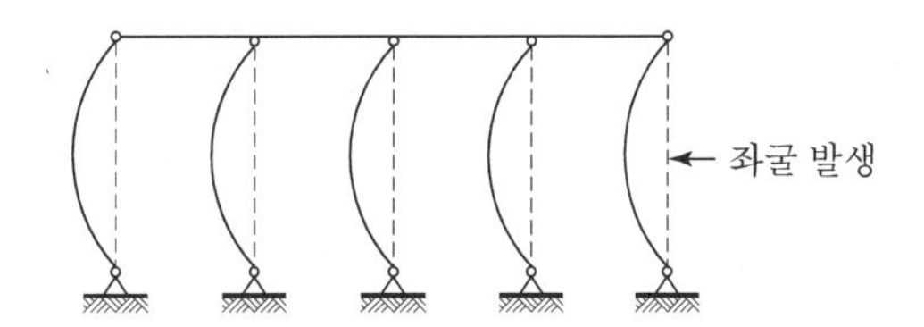


상부의 수직하중 과다시 동바리 좌굴 발생 → 붕괴

### 6) 콘크리트의 편심 타설

한곳에 응력이 집중되어 동바리 및 거푸집 붕괴

## Ⅳ. 동바리 시공 시 유의사항

### 1) 동바리 설치 간격 준수

| Slab 두께(mm) | 100 | 120 | 150 | 180 | 200 | 250 | 300 |
|---|---|---|---|---|---|---|---|
| 콘크리트 중량($m^2$) | 240kg | 290kg | 360kg | 430kg | 480kg | 600kg | 720kg |
| 거푸집 중량($m^2$) | 40kg | | 45kg | | | 50kg | |
| 작업 하중($m^2$) | 250kg | | | | | | |
| 하중 합계 | 530kg | 580kg | 655kg | 725kg | 775kg | 900kg | 1,020kg |

### 2) 수평연결재 설치 준수

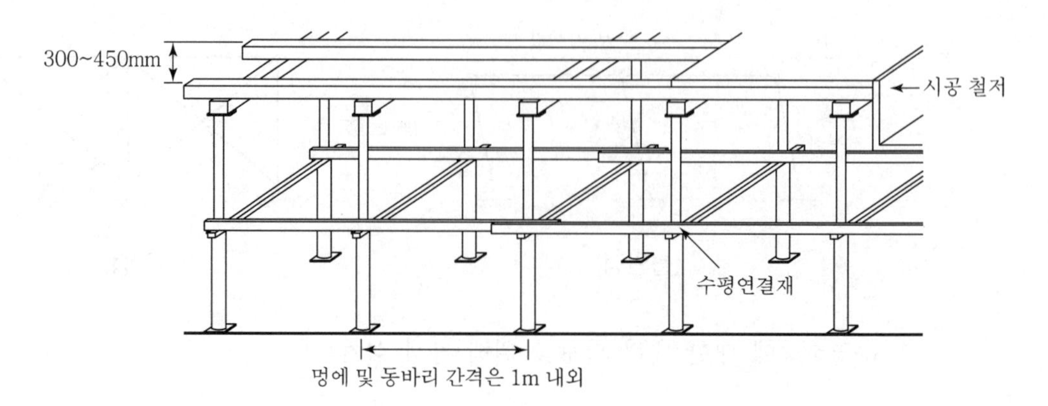


① 높이가 3.5m 이상인 경우 2m 이내마다 수평연결재 설치
② 수평연결재는 동바리마다 직교방향으로 2개씩 설치
③ 연결재의 이음 시 원칙적으로 일체화되어야 하며, 이격 발생 시 이격간격은 10cm 이내로 하고 고정 철물로 고정

### 3) 긴장도 및 수직도 관리

① 콘크리트 타설 전 동바리 check를 통해 관리
② 동바리의 고정 상태, 수직도, 긴장도, 설치간격 등

### 4) 콘크리트 타설계획 철저

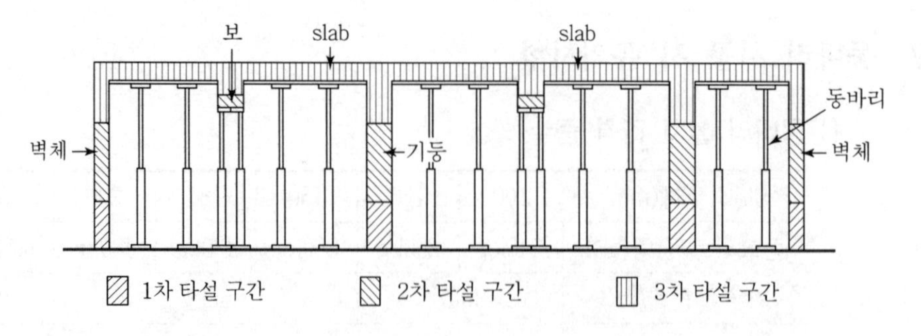


① 기둥과 벽 등을 나누어 타설하여 편심작용 발생 차단
② 1회 타설높이를 정하여 돌려치기 실시

### 5) Camber 설치

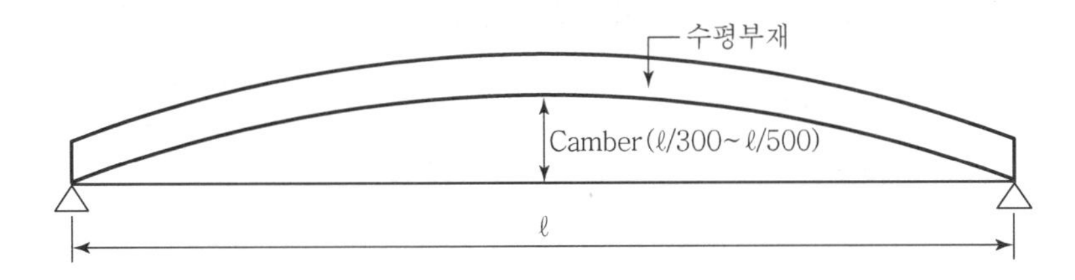


보와 slab 등의 수평부재가 콘크리트 하중에 의해 처지는 것을 방지하기 위하여 미리 솟음을 주는 것

### 6) 수직 연결 금지

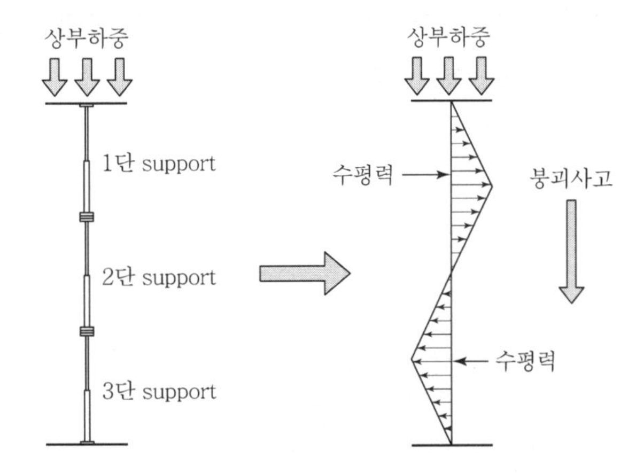


Pipe support의 경우 2단 이상 수직으로 연결하는 방법 금지

## V. 거푸집 및 동바리에 작용하는 풍하중

### 1) 설계풍하중 산정식

$$W_f = P_f A[\text{kN}]$$

여기서, $W_f$ : 설계풍하중(kN), $A$ : 작용면적($m^2$)
$P_f$ : 가설구조물의 풍압($kN/m^2$)

① 풍하중에 의해 부재의 낙하 · 비례 · 전도 발생
② 인명사고 우려 → 안전점검 실시

2) 풍속할증계수 고려

| 구분 | 경사면이 없는 경우 | 경사면이 있는 경우 |
|---|---|---|
| 기본할증계수 | 1.0 | • 경사지 : 1.05~1.27<br>• 산, 구릉 : 1.11~1.61 |

## Ⅵ. 결 론

① 콘크리트의 집중타설로 거푸집의 전체 흔들림이 발생하므로 콘크리트의 타설구획 관리를 철저히 하여 편심작용을 방지하여야 한다.

② 상부하중에 따른 동바리의 설치간격 준수와 수직도 관리로 안정성을 유지하며 일정 높이 이상의 동바리에는 수평연결재를 설치하여 횡력에 의한 전도사고가 발생하지 않도록 한다.

## 永生의 길잡이—넷

### ■ 북경에 불어 닥친 불시험

중국의 그리스도인들이 사냥감이 되어 목숨을 잃고 길거리가 그들의 피로 붉게 물든 것은 1900년 6월의 일이었습니다.
당시 그곳에서 기독교인이 된다는 것은 모든 사람에게 미움을 받는다는 것을 의미했습니다. 외국인들과 중국인 기독교인들을 죽이겠다는 플래카드가 곳곳에 걸렸습니다.

6월 13일 밤에는 외국인 교사들과 함께 피난하지 못한 사람들에 대한 처참한 학살이 시작되었습니다. "죽여라! 죽여라!" 하는 외침이 하늘을 찌르고, 의화단들이 달려들어 어린이나 노인들을 가리지 않고 학살했습니다.

비긴 씨 부인은 이렇게 기록했습니다.
"총알들이 공사관과 주변에 있는 건물 위로 비 오듯 쏟아졌으나 모든 사람이 위험에 노출되어 있었던 것에 비하면 사망자는 비교적 적은 편이었습니다. 포위 공격이 끝난 후, 나는 중국인 친구 한 사람에게 어떻게 의화단원들이 공사관 안으로 쳐들어와 점령하지 않았는지 물어봤습니다. 그들은 성벽과 지붕 위에 수많은 천사가 있는 것을 보고 두려워했다고 대답했습니다. 그들이 불을 지르면 지를수록 그 숫자가 더 많아졌다는 것입니다."

환난이 시작될 때 하나님은 자신의 손을 뻗으셔서 성경에 나오는 것과 같은 놀라운 기적들을 그 땅에 부어주실 것입니다.

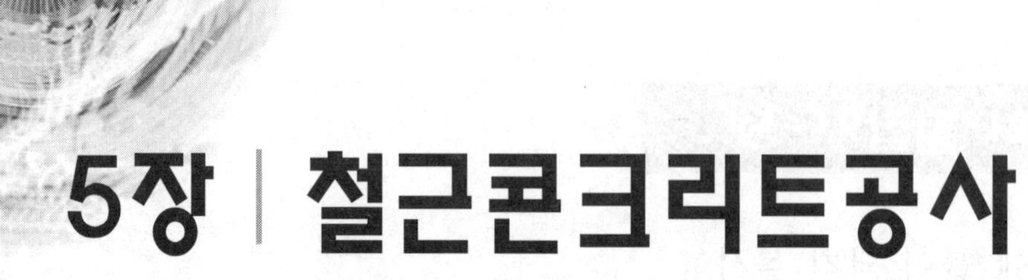

# 5장 | 철근콘크리트공사



## 2절 | 일반콘크리트공사

# 문제 1 콘크리트 혼화재료의 종류와 특징 및 용도

## Ⅰ. 개 요

① 혼화재료란 Con'c의 구성재료인 시멘트, 물, 골재 등에 첨가하여 콘크리트에 특별한 품질을 부여하고, 성질을 개선하기 위한 재료를 말한다.

② 혼화재료는 혼화제와 혼화재로 구분할 수 있으며, 그 사용량이 시멘트 중량의 5% 미만으로서 소량만 사용되는 것은 혼화제, 시멘트 중량의 5% 이상 사용되는 것을 혼화재로 분류하고 있다.

## Ⅱ. 혼화재료의 종류

| 분류 | 종류 |
|---|---|
| 혼화제(混和劑) | • 표면활성제(AE제, 감수제, AE 감수제, 고성능 AE 감수제)<br>• 응결경화 조절제(촉진제, 지연제, 급결제)<br>• 방수제 • 방동제 • 방청제<br>• 발포제<br>• 수중 불분리성 혼화제<br>• 유동화제(流動化劑) |
| 혼화재(混和材) | • 고로 Slag 미분말<br>• Fly Ash<br>• Silica Fame<br>• 팽창재<br>• Pozzolan<br>• 착색재(着色材) |

## Ⅲ. 종류별 특징 및 용도

### (1) 표면활성제

#### 1) AE제(Air Entraining Agent)

① 굳지 않은 Con'c의 시공성 향상 및 동결 융해 저항성 증대

② 일반 콘크리트에는 자연적으로 1~2% 정도의 공기(Entrapped Air)가 포함됨

③ AE제를 첨가로 공기(Entrained Air)량을 3~4% 증가시 시공연도 향상

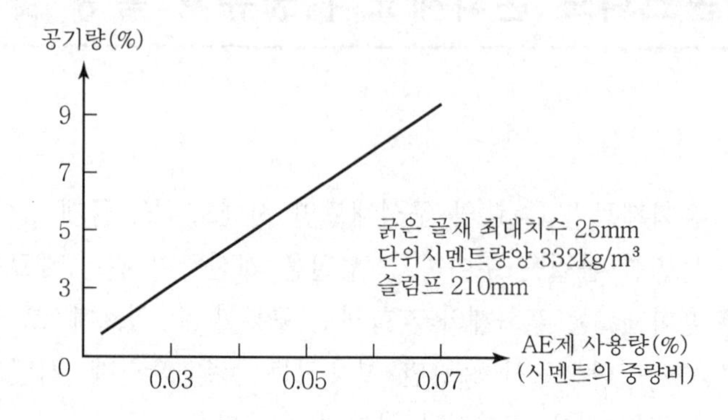


2) 감수제

① 단위수량을 감소시켜 내동해성을 증대시키기 위해 사용

② 감수효과는 4~6%로 비교적 적음

③ Bleeding 현상 및 Laitance가 적어짐

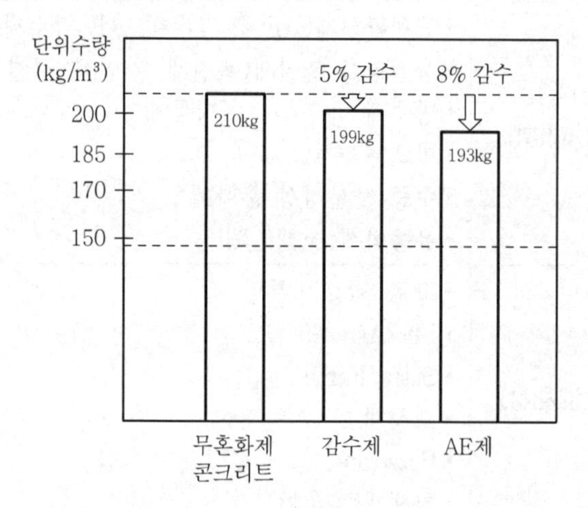


3) AE 감수제(AE Water Reducing Agent)

① 콘크리트 중에 미세기포를 연행하여 작업성을 향상시키는 한편 분산효과로 인한 단위수량을 감소시킴

② AE 감수제 사용 시 10~15%의 감수효과

③ AE 감수제의 분류

| 분류 | 내용 |
|---|---|
| 음이온계 | 시판되는 Con'c AE제의 대부분의 음이온계임 |
| 양이온계 | AE제가 양이온을 띤 것으로, 최근에는 사용되지 않음 |
| 비이온계 | 수용액 중에서 이온성분을 띤 것은 아니나 분자 자체가 계면활성작용 |

#### 4) 고성능 AE 감수제

① AE 감수제에 비해 감수효과가 뛰어나고 Slump 손실이 적음

② 감수효과는 20% 내외

③ 압축강도 50MPa 이상의 고강도 콘크리트 제조에 사용

④ 표면활성제 종류별 특성 비교

| 구분 \ 종류 | AE제 | 감수제 | AE 감수제 | 고성능 AE 감수제 |
|---|---|---|---|---|
| 목적 | 동결융해에 대한 저항성 증대 | 내동해성 증대 | 내구성 증대 | 고내구성 · 고강도 콘크리트 제조 |
| 감수 성능 | 보통(8% 정도) | 작음(5% 정도) | 양호(13% 정도) | 우수(20% 정도) |
| 주요 작용 | 기포작용 | 분산 · 습윤작용 | 분산 · 습윤작용 | 분산작용 |
| 콘크리트에 미치는 영향 | 시공연도 향상 | 단위수량 감소 | 단위 시멘트양 감소(6~12%) | 고강도 콘크리트 제조시 Slump Loss 방지 |
| 문제점 | 철근과의 부착력 감소 | 염화물에 대한 철근 부식 우려 | 콘크리트의 강도 저하 우려 | 1시간 경과시 Slump 저하 우려 |

### (2) 응결경화 조절제

| 종류 | 내용 |
|---|---|
| 응결경화 촉진제 (Accelerator) | • 급결제(急結劑) 또는 급경제(急硬劑)라고도 하며, 염화칼슘, 규산소다 등이 기본 성분<br>• 염화칼슘의 적당량을 콘크리트에 혼입<br>• 적당량을 가하면 팽창 · 수축이 증대 |
| 응결지연제 (Retarder) | • 유기 혼화제가 시멘트 입자 표면에 흡착, 불용성 침전이나 착제, 착염 등을 형성하여 시멘트와 물 사이의 반응을 차단하고 시멘트 수화물의 생성을 억제<br>• 지연성능이 크며, 첨가량에 따라 응결시간 조정 |

### (3) 방수제(Water Proofing Agent)

미세한 물질을 혼입하여 공극을 충전하거나 발수성의 물질을 도포, 흡수성을 차단하는 성능을 가진 혼화제

### (4) 방동제

① 콘크리트의 동결을 방지하기 위한 염화칼슘·식염 등의 다량 사용 시 강도 저하 및 급결작용 발생

② 식염은 철근콘크리트공사에는 절대 사용 금지

### (5) 방청제(Corrosion Inhibiting Agent)

① 방청제는 콘크리트 중의 염분에 의한 철근의 부식을 억제할 목적으로 사용되는 혼화제

② 철근의 부식은 일종의 전기화학반응에 의해서 발생

### (6) 발포제(Gas Foaming Agent)

① 발포제는 시멘트에 혼입되는 경우 화학반응에 의해 발생하는 가스를 이용하여 기포를 형성

② 가스의 종류

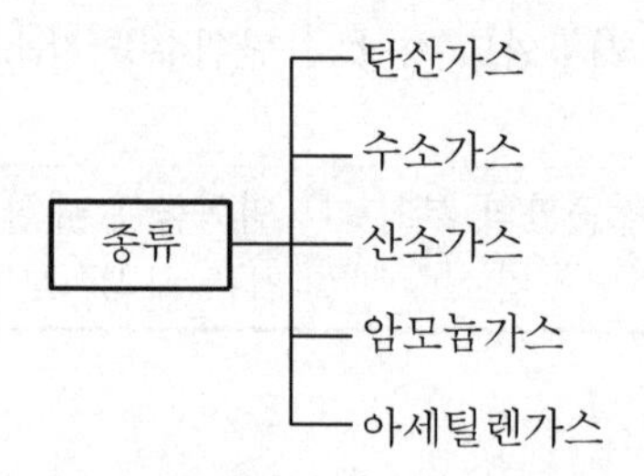


### (7) 수중 불분리성 혼화제

① 수중에 투입되는 콘크리트가 물의 세척작용을 받아서 시멘트와 골재가 분리되는 것을 방지하는 역할

② 유동성이 있어 간극에 대한 충전성 우수

③ Bleeding 현상을 억제 및 콘크리트의 강도 및 내구성 증대

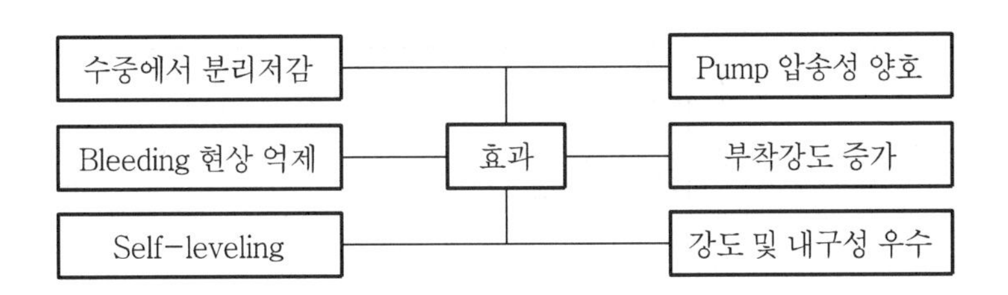


### (8) 유동화제(Super Plasticizer)

#### 1) 정의

감수제의 기능을 더욱 향상시켜 시멘트를 효과적으로 분산시키고 강도에 영향 없이 공기연행 효과만으로 시공연도를 좋게 한 것

#### 2) 유동화제의 분류

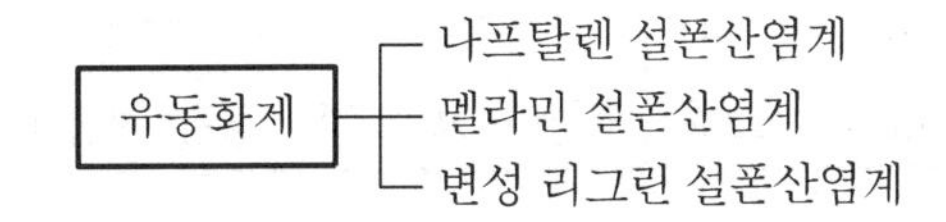


#### 3) 적용대상

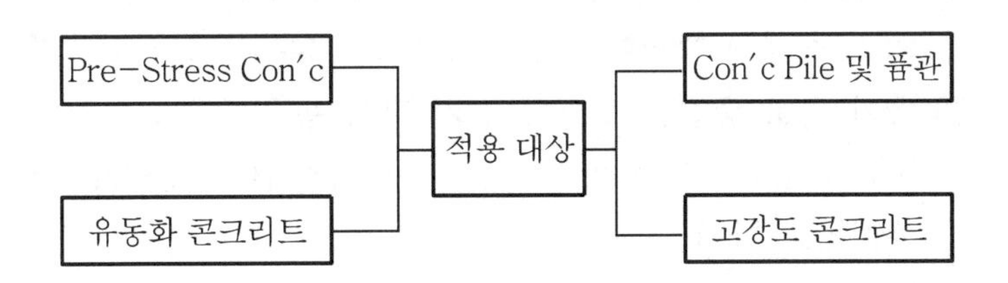


#### 4) 특징

① Slump가 120mm에서 210mm까지 상승
② 감수율이 20~30% 정도
③ 분산효과가 커짐
④ 저기포성, 저응결 지연성
⑤ 건조수축이 적음
⑥ 콘크리트의 수밀성 향상
⑦ 구조체의 내구성 향상
⑧ 사용시간은 첨가 후 1시간까지

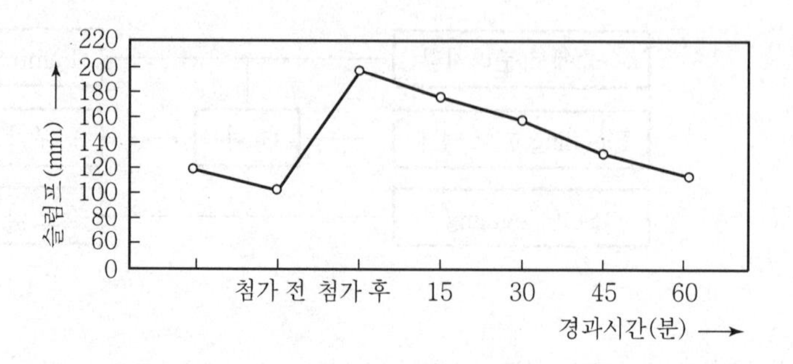


### (9) 고로 Slag

① 광로 방식의 제철작업에서 생성되는 용융상태의 고온 슬래그를 물, 공기 등으로 급랭하여 입상화한 것

② 고로 Slag의 종류별 용도

| 종류 | 용도 |
|---|---|
| 서랭 Slag(괴상 Slag) | 도로용(표층, 노반, 충전)·콘크리트용 골재, 항만재료, 지반개량재 등 |
| 급랭 Slag(입상화 Slag) | 고로 Cement용, 시멘트 클링커 원료, Con'c 혼화재, 경량 기포 Con'c 등 |
| 반급랭 Slag(팽창 Slag) | 경량 콘크리트용, 경량 매립재, 기타 보온재 등 |

### (10) Fly Ash

① Fly Ash란 화력발전소 등의 연소보일러에서 부산되는 석탄재로서 연소 폐가스 중에 포함되어 집진기에 의해 회수된 특정 입도범위의 입상잔사

② 초기 강도 증진은 늦으나 장기 강도 높음

③ Fly Ash는 구상의 미립자로, 볼 베어링(Ball Bearing) 작용을 하여 시공연도 개선효과 발생

④ 수화발열량이 낮으며 재령확보를 위해 초기 양생이 중요

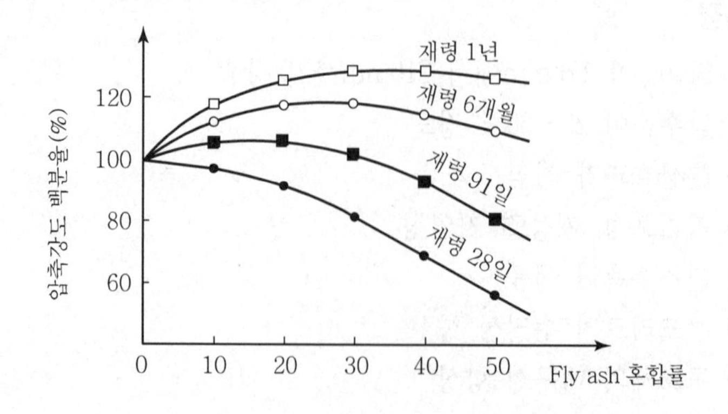

**(11) Silica Fume**

① Silicon 또는 Ferro Silicon 등의 규소합금 제조시 발생하는 폐가스를 집진하여 얻은 부산물로서 초미립자(1$\mu$m 이하)이다.

② Silica Fume 효과

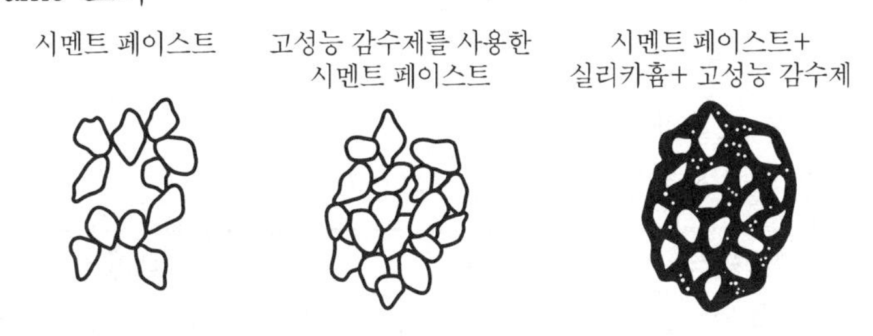


③ 용도

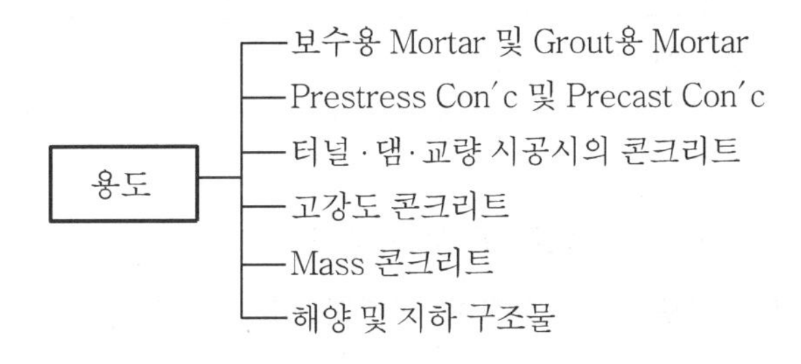


**(12) 팽창재**

① 물과 반응하여 경화하는 과정에서 콘크리트가 팽창하는 성질을 가지게 하는 혼화재

② 균열발생 억제효과

③ 균열보수공사, Grouting 재료 및 Prestress 콘크리트에 사용

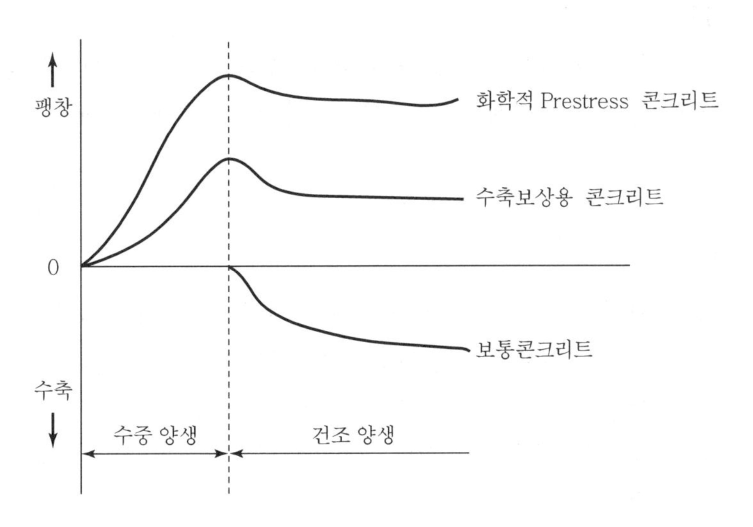

### (13) Pozzolan

#### 1) 정의

포졸란은 시멘트가 수화할 때 생기는 수산화칼슘[$Ca(OH)_2$]과 화합하여 콘크리트의 강도 및 해수 등에 대한 화학적 저항성·수밀성 등을 개선하기 위해서 사용되며, 콘크리트 증량재로 사용

① 천연 포졸란

화산재, 응회암, 규산백토, 규조토

| 종류 | 내용 |
|---|---|
| 천연 Pozzolan | 규조토(硅藻土), 응회암(凝灰巖), 규산백토(硅酸白土), 화산재 등 |
| 인공 Pozzolan | Fly Ash, 소점토(燒粘土) 등 |

② 주성분에 따른 분류

실리카 알루미나계, 실리카계, 흑요석, 응회석, 규조토, 소성점토

#### 2) Pozzolan이 Con'c에 미치는 영향

① 시공연도 향상(적절한 입형과 입도 분포 필요)

② 수화열 감소(Mass Con'c에 적용)

③ 장기 강도 증진(적절한 양생 필요)

④ 내황산염 등 화학성능 향상[$Ca(OH)_2$가 적어지기 때문]

⑤ 수밀성 향상(공극 감소)

⑥ 알칼리 골재반응 억제효과

### (14) 착색재(着色材)

착색재는 콘크리트와 모르타르에 색을 입히는 혼화제로서 본래의 콘크리트 특성과 함께 마무리재로서의 기능도 함께 갖는 착색 Con'c 또는 컬러 Con'c

## Ⅳ. 결 론

① 혼화재료는 콘크리트의 시공연도 개선, 초기 강도 증진 등 콘크리트의 성질과 품질을 우수하게 하는 재료이므로 적절히 사용하여 강도, 내구성, 수밀성 등을 확보해야 한다.

② 향후 시방서의 기준정립, 제조회사의 연구비 투자확대 및 기술개발 노력이 필요하다.

# 문제 2 RC조 구조체의 성립 이유와 요구 성능

## Ⅰ. 개 요

### 1) 의 의

① RC조 구조는 철근과 콘크리트의 부착강도가 높은 강접합구조로 외력에 저항할 수 있는 합리적인 일체성 구조이다.

② 콘크리트와 철근의 선팽창계수가 거의 같아서 온도변화에 따른 재료의 분리가 없으며, 콘크리트의 알칼리 성분으로 철근의 부식을 방지한다.

### 2) RC조의 특징

| 장점 | 단점 |
|---|---|
| 내구적이고 내화적임<br>자유로운 설계 가능<br>내진 구조<br>재료 구입 용이 | 자중이 크다.<br>시공이 복잡하다.<br>공기가 길다. |

## Ⅱ. 성립 이유

### 1) 선팽창(열팽창)계수가 거의 같다.

선팽창계수 : 온도변화에 따른 부재의 신축량

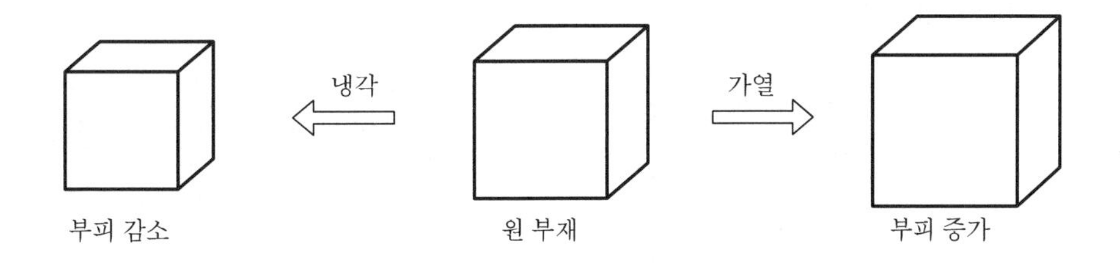


### 2) 철근부식 방지

① 콘크리트는 알칼리성(pH 12~13)이고 철근은 산성

② 콘크리트 속의 철근은 부동태 피막 형성으로 부식 방지

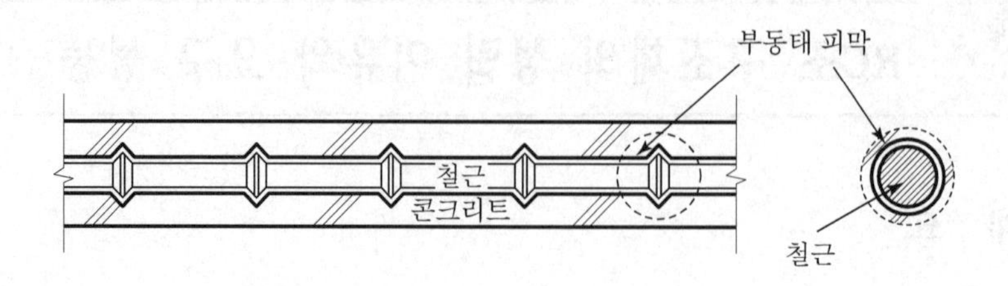


### 3) 일체성 확보

① 콘크리트는 압축력, 철근은 인장력을 부담하여 상호 보완적

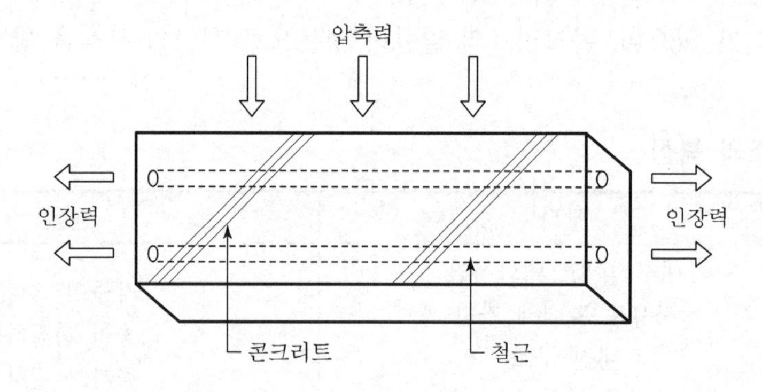


② 외력에 대해 일체로 대응

### 4) 내화성 확보

콘크리트의 피복으로 열에 약한 철근을 보호

### 5) 높은 강성

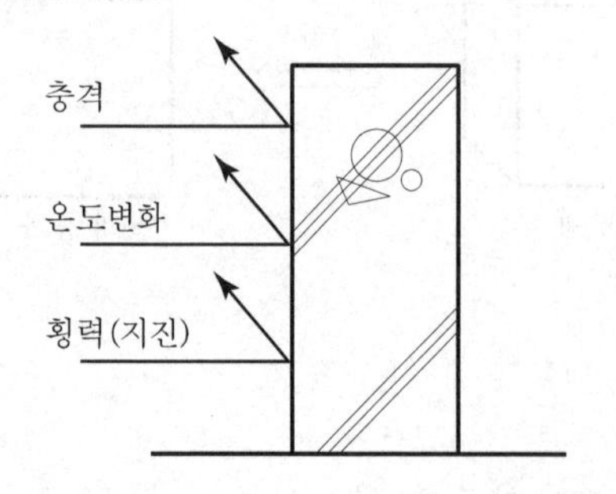


외력에 대한 높은 강성으로 건물을 보호하고, 오랜 내구성을 유지

# Ⅲ. 요구 성능

## 1) 구조적 안전성

① 사용재료의 품질 및 강도 유지

② 시공중 결함이 없도록 유의

## 2) 사용성

상시 하중하에서 부재의 변형이 없을 것

## 3) 내구성

탄산화에 의해 철근이 부식되는 것을 기초로 내구성을 정함

$Ca(OH)_2+CO_2 \rightarrow CaCO_3+H_2O$

$Ca(OH)_2$+산 → 탄산화

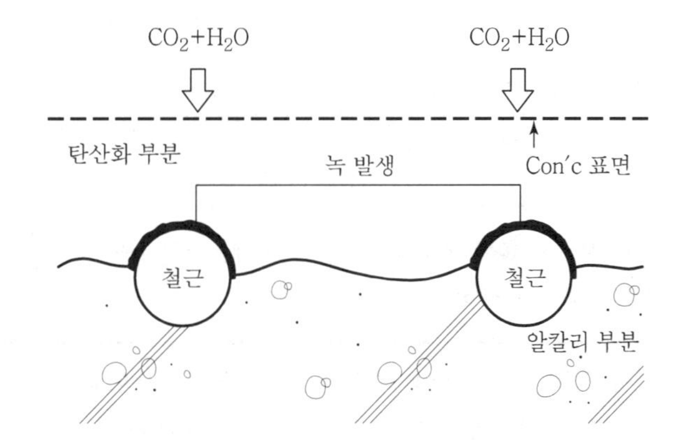


## 4) 내화성

철근콘크리트 부재의 내화 성능

| 부위 \ 층수 | | | 최상층 및 최하층부터 2개층 이상 4개층 이내 | 최상층부터 5개층 이상 14개층 이내 | 최상층부터 15개층 이상 |
|---|---|---|---|---|---|
| 벽 | 내력벽 · 칸막이벽 | | 1시간 | 2시간 | 2시간 |
| | 비내력벽 | 연소 우려 부분 | 1시간 | 2시간 | 2시간 |
| | | 그 외 | 1시간 | 1시간 | 1시간 |

| 부위 \ 층수 | 최상층 및 최하층부터 2개층 이상 4개층 이내 | 최상층부터 5개층 이상 14개층 이내 | 최상층부터 15개층 이상 |
|---|---|---|---|
| 기둥 · 보 | 1시간 | 2시간 | 3시간 |
| Slab | 1시간 | 2시간 | 2시간 |
| 지붕 | 30분 | | |

### 5) 부재위치 및 단면치수 정밀도

① 부재위치의 허용오차는 ±20mm

② 단면치수의 허용오차는 －5～+20mm

### 6) 피복두께

| 부위 및 철근 크기 | | | 최소피복두께 (mm) |
|---|---|---|---|
| 수중에서 치는 콘크리트 | | | 100 |
| 흙에 접하여 콘크리트를 친 후 영구히 흙에 묻혀 있는 콘크리트 | | | 75 |
| 흙에 접하거나 옥외 공기에 직접 노출되는 콘크리트 | D19 이상 철근 | | 50 |
| | D16 이하 철근, 지름 16mm 이하 철선 | | 40 |
| 옥외의 공기나 흙에 직접 접하지 않는 콘크리트 | 슬래브, 벽체, 장선 | D35 초과 철근 | 40 |
| | | D35 이하 철근 | 20 |
| | 보, 기둥 | | 40 |

* 피복두께의 시공 허용오차는 유효깊이 200mm 이하 시에는 10mm 이내로, 유효깊이 200mm 초과 시에는 13mm 이내로 한다.

### 7) 표면의 평탄성

| 마감의 정도 | 평탄성 |
|---|---|
| 마감두께 7mm 이상 | 10mm/m당 |
| 마감두께 7mm 미만 | 10mm/3m당 |
| 제물치장 마감 | 7mm/3m당 |

RC조 마감의 정도는 마감재료의 두께에 따라 다소 차이가 남

## Ⅳ. RC구조체의 안전성과 사용성

| 구분 | 안전성 | 사용성 |
|---|---|---|
| 정의 | • 구조물의 강도, 작용외력 등에 의해 사용성을 확보한 상태<br>• 극한 하중으로 안전성 검토 | • 외력 작용시 구조물의 사용에 대한 신뢰를 확보한 상태<br>• 사용하중(처침, 균열 등)에 의해 사용성 검토 |
| 설계적용 | 극한강도 설계법 | 허용응력설계법 |
| 평가 | • 구조물의 강도 및 작용하중검토<br>• 구조물 파괴 하중 검토 | • 부재에 발생한 처짐 정도<br>• 부재균열 및 진동 정도 |
| 한계상태 | 안전성 한계를 벗어나 파괴 또는 파괴에 가까운 상태 | 처짐, 균열, 진동 등이 과다하게 발생되어 비정상적인 사용상태 |

## Ⅴ. 결 론

① RC구조의 응력 부담은 콘크리트가 압축응력에 저항하고 철근이 인장응력에 저항하는 합리적인 구조체이다.

② RC구조는 열에 비교적 강한 콘크리트가 내화를 담당하고 복합체로서의 구조적 안정성을 겸비하여 소요되는 내구성을 발휘하여야 한다.

# 문제 3 콘크리트 운반 및 타설방법

## Ⅰ. 개요

① 콘크리트는 운반 시 운반시간을 준수하여 Slump 저하, 재료분리 및 압송관 막힘 현상을 방지하여 콘크리트 품질을 유지하여야 한다.

② 콘크리트의 타설은 현장여건과 타설 위치에 적합한 타설 방법을 선정하여, 안전하게 시공하여야 한다.

## Ⅱ. 콘크리트의 단계적 품질관리

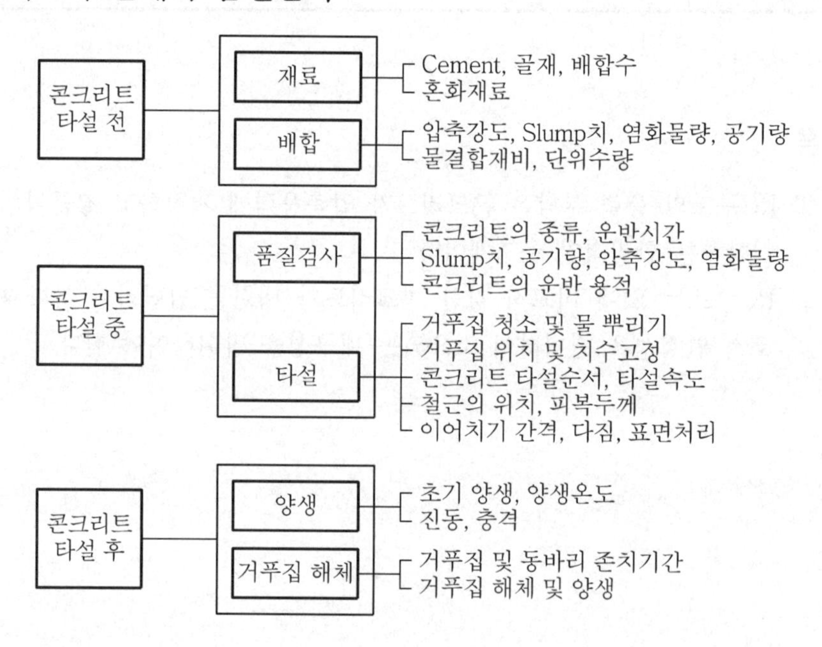


## Ⅲ. 콘크리트의 운반

1) 운반과정 Flow Chart

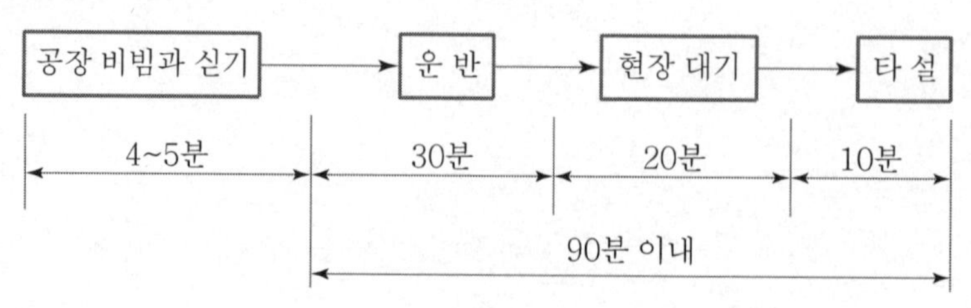

### 2) 운반방법

| 구분 | | 생산방식 |
|---|---|---|
| 습식 레미콘 (Wet Mixing Remicon) | Central Mixed Con'c | • 믹싱 플랜트에서 고정믹서로 비빔이 완료된 콘크리트를 Agitator Truck으로 휘저으며 현장까지 운반<br>• 근거리에 주로 사용 |
| | Shrink Mixed Con'c | • 믹싱 플랜트의 고정믹서에서 어느 정도 비빈 것을 트럭믹서에 실어 운반도중에 Truck Mixer로 완전히 비벼 운반<br>• 중거리에 주로 사용 |
| 건식 레미콘 (Dry Mixing Remicon) | Transit Mixed Con'c | • 트럭믹서에 계량된 재료만을 넣어 운반 도중에 물과 혼화제를 혼합하여 Truck Mixer로 비벼 현장까지 운반<br>• 장거리에 주로 이용 |
| | Dry Batching | • 배처 플랜트에서 재료(시멘트+모래+골재)를 계량<br>• 운반 도중 트럭 믹서에서 건비빔 실시<br>• 현장에 도착 후 현장에서 물과 혼화제를 가하여 혼합 완료 후 타설 |

### 3) 운반시간 한도 규정

| KS F 4009 | 콘크리트 표준시방서 | | 건축공사 표준시방서 | |
|---|---|---|---|---|
| 혼합 직후부터 배출까지 | 혼합 직후부터 타설 완료까지 | | 혼합 직후부터 타설 완료까지 | |
| 90분 | 외기온도 | 일반 | 외기온도 | 일반 |
| | 25°C 초과 | 90분 | 25°C 이상 | 90분 |
| | 25°C 이하 | 120분 | 25°C 미만 | 120분 |

## Ⅳ. 타설방법

### 1) 콘크리트 분배기(Concrete Distributor)

① 콘크리트 타설장소 바닥에 Rail을 설치하여 콘크리트 분배기를 직선으로 이동시키면서 타설

② 분배기는 회전이동 가능

③ 콘크리트 타설시 철근에 진동 및 충격 최소화

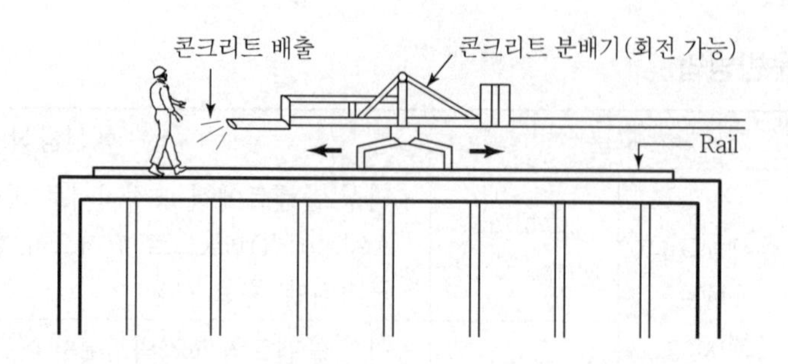


2) CPB(Concrete Placing Boom)

① 별도의 수직상승용 Mast에 연결된 Boom을 통해 콘크리트 타설
② 철근에 영향을 주지 않고 적은 인원으로 타설 가능
③ 수직상승용 Mast 별도 설치 필요
④ 저층일 경우 경제성 불리

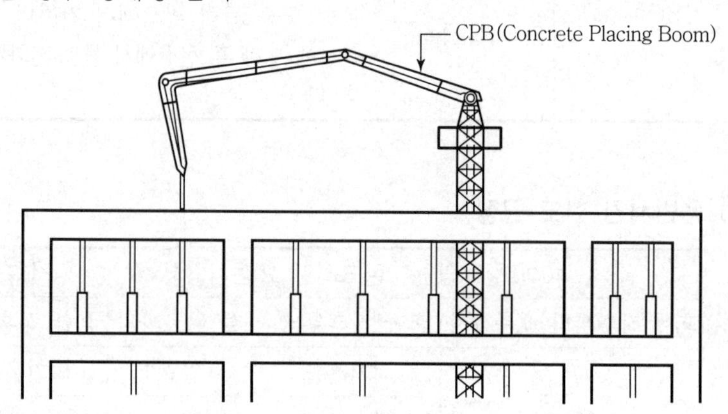


3) Pump 타설

① Pipe의 설치 및 이동시 철근・거푸집에 변형 발생 금지
② 압송관의 폐색 및 터짐사고 방지
③ 성능

30~50m$^3$/h, 수직거리 : 40~60m, 수평거리 : 200~300m

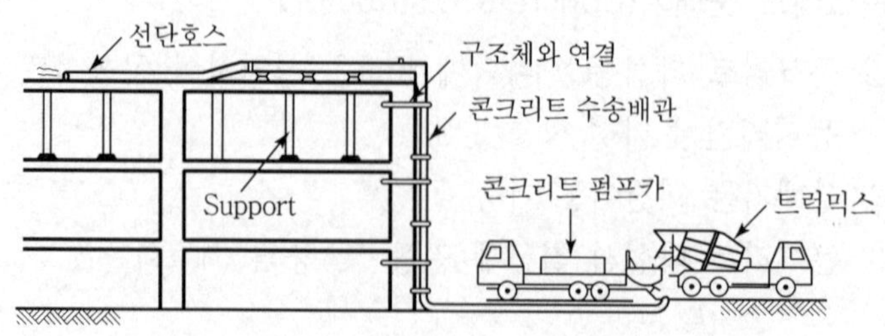

4) Press 타설

① Pump 공법과 유사하고, 좁은 장소에서 운반 유리

② 콘크리트 유동성 확보에 유의(Slump 저하 원인)

5) Pocket 타설

① 자유낙하 타설이 곤란할 경우 수직 거푸집 측면의 투입구에 포켓을 만들어 타설하는 공법

② 벽이 높거나 경사진 경우에 채택

6) VH(Vertical Horizontal) 분리타설

| 구분 | 강도 차이가 작은 경우 | 강도 차이가 큰 경우 |
|---|---|---|
| 산정법 | $\frac{\text{수직부재(기둥, 내력벽)의 강도}}{\text{수평부재(보, 슬래브)의 강도}} \leq 1.4$ | $\frac{\text{수직부재(기둥, 내력벽)의 강도}}{\text{수평부재(보, 슬래브)의 강도}} > 1.4$ |
| 시공 방법 | • 특별한 조치 불필요<br>• 수평재 해당 구간은 모두 수평재 강도로 시공 | • 기둥 주변의 바닥판은 기둥과 동일한 강도로 시공<br>• 강도가 높은 콘크리트를 먼저 친 후, 소성 성질을 보이는 동안에 낮은 강도의 콘크리트 타설 후 충분히 진동 다짐 |
| 시공도 | 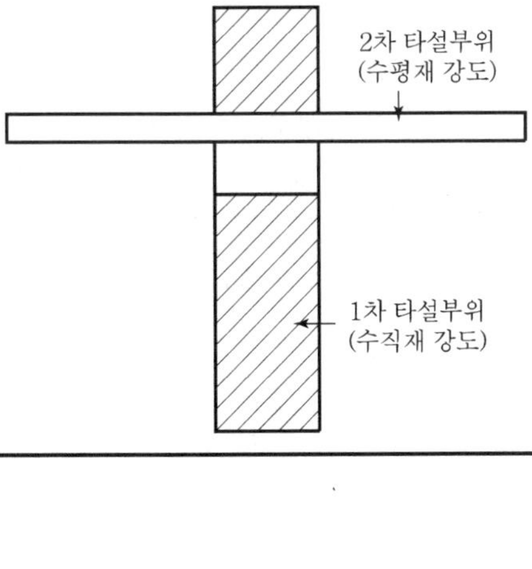 2차 타설부위 (수평재 강도)<br>1차 타설부위 (수직재 강도) | 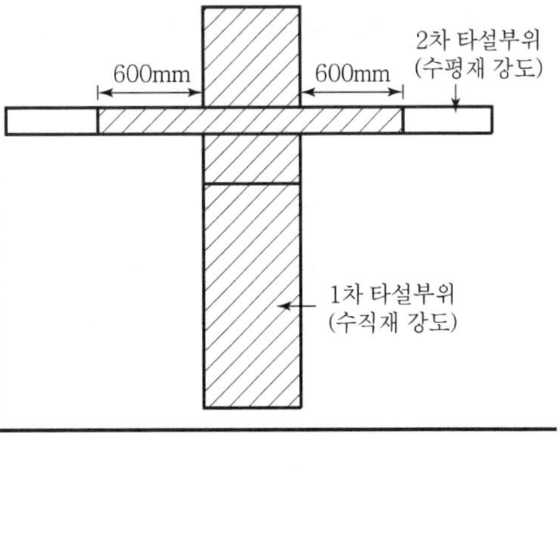 600mm 600mm<br>2차 타설부위 (수평재 강도)<br>1차 타설부위 (수직재 강도) |

# V. 결 론

콘크리트의 품질 확보를 위해서는 콘크리트의 운반시간 관리 및 적정 타설공법 선정이 우선되어야 한다.

# 문제 4 콘크리트 타설시 현장에서 준비할 사항 및 콘크리트 타설계획

## Ⅰ. 개 요

1) 의 의

① 콘크리트 타설은 RC조 구조체의 성능을 좌우하고 내구성에 지대한 영향을 미치는 공정이므로 철저한 사전계획과 품질관리가 필요하다.

② 건설현장에서 콘크리트의 타설은 가장 중요한 공정이며, 원활한 타설을 위하여 레미콘공장과의 긴밀한 연락관계를 유지해야 한다.

2) 콘크리트 구조물의 수명

| 구분 | 요구조건 | 수명 |
|---|---|---|
| 1등급 구조물 | 높은 내구성 요구 | 100년 내외 |
| 2등급 구조물 | 일반 내구성 요구 | 65년 내외 |
| 3등급 구조물 | 짧은 내구 수명 | 30년 내외 |

## Ⅱ. 콘크리트 타설계획 flow chart

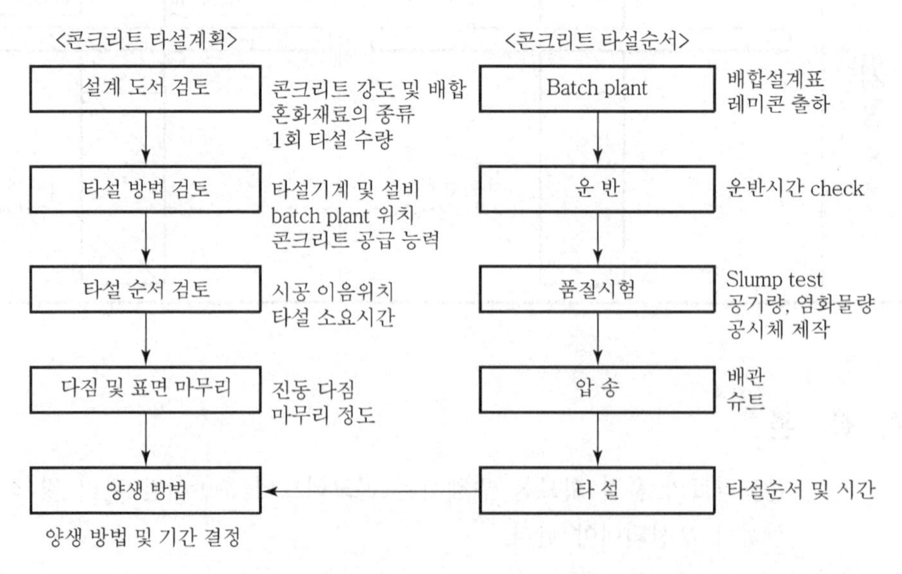


콘크리트 타설시 면밀한 준비와 계획이 필요하며 현장인원 모두의 협조가 요구됨

# Ⅲ. 현장에서 준비할 사항

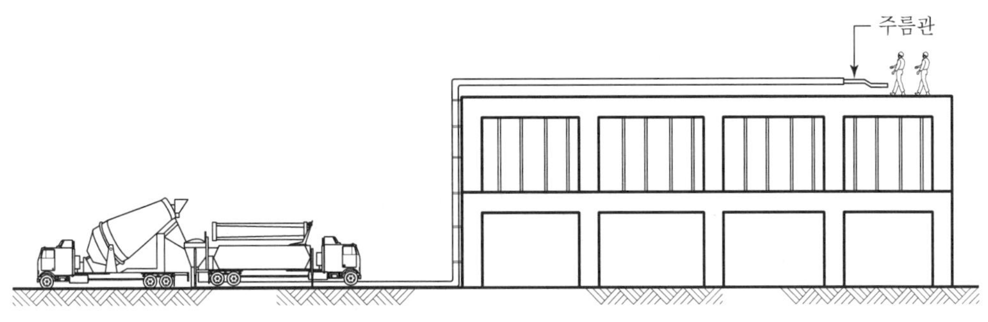


〈현장에서의 콘크리트 타설 전경〉

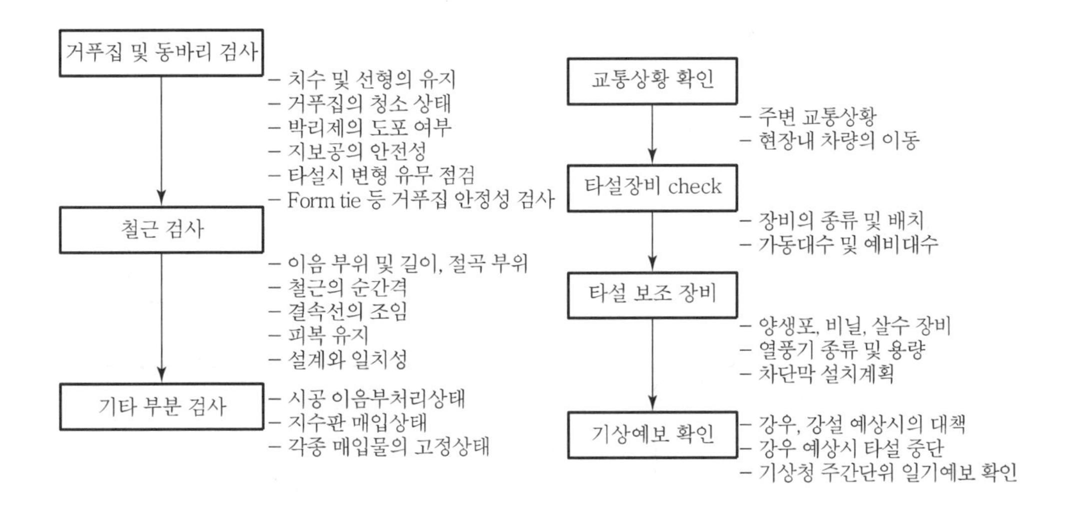


# Ⅳ. 콘크리트 타설계획

## 1) 타설구획 결정

타설구획이 적을수록 공정 및 품질관리상 유리

2) 먼 곳에서 가까운 곳으로

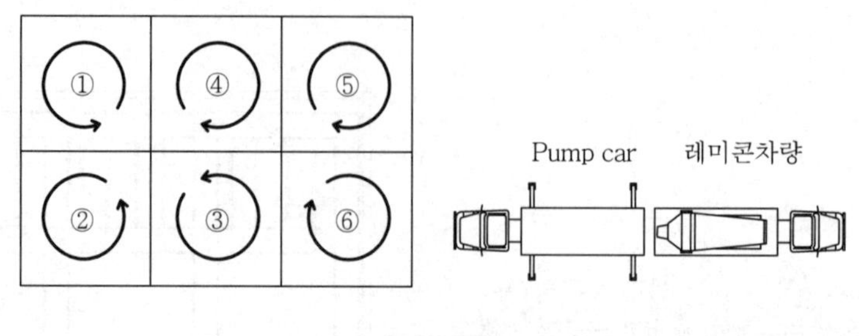


〈타설 현장〉

콘크리트 타설장비로부터 먼 곳에서 가까운 곳으로 타설

3) 연속 타설

소정의 구획에는 연속 타설

4) Cold joint 방지

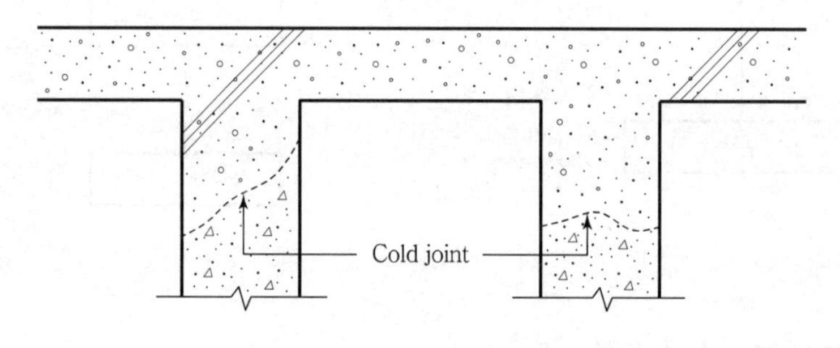


〈기둥에서의 cold joint 발생〉

신·구 콘크리트의 타설 joint 시간의 지연시 cold joint 발생

5) 재료분리 방지

콘크리트가 직접 거푸집에 닿지 않도록 합판을 설치하여 재료분리 방지

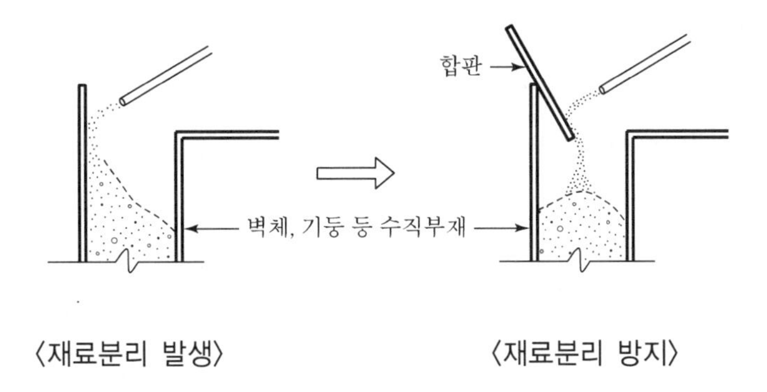


6) 타설높이

콘크리트면과 최대한 가깝게 주름관을 유지하며 타설

## V. 레미콘 발주 시 관리방안

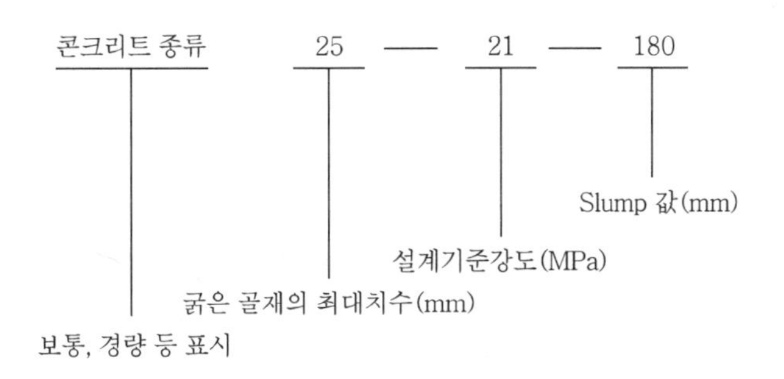


1) 운반거리 검토

① 비빔시작부터 부어넣기 종료까지 시간 확인

② 최대 90분 이내 거리의 레미콘 공장을 선정

③ 현장진입도로의 타설 시 교통량을 고려

2) 품질관리 확인

레미콘 공장점검 시 배합 사항 확인

3) 제조능력 검토

① 일 레미콘 생산능력

② 시간당 제조 출하능력 보유 여부

## Ⅵ. 결 론

① 콘크리트 타설시 재료분리, cold joint 등 품질에 악영향을 끼치는 현상을 방지하여야 하며 사전에 타설구획을 선정하며 전체 콘크리트의 품질향상을 이루어야 한다.

② 콘크리트의 타설계획 수립 및 실시의 양부에 따라 구조체의 내구성이 결정되므로 현장의 전 직원이 기능공과 함께 마지막 타설까지 철저한 관리를 해야 한다.

# 문제 5 콘크리트 타설을 좌우하는 요인

## Ⅰ. 개 요

1) 의 의

콘크리트의 품질은 계획·설계시부터 재료, 배합, 시공 및 양생과정 등의 전반적인 작업에 지장을 받으며, 특히 콘크리트 타설의 양부가 품질에 지대한 영향을 미친다.

2) 콘크리트 구조체의 요구 성능

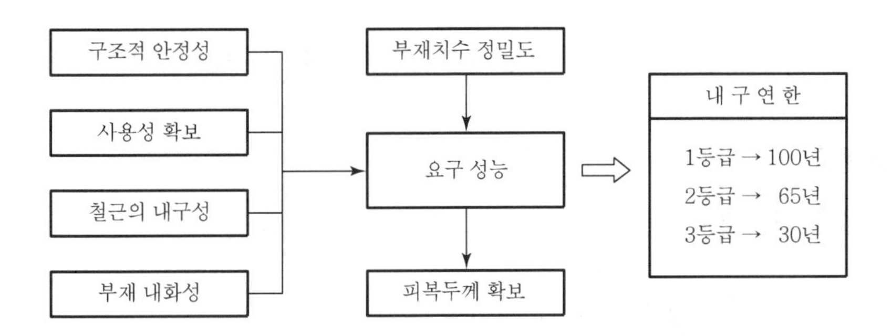


콘크리트 타설의 양부가 구조체의 내구연한에 지대한 영향을 미침

## Ⅱ. 콘크리트의 시공 flow chart

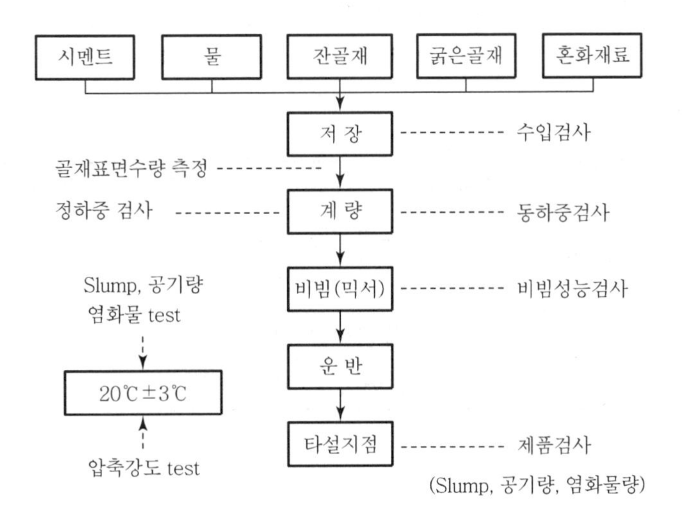

## Ⅲ. 좌우하는 요인

### (1) 설계적 요인

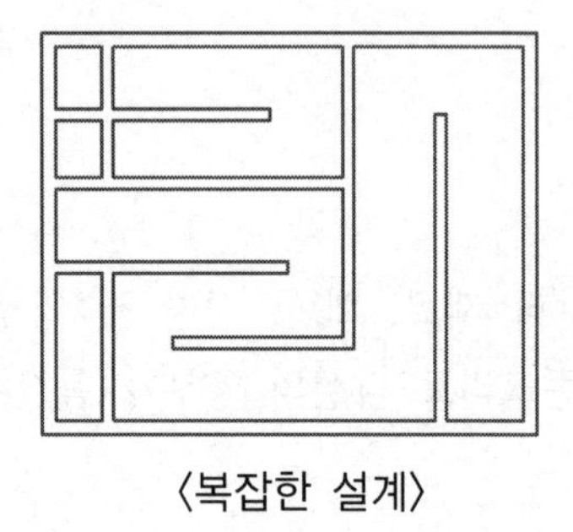

〈복잡한 설계〉

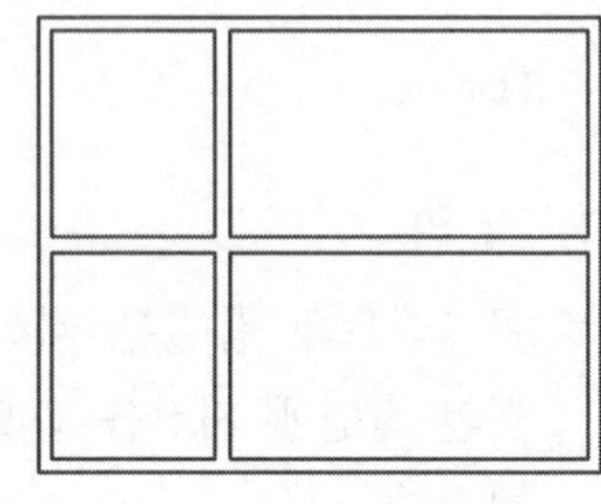

〈단순한 설계〉

① 디자인(의장효과)을 중시한 설계자의 독특한 개성
② 콘크리트가 채워지기 곤란한 얇은 부재 및 구조의 나열

### (2) 배합적 요인

#### 1) 물결합재비

$$W/B = \frac{51}{f_{28}/k + 0.31}(\%)$$

$f_{28}$ : 28일 압축 강도
$k$ : 시멘트 강도

#### 2) 잔골재율

$$\text{잔골재율(S/a)} = \frac{\text{Sand용적}}{\text{aggregate용적}} \times 100 = \frac{\text{Sand용적}}{\text{gravel용적} + \text{sand용적}} \times 100$$

#### 3) Slump치

| 종류 | | Slump치(mm) |
|---|---|---|
| 철근콘크리트 | 일반적인 경우 | 80~150 |
| | 단면이 큰 경우 | 60~120 |
| 무근콘크리트 | 일반적인 경우 | 50~150 |
| | 단면이 큰 경우 | 50~100 |

### (3) 시공적 요인

#### 1) 운 반

① 운반시간은 30분 이내가 적정

② 운반 및 대기시간이 길어질 경우 slump 저하 발생

③ 최대 타설시간

| 25℃ 이상 | 90분 |
|---|---|
| 25℃ 미만 | 120분 |

#### 2) 거푸집 조립

① 강성 유지

② Cement paste 유출 방지

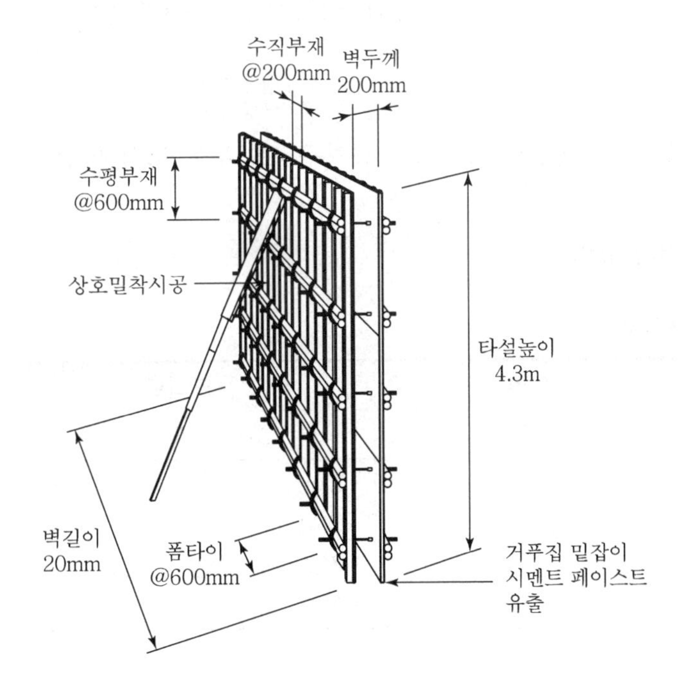


기타설 콘크리트 바닥의 level이 일정하지 않아 거푸집 밑잡이 아래로 cement paste 유출

#### 3) 철근 배근

① 철근 배근이 너무 조밀할 경우 콘크리트 채워넣기 곤란

② 철근의 이음부가 한곳에 집중될 경우 hole 발생

#### 4) 개구부 처리

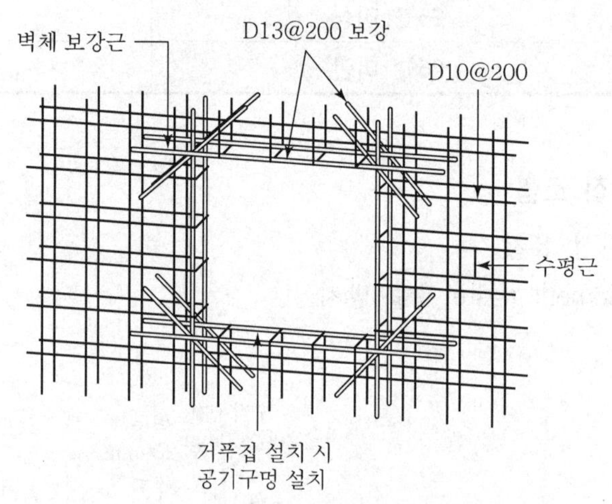


창 등의 개구부 하부에는 공기구멍을 두어 밀실 타설

### (4) 환경적 요인

#### 1) 기 후

| 요인 | 서중 콘크리트 | 한중 콘크리트 |
|---|---|---|
| 온도 | 25℃ 이상 | 4℃ 이하 |
| 주안점 | • Slump<br>• Cold joint<br>• 건조수축 균열<br>• 가수 | • 강도 저하<br>• 동해<br>• 양생<br>• 적산 온도 |

그 외, 습도, 강우 및 강풍시에도 영향을 받음

#### 2) 교통환경

① 도심 밀집지역의 경우 레미콘 차량의 지연

② 주변 교통마비 발생 시 민원 발생

## Ⅳ. 콘크리트 타설기구

### 1) 주름관(flexible hose)

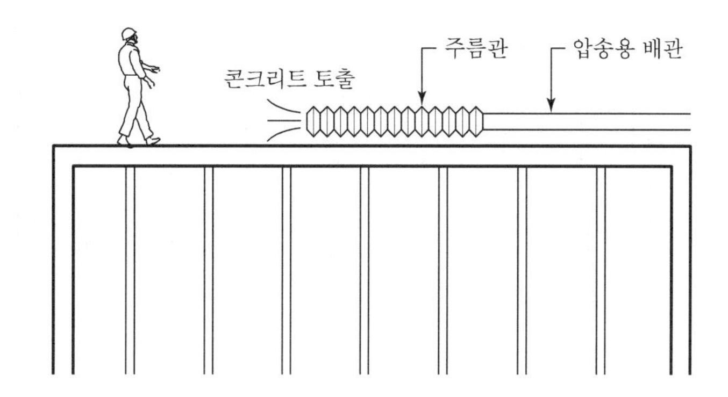


① 콘크리트 타설 장소의 바닥을 끌면서 콘크리트 토출
② 주름관을 인력으로 제어하면서 콘크리트 타설
③ 가장 일반적이고 저렴한 타설 방법

### 2) 콘크리트 분배기(concrete distributor)

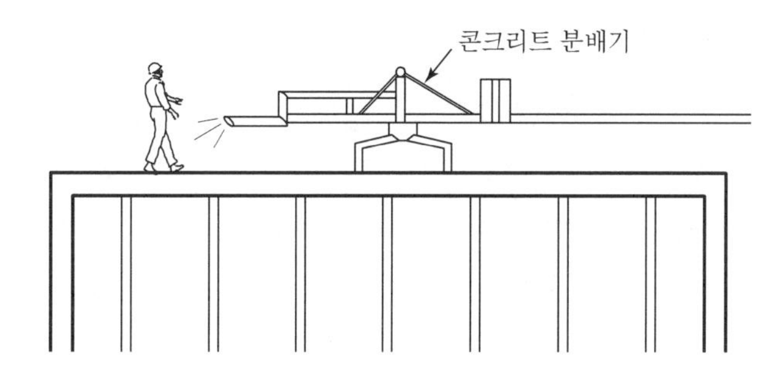


① 철근에 영향을 주지 않고 콘크리트를 타설하기 위한 장비
② 바닥에 rail을 깔고 이동하면서 타설
③ 분배기의 이동은 tower crane을 이용

### 3) CPB(Concrete Placing Boom)

① 수직 상승용 mast 별도 설치
② 철근에 전혀 영향을 주지 않음
③ 초고층건물의 고강도콘크리트 타설이 주로 이용

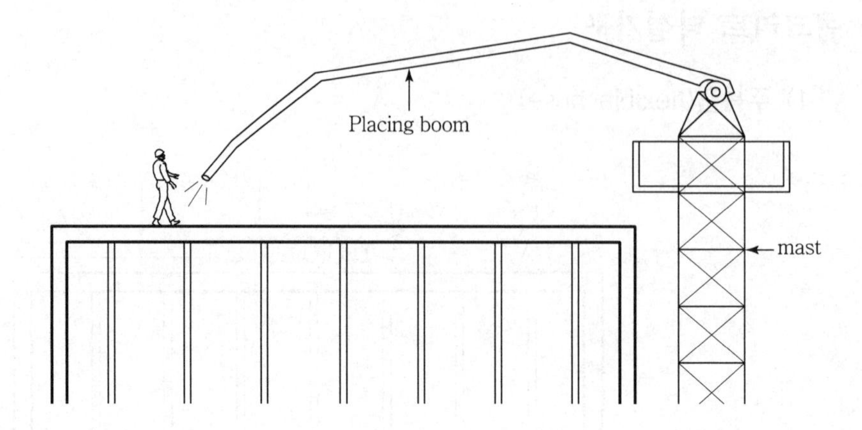


## V. 결 론

① 콘크리트 타설은 가설재인 거푸집과 동바리의 시공에서부터 외부로부터 공급받는 철근과 레미콘 등을 이용하여 구조체를 형성해 나가는 것이다.

② 콘크리트의 품질시공을 위해서는 설계시부터 재료, 배합, 시공 및 양생에 이르기까지 모든 요소가 복합적으로 작용하므로 이에 대한 철저한 관리가 필요하다.

## 문제 6 콘크리트의 타설 전, 타설 중, 타설 후의 단계적 품질관리

## Ⅰ. 개 요

1) 의 의

① 콘크리트의 품질관리에서 가장 중요하게 고려되어야 할 사항은 구조체의 강도, 내구성, 수밀성 등을 향상시키면서 경제적인 시공을 하는 것이다.

② 현장에서 콘크리트의 타설 전에는 거푸집 및 철근 배근의 정밀도가 유지되어야 하며 타설계획에 따른 가설도로, 타설구획 설정 등이 준비되어야 한다.

2) 단계별 품질관리 flow chart

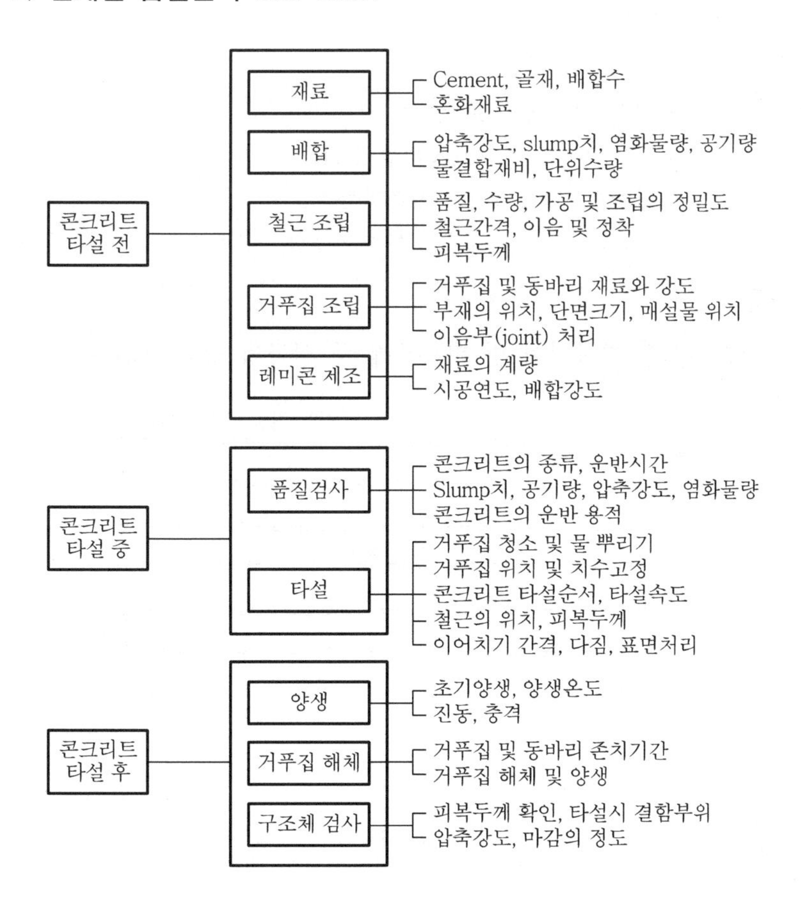

## Ⅱ. 타설 전 품질관리

### 1) 재 료

| 재료의 종류 | 허용범위 |
|---|---|
| 물 | −2%∼+1% |
| 시멘트 | −1%∼+2% |
| 골재 | 3% |
| 혼화제 | 3% |
| 혼화재 | 2% |

재료의 허용오차는 계량기의 수시점검에 의한 정비로 감소 가능

### 2) 배 합

① $f_{cr} \geq f_{cq} + 1.34s$ (MPa)

② $f_{cr} \geq (f_{cq} - 3.5) + 2.33s$ (MPa)

③ ①, ② 중 큰 값을 배합강도로 선정

$f_{cq}$ : 품질기준강도(기온보정계수 고려)

$f_{cr}$ : 배합강도, s : 압축강도 표준편차

### 3) 철근 조립

철근의 이음, 간격, 정착길이 및 피복두께 등 시공의 정밀도 확보

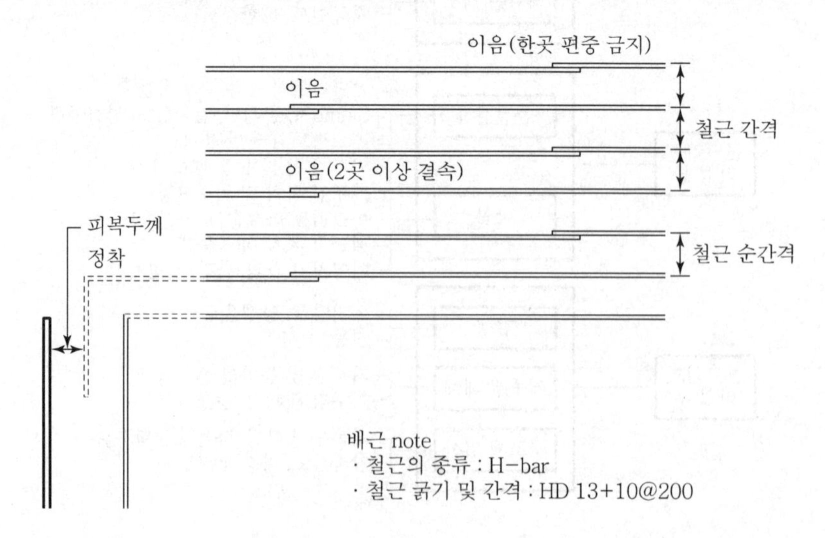

#### 4) 거푸집 조립

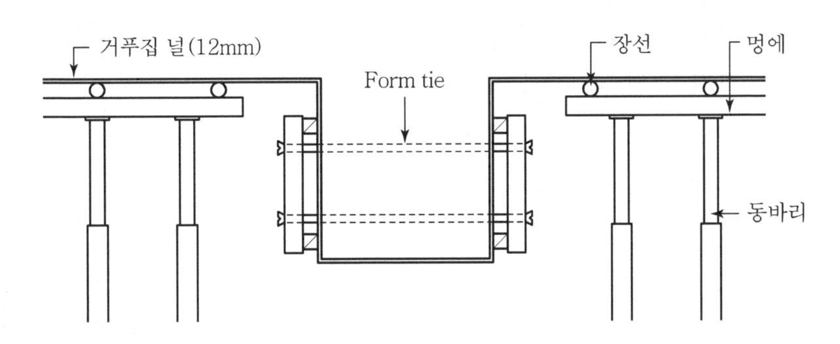


재료의 강성, 장선, 멍에 및 동바리 간격 준수, 수직 부재의 긴결 등 시공의 정밀도 및 접합의 강성 유지

#### 5) 레미콘 공장 선정

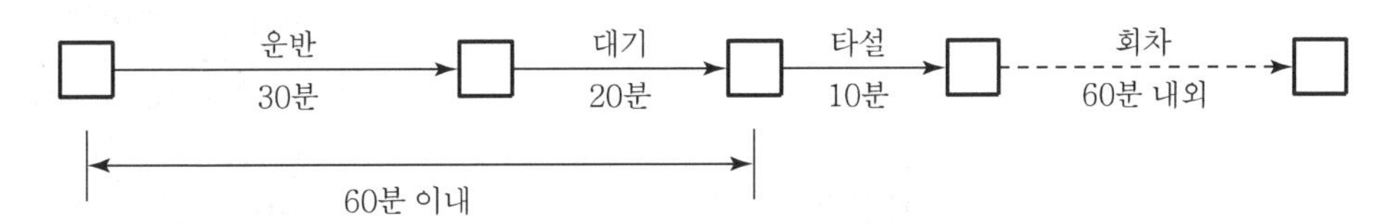


운반에서 타설까지 60분 이내가 되도록 레미콘 공장 선정

#### 6) 콘크리트 타설계획 수립

## Ⅲ. 타설 중 품질관리

#### 1) Slump test

콘크리트의 시공연도를 측정하기 위한 시험

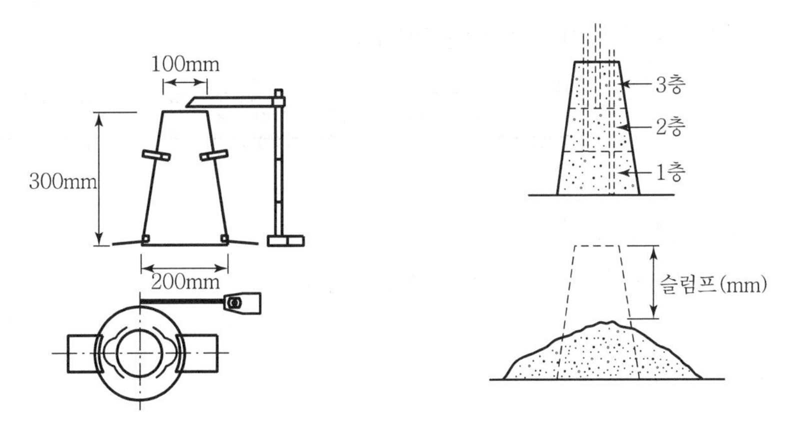

#### 2) 압축강도 test

① 150m³마다 1회 시험

② 1회 시험 시 공시체 3조 제작

③ 표준 보양 후 1일, 3일, 7일, 28일 압축강도시험 실시

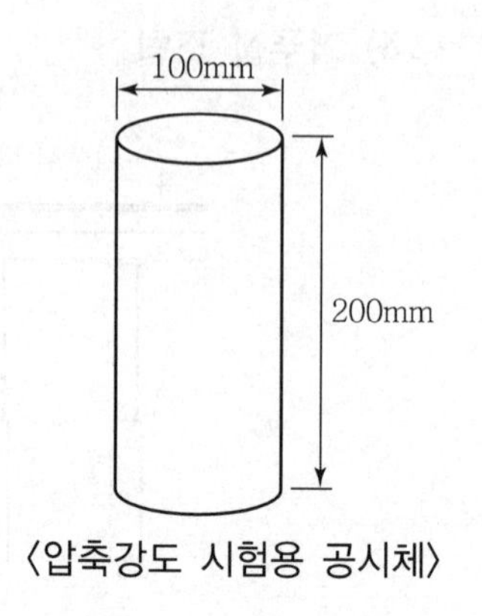


〈압축강도 시험용 공시체〉

#### 3) 염화물 test

〈염화물 관리기준〉

| 구분 | 염화물 이온($Cl^-$) |
|---|---|
| 모래 | 건조중량의 0.02% 이하 |
| 콘크리트 | 0.3kg/m³ 이하 |
| 배합수 | 0.04kg/m³ 이하 |

염화물은 기준치 이하가 될 수 있도록 레미콘 공장에서 관리

#### 4) 공기량 test

콘크리트 속의 공기량은 4~6% 정도로 관리

#### 5) 콘크리트 표면마무리

① 거푸집에 접하지 않는 면(slab)

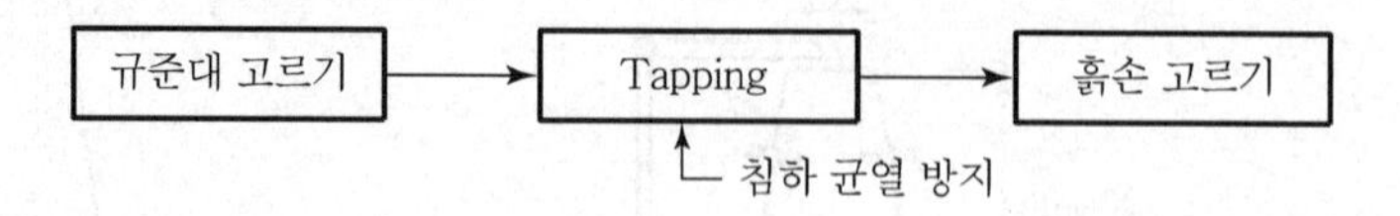


② 거푸집에 접하는 면

재료분리에 의한 곰보 발생에 유의

③ 콘크리트 평탄성 기준

| 마감의 정도 | 평탄성 |
|---|---|
| 마감두께 7mm 이상<br>마감두께 7mm 미만<br>제물치장 마감 | 10mm/m당<br>10mm/3m당<br>7mm/3m당 |

## Ⅳ. 타설 후 품질관리

### 1) 양 생

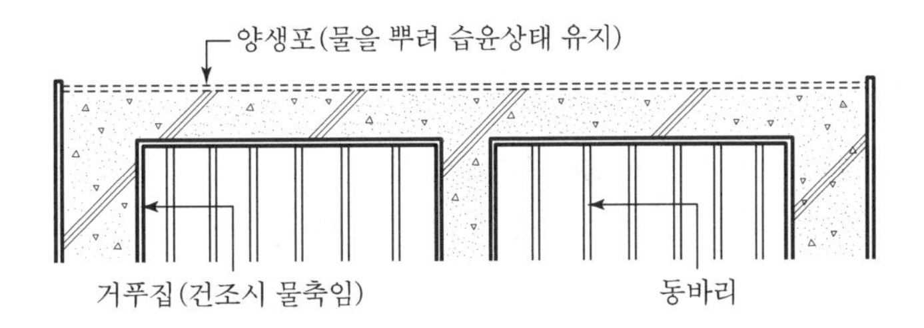


〈시멘트 종류에 따른 최소 습윤양생기간〉

| 일평균 기온 | 보통포틀랜드 시멘트 | 고로슬래그 시멘트 Fly ash 시멘트 B종 | 조강포틀랜드 시멘트 |
|---|---|---|---|
| 15℃ 이상 | 5일 | 7일 | 3일 |
| 10℃ 이상 | 7일 | 9일 | 4일 |
| 5℃ 이상 | 9일 | 12일 | 5일 |

습윤양생 상태가 오랫동안 지속될수록 콘크리트의 강도 및 내구성 증대

### 2) 진동 및 충격 방지

① 콘크리트 타설 24시간 이내 하중 적재 금지

② 콘크리트 타설 3일 동안 진동 및 충격 방지

#### 3) 거푸집 존치기간 유지

| 부재 | 콘크리트 압축강도 |
|---|---|
| 기초, 보옆, 기둥, 벽 등의 측면 | 5MPa 이상 |
| Slab 및 보의 밑면, 아치내면 | 설계기준강도 2/3 이상, 또한 14MPa 이상 |

거푸집 존치기간이 길수록 콘크리트의 품질 우수

#### 4) 동바리 해체 금지

콘크리트의 장기처짐에 대비해 동바리를 최대한 오랜기간 존치

#### 5) 타설시 결함부 보수

① 결함이 큰 경우는 grouting 실시

② 결함이 작은 경우는 무수축 mortar로 충진

## Ⅴ. 온도제어를 통한 콘크리트 품질관리방안

| 구분 | 콘크리트 온도제어 방안 |
|---|---|
| 4℃ 이하 경우 | 수화반응을 저해하여 강도발현이 지연됨 |
| 0℃ 이하 경우 | 초기 동해 유의(5MPa 강도발현) → 보온, 가열 |
| 25℃ 이하 경우 | 급격한 수분증발(건조수축) → 거푸집 해체까지 양생 |
| 부재가 클 경우 | 내·외부 온도차에 온도균열 → Pipecooling |

## Ⅵ. 결 론

① 콘크리트 타설 중에는 slump test, 압축강도시험, 염화물 test 및 공기량 측정을 통하여 품질관리를 하며 또한 거푸집 및 동바리의 안전 유무를 지속적으로 check하여야 한다.

② 콘크리트 타설 후에는 양생관리가 가장 중요하며 초기 양생기간 중에는 콘크리트에 유해한 하중이나 충격 등이 가하지 않도록 유의해야 한다.

# 문제 7 콘크리트 압축강도시험의 횟수, 시험채취법 및 합격판정기준

## Ⅰ. 개 요

① 구체 콘크리트의 압축강도는 구조체의 내구성을 좌우하는 가장 중요한 사항이므로 철저한 품질관리 및 시공관리로 설계기준강도 이상이 되도록 하여야 한다.

② 콘크리트 압축강도 시험시는 KS규격에 맞게 시험하여야 하며, 규격에 따른 품질관리를 시행하여야 한다.

## Ⅱ. 압축강도 시험횟수

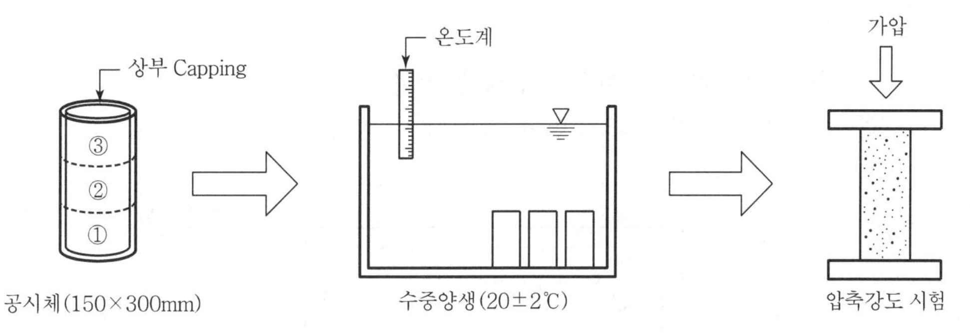


① Concrete 타설량 150m$^3$당 1회 시험

② Concrete 타설량 150m$^3$ 이하 시 1회 시험

## Ⅲ. 시료채취방법

### 1) 공시체 시료 채취 방법

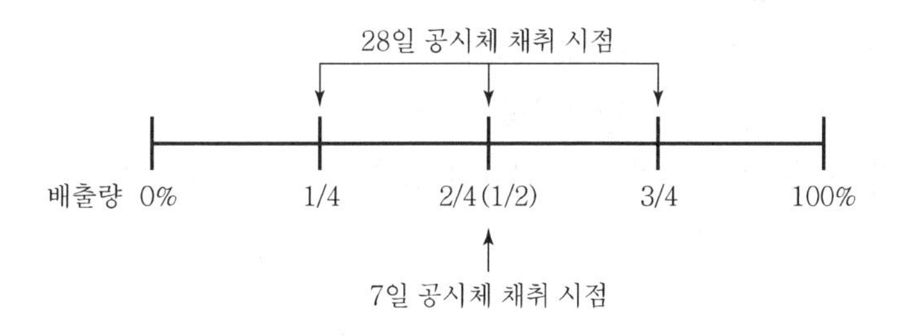

① 공시체는 운반차량마다 3개씩 채취함
② 고속교반 후 최초 배출되는 콘크리트 50~100리터는 배제 후 채취
③ 채취량은 시험량보다 5리터 이상 많게 채취
④ 28일 강도용 공시체는 콘크리트 배출량의 1/4, 2/4, 3/4 배출시점에서 채취
⑤ 7일 강도용 공시체는 콘크리트 배출량의 1/2 배출시점에서 채취

### 2) 공시체 제작

① 제작기준

| 국토교통부 | KS기준 |
|---|---|
| 120m³마다 | 150m³마다 |

② 28일 강도용 공시체는 3개조 9개(1개조는 3개) 제작
③ 28일 강도 추정을 위한 7일 강도용 공시체는 1개조 3개 제작

### 3) 공시체 양생

① 공시체의 탈형 후 현장 수중양생 실시
② 급격한 온도 변화나 햇볕이 닿는 곳은 피함

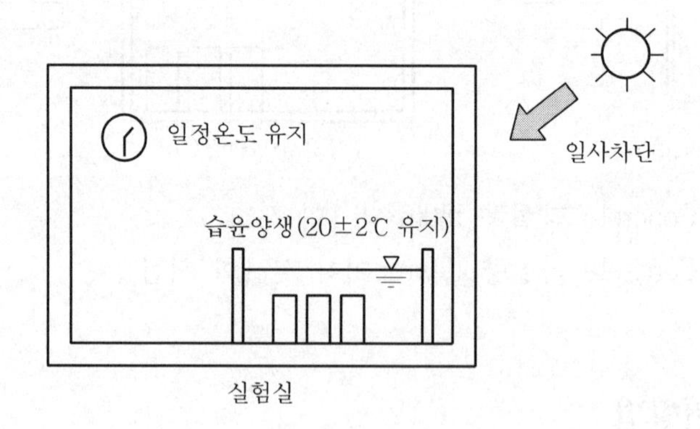


### 4) 공시체 검사

① 1회 시험에 1개조(3개)의 공시체 시험
② 공시체 3개의 평균값을 기준
③ 주로 재령 7일 또는 3일의 압축강도로 28일 강도를 주정

〈7일 강도에서 28일 강도 추정식〉

| 종류 | 추정식 |
|---|---|
| 조강 포틀랜드 시멘트 | $f_{28} = f_7 + 8(\mathrm{MPa})$ |
| 보통 포틀랜드 또는 혼합 시멘트 | $f_{28} = 1.35f_7 + 3(\mathrm{MPa})$ |

## Ⅳ. 합격 판정기준

### 1) $f_{ck} < 35$MPa인 경우

다음의 기준을 모두 만족하여야 한다.

① 연속 3회의 시험값의 평균이 설계기준강도($f_{ck}$) 이상

② 1회 시험값은 설계기준강도 – 3.5MPa 이상

$$1회\ 시험값 \geq f_{ck} - 3.5$$

### 2) $f_{ck} > 35$MPa인 경우

다음의 기준을 모두 만족하여야 한다.

① 연속 3회의 시험값의 평균이 설계기준강도 이상

② 1회 시험값은 설계기준강도의 90% 이상

$$1회\ 시험값 \geq f_{ck} \times 0.9$$

### 3) 불합격시 조치

① 3개의 시험 Core를 채취하여 강도시험 실시

② 3개의 시험 Core의 강도가 설계기준강도의 85%를 초과하고 공시체 각각의 강도가 설계기준강도의 75%를 초과하면 합격

③ 3개의 시험 Core가 위 '②'의 강도를 만족하지 못할 경우에는 재시험을 실시하며, 결과에 따라 필요한 조치방안 마련

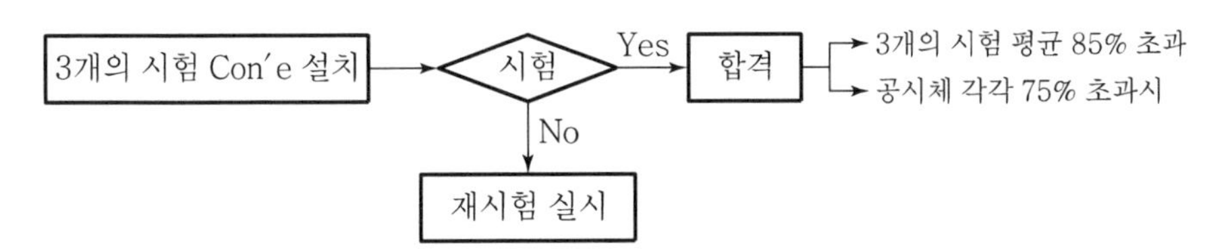

## V. 결 론

콘크리트 압축강도는 현장에서의 시험만으로 참된 품질관리가 될 수 없으므로 시험과 더불어 현장 시공 시 세심한 주의로 관리해야 구조체의 압축강도를 높일 수 있다.

# 문제 8 굳지 않은 콘크리트의 단위수량 추정에 대한 시방기준과 신속시험방법

## Ⅰ. 개 요

① 최근 콘크리트의 가수 등으로 인하여 강도 저하로 인한 사고가 빈번하게 발생하고 있으며, 이에 따라 신속시험방법이 도입·시행되었다.

② 한국콘크리트학회의 표준(KCI-RM101)을 따르며 레미콘 타설현장에서 굳지 안은 콘크리트의 단위수량을 정전용량법, 단위용적질량법(에어미터법), 고주파 가열법, 마이크로파법 등을 이용하여 신속하게 측정할 수 있는 시험방법에 대하여 규정한다.

③ 레미콘 가수에 따른 강도변화

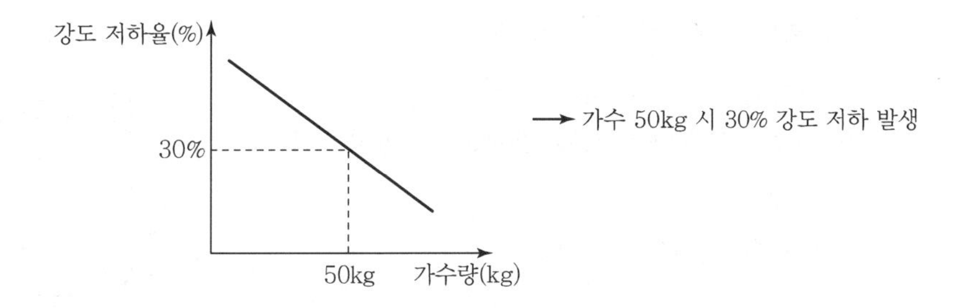


## Ⅱ. 콘크리트 단위수량 신속시험방법의 필요성

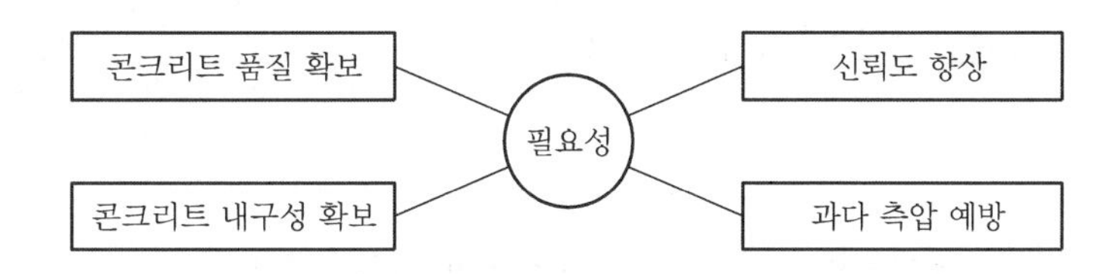


## Ⅲ. 콘크리트 단위수량 시방기준

| 구분 | 기준 | 시험시기 |
|---|---|---|
| 콘크리트 단위수량 | 185±20kg/$m^3$ | • 생산자 변경 시마다<br>• 120$m^3$마다 |

① 별도 감독원 요청 시 추가시험 가능
② 측정기기 및 시험기구는 사전에 검교정 수행 및 품질관리자에게 결과 제출 · 승인

## Ⅳ. 콘크리트 단위수량 신속시험방법

### 1) 정전용량법에 의한 추정

① 전기의 유전율이 수분에 따라 변화하는 현상으로 추정
② 300mL 이상 시료 채취 후 측정

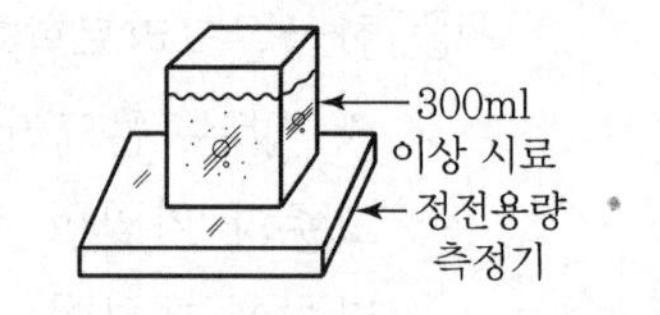


### 2) 단위용적질량법에 의한 추정

① 워싱턴 에이미터법과 유사
② 단위용적질량과 공기량과의 상관관계를 통해 추정
③ 비교적 저가의 시험법

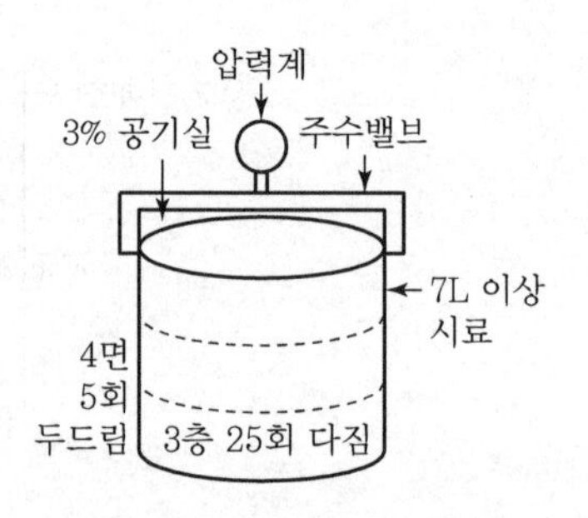


### 3) 고주파 가열법에 의한 추정

① 가열 전후 질량차로 추정
② 15분 이상 가열장비 필요

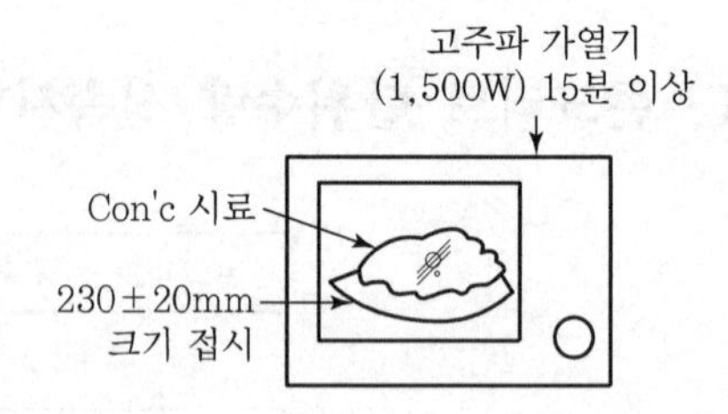


### 4) 마이크로파법(Microwave Method)에 의한 추정

① 파의 감쇄효과로 추정
② 부피가 작고 취급이 간편하나 장비가 고가이며 정확성이 낮음
③ 5회 이상 측정 후 평균값 도출

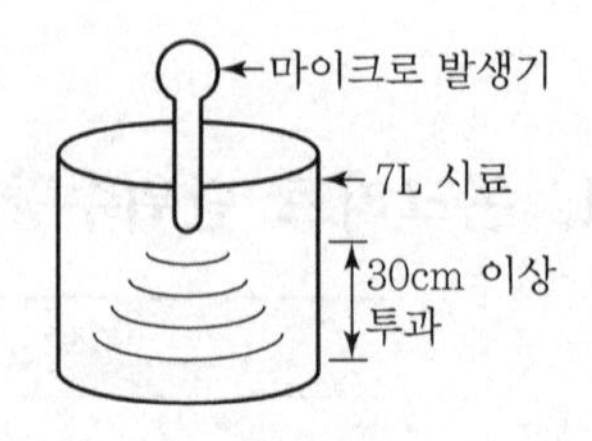

## Ⅴ. 각 시험방법별 특정 비교

| 구분 | 정전용량법 | 단위용적질량법 | 고주파 가열법 | 마이크로파법 |
|---|---|---|---|---|
| 원리 | 유전율 차이 | 부피 차이 | 가열 전 후 질량치 | 파감쇄원리 |
| 시료크기 | 300mL | 7L | 230±20mm | 7L |
| 정확성 | 보통 | 보통 | 높음 | 낮음 |
| 시험시간 | 보통 | 보통 | 김 | 짧음 |
| 경제성 | 고가 | 보통 | 보통 | 고가 |

## Ⅵ. 마이크로파법의 시험절차도

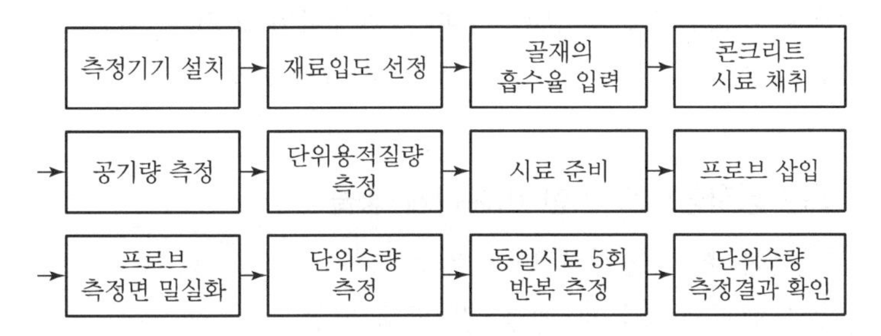


## Ⅶ. 마이크로파법의 단위수량 추정식

$$W = W_1 - W_{agg} - W_{ad}$$

$$W_1 = \theta \frac{\gamma_c}{100}$$

여기서, $W$ : 추정단위수량(kg/m$^3$)

$\theta$ : 콘크리트함수율(%)

$\gamma_c$ : 콘크리트 단위용적질량(kg/m$^3$)

$W_{agg}$ : 골재에 흡수된 물의 양(kg/m$^3$)(배합비와 골재의 종류에 따라 다름)

$W_{ad}$ : 화학혼화제에 포함된 물의 양(kg/m$^3$)

## Ⅷ. 기록 및 보고사항

① 측정일자, 온도 및 습도
② 시방배합표
③ 단위수량 측정방법[정전용량법, 단위용적질량법(에어미터법), 고주파 가열법]
④ 측정단위수량값
⑤ 측정소요시간

## Ⅸ. 콘크리트 단위수량시험법 도입의 문제점

### 1) 외산장비의 의존성이 높음

① 마이크로파법의 경우 장비가 외상이며 고가
② 현장에서 구비하기 어려운 경향(중소현장)

### 2) 낮은 정확성으로 인한 이해관계 충돌

① 시험 후 시험결과 변경 가능
② 이해관계 충돌로 발생 및 확대 가능

### 3) 현장의 낮은 인지로 확대속도가 더짐

### 4) 갑작스런 정책 변경으로 인한 혼동 발생

① 갑작스런 현장 도입으로 현장 불만 속출
② 충분한 계도기간 필요

## Ⅹ. 결 언

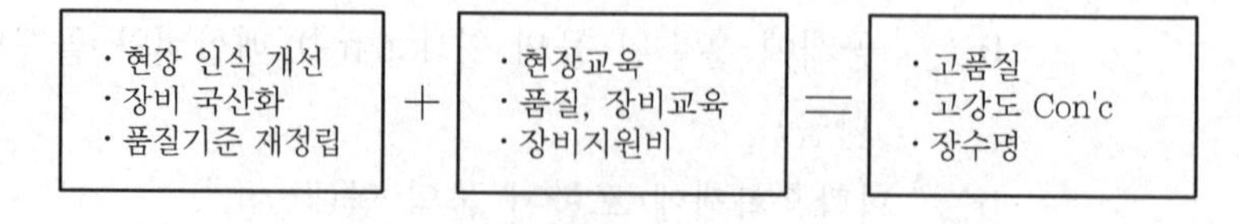

# 문제 9 콘크리트 타설시 강우에 의한 문제점 및 대처방안

## Ⅰ. 개 요

1) 의 의

① 콘크리트 타설 예정일에는 기후의 변화에 따른 일기예보 확인이 반드시 필요하며 우수시의 콘크리트 타설은 기본적으로 피하여야 한다.

② 콘크리트가 경화 전에 우수에 노출되면 cement paste 유실, 가수효과 등으로 콘크리트 강도에 악영향을 미치므로 이에 대한 대비가 필요하다.

2) 강우 시 유의사항

① 일기예보를 통한 예상 강우량 확인

② 사전계획 수립 및 보양재 준비

③ 집중 강우 시 타설 중지

④ 재타설시 콘크리트에 고인 물 제거

## Ⅱ. 강우를 대비한 준비사항

| 구분 | 내용 |
|---|---|
| 기후 | ① 일기예보를 통한 강우량 확인<br>② 강우량이 많을 경우 타설 연기 |
| 도구 및 장비 | ① 강우를 대비한 타설면 덮개비닐 필요<br>② 타설 중 강우로 인한 고인물 제거 스폰지 필요<br>③ 타설 도중 강우로 인한 이음재료 필요 |
| 안전관리사항 | ① 미끄럼으로 인한 보행 시 안전확보(근로자의 협착, 추락 등의 위험)<br>② 장화, 장갑 등의 미끄럼 주의 |
| 제물치장 콘크리트 (노출 콘크리트) | 표면의 재료분리, 빗물자국 등 보양 시 발자국 등에 대한 마감재를 고려하여 보수공사 재료 사전준비 |

## Ⅲ. 문제점

### 1) Cement paste 유출

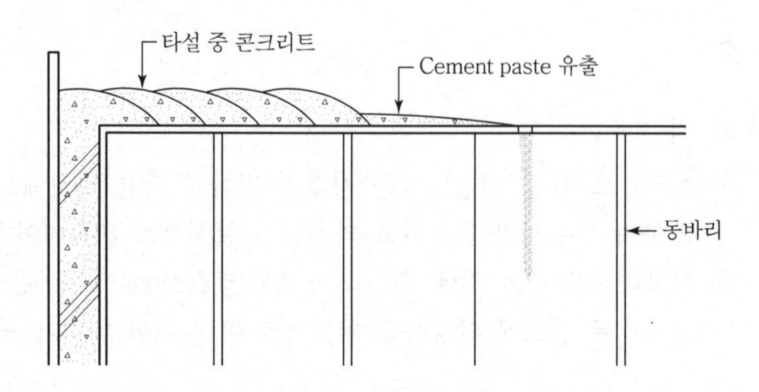


콘크리트에서 cement paste가 분리되어 거푸집 밖으로 유출

### 2) 곰보 발생

① 골재의 노출로 인한 콘크리트 표면에 곰보 발생
② 빗자욱으로 인한 표면의 평탄성 저하

### 3) 가수 효과

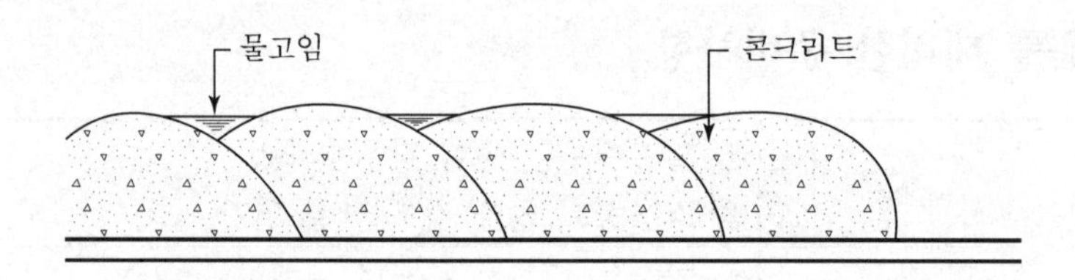


① 콘크리트 사이에 고인 물이 콘크리트 속으로 침투
② 콘크리트 강도 저하로 인한 내구성에 악영향

### 4) 강도 저하

〈W/B : 60%, 25-24-150 경우〉

| 강우량 | 강도 저하 |
|---|---|
| 1mm / 시간당 | 약 -21MPa |
| 2mm/ 시간당 | 약 -19MPa |
| 4mm/ 시간당 | 약 -15MPa |

콘크리트 속의 단위수량 증가로 콘크리트의 강도 및 내구성 저하

### 5) 부력 작용

① 지하수위의 상승으로 건축물에 부력작용

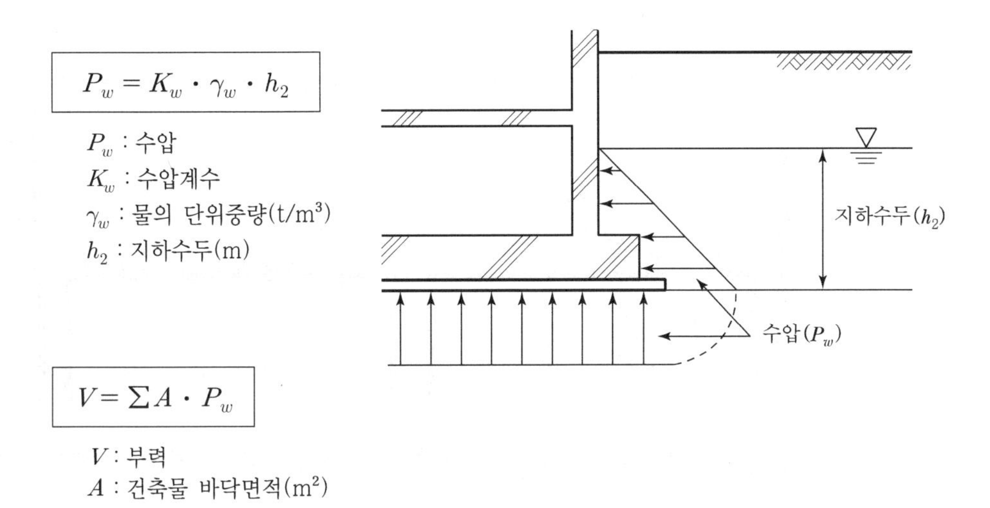


② 시공 중인 건물은 부력에 의한 안정성 미확보로 건축물 부상 우려

### 6) 안전사고

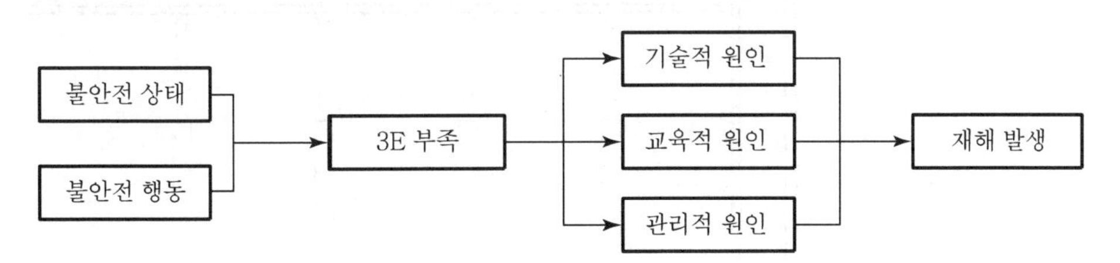


우기로 인해 건설현장 전체가 불안전 상태가 되므로 유의

## Ⅳ. 대처방안

### 1) 타설면 보양

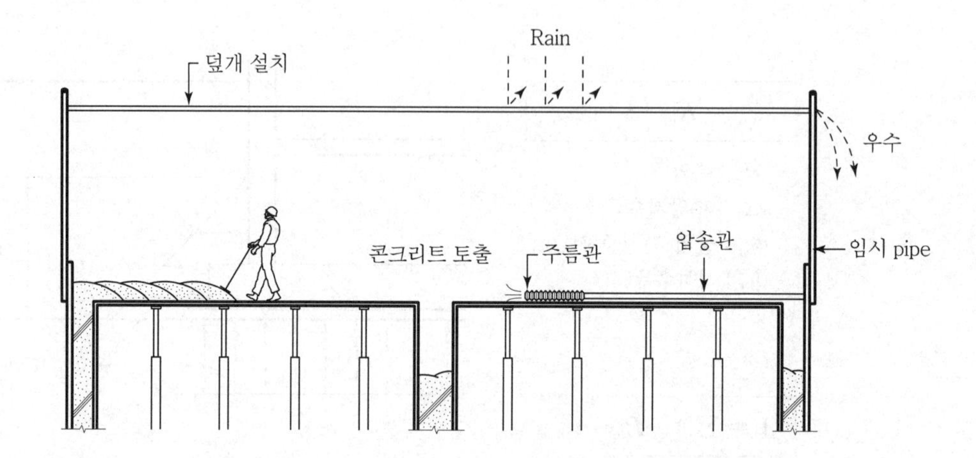


콘크리트 타설 부위 전체에 덮개를 설치하여 우수에 지장이 없도록 함

### 2) 비닐 보양

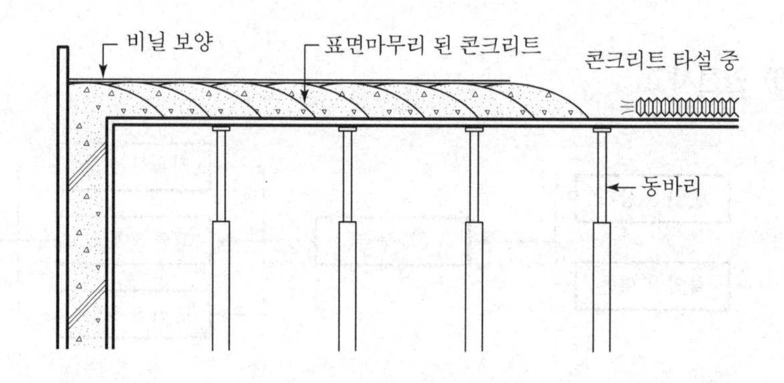


### 3) 벽(기둥) 보양

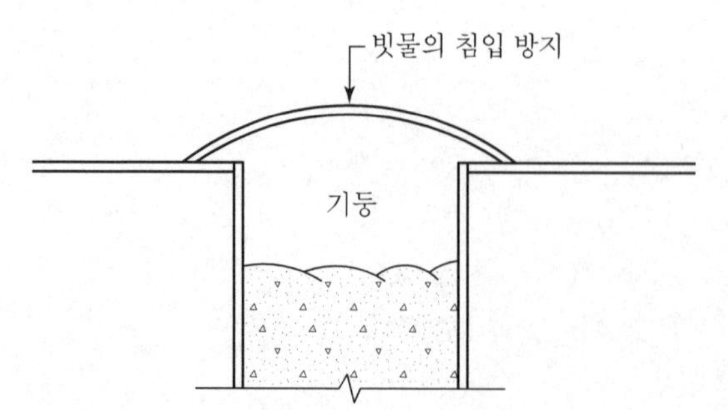


벽(기둥)은 한번에 타설하기 어려우므로 1차 타설 후 우수 침입 방지를 위한 보양 실시

### 4) 고인 물 제거

① 콘크리트 표면에 고인 물은 신속히 제거

② 물이 콘크리트에 혼입시 단위수량 증가로 인한 강도 저하

### 5) 면 고르기

① Slab 등 상부 콘크리트에 면 고르기 실시

② 우수로 인한 표면 불량상태를 보강하여 평활도 유지

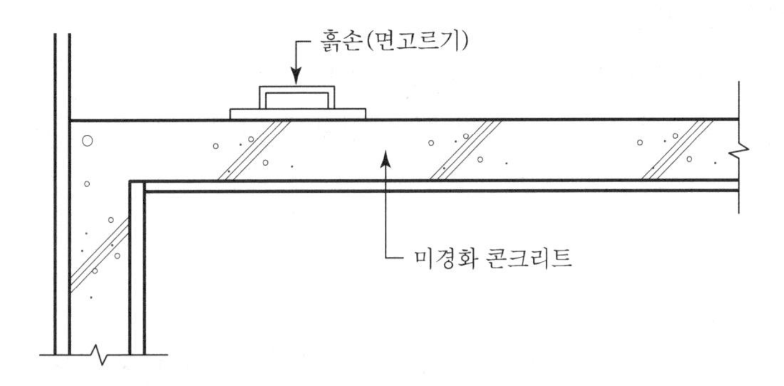


### 6) 위험 예지훈련 실시

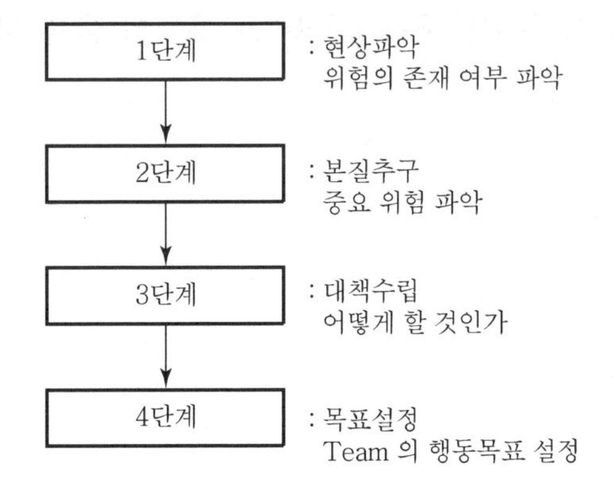


## V. 폭우시 대책

### 1) Construction joint 위치 확인

① Slab는 중앙부에 시공 이음 설치

② 보는 보의 폭 2배 정도 떨어진 곳에서 이음 설치

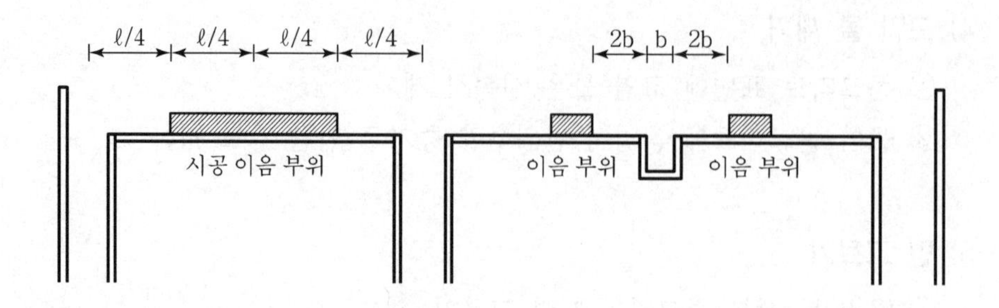


### 2) 콘크리트 표면처리

① 기타설된 콘크리트의 표면처리를 반드시 할 것

② 표면처리를 할 경우 그렇지 않은 경우에 비해 강도가 1.5배 정도 높음

## Ⅵ. 결 론

① 콘크리트 타설 도중 예기치 않은 기상변화로 비가 오게 되면 타설면 보양을 위해 비닐이나 덮개 등으로 보양하며 강우 시에는 콘크리트 타설을 중지하여야 한다.

② 강우로 인하여 콘크리트 타설을 중지할 경우에는 강도에 지장이 작은 곳에서 시공이음 부위를 두고 콘크리트 표면의 물을 제거한 후 보양하여야 한다.

# 문제 10 콘크리트 압송타설시 품질저하 원인 및 방지대책

## Ⅰ. 개 요

### 1) 의 의

① 콘크리트 타설시 pump 압송에 의한 공법이 타설시간 단축, 타설작업의 용이성으로 인하여 대부분의 건설현장에서 채택되고 있다.

② 콘크리트 pump 압송타설은 타설속도가 빠르고 효율적이어서 가장 많이 사용되고 있으나 압송시 slump 저하, 압송관 막힘 등의 문제가 발생하므로 이에 대한 대책을 마련 후 시공에 임하여야 한다.

### 2) 현장 시공도

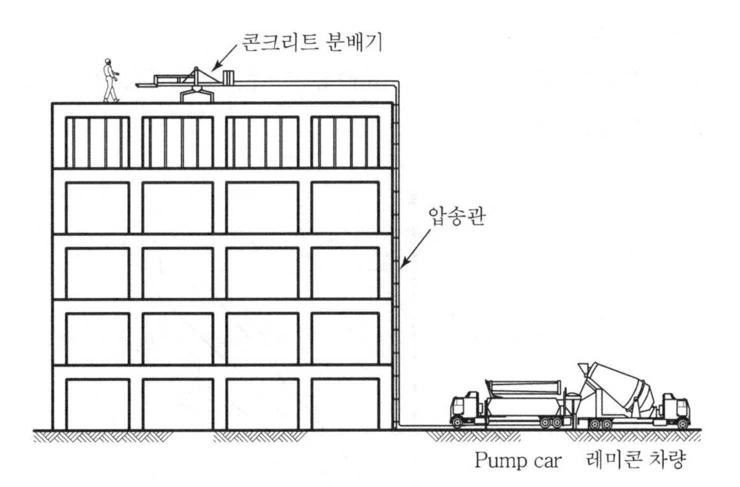


## Ⅱ. 콘크리트 타설장비

| 타설장비 | 도해 | 도해설명 |
|---|---|---|
| 주름관 | 주름관 | 콘크리트 타설장소의 바닥을 끌면서 콘크리트 토출 |

| 타설장비 | 도해 | 도해설명 |
|---|---|---|
| 콘크리트 분배기 | 콘크리트 분배기 | 철근에 영향을 주지 않고 콘크리트를 타설하기 위한 장비 |
| CPB | Placing boom | 초고층 건물의 고강도 콘크리트 타설에 주로 이용 |

## Ⅲ. 품질저하 원인

### 1) 선송 mortar 타설

① 콘크리트 압송 전 선송 mortar의 압송으로 구조체의 강도저하 우려

② 선송 mortar의 필요량

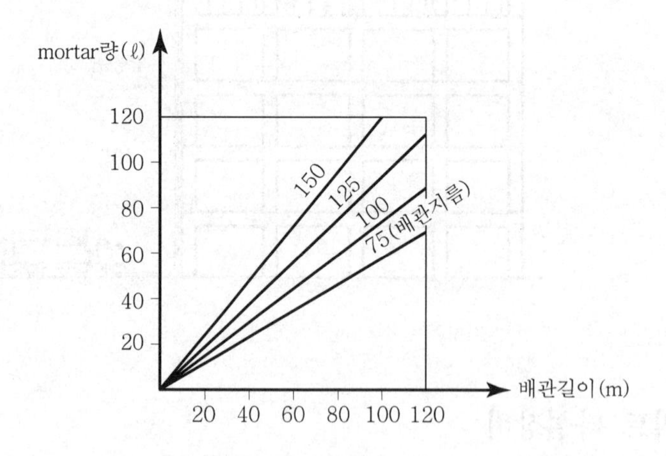


〈압송관 관경과 길이에 따른 선송 mortar량〉

③ 선송 mortar의 필요량은 배관면적당 0.75ℓ의 3배 정도(0.75ℓ/$m^2$×3)

### 2) 압송관 막힘현상

① 선송 mortar의 배합 및 사용량 부족 시

② 배관내 청소 불량
③ 콘크리트의 배합(잔골재율, slump 등) 불량

### 3) Slump 저하

| 종류 | | 슬럼프 값(mm) |
|---|---|---|
| 철근콘크리트 | 일반적인 경우 | 80~150 |
| | 단면이 큰 경우 | 60~120 |
| 무근콘크리트 | 일반적인 경우 | 50~150 |
| | 단면이 큰 경우 | 50~100 |

압송관 내 수분 흡착 및 증발로 slump 저하 발생

### 4) 재료분리 발생

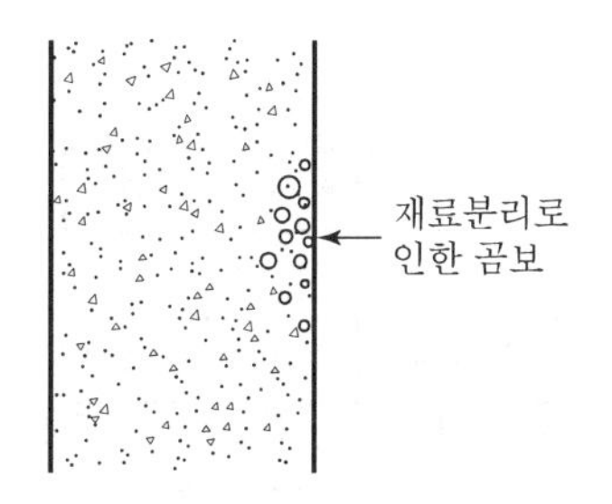


압송관에 의한 cement paste 방출로 콘크리트에 재료분리 발생

### 5) 맥동(脈動) 현상

① Pump 장비의 압력에 의해 압송관이 규칙적으로 흔들리는 현상
② 철근 간격의 변화 및 거푸집의 강성 저하

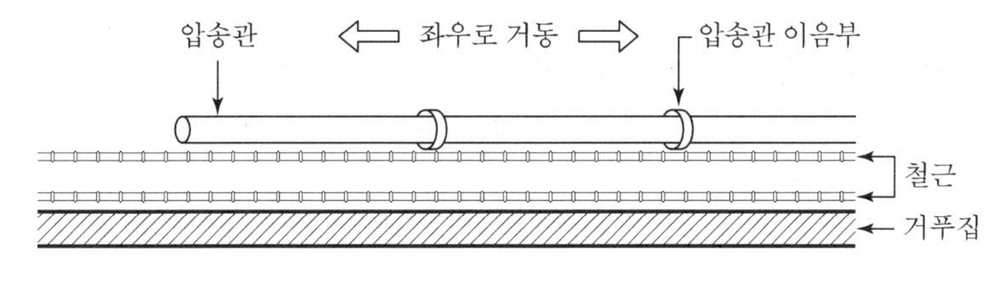


〈전체가 흔들림〉

## Ⅳ. 방지대책

### 1) 선송 mortar의 구조체 유입방지

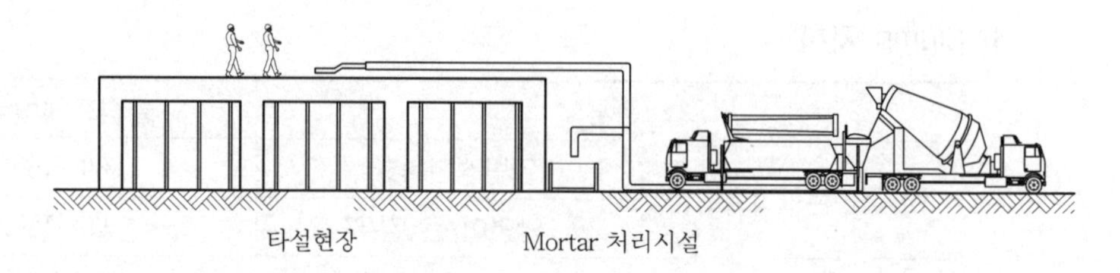


선송 mortar를 타설장소 밖에서 처리한 후 레미콘만 구조체에 타설

### 2) 배합관리 철저

잔골재율, 단위수량 조절로 배합에 의한 압송관 막힘현상 예방

### 3) 레미콘 수급대책

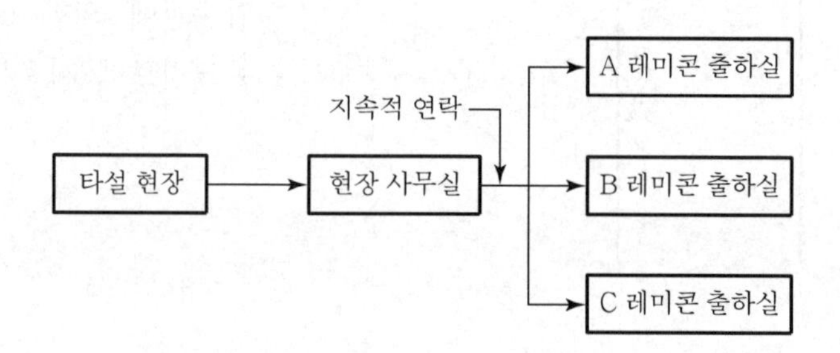


현장사무실에서 현장상황을 수시로 무전으로 파악하고 5~10분 간격으로 각 레미콘회사의 출하실과 연락하여 레미콘 차량의 수송현황 control

### 4) 연속타설

① Pump 압송관이 30분 이상 쉬지 않게 관리

② 레미콘 수급불량으로 폐색(閉塞)현상 우려 시 호퍼에 남은 잔여 콘크리트로 폐색 방지

### 5) 압송관 설치

① 압송관은 최대한 짧게 되도록 계획

② 콘크리트 타설 전일에 포크레인 등의 장비를 이용하며 레미콘 차량이 타설현장에 근접하도록 조치

6) CPB(Concrete Placing Boom) 타설

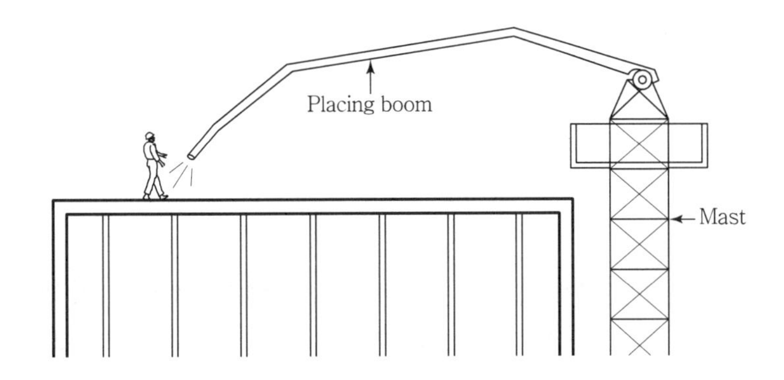


① 수직 상승용 mast 별도 설치
② 철근에 전혀 영향을 주지 않음
③ 초고층 건물의 고강도 콘크리트 타설시 주로 이용

## V. 압송관 막힘 발생 시 조치

| 막힘현상 징후 | 막힘 발생 시 조치 |
| --- | --- |
| • 압송관의 진동 과다<br>• 압송압력의 급상승 | • 콘크리트의 압송 중단<br>• 2~3회 정도 역타설 운전 시도<br>• 압송관 배관내 콘크리트 폐기<br>• 콘크리트의 상태 관찰<br>• 압송재개 및 이상 유무 확인 |

## VI. 결 론

① Pump 압송관 타설의 가장 큰 문제점은 압송관 막힘현상이므로 타설작업 동안 막힘현상의 방지를 위해서 노력하여야 한다.
② 압송관 타설의 경우 slump 저하 방지를 위해서 압송관에 미리 물축임을 하는 것이 중요하며 나아가 콘크리트의 품질변화 없이 타설 할 수 있는 방법이 개발되어야 한다.

# 문제 11 레미콘 운반시간의 한도 규정준수를 위한 현장조치 사항

## Ⅰ. 개 요

### 1) 의 의

레미콘 운반시간 초과시 slump 저하, 압송관 막힘 현상, 재료분리 발생 등으로 구조체의 내구성에 악영향을 미치므로 현장에서 운반시간관리를 통해 양질의 레미콘을 확보하여야 한다.

### 2) 운반시간 한도 규정

| KS F 4009(KS기준) | 콘크리트 표준시방서 | | 건축공사 표준시방서 | |
|---|---|---|---|---|
| 혼합 직후부터 배출까지 | 혼합 직후부터 타설완료까지 | | 혼합 직후부터 타설완료까지 | |
| 90분 | 외기온도 | 일반 | 외기온도 | 일반 |
| | 25℃ 초과 | 90분 | 25℃ 이상 | 90분 |
| | 25℃ 이하 | 120분 | 25℃ 미만 | 120분 |

## Ⅱ. 레미콘 타설계획 flow chart

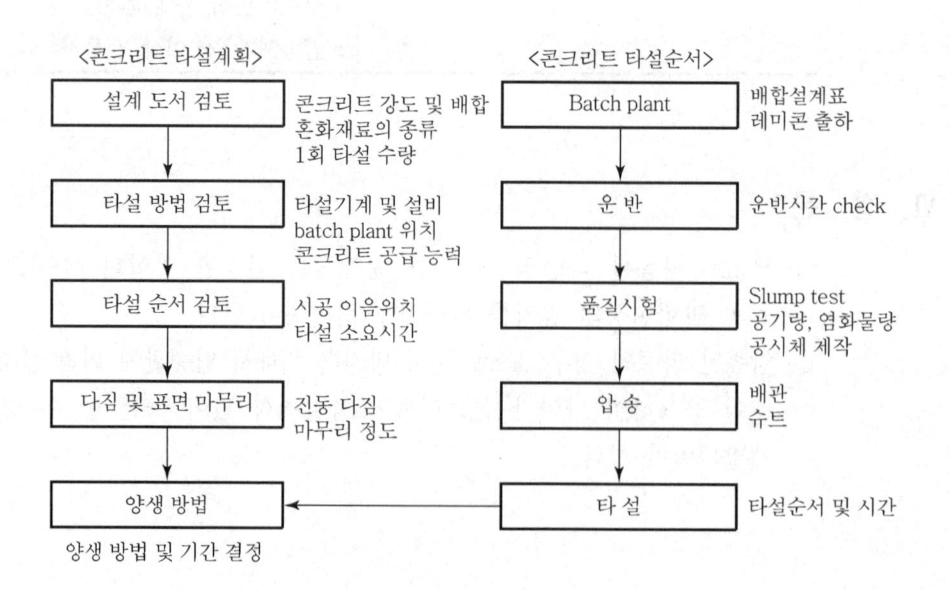

# Ⅲ. 현장조치사항

## 1) 주변 교통 확인

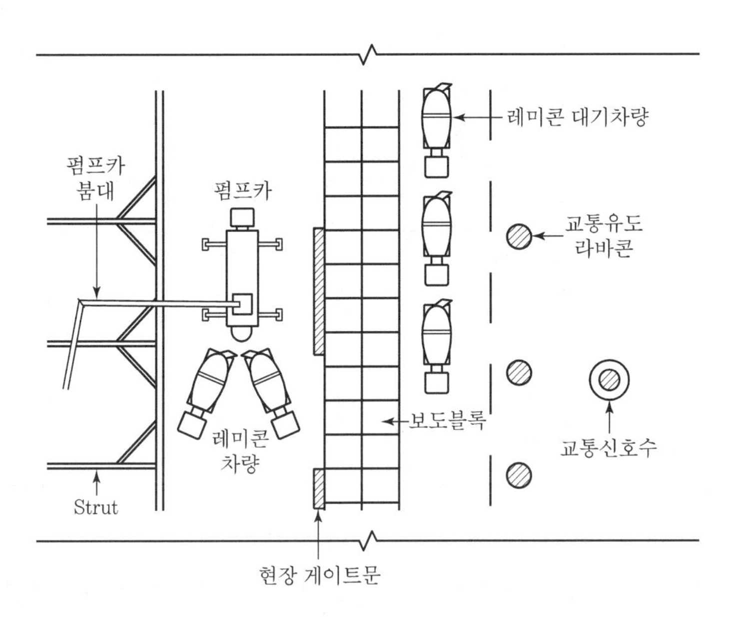


① 주변 교통의 시간대 흐름 파악

② 출퇴근 시간의 교통량의 정도 파악

③ 레미콘 타설예정일에 주위 도로 점령 행사 진행 여부 확인

## 2) 민원 처리

① 레미콘 타설로 인한 주변 교통정체에 대한 홍보

② 민원발생방지를 위해 주변 거주자에 대한 협조 당부

### 3) 현장 내 가설도로 정비

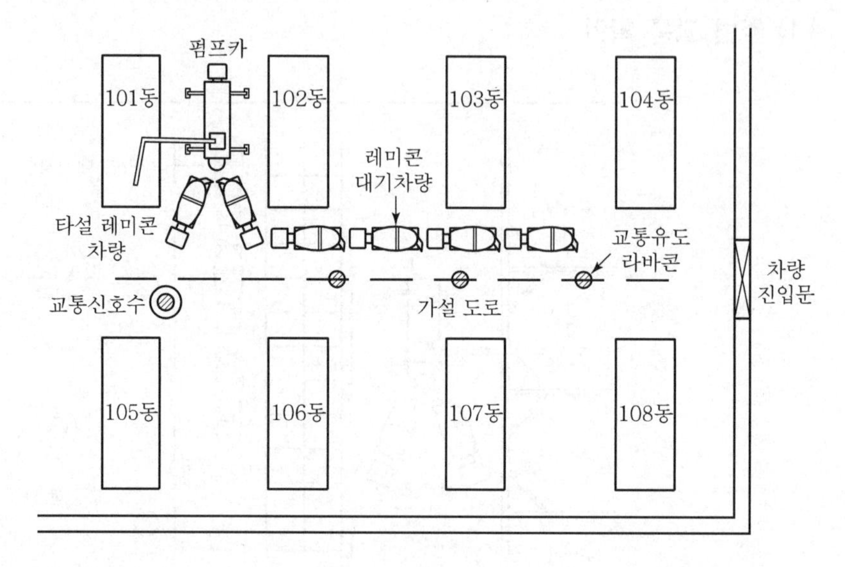


① 현장 내에서 레미콘타설 차량과 대기 차량의 순서를 명확히 정리
② 출하실 출발시간을 확인하여 먼저 출하된 차량부터 타설

### 4) 현장 내의 교통정리

① 현장의 모든 직원이 동원되어 현장 내외의 교통정리
② 레미콘 차량이 한번에 몰릴 경우 현장 외 적당한 장소에서 대기 통제 필요
③ 각 직원 간의 무선통신으로 원활한 타설작업 진행

### 5) 레미콘 배차간격 조절

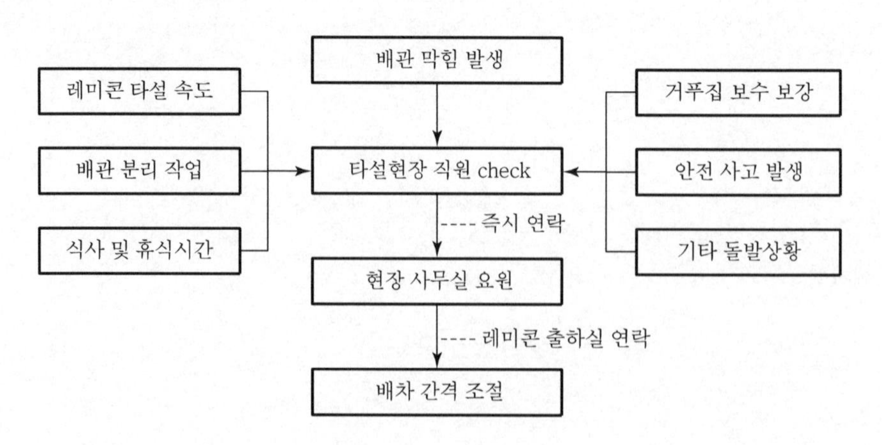

① 레미콘 타설 시에는 현장의 연락요원이 공장 출하실과 수시로 연락하며 배차간격 조절
② 레미콘 타설 시작부터 종료 시까지 비상대기 필요

#### 6) 현장 도착시간 확인

레미콘 송장에 인쇄된 출하시간 check

#### 7) 선도착, 선타설 원칙 준수

① 먼저 도착한 차량순으로 타설
② 2개 이상의 레미콘 회사와 거래 시 출하시간에 의해 타설

#### 8) 대체장비 준비

장비 고장시를 대비하여 진동기 등은 여분을 확인

#### 9) 장시간 타설중지 상황 발생 대비

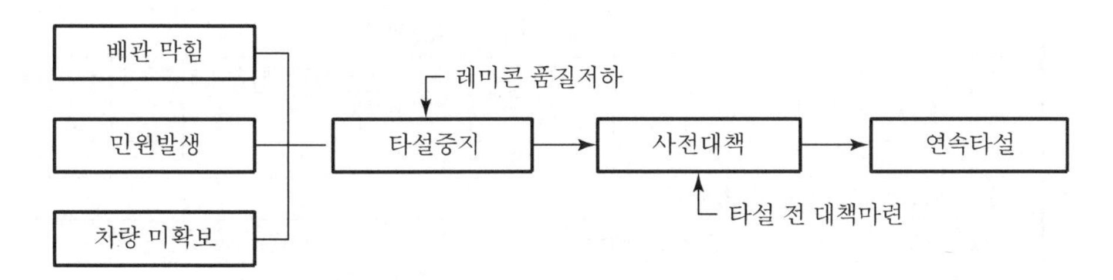


현장내 사정으로 레미콘 운반시간 초과 시 막대한 손실 발생 우려

#### 10) 비상연락망 구축

원활한 타설공정의 진행을 위해 관공서 등 비상연락망 사전 구축

## Ⅳ. 레미콘의 납품서 실례

# 레디믹스트 콘크리트 납품서

(납 품 서)

KS

※표 준 명: 레디믹스트콘크리트
※표준번호: KS F 4009
※종류, 등급: 보통콘크리트
※인증기관: 한국표준협회
※인증번호: 제 0000호
※사업자등록번호:

______________ 귀하

No. 20130109-0325

| 납 품 장 소 | 마포1-47 | | | |
|---|---|---|---|---|
| 운반차번호 | N385 호 | | | |
| 납 품 시 각 | 출 발 | 15 시 30분 | | |
| | 도 착 | 16 시 10분 | | |
| 납 품 용 적 | 6.00m³ | | 누 계 | 180m³ |

| 호칭방법 | 콘크리트종류에 따른 구분 | 굵은골재의최대치수에따른구분 mm | 호칭강도 MPa | 슬럼프 또는 슬럼프 플로 mm | 시멘트 종류에 따른 구분 |
|---|---|---|---|---|---|
| | 고강도 콘크리트 | 20 | 40 | 150 | 보통포틀랜드 시멘트 1종 |

배 합 표(kg/m³)

| 시멘트 ① | 시멘트 ② | 물 | 회수수 | 잔골재 ① | 잔골재 ② | 잔골재 ③ | 굵은골재 ① | 굵은골재 ② | 굵은골재 ③ | 혼화재 ① | 혼화재 ② | 혼화재 ③ | 혼화제 ① | 혼화제 ② | 혼화제 ③ |
|---|---|---|---|---|---|---|---|---|---|---|---|---|---|---|---|
| 404 | | 164 | | 719 | | | 927 | | | 101 | | | | | 5.05 |

비고) 배합의 종별 : □ 시방배합

| 물결합재비 | 35.5% | 잔골재율 | 44.0% | 단위슬러지 고형분율 | 0% |
|---|---|---|---|---|---|
| 지정사항 | F/A 15% | | | | |
| 비 고 | 공기량: 4.5±1.5% 염화물량: 0.3kg/m³ 이하 | | | | |
| 인수자확인 | | 출하 및 표시 사항확인 | | | |

## Ⅴ. 결 론

① 건설현장 주변의 교통상황을 유심히 관찰하여 레미콘 타설시간을 조절하여야 하며 관공서나 경찰서에 확인하여 교통흐름에 지장을 주는 행사 개최여부를 반드시 확인하여야 한다.

② 현장 내 레미콘 차량의 이동을 위한 가설도로를 정비하여야 하며 특히 민원으로 인한 작업 중단의 사태가 발생하지 않도록 유의해야 한다.

# 문제 12 레미콘의 회수수 활용방안

## Ⅰ. 개 요

### 1) 정 의

① 회수수(回受水)란 레미콘공장에서 레미콘 운반차량, mixer 등에 붙어 있는 콘크리트 잔존물의 세척에 의해 발생하는 물(현탁수)을 정화하여 얻어지는 물을 말한다.

② 회수수는 크게 슬러지수와 상수로 분류할 수 있으며 알칼리 성분이 높으므로 재사용 시 유의해야 한다.

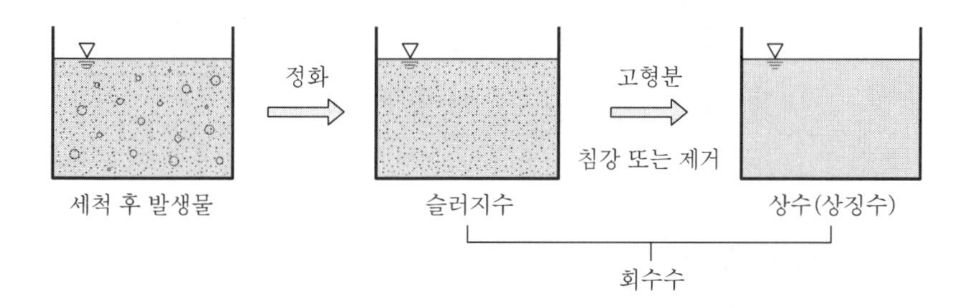


### 2) 분 류

① 슬러지수

콘크리트의 세척물에서 골재를 분리하고 남은 현탁수

② 상수(상징수)

슬러지수에서 슬러지 고형분을 침강 또는 제거시킨 후의 맑은 물

## Ⅱ. 회수수의 품질규정(KS F4009)

| 항목 | 품질 |
| --- | --- |
| 염소이온($Cl^-$)양 | 150ppm 이하 |
| 시멘트 응결시간의 차이 | 초결은 30분 이내, 종결은 60분 이내 |
| Mortar 압축강도의 비 | 재령 7일 및 28일에서 90% 이상 |

# Ⅲ. 회수수 활용방안

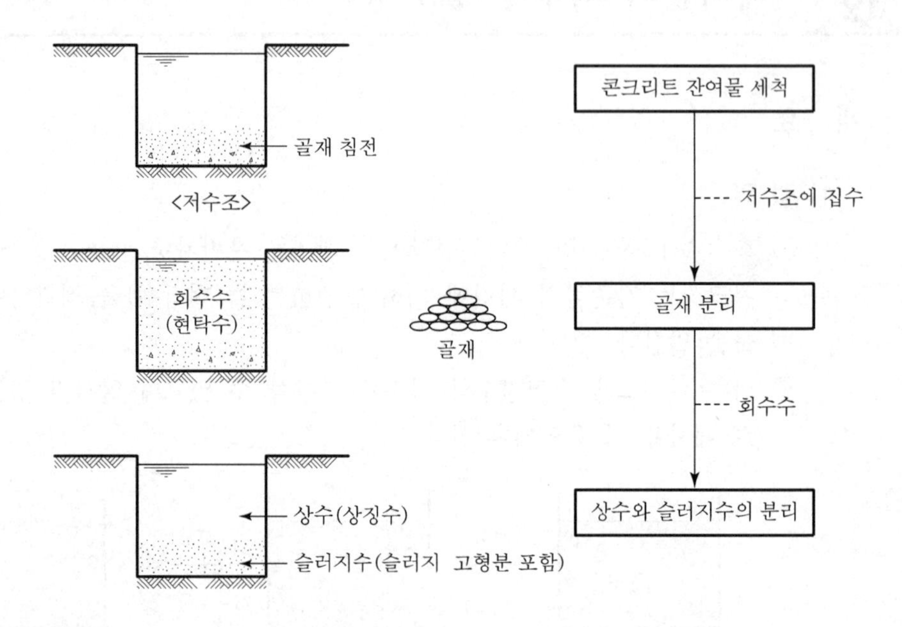


## 1) 배합수로 재활용

① 상수(상징수)의 경우 배합수로 활용

② 슬러지 고형분의 함량은 시멘트중량의 3% 이내

## 2) 세정수 활용

① 레미콘차량 등 잔여콘크리트 제거용수로 활용

② 슬러지수 농도 조정으로 활용 증가

## 3) 시멘트 원료

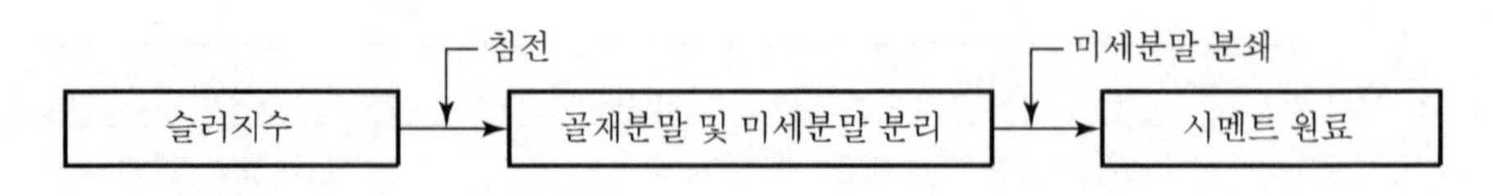


재활용 cement의 제조로 석회석의 자원보존 효과

### 4) 토양의 중화제

① 회수수는 pH 농도가 높은 강알칼리성

② 산성화된 토양의 중화 또는 소각장의 중화제로 활용

### 5) 골재 분말 활용

① 벽돌, 블록 제조시 활용 가능

② 골재 부족 문제 일부 해결 및 자원의 재활용 효과

### 6) 산성물의 중화제

산성의 물과 혼합하여 중화처리 후 방류하므로 환경오염 방지효과

## Ⅳ. 회수수 고형분 측정 자동화 시스템

### 1) 초음파식 농도 측정 시스템

① 세정노즐 장치의 초음파센서가 슬러지의 고착 방지

② 슬러지수의 농도 측정 정확

③ 센서부를 탱크로부터 꺼내서 세척해야 하는 불편 해소

### 2) 유도 인덕턴스 방식 농도 측정 시스템

① 전극을 통하여 기전력만을 측정으로 유체농도 검출

② 프로세서부는 유도 전압 신호로 시료의 농도를 연산

## Ⅴ. 결 론

현재 레미콘 회수수의 활용이 제한적으로 이루어지고 있으나 회수수의 상세한 성분 분석을 통하여 그 활용도를 높여야 한다.

# 문제 13 콘크리트의 시공이음면 결정방법과 처리방법

## Ⅰ. 개 요

### 1) 의 의

① 콘크리트의 시공이음(construction joint)은 시공계획에 따라 발생할 수밖에 없으며 구조적으로 취약해지기 쉬우므로 이에 대한 보강방안이 필요하다.

② 시공이음면은 원칙적으로 전단력이 가장 적은 곳에 설치하여야 하며, slab와 보는 중앙에 이음면을 두고 cantilever는 이음 없이 시공하여야 한다.

### 2) 이음부위 요구조건

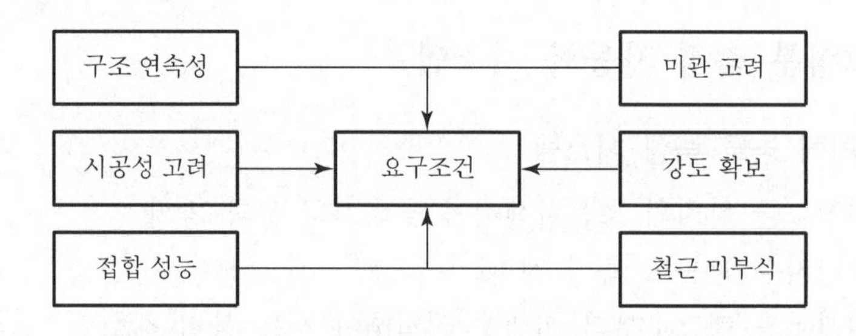


## Ⅱ. 이음의 분류

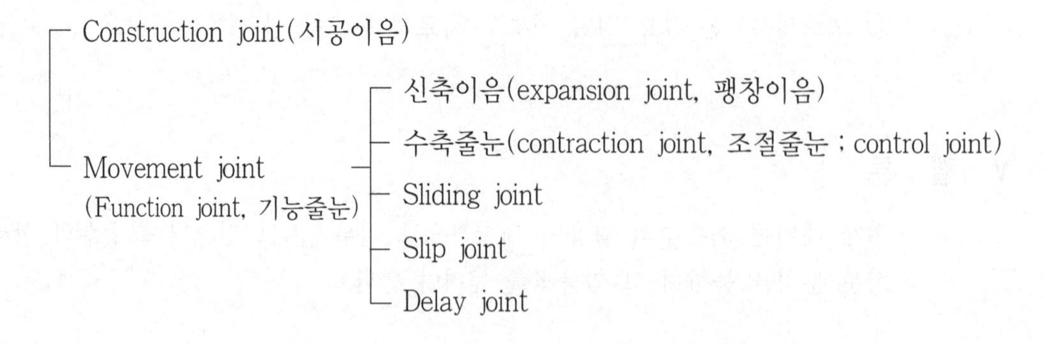

## Ⅲ. 시공이음면 결정방법

### 1) 이음 원칙

① 전단력이 적은 곳에 이음 설치
② 방수를 요하는 곳은 적정 방수 처리
③ 압축력을 받는 방향과 직각으로 설치
④ 이음길이가 최소가 되는 곳 선정
⑤ 구조물의 강도상 영향이 적은 곳 선정

### 2) 보 및 slab 이음

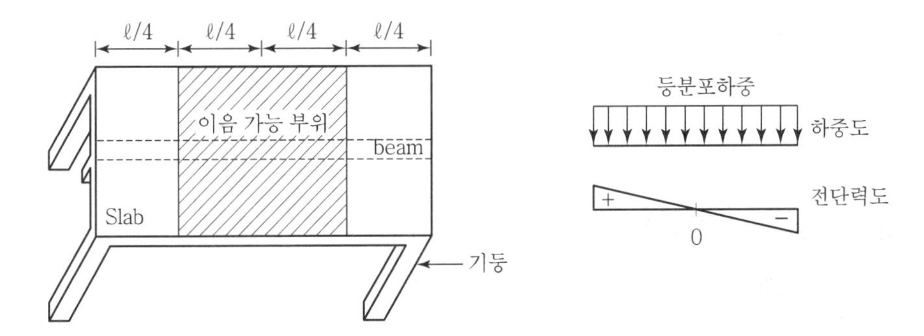


보 및 slab의 이음은 중앙부에서 양쪽으로 ℓ/4 지점 내에서 이음

### 3) 작은보 이음

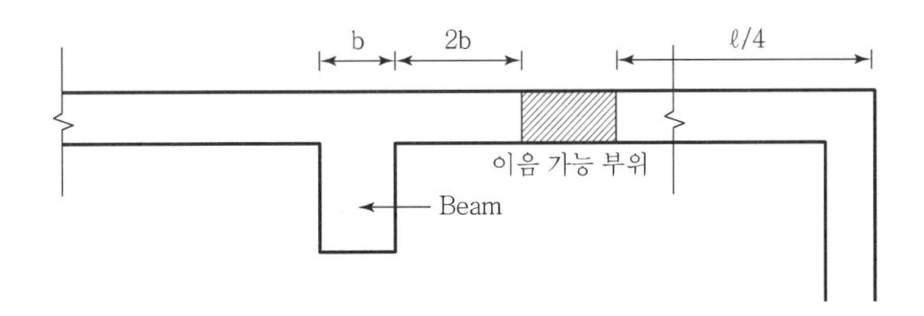


작은 보는 폭(b)의 2배 정도 떨어진 곳에서 이음

4) Arch부 이음

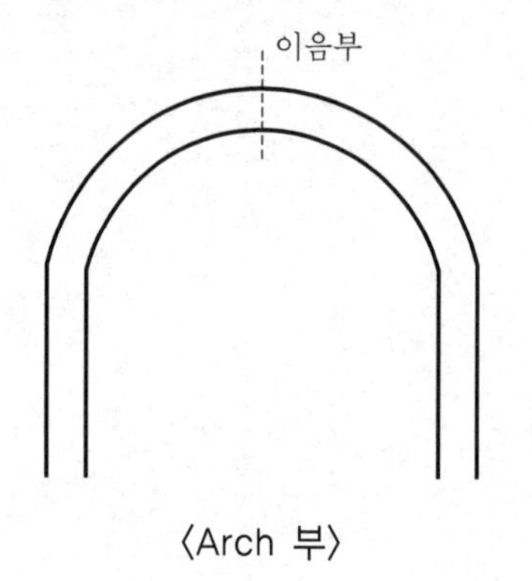


〈Arch 부〉

Arch의 축선과 직교되도록 이음

5) Cantilever

이음을 하지 않는 것이 원칙

## Ⅳ. 시공 이음면 처리방법

### (1) 수직 이음면

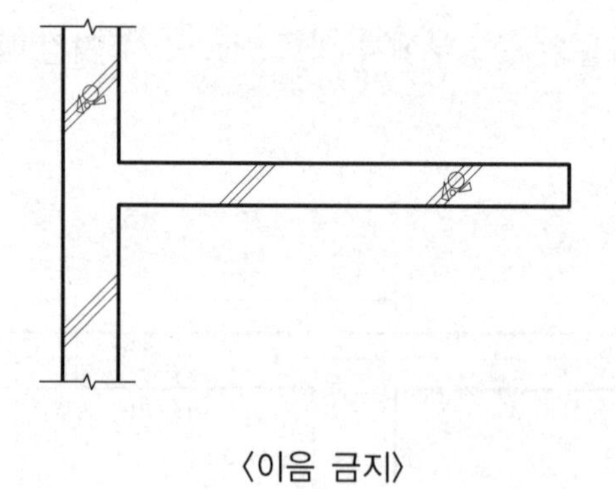

〈이음 금지〉

Cantilever 등의 부재는 수직이음을 두지 않는 것이 원칙임

### 1) Metal lath 사용

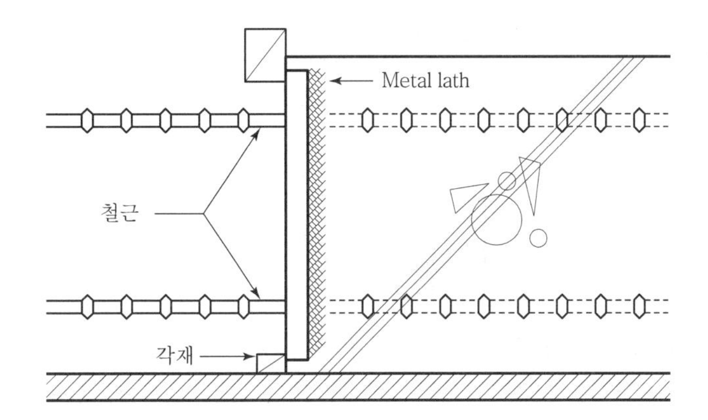


① 녹이나 곰보의 방지를 위해 metal lath의 피복 유지

② 피복두께를 유지하기 위해서 띄운 간격은 각재로 설치

### 2) Pipe 사용(다마가 사용)

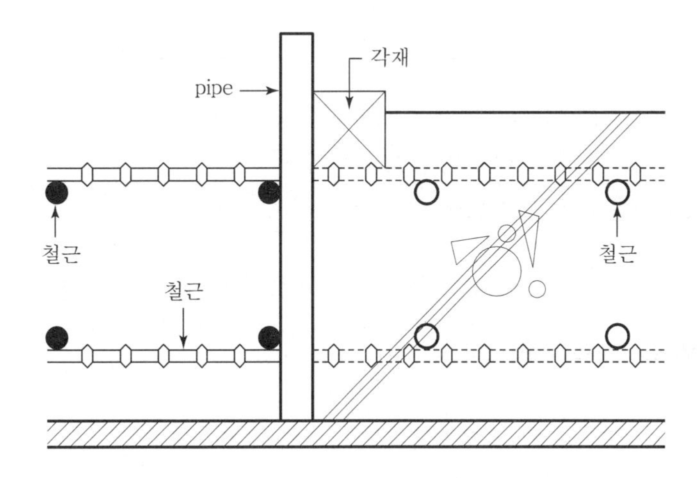


Pipe의 전도를 방지하기 위해 상부에 각재 설치

### 3) 방수 처리 시

콘크리트 타설 전 이음부에 지수판 또는 지수재 설치

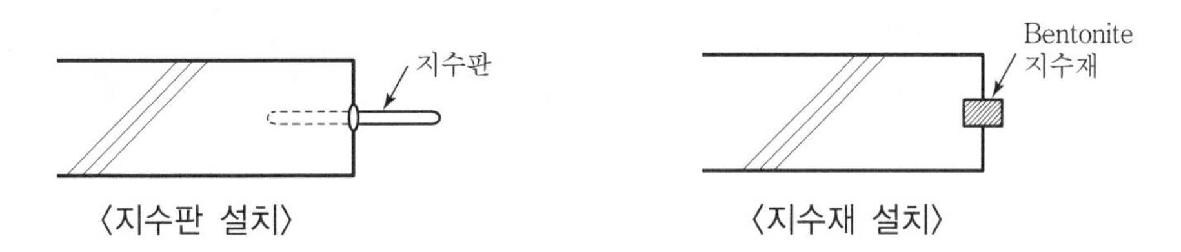


〈지수판 설치〉 〈지수재 설치〉

### (2) 수평이음면

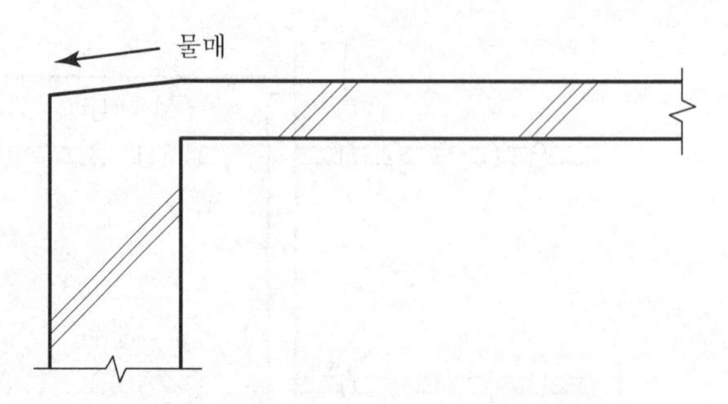


건물의 외측 쪽으로 물매를 주어 건물내 물의 침입 방지

### (3) 이음면 처리원칙

① 전단 key의 설치

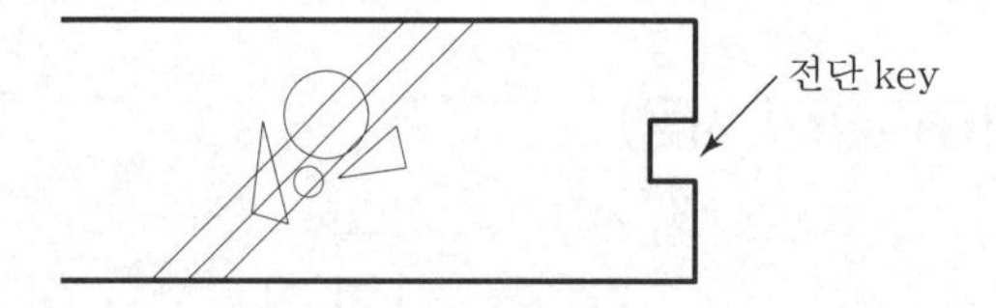


② 이음철근은 cement paste 등으로 녹 방지

③ 이음부 콘크리트의 laitance 제거

④ 이음부 콘크리트의 chipping 실시

## V. 지하외벽 이음부의 처리

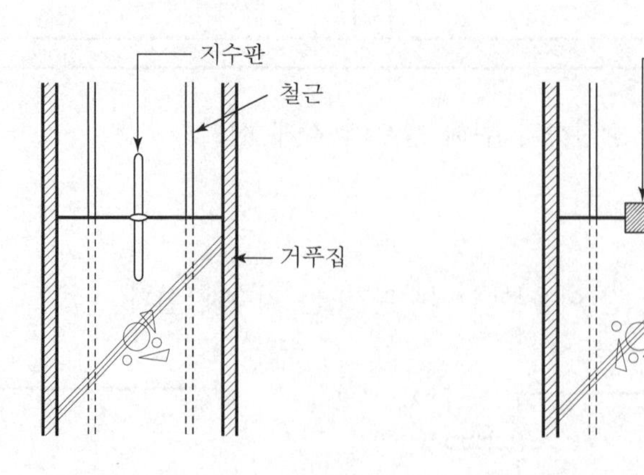

① 지하 외벽은 방수처리가 필요하므로 차수를 위한 대책 마련
② Bentonite 지수재는 물에 닿으면 팽창하는 bentonite의 성질을 이용
③ 지수판은 콘크리트 타설 전 철근을 이용하여 고정
④ 그 외 joint부는 V자로 chipping 후 방수 mortar로 처리

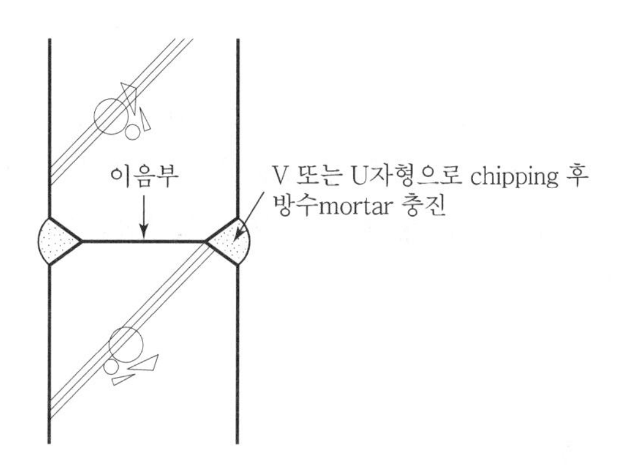


## Ⅵ. 결 론

① 이음면의 구조적 일체성 확보를 위하여 laitance 제거, 전단 key 설치 등의 조치가 필요하며, 필요시 이음면의 방수처리도 고려하여야 한다.
② 건축물 내부의 수직이음면 처리 시에는 metal lath, pipe 등을 이용하며, 수평 이음의 경우에는 상부 콘크리트와의 일체성 확보를 위해 chipping, cement paste 도포 등의 조치가 필요하다.

# 문제 14 철근콘크리트 공사에서 줄눈의 종류 및 시공 시 유의사항

## Ⅰ. 개 요

① 콘크리트 구조물은 외기의 온도변화나 건조 수축 등에 의해 균열이 발생하므로 이를 방지하기 위해 줄눈을 설치해야 한다.

② 시공 시에는 줄눈의 종류에 따른 시공법과 시방서에 따른 철저한 품질관리가 필요하다.

## Ⅱ. 줄눈의 요구 성능

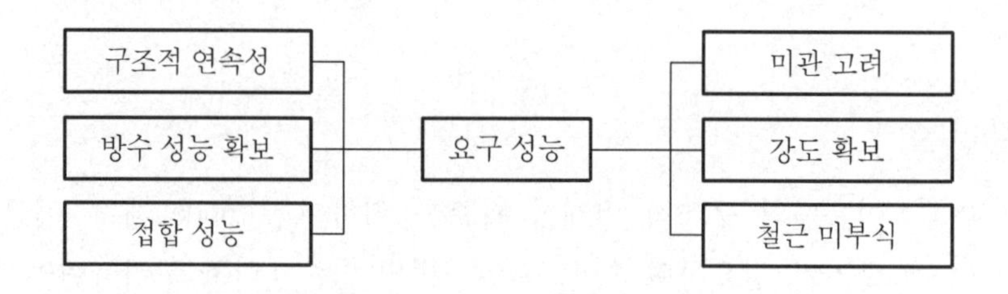


## Ⅲ. 줄눈의 종류

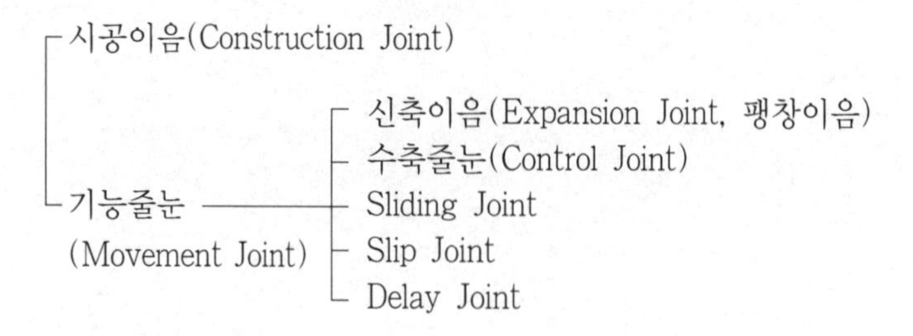


## Ⅳ. 종류별 시공 시 유의사항

### (1) 시공이음(Construction Joint)

콘크리트 작업관계로 경화된 콘크리트에 새로 콘크리트를 이어붓기함으로써 발생되는 Joint

## 1) 목적

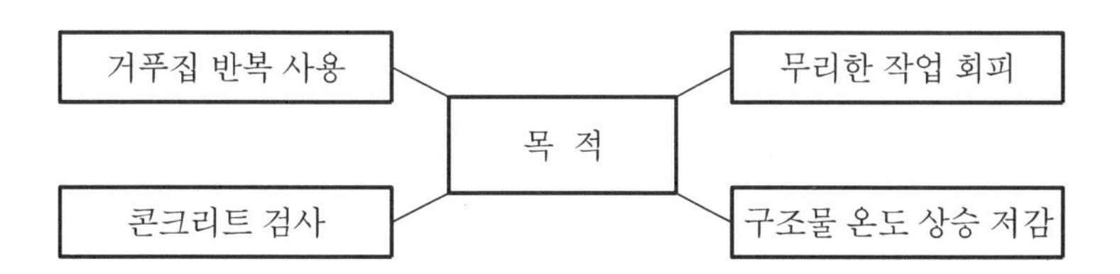


## 2) 요구조건

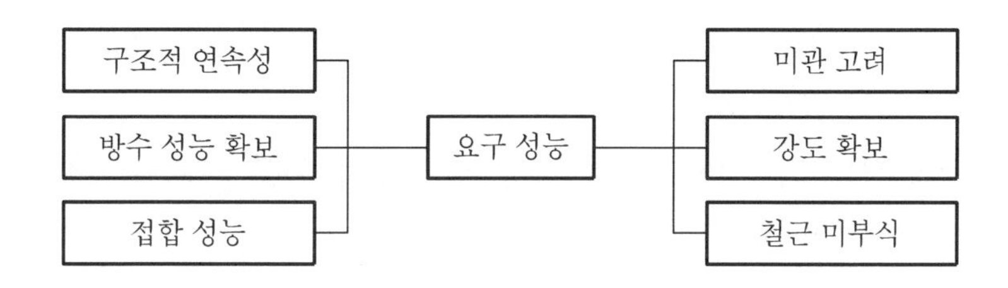


## 3) 시공 시 유의사항

① 지수판 설치 시 품질 확보

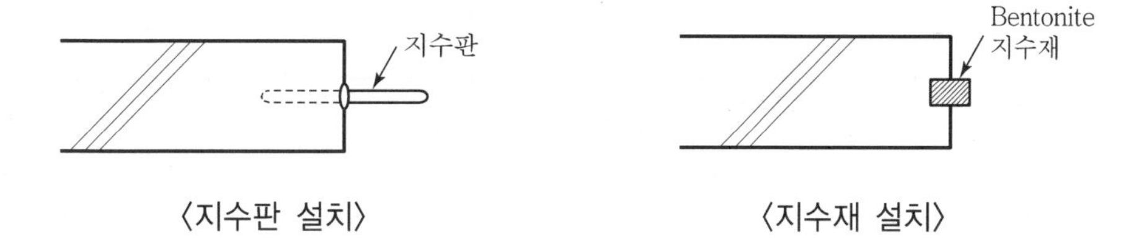


〈지수판 설치〉 〈지수재 설치〉

② 객체이음 시 외부로 구배시공

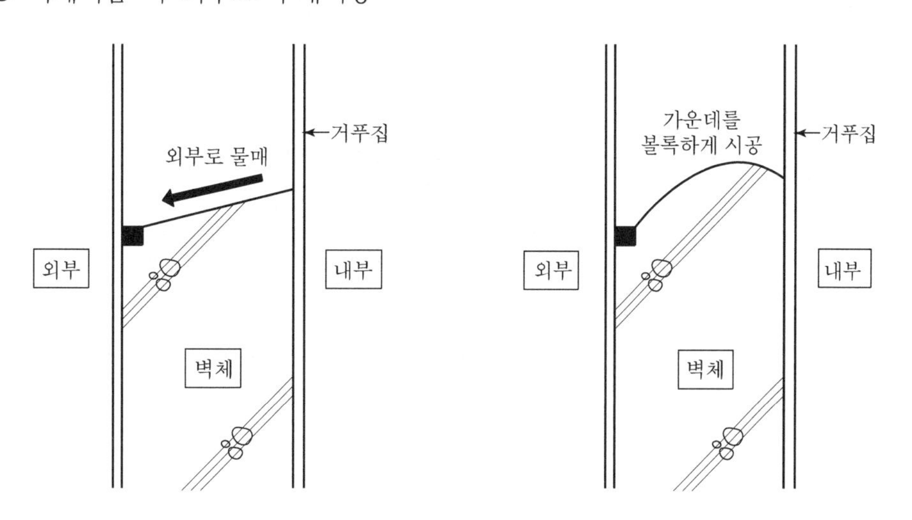

③ 전단력이 큰 곳은 가급적 시공을 피하거나 유의하여 시공
④ Cold Joint 방지에 유의

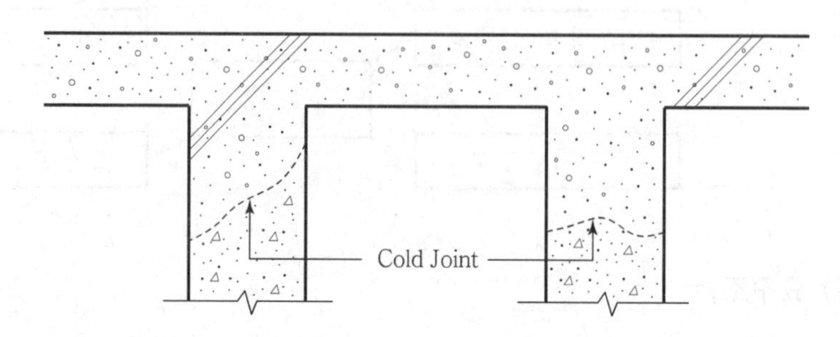


## (2) 신축이음(팽창이음, Expansion Joint)

건축물의 온도변화에 따라 팽창 및 수축 등에 의한 균열방지를 목적으로 설치되는 Joint

### 1) 목적

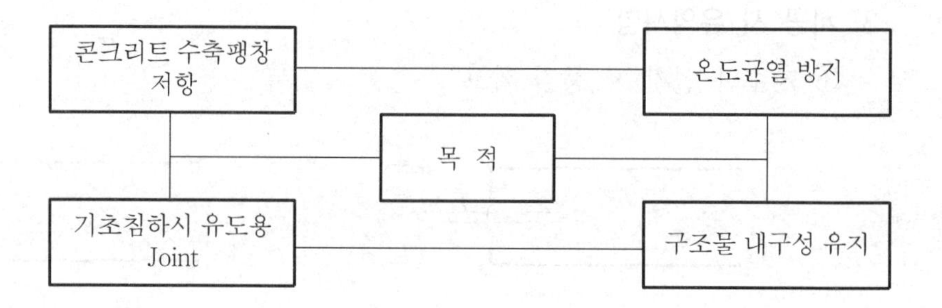


### 2) 설치 위치

① 신, 구 건물이 만나는 곳

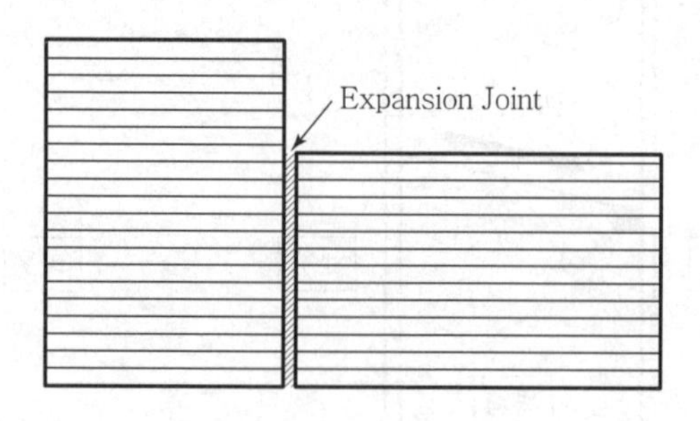

② 저층과 고층이 만나는 곳

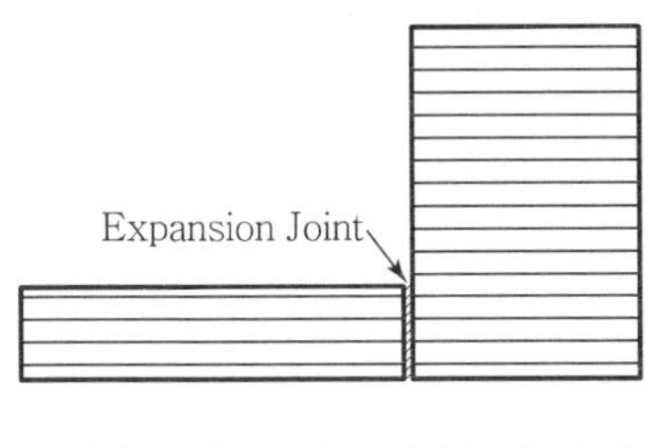


〈구조체와 긴 저층의 만남부〉

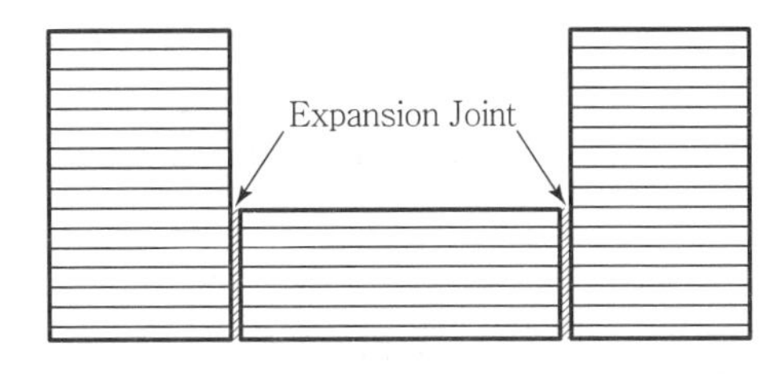


〈저층 양쪽에 구조체와 만나는 곳〉

③ 건물의 Span이 긴 경우
60~90m마다 Expansion Joint 설치

### 3) Expansion Joint의 분류

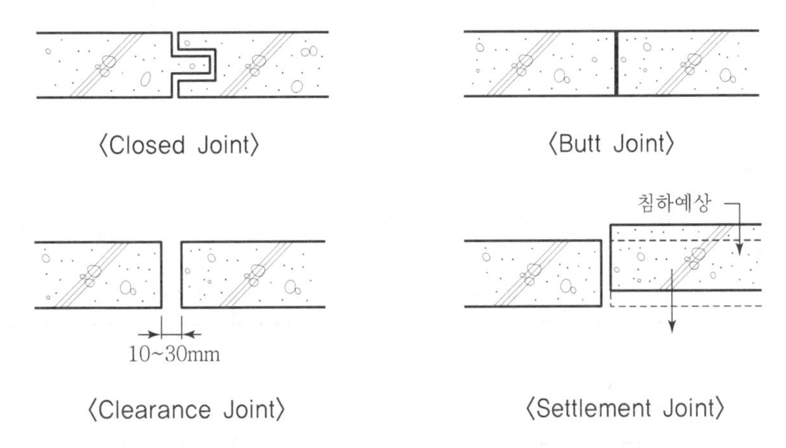


① Settlement Joint는 부동침하 등의 변위를 미리 예상하여 침하예상 깊이만큼 미리 높여서 시공하는 것
② 구조체의 단면을 완전히 분리 시공

### 4) 시공 시 유의사항

① 설치 간격 유지
온도변화가 작은 지역은 90m 이내, 큰 지역은 60m 이내마다 설치

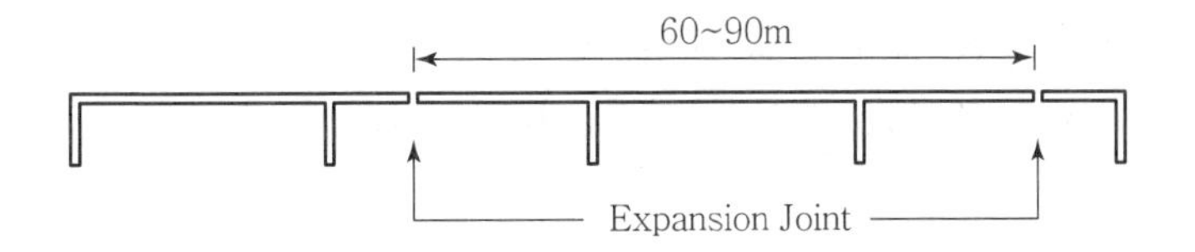

② Joint부 처리 철저

Expansion Joint 이음부는 확실하게 끊어야 한다.

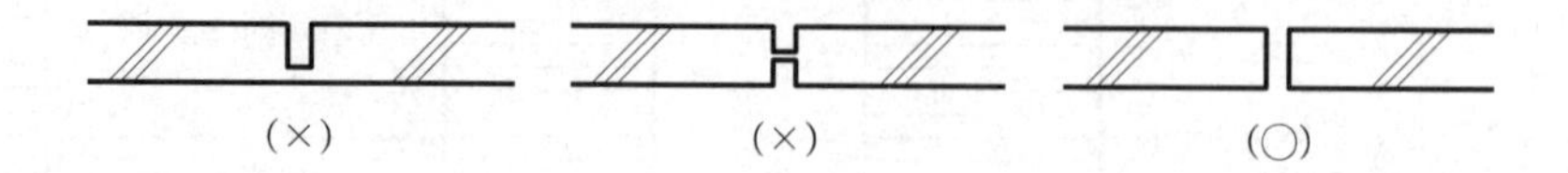


③ 방수처리 철저

㉮ Expansion Joint부에 미리 지수판을 설치하거나 바닥에 방수처리를 함

㉯ 누수부가 되기 쉬우므로 건물의 신축에 추종하는 질 좋은 방수재료를 사용

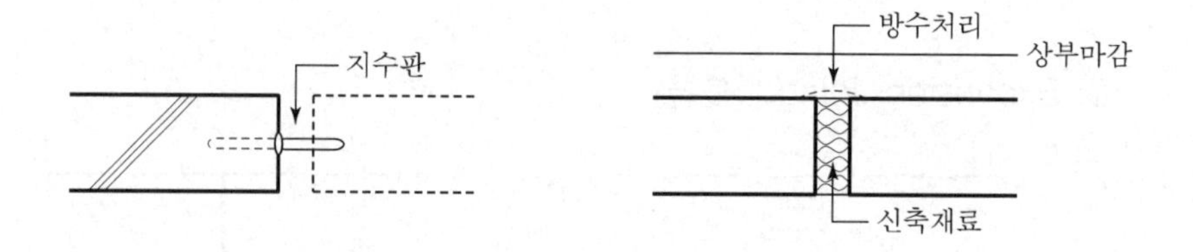


④ 층간 방화처리

층간 방화처리를 위해 Joint부 충진재료 위에 방화용 재료로 처리

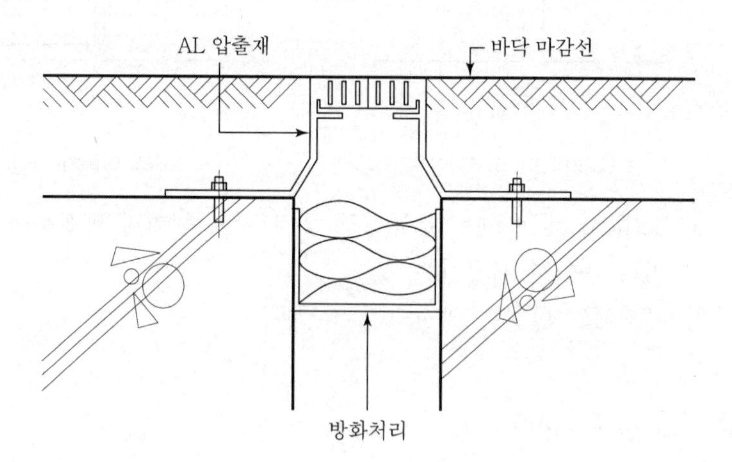


⑤ 시공시기

㉮ 봄(3~4월)이나 가을(10월)에 시공하는 것이 유리

㉯ Expansion Joint부의 변화가 여름과 겨울에 심함

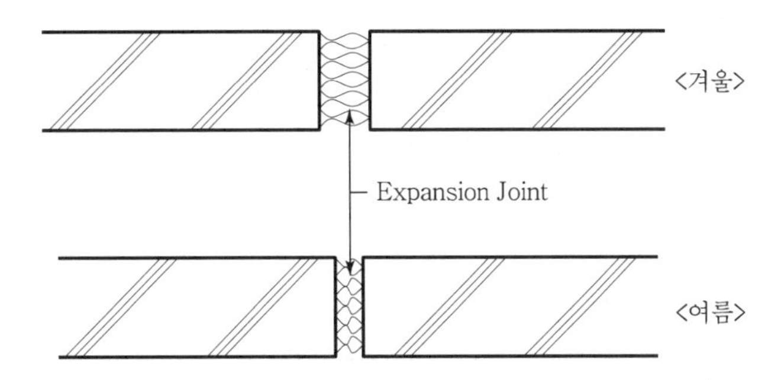


⑥ Joint 충진재료
유지 및 관리가 용이한 재료 선정

### (3) 수축줄눈(조절줄눈, 균열유발줄눈, Control Joint, Dummy Joint)

건조수축으로 인하여 콘크리트 내에 인장응력이 발생하며, 이러한 응력에 의한 콘크리트의 변형을 방지하기 위한 조치로 수축줄눈 시공

#### 1) 목적

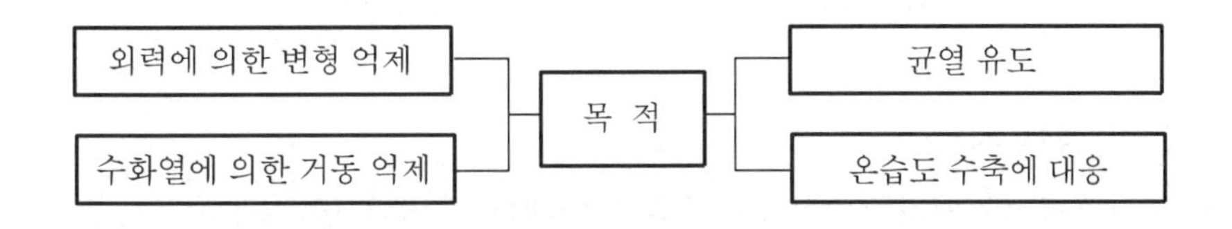


#### 2) 설치 위치

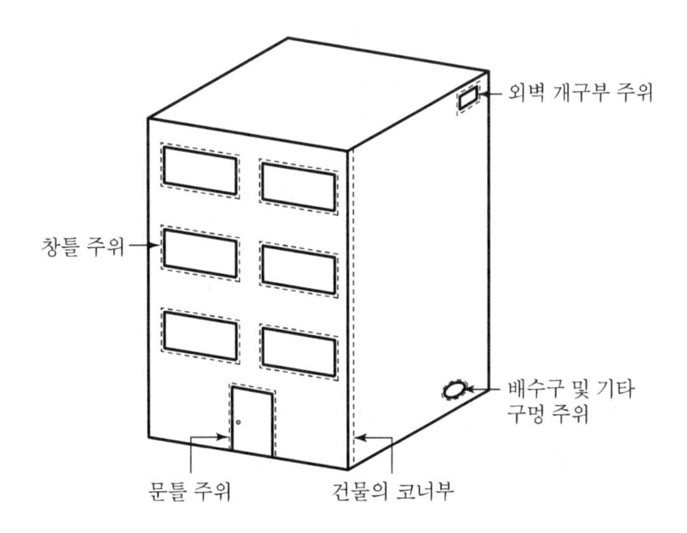

3) 수축줄눈 시공 시 유의사항

① 수축줄눈(균열유발줄눈)의 유효단면 결손율은 전체 단면의 20% 이상 절단
② 깊이는 벽두께의 1/5 이하
③ 외벽의 색깔과 비슷한 코킹재 사용
④ 코킹은 중간에 끊어지지 않고 연속적으로 시공

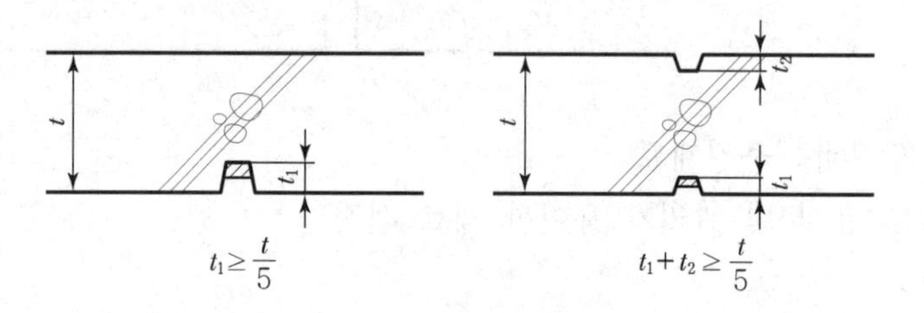


(4) Sliding Joint

Slab나 보가 단순지지방식일 때 자유롭게 미끄러지게 한 Joint

1) 목적

Creep 수축, 온도 저하로 인한 구조체 변화 흡수

2) 설치 위치

Joint의 직각 방향에서 하중이 발생할 우려가 있는 곳

3) 시공 시 유의사항

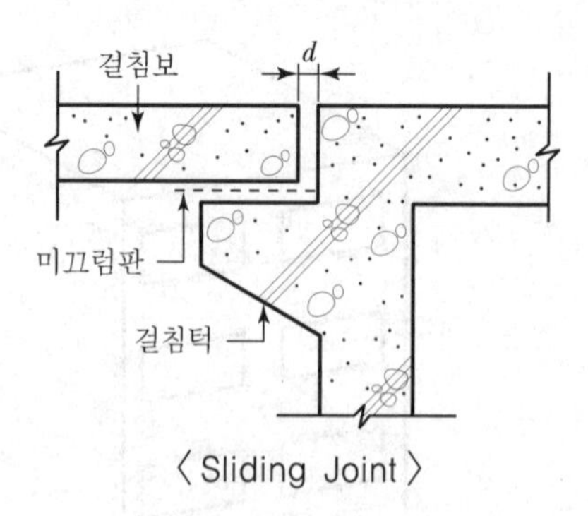


〈Sliding Joint〉

① 걸침턱과의 띄움거리($d$)는 부재의 변화를 수용할 수 있도록 설치
② 미끄럼판의 재료는 시방서에 명기된 재료를 사용할 것
③ 우수한 성질의 자재 사용

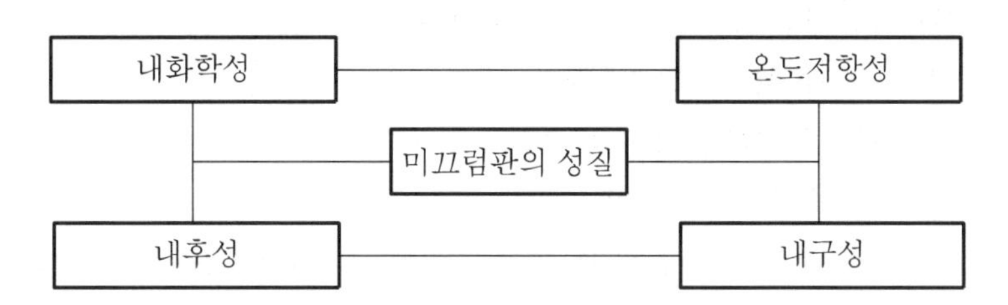


④ Steel Plate를 사용할 경우 반드시 윤활유칠을 해야 함

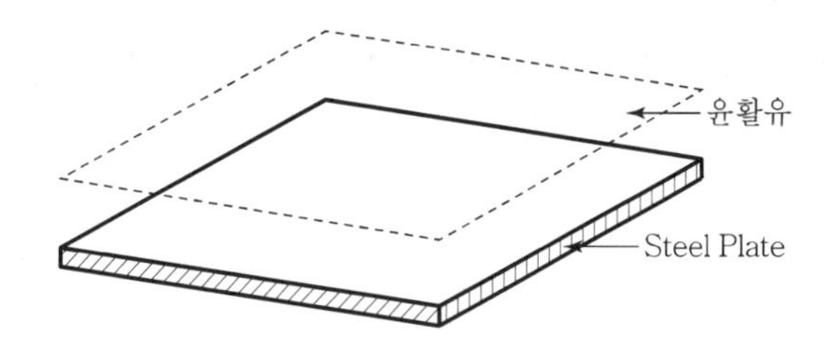


〈Steel Plate 상부 윤활유 전면 도포〉

### (5) Slip Joint

조적조 벽체 위에 Bond Beam 없이 Slab가 설치되는 경우 조적조 상부에 두는 Joint

#### 1) 목적

① 온도변화에 대응

② 내력벽의 수평 균열 제어

#### 2) 설치 위치

조적조 상부

#### 3) 시공 시 유의사항

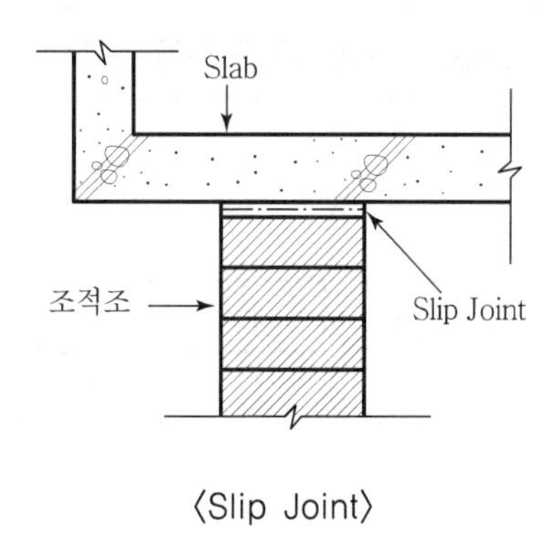


〈Slip Joint〉

① 이질재인 조적조와 RC조가 맞닿는 면에 설치
② 줄눈의 위치 · 간격 준수
③ 줄눈 설치부위의 수평유지
④ 시공부위 청소 철저
⑤ Slab 온도변화에 따른 수축 · 팽창 시 발생하는 균열 흡수 방지

### (6) Delay Joint

장 Span 설치 시 초기에 발생하는 수축에 의한 균열 등을 방지하기 위해 설치하는 조인트

#### 1) 목적

초기수축에 의한 균열방지

#### 2) 설치 위치

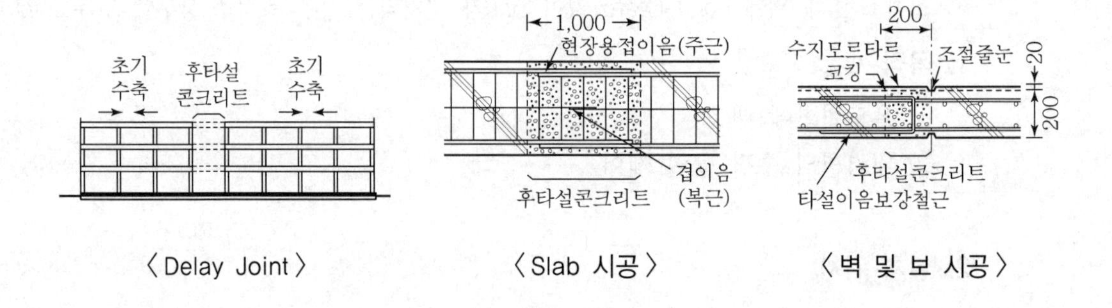


〈Delay Joint〉 〈Slab 시공〉 〈벽 및 보 시공〉

#### 3) 시공 시 유의사항

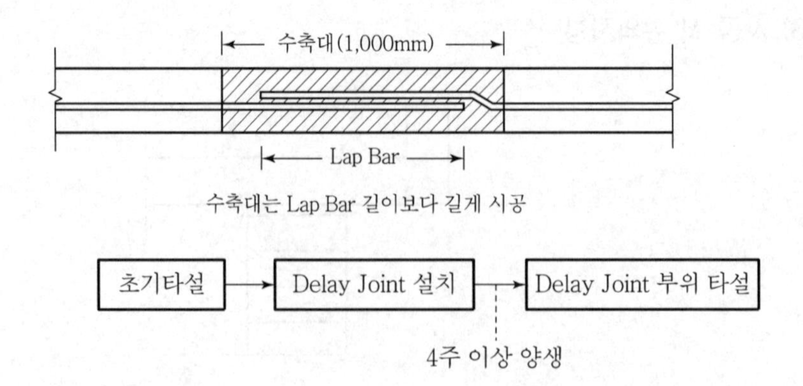

① Delay Joint 부분은 4주 후 타설
② Delay Joint의 폭은 Slab는 1m 정도 벽 및 보는 200mm 정도
③ 온도응력이 문제가 될 경우는 완전히 끊어 시공할 것
④ 옥상부는 방수에 유의할 것
⑤ 타단은 Control Joint 설치
⑥ 폭이 넓은 경우는 무수축 Con'c 사용

## V. 결 론

콘크리트 공사는 설계시부터 이음 위치의 검토, 신축성 고려, 충전재 밀실시공 등을 통하여 온도변화나 건조수축에 의한 균열에 대비하여야 한다.

# 문제 15 콘크리트 시공연도에 영향을 주는 요인과 측정방법

## Ⅰ. 개 요

① 시공연도란 타설 용이성의 정도와 재료 분리에 저항하는 정도를 나타내는 것으로 콘크리트에 사용되는 재료와 시공 시 온도 등에 영향을 받는다.

② 콘크리트 시공연도 측정방법에는 Slump Test, Flow Test 등이 있으며, 각각의 콘크리트에 맞는 적절한 방법을 이용해 품질을 확보한다.

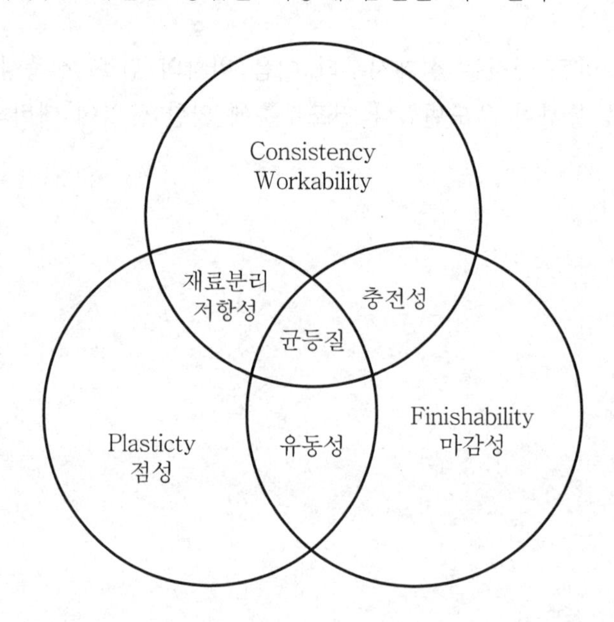


## Ⅱ. 시공연도에 영향을 주는 요인

### 1) 시멘트의 성질

① 시멘트의 종류, 분말도, 풍화의 정도 등이 영향을 미침

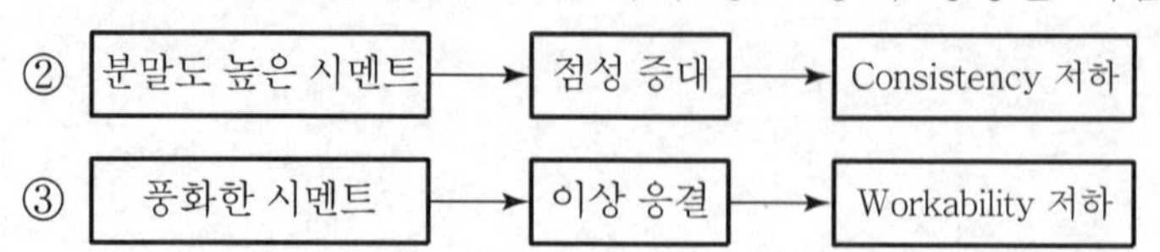

### 2) 골재의 입도

① 0.3mm 이하의 세립분은 Concrete 점성증대 및 Plasticity 향상

② 입형이 둥글수록 시공연도 우수

### 3) 혼화재료

① 감수제는 반죽질기 증대 및 감수율 5~10% 향상

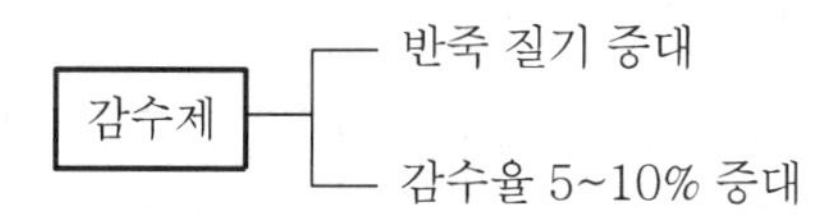


② Pozzolan을 사용하면 시공연도가 개선되며, 특히 Fly Ash는 구형(球型)으로 볼 베어링 역할을 하므로 시공연도 개선

### 4) 물결합재비(W/B 비)

물결합재비를 높이면 시공연도가 향상되나, 지나치면 콘크리트의 강도를 저하시키는 요인이 됨

### 5) 굵은 골재 최대치수($G_{max}$)

① 굵은 골재의 치수가 작을수록 시공연도 향상

② 입도가 균등할수록 작업성 향상

### 6) 잔골재율

① 잔골재율이 클수록 콘크리트의 시공연도 향상

② 잔골재율이 커질 경우 콘크리트의 강도 저하 요인이 됨

| | 굵은 골재 최대치수($G_{max}$) | 잔골재율 | 물결합재비(W/B 비) |
|---|---|---|---|
| 비율 | 작을수록 | 클수록 | 묽을수록 |
| 시공연도 | 향상 | 향상 | 향상 |

### 7) 단위수량

① 단위수량이 커지면 Consistency 및 Slump치 증가

② 재료분리가 생기지 않는 범위 내에서 단위수량을 증가하면 시공연도 향상

### 8) 공기량

① 적당량의 연행공기를 분포, Ball Bearing 작용을 하여 시공연도 향상

② 공기량이 1% 증가하면 Slump는 20mm 정도 커지고, 강도는 4~6% 감소하므로 주의

### 9) 배합

배합식 시간과 온도의 변화에 따라 시공연도 변동 발생

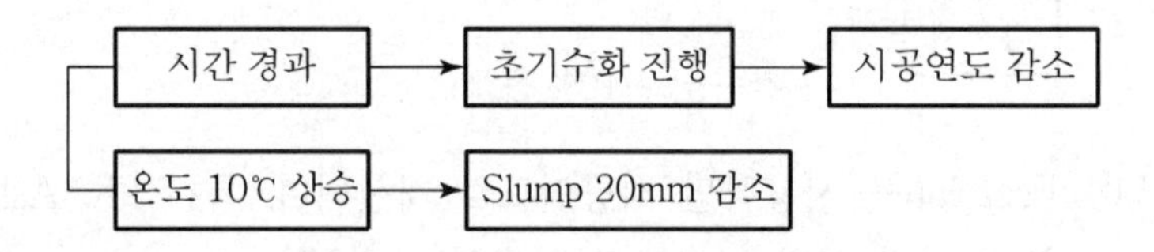


## Ⅲ. 시공연도 측정방법(성능평가방법)

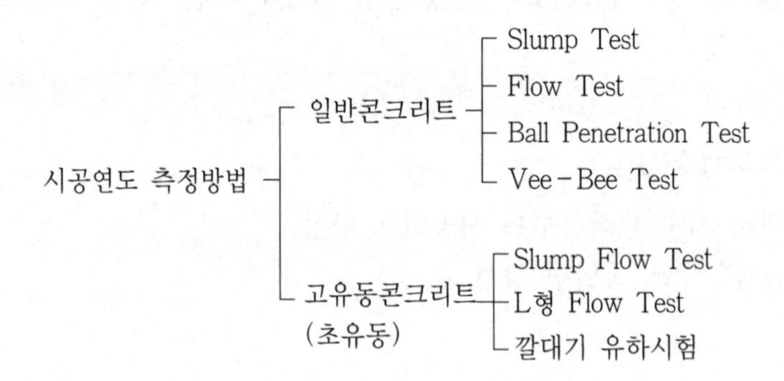


### 1) Slump Test

① 수밀판 위의 시험통 속에 콘크리트를 채우고, 시험통을 제거하여 콘크리트의 무너진 높이를 측정하고 시험

② 수밀판 위에 시험통을 중앙에 설치함

③ 비빈 콘크리트를 100mm 높이까지 부어넣고 다짐막대로 윗면을 25회 다짐

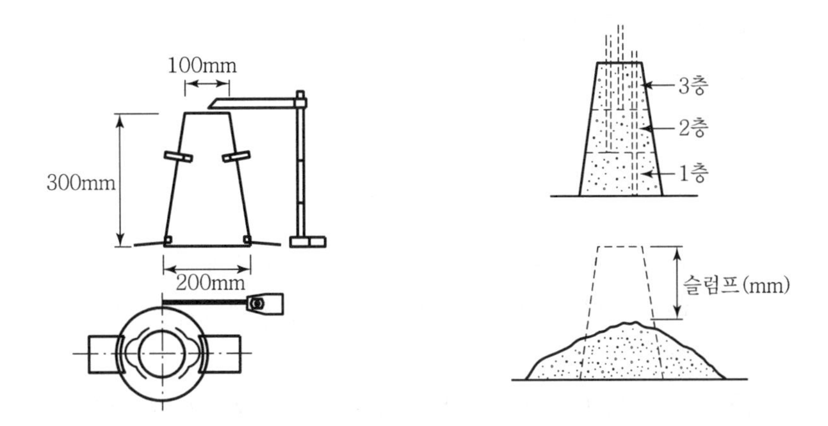


2) Flow Test

① 흐름판을 상하운동시켜 금속제 콘 속에 있는 콘크리트의 흐름값을 구하는 시험

② 흐름판의 중앙에 금속 콘을 놓고, 콘크리트를 2등분하여 넣은 후 각각 25회 다짐하여 연직으로 들어올림

③ 흐름판을 10초에 15회 상하운동시켜 콘크리트의 반죽직경을 측정한 후 다음 식으로 흐름값(Flow Value)을 구함

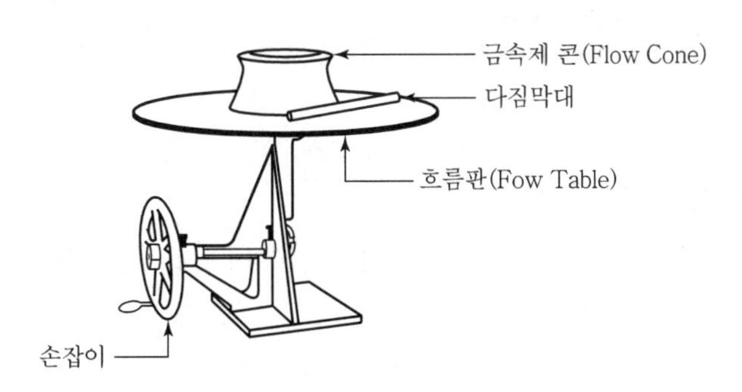


3) Ball Penetration Test(구관입 시험)

① 구관입 시험기를 콘크리트 표면에 놓아 구자중에 의해 콘크리트 속으로 가라앉은 관입깊이 측정

② 포장 콘크리트 등 평면 타설된 콘크리트 반죽질기 측정

③ 관입값의 1.5~2배가 Slump값과 거의 비슷

#### 4) Vee - Bee Test

① 진동으로 인해 콘크리트가 퍼져서 자유낙하하는 투명한 플라스틱 원판에 완전히 접하는 시간 측정
② 진동대 위에 원통 용기 고정
③ 원통 용기 속에 콘크리트를 채움
④ 투명한 플라스틱 원판을 콘크리트에 접하게 설치하고 진동 가함(침하도)
⑤ 원판의 전면에 콘크리트가 완전히 접할 때까지의 시간을 측정한 값(퍼짐시간 측정)
⑥ Slump Test가 어려운 비교적 된비빔 Concrete에 적용

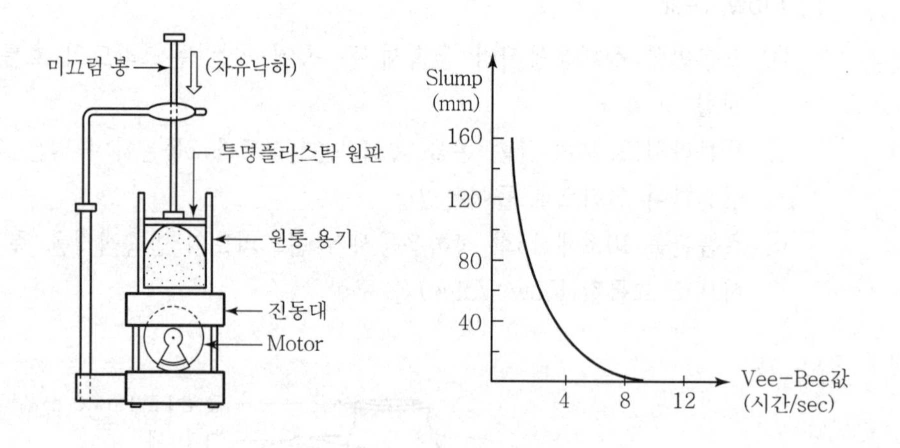


#### 5) Slump Flow Test

① 수밀 Cone 속에 콘크리트를 넣고 Slump Flow값을 측정하는 시험
② 콘크리트의 퍼진 지름이 500mm가 될 때까지의 시간 Check, 5±2초이면 합격
③ 시험이 가장 간편하며, 현장관리시험에 적용 가능
④ Slump와 Slump Flow의 관계

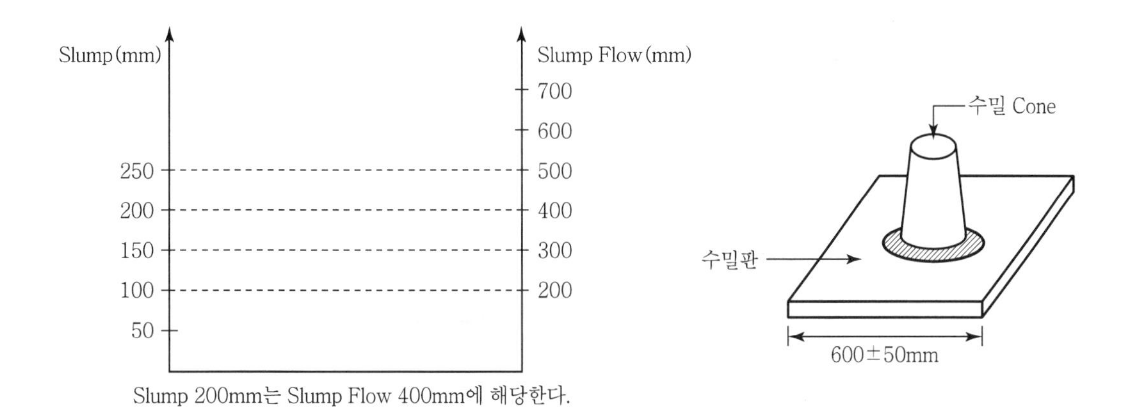


Slump 200mm는 Slump Flow 400mm에 해당한다.

### 6) L형 Flow Test

① L-Type의 Form 속에 콘크리트를 흘러내려 Slump Flow값을 측정하는 시험
② L형 Form의 수직 부위에 콘크리트를 채움
③ 칸막이 제거
④ L형 Form 속으로 흘러내린 콘크리트의 수평길이(Slump Flow)를 측정하여 600±50mm이면 유동성 우수

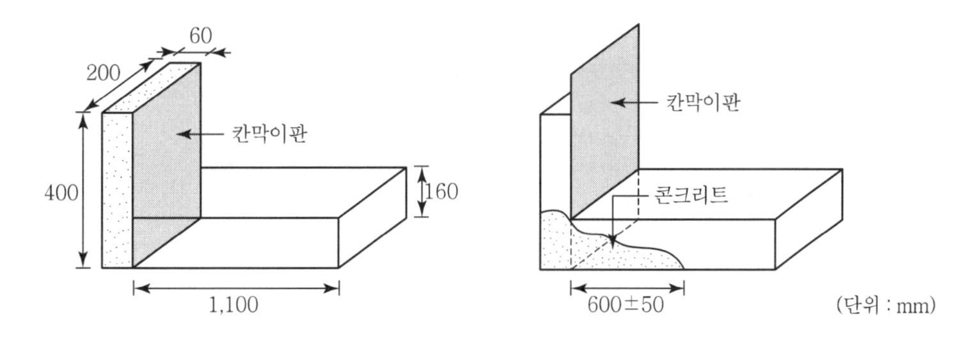


### 7) 깔대기 유하시험

① 형상에 따라 ○형 및 □형으로 구분
② 유동속도에 따른 콘크리트의 겉보기 점도를 평가
③ Mortar의 점성에 따른 충전성 파악
④ Mortar의 간극 통과성 평가
⑤ 자중에 의한 Self Leveling으로 충전

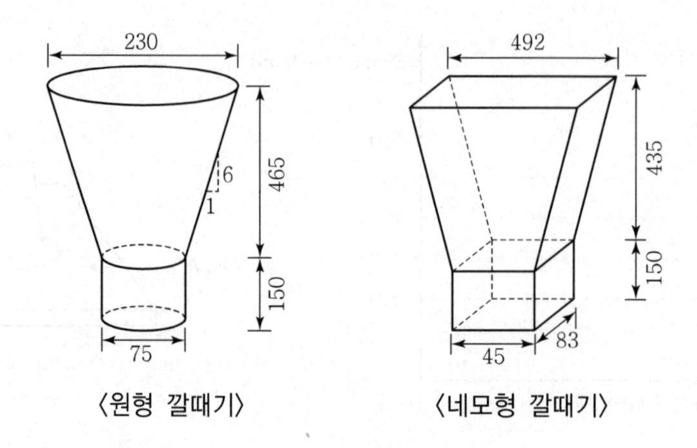

〈원형 깔때기〉 〈네모형 깔때기〉

## Ⅳ. 결 론

시공연도를 측정하는 방법이 반죽질기의 정도와 숙련기술자의 판단에만 의존하고 있어 보다 실용적이고 정확한 측정방법의 개발이 요구된다.

# 문제 16 콘크리트 강도에 영향을 주는 요인

## Ⅰ. 개 요

### 1) 의 의

콘크리트는 재료, 배합, 시공, 양생 등 전과정을 통하여 강도에 영향을 받으며 강도 저하시 구조물의 내구성에 치명적인 영향을 미치므로 품질관리에 유의해야 한다.

### 2) 콘크리트에 발생하기 쉬운 결함

| 결함 종류 | 품질 영향 | 사전 대책 |
|---|---|---|
| 피복두께 부족 | 강도 및 내구성 | 배근 및 spacer 간격 점검 |
| 균열<br>(cold joint) | 수밀성<br>강도 및 내구성 | 배합, 타설, 양생 등 계획 점검 |
| 백화<br>Honey comb<br>Air pocket | 수밀성<br>강도<br>내구성 | 배합, 타설, 다짐, 양생계획의 점검 |

## Ⅱ. 콘크리트의 구성재료

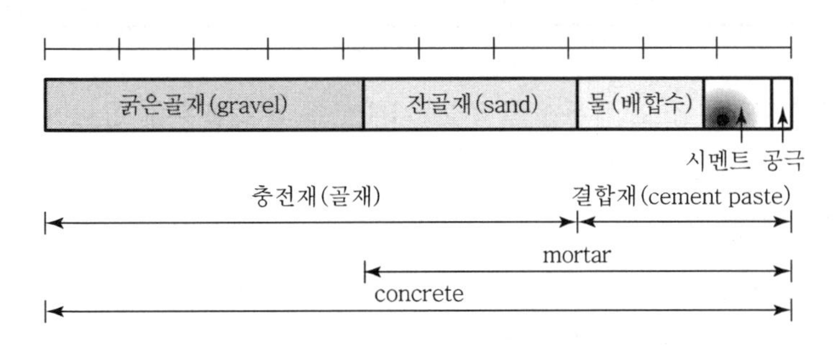


필요시 혼화재료(혼화재, 혼화제)를 포함

## Ⅲ. 강도에 영향을 주는 요인

### (1) 재료적 측면

#### 1) 시멘트

〈보통 portland cement의 품질 기준〉

| 분말도 ($cm^2/g$) | 안정도 (%) | 응결(시간) | | 압축강도(MPa) | | | 규격 |
|---|---|---|---|---|---|---|---|
| | | 초결 | 종결 | 3일 | 7일 | 28일 | |
| 2,800 이상 | 0.8 이하 | 1 | 10 | 13 이상 | 20 이상 | 29 이상 | KS |

#### 2) 골 재

| 분류 | 비중 ($g/cm^3$) | 점토량(%) | 흡수율(%) | 손실량(%) | 염화물 함유량(%) |
|---|---|---|---|---|---|
| 굵은골재 | 2.5 이상 | 0.25 이상 | 3.0 이하 | 1.0 이하 | - |
| 잔골재 | | 1.0 이하 | 3.5 이하 | 3.0 이하 | 0.02 이하 |

골재의 입형이 둥근 것이 실적률이 좋고 slump 값이 증가함

#### 3) 배합수

| 항목 | 색도 | 탁도 | 수소이온농도(pH) | 염소이온량 | 증발잔류물 |
|---|---|---|---|---|---|
| 허용량 | 5도 이하 | 2도 이하 | 5.8~8.5 | 150ppm 이하 | 500ppm 이하 |

콘크리트에 소요 유동성을 주고 시멘트와 수화반응을 일으켜 경화를 촉진

#### 4) 혼화재료

① 콘크리트의 품질개선이나 소요성질을 부여하기 위해 부가적으로 사용
② 혼화재 : 시멘트 중량의 5% 이상 첨가
혼화제 : 시멘트 중량의 1% 내외 첨가

## (2) 배합적 측면

### 1) 배합강도

① $f_{cr} \geq f_{cq} + 1.34s$ (MPa)

② $f_{cr} \geq (f_{cq} - 3.5) + 2.33s$ (MPa)

③ ①, ② 중 큰 값을 배합강도로 선정

$f_{cq}$ : 품질기준강도(기온보정계수 고려)

$f_{cr}$ : 배합강도

s : 압축강도 표준편차

### 2) 굵은골재 최대치수

| 부재 종류 | 굵은골재 최대치수(mm) |
|---|---|
| 일반적인 경우 | 20 또는 25 |
| 단면이 큰 경우 | 40 |
| 무근 콘크리트 | 40(단, 부재최소치수의 1/4 이하) |

철근의 간격이나 부재의 치수가 큰 경우는 가급적 큰 것을 사용

### 3) Slump치

| 구분 | 철근콘크리트 | 무근콘크리트 |
|---|---|---|
| 일반적인 경우 | 80~150mm | 60~120mm |
| 단면이 큰 경우 | 50~150mm | 50~100mm |

### 4) 물결합재비

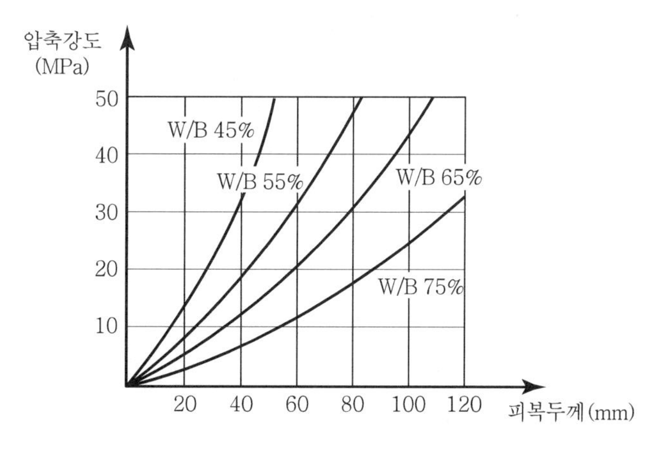


물결합재비(W/B)가 적을수록 내구성 증가

### (3) 시공적 측면

#### 1) 계 량

| 재료의 종류 | 허용범위 |
|---|---|
| 물 | −2%∼+1% |
| 시멘트 | −1%∼+2% |
| 골재 | 3% |
| 혼화제 | 3% |
| 혼화재 | 2% |

계량기기의 수시점검 및 수리로 계량오차를 최소화할 것

#### 2) 운 반

<table>
<tr><th>KS F 4009(KS기준)</th><th colspan="2">콘크리트 표준시방서</th><th colspan="2">건축공사 표준시방서</th></tr>
<tr><td>혼합 직후부터 배출까지</td><td colspan="2">혼합 직후부터 타설완료까지</td><td colspan="2">혼합 직후부터 타설완료까지</td></tr>
<tr><td rowspan="3">90분</td><td>외기온도</td><td>일반</td><td>외기온도</td><td>일반</td></tr>
<tr><td>25℃ 초과</td><td>90분</td><td>25℃ 이상</td><td>90분</td></tr>
<tr><td>25℃ 이하</td><td>120분</td><td>25℃ 미만</td><td>120분</td></tr>
</table>

운반 및 타설시간이 가급적 짧게 되도록 현장에서 조치

### 3) 타 설

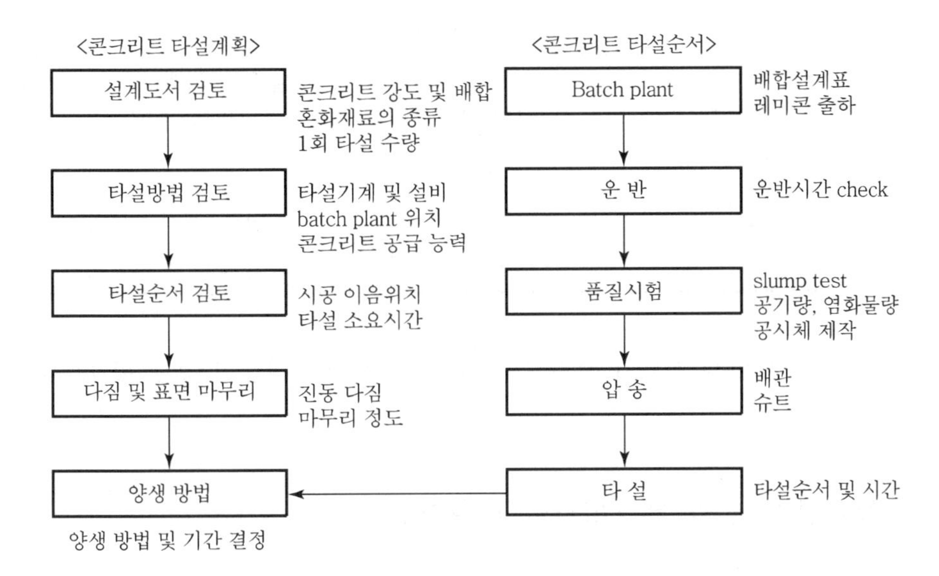


### 4) 다 짐

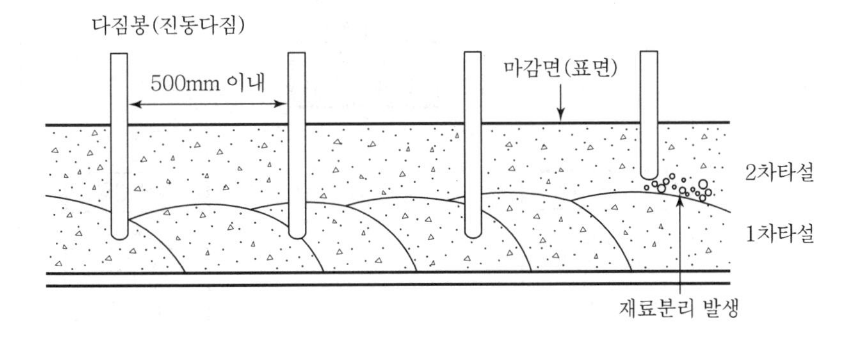


① 타설 표면에 cement paste 및 기포가 나올 때까지 다짐

② 다짐봉이 먼저 타설된 콘크리트에 100mm 이상 관입

③ 다짐봉의 간격은 500mm 이내

### 5) 양 생

〈시멘트 종류에 따른 최소 습윤양생기간〉

| 일평균 기온 | 보통포틀랜드 시멘트 | 고로슬래그 시멘트 Fly ash 시멘트 B종 | 조강포틀랜드 시멘트 |
|---|---|---|---|
| 15℃ 이상 | 5일 | 7일 | 3일 |
| 10℃ 이상 | 7일 | 9일 | 4일 |
| 5℃ 이상 | 9일 | 12일 | 5일 |

습윤 양생 상태가 오랫동안 지속될수록 콘크리트의 강도 및 내구성 증대

## Ⅳ. 압축강도 부족 콘크리트의 대처방안

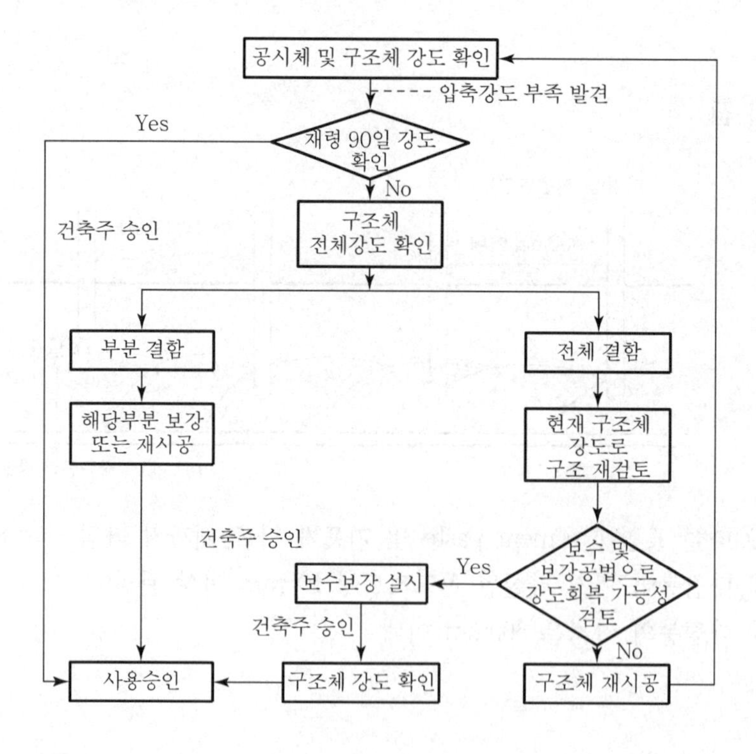


구조체의 압축강도 부족 시 원인 분석과 함께 건축주의 승인하에 보수, 보강 및 사용이 승인되어야 한다.

## V. 결 론

① 콘크리트의 압축강도 부족 시 최악의 경우에는 구조체의 재시공이라는 엄청난 결과를 초래하므로 시공 전후 품질관리가 매우 중요하다.

② 콘크리트의 압축강도 증대를 위해서는 시공의 합리화와 지속적인 품질관리 program의 개발 등을 통하여 단순시공이 되어야 한다.

# 문제 17 콘크리트의 내구성 저하원인 및 방지대책

## Ⅰ. 개 요

### 1) 의 의

① 콘크리트 구조물의 성능 저하 및 외력에 대해 저항하며, 요구되는 기능적·역학적 성능을 보유하는 능력이 구조물의 내구성이다.

② 콘크리트의 내구성을 저하시키는 주요 요인으로는 염해, 탄산화, 알칼리 골재반응, 동결융해 등과 시공 시 품질관리 부족이 주요인이 된다.

### 2) 내구성에 영향을 주는 요인

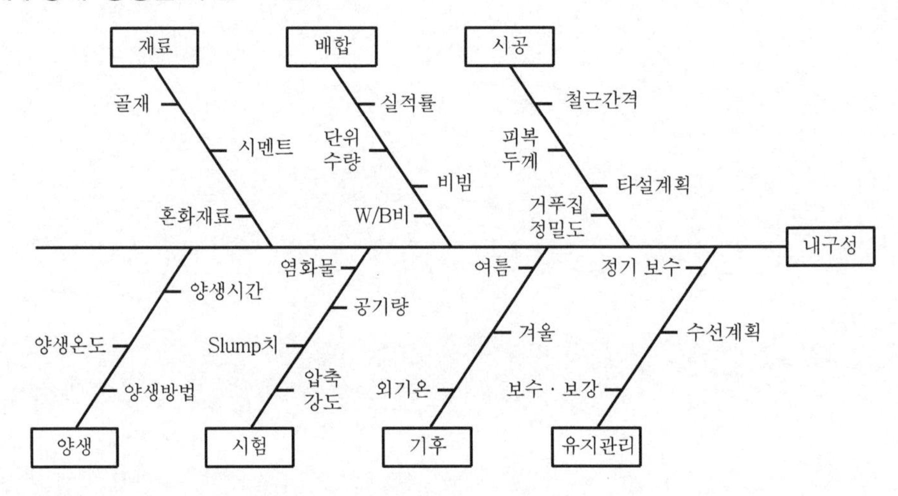


## Ⅱ. 콘크리트 구조물의 내구성

물결합재비가 낮을수록 콘크리트의 내구성 증가

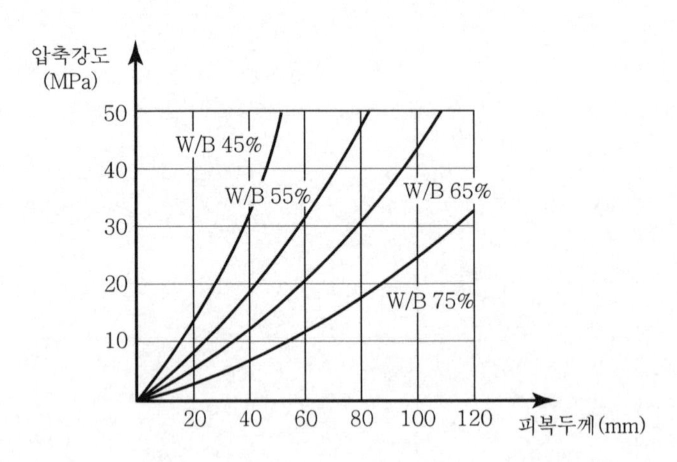

# Ⅲ. 내구성 저하 원인

## 1) 염 해

〈철근콘크리트 구조물의 염분 함유량 기준〉

| 구분 | 염화물 이온($Cl^-$) |
|---|---|
| 모래 | 건조중량의 0.02% 이하 |
| 콘크리트 | $0.3kg/m^3$ 이하 |
| 배합수 | $0.04kg/m^3$ 이하 |

콘크리트 속의 염화물이 철근을 부식시켜 구조체에 내구성을 저하시키는 현상

## 2) 탄산화

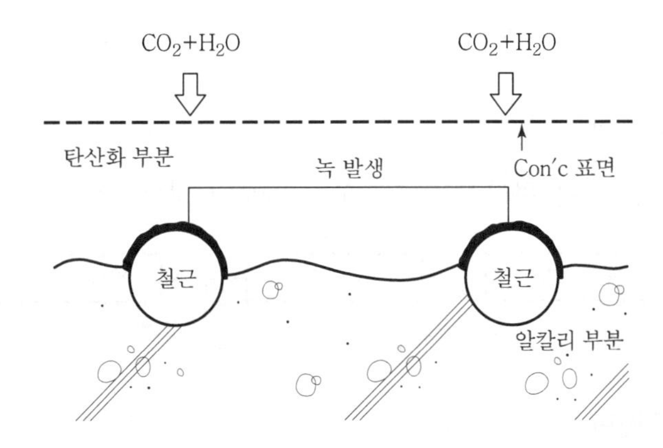


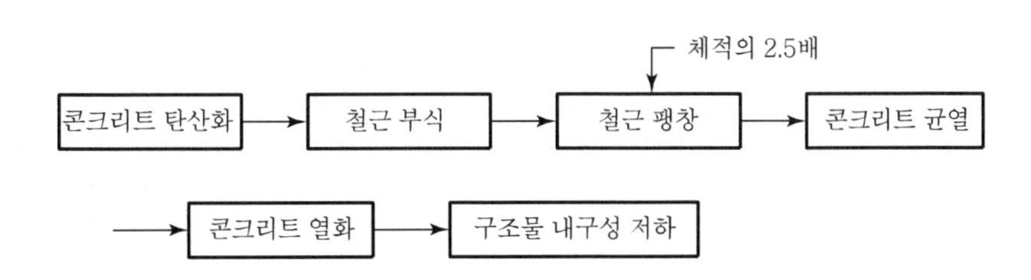

### 3) 알칼리골재 반응(AAR : Alkali Aggregate Reaction)

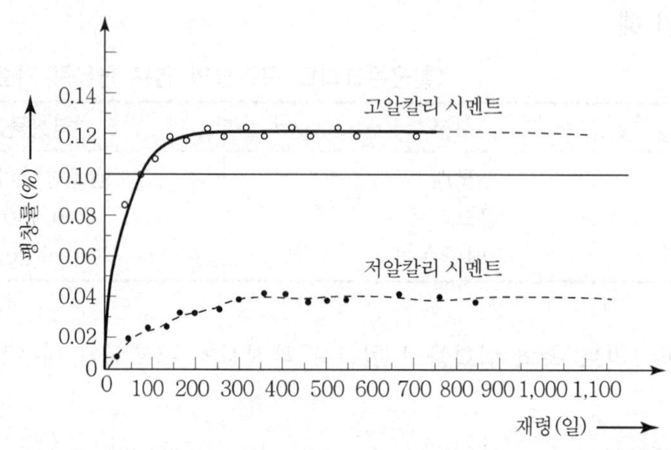


콘크리트 중의 수산화알칼리와 골재 중의 silica, 황산염 등의 사이에서 일어나는 화학반응에 의해 구조물에 균열 등 피해 발생

### 4) 동결융해

동해를 입은 콘크리트는 강도가 나오지 않으므로 구조체의 역할이 불가능

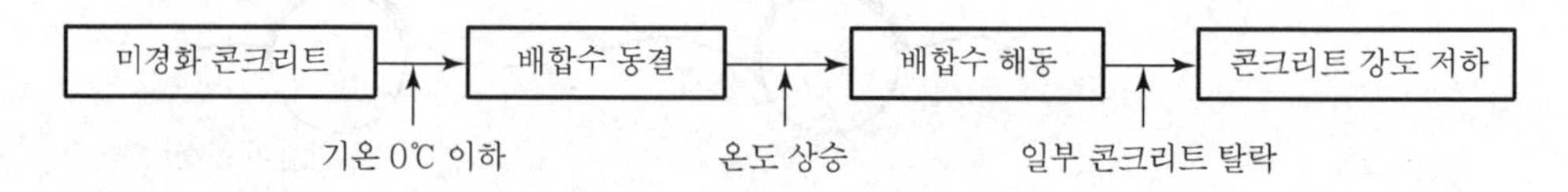


### 5) 온도변화

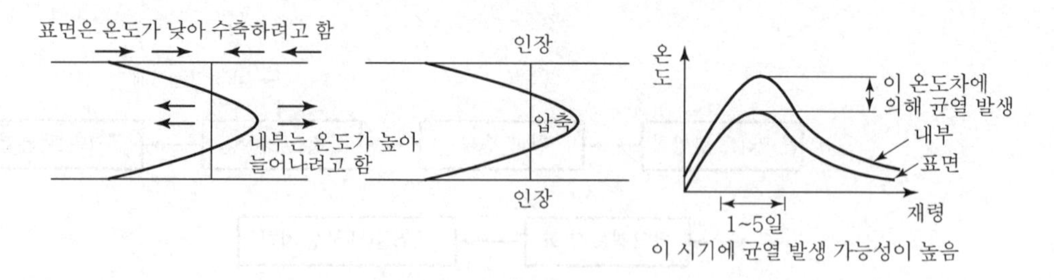


〈콘크리트 단면내 온도분포〉 〈콘크리트 단면내 응력분포〉 〈균열 발생 시기〉

콘크리트 표면에 인장응력의 발생으로 균열발생 및 구조체 강도 저하

### 6) 건조수축

| 분류 | 현상 |
|---|---|
| 경화수축<br>건조수축<br>탄산화수축 | 수분공급이 없을 경우 체적감소로 발생<br>수분증발에 의한 체적감소로 발생<br>Cement 수화물의 탄산화에 의해 발생 |

건조수축으로 인한 균열발생으로 구조물의 내구성 저하

## Ⅳ. 방지대책

### 1) 물결합재비 작게

$$W/B = \frac{51}{f_{28}/k + 0.31}$$

$f_{28}$ : 28일 압축강도
$k$ : 시멘트 강도

### 2) 우수한 골재 사용

① 골재는 쇄석보다 강자갈이 강도 및 내구성에 유리
② 골재에 함유된 유기불순물 제거

### 3) Slump치 유지

| 구분 | 철근콘크리트 | 무근콘크리트 |
|---|---|---|
| 일반적인 경우 | 80~150mm | 60~120mm |
| 단면이 큰 경우 | 50~150mm | 50~100mm |

### 4) 운반시간 준수

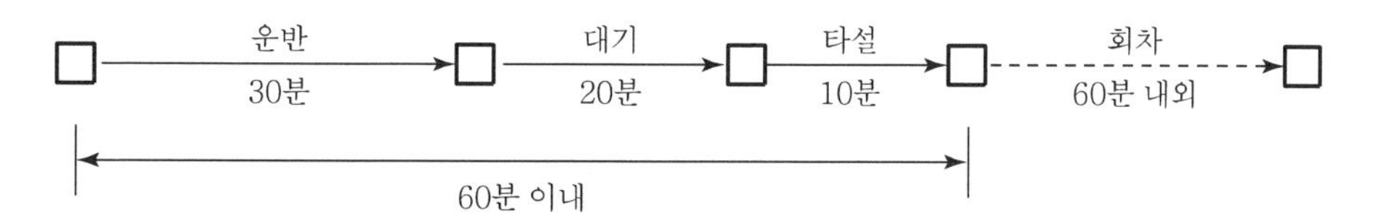


운반에서 타설까지 60분 이내가 되도록 레미콘공장 선정

### 5) 다짐 철저

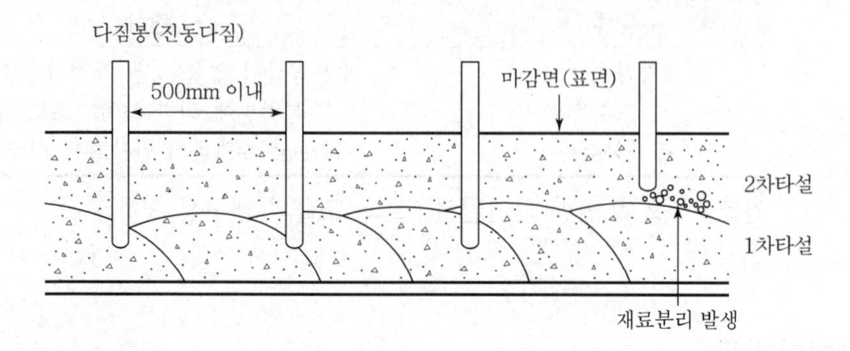


① 타설 표면에 cement paste 및 기포가 나올 때까지 다짐
② 다짐봉이 먼저 타설된 콘크리트에 100mm 이상 관입
③ 다짐봉의 간격은 500mm 이내

### 6) 피복두께 유지

<table>
<tr><th colspan="3">부위 및 철근 크기</th><th>최소피복두께<br>(mm)</th></tr>
<tr><td colspan="3">수중에서 치는 콘크리트</td><td>100</td></tr>
<tr><td colspan="3">흙에 접하여 콘크리트를 친 후 영구히 흙에 묻혀 있는 콘크리트</td><td>75</td></tr>
<tr><td rowspan="2">흙에 접하거나 옥외 공기에 직접 노출되는 콘크리트</td><td colspan="2">D19 이상 철근</td><td>50</td></tr>
<tr><td colspan="2">D16 이하 철근, 지름 16mm 이하 철선</td><td>40</td></tr>
<tr><td rowspan="3">옥외의 공기나 흙에 직접 접하지 않는 콘크리트</td><td rowspan="2">슬래브, 벽체, 장선</td><td>D35 초과 철근</td><td>40</td></tr>
<tr><td>D35 이하 철근</td><td>20</td></tr>
<tr><td colspan="2">보, 기둥</td><td>40</td></tr>
</table>

* 피복두께의 시공 허용오차는 유효깊이 200mm 이하 시에는 10mm 이내로, 유효깊이 200mm 초과 시에는 13mm 이내로 한다.

### 7) 양 생

| 일평균 기온 | 보통포틀랜드 시멘트 | 고로슬래그 시멘트 Fly ash 시멘트 B종 | 조강포틀랜드 시멘트 |
|---|---|---|---|
| 15℃ 이상 | 5일 | 7일 | 3일 |
| 10℃ 이상 | 7일 | 9일 | 4일 |
| 5℃ 이상 | 9일 | 12일 | 5일 |

## Ⅴ. 내구성을 고려한 콘크리트 구조물 유지관리 방안

### 1) 초기점검

① 구조물이 적절하게 시공 혹은 보수, 보강이 되었는지의 여부

② 구조물의 유지관리를 시작할 때 기본이 되는 데이터를 수집

### 2) 일상, 정기점검

정기적으로 실시하고 유지관리자가 적절한 점검 매뉴얼 작성

### 3) 상세점검

① 열화기구 추정과 열화의 상태, 성능저하 평가 및 판정이 곤란한 경우

② 열화에 의한 성능저하가 현저한 경우 보수, 보강을 목적

## Ⅵ. 결 론

① 콘크리트의 내구성을 향상시키기 위해서는 재료, 배합, 시공 및 양생에 걸쳐 철저한 품질관리가 필요하며 특히 물결합재비 저하와 피복두께 유지에 각별한 노력을 해야 한다.

② 건축물의 완성 후 정기적인 점검 및 성능저하의 진행상황을 정확히 진단하고 조기에 적절한 보수 및 보강을 실시하여 성능을 향상시켜 구조물의 내구연한을 연장시키는 것이 중요하다.

# 문제 18 콘크리트 탄산화 Mechanism 및 방지대책

## Ⅰ. 개 요

① Concrete의 화학적 작용으로 인하여 공기 중의 탄산가스가 Concrete의 수산화칼슘과 반응하여 강알칼리성의 Concrete가 약알칼리화되는 현상을 탄산화라 하며, 예전에는 중성화라고도 했다.

② 탄산화를 방지하기 위해서는 양질의 재료와 적당한 강도가 확보되는 배합설계를 통하여, 철저한 시공관리를 하는 것이 필요하다.

## Ⅱ. 탄산화 진행속도

### (1) 추정식

#### 1) 물결합재비(W/B)에 따른 추정식

$$x = \frac{1}{b}(W/B - a)\sqrt{t}$$

$x$ : 탄산화 깊이(mm)
$t$ : 경과연수(년)
$W/B$ : 물결합재비
$a, b$ : 정수
보통 Portland Cement를 사용하여 W/B비가 55~75%인 경우 $a$ : 38.4, $b$ : 12.0

#### 2) 국토교통부 제시 추정식

$$C = \sqrt{A} \times t$$

$C$ : 탄산화 깊이(mm)
$A$ : 탄산화 계수(0.37)
$t$ : 경과연수(년)

#### 3) 물결합재비에 따른 탄산화 진행속도

[시험조건] 온도 : 20℃, 습도 : 60%, $CO_2$ 농도 : 5%

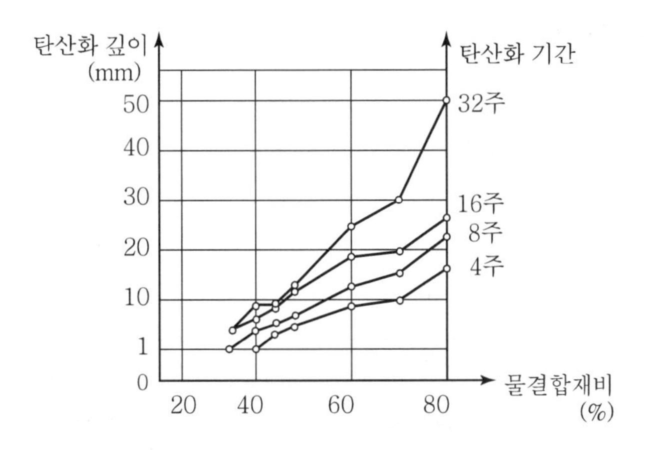


## (2) 탄산화 진행속도에 영향을 주는 요인

### 1) 물결합재비

물결합재비가 높을수록 탄산화 속도가 빨라짐

### 2) 시멘트의 종류

〈시멘트의 종류에 의한 탄산화 속도비〉

| 보통 Portland 시멘트 | 조강 Portland 시멘트 | 고로 Cement | | | Fly Ash 시멘트 B종 | Silica 시멘트 B종 |
|---|---|---|---|---|---|---|
| | | A종 | B종 | C종 | | |
| 1 | 0.79 | 1.29 | 1.41 | 1.82 | 1.82 | 1.82 |

### 3) 기타 요인

| 요인 | 탄산화 진행속도 |
|---|---|
| 탄산가스 농도 | 농도가 짙을수록 빠름 |
| 습도 | 습도가 낮을수록 빠름 |
| 골재 | 공극이 크고 투수성이 클수록 빠름 |
| 온도 | 온도가 높을수록 빠름 |

## Ⅲ. 탄산화 Mechanism

### 1) 원리

공기 중의 탄산가스의 작용으로 인하여 콘크리트 중의 수산화칼슘이 서서히 탄산칼슘으로 되어 콘크리트가 알칼리성을 상실하는 것

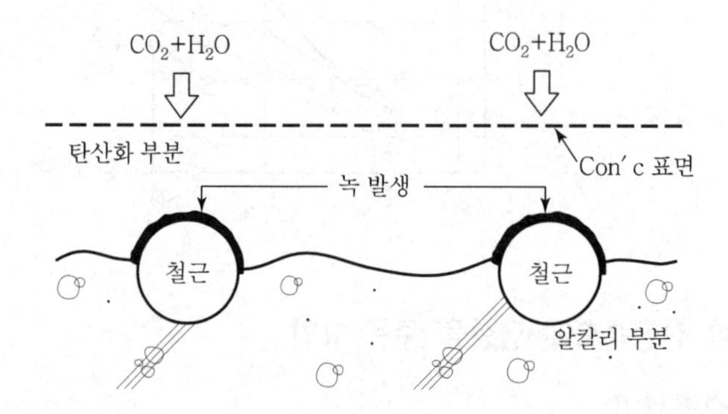


### 2) $Ca(OH)_2+CO_2 \rightarrow CaCO_3+H_2O$

$Ca(OH)_2$+산=탄산화

### 3) Concrete 탄산화

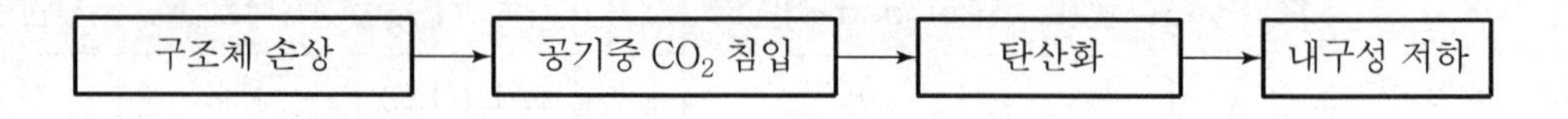


### 4) 탄산화 시험방법

① Concrete 표면 피복을 깎아 청소
② 페놀프탈레인 1%에 에탄올 용액을 섞어 분사 살포
③ pH 8.2~10인 알칼리 부분 : 홍색 $> 8.2$
④ 탄산화 부분 : 무색 $< 8.2$

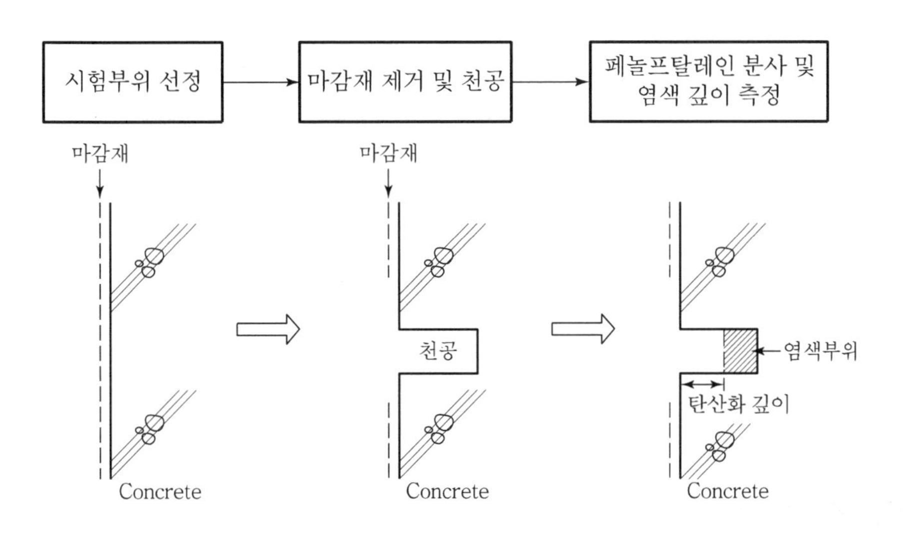


## Ⅳ. 탄산화의 원인

| 원인 | 내용 |
|---|---|
| 탄산가스의 농도 | 탄산가스의 농도가 짙을수록 탄산화 속도 증가 |
| 중용열 Portland Cement | 중용열 Cement는 건조하면 기공률이 커 탄산화 속도 증가 |
| 물결합재비 | • Cement Paste가 밀실하지 못하면 탄산화 속도 증가<br>• 물결합재비가 높아지면 탄산화 속도 증가 |
| 습도 | 습도가 낮을수록 탄산화 증가 |
| 경량골재 | 골재 자체의 공극이 크고 투수성이 커 탄산화 속도 증가 |
| 온도 | 온도가 높을수록 탄산화 속도 증가 |
| 혼합시멘트 | 수화에 의해 발생하는 수산화 칼슘의 양이 적고 Silica 또는 Fly Ash 등의 가용성 규산염이 Pozzolan 반응으로 결합하기 때문에 탄산화 속도 증가 |
| 산성비 | 산성비의 pH가 산성에 가까울수록 탄산화 속도 증가 |
| 재령 | 단기 재령일수록 탄산화 속도 증가 |

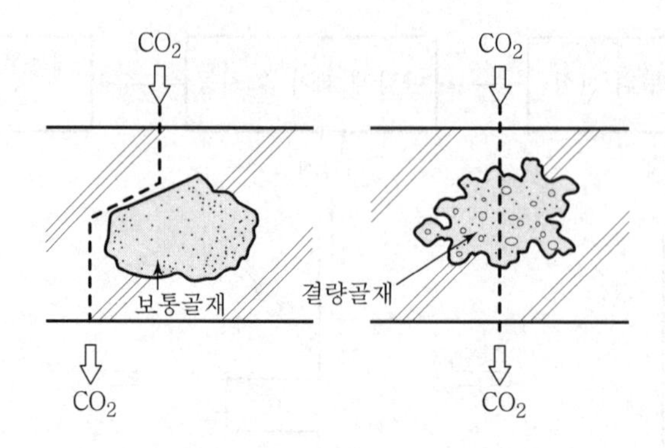


## V. 방지대책

### 1) 혼화제 사용

AE제, AE 감수제 등의 혼화제 사용으로 탄산화 저항성 증대

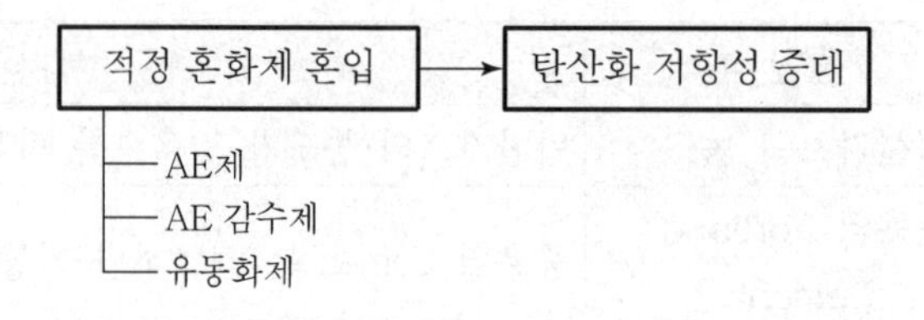


### 2) 타일 및 돌붙임 마감

타일 및 돌붙임의 양호한 마감으로 탄산화 억제

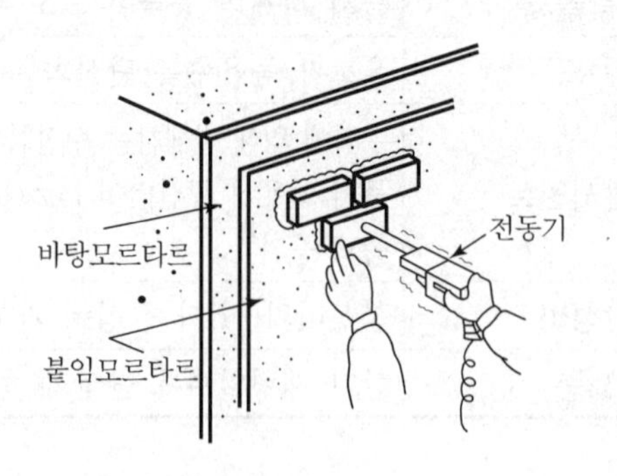


### 3) 피복두께 및 부재단면 증대

단면 증대를 통한 탄산화를 억제

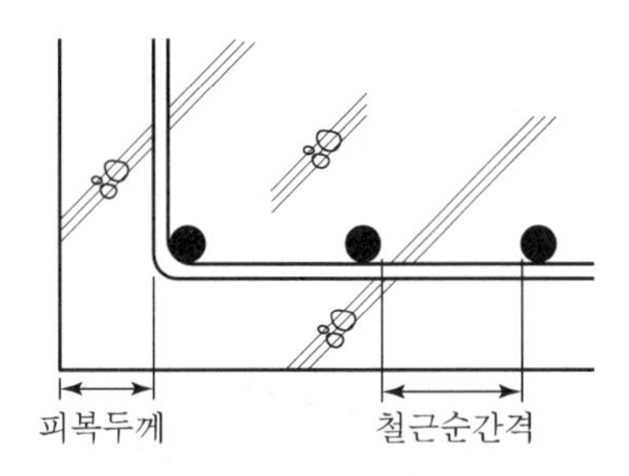


### 4) 콘크리트 면의 밀실화

외부면의 밀실화로 외부의 $CO_2$ 유입 방지

### 5) Paint 마감

콘크리트 외부 코팅효과로 우수 및 $CO_2$ 차단

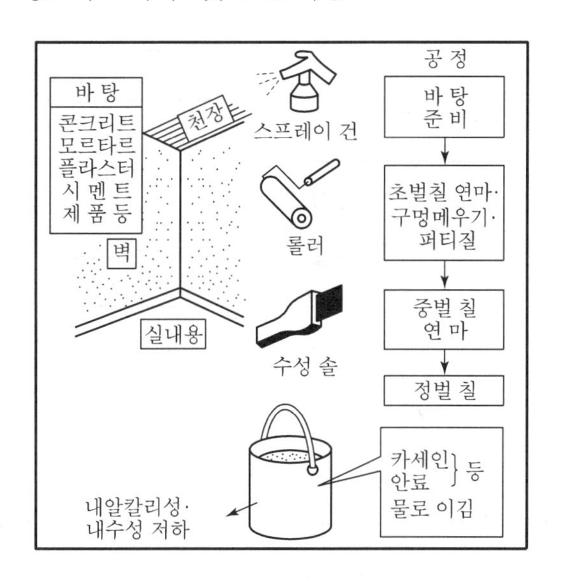


### 6) 기공률 저감

### 7) Bleeding 방지

Bleeding 현상 억제대책 마련

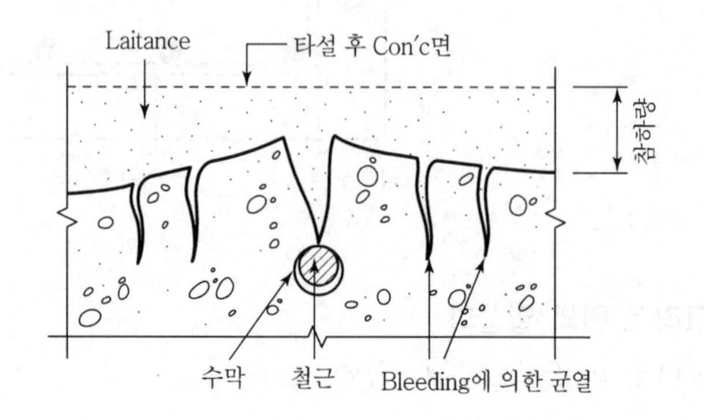


### 8) 시공관리 철저

시공 전 과정의 품질관리 철저

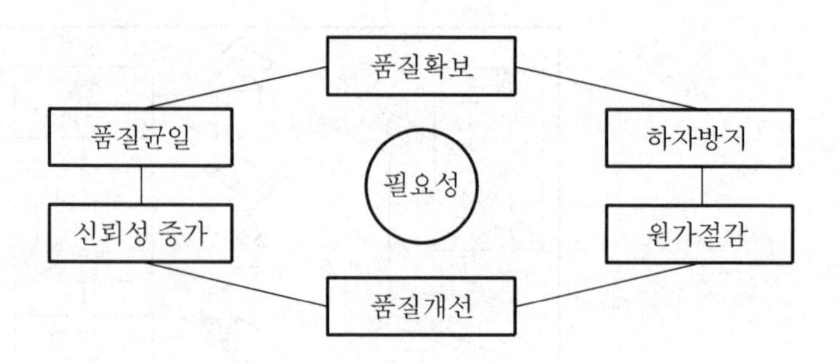


## Ⅵ. 결 론

탄산화를 방지하기 위해서는 고품질 Concrete 생산에 대한 기술투자 확대 및 고성능 혼화제의 개발과 양질의 재료를 선정하는 것이 중요하다.

# 문제 19 소성수축균열과 건조수축균열의 원인과 대책

## Ⅰ. 개 요

### 1) 정의

① 소성수축이란 미경화 콘크리트가 건조한 바람이나 고온저습한 외기에 노출되었을 경우, 급격한 증발 건조에 의해 콘크리트의 체적이 감소하는 현상이다.

② 건조수축균열이란 콘크리트 경화 후 콘크리트 속의 잉여수가 증발하면서 콘크리트의 체적이 감소하는 현상이다.

### 2) 발생시기

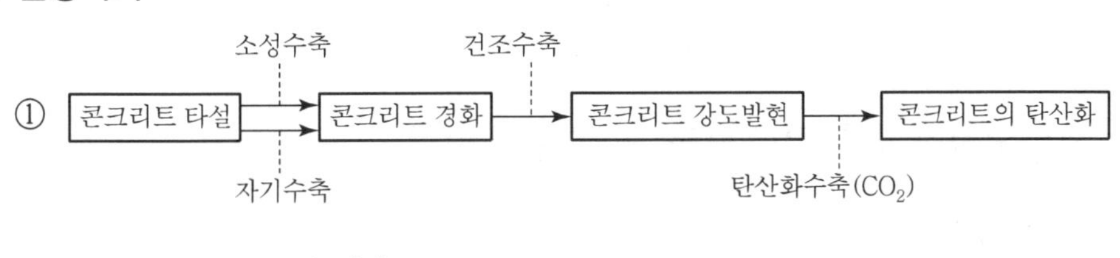


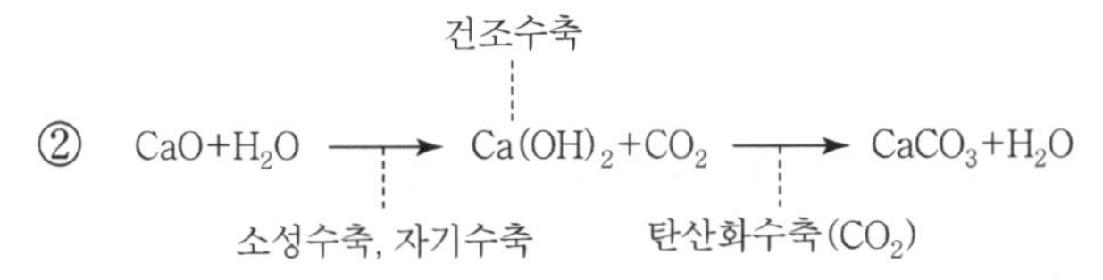


## Ⅱ. Mechanism

### 1) 소성수축균열 Mechanism

Bleeding 속도보다 수분증발속도가 빠를 경우 소성수축균열 발생

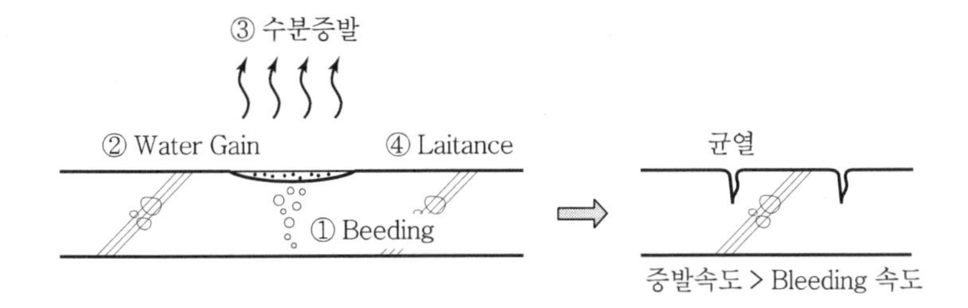


### 2) 건조수축균열 Mechanism

콘크리트 경화 후 콘크리트 속의 잉여수가 증발하면서 건조수축균열 발생

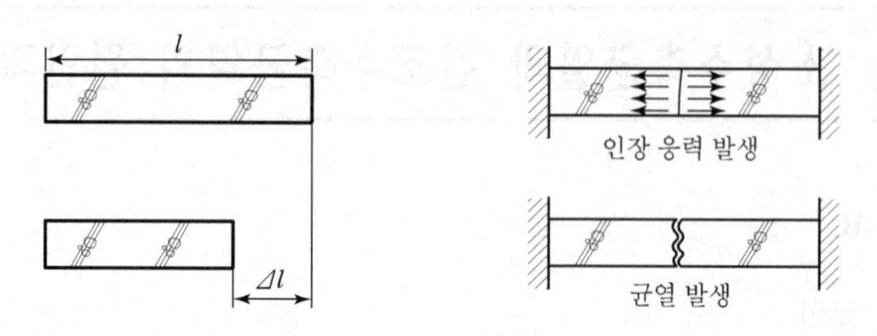


〈구속이 없는 경우 건조수축〉 〈구속이 있는 경우 건조수축〉

콘크리트 경화 후 콘크리트 속의 잉여 수가 증발하면서 건조수축균열 발생

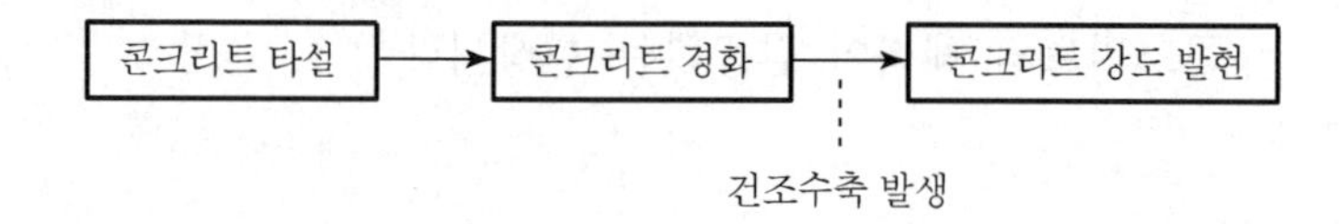


## Ⅲ. 소성수축균열과 건조수축 균열 발생원인

### 1) 시멘트

① 시멘트의 화학성분이 건조수축에 영향을 미침
② 시멘트의 분말도가 높을수록 건조수축량 증가

### 2) 골재의 형태

① 골재의 압축성은 건조수축에 가장 큰 영향을 미침
② 골재의 압축성이 양호할수록 건조수축량 감소
③ 굵은 골재의 크기가 클수록 건조수축량 감소
④ 잔골재의 사용량이 적을수록 건조수축량 감소
⑤ 골재의 비중과 흡수율에 따른 건조수축량

| 골재종류 | 비중 | 흡수율(%) | 1년간 건조수축(mm) |
|---|---|---|---|
| A | 2.47 | 5.0 | 166 |
| B | 2.75 | 1.3 | 68 |
| C | 2.67 | 0.8 | 47 |
| D | 2.74 | 0.2 | 41 |
| E | 2.66 | 0.3 | 32 |

### 3) 함수비

① 물의 양이 적을수록 건조수축량 감소

② 물의 양을 24kg/$m^3$ 감소시키면 1년 후 건조수축량 15% 감소 가능

### 4) 배합성분

① 물결합재비가 적을수록 건조수축량 감소

② 단위수량이 적을수록 건조수축량 감소

### 5) 혼화재료의 사용

① 경화촉진제, 염화칼슘제 등 사용 시 건조수축량 증가

② Pozzolan계 혼화재의 사용 시 건조수축량 및 단위수량 증가

### 6) 양생방법

① 습윤양생시 건조수축량 감소

② 양생에 영향을 주는 요소

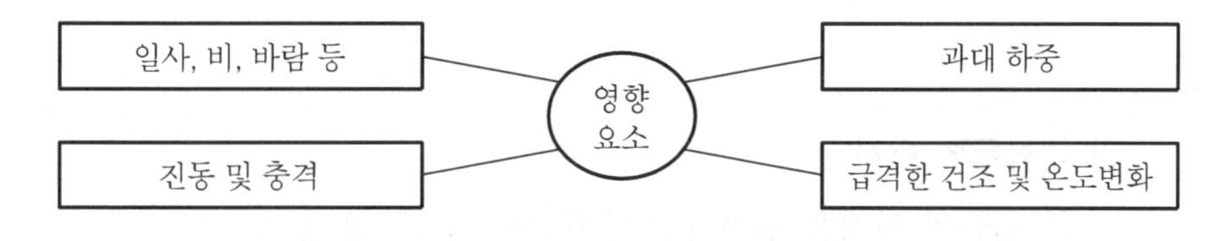


### 7) 부재의 크기

부재의 크기가 작을수록 건조수축량 증가

## Ⅳ. 방지대책

### 1) W/B 비를 적게 할 것

① 물결합재비가 적을수록 건조수축량 감소

② 단위수량이 적을수록 건조수축량 감소

③ 단위수량과 건조수축과의 관계

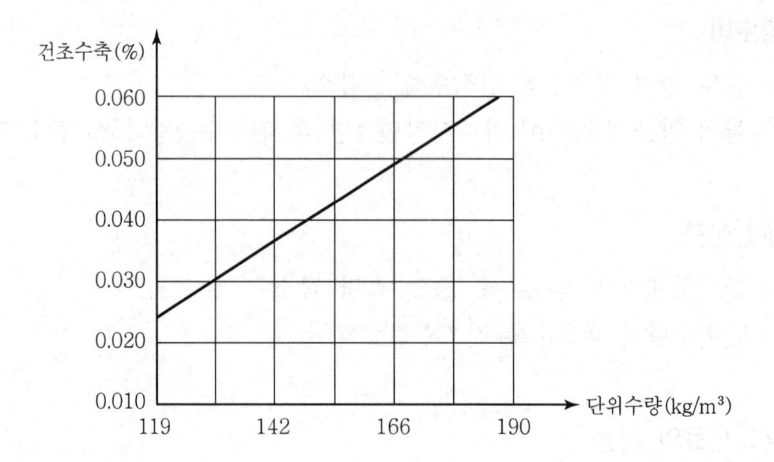


2) 팽창 시멘트 사용

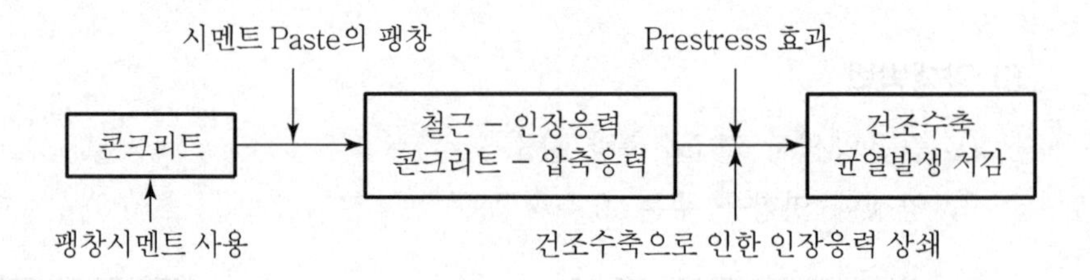


3) 피복두께 유지

① 철근의 간격을 일정하게 유지하여 피복두께 유지

② 굽은 철근 사용금지

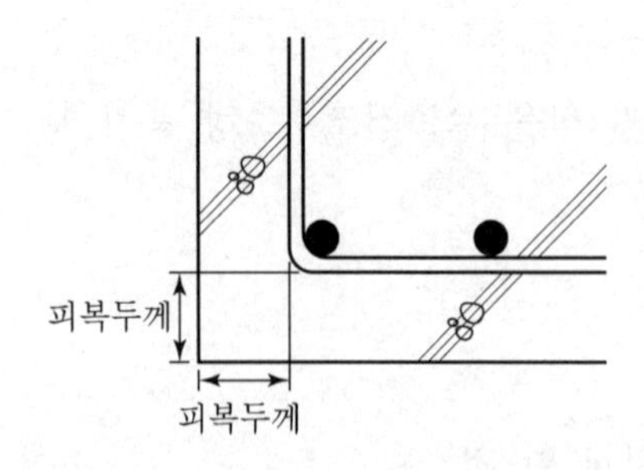


4) 입도가 양호한 골재 사용

① 굵은 골재의 크기가 클수록 유리

② 잔골재의 사용량이 적을수록 건조수축량 감소

### 5) 균열유발줄눈 설치

줄눈의 깊이는 부재 두께의 20% 이상으로 설치

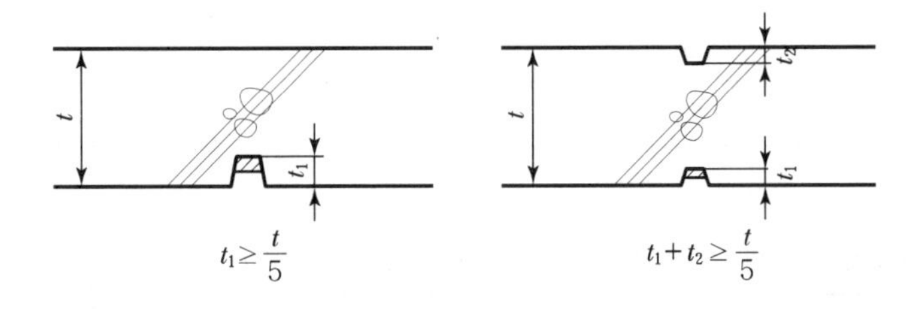


### 6) 이음부의 철근 보강

콘크리트 이음부위는 철근의 보강을 통해 건조수축 균열 저감

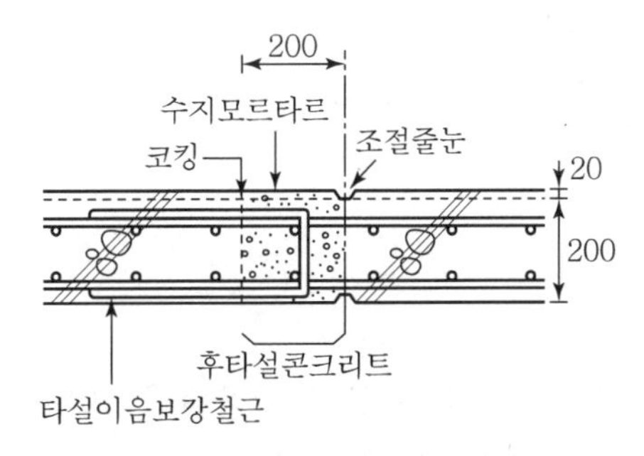


### 7) 단위수량을 적게 할 것

① 물의 양이 적을수록 건조수축 균열감소

② 물의 양을 24kg/m³ 감소시킬 경우 건조수축량 15% 감소 가능

### 8) 습윤양생 실시

① 표면의 건조가 예상되면 Sheet 등을 이용하여 덮고 살수하여 Con'c 표면 건조 억제

② 기온에 따른 시멘트 종류별 표준 습윤양생기간

| 일평균 기온 | 보통 포틀랜드 시멘트 | 고로슬래그 시멘트 Fly Ash 시멘트 B종 | 조강포틀랜드 시멘트 |
|---|---|---|---|
| 15℃ 이상 | 5일 | 7일 | 3일 |
| 10℃ 이상 | 7일 | 9일 | 4일 |
| 5℃ 이상 | 9일 | 12일 | 5일 |

③ 콘크리트 종류별 표준 습윤양생기간

| 구분 | 보통포틀랜드 시멘트 | 조강포틀랜드 시멘트 | 중용열포틀랜드 시멘트 | 기타 시멘트 |
|---|---|---|---|---|
| 무근, 철근 콘크리트 | 5일 | 3일 | – | – |
| 포장콘크리트 | 14일 | 7일 | 21일 | – |
| 댐 콘크리트 | 14일 | – | 14일 | 21일 |

## V. 결 론

소성수축균일과 건조수축 균열은 골재의 입자, 시멘트의 종류, W/B 비 등에 의해 영향을 많이 받으므로 콘크리트 배합관리가 가장 중요하다.

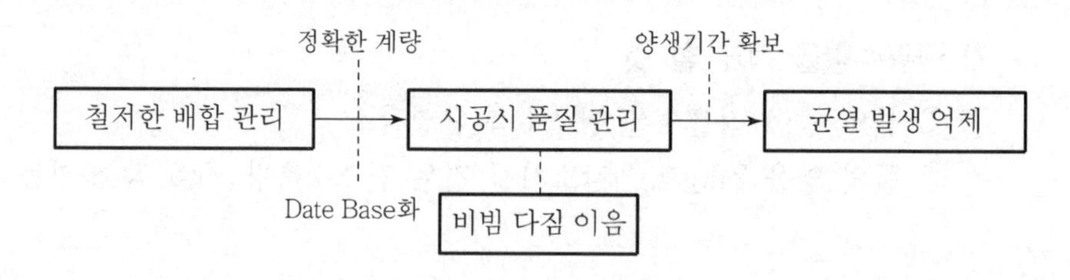

# 문제 20 공동주택 지하주차장 및 측벽의 균열발생 원인 및 방지대책

## Ⅰ. 개 요

### 1) 의 의

① 철근콘크리트 구조물의 균열 발생은 구조적 내력 저하뿐 아니라 외관상 심리적 불안요소를 가져오므로 균열 발생을 최소화하여야 하며, 균열발생 즉시 적절한 보수 및 보강이 필요하다.

② 지하주차장과 측벽 균열의 원인은 토압에 의한 내력 부족과 시공 및 양생시 품질관리 부족으로 대변할 수 있다.

### 2) 균열의 영향

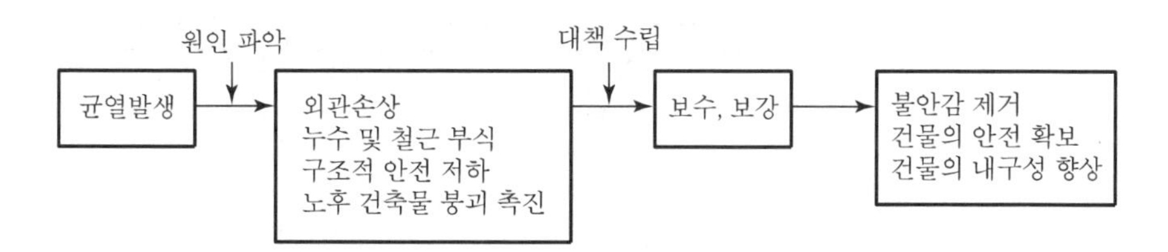


## Ⅱ. 균열의 원인과 대책 및 보수

| 일반적 원인 | 균열유형별 원인 | 시공상 원인 | 대책 | 보수·보강 |
|---|---|---|---|---|
| 재료 | 침하균열 | 혼화제의 미분산 | 설계 | 표면처리 |
| 시공 | 건조수축균열 | 장시간 비빔 | 재료 | 주입공법 |
| 하중 | 온도균열 | 가수, 급속타설 | 배합 | 충진공법 |
| 환경 | 소성수축균열 | 피복두께 미확보 | 시공 | 강재보강 |
| 사용 | AAR, 동결융해 | 거푸집 조기 제거 | 양생 | 탄소섬유시트보강 |

# Ⅲ. 지하주차장 균열 원인

1) Slab 건조수축균열

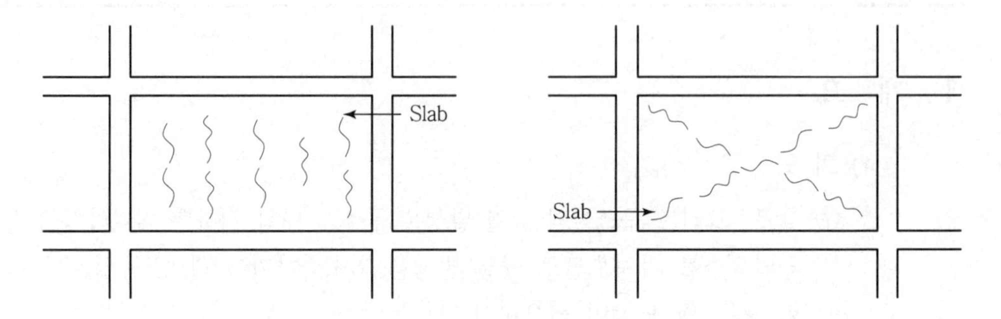


① 콘크리트의 경화 및 건조수축에 의한 균열

② 주위의 구속 상태에 따라 여러 형태의 균열 발생

2) 보 및 벽체 침하균열

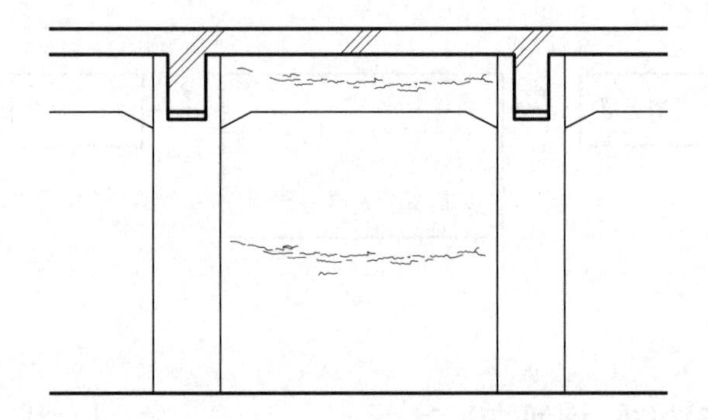

① 급속한 타설에 의해 균열 발생

② 상부 slab에는 곰보 발생 가능성이 높음

3) Cold joint

거푸집의 이동 방향으로 평행하게 부분적으로 발생

### 4) 동바리 조기 해체

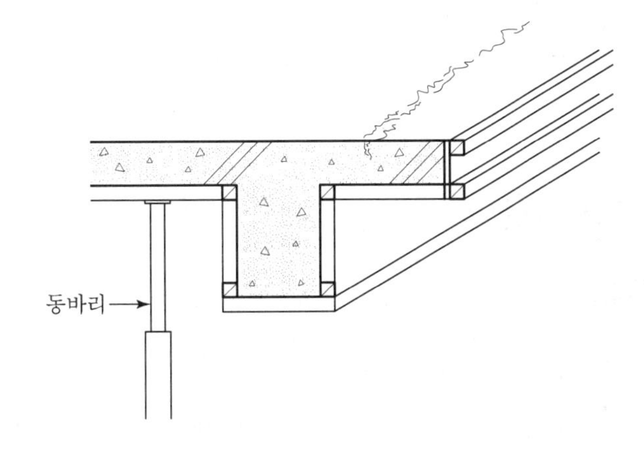


① 거푸집 및 동바리의 조기 해체 시 발생

② 외력에 의해 발생하는 균열과 동일하게 발생

### 5) 보의 휨 균열

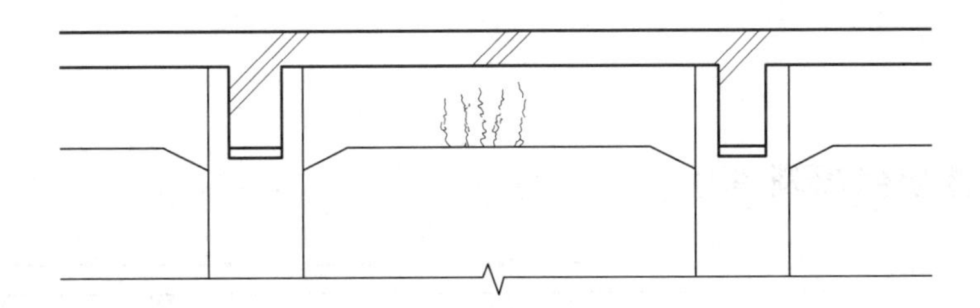

주근의 철근량 부족 또는 단면 부족으로 발생

### 6) 보의 전단 균열

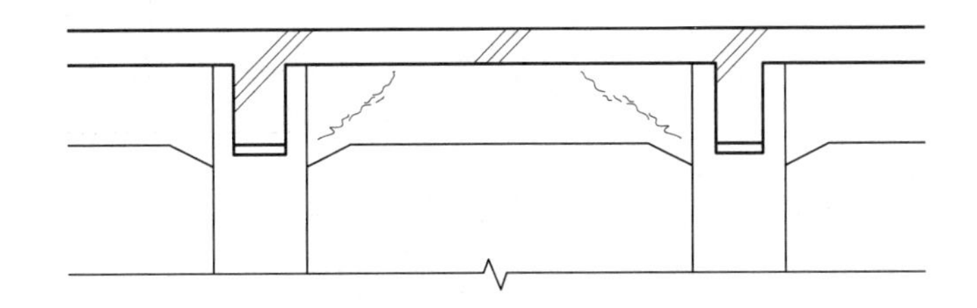

스터럽근의 부족 또는 단면 부족으로 발생

7) 기둥의 전단균열

① 전단하중으로 인해 발생

② 기둥, 벽 또는 보의 45°방향으로 균열 발생

## Ⅳ. 측벽의 균열 원인

1) 다짐불량

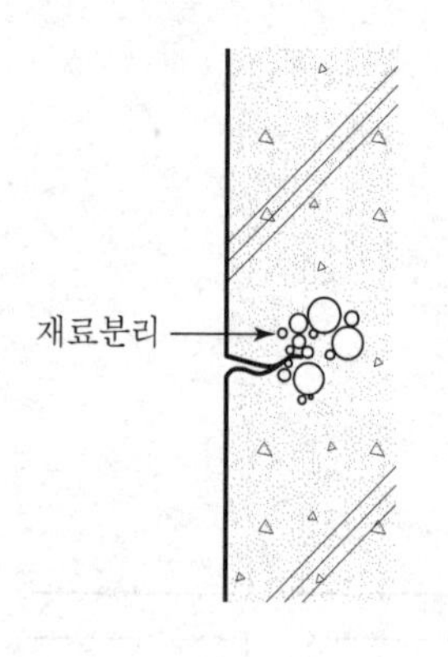


① 벽체의 다짐 불량으로 재료분리에 의해 균열 발생

② 콘크리트 내부의 곰보 발생에 의해 균열

2) 알칼리골재 반응

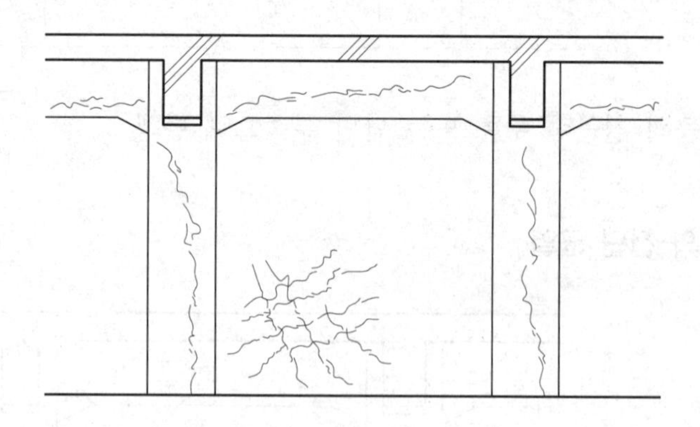

① 기둥, 보 부위는 축방향으로 균열 발생

② 벽은 마구 갈라지는형으로 균열 발생

### 3) 온도 및 습도 차이

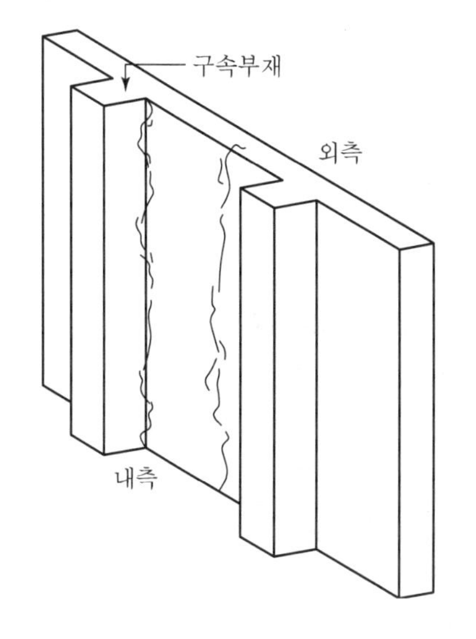


부재 내외부의 온도 및 습도 차이에 의해 내측으로부터 균열 발생

### 4) Cold joint

부적절한 이어치기에 의해 발생

### 5) 온도 및 습도의 변화

① 팔자형 균열

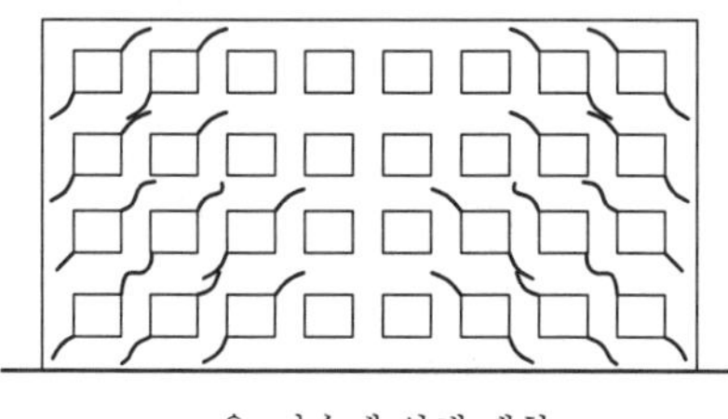

고온, 다습에 의해 팽창

② 역팔자형 균열

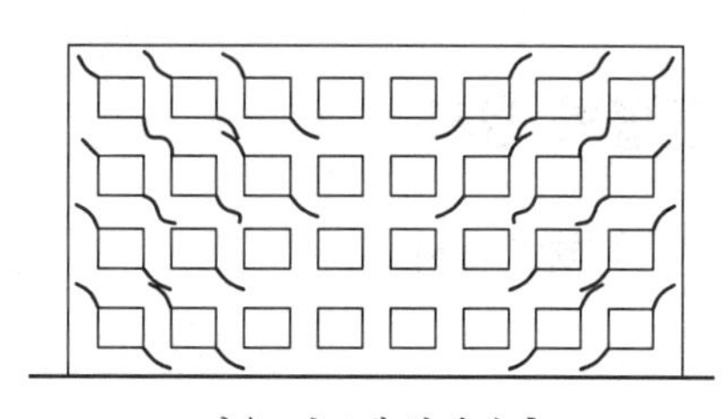

저온, 건조에 의해 수축

### 6) 토압에 의한 내력 부족

## Ⅴ. 균열방지대책

| 구분 | 균열 대책 |
|---|---|
| 설계적 측면 | ① 최소 철근량 배치 및 응력도 감소<br>② 철근 피복두께 준수<br>③ 신축이음, 수축이음 등 고려 |
| 재료적 측면 | ① 적정 배합수의 사용<br>② 골재의 불순물 제거<br>③ 적정 입도 및 강도의 골재 사용 |
| 배합적 측면 | ① 단위 수량, 물결합재비는 적게<br>② 단위 시멘트량을 적게 하는 빈 배합 추구<br>③ 골재의 실적률은 높게 측정 |
| 시공적 측면 | ① 동바리, 거푸집의 강도 check<br>② 거푸집의 밀실 시공<br>③ 부위별 적정 타설속도 유지<br>④ 진동기의 균질한 다짐<br>⑤ 철근간격 및 spacer 간격 유지<br>⑥ 피복두께 유지 |
| 양생적 측면 | ① 거푸집 및 동바리 존치기간 준수<br>② 24시간 이내 콘크리트에 재하중 및 충격금지<br>③ 적정 양생온도(5℃ 이상) 유지 |

## Ⅵ. 균열의 검사

### 1) 육안검사

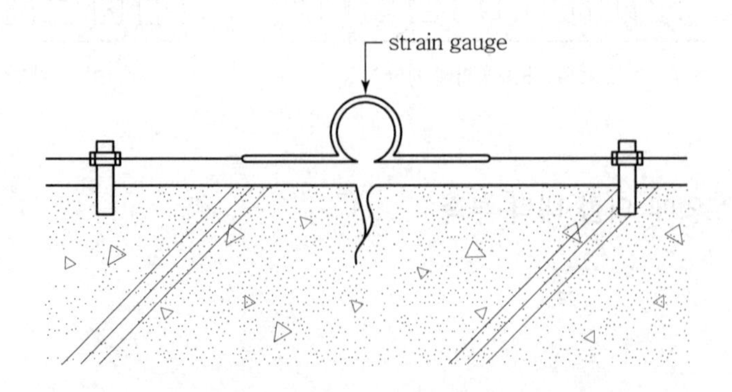


육안으로 균열 측정 후 진행상태 check

### 2) 비파괴 검사

① 초음파 검사

② X선, $\gamma$선 투과법

## Ⅶ. 결 론

콘크리트 구조물의 균열을 방지하기 위해서는 설계시부터 철근배근을 합리화하여야 하며 재료의 선정과 철저한 배합관리가 필요하며 시공 및 양생시 품질관리를 통하여 균열을 최소화하여야 한다.

# 문제 21 콘크리트 표면에 발생하는 결함의 종류 및 대책

## Ⅰ. 개 요

### 1) 의 의

① 콘크리트 표면의 결함은 곰보, 백화, 이색, 균열 및 시공관리 부족에 따른 재료분리 등이 있다.

② 콘크리트 표면에 발생하는 결함은 재료, 시공, 양생과정에서 품질관리 부족으로 발생하며 이를 방지하기 위해서는 제조과정에서 양생에 이르는 전 과정을 통해 철저한 품질계획이 필요하다.

### 2) 결함의 처리과정

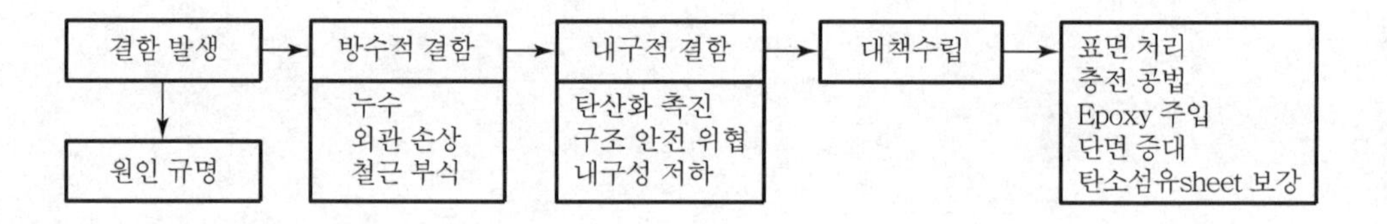


## Ⅱ. 결함의 특성요인

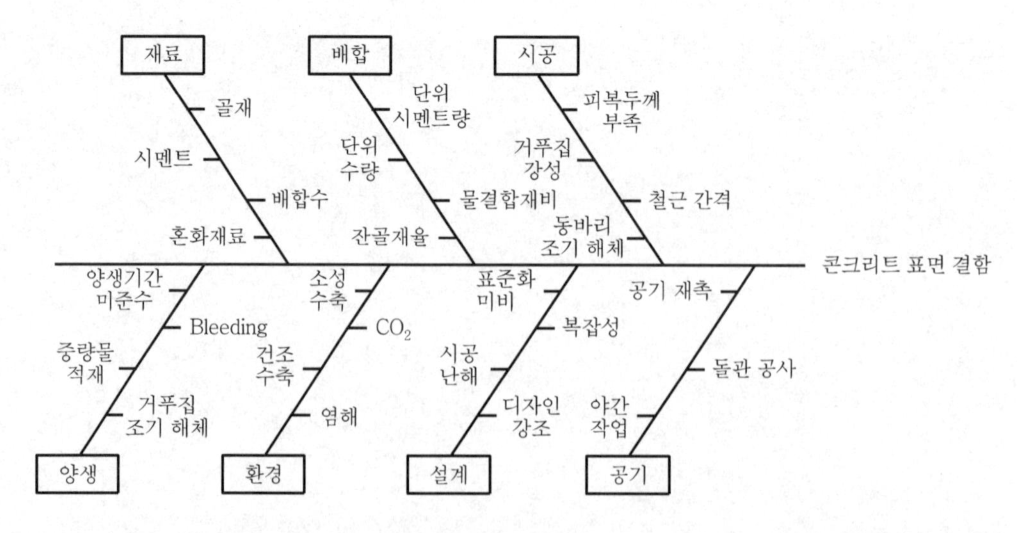


콘크리트의 표면 결함은 미관을 해칠 뿐 아니라 구조체의 내구성과도 직결되므로 콘크리트 타설 전후의 품질관리계획을 수립하여야 함

## Ⅲ. 결함의 종류 및 대책

### 1) Honey comb(곰보)

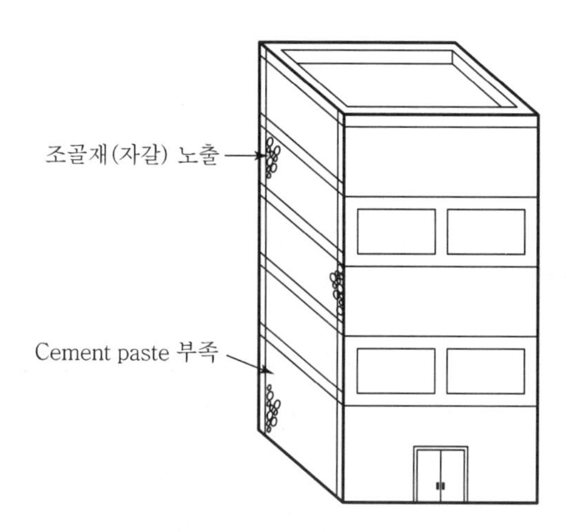


콘크리트 표면에 조골재가 노출되고 그 주위에 모르타르가 없는 상태

| 원인 | 대책 |
|---|---|
| • 다짐 부족<br>• 시공연도 불량<br>• 거푸집 사이로 mortar 누출<br>• 재료분리 발생 | • 거푸집의 밀실시공<br>• 거푸집 및 동바리 강성 유지<br>• 운반 및 타설 중 재료분리 방지<br>• 진동기 사용규정 준수<br>• 피복두께 확보 |

### 2) 백 화

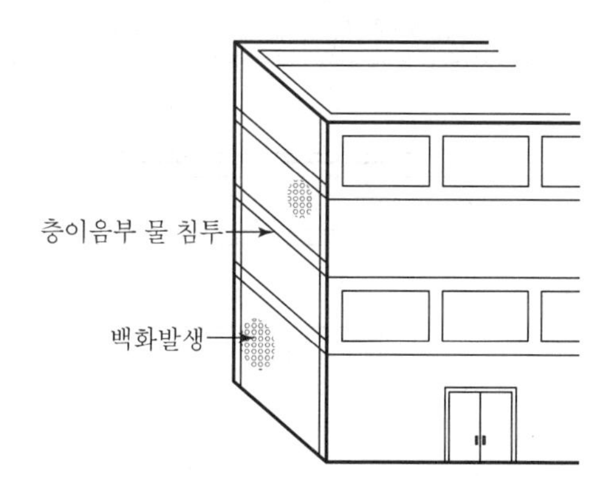


콘크리트의 노출 표면에 흰색의 가루가 발생하는 현상

| 원인 | 대책 |
|---|---|
| • 시멘트의 수산화칼슘과 공기 중의 탄산가스의 반응<br>• 층간 joint부에 물 침투<br>• 우수처리 미비 | • 방수제의 도포로 물침입 방지<br>• 유효한 마감재 시공<br>• 층간 joint부 밀실 시공<br>• 백화 발생 시 마른 솔로 제거 |

3) Dusting

① 콘크리트 표면이 먼지와 같이 부서지고 먼지의 흔적이 표면에 남아있는 현상

② 콘크리트의 껍질이 벗겨지는 현상

| 원인 | 대책 |
|---|---|
| • 거푸집 청소 불량<br>• 전용 한도 초과 거푸집 사용<br>• Silt가 함유된 골재 사용<br>• 과다한 마무리로 인한 laitance | • 거푸집 청소 및 박리제 도포<br>• 거푸집판의 교체<br>• 물로 씻은 후 골재 사용<br>• Slump치를 낮게<br>• 표면에 물기가 없을 때 마무리 실시 |

4) Air pocket(기포)

① 수직이나 경사진 콘크리트의 표면에 10mm 이하의 구멍이 발생하는 현상

② 콘크리트가 조금씩 파여 보임

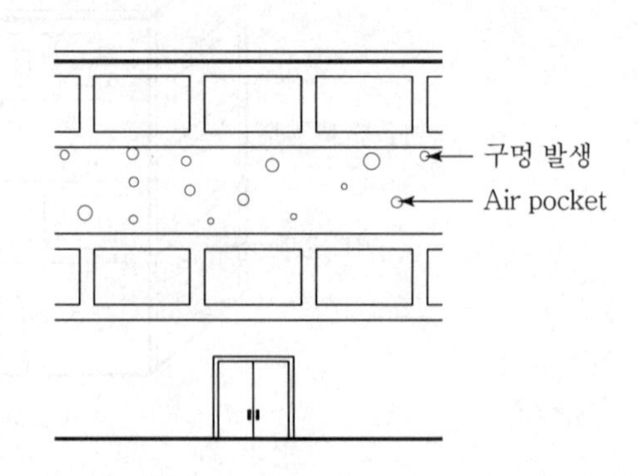

| 원인 | 대책 |
|---|---|
| • 박리제의 과다 사용<br>• 거푸집면의 진동다짐 부족 | • 진동다짐시 콘크리트 속의 기포 제거<br>• 거푸집면의 두드림으로 기포 방출<br>• 박리제의 적정 사용 |

### 5) 얼룩 및 색 차이

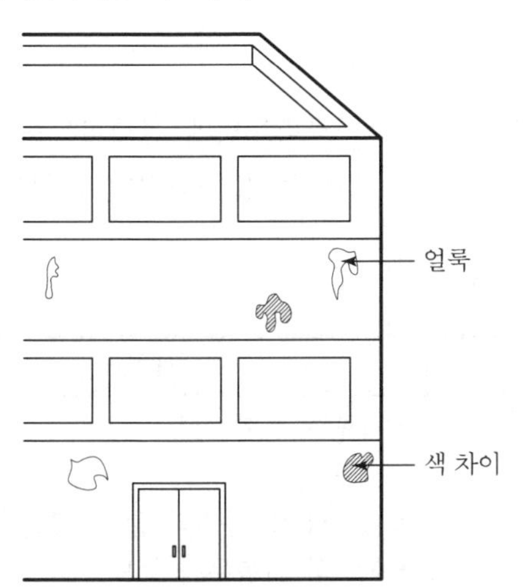


콘크리트 표면에 거푸집 조임철물 등에 의한 녹물이 흘러내리는 현상

| 원인 | 대책 |
|---|---|
| • 거푸집 해체 시 조임용 철물 방치<br>• 철근 노출<br>• 제조사가 다른 시멘트 사용 | • 철근 및 철물 제거 후 동색의 mortar 충진<br>• 같은 제조사의 시멘트 사용 |

### 6) Cold joint

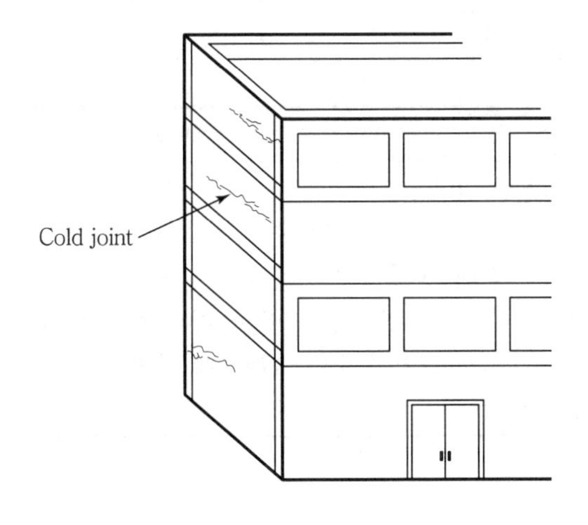


① 콘크리트 표면에 길게 불규칙한 선이 발생
② 콘크리트 간의 접착 불량

| 원인 | 대책 |
|---|---|
| • 신·구콘크리트 간의 타설시간 초과<br>• 진동기의 사용 부족<br>• 레미콘 수급 차질 | • 구콘크리트에 100mm 이상 진동다짐<br>• 레미콘 수급계획 철저<br>• 레미콘 타설계획 철저 |

### 7) 균 열

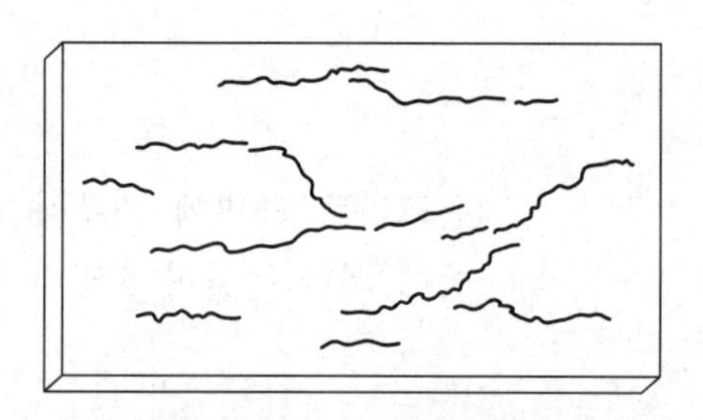

콘크리트면에 전체적으로 또는 부분적으로 불규칙적인 균열이 발생

| 원인 | 대책 |
|---|---|
| • Cement의 이상 응결 및 팽창<br>• 반응성 골재 또는 풍화암 사용<br>• 콘크리트의 건조수축<br>• 다짐 부족으로 인한 침하균열<br>• 양생 부족 | • 재료의 실험 실시<br>• 습윤 양생<br>• 거푸집 및 동바리 존치기간 확보<br>• 철근의 피복두께 확보<br>• 시공 시 철저한 다짐 실시 |

### 8) 콘크리트 블리스터(Blister)

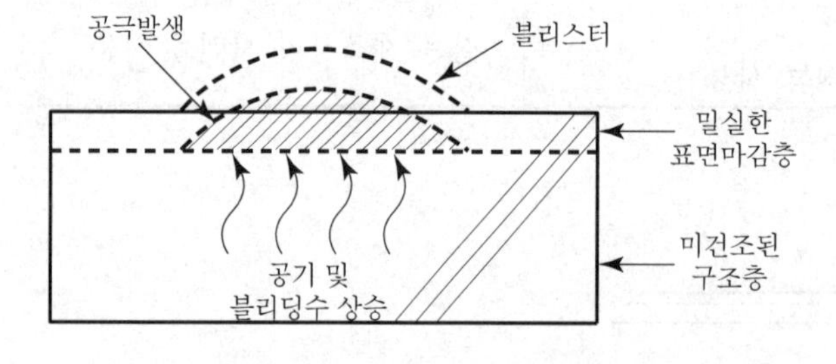


미건조된 구조층의 내부 공기 및 블리딩수가 밀실한 표면마감층에 의해 외부로 배출이 되지 않아 표면마감내 내부에 공극을 형성

| 원인 | 대책 |
|---|---|
| • 구조체의 미건조 상태에서의 밀실한 마감 실시<br>• 슬라브 두께가 두꺼워서 블리딩수의 배출이 느릴 때<br>• 블리딩수의 과도한 증발<br>• 과도하거나 불충분한 진동다짐 실시 | • 구조체의 완전 건조 후 마감작업 실시<br>• 적절한 진동다짐 실시<br>• AE제를 사용한 경우 쇠흙손 마감 금지<br>• 방습제를 슬래브에 직접 사용하지 말 것 |

## Ⅳ. 결함발생 시 대처방안

### 1) 표면 처리

① 콘크리트 표면에 도막형성으로 방수성 확보

② 부위별 처리 또는 전체 처리 실시

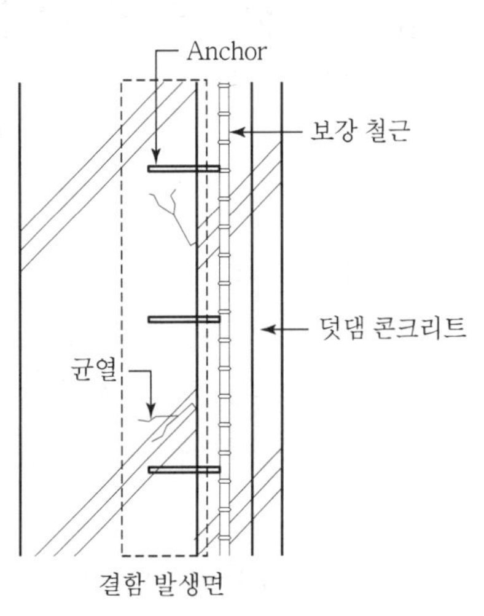


### 2) 단면 증대

① 기존콘크리트면에 철근을 보강하고 덧댐 콘크리트 타설

② 구조적인 보강 방법

③ 기존 콘크리트의 면처리로 부착성 확보

## Ⅴ. 결 론

① 콘크리트 표면의 결함은 우수 및 $CO_2$의 침입을 용이하게 하여 구조물의 내구성 저하의 원인이 되며 또한 미관을 저해시킨다.

② 이를 방지하기 위해서는 콘크리트 타설 전 거푸집의 청소 및 형상유지가 중요하며 콘크리트 타설과정에서 밀실한 콘크리트가 되기 위해 관리해야 한다.

## 문제 22 콘크리트 구조물의 구조성능 보강공법

### Ⅰ. 개 요

1) 의 의

콘크리트 구조물은 시간이 흐름에 따라 여러 가지 요인에 의해 내구성이 저하되는데 이때 적절한 보강공법을 통하여 구조물의 성능을 향상시켜서 그 사용성을 연장시킬 수 있다.

2) 구조물의 보수 및 보강

① 보수 : 구조물의 손상부위를 처음의 형상, 기능, 외관 및 성능으로 환원

② 보강 : 구조물의 강도적인 약점을 보완하기 위해 구조적 성능이 있는 재료를 사용

### Ⅱ. 허용 균열폭

| 환경 조건 | 허용 균열폭(mm) |
|---|---|
| 수중 구조물 | 0.1 이하 |
| 해수 또는 건조와 습윤이 교차되는 지역 | 0.15 이하 |
| 화학 혼화제 사용 | 0.18 이하 |
| 지중 또는 습한 외기 | 0.3 이하 |
| 건조한 외기 또는 보호층이 있는 경우 | 0.4 이하 |

### Ⅲ. 구조성능 보강공법

(1) 주입공법

## 1) 재 료

| | |
|---|---|
| 에폭시 수지계 | • 주입성, 접착성 우수<br>• 열팽창계수는 콘크리트의 2~4배<br>• 습기가 있는 곳에는 적용 곤란<br>• 가격이 고가 |
| 시멘트 슬러리 | • 초립자 시멘트계가 개발 사용중 |

## 2) 특 징

① 균열폭 0.2mm 이상의 균열 보수에 적용

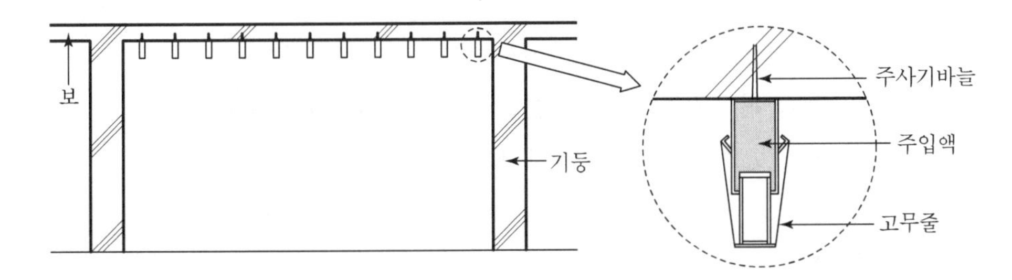


② 균열폭이나 깊이에 따라 주입압 조절 가능

## 3) 시공법

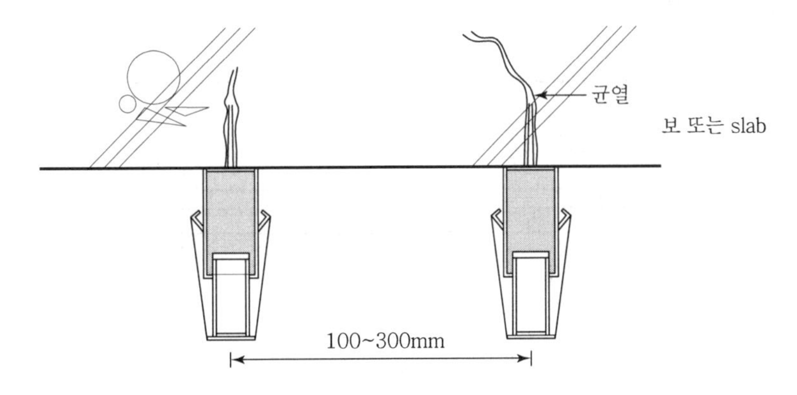


① 균열부 주위에 접착제 도포

② 주입용 주사기 설치 및 주입

③ 주입용 pipe 간격은 균열폭이나 깊이에 따라 100~300mm 정도

## (2) 단면증대공법

### 1) 재 료

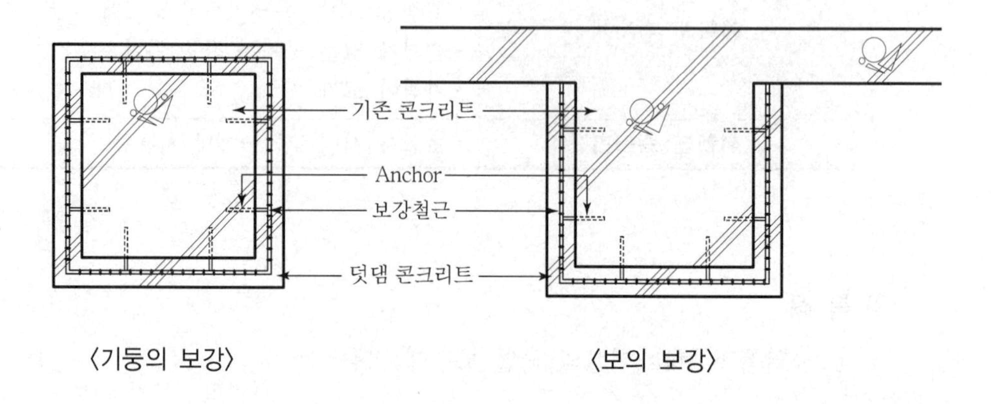


〈기둥의 보강〉 〈보의 보강〉

① Anchor의 재료는 D13 이상 사용
② 덧댐 콘크리트는 기존 콘크리트의 강도 이상 사용
③ 보강철근은 사용장소에 따라 배근

### 2) 특 징

① 기존 콘크리트면에 철근콘크리트를 타설하여 단면 증대
② 고정하중의 증가

### 3) 시공법

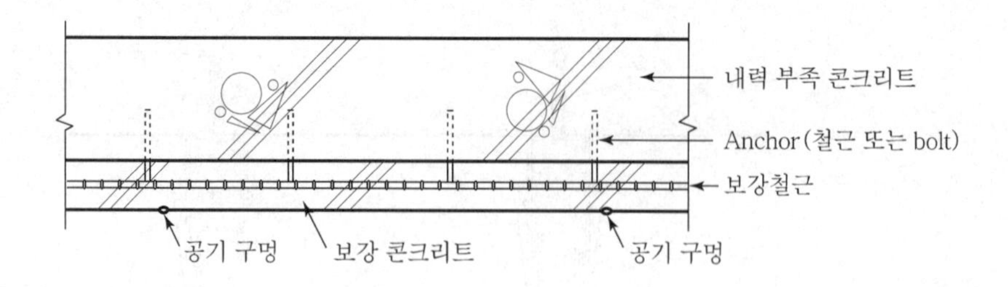


① 기존 콘크리트의 면처리 철저
② 보강 anchor의 간격은 @300 정도
③ 보강 콘크리트의 밀실 타설을 위해 공기구멍 시공

## (3) 강재보강공법

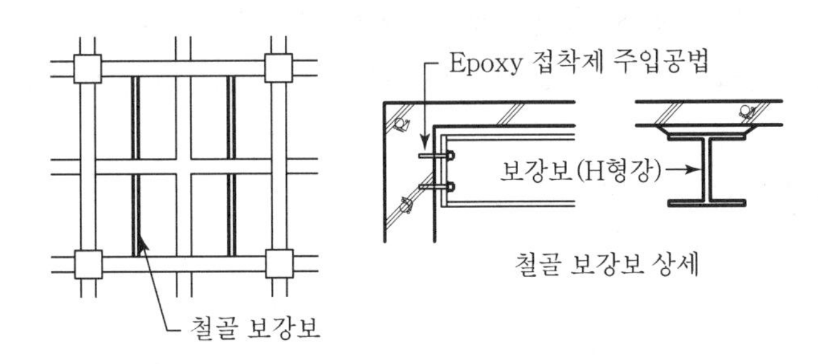


### 1) 재 료

① 보강보 설치시는 H－beam 사용
② 강판 부착시에는 8～12mm의 강판 사용
③ 고정용 anchor와 용접 시공

### 2) 특 징

① 보나 기둥의 내력 증대를 위해 시공
② 시공이 간편하고 효과가 좋음
③ 강판과 콘크리트 사이에 epoxy 접착제를 주입하여 grouting 철저

### 3) 시공법(강판부착공법)

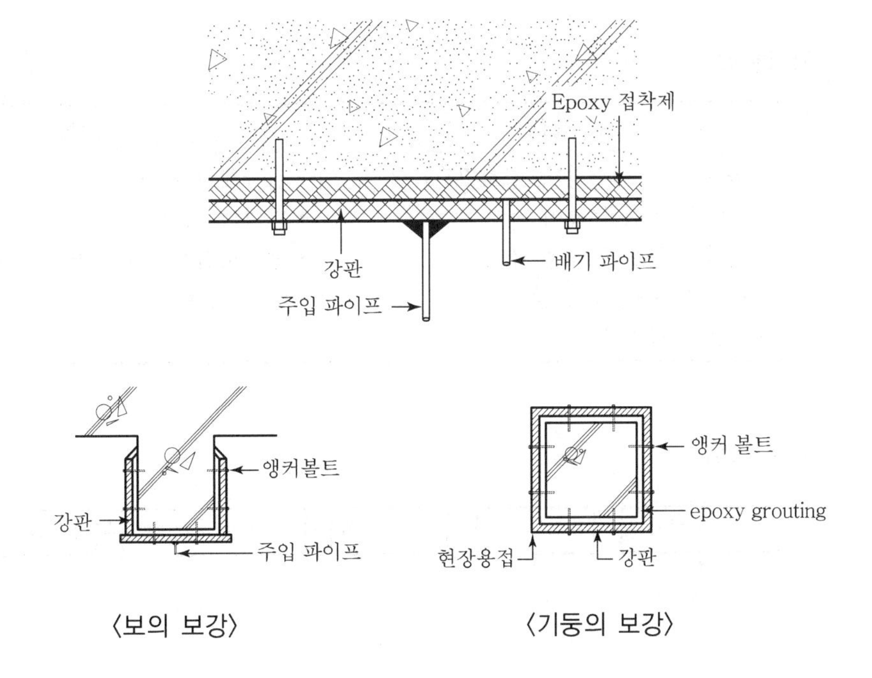


〈보의 보강〉 〈기둥의 보강〉

① 기존 콘크리트의 평활도 유지(면처리)
② 강판 부착 후 주입 pipe를 통해 주입압이 새지 않도록 정밀시공
③ 강판과 기존 콘크리트 사이에 밀실 grout를 위해 배기 pipe 설치

### (4) 탄소섬유 sheet공법

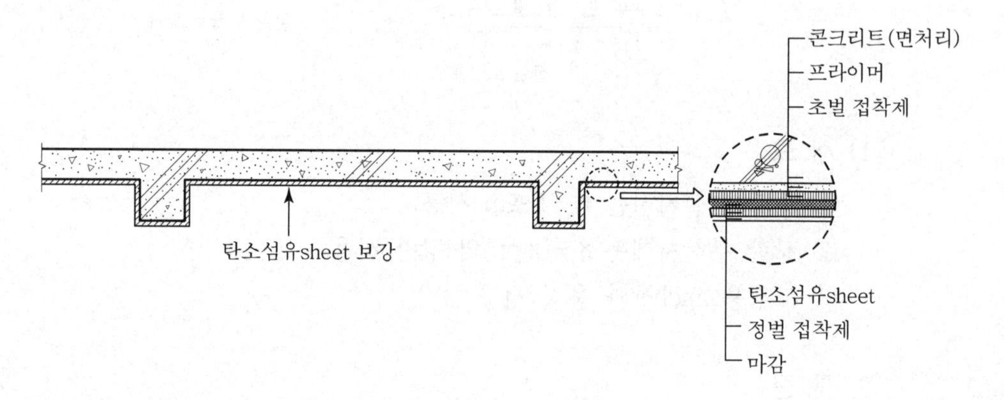


#### 1) 재 료

① 재료의 비중은 1.6~2.1 정도(강재의 1/4~1/5)
② 비강도가 높음
③ 인장 탄성계수는 강재 이상
④ 압축강도는 콘크리트의 5~8배 정도

#### 2) 특 징

| 장점 | 단점 |
|---|---|
| • 높은 강도(인장강도, 압축강도) 유지<br>• 경량으로 취급 용이<br>• 복잡한 형상에 적용 유리<br>• 구조체 자중 증가 방지<br>• 짧은 시공기간 | • 접착제의 내화성능 부족<br>• 가격이 고가<br>• 에폭시접착제의 접착력이 매우 중요 (확인 곤란) |

#### 3) 시공법

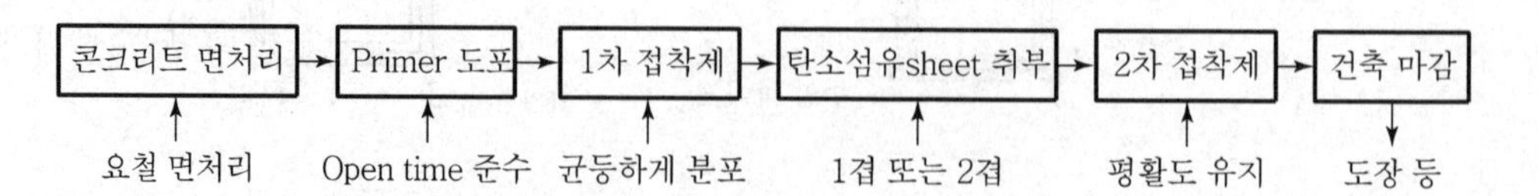

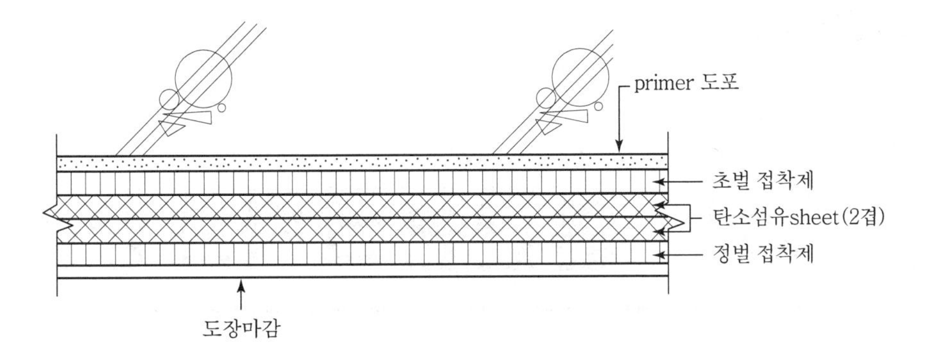


① Sheet의 겹침길이는 200mm 이상
② 필요 내력에 따라 1겹 또는 2겹으로 시공
③ Epoxy의 충분한 함침효과가 필요

## Ⅳ. 보강 후 검사

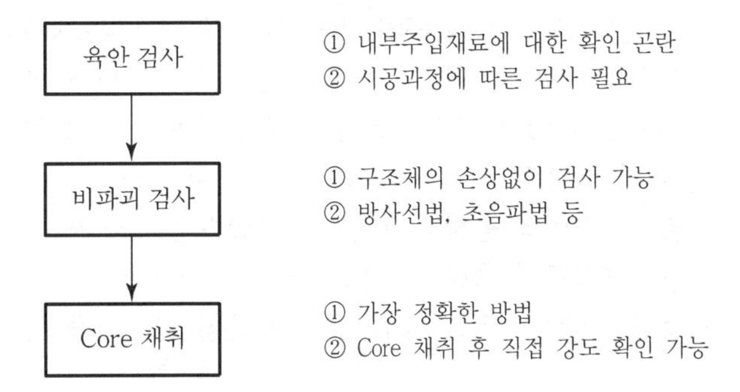


## Ⅴ. 결 론

① 콘크리트에 발생하는 결함은 여러가지 요인이 복합적으로 작용하여 발생하며, 그 특성상 완전히 없앨 수는 없으므로 이를 줄이기 위한 품질관리가 선행되어야 한다.
② 구조체의 결함 발생은 구조물의 내구성과 안전성 및 사용성에 지장을 초래하므로 결함 발생 즉시 적절한 보수 및 보강 공법을 통해 강도회복과 미관회복이 필요하다.

## 3절 특수콘크리트 / 일반구조

# 문제 1 한중콘크리트의 시공 및 양생방법

## Ⅰ. 개 요

### 1) 정 의

① 일 평균기온이 4℃ 이하 또는 타설 후 24시간 동안 일최저기온 0℃ 이하가 예상되는 조건이나 그 이후라도 동해피해 우려 시에 타설되는 콘크리트를 말한다.

② 콘크리트 타설 후 빙점 이하가 되면 콘크리트에 동해가 쉽게 발생하며, 초기 동해 후에는 충분히 양생을 하여도 강도회복이 불가능하므로 초기양생이 매우 중요하다.

### 2) 기온에 따른 준비사항

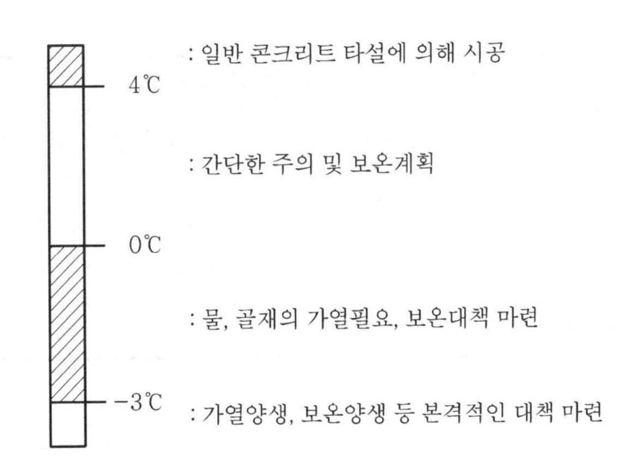


## Ⅱ. 내동해성 기준 물결합재비

| 기상조건 / 단면 / 구조물 상태 | 동결융해가 반복되는 경우 | | 0℃ 이하의 기온이 드문 경우 | |
|---|---|---|---|---|
| | 200mm 이하 | 250mm 이상 | 200mm 이하 | 250mm 이상 |
| 포수상태 | 45% | 50% | 50% | 55% |
| 노출상태 | 50% | 55% | 55% | 60% |

포수상태는 물에 잠겨 있거나 수면이 가까워서 종종 물에 잠기는 부분

## Ⅲ. 한중콘크리트의 시공

### 1) 배 합

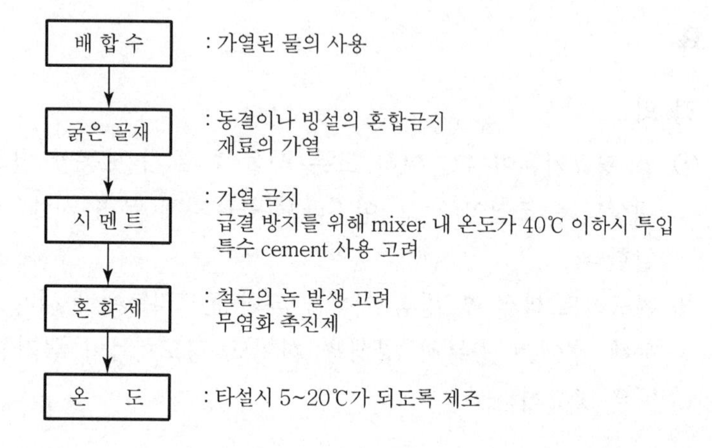


### 2) 배합 시 콘크리트 온도

| 구분 | 단면 두께에 따른 콘크리트 배합온도(℃) | | | |
|---|---|---|---|---|
| | 300mm 미만 | 300~900mm | 900~1,800mm | 1,800mm 이상 |
| -1℃ 초과 | 16 | 13 | 10 | 7 |
| -1~-18℃ | 18 | 16 | 13 | 10 |
| -18℃ 미만 | 21 | 18 | 16 | 13 |
| 타설 시 최저온도 | 13 | 10 | 7 | 5 |

콘크리트 배합 후 타설완료 시간까지를 최소화하여 콘크리트 온도저하에 대비

### 3) 콘크리트 타설 전

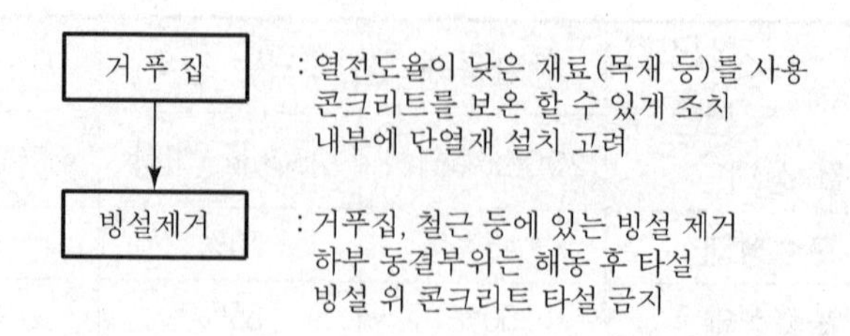

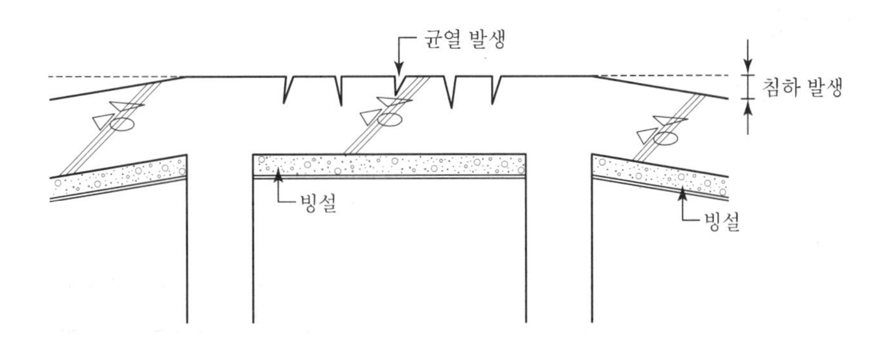


빙설 위에 콘크리트 타설시 콘크리트의 균열 및 침하발생

#### 4) 콘크리트 타설 중

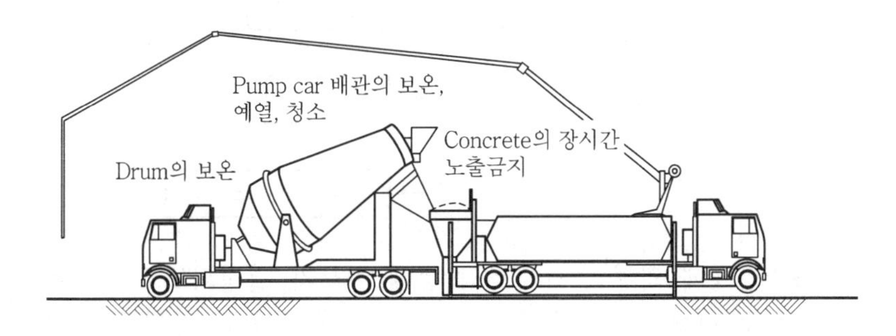


① Pump car 배관의 예열 및 보온 조치
② Hopper 위의 콘크리트 장시간 노출 금지
③ 연속타설이 가능하도록 배차계획 철저

#### 5) 콘크리트 타설 후

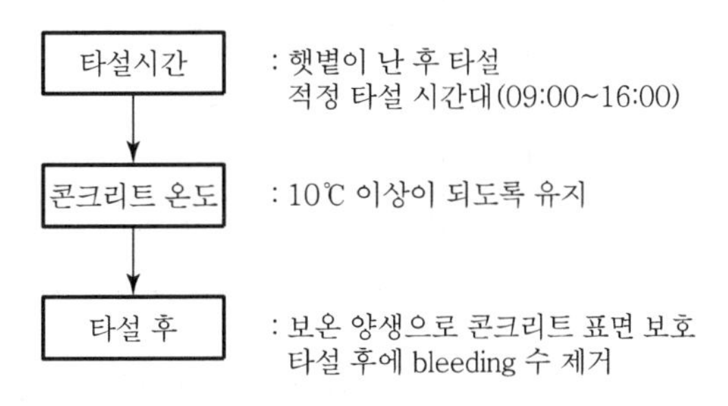

## Ⅳ. 양생방법

### 1) 양생계획 flow chart

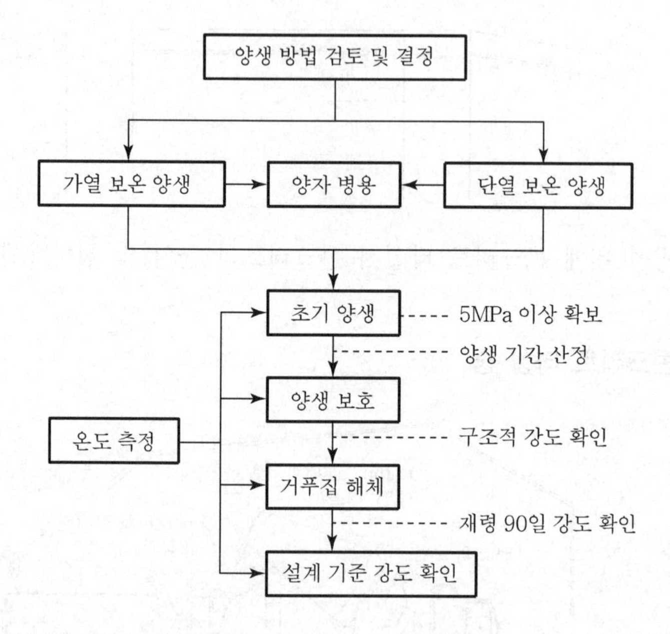


초기양생에 의해 콘크리트의 동해 여부가 결정되므로 지속적 양생으로 설계기준강도 확보

### 2) 초기양생

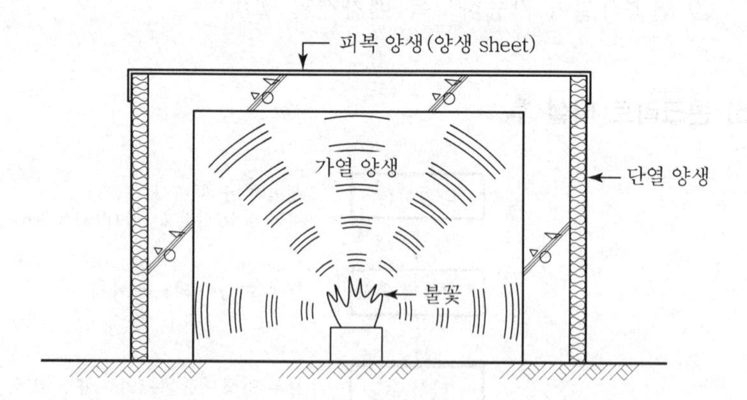


① 타설 후 소요강도(5MPa) 확보 시까지 5℃ 이상 유지
② 타설 시 단면두께 300mm 이하인 경우 콘크리트의 최저온도 10℃ 이상 유지
③ 소요강도(5MPa) 확보 후 2일간 0℃ 이상 유지

### 3) 공간가열양생

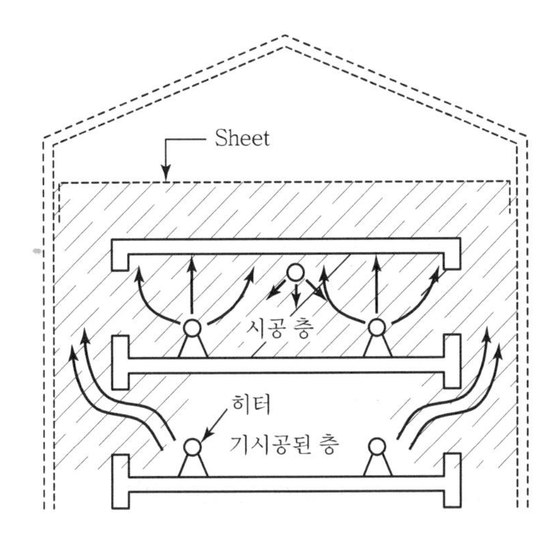


콘크리트 타설현장 전체를 천막 등으로 막고 열풍기를 가동하여 양생

### 4) 표면가열양생

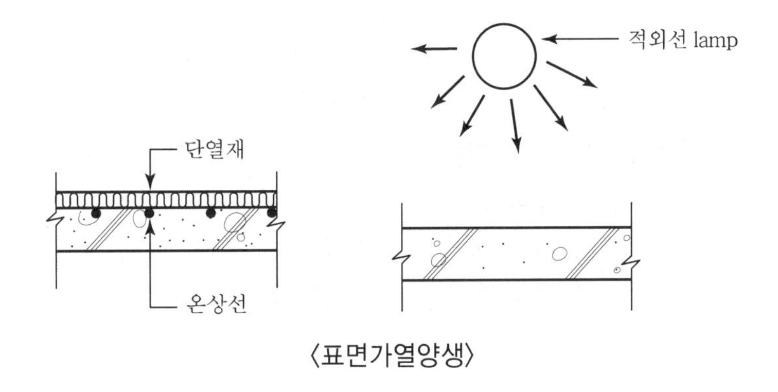


〈표면가열양생〉

Slab의 급열에 적당하며, 공간가열과 병용하는 것이 바람직함

### 5) 내부가열양생

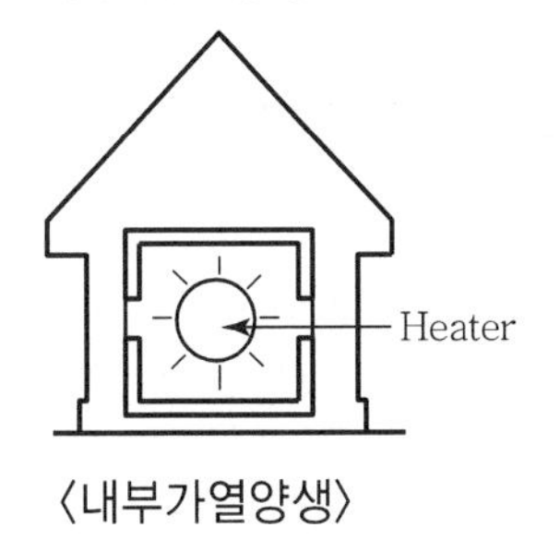


〈내부가열양생〉

① 효율이 가장 좋음
② 열관리의 어려움과 전기 위험성에 의해 사용실적 저조

6) 적산온도

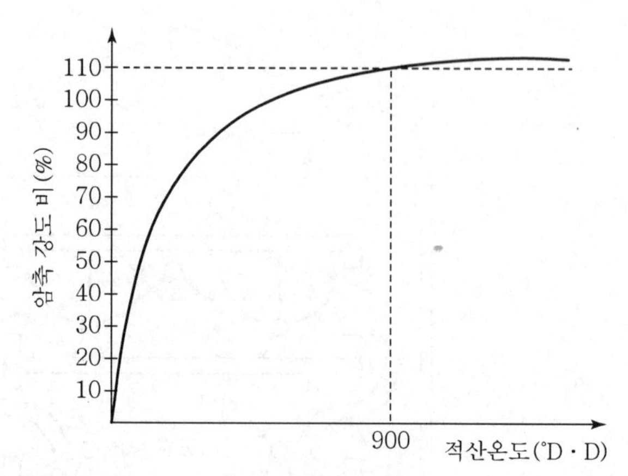


콘크리트 초기의 경화 및 강도 정도를 평가하는 지표

## V. 한중콘크리트 양생 시 주의사항

① 화재경계 활동 강화, 가스중독 등 안전사고 예방
② 초기양생 시 압축강도가 5MPa이 되도록 5℃ 이상으로 관리
③ 이후 2일간 구조물 어느 부분이라도 0℃ 이상 유지
④ 한풍에 의한 온도저하 유의(찬공기 및 바람방지 확인)
⑤ 상부 적설하중을 고려하여 방풍막 이용천막 설치
⑥ 양생종료 12시간 전부터 살수금지
⑦ 초기보호를 위해 양생종료 시 급속한 온도저하 방지의 대책 강구

## Ⅵ. 결 론

① 콘크리트의 동해는 한중콘크리트 타설시 발생하는 피해로서 초기동해를 입지 않도록 재료의 가열, 보온 양생 등의 실시로 초기 양생에 중점을 두어야 한다.
② 콘크리트 타설계획시부터 재료, 배합, 타설 및 양생계획을 수립하여 동해에 대한 철저한 대책이 필요하다.

# 문제 2 서중콘크리트 타설시 유의사항 및 양생관리

## Ⅰ. 개 요

### 1) 정 의

① 일 평균기온이 25℃ 초과 또는 일 최고기온이 30℃를 초과하는 경우에 타설되는 콘크리트를 서중콘크리트라 한다.

② 서중콘크리트 타설시 기온상승으로 인한 slump의 저하, 수분의 급격한 증발로 인한 건조수축 균열이 발생한다.

### 2) 기온별 콘크리트강도

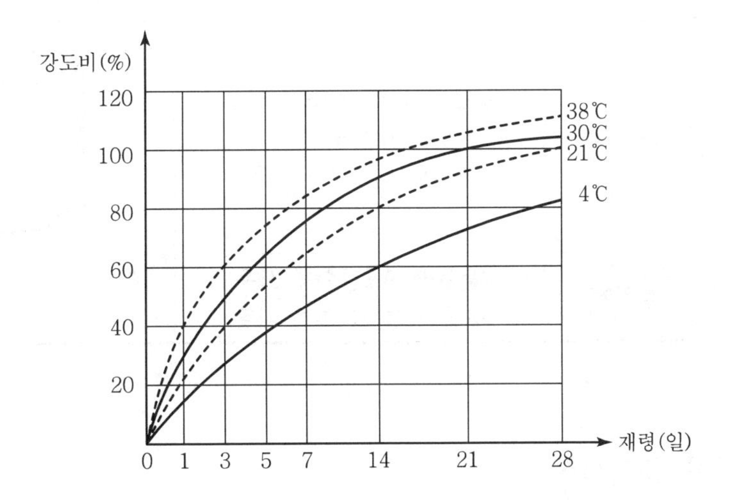


기온이 높을수록 재령별 콘크리트의 압축강도는 높아진다.

## Ⅱ. 서중콘크리트의 배합(온도관리방안)

| 재료 | 배합관리 | 비고 |
|---|---|---|
| 골재 | 가능한 낮은 온도 유지<br>골재온도±2℃<br>→ 콘크리트온도 ±1℃ | 차양막<br>살수 |
| 물 | 낮은 온도의 배합수 사용<br>얼음사용 가능<br>물온도 ±4℃<br>→ 콘크리트온도 ±1℃ | 얼음(녹은 후 사용)<br>단열<br>저수조 |
| Cement | 낮은 온도의 cement 사용<br>Cement온도± 8℃<br>→ 콘크리트온도 ±1℃ | cement<br>Silo |
| 혼화제 | 감수제, AE감수제 사용<br>응결 지연성혼화제 사용 | |

## Ⅲ. 타설시 유의사항

### 1) 타설온도관리

① 콘크리트의 온도는 평균기온보다 5℃ 정도 높으며 운반과정에서 2~4℃ 상승

② 레미콘 발주시 온도를 명시

③ 타설장소에서 35℃ 이하로 관리

### 2) Slump 저하 방지

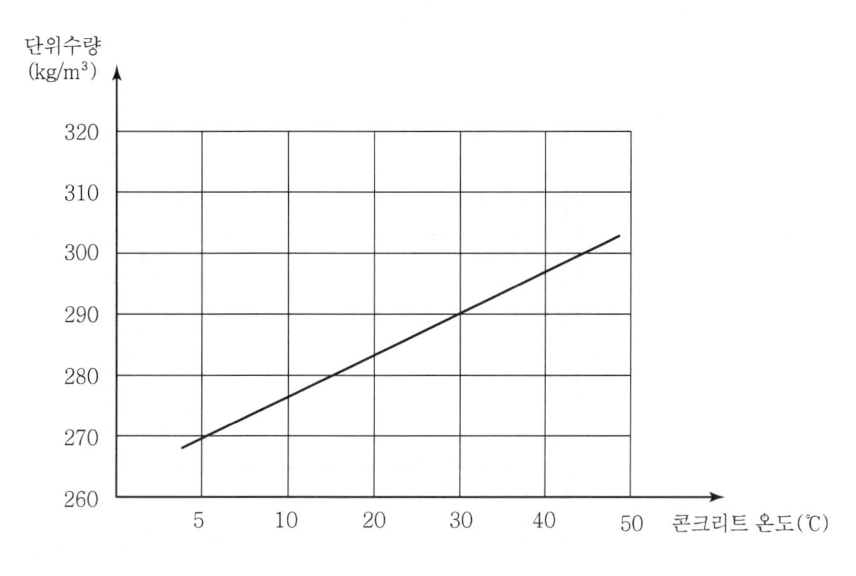


〈콘크리트 온도에 따른 단위수량〉

① Slump치 일정 유지시 콘크리트온도 10℃ 상승에 단위수량을 6kg/$m^3$ 증가
② 단위수량 증가시 강도저하, 콘크리트의 수축증대 등 발생

### 3) 연행공기량 감소

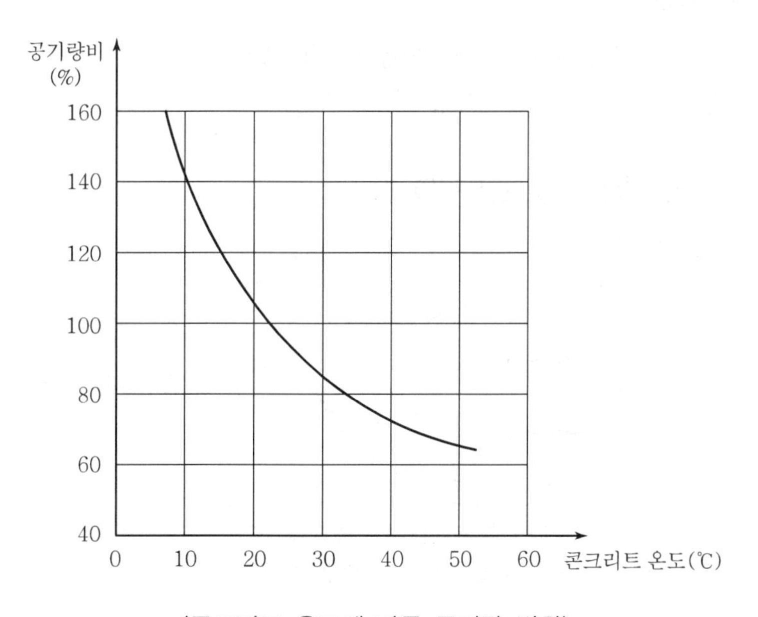


〈콘크리트 온도에 따른 공기량 변화〉

① 콘크리트 온도 10℃ 증가 시 공기량 약 20% 감소

② 콘크리트 온도가 높을수록 bleeding 감소

### 4) Cold joint 방지

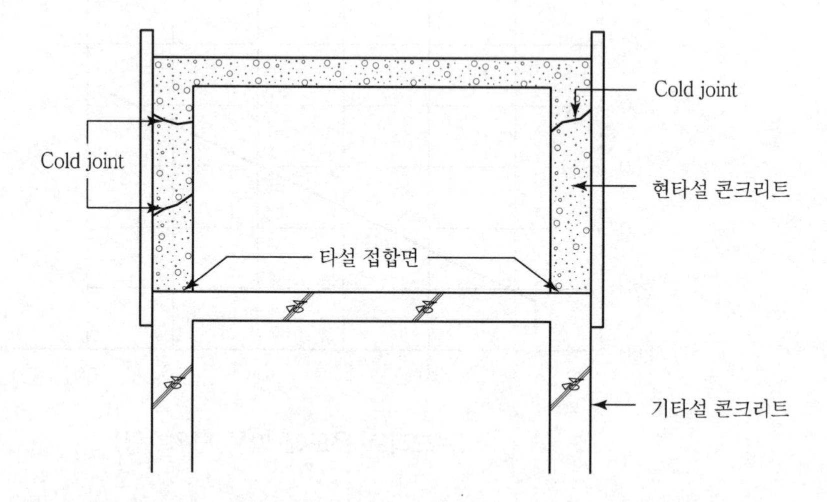


① 콘크리트 비빔에서 타설종료까지 90분 이내가 되도록 관리

② 타설접합면은 콘크리트타설 직전 습윤상태 유지

③ 거푸집에 살수하여 수분증발 방지

### 5) 응결시간

① 수화반응속도는 온도가 높을수록 빠름

② 응결지연제 첨가로 응결시간 조절

### 6) 소성수축균열 및 온도균열 발생

① 소성수축균열

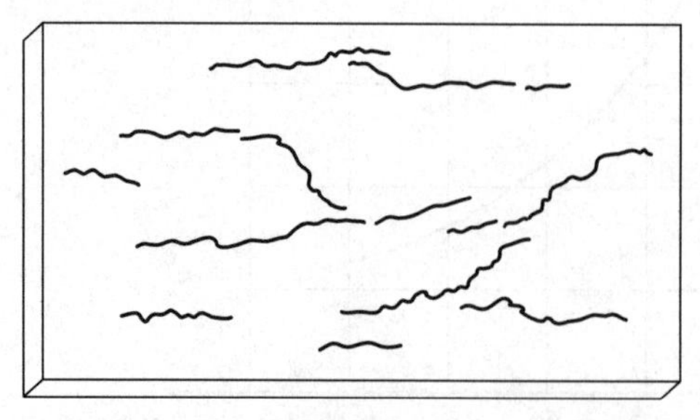

〈콘크리트의 전형적인 소성수축 균열〉

Bleeding 속도보다 수분의 증발속도가 빠를 경우 발생

② 온도균열

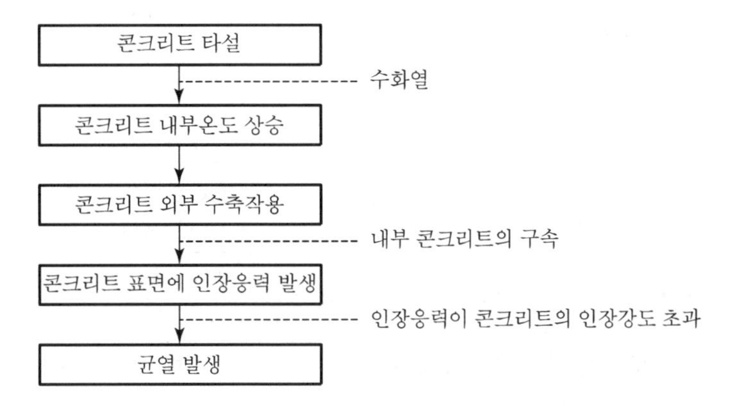


## Ⅳ. 양생 관리

### 1) 초기양생

① 타설 후 24시간 동안 노출면 건조 방지
② 5일 이상 습윤상태 유지

### 2) 습윤상태 유지

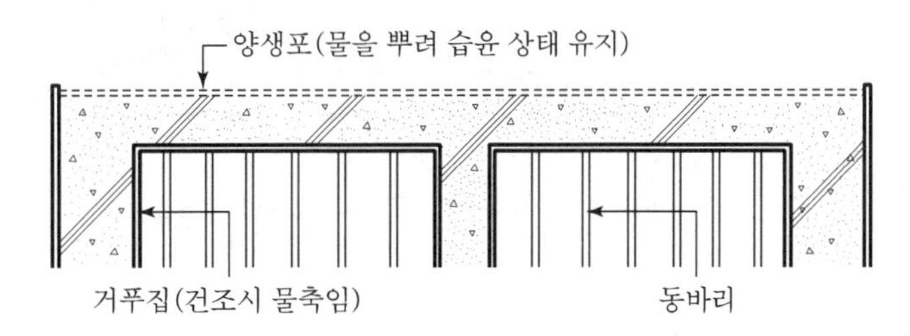


습윤양생상태가 오랫동안 지속될수록 콘크리트의 강도 및 내구성 증대

### 3) 피막양생

① 습윤양생이 곤란한 경우
② 오염 및 변색 유의
③ 흰색 계통의 햇빛 반사용 피막양생제 사용

4) Precooling

| 재료 | 특징 | 효과 |
|---|---|---|
| 냉수(배합수) | 비빔온도 저하 | 물온도 -4℃에 콘크리트온도 -1℃ 저하 |
| 얼음 사용 | 비빔온도 저하 | 10kg의 얼음으로 콘크리트온도 -1℃ 저하 |
| 굵은골재 냉수살수 | 재료온도 저하 | 굵은골재온도 -2~3℃에 콘크리트온도 -1℃ 저하 |
| 액체질소분사 | 비빔 후 콘크리트에 분사 | 액체질소 12~16kg/m³에 콘크리트온도 -1℃ 저하 |
| 액체질소 잔골재 냉각 | 잔골재의 표면수 냉각 비빔온도 저하 | 잔골재온도 50~80℃ 저감시켜 콘크리트의 온도 20℃ 저감 가능 |

액체질소로 잔골재를 냉각할 경우 효과는 크지만 batch plant에서 제조장치 필요

5) 차양막 설치

타설 후 콘크리트 표면을 직사광선에 의한 건조로부터 보호하기 위하여 차양막시설을 미리 해둔다.

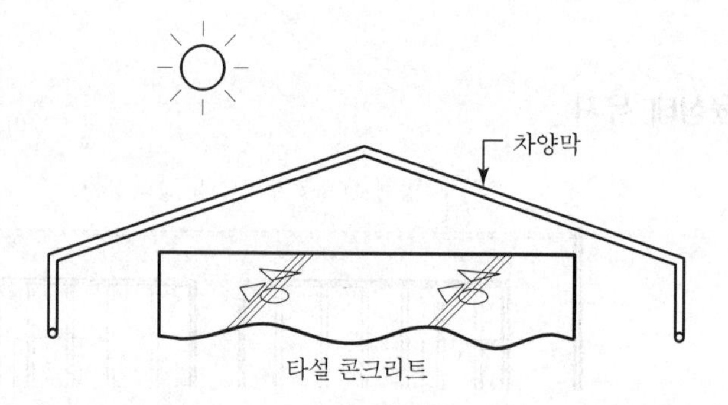


6) Sprinkler(스프링클러)

표면의 건조가 예상되면 sheet 등을 이용하여 덮고 살수하여 Con'c 표면의 건조를 최대한 억제하여야 한다.

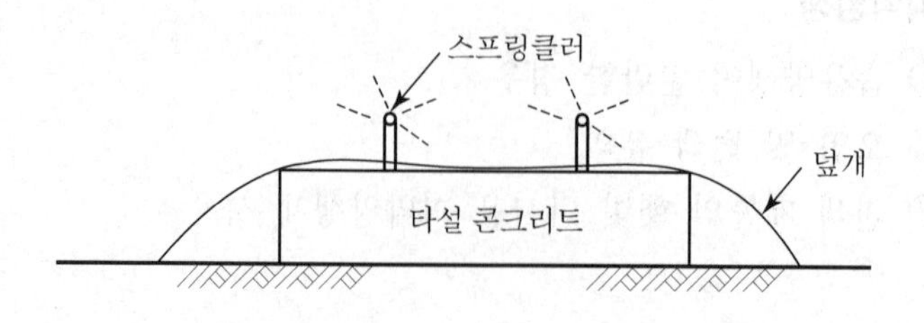

## V. 서중콘크리트 습윤 양생 시 중점사항

| 구분 | 중점사항 |
| --- | --- |
| 초기 양생 | ① 24시간 동안 습윤상태 유지(온도저하 유의)<br>② 일평균 기온이 28℃ 이상일 경우 온도균열 방지대책 수립 |
| 중기 양생 | ① 7일 또는 소요강도의 70%까지 양생<br>② 양생수의 온도는 콘크리트의 표면의 온도보다 11℃ 낮게 유지<br>③ 계속적인 살수로 표면의 젖은 상태 유지<br>→ 젖은 상태 유지가 안 되면, 균열발생 소지가 높음 |
| 말기 양생 | ① 7일 경과 후<br>② 건조수축 방지를 위해 양생포의 제거 시 4일 경과 후 재개 |

## Ⅵ. 결 론

① 서중콘크리트는 타설시 수화열을 낮게 하고 초기양생은 5일 이상의 습윤양생을 실시하여 경화 전 건조수축으로 발생하는 균열의 방지가 중요하다.

② 서중콘크리트 타설시 응결지연혼화제의 사용, precooling의 채용이 검토되어야 하며 한낮을 피하여 기온이 떨어지는 저녁시간에 콘크리트 타설을 하는 것이 유리하다.

문제 3

# Mass 콘크리트 타설시 균열발생 원인과 온도균열 저감대책

## Ⅰ. 개 요

① 부재의 단면이 800mm 이상이거나 하단에 구속이 있을 경우에는 두께 500mm 이상의 벽체 등에 적용되는 콘크리트를 mass Con'c라 한다.

② 콘크리트 내부에서 과도한 수화열의 발생으로 균열이 발생하며 외부구속이 있는 경우에는 구조적으로 유해한 균열이 발생한다.

## Ⅱ. 균열발생검토 flow chart

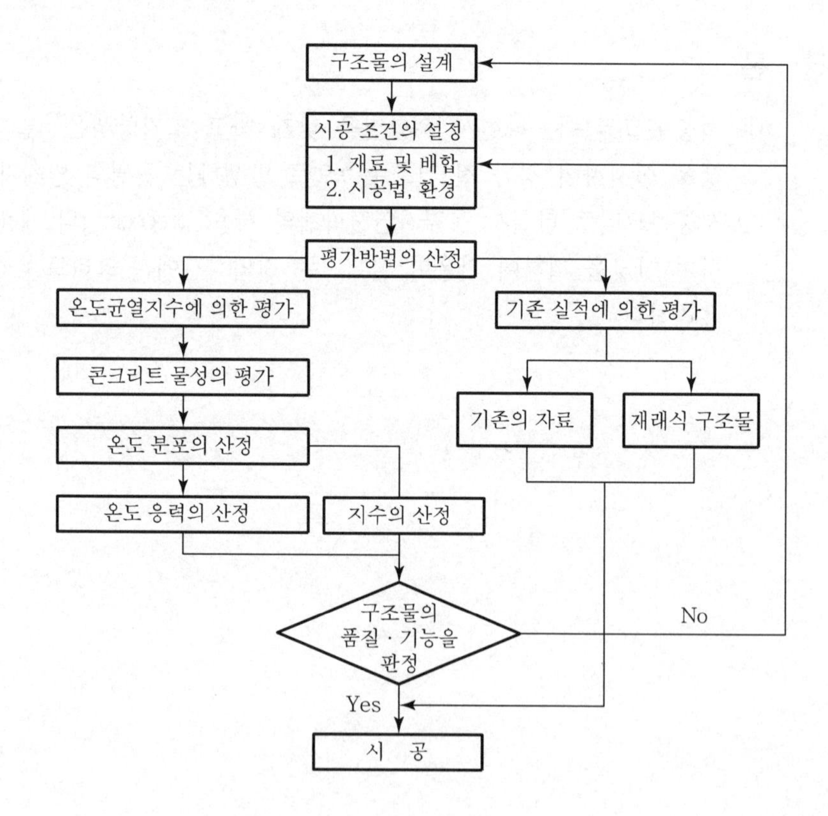

# Ⅲ. 균열발생 원인

## 1) 내부구속에 의한 균열

① 의 의

구조체의 내외부 온도차에 의해 발생하는 균열

② 균열 발생과정

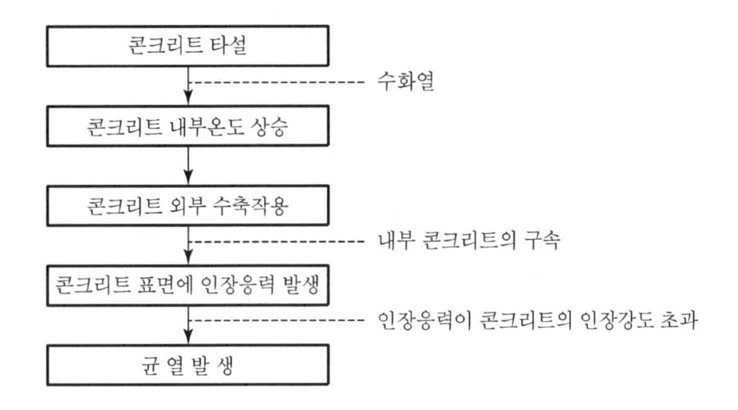


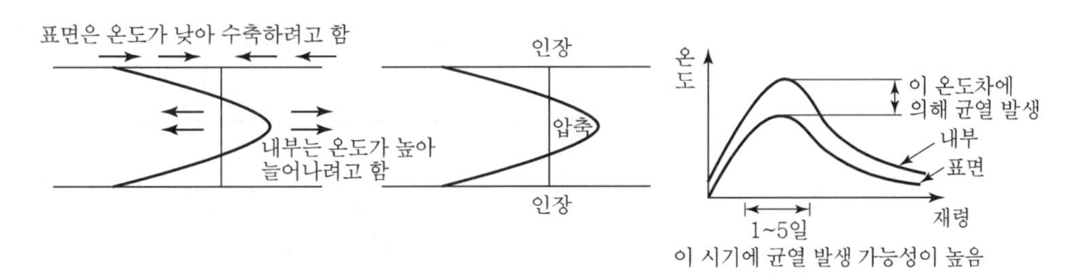


〈콘크리트 단면내 온도분포〉 〈콘크리트 단면내 응력분포〉 〈균열 발생 시기〉

## 2) 외부구속에 의한 균열

① 의 의

구조체가 콘크리트 타설 후 온도상승에 의해 팽창되었다가, 온도하강시 수축할 때 지반 또는 기타설된 콘크리트에 의해 구속되어 발생하는 균열

② 균열 발생과정

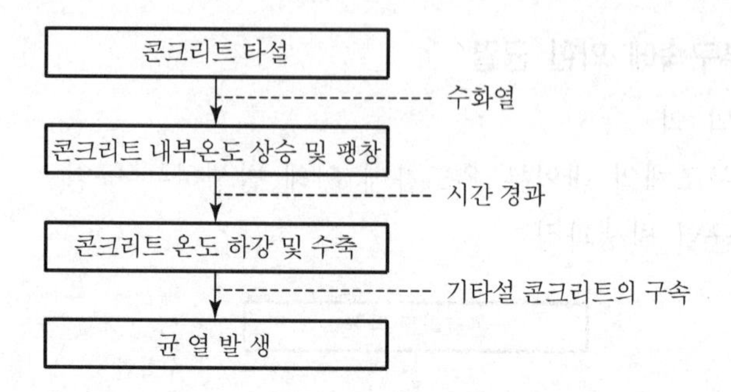


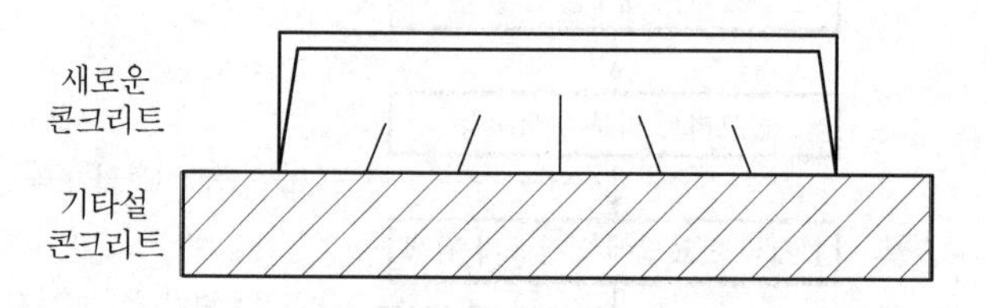


〈구속이 있는 경우〉

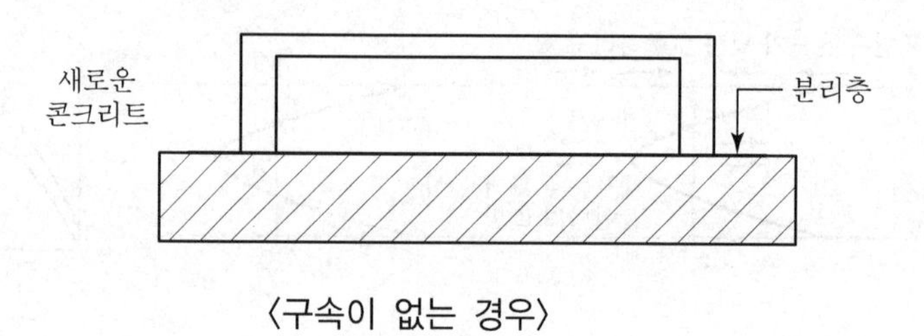


〈구속이 없는 경우〉

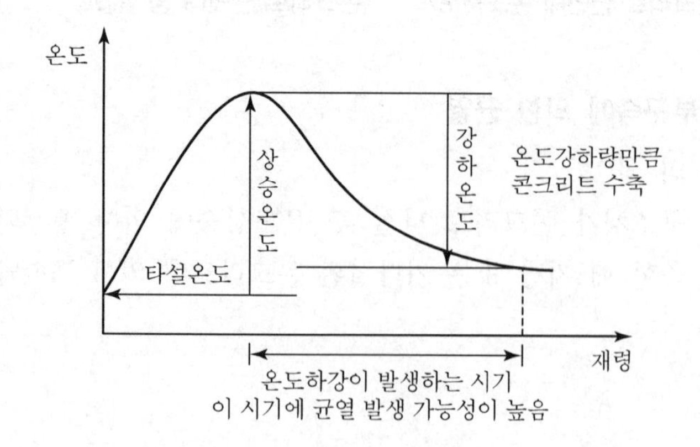

# Ⅳ. 온도균열 저감대책

## 1) 재료관리 측면

| 재료 | 배합관리 |
|---|---|
| 골재 | • 가능한 낮은 온도 유지<br>• 골재온도 ±2℃ → 콘크리트 온도 ±1℃ |
| 물 | • 낮은 온도의 배합수 사용<br>• 얼음사용가능<br>• 물온도 ±4℃ → 콘크리트온도 ±1℃ |
| Cement | • 낮은 온도의 cement사용<br>• Cement온도 ±8℃ → 콘크리트온도 ±1℃ |
| 혼화제 | • 감수제, AE감수제 사용<br>• 응결지연성 혼화제 사용 |

## 2) 온도관리 철저

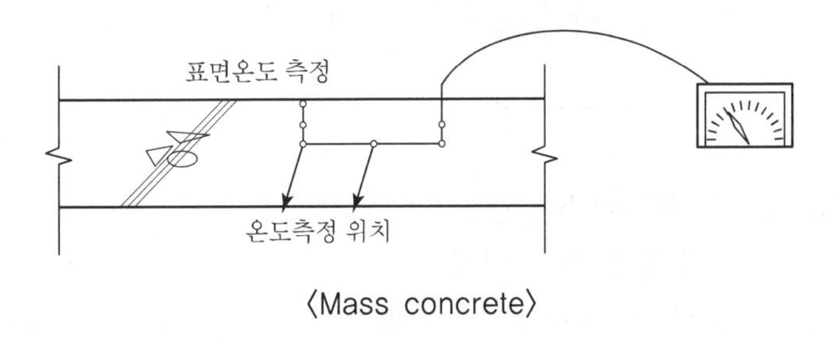


〈Mass concrete〉

① 콘크리트의 내외부 온도 측정
② 내외부의 온도차가 25℃ 이하가 되도록 관리

## 3) 분할타설

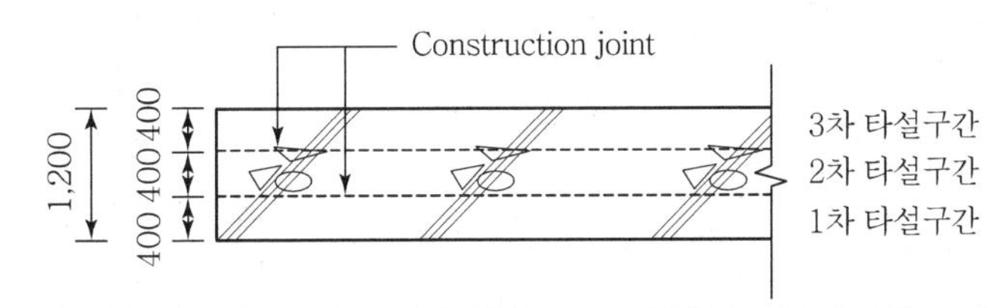


① 1차 타설 후 2차 타설까지의 시간간격은 수화열이 저감되는 5일 이후 타설
② 타설이음면 처리 철저로 일체화

### 4) 표면냉각방지

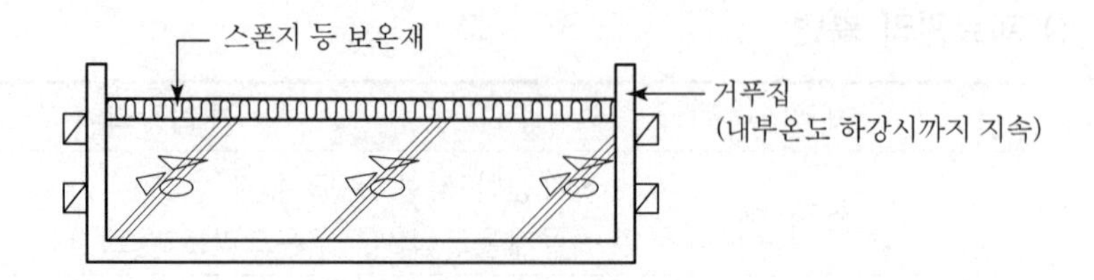


① 대기에 면하는 표면은 보온 처리
② 거푸집 옆면의 해체도 가능한 늦게

### 5) 균열유발 줄눈설치

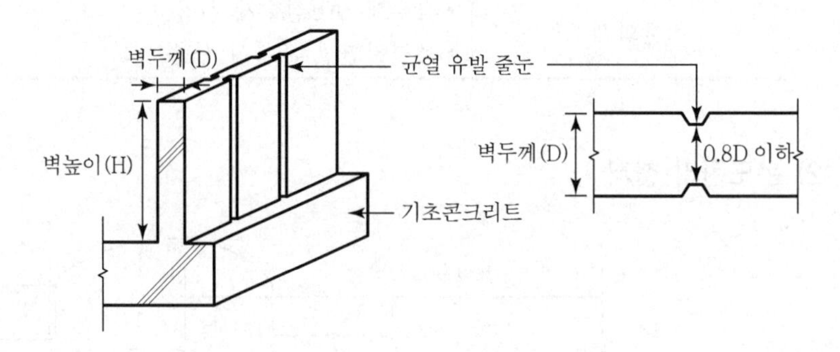


① 설치간격은 4~5m 정도
② 단면감소율은 20% 이상
③ 구조물의 길이방향으로 설치

### 6) Precooling

| 재료 | 특징 | 효과 |
|---|---|---|
| 냉수(배합수) | 비빔온도 저하 | 물온도 -4℃에 콘크리트온도 -1℃ 저하 |
| 얼음 사용 | 비빔온도 저하 | 10kg의 얼음으로 콘크리트온도 -1℃ 저하 |
| 굵은골재 냉수살수 | 재료온도 저하 | 굵은골재온도 -2~3℃에 콘크리트온도 -1℃ 저하 |
| 액체질소분사 | 비빔 후 콘크리트에 분사 | 액체질소 12~16kg/m³에 콘크리트온도 -1℃ 저하 |

| 재료 | 특징 | 효과 |
|---|---|---|
| 액체질소 잔골재 냉각 | 잔골재의 표면수 냉각 비빔온도 저하 | 잔골재 온도 50~80℃ 저감시켜 콘크리트의 온도 20℃ 저감 가능 |

액체질소로 잔골재를 냉각할 경우 효과는 크지만 batch plant에서 제조장치 필요

7) Pipe cooling

① Con'c 타설 전에 25mm pipe를 수평으로 배치하고, 냉각수 통과

② 냉각 pipe는 타설 전에 누수검사를 하고 2~3주간은 콘크리트의 소요온도 유지

③ Pipe cooling이 끝나면 구멍을 그라우팅재로 마무리

## V. 온도균열지수

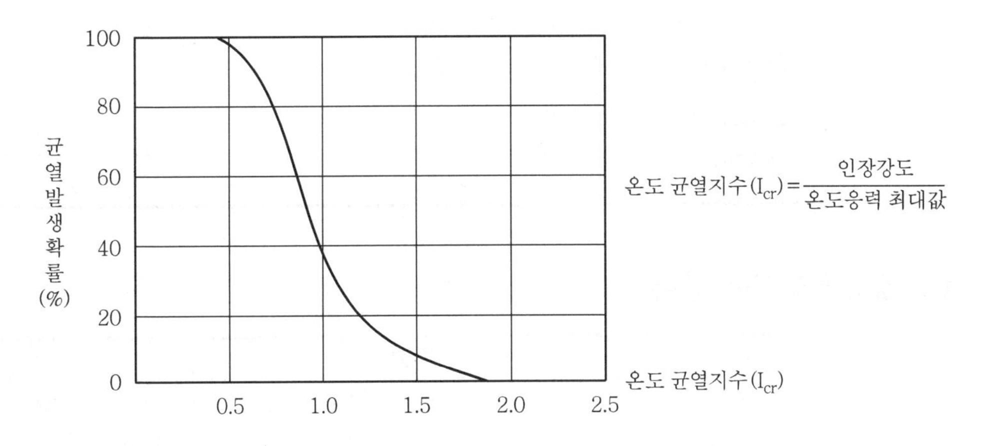


① 균열을 방지할 경우 : $I_{cr} \geq 1.5$

② 균열 발생을 제한할 경우 : $1.2 \leq I_{cr} < 1.5$

③ 유해한 균열발생을 제한할 경우 : $0.7 \leq I_{cr} < 1.2$

## Ⅵ. 결 론

① Mass Con'c의 균열은 단면치수과대, 내외부 온도차, 배근상태, 구속의 조건 등 복합적인 작용에 의해 발생한다.

② 수화열에 의한 균열방지는 재료, 배합, 시공, 양생 등 시공적인 면에서의 대책과 보강근 배치계획 등 설계적인 면에서의 대책이 검토되어야 한다.

문제 4

# 경량콘크리트의 특성 및 시공 시 관리방안

## Ⅰ. 개 요

### 1) 정 의

① 단위용적중량이 1,400~2,000kg/m³ 정도의 콘크리트로 건물을 경량화하고 열을 차단하기에 효율적인 콘크리트를 경량콘크리트라 한다.

② 구조적 용도와 철골조의 피복용, 열차단용, 비내력벽 등에 이용되나 국내에서는 구조적 용도로의 사용실적이 거의 없는 실정이다.

### 2) 경량골재콘크리트의 설계기준강도

| 골재에 의한 콘크리트 종류 | 사용골재 | | 설계기준강도 (MPa) | 단위용적중량 (kg/m³) |
|---|---|---|---|---|
| | 잔골재 | 굵은골재 | | |
| 1종 경량골재 콘크리트 | 모래, 부순모래 고로슬래그 잔골재 | 인공경량골재 | 18~24 | 1,700~2,000 |
| 2종 경량골재 콘크리트 | 인공경량 잔골재 또는 인공경량 잔골재 일부 사용 | 인공경량골재 | 15~21 | 1,400~1,700 |

## Ⅱ. 경량콘크리트 분류

| 분류 | 특징 | 제조 |
|---|---|---|
| 보통경량 콘크리트 | 천연 및 인공경량골재 사용<br>AE제를 사용하여 공기량 유지 | Slump 180mm 이하<br>W/B비 60% 이하 |
| 기포콘크리트 | 발포제에 의해 콘크리트 속에 기포 생성<br>기포에 의해 콘크리트 중량 감소 | 기포제의 혼입과 공기의 압입 가스발생 혼합물 |
| 다공질콘크리트 | 물이 통과할 수 있는 수로 filter층 형성<br>물의 출입이 자유로움 | 잔자갈 (5~10mm) 사용<br>W/B비 33% 정도 |
| 톱밥콘크리트 | 톱밥은 골재로 사용<br>못을 박을 수 있는 콘크리트 | 시멘트 : 모래 : 톱밥을 1 : 1 : 1로 배합 |
| 신더콘크리트 | 옥상방수층 누름콘크리트 사용 | 석탄재를 골재로 사용 |

경량콘크리트는 구조용과 비구조용으로 구분하며 국내에서는 비구조용을 주로 이용

# Ⅲ. 경량콘크리트 특성

## 1) 단위용적중량 경감

① 경량콘크리트의 가장 중요한 특성으로 골재에 좌우됨

② 단위용적중량 추정식

$$W = G + S + S_1 + 1.25C + 120\ (kg/m^3)$$

W : 단위용적중량($kg/m^3$)

G : 경량 굵은골재량($kg/m^3$)

S : 경량 잔골재량($kg/m^3$)

$S_1$ : 일반 잔골재량($kg/m^3$)

C : 단위 시멘트량($kg/m^3$)

## 2) Consistency(반죽질기) 확보 필요

① 일반콘크리트에 비해 5% 정도 단위수량 증가

② W/B비가 38% 이하인 경우에는 10~20%의 단위수량 증가 필요

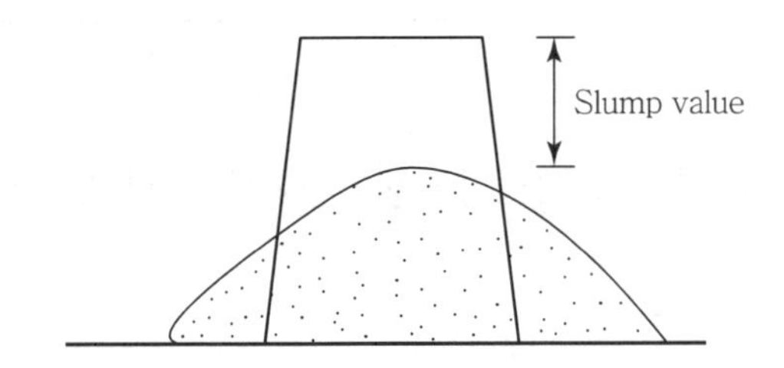


## 3) 저강도

① 단위용적중량이 많을수록 압축강도 증가

② 일반골재와의 강도 비교

| 골재 | 인장강도/압축강도 | 휨강도/압축강도 |
|---|---|---|
| 경량골재 | 1/9~1/15 | 1/6~1/10 |
| 일반골재 | 1/9~1/13 | 1/5~1/7 |

압축강도 대비 인장강도와 휨강도의 증가율은 보통 콘크리트보다 우수

#### 4) 변형 과다

① 경량골재의 탄성계수가 작아서 변형량이 큼

② 탄성계수는 일반콘크리트에 비해 40~70% 정도

#### 5) 열적성능 우수

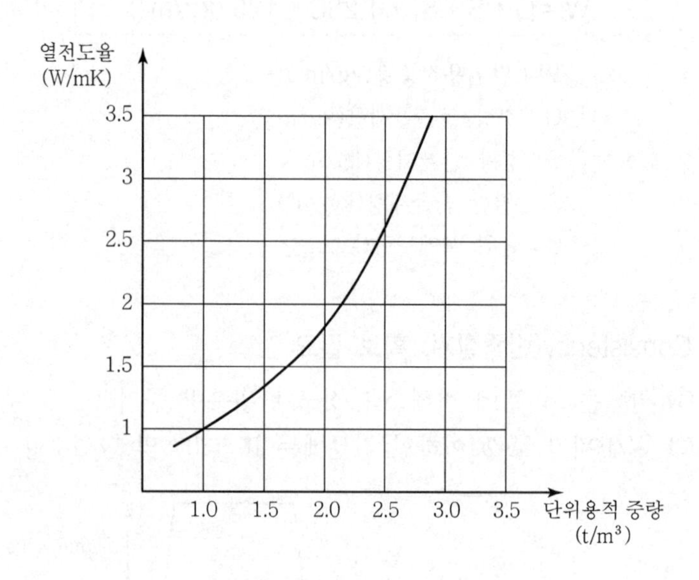


콘크리트의 열전도율은 단위용적중량에 의한 영향이 큼

## Ⅳ. 시공 시 관리방안

#### 1) 골재흡수 관리

① 인공경량골재는 흡수량이 크므로 건조상태로 사용 곤란

② 골재의 pre-wetting

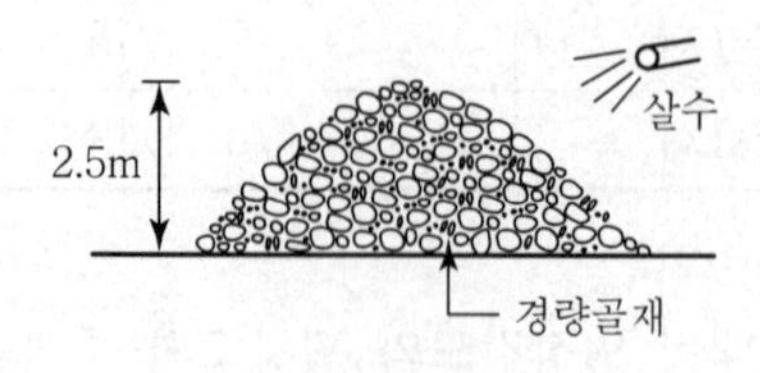


사전에 골재를 충분히 흡수시켜 콘크리트 비빔이나 운반 도중의 흡수 방지

### 2) 배합시간 준수

① 배합시간은 60～90초
② 비비기 시간은 3분 이하
③ 역방향 비빔 금지

### 3) 운반관리 철저

골재의 pre-wetting 실시한 경우 slump 저하가 10mm/30분 정도로 양호

### 4) Pump 압송시 품질 유지

① Pump 압송 전후 품질허용치

| 품질 | 사용치 | 허용치 |
|---|---|---|
| Slump(mm) | 80～180 | ±1.5 |
| | 180～210 | ±1.0 |
| 공기량(%) | 4～6 | ±1.0 |
| 단위용적중량(kg/m$^3$) | 1,400 | ±30 |

경량 콘크리트의 pump 압송 시에는 상기 허용치 내가 되도록 관리

② Slump에 따른 잔골재율

| Slump(mm) | 80～180 | 180～210 | 210 이상 |
|---|---|---|---|
| 잔골재율(%) | 45～52 | 48～54 | 50～55 |

### 5) 진동타설 실시

| 진동기 간격 | 300～400mm |
|---|---|
| 진동 시간 | 15초 |
| 진동수 | 8,000rpm |

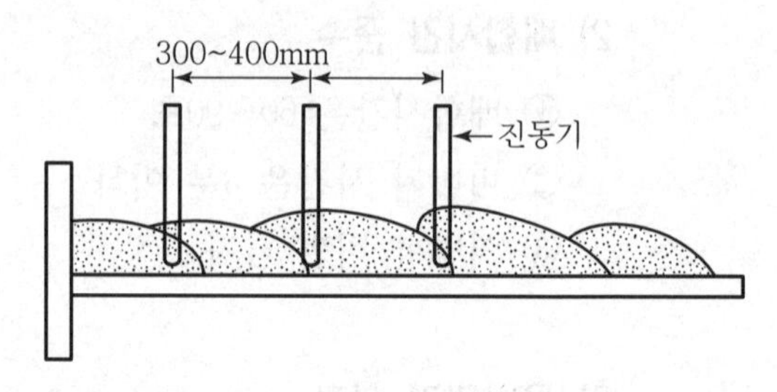


① 경량 콘크리트 타설 시 진동기 사용이 원칙

② 진동수 7,200～8,000rpm 시 다짐효과 최대

### 6) 습윤양생 필요

① 직사광선이나 바람에 직접노출 금지

② 5일 이상 습윤상태 유지

③ 소성수축균열과 침하균열에 유의

## Ⅴ. 결　론(발전방향)

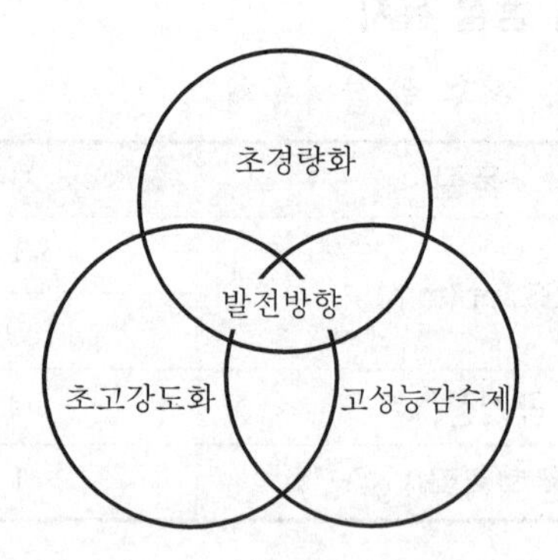


고강도경량콘크리트의 연구개발로 구조용으로 활용하여 건축물의 자중경감 및 시공성 향상을 도모

# 문제 5 진공배수콘크리트의 특성 및 시공 시 유의사항

## Ⅰ. 개 요

### 1) 정 의

① 진공mat와 진공pump 등을 이용하여 콘크리트속에 잔류해 있는 잉여수를 제거하므로 강도 및 내구성을 증대시킨 콘크리트를 진공배수콘크리트 또는 진공배수공법이라 한다.

② 타설 직후 콘크리트내의 수화에 필요한 수분 이외의 물을 제거하여 콘크리트의 초기강도가 커지고 소성수축균열 및 침하로 인한 균열이 작아진다.

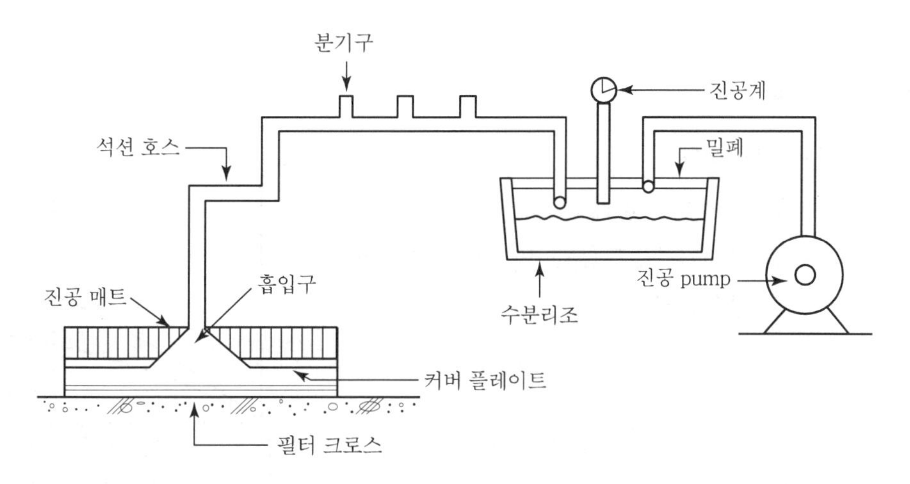


### 2) 용 도

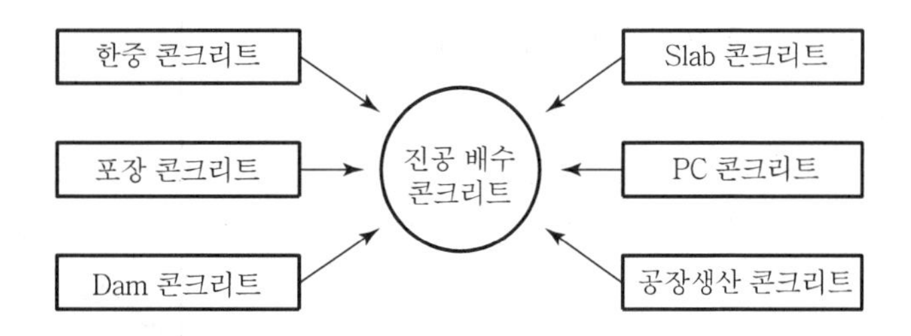


타설면적이 넓은 면인 경우 진공배수콘크리트의 적용성 우수

## Ⅱ. 시공순서 flow chart

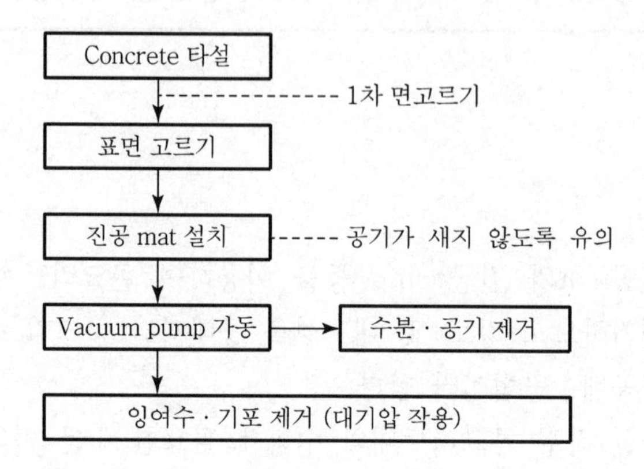


## Ⅲ. 특 성

### 1) 강도 증대

① 초기강도 증대
② 설계기준강도($f_{ck}$) 및 장기강도 증대
③ 밀실콘크리트 가능

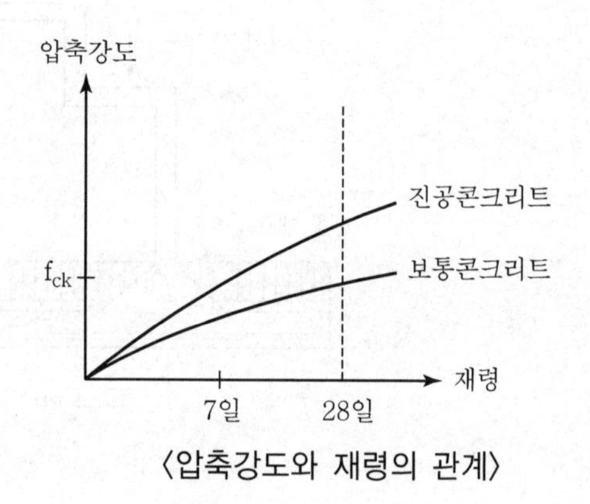


〈압축강도와 재령의 관계〉

### 2) 경화수축 감소

① 잉여 수분의 제거로 콘크리트의 수축량 감소
② 건조수축으로 인한 콘크리트의 표면균열 크게 감소

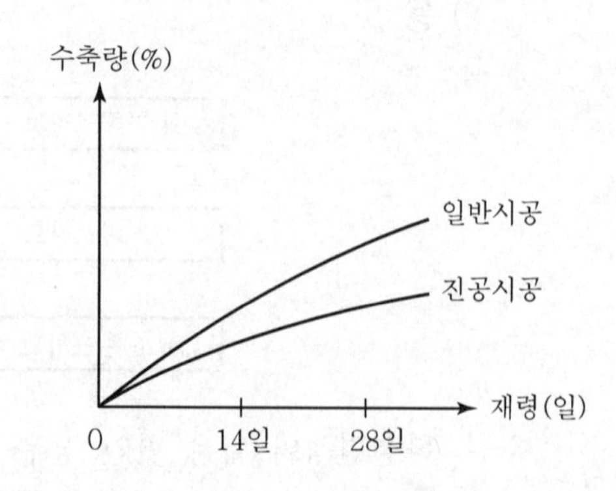

### 3) 밀실 콘크리트

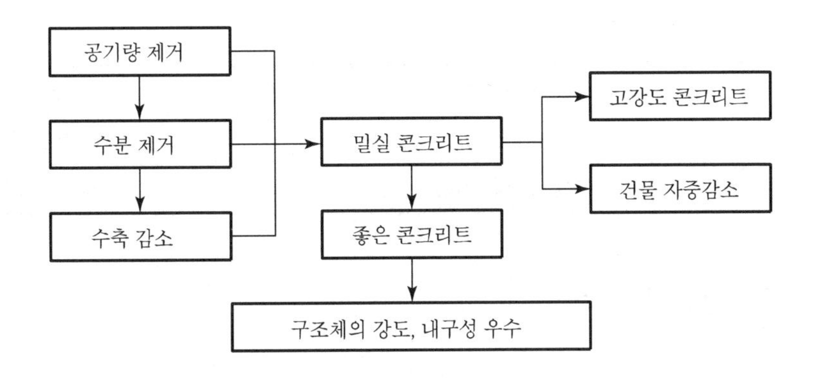


밀실콘크리트의 타설로 구조체의 강도 및 외력에 대한 저항성 증가

### 4) 마모저항 증대

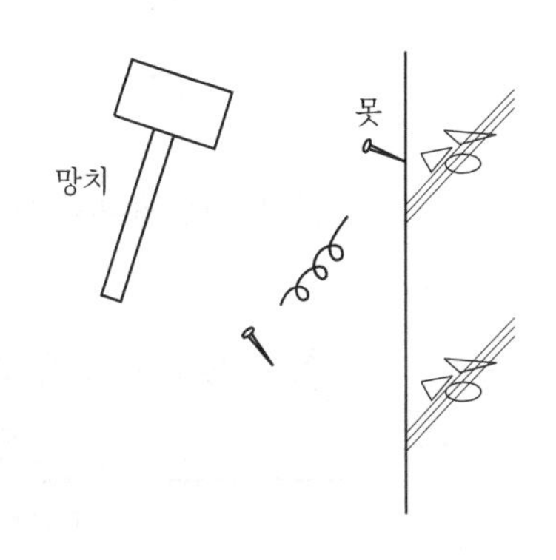


① 외부에서 작용하는 힘에 대한 저항성 증가
② 특별한 마감이 없어도 자체 강도 우수

### 5) 동해저항성 증대

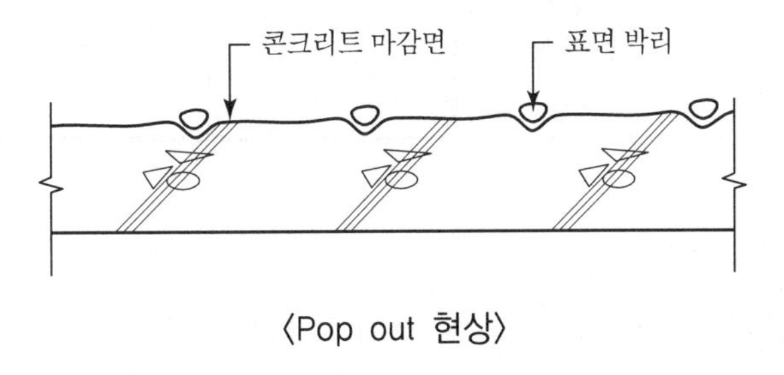


〈Pop out 현상〉

① 콘크리트 속의 수분이 겨울철에 얼어서 팽창(약 9% 부피증가)하면서 발생
② 진공배수콘크리트의 경우 콘크리트내 수분량 감소로 동해저항성 증대

### 6) 표면경도(硬度) 증가

콘크리트 표면의 경도증가로 수분 및 이산화탄소의 침입 방지

## Ⅳ. 시공 시 유의사항

### 1) 배합관리 철저

| Slump(mm) | 150mm 이하 |
|---|---|
| 공기량(%) | 3~4% 유지 |
| 물결합재비(%) | 60% 이하 |

### 2) 적용단면 파악

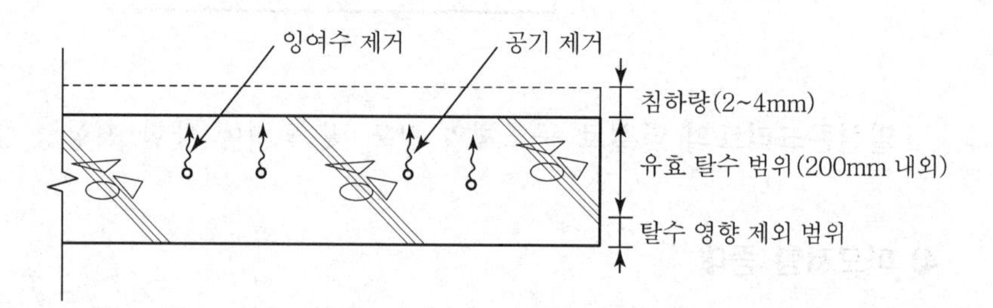


콘크리트 표면에서부터 약 200mm까지의 공기량 및 잉여수 탈수 가능

### 3) 적정 탈수시간 준수

〈단면두께 200mm 이상의 부재에 대한 사용시간〉

| 콘크리트 종류 | 진공시간 |
|---|---|
| 서중콘크리트 | 20~25분 |
| 한중콘크리트 | 30~40분 |
| 일반콘크리트 | 25~30분 |

### 4) 탈수량 준수

① 단위수량의 약 15% 정도 탈수 가능

② 물결합재비 60%의 경우 9% 정도의 물결합재비 저감효과 발생

5) 표면평활도 유지

〈콘크리트의 표면평활도〉

| 기능 | 절대허용오차 | 상대허용오차 |
|---|---|---|
| 미관이 필요한 노출콘크리트 | 3mm | ℓ/360 |
| 마감이 있는 콘크리트 | 6mm | ℓ/270 |
| 미관이 필요없는 노출콘크리트 | 13mm | ℓ/180 |

6) 압력 유지

① 대기압 6~8ton/$m^2$ 유지

② 진공 mat 설치 시 공기가 새지 않도록 유의

## Ⅴ. 콘크리트 내구성 설계

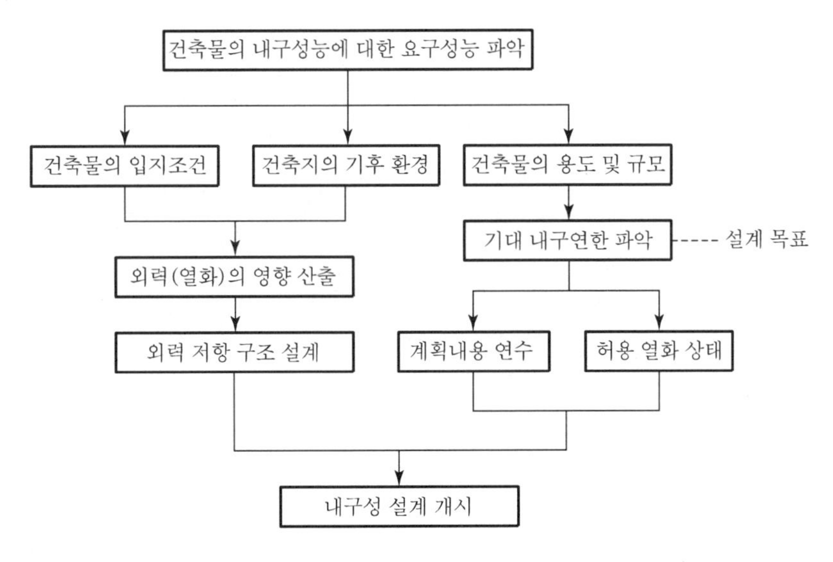


철근콘크리트 구조물의 내구성 설계 시에는 품질관리와 유지관리방법을 포함하여 고내구성 건축물이 되도록 한다.

## Ⅵ. 결 론

① 진공배수콘크리트는 도로포장용 콘크리트, dam 콘크리트, PC제품 등에 적용성이 우수하여 다양한 용도로 사용할 수 있다.

② 콘크리트의 초기강도 증가, 내구성 및 수밀성의 확보 등 요구성능을 만족시키기 위해서는 시공 시 철저한 관리와 생콘크리트의 내부 수량을 측정할 수 있는 기기의 개발이 필요하다.

# 문제 6 고성능콘크리트의 성능평가방법 및 시공 시 유의사항

## Ⅰ. 개 요

① 고성능 콘크리트(High Performance Concrete)는 유동성 증진 이외에 고강도, 고내구성, 고수밀성의 성능을 갖는 콘크리트이다.

② 고성능 콘크리트는 고강도화 및 고유동화 함에 따라 이에 대한 철저한 성능 평가를 실시해야 하며, 시공 시 품질관리에 유의해야 한다.

## Ⅱ. 고성능 콘크리트 개념도

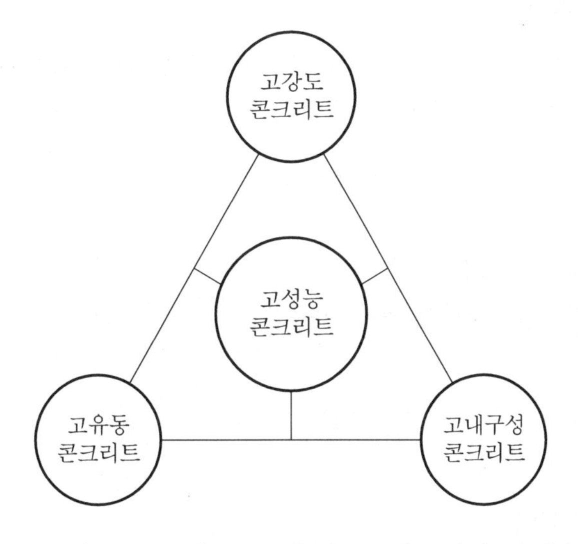


고성능 콘크리트는 고강도 · 고유동 · 고내구성의 특징을 가짐

## Ⅲ. 고성능 콘크리트의 성능평가방법

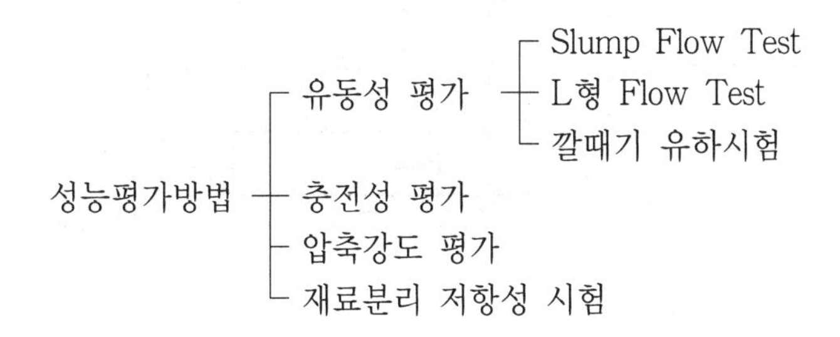

### (1) Slump Flow Test

#### 1) 도해 설명

수밀판 위의 Cone 속에 콘크리트를 넣고 Slump Flow값을 측정하는 시험

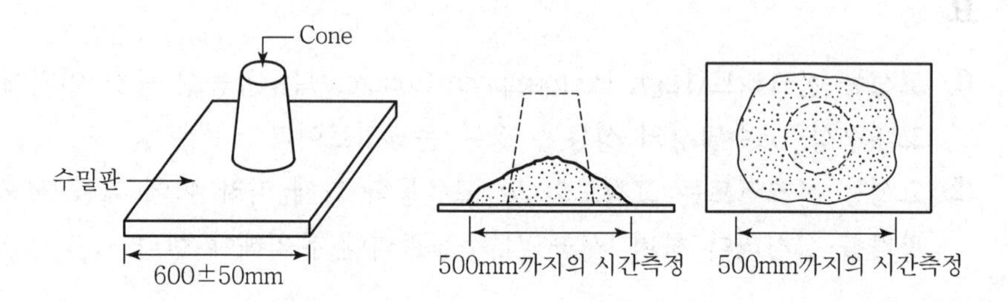


#### 2) 시험방법

① 콘크리트의 퍼진 지름이 500mm가 될 때까지의 시간 Check

② 5±2초이면 합격

#### 3) 특징

① 시험이 가장 간편

② 현장관리시험에 적용 가능

### (2) L형 Flow Test

#### 1) 도해 설명

L-Type의 Form 속에 콘크리트를 흘러내려 Slump Flow값을 측정하는 시험

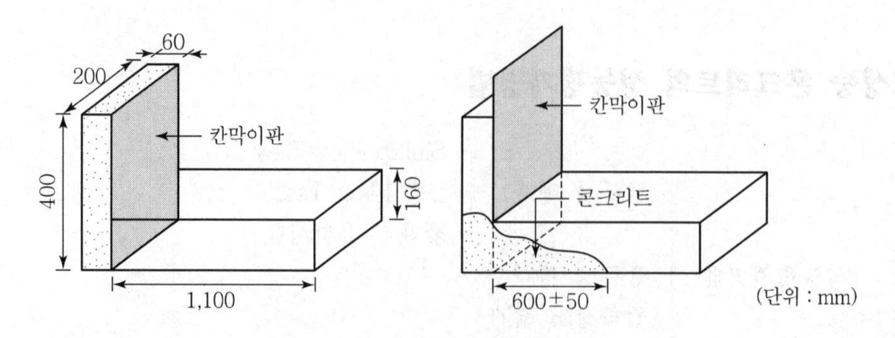

#### 2) 시험방법

① L형 Form의 수직 부위에 콘크리트 채움

② 칸막이판을 끌어올릴 때 L형 Form 속으로 흘러내린 콘크리트의 수평길이 (Slump Flow) 측정

③ 측정값이 600±50mm이면 유동성이 우수한 것으로 평가

### (3) 깔때기 유하시험

#### 1) 도해 설명

시험장치는 형상에 따라 ○형 및 □형으로 구분되지만, 형상에 관계없이 기본적으로 유동속도에 따른 콘크리트의 겉보기 점도를 평가

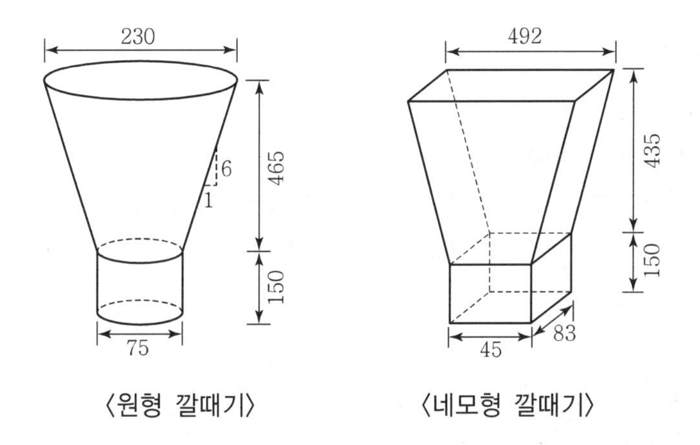


〈원형 깔때기〉 〈네모형 깔때기〉

#### 2) 특징

① Mortar의 점성에 따른 충전성 파악

② Mortar의 간극 통과성 평가

③ 자중에 의한 Self Leveling으로 충전

### (4) 충전성 평가(과밀 배근 충전성 시험)

#### 1) 도해 설명

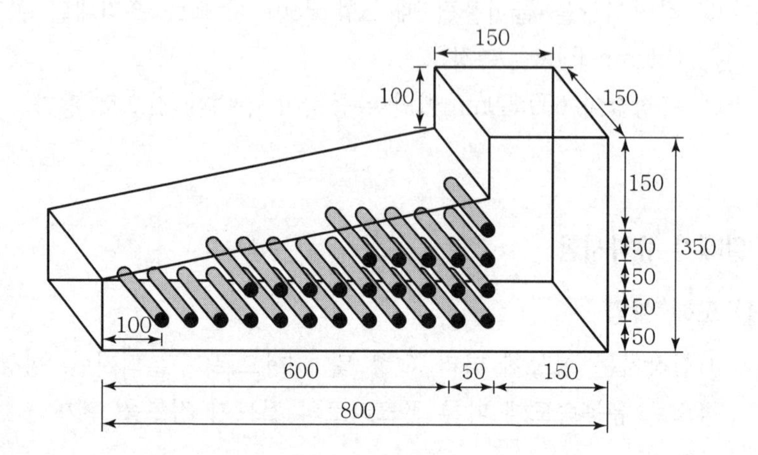


#### 2) 시험방법

① 과밀배근 시험기 설치

② 타설구에 고성능 Con'c 주입

③ 시험장치에 타설 후 철근 주변 충전성 및 재료 분리 확인

④ 콘크리트가 철근 주변부, 거푸집 구석까지 도달하는 성상으로 평가

#### 3) 특징

① 시료가 다량 필요

② 배합시험에 적용 가능

### (5) 압축강도 평가

#### 1) 도해 설명

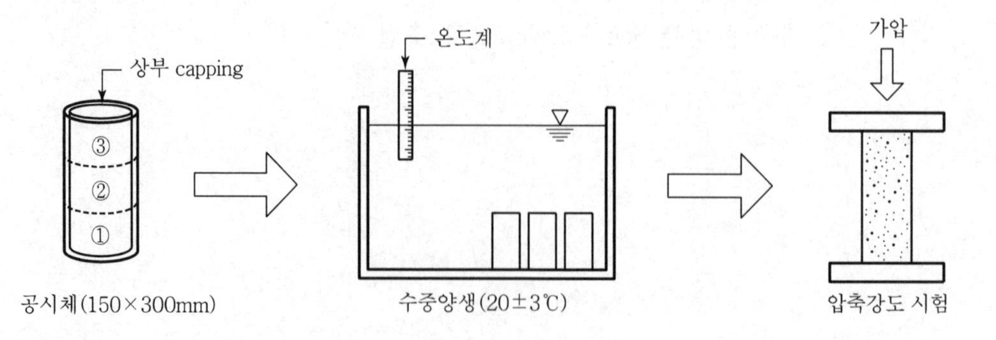

2) 시험방법

① 콘크리트의 압축강도시험은 고성능 콘크리트에서는 20~150m³에 1회 실시
② 보통 콘크리트에서는 150m³의 비율로 실시
③ 1회의 시험에는 3개의 공시체를 채취
④ 채취한 공시체는 표준보양을 하여 압축강도를 검사

## (6) 재료 분리 저항성 시험(L형 Flow 철근 통과 시험)

1) 도해 설명

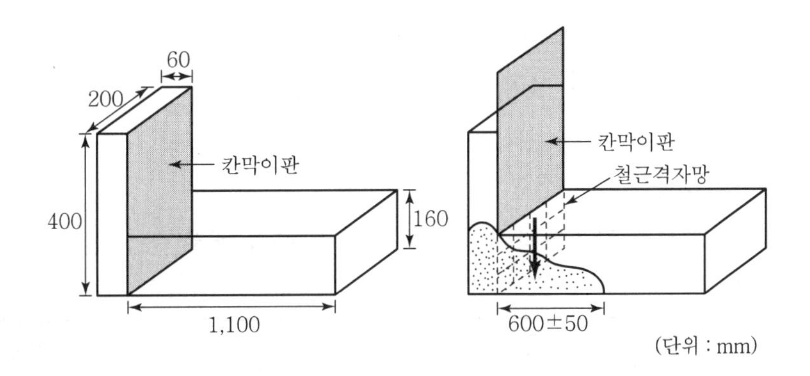


2) 시험방법

L형 Flow 시험장치에 철근 격자를 설치하여 시험

3) 특징

① 배합시험에 적용함
② 구성재료의 비중 차이에 의해 저항하는 재료의 성질로 유동성과 부착성에 의해 영향

# Ⅳ. 시공 시 유의사항

1) 적정 물결합재비 유지

① 물결합재비는 가능한 적게 하는 것이 유리
② 고성능 감수제 사용 시 된비빔 콘크리트 타설 가능

### 2) 적정 Slump 유지

Slump를 적게 하여 강도를 높임

| 종류 | | Slump치(mm) |
|---|---|---|
| 철근콘크리트 | 일반적인 경우 | 60~180 |
| | 단면이 큰 경우 | 40~150 |
| 무근콘크리트 | 일반적인 경우 | 60~180 |
| | 단면이 큰 경우 | 40~130 |

### 3) 운반시 품질 확인

① 운반은 Slump 변동이 없도록 주의

② 현장 도착시 시험을 통해 품질 확인

### 4) 타설시간 준수

① 고성능 감수제의 사용으로 별도의 다짐 배제

② 타설 시간(1시간 이내) 엄수

| 25℃ 이상 | 120분 |
|---|---|
| 25℃ 미만 | 90분 |

### 5) 거푸집 조립

① 강성 유지

② Cement Paste 유출 방지

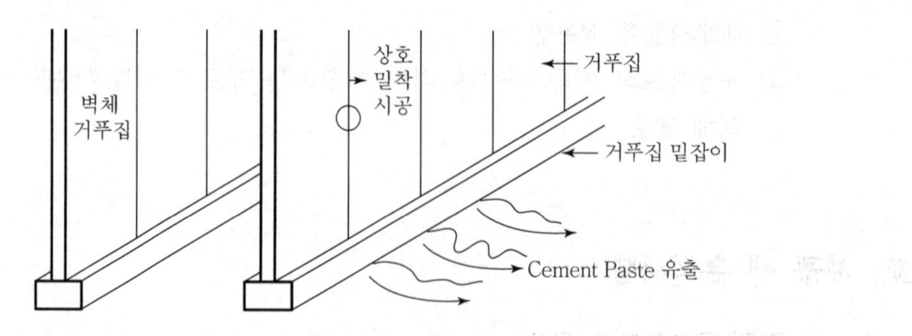


기타설 콘크리트 바닥의 Level이 일정하지 않아 거푸집 밑잡이 아래로 Cement Paste 유출

### 6) 철근 배근

① 철근 배근이 너무 조밀할 경우 콘크리트 채워 넣기 곤란

② 철근의 이음부가 한곳에 집중될 경우 Hole 발생

### 7) 개구부 처리

창 등의 개구부 하부에 공기구멍을 두어 밀실 타설

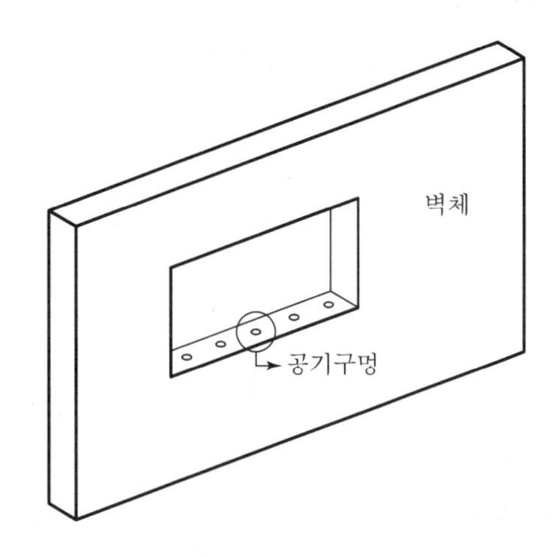


8) 기후

| 요인 | 서중 콘크리트 | 한중 콘크리트 |
|---|---|---|
| 온도 | 25℃ 이상 | 4℃ 이하 |
| 주안점 | • Slump<br>• Cold Joint<br>• 건조수축 균열<br>• 가수 | • 강도 저하<br>• 동해<br>• 양생<br>• 적산온도 |

그 외, 습도, 강우 및 강풍시에도 영향을 받음

## Ⅴ. 결 론

고성능 콘크리트는 시공연도가 개선되고 강도·내구성·수밀성이 향상되어 각종 균열 등의 발생이 최소화되므로 부족한 부분의 기술개발에 전념하여 실용화 시기를 앞당겨야 한다.

# 문제 7 고강도콘크리트의 제조방법 및 시공관리

## Ⅰ. 개 요

### 1) 정 의

① 고강도콘크리트는 강도, 내구성, 수밀성이 확보되는 고품질 콘크리트로서 설계기준강도가 일반콘크리트에서 40MPa이상, 경량콘크리트에서 27MPa 이상의 콘크리트이다.

② 고강도콘크리트는 물결합재비의 감축과 결합재인 cement paste의 강도개선 등으로 제조할 수 있으며, 최근에 그 활용이 크게 증가하고 있다.

### 2) 특 징

① 부재의 경량화

② 소요단면 감소

③ 시공능률 향상

④ 취성파괴 우려

⑤ 내화공법 필요

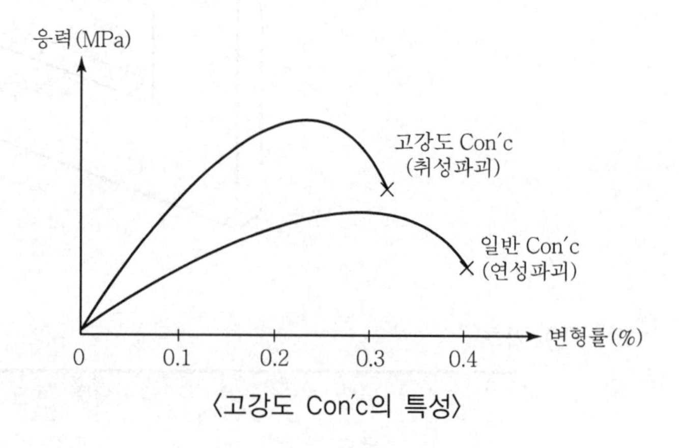


〈고강도 Con'c의 특성〉

## Ⅱ. 고강도콘크리트 제조원리

| a. W/B비를 적게 해서 농도를 높이며 잉여수를 작게 함<br>b. 수화를 촉진시켜 공극을 작게 함<br>c. 굳지 않은 cement paste를 가압하여 공극을 작게 함<br>d. 공극을 고강도의 충전재 또는 무기질 분말을 충전시킴 |
|---|

① 압축강도 60MPa 정도까지의 고강도콘크리트 제조 시에는 a, b방법을 혼합

② 압축강도 60MPa 이상의 고강도콘크리트 제조시에는 a, b방법에 c, d방법을 추가

# Ⅲ. 제조방법

1) Flow chart

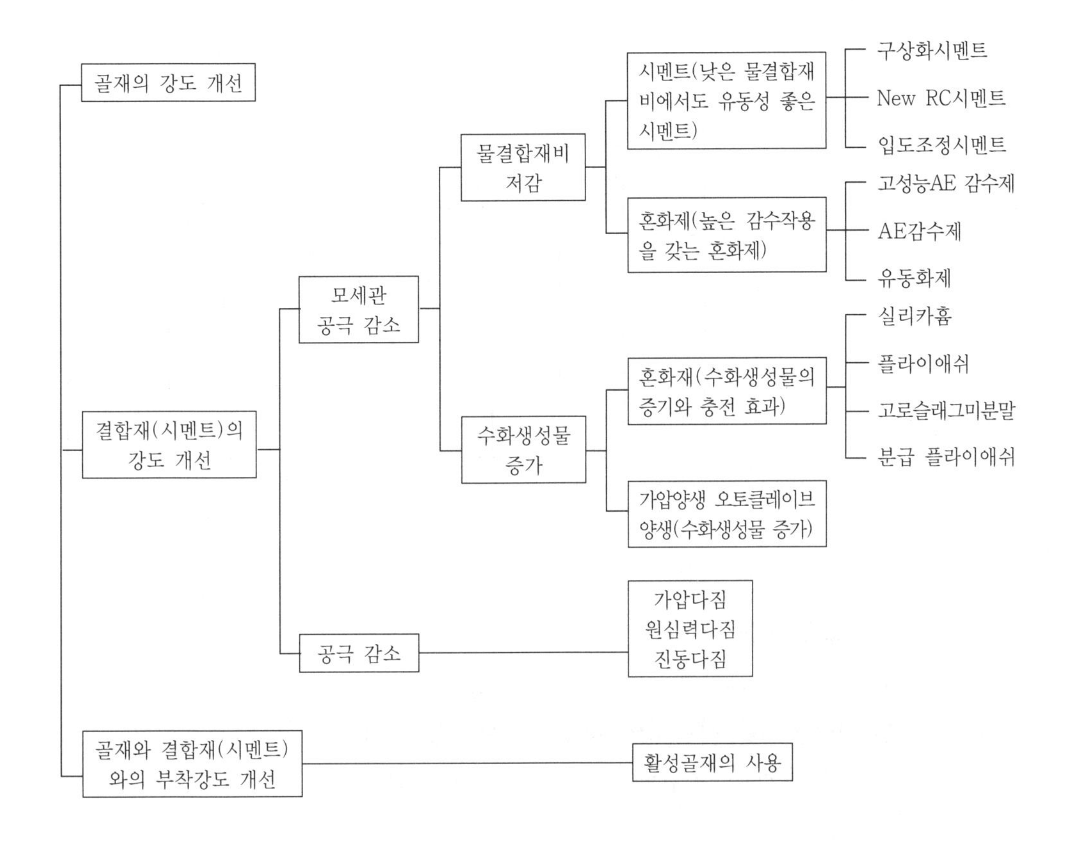


2) 결합재 강도 개선

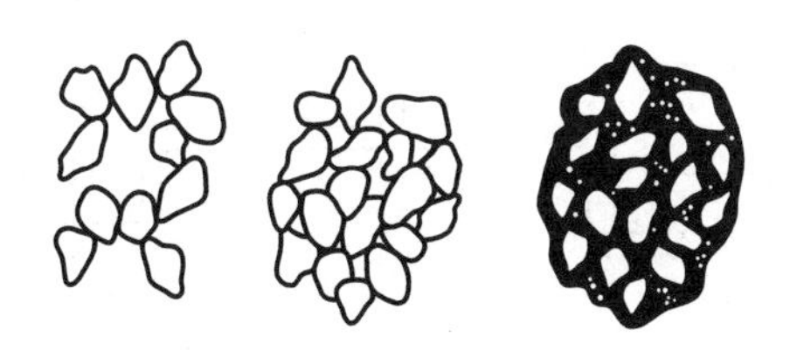

〈실리카흄 효과〉

고강도 및 투수성이 작은 콘크리트 제조 가능

### 3) W/B비의 저감

① 고성능AE감수제의 사용으로 W/B비의 대폭 감소(20%) 가능

② Slump value는 150mm 이하로 함

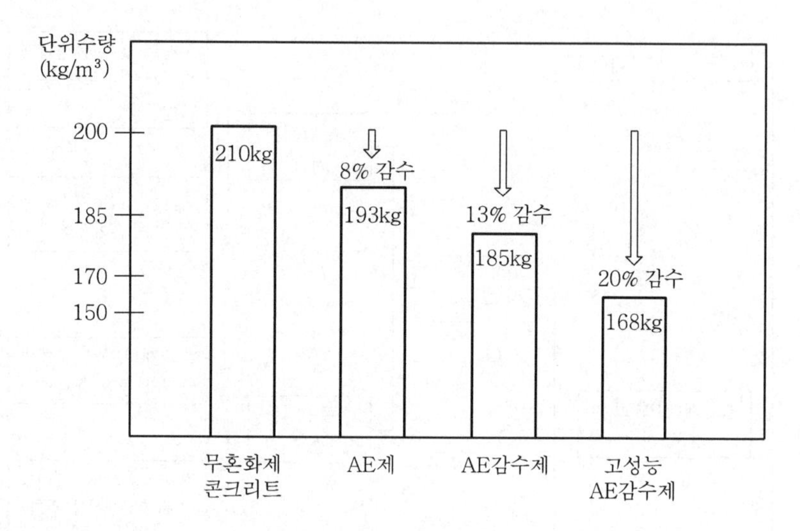


### 4) 활성골재 사용

① Alumina 분말을 사용하여 팽창성 호전

② 인공골재를 사용하여 강도 및 시공성 개선

③ 골재와 cement paste와의 부착강도 개선

### 5) 다짐방법 개선

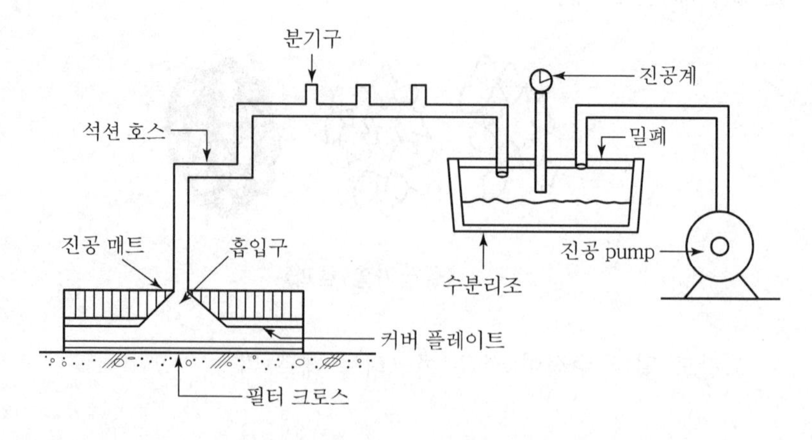


진공다짐의 실시로 콘크리트 속의 잉여수와 공극 제거

### 6) 고강도철근 사용

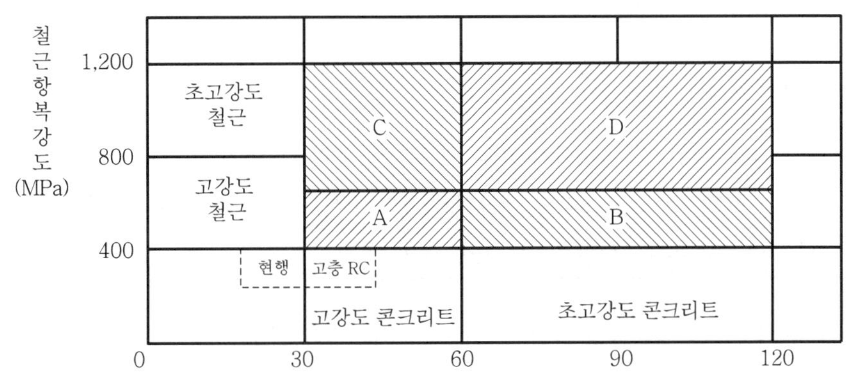


A : 고강도철근과 고강도콘크리트를 사용한 RC조
B : 고강도철근과 초고강도콘크리트를 사용한 RC조
C : 초고강도철근과 고강도콘크리트를 사용한 RC조
D : 초고강도철근과 초고강도콘크리트를 사용한 RC조

초고강도철근과 초고강도콘크리트의 사용으로 압축강도 100MPa 이상의 콘크리트 제조 가능

## Ⅳ. 시공관리(시공 시 유의사항)

### 1) 재료관리 철저

① Portland cement 1종, 2종 및 3종의 각 A급 사용
② 골재의 조립률은 3.0 정도가 강도 확보에 적당
③ 고성능AE감수제

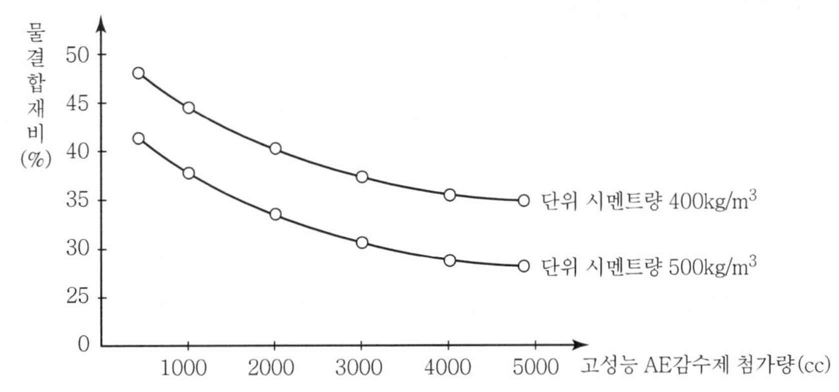


Slump 값은 100±10mm로 고정했을 경우 고성능 AE감수제 첨가량에 따라 물시멘트비의 저감효과가 확연히 나타남

## 2) 배합관리 시 실험배합 실시

| 구분 | 관리 내용 |
|---|---|
| 유동화제 사용 | 보통 콘크리트와 동일한 작업성을 유지하면서 물결합재비를 대폭 낮추기 위해 사용 |
| 재료분리 | 과다한 비빔은 재료분리 발생, 비비기 시간은 60~90초 |
| 골재 | 조골재와 세골재가 골고루 섞이게 하여 공극률 및 시멘트량을 감소시킴 |
| Mix의 회전속도 | 회전속도는 1m/sec가 기준 |

원하는 강도에 따라 시험 배합은 실시한 후 결정

## 3) 비비기관리 시 물결합재비 저감

보통콘크리트와 동일한 작업성을 유지하면서 물결합재비를 대폭 낮추기 위해 사용

| 구분 | 관리 정도 | 비고 |
|---|---|---|
| 물결합재비 | • 33~38% → 40~50MPa<br>• 30% 이하 → 70MPa 이상 | 시험배합 실시 |
| 단위시멘트량 | • 400~560kg/m³ | 시험배합 실시 |
| 잔골재율 | • 30~40%<br>• 조립률 3.0 | 조립률 2.5 이하는 다짐 곤란 |
| 굵은골재 최대치수 | • 19~25mm | 50MPa 이상 가능 |

## 4) 운반시간 관리 철저

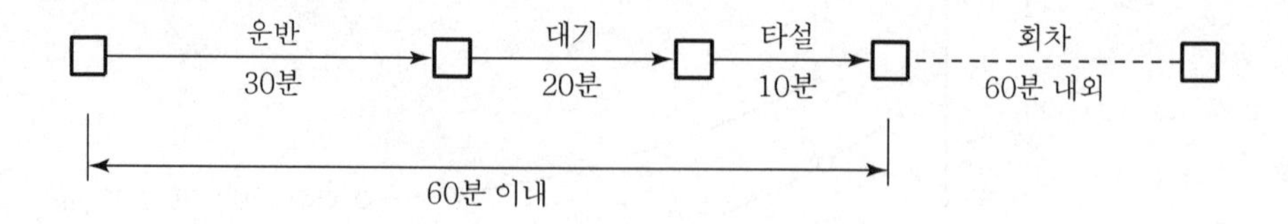


운반에서 타설까지 60분 이내가 되도록 레미콘공장 선정

5) 60분 이내 타설

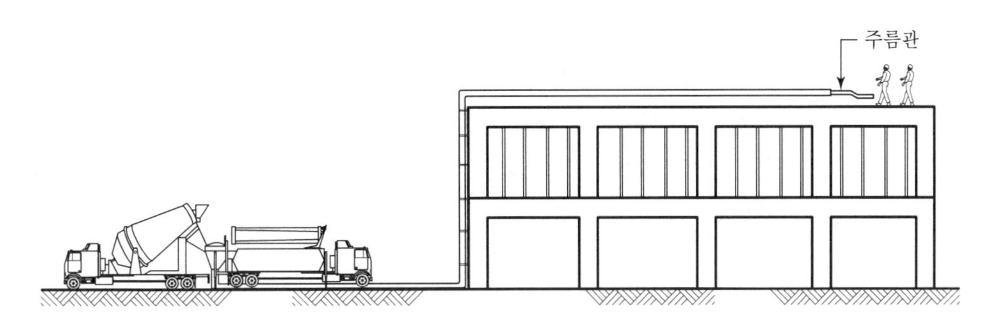


〈현장에서의 콘크리트 타설 전경〉

비빔에서 타설완료시간은 60분 이내가 적당하며, 90분 초과 금지

6) 양생관리 철저

| 양생법 | 관리 내용 |
|---|---|
| Autoclaved curing | • 고온고압의 탱크에서 실시하는 양생<br>• 고강도콘크리트 제작 |
| 초기양생 | • 현장시공 시 철저한 초기양생 실시<br>• 초기에 발생하는 콘크리트의 체적변화, 건조수축 발생제어 |
| 습윤양생 | • 물결합재비가 낮으므로 습윤양생 실시<br>• 부득이한 경우 현장피막양생 실시 |

## V. 국내외 콘크리트 시장전망

(단위 : 억 원)

| 구분 | 2010 | 2015 | 2020 | 2030 |
|---|---|---|---|---|
| 콘크리트 | 500,000 | 520,000 | 550,000 | 570,000 |
| 고성능 콘크리트 | 2,400 | 12,000 | 120,000 | 300,000 |
| 점유율(%) | 0.48 | 2.31 | 21.82 | 52.63 |

## Ⅵ. 결 론

① 최근 국내에서도 100MPa 이상의 초고강도콘크리트를 사용한 실적이 있으며 자중경감의 효과로 고층건물에서의 활용이 일반화되고 있다.

② 고강도콘크리트는 물결합재비를 저감하기 위한 혼화제의 사용이 필수적이며 제조, 배합, 시공 및 양생에 대한 철저한 관리로 품질유지를 위해 노력하여야 한다.

문제 8

# 고유동(초유동)화 콘크리트의 특성과 유동성 평가방법

## Ⅰ. 개 요

### 1) 정 의

① 현장다짐이 불가능하거나, 작업공간이 협소하여 다짐효과를 기대할 수 없는 경우 품질향상을 위해 유동성, 충전성, 재료분리 저항성 등을 겸비하여 타설되는 콘크리트이다.

② 고유동화콘크리트는 자중에 의한 유동성과 다짐없이 충전될 수 있는 충전성 및 cement paste와 골재의 결합력을 높이는 재료분리저항성이 중요한 특성이다.

### 2) 사용혼화재료

| 혼화재료 | 용도 |
|---|---|
| 고성능 AE감수제 | 물결합재비의 대폭 감소(약 20% 감소) |
| Fly ash | 결합재의 구속수 및 경화발열 감소 |
| 고로 slag 미분말 | 시멘트 경화시 발열 감소 |
| 분리저감제 | Cement paste, mortar의 점성 증대<br>콘크리트의 유동성, 충전성 개선 |

## Ⅱ. 배합설계 기본개념

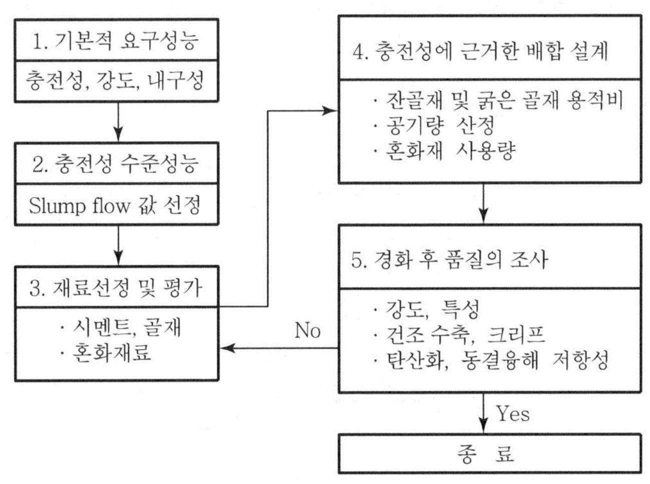


고유동콘크리트의 배합은 건축물 요구성능의 정확한 파악이 선행되어야 함

## Ⅲ. 고유동콘크리트 특성

### 1) 배합적 특성

| 구분 | 배합 |
|---|---|
| 배합강도 | 설계기준강도 대신 품질기준강도 기준 |
| 단위수량 | 175kg/m³ 이하 |
| Slump flow | 600±50mm |
| 배합시간 | 60±10초(일반 콘크리트 30±10초) |

배합시 고성능 AE감수제, fly ash, 고로 slag 미분말, 분리저감제 등 첨가

### 2) 유동성 우수

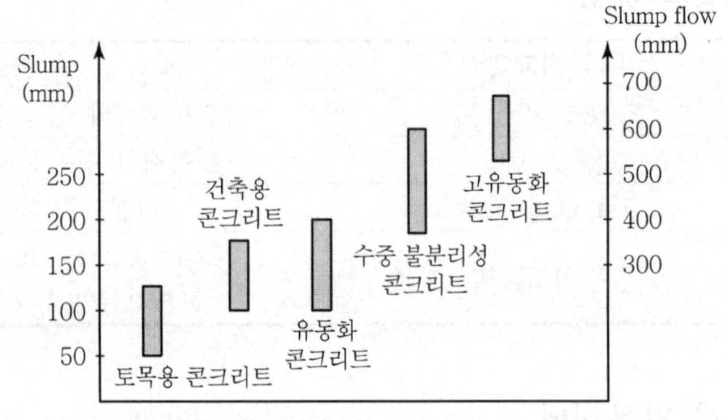


① 다짐없이 자중에 의한 콘크리트의 횡적 흐름

② 고유동콘크리트의 slump flow의 목표값은 500mm 이상 700mm 이하

### 3) 재료분리저항성 겸비

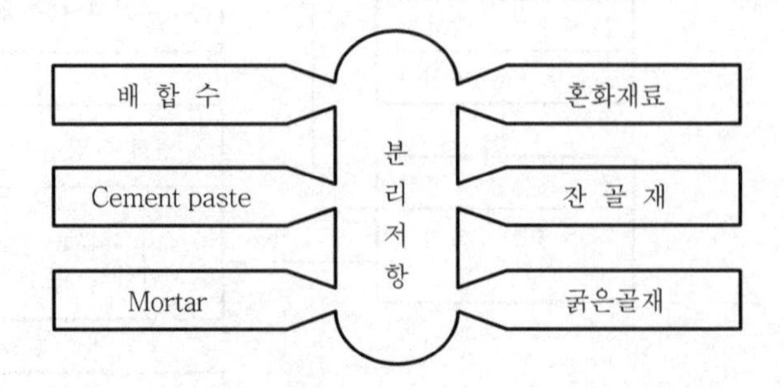


각 재료의 분리를 방지하여 균등한 품질의 콘크리트 생성

### 4) 충전성 겸비

충전성 ┬ 소극적 개념 : 재료분리저항성을 저해하지 않는 성능
└ 적극적 개념 : 다짐없이 자중으로 충전될 수 있는 성능

### 5) 시공성(workability) 우수

① 유동구배 우수

| 콘크리트 종류 | 유동구배 | 유동거리<br>(일반Con'c : 고유동화Con'c) |
|---|---|---|
| 일반콘크리트 | 1/5~1/10 | 1 : 2 |
| 고유동화콘크리트 | 1/15~1/25 | |

② 충전성을 겸비한 시공성 우수

### 6) 고내구성 확보

| 구분 | 탄산화 | 탄성계수 | 염해대책 | 내동해성 |
|---|---|---|---|---|
| 일반콘크리트 | 보통 | 보통 | 보통 | 보통 |
| 고유동화 콘크리트 | 우수 | 부족 | 약간 우수 | 보통 |

고유동화콘크리트의 경우 탄산화부분에서 일반콘크리트에 비해 우수

## Ⅳ. 유동성 평가방법

(1) Slump flow

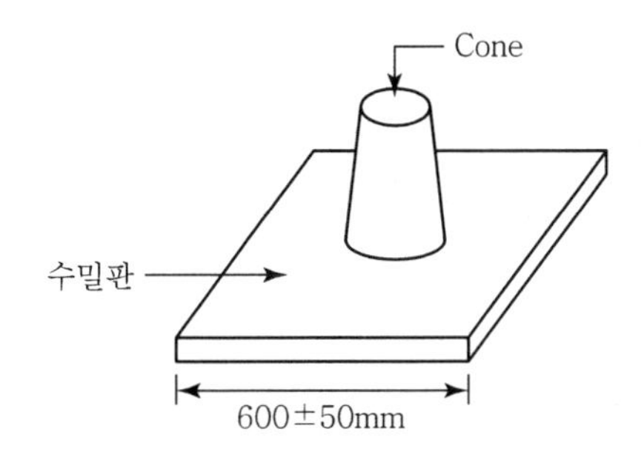

#### 1) 의 의

수밀 cone 속에 콘크리트를 넣고 slump flow 값을 측정하는 시험

#### 2) 시험방법

① 콘크리트의 퍼진 지름이 0.5m가 될 때까지의 시간 check

② 5±2초가 합격

#### 3) 특 징

① 시험이 가장 간편

② 현장관리시험에 적용 가능

### (2) L형 flow 시험

#### 1) 의 의

L-type의 form 속에 콘크리트를 흘러내려 slump flow 값을 측정하는 시험

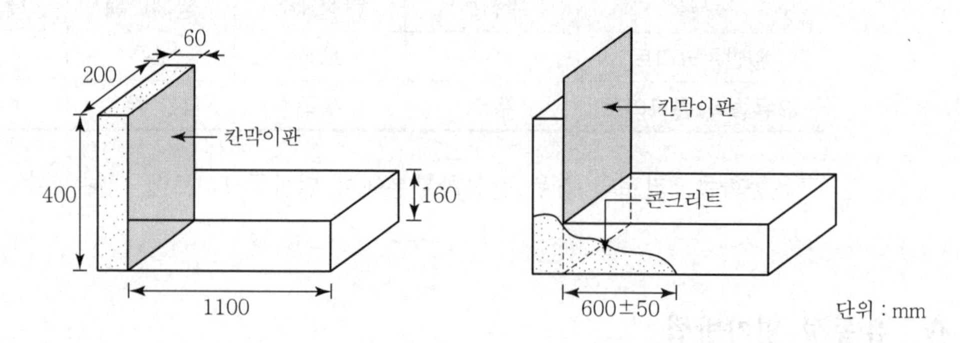


#### 2) 시험방법

① L형 form의 수직 부위에 콘크리트를 채운다.

② 칸막이를 제거한다.

③ L형 form 속으로 흘러내린 콘크리트의 수평길이(slump flow)를 측정하여 600±50mm이면 유동성 우수

#### 3) 특 징

① 유동성을 가장 신속하게 측정

② Slump flow 값의 측정으로 유동성 측정

### (3) 깔대기 유하시험

#### 1) 의 의

원형 깔대기와 네모형 깔대기 속으로 콘크리트를 부어 유동특성과 간극통과성을 평가

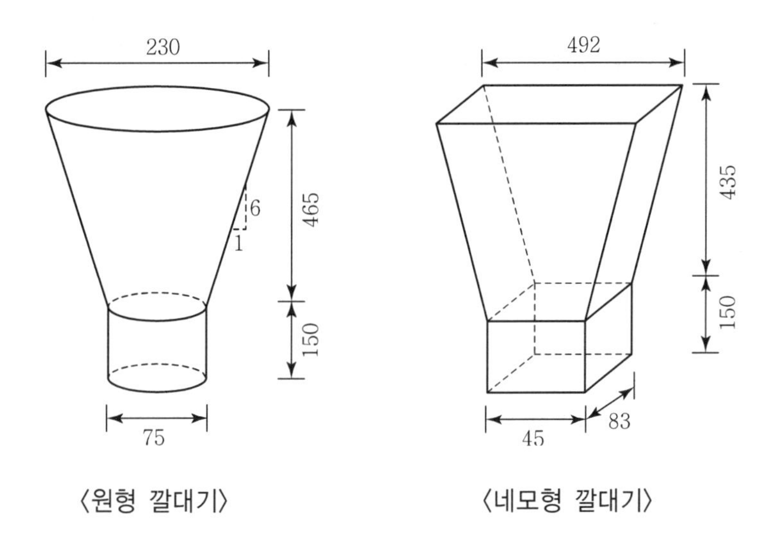


〈원형 깔대기〉 〈네모형 깔대기〉

#### 2) 특 징

① Mortar의 점성에 따른 유동특성 파악

② Mortar의 간극통과성 평가

## V. 고유동화콘크리트의 경제성 평가

| 구분 | 일반콘크리트 | 고유동화콘크리트 |
|---|---|---|
| 재료비 | 보통 | 고가 |
| 인건비 | 100% | 30% |
| 품질 | 보통 | 우수(보수비용 감소) |
| 1일 타설량 | 평균 | 평균×1.5~2.0배 |
| 공기단축 | - | 가능 |

종합적으로 평가할 때 중저층의 경우에는 경제성이 불리하지만 고층의 경우에는 유리하게 작용한다.

## Ⅵ. 결 론

① 고유동화콘크리트의 타설 결과, 간편성과 품질의 우수성이 입증되어 사용실적이 증가되고 있다.

② 고유동화콘크리트는 진동기 사용이 곤란한 수중콘크리트나 충전성의 확인이 어려운 부분에 적극 활용하여 나아가 일반콘크리트를 대신할 수 있는 우수한 품질과 경제성을 겸비할 수 있도록 연구·개발하여야 한다.

# 문제 9 제치장콘크리트의 시공 시 품질관리사항

## Ⅰ. 개 요

### 1) 정 의

① 제치장(노출)콘크리트는 마감이 없이 노출되는 콘크리트면 자체가 치장이 되게 마감하는 콘크리트이다.

② 제치장콘크리트는 마감재의 공정이 없으므로 공기단축에 유리하나, 콘크리트 자체가 마감이므로 평활도유지와 거푸집관리가 중요하다.

### 2) 특 징

| 장점 | 단점 |
|---|---|
| • 자재절감 가능<br>• 건물자중 감소<br>• 고강도콘크리트 추구<br>• 공사내용의 단일화 | • 거푸집 설치비용 증가<br>• 인건비 상승<br>• 품질관리 난해 |

## Ⅱ. 시공도

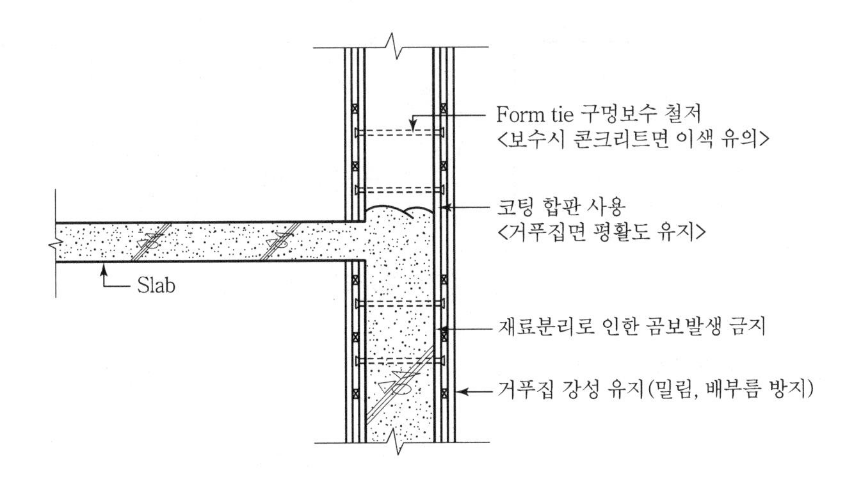


〈외벽 제치장콘크리트 시공 예〉

## Ⅲ. 품질관리사항

### 1) 노출면 이색(異色)관리

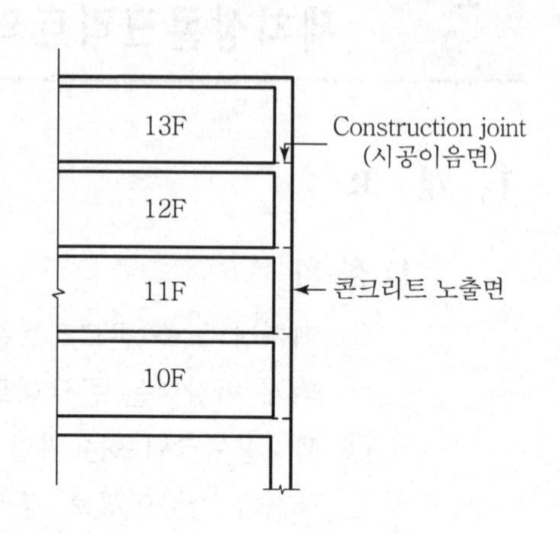


① 각 층당 사용되는 콘크리트 속의 시멘트를 동일 회사 제품 사용

② 레미콘의 공급을 한공장에서만 거래

③ 골재의 사용도 같은 지역에서만 공급하도록 관리

### 2) 마감면 평활도 유지

〈콘크리트 표면평활도 허용오차〉

| 외관 조건 | 허용 오차 |
|---|---|
| 미관용 노출콘크리트 | 3mm 이내 |
| 마감이 있는 콘크리트 | 6mm 이내 |
| 미관 무시 노출콘크리트 | 13mm 이내 |

### 3) Cold joint 방지

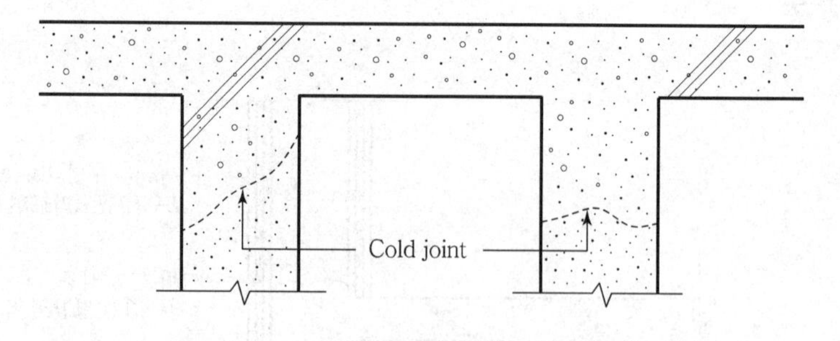


〈기둥에서의 cold joint 발생〉

신 · 구 콘크리트의 타설 joint 시간의 지연시 cold joint 발생

### 4) 피복두께 확보

| 부위 및 철근 크기 | | | 최소피복두께 (mm) |
|---|---|---|---|
| 수중에서 치는 콘크리트 | | | 100 |
| 흙에 접하여 콘크리트를 친 후 영구히 흙에 묻혀 있는 콘크리트 | | | 75 |
| 흙에 접하거나 옥외 공기에 직접 노출되는 콘크리트 | D19 이상 철근 | | 50 |
| | D16 이하 철근, 지름 16mm 이하 철선 | | 40 |
| 옥외의 공기나 흙에 직접 접하지 않는 콘크리트 | 슬래브, 벽체, 장선 | D35 초과 철근 | 40 |
| | | D35 이하 철근 | 20 |
| | 보, 기둥 | | 40 |

* 피복두께의 시공 허용오차는 유효깊이 200mm 이하 시에는 10mm 이내로, 유효깊이 200mm 초과 시에는 13mm 이내로 한다.

### 5) 격리재(separator) 구멍처리

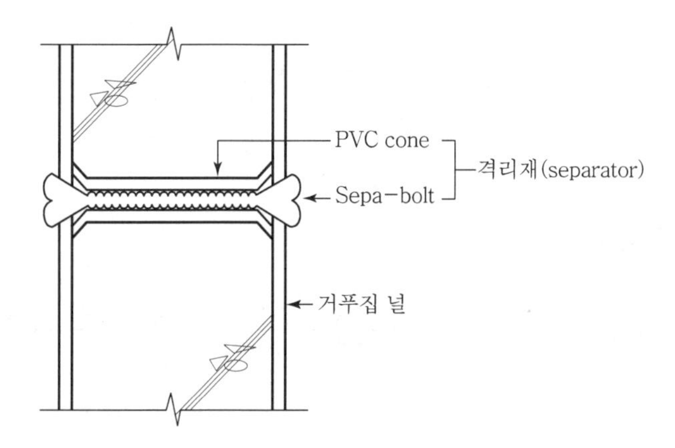


① 거푸집해체 후 남아 있는 PVC cone 위치의 방수처리 철저
② 방수 mortar의 이색에 유의하여 처리

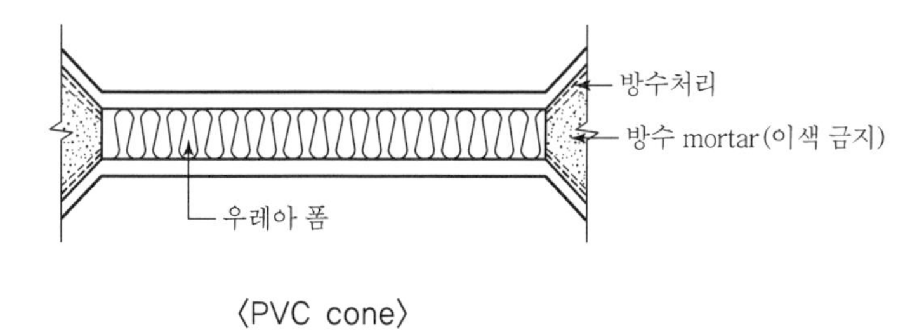


〈PVC cone〉

### 6) 콘크리트 강도 확보

① 콘크리트의 압축강도 24MPa 이상(가능한 27MPa 이상)사용
② W/B비는 적게 하여 강도 및 내구성 확보

### 7) 거푸집 면정리 철저

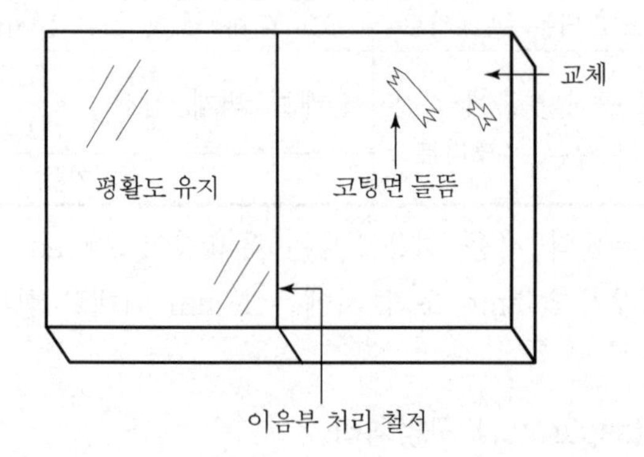


① 거푸집 해체 도중 흠집이 발생한 거푸집의 교체 → 코팅면 유지
② 거푸집 간의 각 이음부 처리 철저
③ 거푸집면의 평활도 유지

### 8) 운반관리

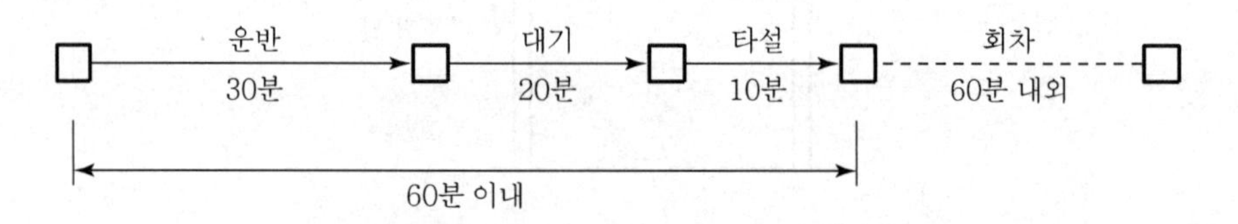


① 레미콘의 출하에서 타설까지 60분 이내가 되도록 관리
② 최대 90분을 초과하지 않도록 유의

### 9) 타설시 재료분리 방지

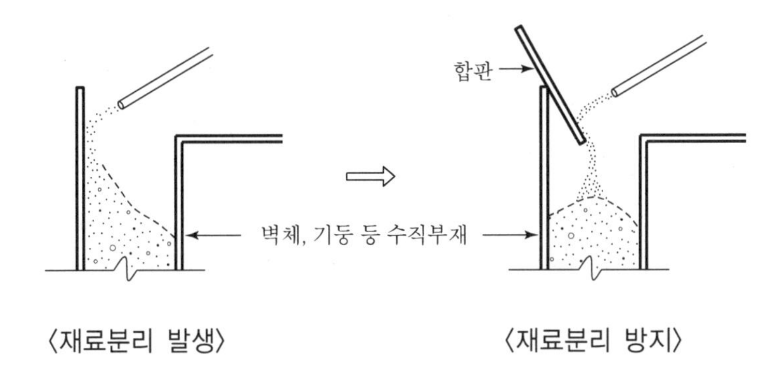


콘크리트가 직접 거푸집에 닿지 않도록 합판을 설치하여 재료분리 방지

### 10) 다 짐

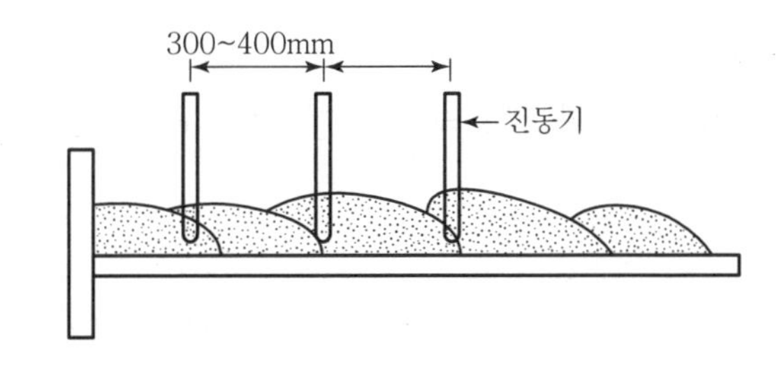


다짐간격은 300mm 정도로 하여 콘크리트의 밀실성 유지

### 11) 양생 철저

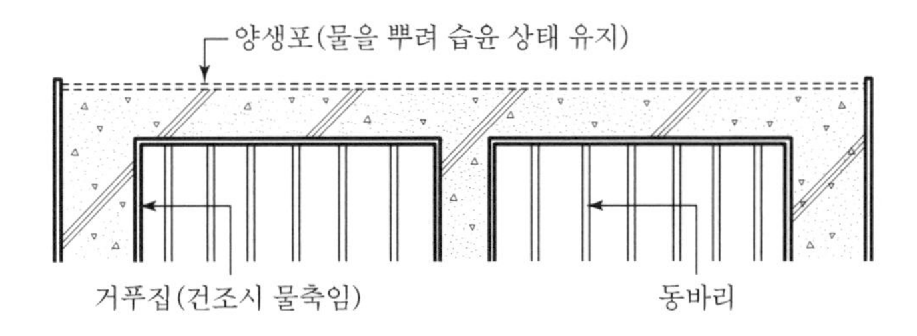


습윤양생상태가 오랫동안 지속될수록 콘크리트의 강도 및 내구성 증대

## Ⅳ. 콘크리트면의 보수

① 구조적인 결함의 곰보는 Con'c면이 건조하기 전에 보수
② 보수면이 거친 경우 2일 정도 경과 후 연마기계로 갈아냄
③ 작은 결함은 mortar에 석고를 혼합(된비빔)하여 보수
④ 작은 흠집은 나무주걱(도장전용)으로 땜질
⑤ 결함부를 발라서 살려내는 것 금지
⑥ 빛깔은 본체와 유사하게 하고 부분적으로 광택이 나지 않도록 유의

## Ⅴ. 결 론

① 제치장콘크리트의 품질관리 중 거푸집공사의 관리가 매우 중요하며, 부정확한 시공과 거푸집 강성이 부족 시 콘크리트면의 보수에 많은 노력과 경비가 소요되어 공사비가 증대되는 결과를 가져온다.
② 제치장콘크리트의 미려한 마감과 강도 및 경제성을 갖추기 위해서는 거푸집의 정밀시공과 콘크리트의 철저한 다짐으로 이루어져야 한다.

# 문제 10 수중콘크리트의 종류별 특성 및 타설방법

## Ⅰ. 개 요

### 1) 정 의

① 수중콘크리트는 물이 많이 나고 배수가 불가능한 지하층공사 및 호안, 하천변의 기초공사 또는 가물막이공사 등에 적용되는 콘크리트이다.

② 수중콘크리트는 재료분리가 발생하지 않도록 유념하며 또한 진동다짐이 불가능하므로 스스로 충전될 수 있는 능력을 갖추어야 한다.

### 2) 요구되는 성능

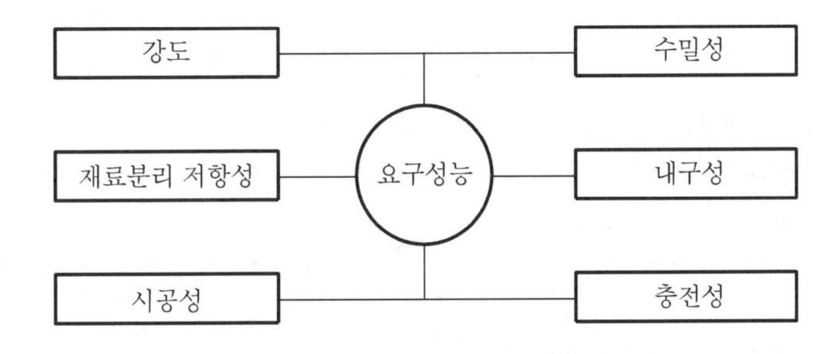


## Ⅱ. 수중콘크리트의 물결합재비

| 환경조건 \ 콘크리트조건 | 무근콘크리트 | 철근콘크리트 |
|---|---|---|
| 담수 | 65% 이하 | 55% 이하 |
| 해수 | 60% 이하 | 50% 이하 |

# Ⅲ. 종류별 특성

## (1) 일반 수중콘크리트

### 1) 의 의

① 일반적인 수중콘크리트 타설시에는 공기 중에서 보다 높은 배합강도로 배합

② 재료, 배합, 타설 및 시공장비 등에 유의하며 재료분리가 적게 일어나도록 관리

### 2) 특 성

| 구분 | 배합 내용 |
|---|---|
| 물결합재비 | • 물결합재비는 50% 이하<br>• 재료분리를 적게 하기 위해 단위시멘트량(370kg/m³ 이상) 많게 함 |
| Slump치 | • 트레미공법, 콘크리트 펌프공법은 150~200mm<br>• 밑열림 상자공법, 밑열림 포대공법은 120~170mm |
| 굵은골재 최대치수 | • 입도가 좋은 자갈 사용<br>• 쇄석(부순 돌)을 사용할 경우 골재 사용량이 3~5% 증가 |
| 잔골재율 | • 40~45%가 표준 |

## (2) 수중 불분리성 콘크리트

### 1) 의 의

① 해양 등 수면하의 비교적 넓은 면적에 시공되는 콘크리트로 수중불분리성 혼화제를 사용하여 수중에서 재료분리를 막음

② 최근 시공실적이 증가되고 있으나, 일반적인 수중콘크리트와 물성이 상당히 상이하므로 시공 시 유의

### 2) 특 성

| | |
|---|---|
| 비비기 | • 1회 비비기량은 믹서 용량의 80% 이하<br>• 비비는 시간은 90~180초 |
| 사용공법 | • Tremie 공법<br>• 콘크리트 pump공법 |

| | |
|---|---|
| 유속관리 | • 5mm/sec 이하로 관리<br>• 수중 낙하높이는 0.5m 이하 |
| 타설속도 | • 콘크리트 pump로 압송할 경우 압송압력은 보통콘크리트의 2~3배이나 타설속도는 1/2~1/3 정도 |

### (3) 현장치기말뚝 및 지하연속벽의 수중콘크리트

#### 1) 의 의

현장치기말뚝 및 지하연속벽은 구조물 본체나 지하굴착의 토류벽 등에 사용되므로 정밀도, 이수(泥水), 콘크리트의 품질 등의 시공관리 필요

#### 2) 특 성

| | |
|---|---|
| 철근망 | • 운반, 설치 시 유해한 변형이 일어나지 않도록 관리<br>• 철근의 피복은 100mm 이상 유지 |
| Tremie관 | • Tremie의 안지름은 굵은골재 최대치수의 8배 정도<br>• 콘크리트 타설 중 tremie의 묻히는 깊이는 2m 이상 |
| 콘크리트 타설속도 | • 타설속도 4~10m/h 정도를 유지 |
| 콘크리트 윗면 | • 안정액, 진흙, 레이턴스 등을 제거하기 위해 500mm 이상 높게 타설<br>• 콘크리트 경화 후 제거 |

### (4) Prepacked 콘크리트

#### 1) 의 의

거푸집 안에 미리 굵은골재를 채워넣고 그 공극 속으로 특수모르타르를 주입하여 만드는 콘크리트

#### 2) 시공순서 flow chart

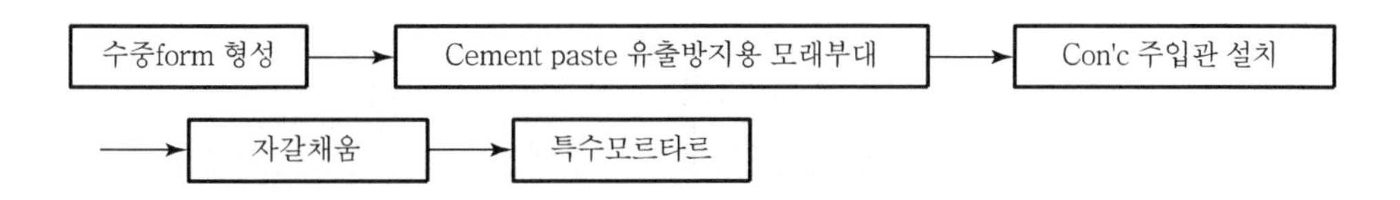

3) 특 성

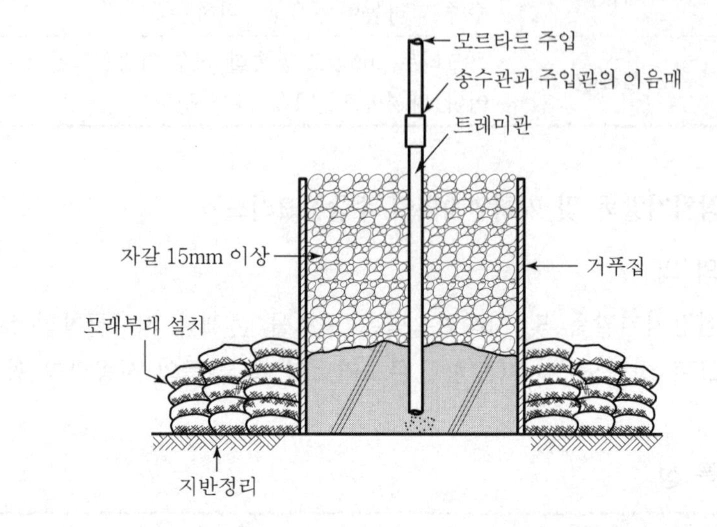


① 특수모르타르는 팽창률 5~10%, bleeding 3% 이하로 유지
② 굵은골재 치수는 15mm 이상으로 하고 거푸집에 충전되었을 때 공극률이 적도록 유지
③ 특수모르타르에 의한 거푸집의 성능은 측압에 충분히 견디는 구조로 함

## Ⅳ. 타설방법

1) Tremie 공법

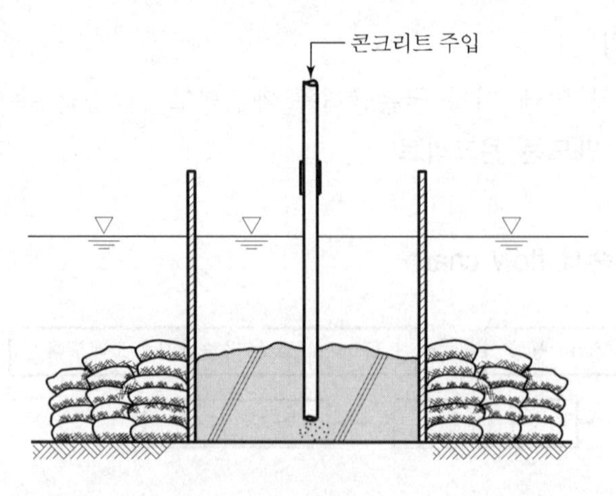


① Tremie pipe의 출구를 막고 수중에 투입하여 물과 치환하면서 콘크리트 타설
② Tremie pipe의 선단은 콘크리트에 묻혀 있을 것

#### 2) 콘크리트 pump 공법

① Tremie pipe 대신 Con'c pump의 수송관을 넣고 콘크리트 타설
② 수송관의 선단은 Con'c 속에 묻히게 함
③ 수송관 내의 Con'c가 가득 차 있어야 함

#### 3) 밑열림상자공법

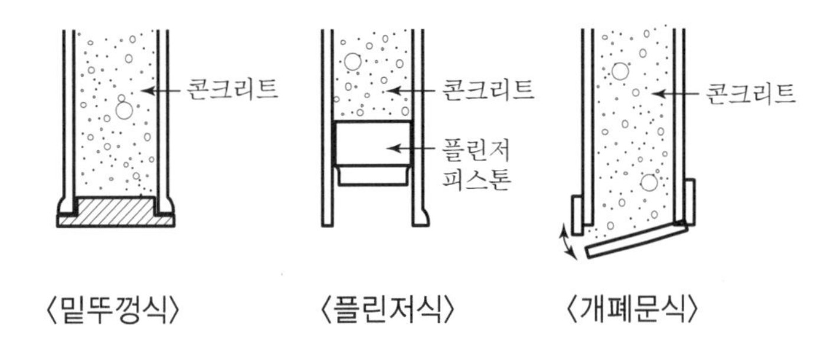


〈밑뚜껑식〉 〈플린저식〉 〈개폐문식〉

① 간이 수중Con'c 공법으로 사용
② 소규모 공사 Con'c 타설시 적용

#### 4) 포대공법

① 간이 수중Con'c 공법으로 사용
② 수면저부가 암반이거나, 요철이 심한 경우 적용
③ 0.05$m^3$ 이하 정도의 포대에 Con'c를 2/3만 채워서 포대끼리 자유로이 변형하도록 하여 층을 쌓고 잘 정착되도록 함

## Ⅴ. 수중콘크리트의 문제점 및 해결방안

| 문제점 | 해결방안 |
|---|---|
| • 철근과의 부착강도<br>• 품질의 균등성<br>• 재료분리<br>• 시공 후 품질확인 | • 가물막이공사에 의한 dry work<br>• Precast 부재 이용<br>• 배합강도 높임<br>• 허용응력 낮춤 |

## Ⅵ. 결 론

① 밀실한 수중구조체를 얻기 위해서는 재료분리 없이 연속적으로 타설 할 수 있는 콘크리트타설 방법이 필요하며 또한 수중에서 콘크리트의 씻김현상이 발생하지 않게 보양하여야 한다.

② 수중에서 형성되는 콘크리트구조체의 강도, 내구성, 수밀성 확보가 중요한 과제이며 이를 만족할 수 있는 precast 부재를 이용하는 공법의 연구, 개발이 필요하다.

문제 11

# 해양콘크리트의 특성 및 염해대책

## Ⅰ. 개 요

### 1) 정 의

① 해양콘크리트란 해양환경(해안으로부터 1km 이내)에 노출된 콘크리트로 염분에 의한 철근부식에 대비하여야 한다.

② 해수면 내에서의 콘크리트 joint 발생이 없어야 하며 수중불분리성 혼화제를 사용하여 수중에서의 재료분리발생은 방지하여야 한다.

### 2) 해양환경 내 콘크리트 표면의 염화물 농도

| 해안으로부터의 거리(m) | 해안선 | 100 | 250 | 500 | 1,000 |
|---|---|---|---|---|---|
| 염화물 농도(kg/m³) | 9.0 | 4.5 | 3.0 | 2.0 | 1.5 |

## Ⅱ. 해양콘크리트의 요구성능

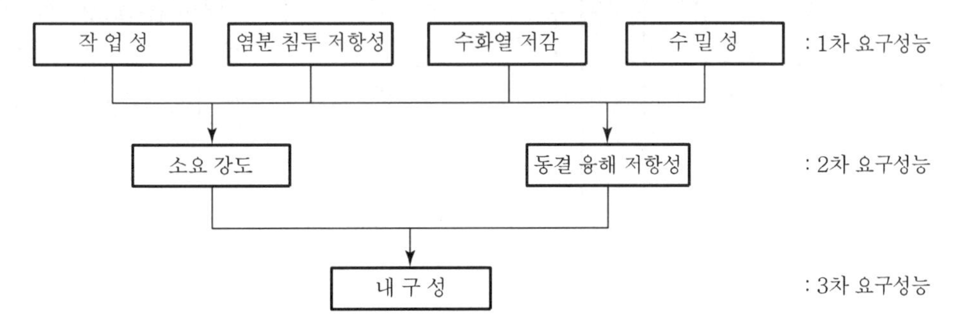


해양콘크리트의 경우 작업성과 염해에 대한 대책을 마련한 후 시공에 임한다.

## Ⅲ. 해양콘크리트의 특성

### 1) 염화물에 노출

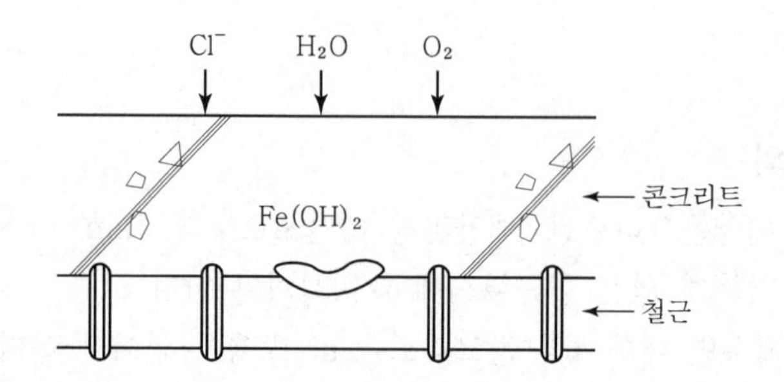


염소이온, 물, 산소가 콘크리트를 통과하여 철근과 만나면서 $Fe(OH)_2$(산화제이철)인 적색의 녹 발생

### 2) 초기보양 필요

해수에 의해 콘크리트 속의 mortar가 유실되지 않도록 5일 이상 보호

### 3) Construction joint 위치 준수

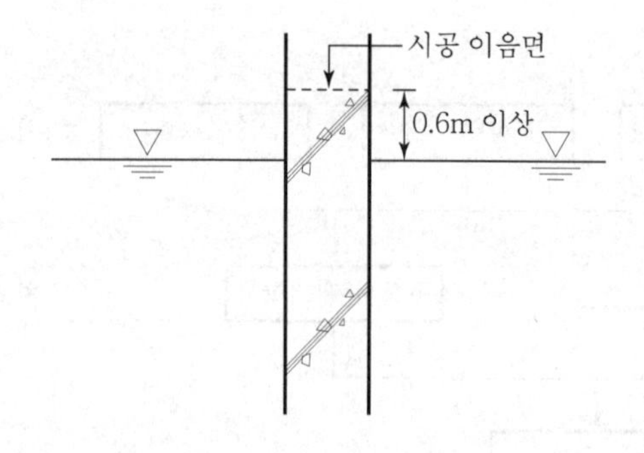


시공이음(construction joint)은 만조시 해수면으로부터 0.6m 이상 높은 곳에 설치

### 4) Cold joint 발생 금지

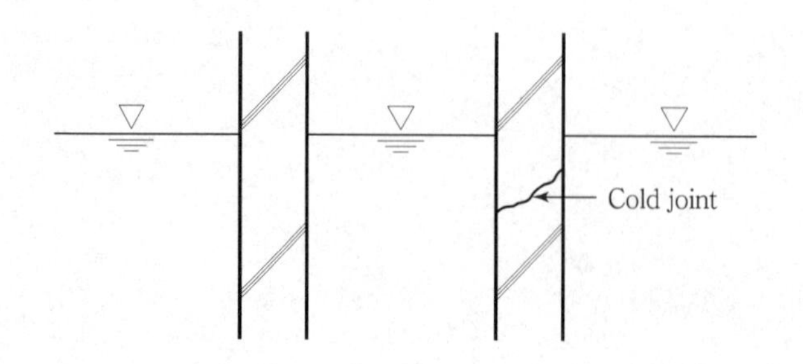


해수면 아래에서의 이음이나 특히 cold joint가 발생하지 않도록 콘크리트타설계획 철저

### 5) 수중불분리성 혼화제 사용

〈수중불분리성(분리저감제) 혼화제 첨가 콘크리트의 특징〉

| 미경화콘크리트의 특성 | 경화콘크리트의 특성 |
|---|---|
| • 수중에서의 분리저항성 우수<br>• 간극에 대한 충전성 우수<br>• Bleeding현상 발생 감소<br>• Pump 압송성 우수<br>• 응결을 지연시키는 특성 | • 공기 중에서 경화시 압축강도 저하<br>• 부착강도 우수<br>• Laitance 발생 저감<br>• 건축수축이 다소 큼<br>• 동결융해에 대한 저항성 다소 부족 |

## Ⅳ. 염해대책

### 1) 철근 부식 대책

| 구분 | 부식 대책 |
|---|---|
| 아연도금 | • 철근의 아연도금은 염해에 대한 저항력이 높음<br>• 철근의 염화물 이온반응 억제 |
| Epoxy coating | • Epoxy coating으로 철근의 방식성 높임<br>• 정전 spray로 평균 도막두께 150~300μm로 유지 |
| 방청제 | • 방청제를 사용하여 철근의 부식 억제<br>• 아질산계 방청제 사용 |
| 철근의 부동태막 보호 | 철근의 부동태막은 강알칼리성에서만 유지되며 철근부식을 방지 |

### 2) 배합적 대책

① 물결합재비

| 시공구분 / 환경조건 | 현장시공 | 공장시공 |
|---|---|---|
| 물보라 지역 | 45% 이하 | |
| 해상 대기 | 45% 이하 | 50% 이하 |
| 해중 | 50% 이하 | |

내구성에 의한 AE콘크리트의 물결합재비

② 단위시멘트량

| 굵은골재 최대치수 / 환경조건 | 25mm | 40mm |
|---|---|---|
| 물보라 지역 | 330kg/m³ | 300kg/m³ |
| 해상 대기 | | |
| 해중 | 300kg/m³ | 280kg/m³ |

3) 피복두께 확보

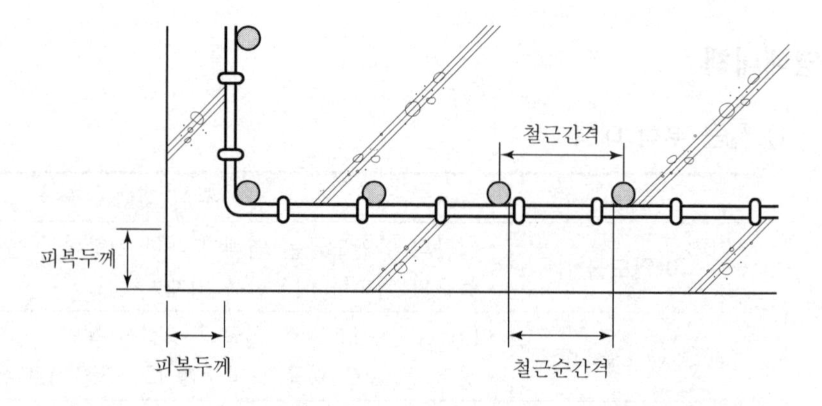


환경조건에 따라 건축공사표준시방서보다 피복두께를 더해 주어야 함

4) 시공적 대책

① Con'c 표면에 도막방수 등을 실시

② 다짐을 철저히 하고, 공극률을 작게 하여 철근 Con'c의 강성을 높임

③ Con'c의 초기양생은 균열을 방지하여 염분의 침투방지

5) 콘크리트 내부 염화물 저감

| 구분 | 대책 |
|---|---|
| 모래 | 건조중량의 0.02% 이하 |
| 콘크리트 | 0.3kg/m³ 이하 |
| 배합수 | 0.04kg/m³ 이하 |

해양콘크리트 내부로부터의 염화물을 저감시켜 염해에 대한 저항성 증대

## V. 결 론

① 해양환경에 노출된 콘크리트는 염해에 의한 철근의 부식으로 구조물의 내구연한이 최고 50%까지 감소된다는 연구결과가 있다.

② 해양콘크리트에 요구되는 성능은 여러 가지가 있으나 특히 염해에 대한 대책을 시공계획 시 수립한 후 시공에 임하여야 한다.

문제 12

# 건축물의 내진 · 면진 · 제진구조의 특징 및 시공 시 유의사항

## Ⅰ. 개 요

① 지진을 제어하기 위한 건축물의 구조방식은 크게 내진 · 면진 · 제진구조로의 구분이 가능하다.

② 내진 · 제진 · 면진구조는 지진에 대한 강성 재료 등의 특징을 가지고 있으며, 이에 대한 시공상의 관리가 무엇보다 중요하다.

## Ⅱ. 지진 피해를 저감할 수 있는 재료

| 종류 | 내용 |
| --- | --- |
| 내진 재료 | • 에너지 소산(Dispersion) 능력이 우수한 연성이 좋은 재료<br>• 지진은 질량에 비례하므로 가볍고 강한 재료<br>• 부재 간의 연속성 · 단일성 · 연결성 중요 |
| 면진 재료 | • 탄성 받침(Elastomeric Bearing)<br>• 저감쇠 천연 또는 합성고무 받침(Low Damping Natural Rubber And Synthetic Rubber Bearings)<br>• 납면진 받침(Lead Plug Bearing)<br>• 고감쇠 천연고무 받침(HDNR ; High Damping Natural Rubber System)<br>• 미끄럼 받침(Purely Sliding System) |
| 제진 재료 | • 점탄성 감쇠기<br>• 점성유체 감쇠기<br>• 동조감쇠기<br>• 항복형 감쇠기<br>• 능동형 감쇠장치 |

# Ⅲ. 내진·면진·제진구조의 특징

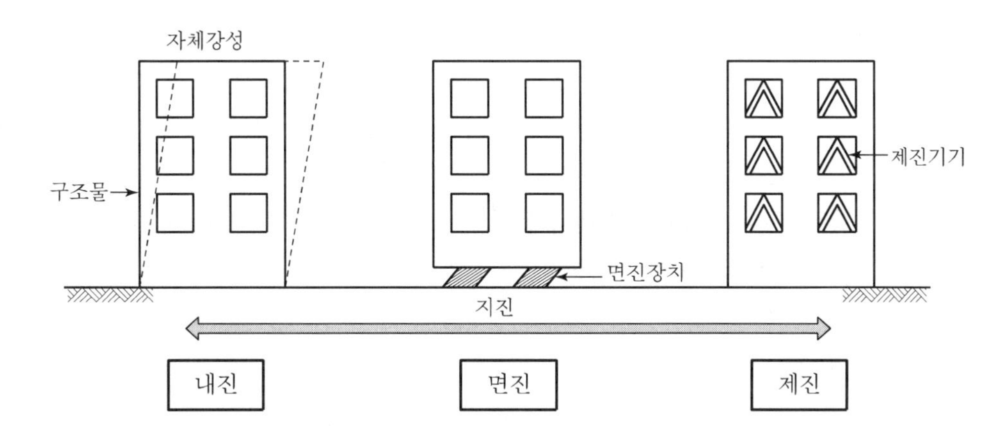


## (1) 내진구조

### 1) 개 념

① 지진에 대항하여 강성이 높은 부재를 구조물 내에 배치

② 구조물 내에 강성이 우수한 부재(내진벽 등)를 설치하여 지진에 견딜 수 있게 하는 구조

③ 즉, 구조물을 튼튼하게 설계하여 무조건적으로 지진에 저항하고자 하는 구조를 의미함

### 2) 내진구조 요소

| 요소 | 내용 |
|---|---|
| 라멘 | 수평력에 대한 저항을 기둥과 보의 접합 강성으로 저항 |
| 내력벽 | 라멘과의 연성효과로 구조물의 휨 방향 변형을 제어함 |
| 구조체 Tube System | • 내력벽의 휨 변형을 감소시키기 위해 외벽을 구체구조로 함<br>• 라멘구조에 비해 휨변위가 1/5 이하로 감소 |
| D.I.B (Dynamic Intelligent Building) | 구조물이 지진에 흔들려도 컴퓨터를 이용하여 흔들리는 반대방향으로 구조물을 움직여서 지진에 대한 진동을 소멸시키는 장치가 설치된 구조 |

### (2) 면진구조

#### 1) 개 념

① 지진에 대항하지 않고 피하고자 하는 수동적 개념
② 지반과 구조물 사이에 고무와 같은 절연체를 설치하여 지반의 진동에너지가 구조물에 크게 전파되지 않게 하는 구조
③ 지진에 의해 발생된 진동이 구조물에 전달되지 않도록 원천적으로 봉쇄하는 방법을 사용한 구조물

#### 2) 특 징

① 지진하중을 감소시키기 위해 주기를 길게 할 것
② 응답변위와 하중을 줄이기 위해 에너지 소산 효과가 탁월할 것
③ 사용 하중하에서도 저항성이 있을 것
④ 온도에 의한 변위를 조절할 수 있을 것
⑤ 자체적으로 복원성을 보유할 것
⑥ 경제성이 있도록 유지비가 적게 소요될 것
⑦ 지진발생으로 손상시 수리 및 대체가 용이할 것
⑧ 지진하중에 의해서 과도한 변위가 발생하지 않을 것

### (3) 제진구조

#### 1) 개 념

① 효율적으로 지진에 대항하여 지진의 피해를 극복하고자 하는 개념
② 구조물 내외부에 필요한 장치를 부착하여 다가오는 지진파에 반대파를 작동하여 지진파를 감소, 상쇄 및 변형시켜 지진파를 소멸시키는 구조

#### 2) 제진장치

① 수동형

진동시 구조물에 입력되는 에너지를 내부에 설치된 질량의 운동에너지로 변환시켜 구조물이 받는 진동에너지 감소

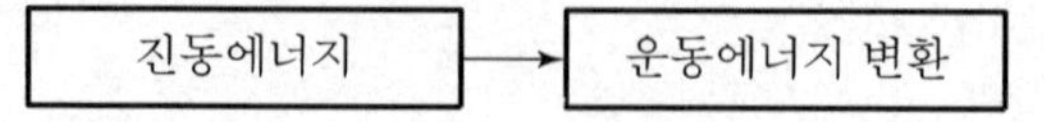

② 능동형

센서에 의해 지진파 또는 구조물의 진동을 감지하여 구동기를 통한 진동제어

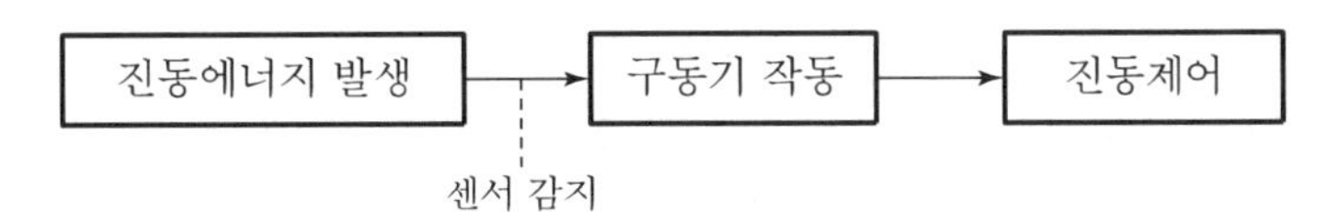


③ 준능동형

보와 역V형의 가새 사이에 실린더로크 장치를 설치하여 구조물의 강성 및 고유주기를 조절함으로써 진동을 제어

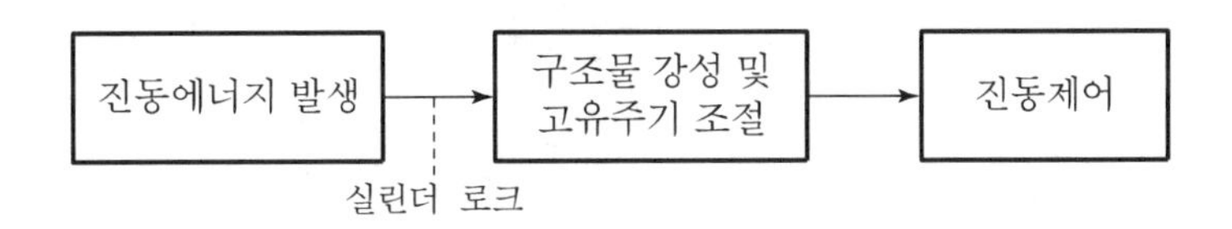


## Ⅳ. 시공 시 유의사항

### 1) Con'c 및 철근의 강도

① 콘크리트 압축강도 18MPa 이상

② 철근의 강도는 420MPa 이하

③ 현장 타설시 부재접합부의 일체성 고려

### 2) 기초

① 기초에서는 주각 고정도 확보가 중요

② 기초판은 지중보와 일체로 고정

③ 지중보의 주근은 D19 이상, 이음길이는 주근의 30배

④ 지하에 매립되는 기둥의 Hoop 간격은 300mm 이하

⑤ 지중보의 Stirrup은 D13 이상, 간격은 주근의 12배

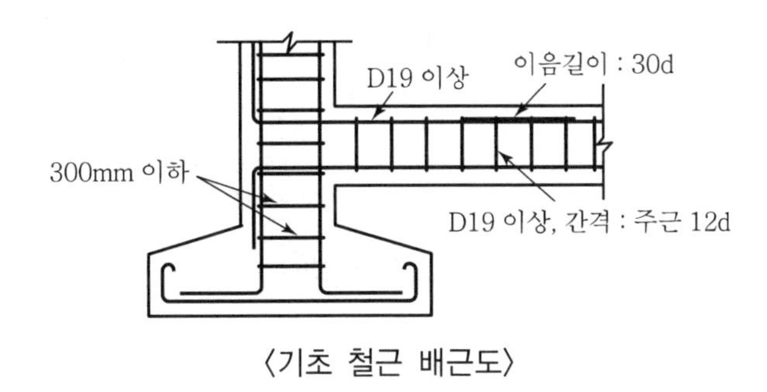


〈기초 철근 배근도〉

### 3) 기둥

① 주근의 이음은 기둥의 H/3 지점에 실시

② 이음길이는 주근의 16D 이상

③ 주근의 1/4 이상은 동일 평면에서 잇지 않음

④ 나선근은 D10 이상, 간격은 300mm 이상, 800mm 이하

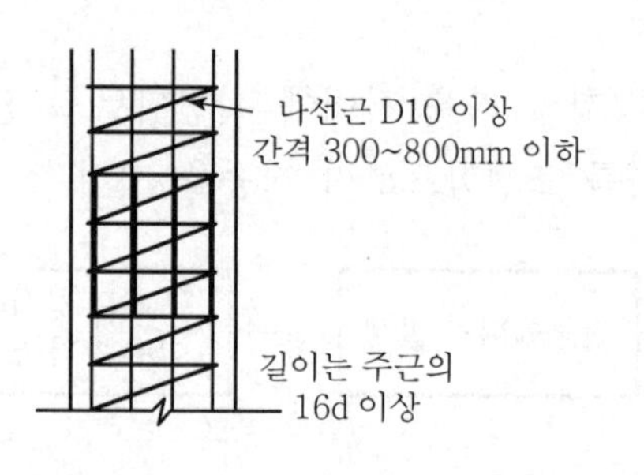


〈기둥 철근 배근도〉

### 4) 보

① 최소철근비는 유효단면적의 0.4% 이상, 최대 2.5% 이하

② 지진으로 인한 응력반전에 따른 응력 집중현상 방지(Bent Bar 사용은 지양)

③ 철근 전단시 15D 이상 여장 확보

④ 연속보의 경우 주근은 기둥을 관통 또는 기둥 속에 45D 이상 정착

⑤ 보와 기둥의 접합부는 충분히 보강

⑥ Stirrup은 폐쇄형으로 조립
간격은 보춤의 1/4, 주근의 50D, 늑근의 25D 또는 300mm 이하

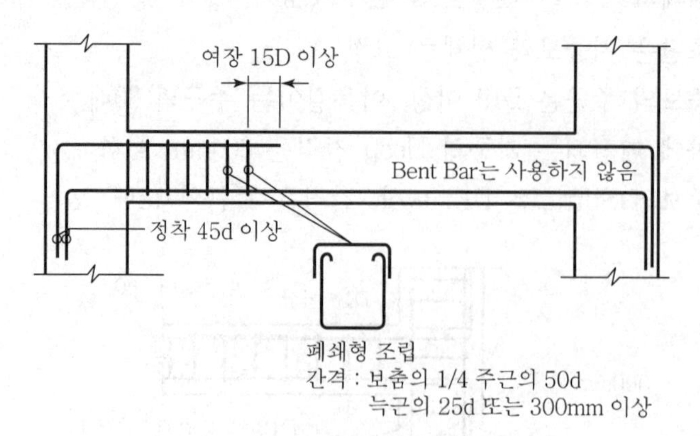


〈보 철근 배근도〉

5) 전단벽

① 모든 수직근은 전단벽 상하의 지지부까지 연결하고, 이음은 주근의 16D 이상으로 설치

② 전단벽의 개구부 모서리는 응력집중에 대비하여 D13 이상의 철근으로 보강

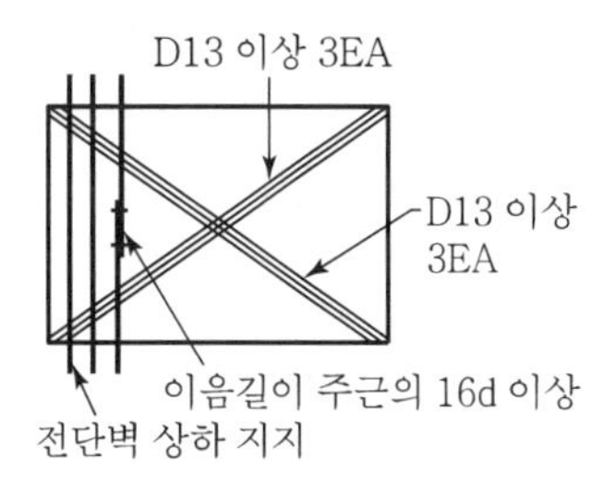


〈전단벽 보강 배근도〉

6) Slab

① Top Bar는 15D 이상의 여장 확보

② 캔틸레버는 복근으로 배근

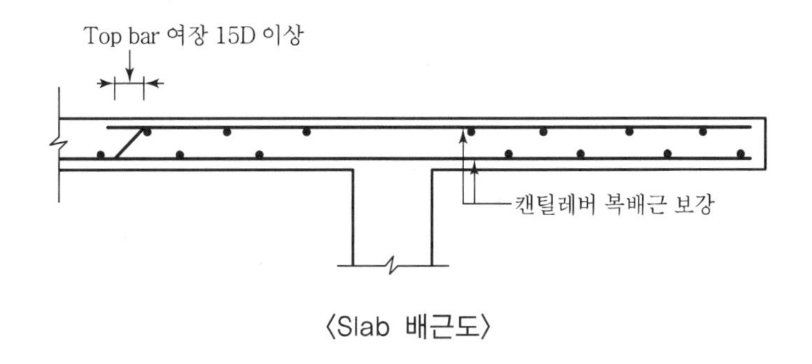


〈Slab 배근도〉

## V. 내진 · 면진 · 제진구조의 비교

| 구분 | 내진구조 | 면진구조 | 제진구조 |
|---|---|---|---|
| 개념 | 구조물내에 강성이 우수한 부재(내진벽 등)를 설치하여 지진에 견딜 수 있게 하는 구조 | 지반과 구조물 사이에 절연체를 설치하여 지반의 진동 에너지를 구조물에 크게 전파되지 않게 하는 구조 | 구조물에 제진기기를 부착하여 다가오는 지진파에 반대파를 작동하여 지진파를 감소, 상쇄 및 변형시켜 지진파를 소멸시키는 구조 |
| 특징 | • 건축물 부재 단면 증대<br>• 비경제적 설계 우려<br>• 건축물의 자중 증가 | • 안전성 향상<br>• 설계자유도 증가<br>• 거주성 향상<br>• 건축물 기능성 유지 | • 구조물의 사용성 확보<br>• 중규모 이상 지진발생 시 손상방지를 위한 설계 필요<br>• 건축물 비구조재 등의 보호에는 한계 |

| 장치 | • 연성이 좋은 재료<br>• 경량의 강성 재료 | • 탄성받침<br>• 천연 또는 합성고무 받침<br>• 납면진 받침<br>• 고감쇠 천연고무 받침<br>• 미끄럼 받침 | • 점탄성 감쇠기<br>• 점성유체 감쇠기<br>• 동조 감쇠기<br>• 항복형 감쇠기<br>• 능동형 감쇠기 |
|---|---|---|---|

## Ⅵ. 결 론

아직 정확한 내진구조 설계가 미흡하고, 전문인력이 부족하며, 지진연구기관이 부족한 상태에 있어 한반도의 지진 위험 평가가 제대로 이루어지지 않고 있다.

## 永生의 길잡이-다섯

### ■ 새 삶을 얻은 주정뱅이

한 주정뱅이가 있었습니다.

노름으로 재산을 날리고 부인과 자식들에게 폭행을 일삼는 사람이었습니다. 그런 그가 교회에 나가게 되었습니다. 그를 아는 사람들은 고개를 가로저으며, "저런 사람이 교회를 다녀봤자 달라질 게 있겠어?" 하며 회의적이었습니다.

어느 날 한 친구가 그에게 물었습니다.

"교회에서 목사님이 무어라 가르치시던가?"

"착하게 살라고 하기도 하고 뭐 그런 말씀을 하는 것 같은데 잘 모르겠어…."

친구가 또 물었습니다.

"그럼 성경은 누가 썼다던가?" 그는 당황하며 대답했습니다.

"글쎄, 잘 모르겠는걸." 친구가 다시 여러 가지 질문을 했지만 그의 대답은 모두 신통치가 않았습니다. 그러자 친구는 답답하다는 듯이 물었습니다.

"도대체 교회에 다닌다면서 자네가 배운 것이 뭔가?" 그러자 그는 자신 있게 대답했습니다.

"그런 건 잘 모르겠는데 확실히 달라진 것이 있다네. 전에는 술이 없으면 못 살았는데 요즘은 술 생각이 별로 나질 않아. 그리고 전에는 퇴근만 하면 노름방으로 달려갔는데 지금은 집에 빨리 가고 싶고, 전에는 애들이 나만 보면 슬슬 피했는데 지금은 나랑 함께 저녁식사를 하려고 기다린다네. 그리고 아내도 전에는 내가 퇴근해서 집에 가면 나를 쳐다보지도 못했는데, 지금은 내가 퇴근할 무렵이면 대문 앞까지 나와 나를 기다린다네."

예수님을 개인적으로 만난 경험, 그 경험을 말로 설명하기는 어렵습니다. 그러나 예수님과의 진실한 만남을 경험한 사람은 행동과 생활과 대인관계가 달라지고 새로운 삶을 얻습니다.

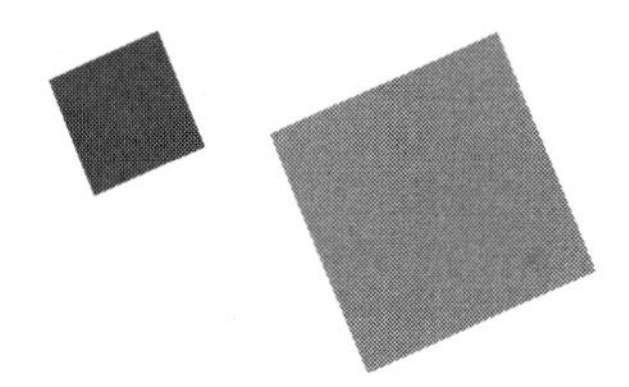

# 6장 | PC공사 및 C/W공사

# 문제 1 Half slab PC공법의 접합부 도해 및 시공 시 유의사항

## Ⅰ. 개 요

### 1) 의 의

① Half slab란 하부는 공장 생산된 PC판을 사용하고 상부는 현장타설 콘크리트로 일체화하여 바닥 slab를 구축하는 공법이다.

② PC공법과 현장타설 콘크리트의 장점을 취한 공법으로 기능인력의 해소와 안전시공을 확보할 수 있는 공법이다.

### 2) 특 징

| 장점 | 단점 |
|---|---|
| 보없는 slab 가능<br>거푸집 불필요<br>장 span의 slab 가능<br>공기단축 가능<br>기능 인력해소를 시공의 합리화 | 타설접합면 일체화 부족<br>작업공정 증가<br>구조설계 기준 미흡 |

## Ⅱ. Half PC 시공도

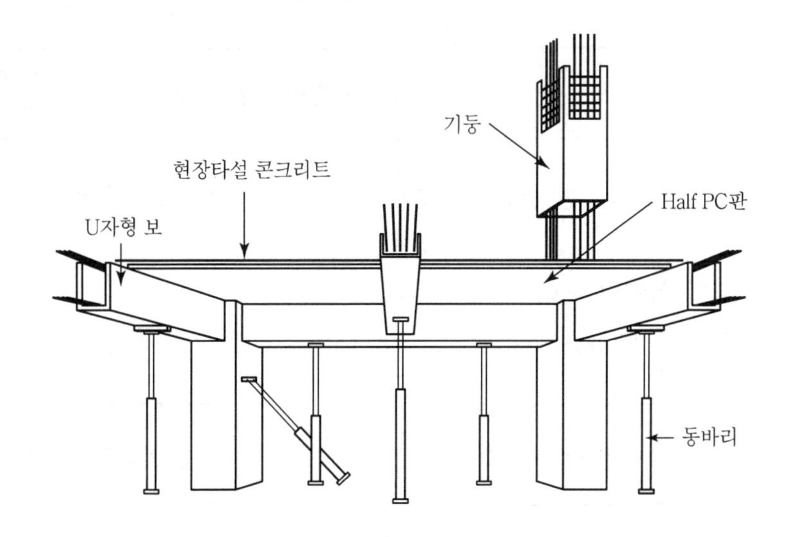

## Ⅲ. Half PC공법의 접합부 도해

### 1) 구조 형상

① Flat slab(solid slab)　　　　② Void slab(hollow slab)

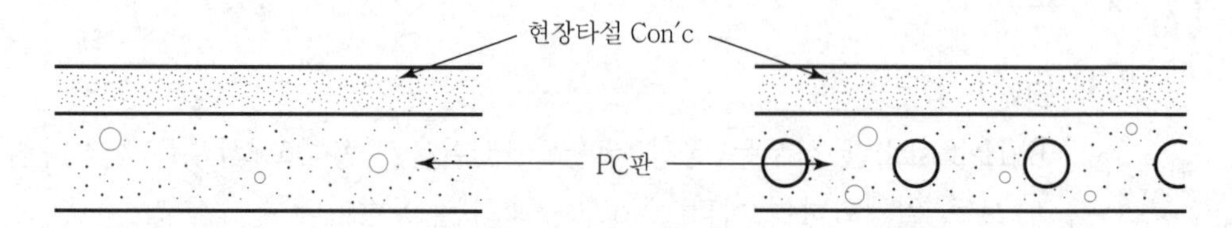


Half PC판과 현장타설 콘크리트를 합성한 공법

③ Rib slab　　　　④ 절판 slab

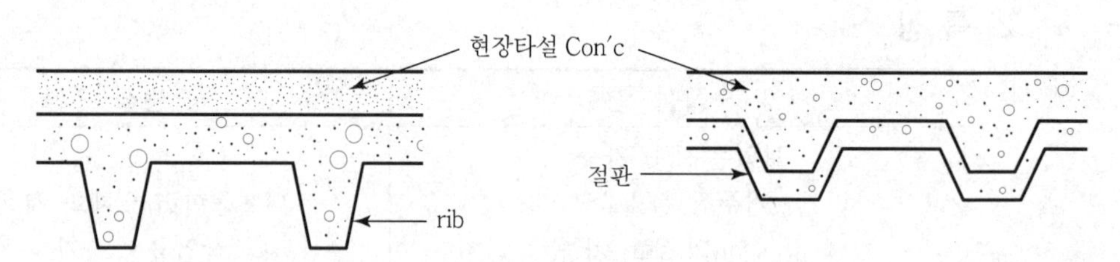


Half PC판과 현장타설 콘크리트를 합성한 공법

### 2) 전단철근

① Dübel　　　　② Spiral　　　　③ Truss

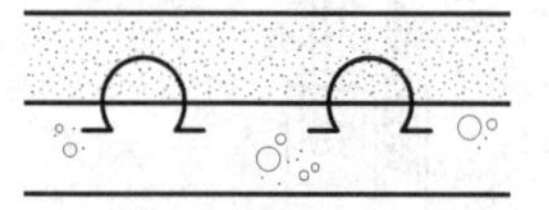
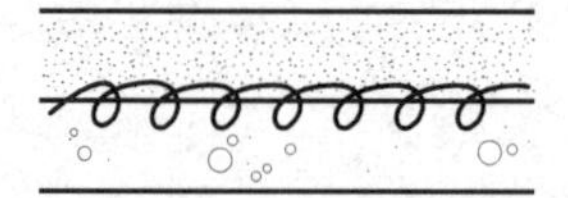
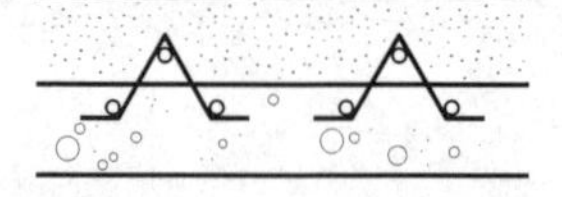

Half PC판과 현장타설 콘크리트의 구조적 일체성을 위해 전단철근 시공

### 3) 타설 접합면 처리

① 거친면 마감　　　　② 전단 key

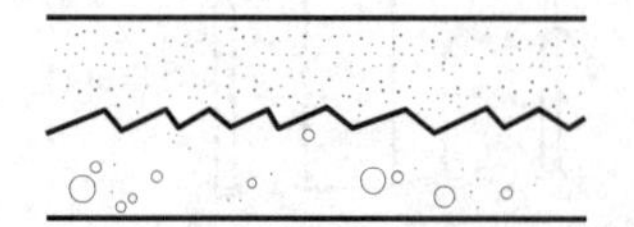
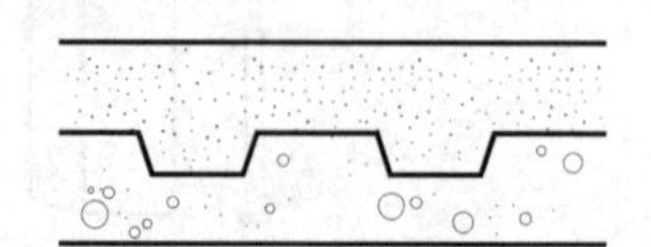

Half PC판과 현장타설 콘크리트의 콘크리트 일체화를 위해 필요

## Ⅳ. 시공 시 유의사항

### 1) 공장과 현장의 연계성 고려

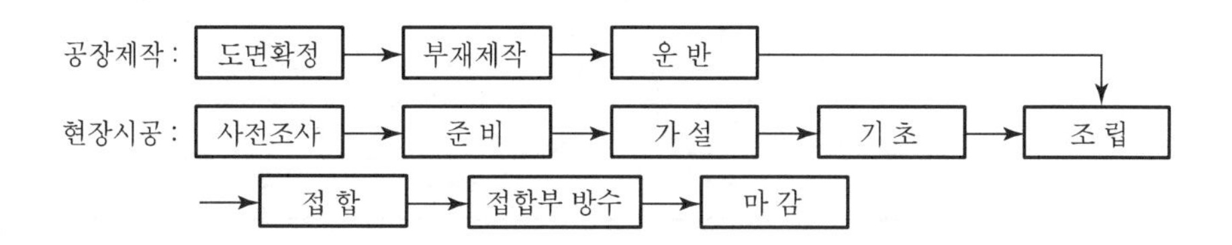


현장의 stock yard가 부족한 경우 공장과의 긴밀한 연락을 취하면서 시공

### 2) PC판 균열방지

| 종류 | 허용균열 |
|---|---|
| PC 벽판 | 0.3mm 이하 |
| PC 바닥판 | 0.3mm 이하 |
| 외벽 PC판 | 0.2mm 이하 |

운반과 양중시의 진동 및 충격에 의한 PC판의 균열발생에 유의

### 3) PC판 양중계획 철저

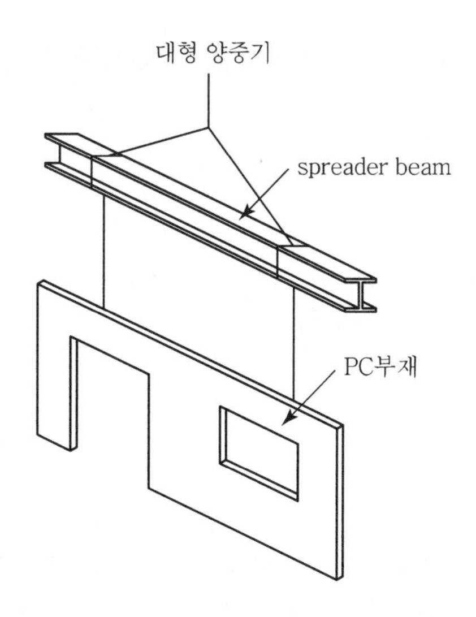


양중시 기후, 주위 여건, 양중기의 선택 등을 고려하여 안전성 확보

#### 4) 접합면 관리 철저

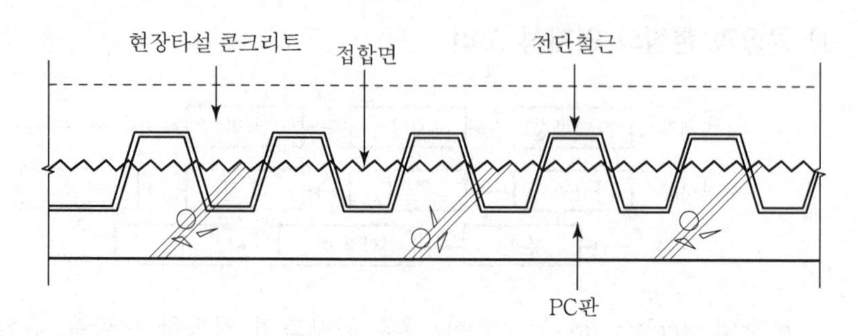


상부 콘크리트 타설 전 접합면에 대한 청소 및 관리철저로 일체성 확보

#### 5) 동바리 존치기간 준수

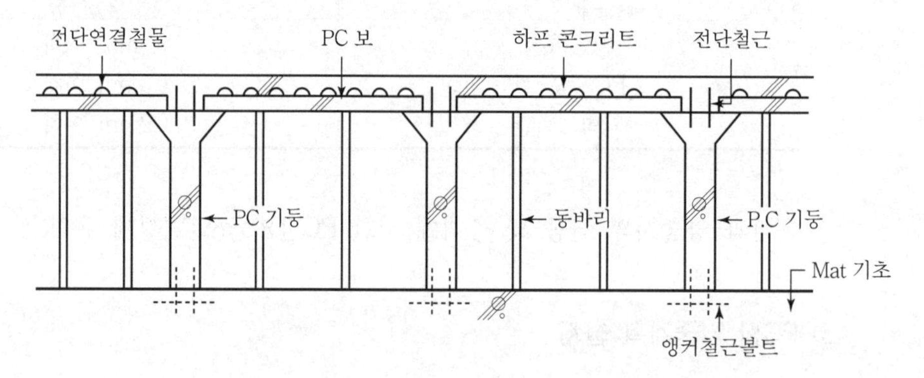


Half slab 시공 시 하부거푸집은 불필요하나 동바리 시공은 필요하므로 존치기간 준수

#### 6) 양생관리

① 현장타설 콘크리트의 균열방지대책 마련
② 초기진동 및 충격방지

## V. 결 론

① Half PC공법은 설계단계에서부터 공법의 적용성 파악, 양중계획, 공정계획 등의 종합적 검토가 필요하다.
② 특히 탈형, 운반, 양중 및 현장 콘크리트 타설시 균열발생에 유의해야 하며, PC판과 현장타설콘크리트의 접합면 일체화가 품질관리의 주요점이다.

# 문제 2 Half PC 바닥판공법의 채용 시 유의점

## Ⅰ. 개 요

### 1) 의 의

① Half slab란 하부는 공장 생산한 PC판을 사용하고 상부는 현장타설 콘크리트로 일체화하여 바닥 slab를 구축하는 공법이다.

② Half PC 바닥판공법의 채용 시 PC판의 운반, 양중, 현장 콘크리트타설 등 각 단계별 사전검토가 철저해야 한다.

### 2) 시공순서 flow chart

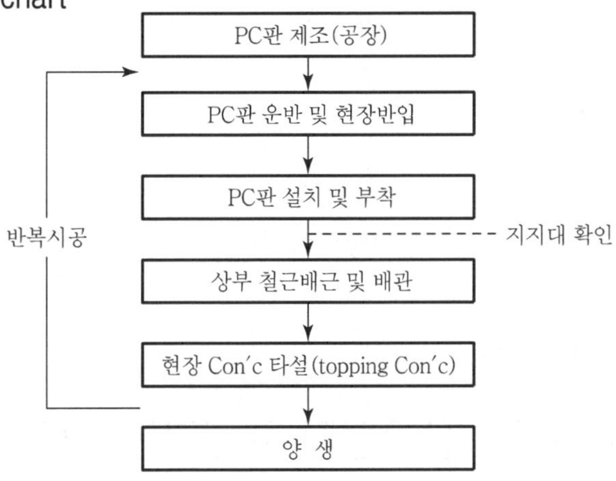


## Ⅱ. 현장시공도

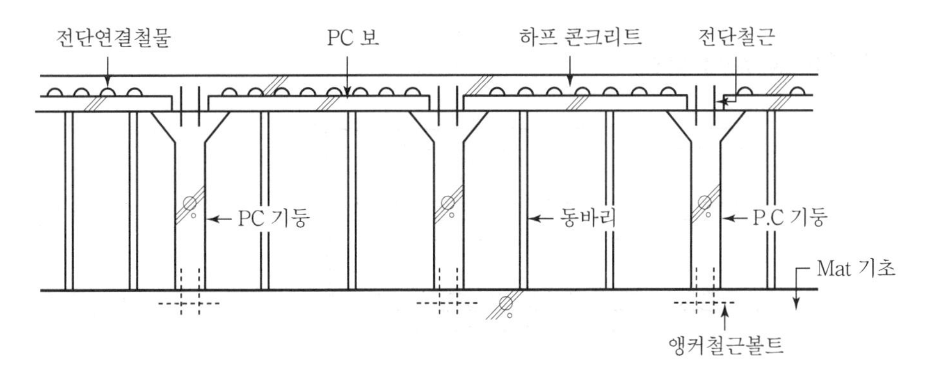


Half PC판에 철근 시공 시 200mm 이하의 간격, 용접철망 시공 시 100~150 mm 간격으로 배근

## Ⅲ. 채용 시 유의점

### 1) 현장 주위 통행량 확인

① 대형 차량의 진입 여부 확인

② 대형 양중장비와 함께 작업가능 여부 파악

### 2) 부재의 제조방식 확인

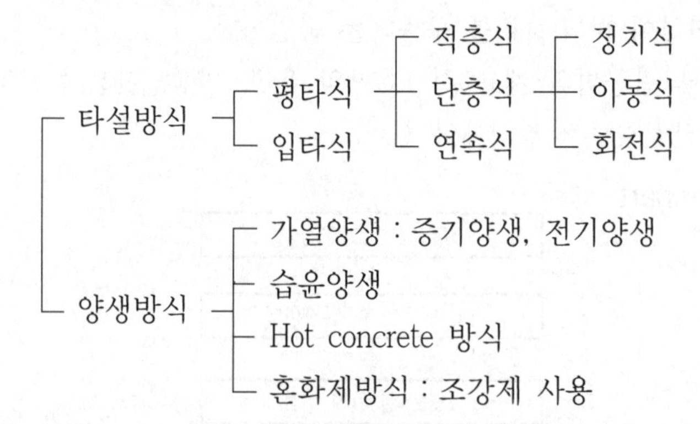


부재의 제조방식과 양생방식의 확인 및 부재의 압축강도 확인

### 3) Lead time 검토

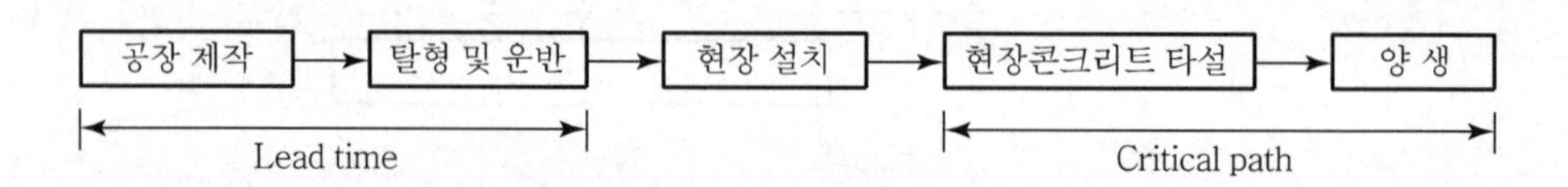


Half PC판의 제작, 양생 및 현장 입고까지의 시간 고려

### 4) Stock yard 확보

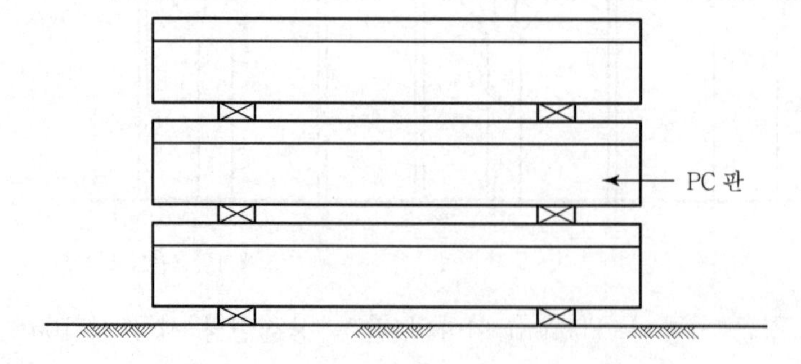


① 소요부재의 수평도 유지를 위한 stock yard 확보

② PC판의 균열발생 금지

### 5) 균열발생 방지

| 구분 | 관리 사항 |
| --- | --- |
| 시공 전 | • PC판의 제작 및 탈형 시<br>• 운반과정의 충격 |
| 시공 중 | • PC판의 양중<br>• 접합면의 관리 시 |
| 시공 후 | • 현장타설 콘크리트의 양생<br>• 하부 동바리 존치기간 |

Half PC판의 제작에서부터 양생에 이르기까지 전과정을 통해 관리

### 6) 양중시 balancing 유지

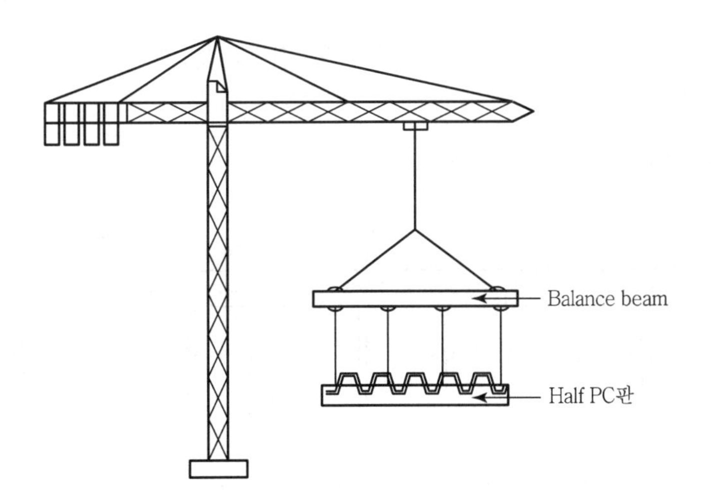


양중시 balance beam을 이용하여 PC부재의 균열발생 방지

### 7) 철근배근 및 매입물 설치

Topping 콘크리트 타설 전 매입물 시공 확인

### 8) 접합면 일체성 확보

① 거친면 마감 ② 전단 key

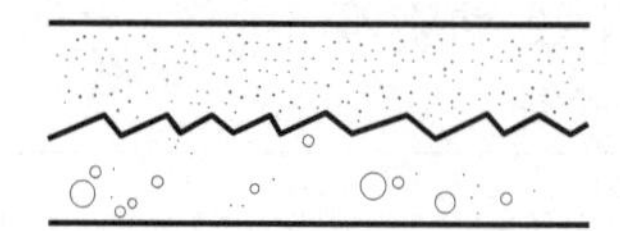

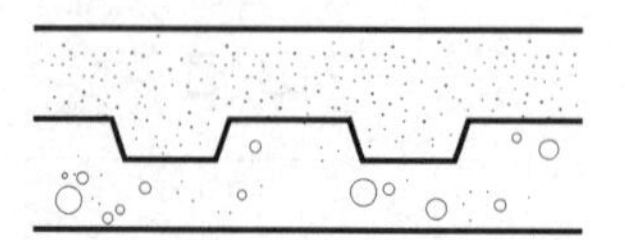

접합면의 효율적인 처리로 현장타설 콘크리트와의 일체성 확보

### 9) 구조적 연속성 확립

① Truss ② dübel ③ Spiral

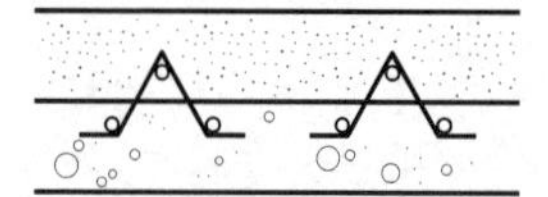

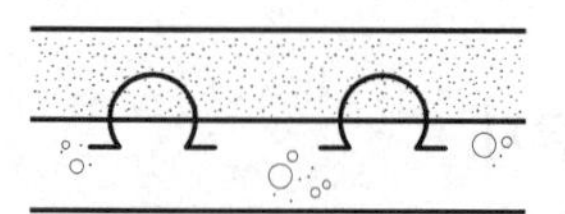

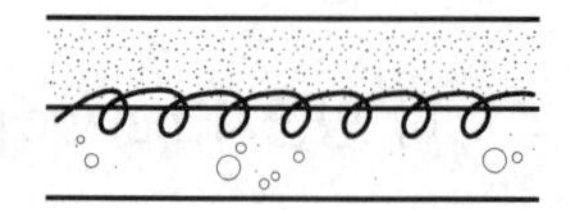

전단 연결철근의 배근으로 PC판과 현장타설 콘크리트에 구조적인 연속성 확보

### 10) 동바리 존치기간 준수

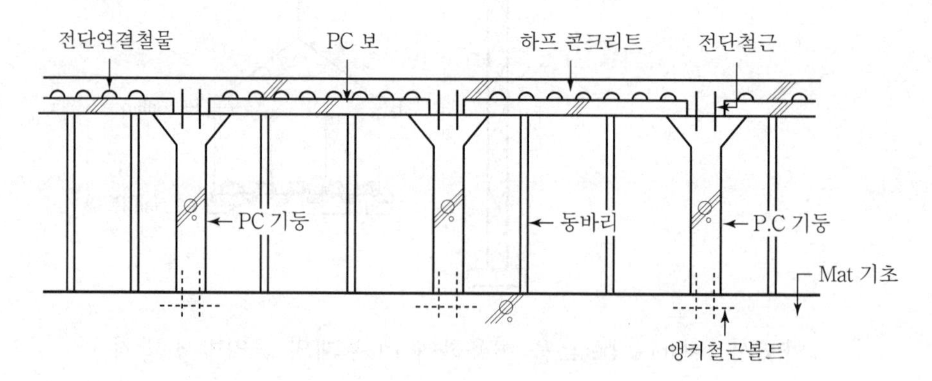


현장타설 콘크리트의 충분한 양생기간 동안 동바리 존치

## Ⅳ. PC판의 손상등급

| 구분 | 손상 정도 |
|---|---|
| 1급 손상 | • 구조상 유해한 것<br>• 후크 및 접합부 부분이 깨져 나간 것과 파손의 크기가 200mm 이상인 것 |
| 2급 손상 | • 방수상 유해한 것<br>• 외벽 개구부 주변의 파손<br>• 외벽 마무리 부분, 발코니 바닥판 및 지붕판의 파손 |
| 3급 손상 | • 1·2급 손상 이외의 손상 |

## Ⅴ. 결 론

① Half slab공법의 현장 채용 시에는 설계단계에서부터 공법의 적용성 파악, 양중계획, 공정계획 등의 종합적인 검토가 필요하다.

② PC판의 운반 및 설치과정에서의 손상 발생에 유의해야 하며 손상정도에 따라 보수 및 교체 등의 조치를 해야 한다.

# 문제 3 Lift 공법의 특성 및 시공 시 유의사항

## Ⅰ. 개 요

① 바닥 Slab나 지붕판을 지상에서 제작·조립하여 설치 위치까지 Jack으로 들어올려 접합하는 공법을 Lift 공법이라 한다.

② 건설노동, 인력의 부족, 인건비상승, 기계화 시공에 의한 안전재해 발생 예방 공기단축의 측면에서 연구해야 한다.

## Ⅱ. 필요성

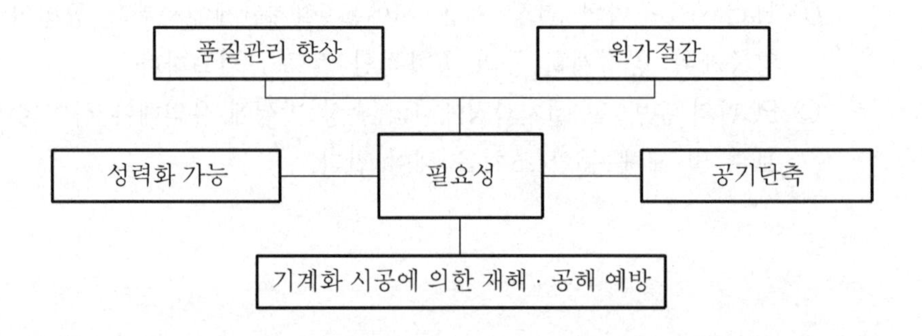


## Ⅲ. 공법의 특성

### (1) 공법별 특성

#### 1) Lift Slab 공법

① 기둥 또는 코어 부분을 선행 제작하여 건조하고, 그것을 지지기둥으로 지상에서 몇 개 층분을 적층하여 제작한 Slab를 순서대로 달아올려 고정하는 공법

② 빌딩, 아파트, 주택의 지붕 및 바닥의 Con'c Slab를 대상

#### 2) 큰 지붕 Lift 공법

① 지상에서 완성도가 높고, 설비·도장 완료 후 달아올려 설치하는 공법

② 공장, 광장 등의 철골조 대지붕의 건설에 쓰임

3) Lift Up 공법(Full Up 공법)

① 지상에서 조립하여 수직으로 높은 곳으로 달아올려 고정하는 공법

② 높이가 높은 무선탑의 플랫폼(Platform) 설치에 쓰임

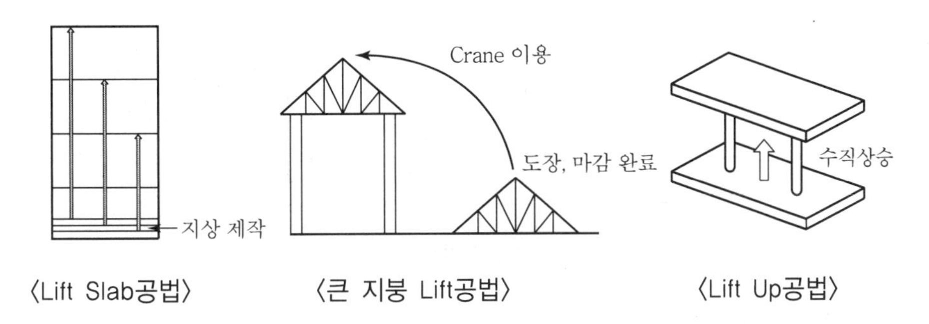


〈Lift Slab공법〉 〈큰 지붕 Lift공법〉 〈Lift Up공법〉

(2) 장단점

| 장점 | 단점 |
|---|---|
| • 가설재 절약<br>• 고소작업이 적어 안전<br>• 지상에서 Con'c 타설이 이루어지므로 작업이 간단<br>• 노무비 절감<br>• 공기단축 | • 일반공법보다 시공의 정확도 요구<br>• Lift Up 시 다수의 숙련공 필요<br>• Lift Up 종료까지 하부작업 불가 |

## Ⅳ. 시공 시 유의사항

1) 시공순서 준수

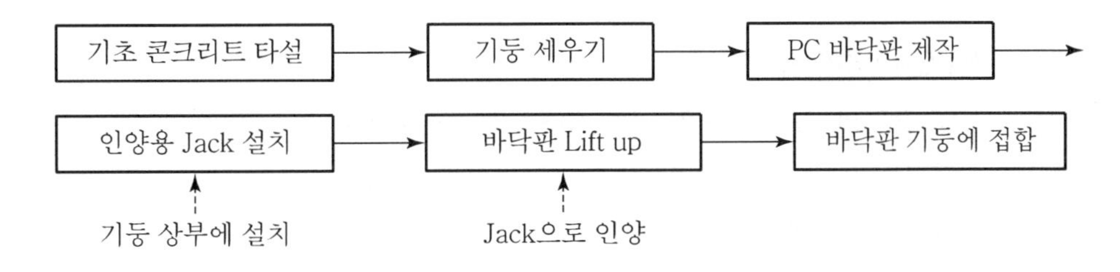


2) 기초 콘크리트 타설

① 기초 콘크리트의 평활도 유지

② 강재 기둥 설치 시 Anchor Bolt 매입 위치 결정

③ 기초 철근과 기둥 철골 또는 철근의 정착 확인

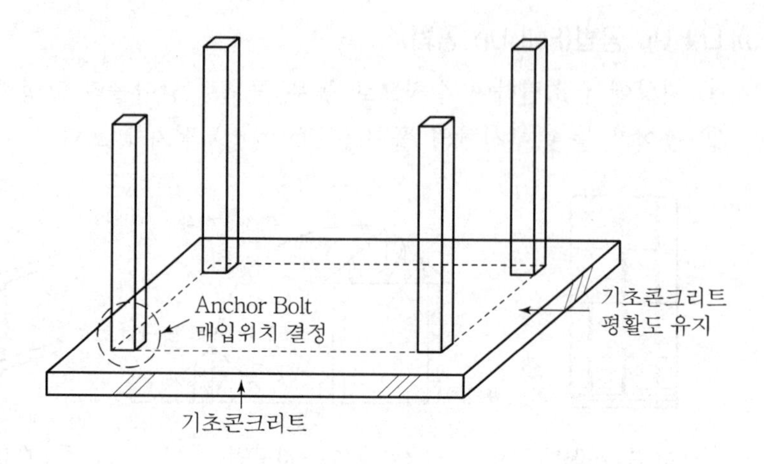


### 3) 기둥세우기

① 기둥의 수직도 유지

② 기둥에 부착되는 인양용 Jack의 안전성 확보

③ 기둥의 강성 유지

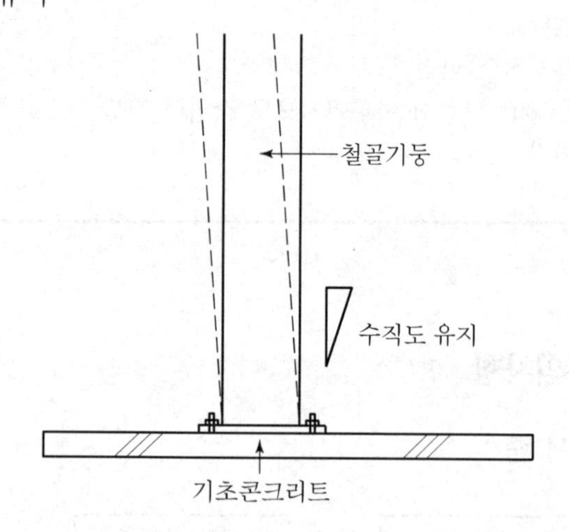


### 4) PC 바닥판 제작

① PC 바닥판 제작을 위한 Stock Yard 확보

② PC 바닥판 운반 및 상승 시 파손에 유의

③ PC 바닥판의 품질관리 철저

### 5) 인양용 Jack 설치

① 기둥의 수직도 및 파손에 유의

② 인양용 Jack의 양중능력 검토

③ 인양용 Jack의 안전 System 점검

6) 바닥판 Lift Up

① PC 바닥판을 건물의 하부에 적재한 후 Jack으로 상승시켜 접합

② 풍력에 의한 수평력 검토

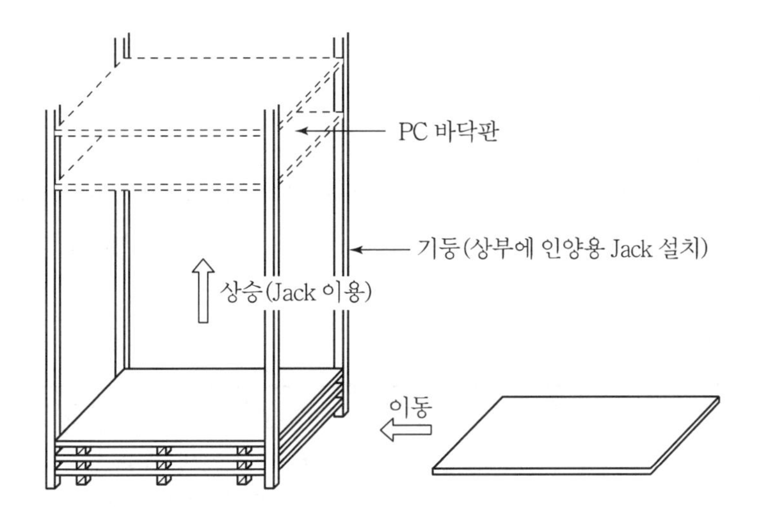


7) 바닥판 기둥에 접합

① 접합부의 위치 확인

② 접합부의 강성 및 안전성 유지

③ 접합시 부재의 변형이 발생하지 않도록 유의

④ 접합시 PC 부재의 파손에 유의

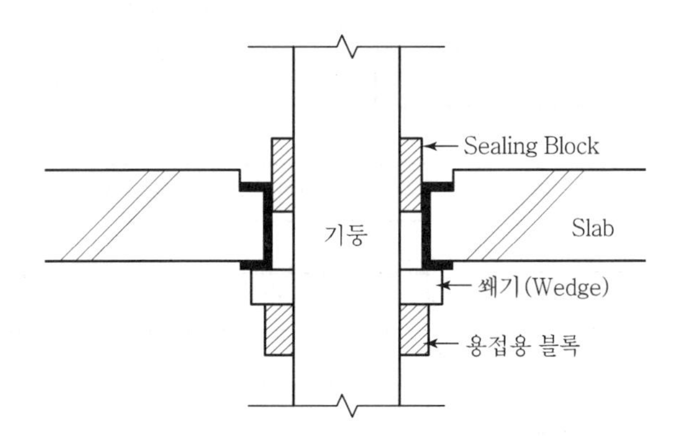


## V. 결 론

리프트(Lift) 공법은 빌딩, 아파트, 주택, 공장, 체육관 등 적용범위가 넓은 공법으로 이에 대한 활성화 방안을 마련해야 한다.

## 문제 4 PC공법에서의 closed system과 open system

## Ⅰ. 개 요

### 1) 의 의

① PC공법의 현장조립 시 안전관리와 병행한 양중관리를 시행하여야 하며, 공장과 현장의 상호작업의 연관성을 파악한 후 현장시공에 임해야 한다.

② PC개발방식에는 closed system과 open system으로 분류할 수 있다.

### 2) PC공법의 특징

| 장점 | 단점 |
|---|---|
| • 공기 단축<br>• 노무비 절감<br>• 품질향상<br>• 안전관리 용이<br>• 현장작업의 간소화 | • 초기투자비 과다<br>• 대형 양중장비 소요<br>• 운반거리 제약<br>• 기술투자 부족 |

## Ⅱ. PC공법 개념도

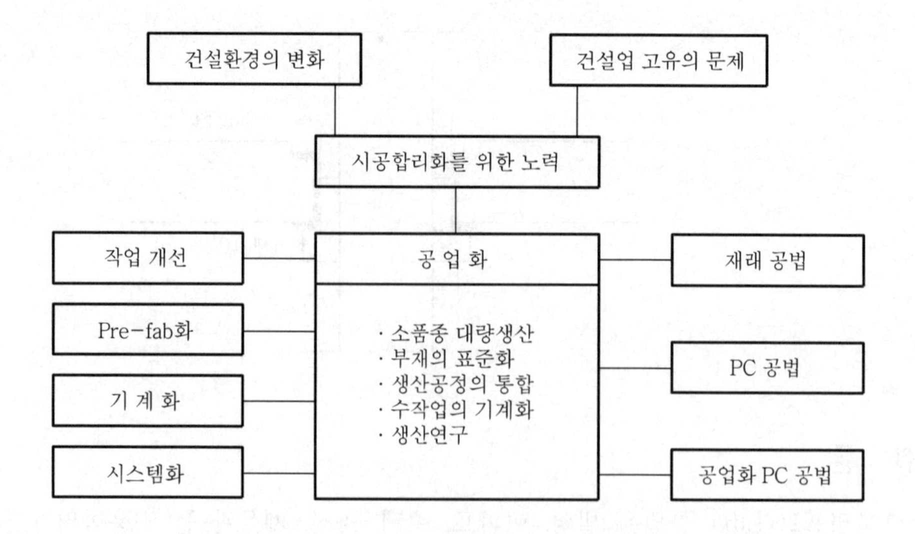

## Ⅲ. Closed system

### 1) 정 의

완성된 건물의 형태가 사전에 계획되고 이를 구성하는 부재, 부품들이 특정한 type의 건물에만 사용할 수 있도록 생산하는 방식

### 2) 특 징

① 단조로운 건물의 형태
② 부재, 부품 호환성이 없음
③ 주문공급 방식
④ 대형 구조물, 특수 구조물 대상

### 3) 문제점 및 대책

| 문제점 | 대책 |
|---|---|
| ① 의장의 단순화 및 고정화<br>② 주문생산으로 호환성 없음<br>③ 문제점 발생 시 대처하기 어려움 | ① 상징적 건축 구조물의 생산<br>② Semi open system화 |

## Ⅳ. Open system

### 1) 정 의

건물을 구성하는 부재, 부품들이 여러 형태의 건물에 사용될 수 있도록 개발 생산하는 방식

### 2) 특 징

① 평면 구성이 자유로움
② 호환성 높음
③ 시장공급 방식
④ 대량생산 가능

### 3) 문제점 및 대책

| 문제점 | 대책 |
|---|---|
| ① 초기 투자비 과다<br>② 부재의 표준화, 규격화 미흡<br>③ 접합부 취약<br>④ 기술개발 투자 미흡 | ① 초기 투자비의 금융지원 및 세제 혜택<br>② 부재의 표준화, 규격화로 호환성 높임<br>③ 접합부의 강도 및 수밀성 개선<br>④ 기술개발 투자 확대로 자체 기술개발<br>⑤ 생산설비의 자동화 |

## V. 결 론

① 건축물이 고층화·대형화되어감에 따라 PC의 경량화 및 표준화·규격화로 호환성을 높이고, 품질확보와 원가절감을 할 수 있는 open system화의 개발이 시급하다.

② 관·산·학·연의 상호협조와 지속적인 기술개발 투자확대로 신재료, 신공법의 개발과 연구 노력만이 기술경쟁력을 향상시키고, 공업화 건축을 정착시킬 수 있을 것이다.

# 문제 5 PC판의 접합공법 및 시공 시 품질관리

## Ⅰ. 개 요

1) 의 의

① PC판의 접합부는 각종 변위에 대응해야 하고 구조적 안정성, 수밀성 및 기밀성의 확보와 접합의 정밀도를 유지하여야 한다.

② PC판의 접합공법은 크게 습식 접합과 건식 접합으로 분류하며 접합부의 방수성능 향상을 위해 관리하여야 한다.

2) 접합부의 요구성능

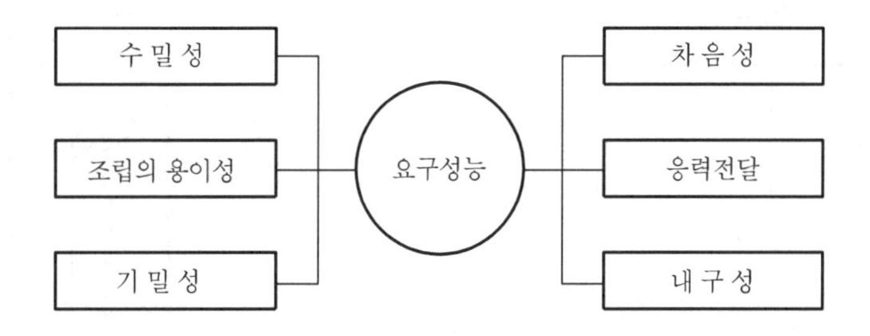


## Ⅱ. 누수의 원인

| 누수원인 | 누수피해 |
|---|---|
| • 재료 불량<br>• 바탕처리 미흡<br>• 접합부시공 불량<br>• 구조체 변형 | • 곰팡이 발생<br>• 실내 불쾌감 증대<br>• 백화 발생<br>• 구조물 내구성 저하 |

## Ⅲ. 접합공법

(1) **습식 접합**(wet joint)

1) 정 의

① Con'c 또는 mortar로 충전하여 접합하는 방식으로 벽판과 벽판의 수직이음에 주로 사용

② 시공이 번거로우나 조립오차의 조정이 쉬움

### 2) 시 공

① 순서

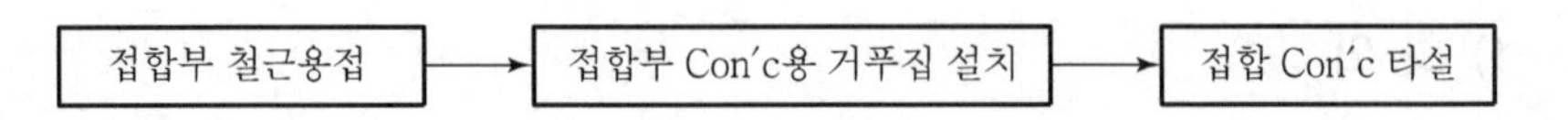


### 3) 습식 접합 부위별 도시

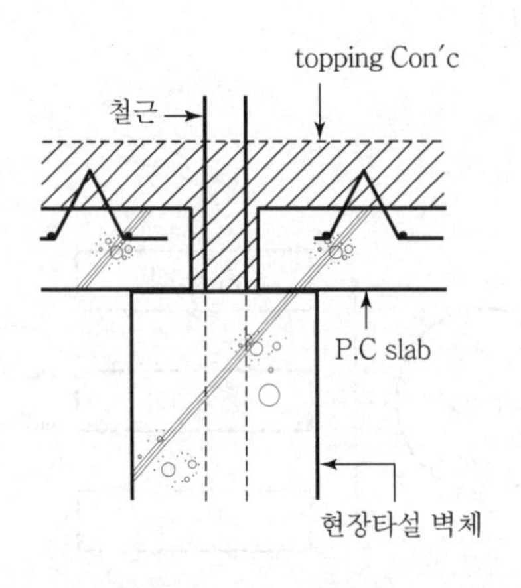


〈현장타설 Con'c 벽체와 PC slab 접합〉

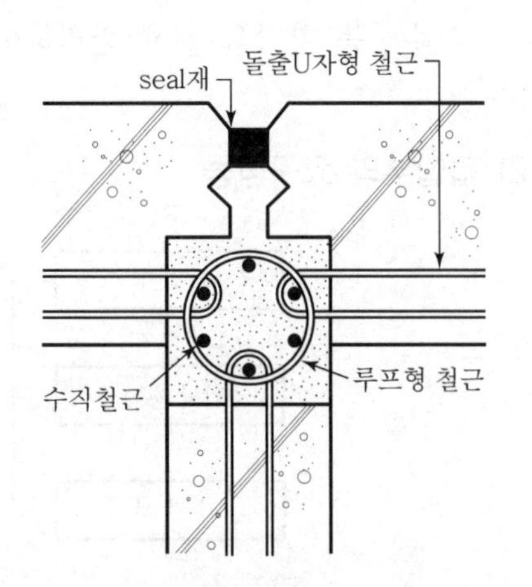


〈외벽과 내벽접합〉

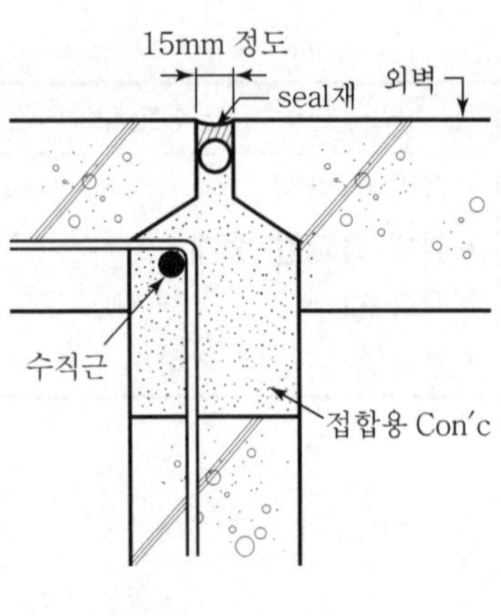


〈외벽과 내벽접합〉

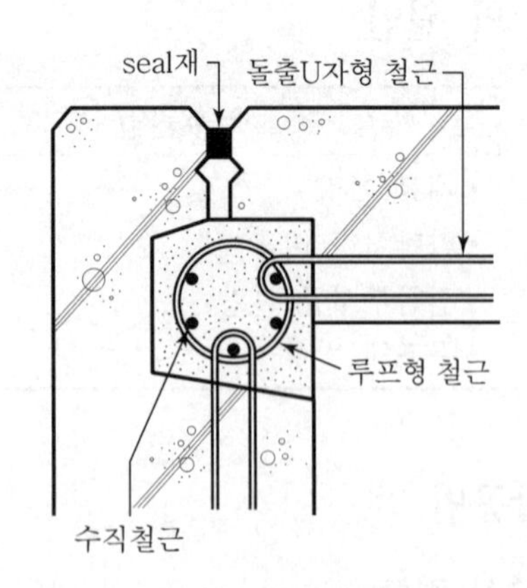


〈외벽모서리 접합〉

## (2) 건식 접합(dry joint)

### 1) 정 의

① 용접, bolt, insert 등으로 접합하는 방식으로 상하 벽판 연결 및 벽과 바닥판의 수평접합에 사용하나 벽과 벽의 국부접합에도 사용

② 시공은 간편하나 조립 수정이 어려움

### 2) 시 공

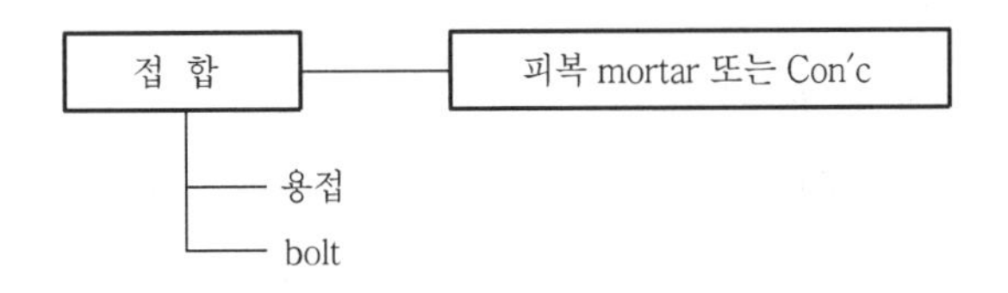


### 3) 건식 접합의 종류

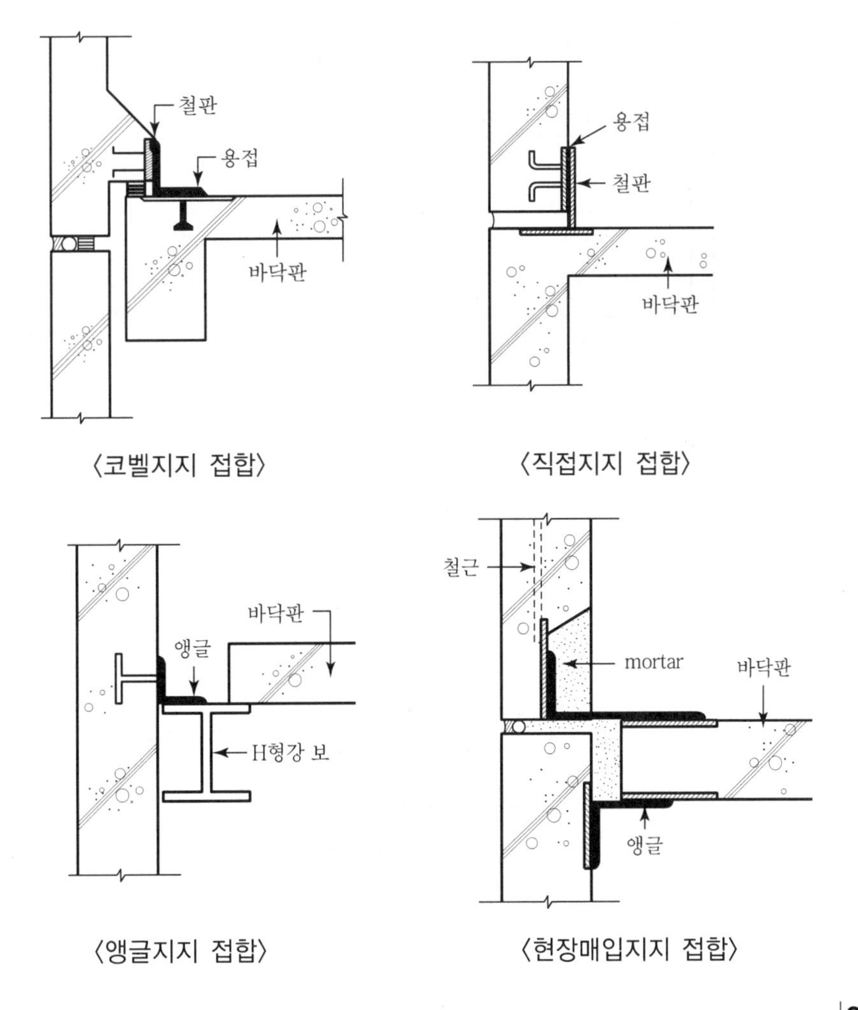


〈코벨지지 접합〉 〈직접지지 접합〉

〈앵글지지 접합〉 〈현장매입지지 접합〉

## Ⅳ. 시공 시 품질관리

### 1) 자재관리

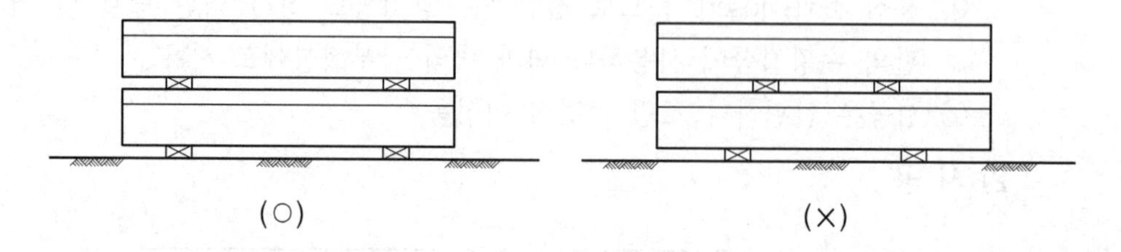


① 현장내 보관 시 유의
② 2단 이상 적재 시 고임목의 수직선상 같은 위치를 유지하여 휨 및 변형에 유의

### 2) 부재의 균열방지

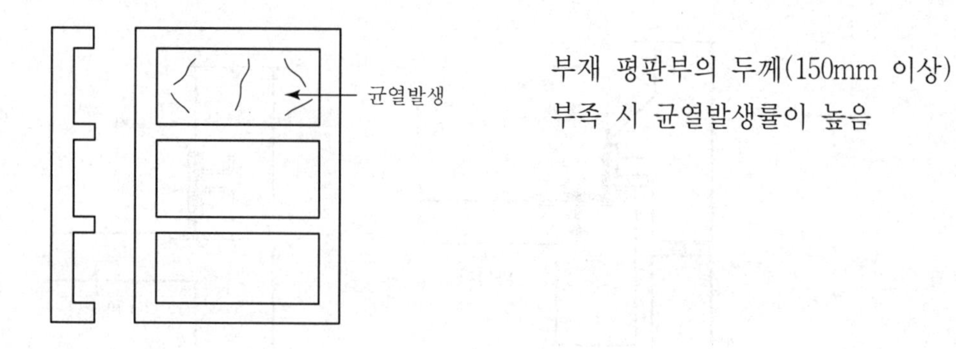


부재 평판부의 두께(150mm 이상) 부족 시 균열발생률이 높음

### 3) 매입물 확인

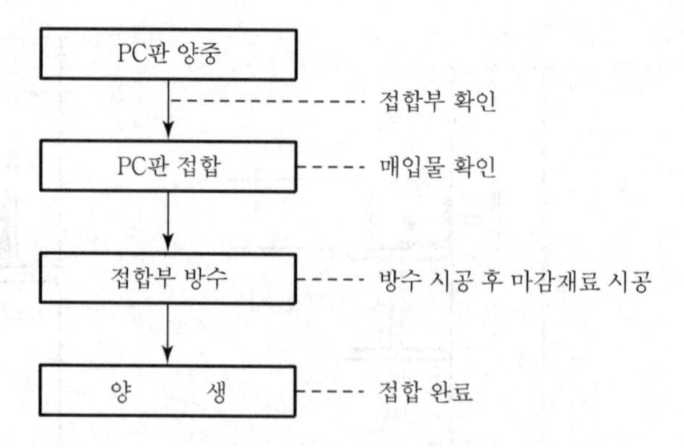


접합 시 매입물의 시공 여부를 반드시 확인할 것

#### 4) 변위의 영향 고려

접합부는 각종 변위에 대해 수용할 수 있어야 함

#### 5) 노출 bolt 및 anchor의 녹막이 칠

#### 6) 구조적 안정성 확보

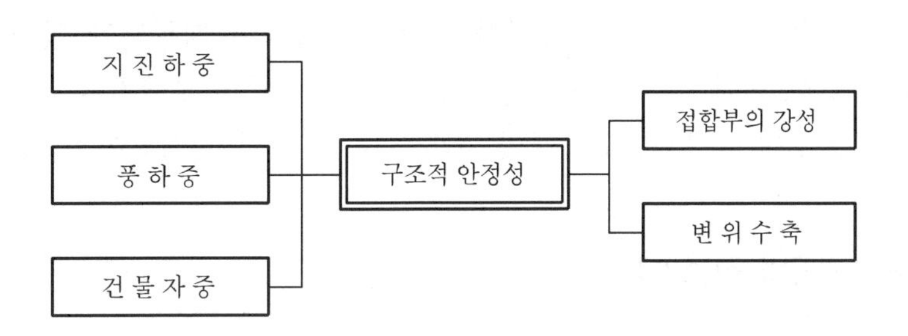


접합부의 강성 및 변위에 대한 추종성 확보로 건물의 안정성 보장

## V. 결 론

① PC판의 접합부시공은 PC현장시공 중 가장 중요한 공정으로 접합부의 시공 정밀도를 높여 구조적 안정성을 확보해야 한다.

② PC부재의 접합시 접합부위에 맞는 적정 시공법의 선택과 시공의 정밀도를 높이기 위한 접합공법의 개발에 많은 연구와 노력이 필요하다.

## 문제 6 PC공법의 문제점과 개선방안

### Ⅰ. 개 요

1) 의 의

① 건설환경변화에 따른 수요급증과 노동력 부족, 인건비 상승, 공기지연 등의 복합적인 문제로 공업화 건축의 필요성이 대두되고 있다.

② PC공법 및 기계화 시공의 확대 시공이 이루어지고 있으나 기술력 미정착, 접합부 취약, 구성재의 호환성 미비 등의 문제점이 발생되고 있다.

2) PC공법 작업공정

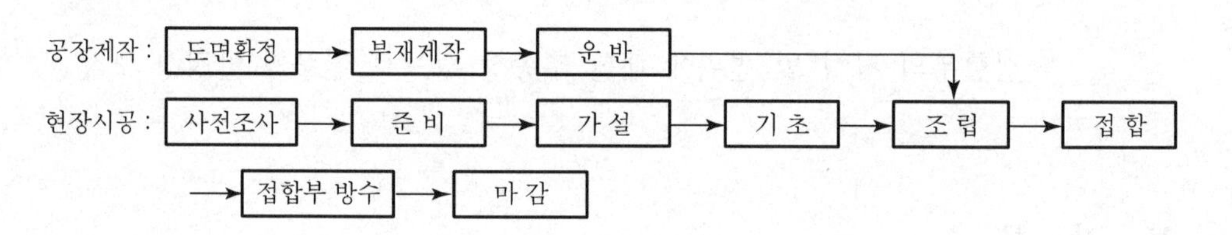


### Ⅱ. PC공법 개념도

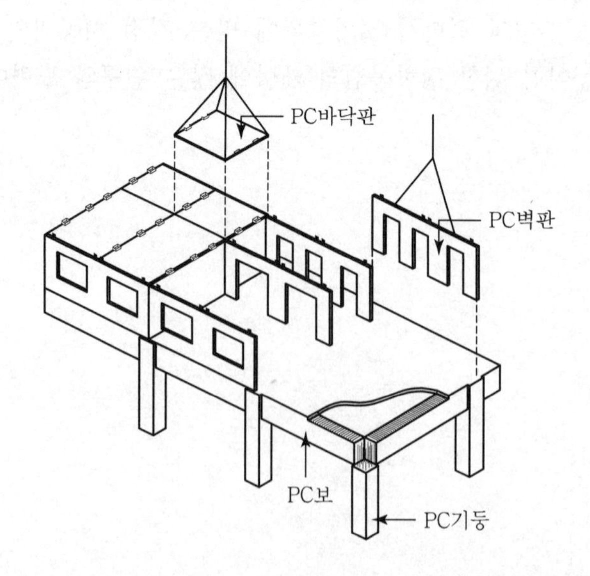


PC기둥, PC보, PC벽판 및 PC바닥판을 이용한 건축물 조립과정

# Ⅲ. 문제점

## 1) 기술수준 미흡

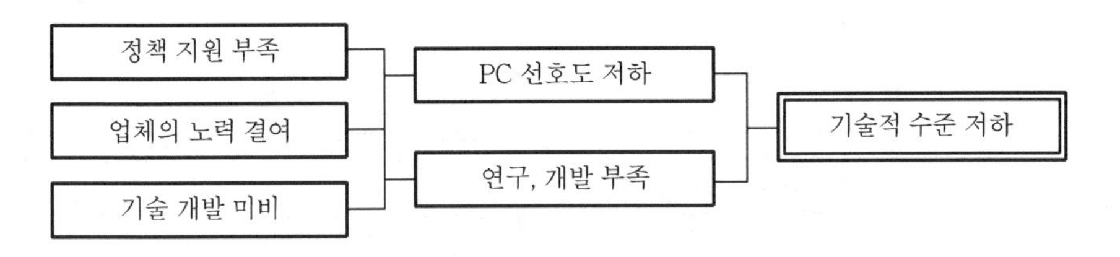


정부와 업체의 관심 부족과 연구·개발 노력 부족으로 PC공법의 기술수준 미흡

## 2) 설계 기피

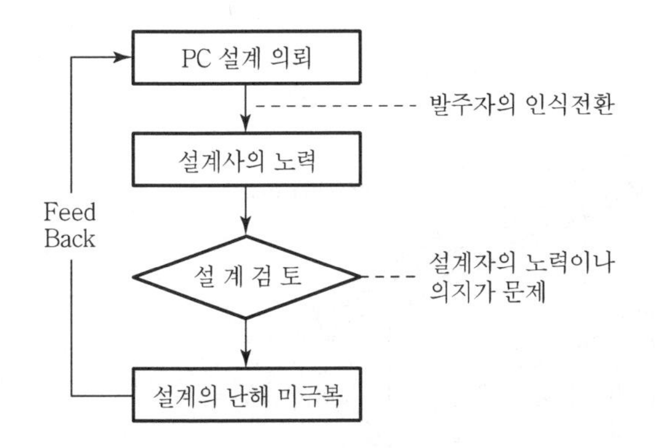


PC설계에 대한 개념 및 자료부족으로 PC설계 자체가 상용화되지 못함

## 3) 하자 발생

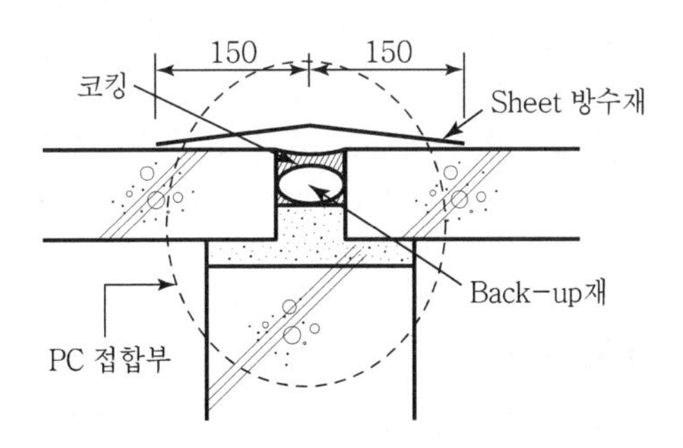


접합부의 누수, 구조적 연속성, 차음 성능 등의 하자 발생 우려

### 4) 초기투자비 과다

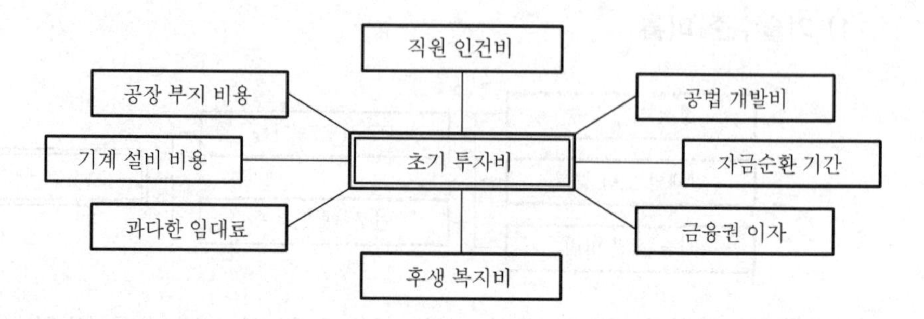


건설업의 특성상 투자비용 회수기간이 길어 자금순환에 곤란

### 5) 대형 양중 필요

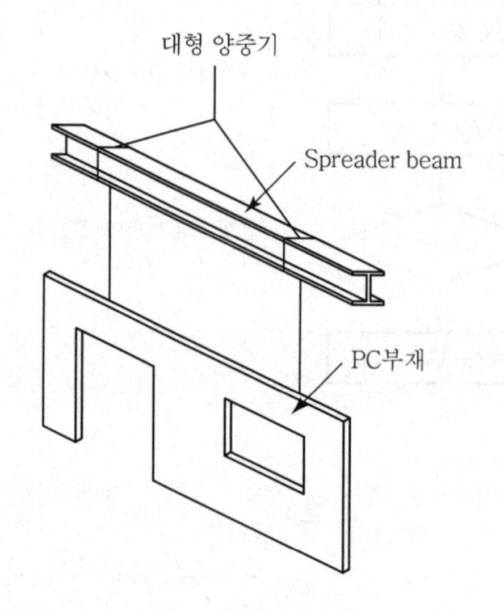


PC부재는 철근과 콘크리트로 구성된 중량물이므로 대형양중기에 의해 운반 및 조립

### 6) 성능 인정제도 미비

① PC제품 및 시공에 대한 성능평가항목 미비

② 성능결함에 대한 소비자의 보호제도 미비

# Ⅳ. 개선 방안

## 1) 정책적 지원

| 구분 | 지원 내용 |
|---|---|
| 공공부분 발주 | • 공공 발주 물량의 우선 적용<br>• 공공공사 수의계약 활성화 |
| 성능제도 도입 | • 성능 인정대상 확대<br>• 안전성, 거주성, 내구성 등의 평가항목 도입 |
| 세제 지원 | • 세제 우대 정책<br>• 공장부지 및 설비에 대한 지원 |

## 2) PC설계 표준화 정착

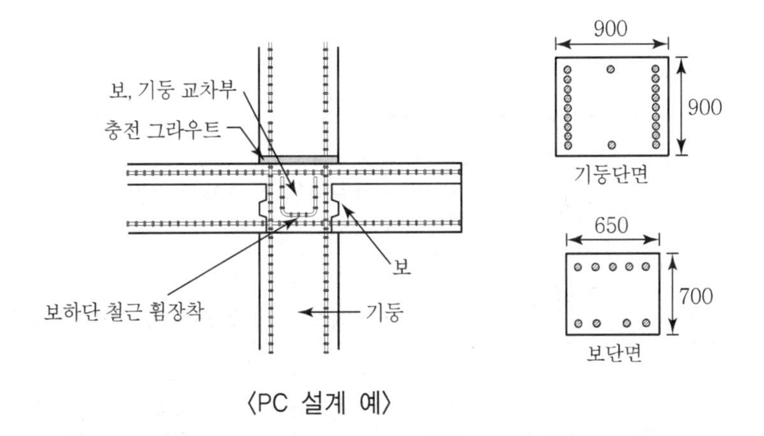


〈PC 설계 예〉

PC설계의 표준을 정착시켜 일반적으로 사용이 가능하도록 상용화

## 3) 기술개발

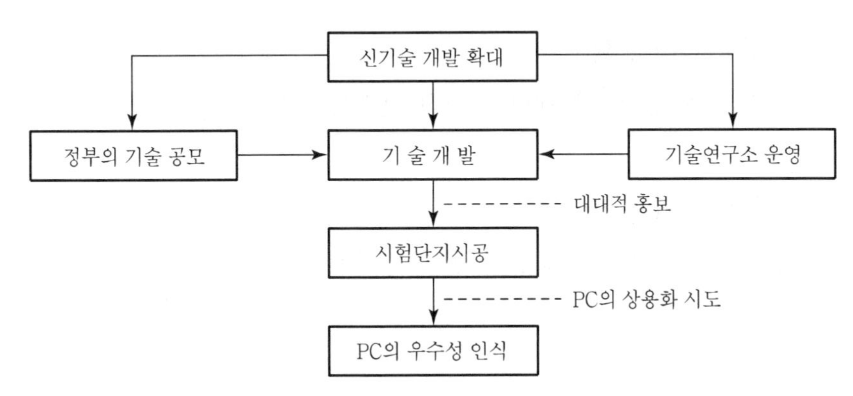


정부와 업체의 부단한 노력으로 PC공업의 상용화 조기실현

### 4) 성능인정절차 구비

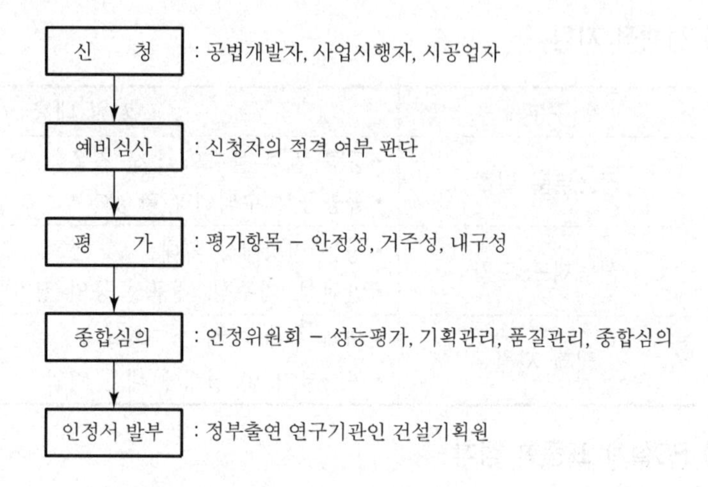


### 5) 시공법 개발

| 구분 | 시공 노력 |
| --- | --- |
| 가설재 | • 가설재의 표준화 및 경량화<br>• 시설의 동력화 |
| 기계화 | • 조립, 시공 장비의 개발<br>• 기계화 시공에 의한 안전재해 예방 |
| Dry joint | • 조립, 시공이 용이한 구조<br>• 수축, 팽창, 흡수 능력이 있는 구조 |
| 방수처리 | • 기밀성, 수밀성 유지<br>• 접합부 모르타르, Con'c의 균질시공 |

### 6) 구조적 내력 확보

PC부재 접합부에 대한 구조적 안정성 확보

### 7) 신뢰도 회복

소비자에 대한 PC공법의 신뢰도 회복

## V. 결 론

① 건축물의 대형화, 고급화에 따라 안전하면서 품질이 확보되고, 아울러 의장이 다양한 PC공법이 필요하다.

② PC공사의 문제점 방지와 신기술의 개발 및 기술개발 투자확대로 기술개발에 더욱 노력하며 정부차원의 실질적인 지원책도 마련되어야 한다.

# 문제 7 Curtain wall 공사의 시공방법 및 시공 시 유의사항

## Ⅰ. 개 요

### 1) 정 의

① Curtain wall은 공장생산 부재로 구성되는 비내력벽으로 구조체의 외벽에 고정철물인 fastener를 사용하여 부착시킨다.

② Curtain wall공사의 시공방법에는 stick system, unit system, unit & mullion system, panel system으로 분류된다.

### 2) Curtain wall 시공 flow chart

① 전체시공

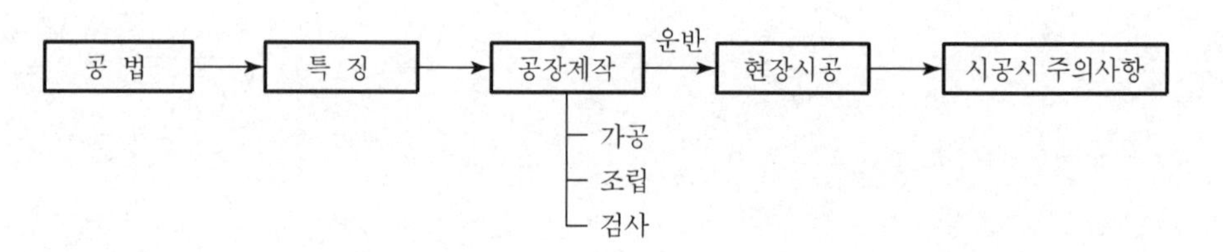


② 현장시공

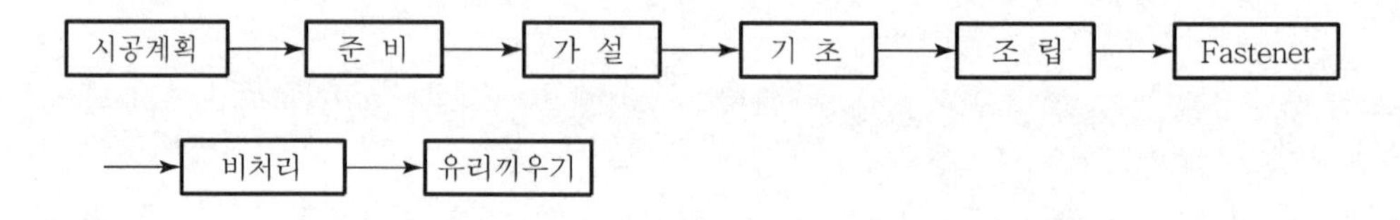

## Ⅱ. Curtain wall의 접합부

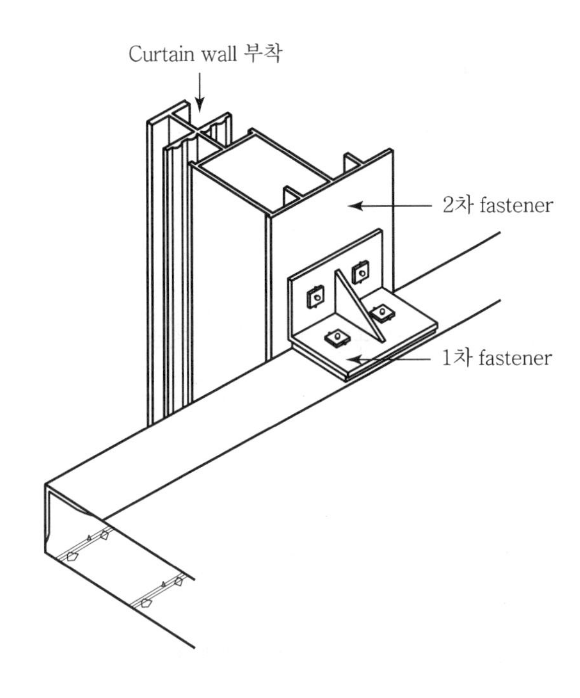


## Ⅲ. 시공방법

### (1) Stick system

#### 1) 의 의

① Curtain wall 각 구성 부재를 현장에서 하나씩 조립하여 설치하는 system

② 단위 부재를 현장에서 조립하므로 knock down system이라고도 한다.

#### 2) 시공순서

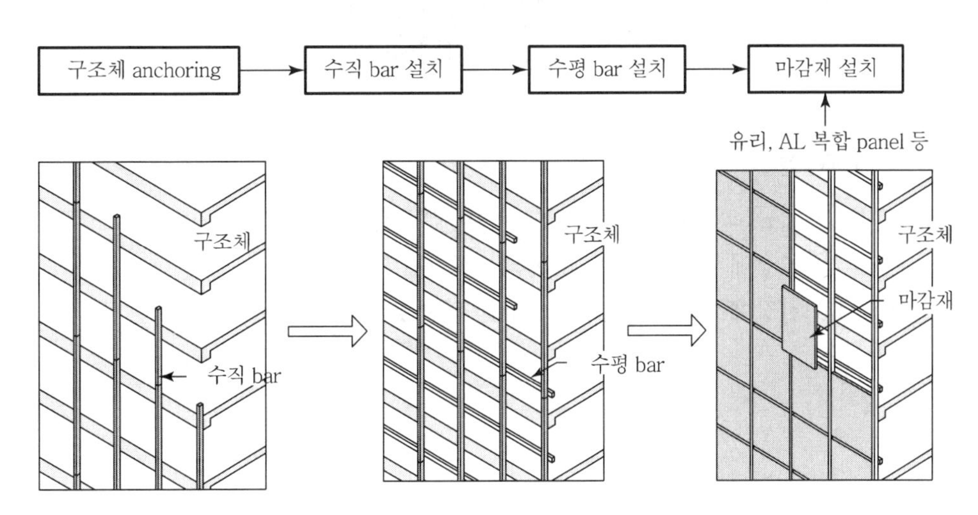

3) 특 징

① 1층 전후의 중저층 건물에 채택

② 공정이 많아 시공관리 난해

③ 시공속도가 느려서 공기가 많이 소요

(2) Unit system

1) 의 의

Curtain wall 구성 부재를 공장에서 조립하여 unit화한 후, 유리 등 마감재를 미리 시공하고 현장에서는 unit만 설치하는 system

2) 시공순서

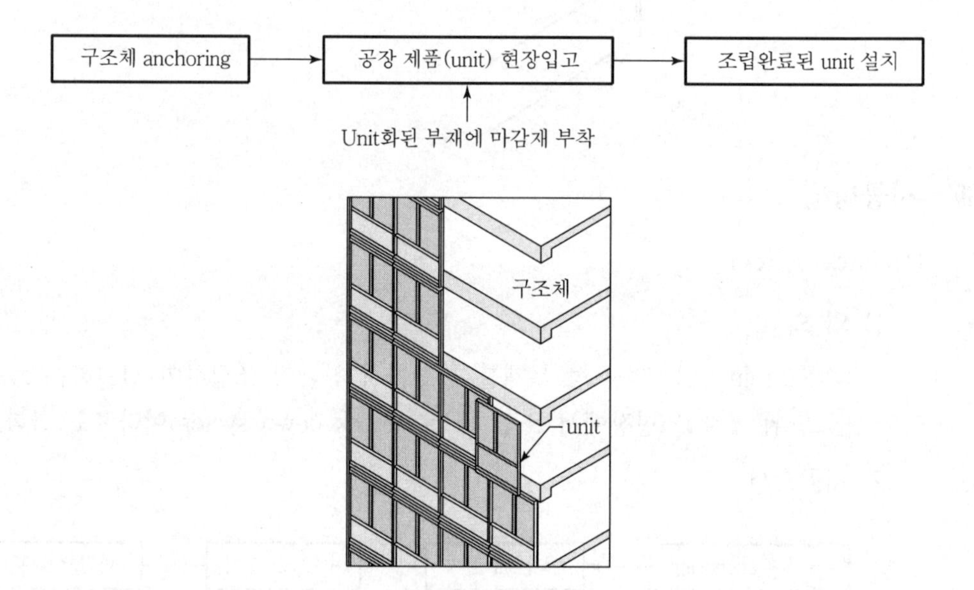


3) 특 징

① 대규모 건물에 적용하며 국내 건축물 적용도가 높음

② 공장에서 완제품이 생산되므로 품질 우수

③ 현장에서는 조립완료된 unit 설치로 공기 단축

### (3) Unit & mullion system(semi unit system)

#### 1) 의 의

① Stick system과 unit system이 혼합된 system

② 수직 mullion bar를 먼저 설치하고 조립완료된 unit을 설치

#### 2) 시공순서

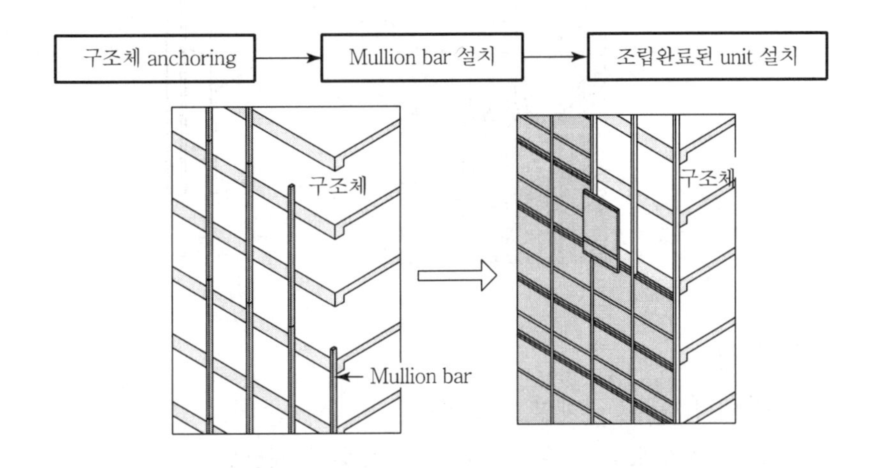


#### 3) 특 징

① 고층 건물에 많이 사용

② Mullion이 구조부재로의 역할 담당

③ 건물 design의 수직 강조

### (4) Panel system

#### 1) 의 의

① PC panel 내에 단열재와 마감재(타일, 돌) 등을 부착시킨 대형 panel 등을 부착시키는 system

② 공장에서 PC panel을 완성시킨 후 현장에서는 설치만 하는 system

2) 시공순서

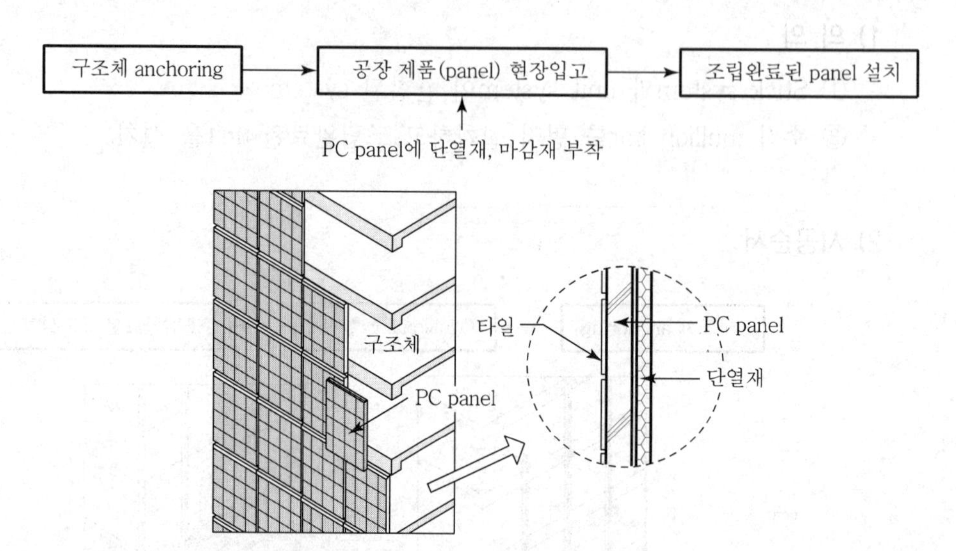


3) 특 징

① 대형 panel 부재로 중량이 큼

② 큰 중량으로 인해 초고층에는 사용이 제한됨

③ 연결 철물의 하중 부담 과다

## Ⅳ. 시공 시 유의사항

1) 부재 제품검사

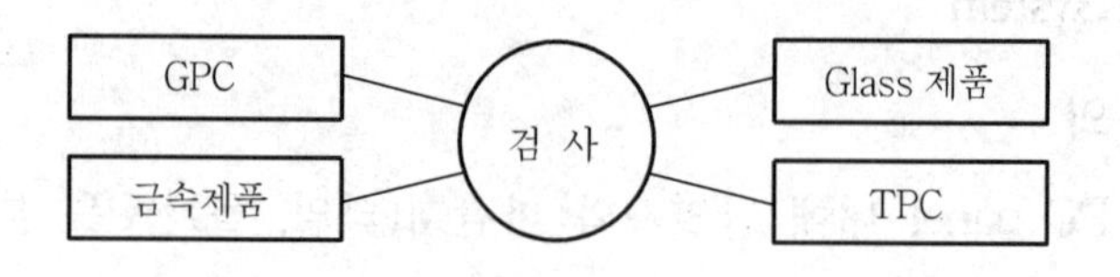


각부의 치수, 균열, 변형 및 봉인상태 확인

2) Stock yard 확보

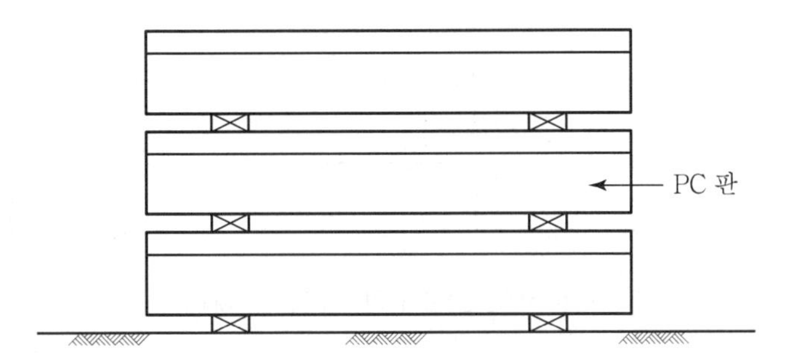


3) Line marking

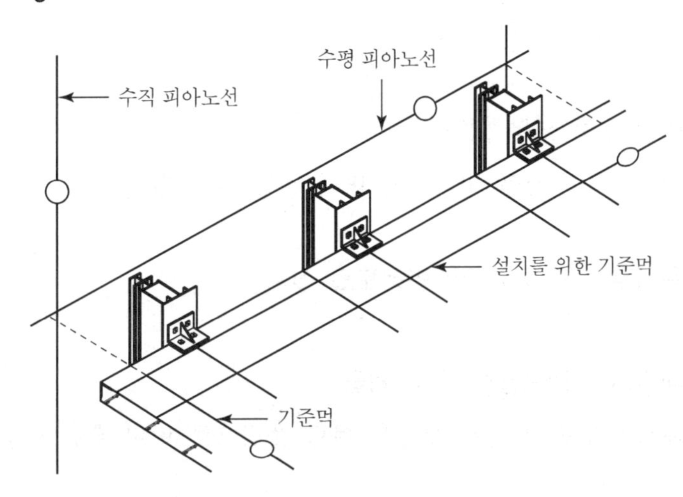


건물 내부에 기준먹을 설치하고 피아노선을 이용하여 외부에 설치할 curtain wall의 시공 정밀도 관리

4) Fastener 설치

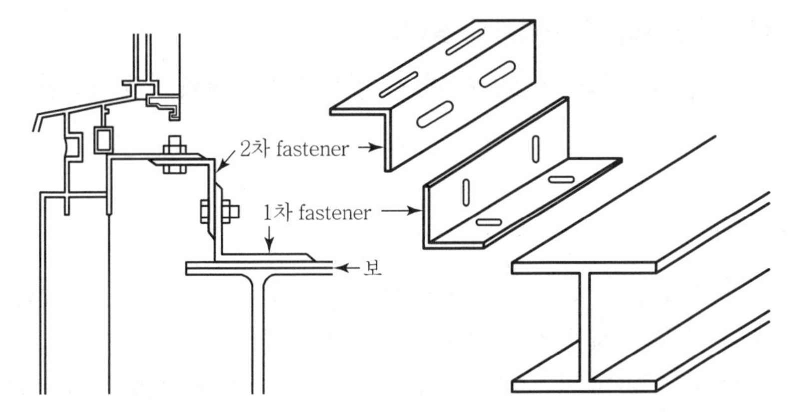


고층 건물의 경우 1, 2차 fastener를 이용하여 curtain wall 설치

#### 5) Joint 연결부 처리

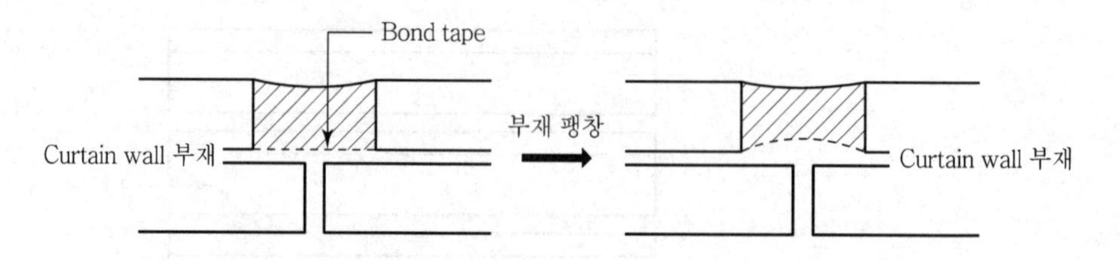


Bond tape를 사용하여 seal재의 파괴에 대비

#### 6) 층간변위 고려

층간변위에 대한 추종성 확보

#### 7) 변위 추종 부분 확인

패스너의 종류를 파악하여 변위 추종 부분 확인

#### 8) 용접부는 면 처리 후 방청도료 실시

#### 9) 패스너의 너트풀림 방지 확립

패스너의 수직 변위 부분은 너트 풀림으로 변위 추종 상승

#### 10) 풍압과 횡력의 변위추종 대비 정밀시공

풍압과 횡력에 의해 변위 추종 능력이 상실되지 않도록 정밀시공

#### 11) 고정 패스너 사각와셔 용접접합

고정 패스너는 변형흡수기능이 없으므로 사각와셔 용접접합

## Ⅴ. 결 론

① Curtain wall 공사는 내풍압성, 수밀성, 단열성 및 차음성능이 우수하여 고층 건물의 시공 시 사용이 늘어가고 있다.

② Curtain wall 시공 시 철저한 시공관리로 시공의 정밀도를 확보하고 풍동시험을 통해 안전성 및 경제성 있는 공법으로 채택되어야 한다.

# 문제 8 Curtain wall fastener 방식의 종류별 특징

## Ⅰ. 개 요

① Fastener는 curtain wall을 구조체에 긴결시키는 부품으로 외력에 대응할 수 있는 강도 및 내구성을 가져야 하며 층간변위에 대한 추종성이 있어야 한다.

② Fastener의 설치방식에는 sliding type, locking type, fixed type 등이 있다.

## Ⅱ. Fastener의 응력전달체계

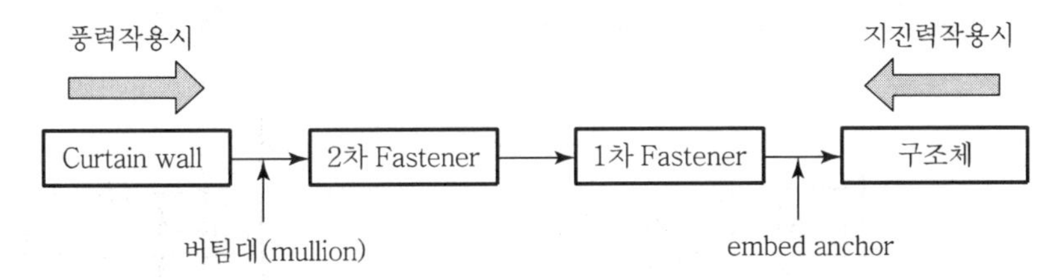


## Ⅲ. Fastener방식 종류별 특징

### (1) Sliding type

#### 1) 정 의

① Curtain wall 하부에 장치되는 fastener는 고정하고 상부에 설치되는 fastener는 좌우 수평으로 이동하는 sliding이 되도록 한 방식

② 하부 fastener는 용접으로 고정

#### 2) 지지형태

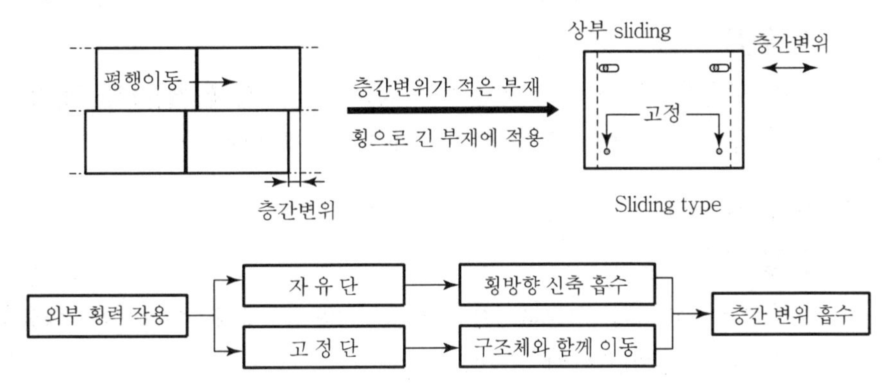

3) Sliding 부위의 fastener

① Loose hole 방식 : loose hole 내 sliding을 통하여 변형 흡수

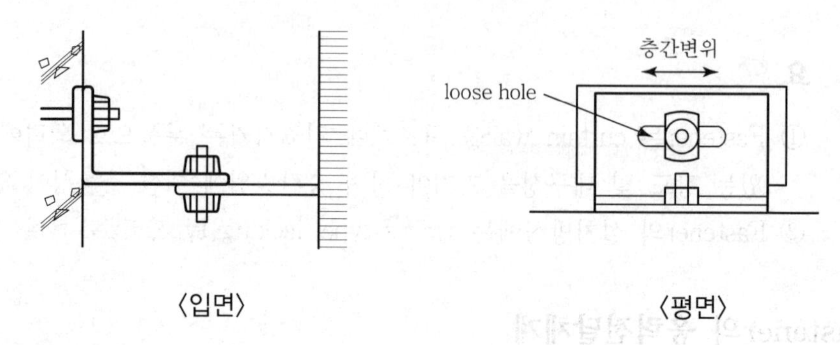


〈입면〉 〈평면〉

② Sliding arm 방식 : arm의 sliding을 통하여 변형 흡수

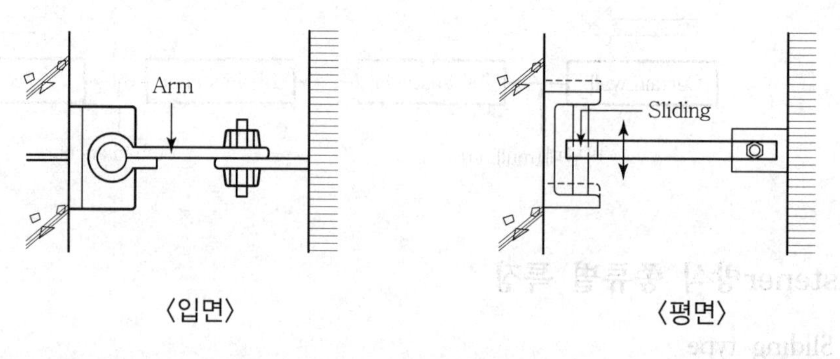


〈입면〉 〈평면〉

③ Pin arm 방식 : arm의 회전으로 변형 흡수

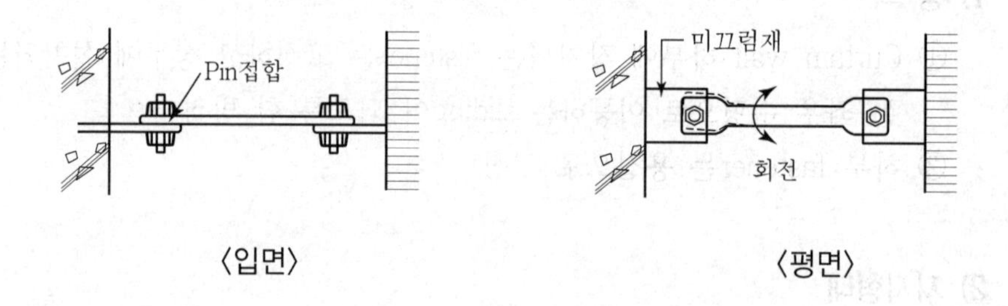


〈입면〉 〈평면〉

4) 특 징

① 변형을 일으키기 어려운 PC curtain wall 등에 적용하는 방식

② 층간변위 발생 시 수평방향 joint에 변위 방지

(2) Locking type

1) 정 의

Curtain wall의 상부와 하부의 fastener를 상하 수직으로 이동하는 pin으로 지지하는 방식으로써 고층에 사용

### 2) 지지 형태

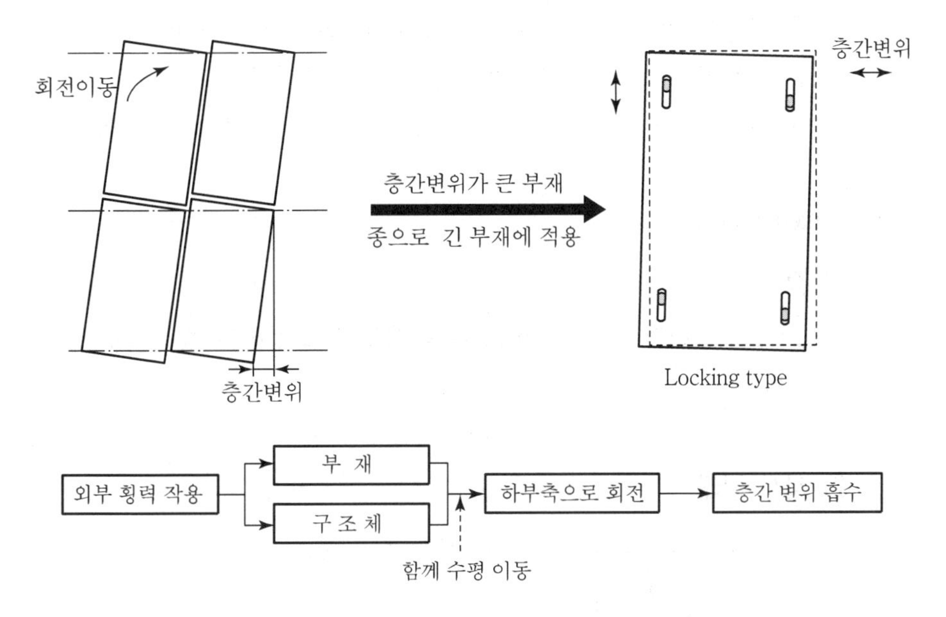


### 3) Locking 부위의 fastener

① Loose hole 방식 : loose hole 내 상하로 이동

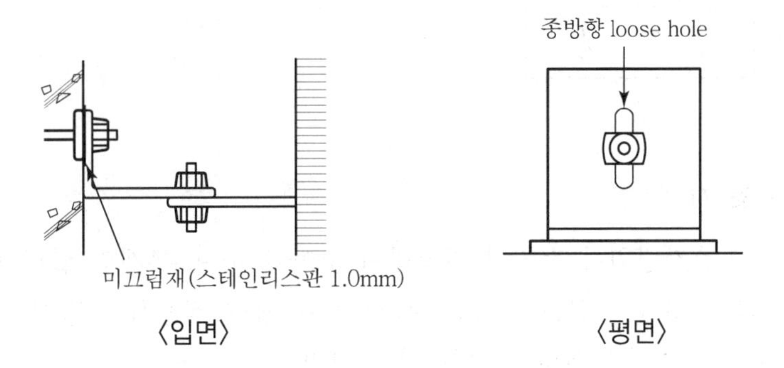


〈입면〉 〈평면〉

② 스프링방식 : 판(板)스프링의 스프링작용으로 상하이동

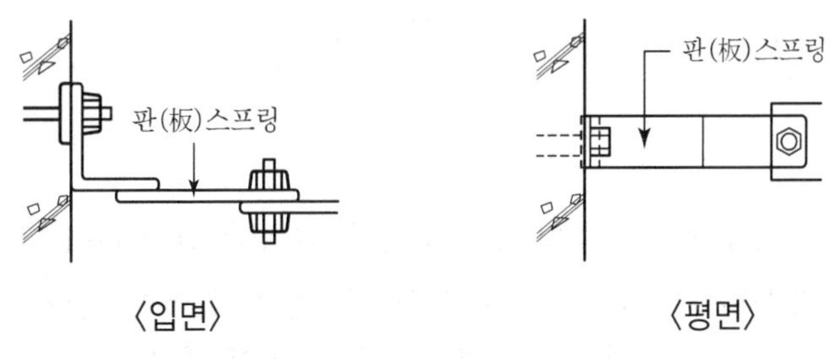


〈입면〉 〈평면〉

#### 4) 특 징

① 변형을 일으키기 어려운 PC curtain wall 등에 적용하는 방식

② 층간변위 발생 시 수직방향 joint에 전단변위 방지

③ Metal curtain wall은 변형을 흡수하기가 쉬우므로 적용하지 않음

### (3) Fixed type

#### 1) 정 의

Curtain wall의 상하부 fastener를 용접을 고정하는 방식으로 주로 저층에 사용된다.

#### 2) 지지 형태

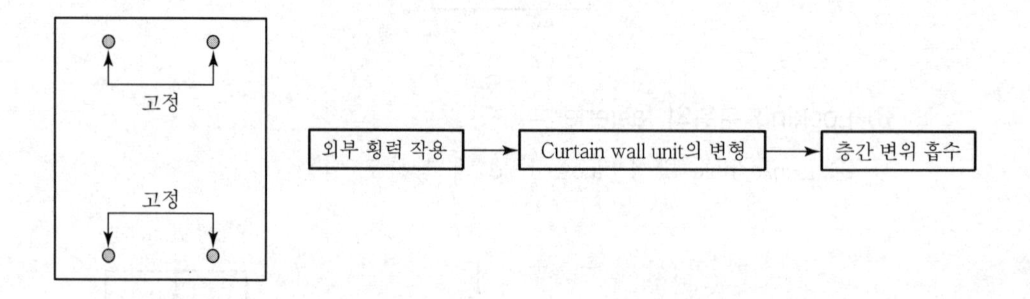


#### 3) 특 징

① 층간변위시 손상이 발생하지 않아야 하며, 부재의 열팽창을 흡수할 것

② 변형되기 쉬운 metal curtain wall 등에 적용하는 방식

③ Joint 줄눈재의 무리한 변형 방지

④ 용접으로 고정하므로 fastener 설치가 간단

## Ⅳ. 결 론

① Fastener은 설치와 위치조정이 쉬워야 하며 curtain wall의 자중 및 횡력에 대응할 수 있는 내력확보와 내구성이 있어야 한다.

② Curtain wall의 성능시험 및 설치공법의 개발이 많이 진전되어서나 층간변위에 대한 추종성과 빗물 처리에 대한 system 개발이 계속 연구되어야 한다.

# 문제 9 Curtain wall 공사의 하자 원인 및 방지대책

## Ⅰ. 개 요

### 1) 의 의

① Curtain wall은 접합부의 누수 방지가 무엇보다도 중요하므로 정밀한 시공으로 접합부의 구조적 안정과 기밀성 및 방수성을 확보하여야 한다.

② Curtain wall의 접합부 우수 처리를 위해서는, seal재의 개발, open joint의 도입, 시공 정밀도 확보 등으로 접합부 처리를 철저히 하여 하자를 예방해야 한다.

### 2) Curtain wall 요구 성능

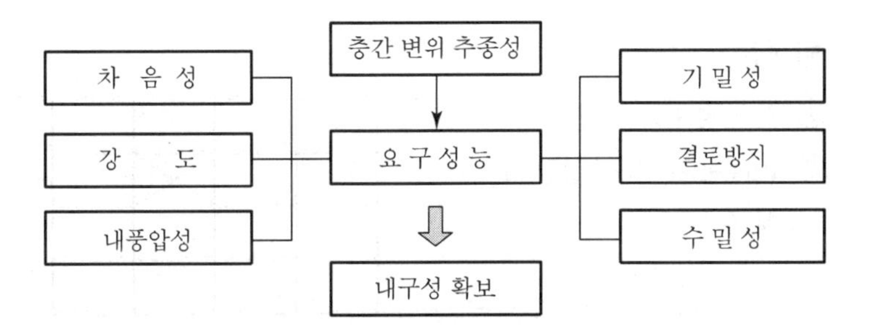


## Ⅱ. Curtain wall 분류

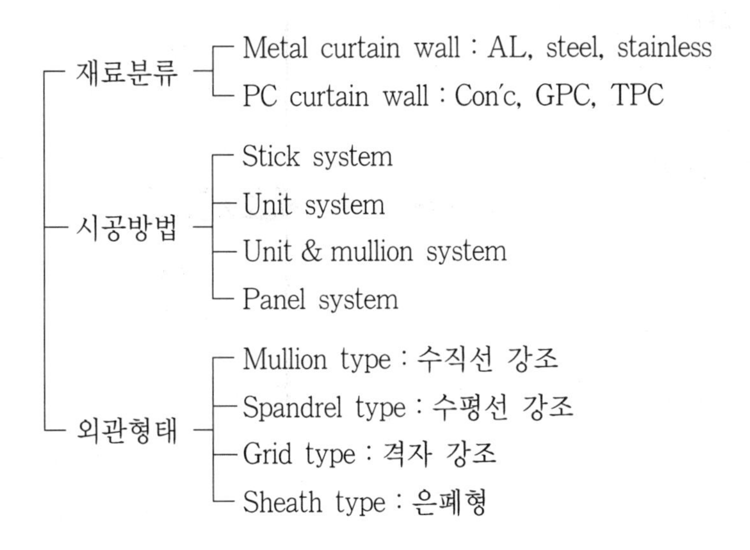

## Ⅲ. 하자원인

### 1) 누 수

① Primer, sealing재, 피착재 등의 재료 불량
② 접합면 바탕처리의 미흡
③ 시공불량 및 구조체의 변형

### 2) 변 형

① 온도 변화에 의한 변형
② 재료 자체의 변형

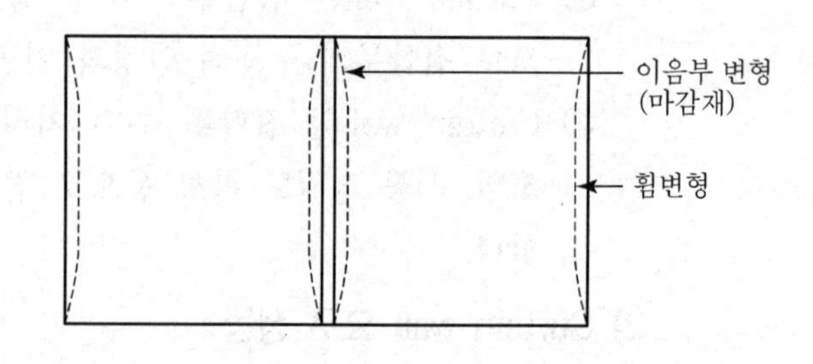


### 3) 탈 락

① 시공정밀도 미흡
② Fastener 요구성능의 부족

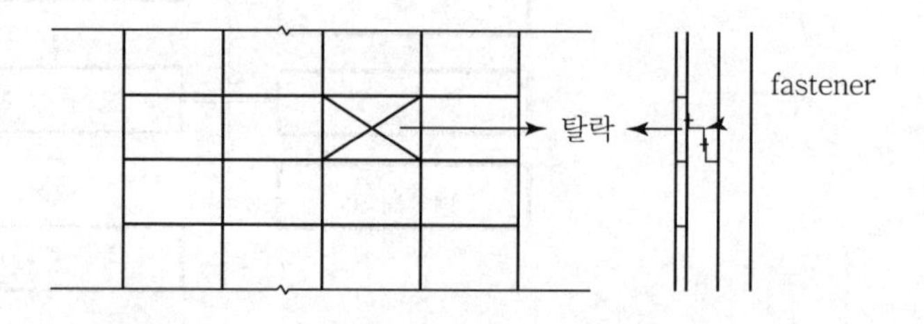


### 4) Sealing재의 파괴

① Sealing재료의 불량
② 바탕처리의 불량
③ 시공의 정밀도 부족

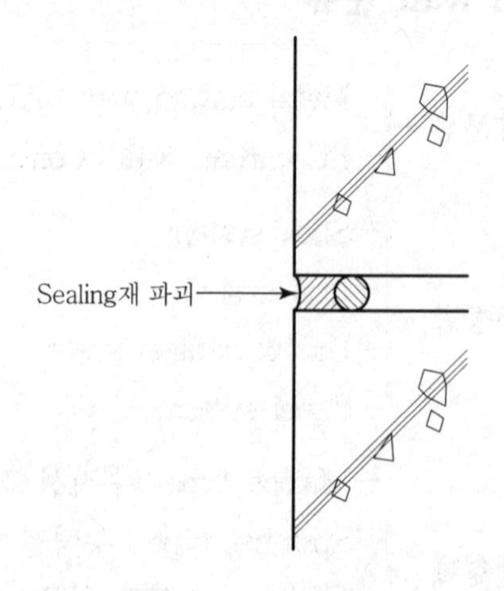

### 5) 결로 발생

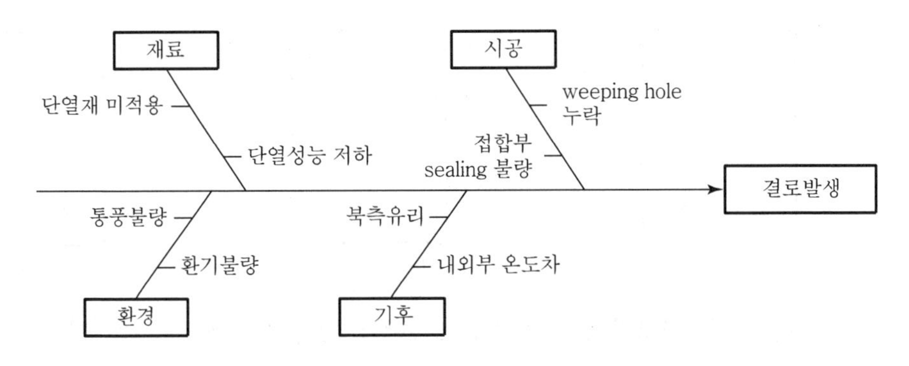


재료, 시공 및 환경적 요인에 의해 결로발생

## Ⅳ. 방지대책

### 1) 누수대책

| 원인 | 대책 | 도해 |
|---|---|---|
| 중력 | 상향구배 | 틈새 ⇨ 상향구배 |
| 표면장력 | 물끊기 설치 | ⇨ 물끊기 |
| 모세관 현상 | air pocket 설치 | 0.5mm 이하 ⇨ air pocket |
| 운동에너지 | 미로 설치 | ⇨ 미로 |
| 기압차 | 내·외벽 간의 감압 공간 | ⇨ |

2) 적정 fastener 방식채택

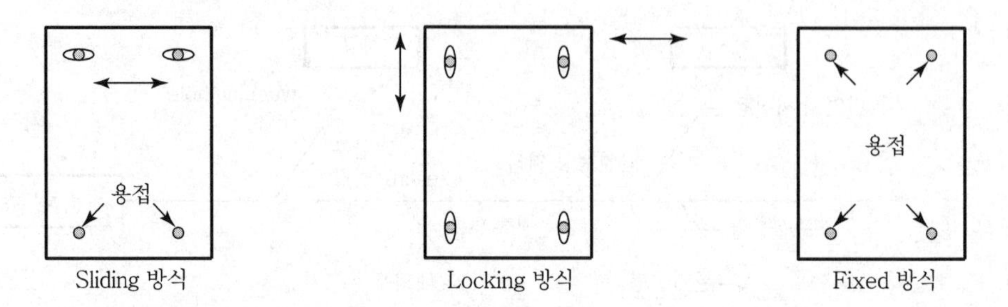


건축물의 규모와 용도에 따른 fastener 방식의 채택으로 층간변위에 대한 추종성 확보

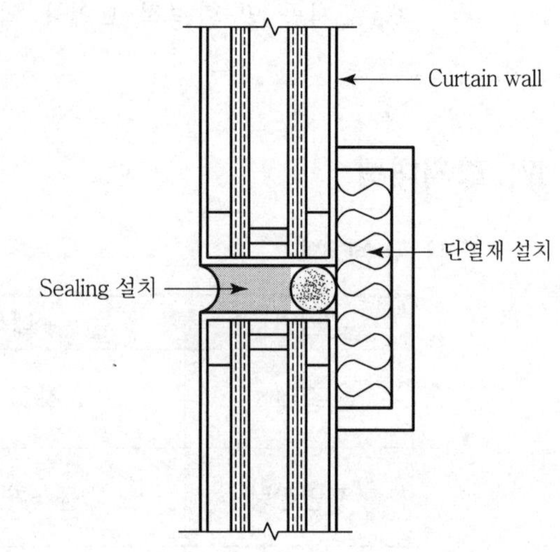


3) 단열성능 향상

① Curtain wall 부재 사이에 단열재 설치

② Curtain wall의 이음부에는 내측으로 단열 보강

4) 결로방지

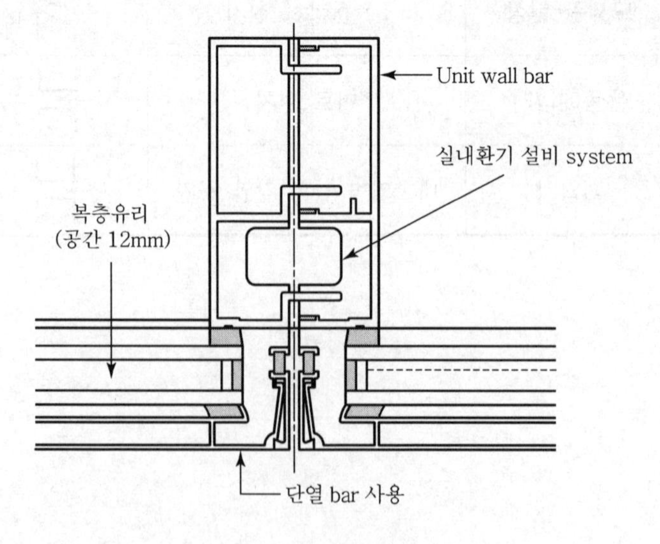


단열바 및 복층유리를 사용하여 결로발생 방지

### 5) 층간변위 추종성 확보

① 고층 철골구조(유연구조) : 20mm 전후

② 중·저층 건물(강구조) : 10mm 전후

### 6) 구조안전성 확보를 위한 시험실시

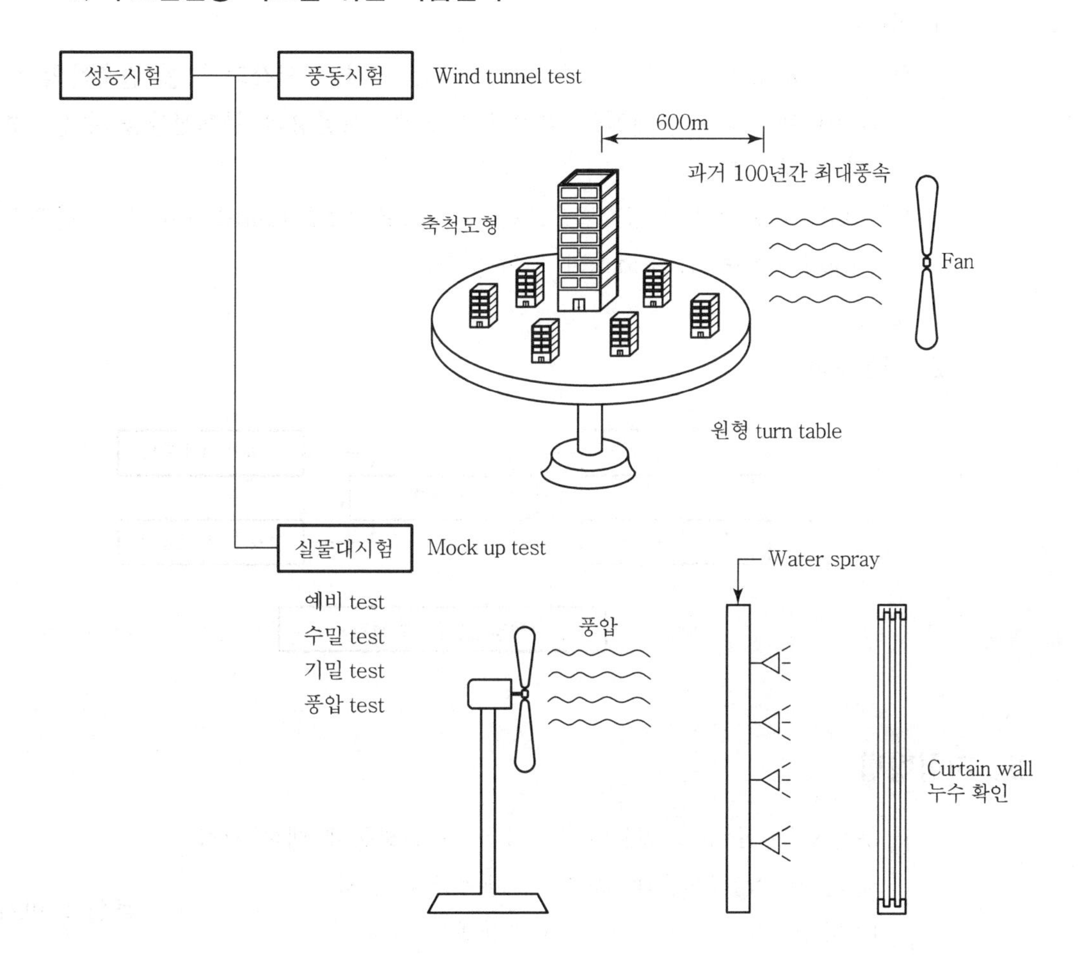


## V. 결 론

① Curtain wall은 기능상 접합부 처리가 가장 중요하며 seal재의 개발, 시공 정밀도의 확보, 구조적 안전성 확보를 위한 시험실시 등으로 하자를 예방해야 한다.

② Curtain wall 공사의 하자는 대형 재해 등의 사회문제로 확대되므로 그에 대한 대책이 매우 중요하다.

# 문제 10 Curtain wall의 시험방법

## Ⅰ. 개 요

1) 의 의

① Curtain wall시험의 목적은 curtain wall공사가 시작되기 전 건축물의 준공 후에 예상되는 문제점을 파악하여 설계·시공상의 문제점들을 수정·보완하는 데 있다.

② Curtain wall의 시험방법으로는 풍동시험(wind tunnel test)과 실물대시험(mock up test), field test 등이 있다.

2) 시험목적

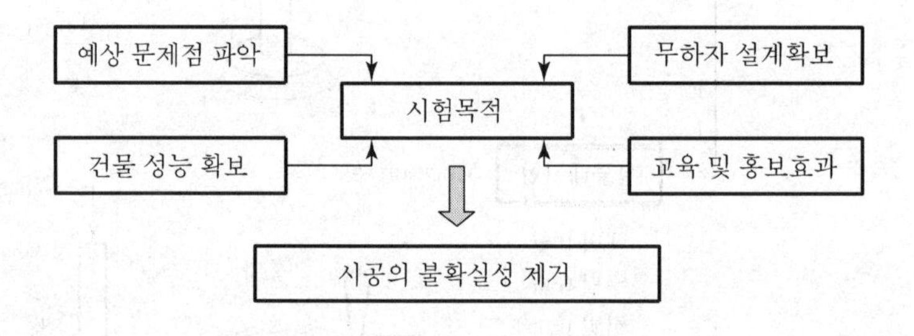


## Ⅱ. 시험방법

- 풍동시험(wind tunnel test) : 설계 시 풍하중에 대한 시험
- Mock up test(실물대시험) : 시험소에서 실시
- Field test : 현장에서 실시

(Mock up test, Field test — 커튼월 외벽시험)

## Ⅲ. 풍동시험(wind tunnel test)

1) 정 의

건축물 설계 시 풍하중에 대한 정확한 정보를 얻으며, 건물 주변의 기류(building wind)를 파악하여 풍해의 예측 및 그에 따른 대책을 수립하는 시험을 wind tunnel test라 한다.

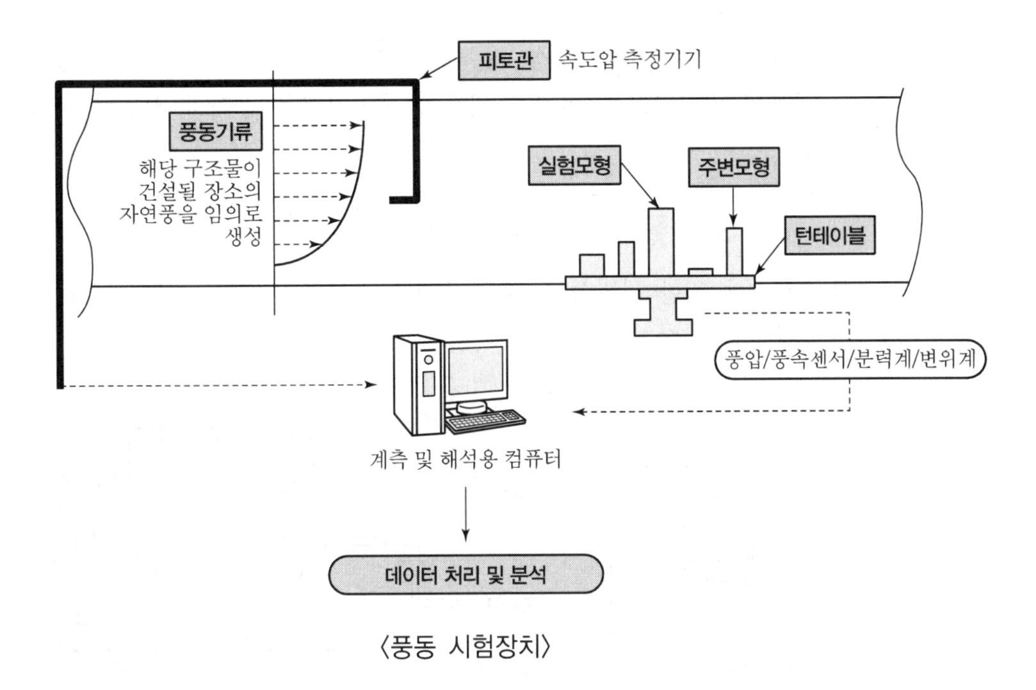


〈풍동 시험장치〉

### 2) 시험방법

건물 주변 600m 반경(지름 1,200m)의 지형 및 건물 배치를 축척모형으로 만들어 측정동내 턴테이블에 축척모형을 설치하고 360° 회전시키면서 과거 100년간의 최대 풍속을 가하여 풍압 및 영향시험을 실시

### 3) 측정(시험방법)

① 외벽풍압시험

② 구조하중시험 및 고주파 응력시험

③ 보행자 풍압영향시험 및 빌딩풍(building wind)시험

## Ⅳ. Mock up test(實物代試驗)

### 1) 정 의

① Curtain wall의 실물대시험은 현장 아닌 시험소에서 대형시험장치를 이용하여 실제와 같은 가상구체에 실물 curtain wall을 실제와 같은 방법으로 설치하여 시험한다.

② Curtain wall의 변위측정, 온도변화에 따른 변형, 누수, 기밀, 접합부 검사, 창문의 열손실을 시험하기 위하여 풍동시험을 근거로 시험하는 것을 mock up test라 한다.

③ 시험결과에 따라 건축물의 각 부분 보완과 수정을 하여 안전하고 경제적인 외벽 curtain wall의 시공을 한다.

④ 송풍기에 의한 기밀성능시험과 물펌프에 의한 수밀성능시험을 다음 시공도에 의해 시험한다.

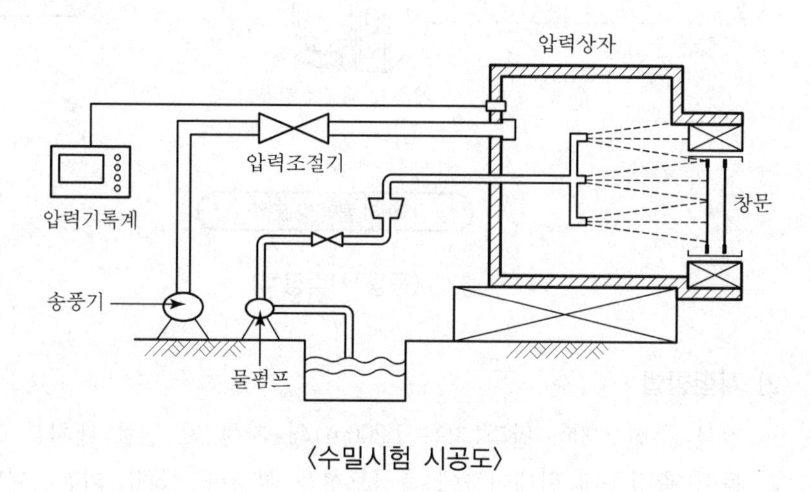


〈수밀시험 시공도〉

### 2) 필요성

① 누수방지, 구조적인 안전성 확보

② 건축물의 내구성 증대, 냉·난방효율 극대화

③ 건축비용과 유지비용 절감, 자연재해의 방지

### 3) 시험종목

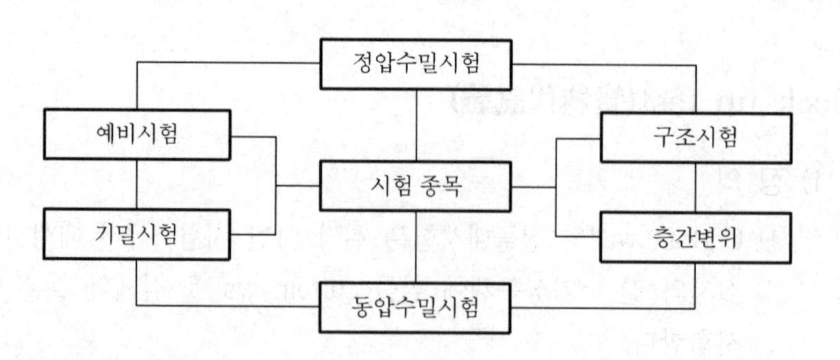

## Ⅴ. Field test

### 1) 정 의

Curtain wall 외벽시험에 있어서 mock up test는 시험소에 실시하기 때문에 현장조건에 다를 수 있는 반면, field test는 직접 현장에서 실시하여 현장 여건에 만족하는지를 확인하는 시험이다.

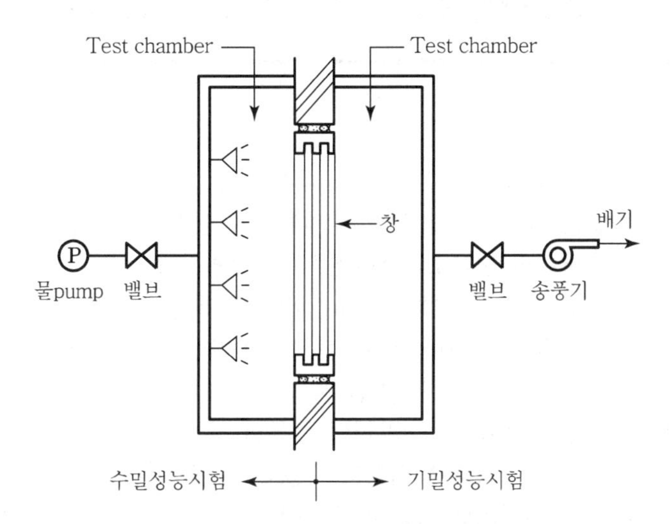


### 2) 목 적

① 공정 진행률에 따른 요구성능 확인
② 공정률 90% 이상일 때 최종적으로 성능 확인

### 3) 시험 시 유의사항

① 시험체는 외벽(door 포함)에 실시
② 외부에서 작업가능한 발판이나 곤돌라, 비계 등을 설치

## Ⅵ. 결 론

① Curtain wall의 형태와 규격이 다양화됨에 따라 외벽구조에 대한 특수설계의 개발과 curtain wall의 안전성 및 경제성이 중요시되고 있다.
② Curtain wall시험을 통한 안전하고 경제적인 curtain wall의 설계 및 시공을 함으로써 건축물의 내구성 증대 및 구조적인 안전성을 확보해야 한다.

# 7장 | 철골공사 및 초고층공사

# 문제 1 철골공사 단계별 시공 시 유의사항

## Ⅰ. 개 요

1) 의 의

① 철골공사의 단계별 시공계획은 부재를 가공 및 제작하는 공장작업과 조립과 세우기(건립)를 하는 현장작업으로 분류된다.

② 현장작업의 조립 및 세우기공정은 철골 작업의 주공정이므로 전체공기 및 품질에 미치는 영향이 크다.

2) 철골공사 flow chart

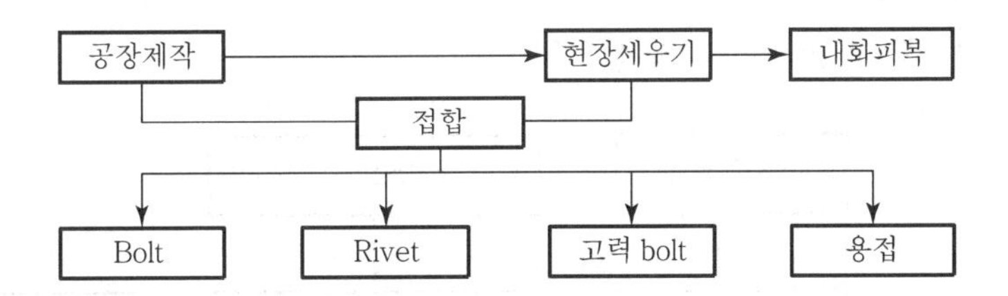


## Ⅱ. 단계별 시공계획

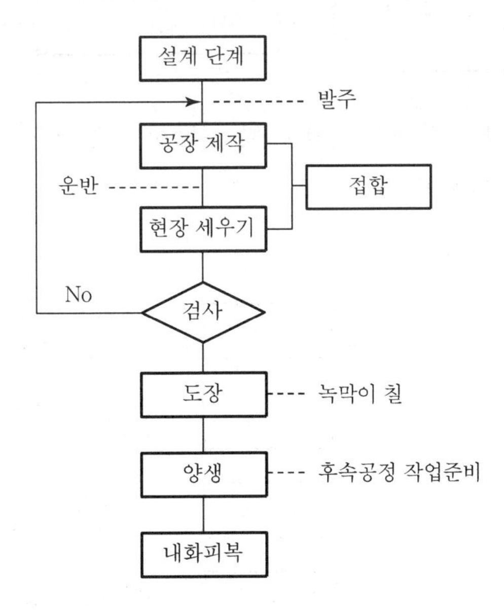


설계단계에서부터 발주, 공장제작, 현장세우기 및 내화피복에 이르러 철저한 시공 관리가 필요하다.

## Ⅲ. 단계별 시공 시 유의사항

### 1) 설계단계

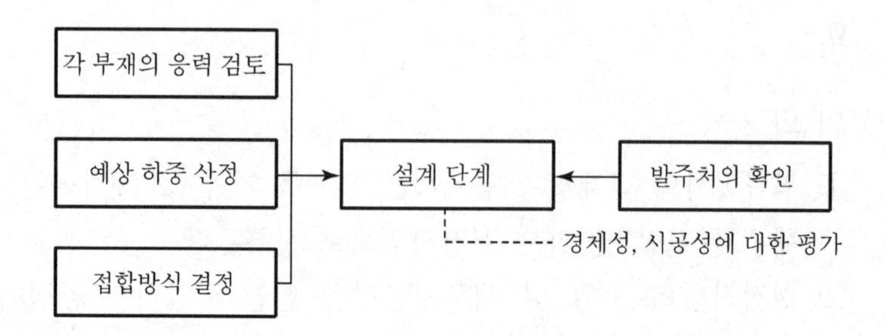


설계단계에서는 시공성, 경제성 및 합리적인 접합방식에 대한 검토가 필요

### 2) 발주단계

① Shop drawing 작성

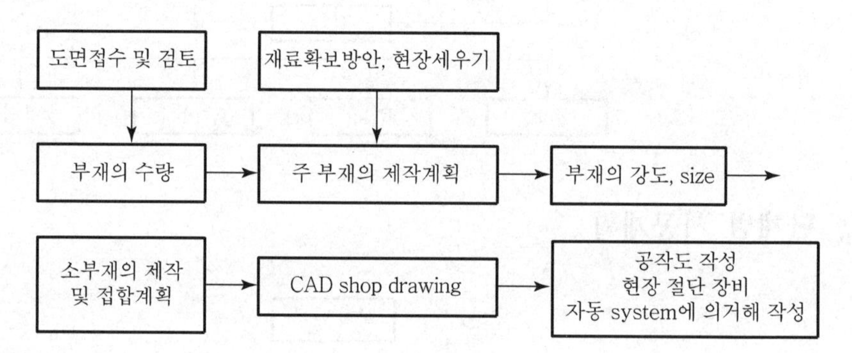


② 부재의 크기, 수량, 형상 및 절단장비 등을 기입

### 3) 공작제작단계

① 공장제작원칙

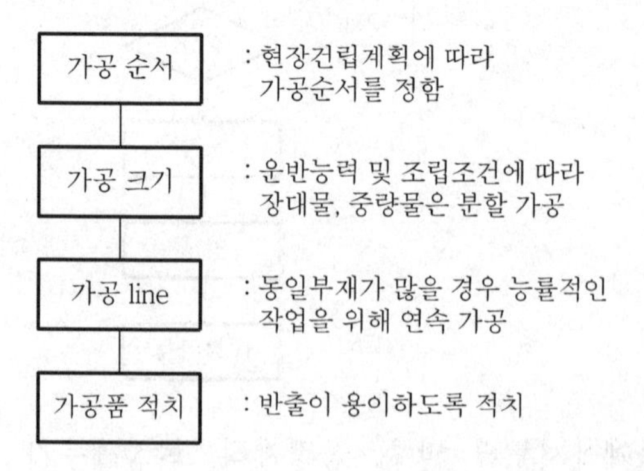


② 접합부에 대한 sampling 검사 실시

### 4) 현장입고시

① Mill sheet 검사

② 제품의 정밀도 검사

③ 제품의 크기, 규격 등 확인

### 5) 현장세우기

① 세우기 공정

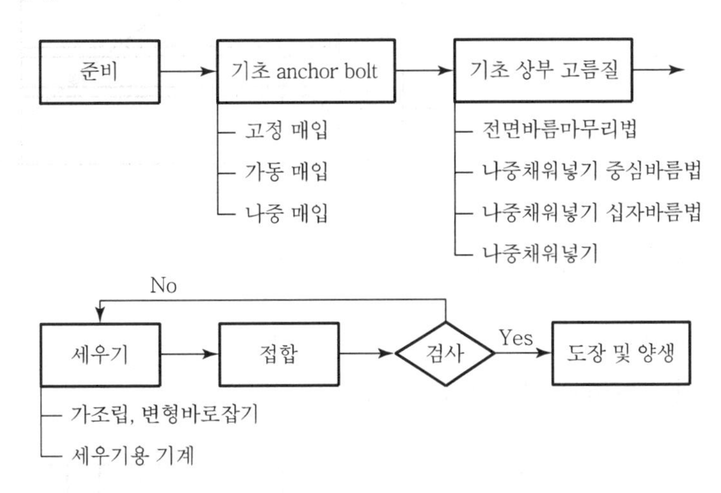


② 세우기 후 검사 시 정밀도 확보

### 6) Anchor bolt 위치 확인

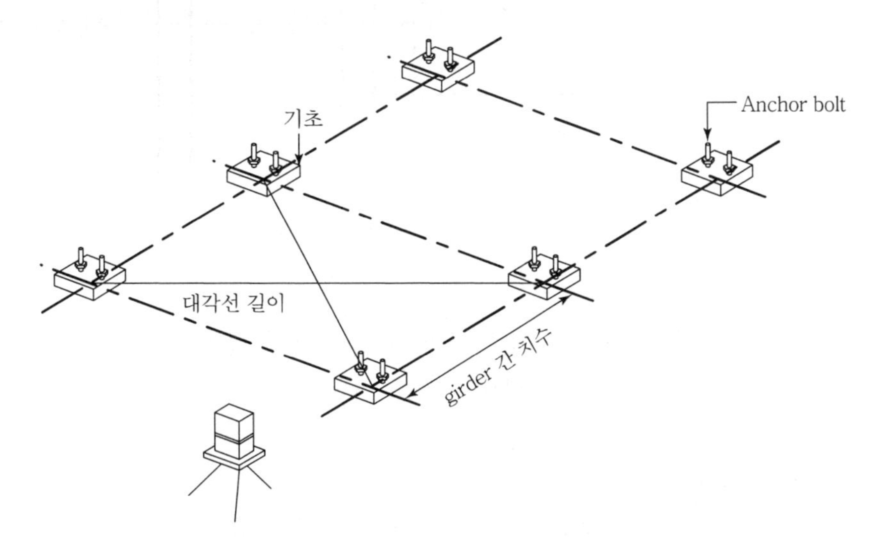


Transit, 줄자 등으로 anchor bolt의 위치 확인

### 7) 세우기 수정 작업

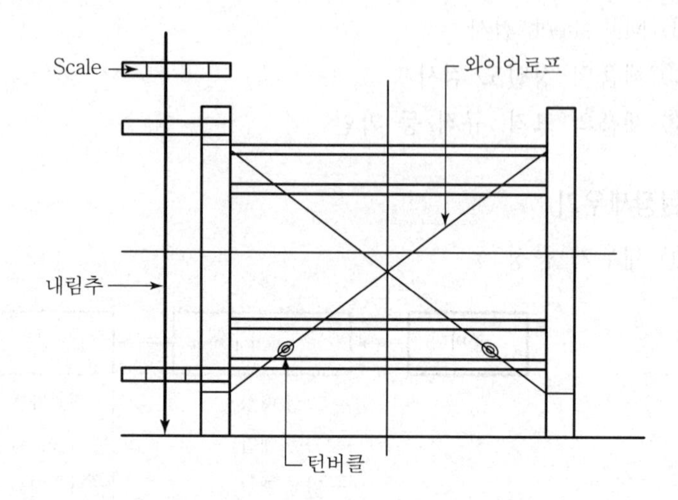


세우기 작업 후 검사를 통하여 수정 실시

### 8) 접 합

① 고력bolt 접합시 유의사항

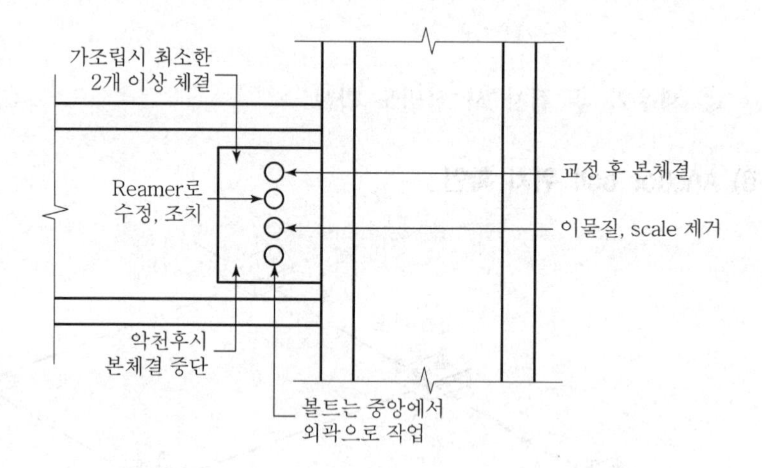


② 용접접합시 유의사항

㉠ 사전예열, 용접재료 관리 및 건조상태 확인

㉡ 개선면의 정밀 여부와 청소 상태 확인

### 9) 양생단계

① 본 조립 후 양생과정에서 중량 자재의 적재금지

② 가새 등을 설치하여 movement 방지

10) 내화피복

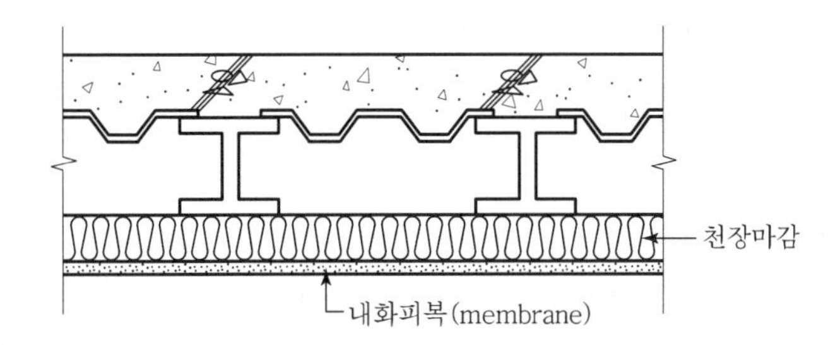


① 내화피복의 성능을 사전에 파악
② Joint부 결함 여부 확인
③ 내화성능 향상을 위한 마감재료 선정

## Ⅳ. 단계별 병행 작업시 관리사항

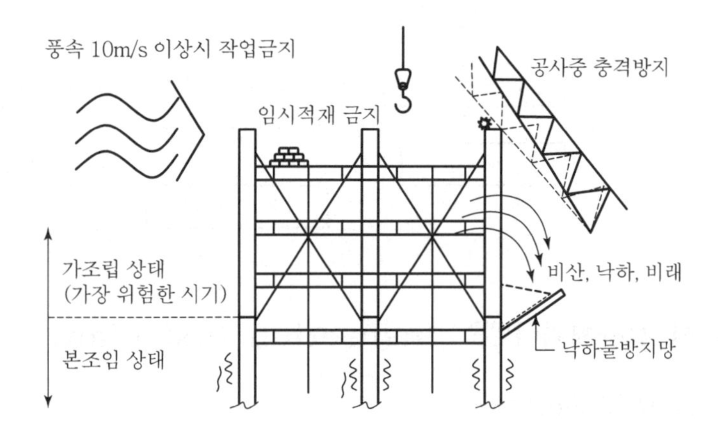


① 가조임인 상태로 고층까지 세우지 않는다.
② 보강 와이어로프를 세우기 수정 겸용으로 하고 본조임 완료 전까지는 풀지 않는다.

## Ⅴ. 결 론

① 철골공사에서 단계별 시공관리는 타 공정에 비해 매우 중요하며, 항상 선행공정인 동시에 주공정인 관계로 공정, 원가, 품질 및 안전관리에 유념해야 한다.
② 철골공사는 고층작업인 관계로 대형사고 발생률이 높으므로 안전시설의 설치 및 안전 교육을 매일 실시하여 안전에 최우선을 하며 공사에 임해야 한다.

## 문제 2 철골부재의 제작 시 검사계획과 현장반입 시 검사항목

### Ⅰ. 개 요

1) 의 의

① 공장에서 시험완료된 부재도 현장반입 시 확인 및 검사를 거쳐 합격된 자재만 시공에 투입해야 한다.

② 이는 자재의 오제작이나 운반시의 변형 및 손상 등을 재점검하는 단계이다.

2) 현장반입 전 검토사항

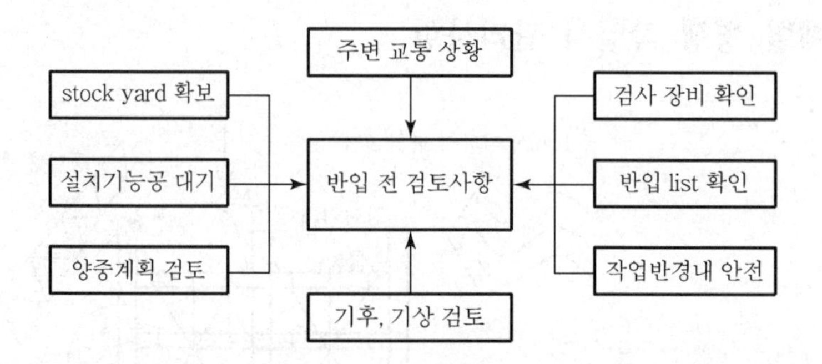


### Ⅱ. 제작 시 검사계획(ITP ; Inspection Test Plan)

1) 검사계획 Flow Chart

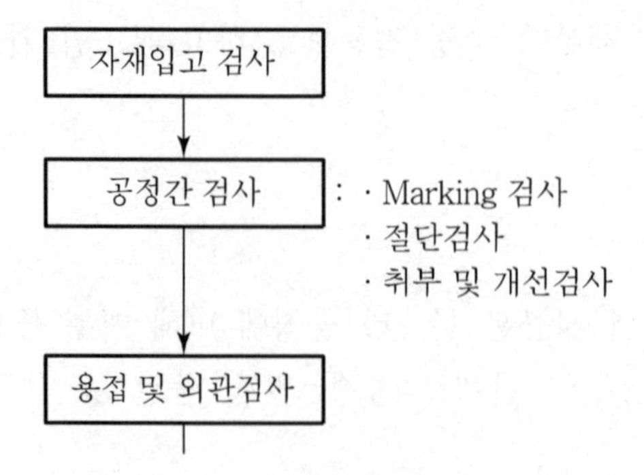

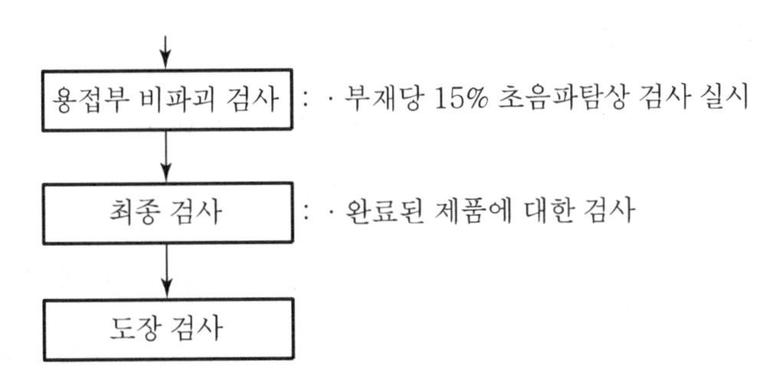


철골 자재의 공장 입고 시부터 반출전 도장까지 철저한 검사로 적정품질 유지

### 2) 자재입고 검사

① 입고되는 자재는 자재입고 검사 시 손상, 부식 또는 변형의 유무 확인
② 자재시험 성적서가 제품의 화학분석 및 기계시험 결과와 적합한지 확인
③ KS 규격품으로 규격 증명서가 있는 재료는 재료시험 생략 가능

### 3) 공정간 검사

| 구분 | 내용 |
|---|---|
| Marking 검사 | • 자재의 규격 및 marking이 제작도와 일치 여부 확인<br>• 제작도와 대조하여 기준 치수확인 |
| 절단 검사 | • 치수 및 절단선에 따른 정확한 절단 여부 확인<br>• 절단 후 자재의 변형 유무 확인 |
| 조립 및 개선 검사 | • 부재의 조립상태에서 치수 검사 실시<br>• 용접 개선 각도 및 root면의 간격 확인<br>• 용접 부위 이물질 유무 확인 |

### 4) 용접 및 외관 검사

① 용접중 수시로 용접작업의 수행 정도 확인
② 용접부 외관검사는 육안검사 실시

### 5) 용접부 비파괴 검사

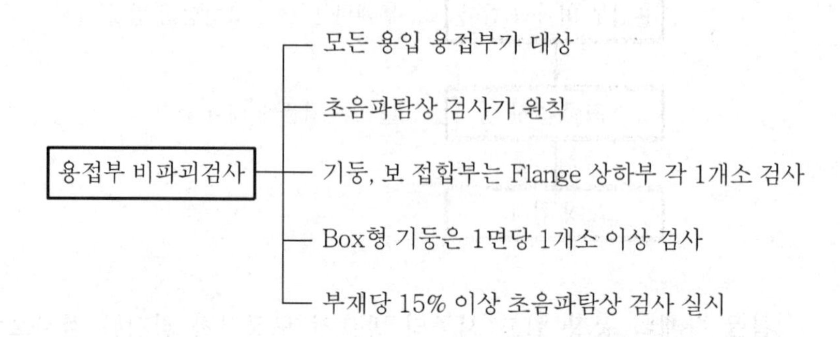


### 6) 최종 검사

① 가공, 조립, 용접 및 변형 등 완료된 제품을 검사
② 제품이 승인된 도면과의 치수 확인
③ 제품의 치수, 부재 번호, 외관 상태 등이 적절한지 확인

### 7) 도장 검사

① 검사 측정기기에 대한 검사 실시
② 도장부위 표면처리상태의 적합성 여부 확인

## Ⅲ. 현장반입 시 검사항목

### 1) Mill sheet 검사

| 검사 항목 | 검사 내용 |
|---|---|
| 역학적 시험내용 | 압축강도, 인장강도, 휨강도, 전단강도, 휨moment 등 |
| 화학성분 시험내용 | Fe(철), S(황), Si(규소), C(탄소), Pb(납) 등 |
| 규격표시 | 길이, 두께, 직경, 단위중량, 크기 및 형상 제품번호 등 |

시방서나 KS규준에 맞는 시험규준 검사

### 2) 외관 검사

① 부재의 변형, 뒤틀림
② 부재의 손상, 단면 결손
③ Bolt 구멍, Reaming 상태 등

### 3) 용접부 상태검사

| 종류 | 도해 | 주요인 |
|---|---|---|
| Crack | | 용착금속과 모재에 생기는 균열로 대표적인 용접결함 |
| Slag 감싸돌기 | | 용접봉의 피복재인 심선과 모재가 변하여 Slag가 용착금속내에 혼입된 현상 |
| Crater | | 용접 시 bead 끝에 항아리 모양처럼 오목하게 파인 현상 |
| Under cut | | 과대전류 혹은 용입불량으로 모재 표면과 용접표면이 교차된 점에 용착금속이 채워지지 않는 현상 |

### 4) 제품의 정밀도 검사

| 명칭 | 그림 | 관리허용오차 | 한계허용오차 |
|---|---|---|---|
| 보의 길이 | L | $\Delta L$ : ±3mm | $\Delta L$ : ±5mm |
| 기둥의 길이 | L | $\Delta L$ : ±3mm | $\Delta L$ : ±5mm |
| 보의 휨 | e, L | $e : \frac{L}{1,000}$, 10 | $e : \frac{1.5L}{1,000}$, 15 |

각 부재별로 제품을 관리하되 허용오차 내로 관리

### 5) 접합부 정밀도 검사

| 명칭 | 그림 | 관리허용오차 | 한계허용오차 |
|---|---|---|---|
| T이음의 틈새 | e | $e \le 2mm$ | $e \le 3mm$ |
| 겹친이음의 틈새 | e | $e \le 2mm$ | $e \le 3mm$ |

### 6) 목두께 검사

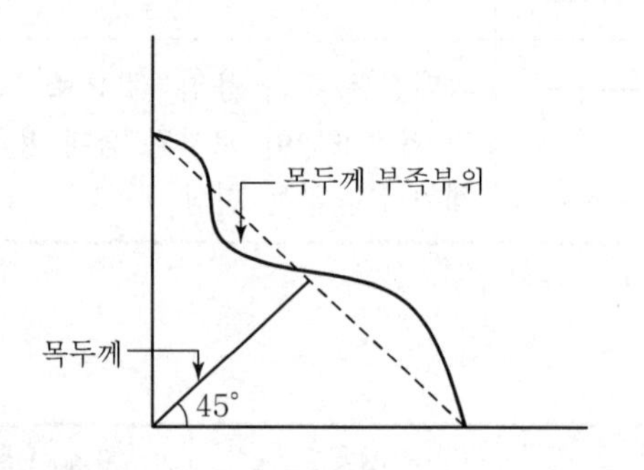


모재와 면을 45° 각으로 하여 용접의 최소 두께 확보

### 7) 각장 검사

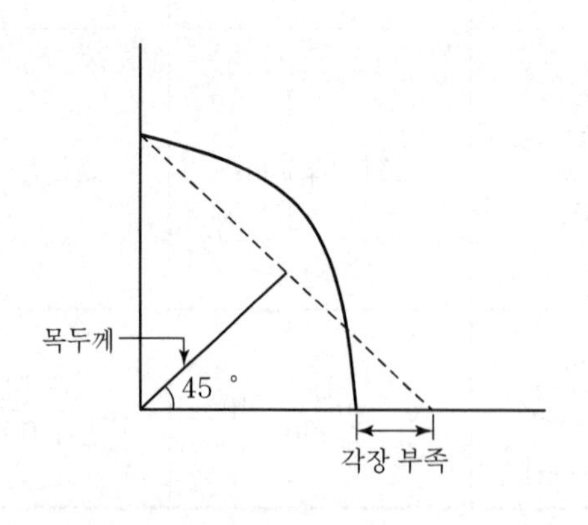


한쪽 용착면의 다리 길이가 부족한지 여부를 검사

### 8) 도장 검사

막두께계, 전자두께계 등으로 도장두께 검사

## Ⅳ. 현장에서의 강재 검사

### 1) 강재 성분 파악

Fe(철), C(탄소), S(황), Si(규소), Pb(납) 등

### 2) 탄소 함유량에 따른 강재의 성질 변화

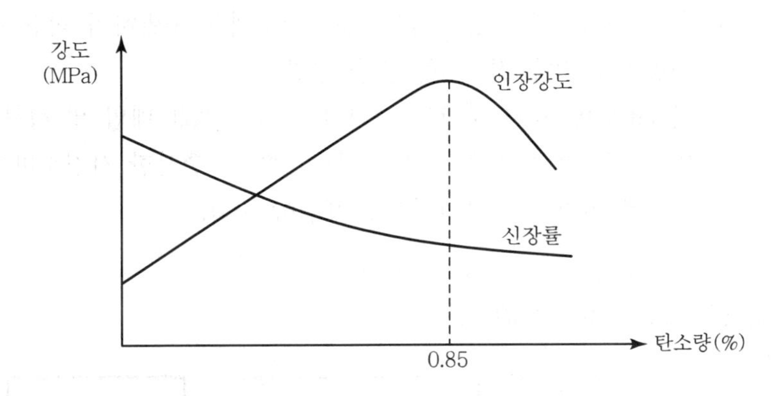


① 탄소 함유량이 0.85%일 때 강재의 강도가 최대

② 신장률은 탄소량 증가에 따라 감소

## Ⅴ. 결 론

① 철골부재의 현장반입계획은 공장과 현장과의 충분한 협의가 필요하며 설치 순서별 반입 및 적재가 중요하다.

② 현장에 반입된 자재는 각종 시험을 걸쳐 사용 유무를 판단한 후 세우기 현장에 투입해야 한다.

# 문제 3 철골재의 현장조립 및 설치 시 유의사항

## Ⅰ. 개 요

1) 의 의

① 철골 조립공사란 공장에서 제작된 부재를 운반하여 현장 여건에 적절한 건립공법에 의해 접합하는 것을 말한다.

② 현장조립에 앞서 주각부 중심선, anchor bolt 매입 및 상부고름질, 철골부재 반입도로, 야적장 확보, 양중장비계획 등 충분한 사전준비가 필요하며, 후속 공사를 파악하여 공정계획을 세워야 한다.

2) 현장조립 flow chart

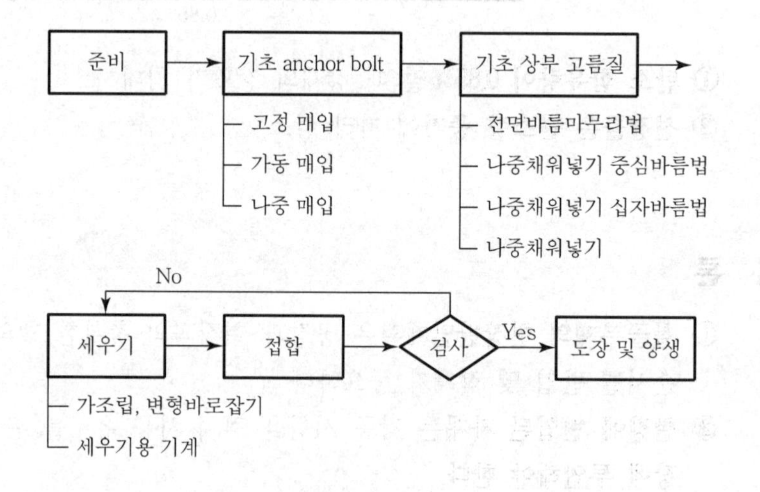


## Ⅱ. 현장조립시 품질관리

| 명칭 | 그림 | 관리허용오차 | 한계허용오차 |
|---|---|---|---|
| 건물의 기울기 | (e, H) | $e \leq \frac{H}{4,000} + 7mm$, 30mm | $e \leq \frac{H}{2,500} + 10mm$, 50mm |

| 명칭 | 그림 | 관리허용오차 | 한계허용오차 |
|---|---|---|---|
| 건물의 굴곡 | e, L | $e \leq \frac{L}{4,000}$, 20mm | $e \leq \frac{L}{2,500}$, 25mm |
| 보의 수평도 | L, e | $e \leq \frac{L}{1,000} + 3mm$, 10mm | $e \leq \frac{L}{700} + 5mm$, 15mm |
| 기둥의 기울기 | e, H, 보, 기둥 | $e \leq \frac{H}{1,000}$, 10mm | $e \leq \frac{H}{700}$, 15mm |

## Ⅲ. 현장조립 및 설치 시 유의사항

### 1) 조립, 설치 전 확인사항

① 조립순서 및 조립방법 결정

② 양중장비 점검 및 양중안전점검

③ 고소작업에 대한 안전점검

### 2) 기초 anchor bolt 매입 정밀도

① Anchor bolt는 기둥 중심에서 3mm 이상 벗어나지 않을 것

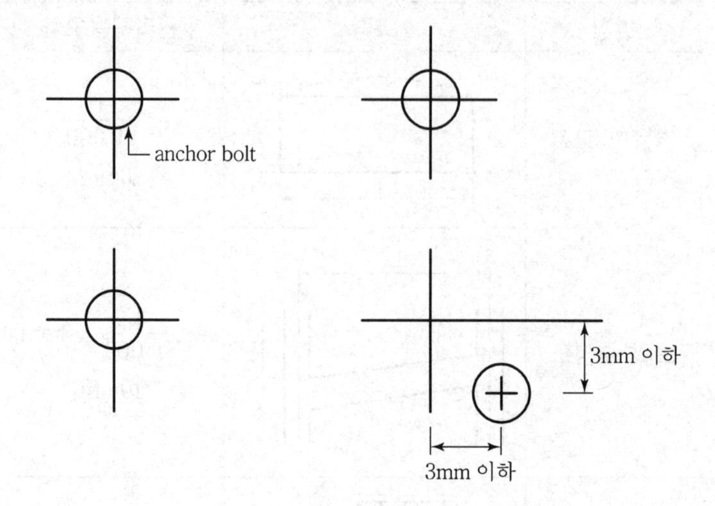


② Base plate 하단은 기준높이 및 인접기둥의 높이에서 3mm 이상 벗어나지 않을 것

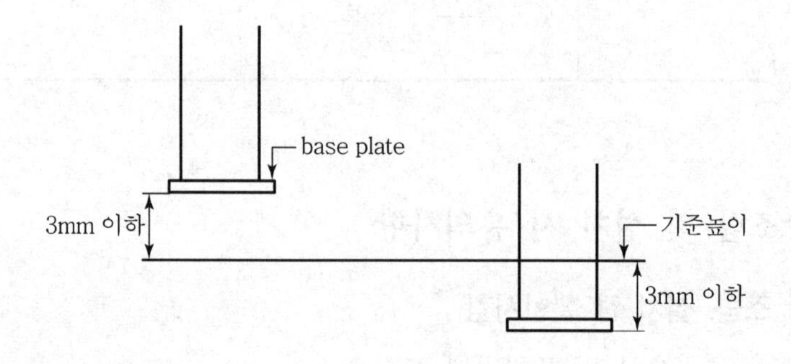


3) Anchor bolt의 고정매입

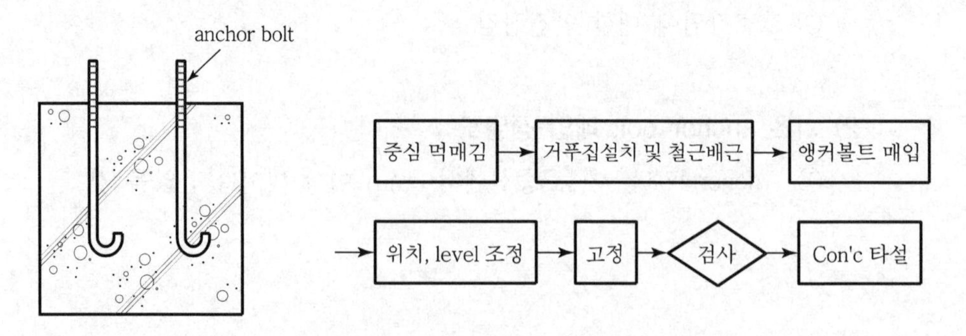


① 먹매김이 불가능하므로 transit을 이용하여 조절할 것
② 철근배근시 anchor bolt 위치와 중복되지 않도록 철근배근을 조정할 것
③ Anchor bolt는 4개를 1조로 서로 간격에 맞게 일체화한 후 설치할 것

④ Level 조정을 쉽게 하기 위해 임시 base plate를 설치 후 Con'c 타설 할 것
⑤ Anchor bolt 고정을 철근배근에 고정하지 말 것(타설시 이동)

## 4) 기초 상부고름질(padding)작업

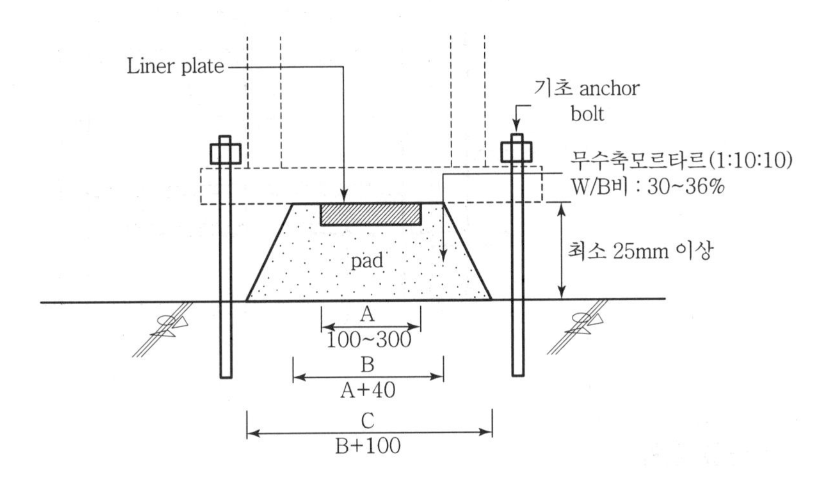


① Center line을 표시하고 중앙부에 무수축 mortar로 pad 형성
② Pad 상단에 plate를 안착하고 level 확인

## 5) 현장 건립(세우기)

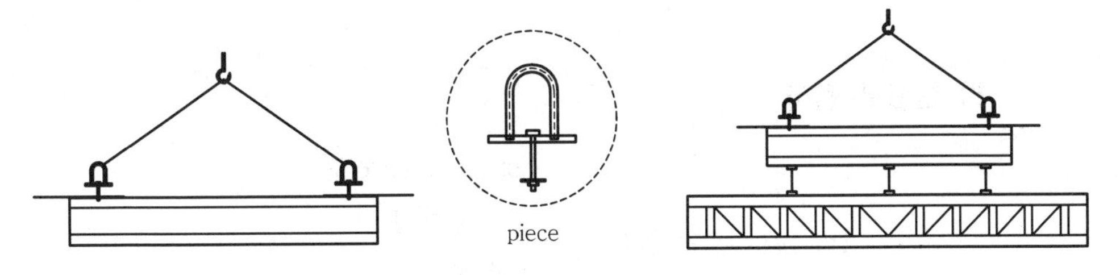


① 기둥의 중심선, level을 정확히 할 것
② 기둥은 독립이 되지 않고, 보로 연결하여 가조립
③ 양중 시 건립 구조체에 충격 금지
④ 양중장비 하부지지력 확보
⑤ 건립 시 가설재를 활용하여 철골변형 방지

### 6) 변형 바로잡기

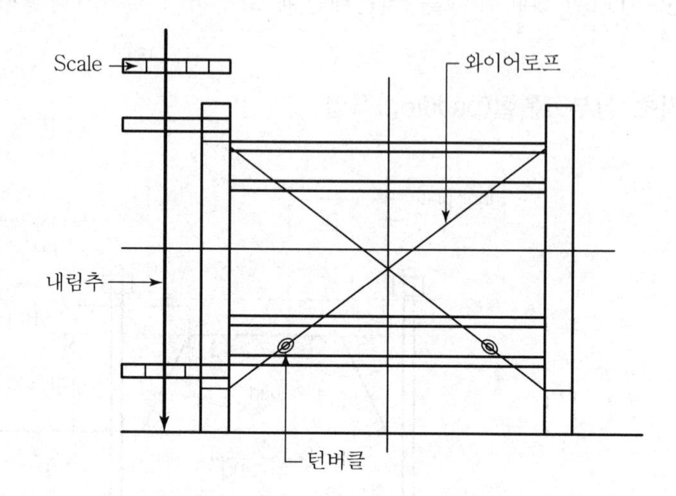


### 7) 용접 접합

① 용접면 바탕 청소 철저
② 눈, 비 등으로 습도 90% 초과 시나 풍속 10m/sec 이상 시 작업금지
③ -5~5℃인 경우 접합부에서 100mm 범위까지 예열
④ 기둥은 변형방지를 위해 상호 대칭 용접
⑤ 용접 실명제 실시

### 8) 접합부 검사

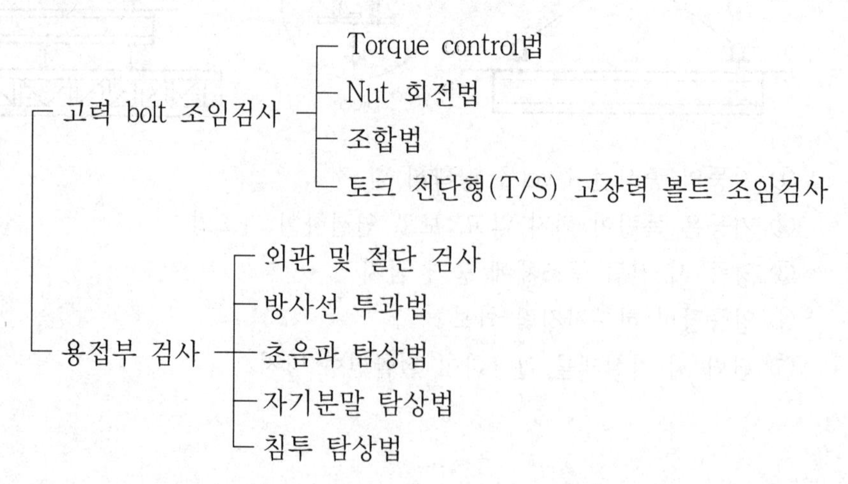

① 고력 bolt 접합순서는 중앙에서 단부로 조일 것
② 1차 조임은 표준장력의 80%, 본조임은 100%로 할 것
③ 용접은 육안검사 후 비파괴검사로 용접부의 응력전달상태를 확인

## Ⅳ. 현장수정 요령

① 열팽창이 적은 아침에 작업
② Wire rope를 설치하고, turn buckle로 수정
③ 기둥 중심 선정
　㉠ 외주 기둥 4개소
　㉡ 내부 기둥
　㉢ Elevator shaft
④ 내림추 또는 광학기기(transit) 사용
⑤ 내림추 사용 시 바람의 영향이 없도록 유의

## Ⅴ. 결 론

① 철골재의 현장조립 및 설치공사는 사전 시공계획을 철저히 수립하여 제작공정과 긴밀한 협조체제를 구축해야 한다.
② 철골공사는 고소작업으로 인한 재해예방대책을 수립하여 안전관리 및 건설공해에 대한 대책을 마련한 후 시공에 임하여야 한다.

# 문제 4 철골기초의 Anchor Bolt 매입방법과 품질관리 방안

## Ⅰ. 개 요

① 철골공사의 주각부 시공은 구조물 전체의 집중하중을 지탱하는 중요한 부분이므로 정밀 시공을 통하여 품질을 확보하여야 한다.

② 철골기초의 Anchor Bolt 매입방법에는 고정매입, 가동매입, 나중매입이 있으며 Bolt가 이동하지 않도록 철저한 품질관리가 필요하다.

## Ⅱ. Anchor Bolt 매입방법

### (1) 고정매입공법

#### 1) 정 의

기초 철근 배근과 동시에 Anchor Bolt를 기초 상부에 정확히 묻고, Con'c를 타설하는 공법

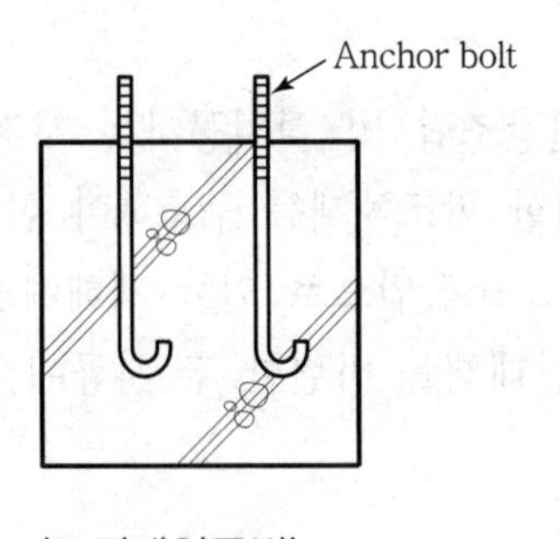


〈고정매입공법〉

#### 2) 특 징

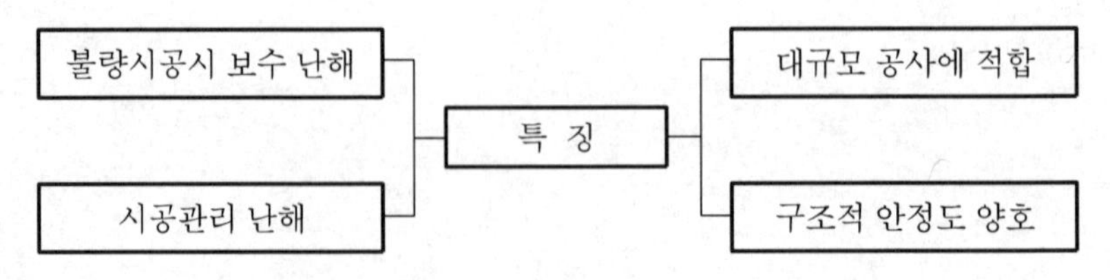

### 3) 시공순서

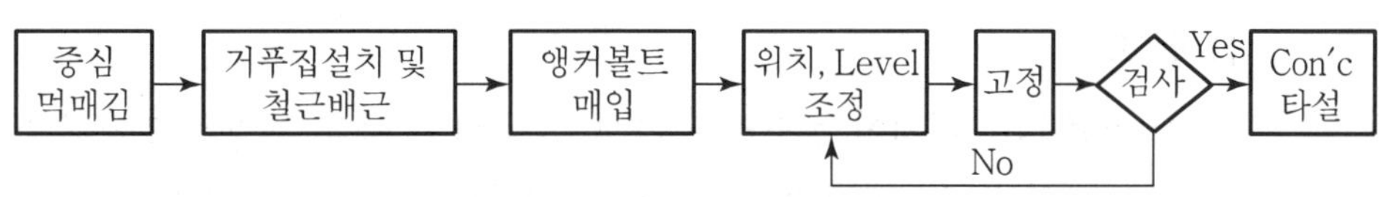


## (2) 가동매입공법

### 1) 정 의

고정매입공법과 유사하나 Anchor Bolt 상부 부분을 조정할 수 있도록 Con'c 타설 전 사전 조치해 두는 공법

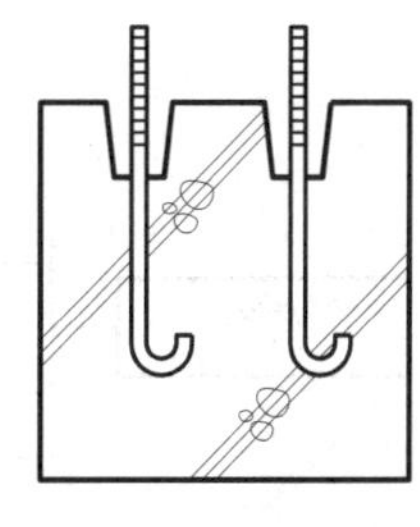

〈가동매입공법〉

### 2) 특 징

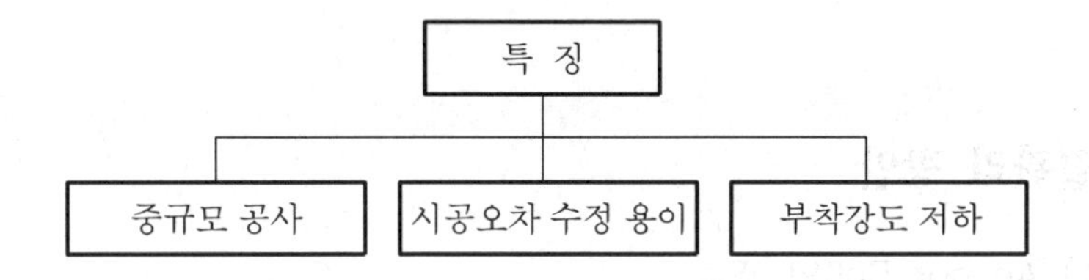


### 3) 시공순서

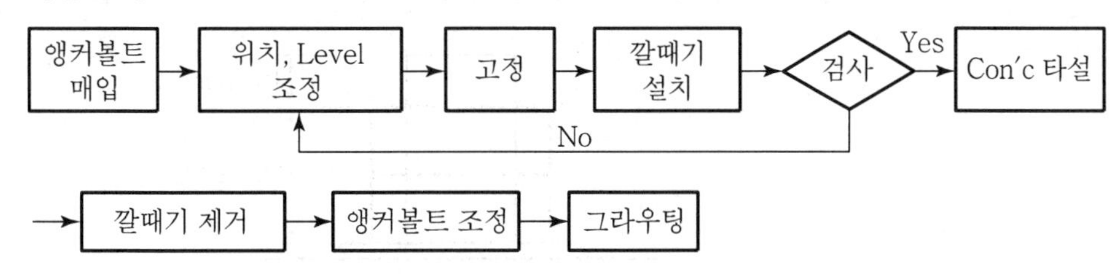

### (3) 나중매입공법

#### 1) 정 의

Anchor Bolt 위치에 콘크리트 타설 전 Bolt를 묻을 구멍을 조치해 두거나, 콘크리트 타설 후 Core 장비로 천공하여 나중에 고정하는 공법

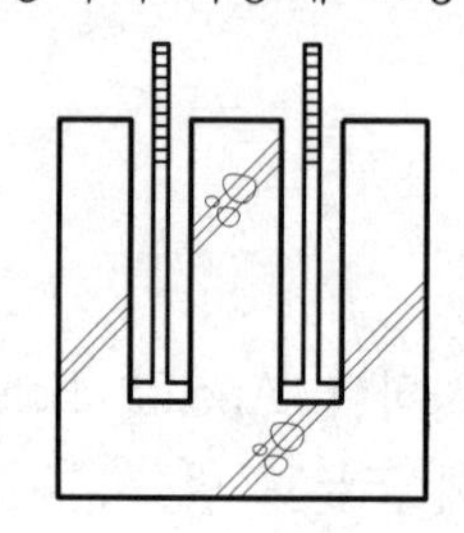

#### 2) 특 징

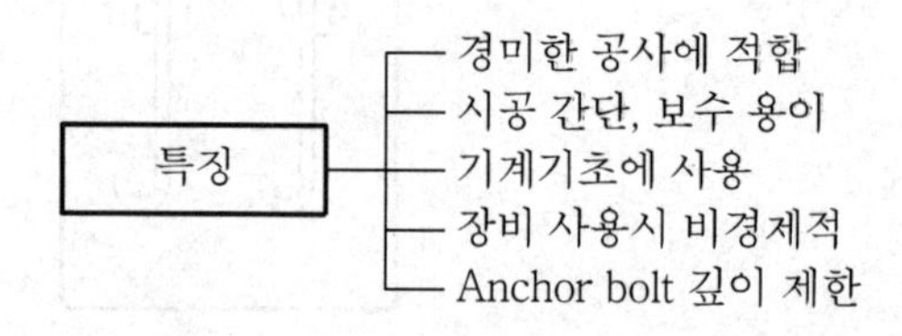


#### 3) 시공순서

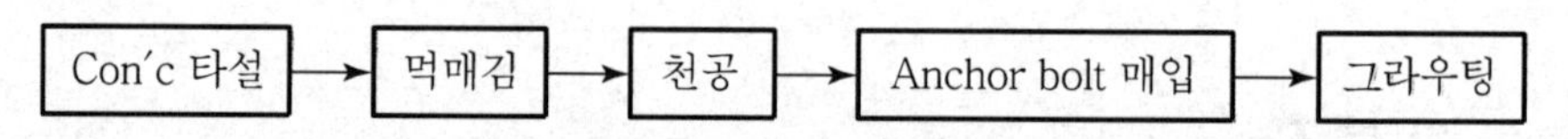


## Ⅲ. 품질관리 방안

#### 1) Anchor Bolt의 조임

① 조임 시 균일한 장력 분포가 되도록 함

② 풀림 방지 목적으로 이중 Nut 사용 및 용접

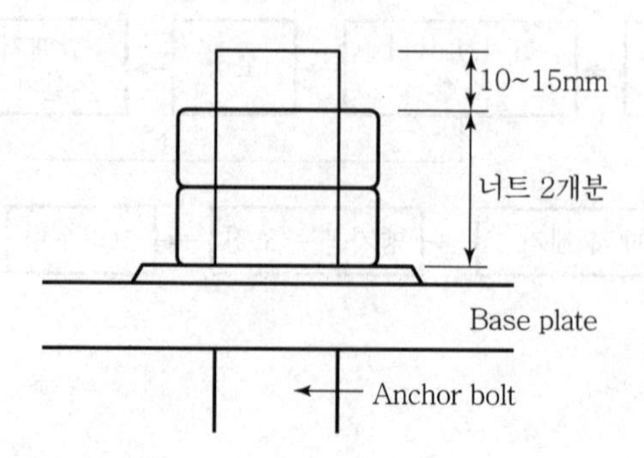

### 2) Anchor Bolt 파손에 주의

녹, 휨, 충격에 의한 손상 방지를 위해 비닐테이프, 염화비닐파이프, 천 등을 이용하여 양생

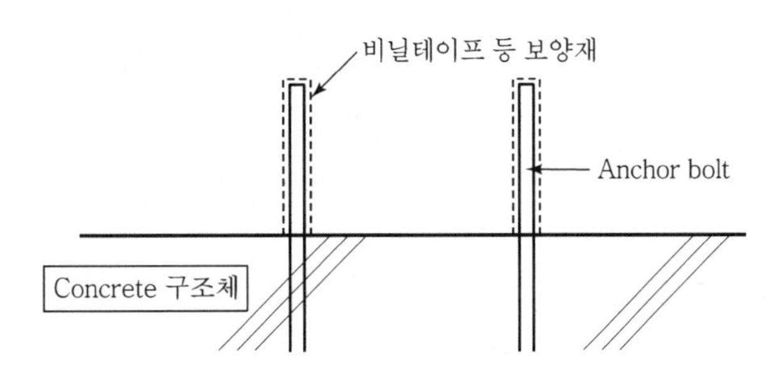


### 3) Anchor Bolt의 정밀도 유지

① 중심선은 콘크리트 타설 시 계속 확인하여 이동을 방지할 것

② 허용한계 범위 내에서 시공오차 허용

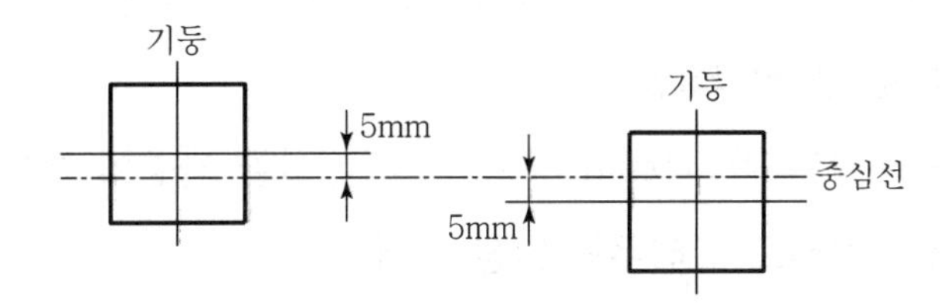


중심선과 앵커볼트 및 기둥 중심선 오차 5mm 이내 유지

### 4) Base Mortar 시공 시

① 모르타르와 접하는 콘크리트면은 Laitance 제거

② 모르타르와 콘크리트의 일체성 확보

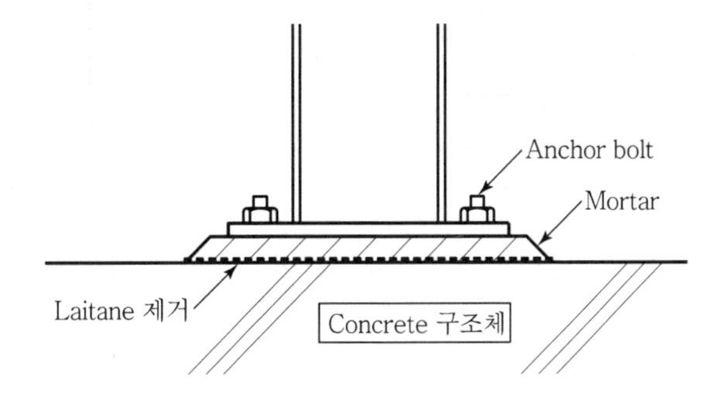


### 5) 모르타르 배합 시

① 배합비 1 : 1~1 : 2

② 무수축 모르타르 혹은 팽창 모르타르를 사용하여 건조수축 방지

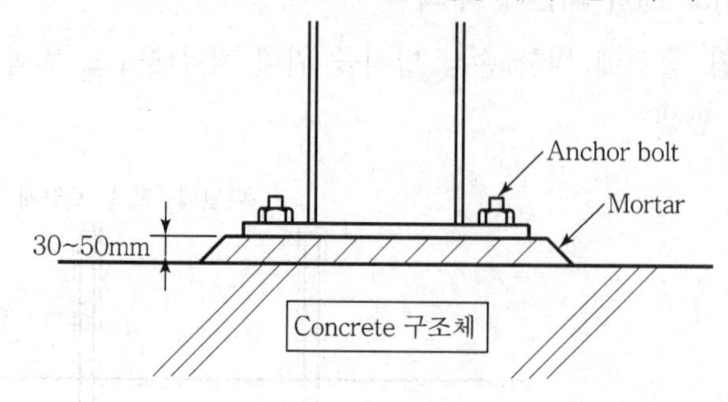


### 6) 모르타르 양생

① 3일 이상 충분한 양생

② 충격 · 진동금지, 상부작업 중단

### 7) 주각부 Level 검사

① 모르타르 바름면 시공 시 기둥세우기 전 검사

② Pad Mortar 크기는 200×200mm 정도가 적정

### 8) 바름 모르타르 두께

바름 두께는 30~50mm 정도로 하고, 철골 자중에 대한 압축력 확보

### 9) 바름 모르타르 그라우팅 양생 철저

모르타르 경화시까지 진동 · 충격 금지

### 10) Anchor Bolt 구멍 위치 확인

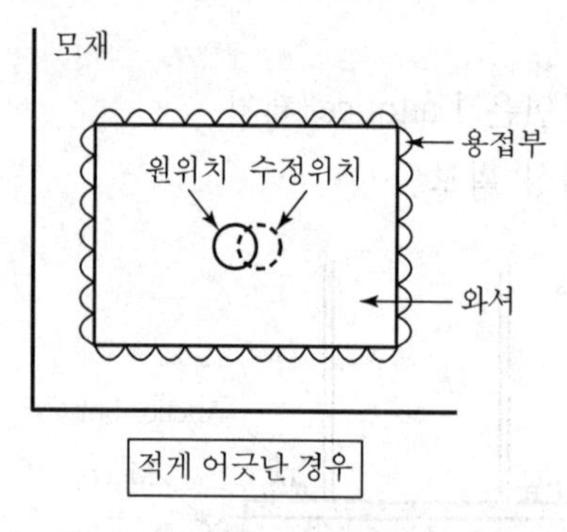


구멍을 넓게 하고 두꺼운 와셔 작업

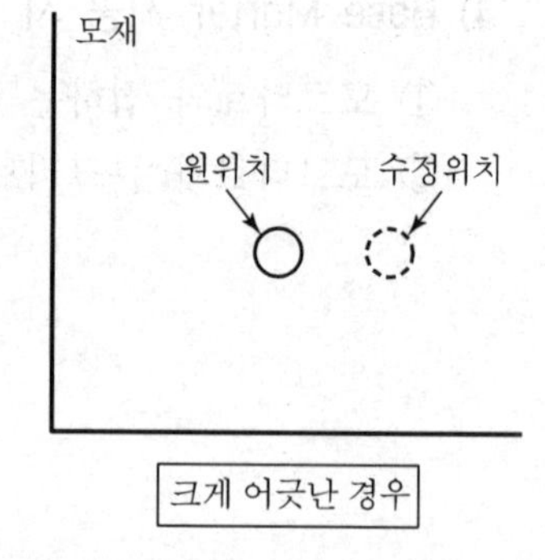


원위치를 용접으로 메우고 재천공

## V. 결 론

철골공사의 주각부는 철골조로부터 전달된 압축력을 하부 구조물에 전달하는 역할을 하므로 품질관리에 유의하여 시공하여야 한다.

# 문제 5 철골접합공법의 종류와 현장검사방법

## Ⅰ. 개 요

① 건축물이 대형화·고층화됨에 따라 접합부의 소요강도 확보와 응력이 무엇보다 중요하므로, 접합시 충분한 강도, 시공성, 안전성, 경제성을 고려하여 적절한 공법을 선정해야 한다.

② 접합공법에는 Bolt, Rivet, 고력 Bolt, 용접이 있으며, 필요에 따라 서로 병용할 수 있으며, 최근 접합공법의 개발이 급속히 발전하고 있다.

## Ⅱ. 접합공법의 종류

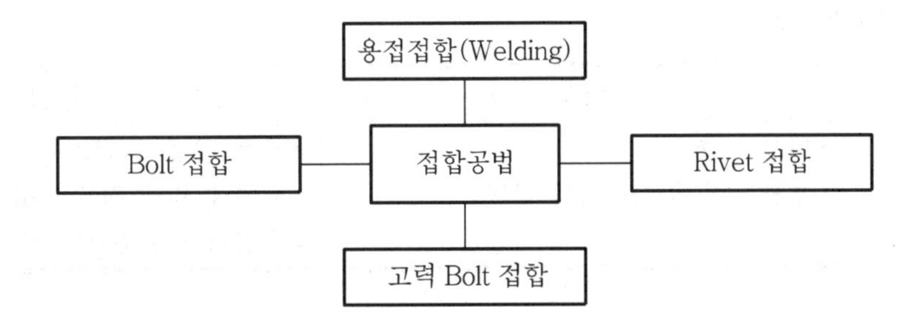


### (1) Bolt 접합

#### 1) 정의

지압접합에 의해 응력이 전달되는 접합으로 주요 구조부에는 사용되지 않고 가설건물이나 지붕의 처마 중도리 등의 접합에 사용

#### 2) 특징

| 장점 | 단점 |
|---|---|
| • 접합이 용이하며 시공이 간편<br>• 가설건물, 소규모 공사, 가접합시 사용 | • 진동시 풀리는 경우가 있음<br>• 볼트축과 구멍 사이에 공극 발생 |

3) 시공도

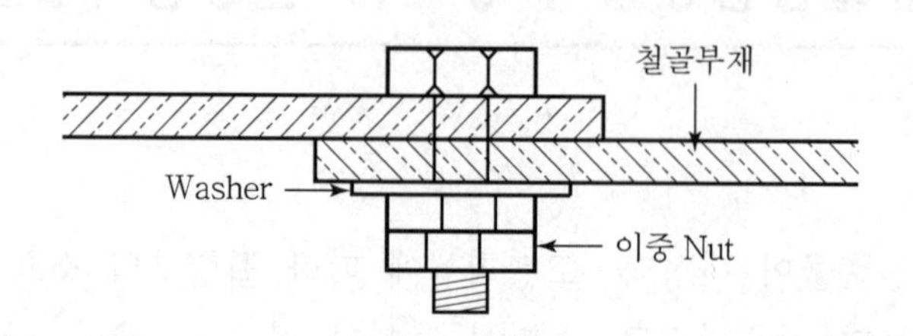


(2) Rivet 접합

1) 정 의

미리 부재에 구멍을 뚫고, 가열된 Rivet을 Joe Riveter나 Pneumatic Riveter로 충격을 주어 접합하는 방법

2) 특 징

| 장점 | 단점 |
|---|---|
| • 인성이 큼<br>• 보통 구조에 사용하기 간편 | • 소음 발생, 화재위험<br>• 노력에 비해 적은 효율<br>• 공장과 현장품질의 현저한 차이 |

3) 종 류

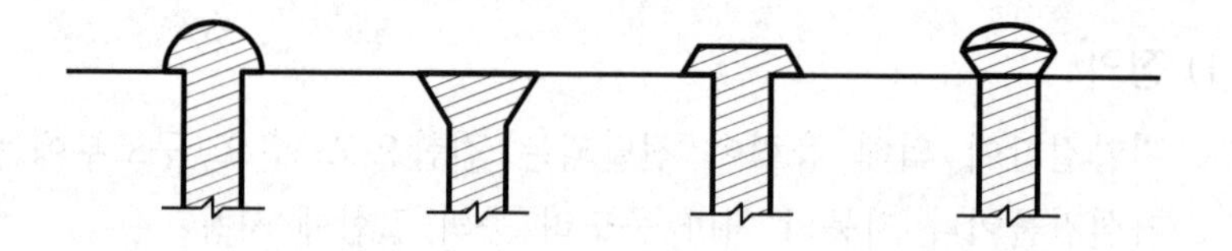

〈둥근머리 Rivet〉〈민머리 Rivet〉 〈평 Rivet〉〈둥근접시머리 Rivet〉

(3) 고력 Bolt 접합

1) 정 의

고탄소강 또는 합금강을 열처리한 항복강도 700MPa 이상, 인장강도 900MPa 이상의 고력 Bolt를 조여서 부재 간의 마찰력으로 접합하는 방식

2) 특 징

| 장점 | 단점 |
|---|---|
| • 접합부 강도가 큼<br>• 강한 조임으로 Nut 풀림이 없음<br>• 응력집중이 적고, 반복응력이 강함<br>• 성력화 및 공기단축이 되며 시공 간단 | • 접촉면 관리 및 나사 마무리 정도 난해<br>• 숙련공이 필요하며, 고가 |

3) 접합방식

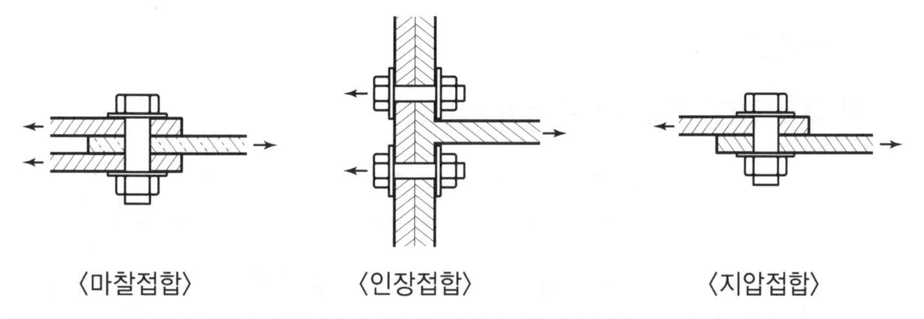

〈마찰접합〉 〈인장접합〉 〈지압접합〉

| 접합방식 | 원리 |
|---|---|
| 마찰접합 | 부재의 마찰력으로 Bolt 축과 직각방향의 응력을 전달하는 전단형 접합방식 |
| 인장접합 | Bolt의 인장내력으로 Bolt 축방향의 응력을 전달하는 인장형 접합방식 |
| 지압접합 | Bolt의 전단력과 Bolt 구멍의 지압내력에 의해 응력을 전달하는 접합방식 |

(4) 용접접합

1) 정 의

2개의 물체를 국부적으로 원자 간 결합에 의해 접합하는 방식

2) 특 징

| 장점 | 단점 |
|---|---|
| • 소음이 없고, 하중 감소<br>• 단면처리 이음 용이<br>• 응력전달에 신뢰성이 확실 | • 재질에 영향이 큼<br>• 확인이 어렵고, 변형 · 왜곡이 발생<br>• 숙련공에 의존<br>• 응력집중이 민감하고, 검사가 복잡 |

3) 모살용접방법

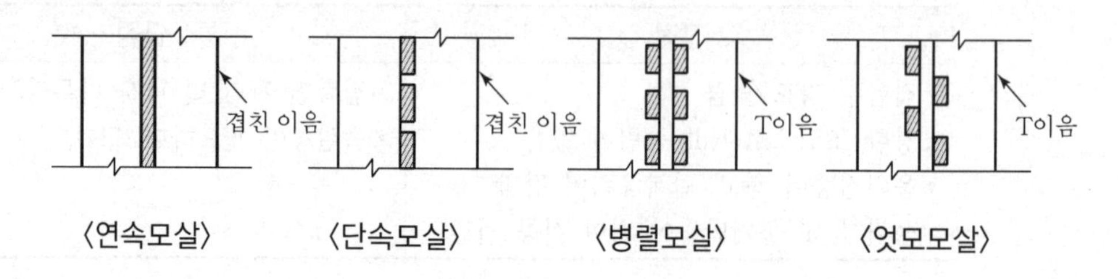


## Ⅲ. 현장검사방법

### (1) 고력볼트검사

#### 1) 토크 관리법(Torque Control법)

① 조임 완료 후, 모든 볼트에 대해 1차 조임 후에 표시한 금매김에 의한 볼트와 너트의 동시 회전 유무를 Check

② Nut 회전량 및 Nut 여장의 길이를 육안 검사

③ 규정 Torque 값의 ±10% 이내의 것은 합격

④ 조임 부족 Bolt는 규정 Torque 값까지 추가로 조임

$$T = k \cdot d \cdot N$$

$T$ : Torque치(t · cm)
$k$ : Torque 계수
$d$ : Bolt의 축부지름(cm)
$N$ : Bolt의 축력(t)

⑤ 볼트 여장은 Nut 면에서 돌출된 나사산이 1~6개 범위이면 합격

#### 2) 너트(Nut) 회전법

① 조임 완료 후, 모든 볼트에 대해 1차 조임 후에 표시한 금매김에 의한 볼트와 너트의 동시 회전 유무를 Check

② Nut 회전량 및 Nut 여장의 길이를 육안 검사

③ 합격기준

| 구분 | 회전각 |
|---|---|
| 볼트 길이가 지름의 5배 이하일 때 | 120°±30° |
| 볼트 길이가 지름의 5배를 초과할 때 | 시공조건과 일치하는 예비시험으로 목표회전각을 결정 |

④ Nut의 회전량이 부족한 Nut는 규정 Nut 회전량까지 추가로 조임

⑤ 볼트 여장은 Nut 면에서 돌출된 나사산이 1~6개 범위이면 합격

### 3) 조합법

① 토크 관리법과 너트 회전법을 조합한 방식

②

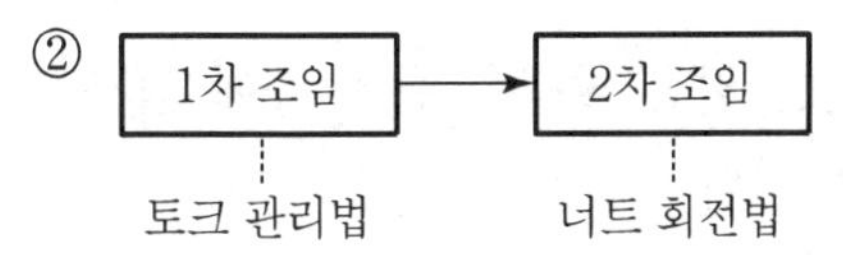


### 4) 토크 전단형(T/S) 고장력 볼트 조임 검사

① T/S볼트 검사 시 이용

② 육안검사로 판별 가능

## (2) 용접검사

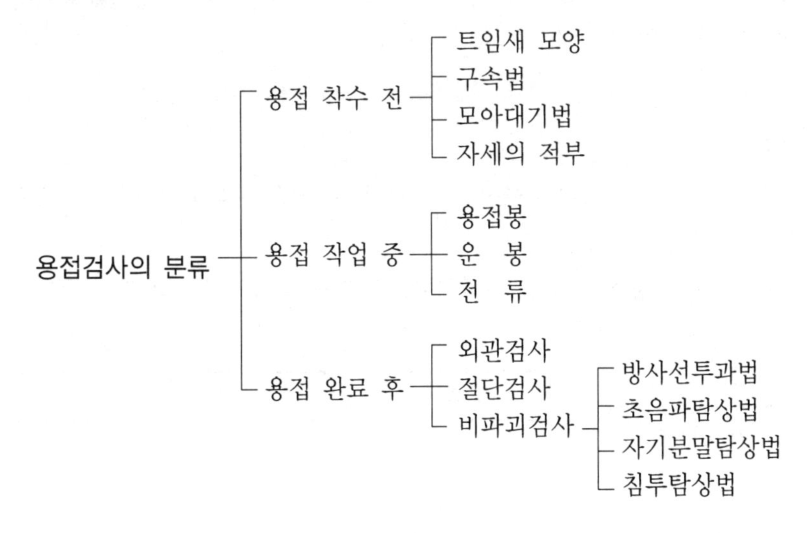

#### 1) 용접 착수 전

① 용접하기 전 단면의 형상과 용접부재의 직선도 및 청소상태를 검사

② 용접 착수 전 검사항목

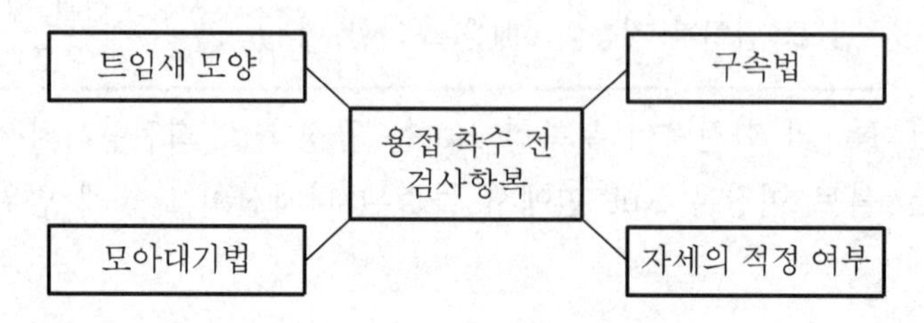


#### 2) 용접 작업 중

① 용접 작업 시 재료와 장비로 인한 결함 발생을 용접 중에 검사

② 용접봉, 운봉, 적절한 전류 등을 파악

③ 용입상태, 용접폭, 표면형상 및 Root 상태는 정확하여야 함

#### 3) 외관검사(육안검사)

① 용접부의 구조적 손상을 입히지 않은 상태에서 용접부 표면을 육안으로 분석하는 방법

② 외관검사만으로 용접결함의 70~80%까지 분석·수정이 가능하므로 숙련된 기술자의 철저한 검사가 필요

#### 4) 절단검사

① 구조적 주요 부위, 비파괴검사로 확실한 결과를 분석하기 어려운 부위 등을 절단하여 검사하는 방법

② 절단된 부분의 용접상태를 분석하여, 결함을 추정·예상하고 수정

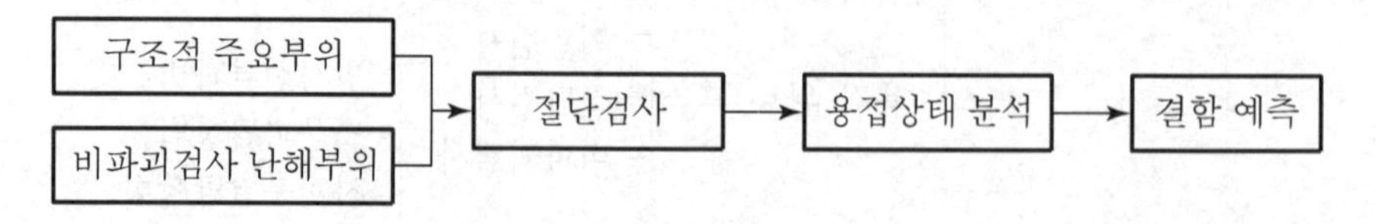

### 5) 비파괴검사

① 방사선투과법(RT ; Radiographic Test)

가장 널리 사용하는 검사방법으로서 X선, $\gamma$선을 용접부에 투과하고, 그 상태를 필름에 형상을 담아 내부결함을 검출하는 방법

| 장점 | 단점 |
|---|---|
| • 검사한 상태를 기록으로 보존 가능<br>• 두꺼운 부재의 검사 가능<br>• 신뢰성이 있어 널리 사용<br>• 검사방법이 간단 | • 검사장소의 제한<br>• 검사관 판단에 의한 개인판정 차이가 큼<br>• 미세한 균열의 발견 곤란<br>• 방사선은 인체에 유해 |

② 초음파탐상법(UT ; Ultrasonic Test)

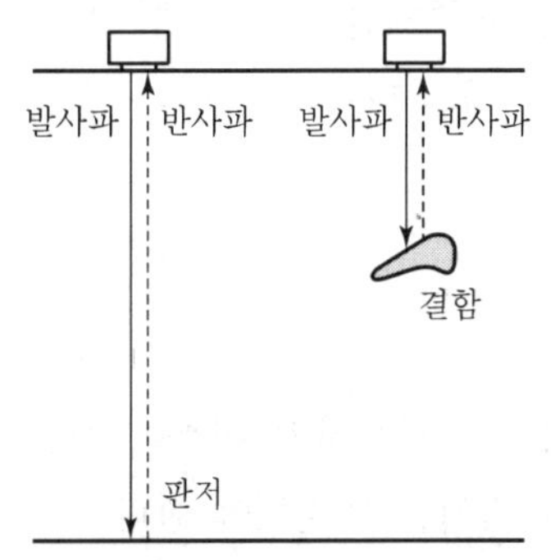


용접부위에 초음파를 투입함과 동시에 브라운관 화면에 용접상태가 형상으로 나타나며, 결함의 종류, 위치, 범위 등을 검출하는 방법

③ 자기분말탐상법

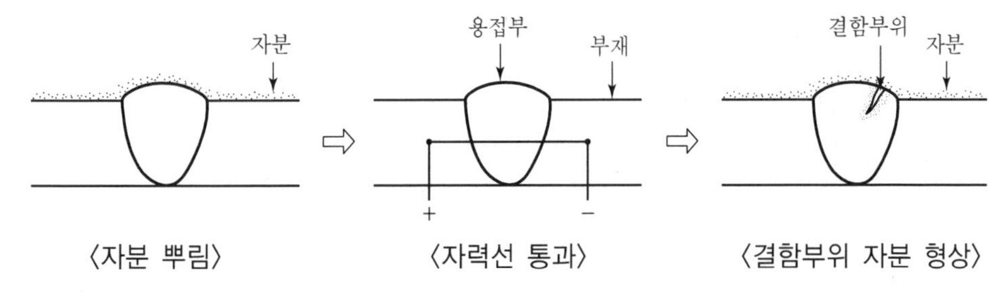


〈자분 뿌림〉 〈자력선 통과〉 〈결함부위 자분 형상〉

용접부위 표면이나 표면 주변 결함, 표면 직하의 결함 등을 검출하는 방법으로 결함부의 자장에 의해 자분이 자화되어 흡착되면서, 결함을 발견

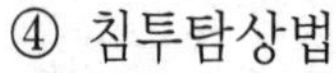

④ 침투탐상법

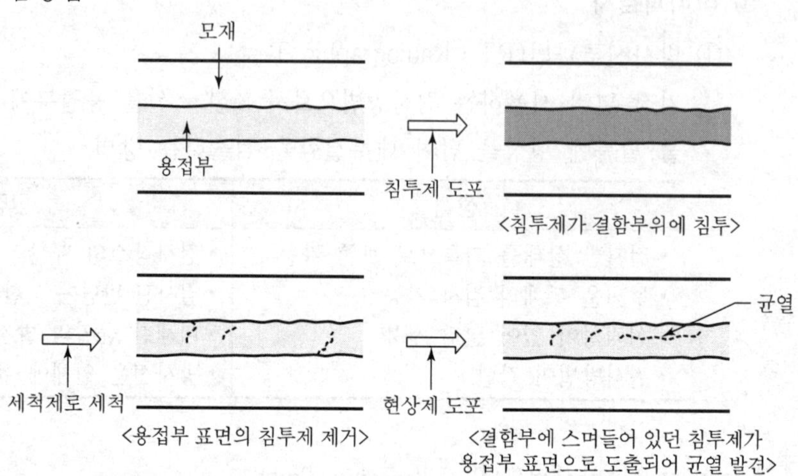


용접부위에 침투액을 도포하여 결함부위에 침투를 유도하고, 표면을 닦아낸 후 현상제를 도포하여 검출하는 방법

## Ⅳ. 결 론

접합부 소요강도를 확보하기 위하여 시공의 기계화 · Robot화가 필요하며, 신속한 검사가 가능한 기기를 개발해야 한다.

# 문제 6 고장력 bolt의 조임방법 및 체결 시 유의사항

## Ⅰ. 개 요

### 1) 의 의

① 고장력 bolt는 접합 부위의 소요강도 확보와 응력 상태가 타접합공법보다 우수하여, 소음과 공해의 최소화방안으로 많이 사용되고 있다.

② 조임부는 반드시 조임검사를 실시하여야 하며 이는 철골 설치 시 각 절마다 반복 실시하여야 한다.

### 2) 특 징

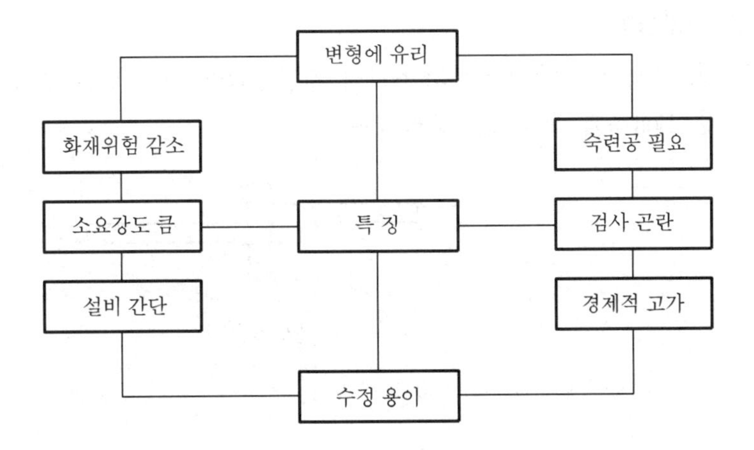


## Ⅱ. 접합방식 및 원리

### 1) 마찰접합

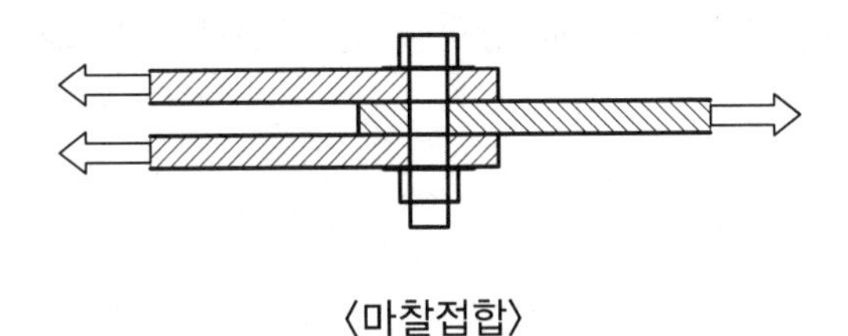

〈마찰접합〉

① Bolt 조임력에 의해 생기는 접착면에 마찰내력으로 힘을 전달하는 방식
② Bolt축과 직각방향으로 응력 전달

2) 인장접합

① Bolt축 방향의 응력을 전달하는
소위 인장형의 접합방식
② Bolt의 인장내력으로 힘을 전달

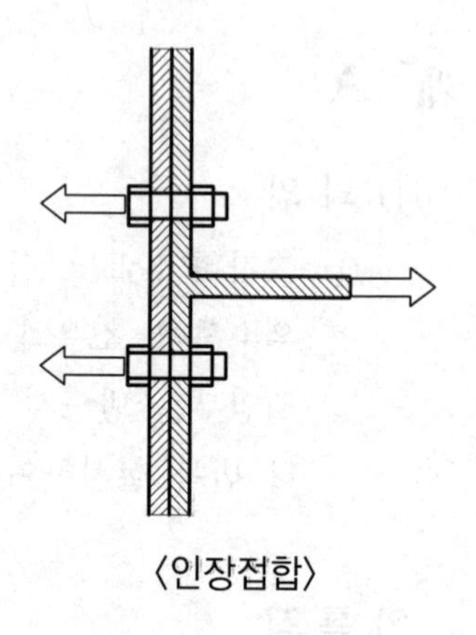

〈인장접합〉

3) 지압접합

① 부재 사이의 마찰력과 bolt의 지압내력에 의해 힘을 전달
② Bolt축과 직각으로 응력작용

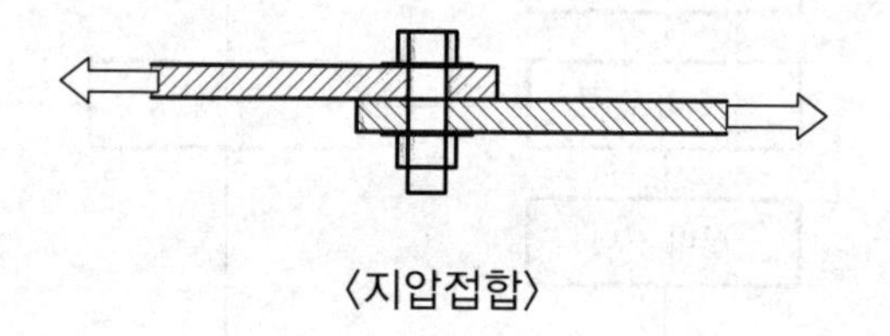

〈지압접합〉

## Ⅲ. 조임방법

1) 조임원칙

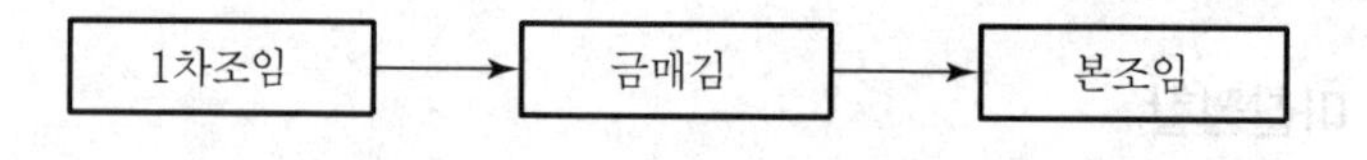


접합(조임)은 표준 bolt 장력을 얻을 수 있도록 조임

### 2) 표준 bolt 장력

단위 : tonf

| Bolt 호칭 | 표준 bolt 장력 |
|---|---|
| M12 | 6.26 |
| M16 | 11.7 |
| M20 | 18.2 |
| M22 | 22.6 |
| M24 | 26.2 |
| M27 | 34.1 |
| M30 | 41.7 |

### 3) 1차 조임

① 표준 bolt 장력의 80% 정도의 값이 나오도록 impact wrench로 조임

② 1차 조임 torque 값

계산에 의해 torque 값을 구하는 것이 원칙이나 현장에서는 다음 값으로 검사

단위 : kgf · cm

| Bolt 호칭 | 1차 조임 torque 값 |
|---|---|
| M12 | 500 |
| M16 | 1000 |
| M20, M22 | 1500 |
| M24 | 2000 |
| M27 | 3000 |
| M30 | 4000 |

### 4) 금매김

1차 조임 후 모든 bolt에 금매김을 함

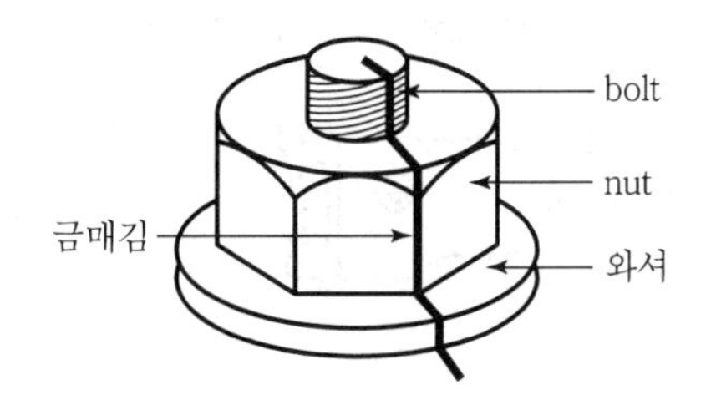

5) 본 조임

① 토크 관리(torque control)법

표준 bolt 장력의 100% 값이 얻어질 수 있도록 impact wrench로 조임

② Nut 회전법

1차 조임 후 금매김을 기점으로 nut를 120° 회전시킴

## Ⅳ. 체결 시 유의사항

1) 조임순서 준수

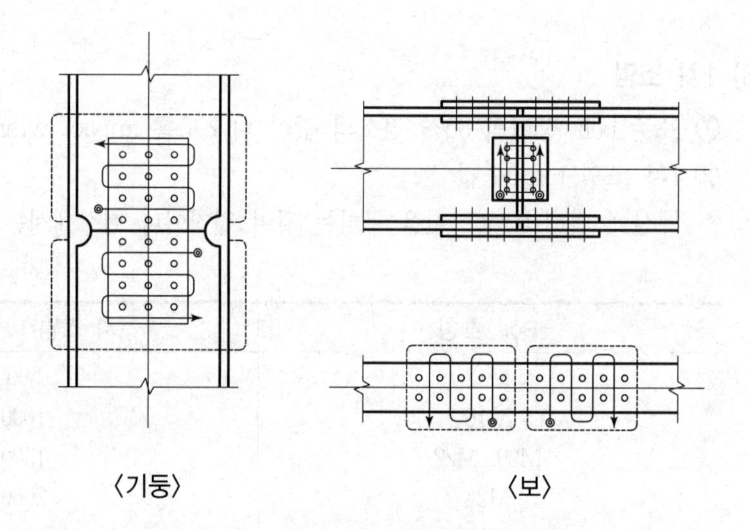

〈기둥〉 〈보〉

① (점선 박스) 부분은 조임 시공용 볼트의 군(群)

② ◎——→ 는 조이는 순서

2) 기기의 정밀도 확보

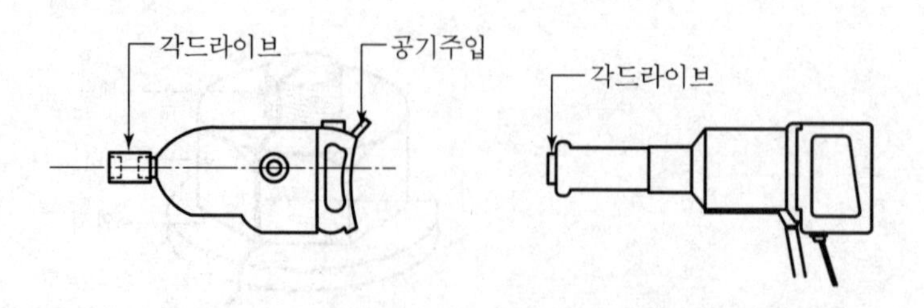


〈공기식(air impact wrench)〉 〈전기식(electrical impact wrench)〉

① Torque wrench 및 축력계 등 사용기기는 검증 및 교정된 것 사용
② 정밀도는 3% 오차범위내로 정비

### 3) 마찰면 처리

① 와셔지름의 2배만큼 청소
녹, 오염, 기름, 먼지 등을 제거
② Scale 제거

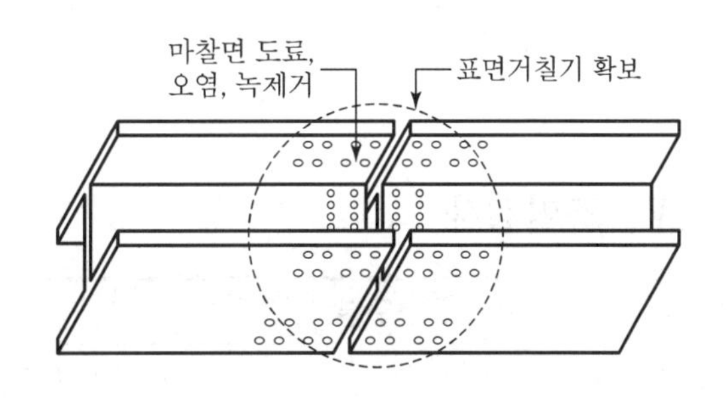


### 4) 시공의 정밀도 확보

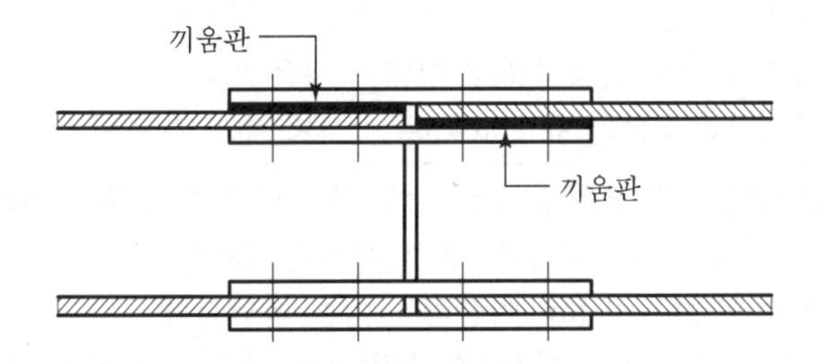


틈이 있는 경우 끼움판을 시공하여 시공의 정밀도 확보

### 5) 볼트구멍 수정

① 철골공사에서 구멍뚫기를 한 부재를 조립할 때, 각 재의 구멍이 일치하지 않을 경우 reamer로 구멍 주위를 보기 좋게 가심(reaming)하는 작업
② 부재를 3장 이상 겹칠 때에는 소요 구멍의 지름보다 1.5mm 정도 작게 뚫고 reamer로 조정하기도 함

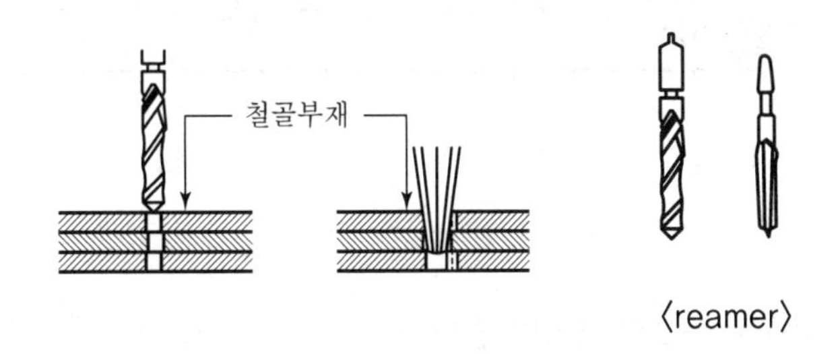


〈reamer〉

③ Reaming 작업시 구멍의 최대편심거리는 1.5mm 이하로 유지

6) 기상 작용

① 기온이 5℃ 이하인 경우 작업중지

② 최종 체결은 강우, 강풍시 금지

## Ⅴ. 조임검사

| 구분 | 검사방법 |
|---|---|
| 토크 관리법<br>(torque control법) | • 조임완료 후, 모든 볼트에 대해 1차 조임 후 표시한 금매김에 의한 볼트와 너트의 동시 회전 유무를 check<br>• Nut 회전량 및 nut 여장의 길이를 육안검사<br>• 규정 torque 값의 ±10% 이내의 것은 합격<br>• 조임부족 bolt는 규정 torque 값까지 추가로 조임 |
| 너트(nut) 회전법 | • 조임완료 후, 모든 볼트에 대해 1차 조임 후에 표시한 금매김에 의한 볼트와 너트의 동시 회전 유무를 check<br>• Nut 회전량 및 nut 여장의 길이를 육안검사<br>• 1차 조임 후 nut 회전량이 120° ±30°의 범위에 있는 것은 합격<br>• Nut의 회전량이 부족한 nut는 규정 nut 회전량까지 추가로 조임 |
| 조합법 | • 토크 관리법과 너트 회전법을 조합한 방식<br>• 1차 조임 (토크 관리법) → 2차 조임 (너트 회전법) |
| 토크전단형(T/S)<br>고장력 볼트<br>조임검사 | • T/S볼트 검사 시 이용<br>• 육안조사로 판별 가능 |

## Ⅵ. 결 론

① 고장력 bolt의 조임방법과 검사는 시공 전 조임기기의 점검과 시공 후 철저한 검사로 전 bolt에 고른 축력이 나타날 수 있도록 해야 한다.

② 고장력 bolt의 시공 품질향상을 위해서는 현장에서의 철저한 품질관리 노력과 접합상태의 확인이 쉽고 검사가 용이한 기기의 개발이 필요하다.

# 문제 7 철골공사에서 용접방법의 종류와 품질관리 시 유의사항

## Ⅰ. 개 요

① 용접은 짧은 시간 내에 국부적으로 두 강재를 원자결합에 의해 접합하는 방식으로 접합 속도가 빠르다.

② 강재가 절약되고 무진동·무소음으로 공해문제에 유리하며, 우수한 접합 품질을 확보하기 위해서는 용접의 종류별 특성 파악이 무엇보다 필요하다.

## Ⅱ. 용접작업전 준비사항

## Ⅲ. 용접방법의 종류

| 분류 | 종류 | |
|---|---|---|
| 용접기기 | • 직류 Arc 용접기<br>• 반자동 Arc 용접기 | • 교류 Arc 용접기<br>• 자동 Arc 용접기 |
| 용접재료 | • 피복 Arc 용접(수동용접, 손용접)<br>• Submerged Arc 용접(자동용접) | • $CO_2$ Arc 용접(반자동용접)<br>• Electro Slag 용접(전기용접) |

### (1) 용접기구에 따른 종류

#### 1) 직류 Arc 용접기

① 교류전원이 있을 때는 보통 3상 교류 유도전동기를 직결하여 사용

② 전원이 없을 때에는 가솔린 또는 디젤 엔진과 직류 발전기를 직결하여 사용

#### 2) 교류 Arc 용접기

① 교류전원을 용접작업에 적당한 특성을 가진 저전압 전류로 바꾸는 일종의 변압기

② 교류기는 값이 싸고, 고장이 적어 많이 사용

#### 3) 반자동 Arc 용접기

① 봉의 내밀기를 자동화한 것으로서 코일상의 와이어 사용

② 플럭스(Flux)를 와이어의 심에 혼합시킨 복합 와이어 사용

③ 플럭스 대용으로 와이어를 사용하며, 탄산가스 등의 불활성 가스로 Shield 처리

#### 4) 자동 Arc 용접기

① 자동 Arc 용접기는 용접봉의 내밀기, 이동 등을 기계로 작동

② Submerged Arc Welding Method에 사용

③ 용접봉은 Coil로 되어 있는 것을 사용

④ 피복재 대용으로 분말 플럭스(Flux) 이용

### (2) 용접재료에 따른 종류

| 용접방법(재료) | Torch 운봉 | 봉내밀기 | Flux(Shieid) |
|---|---|---|---|
| 피복 Arc 용접 | 손 | 손 | 피복 |
| $CO_2$ Arc 용접 | 손 | 기계(Coil) | $CO_2$ Gas |
| Submerged Arc 용접 | 기계(Rail) | 기계(Coil) | 분말 |

#### 1) 피복 Arc 용접(수동용접, 손용접)

① Arc 열에 의해 용접봉을 용융시켜 모재를 용접하는 방법

② 설비비 저렴

③ 기계화 작업 난해

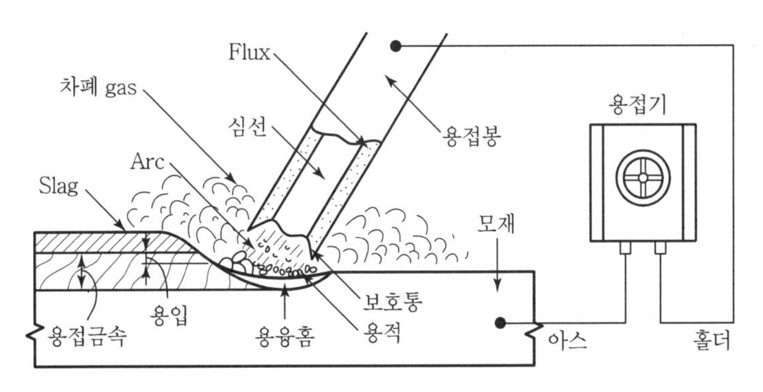


### 2) $CO_2$ Arc 용접(반자동용접)

① $CO_2$ Shield해서 작업하는 능률적인 반자동 용접방법
② 용입이 깊고, 용접속도가 비교적 빠름
③ 용접시공이 용이하며, 결함 발생률이 낮음
④ 경제적

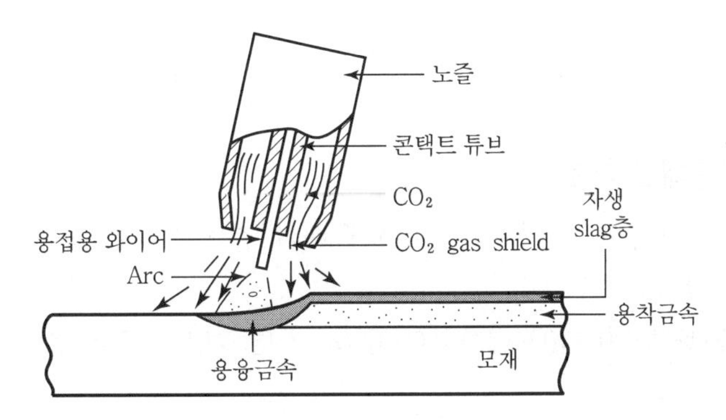


### 3) Submerged Arc 용접(자동용접)

① 이음 표면 선상에 플럭스(Flux)를 쌓아올려 그 속에 전극 와이어를 연속하여 공급하면서 용접하는 방법
② 대전류를 사용하여 용융속도를 높여 고능률 용접 가능
③ 안정된 용접과 이음의 신뢰도 향상
④ 설비비 고가

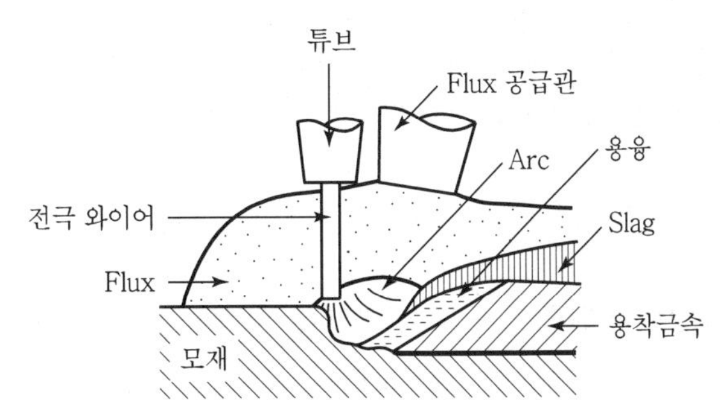

## Ⅳ. 품질관리 시 유의사항

### 1) 예열 및 후열 실시

① 용접 열영향부의 터짐 등 재질변화에 대비하여 사전에 예열함으로써 결함, 변형을 최소화

② 진동을 감소시켜 인성을 증가시키고, 확산성 수소의 방출을 촉진하여 냉간 터짐의 발생 방지

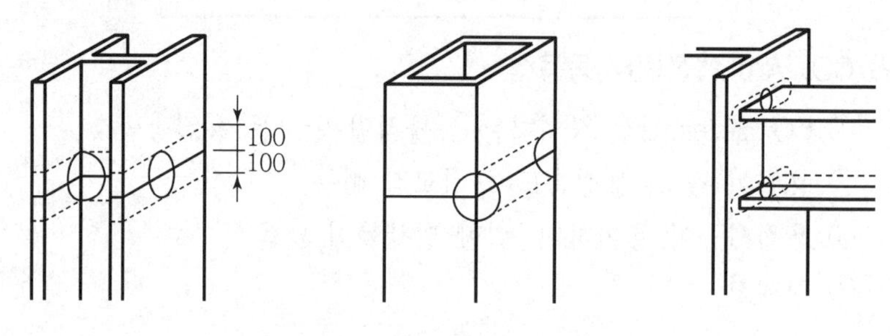


○ : 중점적으로 예열하는 부분

### 2) 용접재료 건조

① 손용접봉의 피복재(Flux)가 대기 중의 수분을 흡수 시 작업성 저하 및 터짐 발생

② 보통 30~40℃에서 30~60분 정도 건조시키고, 그 후 10~15℃의 보관함에 보관

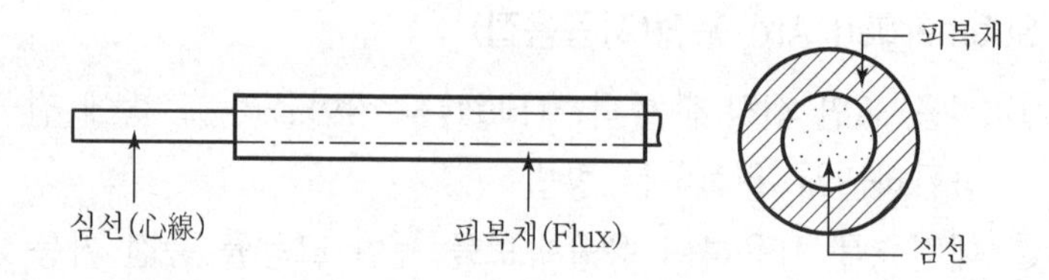


### 3) 개선부의 정밀도 및 청소

① 개선부 정밀도는 정확해야 하며, 손용접은 용접속도로 개선부의 제어가 가능

② 개선부의 불순물을 제거하고, 각 용접층마다 Slag를 매회 깨끗이 청소

### 4) 뒤깎기

① 플럭스 패킹이나 특수 뒷댐철을 안 쓴 경우 완전용입이 안 되어, 맞댄 용접은 제1층의 루트부에 용입 불량 혹은 터짐이 발생

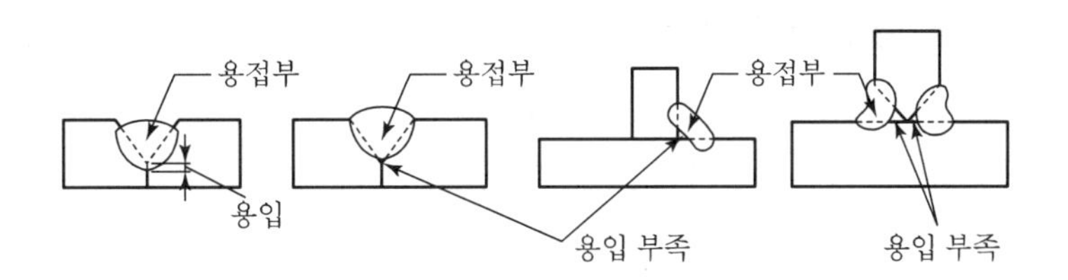


② 배면의 새로운 용접 필요

### 5) Arc Strike 발생 유의

① 압열량이 적고, 터짐이나 공기구멍이 발생할 수 있으므로 주의
② 모재에 순간적으로 접촉시켜 아크를 발생시키는 것은 결함을 야기

### 6) 돌림용접 실시

① 모살용접일 경우 완전히 돌림용접으로 작업
② 모서리에는 비드(Bead)의 이음매를 만들지 않고 연속이음 실시

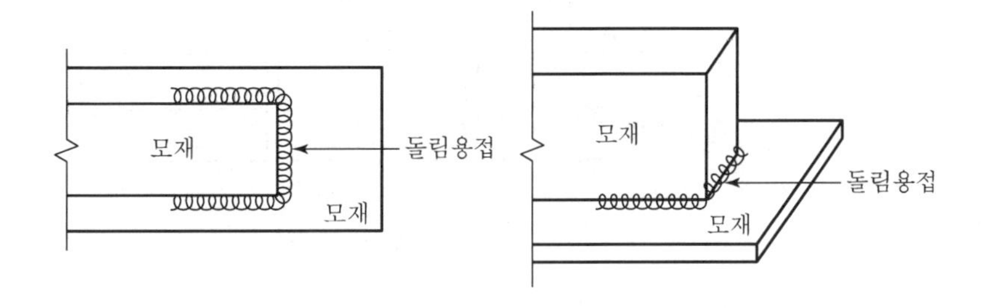


### 7) End Tab 설치

① 용접의 시작지점과 끝지점에는 결함 발생이 특히 크므로 End Tab을 연결시켜 용접
② 돌림용접을 할 수 없는 모살용접이나 맞댐용접에 적용
③ 용접 후 절단하여 시험편으로 이용

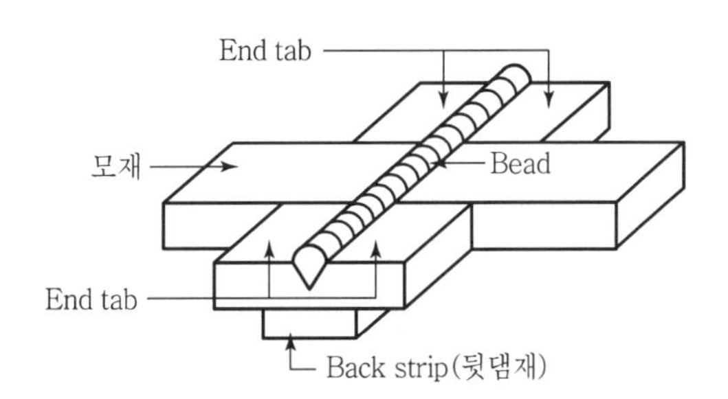

### 8) 기후 · 온도 사전파악

① 기온 0℃ 이하에서는 작업 중단
② 우천시나 강풍시에는 작업 중단
③ 습도 90% 이상시 작업 중단

### 9) 고력볼트와 병용

① 고력볼트 선작업 후 용접 시 변형 및 결함 예방
② 두 가지 이상의 접합공법을 병용 사용 시에는 응력의 분포가 비슷한 것이 유리

### 10) 잔류응력

① 잔류응력은 용접의 품질에 미치는 영향이 크므로 용접순서의 개선을 통하여 최소화 방안 강구
② 전체 가열법으로 잔류응력 해소 가능

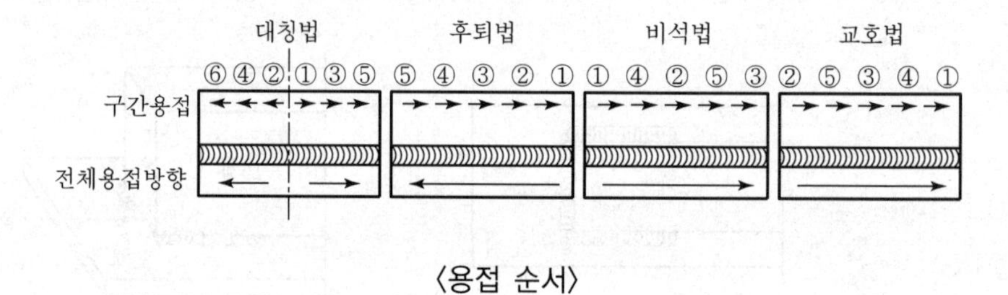


〈용접 순서〉

## Ⅵ. 결 론

용접은 구조체의 응력을 접합 및 연결하는 중요한 작업으로 철저한 품질관리가 요구되며, 이를 위하여 무인 용접 System의 개발이 필요하다.

# 문제 8 철골조 접합부 용접결함의 종류 및 방지대책

## Ⅰ. 개 요

① 용접결함은 재료, 운봉, 용접봉, 전류 등 여러가지의 외적 영향에 의해 결함이 발생한다.

② 용접결함은 건물구조체의 내구성을 저하시키고 접합부의 응력에 대한 강도를 상실시키므로 품질관리를 철저히 해야 한다.

## Ⅱ. 용접결함의 종류

### 1) 내부결함

| 종류 | 원인 | 결함형태 |
|---|---|---|
| Slag 감싸들기 | Slag가 용착금속 내 혼입 | |
| Blow hole | 잔존 gas 영향으로 생긴 기공 | |
| 용입불량 | 용접부 형상이 너무 좁거나 넓은 경우 발생 | |

### 2) 표면결함

| 종류 | 원인 | 결함형태 |
|---|---|---|
| Crack | • 용접 후 급냉각<br>• 응고 직후 수축응력을 심하게 받을 경우 발생 | |
| Root | • 모재예열 부족<br>• 용접 시 수소 유입 | |

| 종류 | 원인 | 결함형태 |
|---|---|---|
| Crater | • 용접중심부에 불순물 함유 시<br>• End tab 미설치 시 | |
| Pit | 용융금속이 응고수축 시 표면에 생김 | |
| Fish eye | Blow hole 및 혼입된 slag가 모여 생긴 은색반점 | |

3) 형상결함

| 종류 | 원인 | 결함형태 |
|---|---|---|
| Over lap | • 모재가 융착되지 않고 겹침<br>• 전류가 특히 클 때 발생 | |
| Under cut | • 전류가 너무 클 때나 불안정할 때<br>• 용접봉 각도 불량 | |
| Over hung | • 용착금속이 밑으로 흘러내림<br>• 특히 상향 용접 시 많이 발생 | |

4) 각장 부족

① 원인

㉠ 과소전류와 나쁜자세

㉡ 용접속도가 너무 빠를 때

② 대책

㉠ 적정 용접속도 유지

㉡ 저수소계 용접봉 사용

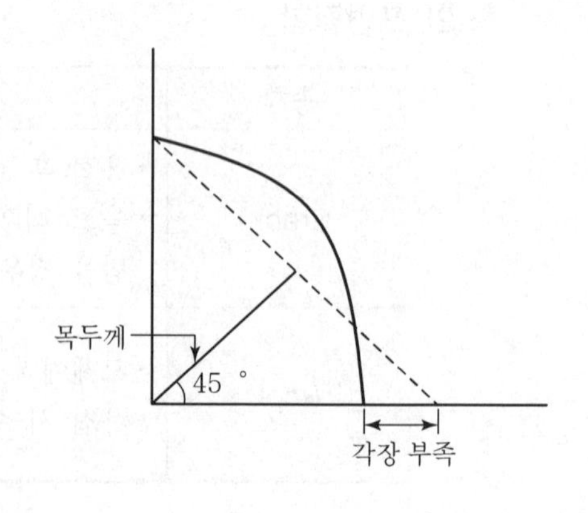

5) Throat(목두께) 불량

① 원인

㉠ 용입불량

㉡ 용접속도가 지나치게 빠를 때

② 대책

㉠ 모살두께 충분히 용착

㉡ 적정 용접속도 유지

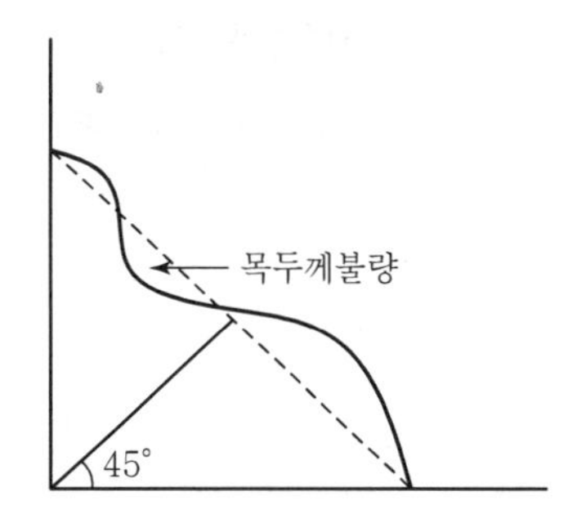


6) Lamellar tearing

| 원인 | 결함형태 |
|---|---|
| • SiO와 MnS 등의 비금속 기재물과 판두께의 구속응력<br>• 다층 용접에 의한 반복적 열영향<br>• 확산성 수소($H_2$) 등의 영향<br>• 부재의 구속력에 의한 열 영향부의 변형 | 모재<br>용접부<br>모재<br>내부균열 |

## Ⅲ. 방지대책

1) 설계적 대책

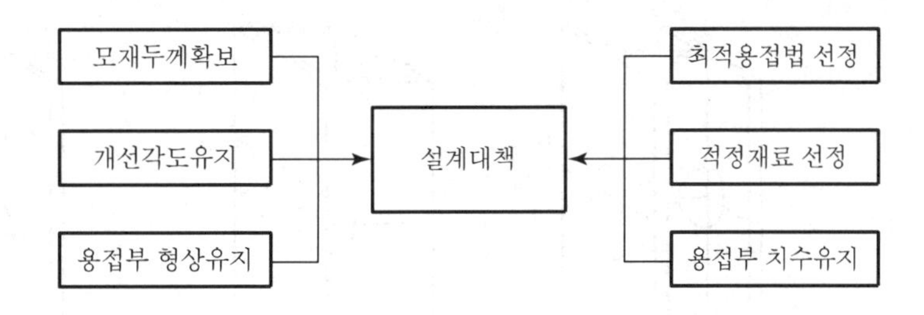


설계 시 용접의 결함이 발생하지 않도록 최대한 배려할 것

### 2) 재료보관 철저

사용순서별로 재료를 보관

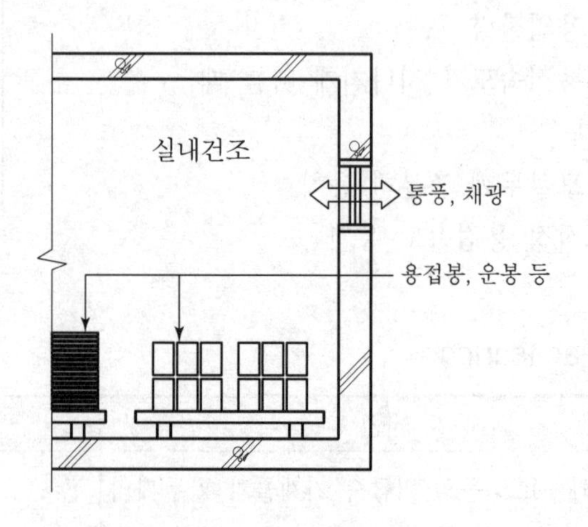


〈재료보관창고〉

### 3) 시공, 환경적 측면

① 용접면 바탕처리 철저

② 고온, 저온, 고습도, 강풍, 야간시 작업중단

③ 용입불량방지를 위해 적정속도 유지

④ 기능공의 숙련도 파악으로 적절한 배치

⑤ 미리 용접부위를 예열하여 응력에 의한 변형방지

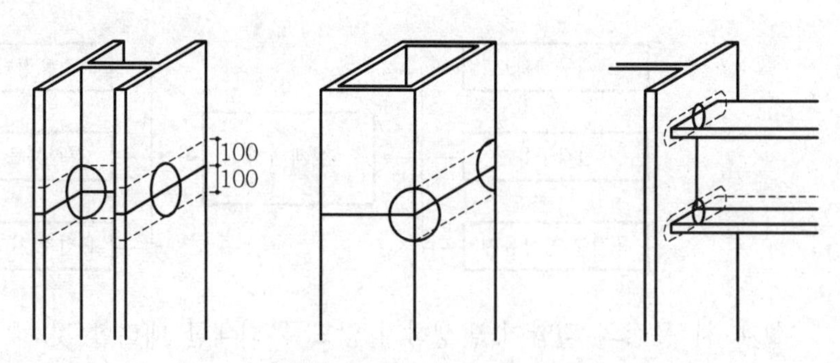


○ : 중점적으로 예열하는 부분

### 4) 기술적 측면

① 각 부위의 적절한 용접성을 고려하여 용접방법 결정

② 돌림용접

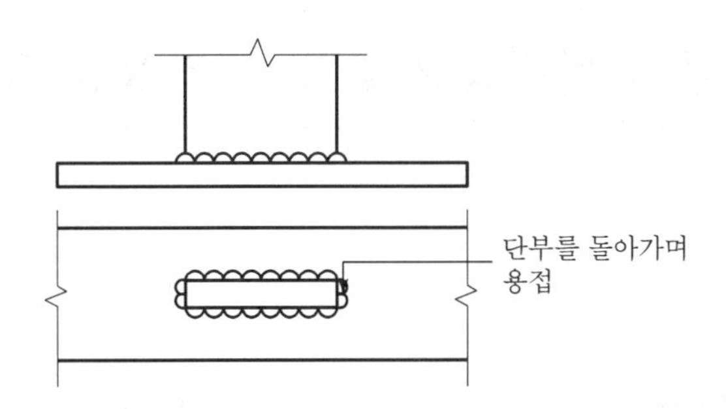


③ 리벳, 고력볼트와 병용
④ 수축력 제거
⑤ 대칭용접 및 역변형법 사용

### 5) End tab 및 back strip 취부 용접

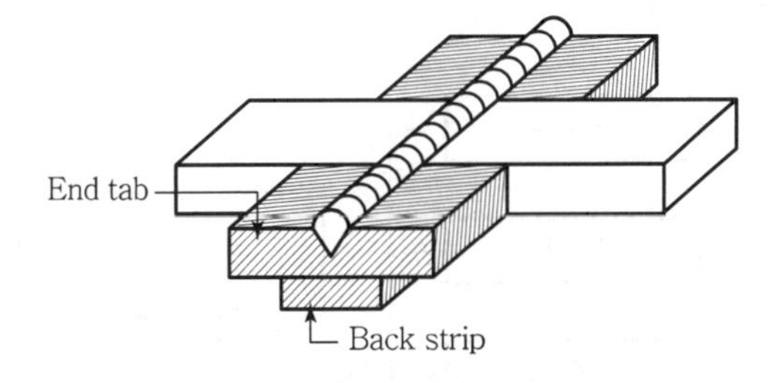


### 6) 기타 주의사항

① 용접부위에 설계 당시의 용접순서 및 용접방법 검토
② Over welding 금지
③ 이상기후시 작업중단
④ 용착금속 최소화

## Ⅳ. 결 론

① 철골공사에서의 접합시 용접은 중요한 공정 중 하나이며, 이는 재료, 시공법, 환경, 기능공의 숙련도 등 다양한 요소에 의해서 영향을 받는다.
② 그러므로 이에 대한 관리가 품질관리의 핵심이며 정확한 검사기기의 개발로 결함을 파악, 분석하는 것이 중요하다.

# 문제 9 철골 내화피복공법 및 내화성능 향상방안

## Ⅰ. 개 요

### 1) 의 의

① 철골구조는 외력에 의한 높은 온도에 약하므로 화재열로 인한 내력저하를 최소화하기 위해서는 내화피복이 필요하며 내화시험 규준에 맞는 충분한 내화성능을 가져야 한다.

② 철골의 구조강재 융점은 1,500℃로 500~600℃이면 50% 저하, 800℃ 이상이면 응력이 0에 도달하므로 철저한 품질관리가 요구된다.

### 2) 내화피복 목적

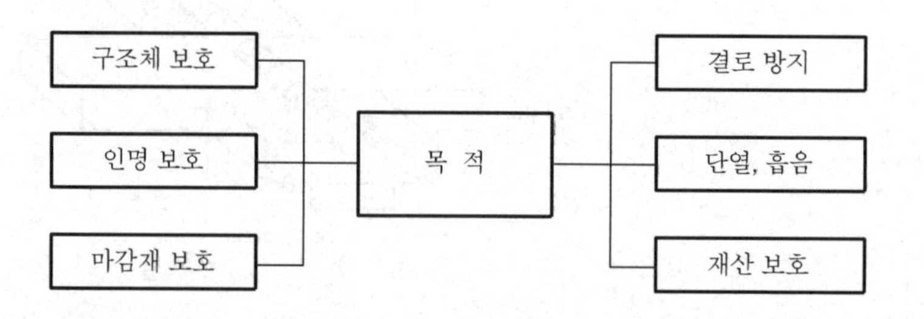


## Ⅱ. 내화피복 시공도

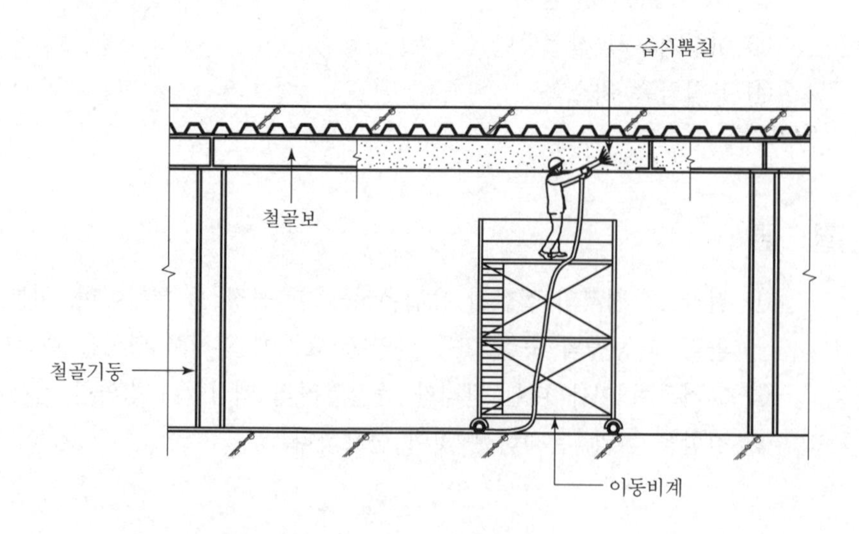

## Ⅲ. 철골내화 피복공법

### 1) 타설공법

① 철골구조체 주위에 거푸집을 설치하고 경량Con'c 및 모르타르 등을 타설

② 특징

㉠ 필요치수 제작이 용이

㉡ 구조체와 일체화로 시공성 양호

㉢ 표면마감 용이, 강도 확보 및 내충격성 양호

㉣ 시공시간이 길고 소요중량이 큼

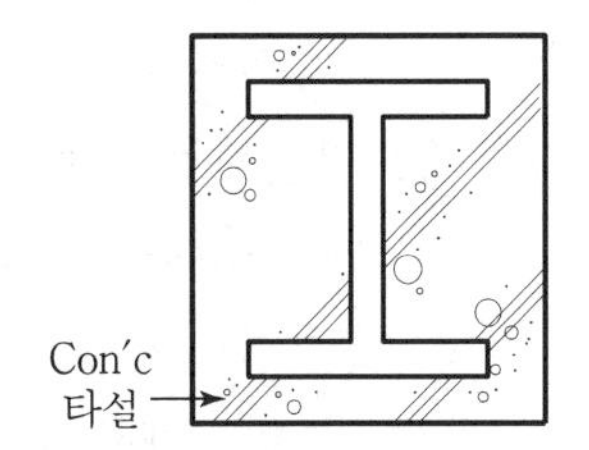


### 2) 뿜칠공법

① 철골강재 표면에 접착제를 도포 후 내화재를 도포하는 습식 뿜칠공법

② 특징

㉠ 복잡형상에도 시공성 간단

㉡ 내열성 및 간접적인 단열 흡음효과

㉢ 재료의 손실이 큼

㉣ 피복 두께, 비중 등 관리 곤란

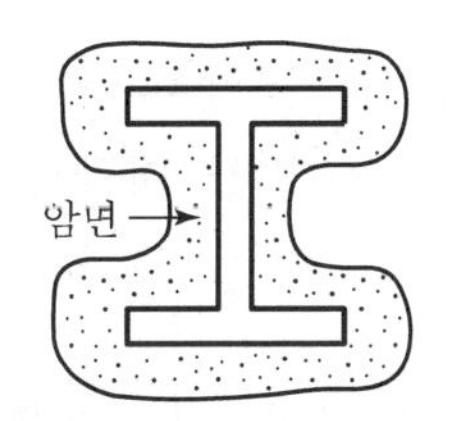


### 3) 건식공법(성형판 붙임공법)

① 내화단열이 우수한 경량의 성형판을 접착제나 연결철물을 이용하여 부착

② 특징

㉠ 재료, 품질관리 및 작업환경이 양호함

㉡ 부분보수는 용이하나, 접합부의 내화성능이 불리함

㉢ 충격에 비교적 약함

㉣ 보양기간이 길다.

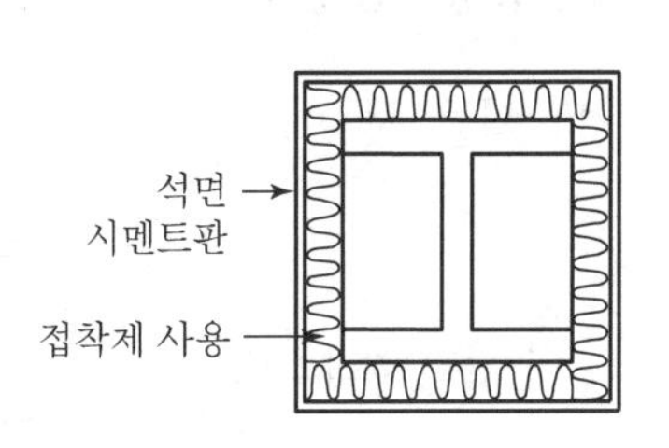


### 4) 합성공법

① 이종재료를 적층하거나, 이질재료의 접합으로 일체화하여 내화성능 발휘

② 이종재료 적층공법

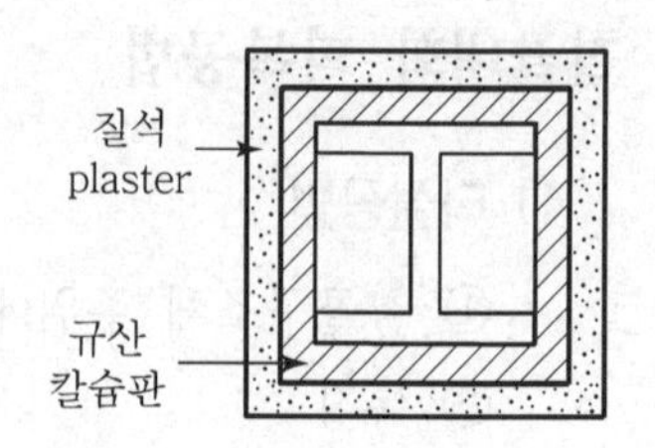


㉠ 건식 · 습식 공사의 단점 보완
㉡ 바탕에는 규산칼슘판, 상부에는 질석plaster 마무리
㉢ 건축물 마감의 평탄성 유지
㉣ 바름층의 탈락, 균열방지방법을 검토
㉤ 부착성 검토

③ 이질재료 접합공법

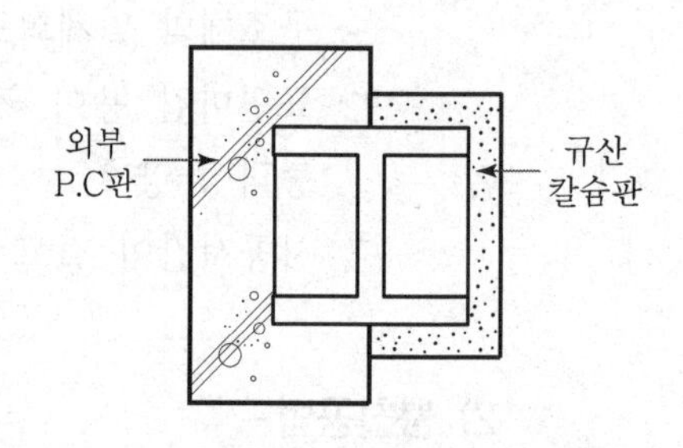


㉠ 초고층 건물의 외벽공사를 경량화 목적으로 공업화제품을 사용하여 내부 마감제품과 이질재료를 접합
㉡ 외부의 내화피복 공정 단축
㉢ 내화성능 사전검토 후 시공

### 5) 내화도료 공법

내화도료를 도장하여 화재 시 발포에 의해 단열층이 형성되는 가열발포형 고기능 내화피복 공법

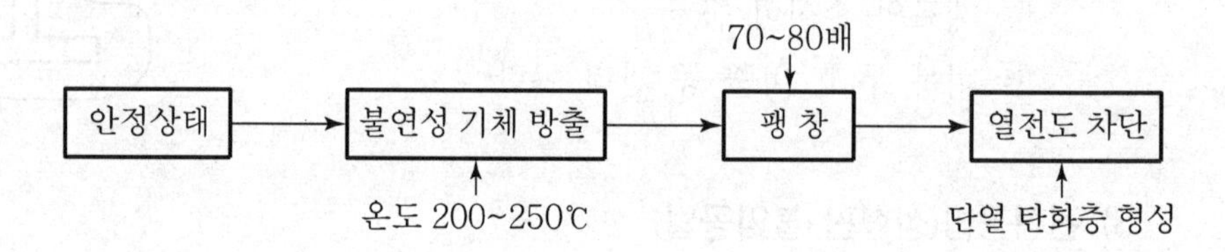


## Ⅳ. 내화성능 향상방안

### 1) 시공 전

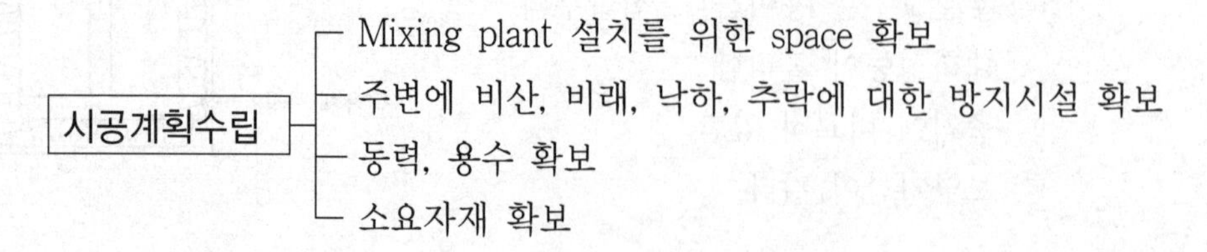


### 2) 바탕처리 철저

① 바탕면 이물질 제거
② 방청도장면 뿜칠시 접착제를 혼입하여 뿜칠

### 3) 피복두께 충족

① 1회 뿜칠두께 25~30mm 이하

② 뿜칠두께가 30mm 이상일 경우 2회로 분할시공

### 4) 박리에 대한 대책수립

① 시공 중 박리 → 1회에 과다한 두께로 뿜칠 시

② 시공 후 박리 → 진동, 충격에 의해 발생

③ 박리부위는 재시공조치

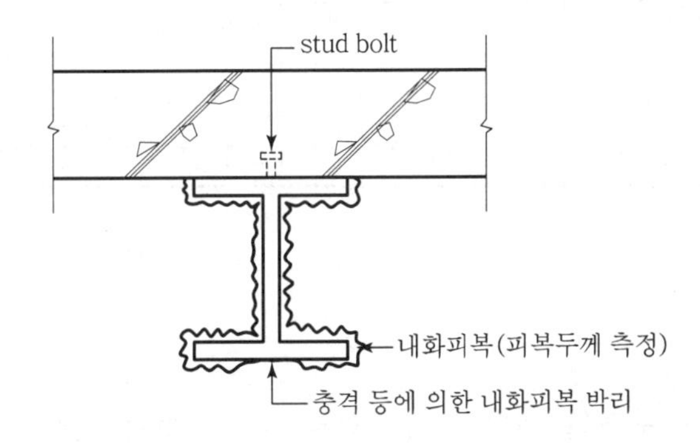


### 5) 소요비중 check

100mm의 각 9개로 비중 측정

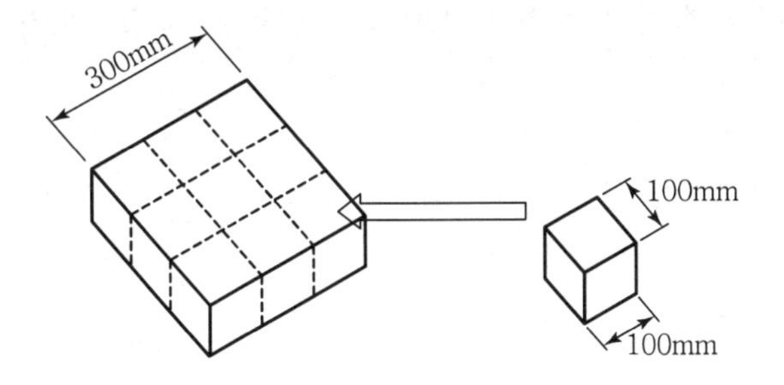


① 불합격시 두께 확보시까지 덧시공

② 이음부 불량의 경우 보강 시공

### 6) 극한시 동결방지

① 한냉기시 보양 처리

② 경화 전 동결융해하면서 박리 발생

## V. 내화구조 성능기준

| 구분 | 층수/최고높이 | | 기둥 | 보 | Slab | 내력벽 |
|---|---|---|---|---|---|---|
| 일반시설 | 12/50 | 초과 | 3시간 | 3시간 | 2시간 | 3시간 |
| | | 이하 | 2시간 | 2시간 | 2시간 | 2시간 |
| | 4/20 이하 | | 1시간 | 1시간 | 1시간 | 1시간 |
| 주거시설 | 12/50 | 초과 | 3시간 | 3시간 | 2시간 | 2시간 |
| | | 이하 | 2시간 | 2시간 | 2시간 | 2시간 |
| | 4/20 이하 | | 1시간 | 1시간 | 1시간 | 1시간 |
| 공장 · 창고 | 12/50 | 초과 | 3시간 | 3시간 | 2시간 | 2시간 |
| | | 이하 | 2시간 | 2시간 | 2시간 | 2시간 |
| | 4/20 이하 | | 1시간 | 1시간 | 1시간 | 1시간 |

## VI. 결 론

① 철골구조의 내화피복은 외부 온도변화의 영향으로부터 구조체를 보호하는 역할로서 시공 시 정밀한 품질이 확보되어야 하며, 품질의 양부가 화재 등의 외력으로부터 건물을 보호하여 오랜 수명을 확보할 수 있다.

② 설계 당시부터 합리적인 내화설계법을 적용하고 성능기준제도의 현실화 및 시공 장비의 무인 system화로 균질한 품질확보가 가능하도록 하여야 한다.

# 문제 10 철골구조물의 PEB(Pre-Engineered Building) system

## Ⅰ. 개 요

### 1) 의 의

① PEB는 Pre-Engineered Building system의 약어로 최첨단 computer 프로그램에 의해 설계, 제작되는 철골구조물 건축공법이다.

② 최대 120m까지의 long span으로 내부기둥 없이 공간효율을 극대화시킬 수 있고, 경제성이 뛰어나 중대형공장, 물류창고, 대형마켓 등에 적용되고 있다.

### 2) 특 징

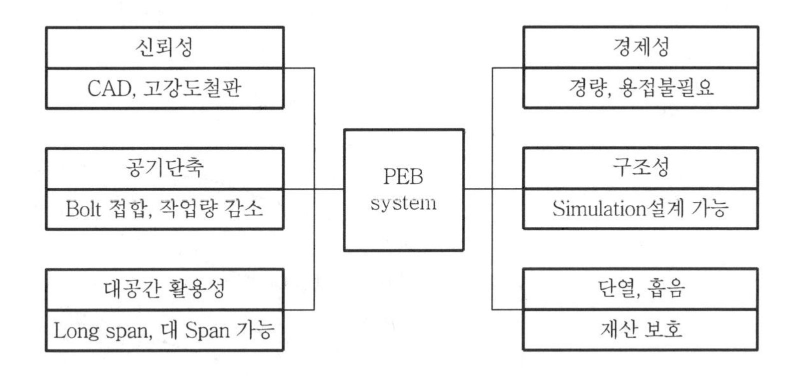


## Ⅱ. 구성도

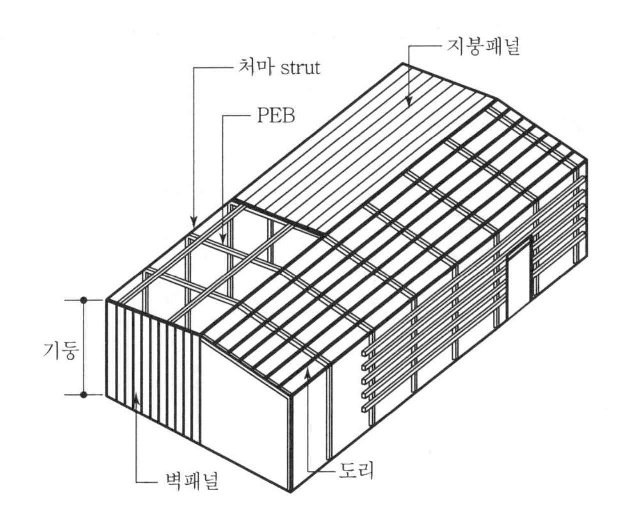

## Ⅲ. 시공순서 flow chart

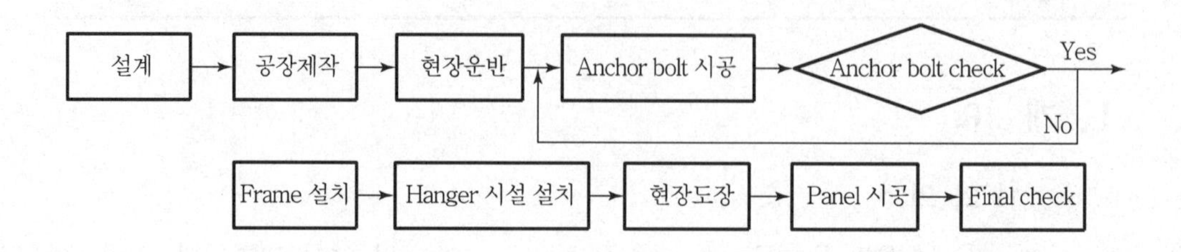


## Ⅳ. 공법 종류 및 용도

### 1) Rigid Frame(RF) type

① 개요 : 최대 120m까지 장span 확보가 가능한 공법으로 크레인 및 각종 부가하중 처리기능 우수

② 용도 : 공장, 체육관, 격납고, 창고 등에 활용

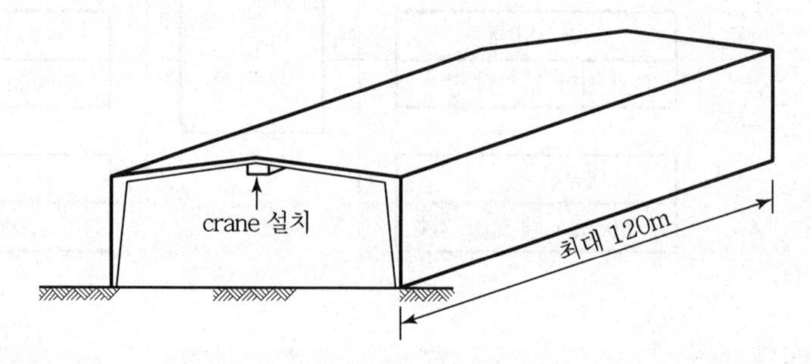


### 2) Crane 설치 type

① 개요 : column에 crane bracket을 설치하여 별도의 crane 기둥과 주행beam을 설치하지 않아도 되는 공법

② 용도 : 중량물 취급공장, 창고, 판매장 등

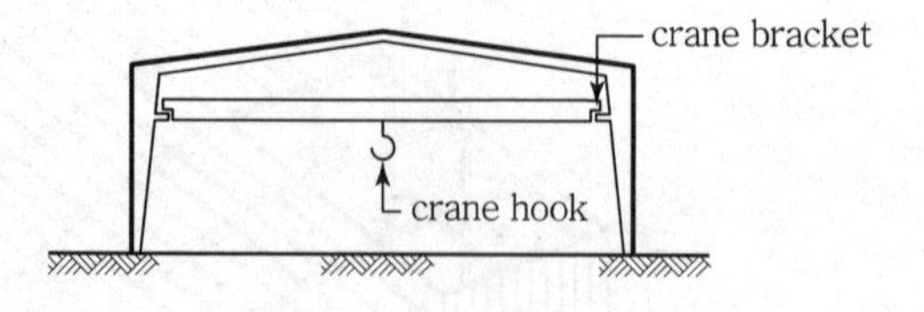


### 3) 중 2층 type

① 개요 : 공장내 전체 또는 일부를 사무실로 이용하고자 할 때 채택

② 용도 : 이층 공장, 사무실, 산업용 건물 등

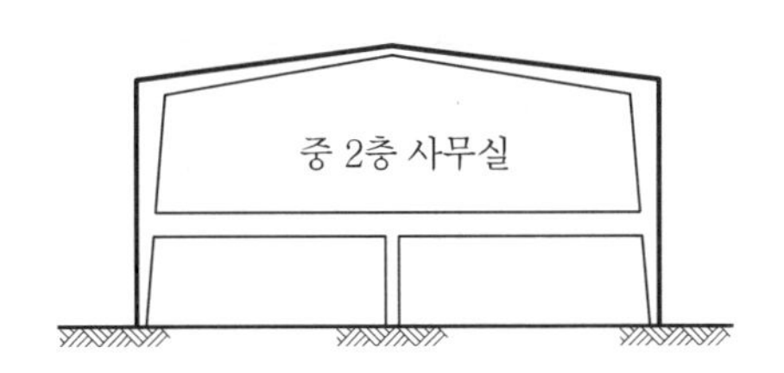


4) Modular Frame(MF) type

① 개요 : MF공법은 용도에 따라 내부 column 간격을 자유롭게 선택 가능하며 특히, 최대 240m의 내부공간 활용 가능

② 용도 : 물류센터, 상업용 건물, 슈퍼마켓, 쇼핑센터 등 대규모건축물 시공 가능

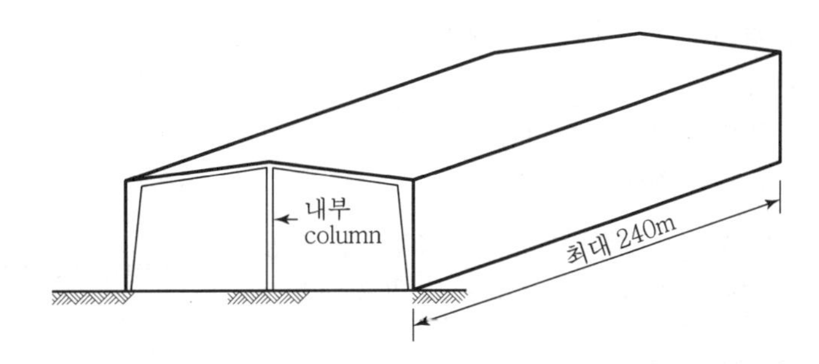


5) Uni Beam frame(UB) type

① 개요 : straight column과 uni beam을 사용하여 내부공간 활용을 극대화

② 용도 : 전시장, 학교, 사무소 등

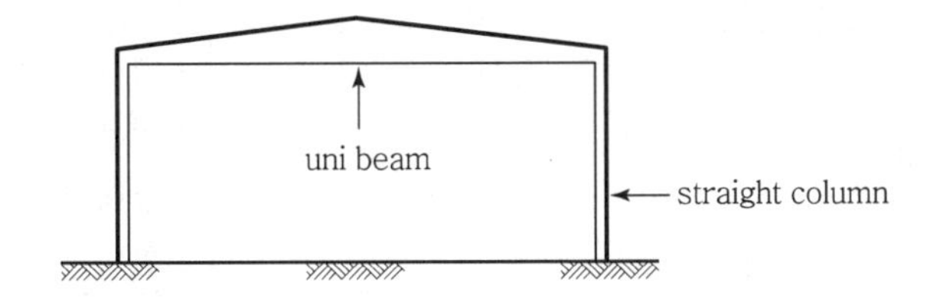


6) Single Slope frame(SS) type

① 개요 : 지붕면을 평면으로 하는 단조롭고 simple한 감각미를 살리는 건축공법

② 용도 : 소매점, 사무실, 쇼핑센터, 휴게소, 부속건물 등

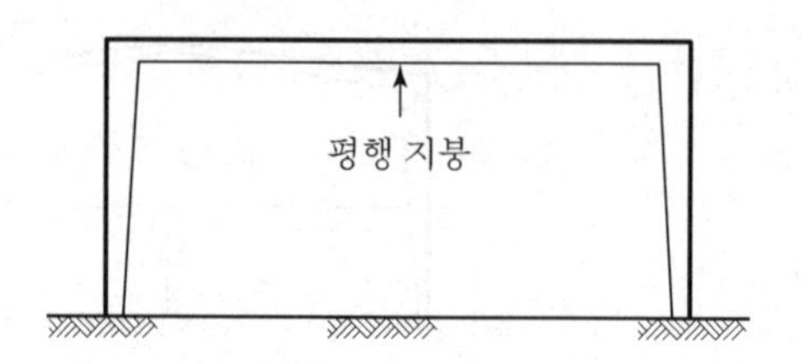


## V. 기존철골과 PEB system 비교

| 구분 | 기존철골 | PEB system |
|---|---|---|
| Design | 구조계산 및 설계 도면을 별도로 작업 | • 전용 software에 의해 구조계산<br>• 설계도면 작업이 동시에 가능 (설계기간의 단축) |
| 구조 해석 | 부재의 단면변경이 곤란(철골중량의 증대) | 단면변경이 용이(철골중량의 절감 및 건축물의 경량화) |
| 부재 형상 | • Roll-beam 또는 조립기둥 사용<br>• Roll-beam 또는 조립보 사용 | Tapered beam(built-up beam) |
| 제작성 | 현장 또는 공장에서 제작 | • 100% 공장 제작<br>• 품질 우수 및 표준화 가능 |
| 시공성 | 현장제작 설치작업으로 공기가 다소 소요 | 공장 제작품의 현장조립으로 설치 기간이 짧다. |
| 중량 | 100% 기준 | 50~70% |
| 가격 | 100% 기준 | 60~80% |
| 기타 | • 구조물 중량이 크다.<br>• 장span 구조물일 경우 실내 이용효율이 낮다.<br>• 실내가 둔탁하다. | • 경량화 가능<br>• 내부기둥이 없어서 실내 이용효율을 극대화할 수 있다.<br>• 실내가 미려하고 경쾌하다. |

## VI. 시공 시 주의사항

### 1) Anchor bolt의 시공 시 위치 및 치수관리 철저

① Anchor bolt 나사산에 cap을 씌워 Con'c 묻지 않도록 함

② Base plate level 준수

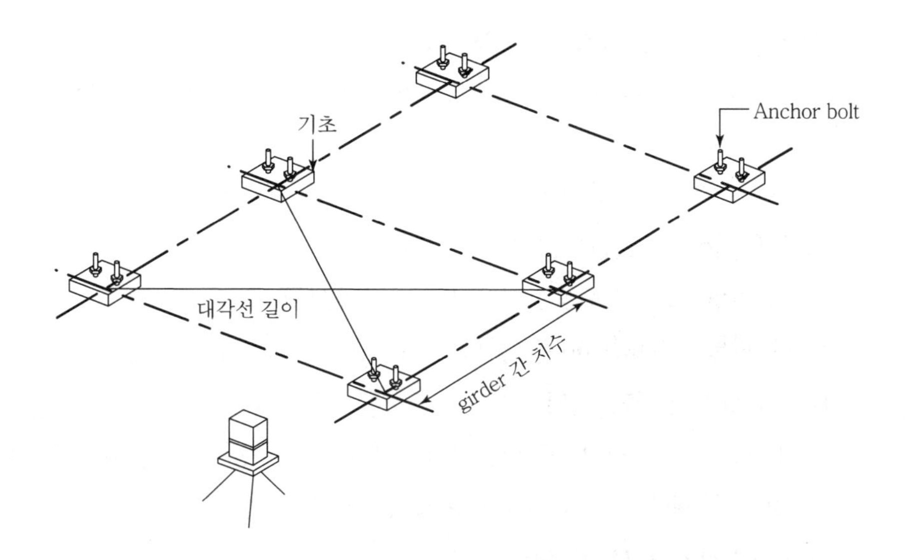


### 2) Anchor bolt level check

① Transit과 level기를 이용해 anchor bolt 높이, base plate 높이 등 check

② Column 중심간격 및 대각선 길이 check

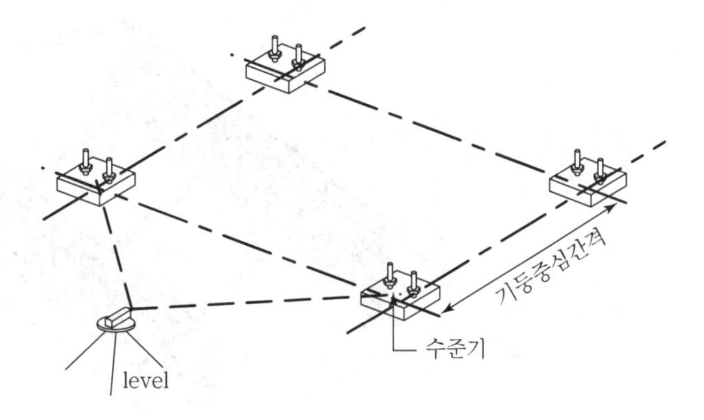


### 3) Frame 설치 시 안전에 유의

① Main frame을 안전시공하고 sub frame은 나중에 설치

② Anchor bolt는 충분히 조여 column이 흔들리지 않도록 함

③ Frame의 수직, 수평을 확인한 후 수정한 다음 각 부재의 고정작업 실시

#### 4) Hanger 시설 설치 시 편심 방지

① 서까래(rafter) 내 시설물을 매달 때는 frame 한쪽에 편심이 작용하지 않도록 한다.

② 서까래에 용접 등에 의해 열변형이 생기지 않도록 함

#### 5) 바탕처리 후 현장도장 실시

① 바탕처리 후(이물질제거 등) 도장작업 실시

② 바탕은 touch-up 후 도장 마감

#### 6) Panel 하부지지 철저

① Panel의 하단은 바닥에 지지하거나, end cap을 사용하여 바닥에 지지

② 고정bolt는 screw bolt나 tapping bolt를 사용

#### 7) Final check 시 확인사항

① 각 부분의 처짐이 허용치 이내인지 확인

② 모든 frame의 bolt의 조임상태

③ 보강 bracing의 조임상태

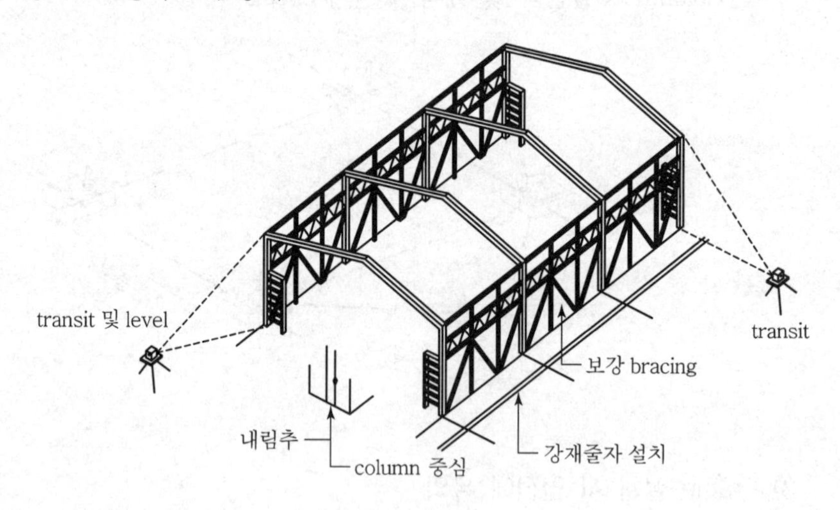


## Ⅶ. 결 론

① 공업화건축의 발달로 장 span을 요구하는 구조물들이 늘어나고 있으며 PEB system은 이에 부합되는 적정 공법이다.

② PEB system은 대공간의 창출로 실활용도가 높고, 공장에서 모든 부재를 제작하고 현장에서 bolt에 의한 접합으로만 가능해 성력화, 공기단축, 공사비 절감 등이 가능해 그 수요가 늘어날 것으로 예상되는 공법이다.

# 문제 11 초고층 건축공사의 공정운영방식

## Ⅰ. 개 요

1) 의 의

① 초고층건축의 공정계획은 중, 저층 공사에서와 같이 재래식 건축의 개념으로 시공을 하면 공사기간이 증대되어 비경제적인 시공이 되기 쉽다.

② 초고층건물은 고소화에 따른 작업능률 저하 및 위험의 증대, 작업내용의 복잡, 기상조건, 양중작업 등을 종합적으로 고려하여 공정계획을 수립해야 한다.

2) 초고층 기준층 공정 flow chart

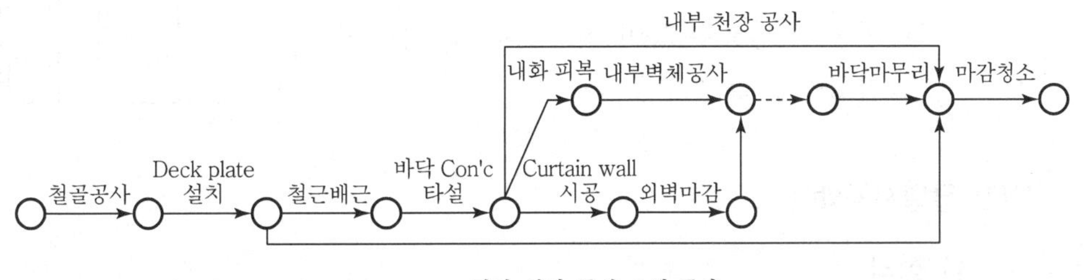


## Ⅱ. 기준층에 요구되는 시공속도

| 공정명 | 기준층 시공속도(월) | | |
|---|---|---|---|
| | 10층 | 11~20층 | 21~40층 |
| 철골건립공사 | 0.15 | 0.22 | 0.32 |
| 철근Con'c | 0.50 | 0.65 | 0.70 |
| 외벽공사 | 0.20 | 0.20 | 0.20 |
| 내부마감공사 | 0.30 | 0.30 | 0.30 |

## Ⅲ. 공정운영방식

### (1) 병행시공방식

#### 1) 정의

공정상에서 기본이 되는 선행작업이 하층에서 상층으로 진행될 때 후속되는 다음 작업이 시작 가능한 시점에서 후속작업을 하층에서부터 상층으로 시공해 나가는 방식

#### 2) 문제점

① 작업 위험도 증대
② 양중설비 증대
③ 시공속도 조절 곤란
④ 작업동선 혼란
⑤ 빗물, 작업용수 등이 하층으로 흘러들어 작업방해 및 오염초래

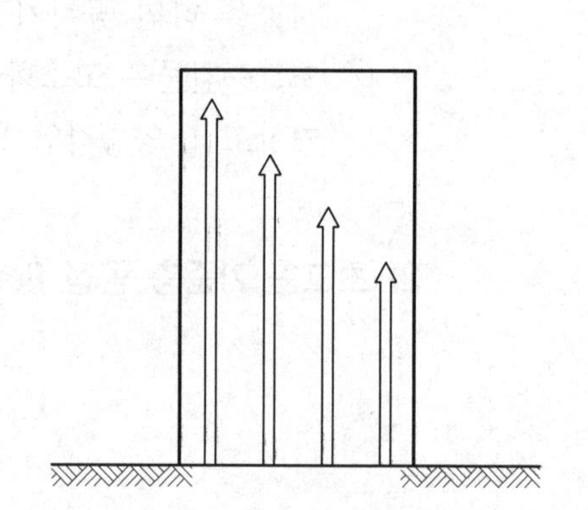

### (2) 단별시공방식

#### 1) 정의

철골공사가 완료된 후 후속공사를 최하층과 중간층에서 몇 단으로 나누어 동시에 시공하는 방식

#### 2) 문제점

① 작업관리 복잡
② 양중설비 증대
③ 가설동력 증대
④ 작업자, 관리자 증대
⑤ 상부층의 재하중에 대한 가설보강 필요

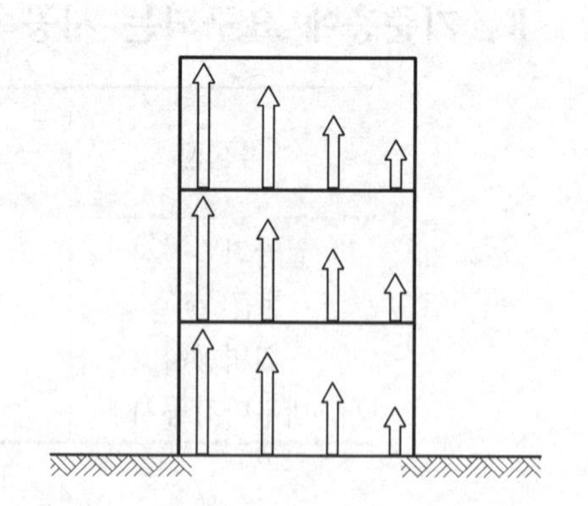

### (3) 연속반복방식

#### 1) 정의

병행 및 단별시공방식을 개선하여 기준층의 기본공정을 편성하여 작업 상호간에 균형을 유지하면서 연속 되풀이하여 반복 시공하는 방식

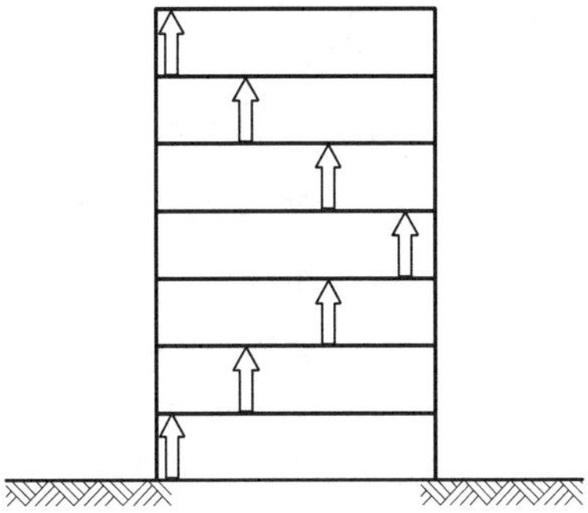

### 2) 필요조건

① 재료의 부품화
② 공법의 단순화
③ 시공의 기계화
④ 양중 및 시공계획의 합리화

### 3) 특 징

① 전체 작업의 연속적인 시공 가능
② 합리적인 공정 작업 가능
③ 일정한 시공속도에 따라 일정한 작업인원 확보 가능
④ 시공성 양호

## (4) 고속궤도방식(fast track method)

### 1) 정의

건물의 설계도서가 완성되지 않은 상태에서 첫단계의 기초적인 도서에 의하여 부분적인 공사를 진행시켜 나가면서
① 다음 단계의 설계도서를 작성하고
② 작성 완료된 설계도서에 의해 공사를 계속 진행시켜 나가는 시공방식

### 2) 특 징

① 설계 작성에 필요한 시간 절약 및 공기 단축
② 건축주, 설계자, 시공자의 협조 필요
③ 계약조건에 따른 문제 발생 우려

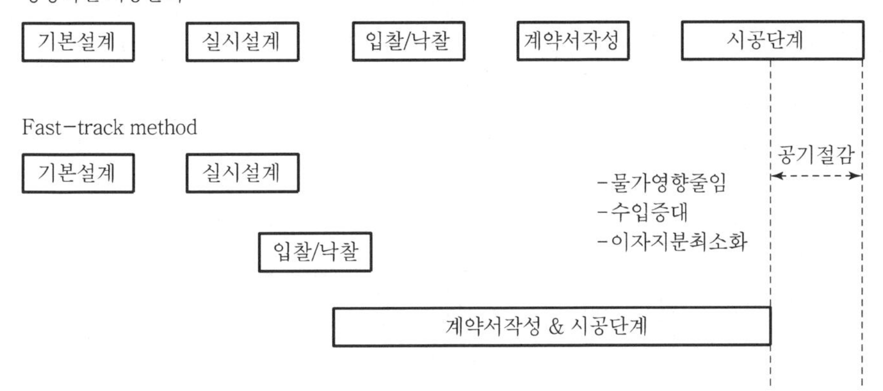

## Ⅳ. 결 론

① 초고층건축의 공정계획은 공사의 대형화로 공기가 길고, 기상조건에 따라 영향이 크므로 적절한 공법 선정으로 공기를 단축해야 한다.

② 고소화 작업으로 인한 위험증대와 양중작업에 따른 안전관리계획을 공정계획 수립 시 염두에 두어 합리적인 공정계획을 세워야 한다.

# 문제 12 초고층 건축공사의 공기단축방안

## Ⅰ. 개 요

### 1) 의 의

① 초고층건축은 고소화에 따른 작업능률 저하 및 위험성 증대, 작업내용 복잡, 기상조건 및 양중작업 등을 종합적으로 고려하여 공기단축방안을 수립해야 한다.

② 공기단축은 크게 지상부분과 지하부분 그리고 전체 공기를 단축할 수 있는 방안에 대해 검토하여야 한다.

### 2) 초고층의 특수성

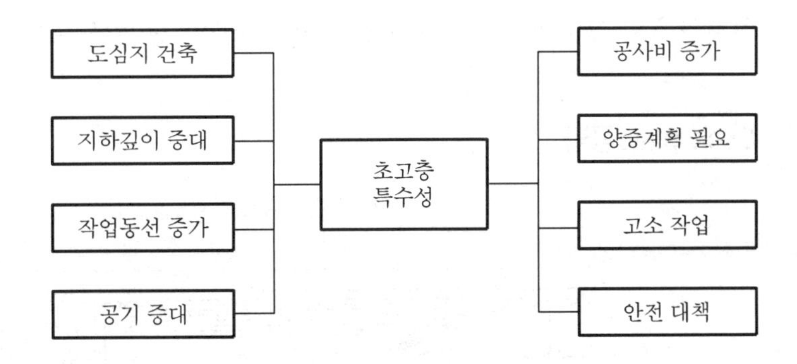


## Ⅱ. 공기에 영향을 주는 요소

| 영향요소 | 요소별 내용 |
|---|---|
| 도심지 교통규제 | • 도심지 교통 번잡<br>• 대형 차량의 도심지 운행 제약 |
| 고소작업 | • 고소작업에 따른 안전성, 능률향상, 시공 정밀도 등을 확보할 수 있는 공법 강구<br>• 작업원 추락, 기재의 낙하, 기후변화 등의 재해대비책 수립 |
| 기능공 확보 | • 기계화 시공, 현장작업 단순화로 안정된 노동력 확보<br>• 동일작업 반복, 공정속도 균일화로 기능공 분산 방지 |

| 영향요소 | 요소별 내용 |
|---|---|
| 건설공해 | • 소음, 진동으로 인한 공해로 민원 발생<br>• 인접 건물 균열<br>• 지중매설물의 이설 |

## Ⅲ. 공기단축방안

### 1) 설계의 MC화

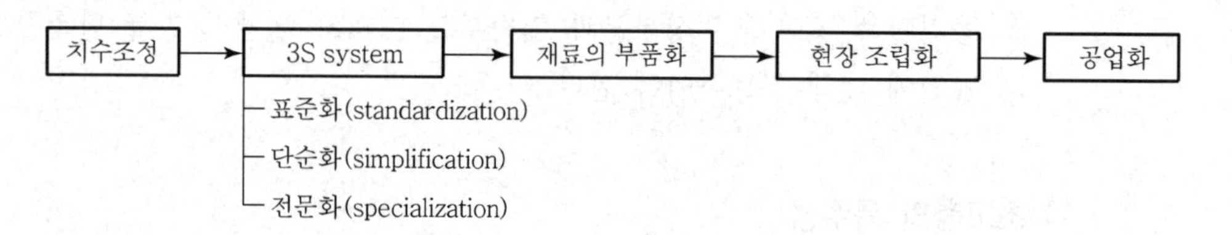


설계의 MC(Modular Coordination)화로 시공의 단순화 도모

### 2) Deck plate공법

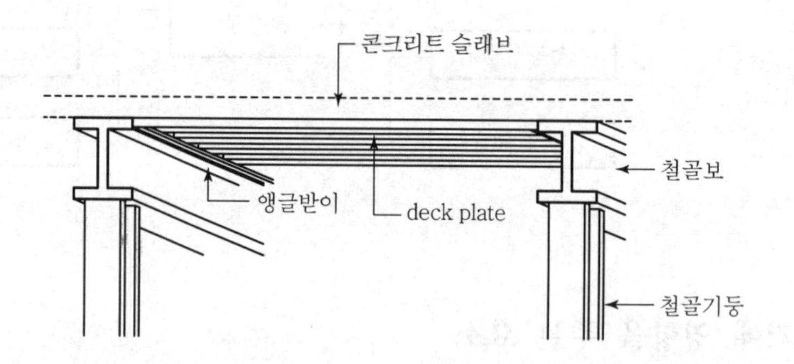


### 3) 철근 prefab공법

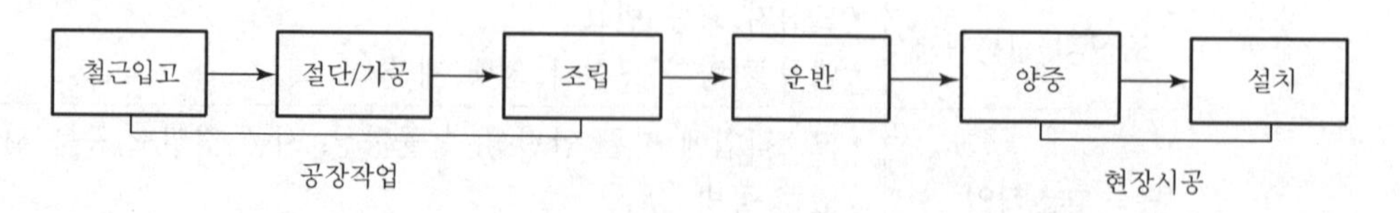


현장에서는 양중을 통한 설치만 하므로 현장공정 대폭 감소

4) Ferro deck

① 상·하현 주근 : D13 또는 D10

② Lattice bar : $\phi$6

③ Latch bar : $\phi$4

④ 연결근·배력근·보강근 : D13 또는 D10

⑤ 강판 : 아연도강판 0.4~0.5mm

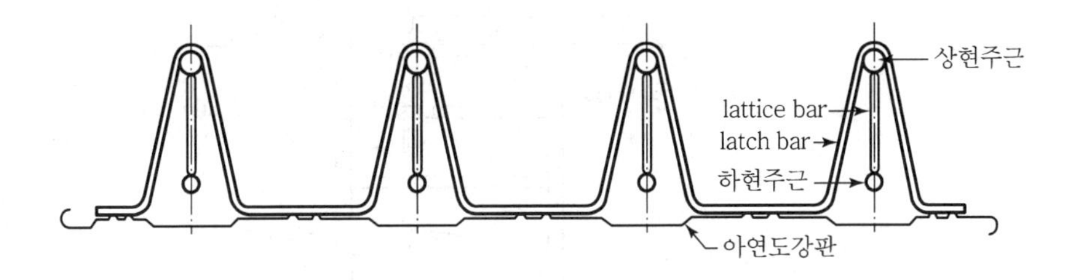


5) 복합화공법

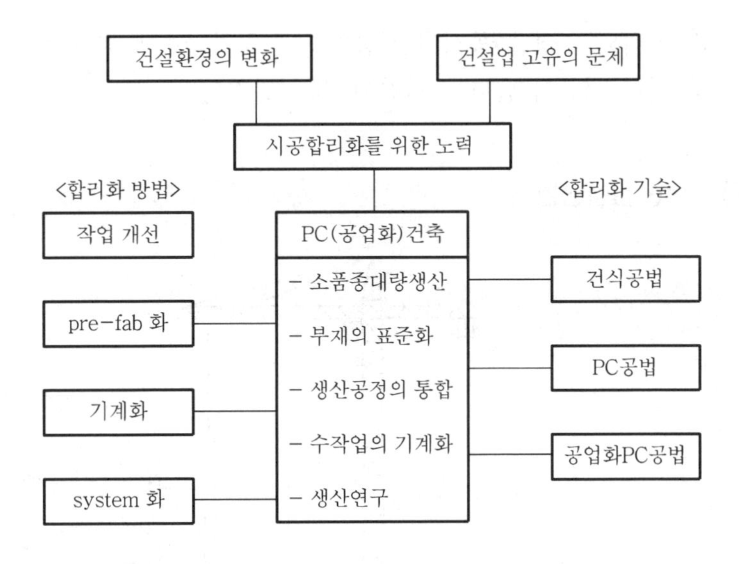


각 부위별로 최적의 공법을 채택하여 현장의 생산성을 높여 공기 단축

### 6) Top down공법

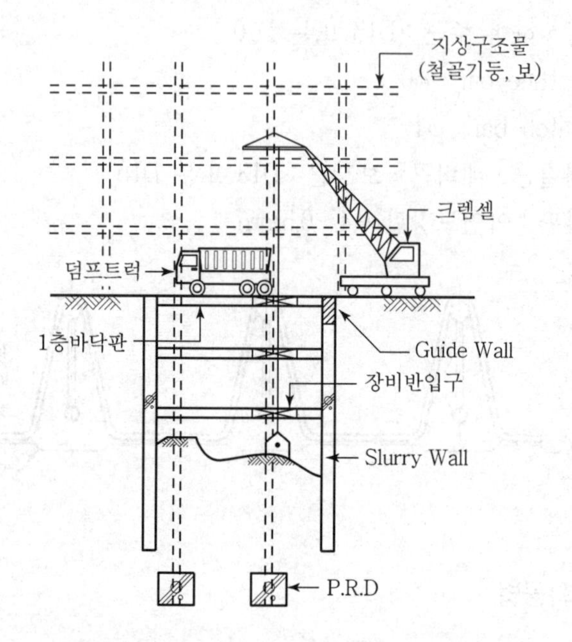


① 지하와 지상을 동시에 시공하므로 공기단축에 효과적
② 지하 시공이 끝나는 시점에 지상도 마감

### 7) Core 선행공법

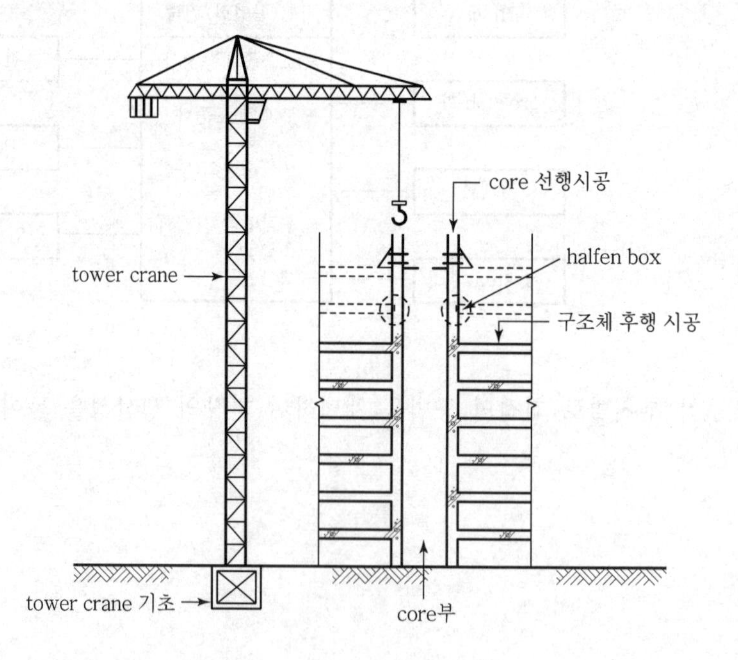

① 초고층 SRC조에서 RC조 core를 철골공사보다 선행 시공
② 공기 단축 및 구조적 안전성 확보

## 8) 마감의 건식화

① 생산성 향상과 양생기간 축소
② 시공 용이로 공기단축 가능

## 9) EVMS(Earned Value Management System)

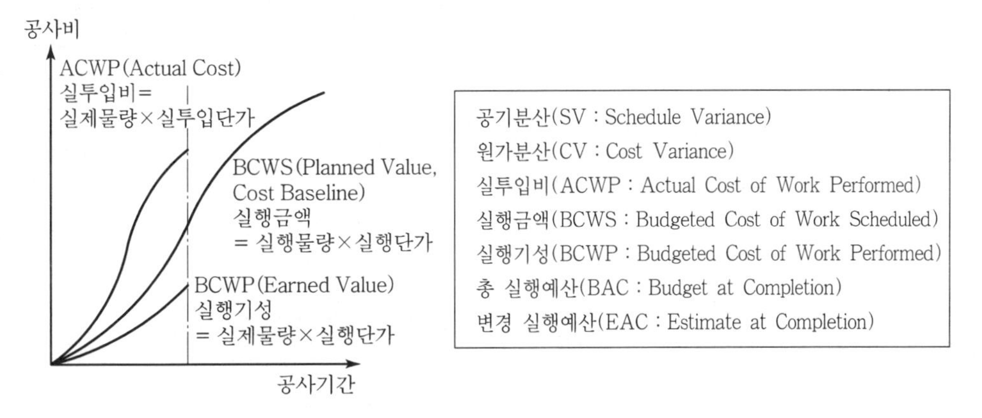


공사진척에 따른 현황 파악으로 공기조정 가능

## 10) Fast track method

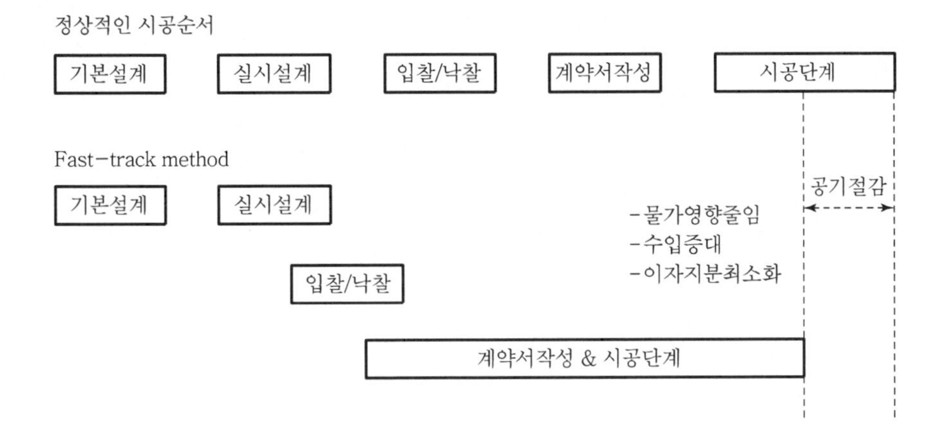


설계 작성에 필요한 시간 절약

## Ⅳ. 결 론

① 초고층건축의 공정계획은 공사의 대형화로 공기가 길고, 기상조건에 따라 영향이 크므로 적절한 공법 선정으로 공기를 단축해야 한다.

② 고소화 작업으로 인한 위험증대와 양중작업에 따른 안전관리계획을 공정계획 수립 시 염두에 두어 합리적인 공정계획을 세워야 한다.

# 문제 13 초고층 건축공사의 바닥판 시공공법

## Ⅰ. 개 요

### 1) 의 의

① 초고층건축의 바닥판은 바닥의 강도, 내화성능 등의 구조적 성능과 타공사와의 관련성 고려하여 시공성, 작업성, 경제성, 안전성을 고려한 종합적인 검토가 필요하다.

② 초고층 바닥판공법은 크게 현장타설공법과 PC공법으로 나눌 수 있다.

### 2) 바닥판 요구조건

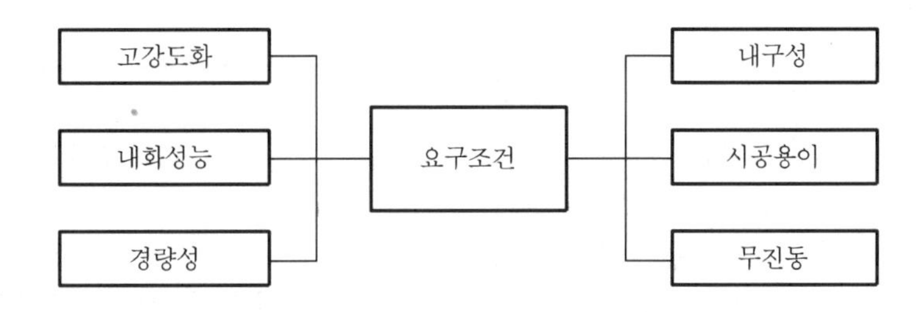


## Ⅱ. 공법 분류

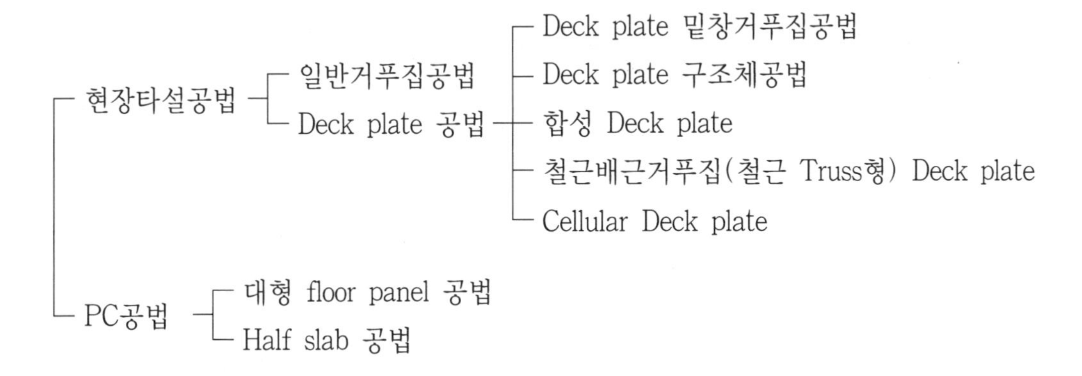

# Ⅲ. 바닥판 시공공법

## (1) 일반거푸집공법

### 1) 정 의

합판, 철제 등의 일반거푸집을 사용하는 종래의 시공방법

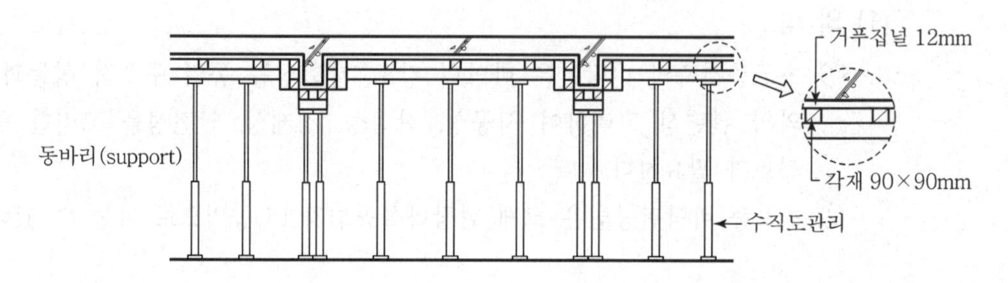


### 2) 문제점

| 문제점 | 개선대책 |
|---|---|
| • 지보공 필요<br>• 작업자의 연속 채용이 불리<br>• 가설재가 많아 기중량 증대 및 공기 지연<br>• 고소작업에 따른 위험성 증대, 낙하, 비산의 위험 | • 각 작업의 단순화, 전문화<br>• 거푸집의 unit화<br>• 거푸집 운반의 합리화<br>• 공정의 일체화 |

## (2) Deck plate 밑창거푸집공법

### 1) 정 의

① Deck plate를 거푸집 대용으로만 사용하며 하중은 상부 Con'c와 그 속의 보강철근이 부담하는 공법

② 지보공이 불필요하며, 수개층 동시 시공 가능

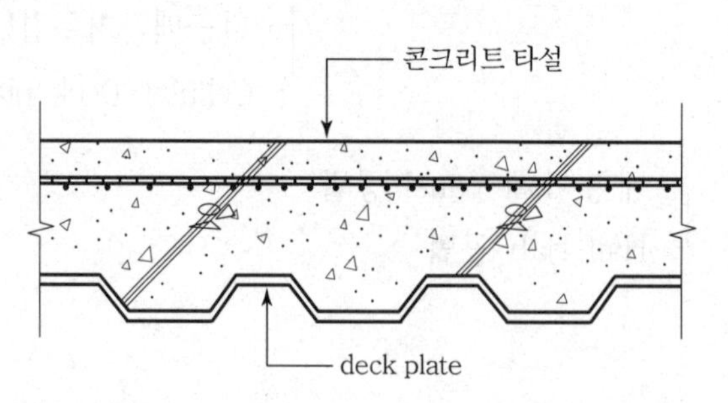

| 문제점 | 개선대책 |
|---|---|
| • 철근배근의 안정성 불리<br>• 내화공법 필요<br>• Deck plate의 강도 확보 | • 철근배근의 합리화와 단순화 도모<br>• 내화피복 시공<br>• Deck plate 강도 확보 |

## (3) Deck plate 구조체공법

### 1) 정 의

Deck plate를 구조체의 일부로 보고, 그위에 타설하는 Con'c와 강도적으로 일체가 되도록 하는 공법

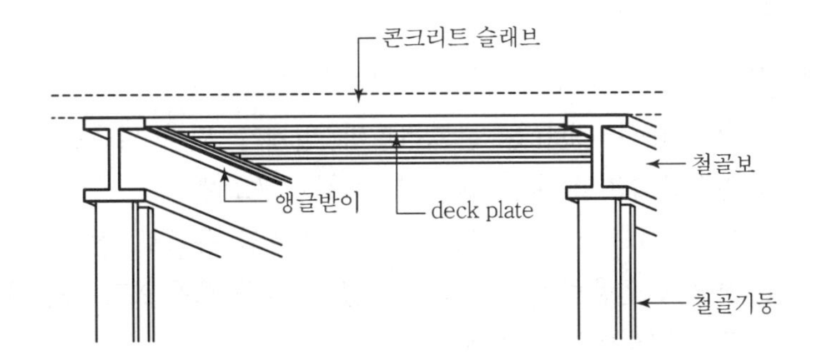


### 2) 문제점

① 내화피복 필요

② 배선 · 배관 처리 문제

### 3) 개선대책

① 내화피복뿜칠공법

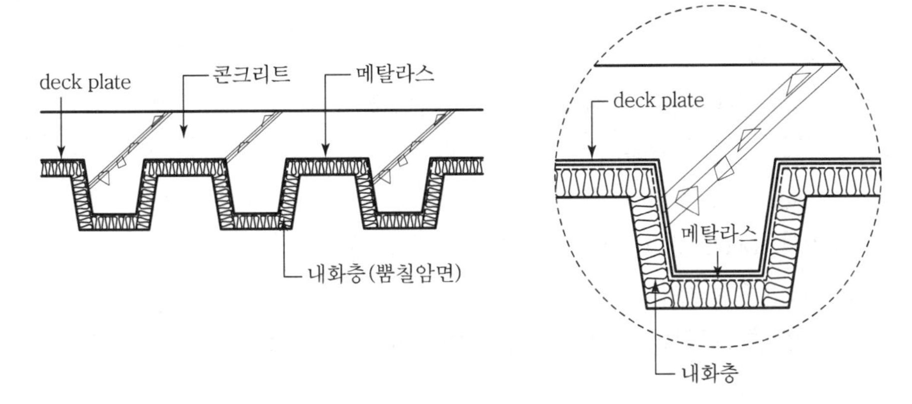


Deck plate에 직접 석면, 퍼라이트, 모르타르 등을 뿜칠하는 공법

② 복합 공법

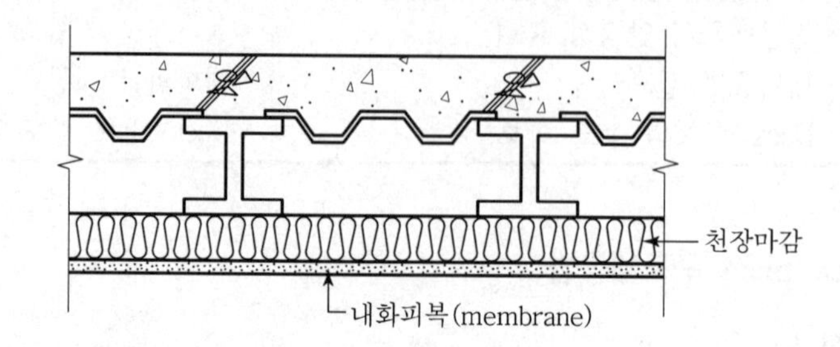


내화피복 천장공사의 천장마감과 내화피복기능을 충족하는 공법

### (4) 합성 Deck Plate

#### 1) 정의

① 합성 deck plate는 콘크리트와 일체가 되어 압축응력은 Con'c가 부담하고 인장응력은 deck plate가 부담하는 구조체

② 합성 deck plate는 시공 시에는 거푸집 용도로, 콘크리트 양생 후에는 구조적으로 휨응력에 저항할 수 있는 철근 대용으로 사용되는 여러 가지 형상으로 만들어진 구조재료

③ 별도의 철근 배근이 필요없으며 내화성능을 겸비한 구조재료로 내화피복은 필요

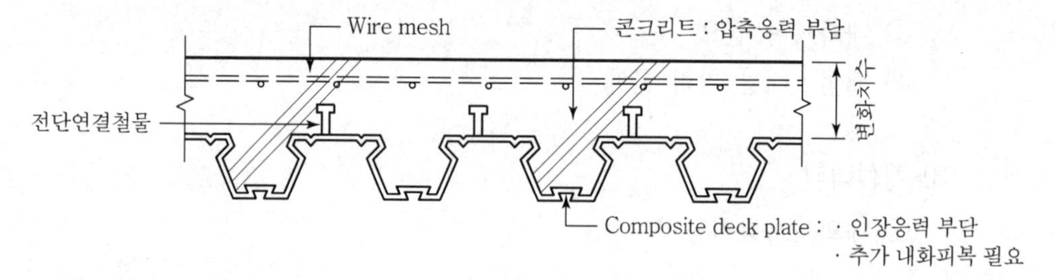


#### 2) 특징

① 공장생산 및 현장설치로 공기단축

② 작업의 단순화로 노무비 절감

③ 여러 층의 연속작업 가능

④ Deck plate 하부의 전기배선작업 용이

⑤ 주철근이 없으므로 단면성능 저하 우려

⑥ 콘크리트의 균열방지를 위해 wire mesh 설치

### (5) 철근 배근 거푸집(철근 Truss형) Deck Plate

#### 1) 정의

① 공장에서 일체화된 바닥구성재(거푸집 대용 아연도강판+slab용 철근주근)를 현장에서는 배력근 · 연결근만 시공함으로써, 철근과 거푸집공사를 동시에 pre-fab화한 공법

② 철근작업을 공장에서 대신하고 현장에서는 설치작업만 하므로, 노무절감 및 공기단축을 할 수 있는 공법

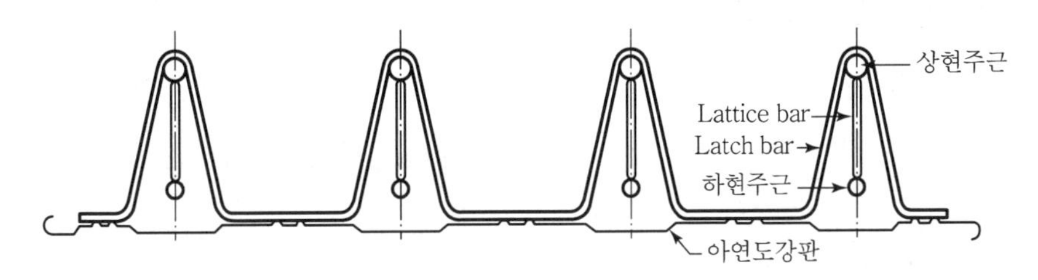


#### 2) 특징

① 시공의 정밀도 향상
② 공기단축(생산성 향상)
③ 공사비 절감
④ 시공이 단순
⑤ 안전성이 높음
⑥ 설계범위가 넓음

### (6) Cellular Deck Plate

#### 1) 정의

① Deck Plate 요철 부분의 일부를 막아서 Box형태로 제작하여 전기 · 통신 · 전자 등의 배선이 가능하도록 만든 Deck Plate

② Deck Plate 하부에도 Duct를 부착시켜 실내 냉난방과 신선한 공기를 제공할 수 있게 제작

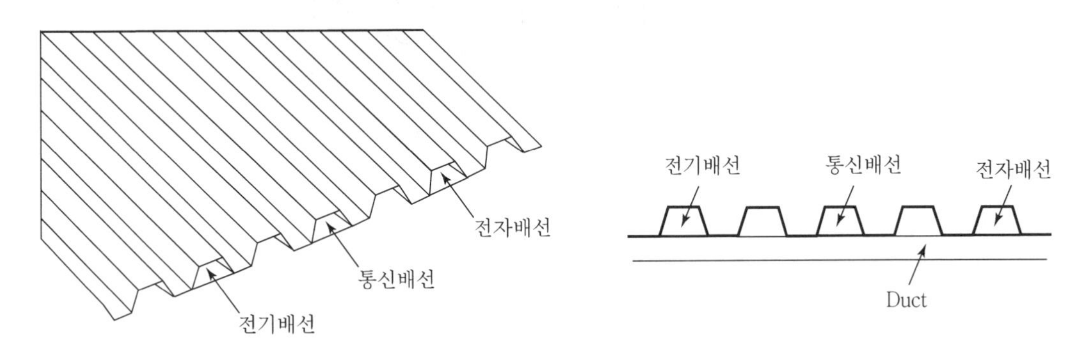

2) 특징

① 전기 · 통신 · 전자 등의 배선공사 용이
② 층고를 낮출 수 있어 경제적
③ Deck Plate 하부에 내화피복공사 용이
④ 상부 Duct의 시공으로 철근배근공사의 시공성 저하
⑤ Deck Plate의 크기가 대형화될 우려가 있음

### (7) 대형 floor panel 공법

1) 정 의

대형의 공장제작 PC 바닥판을 현장에서 조립 설치하는 공법

2) 특 징

① 안전한 바닥의 조기 확보로 작업능률 및 안정성 확보
② Panel의 내부에 설비배관 가능
③ 양중횟수 감소

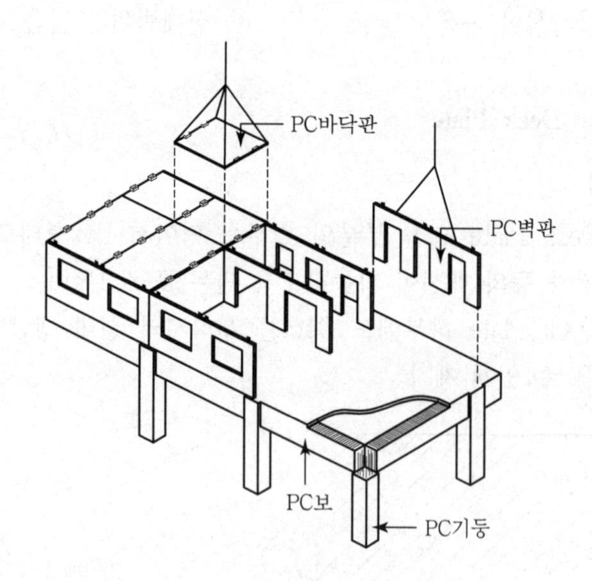

### (8) Half slab공법

#### 1) 정 의

① Half slab란 하부는 공장생산된 PC판을 사용하고, 상부는 현장타설 Con'c로 일체화하여 바닥 slab를 구축하는 공법

② PC와 현장타설 Con'c의 장점을 취한 공법

#### 2) 장 점

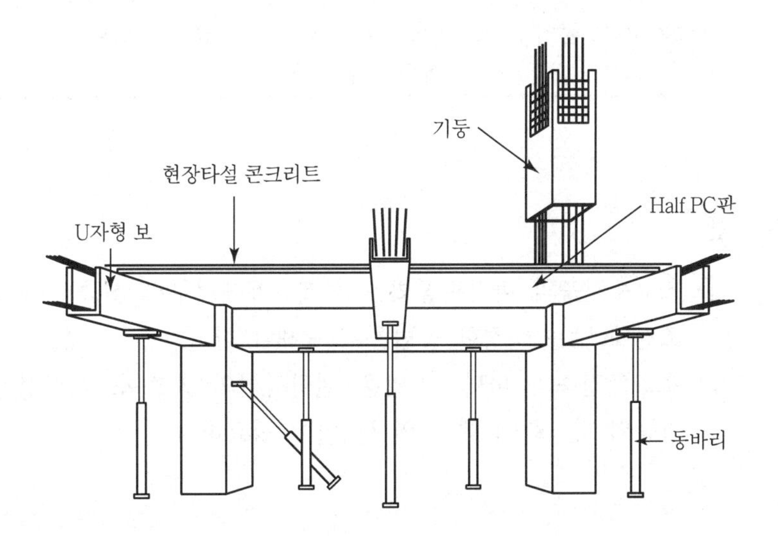


① 거푸집 불필요

② 장 span 가능

③ 공기단축

④ 기능인력 해소

⑤ 안전시공 확보

#### 3) 단 점

① 타설 접합면 일체화 부족

② 공인된 구조설계 기준 미흡

### (9) 기타 공법

| 공법 | 특징 |
|---|---|
| Unit floor 공법 | • 선제작 된 바닥판에 전기 · 설비 등의 배관을 설치한 후 인양하여 setting하는 방식<br>• 지상에서 선제작되므로 공기단축 성력화 |
| AL-form 공법 | • Aluminum은 경량으로 취급 편리<br>• 절단시공이 용이하며, 30회까지 재사용 가능 |
| Table form 공법 | • 단위세대 slab 전체를 4~5개의 unit panel로 나누어서 대칭 floor table form을 제작하여 시공하는 방법<br>• 규격화된 품질시공 가능 |

## Ⅳ. 결 론

① 초고층건축의 바닥판공법은 설계단계에서부터 신중히 검토해야 하며, 현장조건에 맞는 적정한 공법을 선택해야 한다.

② 초고층건축의 바닥판공법은 현장작업의 최소화, 내화성능의 향상, 바닥판 기능의 다양화에 대한 연구개발이 필요하다.

문제 14

# 철골조 slab의 deck plate공법의 장점과 시공 시 유의사항

## Ⅰ. 개 요

1) 의 의

① 철골조(S조) 또는 철골철근콘크리트조(SRC조) 건축물에서 철골보에 deck plate를 걸쳐대고 철근을 배근한 후 콘크리트를 타설하는 공법이 deck plate공법이다.

② Deck plate 구조체 공법의 경우 동바리가 필요없기 때문에 하층에서의 작업이 용이하며, 거푸집 해체공정이 줄어들어 공기단축 및 성력화할 수 있다.

2) Deck plate 시공 flow chart

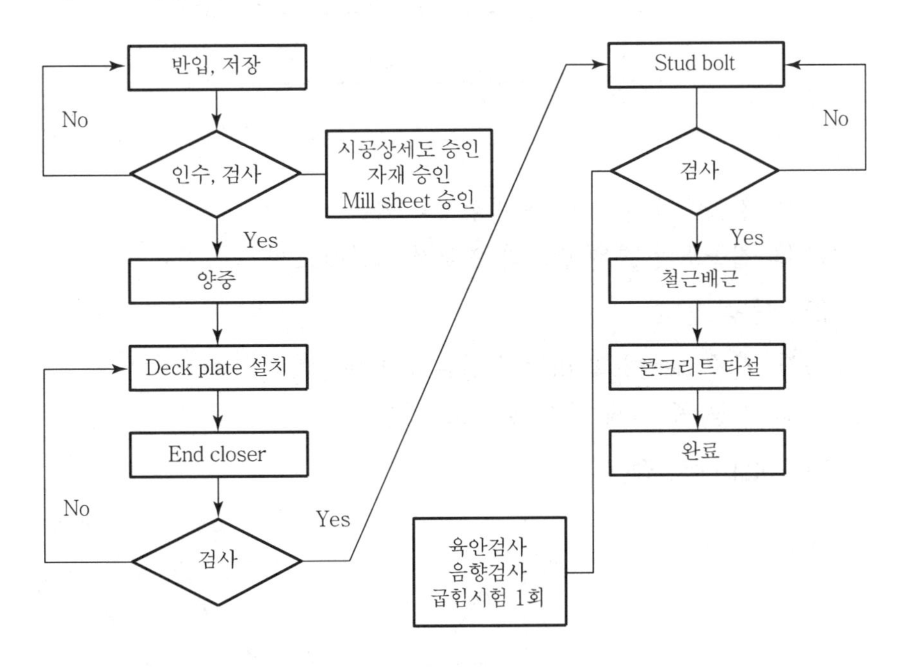

## Ⅱ. 현장시공도

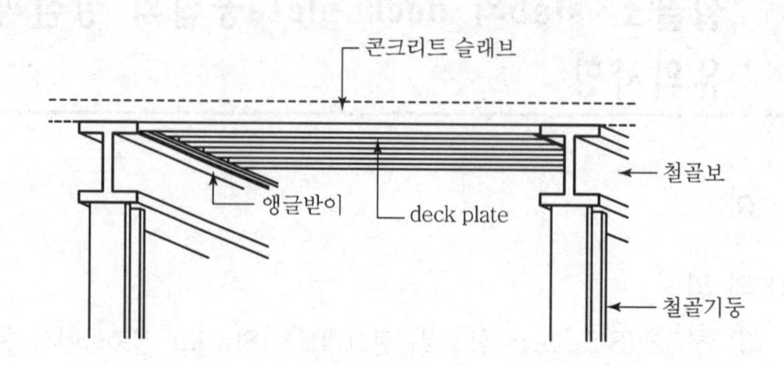


## Ⅲ. Deck plate 공법의 장점

### 1) 공기 단축

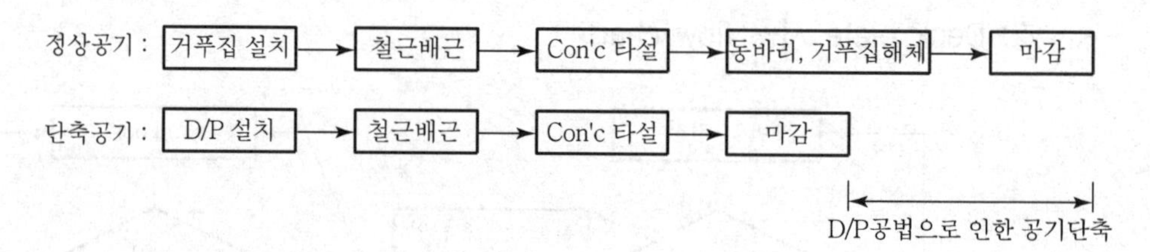


① 철골공사(주공정)와 병행설치 가능

② 철골조의 경우 별도의 연결철근 불필요

### 2) 시공성 양호

① 각종 sleeve 및 duct의 단순화 가능

② 시공 중 자재 야적 및 보행 가능

### 3) Total cost 절감

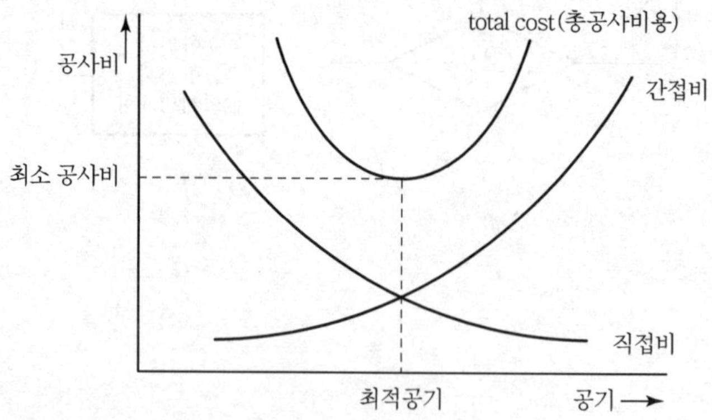


공기단축 및 자재비 절감으로 total cost 절감

4) 성력화(labor saving) 가능

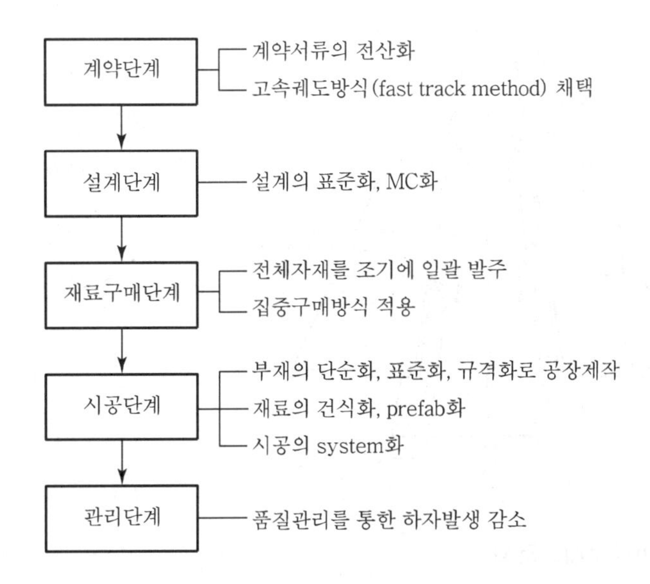


5) 안전관리 유리

① Deck plate 하부의 안전 확보

② Deck plate 상부에서의 작업 및 콘크리트 타설시 안전에 유리

6) 시공의 정밀도 향상

## Ⅳ. 시공 시 유의사항

1) 구조적 내력 확보

설계기준에 맞는 deck plate의 내력 확인

2) 이음부 콘크리트 유출 방지

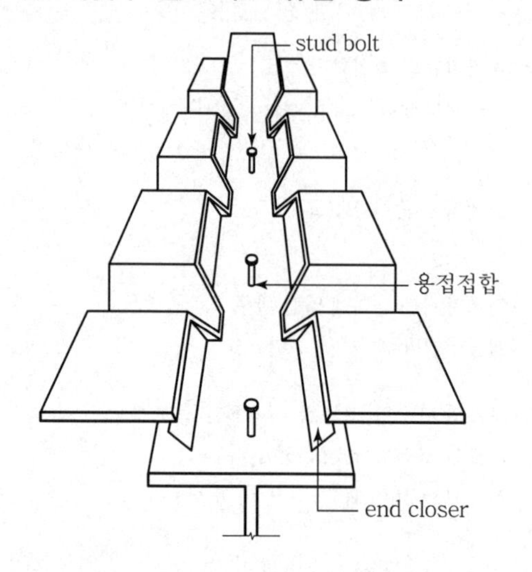


① 보에 걸쳐지는 deck plate의 끝부분에는 콘크리트 유출 방지판을 설치
② 각 부분에 용접으로 접합

3) Stud bolt 검사

① 기울기 검사

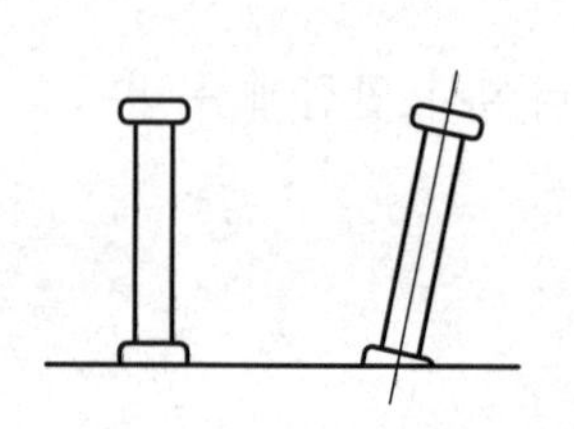

기울기는 5° 이내로 관리

② 타격 구부림 검사

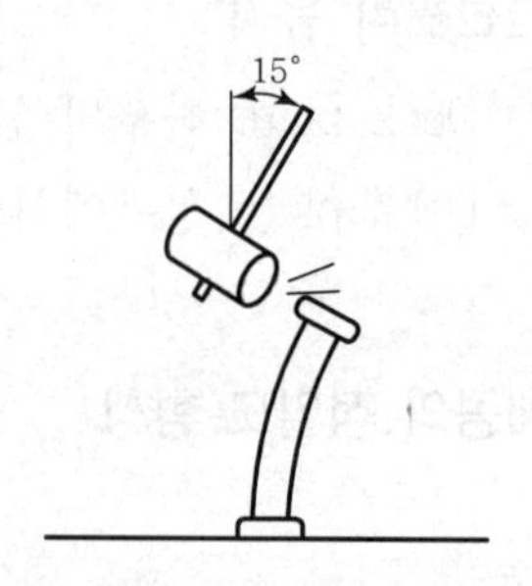


15°까지 hammer로 구부려 용접부 결함이 발생하지 않으면 합격

4) Deck plate 설치 시 보강판 설치

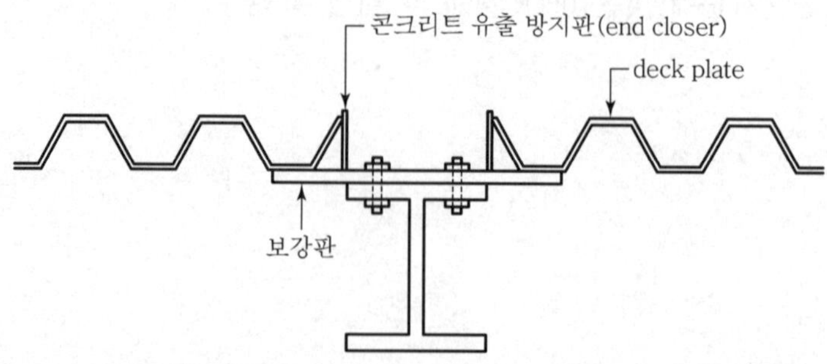


장방향으로 deck plate 설치 시 필요에 따라 보강판(deck 받침판) 설치

5) 내화공법의 필요

Deck plate 하부는 적정한 내화공법의 시공

## V. 각종 바닥판 공법의 장단점 비교

| 구분 | 장점 | 단점 |
|---|---|---|
| 재래식 slab | • 여러 평면 및 단면 시공 용이<br>• 기능인력 투입 양호 | • 공기가 많이 소요<br>• 설치 및 해체 시 사고발생 확률이 높음 |
| 철골조 deck plate | • 단순공정 및 현장 폐기물 감소<br>• 목공 등 작업인력 감소<br>• 공장에서 제작하여 균일 품질 확보<br>• 공기단축 가능 | • 철근 배근시 소음 발생<br>• 야적공간이 필요 |

## Ⅵ. 결 론

① 고층화에 따른 deck plate의 사용은 필수적이며 자재의 초경량화, 구조강성 확보 등이 중요하다.

② Deck plate 시공은 철골공사 및 철근 Con'c 공사와 병행되므로 이에 대한 공정 및 품질관리가 중요하다.

## 문제 15 초고층 건축공사의 특수성과 양중계획 시 고려사항

### Ⅰ. 개 요

1) 의 의

① 초고층건축은 중·저층의 일반건축과는 달리 고소화에 따라 위험성 증대, 작업내용의 복잡·다양화, 공사기간 증가 등의 특수성으로 인한 제약을 받는다.

② 초고층건축의 양중계획은 시공의 중요부분을 차지하므로 양중계획이 세워지지 않으면 전체 공사계획이 결정되지 않는다.

2) 초고층건축의 안전관리 system

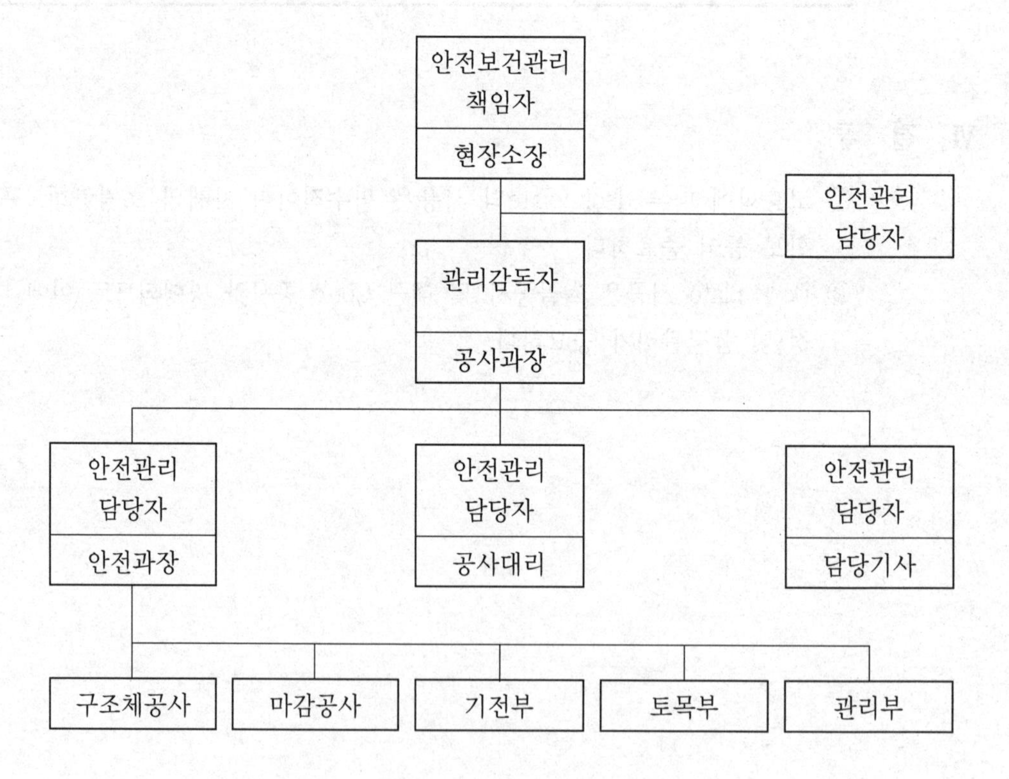

## Ⅱ. 초고층 건축 개념도

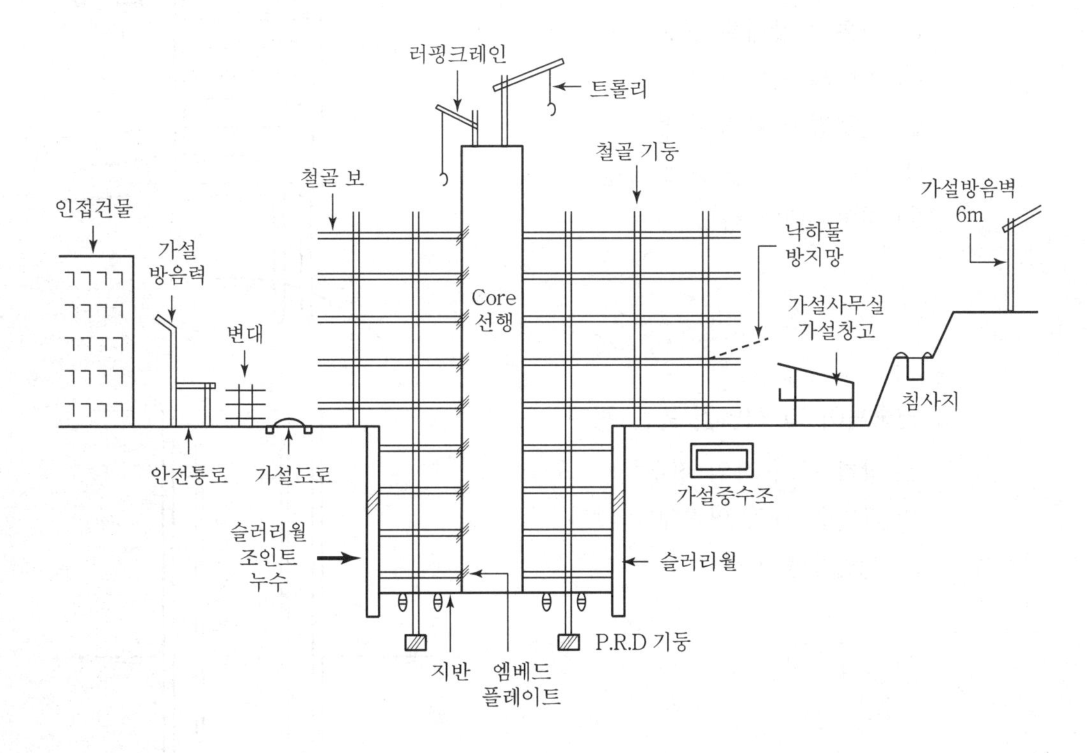


## Ⅲ. 초고층건축 특수성

### 1) 도심지에 건축

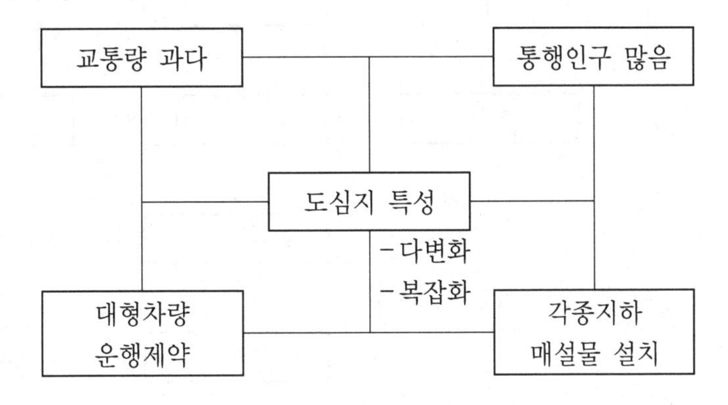


도심지 교통 및 통행 인구의 과다로 공사 진행에 지장 초래

2) 지하깊이 증대

① 기초 보강대책 필요
② 지반의 지내력 확보
③ 인접건물 피해 우려
④ 소음, 진동 등 공해 발생
⑤ 지하수대책 마련

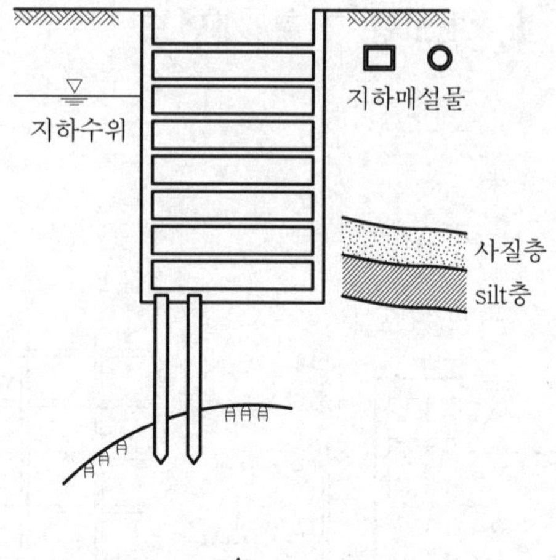


3) 양중높이 및 작업원 동선 증대

① 상하 동시 작업 진행
② 작업원 간의 연락체계 확립
③ 작업능률 저하

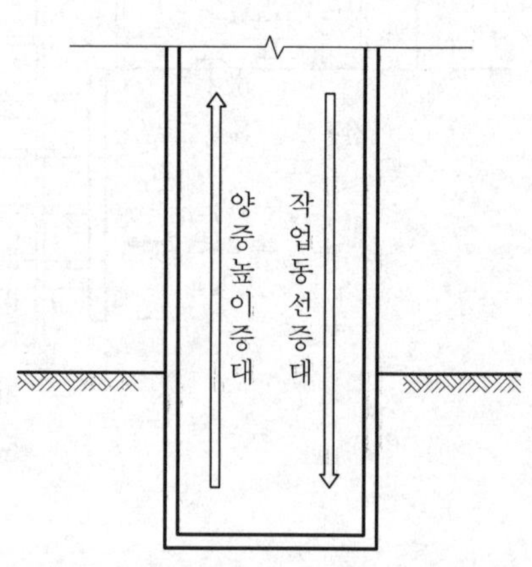


4) 공기 증대

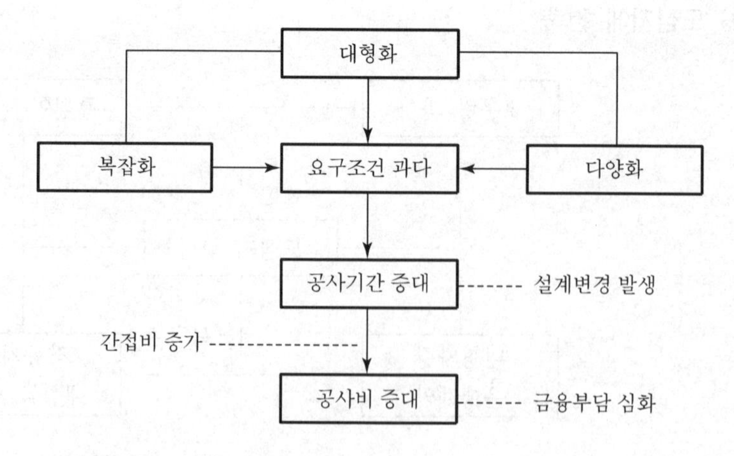


공기단축을 위한 돌관작업시 품질저하 우려

### 5) 공사비 증대

① 공사기간 증대로 인한 전체공사비 증가
② 안전작업으로 인한 무리한 시공 배제

### 6) 안전대책 필요

① 3-5운동의 생활화
② 안전당번제 실시
③ 위험요소 신고함 설치
④ 개구부, EV 출입구 등의 장소에 점검 요원 지정

| 작업 전 5분 | 안전교육 |
|---|---|
| 작업 중 5분 | 검사 |
| 작업 후 5분 | 정리정돈 |

## Ⅳ. 양중계획 시 고려사항

### 1) 양중계획 flow chart 작성

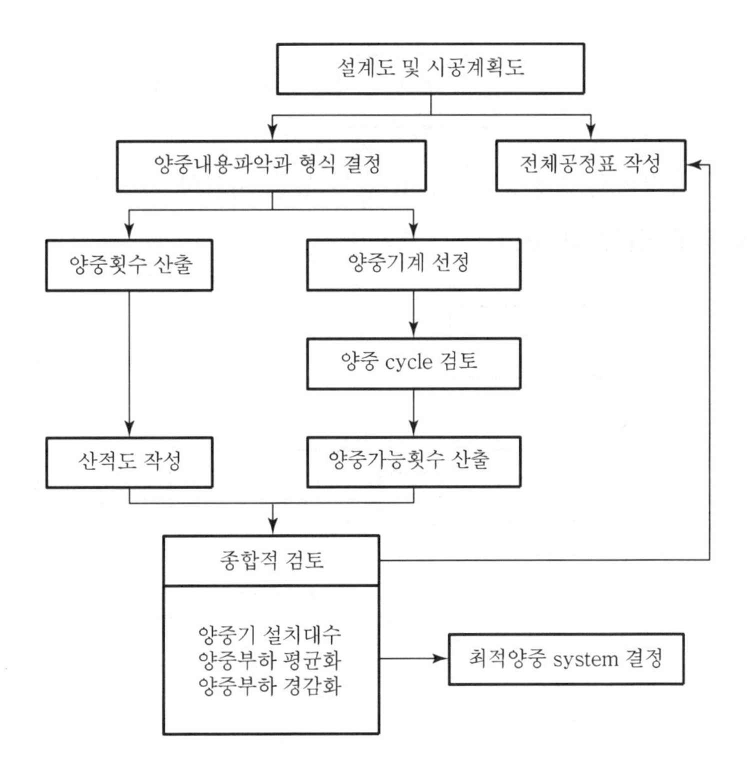

### 2) 양중자재 분류

| 자재구분 | 길이×폭 | 중량 | 자재형상 | 사용장비 |
|---|---|---|---|---|
| 대형양중 | 4m 이상 ×1.8m 이상 | 2톤 이상 | 대형재, 철골 부재, 철근, 공조기, 대형 거푸집 등 | 타워 크레인 |
| 중형양중 | 1.8~4m ×1.8m 미만 | 2톤 미만 | 평판재, 경량 형강, 데크 플레이트, 합판, 보드류 | 타워 크레인<br>장스팬 리프트 |
| 소형양중 | 1.8m 이하 ×1.8m 미만 | 2톤 이하 | 평판재, 바닥재, 도장재, 비계류, 유리, 시멘트, 모래 | Lift, EV |

### 3) 양중기 선정

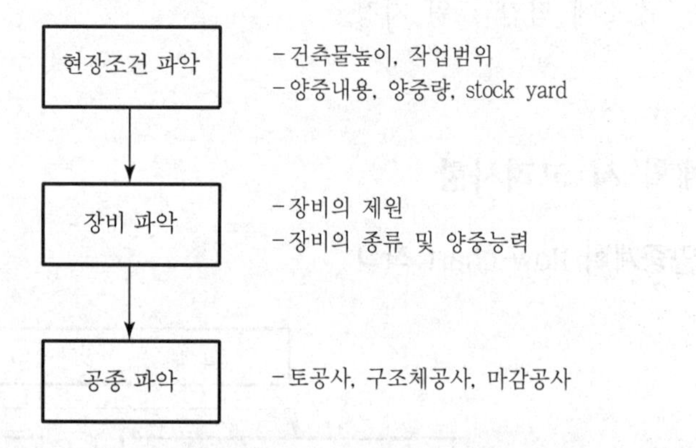


양중장비의 양중능력, boom 길이 등을 파악하여 양중기 선정

### 4) 양중작업조직 구성

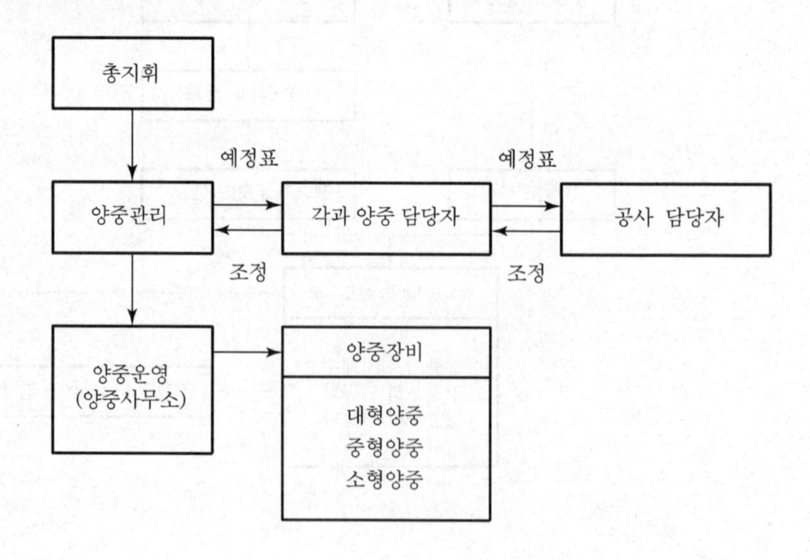

5) 산적도 작성

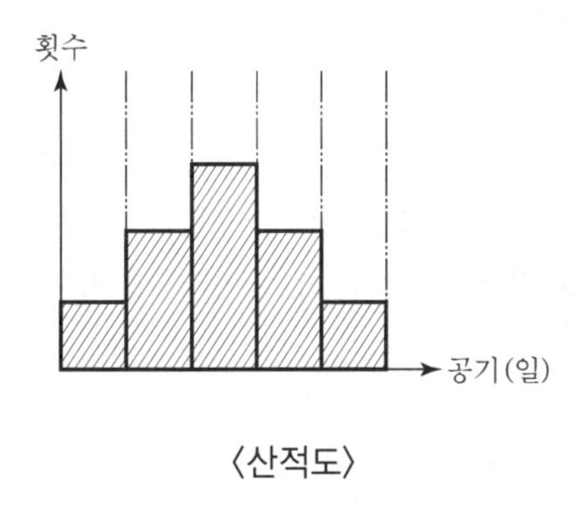


〈산적도〉

양중 횟수의 기본 주기를 참고하여 산적도 작성

6) 안전교육 실시

① 운행 장비의 1일 점검 및 운전과 안전교육

② 전 작업에 대한 1일 안전교육 실시

# V. 현장 양중진행 실례

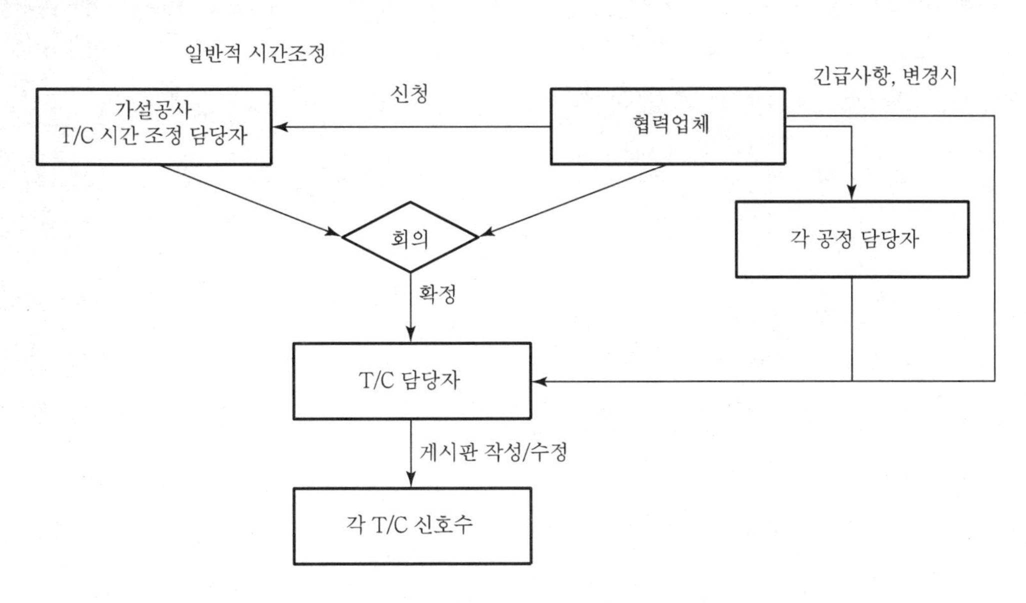


양중작업 중간에 수시로 회의를 개최하여 원활한 양중작업 진행

## Ⅵ. 결 론

① 초고층건축의 양중계획은 공사의 특성에 맞는 양중방식의 선정과 양중량을 계획적으로 수송하기 위한 양중량의 평균화와 양중부하의 경감을 도모하여 체계적이고, 종합적인 양중계획을 수립해야 한다.

② 건축물의 고층화로 인한 양중장비의 수요증가와 그에 따른 양중장비의 연구개발에 더욱 힘써야 하며, 안전대책과 병행한 양중계획이 중요하다.

문제 16

# Column shortening의 원인 및 대책

## Ⅰ. 개 요

① Column shortening이란 초고층건축을 축조시, 내·외부의 기둥구조가 다를 경우 또는 재료의 재질 및 응력 차이로 인한 신축량이 발생하는데, 이때 발생하는 기둥의 축소변위를 말한다.

② 건물의 고층화로 인하여 기둥·벽과 같은 수직부재가 많은 하중을 받아 축소 현상인 column shortening이 일어나는데, 이때 발생한 축소변위량을 조절하기 위하여 전체 층을 몇 구간으로 나누어, 변위량을 조절한다.

## Ⅱ. 발생 형태

### 1) 분 류

- 탄 성 shortening
  구조물의 상부하중에 의해 발생하는 변위
- 비탄성 shortening
  구조물의 응력이나 하중의 차이에 의해 발생하는 변위

### 2) 발생 형태

| 탄성 shortening | 비탄성 shortening |
|---|---|
| • 기둥부재의 재질이 상이할 때<br>• 기둥부재의 단면적이 상이할 때<br>• 기둥부재의 높이가 다를 때<br>• 상부에 작용하는 하중의 차이가 날 때 | • 방위에 따른 건조수축에 의한 차이<br>• 콘크리트 장기 하중에 따른 응력 차이<br>• 철근비, 체적, 부재크기 등에 의한 차이 |

## Ⅲ. Column shortening의 원인

### 1) 온도 차이

① 내·외부 온도차에 의해 변위가 다를 경우
② 온도차로 인한 발생
③ 태양열에 의한 철골 신축은 100m에 40~60mm 발생

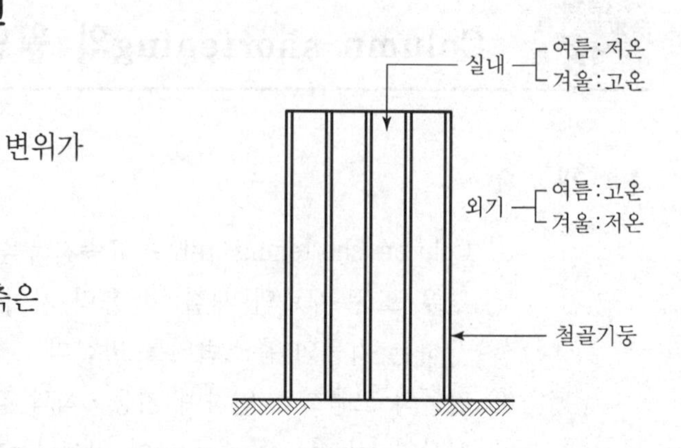


### 2) 기둥구조가 다를 때

① 초고층건물에서 내외부 기둥 구조의 차이로 인해 부등축소가 발생
② 코어부분과 기둥과의 level 차이로 발생

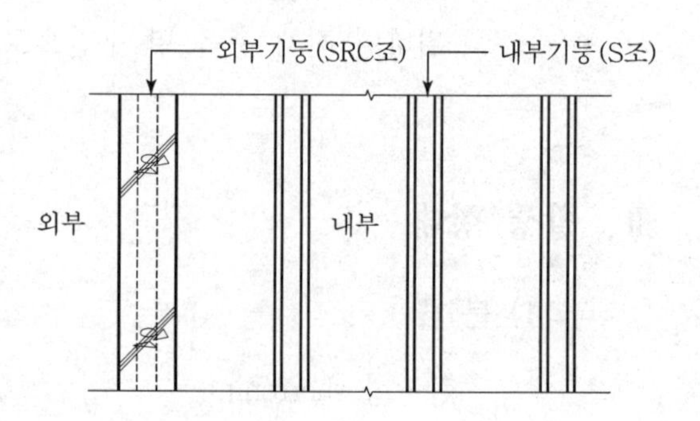


### 3) 재질 상이

① 기둥의 재질이 다를 경우
② 상하층 기둥 재질이 다를 경우

### 4) 압축 응력차

내외부 기둥 부재의 응력 차이로 인한 변위가 다른 경우

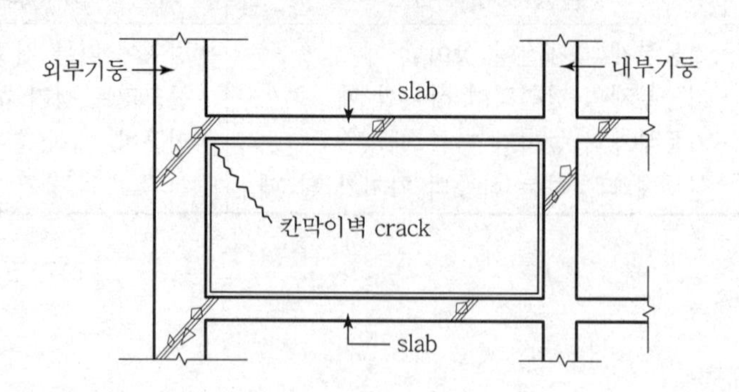

### 5) 기초 상부고름질 불량

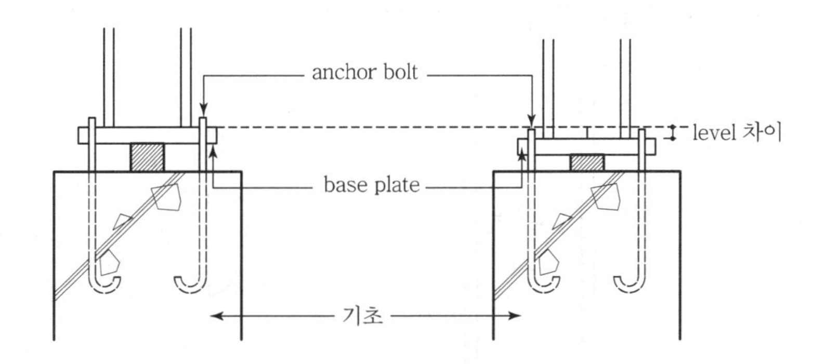


### 6) 신축량 차이

부재 간의 신축량의 차이가 심하게 발생하여 변위 발생

## Ⅳ. 대 책

### 1) 변위량 예측

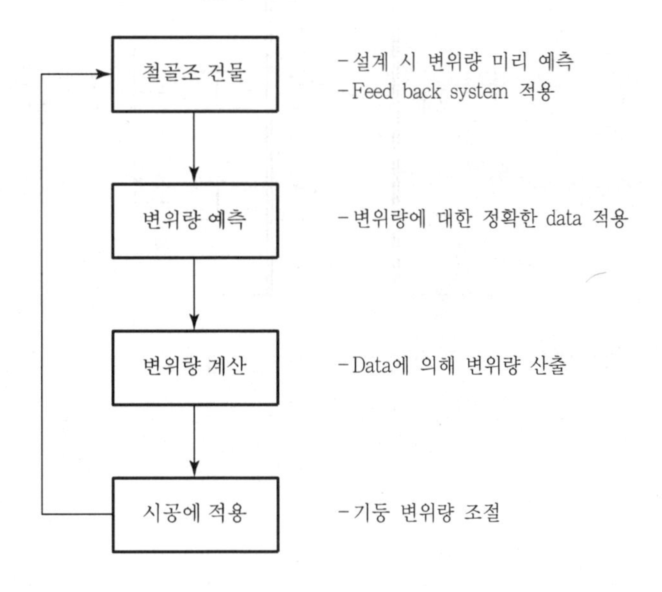


### 2) 변위량 최소화

① 구간별로 나누어진 발생변위량을 등분조절하여 변위치수를 최소화함

② 변위가 일어날 수 있는 곳을 미리 예측하여 변위를 조절

### 3) 변위 발생 후 본조립

변위가 발생된 후에 가조립 상태에서 본조립 상태로 완전조립함

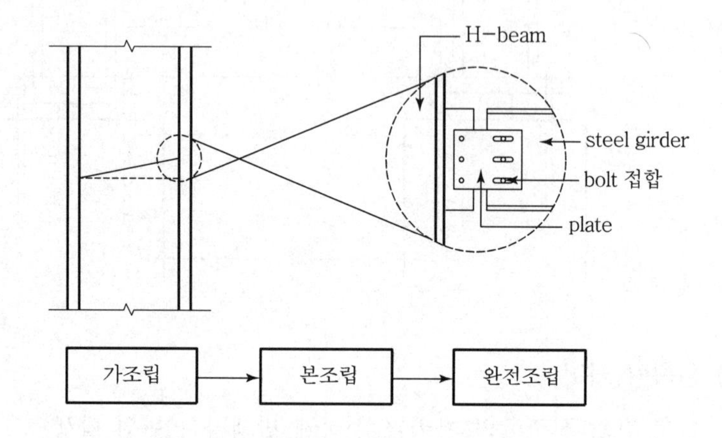


### 4) 구간별 변위량 조절

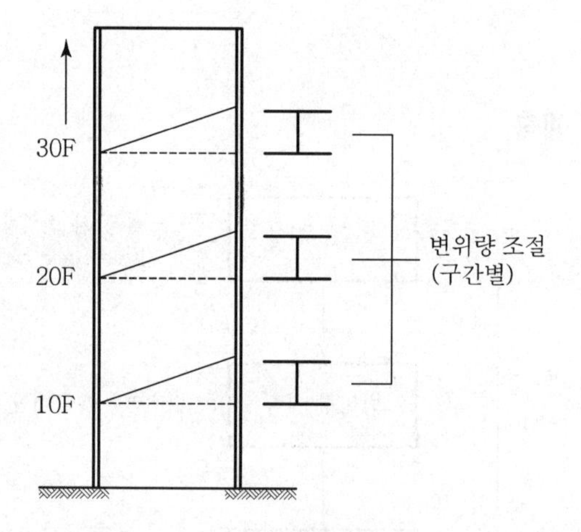


발생되는 변위량을 조절하기 위하여 전체층을 몇 개의 구간으로 구분

5) 계측 철저

① 시공 시 변위 발생량을 정확히 측정

② 계측 기구 사용

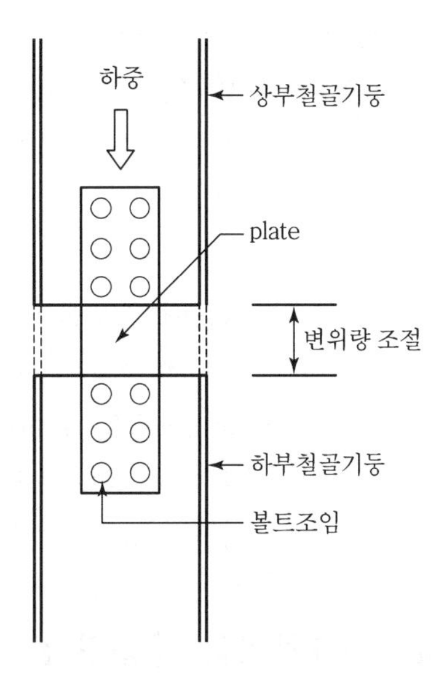


6) Level 관리 철저

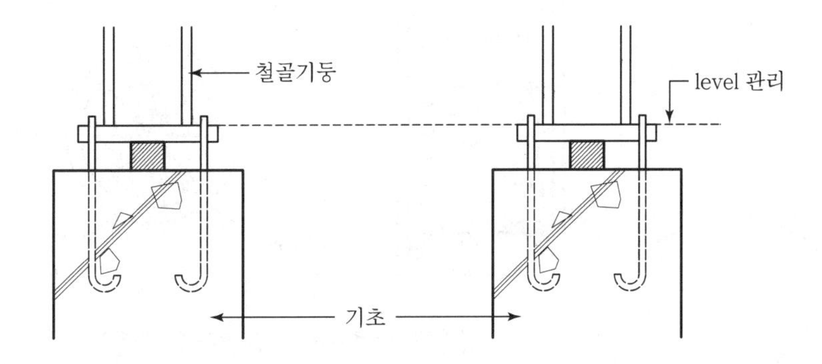


7) 콘크리트 채움강관 적용

① 초고층의 기둥을 콘크리트 채움강관(concrete filled tube)으로 시공

② 국부 좌굴 방지, 휨강성 증대로 변위량 감소

## V. 결 론

초고층건물 시공 시 기둥의 부등 축소(column shortening)로 인하여 보, slab 등 다른 부재의 균열이 발생되므로, 사전에 변위량을 예측하여 이를 감안한 시공이 되어야 한다.

## 문제 17 CFT(Concrete Filled steel Tube : 콘크리트채움강관)공법

### Ⅰ. 개 요

① 최근에 건축물이 초고층화되면서 강재와 콘크리트의 특성을 겸비한 CFT와 같은 합성복합구조 system의 도입이 증가하고 있다.

② CFT공법은 원형이나 각형 강관 내부에 콘크리트를 충전하여 강관과 콘크리트가 상호 구속하는 특성에 의해 강성, 내력, 변형방지 및 내화 등에 뛰어난 성능을 발휘하는 공법이다.

### Ⅱ. CFT공법의 작용원리

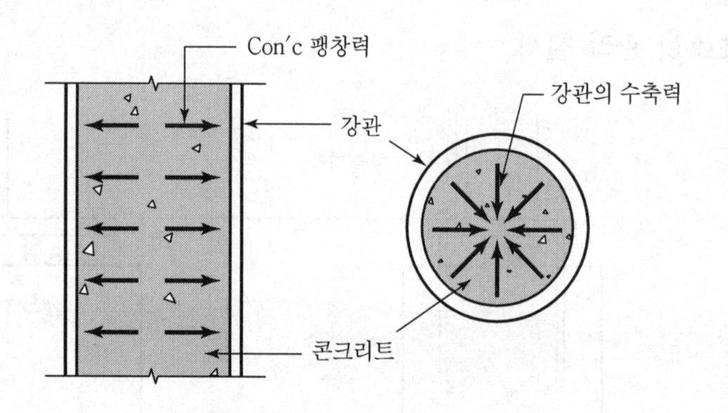


〈강관과 콘크리트 상호구속 작용〉

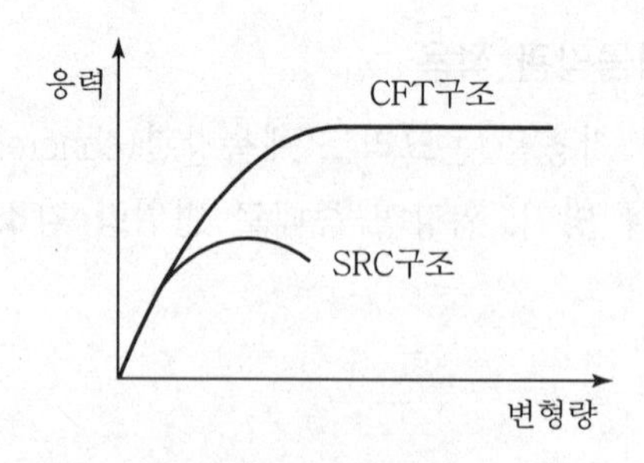


〈응력 - 변형 관계〉

콘크리트의 팽창력(밀어내는 힘)을 강관이 구속하며, 강관의 수축력(오므라드는 힘)을 콘크리트가 구속하는 상호 구속 작용

## Ⅲ. 특 징

| | |
|---|---|
| 장점 | • 강관의 국부좌굴이 충전콘크리트에 의해 억제되어 연성 향상<br>• 충전콘크리트에 의해 강성 증대<br>• 충전콘크리트의 축압축내력 및 열용량에 의해 내화성능 향상<br>• 강관을 충전콘크리트로 치환함으로써 비용 절감<br>• 판두께가 얇은 강관을 사용할 수 있어 시공성과 경제성 향상<br>• 충전콘크리트가 강관 내부의 방청(녹방지) 효과 발휘 |
| 단점 | • 강관 내부에 충전될 콘크리트를 적절하게 조합하는 설계법 확립 미비<br>• 강관의 공장 제작 규격에 의해 강관기둥을 선택하는데 제약<br>• 내화성능이 우수하나 별도의 내화피복 필요<br>• 보와 기둥의 연속접합 시공 곤란<br>• 콘크리트의 충전성에 대한 품질검사 곤란 |

## Ⅳ. CFT 시공순서

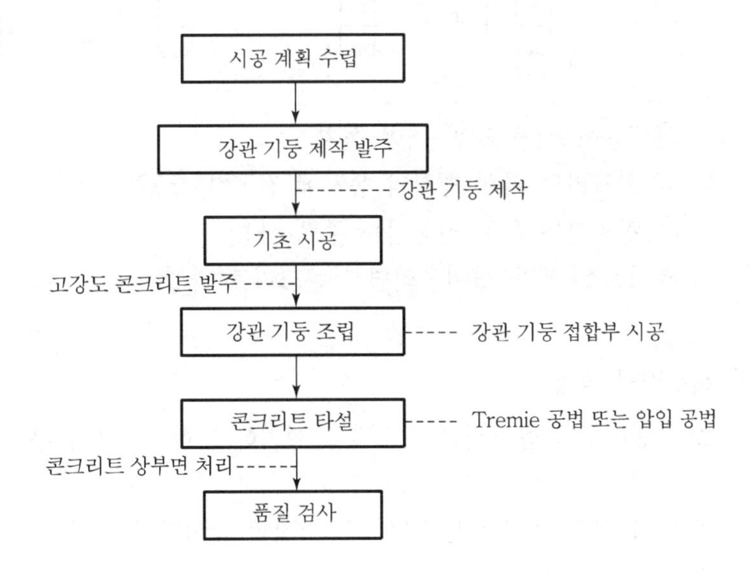


## Ⅴ. CFT의 콘크리트 타설공법

### 1) Tremie관 공법

① 강관 상부로부터 tremie관 ($\phi$100 이하)을 설치하여 콘크리트 타설

② 콘크리트 타설 후 배수 구멍으로 배수가 원활하도록 콘크리트 상부면에 구배 설치

③ 콘크리트 타설 후 강관 상부에 보호막으로 양생

④ 강관기둥에 과도한 응력이 발생하지 않도록 타설높이 조정

⑤ 콘크리트 시공 이음부는 강관 용접 시 열영향을 받지 않도록 강관기둥 이음 위치 보다 300mm 이상 아래쪽에 둠

⑥ 콘크리트 타설순서

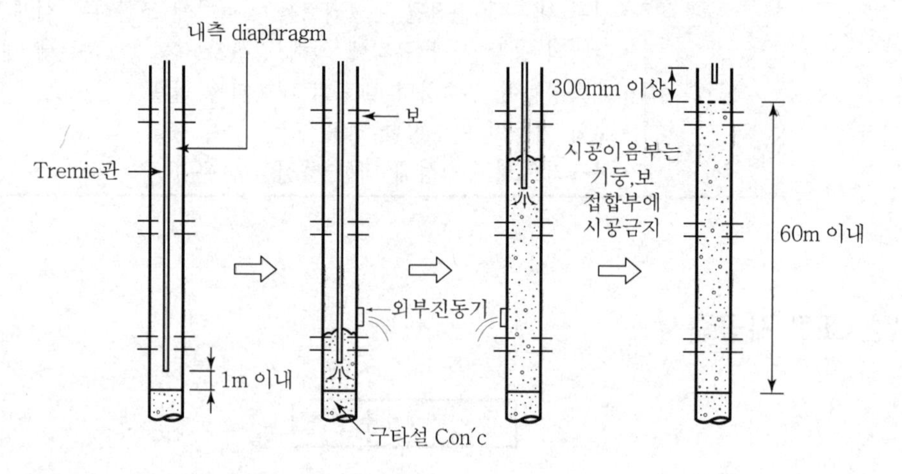


㉠ Tremie관을 강관 내에 설치

㉡ 콘크리트 타설 개시와 동시에 진동기 작동

㉢ 진동기는 외부 진동기를 주로 사용

㉣ Tremie관을 들어올리면서 콘크리트 타설

### 2) 하부압입 공법

① 강관하부에 콘크리트 압송관을 설치하고 하부로부터 콘크리트를 밀어올리는 공법

② 압입 개시 후에는 연속적으로 소정의 높이까지 타설

③ 콘크리트 타설 중 상승높이를 check하여 적정 상승속도 유지

④ 압입높이는 60m 이내로 할 것

⑤ 콘크리트 압입 후 강관 상부에 sheet 등으로 보호 양생

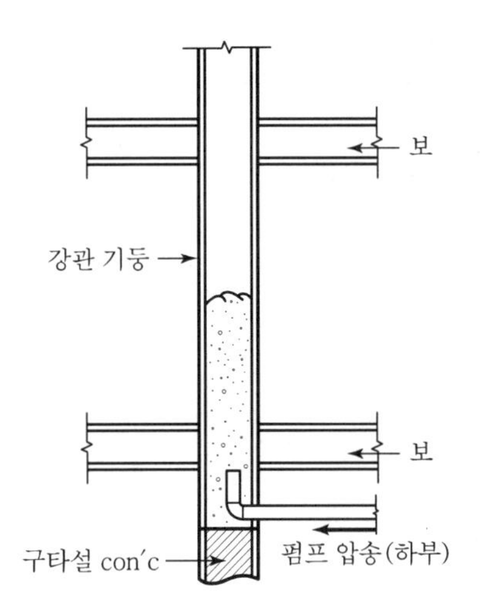


3) Tremie관 공법과 하부압입 공법의 비교

| 구분 | Tremie관 공법 | 하부압입 공법 |
|---|---|---|
| Con'c 품질 | 보통 | 양호 |
| 시공성 | 보통 | 양호 |
| 안전성 | 보통 | 양호 |
| 경제성 | 양호 | 불리 |

콘크리트 품질 및 시공성과 안전성에서 하부압입 공법이 유리하나, 경제성에서는 tremie관 공법이 유리함

## Ⅵ. 시공 시 유의사항

1) 철저한 시공계획서 필요

① Shop drawing 작성 후 시공 계획서 수립

② 1회 타설높이, 콘크리트의 충전공법 선정

### 2) 콘크리트 품질관리

| 구분 | 품질관리 |
|---|---|
| 목표 공기량 | 2.0~4.5% 이하 |
| Bleeding 수 | $0.1cc/cm^2$ 이하 |
| 침하량 | 2mm 이하 |
| 단위수량 | $175kg/m^3$ 이하 |
| 물결합재비 | 50% 이하 |

### 3) 콘크리트 충전

① CFT 내부에 밀실한 콘크리트가 되도록 관리

② 공기구멍 및 배수구멍 확인 철저

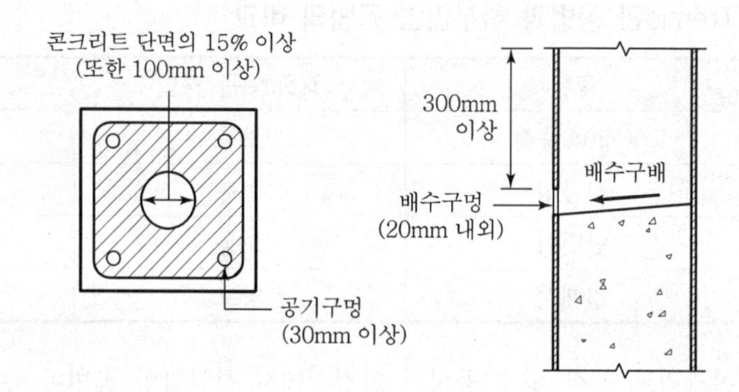


### 4) 적정 타설속도 유지

① 타설속도가 빠르면 강관에 과다응력 발생

② 타설속도가 너무 빠를 경우 콘크리트에 air pocket 발생

### 5) Construction joint 위치

① 강관의 이음 위치에서 300mm 이상 간격을 두고 시공이음면 설치

② 배수구멍으로의 원활한 배수를 위해 콘크리트를 경사지게 마감

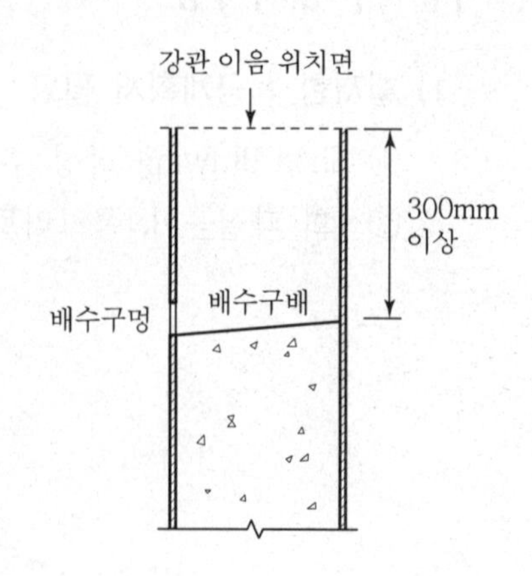

6) 타설높이 관리

① 원칙적으로 타설높이는 구조계산에 의해 산출

② 최고 타설 높이는 60m 이하

7) 접합부 응력 전달 확보

## Ⅶ. 결 론

① CFT공법은 좌굴에 약한 철골의 단점과 전단력이 약한 콘크리트의 단점을 합성 구조로 보완한 합리적인 공법이다.

② CFT기둥과 연결되는 보와의 응력전달 확보 및 시공성이 더욱 용이하도록 연구 개발하여야 하며, 강관내에 콘크리트의 충전성이 높아지도록 노력하여야 한다.

## 문제 18 고층건물의 core 선행시공방법 및 시공 시 유의사항

### Ⅰ. 개 요

① 고층건축공사에서 고강도 부분인 core를 벽식구조로 선행시공하고, 저강도 부분인 기타 부분을 라멘구조로 후시공하여, 벽식구조와 라멘구조의 변위량 차이에 의한 건축물의 안전을 도모하는 공법이다.

② Core 벽식구조의 상부 변위는 라멘구조가 상쇄시켜 주고, 라멘구조의 하부 변위는 core 벽식구조가 상쇄시켜 준다.

### Ⅱ. 현장 시공도

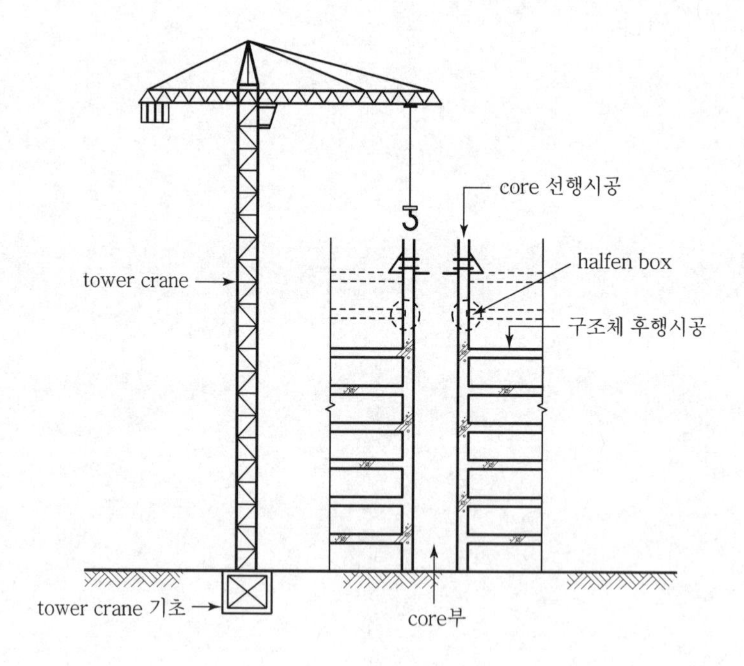

# Ⅲ. Core 선행시공방법

## 1) One cycle 공정

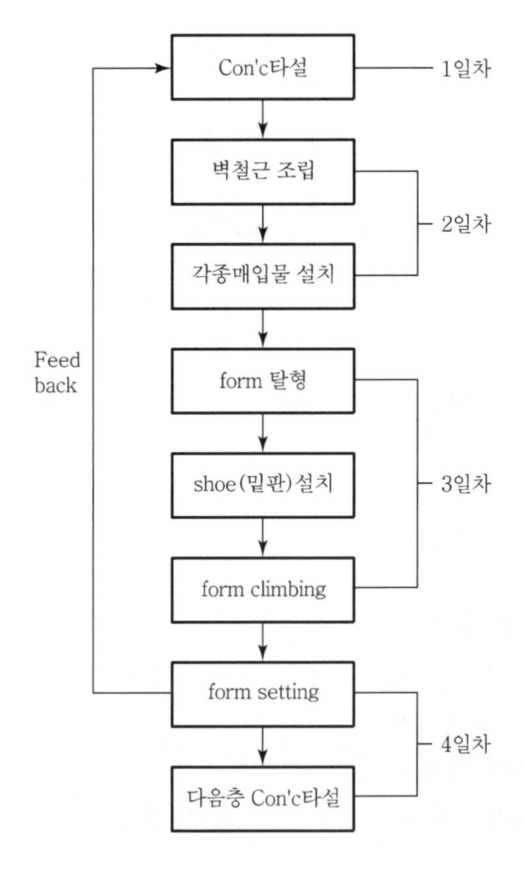


Core 선행시공 시 one cycle 공정이 약 4일 정도 소요

## 2) 특 징

| 장점 | 단점 |
|---|---|
| • Core를 선행시키므로 공사관계가 원활<br>• 전용횟수 증가로 초고층일수록 원가절감<br>• 기상조건 영향 최소화<br>• 양중장비(T/C) 없이 거푸집 상승 가능하므로 장비 효율성 증대<br>• 철근이 pre-fab 시공에 유리 | • 초기검토기간 필요(2개월 정도)<br>• 초기투자비용 과다<br>• 구조물 연결부위 시공정밀도<br>• 각 unit별 분할상승되므로 안전사고 위험 |

3) 구조 해석

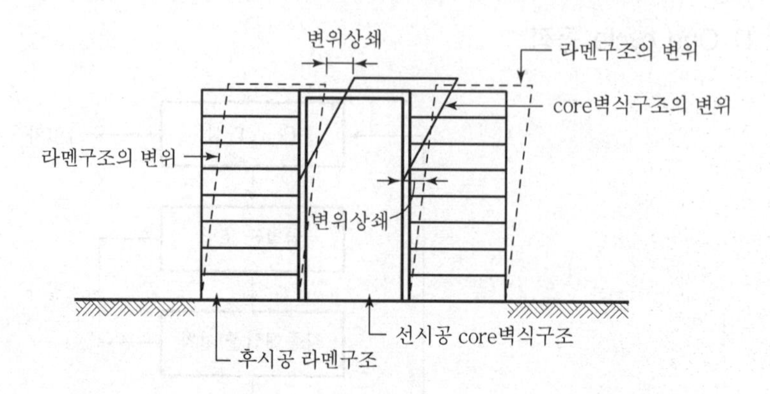


① 상부는 변위가 적은 라멘구조가 core 벽식구조의 변위를 상쇄

② 하부는 변위가 적은 core 벽식구조가 라멘구조의 변위를 상쇄

## Ⅳ. Halfen box 설치방법

1) 매입 box 설치

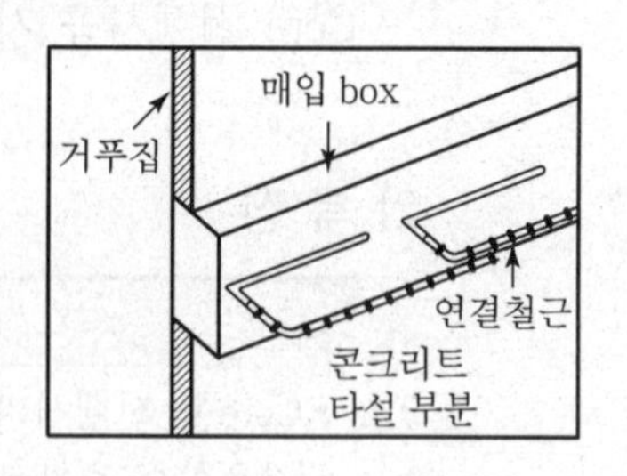


① 연결되는 콘크리트 보 및 슬래브 등의 설치 위치 확인

② 정확한 위치 선정

③ 콘크리트 타설시 위치 변동 없도록 고정

2) 연결철근 설치

Core 콘크리트에 묻히는 연결철근은 core 벽체 철근과 긴결

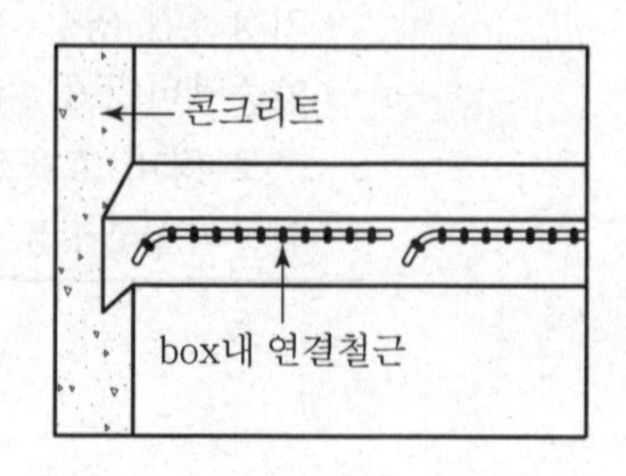


3) Box 내부연결 철근

① 연결철근의 이음길이 확보

② 철근은 필요한 개수만큼 충분히 설치

4) Core부 Con'c 타설

① 콘크리트 타설 시 매입 box의 이음 및 탈락에 유의

② 매입 box와 콘크리트의 일체성 확인

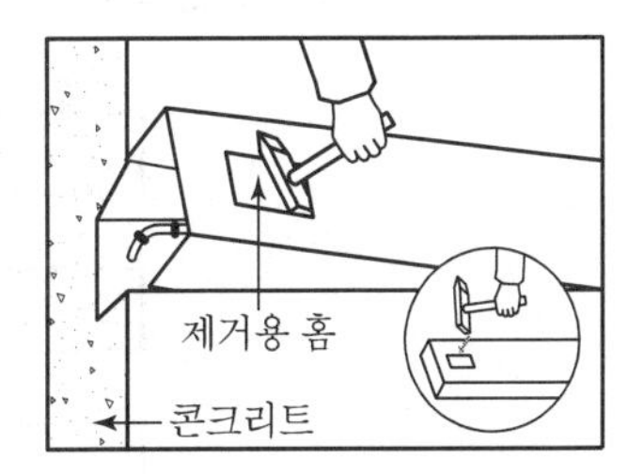


5) 매입 box cover 제거

① 매입 box에 묻은 콘크리트 잔여물 제거

② 제거용 홈을 이용하여 매입 box cover 제거

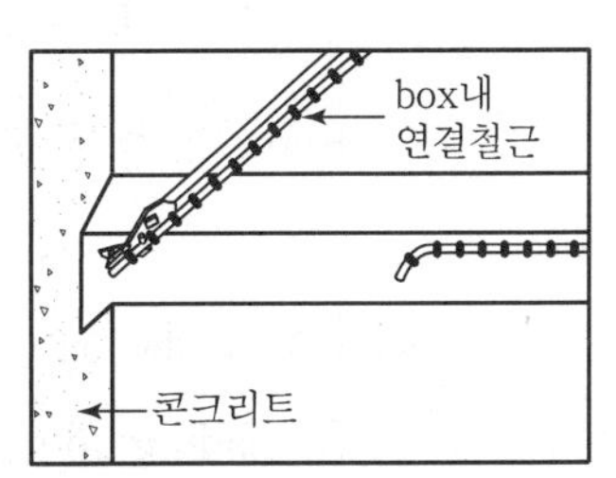


6) 연결철근 straighten

① 철근 straighten 공구를 이용하여 연결철근 straighten

② 이음부분 위치 확인

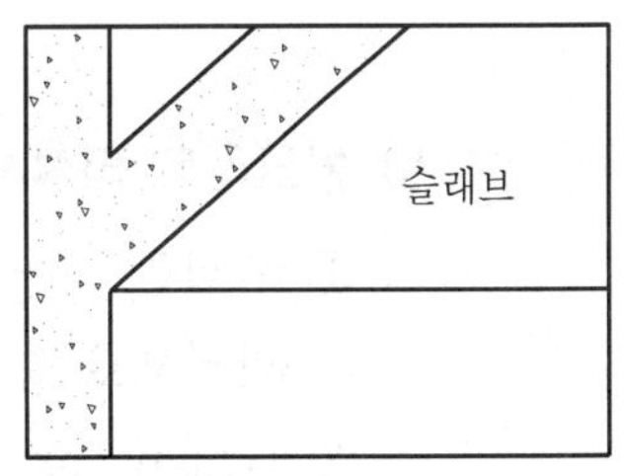


7) 구조적 연결

① 슬래브에 연결 철근을 이용하여 배근한 후 콘크리트 타설

② 구조적 일체성 확보

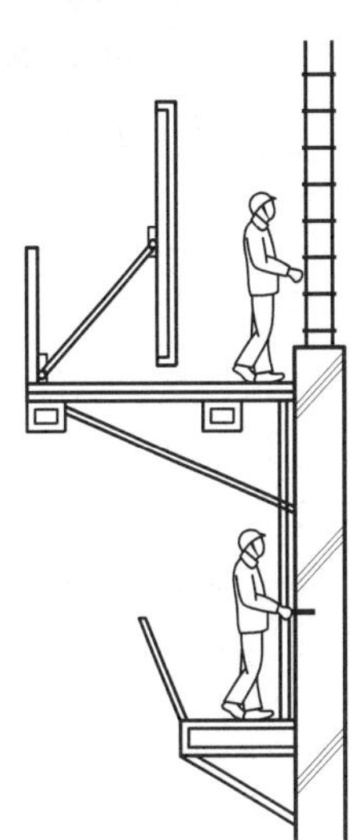

## Ⅴ. 시공 시 유의사항

1) 벽철근 조립시 피복두께 유지

① 철근 선조립장 확보

② Dowel bar와 후속 철근의 결속부 시공에 유의

③ 공기가 1.5~2일이므로 시공에 차질이 없도록 유의

④ 적정 피복두께 확보

### 2) 매입물 누락 유의

① 철근 조립 후 각종 sleeve 설치를 즉시 실시

② 각종 매입물 도면으로 철근 조립전에 설치 위치, 개수 등 숙지

### 3) Form 탈형시 콘크리트 파손 주의

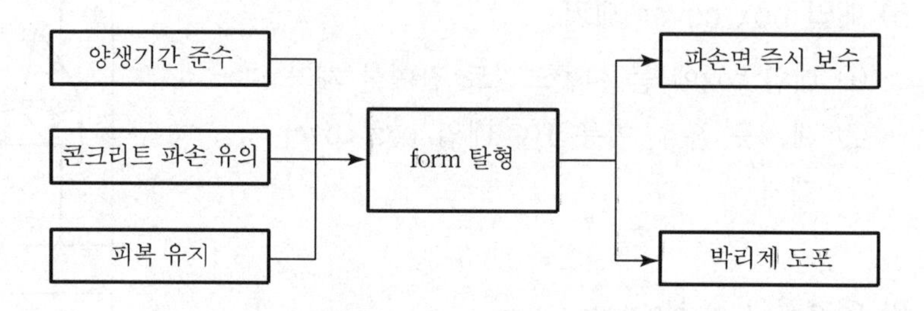


Form 탈형시 콘크리트의 일부 파손에 유의하여 파손부 보수시 미색에 유의

### 4) Form climbing 속도 유지

① Sliding form 규정 climbing 속도를 준수하며 작업속도 조절

② Climbing 후 거푸집의 수직도 check

### 5) 콘크리트 타설시 측압 유의

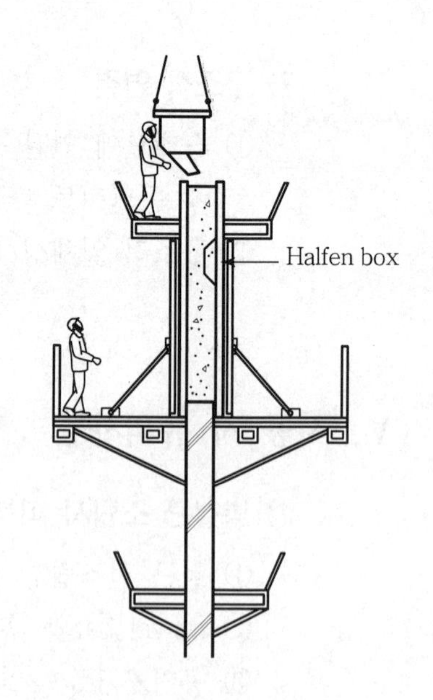


① 밀실한 콘크리트를 위해 철저한 다짐으로 충전

② Halfen box 주위에 공간이 발생 하지 않도록 유의

③ 과대 측압발생에 유의

## Ⅴ. Core 선행공법과 Core 후행공법의 비교

| 구분 | Core 선행공법 | Core 후행공법 |
|---|---|---|
| 시공순서 | Core 시공 → 주변부 시공 | 주변부 시공 → Core 시공 |
| 장점 | ① 기상영향 최소화<br>② 거푸집 전용 횟수 증가<br>③ 장비효율 극대화<br>④ 공사관리 원활 | ① 철근 이음개소 1/2 단축<br>② 슬래브 및 Core의 단순화<br>③ 슬래브 Table Form 적용 가능<br>④ 작업의 융통성 부여 |
| 단점 | ① 초기투자비 과다<br>② 추락 등 안전사고 우려<br>③ 시공 정밀도 등 품질관리 필수 | ① 작업순서 복잡<br>② 안전사고 우려<br>③ Core작업용 대부재 야적공간 필요 |

## Ⅵ. 결 론

① 고층건물의 core 선행시공은 횡력(지진력, 풍력)에 의한 건물의 변위에 대응하고자 시공한다.

② Core 선행시공 시 거푸집 상승방법, 철근 선조립 장소, 고소에서 작업자의 작업 및 콘크리트 타설이 이어지므로 이에 대한 안전관리를 철저하게 한다.

# 문제 19 건축물 core부 콘크리트 벽체에 철골 beam 설치를 위한 매입철물(embed plate)의 설치방법

## Ⅰ. 개 요

① Embed plate는 core 선행벽체와 연결되는 철골보, 배관 bracket, 호이스트 bracket, CPB(Concrete Placing Boom) 등의 후속 연결을 위해 매입되는 plate이다.

② 초고층의 core 선행 공정시 반드시 필요한 조치로 이음부의 품질관리에 유의해야 한다.

## Ⅱ. Core 선행공법의 특징

| 장점 | 단점 |
| --- | --- |
| • Core를 선행시키므로 공정 관계 및 공사 관계가 원활<br>• 전용횟수 증가로 초고층일수록 원가절감<br>• 기상조건 영향 최소화<br>• 양중장비 (T/C) 없이 거푸집이 상승 가능하므로 장비효율성 증대<br>• 철근이 pre-fab 시공에 유리 | • 초기검토기간 필요(2개월 정도)<br>• 초기투자비용 과다<br>• 구조물 연결부위 시공정밀도 및 구조의 안전성 확보<br>• 각 unit별 분할상승되므로 안전사고위험<br>• 거푸집 system 대부분이 목재로 화재 위험 |

## Ⅲ. 매입철물(embed plate) 설치방법

### 1) 용어설명

① Embed plate : 콘크리트 벽체와 철골보 또는 각종 bracket을 연결하기 위해 콘크리트에 매입되는 철재 plate

② Halfen box : 콘크리트 벽체와 콘크리트 slab 또는 콘크리트 벽체을 연결하기 위한 연결철근이 내장된 box

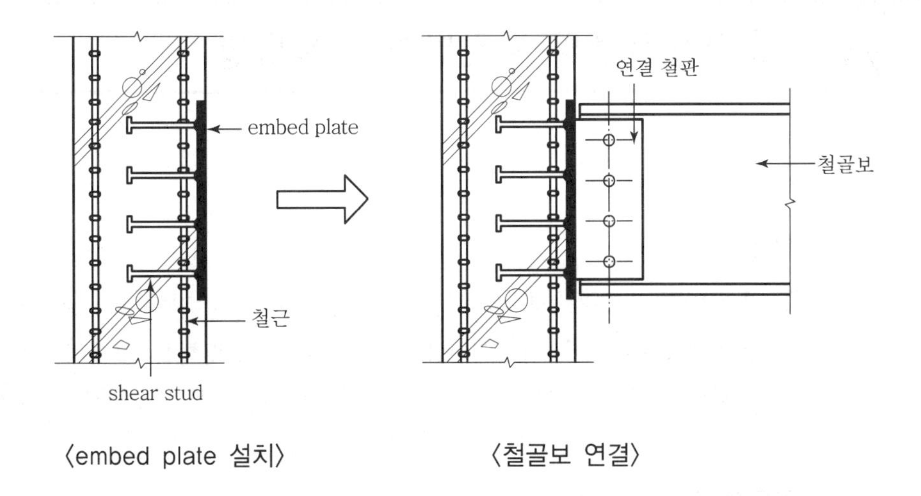


〈embed plate 설치〉 〈철골보 연결〉

### 2) Embed plate 설치방법

① Embed plate 후면에 shear stud 설치
② 콘크리트면과 철판(plate)면이 일치되도록 철근배근부위에 정착하여 설치
③ 콘크리트 타설시 위치변동이 없도록 견고하게 설치
④ Embed plate와 연결철판은 용접으로 접합
⑤ 연결철판과 철골보는 고력bolt로 접합
⑥ 연결철판의 bolt 구멍은 slot hole로 가공

### 3) 설치 시 유의사항

① Embed plate의 시공오차 고려
② 오차범위가 20mm 이내로 관리
③ Embed plate의 위치 및 수량 확인 후 콘크리트 타설
④ Embed plate의 shear stud는 form tie 등에 간섭되지 않도록 설치
⑤ Embed plate와 콘크리트가 일체화되도록 유의

## Ⅳ. 결 론

① 초고층건축의 시공이 빈번해짐에 따라 core 선행공법은 필수적이며, 후속 철골보의 연결을 위한 embed plate의 병행시공이 중요한 사항이 되었다.
② Embed plate의 정확한 위치 선정 및 고정이 중요하며, 콘크리트 타설시 이동이나 변형 등을 방지하기 위한 조치가 필요하다.

# 문제 20 초고층건물의 층간방화 구획방법

## Ⅰ. 개 요

### 1) 의 의

① 층간방화는 화재 시 건물의 층과 층 사이의 수평차단이 목적이며 외부 커튼월과 slab 사이, 상하부 pit와 pit 사이를 구획하는 것이다.

② 화재의 수직확산방지를 위한 중요한 공정이므로 설계시부터 고려해야 하며, 시공 시 별도 shop drawing을 통해 시공되어야 한다.

### 2) 필요성 및 요구성능

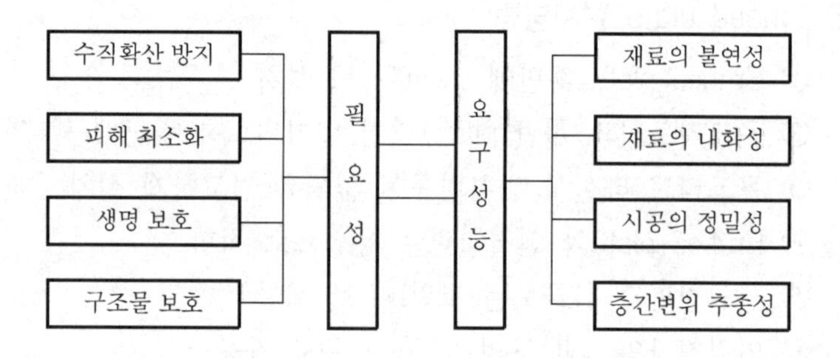


## Ⅱ. 초고층건물 개념도

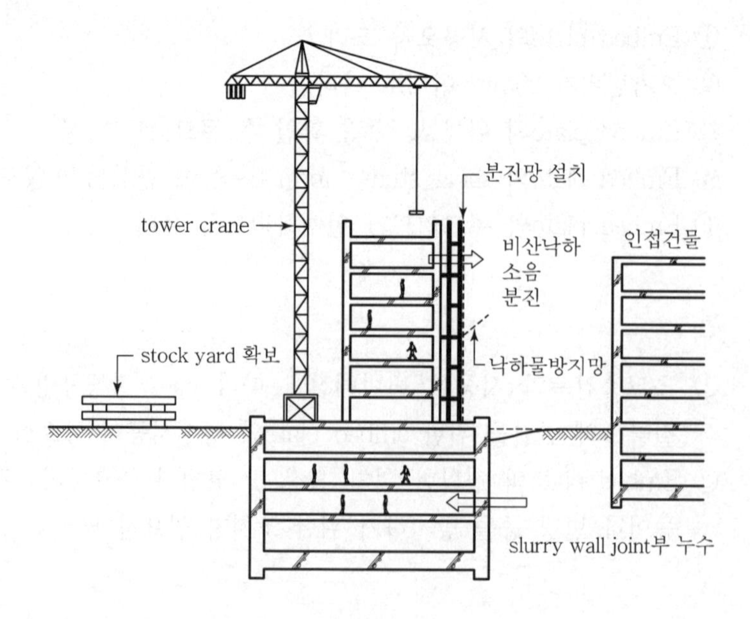

## Ⅲ. 층간방화 구획방법

### 1) 방화 mortar 시공

① 시공기준 : 두께 1.6mm 이상 철판+암면+두께 35mm 이상 방화 mortar 사춤

② 특징 : 습식 공법, AL-bar 부식, mortar 균열

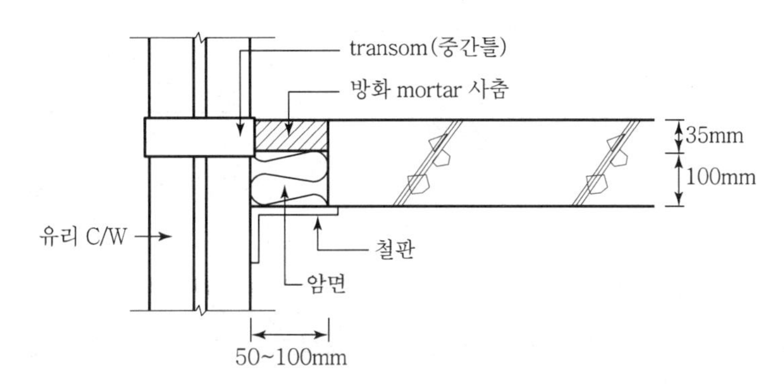


### 2) 방화 sealant

① 시공기준 : 두께 1.6mm 이상 철판+암면+방화 sealant

② 내화시간 : 2시간

③ 특징 : 상온시공가능, 변위 추종성능 우수, 시공 용이

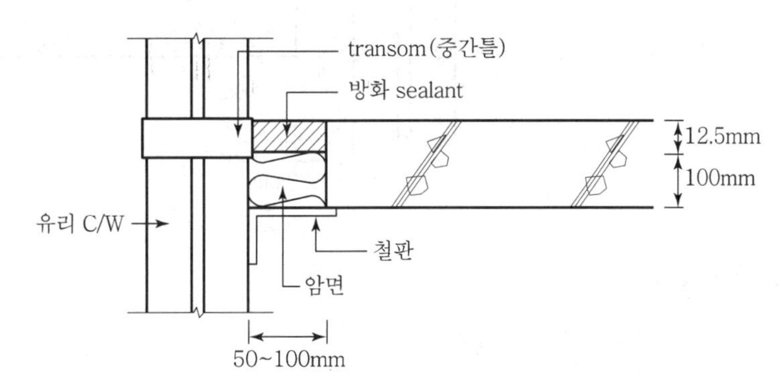


### 3) 방화 spray 뿜칠공법

① 시공기준 : 두께 1.6mm 이상 철판+암면+방화 spray

② 내화시간 : 2시간

③ 특징 : 층간변위 추종성 우수, 기밀성 우수

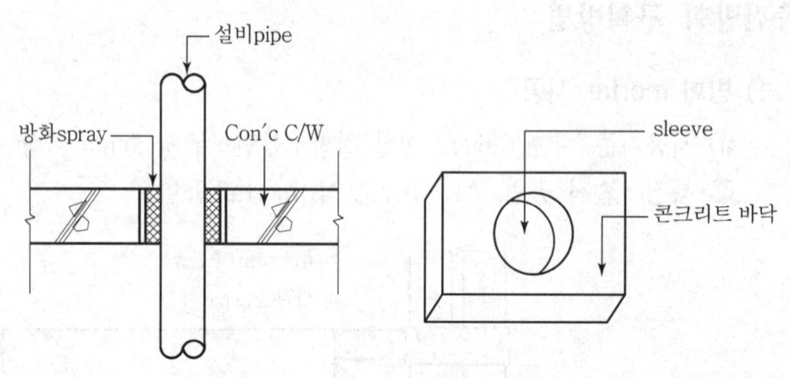

〈콘크리트 타설 시 sleeve 선매입〉

#### 4) 내화보드 시공

① 시공기준 : 두께 9.5mm 이상 내화보드+발포성 방화 sealant

② 내화시간 : 2시간

③ 건식시공, 시공 용이

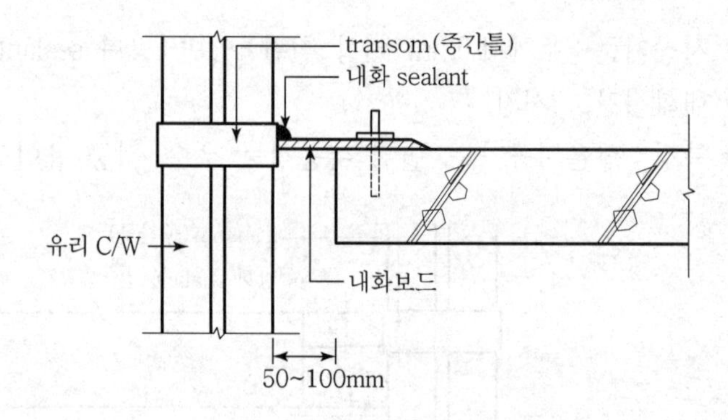


#### 5) 발포성형재

① 시공기준 : 발포성형재

② 내화시간 : 2시간

③ 특징 : spray건으로 시공편리, pipe 충전용으로 사용

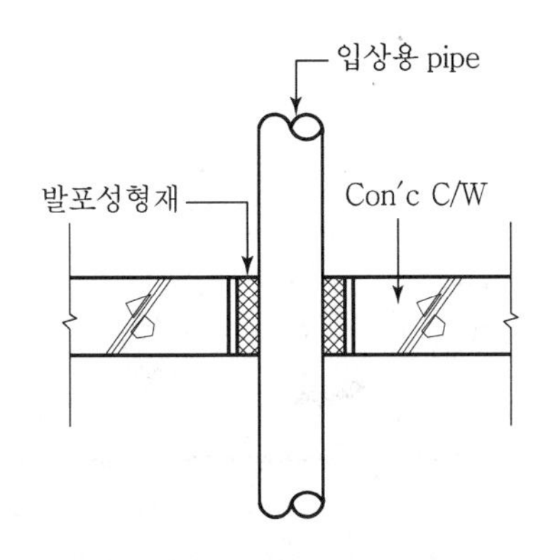


## Ⅳ. 층간방화 시공 시 주의사항

① 시공부위별 적합한 재료 및 시공법 선택
② 밀실, 기밀 시공이 중요
③ 층간방화구획 시공부 기밀 test 실시
④ 두께 1.6mm 이상 철판 사용 시 녹막이 처리
⑤ 시공복잡한 설비 입상배관용 sleeve는 골조 공사 시 선매입
⑥ 미시공 부위 최종 check

## Ⅴ. 결 론

① 화재 시 화재의 수직확산 방지를 위해 curtain wall의 층간 방화시공은 중요하며 내화, 방화성 재료의 선택과 시공 시 정밀도가 요구된다.
② 특히 설비, 전기, 통신 등의 입상매입용 sleeve 부위는 빠짐없이 시공토록 해야 한다.

# 8장 | 마감 및 기타



## 1절 | 조적공사 / 석공사 / 타일공사 / 미장공사 / 도장공사 / 방수공사

# 문제 1 조적공사의 벽체 균열원인과 대책

## Ⅰ. 개 요

### 1) 의 의

① 조적조는 경제적이고 재료의 구입이 용이하며 일반적인 건축양식과 소규모 구조의 건축물에 많이 채용된다.

② 조적조 벽체에 나타나는 균열은 설계, 재료, 시공불량으로 인해 발생하므로 설계 및 시공에서 철저한 품질관리가 필요하다.

### 2) 사전조사

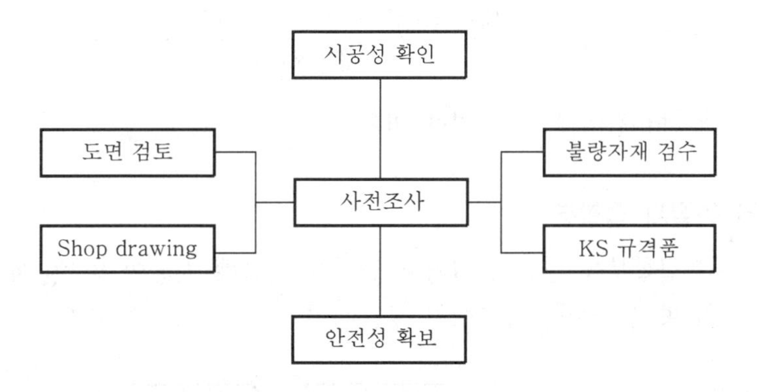


## Ⅱ. 현장시공도

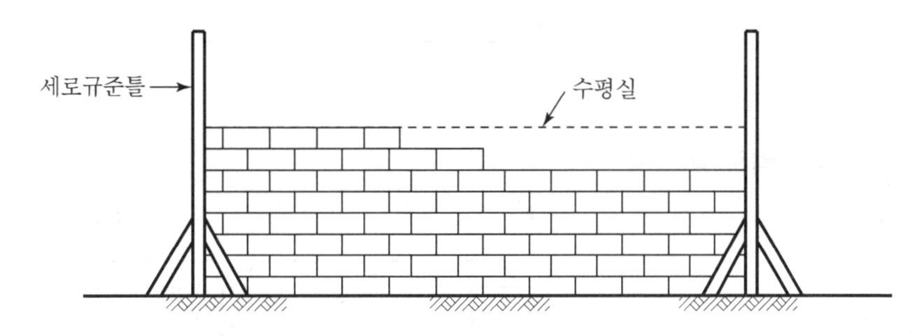


세로 규준틀에 수평실을 설치하고 한단씩 쌓아 완성

## Ⅲ. 균열 원인

### 1) 기초 부동침하

① 지질조사에 의한 이질지층 및 경사지반의 지내력 확보 미비

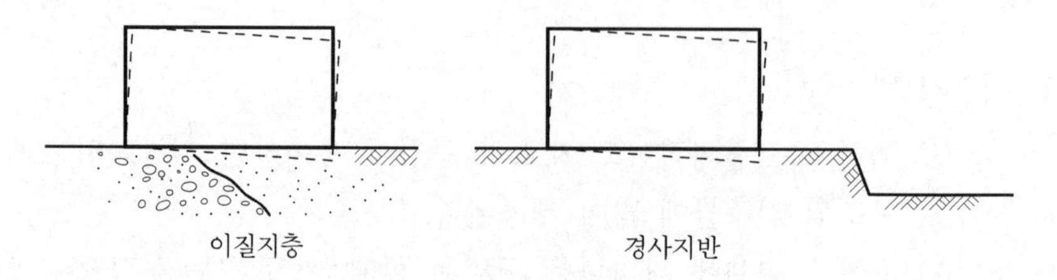


② 동결심도, 이질기초를 고려한 건물 자중 배치 결여

### 2) 벽량 부족

$$벽량(cm/m^2) = \frac{내력벽으로\ 둘러싸인\ 벽체길이(cm)}{바닥면적(m^2)}$$

내력벽 길이에 따른 벽량 미확보

### 3) 이질재 접합부

① 접합부에 빈틈이 있거나 밀실한 이음매 시공이 안 될 때
② 벽 상단이나 세로쌓기 부분에 충전이 잘 안 된 경우

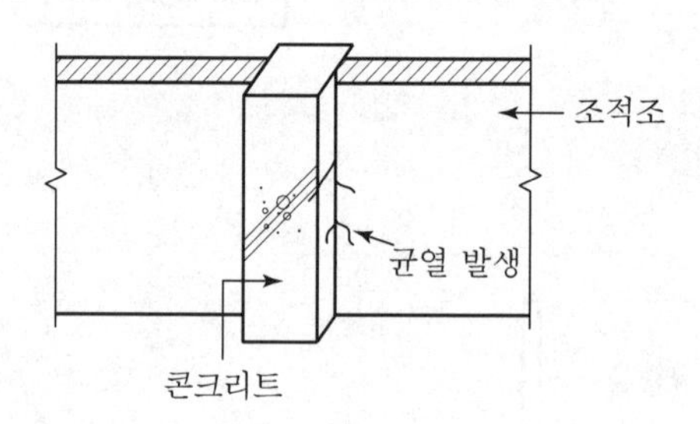


### 4) 테두리보 미설치

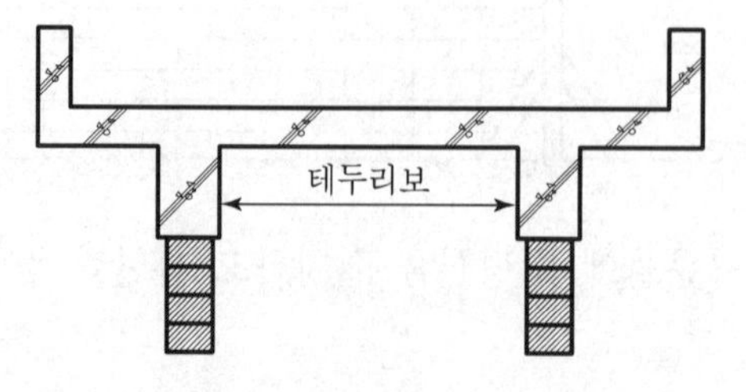


벽돌벽 상부에 테두리보 설치 누락

### 5) 줄눈 지연 시공

① 벽돌벽 쌓기 후 너무 오랜 시간이 지나서 시공한 경우

② 통줄눈 시공으로 구조적으로 강성이 약한 경우

### 6) 인방보 미설치

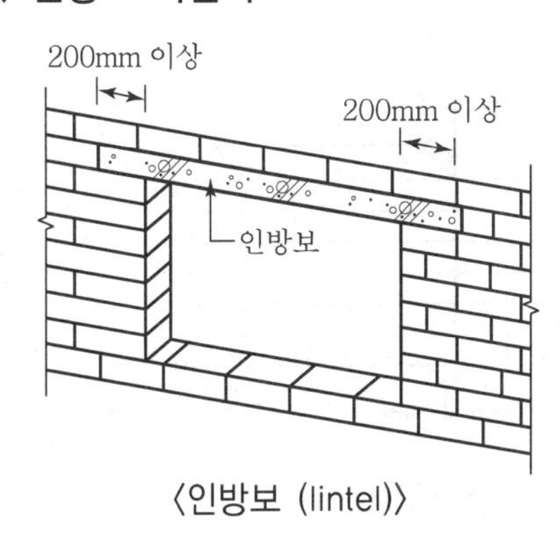

〈인방보 (lintel)〉

상부하중을 분산하여 균등하게 벽체에 전달하는 인방보 설치 누락

## Ⅳ. 대 책

### 1) 품질확보된 재료 사용

① 소요강도와 흡수율 등 품질이 확보된 것 사용

② 당분, 염화물 등 불순물이 포함되지 않은 것

| 등급 | 강도(MPa) | 흡수율 |
|---|---|---|
| 1종 | 24.5 이상 | 10% 이하 |
| 2종 | 20.59 이상 | 13% 이하 |
| 3종 | 10.78 이상 | 15% 이하 |

### 2) 1일 쌓기량 준수

① 1일 쌓기량 및 쌓기법 준수

② 쌓기 전에 벽돌 및 바탕을 물축임할 것

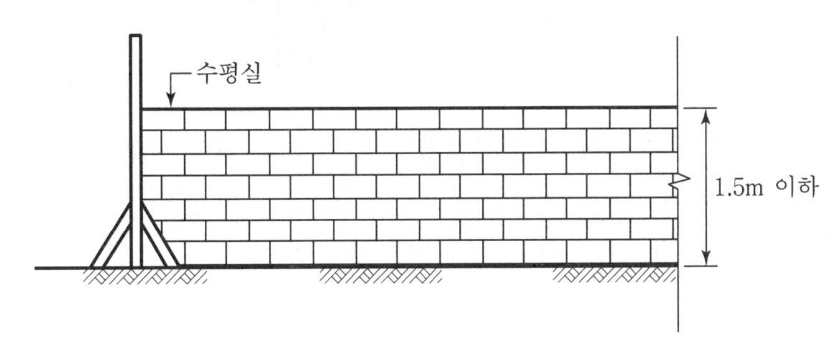

### 3) 테두리보 및 인방보 설치

조적조 상부 테두리보와 전체 개구부에 대한 인방보 설치

### 4) Control joint 설치

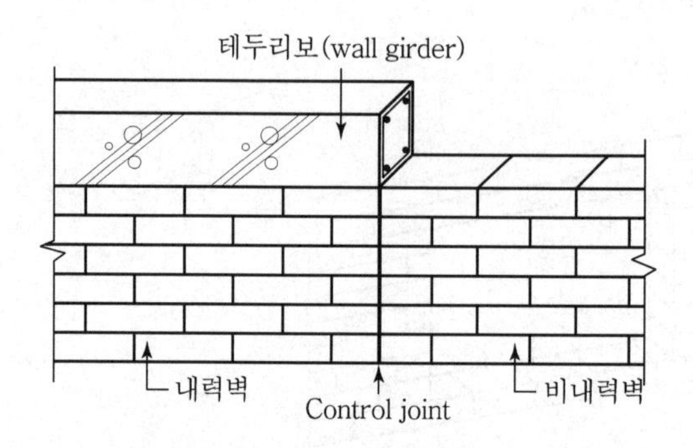


① 접합부, 교차부 및 벽 높이, 두께가 변화되는 곳

② 창문, 개구부, 출입구 등의 양쪽

### 5) 사춤 철저

① 조적조 사이의 사춤을 철저히 할 것

② 1일 쌓기 후 사춤의 정도 확인

③ 사춤 검사 시 빛이 통과하는지 여부로 확인

### 6) 조적조 상부 여유공간 확보

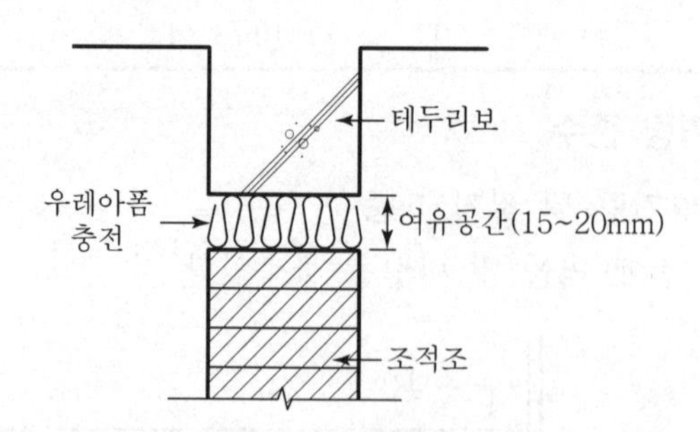


① 조적조 상부에 여유공간을 확보하여 상부구조체의 장기처짐에 의한 균열발생 방지

② 여유공간은 우레아폼 등 쿠션재로 충전

7) 양생철저

모르타르가 굳기 전에 충격 금지

## Ⅴ. 균열방지 공사관리 방안

① 높이 : 최대 1.5m(22켜), 최소 1.2m(8켜)
② 쌓기 전 물 축임하고 내부습윤, 표면 건조상태 시공
③ 모서리에 몰탈 충전 부족 시 균열, 소음전달 원인
④ 시방서 표기가 없으면 영식, 화란식 쌓기 시행
⑤ 국부적으로 높게 쌓기 지양
⑥ 혹서기 : 37℃ 이상, 상대습도는 50% 이하 유지
⑦ 한랭기 : 4℃ 이하, 적정온도는 21~37℃ 유지
⑧ 가급적 동일 높이로 쌓기
⑨ 수밀성, 기밀성 확보(너비 10mm 정도 시공)
⑩ 상부에서 하부로 줄눈 쌓기

## Ⅵ. 결 론

① 조적조에 발생하는 결점 중 가장 비중이 큰 것은 균열이며, 이것을 방지하기 위해서는 설계에서 시공까지의 전 공정을 통한 품질관리가 필요하다.
② 균열발생의 원인과 형태를 분석하고 대책을 세워 우수한 품질의 시공을 할 수 있도록 하여야 하며, feed back하여 기술축적하는 것이 무엇보다 중요하다.

문제 2

# 건축물의 백화 발생원인과 방지대책

## Ⅰ. 개 요

1) 의 의

① 건축물의 백화는 시멘트벽돌·타일 및 석재 등에 백색 가루가 나타나는 현상으로 한번 발생하면 제거할 수 없고, 건물외관을 손상시킨다.

② 백화현상은 시멘트 중의 수산화칼슘이 공기 중의 탄산가스와 반응해서 생기므로 방지를 위해서 재료의 선택, 우천시 작업중지 등의 철저한 시공이 요구된다.

2) 백화발생의 환경조건

① 그늘진 북측면

② 우기 등 습기가 많을 때

③ 기온이 낮을 때

④ 화학적 변화

$CaO+H_2O$

$\rightarrow Ca(OH)_2+CO_2$

$\rightarrow CaCO_3+H_2O$

| | |
|---|---|
| $CaO$ | : 산화칼슘(생석회) |
| $Ca(OH)_2$ | : 수산화칼슘(소석회) |
| $CO_2$ | : 이산화탄소(공기중) |
| $CaCO_3$ | : 탄산칼슘 |

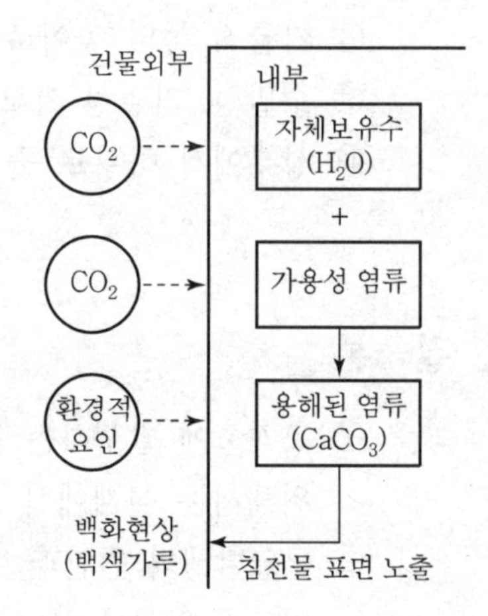


## Ⅱ. 백화(白花 : efflorescence)의 종류

1) 1차 백화

혼합수 중에 용해된 가용성분이 시멘트경화제의 표면건조에 의해 수분이 증발함으로써 백화 발생

### 2) 2차 백화

건조된 시멘트경화제에 2차수인 우수, 지하수 또는 양생수가 침입하여 건조됨에 따라 시멘트경화제 내의 가용성분이 용출하여 백화 발생

## Ⅲ. 백화 발생 원인

### 1) 접합부 균열 발생

① 벽과 기둥, 보의 연결부분 균열 발생
② 미장하기 전 metal lath 미설치

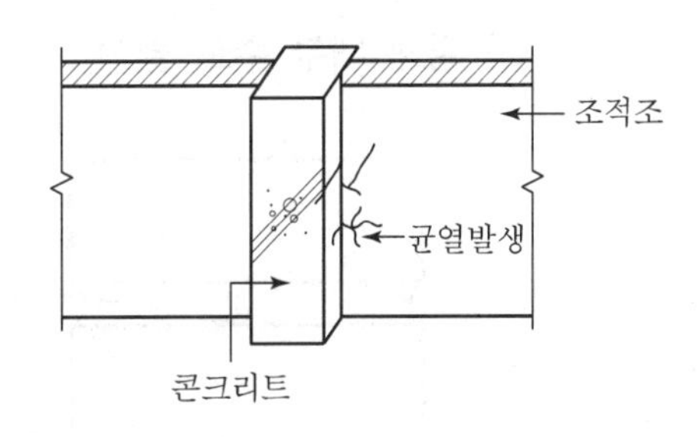


### 2) 기초 부동침하

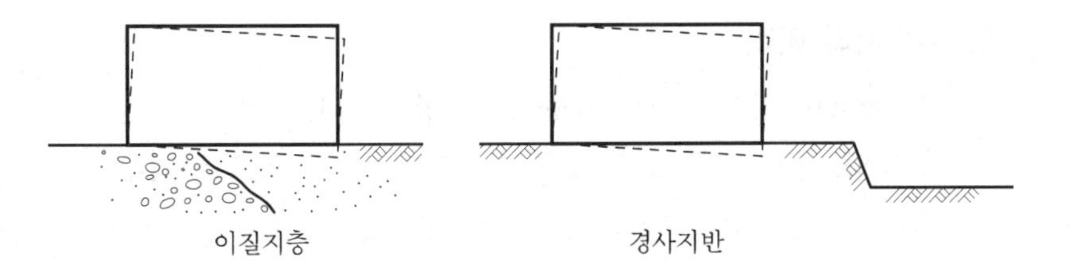


부동침하로 구조체의 균열 유발

### 3) 재료적 원인

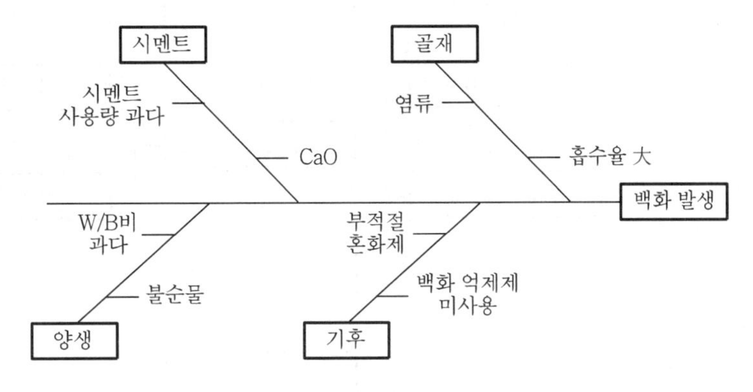


시멘트의 과다 사용과 mortar 내 물의 비율이 많은 경우 발생

4) 미장 누락

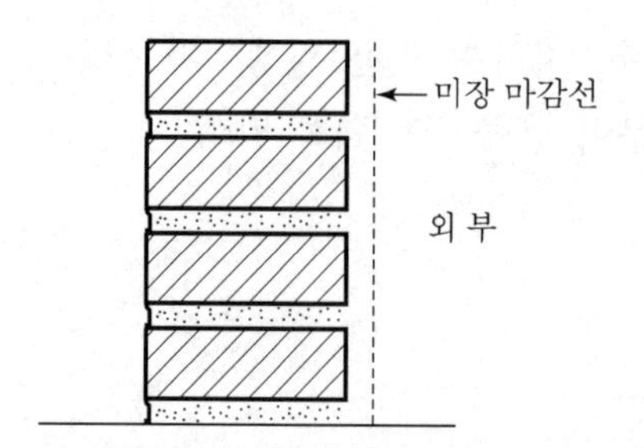


① 조적조 외부에 미장바름 누락
② 외부 마감 시 미장 후 마감 실시

5) 줄눈 내부 수로 발생

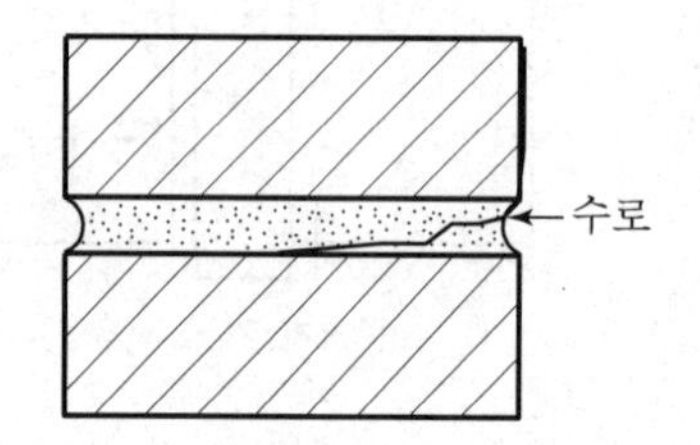


① 줄눈 시공의 밀실성 부족
② 줄눈누르기 시공의 open time 초과
③ 줄눈용 모래의 청소 불량

6) 우수처리 미비

① Parapet 상부, 창대, 차양 등의 방수처리 미비
② 차양, 돌림띠 등으로 빗물이 벽면을 타고 흐르는 경우

## Ⅳ. 방지대책

1) 균열방지

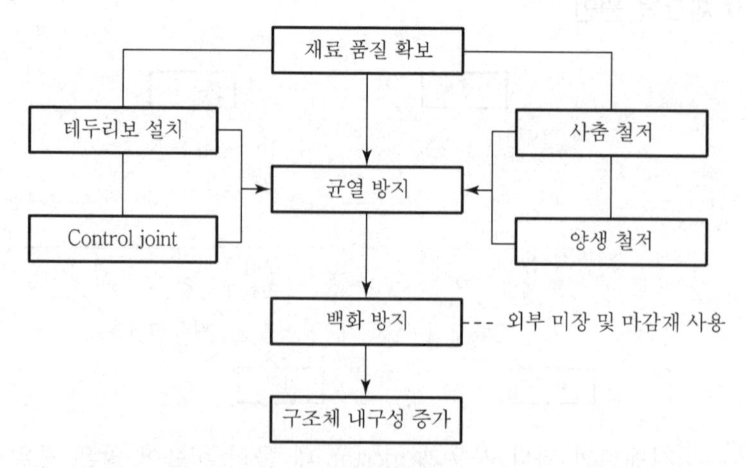


균열로 침투하는 물에 의해 백화의 발생 확률이 높음

## 2) 빗물처리

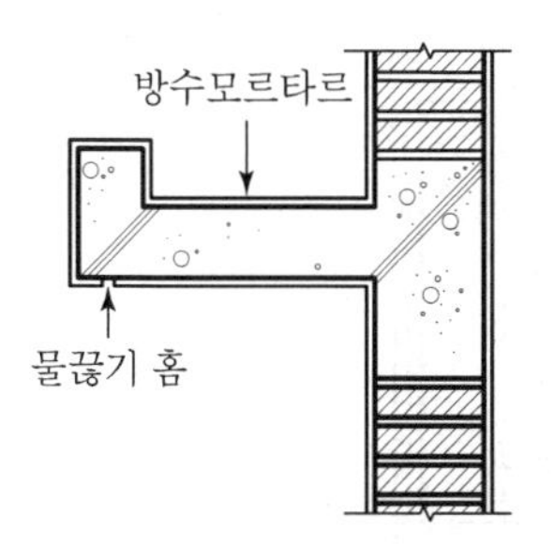


① 처마, 창대, 차양 등에 물끊기 홈 설치
② Parapet 상부, 캐노피 등의 방수처리 철저

## 3) 마감면 방수처리

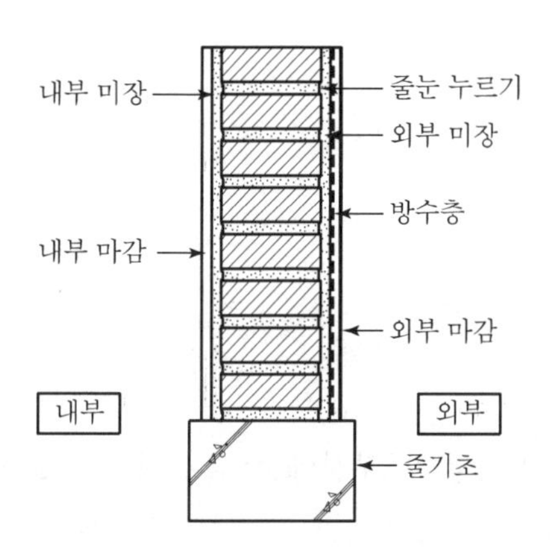


① 줄눈 시공 후 줄눈 누르기 실시
② 조적조 내외부 미장 시공 철저
③ 미장 시공위 내부는 내부마감재 시공하며 외부는 방수시공 후 외부마감재 시공
④ 외부마감 시공 시 방수층 보호에 유의

## 4) 적정 혼화제 사용

백화 억제제 또는 감수제 등 적정 혼화제 사용

## 5) 이음부 대책

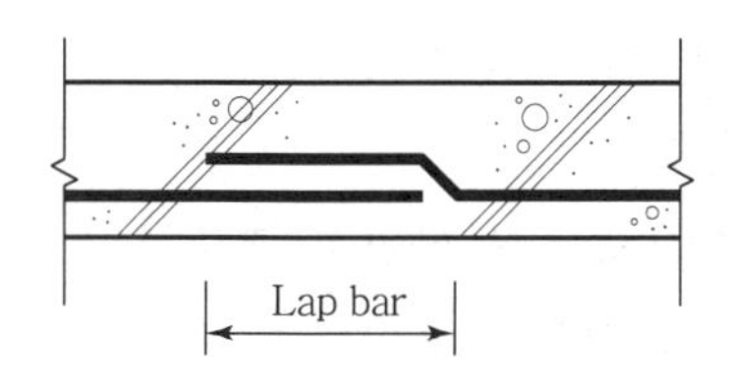


① 이어치기 불량 방지대책으로 lap bar 설치
② W/B비 적게 하여 밀실한 구조체 시공

6) 벽 단열

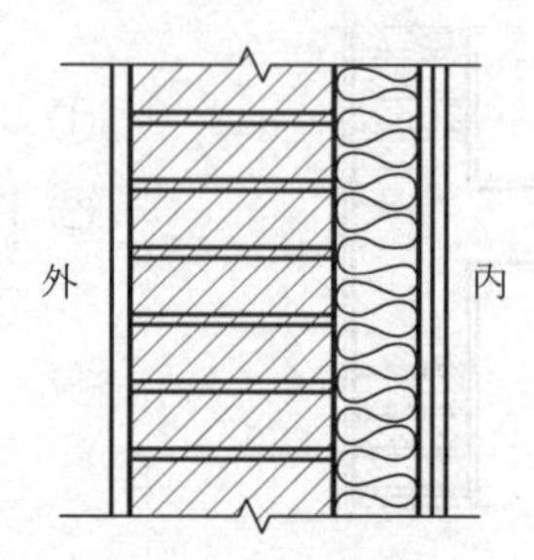


결로현상으로 인한 백화를 막기 위하여 벽체 보온 시공

7) 양 생

Mortar가 굳을 때까지 양생 철저

## V. 점토 벽돌의 백화 후 처리방안

1) 발수제 도포

백화원인의 근본적인 원인이 제거되지 않는 부분에는 발수제를 도포하는 것이 좋다.

2) 실리콘 발수제의 시공방법

① 백화가 발생되었을 때는 Sand Paper(100방) 또는 거친 마대 등을 사용하여 벗겨낸다.
② 블록 줄눈의 균열 틈이 0.5mm 이상인 경우 코팅처리를 한다.
③ 표면에 물기가 있을 경우 반드시 건조 후 시공한다.
④ 시공방법은 분사식 또는 붓시공을 병행한다.
⑤ 시공순서는 스프레이노즐을 수평방향으로 이동하면서 건축물의 윗부분으로부터 아래로 진행하며, 붓 사용 시 2회 이상 도포한다.
⑥ 백화된 벽돌을 보수할 경우, 수성 실리콘에 물을 10~15배 혼합하여 만든 방수액을 외벽면에 칠하여 기공을 밀봉하여야 한다.

## V. 결 론

① 백화방지를 위해서는 본 구조물의 강성 확보와 우수한 재료의 선정 및 적정한 시공법 등이 중요하다.

② 건축물의 설계, 재료, 시공법, 기상조건 등에 따라 시공방법이 다르므로 철저한 사전조사를 통한 균열발생 원인을 분석하고 대처해 나가야 한다.

# 문제 3 ALC block의 시공과 시공 시 유의사항

## Ⅰ. 개 요

### 1) 의 의

① 강철재 tank 속에 석회질 또는 규산질 원료와 발포제를 넣고 180℃의 고온과 고압(10기압)에서 15~16시간 양성하여 만든 제품을 ALC라 한다.

② ALC(Autoclaved Lightweight Concrete)는 다공질 콘크리트로서 block형과 panel형이 있으며, 단열성과 내화성이 우수하다.

### 2) 특 징

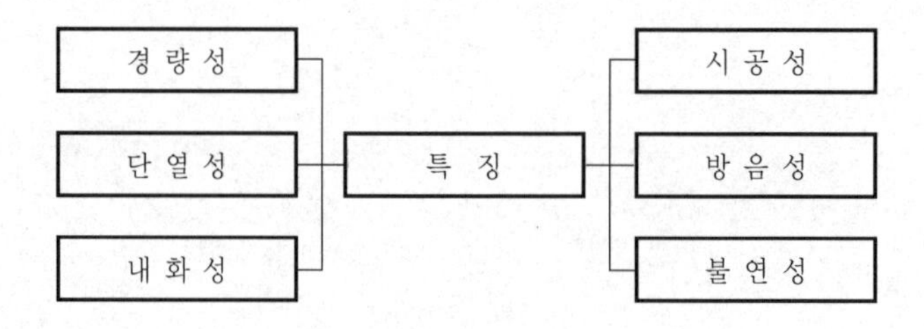


## Ⅱ. 제조 flow chart

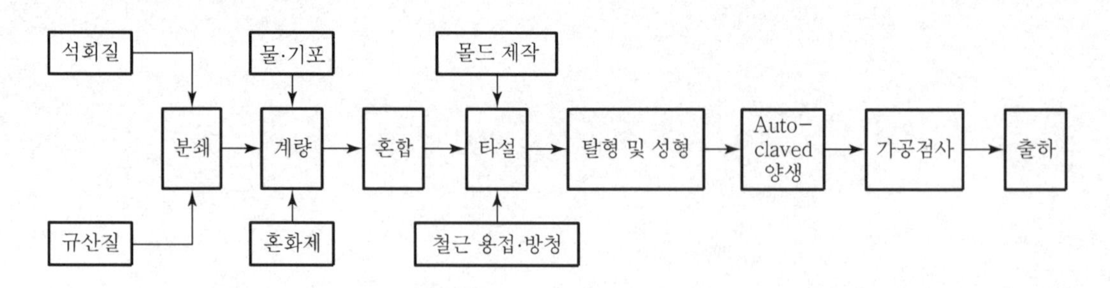

## Ⅲ. ALC block의 시공

### 1) 시공순서 flow chart

① 외 벽

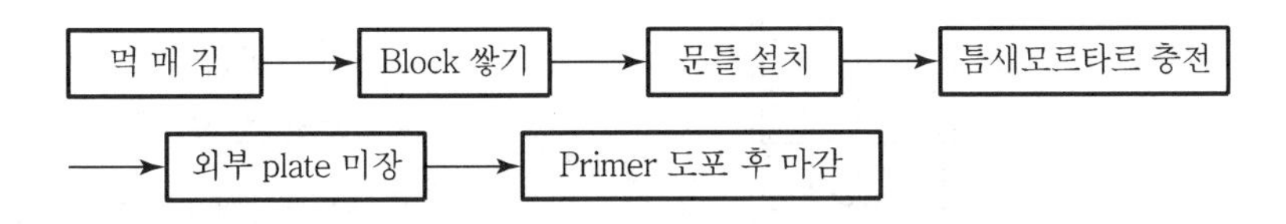


② 내 벽

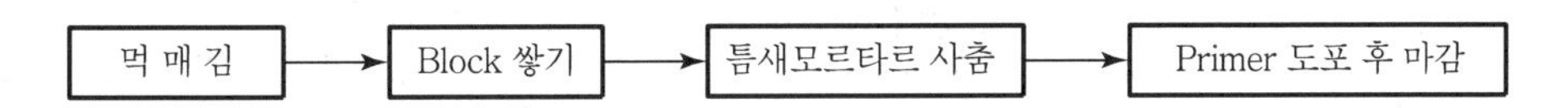


### 2) 재료검사

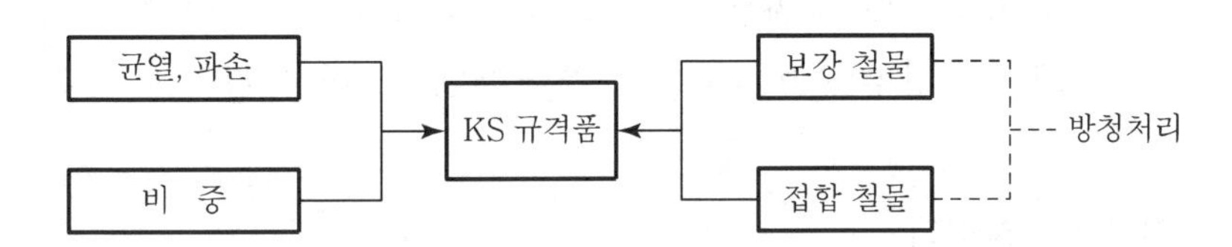


ALC block의 균열 및 파손 유무를 검사하고 접합철물의 방청처리 검사

### 3) 쌓 기

① 블록에 모르타르를 수직, 수평에 맞추어 설치

② 쌓기 모르타르는 배합 후 1시간 이내 사용

### 4) 줄눈시공

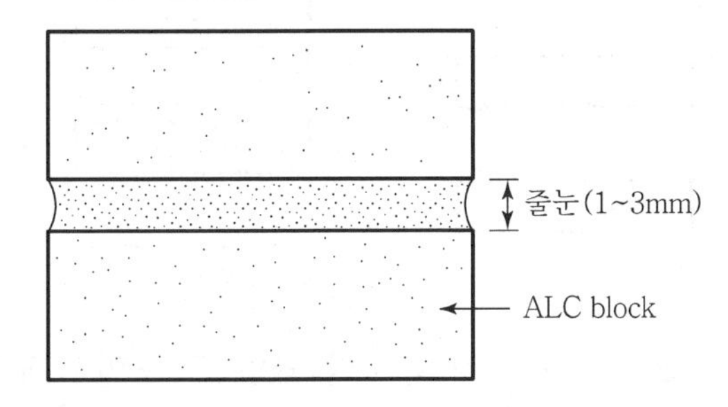


① 두께는 1~3mm 정도로 하고 요철블록의 경우에는 특기 시방서에 따른다.

② 수직줄눈은 통줄눈이 되지 않도록 한다.

### 5) 공간쌓기

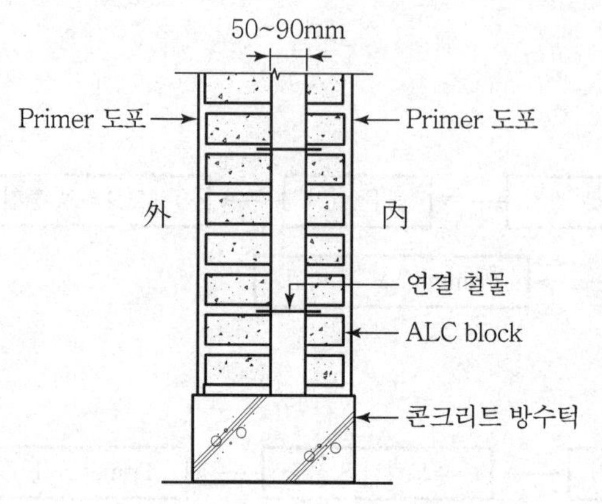


① 바깥쪽 벽체를 주벽체로 함
② 내부공간 50~90mm
③ 연결철물을 사용하여 600mm 내외 간격으로 연결
④ ALC block 하부는 콘크리트 방수턱 설치
⑤ 쌓기 후 방수역할을 하는 발수제인 primer 도포 후 미장 마감

### 6) 보강작업

① 모서리 부위는 원형 또는 45° 각도로 가공하거나 별도로 보강
② 개구부 상부 인방길이는 양쪽에 200mm 이상 걸치게 시공

### 7) 절단, 홈파기

① 절단시에는 전기톱 또는 수동톱을 사용하여 노출면을 평활하게 절단
② 홈파기 깊이는 파이프 매설 후 사춤두께가 5mm 이상 되게 함

## Ⅳ. 시공 시 유의사항

### 1) 사전조사 철저

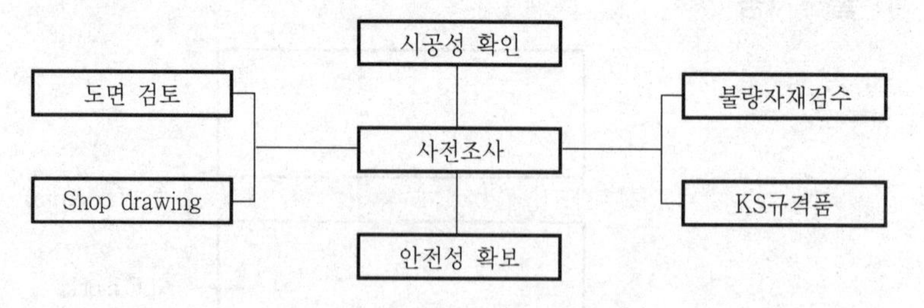


ALC block의 시공성 유무를 확인 후 도면 검토를 통해 시공

### 2) 재료의 허용오차 준수

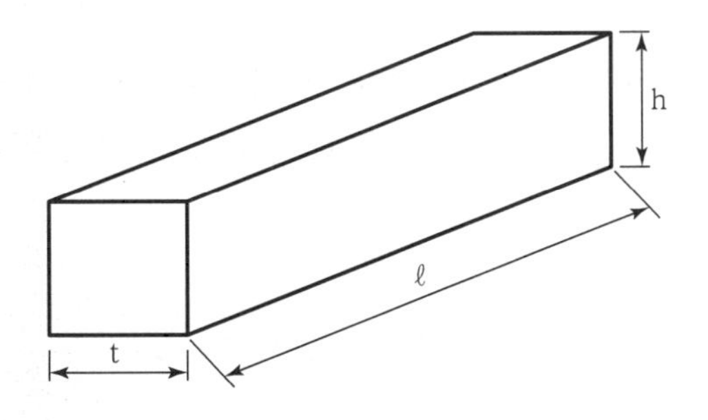


| 구분 | 허용오차 |
|---|---|
| 두께(t) | ± 1mm |
| 길이(ℓ) | -4~0mm |
| 높이(h) | -2~0mm |

### 3) 파손 유의

운반 및 시공 시 재료의 파손에 유의

### 4) 하단부 방수턱 시공 필수

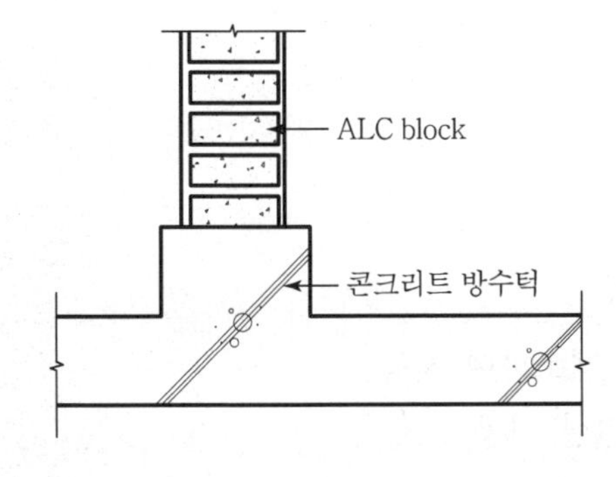


① ALC 제품은 흡수성이 강하므로 직접 바닥에 닿지 않도록 콘크리트 방수턱을 시공 후 쌓기 시작

② 방수턱 높이는 100mm 이상

### 5) 상단부 처리 시 틈 유지

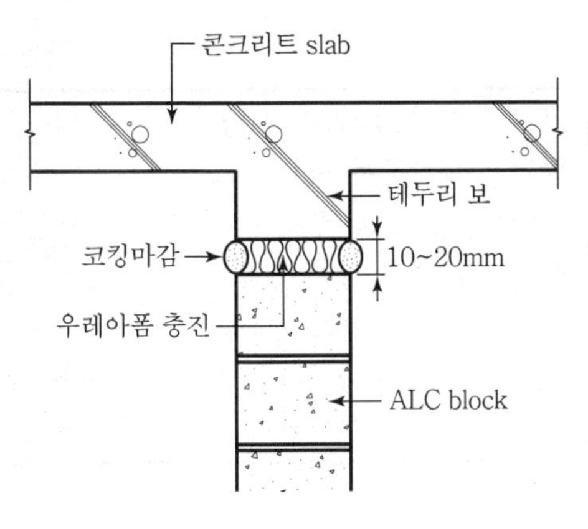


① ALC block 상단부의 틈을 주어 콘크리트 slab 및 보의 장기처짐에 대비

② 틈 부위는 우레아폼으로 마감하고 끝부분은 sealant 처리

#### 6) 외벽 연결철물 시공

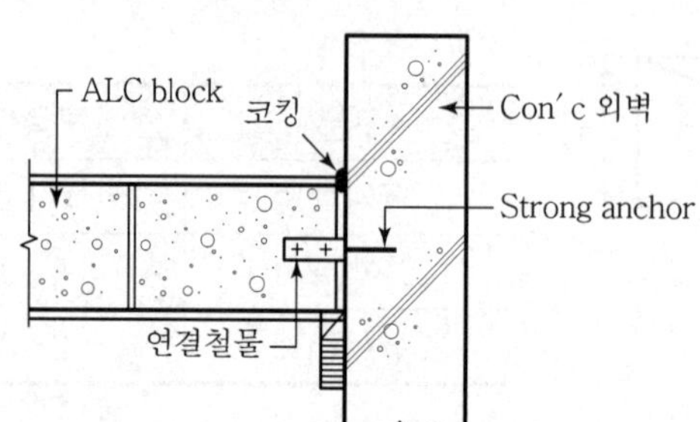


① 이질재와 만나는 부위에 연결철물 사용
② 블록과 맞닿는 부분은 보강철물로 고정

#### 7) 개구부 처리 시 인방 시공

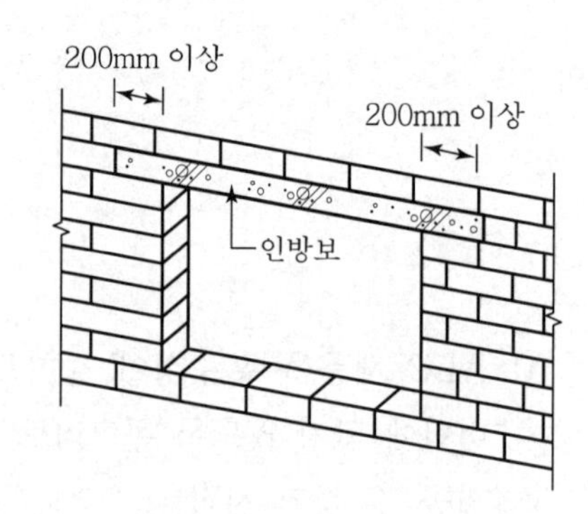


① 개구부의 인방에는 인방보를 설치
② 양쪽으로 200mm 이상 물리게 시공

#### 8) Mortar 및 줄눈

① 쌓기용 mortar는 ALC 분말로 제조하여 시공
② 수직줄눈은 통줄눈을 피하여 밀실 시공

## V. 마감방법

| | |
|---|---|
| 보수 | • 블록의 보수작업은 설치 후 1일 이상 경과 후 시행<br>• 보수 모르타르는 필요한 양만큼 배합해서 사용<br>• 파손된 표면은 거친 솔로 문지른 후 물로 청소<br>• 보수작업시 표면이 건조하면 물을 뿌려 습윤 유지 |
| 양생 | • 내·외부 마감은 보수를 완료하고 확인 후 마감<br>• 면이 고르지 않거나 줄눈 부위가 균일하지 않으면 미장 후 양생하여 마감<br>• 도배는 벽면이 충분히 건조된 후에 시공 |

## Ⅵ. 결 론

① ALC블록은 경량성, 단열성, 내화성이 뛰어나며, 공기단축이 용이하여 고층 건축물에 많이 채택되고 있고 성력화가 가능한 공법이다.

② 공장제조과정에서 현장시공까지의 철저한 품질관리를 통하여 건축물의 질을 높여나가야 한다.

문제 4

# 석재공사의 붙임공법

## Ⅰ. 개 요

### 1) 의 의

① 석재는 자연재로서 중후함과 내구성을 가지고 있어 오래 전부터 건축물의 내·외장재로 널리 사용되어 왔다.

② 붙임공법은 mortar의 사용 여부에 따라 습식공법과 건식공법으로 분류되며, 최근에 대부분 건식공법으로 시공되고 있는 추세이다.

### 2) 석재의 특징

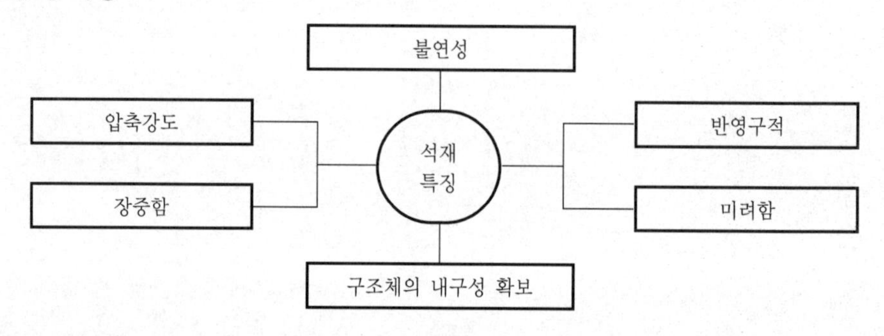


## Ⅱ. 석재의 가공

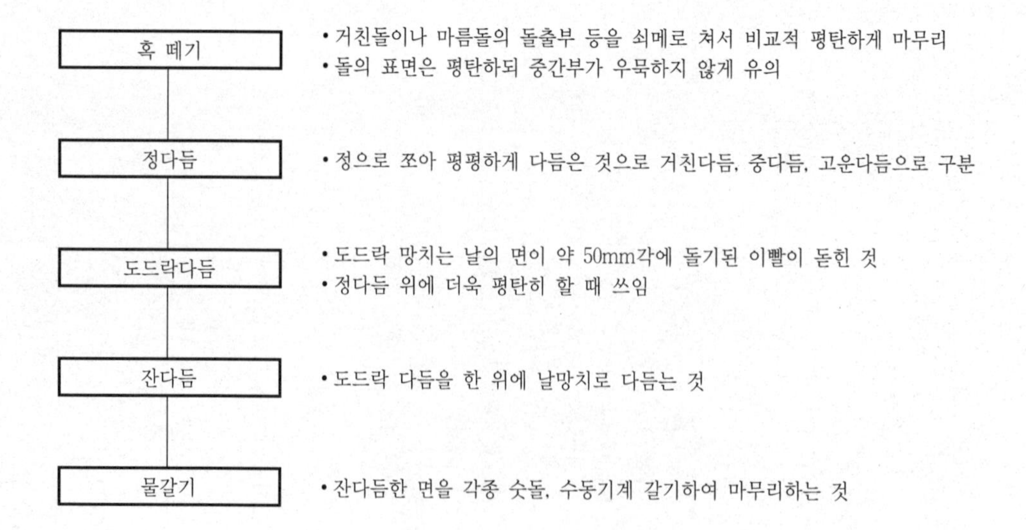

## Ⅲ. 석재의 붙임공법

### 1) 습식공법

가장 오래된 공법으로 구조체와 석재 사이를 연결철물과 모르타르 채움에 의해 일체화시키는 공법

| 장점 | 단점 |
|---|---|
| • 시공 실적이 많음<br>• 바닥 시공 시 사용<br>• 정밀시공 시 신뢰도 높음 | • 누수 및 백화 우려<br>• 시공 능률 저하 |

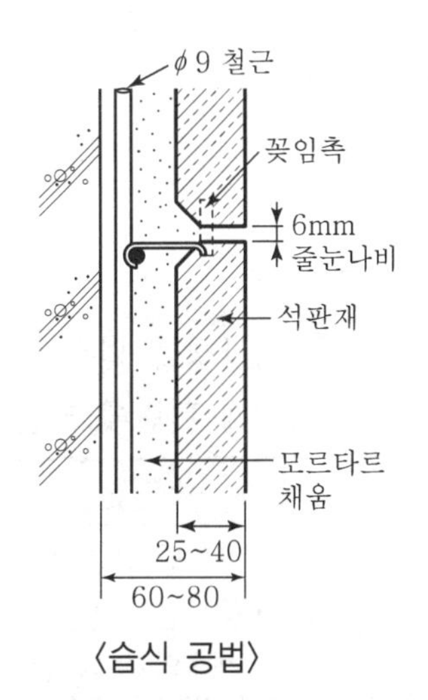

〈습식 공법〉

### 2) Anchor긴결공법(pin hole공법)

구조체와 석재 사이에 공간을 두고, 각종 anchor를 사용하여 석판재를 벽체에 부착하는 공법

| 장점 | 단점 |
|---|---|
| • 백화 발생 없음<br>• 상부하중이 하부로 전달되지 않음 | • 충격에 약함<br>• 긴결철물 녹 발생 우려 |

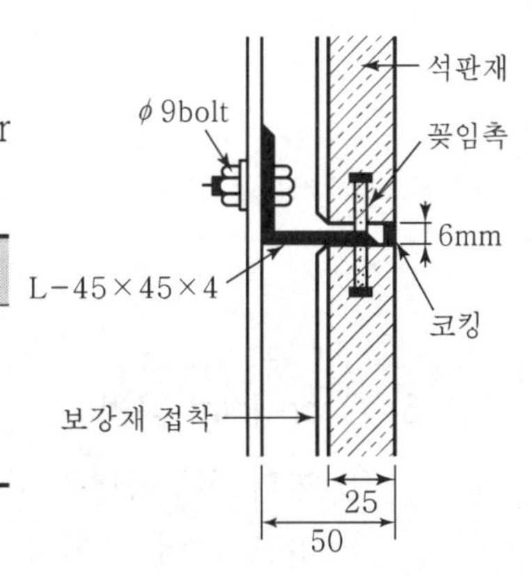

〈Anchor 긴결공법〉

### 3) 강재 truss지지공법(paneling system)

미리 조립된 강재 truss에 여러 장의 석판재를 지상에서 짜맞춘 후 이를 조립식으로 설치해 나가는 공법

| 장점 | 단점 |
|---|---|
| • 품질 우수<br>• 비계 불필요<br>• 공기단축 용이 | • 양중장비 필요<br>• 줄눈설계 미흡 |

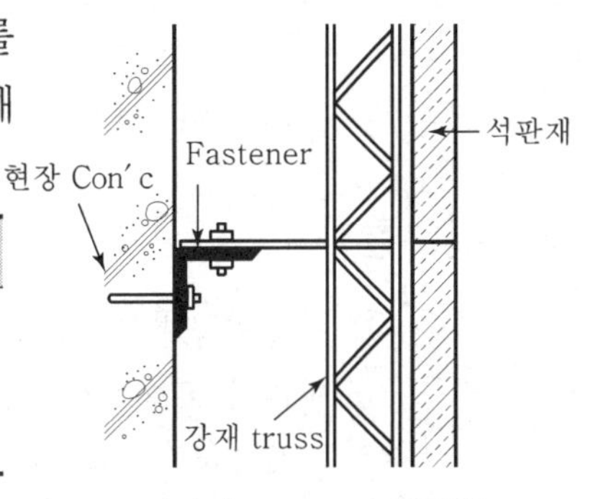

〈강재 truss 지지공법〉

4) GPC 공법(Granite veneer Precast Concrete)

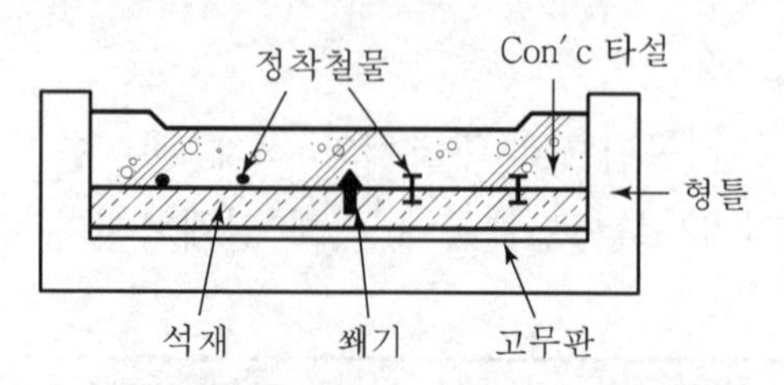


화강석을 외장재로 사용하는 방법의 하나로 거푸집에 화강석판재를 배열한 후 석재 뒷면에 철근 조립 후 Con'c 타설하여 제작

| 장점 | 단점 |
|---|---|
| • 공기단축 가능<br>• 품질관리 용이<br>• 석재의 두께 감소 | • 양중장비 필요<br>• 백화발생 우려 |

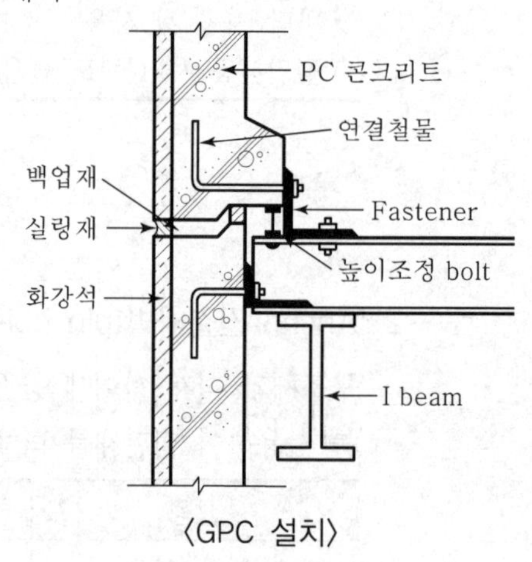

〈GPC 설치〉

5) Open joint 공법

① 벽의 외부측면과 내측면 사이에 공간을 두어 옥외의 기압과 같은 기압을 유지하여 배수하는 방식

② 틈을 통해서 물을 이동시키는 압력차를 없애는 등압이론 적용

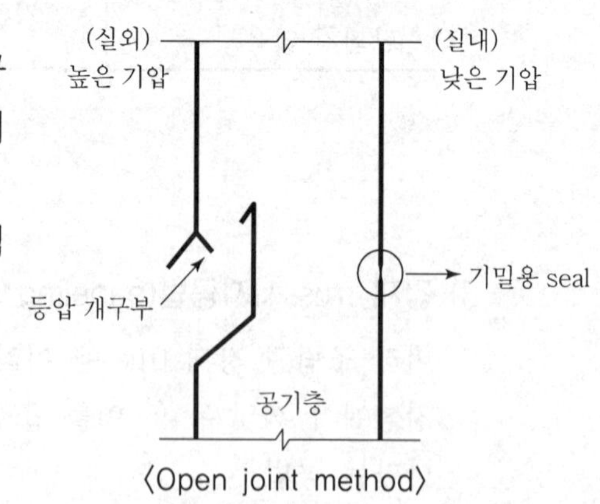

〈Open joint method〉

## Ⅳ. 결 론

① 돌붙임공법은 공기단축, 외벽재의 경량화 및 동절기공사가 가능하고, 품질관리가 용이하여 대형건축물의 외장재 등에 많이 사용된다.

② 건식공법은 fastener의 내구성과 조립작업의 강성 증대 등의 문제를 해소하기 위한 방안이 마련되어야 한다.

# 문제 5 석재의 open joint 줄눈공법

## Ⅰ. 개 요

① 석재의 open joint 줄눈공법은 석재의 외벽 건식공법에서 석재와 석재 사이의 줄눈을 sealant로 처리하지 않고 틈을 통해 물을 이동시키는 압력차를 없애는 등압이론을 적용하여 open시키는 공법이다.

② 최근 sealant에 의한 석재의 오염방지와 기밀차단막 및 등압이론을 적용한 open joint 줄눈공법의 적용이 늘어나고 있다.

## Ⅱ. 등압이론

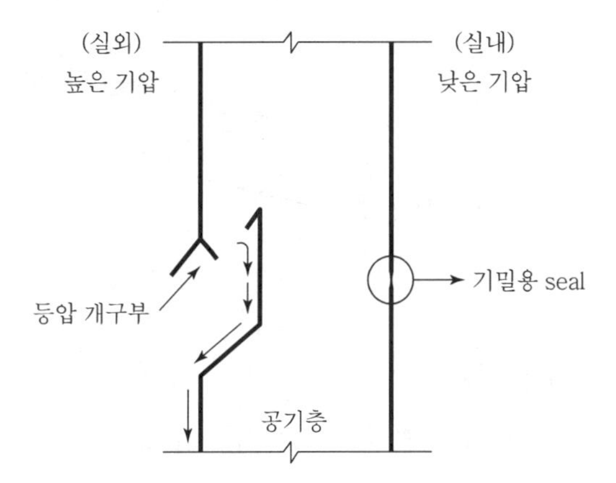


① 벽의 외측면과 내측면 사이에 공간을 두어, 옥외의 기압과 같은 기압을 유지하게 하여 배수하는 방식

② 표면재의 내측에 기압이 생기도록 내벽은 기밀 유지

③ 틈을 통해 물을 이동시키는 압력차를 없애는 등압이론

# Ⅲ. 시 공

## 1) 시공순서 flow chart

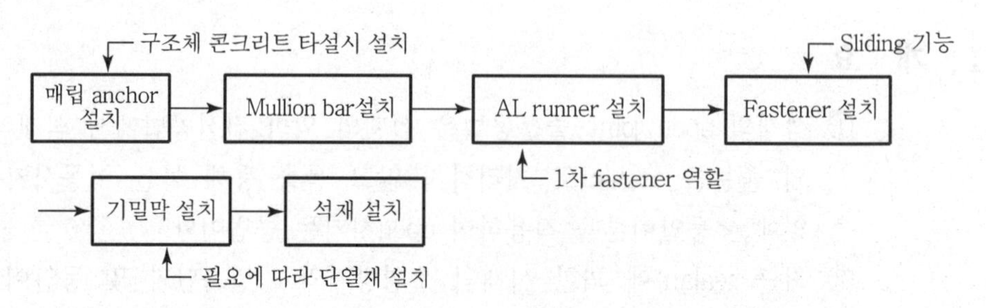


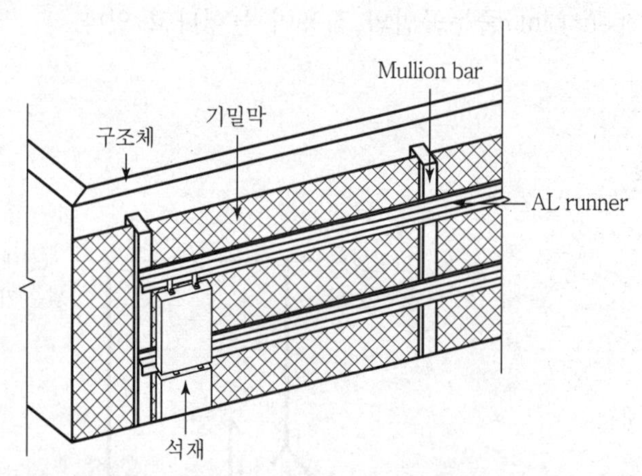


## 2) 매립 anchor 설치

① 구조체공사 시(콘크리트 타설시) anchor를 매립

② 매립 anchor를 이용하여 mullion bar를 용접 시공

③ 매립 anchor 설치 시 거푸집에 먹매김을 하여 설치위치를 정확히 할 것

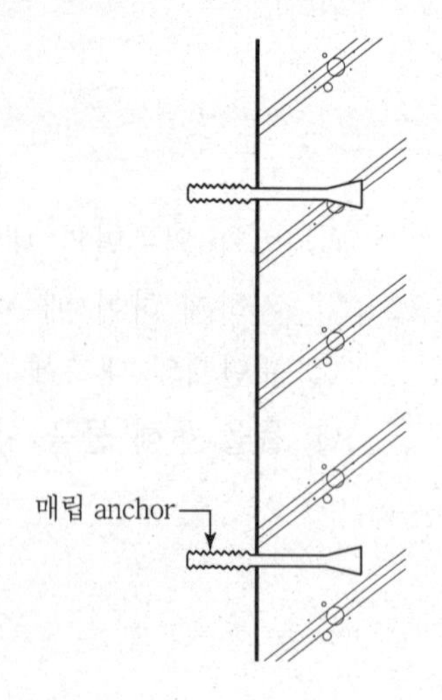

### 3) Mullion bar 설치

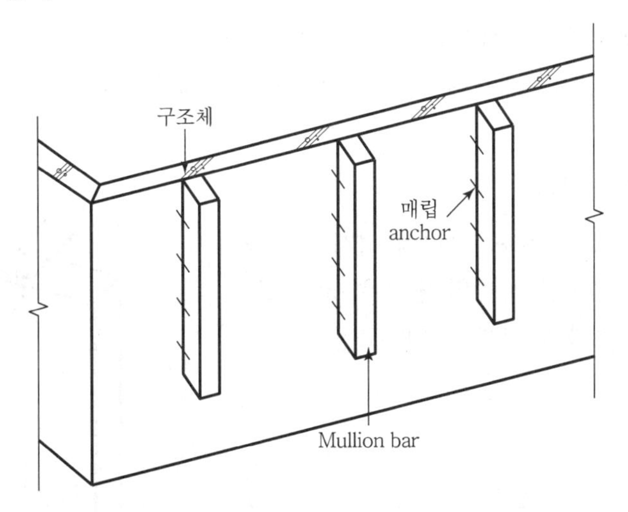


① 구조체에 매립된 매립 anchor와 mullion bar를 용접접합
② Mullion bar의 설치위치, 설치간격에 유의

### 4) AL runner 설치

① Mullion bar에 수평으로 설치
② 석재의 높이에 따라 설치간격 조정

### 5) Fastener 설치

① Fastener를 이용하여 AL runner와 석재를 연결
② Fastener의 한 곳은 고정, 한 곳은 sliding 되게 함
③ Sliding 측은 열팽창 흡수

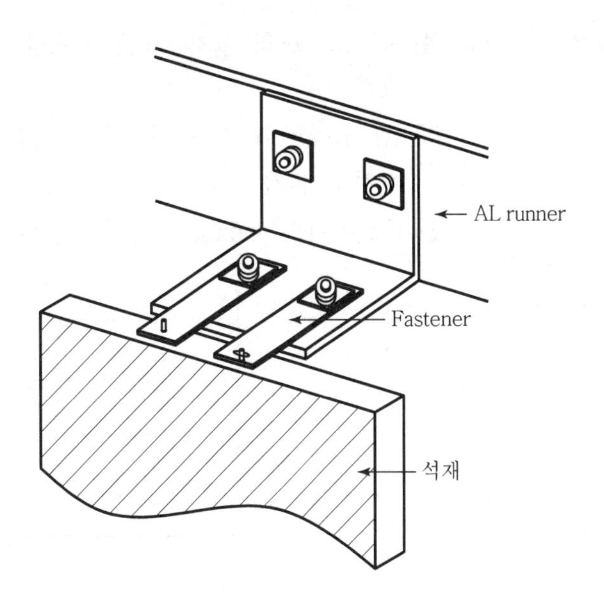

### 6) 기밀막 설치

① Mullion bar에 연결시켜 기밀막 설치

② 석재의 내측에 기압이 발생하도록 내부기밀 유지

### 7) 석재 설치

① AL runner 사이에 석재판 설치

② 석재판 사이의 줄눈은 open 줄눈

③ 석재판 상하로 4곳 고정

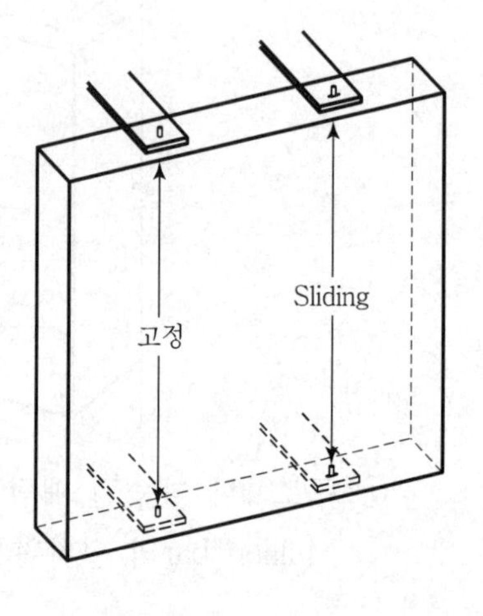


## Ⅳ. 시공 시 유의사항

① 매립 anchor의 철근에 고정금지

② 매립 anchor 시공정밀도 유지

③ Mullion bar와 매립 anchor 용접 시 화재발생에 유의하여 적절한 보호조치를 할 것

④ AL runner의 설치간격은 석재의 크기(높이)와 같아야 하므로 시공에 정밀을 요함

⑤ AL runner와 석재 사이에 설치되는 fastener의 길이조정에 유의하여 석재의 수직도 유지

⑥ Fastener의 sliding 부분의 hole은 좌우 6mm 확보

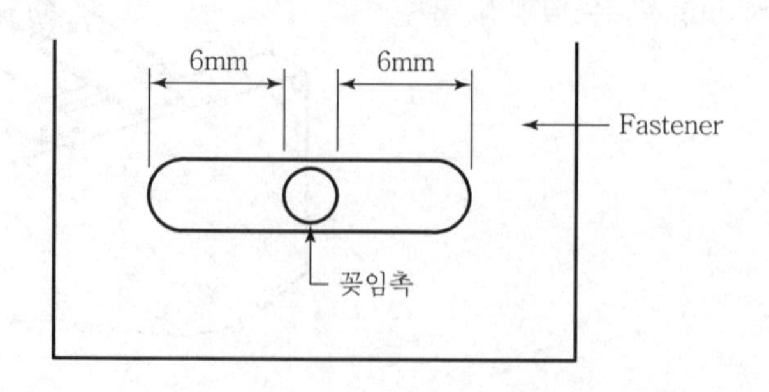

## Ⅴ. 석재의 노후화 진단방법

| | |
|---|---|
| 육안검사 | • 육안검사는 노후화의 징후를 조기에 발견하고 노후화의 원인을 규명하기 위한 기본적인 진단방법<br>• 육안검사에 의한 노후화 징후 : 부분적인 변색, 광택의 변화, 균열의 발생 |
| 현미경검사 | • 편광현미경 관찰 : 석재의 시료에 편광을 투과시켜 석재의 광학적 성질을 조사하는 방법<br>• 전자현미경 관찰 : 석재의 분해능력이 높으며 노후화된 석재의 형태를 관찰하는 데 이용 |
| 화학 분석 | • 육안검사나 현미경검사로 판명된 석재의 노후화원인을 규명하는 데 사용 |

## Ⅵ. 결 론

① 외벽석재붙임공법은 현대건축물에서 마감공법으로의 활용도가 높은 공법이나 시공 후 석재의 오염 및 변색이 문제가 되고 있다.

② 석재의 open joint 줄눈공법은 줄눈 사이에 시공되는 sealant의 시공을 생략시키므로 sealant에 의한 석재의 오염과 sealant 내구성 부족으로 인한 각종 문제점을 해결할 수 있는 공법으로 근래에 적용이 점차 늘어나고 있다.

# 문제 6 건축물 외부 석재면의 변색원인과 방지대책

## Ⅰ. 개 요

1) 의 의

① 석재는 자연재로서 중후함과 내구성을 가지고 있어 오래전부터 건축물의 내·외 장재로 널리 사용되어 왔다.

② 붙임공법은 mortar의 사용 여부에 따라 습식공법과 건식공법으로 분류되며, 종래에는 주로 습식공법으로 사용되었으나, 최근 건식화되고 있는 추세이다.

2) 외부 석재시공 flow chart

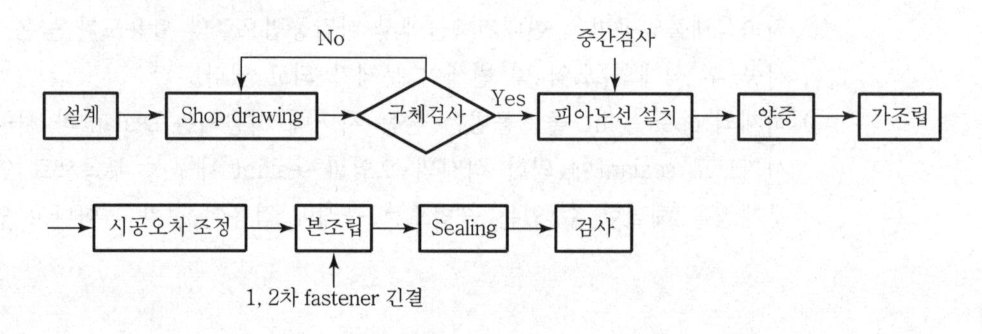


## Ⅱ. 석재의 요구조건

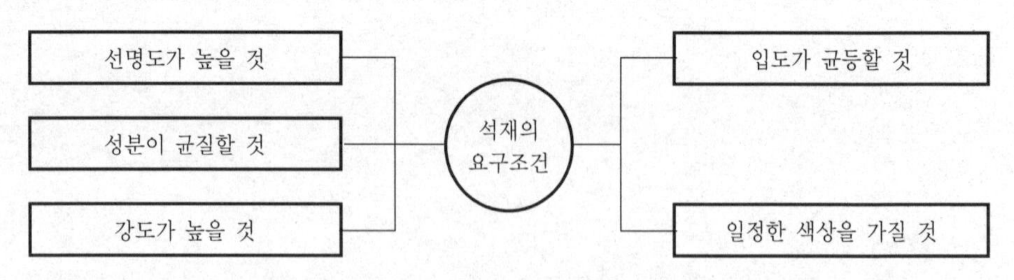


석재는 뛰어난 압축강도와 내구성으로 건축재료로 널리 사용됨

# Ⅲ. 석재면 변색원인

## 1) 백화현상

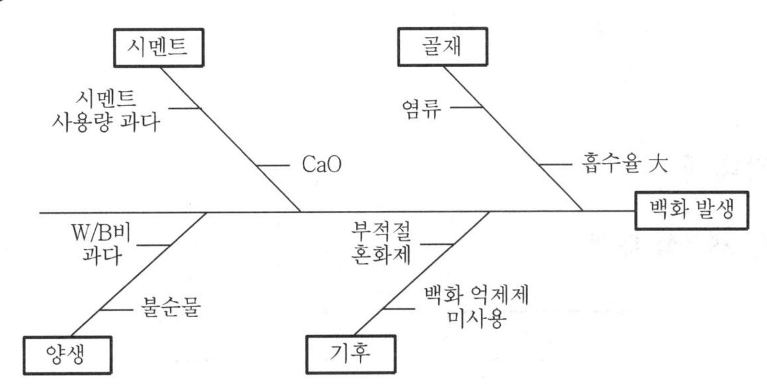


## 2) 연결철물 녹 발생

① Fastener의 방청처리 불량

② 긴결철물 외부 노출

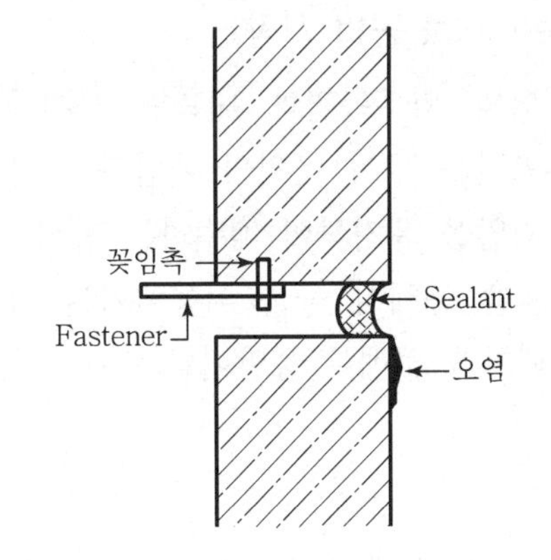


## 3) Sealant에 의한 오염

① 줄눈용 sealing재 사용 불량

② 외부 석재면에 오염



## 4) 석재의 불량

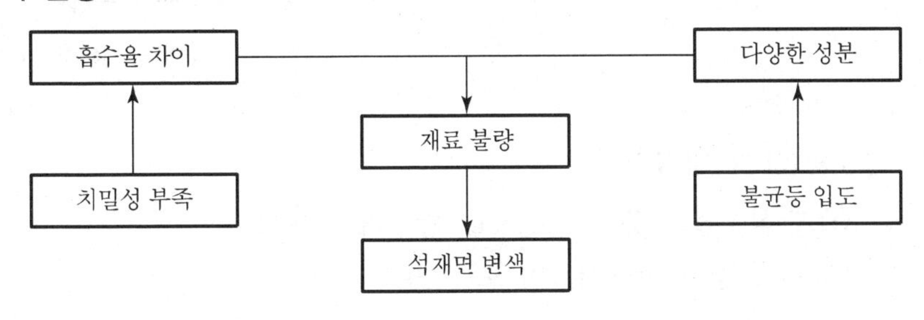


석재재료 자체의 불량으로 우수 등 외기에 대한 저항력 감소

5) 염산 사용

① 석재 시공 후 외부 청소 시 염산 사용의 불량에 의해 부분적 변색 현상

② 염산 : 물=1 : 10~20

## Ⅳ. 방지대책

1) 재료적 대책

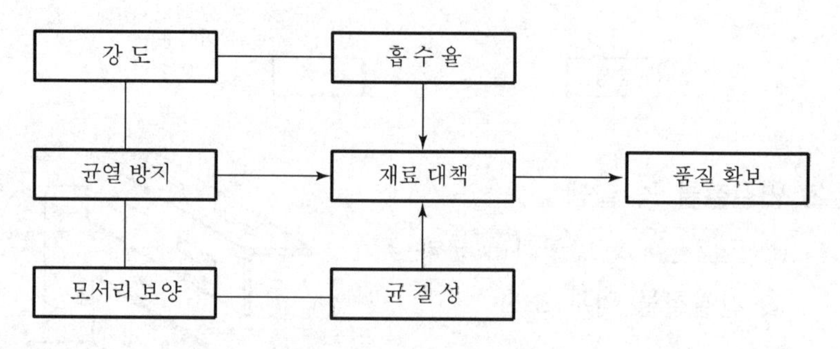


석재의 운반 및 가공 시 균열이나 파손에 유의

2) Open joint 공법 시공

① 벽의 외부측면과 내측면 사이에 공간을 두어 옥외의 기압과 같은 기압을 유지하여 배수하는 방식

② 틈을 통해서 물을 이동시키는 압력차를 없애는 등압이론 적용

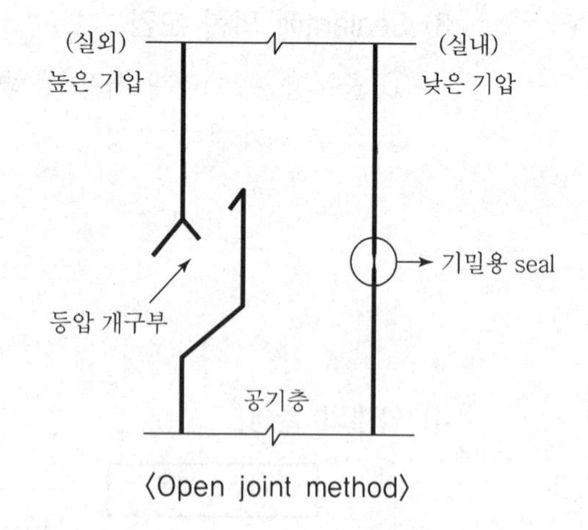

〈Open joint method〉

3) Fastener 방청처리

① 건식공법 사용 시 fastener 방청처리 철저

② 시공 후 현장에서 1회 도색 처리

#### 4) 창틀 하부처리 철저

① 사춤 끝 부위에 방수처리 후 sealant 마감

② 우수의 침입방지를 위한 경사 유지

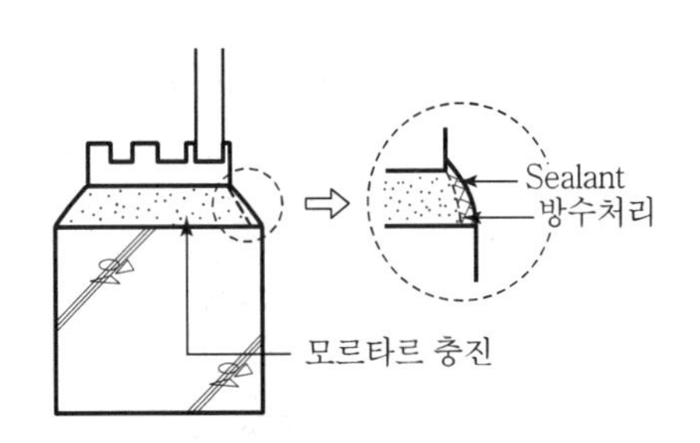


#### 5) 옥상부 flashing 설치

옥상 상부는 금속재 flashing을 설치하여 구조체와 돌붙임 사이의 공간에 우수침입 방지

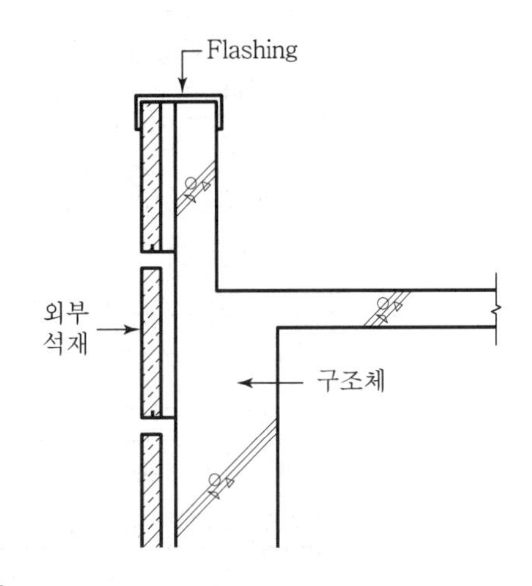


#### 6) 보양 철저

① 석재 시공 후 sheet, 호분지 등으로 보양

② 석재 주변에서 용접 시 보양 후 작업 실시

## V. 석재의 표면가공법

| 표면가공법 | 마감상태 | 가공 후 두께 |
|---|---|---|
| 쪼갠면 (Cleft Faced) | 원석을 Hammer 등을 사용하여 쪼갠면을 마감면으로 사용 | 100mm 이상 |
| 혹두기 (Rock Faced) | Cleft Faced의 마구리면을 일정한 두께로 다듬은 상태 | 80mm 이상 |
| 정다듬 (Tooth Chisel) | 석재 표면에 정으로 조면가공한 것 | 60mm 이상 |
| 도두락다듬 (Bush Hammered) | 석재 표면에 도두락망치를 사용하여 조면 처리한 것 | 50mm 이상 |
| 잔다듬 (Pointed) | 날망치를 사용하여 잘게 찍어 조면처리 한 것 | 30mm 이상 |

| 표면가공법 | 마감상태 | 가공 후 두께 |
|---|---|---|
| Cleft Line | Saw를 사용하여 표면에 줄파기한 후 망치로 편면을 떼어낸 것 | 30mm 이상 |
| 기계잔다듬 (Machine Toolded) | Roller를 사용하여 표면에 줄다듬 한 것 | 30mm 이상 |
| 절단면 (Sawn) | 원석을 Gang-Saw나, Dia-Saw로 절단한 면을 마감면으로 사용 | 25mm 이상 |
| 버너 (Framed-Cut) | 화강석 표면에 가스버너를 분사하여 결정의 팽창률 차이로 박리된 면을 표면마감으로 사용 | 30mm 이상 |
| 버너브러쉬 (Burner Brushed) | 버너마감 후에 와이어브러쉬로 거친표면을 부드럽게 처리한 것 | 30mm 이상 |
| 엔틱 (Antiqued) | 산처리를 하여 표면에 입체감을 주는 방법 | 20mm 이상 |
| 샌드블라스트 (Sand Blasted) | 석재 표면에 금강사를 고압으로 분사하여 표면을 박리시킨 것 | 30mm 이상 |
| 혼드 (Honed) | #400~#800 Carborundum 숫돌 또는 같은 정도의 Diamond 숫돌로 연마한 것 | 20mm 이상 |
| 물갈기 (Polished) | #1500 Carborundum 숫돌 또는 같은 정도의 Diamond 숫돌로 연마한 것 | 20mm 이상 |

## Ⅵ. 결 론

① 석공사는 공기단축, 외벽재의 경량화 및 동절기 공사가 가능한 건식공법이 많이 사용되고 있다.

② Fastener 방청, 철저한 sealing 시공과 보양으로 외부 석재면의 변색을 방지하여 내구성 및 중후함을 유지하도록 한다.

# 문제 7 Tile붙임공법의 종류별 특징과 박리 · 탈락 방지대책

## Ⅰ. 개 요

### 1) 의 의

① Tile붙임공법은 외벽, 내벽 및 바닥 등 시공장소별, 부위별, 바탕면조건, 일조 및 마감정밀도에 따른 타일의 특징을 사전검토하여 선정한다.

② 시공 전에 붙임공법, 주변부 마감, 줄눈 나누기, 신축줄눈 간격, 수전 금구 위치 등이 표시된 시공도를 작성하고 시공에 임한다.

### 2) 타일의 품질관리

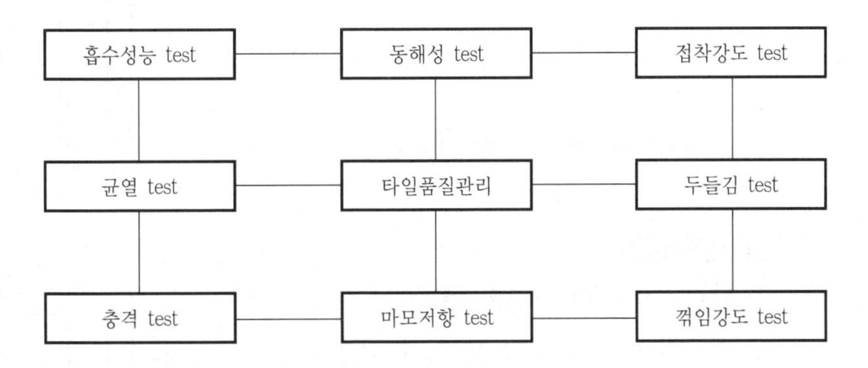


## Ⅱ. 타일의 분류

| 분류 | 재질 | 특성 |
|---|---|---|
| 재료에 따른 분류 | 자기질 | 흡수율 3% 이하 |
| | 석기질 | 흡수율 5% 이하 |
| | 도기질 | 흡수율 18% 이하 |
| 유약에 따른 분류 | 시유 | 유약 시유 소성 |
| | 무유 | 점토 안료배합 소성 |
| 제조에 따른 분류 | 습식 | 원재료 plastic 반죽 압출 |
| | 건식 | 원재료 건조분말 가압성형 |

## Ⅲ. 붙임공법 종류별 특징

### 1) 떠붙임공법

① 타일과 붙임 mortar의 접착성이 비교적 양호함
② 박리하는 수가 적음
③ 다른 공법에 비해 시공관리가 용이함
④ 한 장씩 쌓아가므로 작업속도가 더디고 시간이 걸림

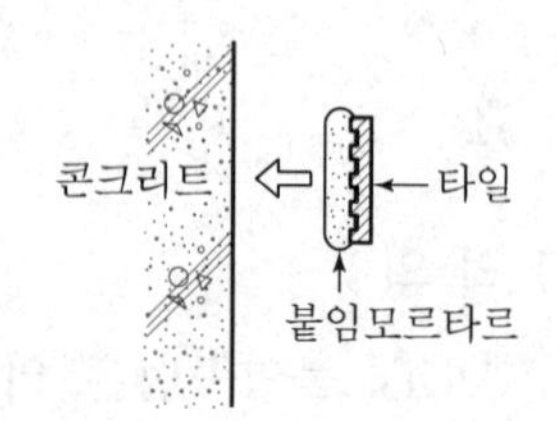


### 2) 압착붙임공법

① 타일 이면에 공극이 적으므로 백화현상이 적음
② 직접 붙임공법에 비해 숙련도를 요하지 않음
③ 작업속도가 빠르고, 능률이 높음

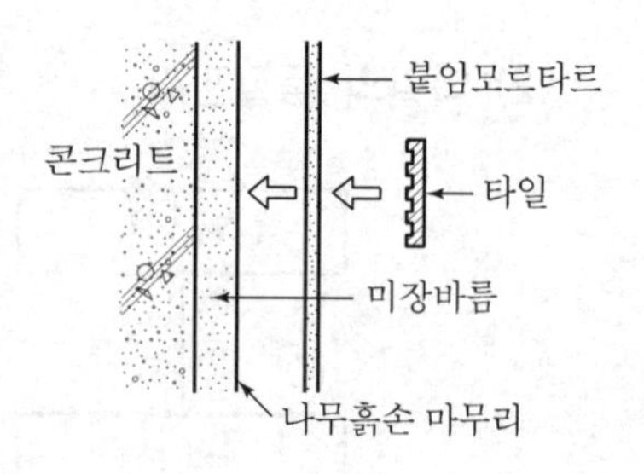


### 3) 접착붙임공법

① 작업속도가 빨라 공기 단축
② 콘크리트면, 석고보드면 등에 적용 가능
③ 초기 접착성 우수
④ 온도, 습도에 민감하며 내구성 문제 발생

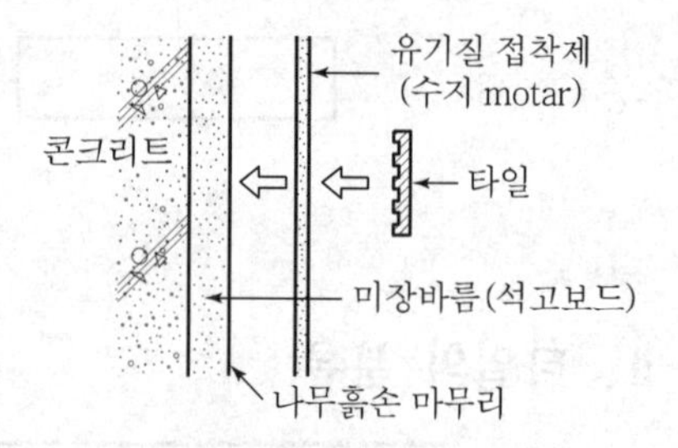


### 4) 타일 거푸집 선부착공법

① Unit tile을 거푸집에 설치 및 고정
② 콘크리트를 타설하고 거푸집을 제거
③ 45×45×95mm의 모자이크타일과 109~227×60mm의 외장타일에 적용

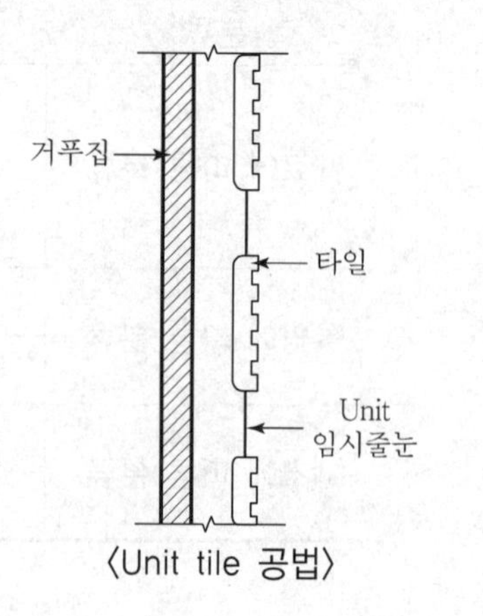

〈Unit tile 공법〉

## 5) TPC(타일 선붙임PC, 타일 sheet)공법

① Unit tile공법

타일표면에 일정한 크기(300mm×600mm 정도)의 ground paper를 붙여서 단위화하고, 이것을 거푸집 위에 깔고 PC판을 제작함

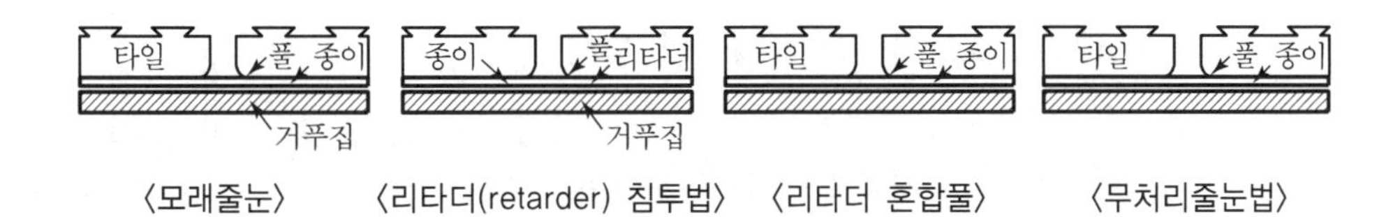


〈모래줄눈〉 〈리타더(retarder) 침투법〉 〈리타더 혼합풀〉 〈무처리줄눈법〉

② 리타더(retarder)는 시멘트의 응결 지연제

③ 줄눈틀공법

거푸집면에 줄눈틀을 설치하고, 타일을 끼워대고 PC판을 제작함

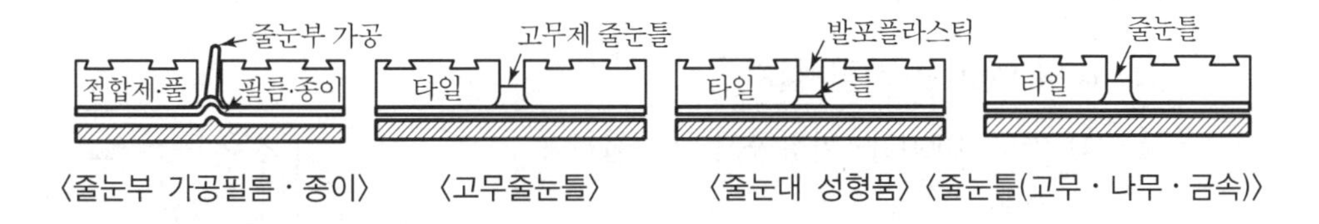


〈줄눈부 가공필름 · 종이〉 〈고무줄눈틀〉 〈줄눈대 성형품〉 〈줄눈틀(고무 · 나무 · 금속)〉

## 6) 동시줄눈공법

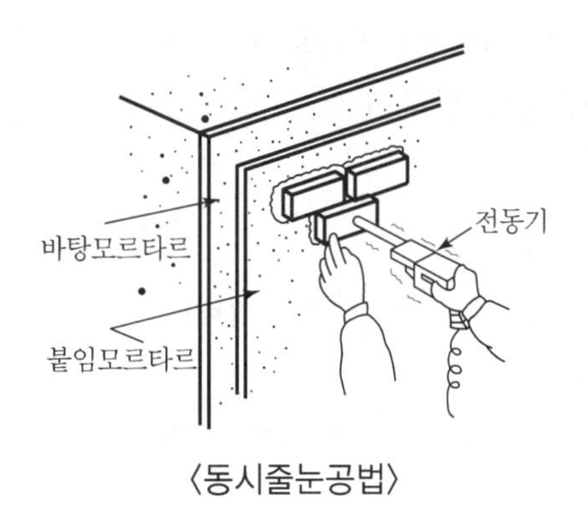


〈동시줄눈공법〉

① 타일과 접착 mortar가 밀착되므로 공극이 적어짐

② 접착이 확실하고 박리현상이 적어짐

③ Efflorescence(백화, 白花) 및 동해가 적어짐

④ 타일붙임 후 줄눈부위로 밀려나온 mortar는 줄눈용 흙손으로 마무리 (동시줄눈)

7) Unit tile 압착공법

① 작업속도가 모자이크 타일붙임공법에 비해 빠름
② 압착붙임공법과 같이 공극의 발생이 적음
③ Efflorescence(백화, 白花)의 발생이 적음
④ 타일면과 mortar면의 접착이 좋음
⑤ Unit화한 타일을 한번에 붙임으로써 시공이 비교적 용이한 공법

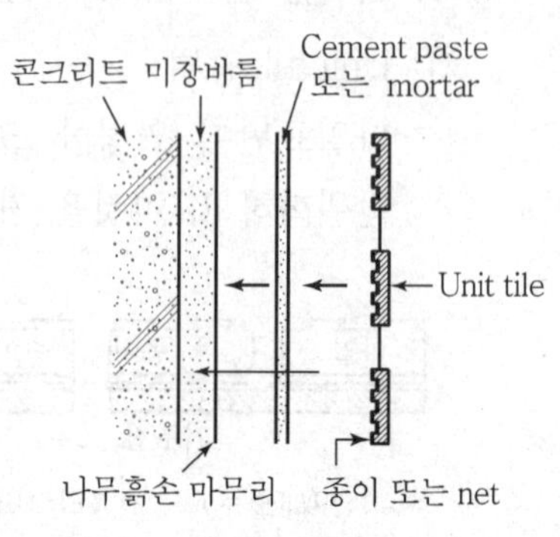

〈Unit 타일 압착공법〉

## Ⅳ. 박리·탈락 방지대책

1) 바탕 mortar 시공 철저

① 바탕 mortar 미장공사 시 접착제 사용
② 바탕 mortar의 면고르기를 위해 부분미장 실시
③ 부분미장은 10mm 이하로 바르고 나무흙손으로 마무리

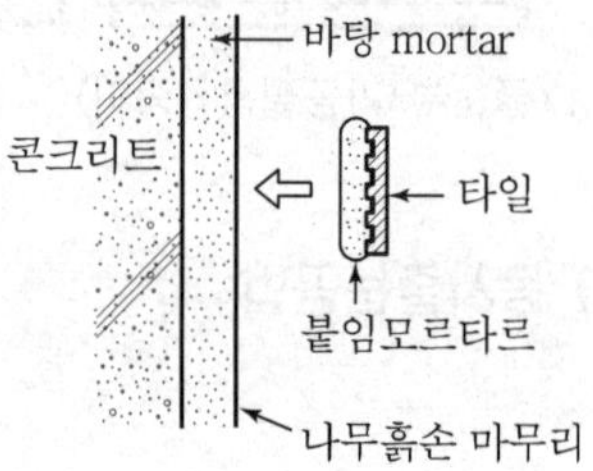

2) Open time 준수

① 타일의 종류 및 타일 뒷발의 형태에 따라 다름
② 보통 open time(붙임시간)은 15분 이내로 할 것
③ Open time이 길어지면 박리의 원인이 되므로 유의할 것

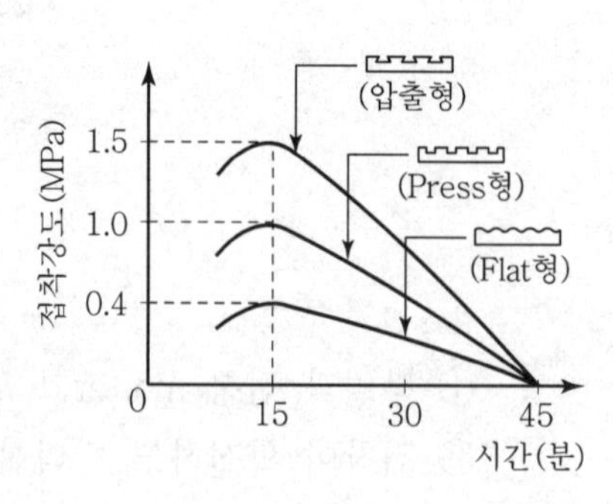

### 3) 모서리 시공 철저

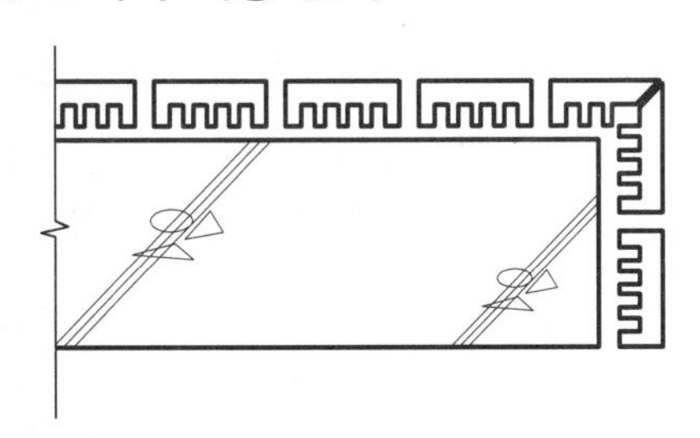

① 모서리 tile을 각 맞추어 절단한 후 시공
② 줄눈나누기 시 모서리부터 시작

### 4) Parapet flashing 처리

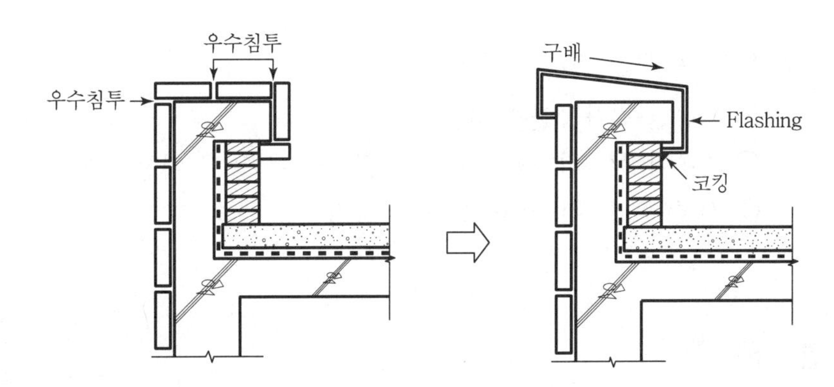


① Parapet 상부 타일에는 줄눈 사이 우수의 침투 가능성이 높음
② 금속제 flashing으로 덮어 시공

### 5) 창틀부위 처리

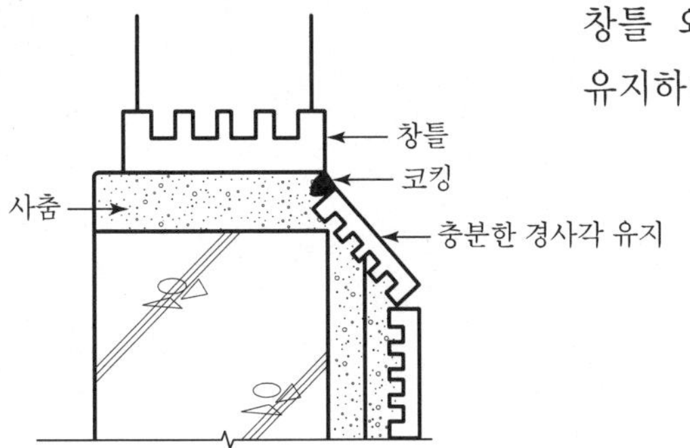


창틀 외부쪽 타일붙임은 충분한 경사각을 유지하여 우수의 침투를 방지

### 6) 신축줄눈 설치

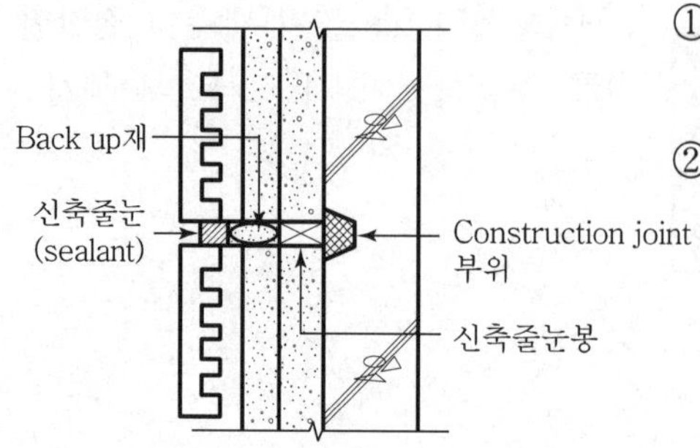


① Construction joint부는 신축줄눈을 설치하여 보강
② 신축줄눈봉은 mortar로 고정

### 7) 양생 및 보양 철저

① 가능한 직사광선을 피할 것
② 기온이 2℃ 이하일 경우 작업장 기온은 10℃ 이상 유지
③ 시공 후 3일간 진동 및 충격 방지

## V. 결 론

① Tile은 외관, 내구성, 구조체 보호기능에서 우수한 성능을 발휘하기 위해서는 적정공법의 선정과 정밀시공이 중요하다.
② 타일의 박리, 탈락을 방지하기 위해서는 tile unit의 대형화, PC화 및 건식화 등의 공법 개발이 이루어져야 한다.

# 문제 8 미장공사의 하자유형과 방지대책

## Ⅰ. 개 요

1) 의 의

① 미장공사는 바탕재와 마감재와의 적용성, 건조수축, 바탕재의 거동 등에 따른 균열, 들뜸, 탈락 등 미장공사 취약부분에 대한 하자방지가 중요하다.

② 미장공사는 주로 외부에 노출되는 공종으로 하자방지를 위해 좋은 입도의 골재와 혼화제와의 배합이 중요하다.

2) 미장공사 요구조건

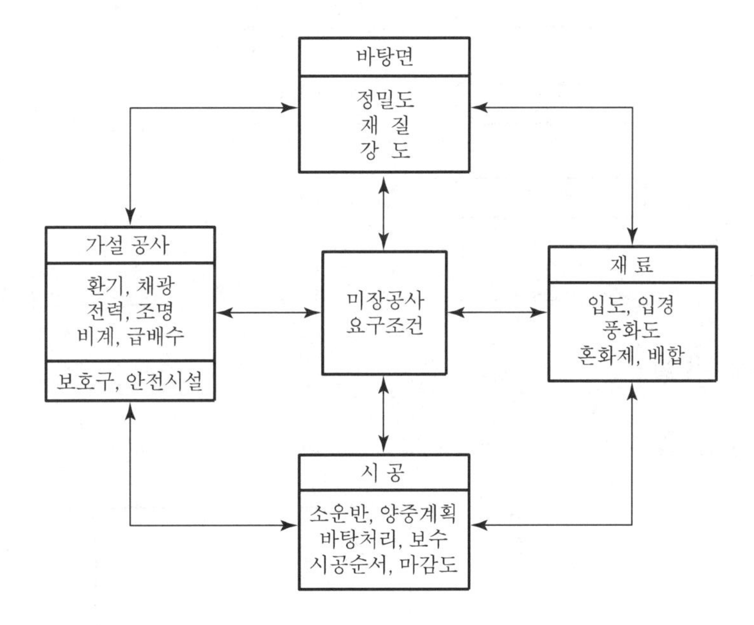

## Ⅱ. 미장공사 flow chart

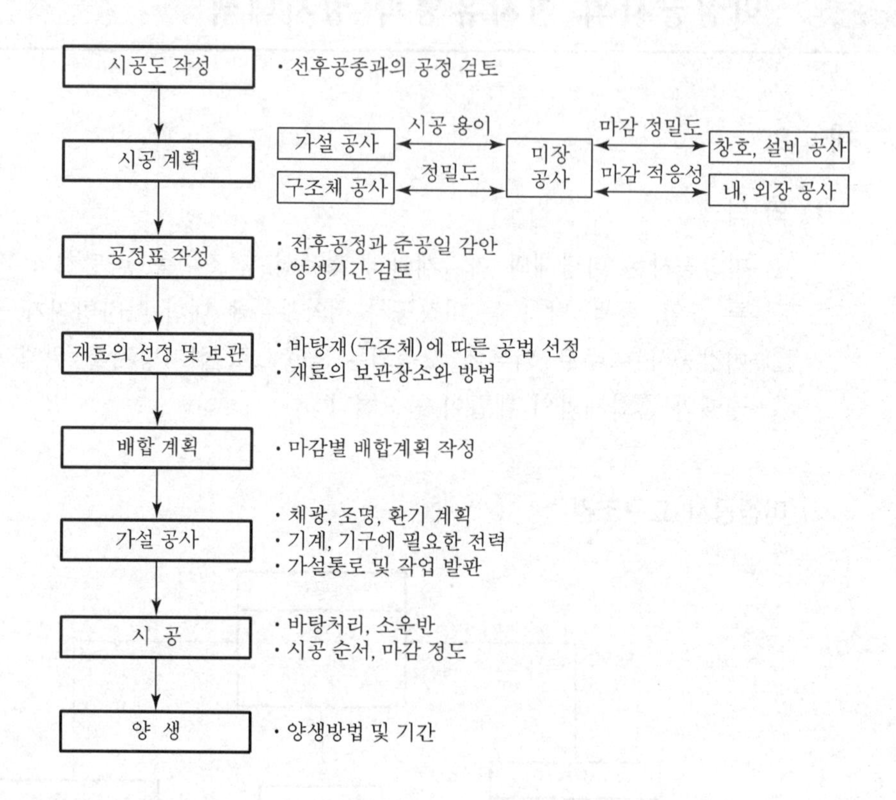


## Ⅲ. 하자 유형

### 1) 균 열

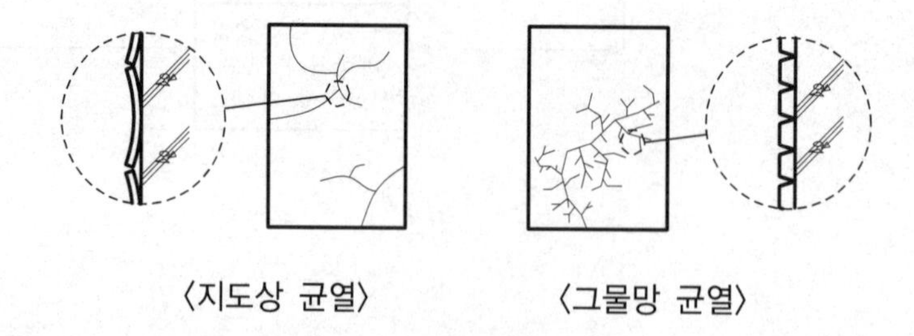

〈지도상 균열〉 〈그물망 균열〉

① 바탕면처리, 배합이 불량한 경우

② 재료의 접착력, 수축 및 보양 부족

## 2) 박 락

① 바탕면이 낙하하거나 초벌 또는 정벌에서 벗겨지는 경우

② 미장면의 전부 또는 일부분에서 균열 발생

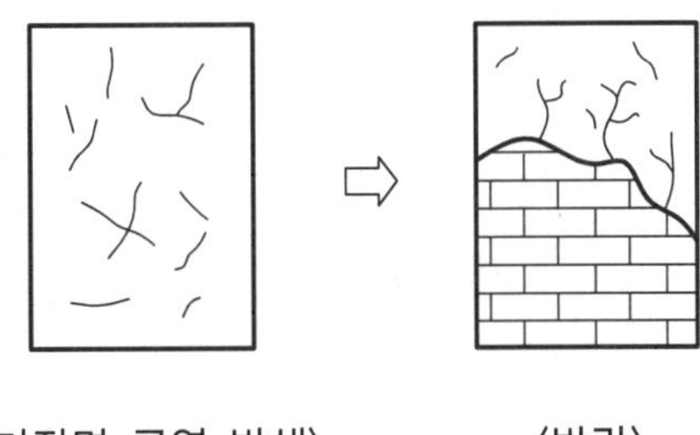

〈미장면 균열 발생〉 〈박락〉

## 3) 동결융해

① 3℃ 이하에서 작업한 경우 발생

② 한번 동결되면 강도 발현 불가능

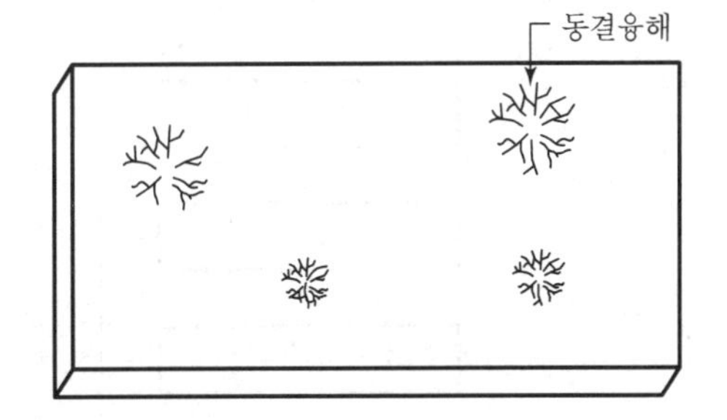


## 4) 곰팡이 반점

① 미장면에 곰팡이가 발생하여 생기는 반점

② 건조가 늦을 경우 발생

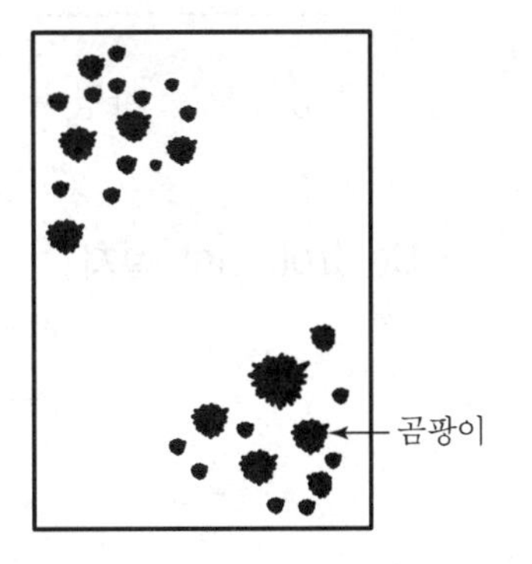


## 5) 오 염

① 바탕에 수지분이 많은 졸대의 사용

② 미장재료에 유기질 재료를 사용한 경우 발생

6) 백화 발생

① 석회질 재료에서 볼 수 있는 흰 반점

② 내부로 수분이 침투하여 발생

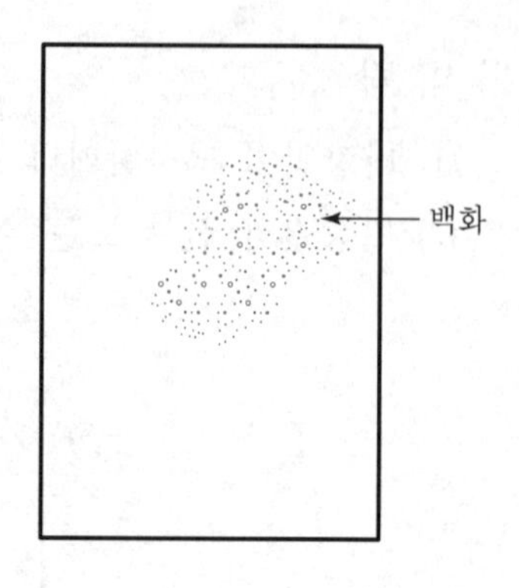


## Ⅳ. 방지대책

1) 바탕처리 철저

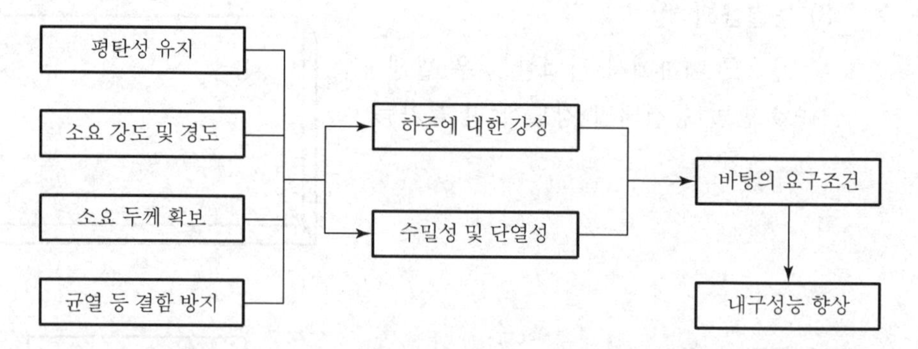


미장공사는 바탕처리가 견고하지 않으면 하자발생과 직결되므로 유의할 것

2) Control joint 설치

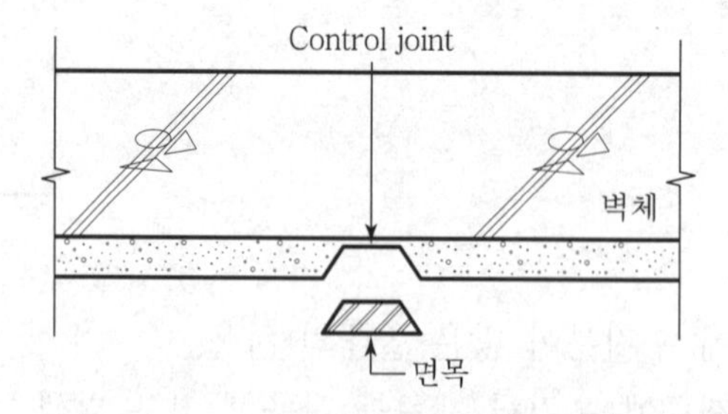


Control joint부 설치위치에 면목 또는 줄눈용 bead를 설치한 후 제거

### 3) 모래의 입도조정

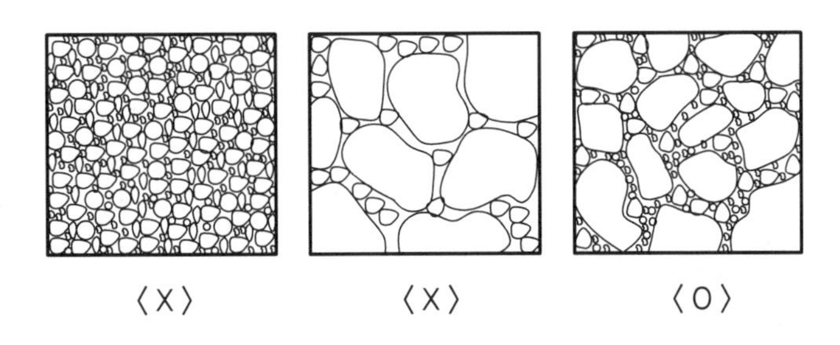


모래가 너무 굵거나 작아도 소요수량이 많아 시공성 저하

### 4) Mortar의 open time 준수

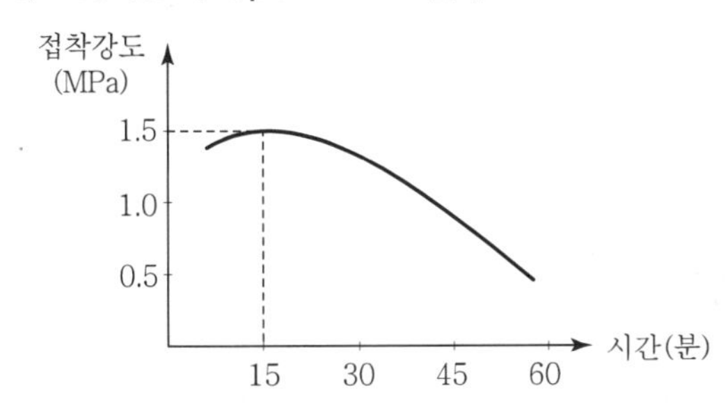


① Mortar 배합한 후 15분 정도에서 접착성 최대

② 접착성 최대시점에서 시공하며 1시간 경과한 mortar의 사용 금지

### 5) 바름두께 유지

| 구분 | 바름 두께 | 배합 |
|---|---|---|
| 초벌 | 5~6mm | 빈배합 (1 : 3~1 : 4) |
| 재벌 | 6~8mm | 빈배합 (1 : 3~1 : 4) |
| 정벌 | 3~4mm | 정배합 (1 : 2) |

### 6) 매설물 위치 보강

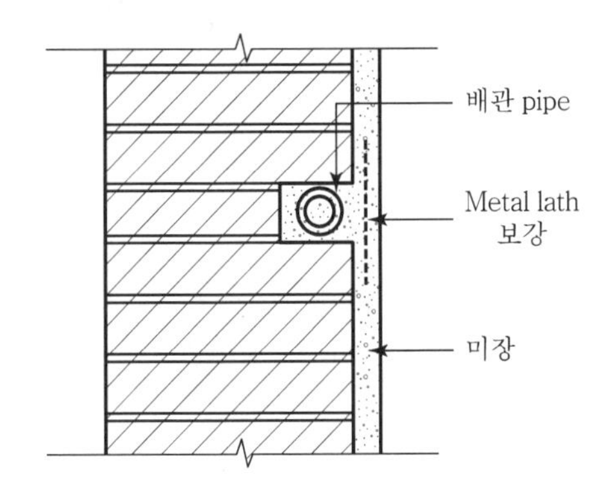


① 각종 pipe나 설비 배관 주위의 시공 시 사춤 또는 metal lath 등으로 보강한 후 미장

② 균열 취약부분이므로 관리 철저

7) Corner bead 설치

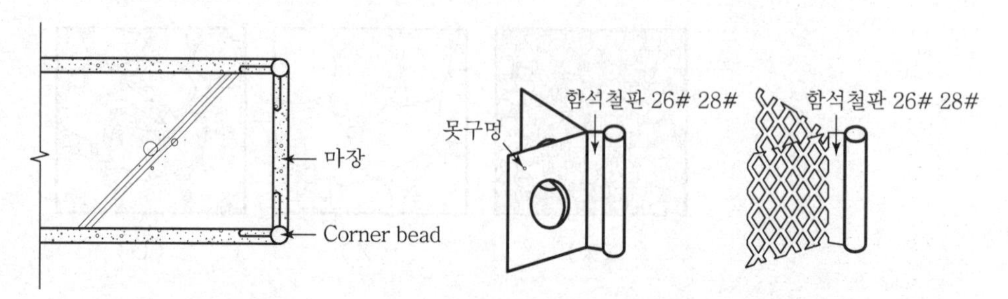


〈원형 코너 비드(못질용)〉 〈원형 코너 비드(바름용)〉

기둥이나 벽체의 모서리부분의 미장바름을 보호하기 위해 설치

8) 보양 및 양생 철저

① 바름 직후 직사광선에 노출 금지
② 양생 중 진동, 충격 방지
③ 충분한 양생기간 확보

## V. 혼화제의 배합

1) 액상 혼화제

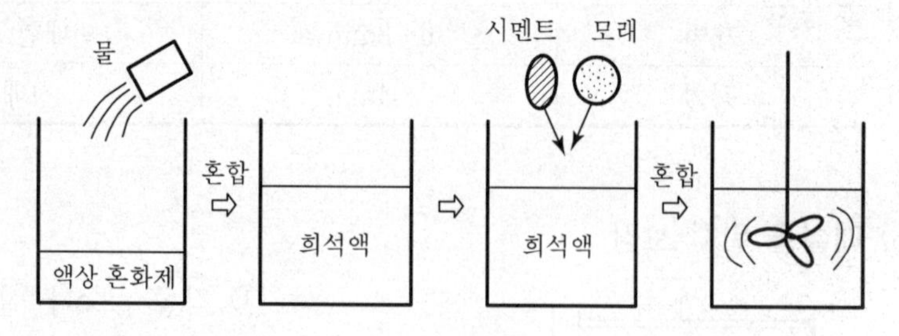


액상 혼화제에 물을 혼합하여 희석액 제조

2) 분말 혼화제

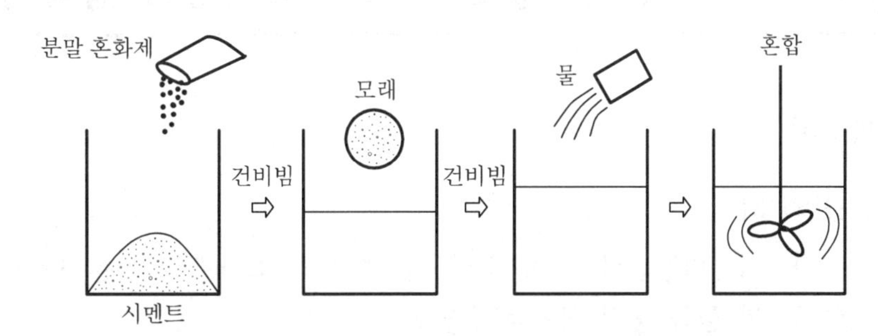


분말 혼화제의 경우 시멘트에 분말 혼화제를 건비빔으로 혼합

## Ⅵ. 결 론

① 미장공사의 경우 바탕면 처리, 적정재료 선정, 혼화제 사용 등과 숙련공에 의한 미장바름을 할 수 있도록 철저한 관리가 요구된다.

② 결함 발생이 적은 시공을 하기 위해서는 하도급 계열화 정착과 함께 숙련 노무자를 철저히 관리하고 기계화, robot화에 대한 연구, 개발이 필요하다.

문제 9

# 벽체미장 및 창호 주위 사춤미장의 접착력 향상방안

## Ⅰ. 개 요

1) 의 의

① 벽체미장면과 창호 주위 사춤미장의 접착력 부족은 단열저하, 백화, 누수 및 들뜸 등의 하자를 유발한다.

② 미장면과 구조체와의 접착력 증가로 품질확보 및 내구성을 향상시켜야 한다.

2) 접착제의 품질기준

| 구분 | 시험항목 | 평가 |
|---|---|---|
| 접착력 | 접착강도(MPa) | 0.6 이상 |
| 고형분 | 함량 | 35% 이상 |

## Ⅱ. 미장바름 전 준비사항

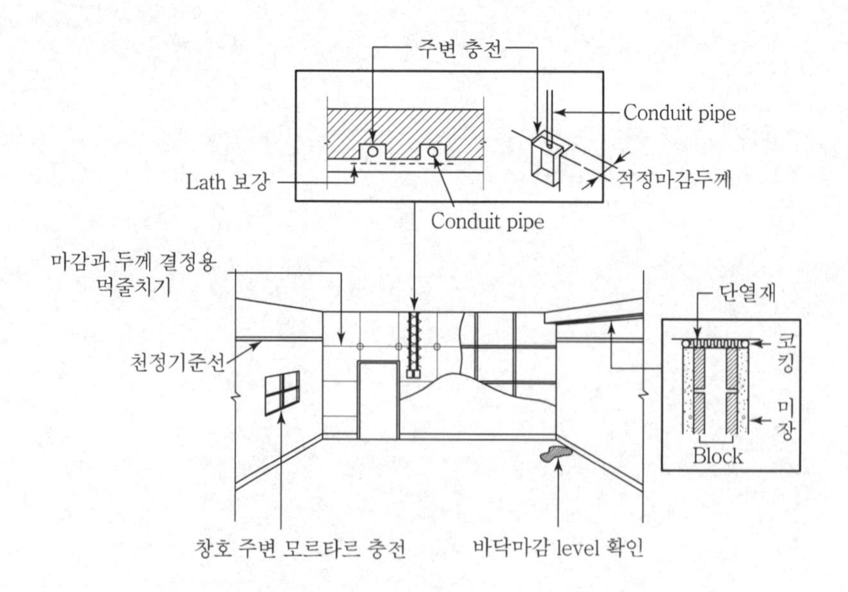

# Ⅲ. 미장의 접착력 향상방안

## 1) 바탕처리 철저

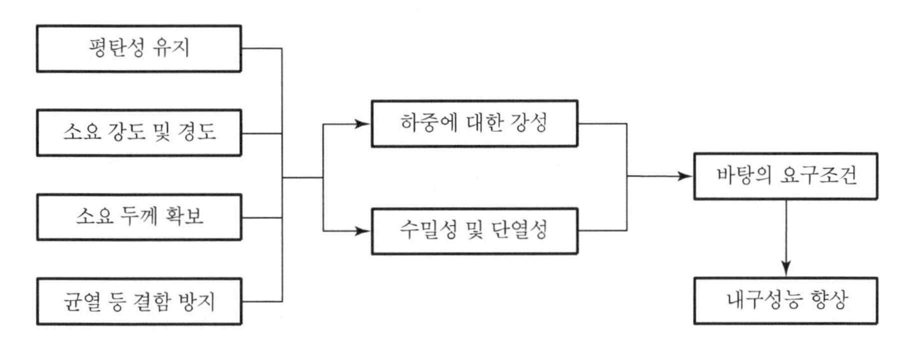


미장공사는 바탕처리가 견고하지 않으면 하자발생과 직결되므로 유의할 것

## 2) Dry out 현상 방지

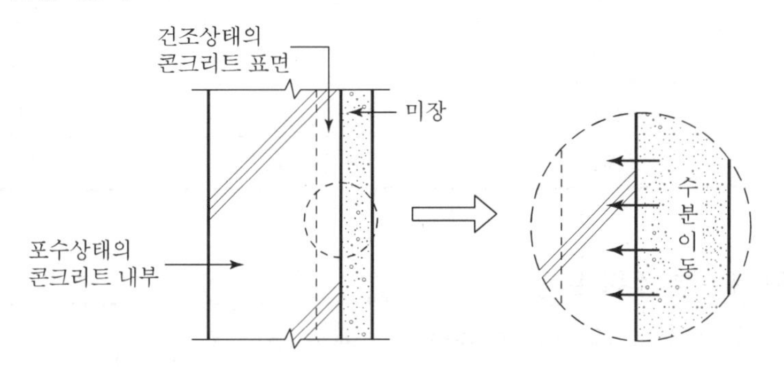


① Mortar 중의 수분이 콘크리트면으로 이동
② 수분 부족으로 시멘트 입자의 수화반응 저해
③ 시멘트 gel 형성 불충분
④ 바탕 물축임이나 접착 증강제의 사용으로 방지

## 3) 모래의 입도 조정

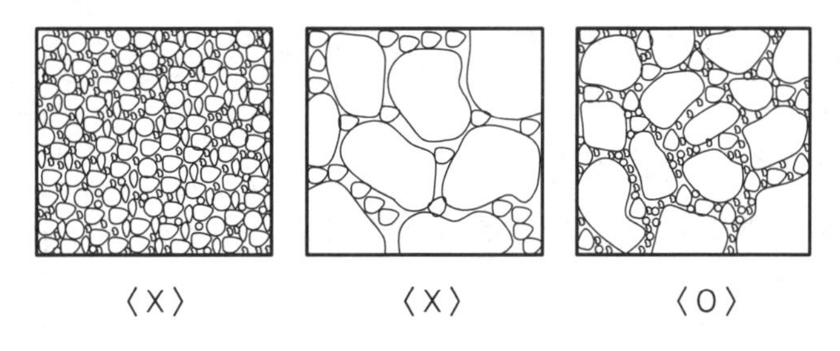


모래가 너무 굵거나 잘아도 소요수량이 많아 시공성 저하

### 4) Mortar의 open time 준수

① Mortar 배합한 후 15분 정도에서 접착성 최대

② 접착성 최대시점에서 시공하며 1시간 경과한 mortar의 사용 금지

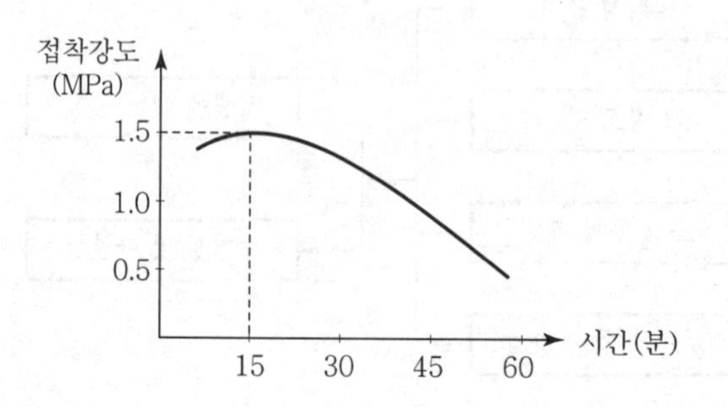


### 5) 바름두께 유지

| 구분 | 바름 두께 | 배합 |
|---|---|---|
| 초벌 | 5~6mm | 빈배합 (1 : 3~1 : 4) |
| 재벌 | 6~8mm | 빈배합 (1 : 3~1 : 4) |
| 정벌 | 3~4mm | 정배합 (1 : 2) |

### 6) 개구부 주위 보강

① 개구부 주위의 모서리부에 metal lath 등으로 보강

② 바탕재가 이질재인 경우에도 보강할 것

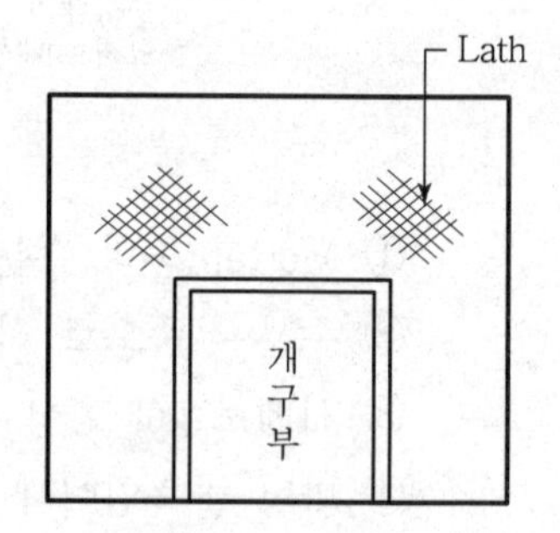


### 7) 창문 주위 코킹 철저

① 외부 창문 주위는 방수처리 후 sealant로 코킹

② 우수의 침입 방지

③ 우레아폼 시공 시 창틀의 휨방지

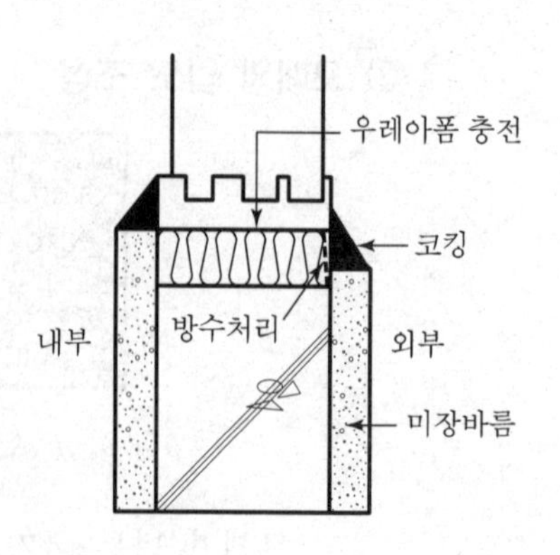

### 8) 문틀 주위 사춤보강

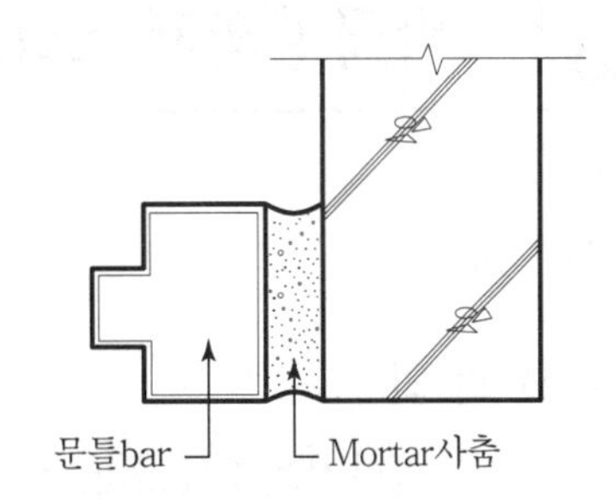


① 내부 문틀 주위는 mortar사춤용 gun으로 사춤
② 사춤mortar는 1 : 2 정도로 밀실하게 사춤할 것
③ 우레아폼 충전도 가능

### 9) Expansion joint 처리

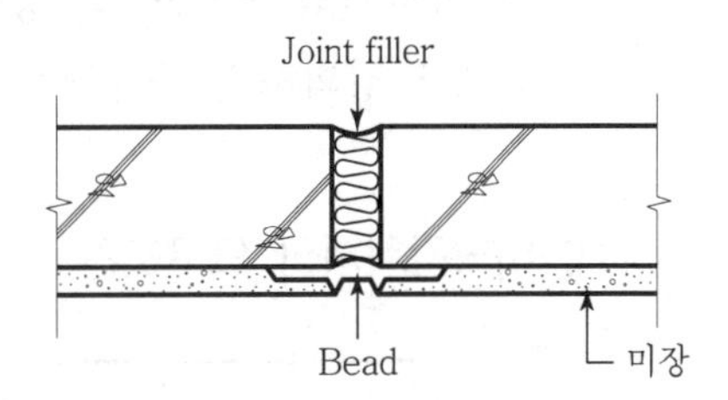


① Expansion joint부는 미장용 bead를 이용하여 처리
② 신축용 bead의 사용으로 균열 방지

### 10) 보양 및 양생 철저

① 바름 직후 직사광선에 노출 금지
② 양생 중 진동, 충격 방지
③ 충분한 양생기간 확보

## Ⅳ. 결 론

① 미장공사 완료 후 수평대를 이용하여 평활도를 확인하고 뾰족망치로 들뜸을 확인하여 시공품질을 확보한다.
② 구조체바탕과 미장면의 접착력 향상을 위해 접착보강제의 사용이 일반화되어 있으며, 미장공의 숙련도에 따라 들뜸 여부에 영향이 많으므로 이에 대한 대비가 마련되어야 한다.

# 문제 10 바닥강화재(hardner)의 종류별 특징

## Ⅰ. 개 요

### 1) 의 의

① 바닥강화재(hardner)는 바탕면의 표면강화를 위해 균일한 도포가 필요하며 마감면의 평활도 및 성능 확보를 위해 숙련공이 필요하다.

② 바닥강화재의 종류에는 분말형, 액상형, 합성고분자계가 있다.

### 2) 바닥강화재의 요구조건

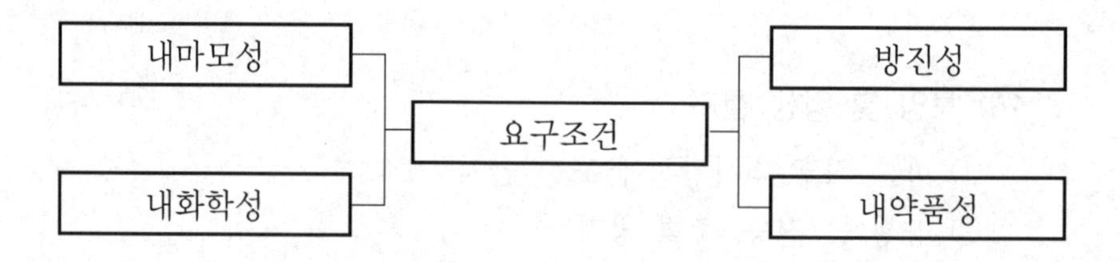


## Ⅱ. 사용재료

재료
- Primer : 바탕과 hardner의 접착력 증진
- Hardner
  - 분말형 hardner
  - 액상형 hardner

## Ⅲ. 바닥강화재(hardner)의 종류별 특징

종류
- 분말형 hardner
- 액상형 hardner

## (1) 분말형 hardner

### 1) 시공순서 flow chart

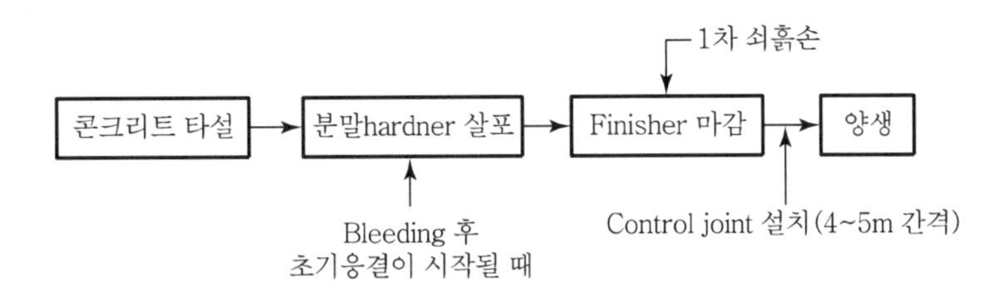


### 2) 분말 hardner 살포

① 콘크리트면에 균일하게 살포
② 살포량은 3~7kg/m$^2$
③ 바름두께 3mm 이상 확보
④ 경화된 콘크리트에 살포시에는 배합비 1 : 2 mortar에 혼입하여 두께 30mm 이상 확보

### 3) Finisher 마감

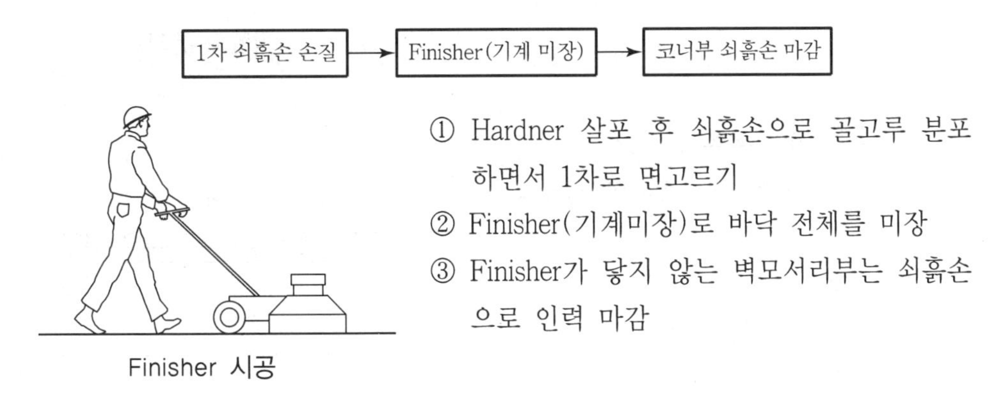


Finisher 시공

① Hardner 살포 후 쇠흙손으로 골고루 분포하면서 1차로 면고르기
② Finisher(기계미장)로 바닥 전체를 미장
③ Finisher가 닿지 않는 벽모서리부는 쇠흙손으로 인력 마감

### 4) Control joint 설치

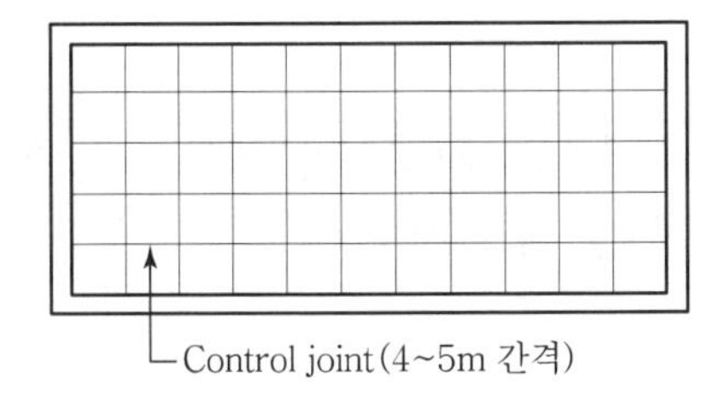


① 수축 및 팽창에 의한 마무리면의 균열방지를 위해 실시
② 균열유도 줄눈의 일종

5) 양 생

① 수분의 증발 방지

② 양생포로 보양하여 7일 이상 양생

(2) 액상형 hardner

1) 시공순서

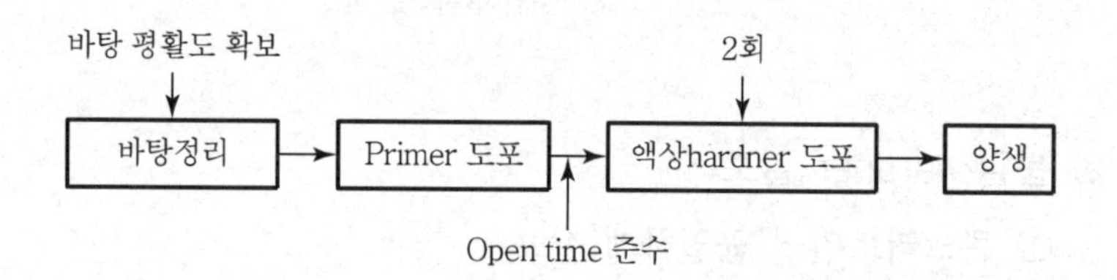


2) 바탕 정리

① 바탕의 이물질 제거 및 패인 곳을 보수하여 평활도 유지

② 경화된 콘크리트에 적용

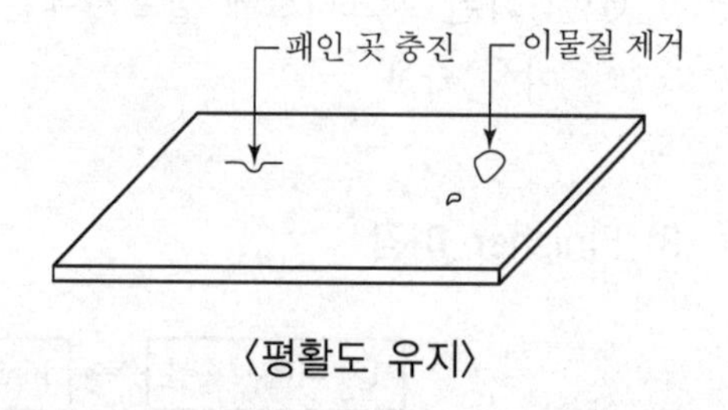


〈평활도 유지〉

3) Primer 도포

① 바탕과 hardner의 접착성 증진

② 바탕정리의 평활도가 선행되어야 함

③ Primer의 open time 준수

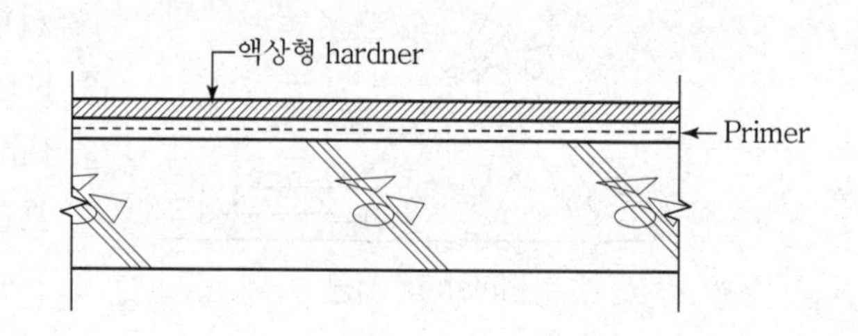


4) 액상형 hardner 도포

① 적당량을 물로 희석

② 1회 도포분 바탕면에 완전히 흡수 및 건조된 후(24시간 정도 소요) 2차 도포

③ 표면에 골고루 침투되도록 롤러나 뿜칠기계로 시공

④ 도포량 0.3~1.0kg/$m^2$ 정도

### 5) 양 생

① 콘크리트 바탕면에 완전히 침투될 때까지 양생(20일 이상 필요)

② 표면건조를 위해 직사광선을 피할 것

## Ⅳ. 결 론

① 바닥강화재의 시공은 마감면의 평활도가 매우 중요하므로 평활도 확보를 위한 바탕처리를 철저히 하여야 한다.

② 바닥강화재의 균질한 도포는 내마모성 확보와 표면강화를 위해 필수적 사항이며, 내구성 확보를 위해 바탕재와의 부착성능을 높여야 한다.

문제 11

# 도장공사 재료별 바탕처리 및 시공 품질관리

## Ⅰ. 개 요

1) 의 의

① 도장공사는 환경, 부위별, 현장여건 등을 고려하여 적용 가능한 재료의 선정과 피도물의 바탕에 적합한 바탕처리 및 충분한 건조와 양생기간에 따라 품질이 좌우된다.

② 바탕처리의 역할은 조기결함을 유발시킬 수 있는 이물질을 제거하고 도장이 양호하게 부착될 수 있도록 바탕을 처리하는 것이다.

2) 도장의 요구성능

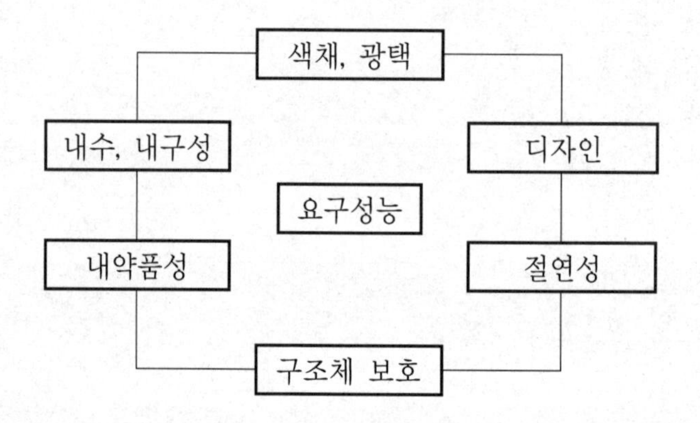


## Ⅱ. 재료별 바탕처리

1) 금속제 바탕처리

① 철제면

| 방법 | 바탕 처리 |
|---|---|
| 기계적 방법 | • 수동식 : 주걱, 와이어브러시, 연마지 등을 사용하여 청소<br>• 동력식 : 기계력을 이용하여 청소<br>• 분사식 : 모래를 분사하여 녹 제거<br>• 불꽃에 의한 방법 : 산소아세틸렌불꽃으로 제거 |
| 화학적 방법 | • 용제에 의한 방법(헝겊에 묻혀 닦아냄)<br>• 알칼리에 의한 방법(헝겊에 묻혀 닦아냄)<br>• 인산을 사용하여 닦아내는 방법<br>• 인산염을 열용액에 침지시켜 피막 형성하는 방법 |

② 기타 금속제

| 금속제 | 바탕 처리 |
|---|---|
| 아연도금 철판 | • 초산 희석용액으로 도장<br>• Wash primer 후 도장 |
| Aluminum plate면 | • 전기화학적으로 처리<br>• 부식부분은 wire brush로 닦아낼 것 |

### 2) 목재면 바탕처리

① 충분히 건조시켜 함수율 13~18%로 유지

② 옹이부분은 제거하고 메움

### 3) 콘크리트면 바탕처리

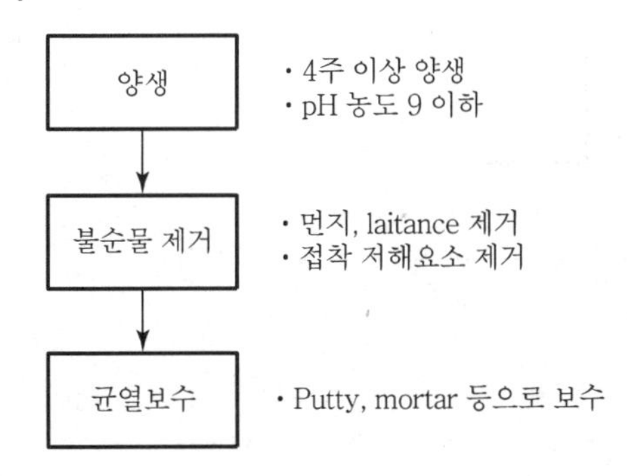


## Ⅲ. 시공 품질관리

### 1) 바탕처리

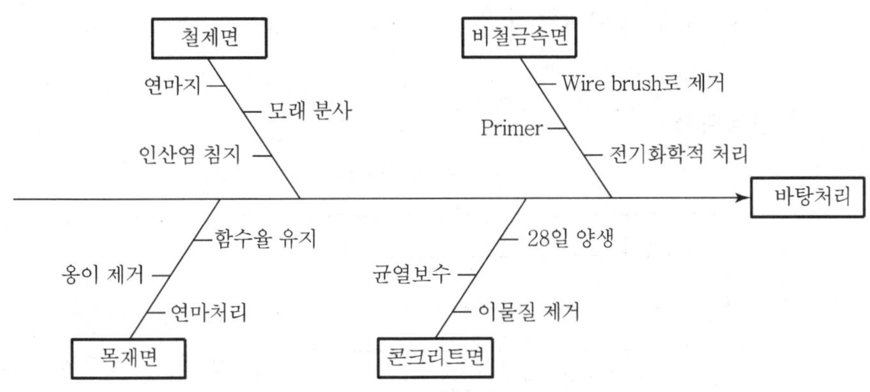


바탕처리는 도장의 품질을 좌우하므로 철저히 할 것

### 2) 재료 검사

| 규격번호 | 규격명 | 종명 |
|---|---|---|
| KS M 6010 | 수성도료 | 1종, 2종, 3종 |
| KS M 6020 | 유성도료 | 1종, 2종, 3종, 4종 |
| · | · | · |
| · | · | · |
| · | · | · |

KS제품 유무와 시험성적의 확인

### 3) 외기조건 검토

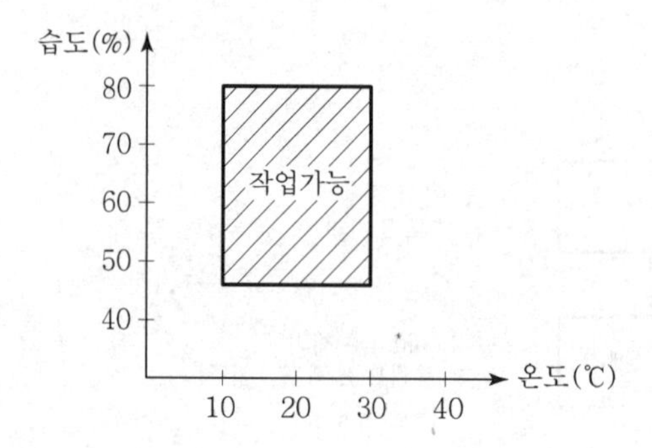


① 외부온도 : 10~30℃
② 상대습도 : 45~80%

### 4) 품질검사

바름횟수, 건조시간, 바름두께 등

### 5) 외관검사

색상, 광택, 흘러내림, 부풀음, 균열, 오염 등

### 6) 성능검사

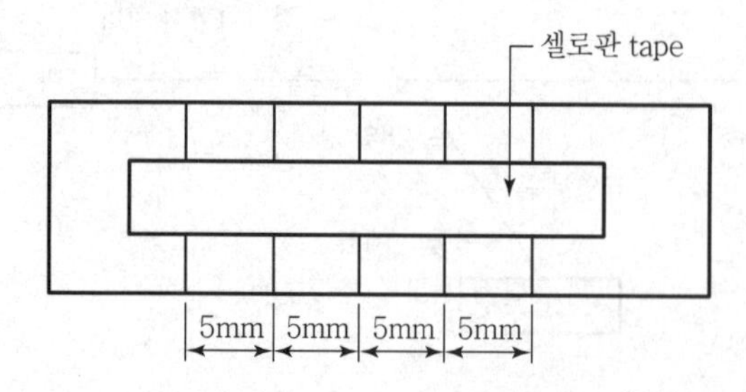


① 콘크리트면, 목재면 등에 적용
② 칼로 5mm 간격으로 긋고 셀로판 tape로 붙였다가 당김
③ 박리 및 들뜸이 없어야 합격

## V. 결 론

① 도장공사의 시공정도는 바탕처리에 의해 크게 좌우되므로 각종 바탕면의 이물질 제거, 보수 및 청소 등을 철저히 하여야 한다.

② 도장의 품질관리는 재료의 검사, 외기조건 검토 및 철저한 품질검사로 소요 성능을 확보하여야 한다.

# 문제 12 도장공사 결함의 종류와 그 원인 및 방지대책

## Ⅰ. 개 요

### 1) 의 의

① 도장공사에서의 결함은 모재의 바탕에 의한 것, 도료에 의한 것, 시공에 의한 것, 기후에 의한 것으로 분류된다.

② 도장공사의 결함을 줄이기 위해서는 재료, 시공 및 양생 측면에서 철저한 품질관리가 필요하다.

### 2) 도장의 요구성능

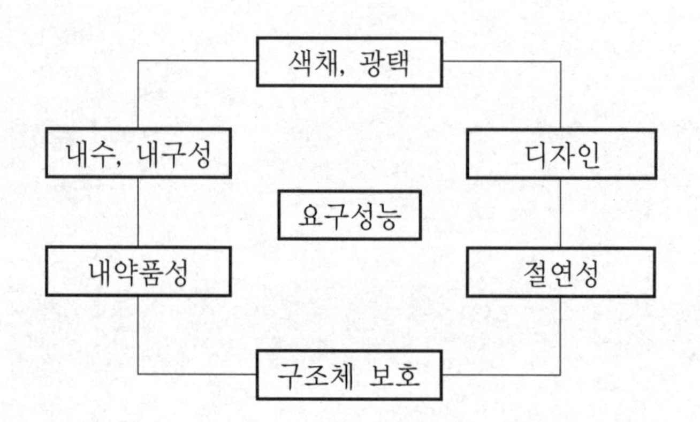


## Ⅱ. 도장의 선택

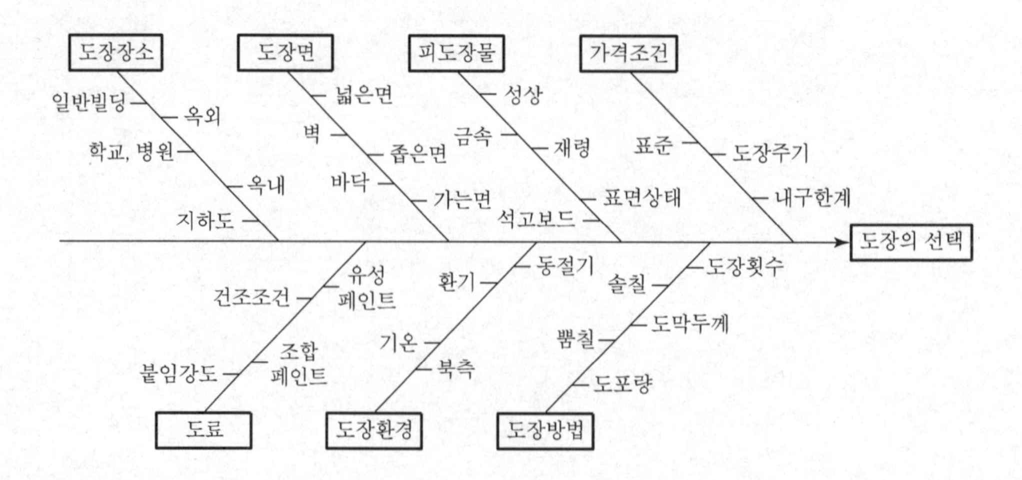

# Ⅲ. 결함의 종류와 원인

## 1) 모재의 바탕에 의한 것

| 종류 | 원인 |
|---|---|
| 균열 | • 모재의 수축팽창에 의해 균열 발생 |
| 칠 받지 않음 | • 도료의 부적합, 바탕처리 불량<br>• Spray-air 속에 물, 기름이 있을 때 |
| 광택 부족 | • 바탕면 흡입 과다<br>• 도막두께 부족 |

## 2) 도료에 의한 것

| 종류 | 원인 |
|---|---|
| 번짐, 스며나옴 | • 시너 사용 과다 |
| 팽창 | • 급격한 용제 가열로 부풀어 오름<br>• 도막 밑의 녹 발생 |
| 변색, 퇴색 | • 안료의 종류에 따라 $H_2S$에 의한 변색<br>• 유기안료 과다 사용 시 |
| 색분 현상 | • 혼합 불충분<br>• 안료입자의 분산성에 이상이 있는 경우 |

## 3) 시공에 의한 것

| 종류 | 원인 |
|---|---|
| 박리현상 | • 기존 도장면 위에 재도장했을 경우<br>• 피도장면 위에 기름 등 불순물 부착되어 있는 경우<br>• 도료의 화학성분 차이 |
| 흘러내림 | • 도막이 지나치게 두꺼울 때<br>• 희석제 과다 사용 |
| Gun으로 인한 결함 | • Gun의 운행속도가 빠를 때<br>• 뿜칠압력이 낮을 때<br>• 바탕에 흡수가 지나치게 많이 될 때 |

4) 기후에 의한 것

| 종류 | 원인 |
| --- | --- |
| 결로 현상 | • 습도가 높을 때 기온이 내려가 수증기가 응축하는 현상<br>• 도장 후 기온 강하되어 공기 중의 수증기가 응축하는 현상 |
| 건조 불량 | • 기온이 너무 낮거나 높을 때<br>• 통풍이 안 되어 희석제의 증발이 늦을 때 |
| 주름 현상 | • 건조 수축, 건조시 온도상승<br>• 초벌칠 건조 불량 |
| 황색화 | • 고온다습한 기상에서 도장하는 경우<br>• 오동나무기름을 전색제로 사용할 때 |

## Ⅳ. 방지대책

1) 설계적 대책

| 구분 | 대책 |
| --- | --- |
| 바탕 시공 | • 바탕재의 균열을 예방하는 구조<br>• 조절줄눈 및 신축줄눈 설치 |
| 물침투 방지 | • 물 끊기, 배수구 설치<br>• Parapet 및 balcony 방수처리 |

2) 재료적 대책

| 구분 | 대책 |
| --- | --- |
| 수성 paint | • 내부에 사용하여 물의 침입으로부터 멀리함<br>• 내수성 있는 도료 개발 |
| 유성 paint | • 내후, 내수성이 우수한 재료<br>• 물을 많이 사용하는 곳에 도장 |
| 녹막이 paint | • 철부 등의 녹 발생이 우려되는 곳에 도장<br>• 산화철 녹막이, 아연분말도료가 있음 |

### 3) 시공적 대책

| 구분 | 대책 |
|---|---|
| 솔칠 | • 솔에 칠을 충분히 묻혀 손이 닿는 부분을 먼저 바름<br>• 조기 건조가 빠른 재료는 부적당 |
| 롤러칠 | • 롤러는 스폰지나 털이 깊은 롤러로 일정한 누름으로 도장<br>• 넓은면 작업에 유리 |
| 뿜칠 | • 작업능률이 좋고 균등한 도막 형성<br>• 압축공기를 분무상태로 뿜어 도장 |

### 4) 양생적 대책

| 구분 | 대책 |
|---|---|
| 건조 | 칠한 후 건조되기 전에 다른 마감재에 의한 도장면의 오염 방지 |
| 환기 | 시너 및 희석재의 증발을 위해 환기 |

### 5) 관리적 대책

| 구분 | 대책 |
|---|---|
| 공기단축 | 충분한 공기의 확보로 칠작업의 결함이 발생하지 않게 여유있게 시공 |
| 노무확보 | 현장에 익숙한 근로자를 채용하여 숙련을 도모 |
| 안전계획 | • 고소작업자에 대한 안전교육 실시<br>• 밀폐된 장소인 경우 환기시설의 가동 |

## Ⅴ. 결 론

① 도장단계에서 충분한 시공이 실시되지 않는 경우 도막 형성이 불완전하게 되어 결함이 발생하게 되므로 설계, 재료, 시공 등의 전 과정을 통한 품질관리가 필요하다.

② 바탕처리, 도장방법, 재료 등의 품질검사 실시 및 기계화, robot화를 통하여 인력부족의 해소방안 마련이 시급하다.

# 문제 13 방수공법 선정 시 고려사항

## Ⅰ. 개 요

① 최근 건축물들이 다양화, 고층화됨에 따라 외부 노출면적이 넓어져 방수공사의 중요성이 부각되고 있으며, 다양한 방수 성능이 요구되고 있다.

② 방수공법은 방수 적용 부위에 따라 적절한 공법을 선정하고 적용공법에 대한 철저한 품질관리가 필요하다.

## Ⅱ. 방수공법의 종류

| 종류 | 내용 |
|---|---|
| 시멘트 액체방수 | 방수제를 모르타르와 혼합하여 콘크리트면에 사용 |
| 아스팔트 방수 | 경제성이 높고 신뢰성이 높은 공법 |
| Sheet 방수 | 합성고무계·합성수지계·고무화 아스팔트계의 Sheet 방수제를 사용하여 바탕과 접착시키는 공법 |
| 도막방수 | 합성고무와 합성수지의 용액을 도포해서 소요 두께의 방수층을 형성하는 공법 |
| 침투방수 | 노출된 부위나 실내의 콘크리트, 조적조, 석재 및 미장 표면에 방수제를 침투시켜 방수층을 형성하는 공법 |

## Ⅲ. 방수공법 선정 시 고려사항

### 1) 노출유무에 따른 공법 적용

| 분류 | 내용 |
|---|---|
| 노출공법 | • 점검 시 외에 보행이 없을 경우<br>• 착색 도로 등을 사용할 경우 |
| 비노출공법 | • 사용실적이 풍부<br>• Sheet 시공 후 Mortar나 콘크리트로 누름층 형성 |
| 경노출공법 | • 개보수 공사의 경제성을 고려해 선정<br>• 노출공법과 유사 |

### 2) 멤브레인(Membrane)의 연속성

① 시트 재료의 사용 시 겹친 부분의 연속성 및 접합성 확보

② 기둥 · 보 및 벽이 복잡하게 조합된 구조부위 시공 시 유의

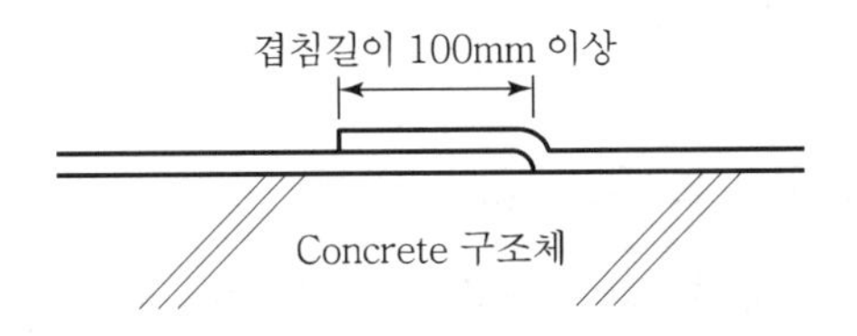


### 3) 내기계적 손상성

① 강풍에 의한 노출 방수층의 날림

② 태양열에 의한 바탕재 습윤공기의 팽창압력에 의한 방수층의 부풀음

③ 작업자의 부주의에 의한 외상

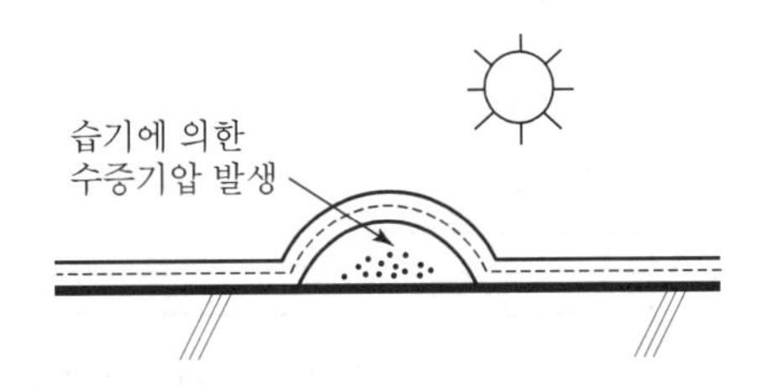


### 4) 내화학적 열화성

| 원인 | 내용 |
|---|---|
| 직사광선 | • 온도로 인한 Roll의 변형<br>• Sheet재는 마구리가 눌러 붙어 시공하자 발생 |
| 흡수, 흡습 | • 바닥의 습기, 이슬, 강우가 원인<br>• 아스팔트는 기포를 일으킴에 유의<br>• Sheet류는 모서리가 뜨거나 구겨짐 발생 |

### 5) 시공성

① 품질관리가 용이한 시공성

② 구조체와의 접착 성능

### 6) 경제성

① 전체 공사비와 원가관리를 고려한 방수 공사비의 선정

② 공사규모 · 품질 · 공기를 고려한 방수공법의 선정

### 7) 접착성

① 접착성이 우수, 박리 방지 성능

② 방수공법의 특징에 따라 고무계, 합성수지계, 아스팔트계 중 적절한 접착제 선택

### 8) 내구성

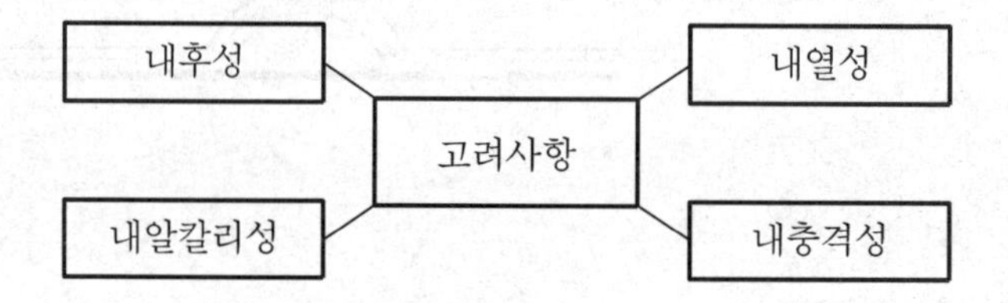


① 내후성, 내열성, 내알칼리성, 내충격성 등을 고려

② 필요한 경우 보호층 시공

### 9) 안전성

① 시공 중의 안전사고는 인명피해, 경제적 손실 및 건설회사의 신용 저하 등을 유발

② 표준 안전 관리비를 효율적으로 사용하는 계획과 안전조직 검토

### 10) 공기 및 품질

① 공정 계획 시 면밀한 시공계획에 의하여 방수공사에 필요한 시간과 순서, 자재, 노무 및 기계설비 등을 적정하고 경제성 있게 공정표로 작성

② 시험 및 검사의 조직적인 계획

③ 하자 발생 방지계획 수립

## Ⅳ. 방수성능 향상을 위한 사전 조치사항

### 1) 바탕처리 철저

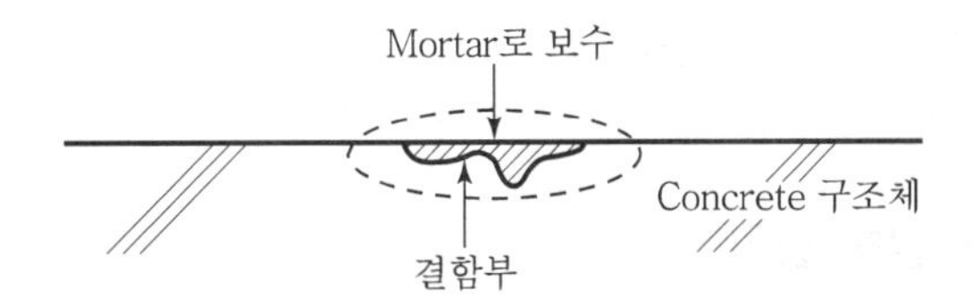


① 바탕에 패인 부분 등 결함부는 Mortar로 보수
② 구조체 콘크리트 타설시 제물마감으로 구배시공 철저

### 2) 구배 확보

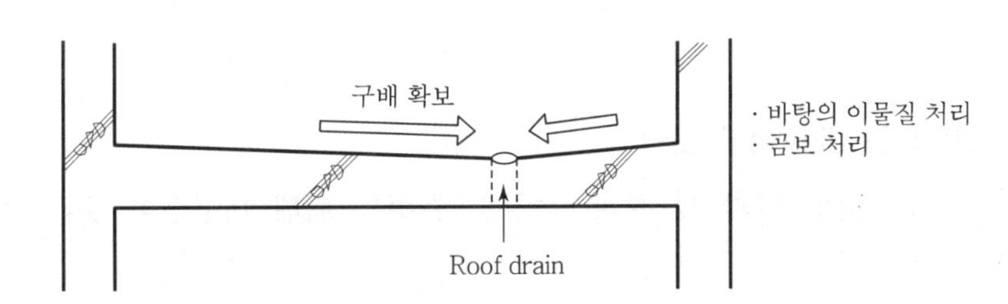


Roof Drain 주위로 구배시공 철저

### 3) Corner 부위 면접기

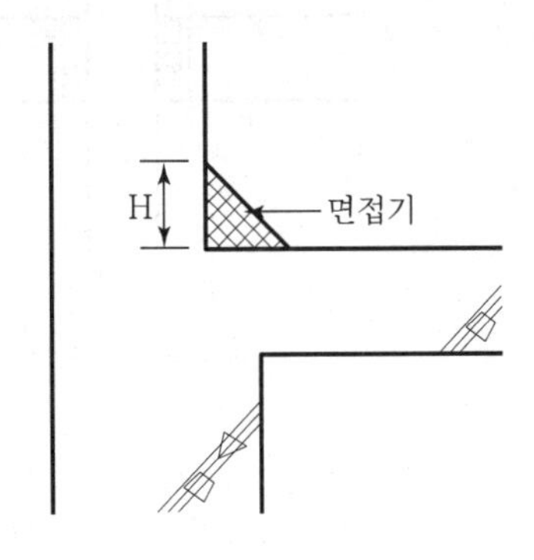


면접기 높이(H)는 누름콘크리트의 두께 1/2 이하로 설치

### 4) 신축줄눈 계획

① 방수층 위에 설치되는 보호 모르타르 누름콘크리트의 신축줄눈 계획을 사전에 실시

② 방수층 보호를 위해 필요

### 5) 방수층 밀착 접착

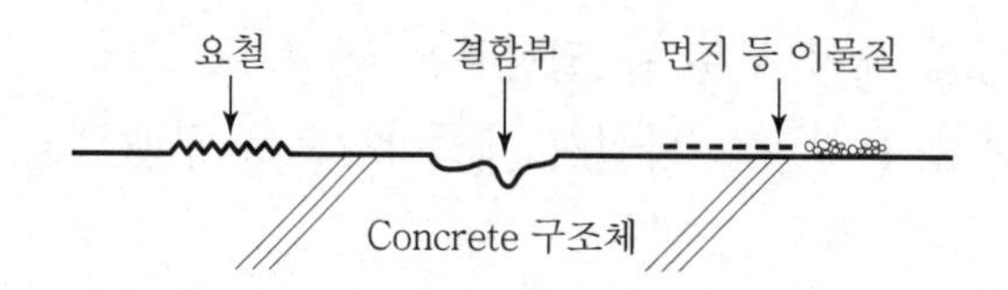


구조체와의 접착력 향상을 위한 면처리 철저

### 6) 관통 Sleeve부 보강

우수침입 방지 및 수축, 팽창의 흡수를 위해 내구성이 좋은 구조용 코킹으로 시공

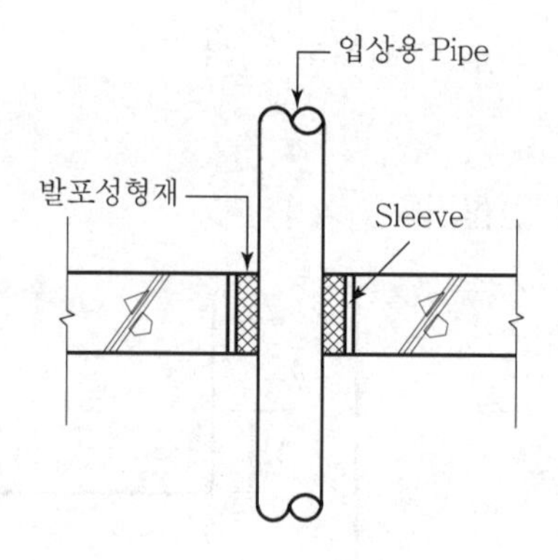


### 7) 바탕 건조 철저

① 바탕 건조율이 95% 이상 될 때까지 건조시킴

② 기온 상승에 따른 수증기압 발생 금지

③ 바탕 건조의 검사 철저

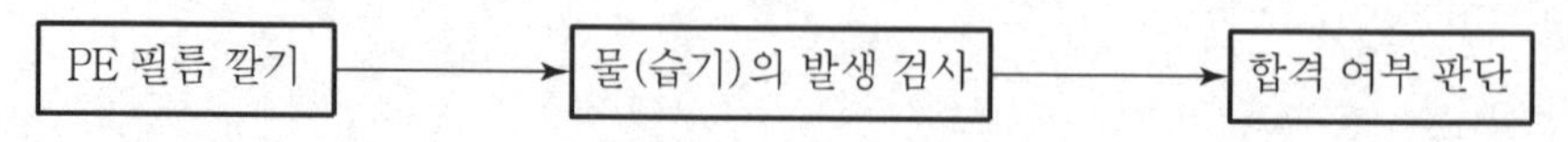


PE 필름 내부 습기 고임 방지

## V. 결 론

방수 시스템에 필요한 성능과 시공 및 보수의 용이성을 충족시키기 위해서는 새로운 재료의 개발과 시공법의 연구가 지속되어야 한다.

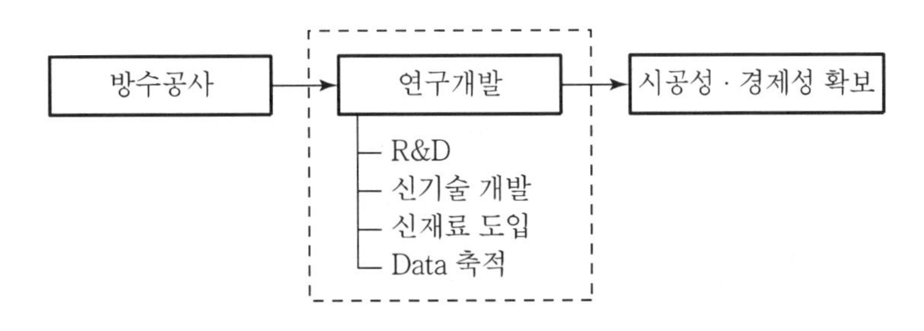

# 문제 14 도막방수의 시공방법 및 시공 시 유의사항

## Ⅰ. 개 요

① 도막방수공법은 주로 노출공법에 사용되며, 합성고무나 합성수지의 용액을 도포하여 소요 두께의 방수층을 형성하는 공법이다.

② 시공 시에는 자재의 품질관리와 시공 중 하자에 대한 철저한 품질관리가 필요하다.

## Ⅱ. 방수재료

| 구분 | 재료 | 특징 | 시공단면 |
|---|---|---|---|
| 용제형 (Solvent) | 네오플렌 고무계, 하이파론계, 클로로프렌계 | 용제의 증발에 의해 피막형성 | 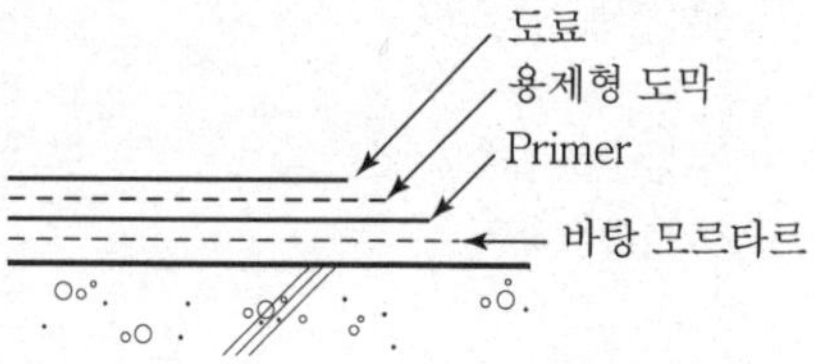 도료 / 용제형 도막 / Primer / 바탕 모르타르 |
| 유제형 (Emulsion) | 아크릴수지, 초산비닐계 등의 수지유제 | 수중에 확산하여 수분 증발에 의해 피막 형성 | 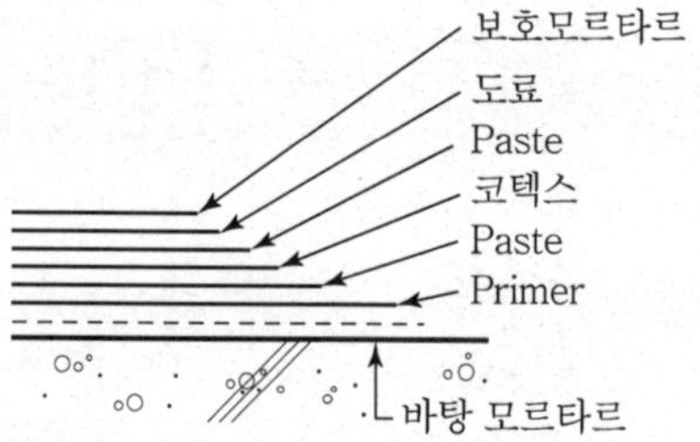 보호모르타르 / 도료 / Paste / 코텍스 / Paste / Primer / 바탕 모르타르 |
| 에폭시계 (Epoxy) | 에폭시 수지 | 신축성은 약하나 내약품성, 내마모성이 우수 | 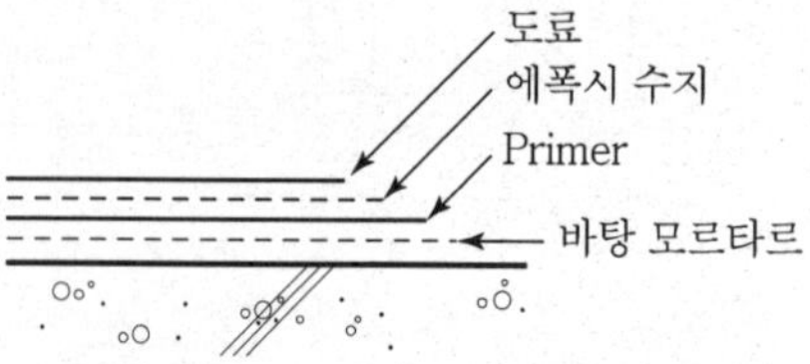 도료 / 에폭시 수지 / Primer / 바탕 모르타르 |

## Ⅲ. 재료의 특성

| 장점 | 단점 |
|---|---|
| • 신장능력 우수<br>• 자재 경량<br>• 내수, 내후, 내약품성 우수<br>• 시공이 간단, 보수가 용이<br>• 노출공법 가능 | • 균일한 두께의 시공 난해<br>• 방수층 두께가 얇아 손상 우려<br>• 바탕의 균열에 의한 파단 우려<br>• 화재 발생의 우려<br>• 낮은 방수 신뢰성 |

## Ⅳ. 시공 방법

**1) 바탕처리**

① 쇠흙손으로 평활하게 마감하며 Laitance, 기름, 녹 제거

② 균열, 흠집, 구멍은 보수 후 건조

**2) Primer 도포**

① 제조회사의 시방에 준하여 시공

② 도막제에 Primer 도포

**3) 방수층 시공**

① 방수제 2~3회 도포

② 모서리, 구석 부분은 보강 Mesh 사용

③ 보행용 지붕에는 보호모르타르 시공

**4) 보양**

① 동결에 대비

② 강우에 대한 보양

## Ⅴ. 하자 원인

### 1) 기포 및 공극 발생

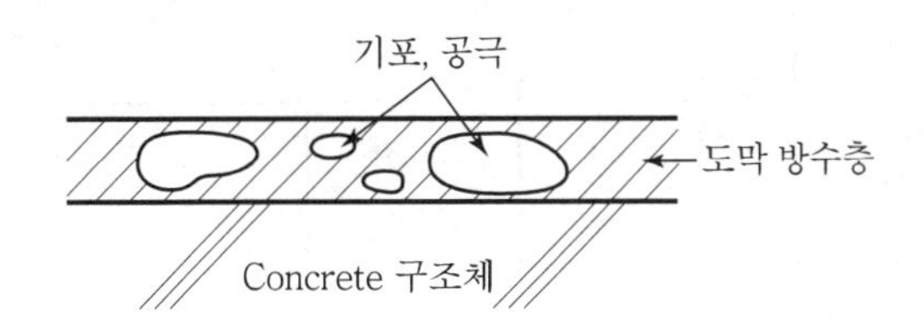

① 바탕의 요철 처리 미흡
② 바탕 건조 불량
③ Primer 칠의 일부 누락
④ 재료의 접착성 부족
⑤ 시공 시 기후 조건(기온 저하, 습기 과다 등)

### 2) 재료의 신장 부족

바탕 거동에 대한 재료의 추종성 미흡

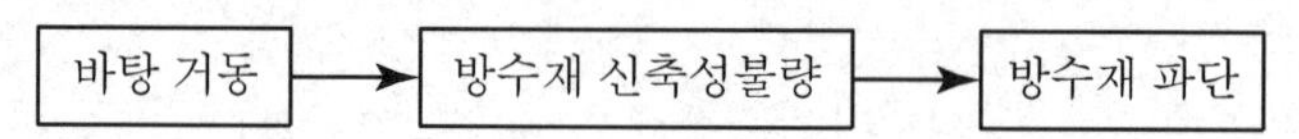


### 3) 부풀음 현상

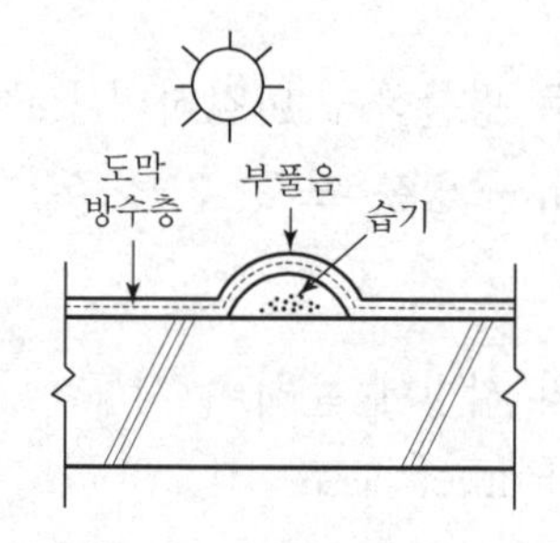


① 바탕 건조 미흡으로 하부에 습기 존재
② 태양열, 온도 상승 등에 의한 수증기 발생으로 부풀음
③ 부풀음으로 인한 방수층의 손상 발생

### 4) Parapet 벽체 부위 탈락

① 방수재의 Parapet 벽체 접착 시공 불량
② Corner부 면접기 미시공
③ 벽체 상부 끝부분 코킹 시공 누락
④ 벽체에 외부로부터의 물 침투

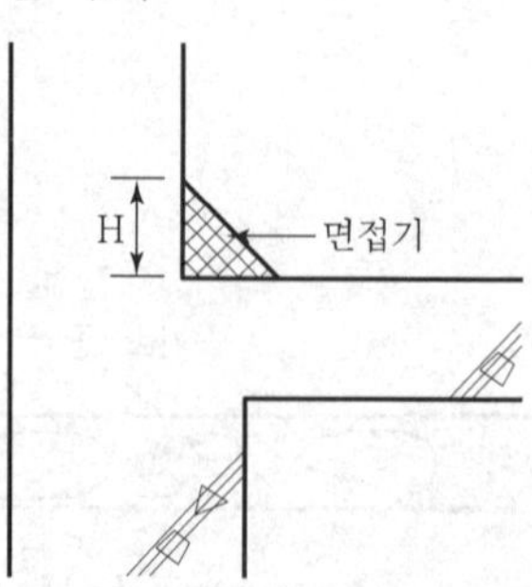

면접기 높이(H)는 누름콘크리트의 두께 1/2 이하로 설치

5) 이음부 겹침 시공 불량

6) 이음부 이음길이 시공 불량

## Ⅵ. 시공 시 유의사항

1) 기후 조건 확인

① 규정된 온도 내에서 작업 실시
② 온도 5℃ 이하, 습도 85% 이상 시 작업 중지

2) 철저한 바탕처리

① 바탕의 요철은 좋은 배합의 Mortar로 처리한 후 완전 건조 처리
② PE(Polyethylene) 필름을 깔아 바닥 전 부위의 건조 상태 확인
③ 바닥의 균열 부위는 V-Cutting 후 보수
④ 이물질 제거, 곰보 부위 면처리
⑤ 바닥 구배 확보

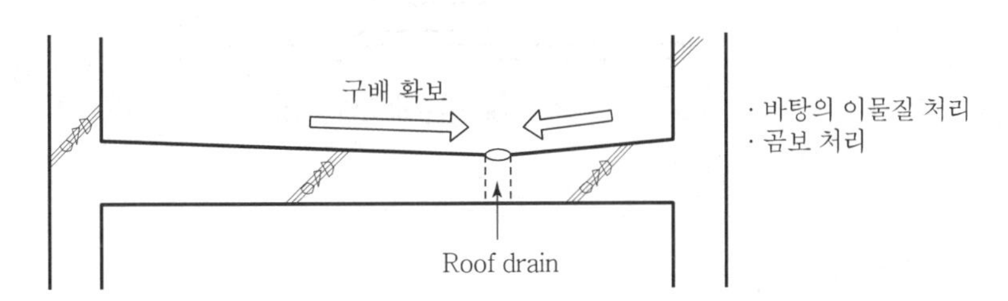


3) 바탕과의 밀착

① Primer 칠은 빠짐없이 충분히 칠할 것
② 공극 발생에 유의

4) Roof Drain 주위 보강

벽체나 바닥을 관통하는 배관 주위는 철저히 시공

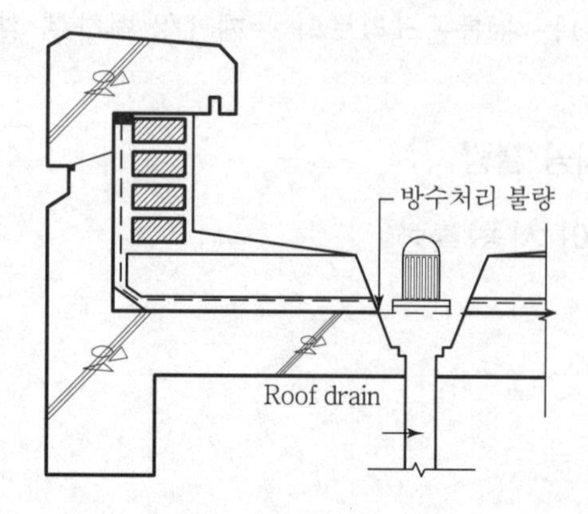


### 5) Parapet 벽체 단부 Sealing 처리

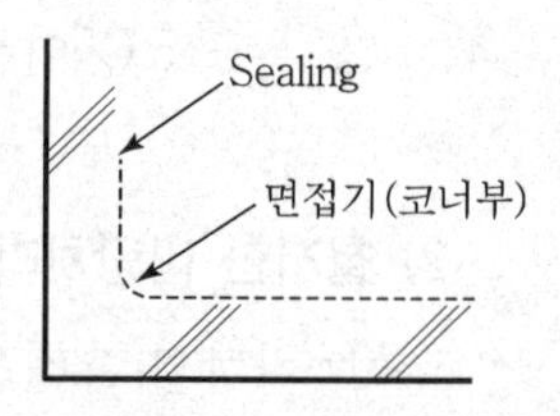


① 벽체 단부 방수가 끝나는 부위는 Sealing 처리

② 벽 코너부는 면접기 시공

### 6) 이음부 처리

① 이음부의 접착성 확보

② 충분한 겹침 길이(100mm 이상) 확보

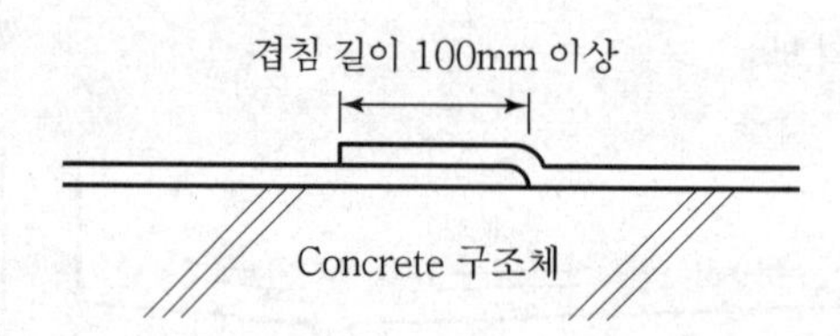


### 7) 담수 Test 실시

48시간 이상 담수 Test를 할 것

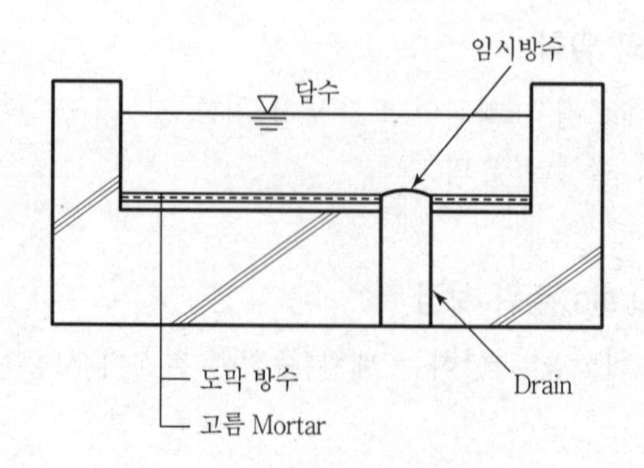

## Ⅶ. 결 론

① 도막방수는 시공성이 우수하며 재료비가 저렴하여 많이 시공되고 있으나, 시공기간이 많이 소요되므로 충분한 공기가 필요하다.

② 도막방수의 결점을 보완하기 위해 현재는 Sheet 방수와 도막방수를 결합한 복합방수를 주로 사용하고 있다.

# 문제 15 시트방수의 시공 시 유의사항 및 하자원인과 대책

## Ⅰ. 개 요

시트 방수는 합성 고무계, 합성 수지계, 고무화 아스팔트의 시트 방수제를 사용하여 바탕에 접합시키는 공법으로 옥상 및 지하철 등 지하방수공법으로 널리 이용된다.

## Ⅱ. 시트의 종류 및 특징

### 1) 종류

- 합성고무계
  - 가황고무계
  - 비가황고무계
- 합성수지계
  - 염화비닐수지계
  - 에틸렌수지계
- 고무화 아스팔트계

### 2) 특징

| 장점 | 단점 |
|---|---|
| • 신장성 · 내후성 · 접착성 우수<br>• 상온 시공으로 복잡한 장소의 시공 용이<br>• 공기가 짧으며 내약품성 우수 | • 바탕과 시트 사이의 접착 불완전에 따른 균열, 박리 우려<br>• 시트 두께가 얇으므로 파손 우려<br>• 내구성 있는 보호층 필요<br>• 복잡한 형상의 바탕에 대한 시공성 낮음 |

## Ⅲ. 시공 시 유의사항

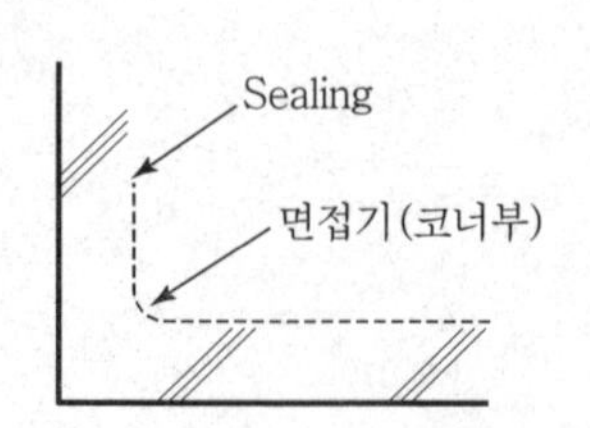


### 1) 바탕처리 철저

① 바탕은 요철이 없도록 쇠흙손으로 마무리 후 건조

② 모서리는 300mm 이상 면접기 실시

### 2) Primer 도포 철저

① 청소 후 Primer를 바탕면에 충분히 도포

② Primer는 접착제와 동질의 재료를 녹여서 사용

### 3) Sheet 접착시 이음길이 확보

① 접착공법

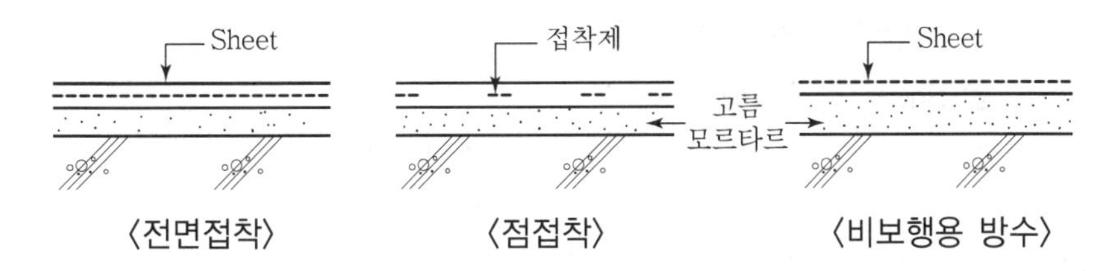


〈전면접착〉 〈점접착〉 〈비보행용 방수〉

② 접착시 겹침이음은 50mm 이상, 맞댄 이음은 100mm 이상

### 4) 보호층 시공 시 품질관리 철저

① 직사일광에 의한 시트 보호를 위해 경량콘크리트, 모르타르 등을 사용

② 신축줄눈은 3~4m 간격으로 설치

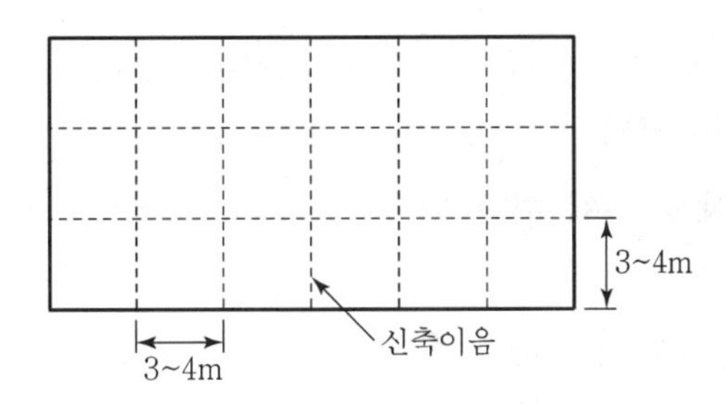


## Ⅳ. 하자원인

### 1) 부풀음 현상

① 바탕 건조 미흡으로 Sheet 하부에 습기가 있을 경우

② 태양열, 온도상승 등에 의한 수증기 발생으로 부풀음 발생

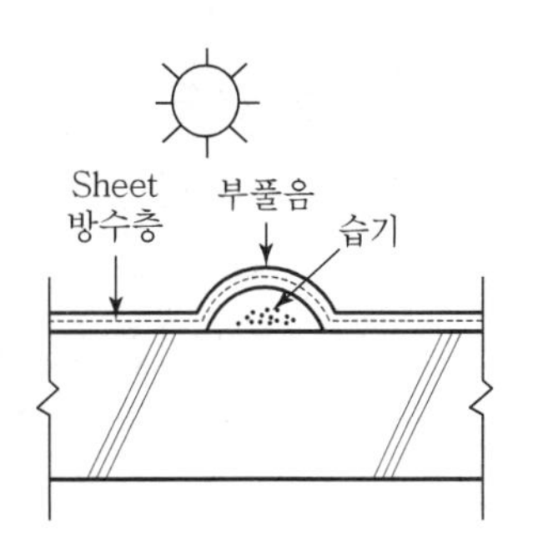

## 2) 기포 및 공극

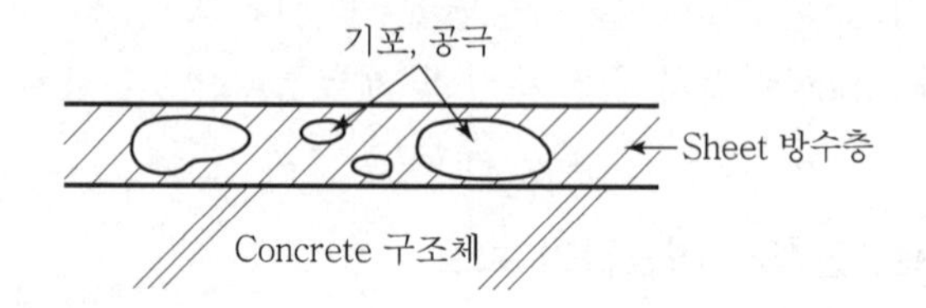


① Primer 칠 일부 누락
② 바탕에 요철 처리 미흡
③ Sheet 접착제의 성능 부족
④ 시공 시 기후조건에 의함(습기과다, 기온저하)

## 3) Sheet재 신장

시공 시 Sheet재의 지나친 신장

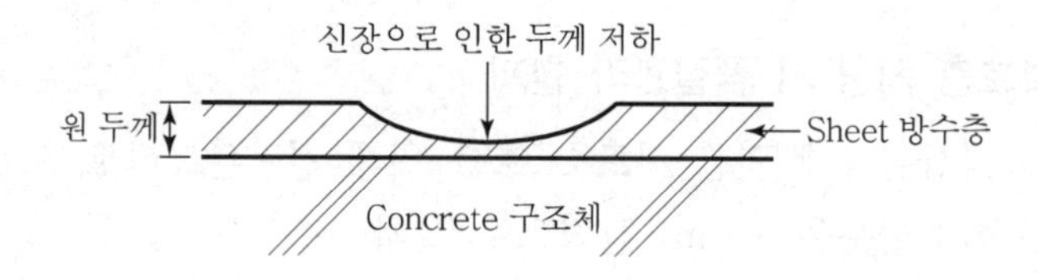


## 4) 벽체 부위 탈락

① 시트재의 벽체 접착 시공 불량
② 코너부 면접기 미시공
③ 벽체 상부 끝부분 코킹 시공 누락
④ 벽체에 외부로부터의 습기 침입
⑤ 시공 시 Sheet재의 지나친 신장

## 5) 누수

① 이음부 접착시공 부족
② 이음길이(100mm 이상) 부족
③ 시공 완료 후 담수 Test(3일 이상) 누락

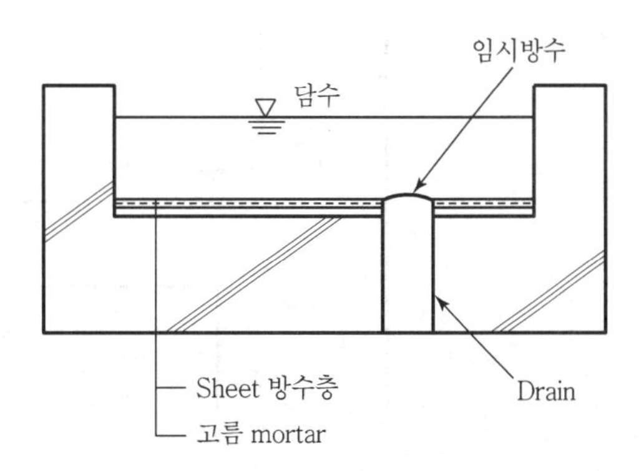


## Ⅴ. 대책

### 1) 바탕처리 철저

① 바탕의 요철부위는 좋은 배합의 Mortar로 처리 후 완전건조
② PE(Polyethylene)필름을 깔아 바닥 전 부위의 건조상태 확인
③ 균열 부위는 V-Cutting 후 보수
④ 이물질 제거, 곰보부위 면처리
⑤ 바탕면 물청소로 불순물 제거
⑥ 바닥구배 시공 철저

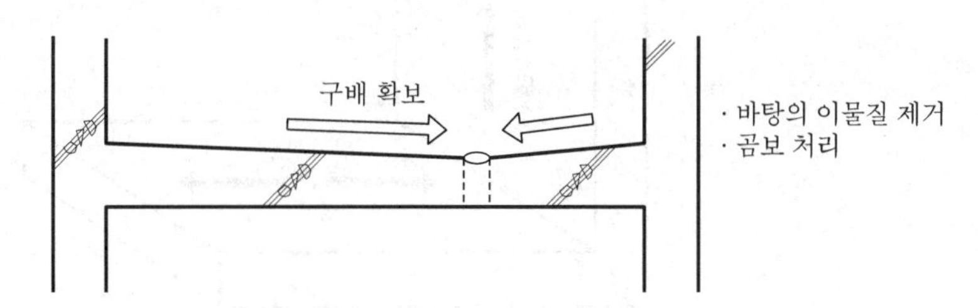


### 2) 바탕건조

① 바탕은 습기가 완전히 제거될 때까지 건조
② 바탕의 요철이 없도록 쇠흙손 마무리
③ 모서리(H)는 30mm 이상 면접기

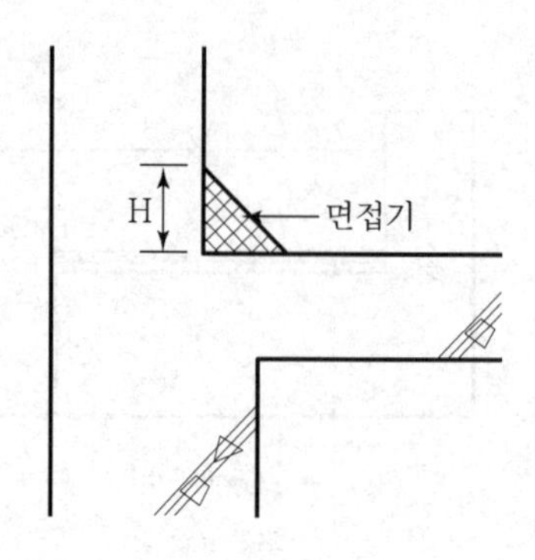


### 3) 재료보관 철저

① 사용재료는 직사광선을 피하여 보관

② 운반 중 파손에 특히 유의

③ 방수재와 프라이머, 접착재 등은 품질변화가 발생하지 않도록 보관 철저

④ 파손된 재료는 사용하지 말고 즉시 반출

### 4) 시공방법

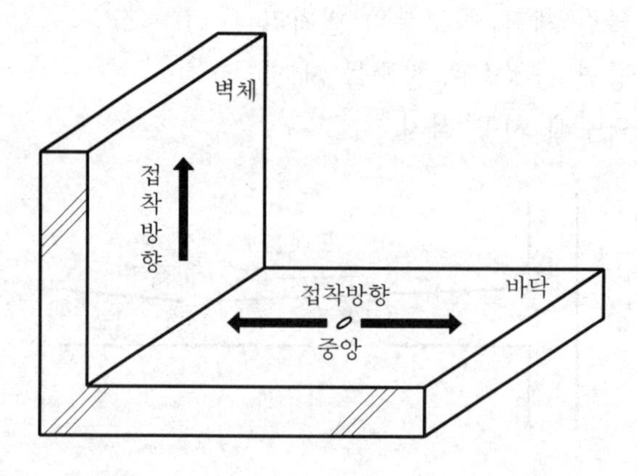


① 벽은 아래에서 위로 붙임

② 바닥은 중앙에서 양쪽 가장자리로 붙임

### 5) 프라이머 시공 철저

① 바닥 프라이머 칠은 골고루 충분히 칠함

② 프라이머 건조시간 준수

③ 프라이머는 접착제와 동일 재료 사용

④ 프라이머 시공 전 바탕 청소 철저

### 6) 바탕과의 밀착

① 접착제 칠은 빠짐없이 충분히 칠할 것
② Sheet 붙인 후 Roller로 밀착
③ 밀착 시 공극이 발생하지 않도록 유의

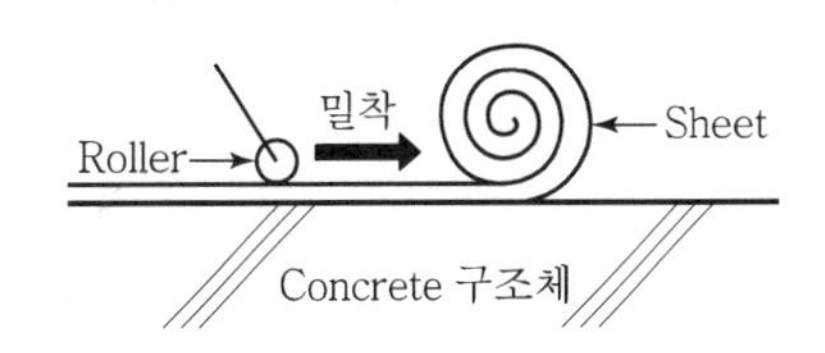


### 7) 벽체 단부 Sealing 처리

① 벽체 단부, Sheet재가 끝나는 부위에는 Sealing 처리 철저
② 벽 코너부는 면접기 시공

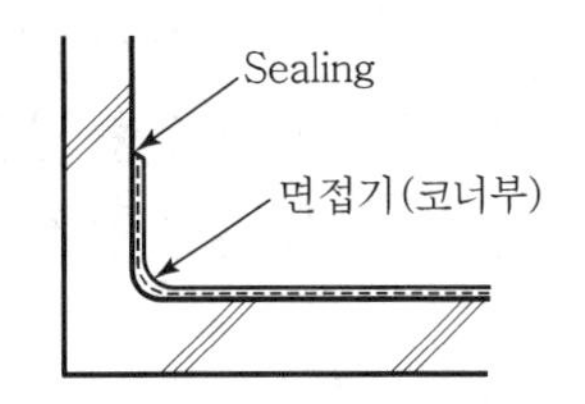


### 8) Sheet 이음부 누름

① 이음 길이 100mm 이상 확보
② 이음부는 충분히 눌러서 접착 정도 확인

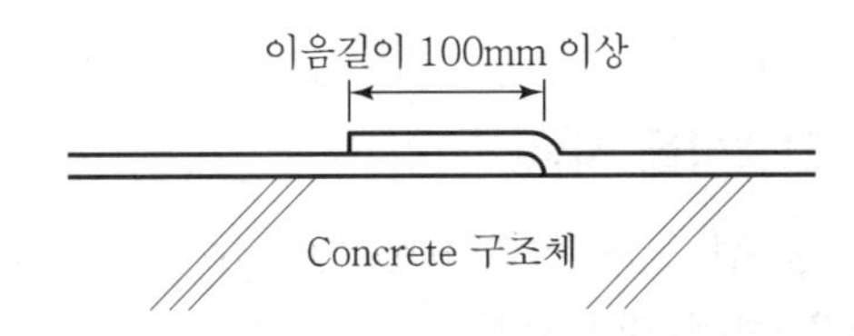


### 9) 시공 후 부풀음 부위 보강

① 작업 완료 후 부풀음 검사
② 부풀음 부위는 +형으로 절단 후 보강
③ 보강한 주위의 부풀음에 대한 검사 철저

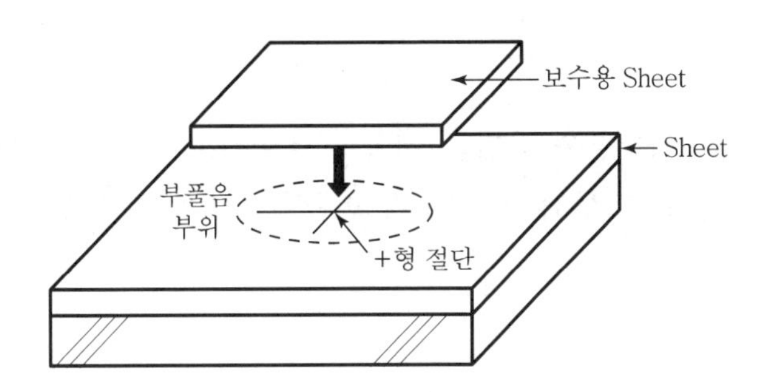

#### 10) 누름 콘크리트의 조기 타설

① 방수공사 완료 후 3일간 담수 Test 실시
② 담수 Test 후 곧바로 누름 콘크리트 타설
③ 보행 및 자재운반에 따른 방수층 파손에 유의
④ 누름 콘크리트 타설 중 방수층 훼손에 유의

#### 11) 일사광선 차단

① 방수층 시공 후 직사광선으로부터 노출 금지
② 방수층 하부 습기에 의한 부풀음 방지

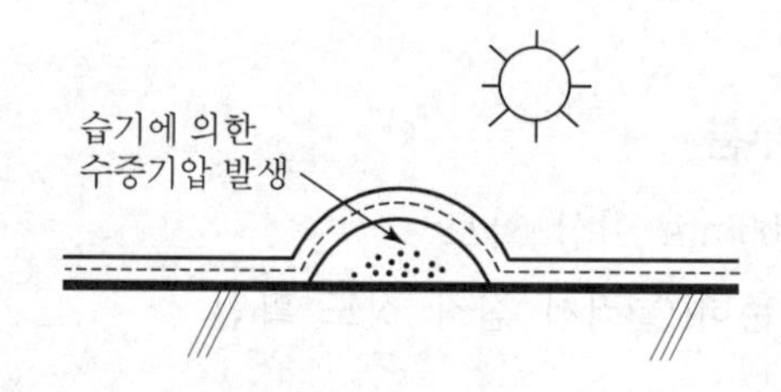


#### 12) Parapet 보호벽돌 시공

① 벽돌 시공 전 모르타르 또는 콘크리트로 방수층을 벽에 밀착시킴
② 보호벽돌은 벽에 밀착시켜 시공
③ 벽과 보호벽돌 사이의 틈은 사춤으로 메울 것

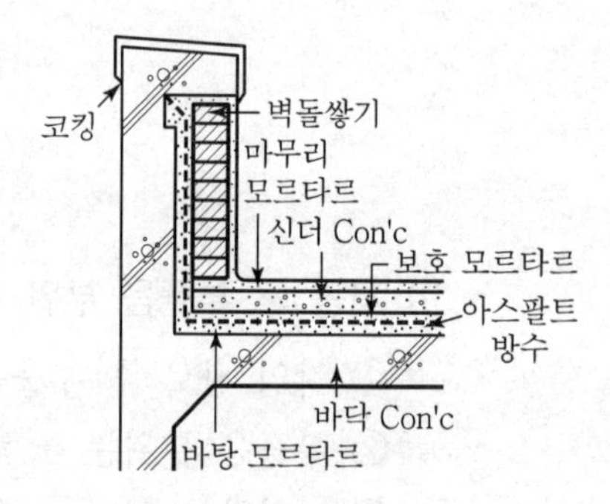


## Ⅵ. 결 론

시트(Sheet) 방수 공법은 시공이 용이하고 방수 성능이 뛰어난 공법이나, 하자 발생 시 발견 부위 및 보수가 곤란하므로 이에 대한 연구개발이 필요하다.

# 문제 16 실링재의 요구성능 및 시공 시 유의사항

## Ⅰ. 개 요

① Putty, Gasket, Caulking 및 Sealant재 등을 접합부에 충전하여 수밀성・기밀성을 확보하는 공법을 Sealing 방수공법이라 한다.

② Sealing재는 신축성・내구성・시공성 등의 성능이 필요하며 시공 시 수밀하고 기밀성확보를 위한 철저한 품질관리가 요구된다.

## Ⅱ. 시공순서

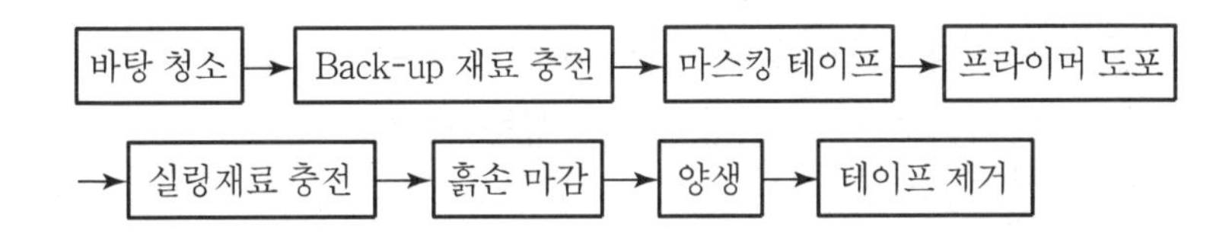


## Ⅲ. 실링재의 요구성능

### 1) 접착성

① 피착재에 Sealant가 접착되어 외부하중 작용시에도 분리되지 않고 저항하는 성질

② 접착성 Test

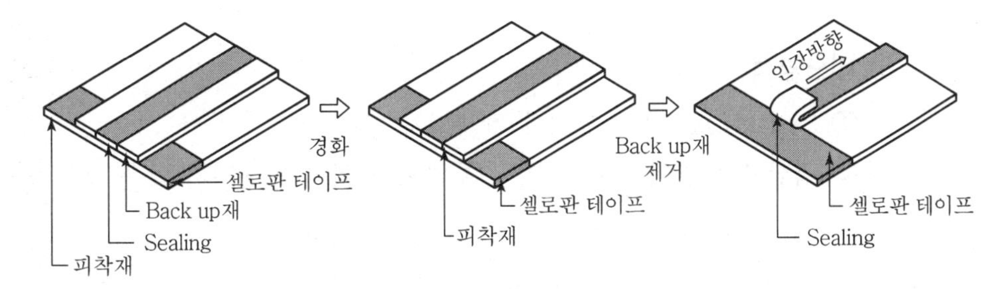

### 2) Movement에 대한 추종성

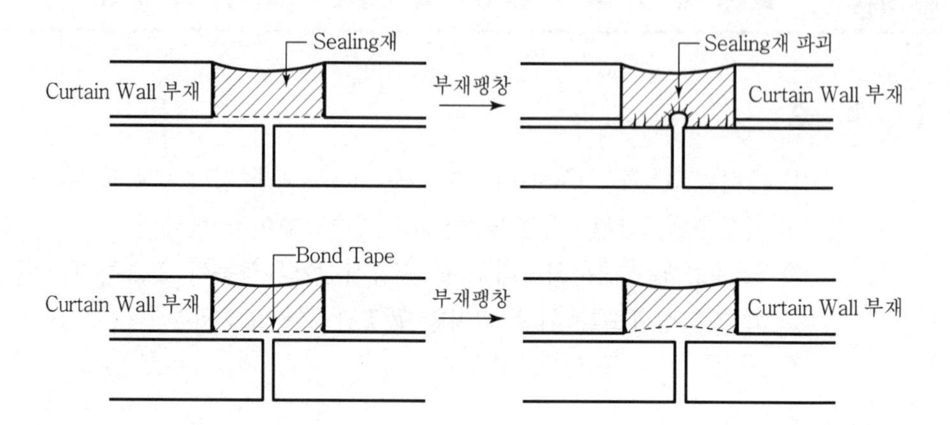


### 3) 내구성

① 피도물의 내구성능 이상의 내구성 요구

② 일반적으로 20년 이상의 내구성능 요구

### 4) 시공의 용이성

① 일반적 상황에서 작업이 가능하고 작업성이 용이할 것

② 작업조건

- 5℃ 이하 30℃ 이상 작업금지
- 습도 80% 이상 작업금지

### 5) 경화시간

경화시간이 짧을 것

### 6) 비오염성

① Sealant 표면에 곰팡이가 발생되지 않을 것

② 접합부 주변에 기름 등이 침투하여 오염이 발생되지 않을 것

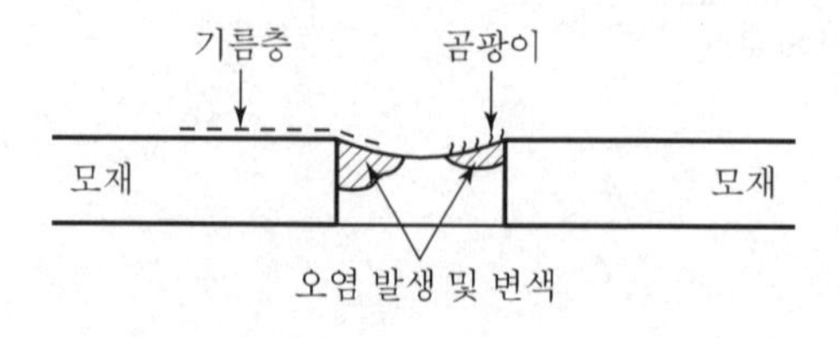

7) **내후 · 내약품성이 클 것**

화학적 반응에 의한 변형이 없을 것

8) **가격이 저렴할 것**

9) **신축시 원상회복성**

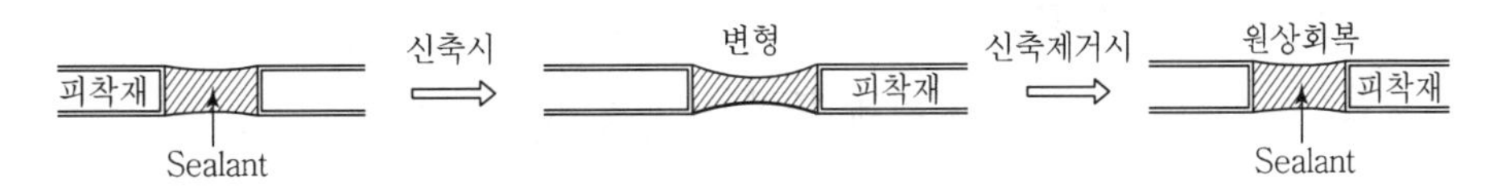


신축에 대한 추종성 및 원상회복 기능 확보

10) **구입용이성**

재료의 구입이 용이할 것

## Ⅳ. 시공 시 유의사항

1) **표면 건조**

① 바탕면 청소 후 표면은 완전히 건조

② 충전 전에 습기 · 먼지 제거

2) **Back-Up 재료 충진**

3면 전단발생 금지, Bond Breaker용 Tape 설치

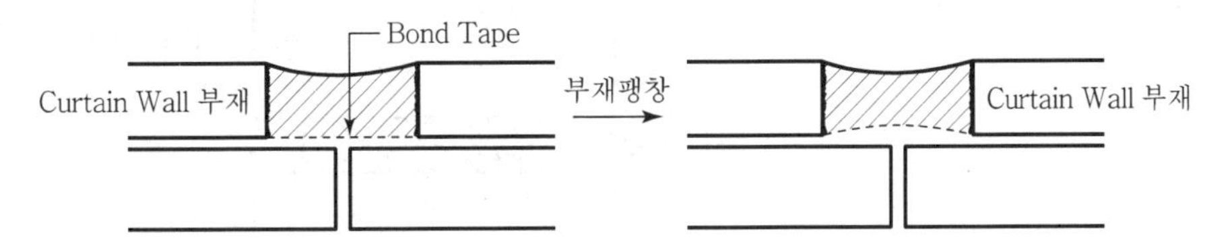


3) **마스킹 테이프 정밀 부착**

주변오염 방지 및 줄눈선 살리기

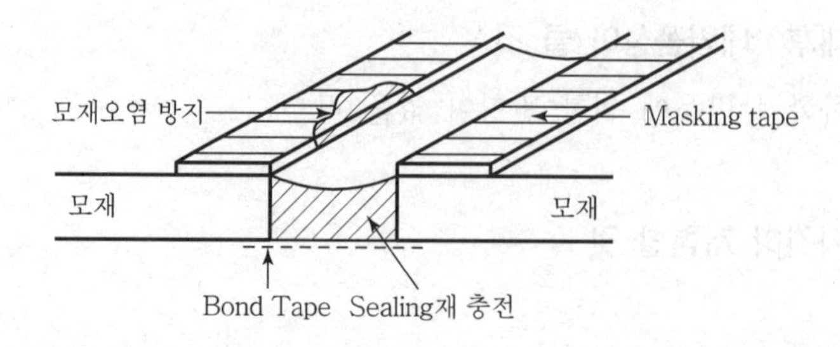


#### 4) 프라이머 도포

비산되거나 접합부 외에 부착되는 것 방지

#### 5) 실링재료 충전

경화될 때까지 표면이 오염되지 않게 양생

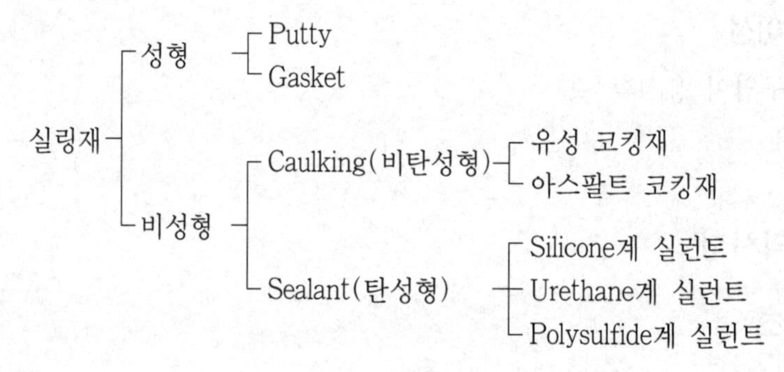


#### 6) 흙손 마감

마무리면은 평탄하게 하고 마무리 후 보양 필요

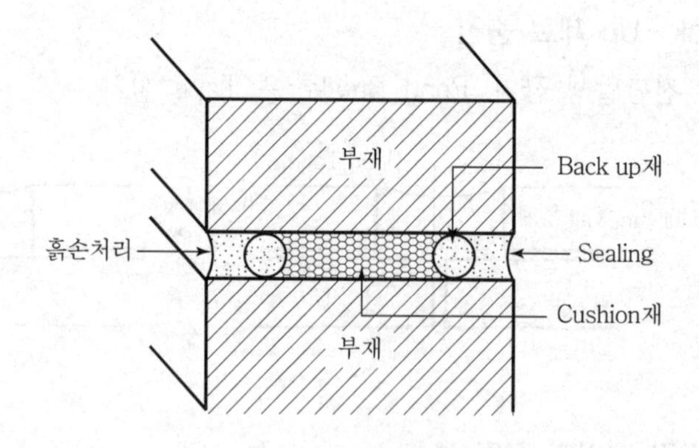

7) 테이프 제거

표면 경화 후에는 마스킹 테이프를 제거

## Ⅴ. 코킹(Cauking)과 실런트(Sealant) 비교

| 구분 | 코킹 | 실런트 |
|---|---|---|
| 가격 | 저렴 | 다소 고가 |
| 용도 | PC 외벽, 창호 주변 | 유리끼우기, 싱크대, 욕조 |
| 액형 | 주로 2액형 | 1액형 |
| 경화시간 | 단 | 장 |
| 접착력 | 보통 | 우수 |
| 추종성 | 다소 적음 | 우수 |
| 하자발생 | 다소 많음 | 적음 |
| 시공성 | 약간 불편 | 우수 |
| 내구성 | 다소 저하 | 우수 |
| 색상 | 단순 | 다양 |
| 피착면 오염 | 심함 | 적음 |

## Ⅵ. 결 론

실링재 시공은 재질과 장소에 따라 적합한 설계가 중요하며, 전 작업과정에서 철저한 품질관리가 이루어져야 한다.

문제 17

# 지붕방수의 하자요인과 방지대책

## Ⅰ. 개 요

① 지붕방수의 하자는 옥상층 slab와 parapet 등에서 주로 발생하므로 본 구조체의 강성 확보가 우선되어야 한다.

② 하자의 방지를 위해서는 적절한 방수공법의 선정과 시공 시 품질관리 및 양생관리가 중요하다.

## Ⅱ. 작업 전 검토사항

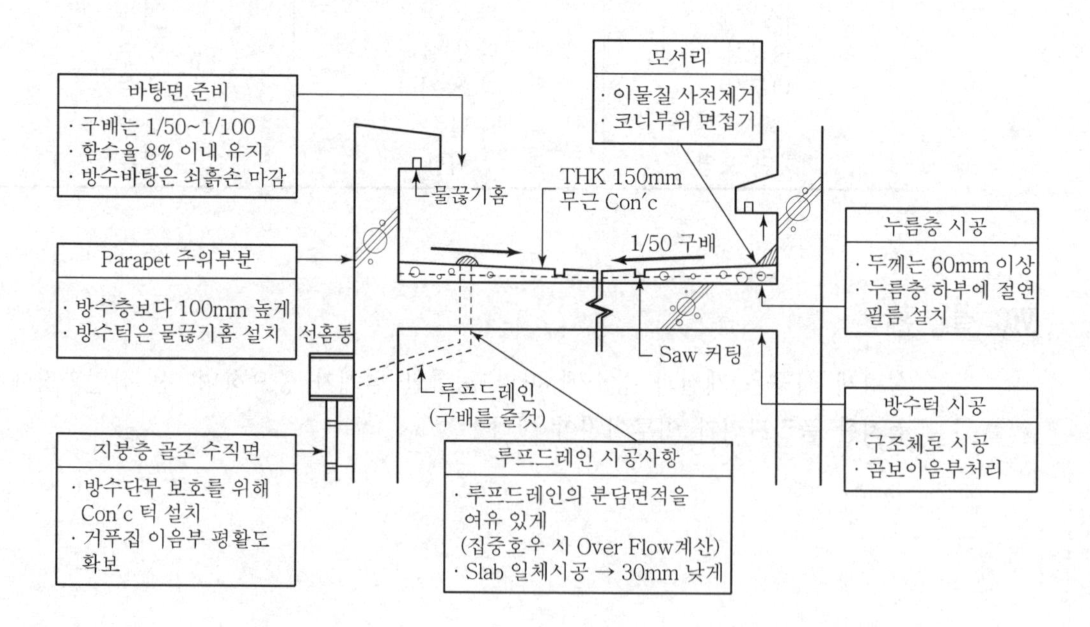

## Ⅲ. 하자 요인

### 1) 구조체 시공불량

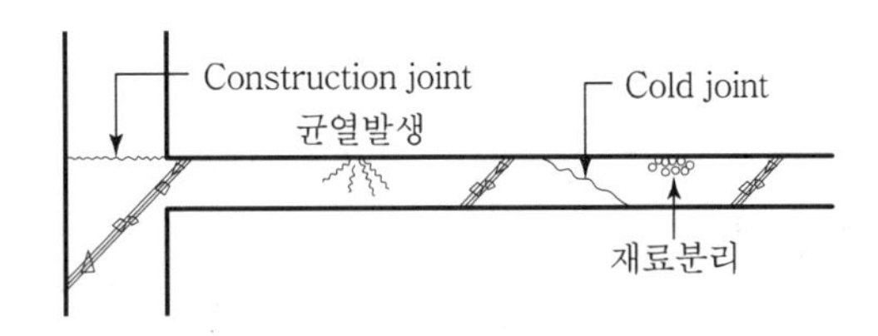


구조체 자체의 시공 및 양생불량으로 균열 및 콘크리트내 수로 발생

### 2) 구배 불량

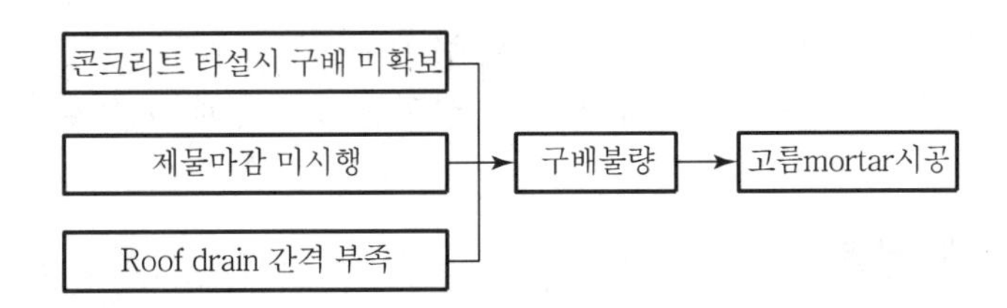


① 구배가 맞지 않은 경우 방수하자에 항상 노출되어 있음
② 고름mortar로 재시공한 후 방수층 형성

### 3) 바탕처리 미비

이물질 제거 및 홈메움 부족

### 4) Roof drain 주위 처리 불량

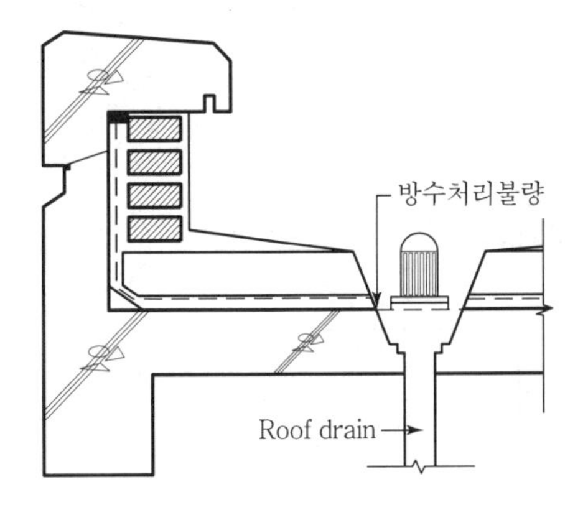


① 보강방수 필요
② 구배처리 미시공
③ 방수층과 drain이 만나는 부분에 코킹처리 누락

5) 방수층 손상

누름 콘크리트 타설 시 발생가능성이 높음

## Ⅳ. 방지대책

1) 바탕처리 철저

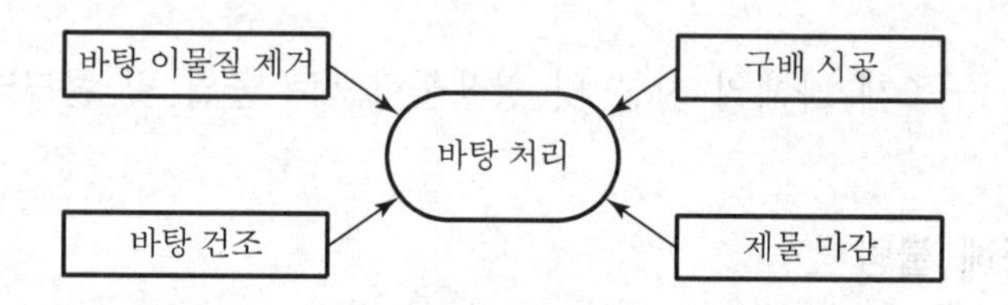


① 바탕에 패인 부분 등은 mortar로 보수

② 구조체 콘크리트 타설 시 제물마감으로 구배시공 철저

2) 구배 확보

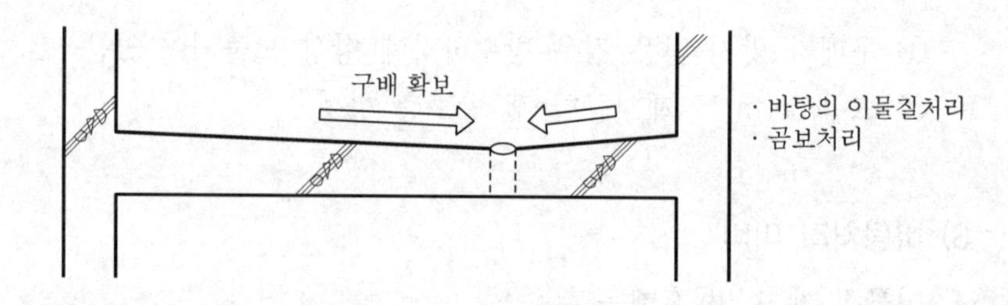


Roof drain 주위로 구배시공

3) Corner 부위 면접기

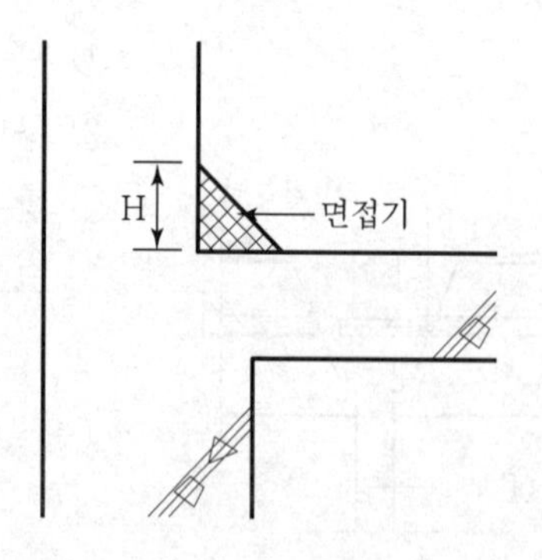


면접기높이(H)는 누름콘크리트의 두께 1/2 이하로 설치

4) 신축줄눈 설치

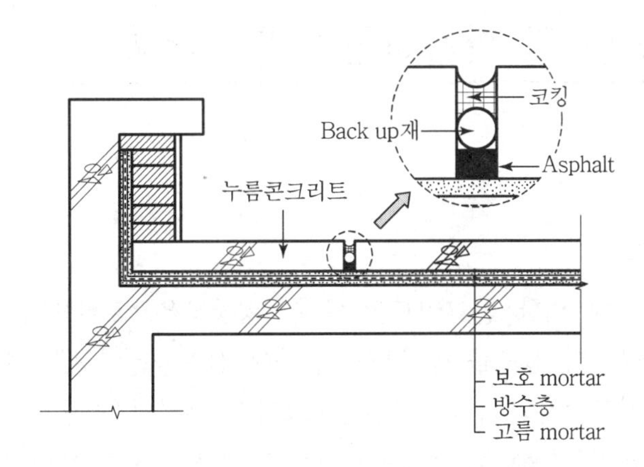


노출된 누름콘크리트의 수축과 팽창을 흡수하기 위해 설치

5) 방수층 밀착 접착

구조체와의 접착력 향상

6) 관통 sleeve부 보강

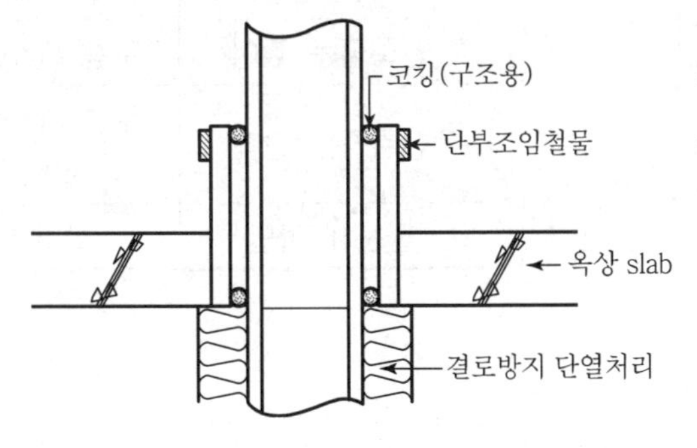


우수침입 방지 및 수축, 팽창의 흡수를 위해 내구성이 좋은 구조용 코킹으로 시공

## V. 결 론

① 지붕층 방수는 일사 및 온도변화의 영향을 크게 받으므로 내열성, 내구성 및 부재 신축에 충분히 대응할 수 있어야 한다.

② 방수공사의 하자예방을 위해서는 설계시부터 충분한 검토가 필요하며 위치 및 부위에 따른 적합한 공법의 선정이 중요하다.

문제 18

# 방수층 위에 시공한 누름콘크리트의 신축줄눈 시공방법 및 하자원인과 방지대책

## Ⅰ. 개 요

1) 의 의

① 열에 의한 콘크리트의 수축, 팽창작용으로부터 parapet 및 돌출 구조체의 균열과 전도를 방지하기 위하여 신축줄눈이 필요하다.

② 신축줄눈의 간격은 누름콘크리트 두께의 30배 이내를 원칙으로 하고 적정 크기의 폭으로 누름콘크리트 전체를 완전히 분리되도록 설치한다.

2) 시공 전 검토사항

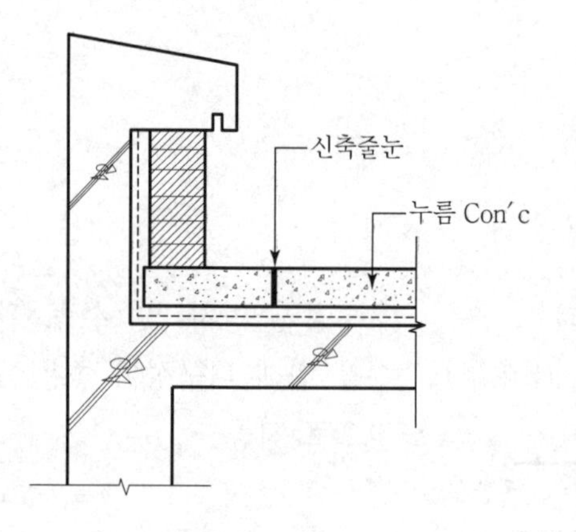


| 검토사항 | |
|---|---|
| 누름 Con'c 두께 | 60mm 이상 |
| 신축줄눈 폭 | 20~25mm |
| 신축줄눈 깊이 | 누름 Con'c 두께 |
| 신축줄눈 간격 | 누름 Con'c 두께의 30배 이하 |
| 줄눈재 하단 | 절연 film |

## Ⅱ. 신축줄눈 시공방법

1) 줄눈 나누기

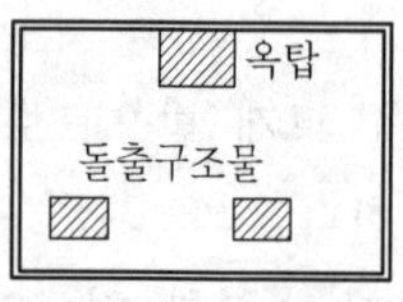


옥탑 주변, parapet 주변, 돌출구조물 주변

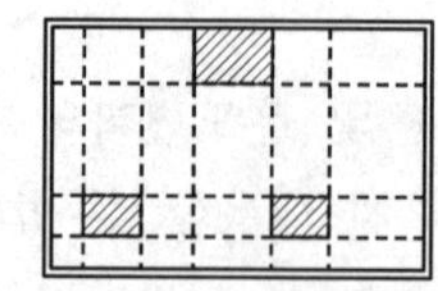

⇨ 옥탑, 돌출구조물에서 연장

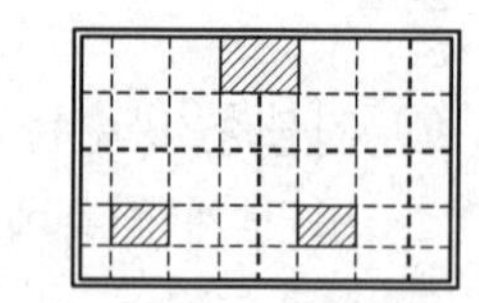

⇨ 3m 간격으로 적절하게 분할

### 2) 줄눈 간격

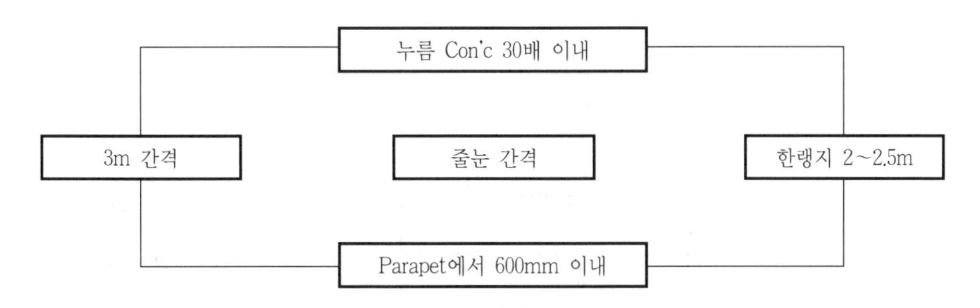


원칙적으로 누름 Con'c의 30배 이내 또는 3m 정도로 설치

### 3) 외곽 trench 설치

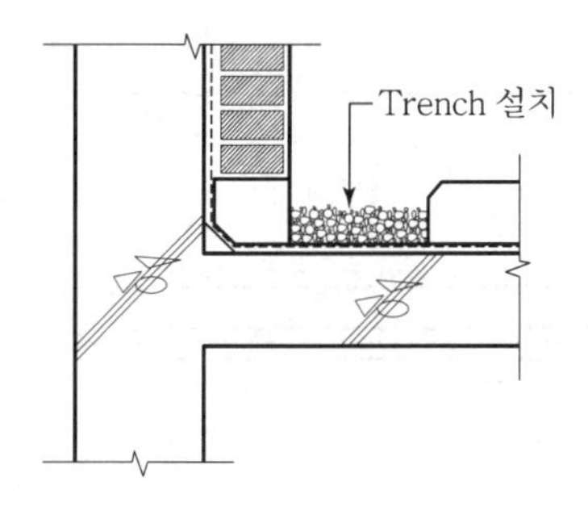


① 외곽의 trench가 신축줄눈의 역할 담당
② Trench의 구배시공으로 원활한 배수 유도

### 4) 외곽 신축줄눈 설치

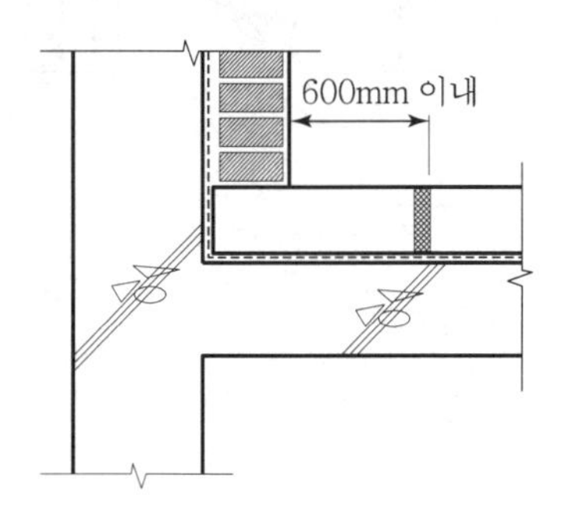


① Parapet으로부터 600mm 이내 설치
② Parapet의 균열 및 전도 방지

### 5) 신축줄눈 설치

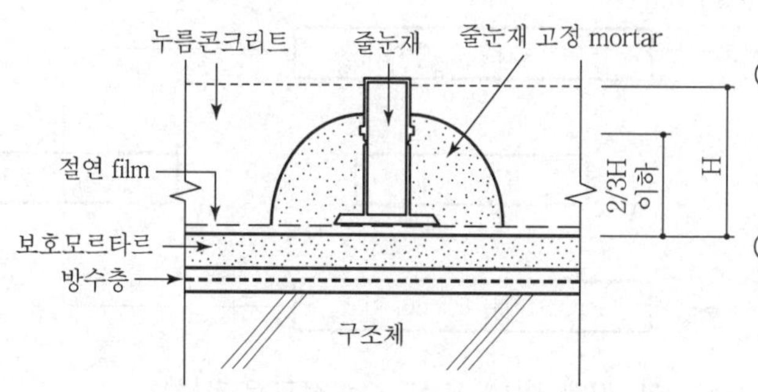


① 줄눈재 고정mortar의 바름 높이는 누름 Con'c 높이의 2/3 이하

② 신축 줄눈재 하부는 보호 mortar와의 분리를 위해 절연 film 설치

## Ⅲ. 하자원인

### 1) 줄눈재 고정 미흡

① 줄눈재 고정 미흡으로 누름 Con'c 타설시 줄눈재의 전도

② 하자 발생 빈도가 높으므로 유의

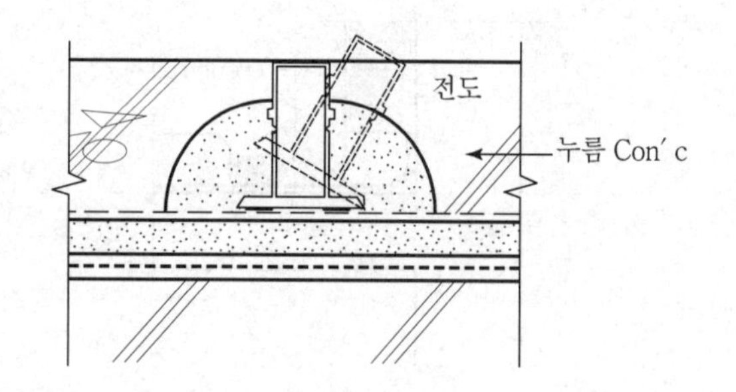


### 2) 설치간격 과다

① 줄눈대 설치간격이 규정보다 넓을 경우

② 보통 4~5m 간격으로 설치

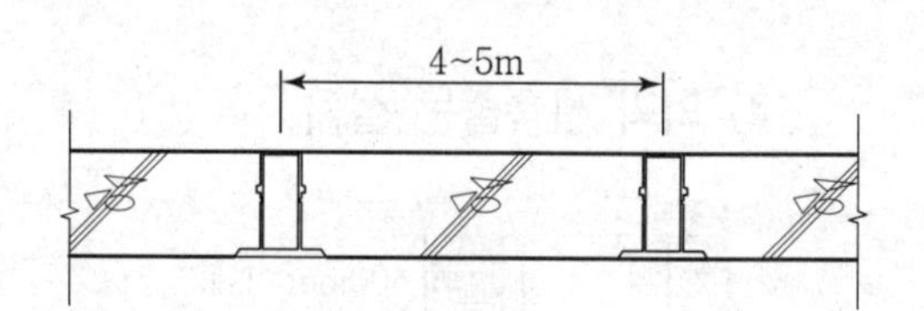


### 3) 누름 Con'c 균열 발생

균열방지재(wire mesh) 미설치

### 4) 줄눈재의 하부고정 미흡

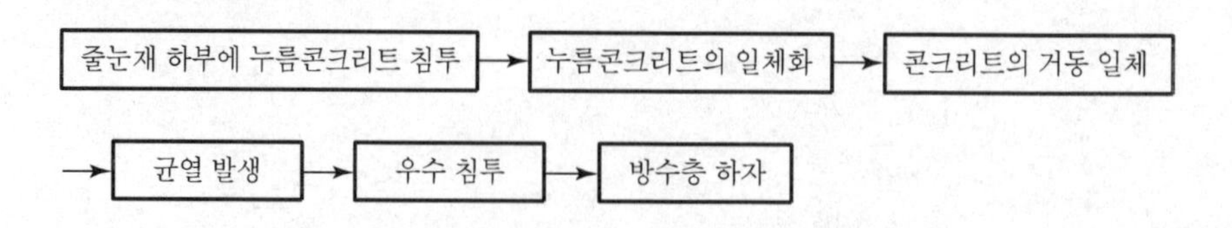

5) Parapet과의 간격 과다

① Parapet과 외곽 신축줄눈의 간격은 600mm 이내로 할 것

② Parapet 주위 신축줄눈의 폭은 25~40mm로 할 것

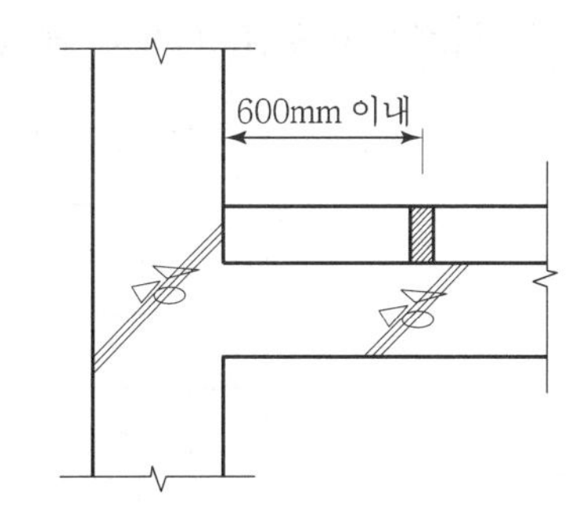


## Ⅳ. 방지대책

1) 재료의 구입 및 보관관리 철저

① 기성 신축줄눈재의 사용

② 재료 보관 시 휨발생 방지

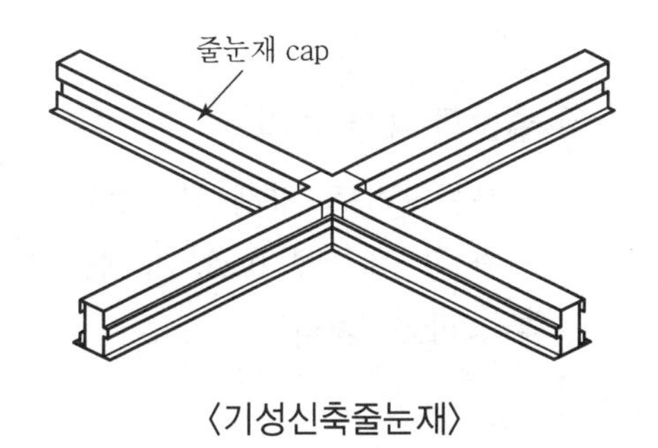


〈기성신축줄눈재〉

2) 줄눈의 크기 및 간격 유지

| 구분 | 기준 |
|---|---|
| 줄눈 폭 | 20~25mm(외곽줄눈 25~40mm) |
| 줄눈 간격 | 3m 이내, 누름 Con'c의 30배 이내 |
| 줄눈 깊이 | 누름 Con'c의 두께 |

3) 줄눈재 고정 mortar 시공

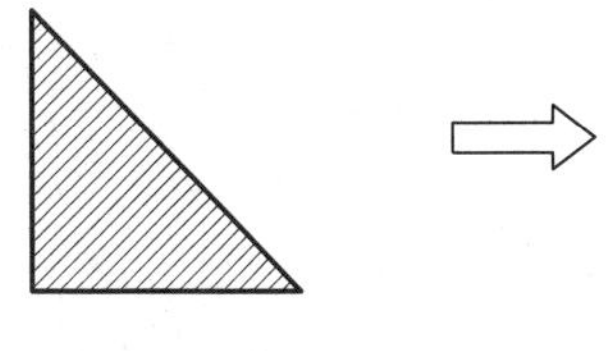

〈삼각〉

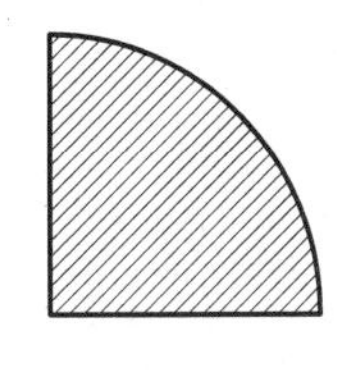

〈원형〉

줄눈재 고정 mortar를 원형으로 시공하여 안정성 확보

4) 줄눈재 고정 mortar의 배합

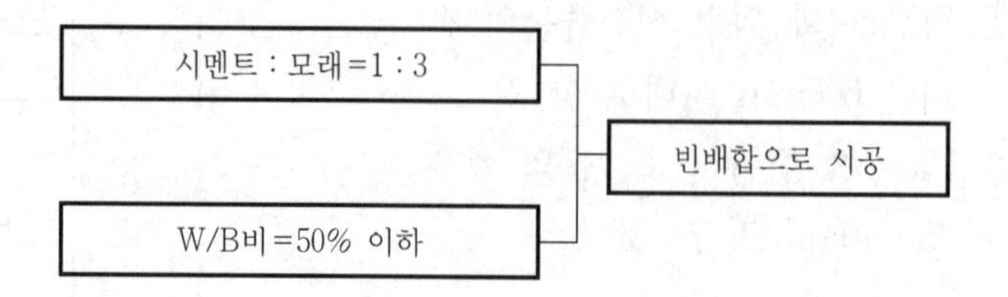


5) 줄눈재 높이 유지

줄눈재의 높이는 누름Con′c 높이 이상으로 설치

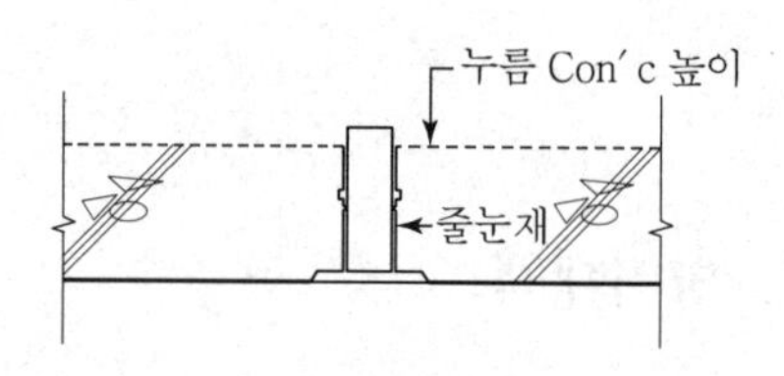


6) 줄눈재 내부 처리

누름콘크리트 양생 후 줄눈재의 cap 제거 후 내부에 back up재를 넣고 상부 sealant 처리

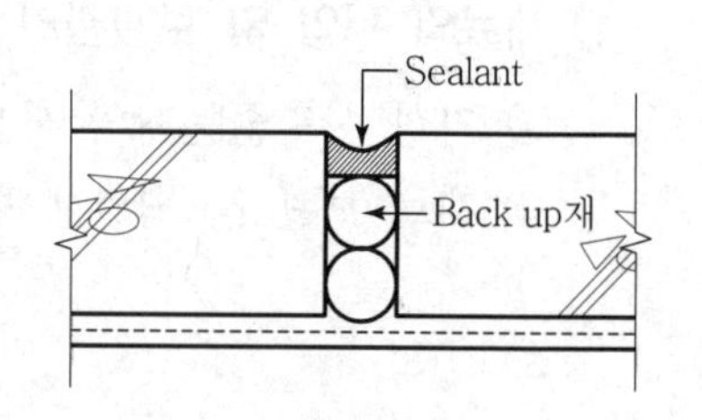


## V. 결 론

① 줄눈재 고정 mortar는 줄눈재 전체 길이에 대해 설치 및 고정하고 높이는 누름 Con′c 높이의 2/3 이하가 되도록 관리한다.

② 줄눈재의 설치 간격을 준수하고 누름 Con′c 타설시 줄눈재의 유동이 없도록 유의하며 누름 Con′c의 균열이 발생하기 전에 줄눈재 내부처리를 한다.

# 문제 19 옥상 parapet 시공 시 누수원인과 대책

## Ⅰ. 개 요

① 옥상 parapet은 콘크리트, ALC, 콘크리트 위 마감재 사용, 철골틀 위 마감재 사용 등으로 시공되고 있다.

② 누수의 주요원인은 parapet의 부위별 균열 및 코너부위 면처리 불량, 줄눈처리 누락 등이 있다.

## Ⅱ. 현장 시공도

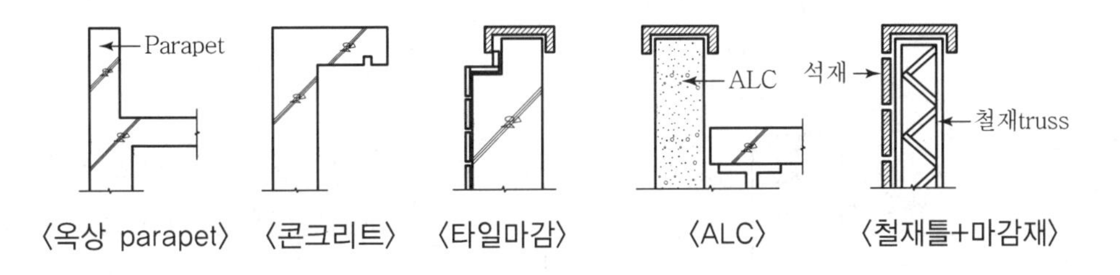


〈옥상 parapet〉 〈콘크리트〉 〈타일마감〉 〈ALC〉 〈철재틀+마감재〉

## Ⅲ. 누수원인

### 1) 돌출부분(방수턱) 후타설

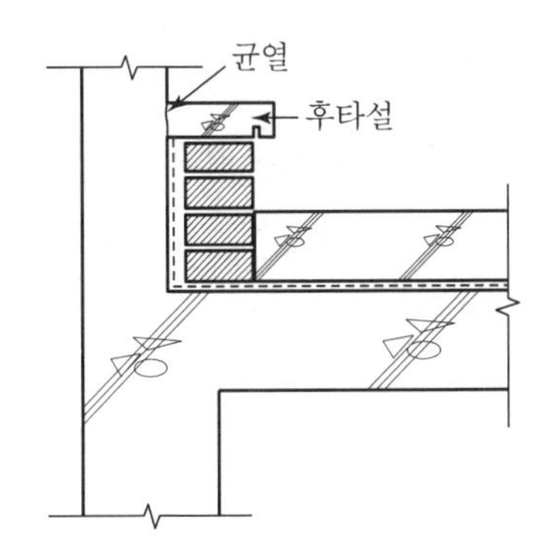


후타설 연결부위에 생긴 균열로 빗물 유입

### 2) 외장타일 줄눈처리 불량

① 외장타일의 줄눈부 시공결함으로 인한 누수 발생

② 줄눈 mortar에는 방수제를 섞어서 시공해야 함

3) Parapet과 바닥 slab 접합부

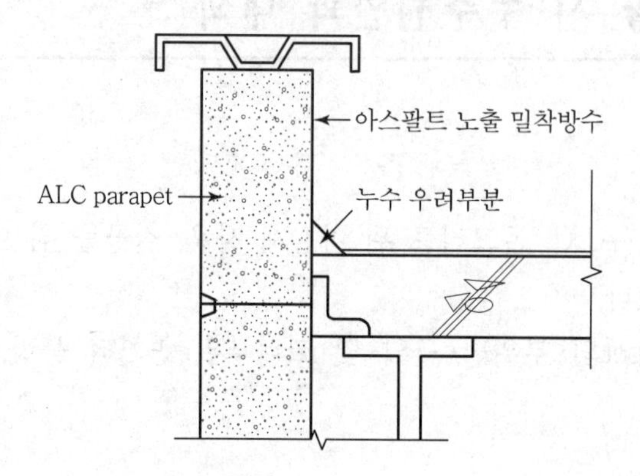


ALC의 movement에 의해 방수층이 누수됨

4) 난간철물 시공

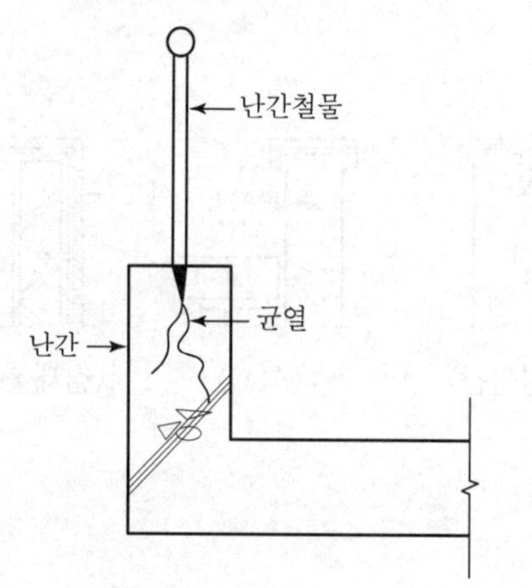


난간철물을 콘크리트 본체에 시공 시 균열발생으로 인한 누수 우려

5) 방수층 높이 미달

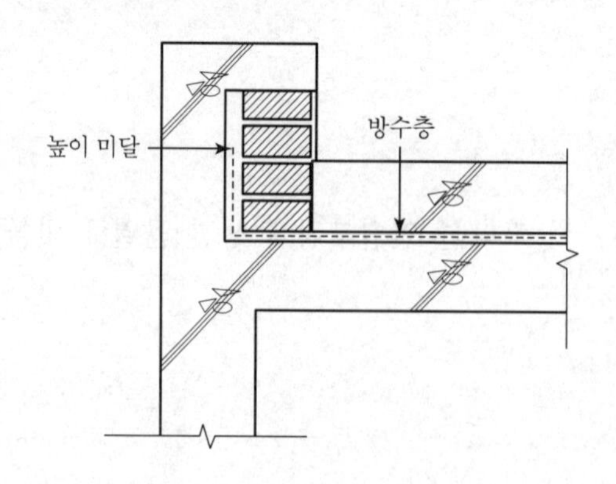


방수층 치켜올림은 300mm 이상으로 하고 끝부분에 sealing처리로 틈발생 방지

6) Control joint 시공누락

① 콘크리트 마감 시 외벽 control joint 미시공

② 건조수축에 따른 균열발생

## Ⅳ. 방지대책

### 1) 기본시공 철저

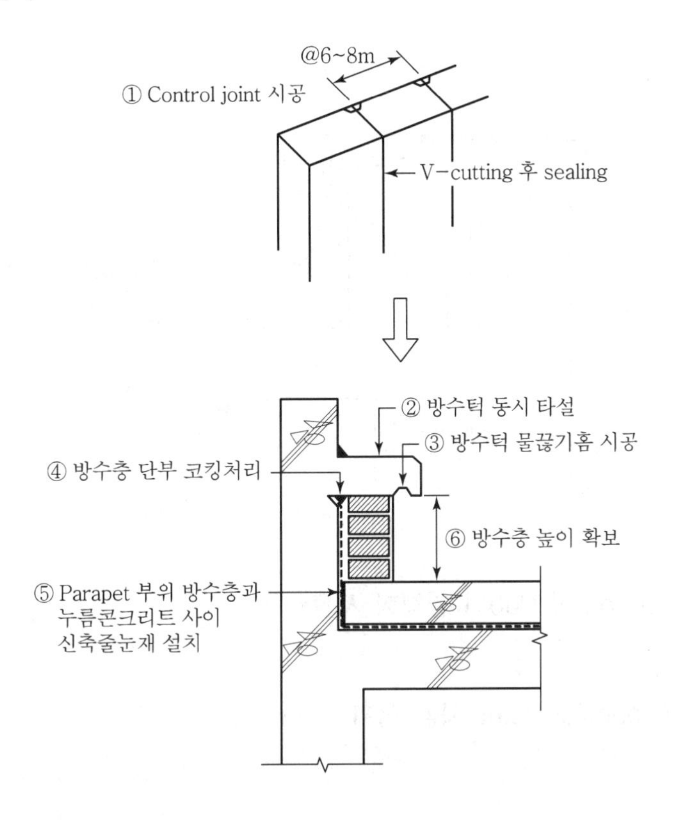


### 2) 난간철물 시공변경

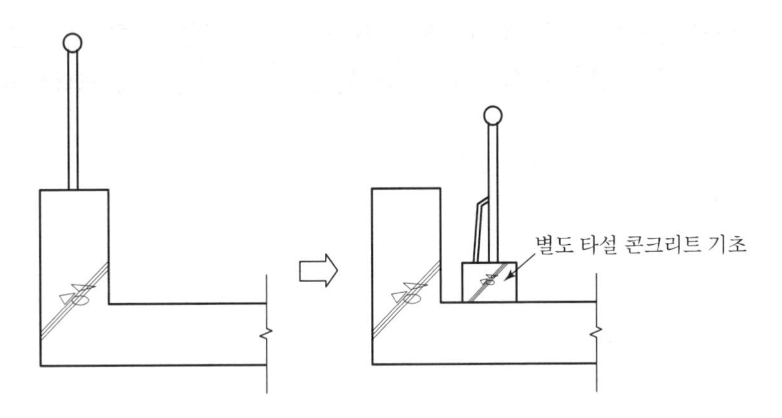


옥상에 설치되는 구조물은 별도로 기초를 설치하여 구조체에 anchoring 방지

3) 외장타일 줄눈처리

외장타일 줄눈 사이로 우수침입 방지

4) Parapet 상부 flashing 설치

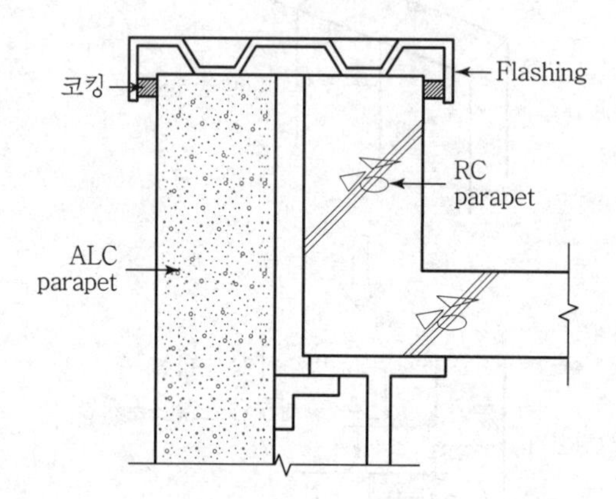


Parapet 상부에 flashing을 설치하여 상부 전체의 우수침입 방지

5) Parapet과 slab의 일체화 시공

6) Expansion joint 시공 철저

## V. 결 론

옥상 parapet 부분의 하자는 곧바로 누수, 균열, 백화 및 마감재 탈락으로 이어지므로 옥상층 누름콘크리트와 연계하여 하자방지에 노력해야 한다.

# 문제 20 지하외벽 bentonite 방수의 요구성능 및 시공 시 유의사항

## Ⅰ. 개 요

### 1) 의 의

① 벤토나이트(bentonite)란 응회암·석영암 등의 유기질부분이 분해하여 생성된 미세 점토질 광물로 화산폭발 시 분출되는 화산재가 해저에서 염소와 작용하여 생성된다.

② 벤토나이트가 물을 많이 흡수하면 팽창하고, 건조하면 극도로 수축하는 성질을 이용한 방수공법이다.

③ 벤토나이트 방수재료는 panel, sheet 또는 mat 바탕 위에 벤토나이트를 부착시킨 것으로 시공법은 sheet방수공법과 유사하다.

### 2) 특 징

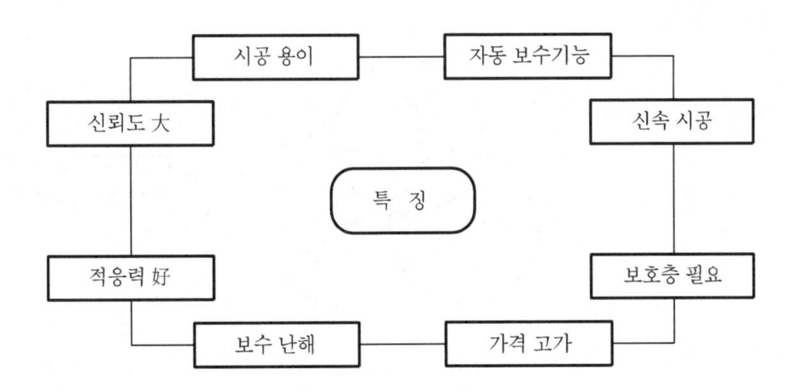

## Ⅱ. 시공도

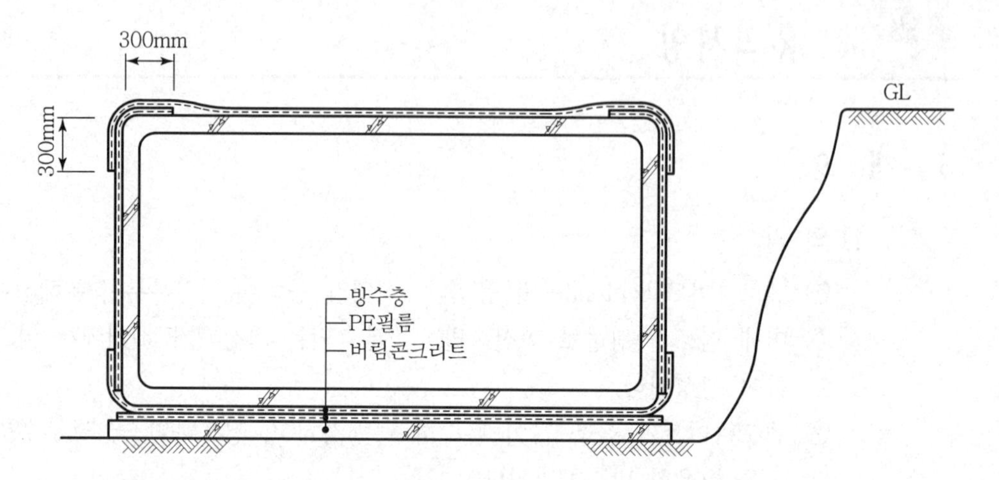


코너부는 각각 300mm 이상 겹친 시공을 한 후 보호층 시공

## Ⅲ. 요구성능

### 1) 수밀성

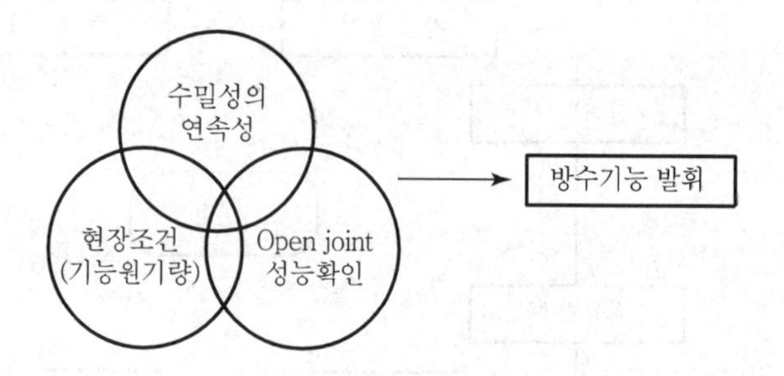


방수의 가장 기본적인 성능으로 방수기능을 발휘하는 필수 성능

### 2) 팽창성

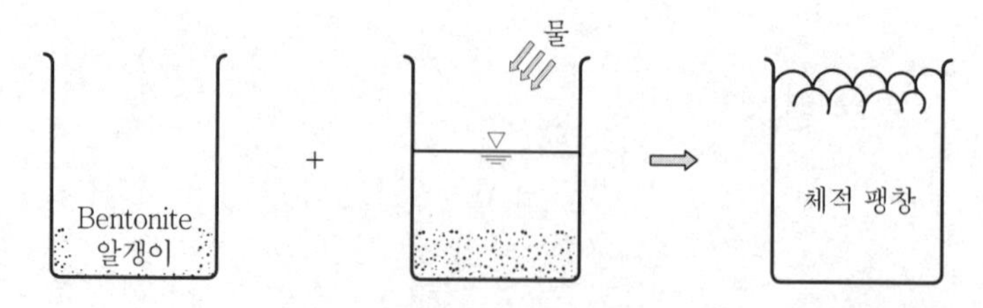


Bentonite에 물이 흡수되면 체적이 팽창(5~15배)하여 공극을 메움

### 3) 자체 보수성(self-sealing)

고팽창으로 3mm 이내의 균열은 자체 팽창으로 메움

### 4) 회복성

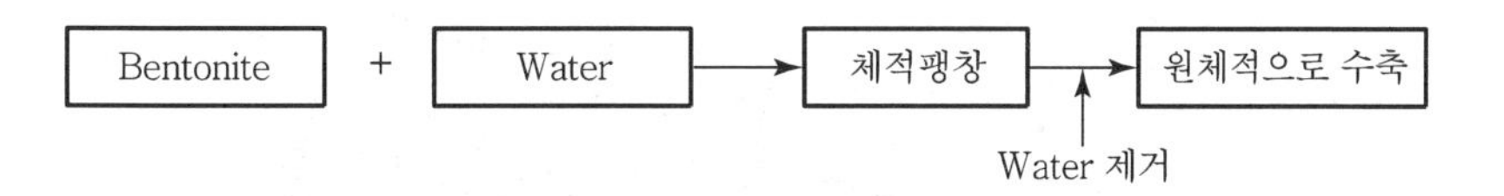


체적이 팽창된 bentonite에 물이 제거되면 다시 본래 체적으로 수축하는 성질

### 5) 치밀성

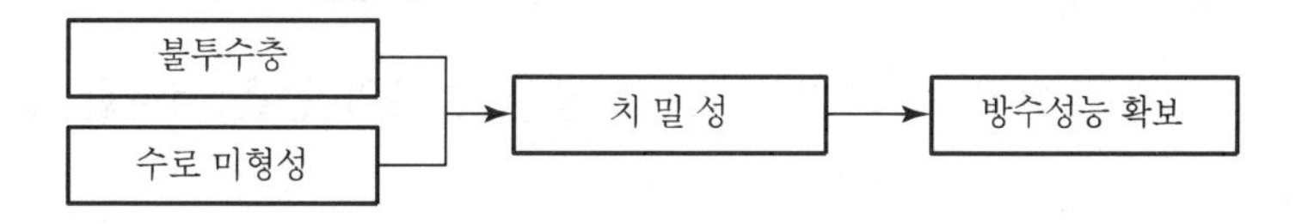


300mm의 진흙 두께에 약 100배의 효과를 발휘

### 6) 시공성

구조체와의 접착 용이

## Ⅳ. 시공 시 유의사항

### 1) 바탕처리 철저

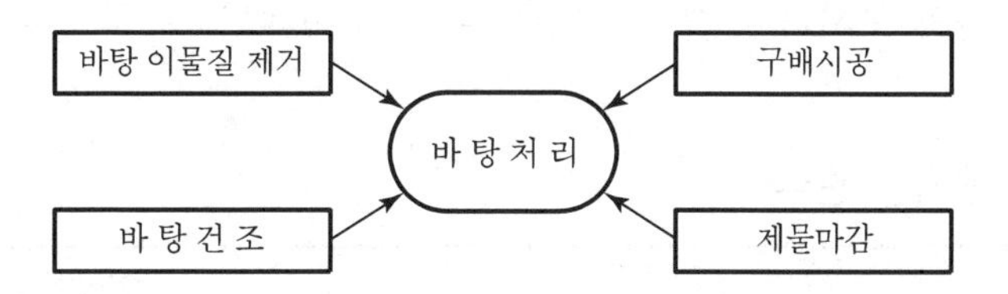


바탕에 패인 부분 등은 mortar로 보수

### 2) 재료의 검사

① 바탕층 : sheet, panel, mat
② 벤토나이트 층 : 압밀 벤토나이트
③ 보호층 : 그물망사

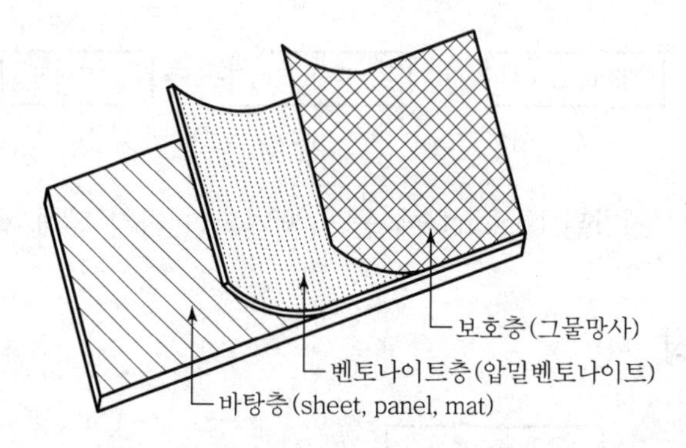


재료 반입 시 크기, 치수, 모양, 파손부위 등을 검사한 후 시공

### 3) 모서리시공 철저

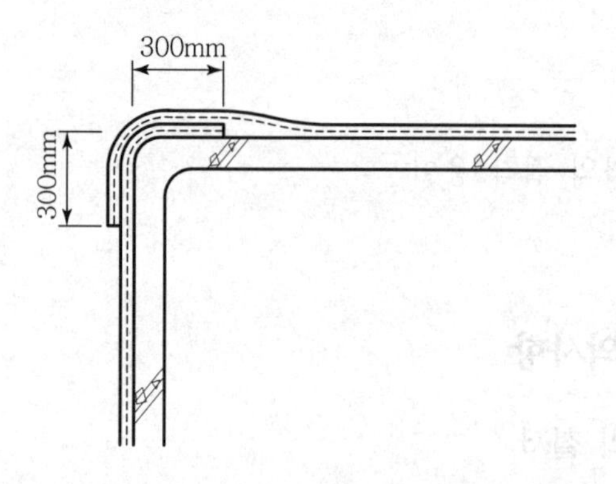


건물의 모서리 부분은 양쪽으로 300mm 이상 겹치도록 시공

### 4) 이음시공 준수

| 종류 | 수직 · 수평 겹친 길이 |
|---|---|
| Sheet | 70mm 이상 |
| Panel | 50mm 이상 |
| Mat | 100mm 이상 |

### 5) 방수보호층 시공

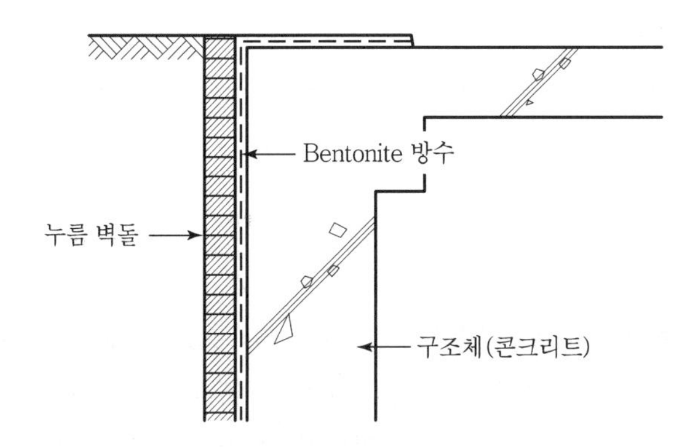


① 보호 벽돌, 보호 panel 등을 이용 하여 방수층 보호

② 되메우기시 방수층의 손상을 방지

### 6) 해수지역의 시공 시 유의

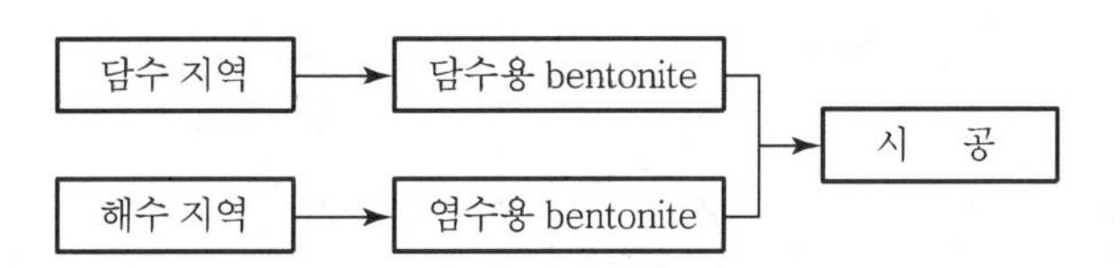


염분 함유량 2% 이상 지역에는 염수용 bentonite를 시공

### 7) 되메우기 시 충격 및 손상 방지

## V. 결 론

① Bentonite 방수공법은 천연재료를 사용하며 내구성, 내화학성, 자체보수성 및 팽창성 등의 장점을 겸비한 공법이다.

② Bentonite 방수재는 담수용과 염수용으로 구분되므로 현장 여건에 맞는 재료를 선정하여야 하며 철저한 품질관리로 하자를 방지해야 한다.

문제 21

# 공동주택 지하저수조의 방수시공법 및 시공 시 유의사항

## Ⅰ. 개 요

### 1) 의 의

① 지하저수조는 일반적으로 층고가 높고 규모가 크므로 저수조의 옹벽 및 바닥콘크리트에 균열, cold joint, 재료분리현상의 발생이 많다.

② 밀폐된 공간에서의 방수작업은 안전사고의 위험이 크므로 충분한 조명, 환기, 급기 및 안전시설을 준비하고 작업하여야 한다.

### 2) 누수 mechanism

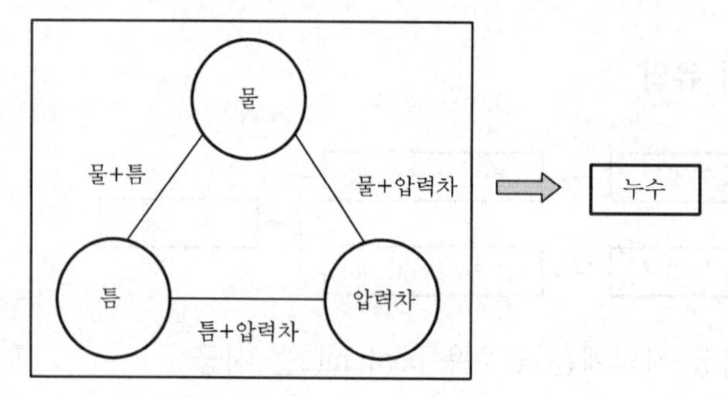


① 누수는 물, 틈, 압력차의 작용으로 발생

② 물, 틈, 압력차 중 1개의 요인만 제거하여도 누수발생 억제

## Ⅱ. 누수량과 균열폭

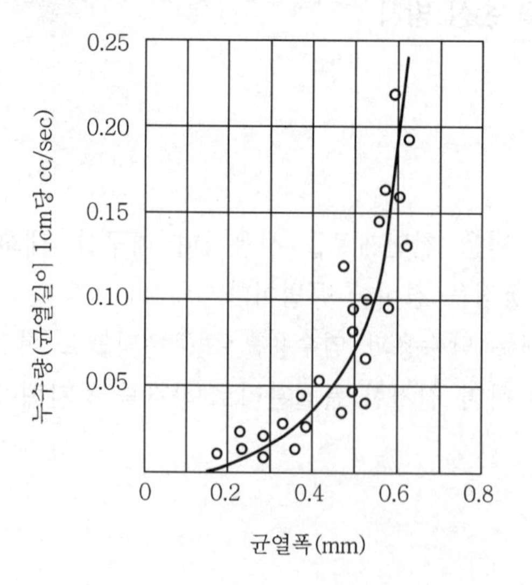


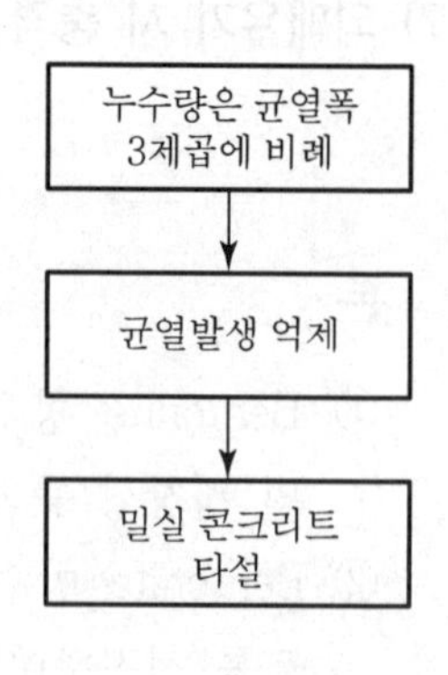

## Ⅲ. 방수시공법

### 1) 밀실한 구조체 형성

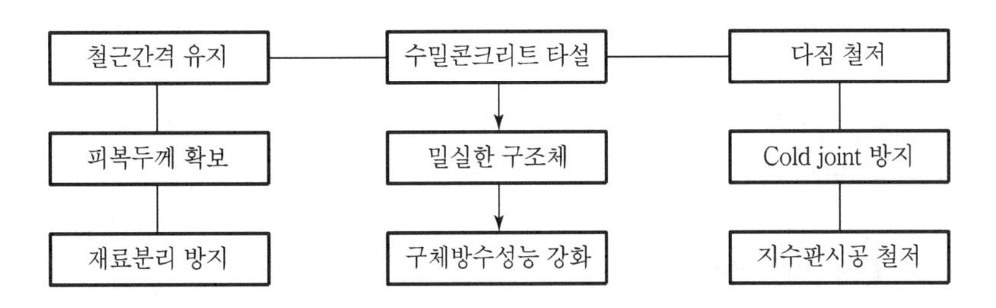


콘크리트 타설과정에서 철저한 품질관리로 구조체의 방수성능 강화

### 2) 구조체 결함부 보수

① 구조체 자체에 형성되어 있는 각종 결함을 완전 보수

② 바탕처리 작업 전에 균열부위나 form tie 부분의 보수 선행

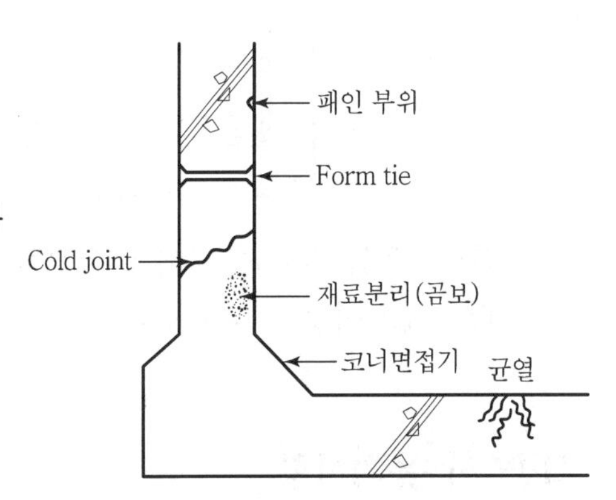


### 3) Corner부 면접기

① 구조체 콘크리트 타설시 corner부 면처리가 일체화되도록 타설

② 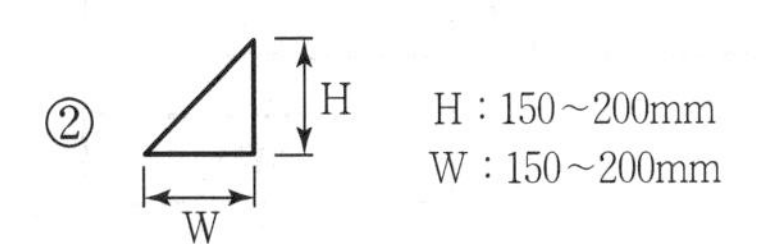


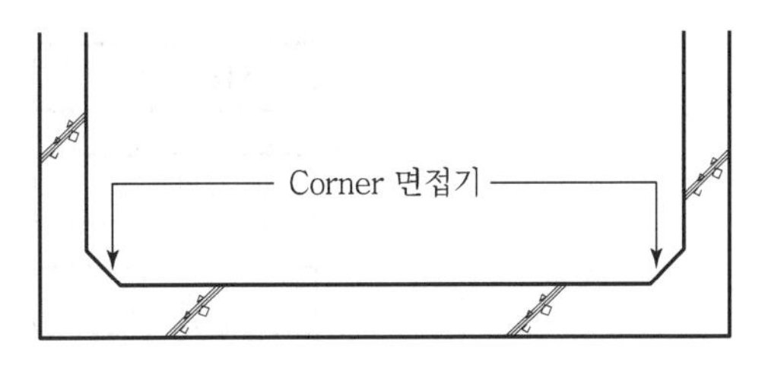


### 4) 면 고르기

거푸집 이음면, 콘크리트 표준면 등 면의 평활도 확보

### 5) 방수층 시공

| | |
|---|---|
| 공법 1 | : 시멘트 액체방수 2차 + epoxy 도막방수 |
| 공법 2 | : 구조체 침투방수 + epoxy 도막방수 |

① 조명시설 및 환기시설 준비
② 바탕면의 건조 후 epoxy 도막방수 시공

### 6) 바닥구배 형성

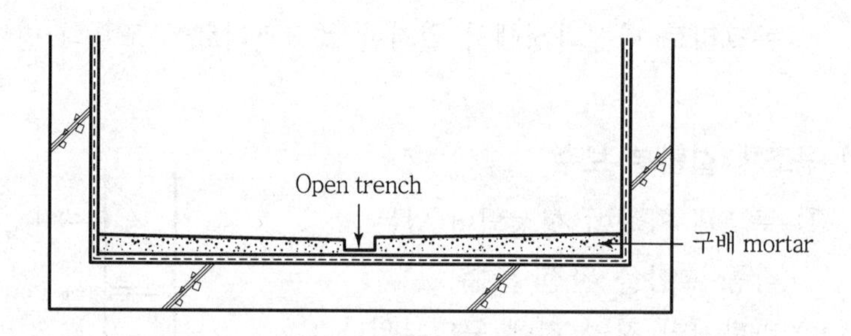


① 저수조 청소를 위해 중앙부에 open trench 설치
② 1/50 이상의 구배시공

## Ⅳ. 시공 시 유의사항

### 1) 바탕처리 철저

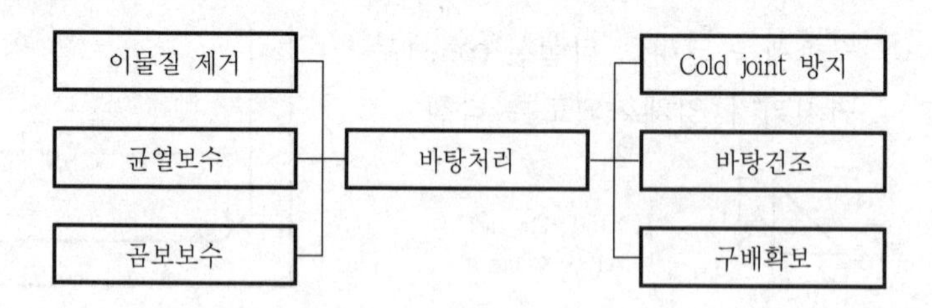


바탕면의 청소와 평활도 확보

### 2) 외기온도 검토

① 기온이 낮으면 콘크리트면의 온도가 외기온보다 저하됨
② 저기온시 구조체와 방수층의 접착 불량
③ 5℃ 이하는 작업 금지

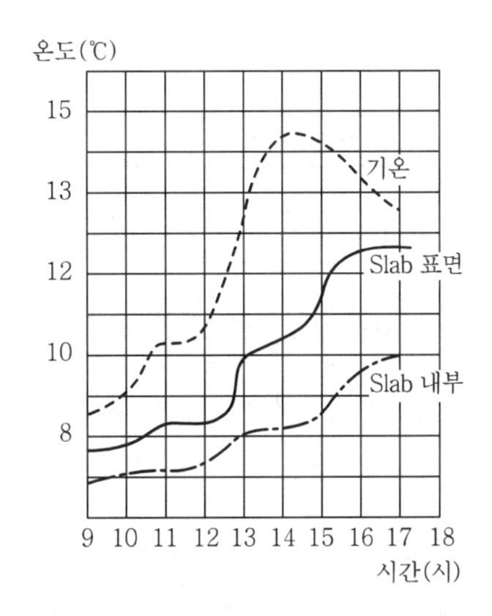


〈기온에 따른 slab 내부와 표면온도〉

### 3) 안전설비 구비

조명시설, 환기시설 구비

### 4) 점검사다리 설치

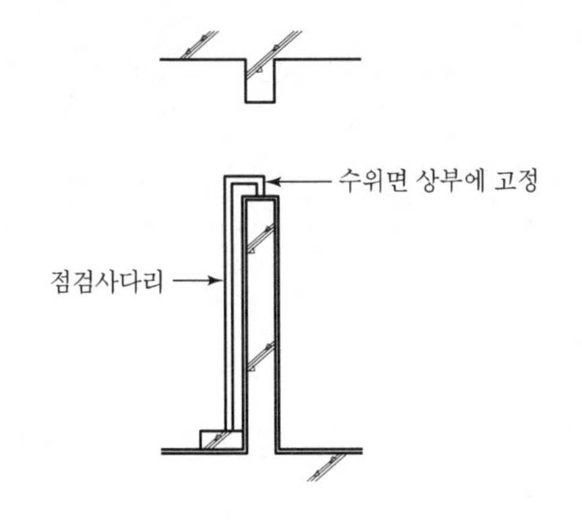


〈점검사다리 설치 상세〉

① 저수조 천정부위에 점검사다리설치

② 방수층 훼손방지를 위해 벽에 anchor 시공 금지

### 5) 결로 제거

결로수를 제거하고 표면 건조 후 작업

6) 방수층 파손 유의

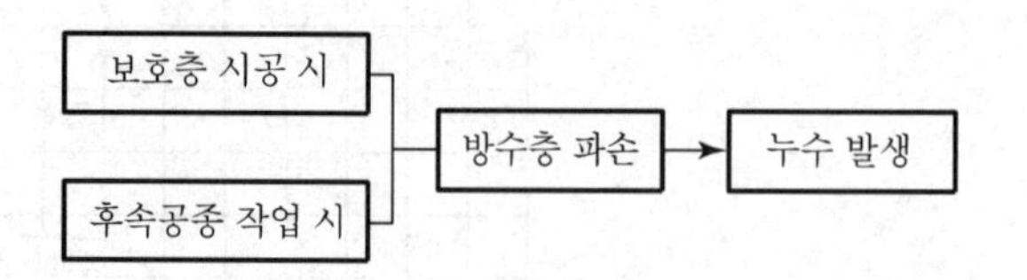


보호층 시공 후 후속공종에 의한 보호층 파손 유무를 확인

## V. 결 론

① 지하저수조 방수는 수압에 충분히 견딜 수 있고 물을 오염시키지 않는 방수공법의 선정 및 시공이 중요하므로 공법선정에 유의해야 한다.

② 지하저수조는 특성상 안방수공법을 적용하므로 구조체 시공 시 이음부가 없게 일체 타설하여야 하며 내벽의 바탕처리를 철저히 해야 한다.

# 문제 22 공동주택 발코니의 누수원인과 대책

## Ⅰ. 개 요

### 1) 의 의

① 공동주택의 발코니는 캔틸레버구조로서 처짐에 의한 균열이 발생된다.
② 균열로 인한 누수가 발생되므로 상부철근의 배근시 간격, 정착, 이음길이 등의 정밀도가 요구된다.

### 2) 발코니 방수의 취약부

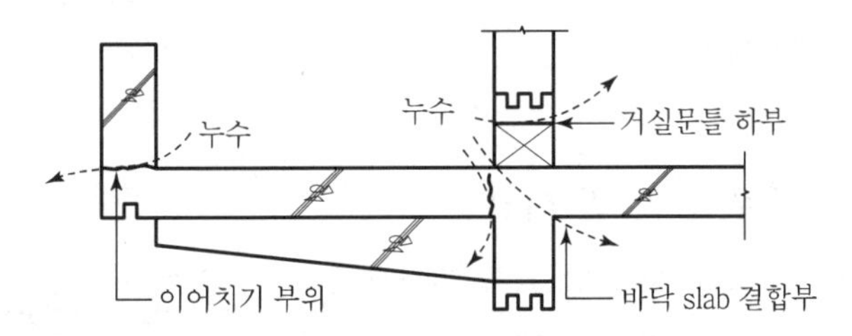


거실문틀 하부, 이어치기 부위 등은 방수의 취약부로 누수의 가능성이 높음

## Ⅱ. 누수의 원인

### 1) 구조체 균열

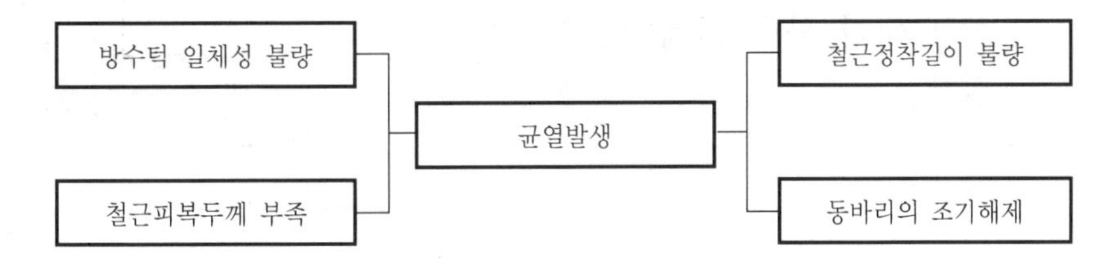


### 2) 실내외 level 차

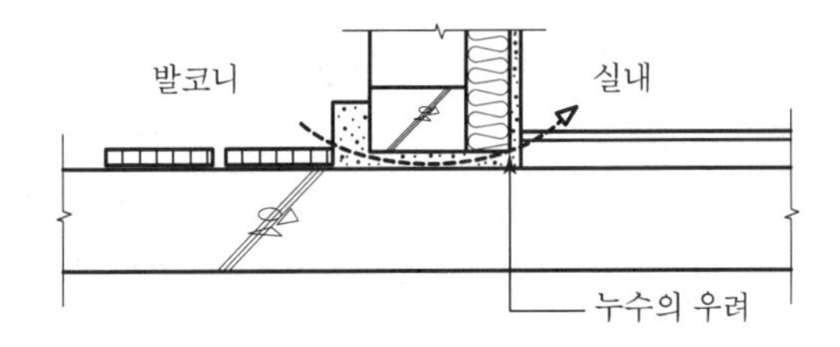


실내가 발코니보다 높게 시공되지 않았을 경우

3) 방수높이 부족

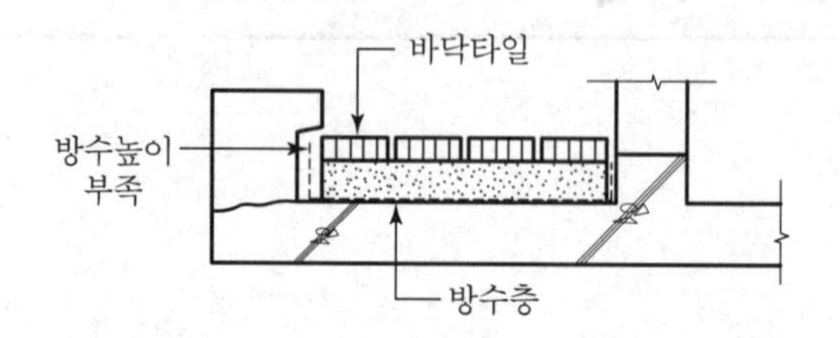


4) 새시 하부 mortar 충전 불량

거실 새시 하부의 mortar 충진 불량시 누수발생

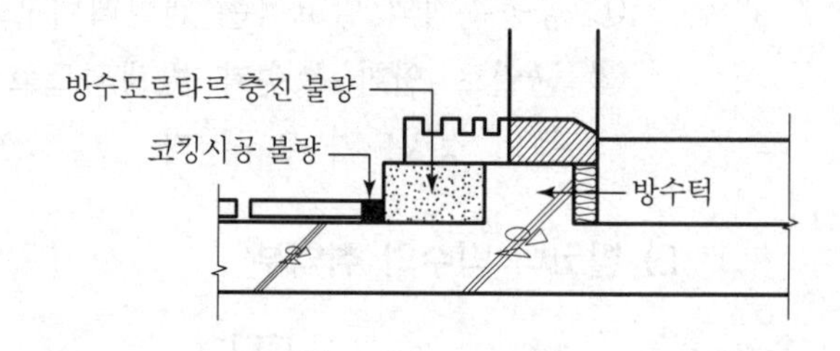


5) Sealing 불량

6) Drain 주위 균열 및 취약

Drain 주위는 누수의 취약부이므로 방수시공에 유의해야 함

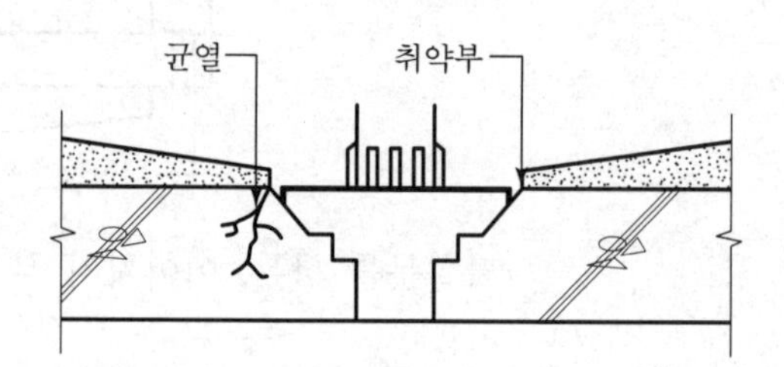


## Ⅲ. 방지대책

1) 방수턱 설치

새시 sill과 목문 sill폭만큼 방수턱 설치

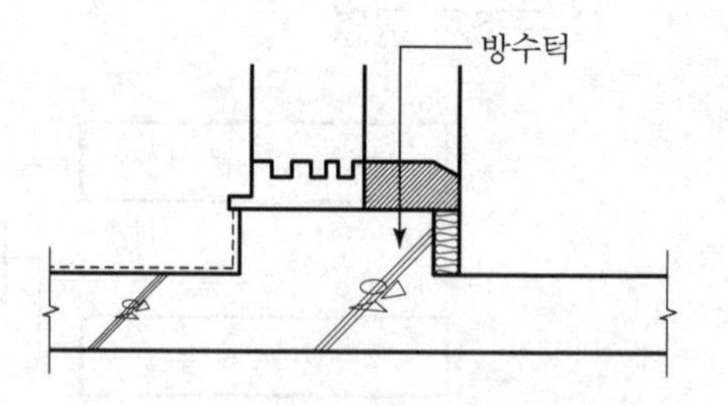


2) 발코니와 실내의 level 차이 확보

실내측의 slab level을 발코니 쪽보다 높게 설치

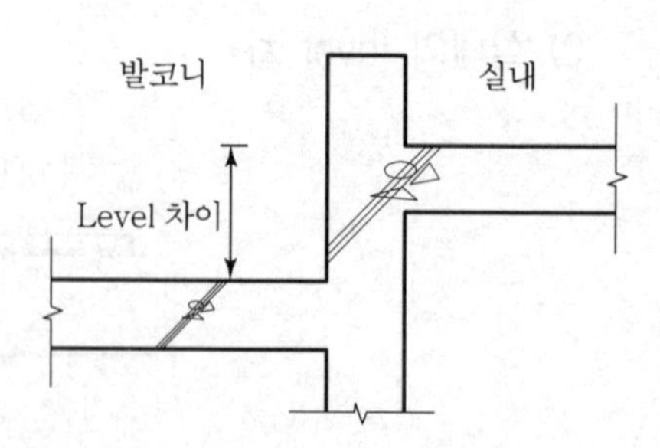

### 3) 이어치기면 경사처리

발코니 난간은 일체화 시공이 되어야 하나 이어치기 할 경우 경사면을 밖으로 처리

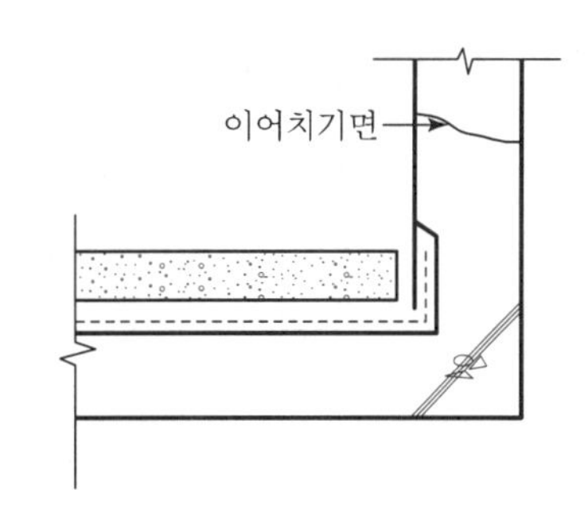


### 4) 바닥구배 철저

전체 발코니의 구배를 배수 drain 쪽으로 둘 것

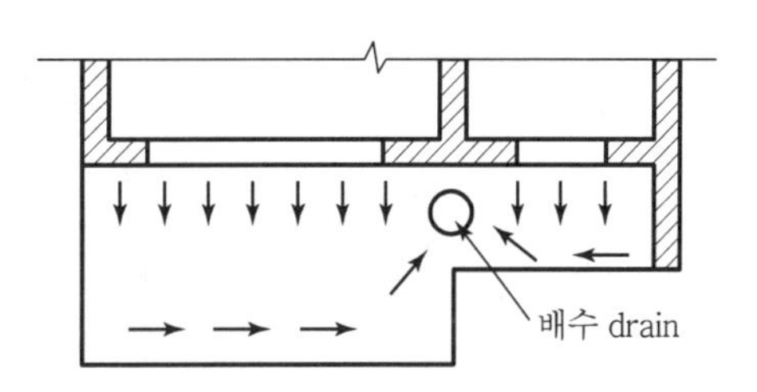


### 5) 방수 감아올림부 충분히 시공

방수턱 및 벽체에 방수 감아올림 부분을 충분히 시공

### 6) 새시 주위 코킹 철저

개구부 주위에는 단열방수 mortar 및 코킹시공을 철저히하여 누수가 되지 않도록 함

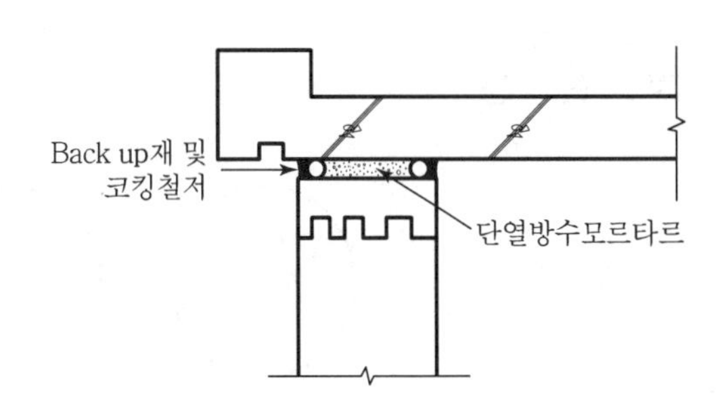


### 7) Drain 주변 방수 보강

액체 방수위 고무화 도막방수 보강

## Ⅳ. 시공 시 주의사항

① 구조체 강도 확보와 물흘림 구배의 철저한 시공
② 바탕처리, 모서리보강, drain 주위 등의 철저한 시공
③ 누수의 요인 제거

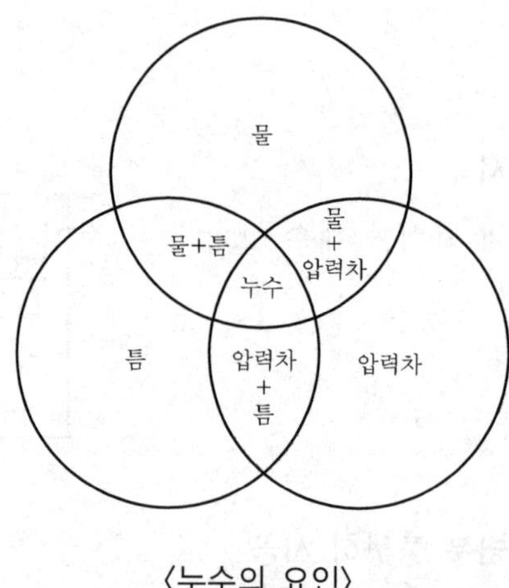


〈누수의 요인〉

누수의 요인 중 1개만 제거해도 누수발생 억제

## Ⅴ. 결 론

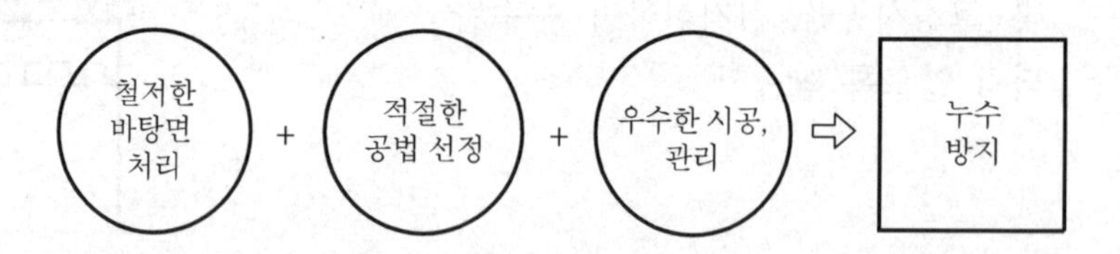


① 대부분 공동주택의 발코니 부분은 캔틸레버구조로 되어 있어 시공에서 정밀성이 요구된다.
② 바탕면처리와 적정한 공법 선정 및 철저한 시공으로 누수를 방지해야 한다.

# 문제 23 옥상녹화방수의 시공순서 및 시공 시 고려사항

## Ⅰ. 개 요

옥상녹화방수는 방수층이 항상 습기가 있고 화학비료나 방제 등의 식재 관리가 이루어지므로 미생물이나 화학비료 등에 영향을 받지 않는 옥상녹화 특유의 안전한 방수 성능이 요구된다.

## Ⅱ. 옥상녹화방수의 개념

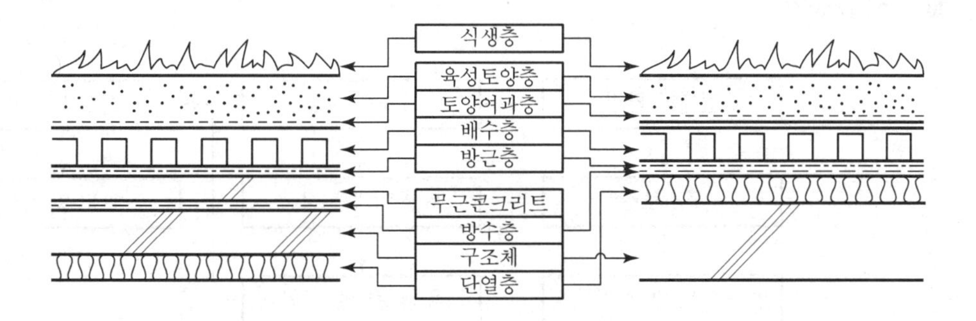


### 1) 의 의

① 옥상에 자연상태에 근접한 환경을 만들어 생태계의 기능을 회복시키고 사람들의 휴식공간으로의 활용이 가능하도록 하는 것

② 도시의 열섬화(熱剡化) 현상을 완화하고 생물의 서식기반을 마련하는 것

### 2) 선결과제

① 배수나 누수 등을 해결할 수 있는 방수공법 시공

② 상부하중에 대한 구조적 안전 보장

3) 특 징

| 장점 | 단점 |
|---|---|
| • 환경오염문제의 해결<br>• 도시의 생태계 보호<br>• 도시 기후의 조절 기능 수행<br>• 도시의 열섬화(熱剡化) 현상 완화<br>• 파괴된 자연 생태계의 복원<br>• 생물들의 서식 기반 확충<br>• 옥상공원 조성으로 근무의욕 증진 | • 옥상에 내구연한이 우수한 방수 시공 필요<br>• 구조적인 면 강화로 건축 시공비 증가<br>• 유지관리비의 소요 |

## Ⅲ. 시공순서

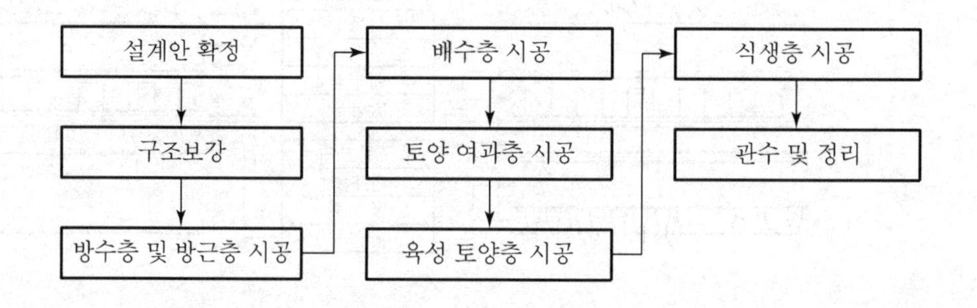


1) 설계안 확정

효율적인 디자인 선정

2) 구조 보강

① 구조 진단 실시

② 균열 보수, 휨보강, 보강

③ 보 보강을 위한 탄소섬유시트 등의 적용

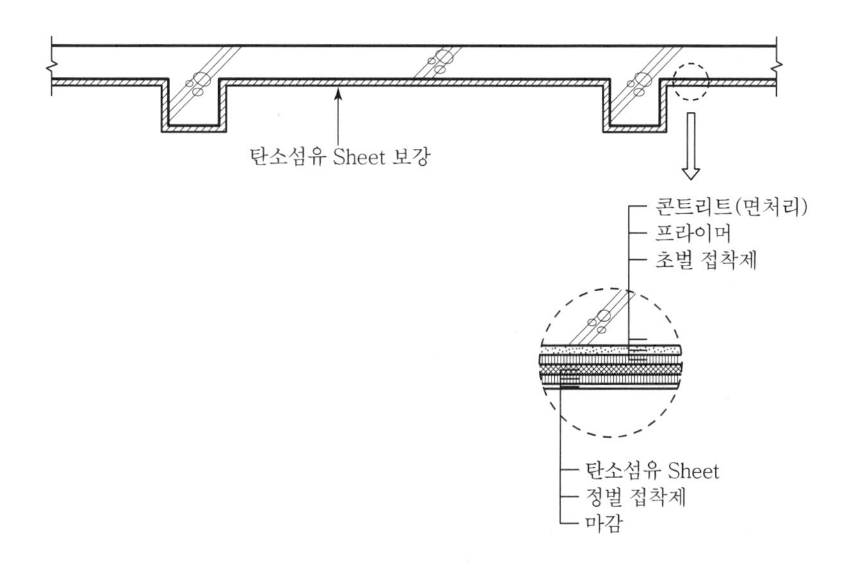


### 3) 방수층 및 방근층 시공

① 현장에 적합한 방수공종 선택

② 루프 드레인 확인

③ 작업 전 구배 조정작업 및 바닥 정리

④ 최근에는 방수층과 방근층을 하나의 동판으로 대체

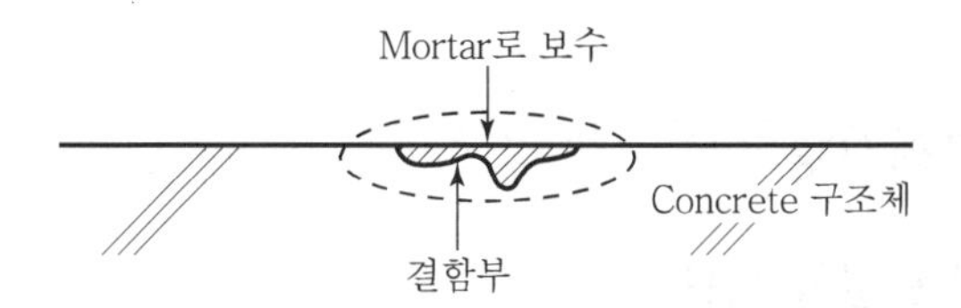


### 4) 배수층 시공

① 가장자리 배수로 시공

② 루프 드레인 시공

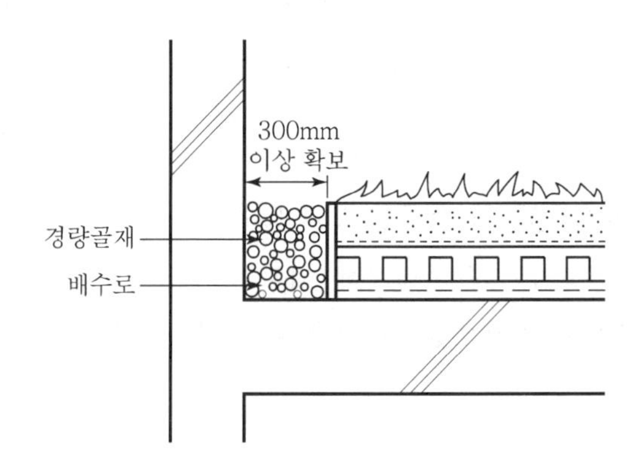

5) 토양 여과층 시공

① 주로 부직포를 사용

② 내화학성 및 미생물에 대한 내구성 요구

6) 육성 토양층 시공

① 토양의 비산대책

② 전체적으로 고른 토심 유지

7) 식생층 시공

① 옥상환경에 적응력 강한 식재 선택

② 식재 시기 고려, 봄가을 유리

8) 관수 및 정리

① 식생을 위한 물 뿌리기

② 현장정리

## Ⅳ. 시공 시 고려사항

1) 완벽한 단열성 확보

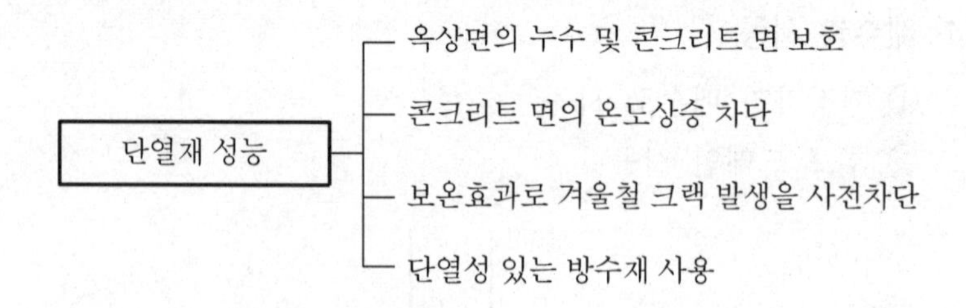


2) 수축 · 팽창작용 등 온도변화에 대응

① 방수재료가 수축 · 팽창에 저항

② 독립기포 조직으로 된 방수재 선택

③ 정지된 공기층 형성

### 3) 도막두께 확보

① 10mm 이상의 두꺼운 막 형성

② 요철을 정리하여 평활도 확보

③ 완전 건조 상태에서 시공

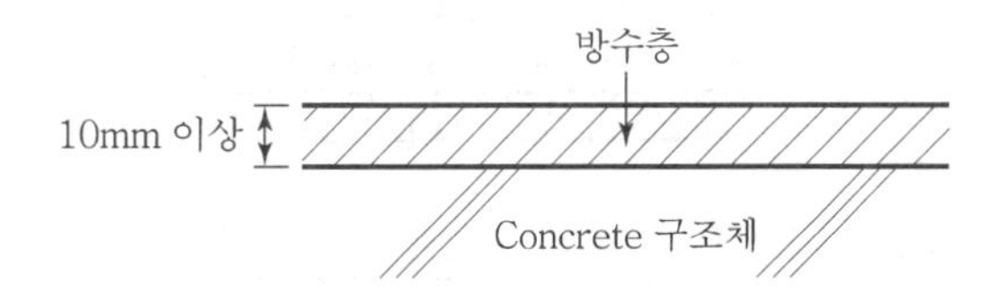


### 4) 빗물 누수 차단

① 확실하게 방수층 시공

② Roof Drain 주위 보호

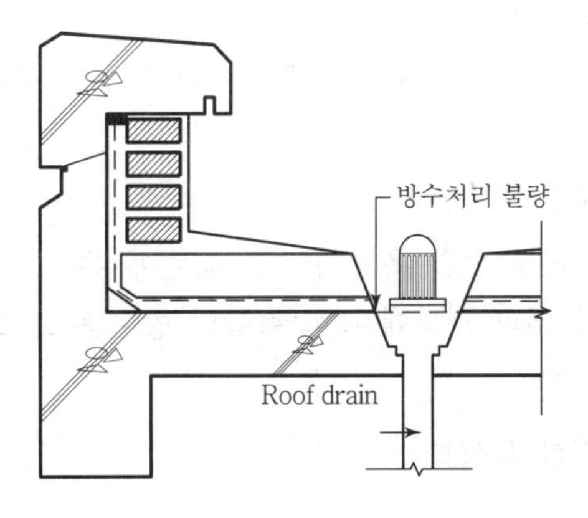


### 5) 방수층의 경량화

① 경량 토양 사용

② 흙막이벽, 플랜트, 포장재, 배수층의 경량화

③ 경량화로 하중 및 안전성 확보

### 6) 배수층

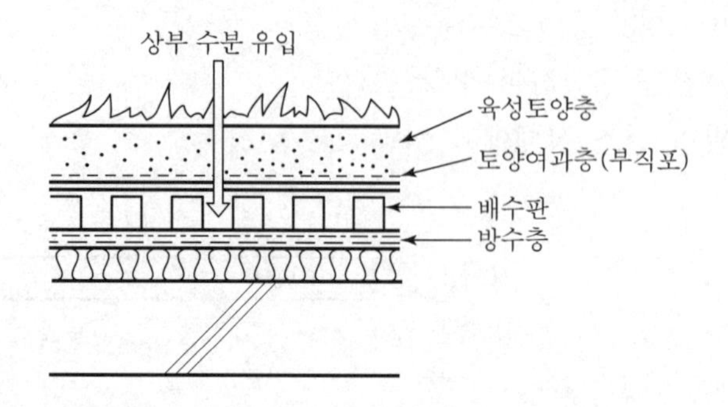


① 유공관, 배수판 등으로 배수

② 토양과 배수층 사이에 토목섬유 등으로 Filter층 시공

### 7) 관수장치

① 자동관수장치 설치

② 고장 및 살수가 어려운 곳에 대비한 수전 설치

### 8) 옥상 방수층 파손

① 조경공사로 인한 옥상 방수층 파손에 유의

② 식물의 뿌리 성장에 대한 옥상의 방수층 보호

### 9) 구조적 안정성 확보

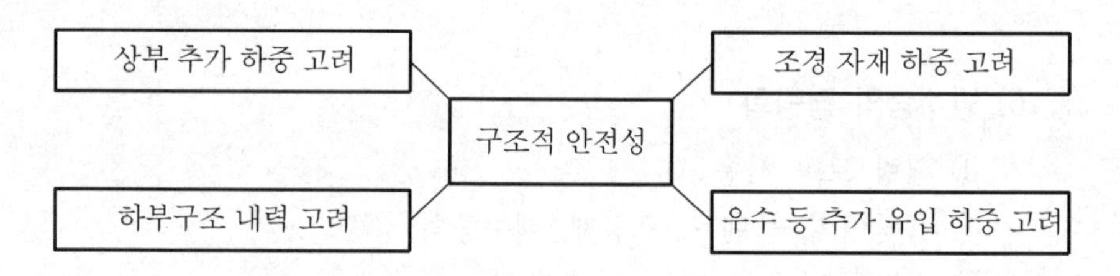


## V. 결 론

옥상 녹화 방수는 환경보호 및 생태계와의 조화를 도모하는 것으로 옥상녹화가 되기 위해서는 옥상 부분의 완벽한 방수 성능을 실현할 수 있는 좋은 재료들이 개발되어야 한다.

## 永生의 길잡이-여섯

### ■ 人生案內

인간은 어디서 와서 어디로 가며, 왜 사는가. 이 세 가지는 가장 보편적이고 근본적이며 본질적인 물음이다. 남녀의 性行爲에서 수십억의 정자 하나가 卵子 하나를 만나서 생긴 것이 인간이다. 인간을 형성하고 있는 化學的 요소를 분석하면 약간의 지방, 鐵分, 당분, 석회분, 마그네슘, 인, 유황, 칼륨 등과 염분, 그리고 대부분의 수분이 전부다. 아마 화학약품점에서 몇천 원이면 살 수 있을 것이다. 거기다 고도로 발달한 동식물의 생명체가 들어 있다고 생각해 본다. 그러나 그런 思考로는 인간의 의미와 목적은 모른다. 자연에게 물어봐도 답이 없고, 자신이나 과학이나 철학이나 종교에게 물어봐도 대답할 수 없다.

나를 만든 분만 알고 있다. 사람은 하나님의 형상으로 만들어졌고 天下보다 소중한 사랑의 대상이라고 성서가 가르쳐준다.

성서는 인생의 안내도, 그리고 예수님은 그 길의 案內者다. 이 세상은 우리의 영원한 주소가 아니다. 호출이 오면 언제라도 떠나야 하는 出生과 死亡 사이의 다리 위를 통과하는 나그네. 예수가 그 길이요, 생명이다.

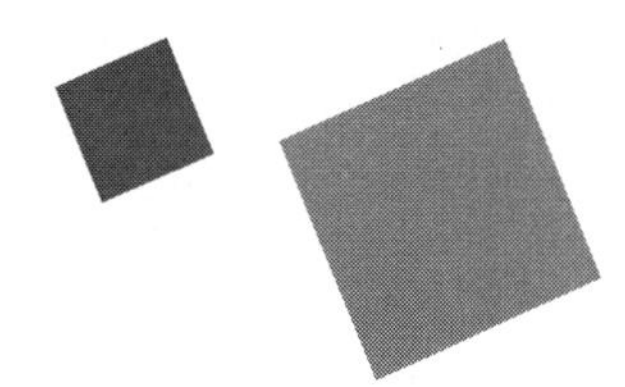

## 2절 유리공사 / 단열공사 / 소음공사 / 공해 / 폐기물 / 건설기계 / 적산 / 기타

# 문제 1 유리공사의 공법 및 시공 시 유의사항

## Ⅰ. 개 요

① 유리공사는 지역별, 건축물 용도별, 위치별 성능 및 조건에 적합한 유리 또는 공법을 선정한다.

② 유리 및 고정재료는 안전하고 건조한 곳에 보관하고, 시공 전에 유리를 보호하며 시공 후에도 적절한 표시와 보호가 필요하다.

## Ⅱ. 유리설치 상세

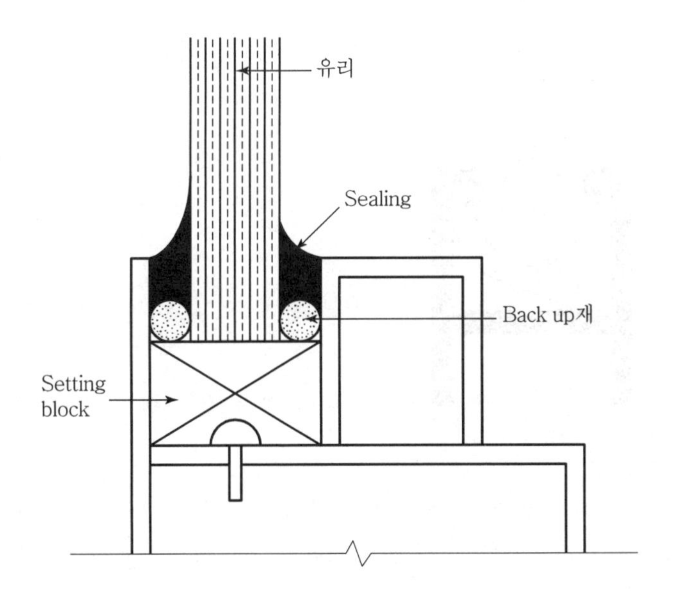

## Ⅲ. 유리공사 공법

1) Putty공법

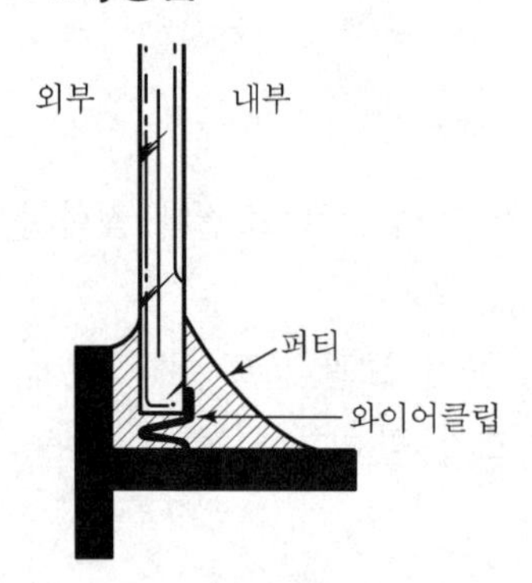


철제 창호에 철사클립(wire clip)을 스틸새시 클립 구멍에 끼워 고정한 다음에 퍼티를 바름

2) Gasket

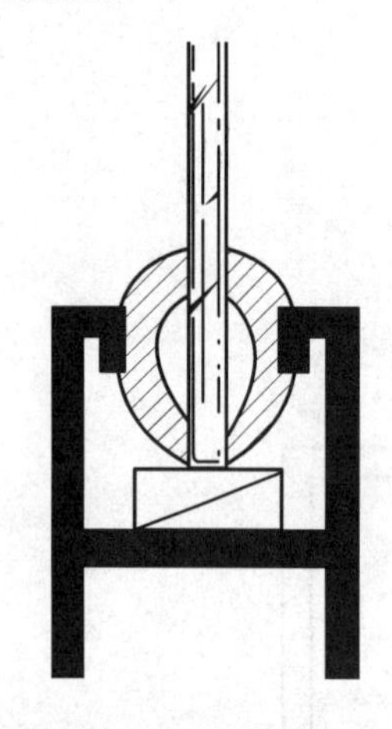

고무나 합성수지 제품으로 새시의 유리홈에 끼워 고정

3) Sealing

① Setting block으로 유리를 고정하고 양쪽에서 sealing하는 방법

② 유리 끼우기를 위한 clearance를 적당히 하는 것이 중요

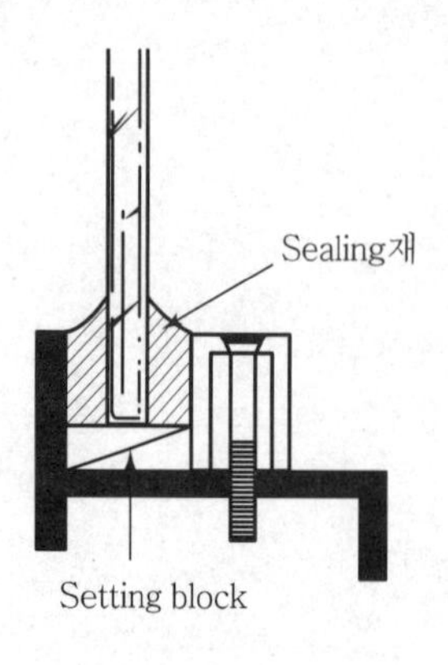


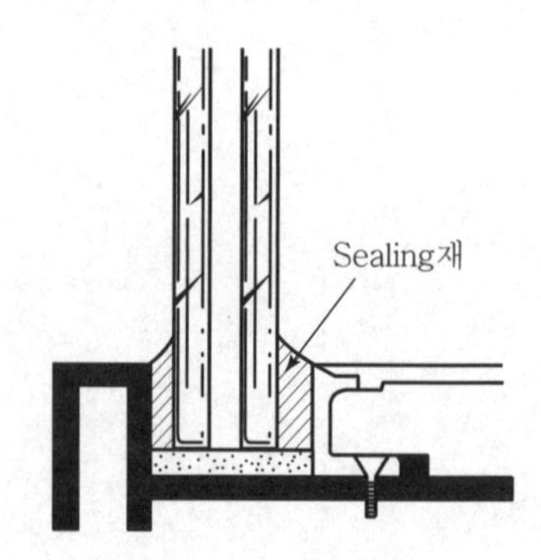

### 4) Suspended glazing system(suspension공법)

벽체 전체에 유리를 매달아 설치하여 개방감을 주고자 할 때 사용

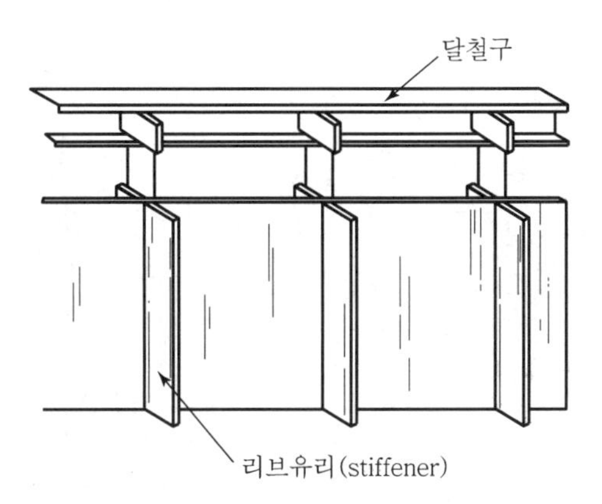


### 5) Structural sealant glazing system(structural glazing system)

외벽 창호공사 curtain wall에서 glass mullion 또는 AL frame에 구조용 접착제(structural sealant)를 사용하여 유리를 고정하는 방법

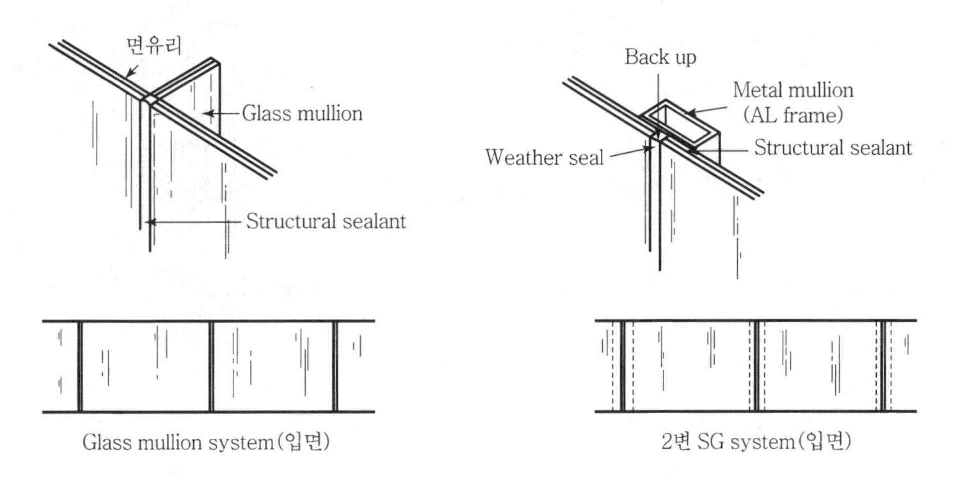

Glass mullion system(입면)　　2변 SG system(입면)

### 6) SPG(Structural Point Glazing)공법

① SPG공법이란 유리 curtain wall 시공 시 유리설치를 위한 frame없이 강화유리판에 구멍을 뚫어 특수 시스템볼트를 사용하여 유리를 점 지지형태로 고정하는 공법

② 대형 유리설치 시 많이 사용하며 DPG(Dot Point Glazing)공법이라고도 함

## Ⅳ. 시공 시 유의사항

### 1) 운반 및 보관

① 자재 반입 시 stock yard를 준비하고 자재반입, 양중 및 설치계획 마련
② 복층유리는 20매 이상 적재금지

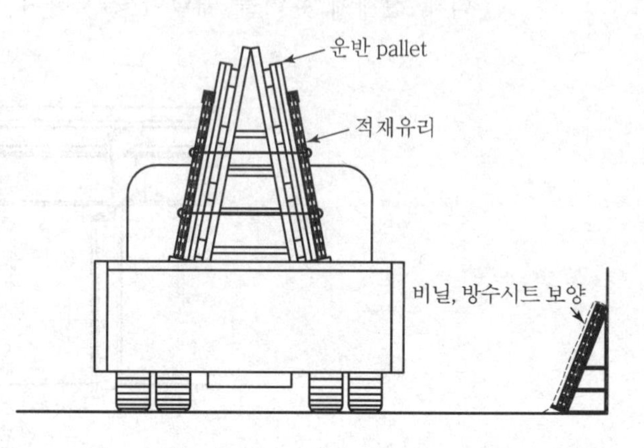


### 2) Bar 내민길이 확보

Bar의 강도 및 내민길이(유리두께+2mm)의 확보로 유리의 안정성 유지

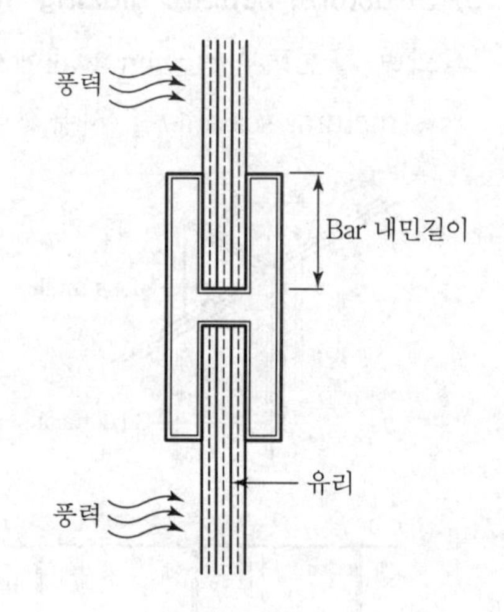


### 3) Setting block 시공

Setting block의 크기 및 설치위치에 유의하여 setting block에 의한 silicon의 변색 방지

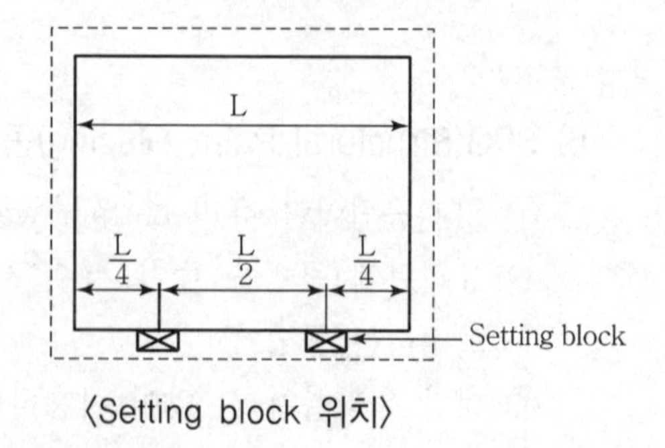


〈Setting block 위치〉

#### 4) 열파손 방지

유리의 중앙부와 주변부의 온도차이로 인한 팽창력 차이로 유리가 파손되는 현상

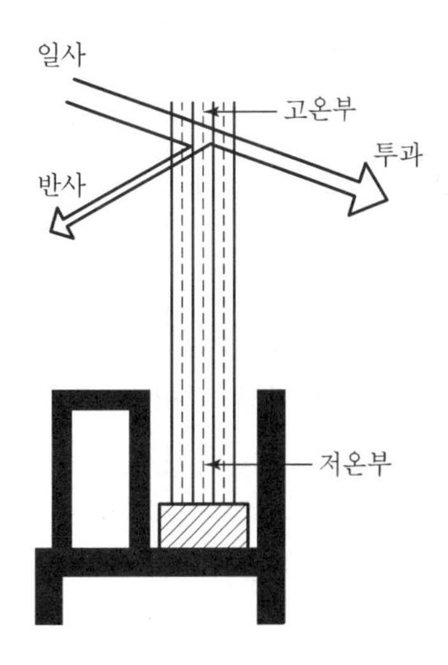


#### 5) Sealing 철저

태양열과 풍력에 의해 안정성을 유지하기 위하여 clearance 내 sealing 철저

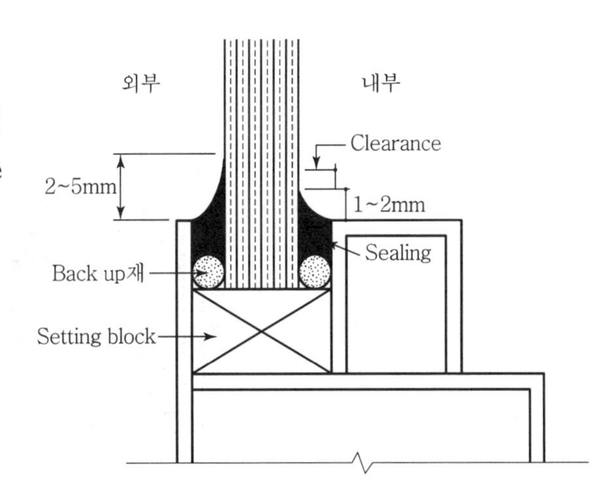


#### 6) 보양 철저

① 유리면에 종이 부착

② 유리에 묻은 이물질 제거

## V. 결 론

① 유리는 시공 전후의 보양에 유의하며, sealant의 파손이나 sealant에 의한 유리오염에 유의하여야 한다.

② 고층건물의 외벽을 curtain wall 유리로 마감하는 경우가 증가하고 있으므로, 단열 및 소음방지와 풍력에 대한 안정성을 확인하여야 한다.

## 문제 2 초고층건물 유리의 열에 의한 깨짐현상요인과 방지대책

### Ⅰ. 개 요

① 초고층건물 외벽의 curtain wall이 유리로 시공되는 추세가 늘어나고 있다.

② 대형유리의 경우 유리의 중앙부와 주변부의 온도차이로 인한 열팽창력의 차이로 유리가 파손되는 경우가 발생하므로 이에 대한 대책이 필요하다.

### Ⅱ. 유리설치 상세

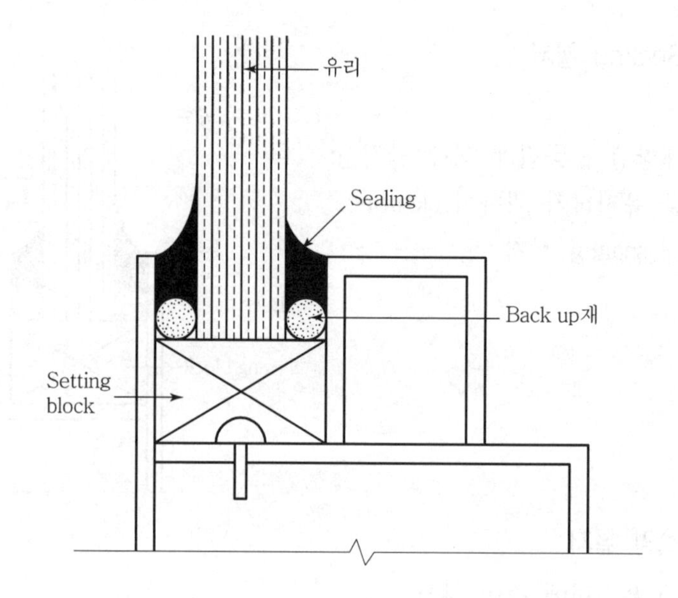

## Ⅲ. 열깨짐현상 요인

### 1) 태양의 복사열

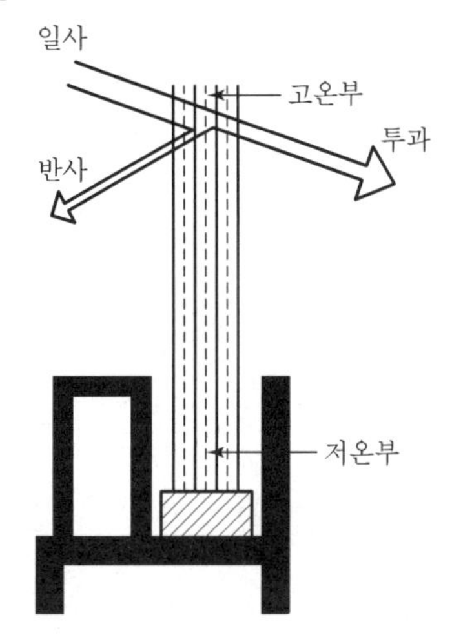


유리의 중앙부와 주변부의 온도 차이로 인한 팽창력 차이로 유리가 파손되는 현상

### 2) 유리의 두께

유리가 두꺼울수록 열축적이 크므로 파손의 우려 증대

### 3) 유리의 국부적 결함

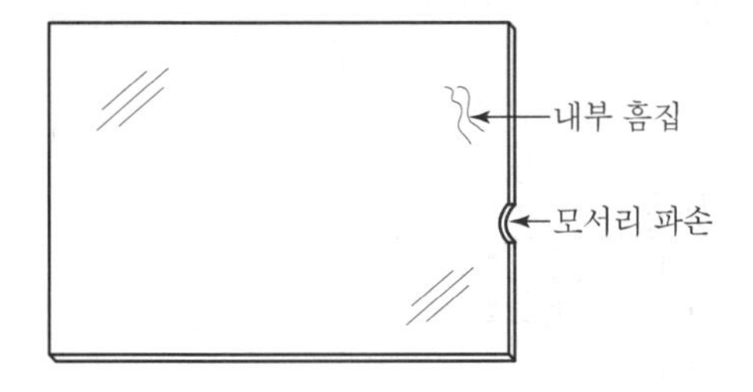


유리 내부의 결함이나 가장자리의 일부 파손의 경우

### 4) 공기순환 부족

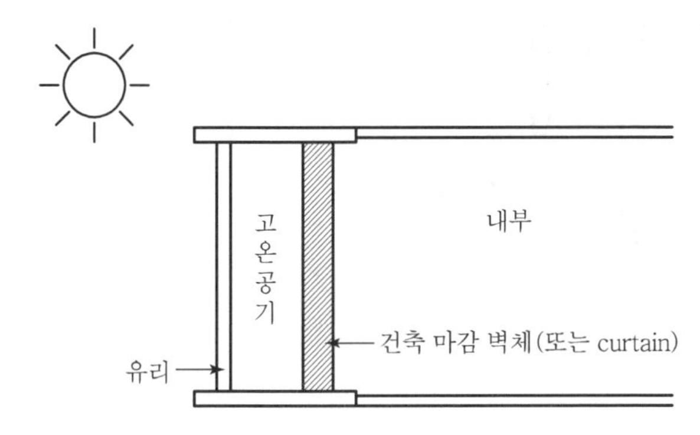


건물 내부의 벽체나 curtain 등에 의해 유리와 벽체 사이의 공간에 고온공기의 순환 부족으로 인한 공기의 팽창

5) 유리의 내력 부족

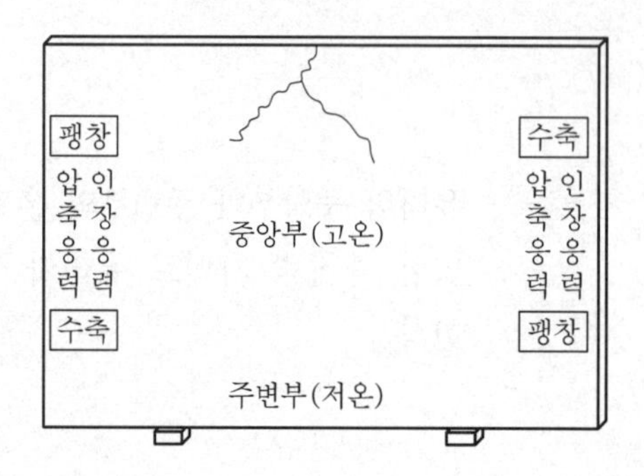


열에 의해 유리에 발생되는 인장 및 압축응력에 대한 유리의 내력이 부족한 경우

## Ⅳ. 방지대책

1) 유리의 가공

① 유리에 국부적 결함발생 방지

② 유리 절단면은 매끄럽게 연마처리

2) 유리와 차양막의 간격 유지

① 유리와 차양막 사이의 간격은 100mm 이상을 유지할 것

② 차양막 상부에 공간 설치

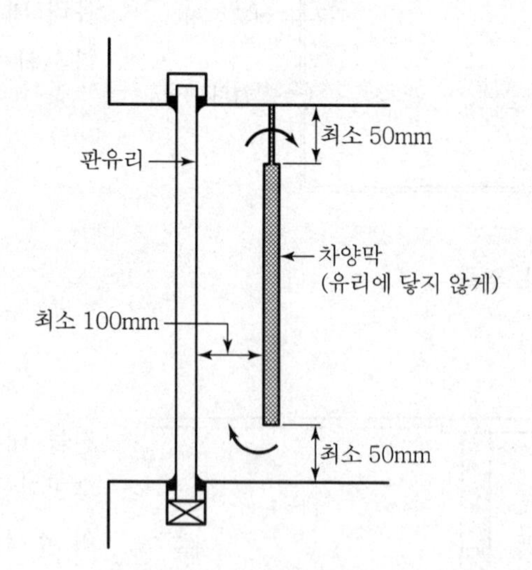

### 3) 공기 순환통로 설치

유리bar에 공기순환구를 설치하여 고온의 공기를 순환시킴

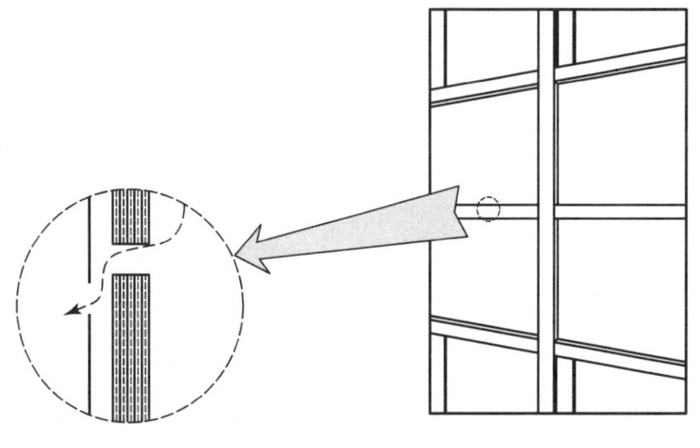

### 4) 유리면 보호

유리에 film, paint 등의 부착 금지

### 5) 유리의 허용응력 강화

〈열깨짐 방지를 위한 유리 단부의 파괴에 대한 허용응력〉

| 종류 | 두께(mm) | 허용응력 |
|---|---|---|
| 판유리 | 3~12 | 18MPa |
| | 15/19 | 15MPa |
| 강화유리 | 4~15 | 50MPa |
| 망입유리 | 6/8/10 | 10MPa |

### 6) 적정 clearance 유지

유리 두께의 1/2 이상의 clearance 유지

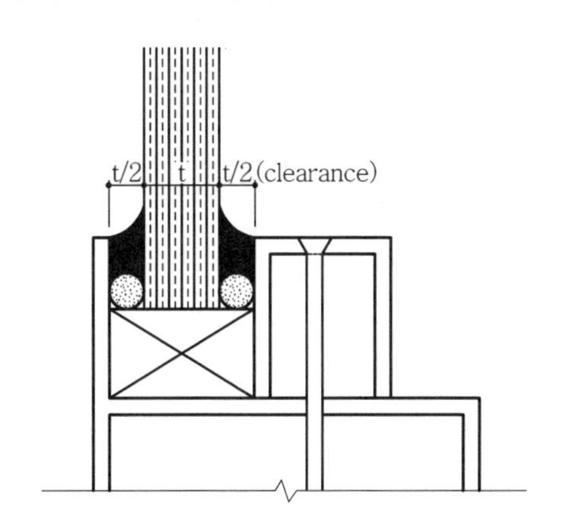

## Ⅴ. 유리의 자파(自波)현상

| 구분 | 내용 |
|---|---|
| 정의 | 외부에 충격이나 압력없이 유리 원료에 포함된 불순물(니켈, 황화물) 등으로 인하여 유리 스스로 파손되는 현상 |
| 특징 | • 파손 시작점을 중심으로 유리 파편이 서로 대칭형으로 발생<br>• 크기는 주변 알맹이보다 큼<br>• 유리 표면의 충격점이 없음 |
| 원인 | • 원료에 포함된 불순물(니켈, 황화물 등)<br>• 유리 내부의 불균등 강화<br>• 가공 중 발생한 흠집<br>• 시공 시 발생한 흠집 |
| 대책 | • 유리 제품 취급 시 주의<br>• 원료 품질관리 철저<br>• Heat-Soak 시험실시<br>강화유리를 290±10℃의 온도에서 2시간 방치 후 불순물 함유 유리를 시험기에서 파손시키는 시험실시 |

## Ⅵ. 결 론

① 유리는 두꺼울수록 열축적이 크고 가공으로 인한 결함이 있는 경우와 유리 배면에서의 공기 순환이 부족할 경우 열깨짐현상이 발생한다.

② 초고층건물에서의 유리파손 시 유리조각의 낙하로 인한 대형사고의 위험이 크므로 유리의 열파손에 의한 대책을 마련 후 시공에 임해야 한다.

# 문제 3 건축물의 단열공법 및 시공 시 유의사항

## Ⅰ. 개 요

① 단열공법은 열을 전달하기 어려운 재료를 외벽, 지붕, 바닥 등에 넣어 건물 외부와 주위환경과의 열교환을 차단하는 것을 말한다.

② 에너지절약, 쾌적한 실내환경 조성, 냉·난방 가동시간의 절약 등의 효과를 얻기 위하여 효과적인 단열시공법이 중요하다.

## Ⅱ. 단열의 구비조건

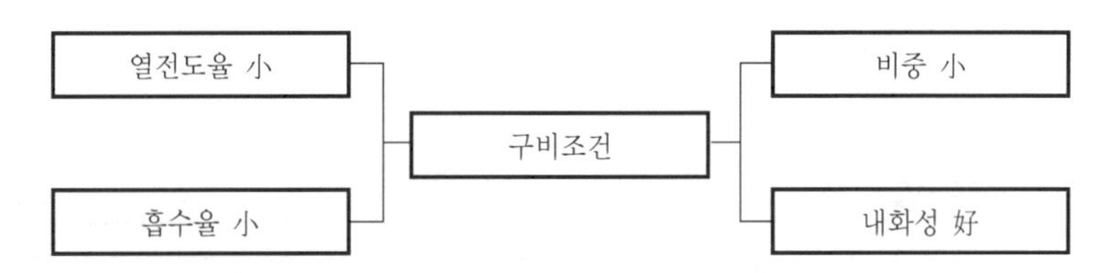


위의 조건을 구비한 경제적인 재료의 선정

## Ⅲ. 단열공법

### 1) 내단열

① 구조체의 실내에 단열재를 설치하는 공법

② 시공이 간단하고 공사비 저렴

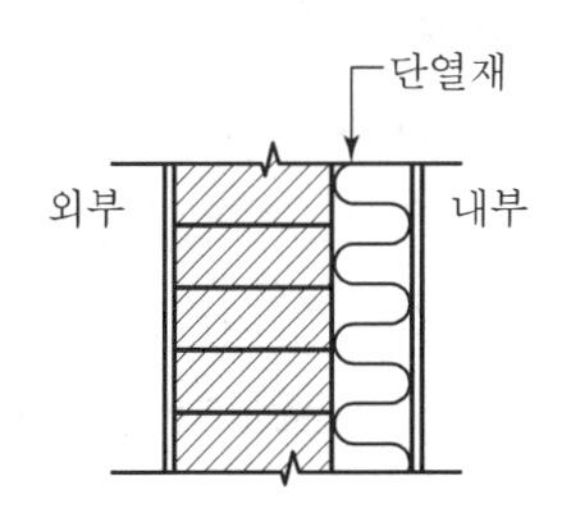


### 2) 중단열

① 구조체 내부에 단열재를 설치하는 공법

② PC판 단열에 사용

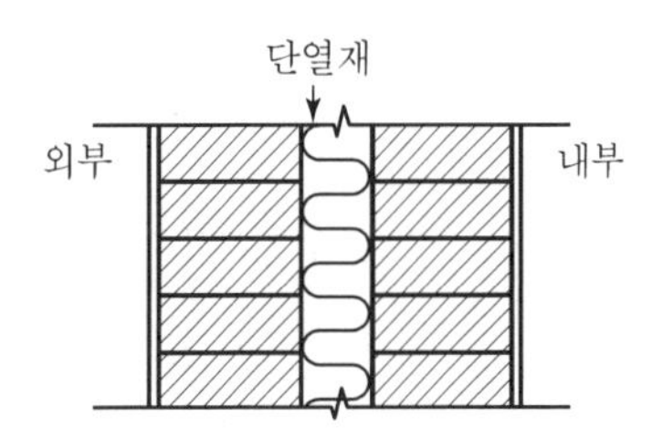

3) 외단열

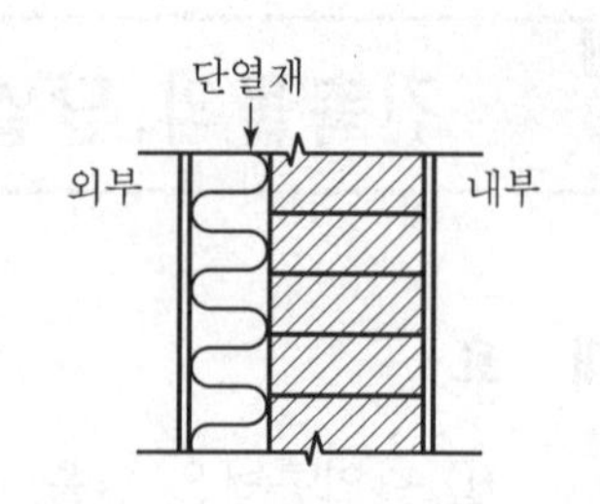


① 구조체의 외부에 단열재를 설치하는 공법

② 단열 성능 우수

4) 바닥단열

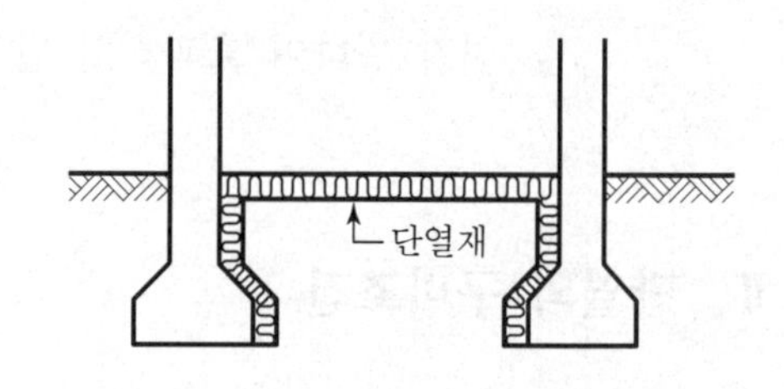


① 건물내 열이 땅속으로 손실되는 것을 줄이기 위한 공법

② 냉동고의 경우 지중의 동결방지를 위함

5) 지붕단열

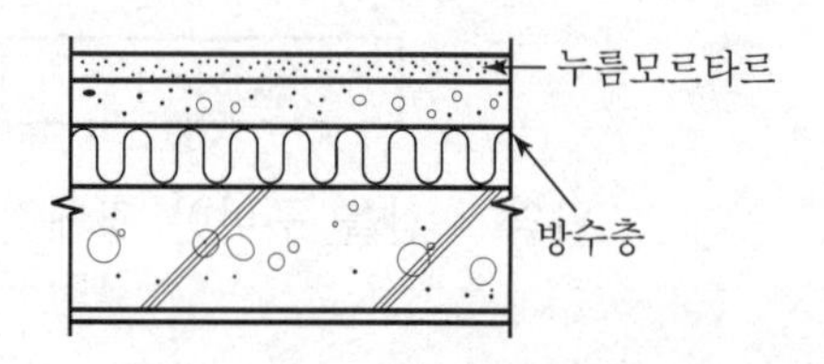


① 겨울철에 실내로부터 열손실 방지

② 여름철에 일사에 의한 열의 실내 유입을 방지

6) 창단열

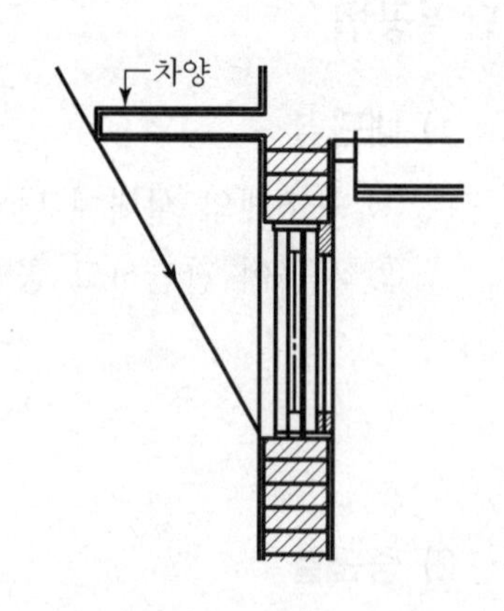


① 동절기 난방 시 실내에서부터 실외로 통하는 열손실 방지

② 차양의 설치로 하절기 냉방 시 밖으로부터 열침입 방지

## Ⅳ. 시공 시 유의사항

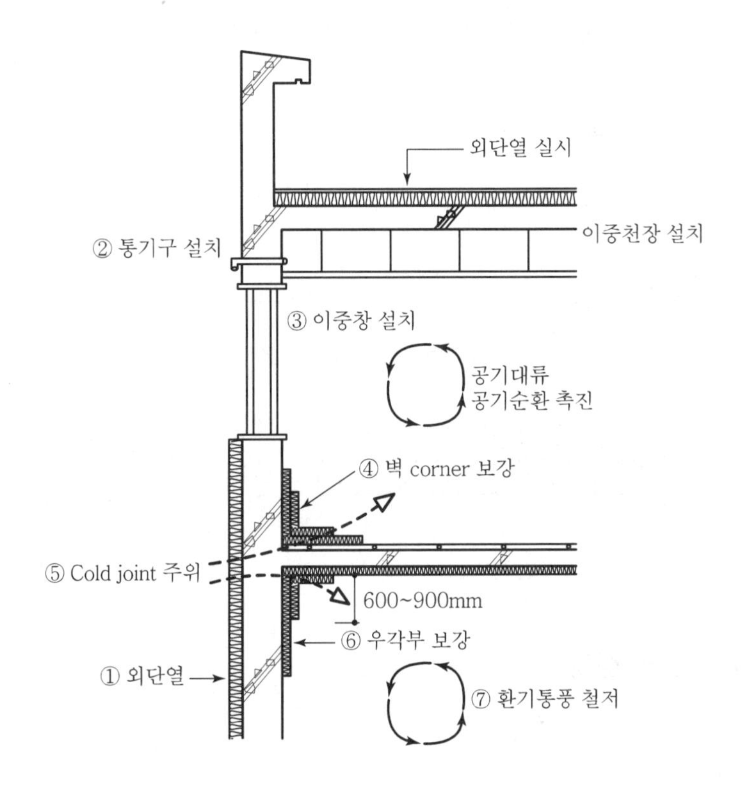


### 1) 외단열 실시

옥상과 외벽에 외단열을 실시하여 단열효과 증대

### 2) 통기구 설치

천장 단열시 통기구 설치

### 3) 이중창 설치

### 4) 벽내부 corner 보강

Corner부 이중 단열 시공

### 5) Cold bridge 유의

6) 우각부 보강

천장 corner 우각부 보강(600~900mm)

7) 환기 및 통풍 철저

실내환기 및 통풍을 유지하여 공기의 순환 촉진

8) 단열재 이음

겹친이음이나 반턱이음으로 시공

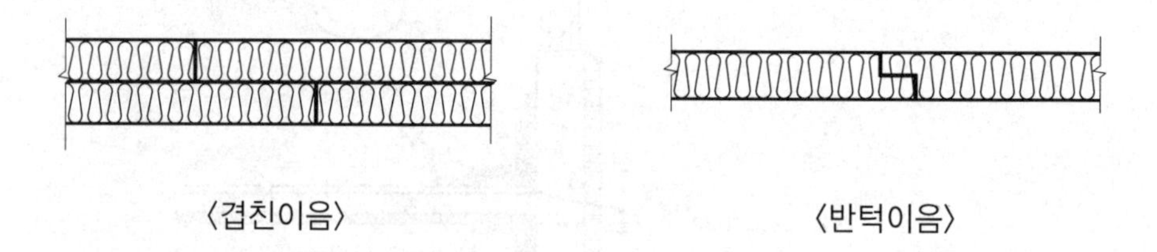

〈겹친이음〉 〈반턱이음〉

9) 저온부 설치

단열층은 저온부에 설치

10) 고온다습부 설치

## Ⅴ. 결 론

① 단열이 불량하면 결로가 발생하고 실내오염과 불쾌감을 조성하게 된다.

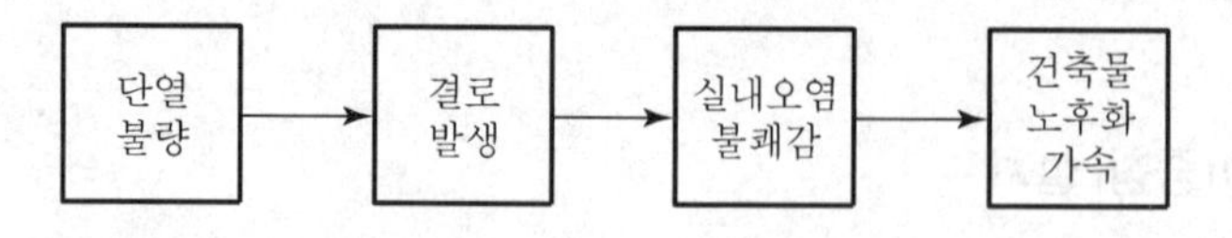


② 설계시부터 단열계획을 철저히 하며 시공 시 품질관리로 건축물의 단열성능을 향상시켜야 한다.

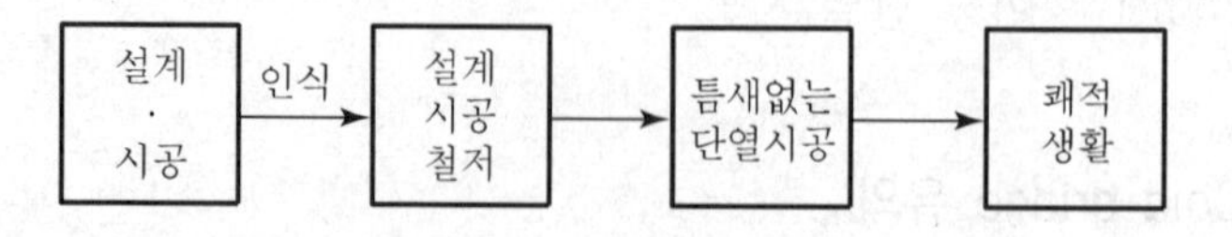

# 문제 4 Dry vit 외단열 시공법 및 시공 시 유의사항

## Ⅰ. 개 요

① Dry vit란 영어 "dry"와 불어 "vit(영어로 quick의 뜻)"의 합성어로 "빨리 마르다."의 뜻을 가진 외단열공법이다.

② Dry vit 외단열 시공법은 30% 이상의 에너지 절감효과와 열교현상 등의 발생요인을 방지할 수 있는 공법으로 그 시공이 일반화되어 있다.

## Ⅱ. 특 징

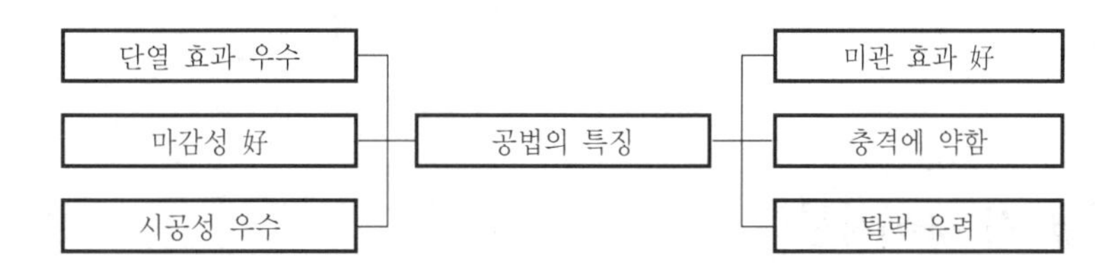


## Ⅲ. 시공법

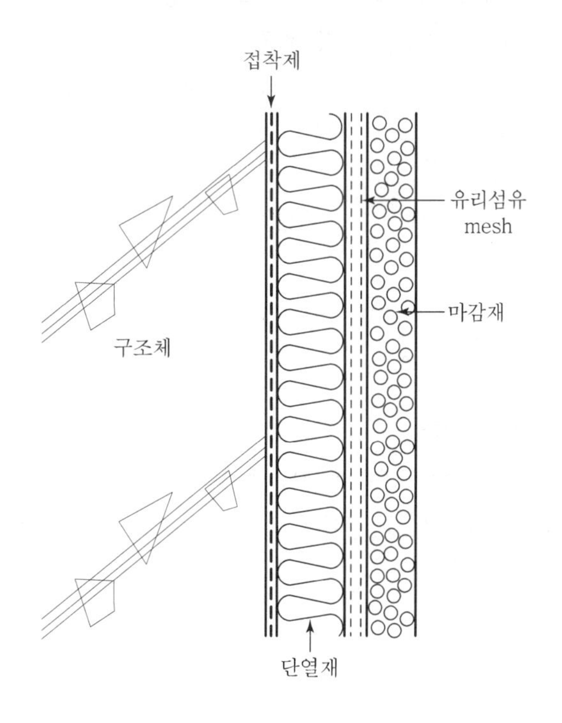

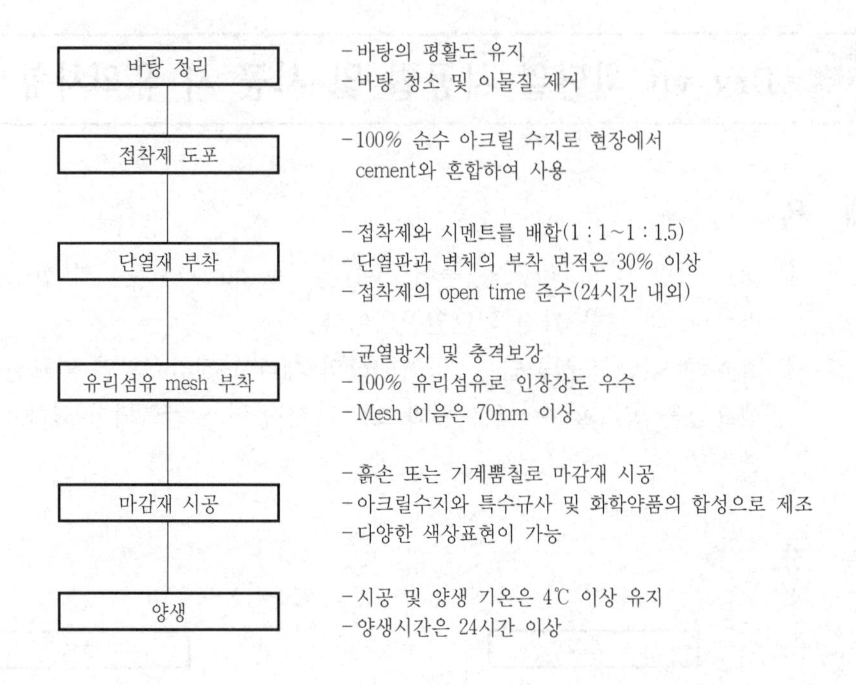


## Ⅳ. 시공 시 유의사항

### 1) 창틀 주위 시공 철저

단열재와 바탕체(구조체)와의 밀착시공 및 창틀 주위 sealing 시공 철저

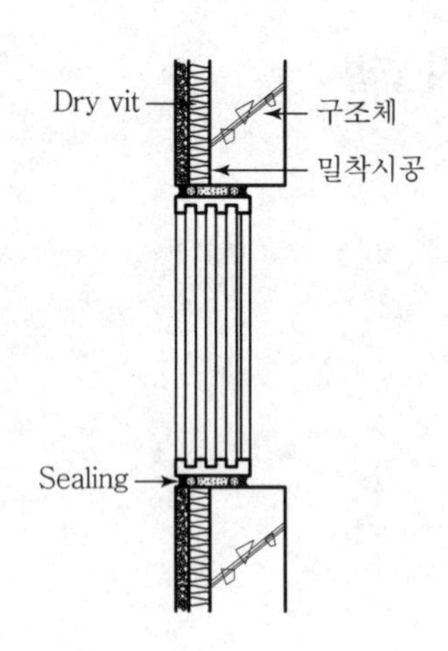


### 2) 접착제 배합 준수

① 접착제와 시멘트의 배합률 준수

② 재료의 open time 준수

### 3) Parapet 부위 마감 철저

Parapet 상부는 flashing 시공으로 단열재 보호

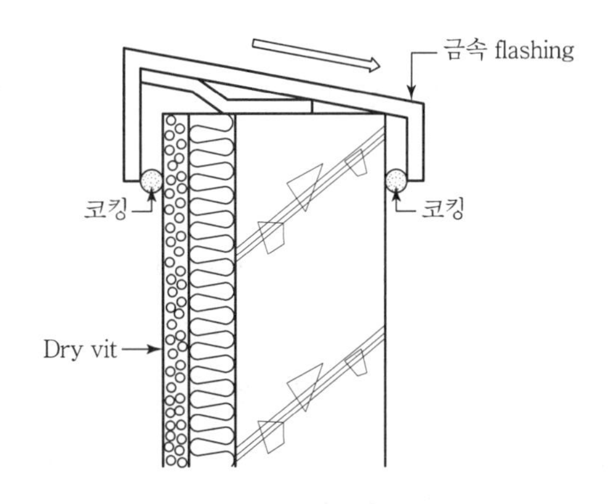


### 4) 단열판 부착면적 확보

단열판과 바탕체의 부착면적은 30% 이상 확보

### 5) 단열판 수직줄눈 금지

단열판 부착 시 이음부 줄눈에 수직줄눈이 발생하지 않도록 엇갈림 부착

### 6) 하부 방수처리

① 바닥으로부터 우수 및 습기 침투 방지

② 바닥에서 200~300mm 정도는 mesh면 시공 후 방수처리

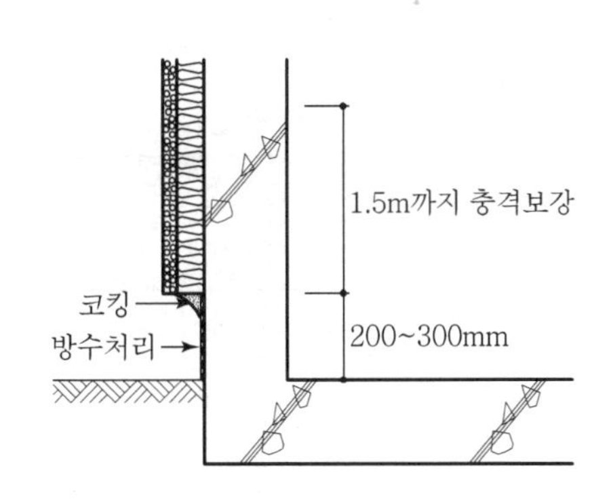


### 7) 단열재 탈락 방지

① 강한 바람에 의한 단열재의 탈락방지

② 매 층 또는 2개 층마다 시공

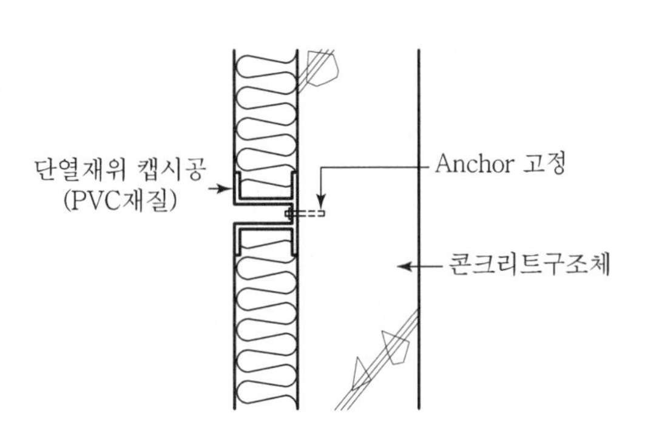

8) 수직 수평 확인

① 벽체의 수직 수평을 내림추를 이용하여 관리
② 단열재 이음턱 발생 시 sanding 처리하여 면고르기함

9) Dry vit 마감재의 연속시공

① 최종 마감 부분인 dry vit 마감재의 시공은 연속시공으로 함
② 외부 가설발판 사전준비

10) 양생철저

① 시공 및 양생 기온은 4℃ 이상 유지
② 양생기간 최소 24시간 이상 유지

## Ⅴ. 단열재 요구조건

| 구분 | 요구조건 | |
|---|---|---|
| | 높음 | 낮음 |
| 열전도율 | | ○ |
| 흡수성 | | ○ |
| 비중 | | ○ |
| 내화성 | ○ | |
| 경제성 | ○ | |
| 밀도 | | ○ |

## Ⅵ. 결 론

① Dry vit공사는 외단열 마감공법으로, 바탕면과의 밀착시공이 단열뿐만 아니라 탈락 방지에도 매우 중요하다.
② 접착제 및 유리섬유 mesh 시공 등 공정순서에 맞춰 정확한 시공과 품질관리로 하자 방지에 노력해야 한다.

# 문제 5 건축물의 결로 발생원인과 방지대책

## Ⅰ. 개 요

### 1) 의 의

① 결로발생의 원인은 실내온도는 낮고 상대 습도가 높을 때 발생하며, 실내외의 기온차가 클수록 많이 발생하고, 한여름과 한겨울에 특히 심하게 나타난다.

② 결로를 방지하기 위해서는 방습층 설치, 단열보강, 단열재의 관통부 보강, 우각부 및 내부 벽체의 코너부 보강 등의 시공관리가 필요하다.

### 2) 결로의 피해

결로발생 시 실내의 불쾌감 조성 및 곰팡이 발생의 원인이 됨

## Ⅱ. 결로 발생 mechanism

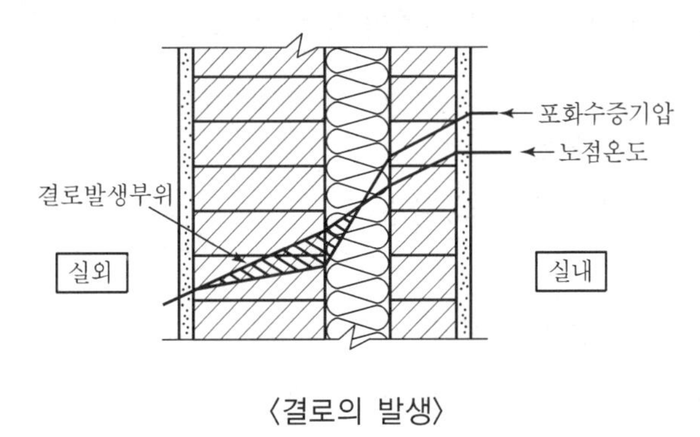


〈결로의 발생〉

① 포화상태 : 공기가 포함할 수 있는 수분량의 최대한도

② 포화수증기압 : 공기가 포화상태시 수증기압

③ 결로 : 포화수증기압 이상의 수분이 물방울로 응결되는 현상

④ 노점온도 : 결로시의 온도

## Ⅲ. 결로발생원인

### 1) 실내외 온도차

① 실내고온부에서 온도가 가장 낮은 표면에 발생

② 기밀성, 단열성능이 나쁜 곳에서 발생

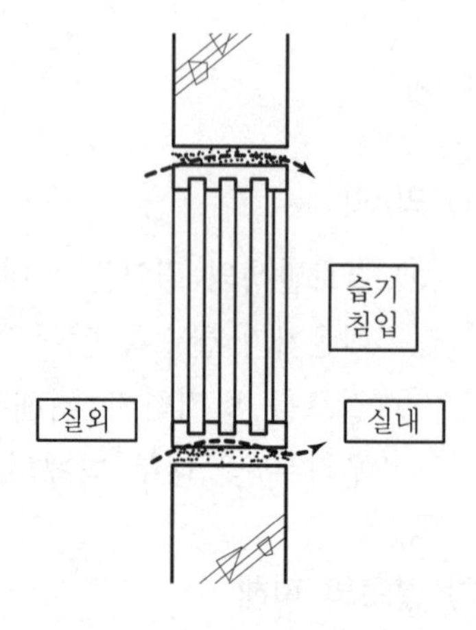


### 2) 환기부족

실내 환기는 2회/일 이상 실시하여야 함

### 3) 입지조건 불량

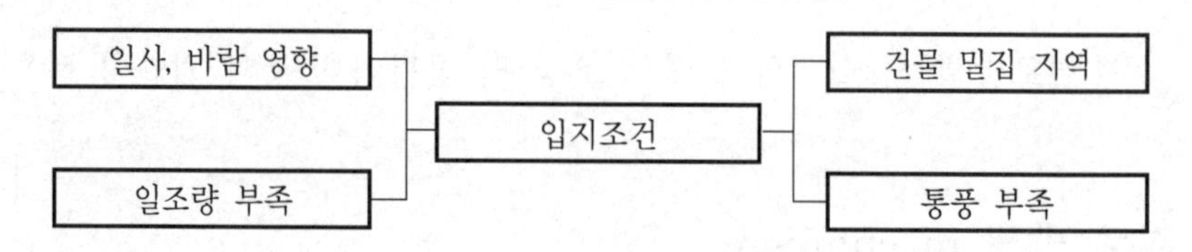


건물의 입지조건이 불량하여 통풍, 일조량 등이 부족한 경우

### 4) 단열재 시공불량

단열재 미시공 및 시공불량

### 5) 냉교(cold bridge) 발생

건물을 구성하는 부위에서 단면의 열관류저항이 국부적으로 작은 부분에 발생하는 현상

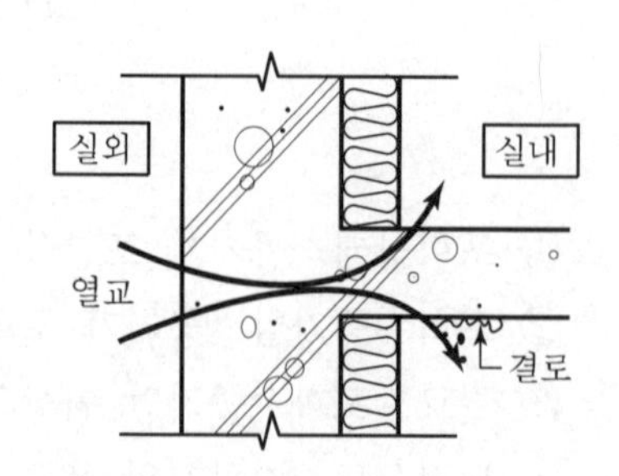


### 6) 구조체의 미건조

## Ⅳ. 방지대책

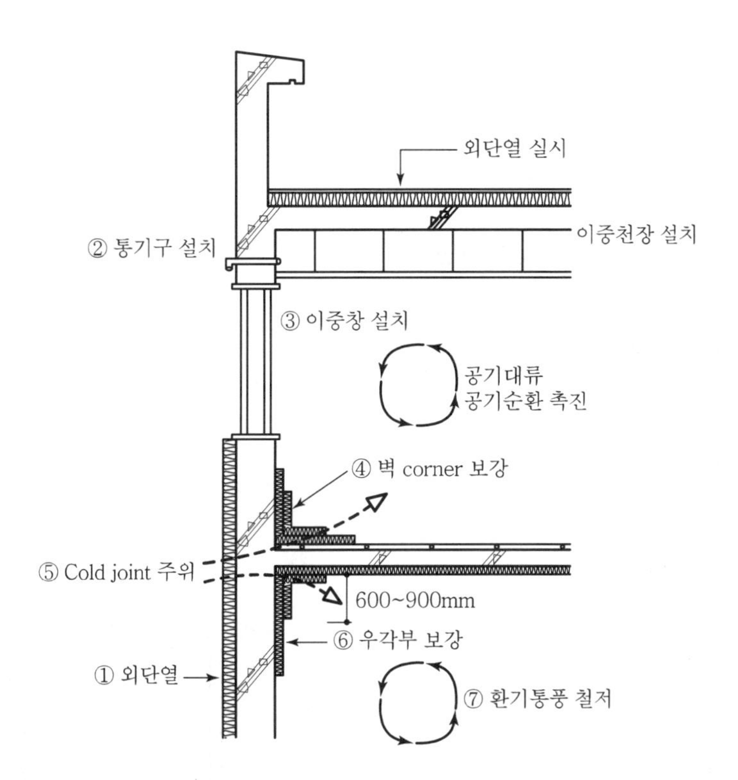


### 1) 외단열 실시

옥상과 외벽에 외단열을 실시하여 단열효과 증대

### 2) 통기구 설치

천장 단열시 통기구 설치

### 3) 이중창 설치

### 4) 벽내부 Corner 보강

Corner부 이중 단열시공

### 5) Cold bridge 주의

### 6) 우각부 보강

천장 corner 우각부 보강(600~900mm)

7) 단열재 이음

겹친이음이나 반턱이음으로 시공

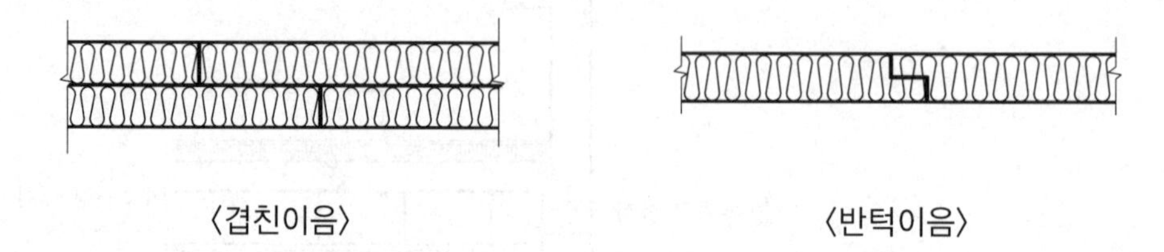

〈겹친이음〉 〈반턱이음〉

8) 저온부 설치

9) 고온다습부 설치

10) 환기 철저

① 환풍기, 환기창 설치

② 습한공기 제거

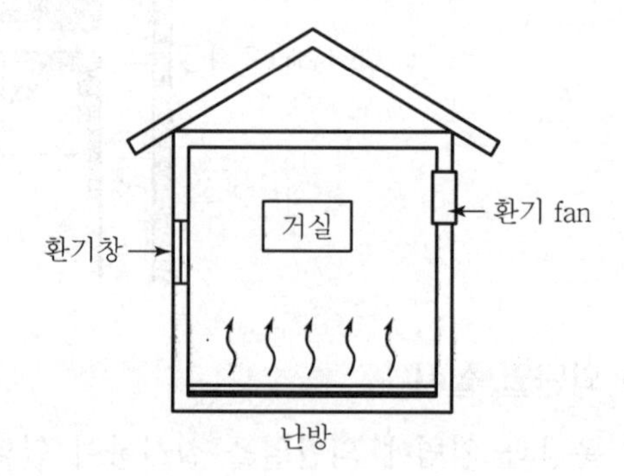


## V. 결 론

① 결로가 발생하면 실내오염과 불쾌감을 조성하고, 건물의 노후화를 가속화하므로 단열두께 및 방습층 등을 검토하여 결로를 방지해야 한다.

② 설계 시 결로에 대한 인식을 새롭게 하고 시공 시 틈새없는 단열층을 형성하여 쾌적한 생활이 될 수 있도록 연구노력해야 한다.

문제 6

# 공동주택 발코니 새시(curtain wall)의 결로원인 및 방지대책

## Ⅰ. 개 요

### 1) 의 의

① 공동주택 입주 시 앞뒤 발코니 확장에 따른 발코니 새시와 초고층 공동주택의 외벽 발코니 curtain wall(비확장 발코니)에 대한 결로현상이 심각한 하자로 대두되고 있다.

② 이는 실내의 습기 과다발생과 환기부족 및 실내의 온도차이로 인하여 발생하므로 그에 대한 대책이 필요하다.

### 2) 결로발생과정

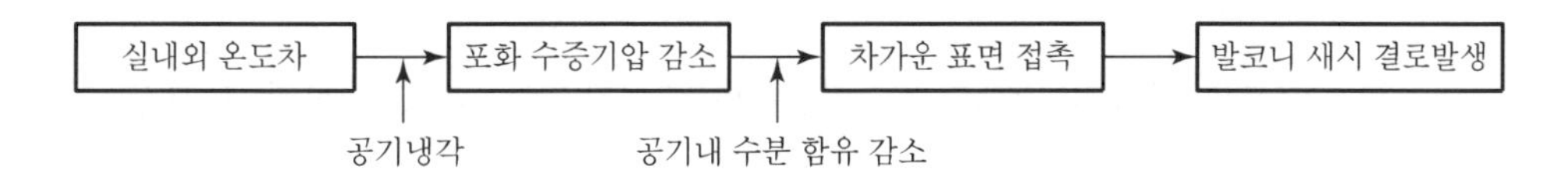


## Ⅱ. 공동주택 발코니 새시 시공도(확장 발코니)

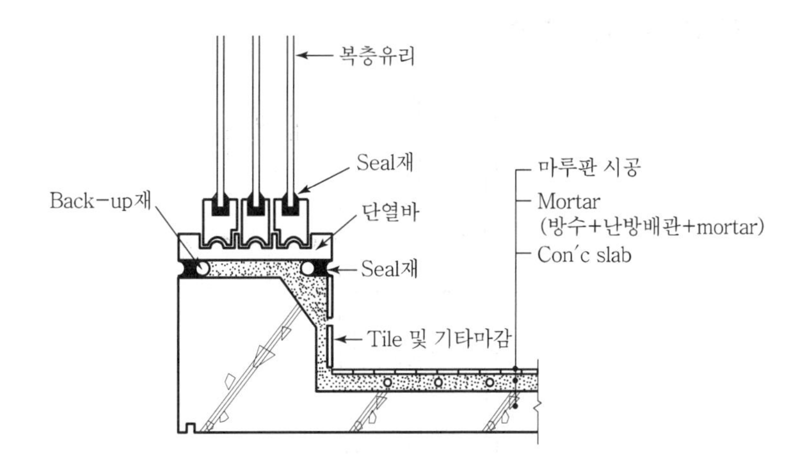

## Ⅲ. 결로원인

### 1) 발코니 확장시공

① 미숙련 기능공에 의한 시공의 정밀도 부족

② 확장 이음부와 기존 시공부 사이에서 특히 발생

### 2) 실내외 온도차(비확장발코니 경우)

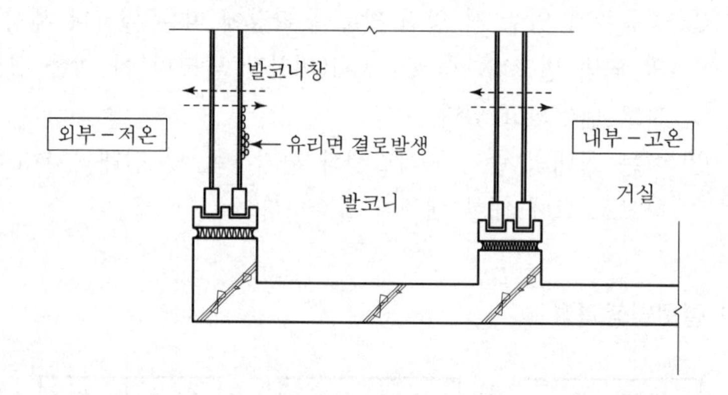


외부와 내부의 온도차가 심한 여름과 겨울에 결로가 심하게 발생

### 3) 실내습기 과다 발생

다습한 기후조건에서 결로 과다 발생

### 4) 접합부 sealing 부족

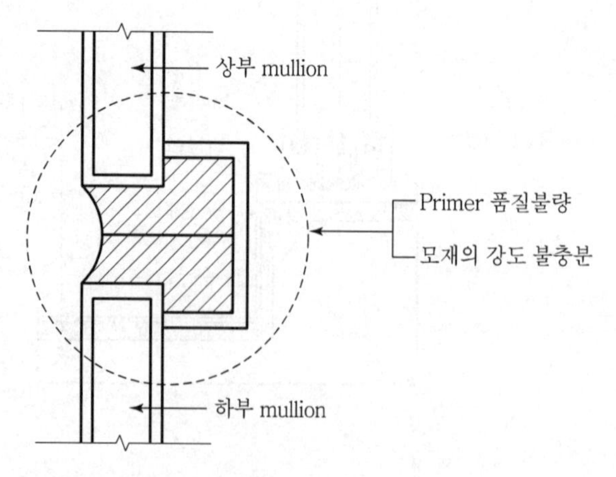


시공 접합부의 자재설정 및 시공불량

5) 환기 부족

실내 냉난방으로 인한 환기 부족

## Ⅳ. 방지대책

1) 단열보강

① 발코니 새시틀 주위에 단열재 시공 철저

② 단열재 연결부위는 tape, sealing 등으로 마감

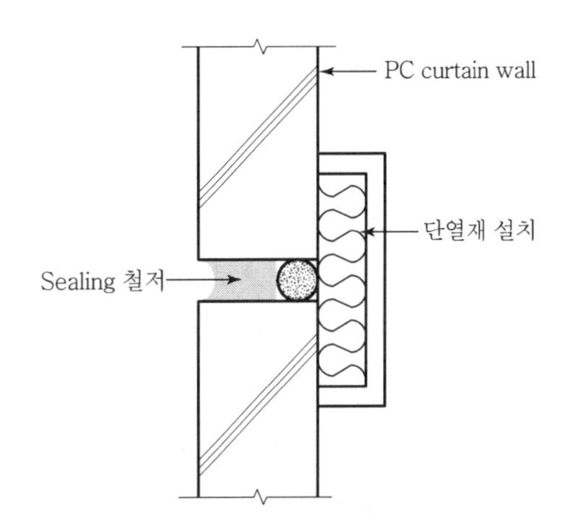


2) 복층유리 또는 3중유리 시공

① 결로발생 방지

② 단열성능 향상

③ 우수한 방음 성능

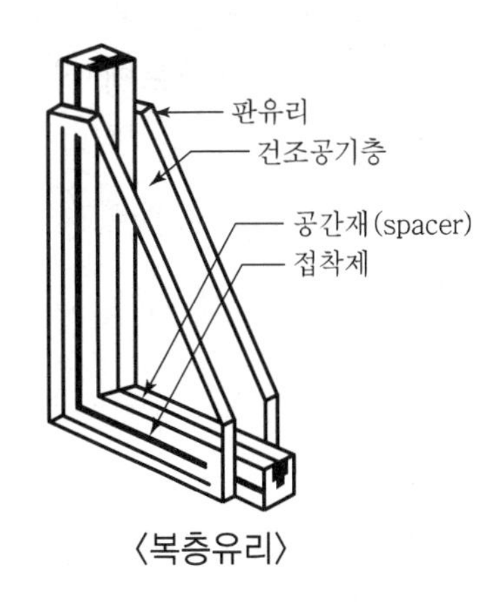

〈복층유리〉

3) 단열bar 시공

발코니 새시 시공 시 단열bar를 시공하여 결로 방지

4) 실내환기 철저

① 실내 주방, 거실, 욕실 등에 환기 fan 설치

② 1일 2회 이상 창을 열고 전체 환기 실시

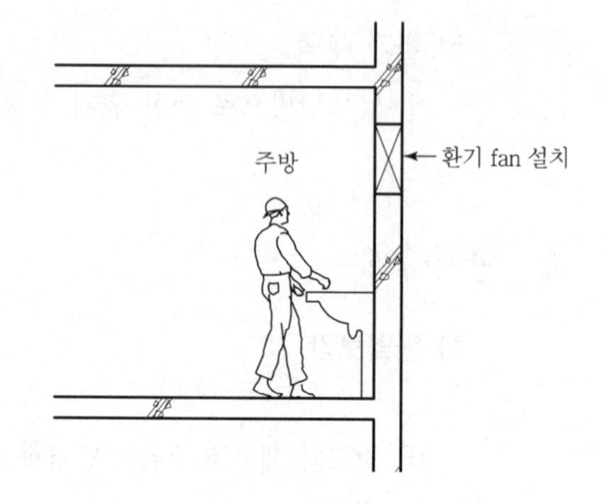


5) 열교현상 차단

① 국부적으로 발생하는 열교환 현상 방지

② 열교(heat bridge)발생 부위에 단열보강

6) Open joint system 적용

① 틈을 통하여 습기를 이동시키는 압력차를 없애는 등압이론 이용

② 내부에는 기밀성 유지

③ 고층 아파트에 적용

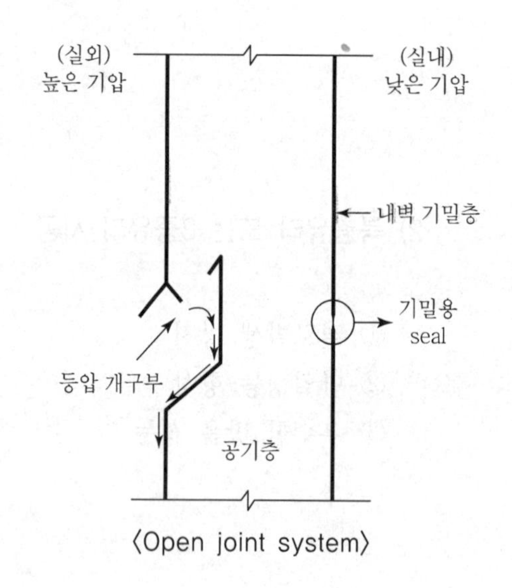

〈Open joint system〉

## V. 결 론

① 공동주택 발코니의 결로발생을 방지하기 위해서는 curtain wall 부재와 유리의 단열성능을 확보하는 것이 중요하다.

② 공동주택 발코니 확장에 따른 결로발생은 생활환경에 악영향을 주어 마감재료의 연쇄적 하자를 발생시키므로 단열자재의 개발 및 시공, 실내 자연환기 system 등의 연구가 필요하다.

# 문제 7 바닥과 벽체의 차음공법

## Ⅰ. 개 요

① 건축에 있어서의 차음은 공간을 나누는 천장, 벽, 바닥 등의 평면을 구성하는 단판요소의 차음성능에 따른다.

② 공동주택에 있어 주 소음경로는 벽체와 바닥으로, 이에 대한 시공 시 적절한 차음공법을 선정하여 경량 충격음과 중량 충격음에 따른 소음을 방지해야 한다.

## Ⅱ. 공동주택 바닥 고체전파음

### 1) 경량 충격음(L)

① 종 류

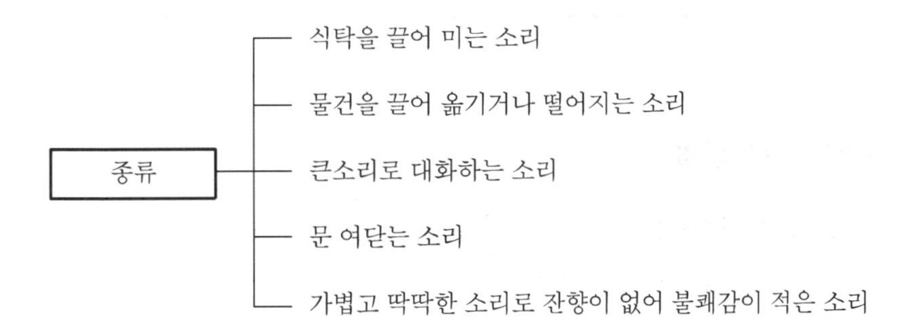


② 등 급

| 등급 | 기준(dB) |
|---|---|
| 1급 | $L \leq 37$ |
| 2급 | $37 < L \leq 41$ |
| 3급 | $41 < L \leq 45$ |
| 4급 | $45 < L \leq 49$ |

### 3) 중량 충격음(L)

① 종류

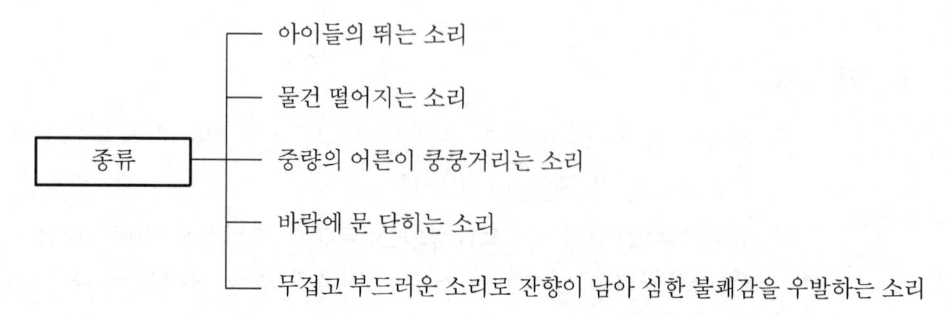


② 등급

| 등급 | 기준(dB) |
|---|---|
| 1급 | $L \le 37$ |
| 2급 | $37 < L \le 41$ |
| 3급 | $41 < L \le 45$ |
| 4급 | $45 < L \le 49$ |

## Ⅲ. 바닥의 차음공법

### 1) 표면 완충공법

표면에 충격완충재 사용

### 2) 뜬바닥 공법

바닥구조체의 중량화와 강성 향상으로 충격에 대한 전파음 저하

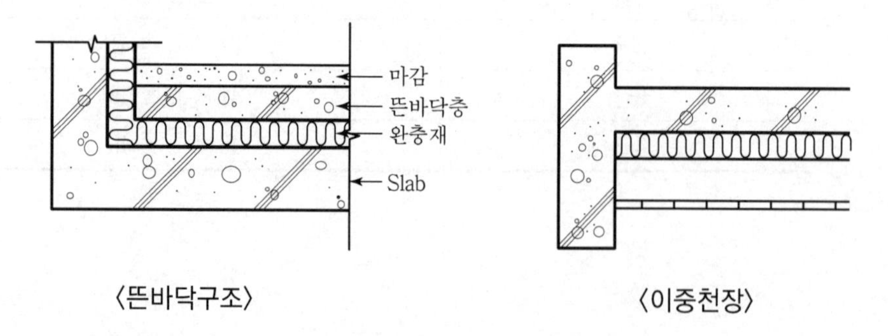


〈뜬바닥구조〉 〈이중천장〉

### 3) 차음 이중천장

이중천장 속에 공기층을 둔 후 흡음재를 충진

### 4) 바닥 슬래브의 고강성화 또는 중량화

① 바닥 구조체의 고강도화

② 바닥 구조체의 중량화 시공

### 5) 틈새에 코킹 처리

① 개구부, 틈새 등은 밀실하게 Sealing

② 기밀성 있는 재료로 틈새 처리

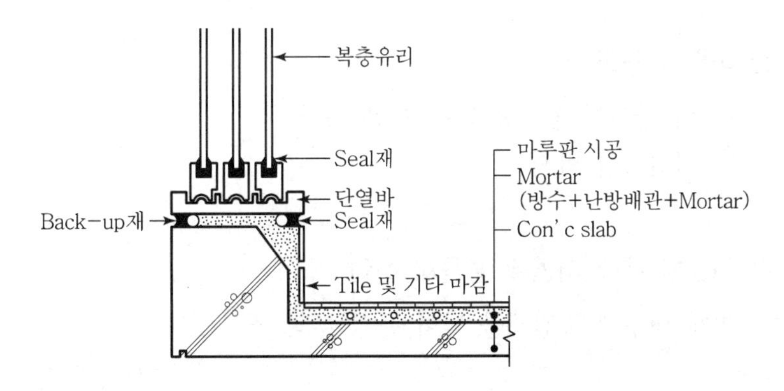


### 6) 중공슬래브 적용

① 바닥소음 저감효과

② 건축물 자중 감소

## Ⅳ. 벽체의 차음공법

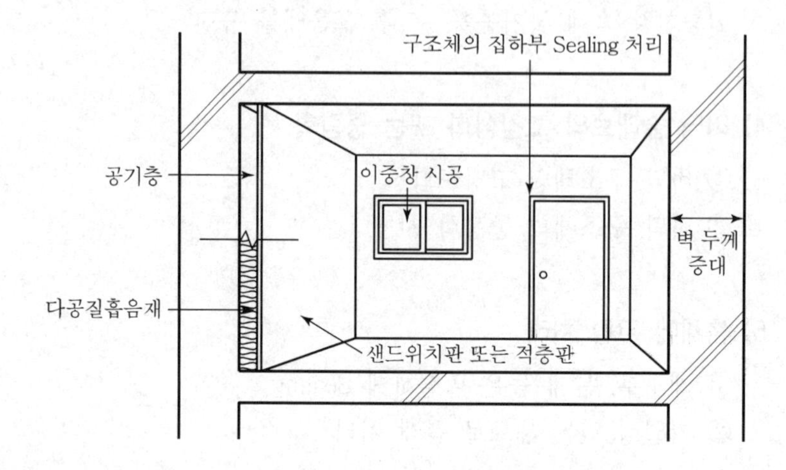


### 1) 이중벽 구조

① 벽 사이에 공기층을 두어 음 차단

② 기밀화된 벽체 시공

### 2) 이중벽 내에 다공질 흡음재 삽입

벽체 내부에 충진재를 넣어 음의 투과 저감

### 3) 샌드위치판이나 적층판 사용

### 4) 개구부 기밀성

구조체와 문틀 틈은 가능한 Sealant로 시공

### 5) 벽체 중량화

① 벽체 중량을 크게 함으로써 투과손실 줄여 차단

② 가능한 벽 두께는 두껍게 함

### 6) 기밀성 있는 창호(이중창) 시공

### 7) 틈새에 실링(Sealing) 처리

8) 간벽 연결부에 음교가 생기지 않도록 독립

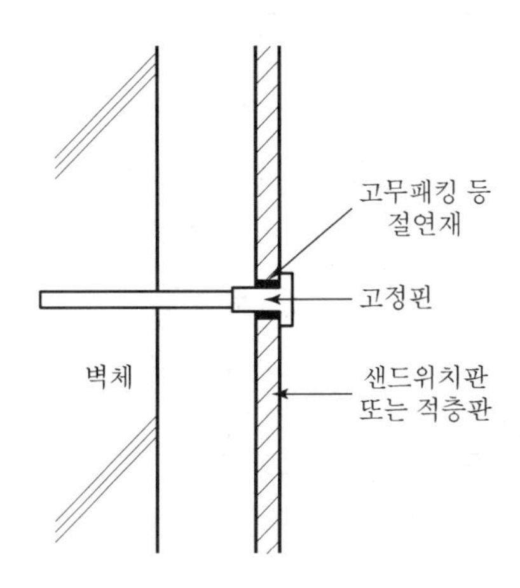


## Ⅴ. 층간소음 관련 기준

1) 층간소음의 기준

| 구분 | | 주간<br>(06 : 00~22 : 00) | 야간<br>(22 : 00~06 : 00) |
|---|---|---|---|
| 뛰는 소리, 걷는 소리 등의 직접 충격소음 | 1분등가소음도<br>(Leq, dB(A)) | 39 | 34 |
| | 최고소음도<br>(Lmax, dB(A)) | 57 | 52 |
| TV, 라디오, 악기 등의 공기전달 소음 | 5분등가소음도<br>(Leq, dB(A)) | 45 | 40 |

2) 바닥구조기준

① 벽식 구조의 슬래브는 210mm 이상

② 라멘구조의 슬래브는 150mm 이상

③ 바닥 충격음 기준(성능인정기준)

- 경량 충격음 58dB 이하
- 중량 충격음 50dB 이하

## Ⅵ. 흡음공사와 차음공사의 비교

| 구분 | 흡음공사 | 차음공사 |
|---|---|---|
| 원리 | 소음을 흡수 | 소음을 차단 |
| 시공방법 | 건물벽체에 흡음재료를 사용 | 건물 내외에 차음재료를 사용 |
| 시공 정도 | 시공이 비교적 용이 | 시공이 난해 |
| 경제성 | 경제적 | 비경제적 |
| 효과 | 다소 낮음 | 정밀 시공 시 효과 큼 |
| 설계상 계획 | 용이 | 어려움 |
| 적용 | 일반 건물, 음악실, 공연장 등 | 일반 건물, 주거용 건물 등 |

## Ⅶ. 결 론

소음 방지를 위해서는 설계시부터 소음에 대한 검토가 있어야 하며 소음 완화를 위한 차음재료 개발이 시급하다.

# 문제 8 공동주택에서 발생하는 층간소음의 원인 및 대책

## Ⅰ. 개 요

### 1) 의 의

① 공동주택에서 발생하는 층간소음은 쾌적한 주거환경의 조성을 방해하고, 신경불안, 불안감조성 등의 정서적인 생활을 해치므로 이를 방지하기 위한 설계 및 시공상의 대책이 필요하다.

② 근래에 설계 시 공동주택 바닥두께를 두껍게 조정함으로써, 이에 대한 대비를 하고 있으나 아직 법적기준이 미흡하여 설계와 시공의 확실성이 부족한 실정이다.

### 2) 소음의 피해

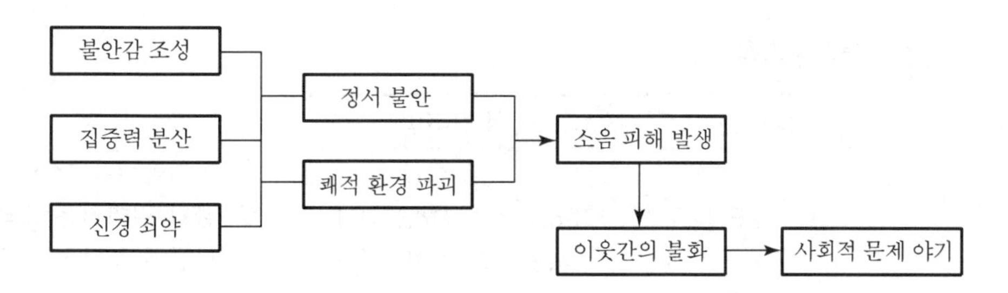


## Ⅱ. 차음계수와 흡음률

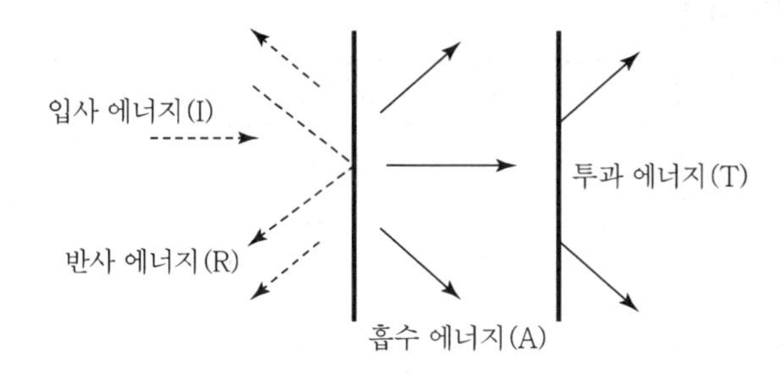


① 투과율 $= \dfrac{\text{투과에너지(T)}}{\text{입사에너지(I)}}$

② 흡음률 $= \dfrac{\text{I}}{\text{A+T}}$

# Ⅲ. 소음의 원인

## 1) 구조체두께 부족

구조체 음의 투과율 과다

## 2) 생활소음

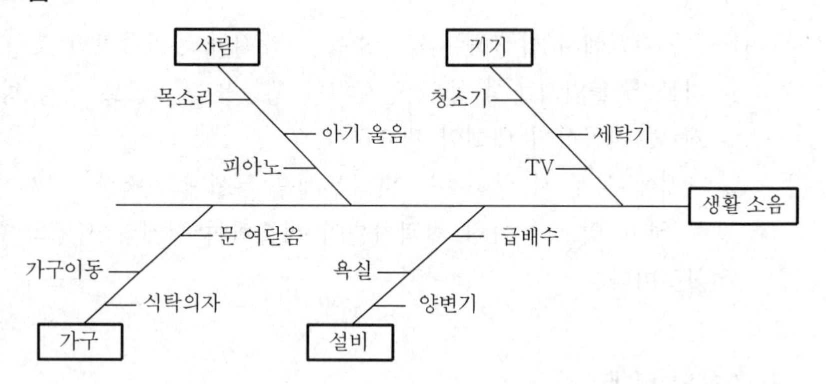


## 3) 중량충격음

| 구분 | 기준(dB) |
|---|---|
| 1급 | 37dB 이하 |
| 2급 | 37dB 초과 41dB 이하 |
| 3급 | 41dB 초과 45dB 이하 |
| 4급 | 45dB 초과 49dB 이하 |

① 아이들 뛰는 소리
② 물건 떨어지는 소리
③ 바람에 문닫히는 소리

## 4) 경량충격음

| 구분 | 기준(dB) |
|---|---|
| 1급 | 37dB 이하 |
| 2급 | 37dB 초과 41dB 이하 |
| 3급 | 41dB 초과 45dB 이하 |
| 4급 | 45dB 초과 49dB 이하 |

① 실내화 끄는 소리
② 대화소리(큰소리)
③ 문 여닫는 소리

5) 실외소음

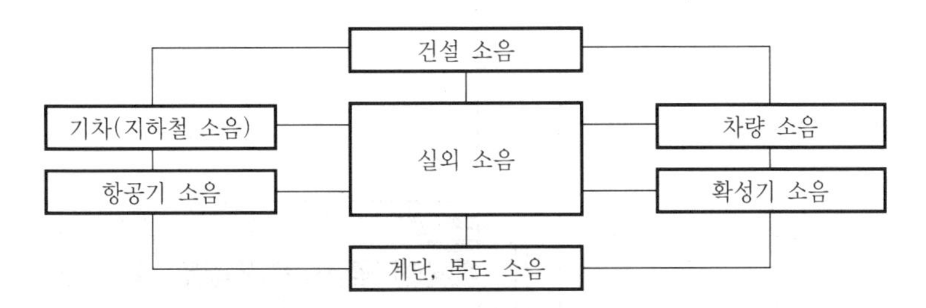


주간에 발생하는 각종 외부 소음으로 주거생활의 쾌적성 방해

6) 차음재료 미시공

## Ⅳ. 대 책

1) 뜬바닥구조

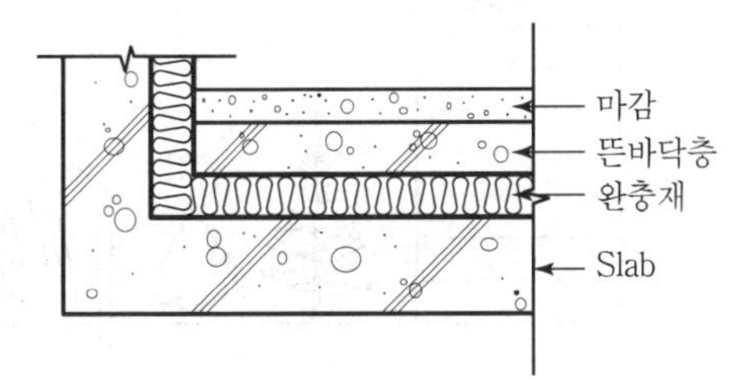


바닥 충격음의 15~20dB 저감효과 발휘

2) 이중천장 시공

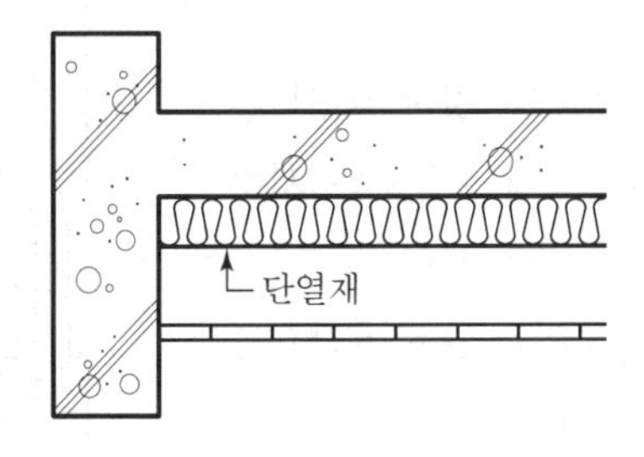


이중천장 속에 공기층을 두고 glass wool, 스티로폼 등의 단열재 설치

### 3) 설비급배수 대책

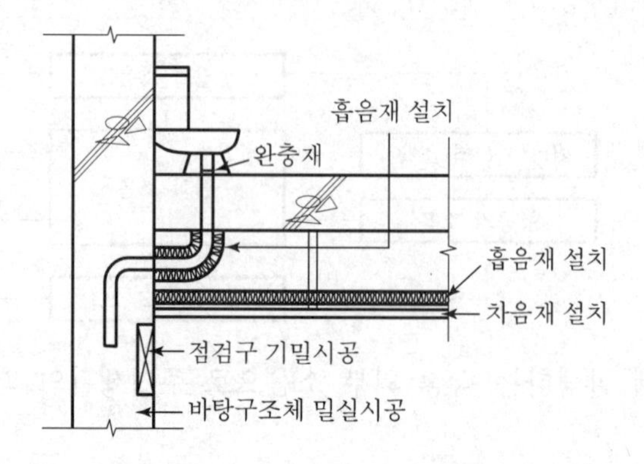


① 설비배관 주위에 완충재를 설치하여 소음 전달을 최소화시킴

② 설비배관이 지나가는 천장 등의 공간에도 흡음재 설치

### 4) 방음벽 설치

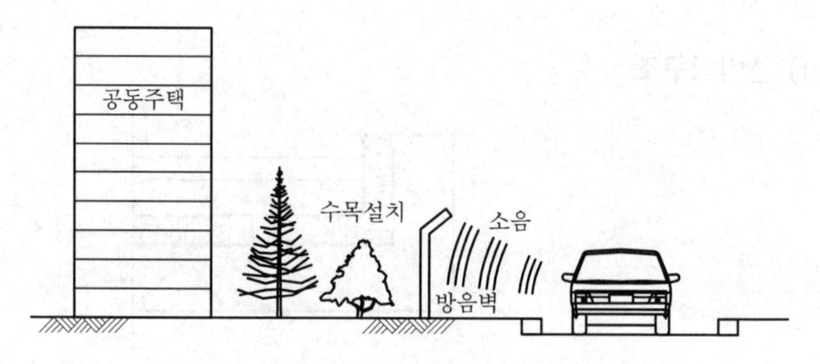


소음 발생원에 방음벽과 수목 등을 설치하여 소음을 차단

### 5) 차음재료 시공

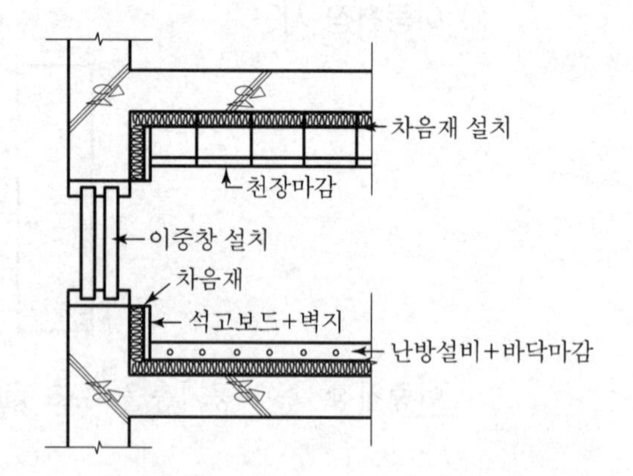


① 벽, 천장, 바닥 및 창에 음의 전달을 방지하는 차음재료를 시공한 후에 건축마감 시공

② 천장과 바닥부위는 2중 마감으로 차음효과 증대

### 6) 개구부의 밀실시공

창틀과 문틀 주위에 차음재료 시공철저

### 7) 구조체두께 증대

## Ⅴ. 층간소음 측정 test

| 구분 | 규모 |
|---|---|
| 시험실 바닥면적 | $14m^2$ 이상 |
| 시험실 공간비 | 높이 : 넓이 = 1 : 1.5 이하 |
| 시험실 높이 | 2.1m 이상 |
| 시험측정 높이 | 바닥에서 1.2m 지점 |

## Ⅵ. 결 론

① 공동주택의 층간소음방지를 위해서는 설계단계에서부터 시공에 이르기까지 소음에 대한 철저한 검토가 있어야 한다.

② 소음과 진동 등 환경공해에 대한 다양한 공법의 개발과 생활소음, 충격 및 진동 소음을 줄일 수 있도록 공동주택에서의 예절도 중요하다.

# 문제 9 건설공해의 종류와 그 방지대책

## Ⅰ. 개 요

1) 의 의

① 건설공해는 각종 건설공사의 착공에서 준공에 이르기까지 건설작업으로 인하여 주변주민의 생활환경에 악영향을 미치는 것이다.

② 또한 구조물이 완성된 상태에서 조망권 및 일조권의 침해, building wind 발생 등 지속적으로 지역주민의 생활을 해치는 것도 포함된다.

2) 건설공해의 특징

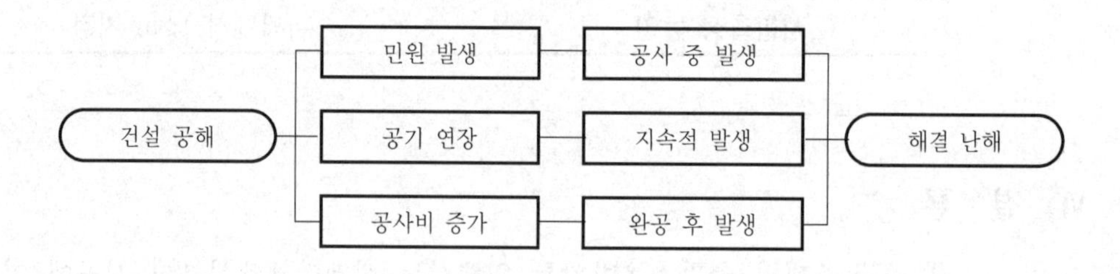


## Ⅱ. 건설공해의 분류

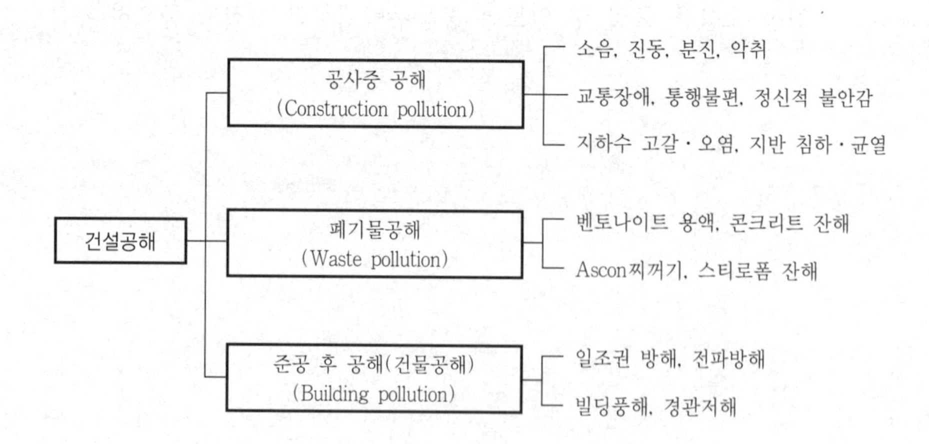

## Ⅲ. 건설공해의 종류

### 1) 공사공해

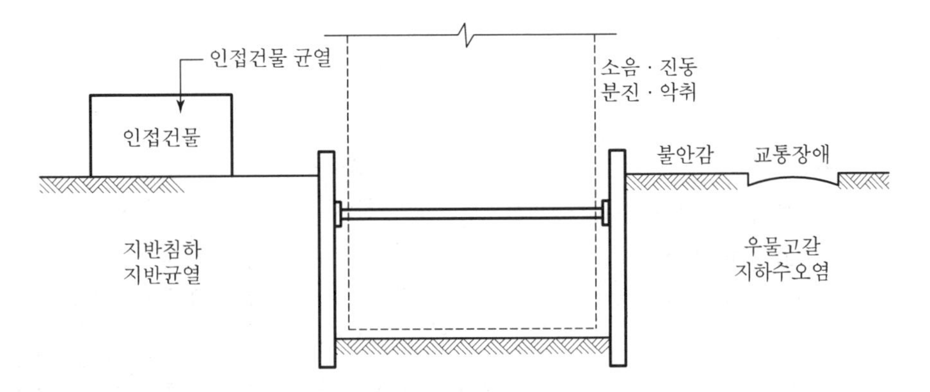


① 인접건물의 균열발생 및 소음, 진동, 분진 등 발생
② 지하공사의 영향으로 지하수위 저하 및 지하수 오염

### 2) 지반 함몰

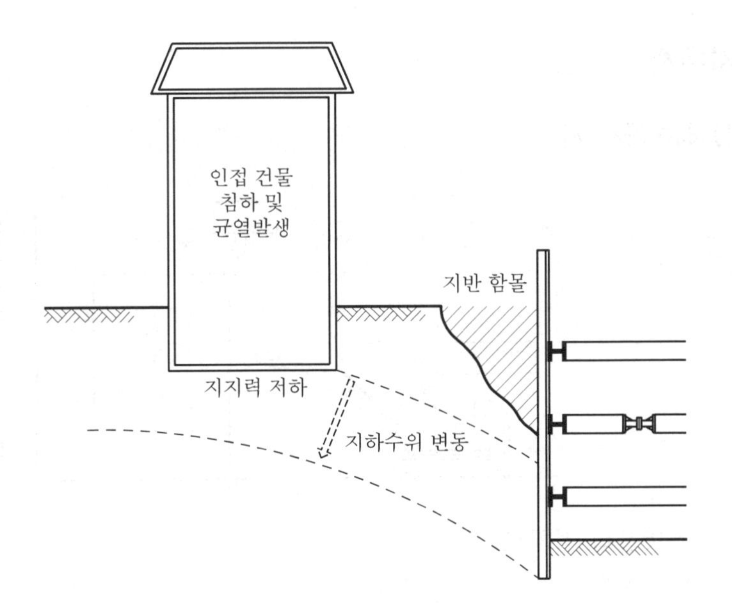


① 주변지반이 함몰시 인접건물에 막대한 피해 발생
② 인접건물의 지지력 저하

### 3) 폐기물 공해

폐콘크리트, bentonite 폐액, 폐ascon, 스티로폼 잔해 등

### 4) 정신적 피해

### 5) 건물공해

① 일조 일사 방해
② 전파 방해
③ 조망 저해
④ 빌딩풍
⑤ Privacy 침해

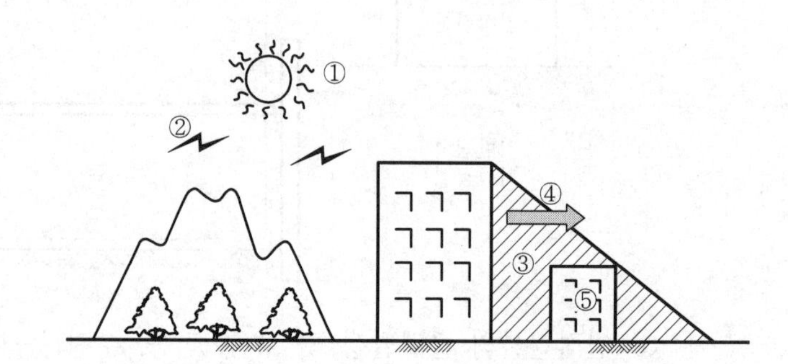


### 6) 교통장애

## Ⅳ. 방지대책

### 1) 해체공사 시

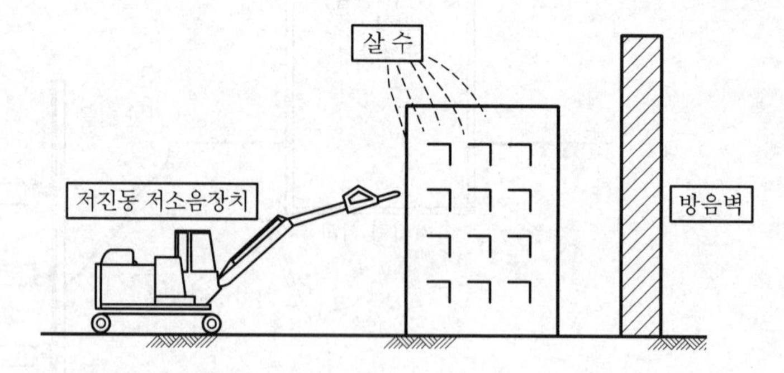


① 방음벽 설치로 소음차단
② 저진동장비로 인접건물 균열방지

### 2) 토공사 시

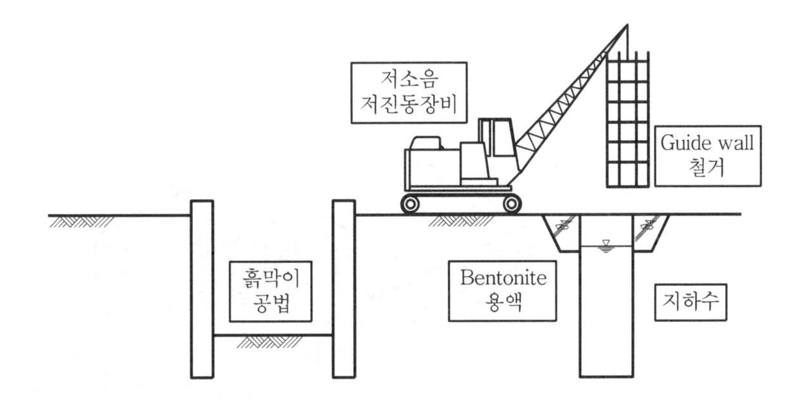


① 세륜시설 설치로 오염방지

② 적정 흙막이공법 선정으로 침하균열 방지

### 3) 기초공사 시

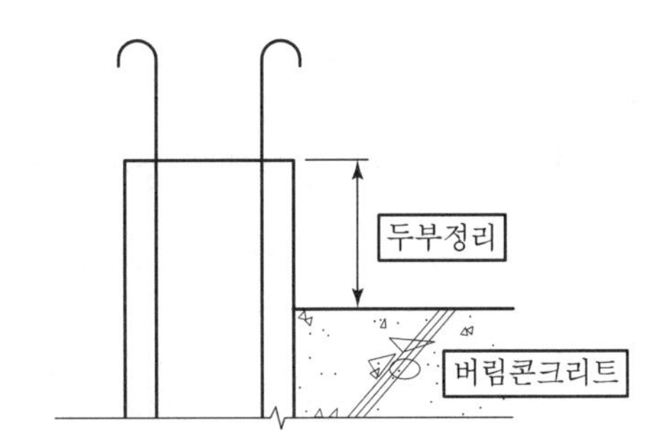


① Pile 잔재를 가설골재로 활용

② PS강선 재생을 철근으로 활용

### 4) 철근공사 시

① 철근 prefab화로 현장가공 및 시공 시 소음 제거

② 공장가공으로 대형차량의 교통장애 해소

### 5) 거푸집 공사 시

System 거푸집 사용으로 소음, 분진 제거

6) 콘크리트 공사 시

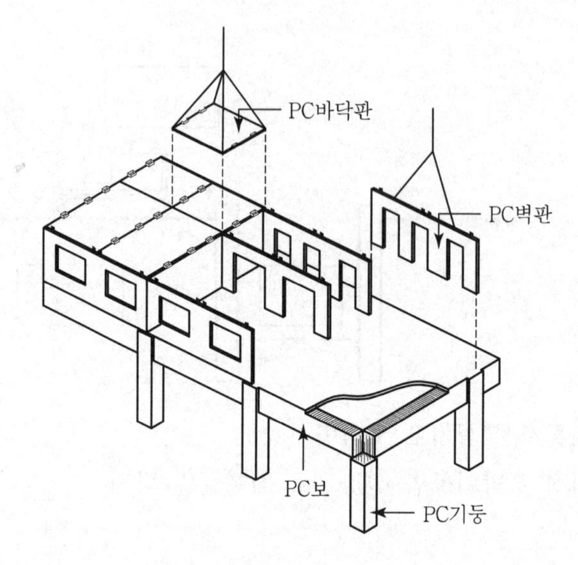


가능한 PC공법 사용으로 건설공해요소 사전 제거

7) 마감공사 시

친환경자재의 사용과 마감의 건식화로 준공 후에 발생할 공해 제거

## V. 결 론

① 건설공해로 인한 민원발생 시 공기, 공사비 등에 막대한 영향을 주므로 사회전반에 걸친 이해와 신뢰를 바탕으로 행정당국, 발주처, 설계자 및 시공자의 관심으로 바람직한 대책을 수립해야 한다.

② 유비쿼터스를 이용한 방지대책과 저소음·저진동장비 개발에 노력해야 한다.

# 문제 10 공동주택의 실내공기 오염물질 및 관리방안

## Ⅰ. 개 요

### 1) 의 의

① 최근 환경에 대한 인식, 웰빙(well-being), 새집증후군(sick house syndrome) 등의 영향으로 공동주택의 실내공기질에 대한 관리방안 및 유해·오염물질에 대한 연구가 활발해지고 있다.

② 정부는 '다중이용시설 등의 실내공기질 관리법(2014. 4. 개정)'의 개정을 통하여 실내공기질에 대한 규제, 관리를 강화시키고 있는 실정이다.

### 2) 실내공기질에 대한 법적규제(근거)

| 구분 | 다중이용시설 등의 실내공기질 관리법(환경부) |
|---|---|
| 시행방법 | 입주 전 공기질 측정 및 공고 의무 |
| 측정항목 | 포름알데히드(HCHO), 휘발성유기화합물(5개) |
| 위반시 과태료 | 500만 원 이하 부과 및 입주지연 예상 |
| 적용대상 | 신축공동주택 |

## Ⅱ. 실내공기질 현황

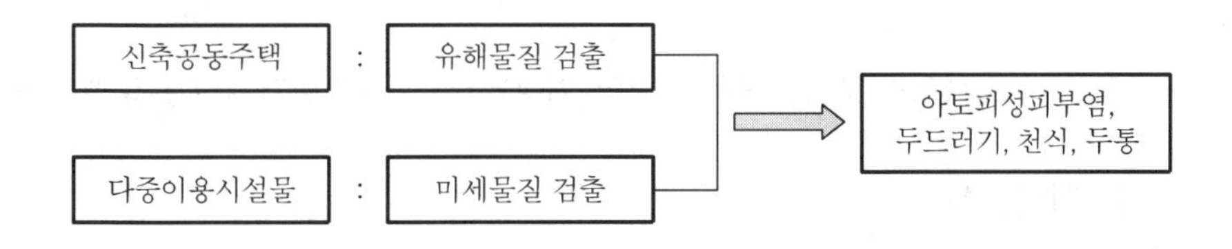

# Ⅲ. 공동주택의 실내공기 오염물질

## 1) 오염물질 및 기준

| 물질 | 기준(㎍/m³) | 유해성 | 발생원인 |
|---|---|---|---|
| Formaldehyde | 210 이하 | 0.1ppm 이상 시 눈 등에 미세한 자극, 목의 염증 유발 | 단열재, 가구, 접착제에서 다량 발생 |
| Benzene | 30 이하 | 마취증상, 호흡곤란, 혼수상태 유발 | 페인트, 접착제, 파티클보드 |
| Toluene | 1,000 이하 | 현기증, 두통, 메스꺼움, 식욕부진, 폐렴유발 | 페인트, 벽지, 코킹, 실런트제품 |
| Ethylbenzene | 360 이하 | 눈, 코, 목 자극, 장기적으로 신장, 간에 영향 | 페인트, 가구광택제, 바닥왁스 |
| Xylene | 700 이하 | 중추신경계 억제작용, 호흡곤란, 심장이상 | 페인트, 접착제, 카펫, 코킹제 |
| Styrene | 300 이하 | 코, 인후 등을 자극하여 기침, 두통, 재채기 유발 | 발포형단열재, 섬유형보드 |

## 2) 주요자재의 오염부하 기여율

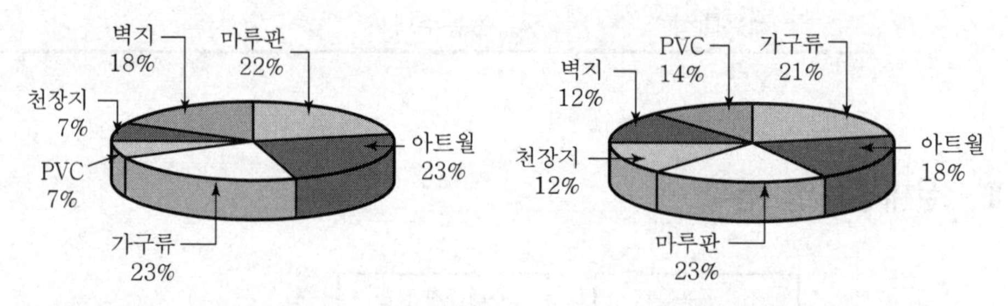


〈주요자재의 포름알데히드 오염 기여율〉 〈주요자재의 톨루엔 오염 기여율〉

## 3) 피해증상

① 새집증후군(sick house syndrome)

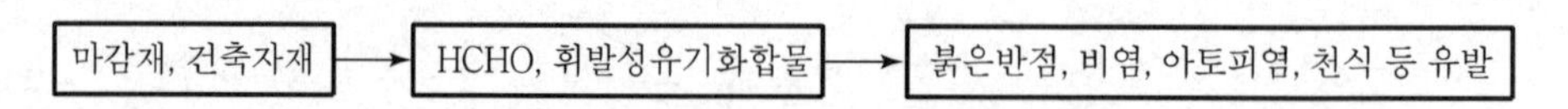


② 빌딩증후군(building syndrome)

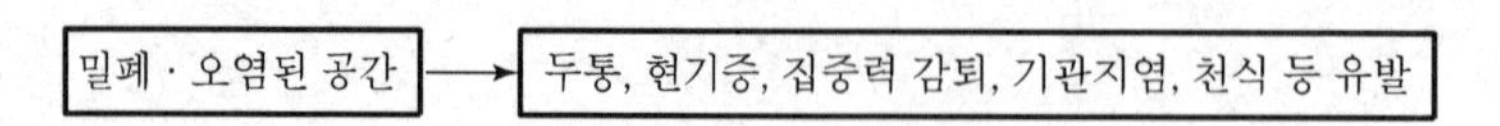

# Ⅳ. 관리방안

## 1) 자재의 품질인증제 도입

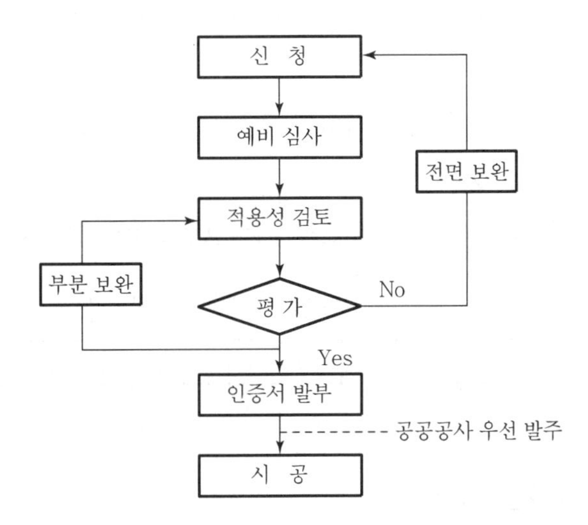


친환경건축자재의 개발과 인증제 시행으로 오염물질 저방출 자재의 시공 확립

## 2) 접착제 사용제한

마감재의 취부시 접착제의 사용을 줄이고 다른 공법을 적극 활용

## 3) 환기 system 적용

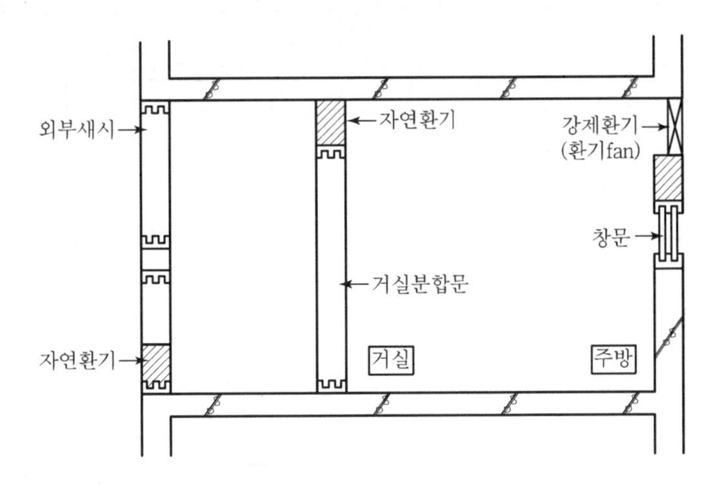


자연환기 그릴을 설치하여 강제환기 system과 함께 사용

4) 실내공기 측정

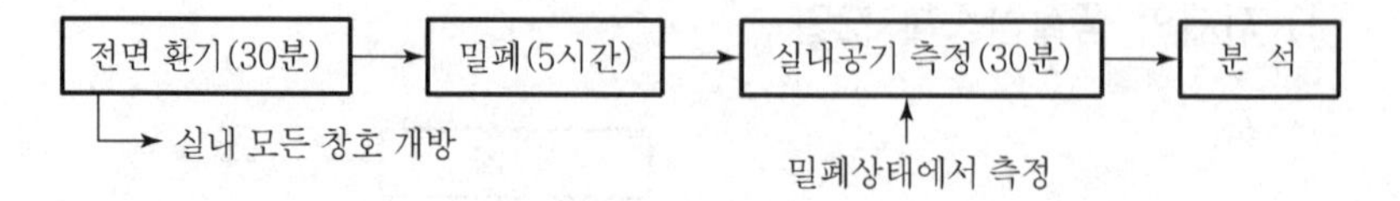


실내공기를 측정 및 분석하여 전체 환기시간 및 baking out 실시 여부 확정

5) Baking out 활용

입주 전 실내난방의 가동으로 실내오염물질의 70~80% 정도 감소 가능

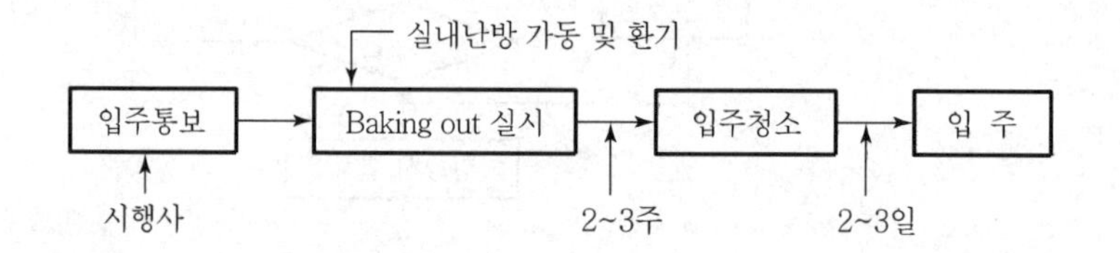


6) 적정 온습도 유지

## Ⅴ. Baking out 실례

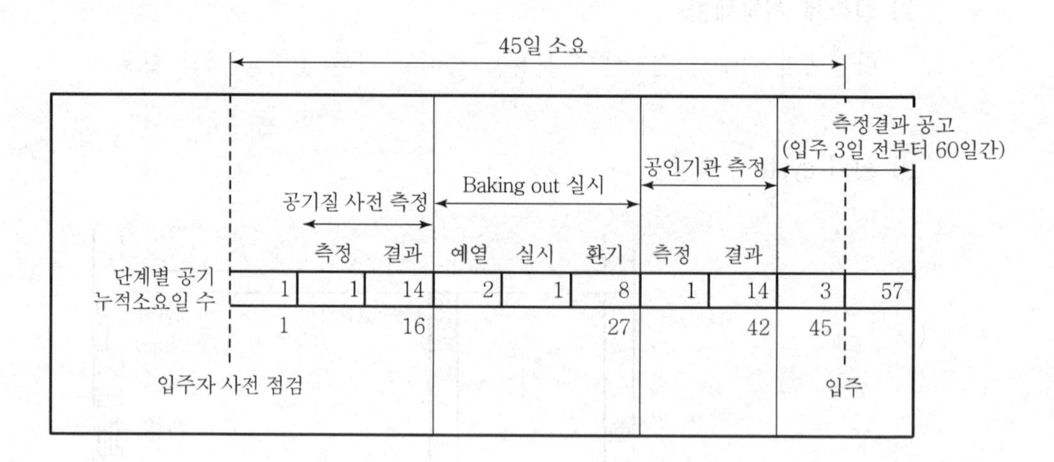


## Ⅵ. 결 론

① 공동주택 실내공기 오염물질의 효과적인 저감을 위해서는 설계·시공단계는 물론 입주단계, 거주단계까지의 지속적인 관리가 필요하다.

② 최초설계 및 model house 건립시 사전측정 체계화를 통해 simulation을 실시, 개선 반영하여야 하며 특히 입주단계에서는 적극적인 baking out을 실시하여 실내 공기오염으로 인한 피해를 예방해야 한다.

# 문제 11 건축물 해체공법의 종류와 해체 시 고려사항

## Ⅰ. 개 요

① 최근 들어 건축물의 생산기술과 더불어 노후된 건축물을 인근 피해를 최소화하면서 해체할 수 있는 방안이 중요한 기술적·사회적 문제로 대두되고 있다.

② 건축물의 해체 시에는 주변 건축물에 영향을 미칠 수 있으므로 이에 대한 적절한 공법의 선정이 필요하다.

## Ⅱ. 해체공법의 종류

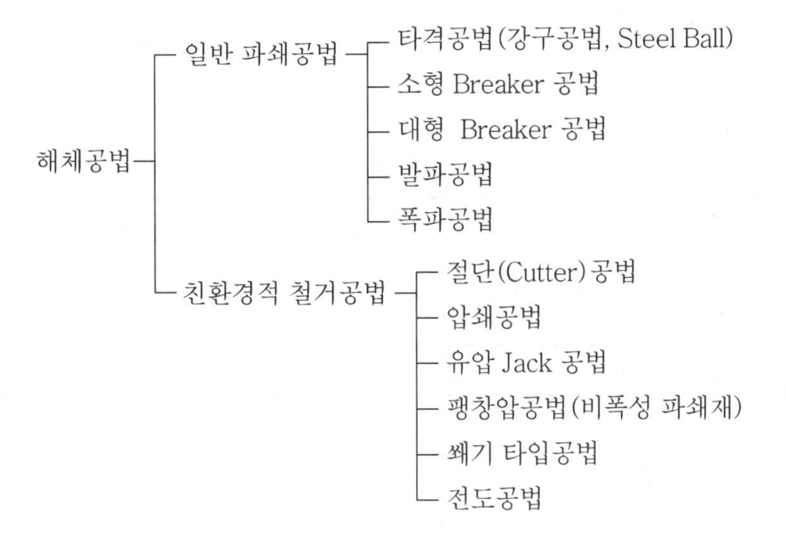


### 1) 타격공법(강구공법, Steel Ball)

① 크레인 선단에 Steel을 매달고 수직 또는 좌우로 흔들어 충격에 의해 구조물을 파괴하는 공법

② 기둥·보·바닥·벽의 해체에 적합

③ 재래식 공법과 폭파공법의 비교

| 구분 | 재래식 공법(타격공법, Breaker 공법) | 폭파공법 |
|---|---|---|
| 원리 | 충격 해체 | 폭발 해체 |
| 사용기계 | Steel Ball, Breaker | 소형 착암기(천공용) |
| 특성 | 비계 작업 필요 | 여유공간 불필요 |
| 안전성 | 건물 불안정, 재해위험 | 안전성 양호 |
| 공기 | 장기 | 단기 |
| 공해 | 환경공해 심각, 민원발생 높음 | 공해성 거의 없고, 주변 시설물 피해 적음 |

### 2) 소형 Breaker 공법

① 압축공기를 이용한 Breaker로 사람이 직접 해체하는 공법으로 Hand Breaker 라고도 함

② 작은 부재의 파쇄가 용이하며, 광범위한 작업에도 용이함

③ 소음, 진동, 분진의 발생으로 보호구 착용

④ 작업 방향은 위에서 아래

〈Breaker 공법의 비교〉

| 구분 | 소형 Breaker 공법 | 대형 Breaker 공법 |
|---|---|---|
| 작업자 | 인력 | 기계 |
| 능률 | 낮음 | 높음 |
| 가압물 | 공기 | 공기, 유압 |

### 3) 대형 Breaker 공법

① 압축공기 압력으로 파쇄하는 공법

② 소음을 완화하기 위해 소음기 부착

③ 공기 및 유압 사용

④ 기둥, 보, 바닥, 벽의 해체에 적합하며, 능률은 좋으나 진동 · 소음이 심함

### 4) 발파공법

① 화약을 이용하여 발파하여 그 충격파나 가스압에 의해 파쇄

② 지하 구조물의 해체에 유리하나 주변 지하구조물의 영향에 유의

③ 소음 · 진동 공해 및 파편의 위험이 있음

### 5) 폭파공법

① 구조물의 지지점마다 폭약을 설치하고 정확한 시간차를 갖는 뇌관을 이용하여 구조물 자체 중량에 의해 해체됨

② 주변 시설물에 피해 및 진동 · 소음 발생

③ 시공순서 Flow Chart

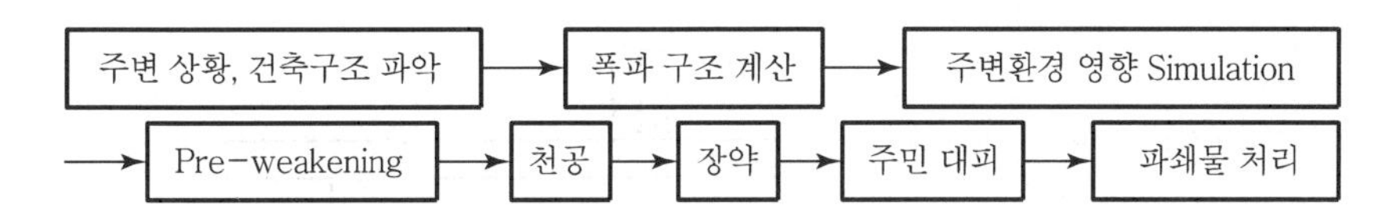


### 6) 절단(Cutter)공법

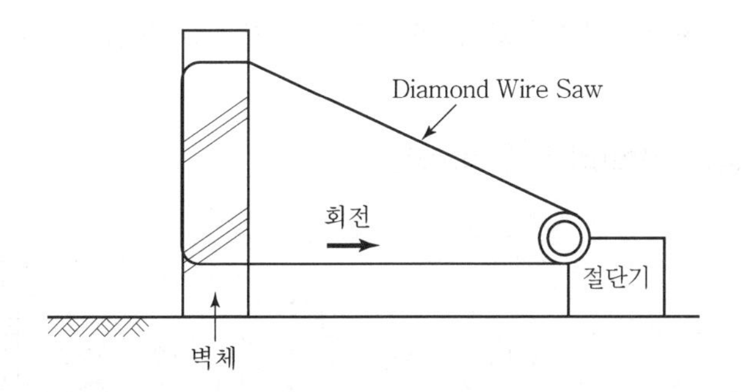


① Diamond Wire Saw에 의해 절단, 인장 및 전단에 약한 Con'c의 성질을 이용

② 보, 바닥, 벽의 해체에 유리하며, 저진동공법임

③ 안전하게 해체 가능, 부재의 재사용 가능

### 7) 압쇄공법

① 'ㄷ'자형 프레임 내에 반력면과 Jack을 서로 마주보게 설치하여 프레임 사이에 Con'c를 넣어 압쇄하는 공법

② 저소음 · 저진동 · 저공해의 공법으로 능률이 좋아 일반적으로 많이 사용

③ 취급이 간편

### 8) 유압 Jack 공법

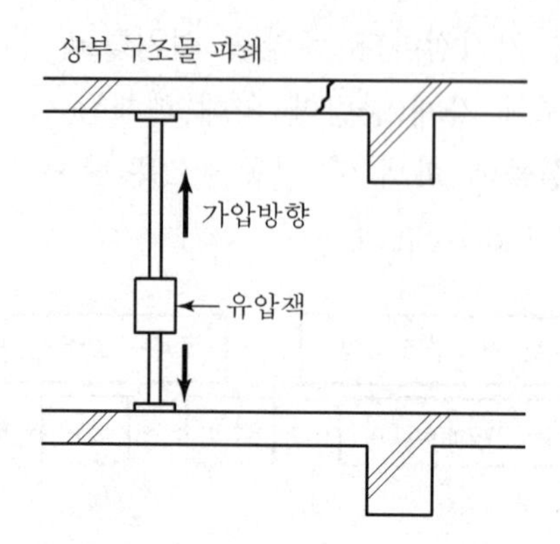


① 상층 보와 Slab를 유압 Jack으로 들어 올려 해체하는 공법
② 일반적으로 보나 Slab는 밑에서 추켜올리는 힘에 약함
③ 저진동 · 저소음의 공법으로 크롤러를 사용할 때 시공능률이 향상됨

### 9) 팽창압 공법(비폭성 파쇄재)

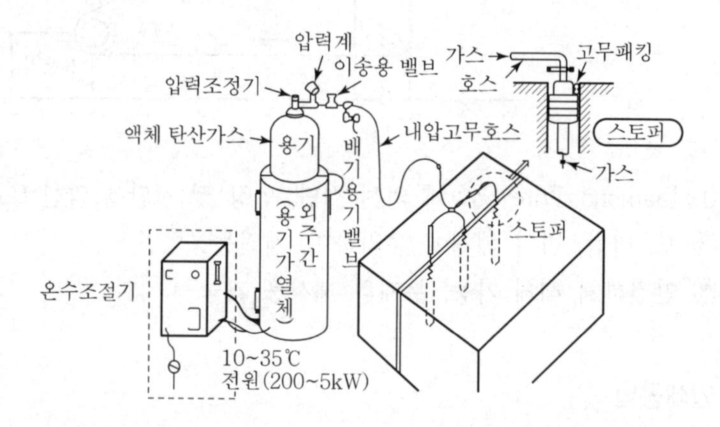


① 해체할 대상에 굴착공을 만들고 그 속에 비폭성 파쇄재(불활성 가스 · 생석회 등)를 넣어 팽창물질의 팽창력만으로 해체하는 공법
② 비폭성 파쇄재의 종류

| 종류 | 파쇄방법 |
|---|---|
| 고압가스공법 | 불활성 가스의 압력 이용 |
| 팽창가스 생성공법 | 화학반응에 의해 팽창가스 생성 |
| 생석회 충전공법 | 생석회 수화시 팽창압력에 의해 파쇄 |
| 얼음공법 | 얼음의 팽창압에 의해 파괴 |

③ 특수한 규산염을 주재료로 한 무기질 화합물
④ 물과 수화반응으로 팽창압이 생성되어 암석 및 Con'c를 안전하게 파쇄
⑤ 저소음·저진동공법으로 취급이 용이하고, 시공이 간단하여 작업의 효율성이 큼

10) 쐐기 타입 공법

① 부재에 구멍을 뚫고 그 구멍에 쐐기를 넣고 파쇄
② 천공기, 유압쐐기, 타입기, Compressor 필요
③ 기초 및 무근 콘크리트의 파쇄에 적합

11) 전도공법

① 부재를 일정한 크기로 절단하여 전도시키는 공법
② 기둥, 벽 해체에 적합

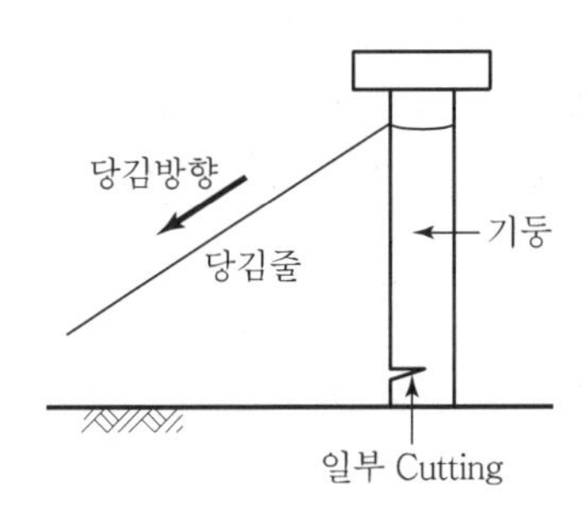


## Ⅲ. 해체 시 고려사항

(1) 공해 방지대책

1) 해체공법의 선정

① 해체 구조물의 구조·규모 등을 고려
② 주변 건물 및 여건 고려
③ 안전성·경제성·무공해성 공법

2) 소음 방지대책

① 소음이 적은 공법의 채택
② 소음 방지를 위한 방음벽(Sheet, 울타리)의 설치

③ 주변 주민들에 대한 사전 양해
④ 해체 기계에 소음기 · 방음 Cover 등 설치

### 3) 진동 방지대책

① 저진동 해체 기계의 사용
② 해체물 또는 지반에 진동 전달 방지를 위한 Trench 설치
③ 진동저감장치의 설치

### 4) 분진 방지대책

① 분진 발생 장소의 밀폐
② 살수 및 분무의 시행

### 5) 파편의 비산에 유의

① 비산 낙하물에 대한 안전시설 완비
② 잔류 폭약의 유무 조사를 반드시 실시
③ 해체물 주변에 Mat 또는 펜스 설치

### 6) 방음벽 설치

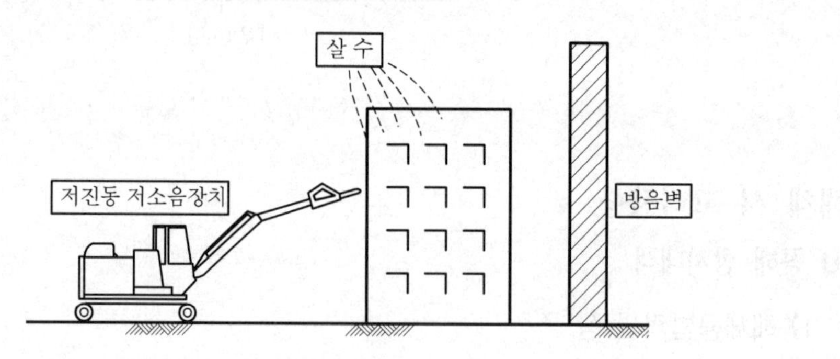


① 방음벽 설치로 소음 차단
② 저진동장비로 인접건물 균열 방지

## (2) 민원 고려사항

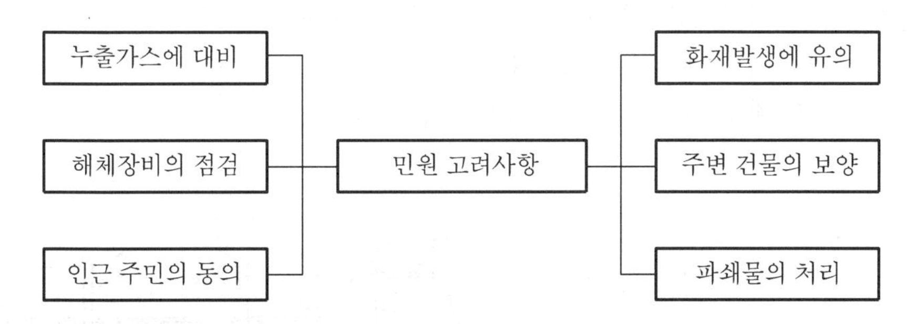


### 1) 누출가스에 대비

① 가스관이나 호스에서의 누출가스에 유의
② 지하 배관의 파손으로 인한 가스 누출에 대비
③ 구멍이나 균열 등을 통한 가스 누출에 대비

### 2) 화재 발생에 유의

① 고열의 화염을 이용할 경우 화재에 유의
② 인화성 물질을 주변에 두지 말 것
③ 폭파가 가능한 가스통 등은 미리 제거
④ 소방설비를 준비할 것

### 3) 해체장비(기계류)의 점검

① 하루의 계획량을 반드시 완수할 수 있도록 장비 점검
② 보조장비의 준비

### 4) 주변 건물의 보양

주변 건물의 피해를 최소화

### 5) 인근 주민에 대한 동의

① 해체 공사 전 인근 주민의 양해를 얻을 것
② 주민의 피난처 마련 및 안전대책 강구

6) 파쇄물의 처리

① 파쇄물은 1차 분리해서 처리하며, 재활용 검토

② 파쇄물은 종류별로 분류 후 처리

③ 반출시에는 반드시 덮개 사용

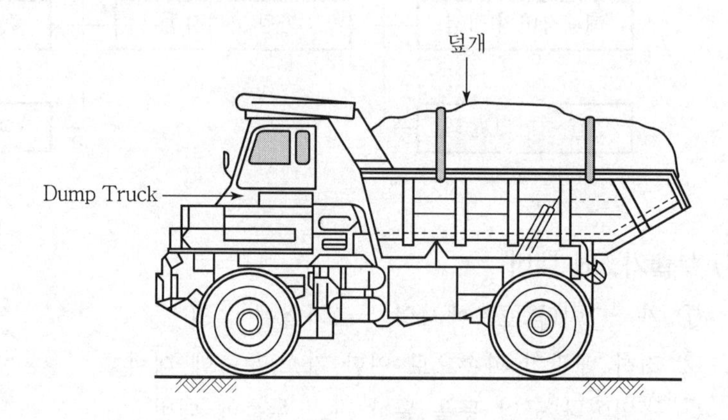


## Ⅳ. 안전대책

| 일반사항 | 기계 안전대책 |
|---|---|
| • 안전 · 위생관리계획서 작성<br>• 작업 전 차량의 점검 및 차량 유도원 배치<br>• 구조재의 부식상태 점검<br>• 재료 접합상태 점검<br>• 재료별 특성을 검토하여 화재 방지<br>• 해체기계의 안전성 검토<br>• 비산에 대한 방호<br>• 낙하 · 탈락 · 박리가 우려되는 재료의 사전 철거<br>• 해체가 시작된 골조에 과다한 하중부과 금지<br>• 유사시를 대비한 임시 대피장소 설치 | • 기계의 설치 및 사용에 대한 법규 확인<br>• 기계의 성능을 충분히 검토<br>• 사용 전 기계의 점검 및 정기검사를 실시하여 기계의 이상 유무 확인<br>• 기계를 취급 책임자 및 운전자 이외의 사람에게 취급시키지 않음<br>• 작업 시 작업범위 내에 취급자 이외의 출입 통제<br>• 기계가 안전하게 작업할 수 있도록 유도자 배치 및 신호체계 확립 |

## Ⅴ. 결 론

건축물의 해체 요인으로는 경제적 수명의 한계, 주거환경 개선, 재개발 사업 등의 이유가 있으므로 해체공법에 대한 신기술 및 신공법의 연구개발에 노력해야 한다.

# 문제 12 건설폐기물의 종류와 재활용방안

## Ⅰ. 개 요

1) 의 의

① 건설폐기물은 건설공사 및 건축물 해체공사 시 발생되는 부산물 및 쓰레기를 총칭하는 것이다.

② 건설폐기물에 대한 정부 및 기업체의 인식전환으로 인하여 폐기물활용을 다각적으로 연구개발하고 있으며 그 활용도가 점차 늘어나고 있다.

2) 재활용의 필요성

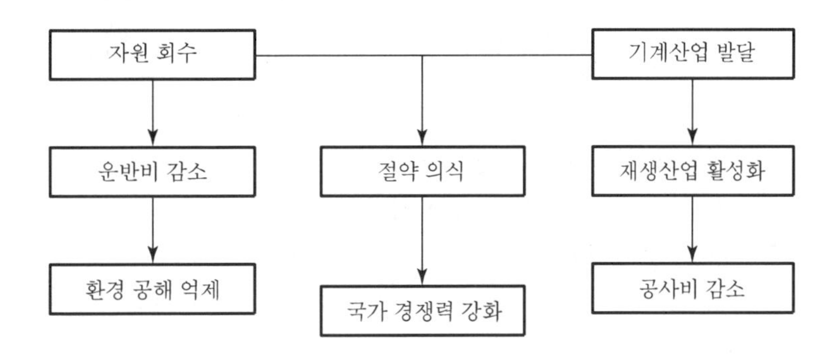


## Ⅱ. 건설폐기물의 재생자원 개념도

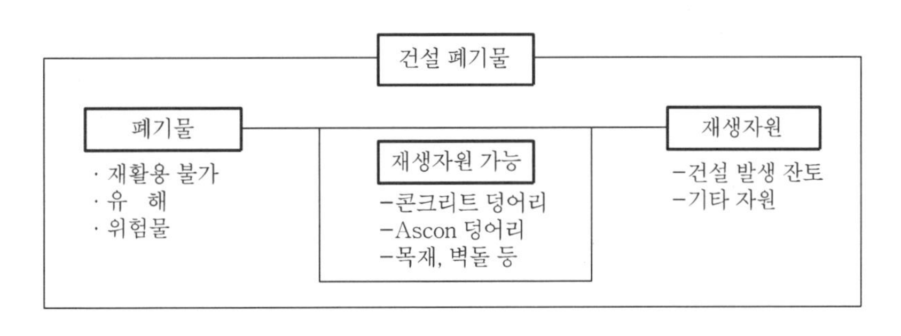

## Ⅲ. 폐기물의 종류

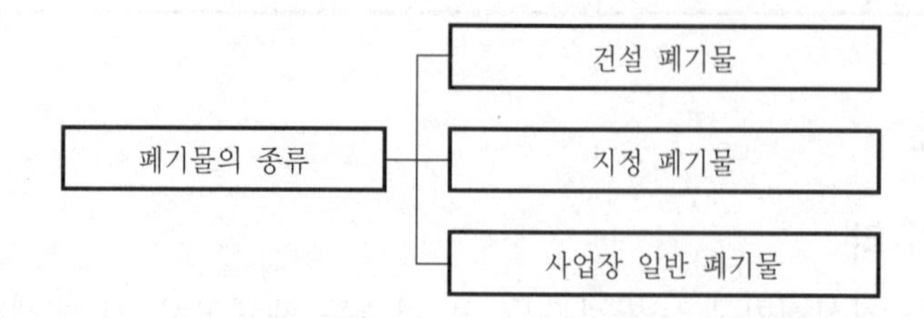


### 1) 해체공사 시

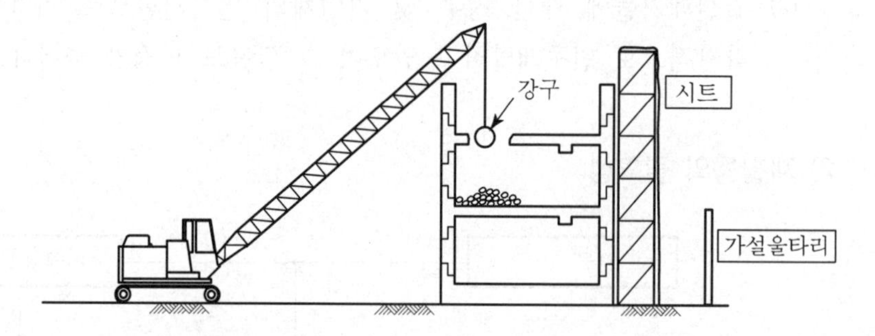


① 폐콘크리트 및 고철근
② 벽돌, block, 유리, plastic 창호
③ 각종 산업폐기물

### 2) 토공사 시

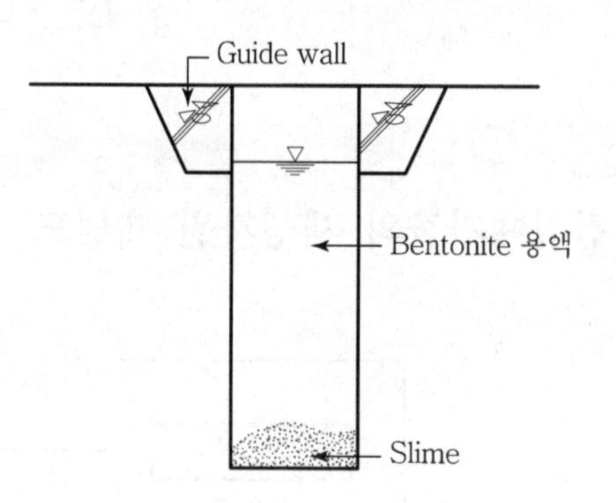


① Bentonite 용액 및 slime
② 폐콘크리트
③ 쓰레기 섞인 매립토

### 3) 기초공사 시

Pile 잔재, PS강선, 폐콘크리트 등

### 4) 철근콘크리트 공사 시

① 합판, 각재 등 각종 목재류
② 철근, mortar, 폐콘크리트 등

5) 철골공사 시

① 절단된 beam이나 용접봉 잔재

② 가공 후의 잔여 철판 조각

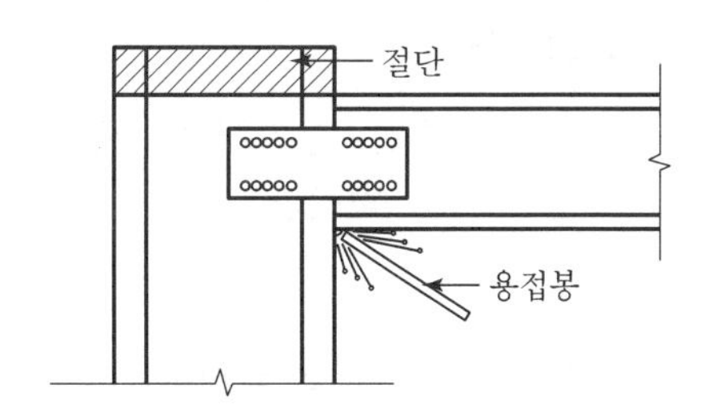


6) 마감공사 시

폐스티로폼 등 각종 폐기물 발생

## Ⅳ. 재활용방안

1) 철재류

① 100% 재활용 가능

②

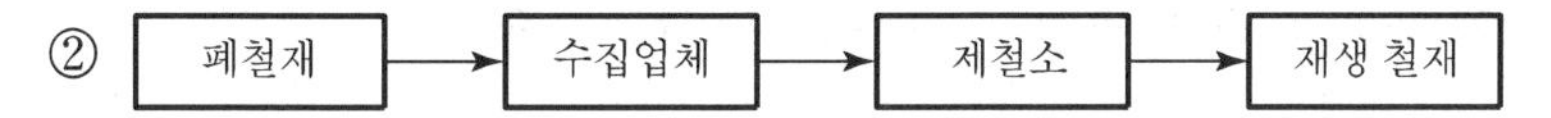


2) 폐콘크리트

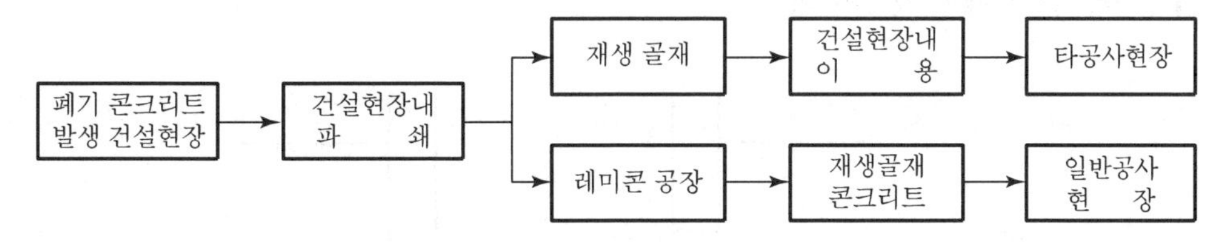


파쇄 후 분쇄하여 재생골재로 각종 산업현장에 재투입 가능

3) 벽돌, block류

지반개량재 및 기초 하부의 잡석 대용

4) 목재류

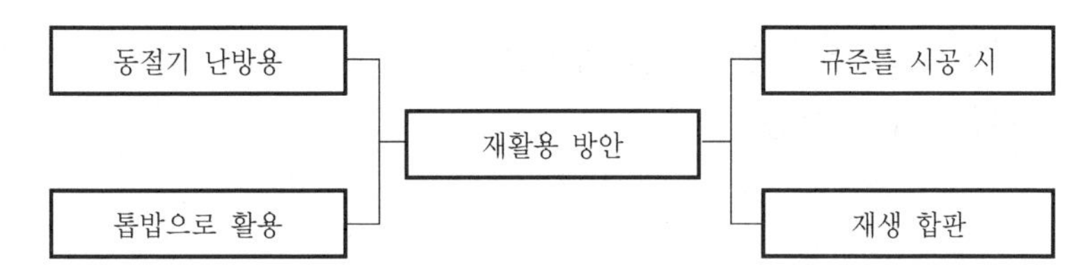


분쇄하여 재가공한 합판으로 사용 가능

### 5) 창호재

① 임시건물, 창고 등에 재활용

② 유리는 재이용

### 6) 스티로폼, 폐PE 필름류

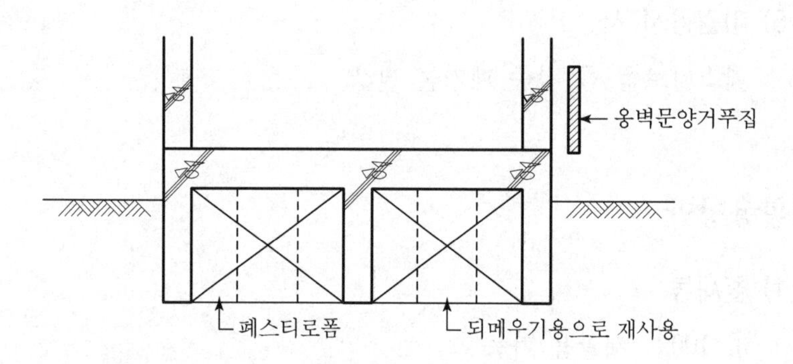


지중보와 slab의 일체 타설시 지중보 공간에 사용

## V. 폐기물 재활용 사례

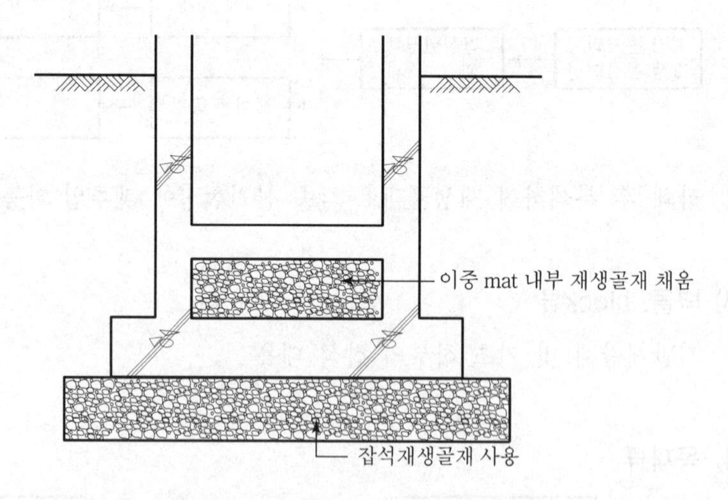


콘크리트, 벽돌 등의 건설폐기물을 기초 하부의 잡석이나 이중 mat 타설시 속 채움재료로 사용

## Ⅵ. 결 론

① 건설현장에서의 폐기물 재활용 및 쓰레기량을 줄이기 위해서는 초기기획과 설계단계에서부터 재처리시설 및 저장창고 등의 계획이 있어야 한다.

② 현장에서는 건설기술자의 공해에 대한 관심과 새로운 기술습득에 대한 노력이 필요하며, 신기술 및 신공법의 개발 시 자연환경 보존차원에서 폐기물의 저감 및 재활용방안에 대한 고려가 있어야 한다.

## 문제 13 리모델링 성능개선의 종류 및 활성화방안

### Ⅰ. 개 요

#### 1) 정 의

기존건물의 구조, 기능, 미관, 환경, 에너지 등의 성능개선을 통해 새로운 가치를 부여하여 자산가치를 향상시키고 건물의 수명을 연장시키는 것을 말한다.

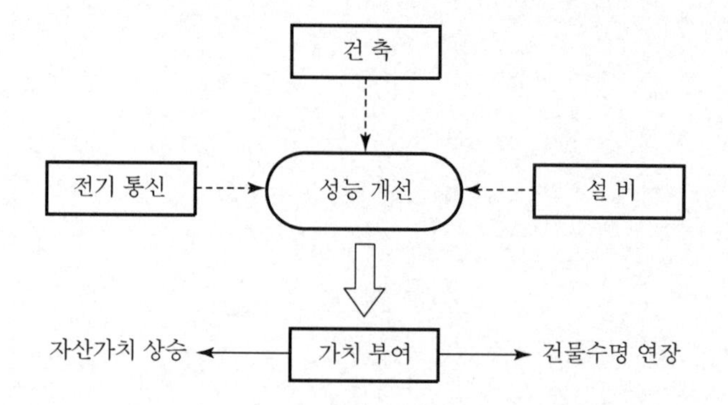


#### 2) 리모델링 구성요소

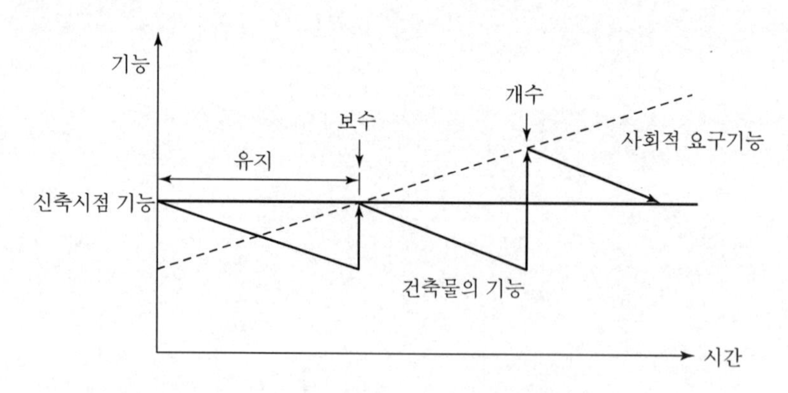


① 유지 : 건축물의 기능수준 저하속도를 늦추는 활동
② 보수 : 진부화된 기능을 준공시점의 수준까지 회복시키는 활동
③ 개수 : 새로운 기능을 부가하여 준공시점보다 그 기능을 향상시키는 활동

## Ⅱ. 시공계획

리모델링공사는 공사범위가 전체에 걸쳐서 행해지는 일은 적고, 실제 건물을 사용하고 있는 사람이 있고, 업무를 하면서 시공하지 않으면 안 되는 등의 신축공사와는 전혀 다른 시공계획이 필요하다.

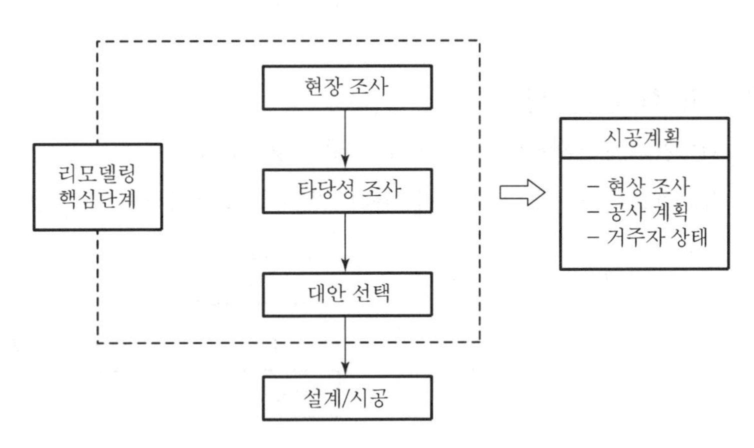


## Ⅲ. 성능개선 요소

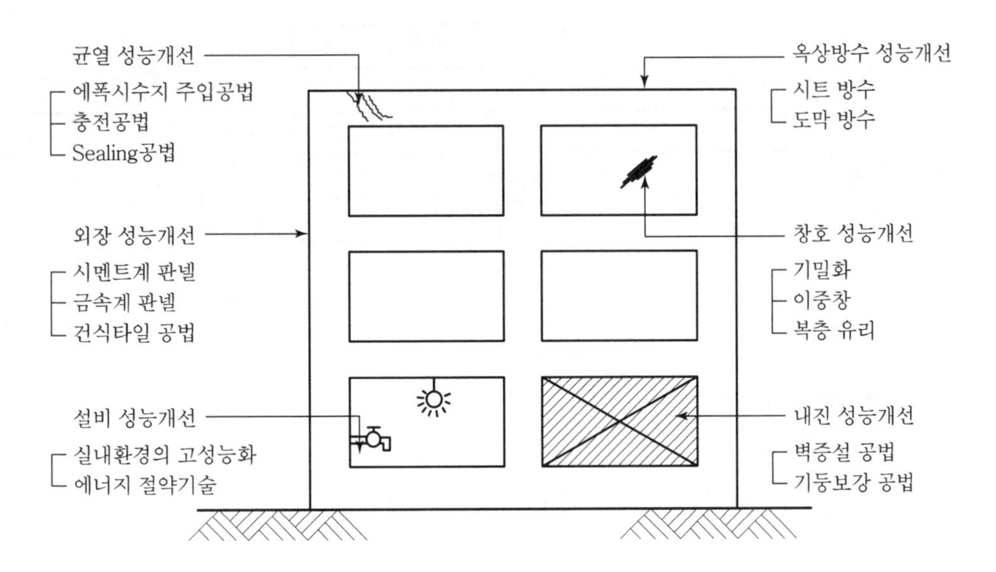

## Ⅳ. 성능개선의 종류

### 1) 구조적 성능개선

① 건물의 안전을 위해 가장 우선적으로 고려해야 할 부분

② 건물의 노후화에 따른 구조적 성능저하 부분을 개선

### 2) 기능적 성능개선

① 건축설비시스템의 노후화에 따른 성능 개선

② 정보통신기술의 발달에 따라 기능적 성능개선의 중요성 부각

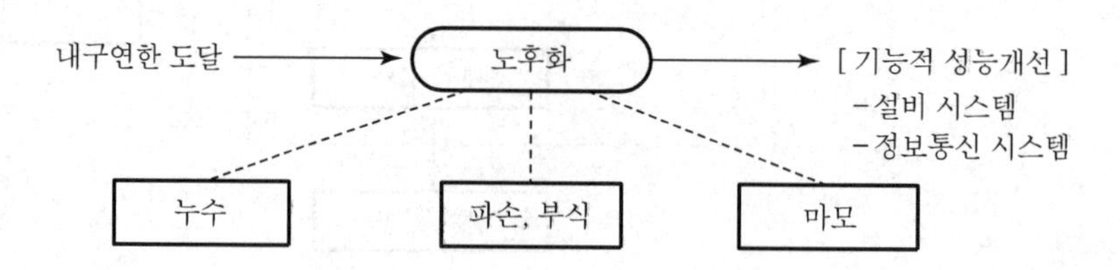


### 3) 미관적 성능개선

건물가치를 판단하는 일차적 요소로서 재료의 노후화에 따라 질적으로 저하

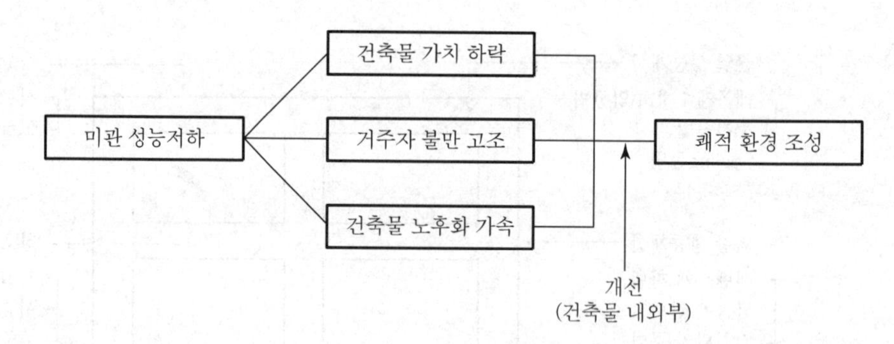


### 4) 환경적 성능개선

① 열환경, 음환경, 빛환경, 공기환경 등을 개선하여 쾌적성 증대

② 사용자의 생산성을 증대시키고 생활환경 개선에도 기여

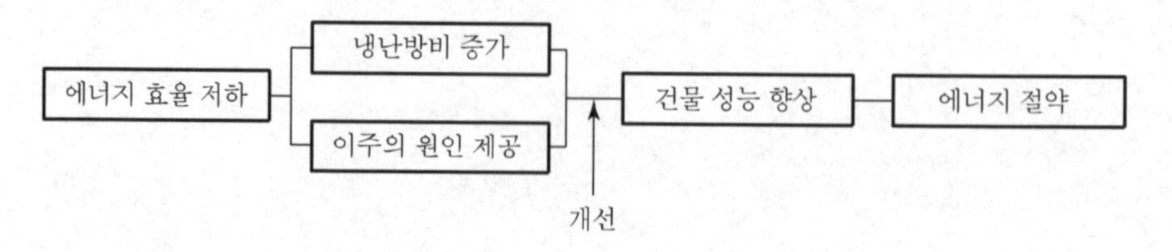

### 5) 에너지 성능개선

① 에너지 소비는 건물의 life cycle cost를 결정하는 중요한 요소

② 건물성능개선 분야 중에서 가장 중요하고 보편적인 분야

## V. 활성화방안

### 1) 법적 제약요소의 개선

① 리모델링과 관련된 관련규제 완화

② 성능개선에 관련된 법규정 제정

### 2) 금융 및 조세지원

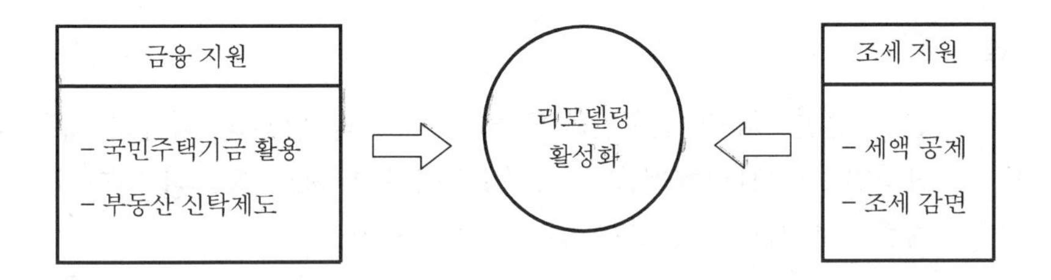


### 3) 건설업체의 영역분담 및 특성화

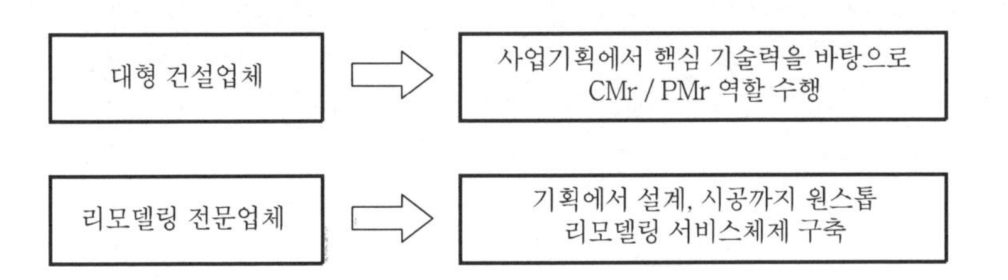


① 분야별, 규모별 건물 유형별로 주력분야 선택

② 차별화된 사업영역 구축

#### 4) 사업모델의 다양화

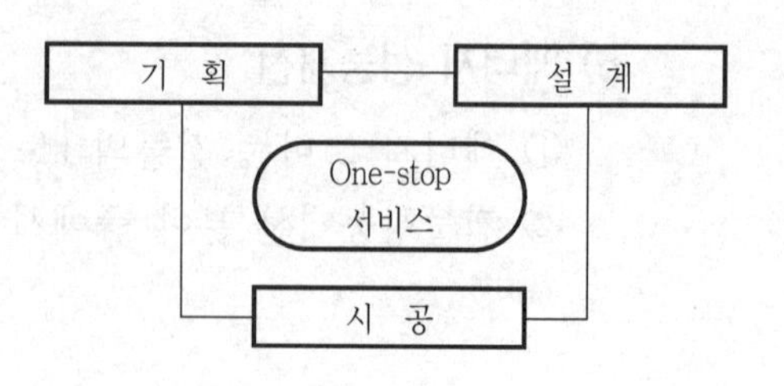


① 부동산과 연계된 개발
② 원스톱(one-stop) 서비스체계 구축
③ 다양한 리모델링 상품개발

#### 5) 표준화된 관리체계 구축

① 기존 구조체의 보강, 접합부 시공 등 표준화된 시공기준 확립
② 수행방법, 시공기술, 관리방법 등의 data base 구축

#### 6) 리모델링 컨설팅 능력의 개발

## Ⅵ. 결 론

향후 건설시장을 선도할 리모델링 사업의 발전과 경쟁력 강화를 위해서는 종합적인 사업관리체계를 구축하고, 이를 토대로 특화된 다양한 리모델링 상품을 개발하여 시장을 선점해 나가야 할 것이다.

# 문제 14 Tower crane의 기종 선정 시 고려사항 및 운영관리방안

## Ⅰ. 개 요

### 1) 의 의

① Tower crane 기종 선정 시는 양중장비효율, 대수 및 설치기간 등이 고려되어야 하며, 기초고정과 mast 고정이 견고하게 설치되어야 대형사고를 방지한다.

② 안정성, 경제성, 양중능력 등을 고려하여 기종을 선정하며, 안전사고 방지와 작업의 효율이 최대화되도록 운영계획을 세워야 한다.

### 2) Wall bracing의 고정

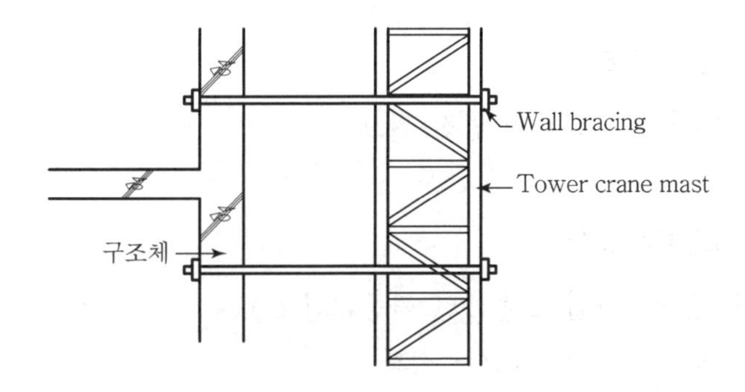


## Ⅱ. 현장배치도

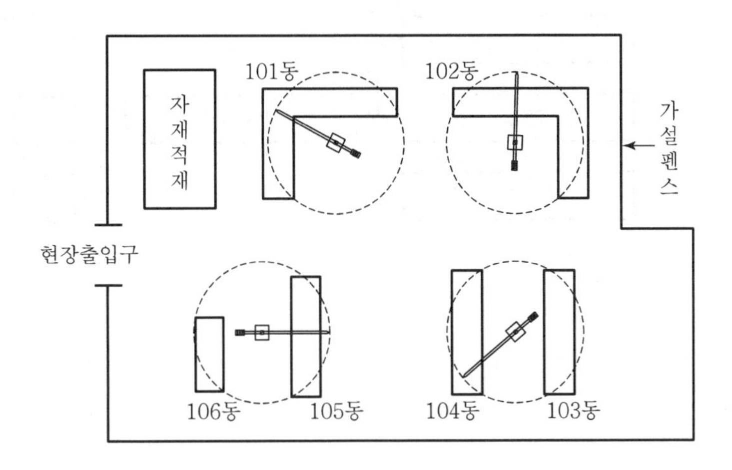

## Ⅲ. 기종선정 시 고려사항

### 1) 경제성 검토

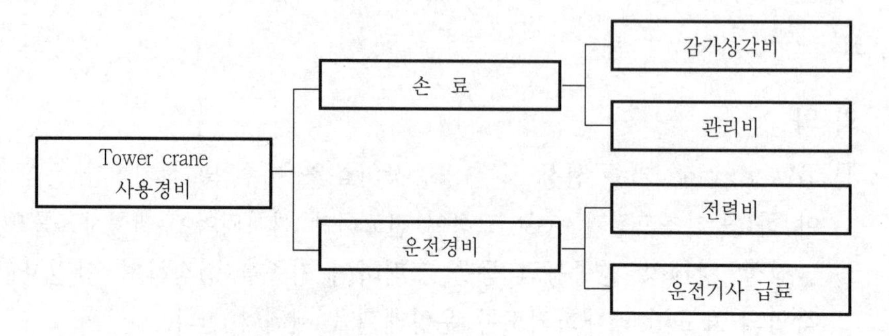


① 용량에 따른 경제성 검토

② 사용시간에 따른 경제성 검토

### 2) 안정성 검토

작업자와 운전자의 안전 확보

### 3) 장비효율 검토

① 장비의 1일, 1달, 1년 가동시간 check

② 단위 부재별 1cycle 검토

### 4) 배치계획

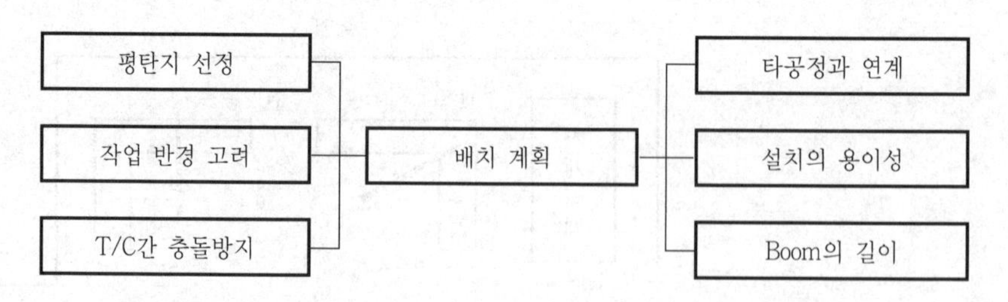

### 5) Climbing 능력

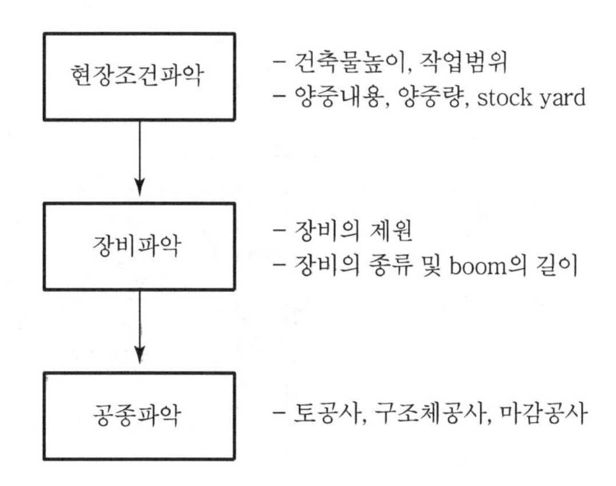


양중장비의 climbing 능력, boom 길이 등을 파악하여 양중기 선정

## Ⅳ. 운영관리방안

### 1) 운용계획서 작성

① 시간대별 운용에 따른 작업 실시

② 운용에 따른 안전대책 마련

### 2) 운영관리 조직도 작성

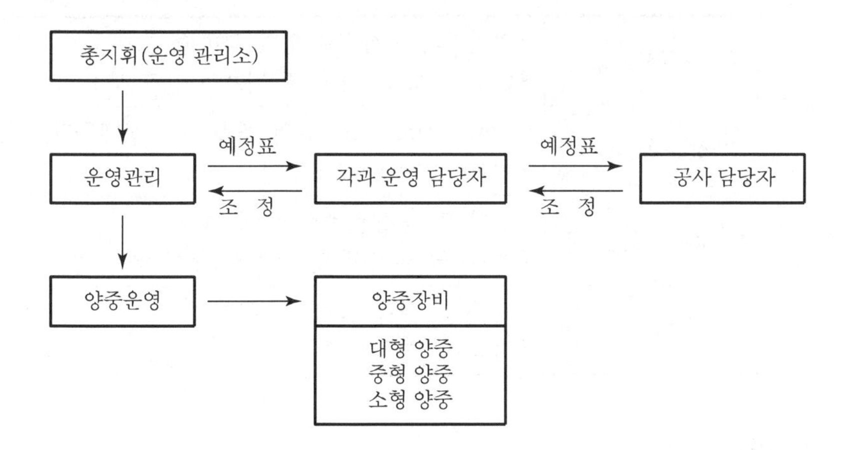

### 3) 적정 양중중량 준수

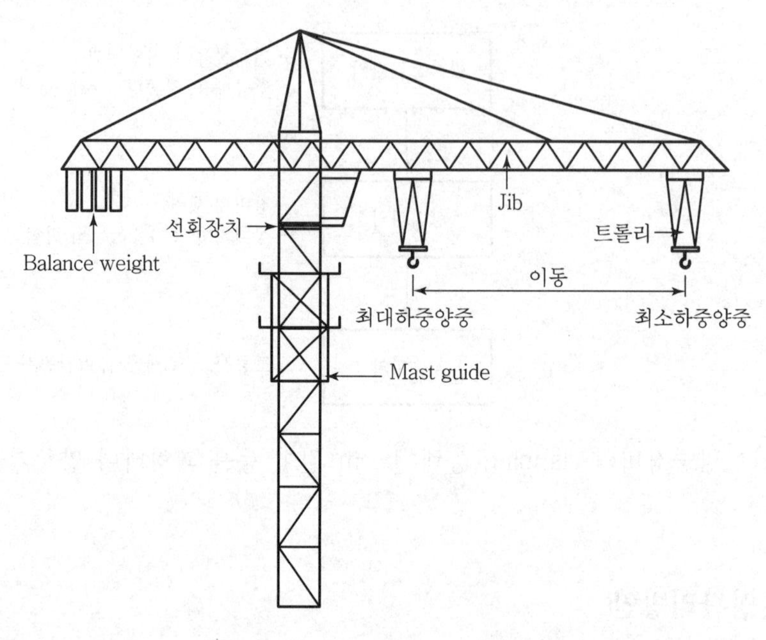


작업반경 이내 양중하중의 검토 후 장비의 제원 확보

### 4) 장비점검

1일 점검 실시

### 5) 신호체계 정비

### 6) 안전관리

| | |
|---|---|
| 전도 | • 안전장치 고장으로 인한 과하중<br>• Guide rope의 파손 및 기초의 강도 부족 |
| Boom의 절손 | • Tower crane 상호간의 충돌 또는 장애물과의 충돌<br>• 기복(起伏) wire의 절단 |
| Crane 본체 낙하 | • 권상 및 승강용 wire rope 절단<br>• Rope 끝 손잡이 및 joint부 pin이 빠질 경우 |
| 기타 | • 폭풍 시 자유선회장치 불량<br>• 낙뢰 및 항공기 접촉 |

## V. 결 론

근래 공사에서는 tower crane의 활용이 일반화되어 있으므로, 양중장비의 연구개발에 더욱 노력하여야 하며, 안전대책과 병행한 양중계획이 중요하다.

# 문제 15 Tower crane의 재해유형과 설치운영 및 해체 시 유의사항

## Ⅰ. 개 요

### 1) 서 언

① 최근 건축물이 초고층, 대형화되어감에 따라 건축현장에서의 타워크레인 사용이 필수적 요소가 되고 있다.

② 현장에서 타워크레인 사용 시 현장조건에 적합한 기종선정과 운용계획을 철저히 수립하여 안전하고 경제적인 공사를 수행하여야 한다.

### 2) Tower crane의 분류

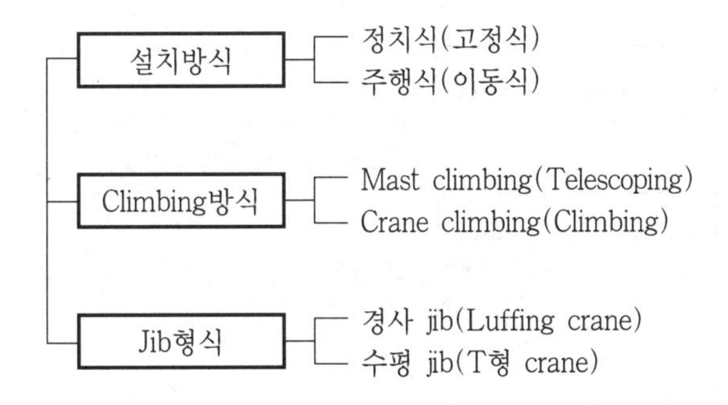


## Ⅱ. Tower crane 선정 시 고려사항

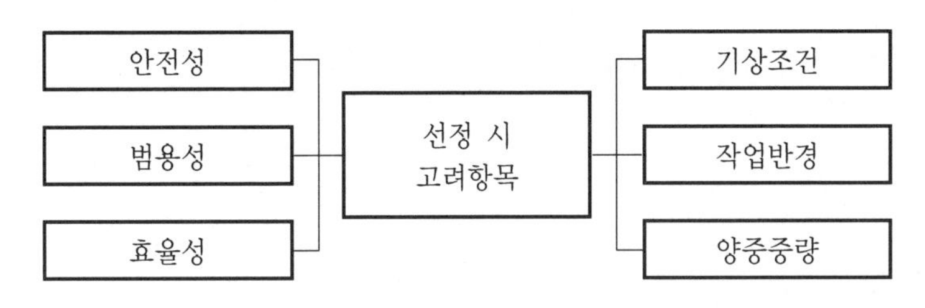


Tower crane 선정 시 안전성과 경제성 및 climbing 능력을 고려하여 선정

## Ⅲ. Tower crane의 재해유형

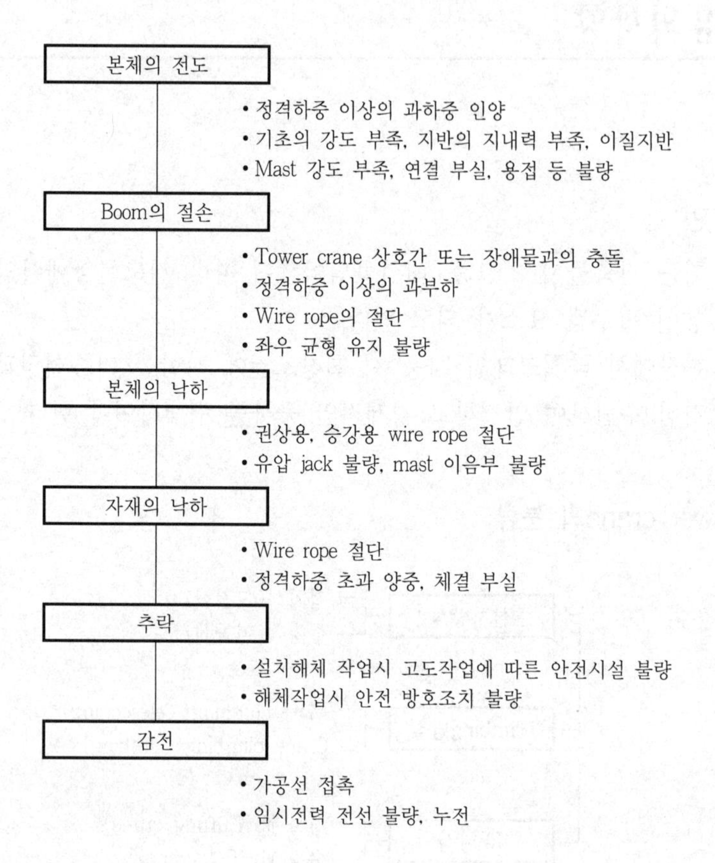

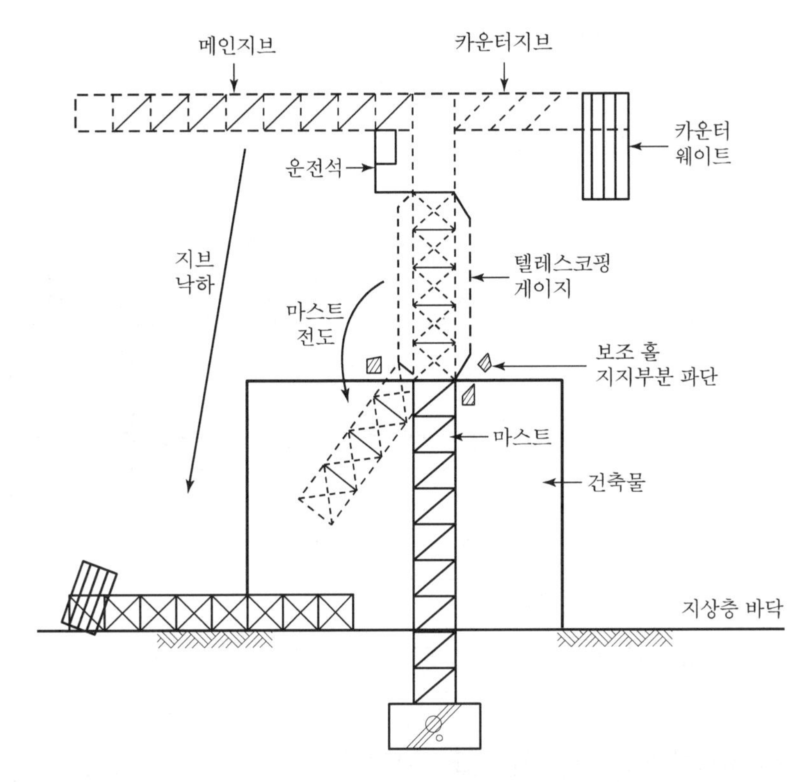


〈텔레스코핑 작업 중 보조홀 파단 마스트 전도〉

## Ⅳ. 설치 운영시 유의사항

### 1) 기초판과 지면의 미끄럼 유의

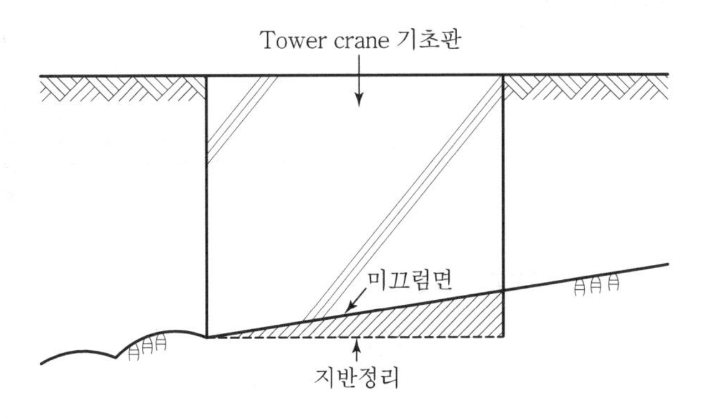


지반을 수평으로 정리한 다음 기초를 시공할 것

### 2) 기초의 anchor 설치 시

① 기초에 매입되는 anchor는 1m 이상 기초판에 묻힐 것
② 기초판의 깊이는 1.5m 이상으로 시공

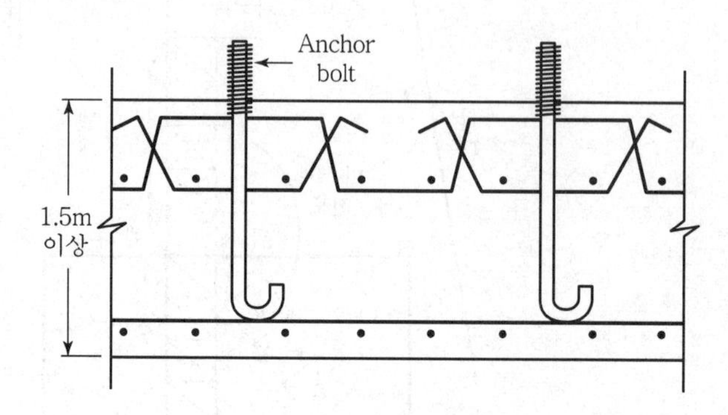


### 3) Mast의 수직도 유지

수직도 1/1,000 이내로 관리

### 4) 지지용 wire rope의 각도 유지

① 지지용 wire rope의 각도는 60° 이내로 유지
② 지지용 wire rope는 3개 이상 설치하여 안전성 유지
③ wire rope방식은 부득이한 경우에만 사용

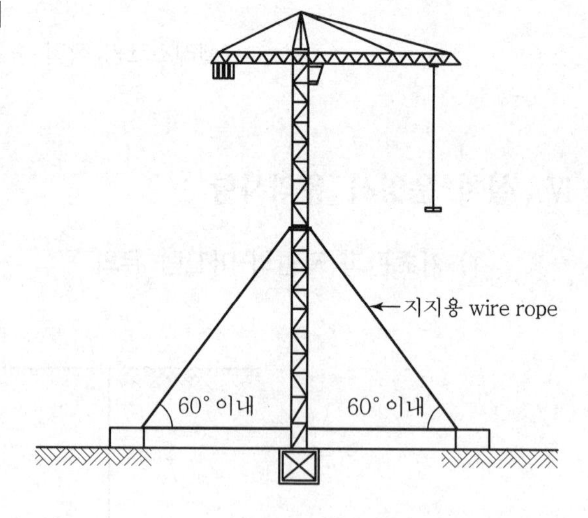


### 5) Wire rope의 상태 확인

① 인양시 wire rope 안전계수 확인
② 비틀림, 꼬임, 변형, 부식 등 확인

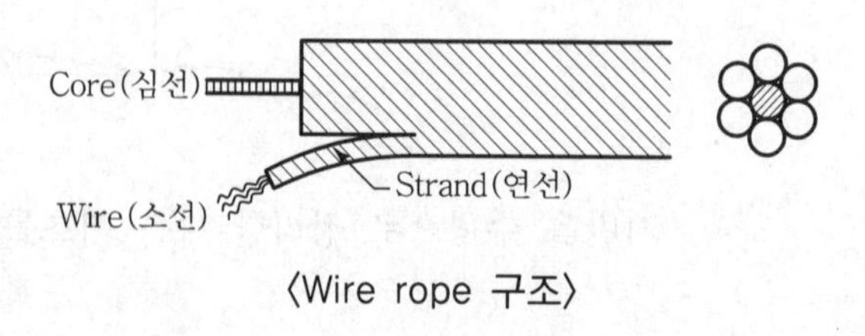


〈Wire rope 구조〉

### 6) 트롤리 운행상태 확인

① 도르래 마찰 등 작동 유연성 확인

② 도르래는 소모품이므로 수시 확인 및 교체

## V. 해체 시 유의사항

### 1) 해체작업 flow chart

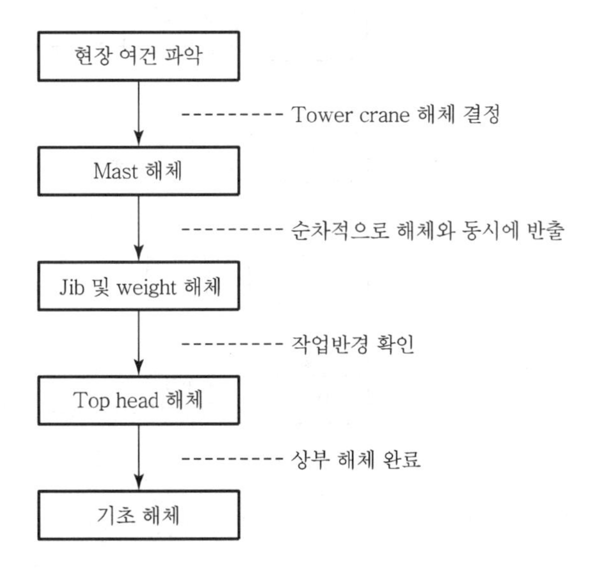


### 2) 기후조건 검토

풍속 10m/sec 이상 시 해체작업 불가

### 3) 사전준비사항

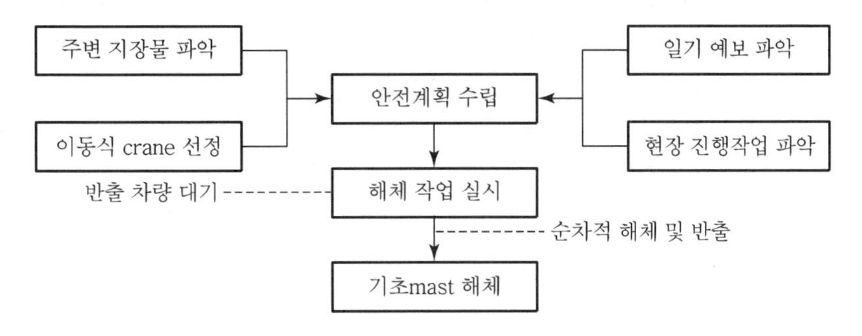


고소작업이므로 낙하물에 대한 안전조치가 필요하며, 해체 당일 현장의 중대작업 금지

### 4) 해체작업순서 준수

### 5) 반출차량 운행통로 확보

대형차량이므로 해체와 동시에 반출이 용이하도록 관리

### 6) 안전교육 철저

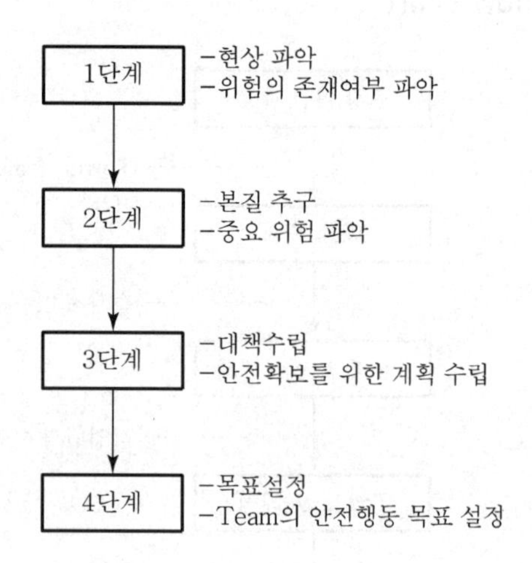


## Ⅵ. 결 론

① 최근의 건축물은 대지의 효율성을 높이기 위하여 고층화되고 있는 추세이고, 공법도 습식에서 건식으로 바뀌어 가고 있는 추세이므로 tower crane의 이용도가 점차 확대될 전망이다.

② 초기조립 시 안전문제, climbing을 할 경우 안전문제, tower crane 해체 시 안전문제 등이 아직 미비하여 시공 중 안전사고의 원인이 되므로 이 부분에 대한 대책 마련이 시급한 실정이다.

# 문제 16 기획 및 설계단계별 적정 공사비 예측방법

## Ⅰ. 개 요

① 기획 및 설계단계에서 사업의 타당성을 조사하기 위하여 공사비를 예측하여야 한다.

② 전체 공사비는 설계가 완료된 후 공사에 소요되는 기타 비용(예비비)까지 예상하여 산정하여야 하므로 기획 및 설계단계에서의 공사비 예측은 정확성을 기하기 힘들다.

## Ⅱ. Project의 비용 산정방법

| 구분 | 내용 |
|---|---|
| 개산 견적 | • 설계가 완성되기 전에 공사비를 예측하는 방법<br>• 건축의 각종 기준에 의해 공사비 예측<br>• 개략적인 공사비를 산정하는 방법 |
| 상세 견적 | • 상세 설계가 완료된 후 공사비를 예측하는 방법<br>• 공사수량에 단위비용을 산정하여 공사비 산출<br>• 입찰 전 검토를 위해 발주자 측에서 설계실에 요구 |
| 최종 견적 | • 상세 견적을 토대로 최종적으로 결정되는 예측 공사비<br>• 최종 견적을 토대로 정확한 실행예산 수립 |

## Ⅲ. 기획 및 설계단계별 적정 공사비 예측방법

### 1) 개산 견적

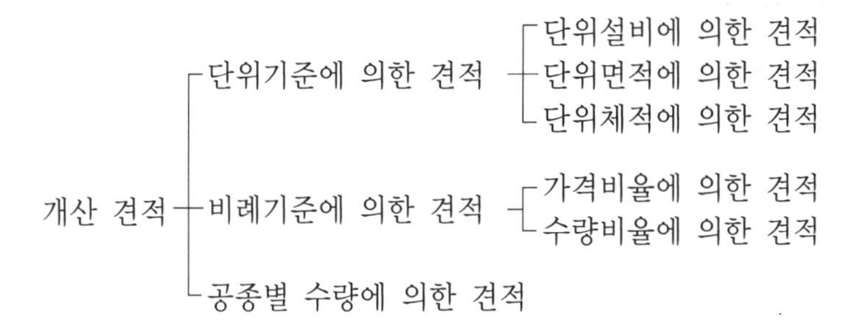

건물의 구조, 용도, 마무리의 정도를 검토하여 과거와 유사한 건물조건의 실적, 통계 Data 등을 참고로 공사비를 개산하는 방법

### 2) 실적공사비 적산방법

① 신규공사의 예정가격 산정을 위하여 과거에 이미 시공된 유사한 공사의 시공단계에서 Feed Back된 자재·노임 등의 각종 공사비에 관한 정보를 기초자료로 활용하는 적산방법

② 기본 개념도

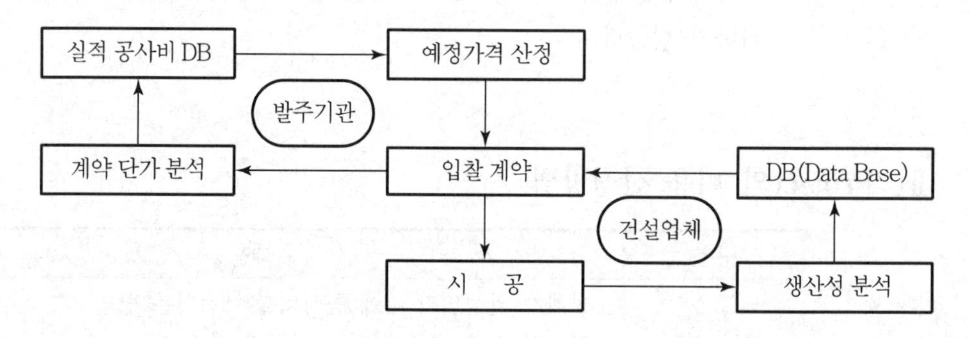


### 3) 부위별 적산방법

① 건축물의 요소와 부분을 기능별로 분류하고 집합된 것을 공사비로 나타내는 방법

② 실례

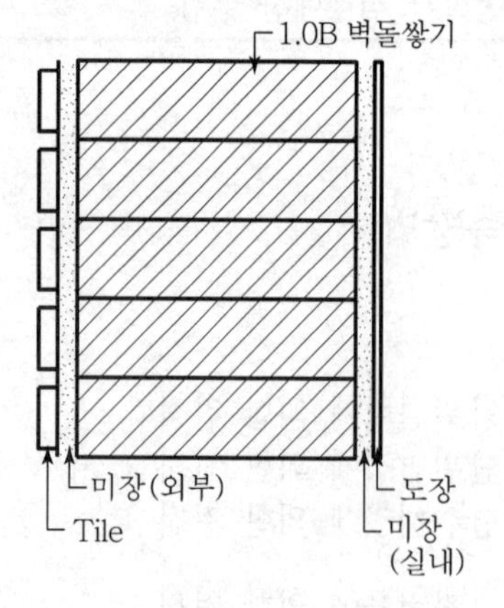


예) 조적(1.0B) 공사비 : 12,000원/$m^2$
미장(외부) : 7,500원/$m^2$
Tile : 3,000원/$m^2$
미장(실내) : 6,500원/$m^2$
도장 : 1,000원/$m^2$
계) 30,000원/$m^2$

### 4) 원가계산방법

① 공사원가를 계산하여 공사비를 예측하는 방법

② 총 공사비 구분

공사비는 순공사비, 일반관리비, 이윤, 부가가치세로 각각 구분하고 순공사비는 다음과 같이 구분한다.

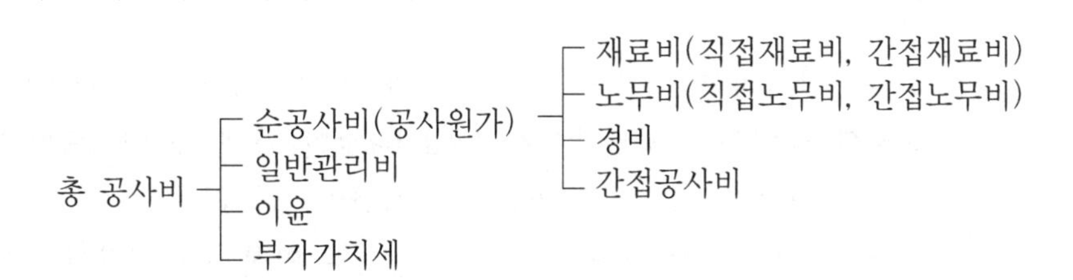


## Ⅳ. 결 론

① 근래에 들어서는 건축자재 및 신공법의 발달로 과거 실적 자료와 상당한 차이를 보이므로 막연하게 동종 건축물로 적정 공사비를 산출하는 것은 부정확할 때가 많다.

② 건축물의 규모, 마감재의 종류, 신공법의 적용 등의 변화요소에 따라 오차가 크게 되므로, 부위별로 합성단가를 만들어 Feed-Back하게 되면 정확성을 기할 수 있다.

# 문제 17 실적공사비적산제도 도입에 따른 문제점 및 대책

## Ⅰ. 개 요

1) 의 의

① 실적공사비적산방식이란 신규공사의 예정가격산정을 위하여 이미 시공된 유사한 공사의 시공단계에서 feed back된 자재 · 노임 등의 각종 공사비에 관한 정보를 기초자료로 활용하는 적산방식이다.

② 기수행공사의 data base된 단가를 근거로 입찰자가 현장여건에 적절한 입찰금액을 산정하고, 발주자는 이를 토대로 분석하므로 요구되는 품질과 성능을 확보할 수 있다.

2) 도입 배경

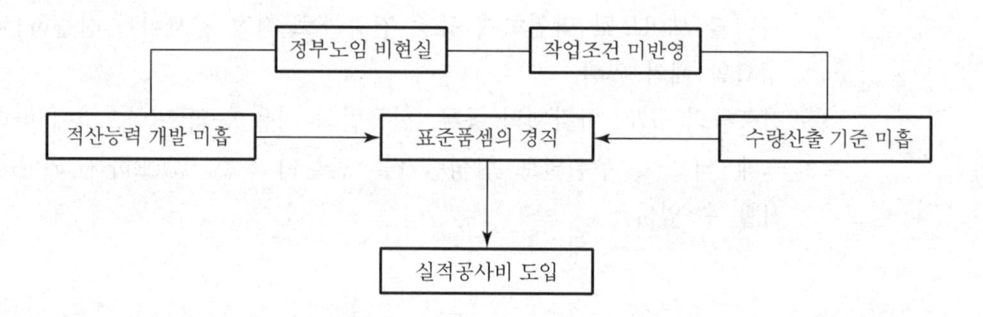


## Ⅱ. 기본개념도

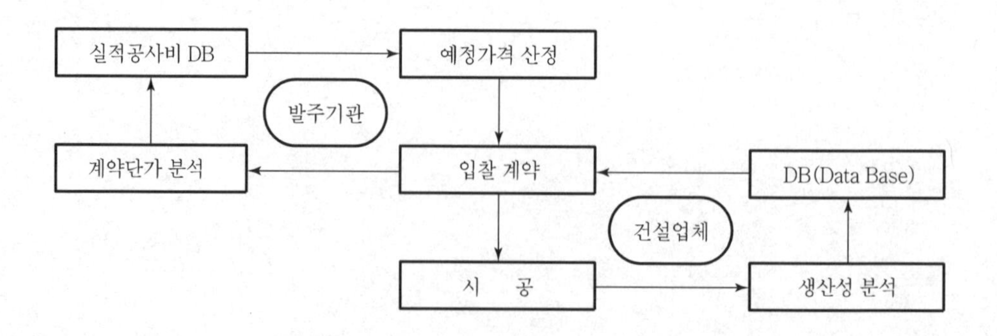

# Ⅲ. 문제점

## 1) 항목별 수량산출 기준 미정립

① 설계 및 공정의 미통합

② 견적, 시공 및 공정의 일체성 부족

## 2) 공종분류체계 표준화 부족

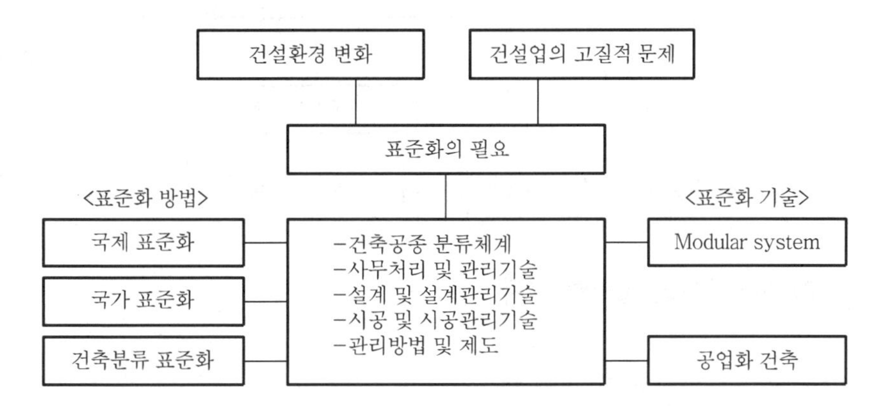


시방서 및 각 기업 간의 공종분류방법의 상이로 표준화의 필요성 절실

## 3) 시방서 내용의 경질

신기술, 신공법 등 시대적 요구에 따른 시방서의 변화 부족

## 4) 설계의 정도 부족

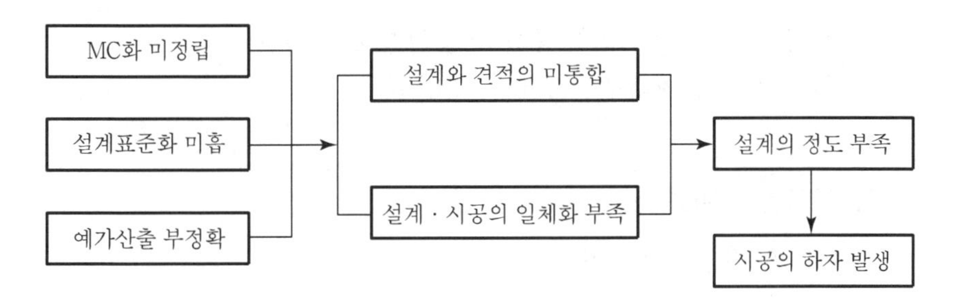


설계에 의한 하자발생률이 전체 하자의 50%가 넘는 수준임

### 5) 작업조건 반영 미흡

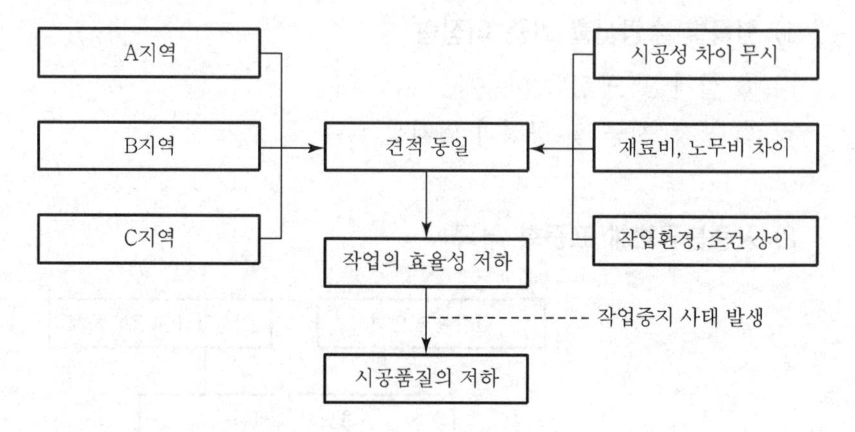


각 지역별로 다른 특수상황에 대한 반영 미흡

### 6) 적산제도의 합리화 부족

## Ⅳ. 대 책

### 1) 설계의 표준화 확립

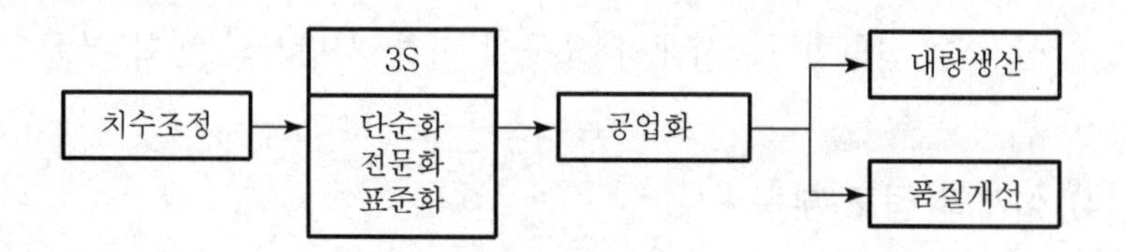


① 설계의 치수조정을 통하여 공업화를 이룩함
② 합리적인 건축생산을 하는 MC화

### 2) 작업조건 반영

다양한 작업조건의 반영

### 3) 시방서 내용개선

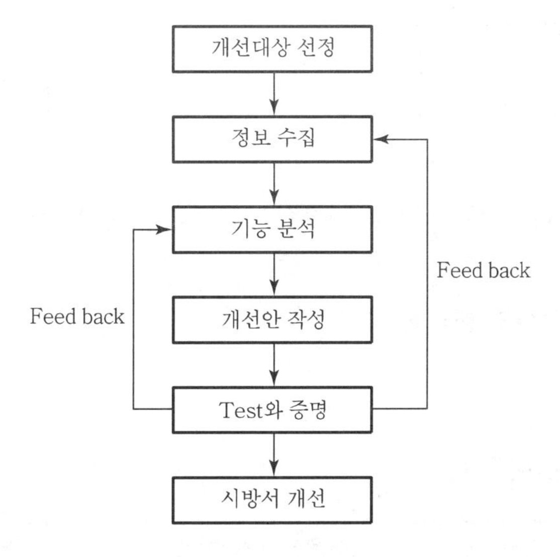


신기술, 신공법에 대한 기능분석 및 test를 통하여 시방서내용의 지속적 보완 실시

### 4) 신기술 적용

신기술도입시 현장적용성의 간편화 및 과감한 도입

### 5) 적산과 관련된 제도의 개선

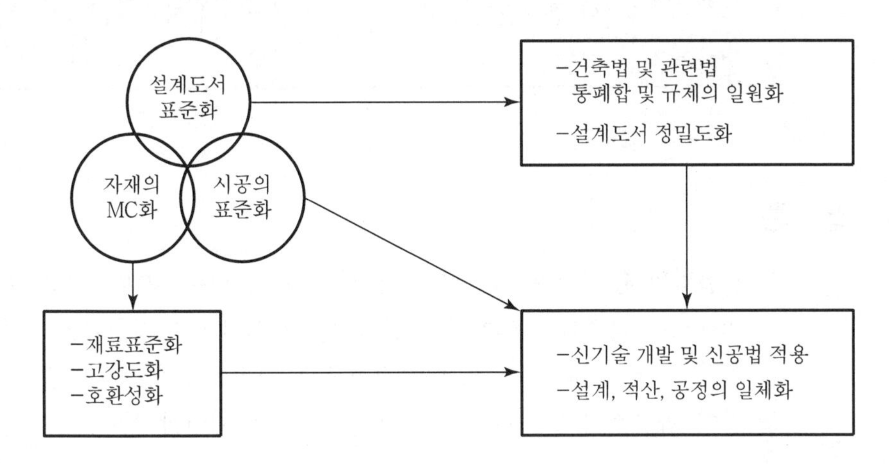

6) 공종분류체계의 확립

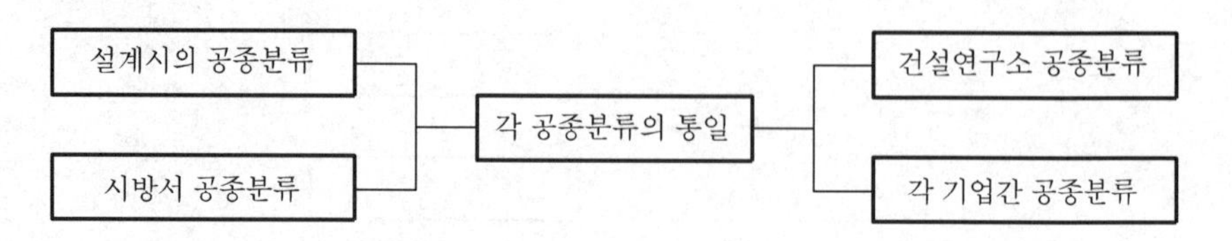


각기 다른 분류체계를 사용하고 있는 것들을 통합하여 표준화로 관리

7) 예가산정의 현실화

## Ⅴ. 표준품셈과의 비교

| 구분 | 표준품셈 적산방식 | 실적공사비 적산방식 |
|---|---|---|
| 예산가격 산정 | 예정가격=일위대가표×설계도서의 산출수량 | 예정가격=유사공사의 단가, 공사 특수성을 고려한 단가×설계도서 산출수량 |
| 작업조건 반영 | 미반영(일률적) | 다양한 환경 및 작업조건 반영 |
| 신기술 적용 | 신기술, 신공법 적용 미흡 | 신기술, 신공법 적용 가능 |
| 노임 책정 | 현실적 노임 책정 미흡 | 실제 노임 반영 |
| 공사비 산정 | 공사비 산정 미흡 | 적정공사비의 산정 가능 |
| 품질관리 | 적정 노임이 책정되어 있지 않아 품질관리 불리 | 적정노임 및 공사비가 책정되어 품질관리 유리 |
| 적산업무 | 복잡 | 간편 |

## Ⅵ. 결 론

① 건설업의 환경 변화, 건설시장의 개방, 공사 발주 형태의 변화 등에 대응하기 위해서는 적절한 적산방식이 먼저 선행되어야 국제경쟁력을 갖출 수 있다.
② 실적공사비 적용과 더불어 견적기준과 견적방법의 연구개발 등으로 전산화하여 과학적이고 실용적인 적산기법이 개발되어야 한다.

# 永生의 길잡이-일곱

## ■ 그 다음에는

한 젊은이가 명문 법과대학의 교수를 만날 약속을 했다. 교수를 만나서 법률공부를 하고 싶다고 했다. 교수는 그 이유를 물어보았다.

"변호사가 되고 싶습니다. 저의 재치와 웅변으로 사회명사가 되고자 합니다."

"그 다음에는?" 교수가 물었다.

"그 다음에는 외국에 가서 이름난 법률학교에서 공부하렵니다."

"그 다음에는?"

"그 다음에는 부자가 되어 이름을 날릴 것입니다."

"그 다음에는?"

"예, 그 다음에는 안정된 생활을 하게 되겠지요."

"그 다음에는?"

"그 다음에는 나이가 들면서 편안한 나날을 보낼 것입니다."

"그 다음에는?"

"그 다음에는 아마……… 죽게 되겠지요."

교수는 의자에 비스듬히 기대면서 조용하게 물었다.

"그 다음에는?"

젊은이는 더 이상 할 말이 없었다. 집에 돌아와서도 교수의 질문이 계속 귓가에 맴돌고 있었다. 죽은 다음에는 무슨 일이 있을까. 매우 근심에 싸여 기독교인 친구와 의논했다. 오래지 않아 젊은이는 그리스도를 영접하게 되었다

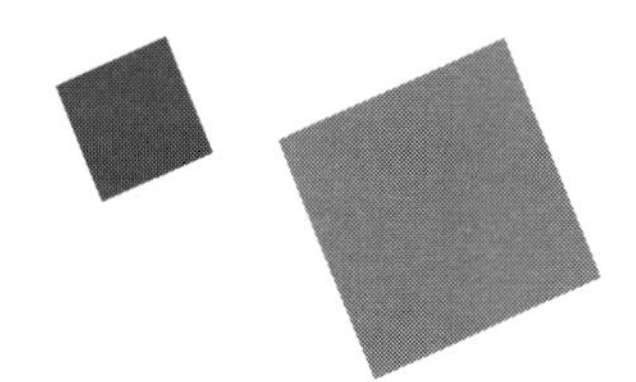

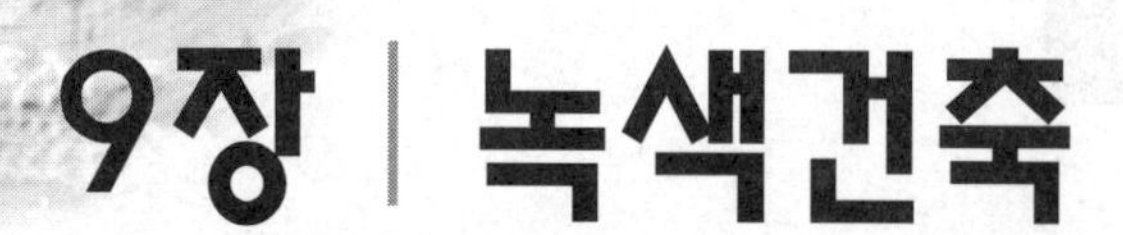
9장 | 녹색건축

# 문제 1 녹색건축물

## Ⅰ. 개 요

① 녹색건축이란 친환경적이며 친인간적이며 비용절감할 수 있는 개념을 건축의 대전제로 하여 건축물의 기획, 설계, 시공, 유지관리, 철거에 이르기까지 에너지 및 자원을 절약하고 주변환경과의 유기적 연계를 도모하여 자연환경을 보전하는 동시에 인간의 건강과 쾌적성을 추구하는 건축을 말한다.

② 녹색건축 인증제도 등을 도입하여 녹색건축의 활성화가 추진되고 있는 실정이며 건축물에 환경친화적 요소 및 기술을 적극 도입하고 있다.

## Ⅱ. 녹색건축 인증제도

### 1) 녹색건축물 인증제도의 도입배경

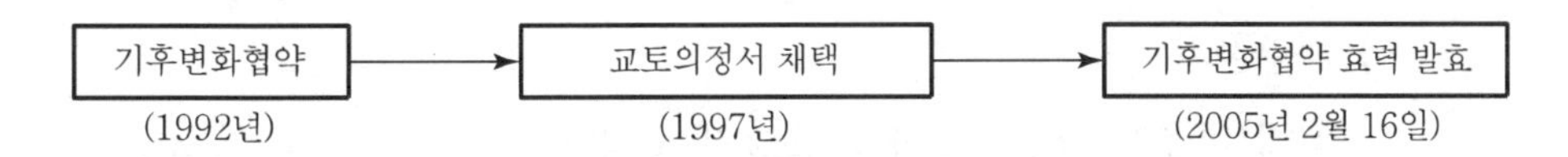


주요골자 : $CO_2$ 배출량을 90년대 이전 수준(평균 5.2%)으로 낮춤

### 2) 필요성

① 에너지와 자원의 낭비요소 제거

② 오염물질과 폐기물 발생

③ 환경가치에 대한 인식 제고

④ 환경기술의 발달 및 연구활동 진흥

### 3) 인증기관

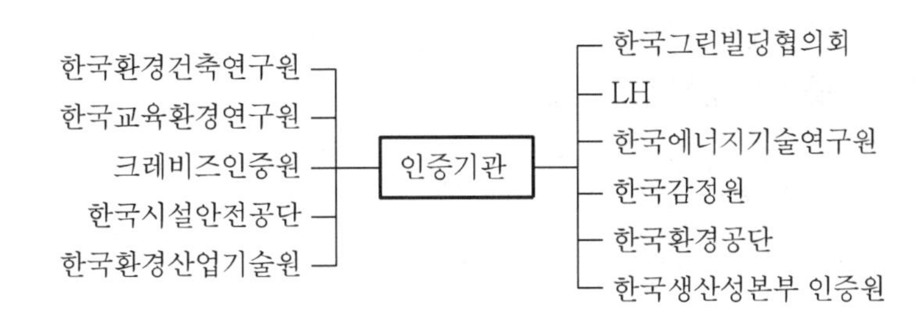

### 4) 인증심사분야 및 인증등급

| 구분 | 내용 |
|---|---|
| 인증심사분야 | • 토지이용 및 교통<br>• 에너지 및 환경오염<br>• 재료 및 자원<br>• 물순환관리<br>• 유지관리<br>• 생태환경<br>• 실내환경 |
| 인증등급 | • 최우수<br>• 우수<br>• 우량<br>• 일반 |

## Ⅲ. 녹색건축물의 향후 전망

### 1) 내부공간

① 실내공기 환경개선과 소음방지 노력
② 다양한 친환경자재 사용 노력
③ 오염물질 강제배출 환기시스템의 개발
④ 기능성 건축재료개발 - 황토, 맥반석 등 지역자원을 소재
⑤ 실내평면의 웰빙개념을 현실화하는 방향으로의 변화
⑥ 리모델링을 감안한 건축설계 design의 개발

### 2) 외부공간

① 자연지반 녹지율 확대(생태면적률 확대)
② 기존자연자원의 보존노력 확대
③ 대체에너지의 적극적 이용 및 기술개발
④ 빗물의 강제배수 system 개발

## Ⅳ. 녹색건축물의 개발방향

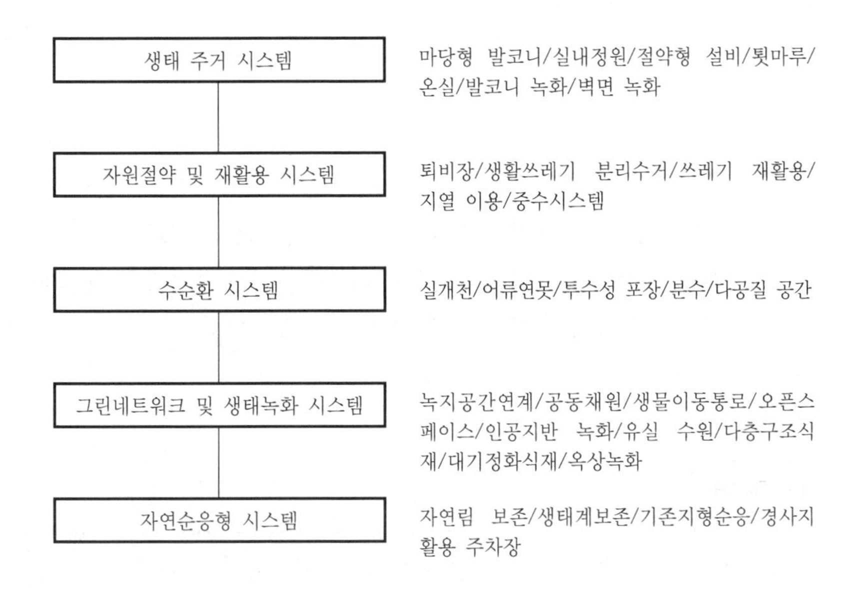


## Ⅴ. 결 론

① 녹색건축물이 활성화되고 많이 적용되고 있기는 하지만 현재의 도입실태를 보면 단일품목으로서의 친환경자재 선정 등 복합적이지 못하고 단편적인 적용사례가 많다.

② 녹색건축의 효과적 적용을 위해서는 인테리어 또는 외부조경의 단순한 변화가 아닌 건축물의 전반적인 system이 친환경적으로 변모되어야 하며 이를 위해서는 다양한 기획과 설계 발굴이 우선되어야 한다.

# 문제 2 녹색건축 인증제도

## Ⅰ. 개 요

① 녹색건축 인증제도는 녹색건축물 활성화 및 기술개발을 통하여 저탄소 녹색성장에 따른 녹색건축물의 건축을 유도하는 제도이다.

② 자재 생산, 설계, 시공, 유지관리, 폐기 등 건설과정 중 쾌적한 주거환경에 영향을 미치는 주요 요소를 평가 · 인증한다.

## Ⅱ. 인증기준

### 1) 운 영

| 구분 | 내용 |
|---|---|
| 법률근거 | 「녹색건축물 조성지원법」 제16조 |
| 주관부처 | 국토교통부, 환경부 |
| 운영기관 | 건설기술연구원 |

### 2) 인증기관

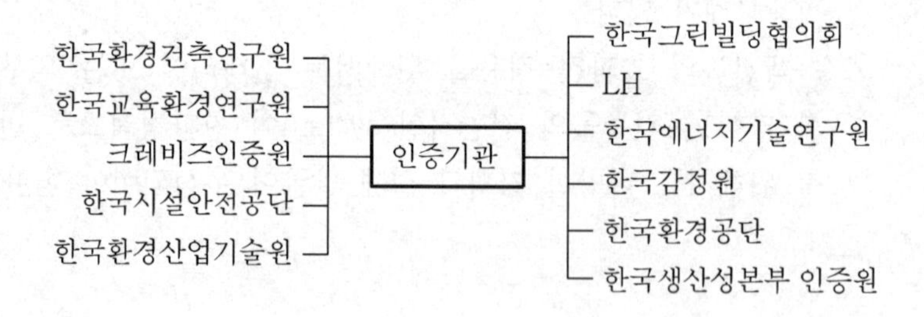


### 3) 인증대상

① 모든 건축물

② 의무대상

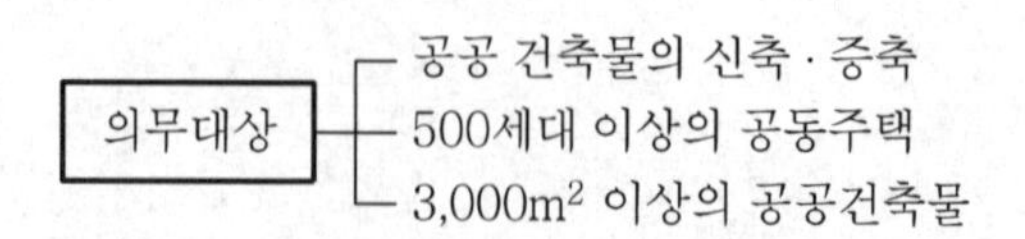

## Ⅲ. 심사분야

녹색건축 인증제도의 평가항목은 토지이용 및 교통, 에너지 및 환경오염, 재료 및 자원, 물순환관리, 유지관리, 생태환경, 실내환경의 7개 심사분야로 구분

| 심사분야(7) | 심사범주 |
|---|---|
| 토지이용 및 교통 | 생태적 가치, 인접대지영향, 거주환경의 조성, 교통부하 저감 |
| 에너지 및 환경오염 | 에너지 절약, 지속가능한 에너지원 사용, 지구온난화 방지 |
| 재료 및 자원 | 자원절약, 폐기물 최소화, 생활폐기물 분리수거, 지속가능한 자원 활용 |
| 물순환관리 | 수 순환체계 구축, 수자원 절약 |
| 유지관리 | 체계적인 현장관리, 효율적인 건물관리, 효율적인 세대관리, 수리용이성 |
| 생태환경 | 대지 내 녹지 공간 조성, 외부공간 및 건물외피의 생태적 기능 확보, 생물서식공간 조성 |
| 실내환경 | 공기환경, 온열환경, 음환경, 빛환경 |

## Ⅳ. 인증절차 및 등급

### 1) 인증절차

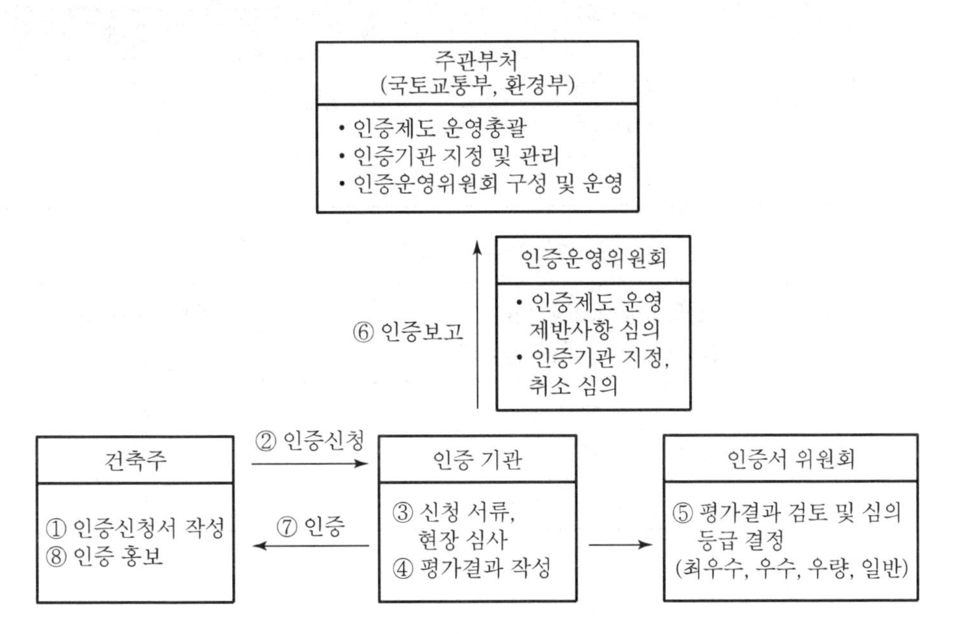


인증기관 내의 인증심의위원회에서 평가결과를 심의하여 등급을 결정

#### 2) 인증등급

① 최우수(그린 1등급) ② 우수(그린 2등급)
③ 우량(그린 3등급) ④ 일반(그린 4등급)

## V. 인센티브

녹색건축물에 대한 각종 혜택을 부여하여 녹색건축물의 활성화 유도

#### 1) 세금(취득세, 재산세) 경감률 기준(「지방세특례제한법 시행령」 제24조)

① 건축물에너지 효율인증과 녹색건축인증에 대한 경감률

| 건축물에너지 효율인증등급 | 녹색건축 인증등급 | 최대완화비율 | |
|---|---|---|---|
| | | 취득세 | 재산세 |
| 1+ 이상 | 최우수 | 10% | 10% |
| 1+ 이상 | 우수 | 5% | 7% |
| 1 | 우량 | - | 7% |
| 1 | 일반 | - | 3% |

② 제로에너지 건축물인증에 따른 경감률

| 인증등급 | 최대완화비율 |
|---|---|
| | 취득세 |
| 1~3등급 | 20% |
| 4등급 | 18% |
| 5등급 | 15% |

③ 신재생에너지공급률에 따른 경감률

| 신재생에너지공급률<br>(총에너지사용량에 대한 공급비율) | 최대완화비율 |
|---|---|
| | 취득세 |
| 20% 초과 | 15% |
| 15% 초과 20% 이하 | 10% |
| 10% 초과 15% 이하 | 5% |

2) 건축기준 완화(용적률, 건축물 높이 제한)

① 녹색건축인증에 따른 건축기준 완화비율

| 최대완화비율 | 완화조건 |
|---|---|
| 6% | 녹색건축 최우수 등급 |
| 3% | 녹색건축 우수 등급 |

② 건축물에너지 효율등급 및 제로에너지 건축물인증에 따른 건축기준 완화비율

| 최대완화비율 | 완화조건 |
|---|---|
| 15% | 제로에너지건축물 1등급 |
| 14% | 제로에너지건축물 2등급 |
| 13% | 제로에너지건축물 3등급 |
| 12% | 제로에너지건축물 4등급 |
| 11% | 제로에너지건축물 5등급 |
| 6% | 건축물에너지효율 1++등급 |
| 3% | 건축물에너지효율 1+등급 |

## Ⅵ. 결론

① 건축물의 계획에서 철거에 이르는 전 과정에 걸쳐 탄소 배출의 저감이 중요한 요소로 부각되고 있으며, 이에 대한 정부 차원의 규제 및 인증제도의 체계화가 중요하다.

② 녹색건축 인증제도의 인증절차 간소화와 체계화를 통해 제도의 활성화가 우선되어야 한다.

# 문제 3 건축물에너지효율등급인증제도

## Ⅰ. 개 요

① 건축물에너지효율등급인증제도란 설계 도면을 바탕으로 1차 에너지 소요량을 평가하고, 현장 실사를 통해 도면과 비교·검증하는 제도이다.

② 건축물의 설계 및 시공단계에서 에너지효율적인 설계를 채택하여 에너지 고효율형 건축물을 보급하는 데 목적이 있다.

## Ⅱ. 인증기준

### 1) 운 영

| 구분 | 내용 |
|---|---|
| 법률근거 | 「녹색건축물 조성지원법」 제17조 |
| 주관부처 | 국토교통부, 산업통상자원부 |
| 운영기관 | 녹색건축센터로 지정된 기관 중 에너지관리공단으로 선정 |

### 2) 인증기관

① 한국감정원
② 한국생산성본부인증원
③ 한국건물에너지기술원
④ 한국에너지기술연구원
⑤ 한국환경건축연구원
⑥ 한국교육환경연구원
⑦ LH토지주택공사
⑧ 국토안전관리원
⑨ 건설기술연구원

### 3) 인증대상

| 건축물 용도 | 적용대상 |
|---|---|
| 단독주택 | 면적 무관 모든 건축물 |
| 공동주택 | |
| 업무시설 | |
| 그 외 용도 건축물 | 냉방 또는 난방 면적이 $500m^2$ 이상인 건축물 |

## Ⅲ. 평가분야

① ISO 13790에 근거하여 평가

② 건물의 냉방, 난방, 급탕, 조명 및 환기 등에 대한 1차 에너지 소요량(kWh/m$^2$ · 년)을 기준

## Ⅳ. 인증절차 및 등급

### 1) 인증절차

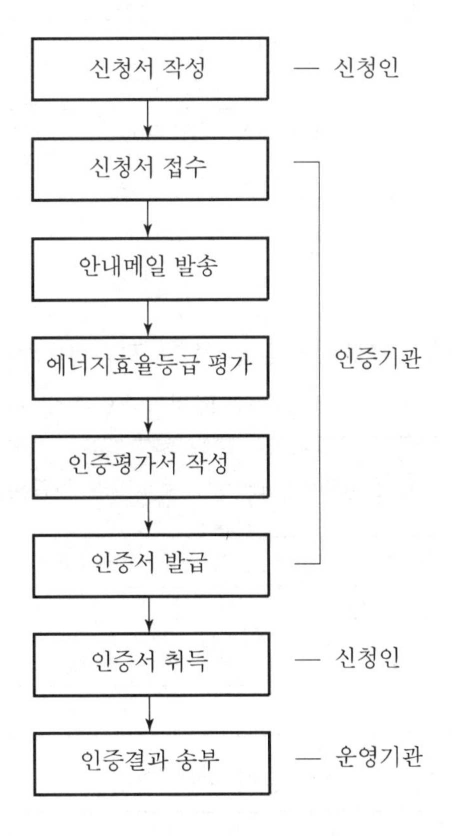


### 2) 인증등급

① 인증등급체계가 10단계 등급체계

② 주거용 건축물이란 기숙사를 제외한 단독주택 및 공동주택이며, 비주거용 건축물이란 주거용 건축물을 제외한 건축물을 의미

③ 등외 등급을 받은 건축물의 인증은 등외로 표기

〈건축물에너지효율등급 인증등급〉

| 등급 | 주거용 건축물 | 주거용 이외의 건축물 |
|---|---|---|
| | 연간 단위면적당 1차 에너지소요량 (kWh/$m^2$ · 년) | 연간 단위면적당 1차 에너지소요량 (kWh/$m^2$ · 년) |
| 1+++ | 60 미만 | 80 미만 |
| 1++ | 60 이상 90 미만 | 80 이상 140 미만 |
| 1+ | 90 이상 120 미만 | 140 이상 200 미만 |
| 1 | 120 이상 150 미만 | 200 이상 260 미만 |
| 2 | 150 이상 190 미만 | 260 이상 320 미만 |
| 3 | 190 이상 230 미만 | 320 이상 380 미만 |
| 4 | 230 이상 270 미만 | 380 이상 450 미만 |
| 5 | 270 이상 320 미만 | 450 이상 520 미만 |
| 6 | 320 이상 370 미만 | 520 이상 610 미만 |
| 7 | 370 이상 420 미만 | 610 이상 700 미만 |

# V. 인센티브

### 1) 세금(취득세, 재산세) 경감률 기준(「지방세특례제한법 시행령」 제24조)

① 건축물에너지 효율인증과 녹색건축인증에 대한 경감률

| 건축물에너지 효율인증등급 | 녹색건축 인증등급 | 최대완화비율 | |
|---|---|---|---|
| | | 취득세 | 재산세 |
| 1+ 이상 | 최우수 | 10% | 10% |
| 1+ 이상 | 우수 | 5% | 7% |
| 1 | 우량 | - | 7% |
| 1 | 일반 | - | 3% |

② 제로에너지 건축물인증에 따른 경감률

| 인증등급 | 최대완화비율 |
|---|---|
| | 취득세 |
| 1~3등급 | 20% |
| 4등급 | 18% |
| 5등급 | 15% |

③ 신재생에너지공급률에 따른 경감률

| 신재생에너지공급률<br>(총에너지사용량에 대한 공급비율) | 최대완화비율 |
|---|---|
| | 취득세 |
| 20% 초과 | 15% |
| 15% 초과 20% 이하 | 10% |
| 10% 초과 15% 이하 | 5% |

### 2) 건축기준 완화(용적률, 건축물 높이 제한)

① 녹색건축인증에 따른 건축기준 완화비율

| 최대완화비율 | 완화조건 |
|---|---|
| 6% | 녹색건축 최우수 등급 |
| 3% | 녹색건축 우수 등급 |

② 건축물에너지 효율등급 및 제로에너지 건축물인증에 따른 건축기준 완화비율

| 최대완화비율 | 완화조건 |
|---|---|
| 15% | 제로에너지건축물 1등급 |
| 14% | 제로에너지건축물 2등급 |
| 13% | 제로에너지건축물 3등급 |
| 12% | 제로에너지건축물 4등급 |
| 11% | 제로에너지건축물 5등급 |
| 6% | 건축물에너지효율 1++등급 |
| 3% | 건축물에너지효율 1+등급 |

## Ⅵ. 결 론

① 인증대상 건축물은 신축 건물에서 기존 건축물로, 공공 건축물에서 민간 건축물로 확대되어 갈 예정이다.

② 매매・임대하는 건축물의 에너지소비증명이 전국에 시행됨에 따라 건축물에너지효율등급인증제도의 활성화가 필요하다.

## 문제 4 BEMS(Building Energy Management System)

### Ⅰ. 개 요

① BEMS(Building Energy Management System, 건물에너지 관리시스템)란 건물 내부 에너지 사용기기에 센서 및 계측장비를 설치하고 통신망으로 연계하여 에너지원별 사용량을 실시간으로 모니터링하여 수집된 에너지 사용정보를 최적화 분석 Software를 통해 가장 효율적인 관리방안으로 자동제어하는 시스템이다.

② BEMS는 계속적인 실내환경 및 에너지 사용현황을 계측하여, 에너지 소비 분석과 설비의 운영을 분석하여 최적의 설비제어를 통해 쾌적한 환경과 에너지 절감을 극대화하는 시스템이다.

### Ⅱ. 개념도

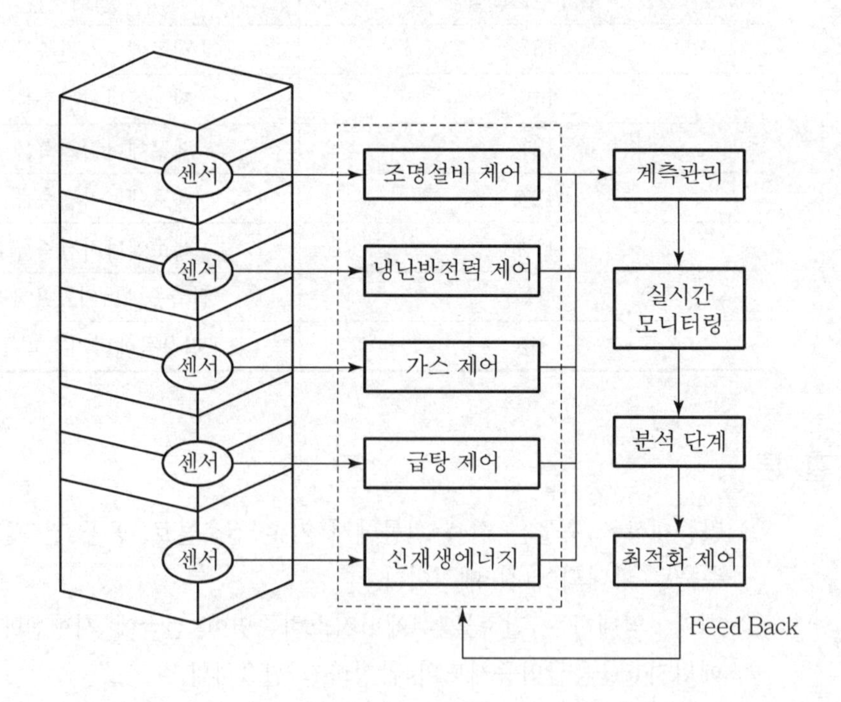

## Ⅲ. BEMS의 기능

### 1) 설비의 감시제어

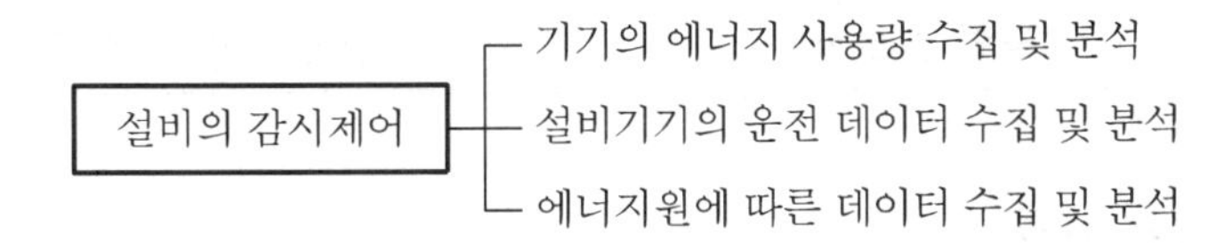


### 2) 공조관리

① 공조 시스템의 최적 제어　② 기기제어를 통한 에너지저감
③ 장비의 운전효율 고려　④ 경제성 · 효율성 고려

### 3) 전력 부하관리

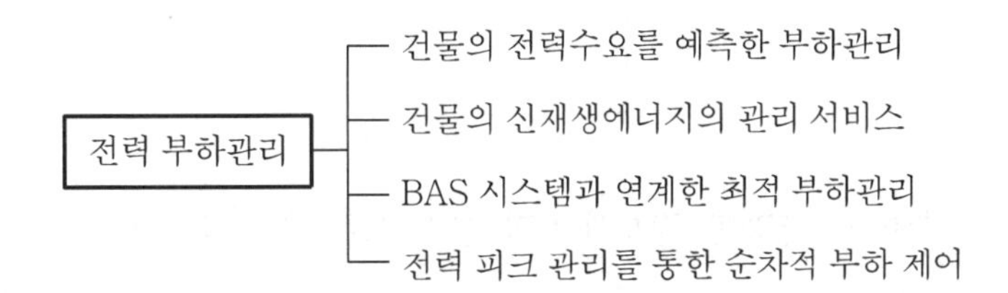


### 4) 설비기기 성능평가

① 계측을 통한 데이터 분석으로 기기의 성능평가
② 공기조화설비 성능평가

| 성능평가항목 | 계측항목 |
|---|---|
| 실내의 과냉, 과열 | 실내의 온 · 습도 |
| 외기냉방 | 외기의 온 · 습도 |
| 냉동기의 COP | 냉동기 입구 · 출구 온도, 냉온수 유량, 냉동기 입력 |
| 축열효율 | 축열조 내 온도 수위 |
| 환기량 | 이산화탄소 농도 |
| 연소효율 | 연소공기 온도, 배기가스의 온도 및 산소농도, 연료의 종류, 소비량, 운전시간 |
| 전열 교환기 효율 | 외기침입 온도, 습도 배기 온도, 습도 |
| 에어필터 막힘 | 에어필터의 차압 |
| 실내부하 | 공조기의 풍량, 입출구 온 · 습도 |

③ 전기설비 성능평가

| 성능평가항목 | 계측항목 |
|---|---|
| 전원품질 | 상전류 · 전압, 역률 |
| 계통별 소비전력 | 열원, 공조, 조명, 콘센트, 위생, EV 설비 등의 전력 |

### 5) 고장 진단

① 설비의 이상징후 발견으로 기기의 고장 검출

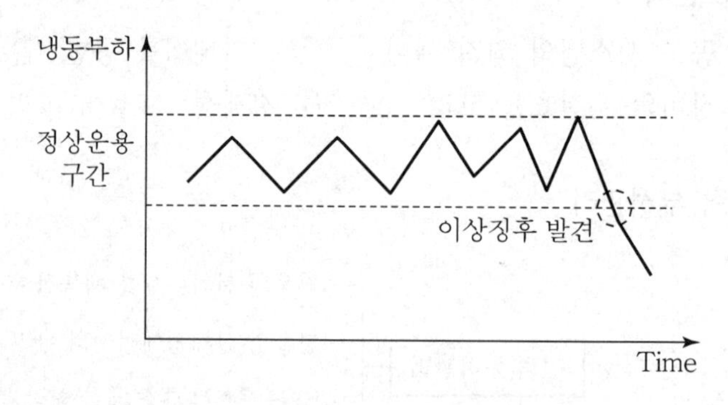


② 설비의 다양한 경보데이터 분석으로 고장 검출

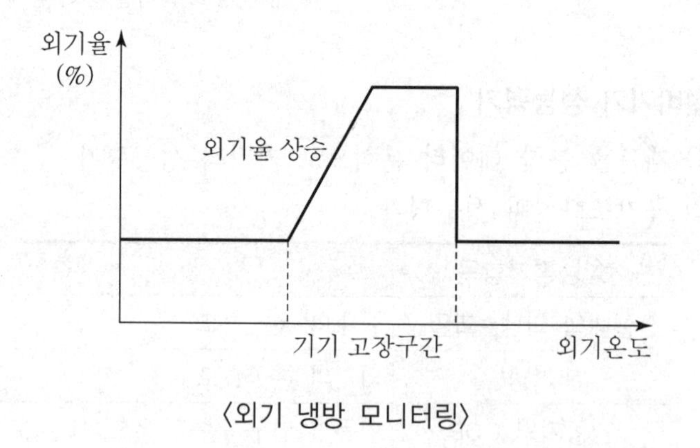


〈외기 냉방 모니터링〉

### 6) 유지보수 서비스

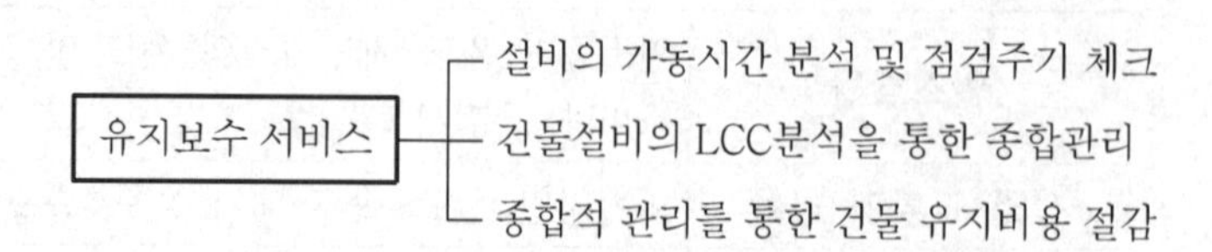

## Ⅳ. BEMS 도입효과

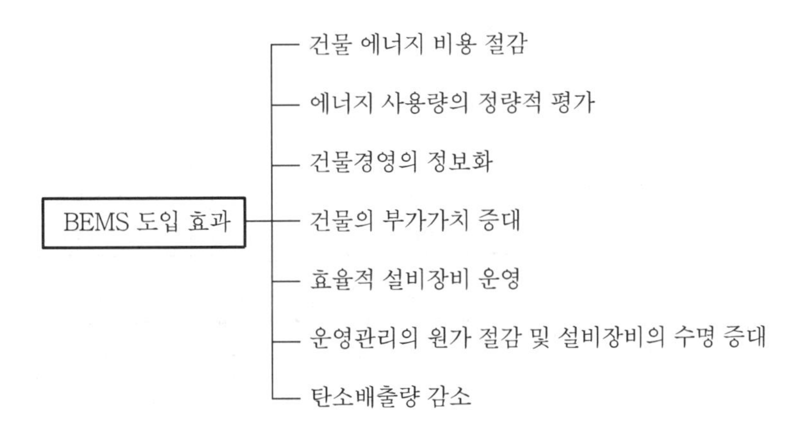


## Ⅴ. BEMS의 운영방안(활성화 방안)

### 1) 사업성의 확보

① 과도한 자동제어 시스템의 확장 억제
② 빠른 투자비 환수 시스템의 개발

### 2) 국내 건물 에너지 관리 시스템 기술 표준화

① 건물 상호 간의 운용성 개선
② 설비 시스템 간 호환성 개선

### 3) ESCO 사업과 연계

① ESCO(Energy Service Company, 에너지절약전문기업) 사업과 연계방안 검토
② 연계 시 설비의 유지보전에 대한 순환적 사업구조 가능

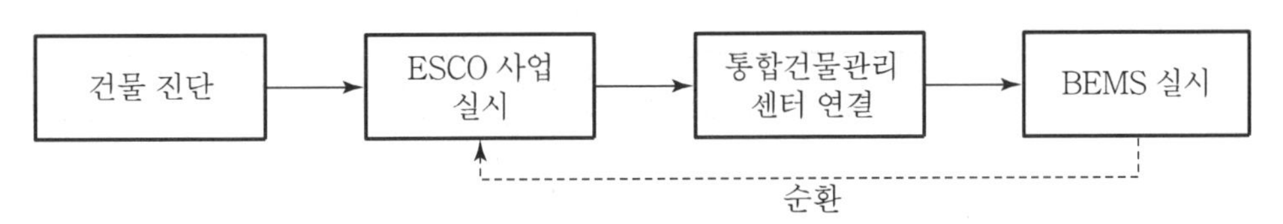

### 4) 지식기반의 전문가 시스템(Expert System) 도입

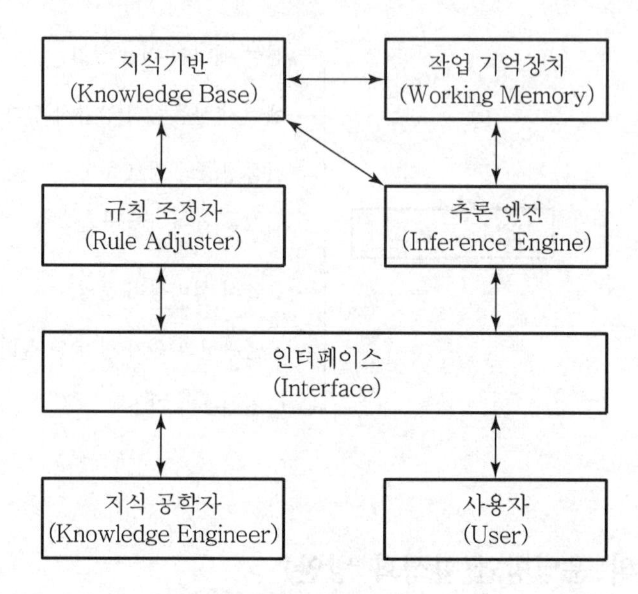


합리적인 의사결정을 유도하기 위해 전문가의 지식을 기반으로 하는 시스템 구축

### 5) 원격 통합건물관리센터의 도입

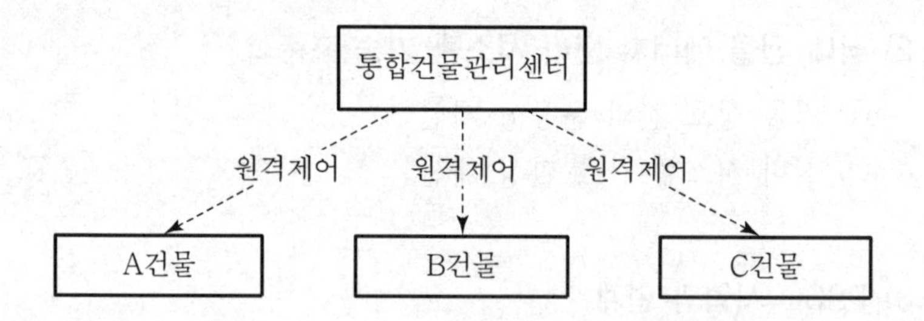


### 6) 전문인력의 확보

## Ⅵ. BEMS KS제정

- 제1부 기능과 데이터처리절차
- 제2부 건물에너지 절감효과 평가
- 제3부 대상설비 및 관제점 명명
- 제4부 시스템 구성체계
- 제5부 운영체계 및 상호운용성

## Ⅶ. 빌딩 에너지 관련 관리기술

| 기술 구분 | 목적 | 설명 |
|---|---|---|
| BAS(Building Automation System) | 건물 설비에 대한 자동화 운용 및 중앙 감시 | 건물에너지 설비에 대한 상태 감시 및 자동화된 감시 조작 시스템 |
| IBS(Intelligent Building System) | 지능화된 건물 내 시스템의 통합관리 | 건물 설비, 조명, 엘리베이터, 방제 등을 포함한 통합 관리 |
| FMS(Facility Management System) | 건물의 경영에 대한 관리 기능 제공 | 건물 정보, 자재, 작업, 인력, 도면, 시스템, 예산에 대한 관리보고서 작성, 이에 대한 평가 및 분석 등의 기능을 수행하는 시스템 |
| BMS(Building Management System) | 각 설비의 정보 관리 및 효율적인 운용 | 상태 감시 및 제어, 에너지 사용관리, 주차 관제 등 각 설비의 단일 시스템을 관리하는 기능 |
| EMS(Energy Management System) | 설비의 에너지 사용 절감 | 건물 설비에 대한 에너지 사용량을 관리하는 시스템 |
| BEMS(Building Energy Management System) | 에너지 사용 절감 및 시설에 대한 체계적인 운용 | 에너지 및 환경관리를 통해 빌딩 설비에 대한 관리 지원 및 시설 운영을 지원하는 시스템으로 BAS에 대한 중앙감시 시스템 운영 |

## Ⅷ. 결 론

정부의 저탄소 녹색성장 정책을 중심으로 건설의 전 분야에 걸쳐 에너지 절감 및 탄소배출량 저감이 진행되고 있으며 활성화되는 데 있어, 그중 중요한 요소인 건물에서의 에너지 절감도 중요시되고 있다. 이에 BEMS의 도입 및 활용이 보편화될 것으로 예상된다.

# 10장 | 총 론

# 문제 1 시공계획서 작성의 목적 및 내용

## Ⅰ. 개 요

① 시공계획이란 공사를 완성하기 위한 각 부분별 공사의 진행방법을 말하며, 철저한 사전조사를 통하여 시공 중에 문제점의 발생이 없도록 하여야 한다.

② 시공계획은 계약 공기 내에 우수한 시공과 최소의 비용으로 안전하게 건축물을 완성하는 것이므로 공사 착수에 앞서 시공계획을 철저히 수립해야 한다.

## Ⅱ. 시공계획의 필요성

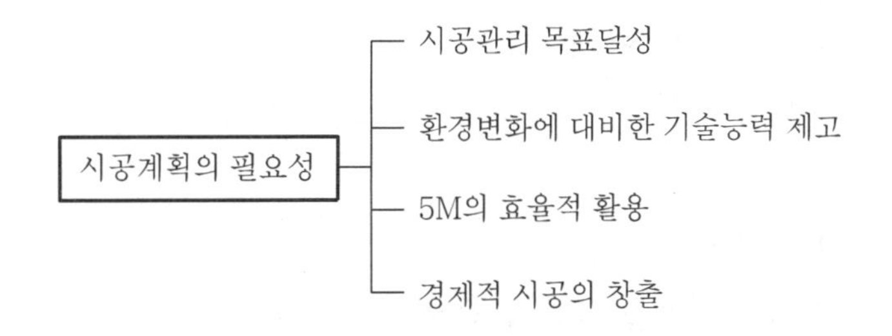


## Ⅲ. 시공계획서 작성의 목적

### 1) 품질 향상

① 자재의 규격화·표준화로 품질 확보 및 향상

② 자재의 균등 품질 확보

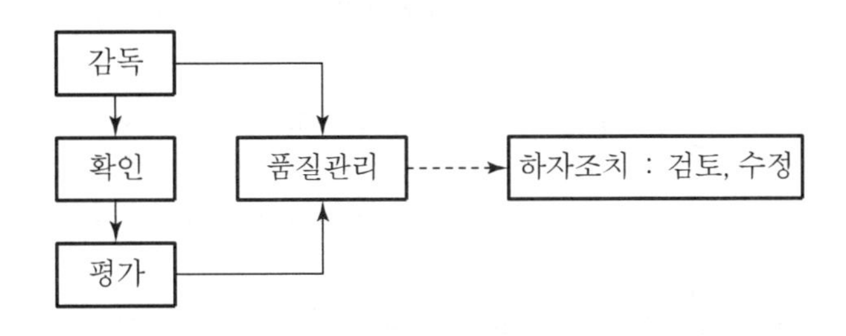

### 2) 원가 절감

① 자재의 호환성으로 자재비 절감

② 대량 생산에 의한 원가 절감

③ 시공의 단순화 · 기계화로 노무비 절감

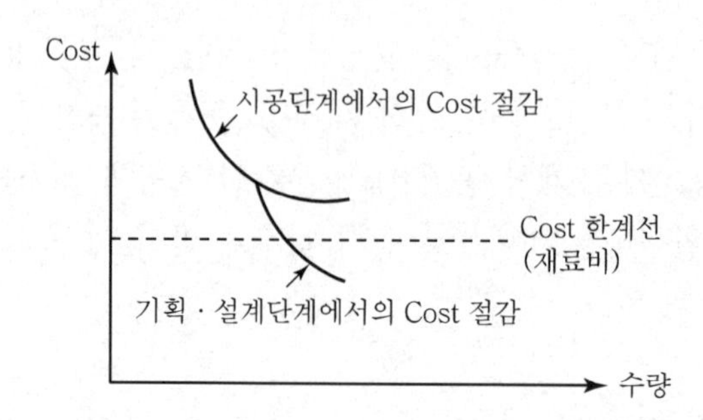


### 3) 공기 단축

① MCX 분석으로 공기 단축

② 조립식 건식화 · 기계화 시공으로 공기 단축

### 4) 안전성 확보

① 기계화 시공을 통한 안전성 확보

② Tool Box Meeting 등의 적극 활용

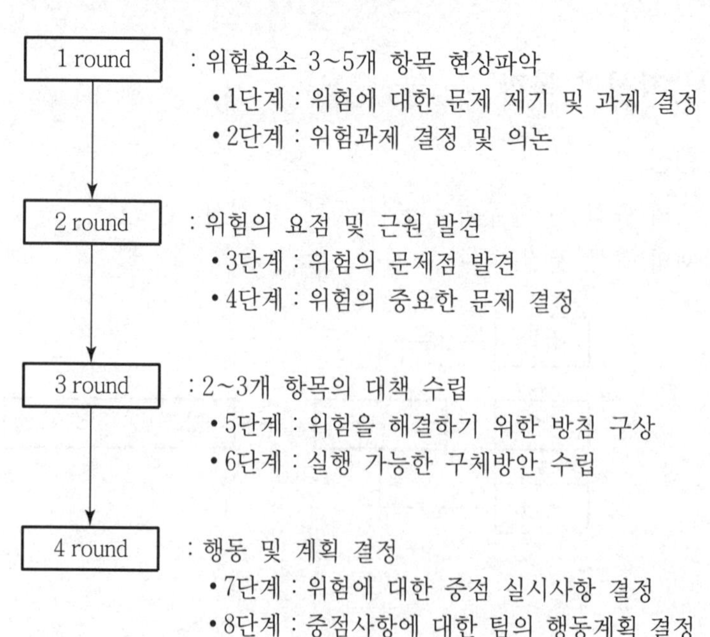

### 5) 성력화

① 공장 생산, 현장 조립·시공에 의한 노무절감

② 기계화 시공을 통한 노무절감

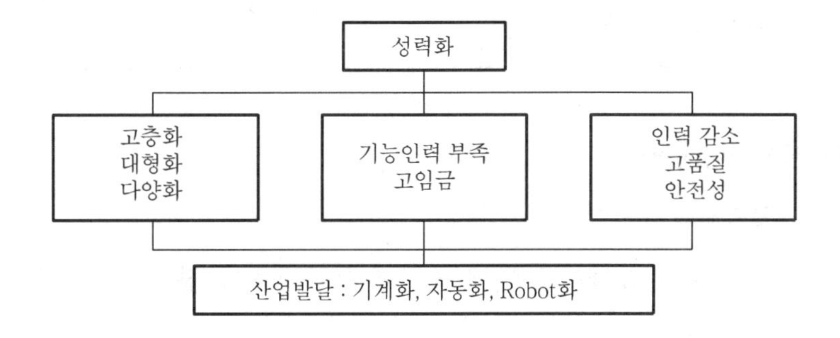


### 6) 공사관리 용이 및 경쟁력 향상

① 조립화·기계화·전산화를 통한 공사관리의 과학화

② 건축생산의 생산성 향상으로 대외경쟁력 향상

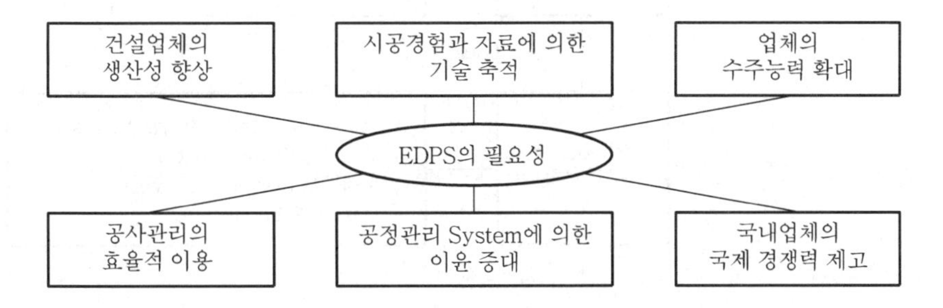


## Ⅳ. 시공계획서 작성 내용

| 항목 | 내용 | | |
|---|---|---|---|
| 공사관리계획서 | • 공정계획<br>• 안전계획 | • 품질계획<br>• 건설공해 | • 원가계획<br>• 기상 |
| 조달계획서<br>(6M) | • 노무계획(Man)<br>• 자금계획(Money) | • 자재계획(Material)<br>• 공법계획(Method) | • 장비계획(Machine)<br>• 기술 축적(Memory) |
| 가설계획서 | • 동력<br>• 수송계획 | • 용수<br>• 양중계획 | |

| 항목 | 내용 |
|---|---|
| 관리계획서 | • 하도급업자 선정 • 실행예산 편성 • 현장원 편성<br>• 사무관리 • 대외 업무 관리 |
| 공사내용계획서 | • 가설공사 • 토공사 • 기초공사<br>• 구조체 공사 • 마감공사 |

## (1) 공사관리계획서

### 1) 공정계획

① 지정된 공사기간 내에 공사예산에 맞추어 정밀도가 높은 좋은 질의 시공을 하기 위하여 세우는 계획

② 각 세부 공사에 필요한 시간과 순서, 자재·노무 등을 적정하고 경제성 있게 공정표로 작성

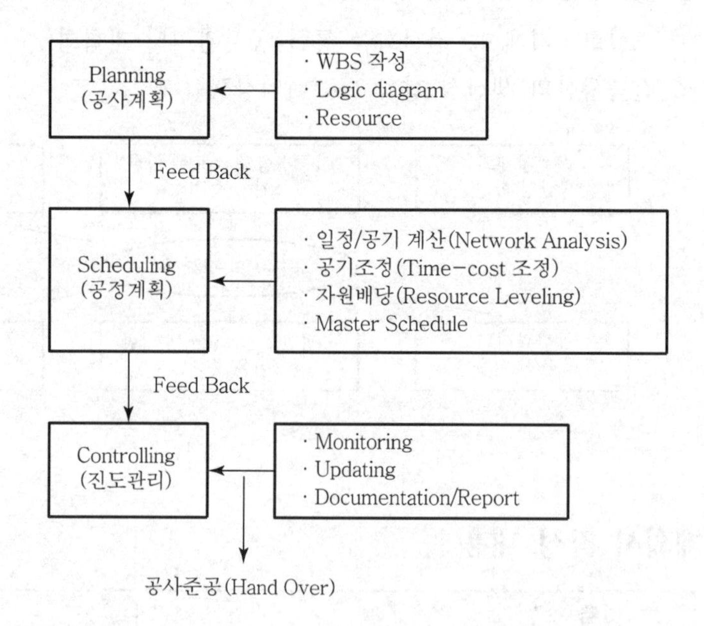


### 2) 품질계획

① 품질관리 시행(Plan → Do → Check → Action)

② 시험 및 검사의 조직적인 계획

③ 하자 발생 방지계획 수립

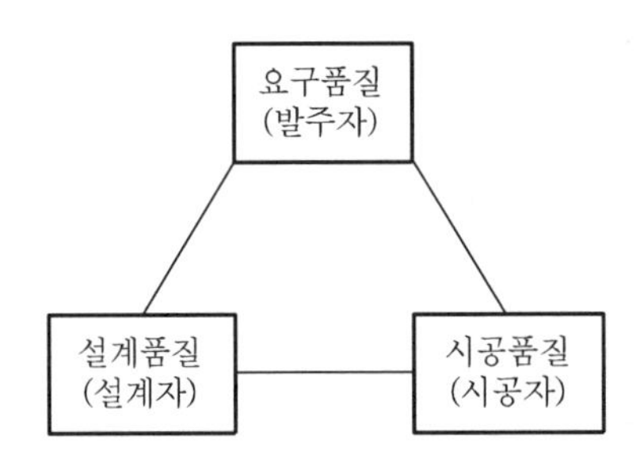


〈품질일반 - 품질의 연관성〉

### 3) 원가계획

① 실행예산의 손익분기점 분석

② 1일 공사비의 산정

③ Cost Engineering 실시, LCC 개념 도입

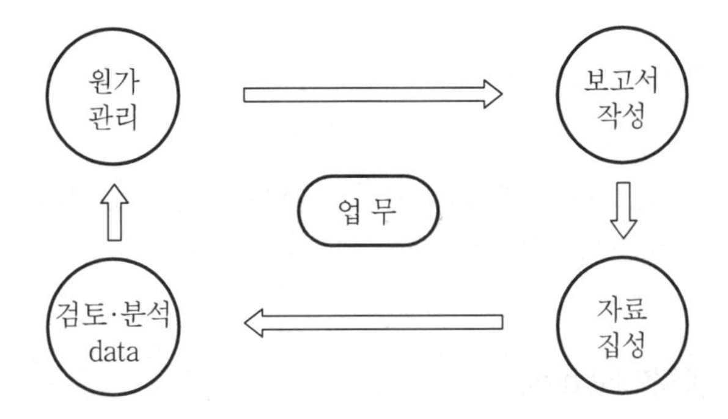


### 4) 안전계획

① 재해 발생은 무리한 공기단축, 안전설비의 미비, 안전교육의 부실로 인하여 발생

② 안전교육을 철저히 시행하고 안전사고 시 응급조치 등 계획

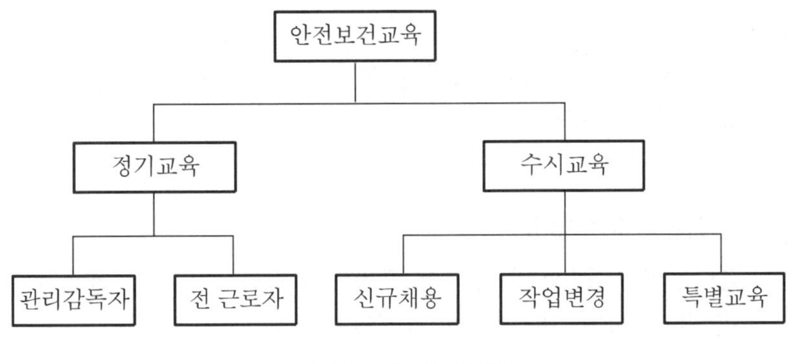


〈안전일반 – 안전보건교육〉

### (2) 조달계획서(6M)

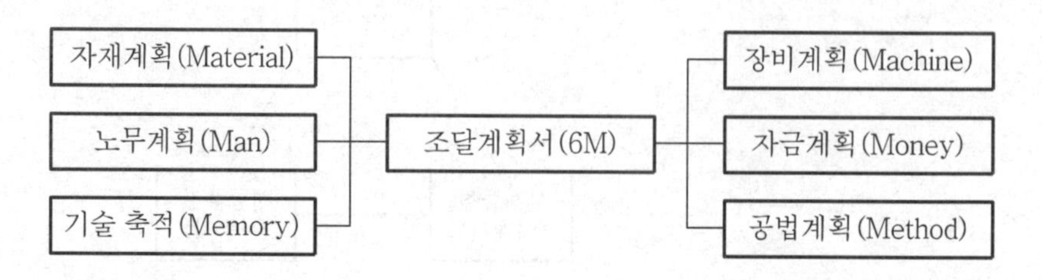


#### 1) 노무계획(Man)

① 인력배당계획에 의한 적정 인원을 계산
② 과학적 · 합리적인 노무관리계획 수립
③ 현장에 익숙한 근로자는 계속 취업시켜 안전에 도움이 되도록 함

#### 2) 자재계획(Material)

① 적기에 구입하여 공급하도록 계획
② 가공을 요하는 재료는 사전에 주문 제작하여 공사 진행에 차질이 없도록 준비
③ 자재의 수급계획은 주별 · 월별로 수집

#### 3) 장비계획(Machine)

① 최적의 기종을 선택하여 적기에 사용하므로 장비효율을 극대화
② 경제성 · 속도성 · 안전성 확보
③ 가동률 및 실작업시간 향상
④ 시공기계의 선정 및 조합

#### 4) 자금계획(Money)

① 자금의 흐름 파악, 자금의 수입 · 지출 계획
② 어음, 전도금 및 기성금 계획

#### 5) 공법계획(Method)

① 주어진 시공조건 중에서 공법을 최적화하기 위한 계획 수립
② 품질, 안전, 생산성 및 위험을 고려한 선택

### 6) 기술 축적(Memory)

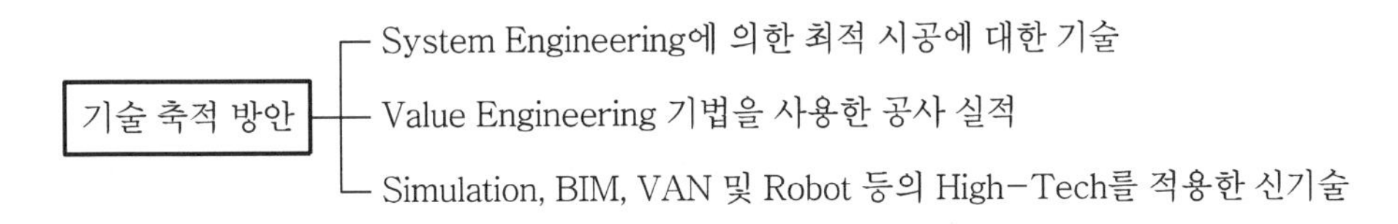


## (3) 가설계획서

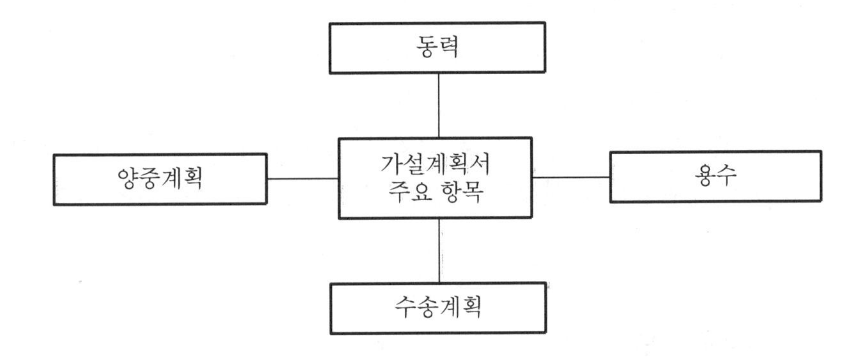


### 1) 동 력

① 전압(110V, 220V, 380V)의 선택과 전기방식 검토
② 간선으로부터의 인입위치, 배선 등 파악

### 2) 용 수

① 상수도와 지하수 사용에 대한 검토
② 수질의 적합성과 경제성 비교

### 3) 수송계획

① 수송장비, 운반로, 수송방법 및 시기 파악
② 차량대수, 기종, 보험 및 송장 관리계획
③ 화물 포장방법, 장척재 및 중량재의 수송계획 검토

### 4) 양중계획

① 수직 운반장비의 적정 용량 및 대수 파악
② 안전 대비를 위한 가설 계획도 작성

### (4) 관리계획서

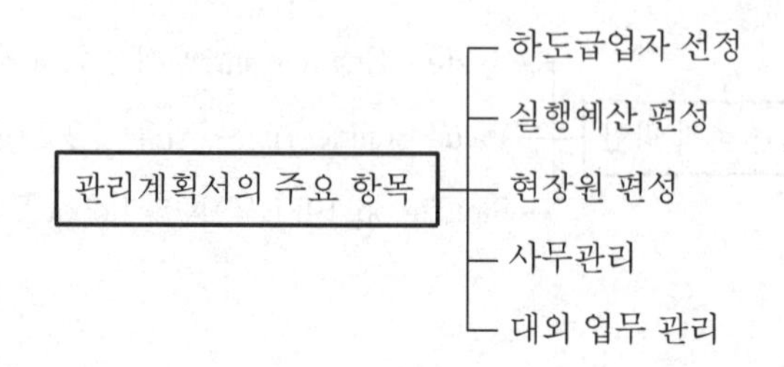


#### 1) 하도급업자 선정

① 건축·생산방식의 주류를 이루고 있는 것이 하도급제도로, 하도급업자의 선정은 공사 전체의 성과를 좌우

② 과거의 실적을 중심으로 신뢰성 있고 책임감 있는 하도급업자 선정

③ 하도급업자의 현재의 작업상황을 조사하여 능력 이상의 일이 부과되는지의 여부 파악

#### 2) 실행예산 편성

① 공사수량을 정확히 계산하여 공사원가 산출

② 시공관리 시 실행예산의 기준이 되도록 편성

#### 3) 현장원 편성

① 관리부의 총무, 경리, 자재 및 안전관리 부서와 기술부의 건축, 토목, 설비, 전기 및 시험실로 편성

② 각 부서는 적정 인원으로 하되 책임분량의 계획을 수립

#### 4) 사무관리

① 현장사무는 간소화하며 공무적 공사관리자와 협의

② 사무적 처리를 착오나 지체 없이 수행하고 기록

#### 5) 대외 업무관리

① 공사현장과 밀접한 관계부처와 긴밀 협조

② 관계법규에 따른 시청·구청·동사무소·노동부·병원·경찰서 등의 위치나 연락망 수립

## (5) 공사내용계획서

### 1) 가설공사

① 가설공사의 양부에 따라 공사 전반에 걸쳐 영향을 미침
② 가설물 배치계획
③ 강재화 · 경량화 및 표준화에 의한 가설

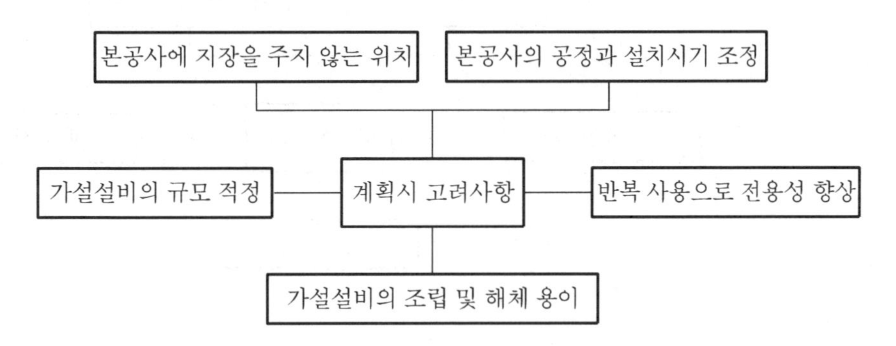


### 2) 토공사

① 토사의 굴착, 운반, 흙막이의 계획
② 배수공법, 지하수 대책, 침하 · 균열 및 계측관리계획 수립
③ 사전조사를 철저히 하여 신중한 공사계획 수립

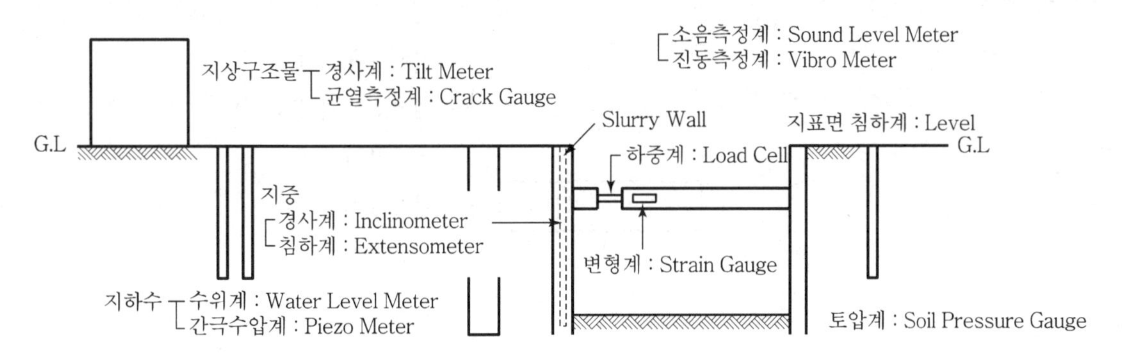


### 3) 기초공사

① 충분한 지반조사 후, 직접기초나 말뚝기초 결정
② 기성 콘크리트 파일 타격 시 소음 · 진동 고려
③ 현장 타설 콘크리트 파일의 경우 수직도 · 규격 등 품질관리 확보 계획

### 4) 구조체공사

① 소요 품질의 구조체가 될 수 있도록 합리적인 시공계획 수립
② 콘크리트의 타설계획 · 거푸집 조립계획 및 철근 조립계획
③ 재료 시험 : 시공 중에 수반되는 각종 시험계획 수립

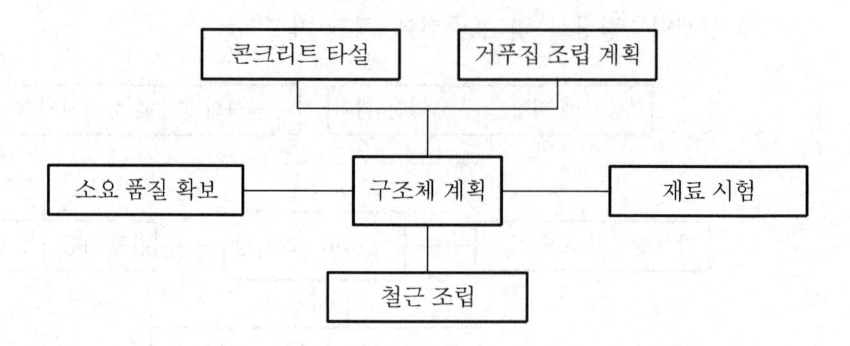


### 5) 마감공사

① 타일공사 · 미장공사의 박리나 들뜸의 방지계획
② 방수 · 수장재 · 창호 등 마감공사에서 취약 · 하자부분

## Ⅵ. 작성시 고려사항

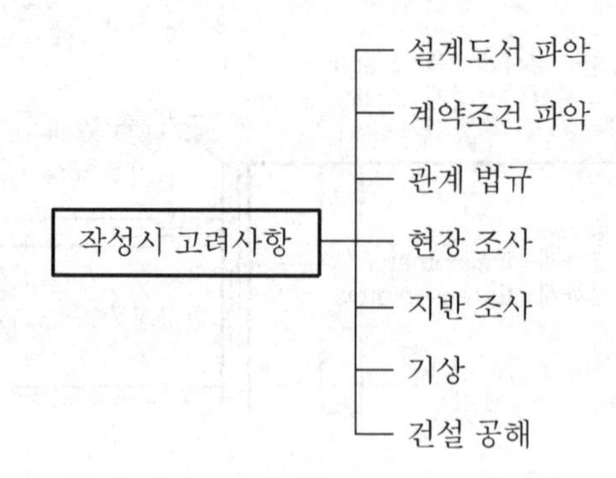


### 1) 설계도서 파악

① 설계도면과 시방서에서 대지면적, 건폐율, 용적률, 층수 및 건축물 높이 등을 파악
② 구조계산서에서 공사용 하중에 대한 안전성 확인

### 2) 계약조건 파악

① 계약 서류의 검토를 통하여 불가항력이나 공사중지에 의한 손실 조치
② 자재, 노무비 변동에 따른 조치
③ 수량 증감 및 계산착오의 조치

### 3) 현장조사

① 공사현장 내의 부지조건, 가설건물 용지 및 작업장 용지 파악
② 공사현장 주위의 대지나 인접 건물에 대한 조사
③ 지하의 매설물(상하수도, 전기, 전화선, Gas 등)과 지하수 파악

### 4) 지반조사

① 건축물의 기초 및 토공사 설계・시공에 대한 Data를 구함
② 토질의 공학적 특성과 시료채취계획
③ 사전조사, 예비조사, 본조사 및 추가조사계획

### 5) 건설공해

① 소음, 진동, 분진, 악취, 교통장애 등에 대한 민원문제 조사 실시
② 토공사 시 발생할 우물 고갈, 지하수 오염, 지반의 침하와 균열 등에 대비한 조사 실시

### 6) 기상

① 기상통계를 참고로 하여 강우기(降雨期)・한냉기(寒冷期) 등에 해당하는 공정을 파악
② 엄동기(嚴冬期)인 12~2월의 3개월간은 물을 사용하는 공사를 중지

### 7) 관계법규

① 도로의 공공시설이 공사에 지장을 주는 경우에는 관계부처의 승인을 득한 후 이설
② 지중 매설물(상하수도, 가스, 전기・전화선)을 조사하여 관계법규에 따라 처리

## Ⅵ. 결 론

시공계획 수립 시 과거의 경험을 발휘하고 새로운 기술을 도입하여, 시공 과정에서 착오가 발생치 않도록 충분한 계획을 세운다.

# 문제 2 CM의 주요업무 및 문제점과 개선방안

## Ⅰ. 개 요

### 1) 정 의

① CM이란 건설업의 전과정인 사업에 관한 기획, 타당성 조사, 설계, 계약, 시공관리, 유지관리 등에 관한 업무의 전부 또는 일부를 발주처와의 계약을 통하여 수행할 수 있는 건설사업관리제도이다.

② CM은 건축물의 개념적 구상에서 완성에 이르기까지 전 과정을 통해 품질뿐만 아니라 일정, 비용 등을 유기적으로 결합하여 관리하는 관리기술이다.

### 2) CM(Construction Management)의 개념

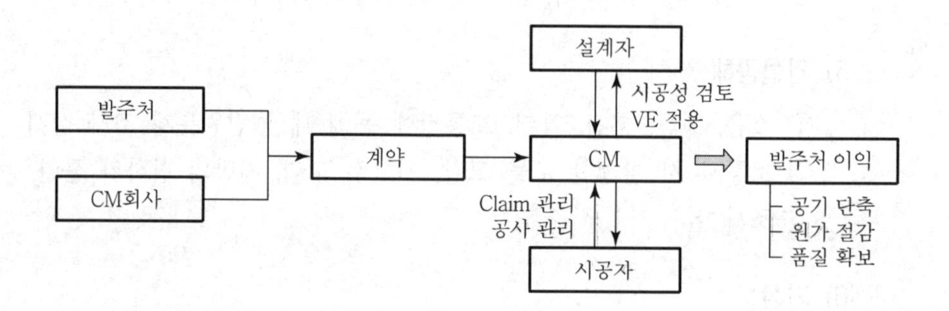


## Ⅱ. CM의 기본형태

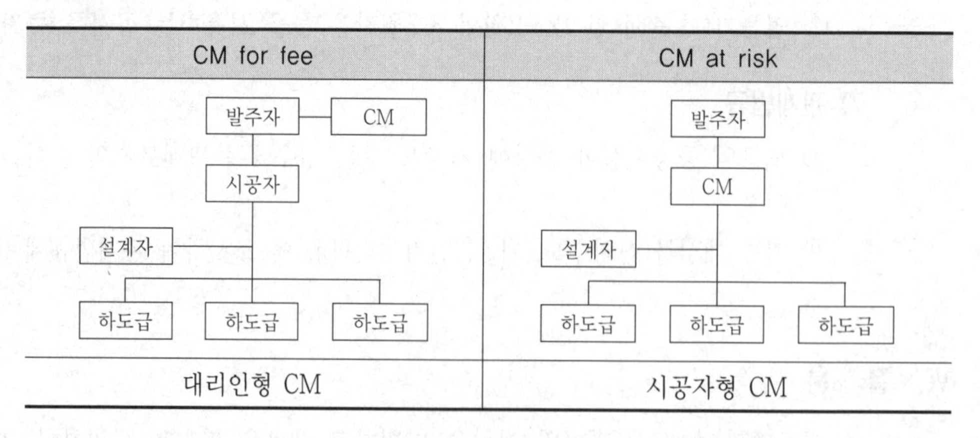

1) CM for fee(대리인형 CM)

① CM은 발주자의 대리인으로 역할 수행

② 설계 및 시공에 대한 전문적인 관리업무로 약정된 보수만 수령

2) CM at risk(시공자형 CM, 시공책임형 CM)

① CM이 원도급자 입장으로 하도급업체와 직접 계약 체결

② CM이 설계, 시공의 전반적인 사항을 관리하며, 비용 추가의 억제로 자신의 이익 추구

## Ⅲ. CM의 주요업무

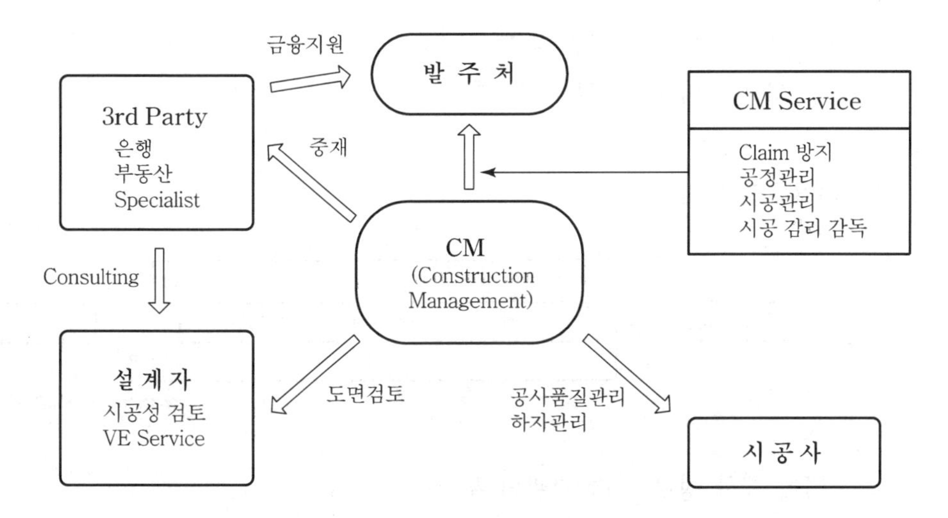


CM제도의 도입으로 원활한 project 수행 도모

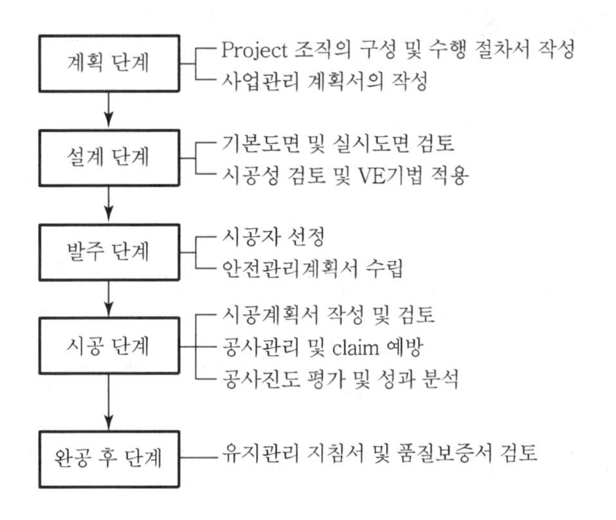

# Ⅳ. 문제점

## 1) CM 도입의 공감대 부족

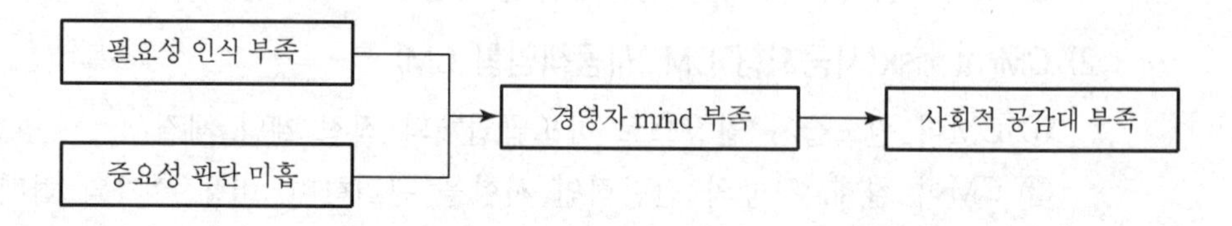


CM에 대한 발주처 및 설계, 시공 등 공사 관련자의 인식 부족

## 2) CM전문인력 부족

① 전문성 있는 CM기관 부재
② CM요원 양성교육의 부족

## 3) 자격제도 미비

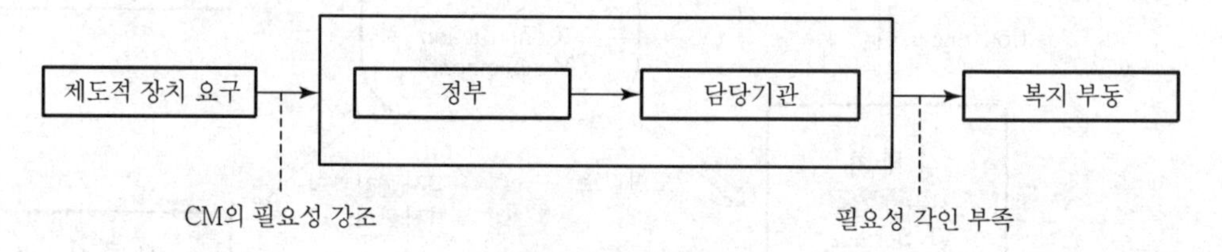


CM에 대한 정부 관련 기관의 무관심

## 4) 감리제도와 혼돈

## 5) 정부의 역할 부족

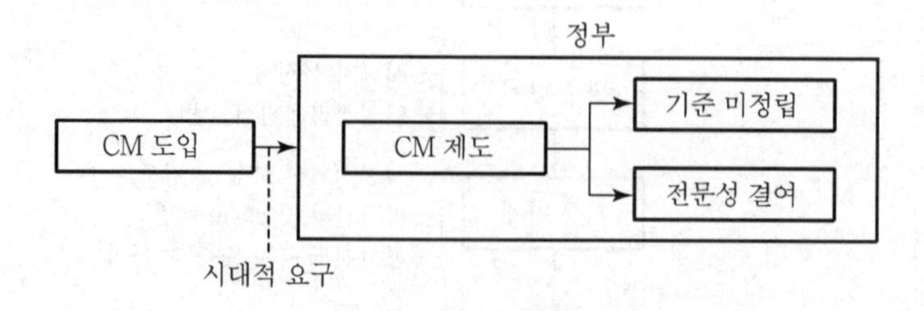


건설시장 개방에 따른 시대적 요구에 대한 정부의 적극성 부족

# Ⅴ. 개선방안

### 1) 정부공사 시 우선 적용

정부차원의 공사 발주시 CM의 우선 적용

### 2) 건축생산 system 개선

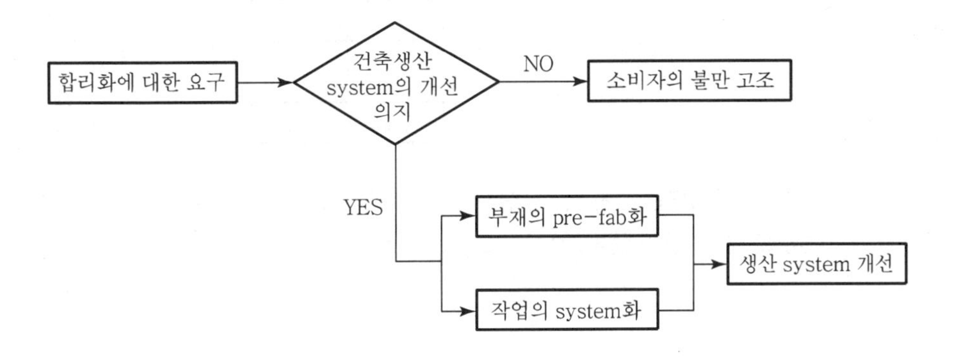


### 3) 건설산업의 전산화 촉구

건설산업의 생산성을 대폭 늘리기 위해서 발주, 계약, 시공 등 모든 절차의 전산화 필요

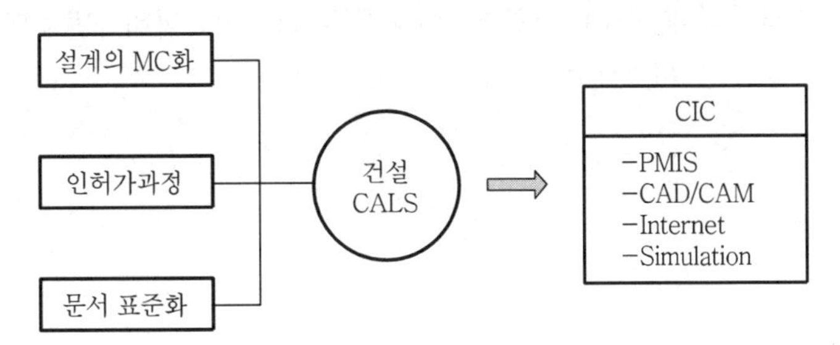


### 4) CM 전문가의 육성

CM 전문과정의 홍보 및 교육 실시

### 5) Engineering service의 극대화

### 6) CM의 활성화

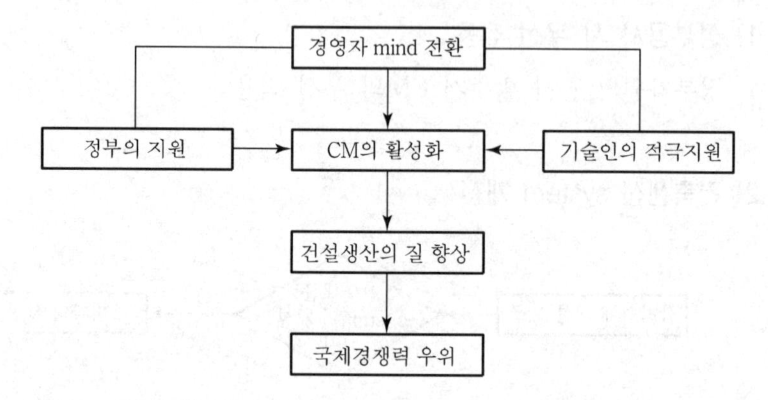


CM의 활성화를 통해 건설산업에 대한 소비자의 인식을 긍정적으로 변화시키고 국제적 인지도를 향상

## Ⅵ. 결 론

① CM제도는 부실시공 감소, 사업비의 최적화 및 건설관리기술의 기틀을 만들고 다음 공사를 위한 자료제공 등의 효과를 얻을 수 있다.

② 건설산업의 발전을 위해서는 필수적으로 도입, 시행되어야 할 제도이며, 빠른 시일내에 국내 정착을 위해서는 제도의 정비, 법령의 개정 등의 지속적인 노력이 필요하다.

# 문제 3 MBO기법과 적용 시 유의사항

## Ⅰ. 개 요

① MBO(Management By Objective) 기법은 직원들이 자기의 목표를 자신이 설정하고 스스로 목표를 달성하기 위해 노력하도록 분위기를 조성하는 기법이다.

② 공사원가 관리에 MBO기법을 도입하여 본사와 현장의 사원들이 스스로 목표를 설정하고 달성하게 함으로써, 실행예산과 공정계획의 작성시 많은 원가절감 효과를 기대할 수 있다.

## Ⅱ. MBO기법의 필요성

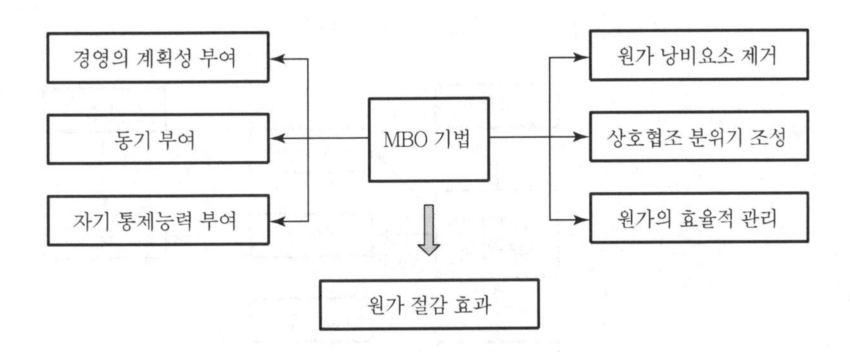


## Ⅲ. MBO기법

### 1) 제1단계 : 목표의 발견

① 통계자료, 경기동향, 장·단기 계획 등을 조직의 관점에서 점검

② 회사의 활동자원과 업무성과를 타 회사와 비교

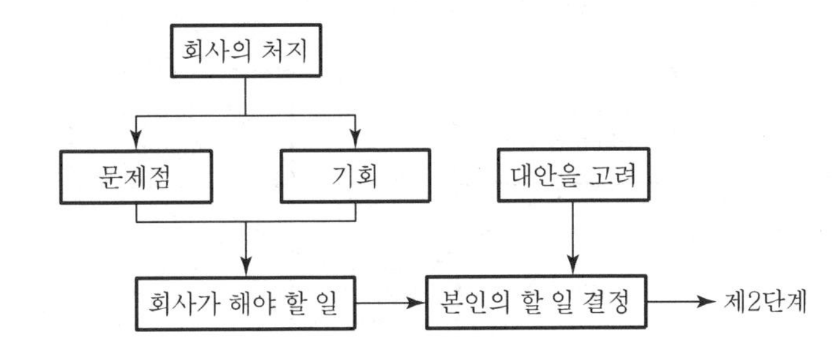

### 2) 제2단계 : 목표의 설정

① 1단계에서 제시된 목표를 근거로 구체적 목표 설정

② 직원들의 능력을 활용하기 위하여 목표설정에 참여하여 책임감 고취

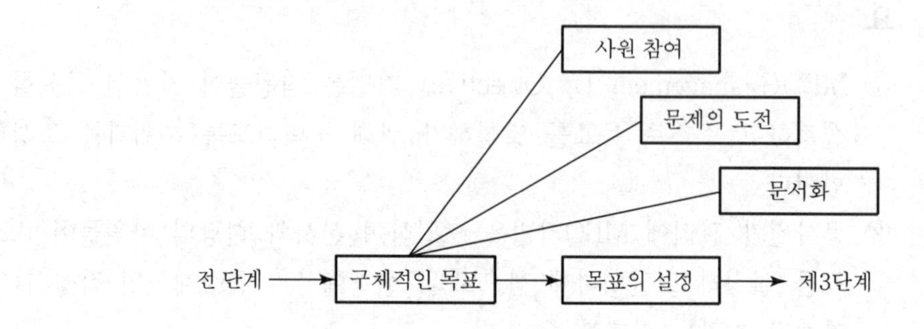


### 3) 제3단계 : 목표의 내용과 정당화

① 위험성, 기본가정, 수정의 필요성 check

② 목표달성의 참여를 구체적으로 확정

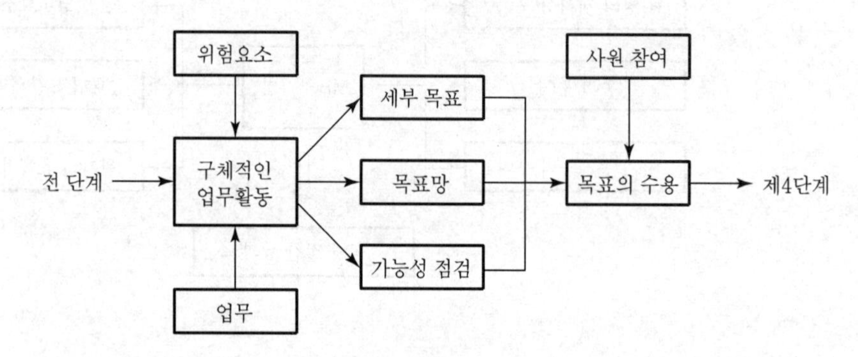


### 4) 제4단계 : 목표의 실천

① 목표달성의 참여에 대하여 동기유발 요소 가미

② 직원들의 적극적인 실천을 위한 조치 마련

③ 목표달성을 위한 행동과 실천 필요

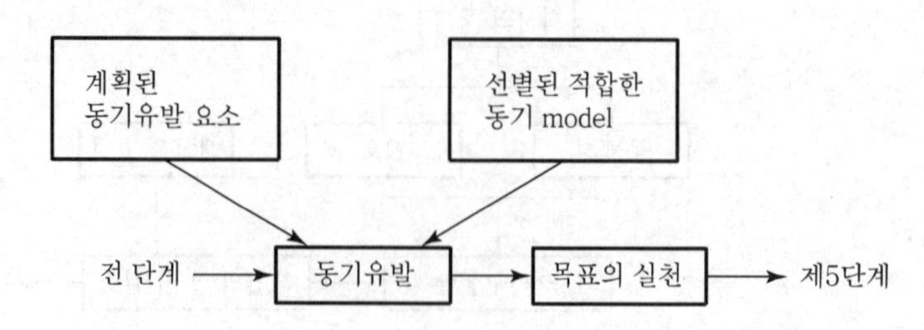

#### 5) 제5단계 : 목표의 통제와 실천상황의 평가

① 업무성과는 직원들이 측정하면서 평가

② 목표달성에 기여한 정도를 측정하여 보고

③ 지난 일의 측정을 통하여 나아갈 방향 제시

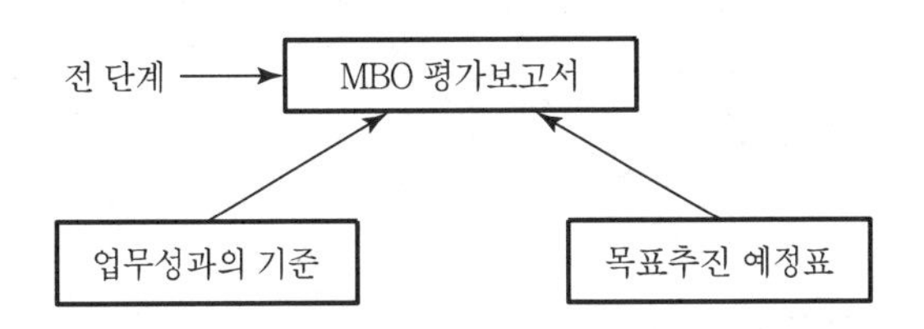


## Ⅳ. 적용 시 유의사항

#### 1) 목표의 본질 파악

① 모든 목표는 기업의 목표로부터 결정

② 목표 성취에 대한 관리자의 공헌이 명확

#### 2) 목표 설정 방법과 주체를 설정

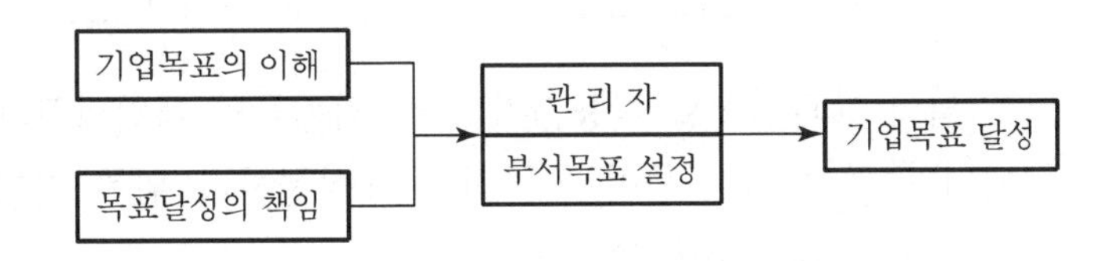


#### 3) 측정을 통한 자기통제

자기통제를 위한 강한 동기부여 필요

#### 4) 목표의 평가에 따른 조치

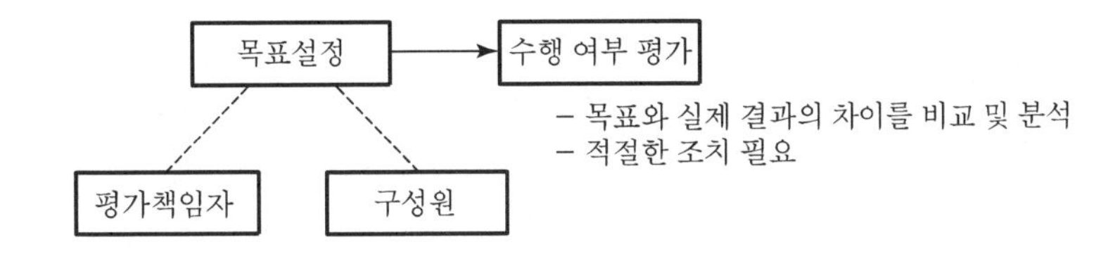

### 5) 교육 강화

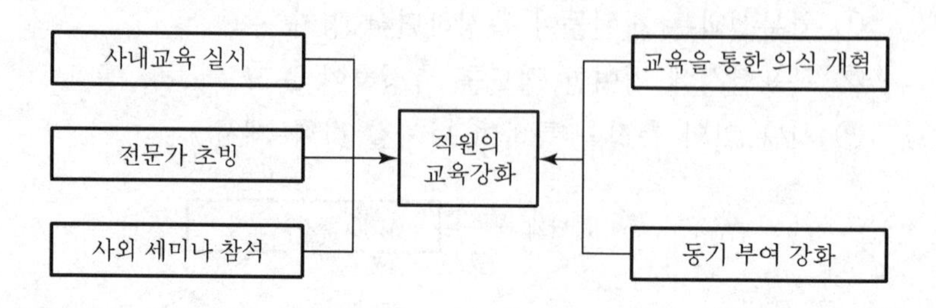


### 6) 책임과 권한의 부여

## Ⅴ. 결 론

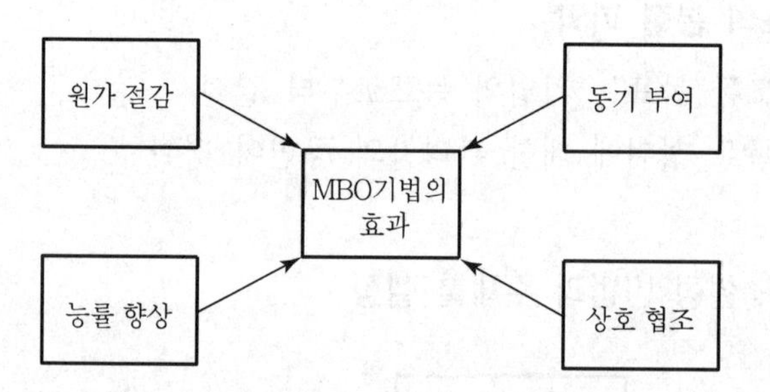


MBO기법이 효과적으로 활용되기 위해 직원들의 책임의식과 동기유발의 요소가 가미되어야 하며, 직원들이 적극적으로 실천하기 위한 사내의 분위기 및 경영주의 협조가 전제되어야 한다.

# 문제 4 건설공사의 원가 구성요소와 원가관리 문제점 및 대책

## Ⅰ. 개 요

① 건축공사에서의 원가관리는 경제적인 시공계획의 작성과 합리적인 실행 예산을 편성하여 공사 결산까지의 실소요 비용을 절감하는 것이다.

② 원가관리는 공사장소, 시공조건에 따라 가격이 유동적이며, 불확정 요소가 많기 때문에 체계적 · 계획적인 원가관리가 필요하다.

## Ⅱ. 필요성

### 1) 원가절감

원가절감으로 인한 공사 이익의 증가 및 경쟁력 우위 확보

### 2) 기술력 향상

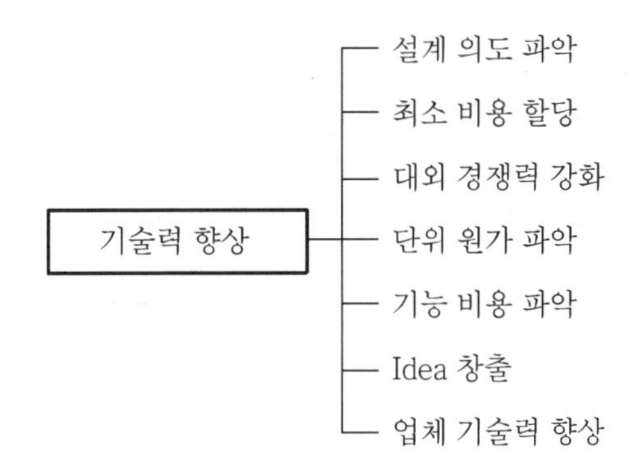


### 3) 가치개념의 정립

전 사원이 가치로 인한 원가의식 제고

### 4) 업무수행의 지속적 향상

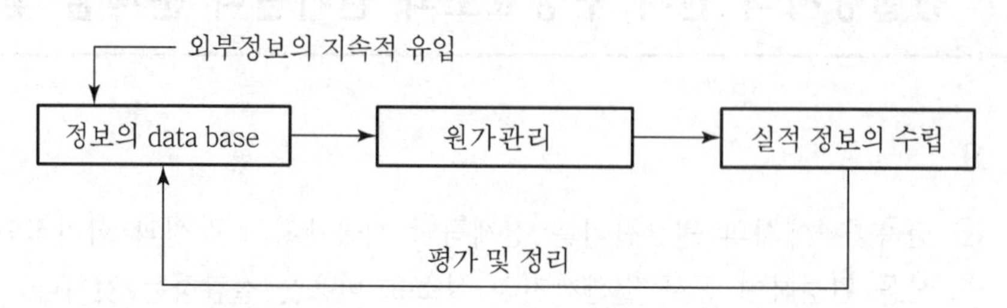


지속적인 공사원가관리의 적용으로 업체의 경쟁력 지속적 향상

### 5) 경쟁력 우위 확보

① 가격경쟁의 우위 확보로 공사수주 기회 증대

② 나아가 국제경쟁력 제고

## Ⅲ. 원가 구성요소

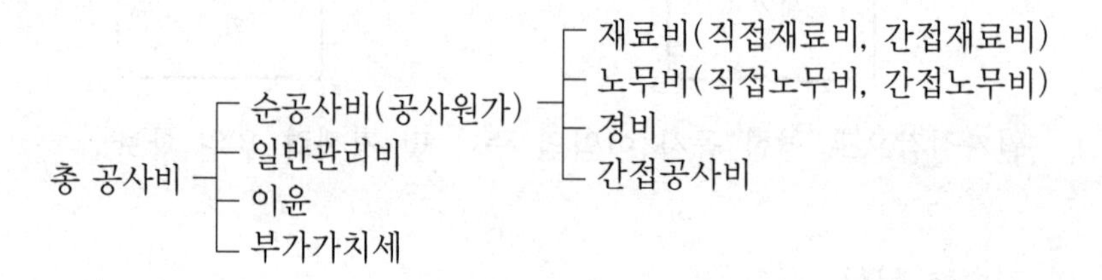


### 1) 재료비

| 직접재료비 | 간접재료비 |
|---|---|
| 공사 목적물의 기본적 구성형태를 이루는 물품의 가치 | • 공사에 보조적으로 소비되는 물품의 가치<br>• 재료 구입시 소요되는 운임, 보험료, 보관비 등<br>• 매각액 또는 이용가치를 추산하여 재료비에서 공제 |

### 2) 노무비

노동의 대가로 노무자에게 지불되는 금액

| 직접노무비 | 간접노무비 |
|---|---|
| • 작업(노무)만을 제공하는 하도급에 지불되는 금액<br>• 노무량×단위당 가격(직접노무비, 간접노무비) | • 현장관리 인원의 노무비<br>• 감독비, 감리비, 현장직원 임금 등 |

### 3) 경비

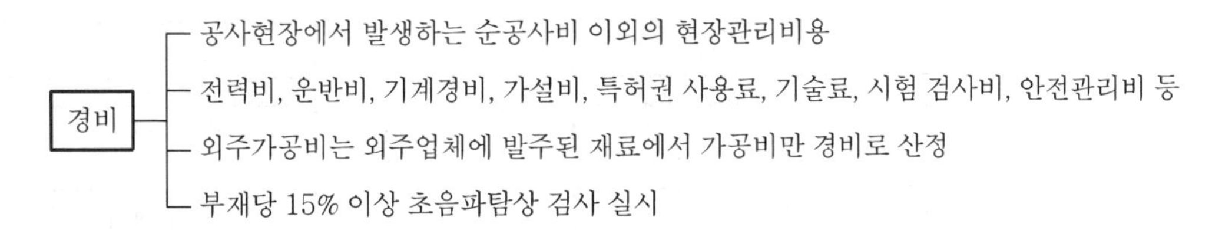


### 4) 간접공사비

① 간접공사비는 공사의 시공을 위하여 공통적으로 소요되는 법정 비용 및 기타 부수적인 비용

② 직접공사비 총액에 비용별로 일정요율을 곱하여 산정

③ 전 계획 사업에 관련되어 발생하는 비용

### 5) 일반관리비

① 기업의 유지를 위한 관리활동 부분에서 발생하는 제 비용

② 임원급료, 직원급료, 제 수당, 퇴직금, 충당금, 복리후생비

③ 여비, 교통통신비, 경상시험 연구개발비

④ 본사 수도광열비, 감가상각비, 운반비, 차량비

⑤ 지급임차료, 보험료, 세금공과금

### 6) 이윤

① 영업이윤을 지칭

② 공사규모, 공사기간, 공사의 난이에 따라 변동

③ 일반적으로 총 공사비의 10% 정도

### 7) 부가가치세

① 물건을 사다가 파는 과정에서 부가된 가치(이윤)에 대하여 부과되는 세금

② 국세, 보통세, 간접세

③ 6개월을 과세기간으로 하여 신고 납부

## Ⅳ. 원가관리의 문제점

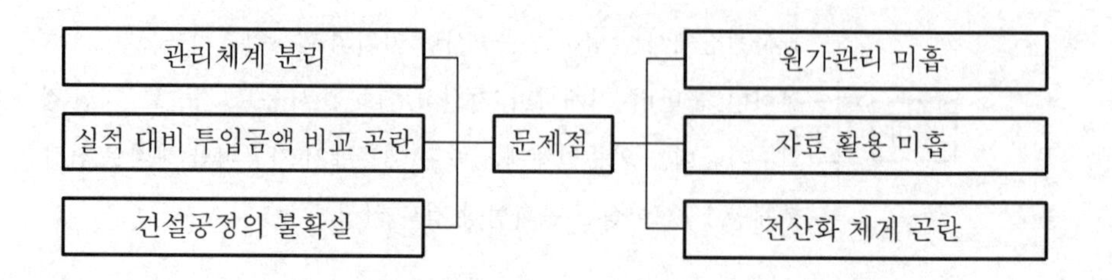


### 1) 관리체계 분리

원가관리와 공정관리가 분리되어 건설정보 통합관리 난해

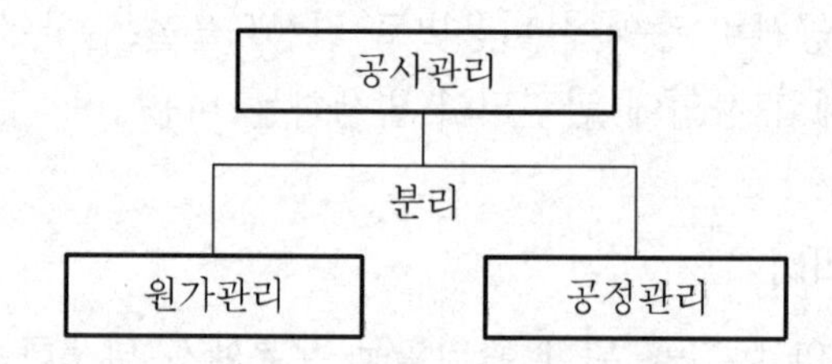


### 2) 원가관리 미흡

단지 투입원가를 집계하여 실행대비의 실적을 비교하는 데 그침

### 3) 자료활용 미흡

축적된 자료를 바탕으로 향후 공사에 대한 정확한 예측 난해

### 4) 전산화 체계 곤란

건설공사의 특성상 전산화가 곤란하여 CIC 및 CALS 적용 난해

### 5) 건설공정의 불확실

### 6) 실적 대비 투입금액 비교 곤란

투입된 금액 대비 실적의 효율성 측정 불가

# V. 대책

## 1) 계획단계

① 표준 원가자료의 준비 및 활용

② Life Cycle Cost 개념의 도입

LCC(Life Cycle Cost) = 생산비($C_1$) + 유지관리비($C_2$)

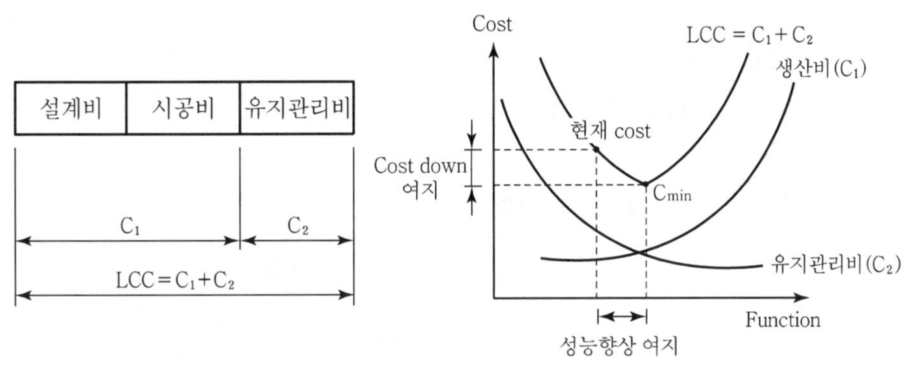


〈LCC 곡선〉

## 2) 설계단계

① 설계의 표준화

② Cad를 이용한 설계의 자동화 추진

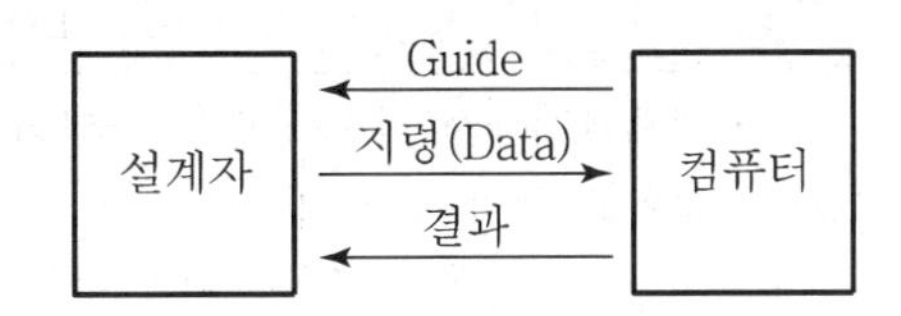


## 3) 적산단계

① 시공계획에서 적산까지의 System화

② 자료의 정리, 실적의 Feed Back의 추진으로 원가절감

## 4) 발주단계

① 재료의 집중 구매

② Fast Track Method 적용을 통한 공사의 조기발주

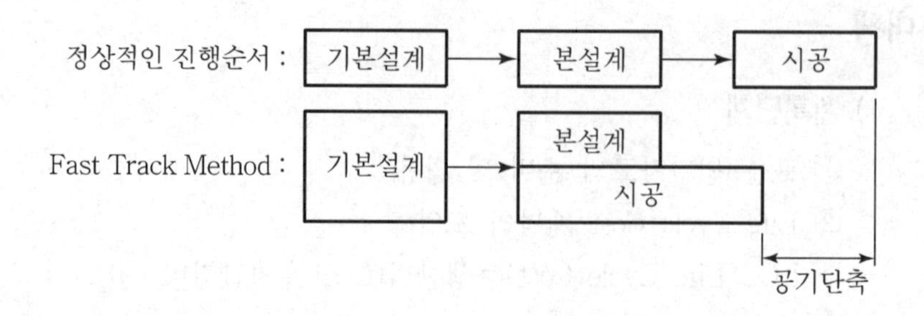


### 5) 시공단계

① 건축재료의 건식화
② 시공의 기계화
③ Prefab화 및 System화

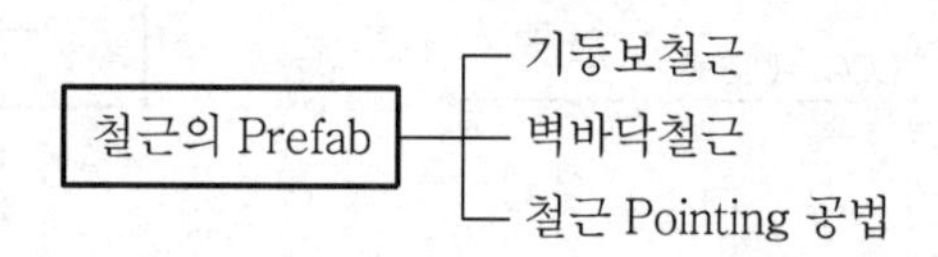


④ 시공기술의 개발

## Ⅵ. 원가절감 방안

| 종류 | 내용 |
|---|---|
| SE (System Engineering, 시스템 공학) | • 설계단계에서 시공에 대한 공법의 최적화로 설계하여 공사관리의 극대화를 꾀함<br>• 시공성 · 경제성 · 안전성 및 무공해 공법을 개발 |
| VE (Value Engineering, 가치공학) | • 기능(Function)을 향상 또는 유지하면서 비용(Cost)을 최소화하여 가치(Value)를 극대화시킴<br>• 최소의 비용으로 최대의 효과(기능)를 유도하는 공학<br>$\text{Value} = \frac{\text{Function}}{\text{Cost}}$ |
| IE (Industrial Engineering, 산업공학) | • 시공단계에서 성력화를 통하여 가장 적은 노무와 노력으로 원가절감을 하는 공학<br>• 작업원의 적정배치 및 능률을 높일 수 있는 작업조건, 작업원의 수를 적절히 조정함으로써 경제적인 극대화를 꾀함 |
| QC(Quality Control, 품질관리) | • 품질의 확보, 개선, 균일을 통한 고부가가치성의 생산활동<br>• 하자 방지를 하여 소비자의 신뢰성을 증대시킴은 물론 경제성 확보 |

| | |
|---|---|
| LCC<br>(Life Cycle Cost) | • 건축물의 초기 투자단계를 거쳐 유지관리, 철거단계로 이어지는 일련의 과정에 소요되는 비용<br>• 종합적인 관리 차원의 Total Cost로 경제성을 유도 |
| PERT, CPM | • 건축물을 지정된 공사기간 내에 공사예산에 맞추어 정밀도가 높은, 좋은 질의 시공을 위하여 세우는 계획<br>• 면밀한 계획에 따라 각 세부 공사에 필요한 시간과 순서, 자재, 노무 및 기계설비 등을 경제성 있게 배열 |
| ISO 9000 | • ISO(International Organization for Standardization, 국제표준화기구)는 국제적인 공업표준화의 발전을 촉진시킬 목적으로 창립된 기구<br>• 품질에 대하여 발주자의 신뢰를 얻어 경제성을 확보 |
| EC(Engineering Construction)화 | • 건설산업의 업무기능 확대 및 영역 확대를 도모<br>• 건설사업의 일괄입찰방식에 의한 건설생산능력 확보 |
| CM(Construction Management)제도 | • 건설업의 전 과정인 기획 · 타당성 조사 · 설계 · 계약 · 시공관리 · 유지관리 등에 관한 업무의 전부 또는 일부를 수행하는 건설사업관리제도<br>• 품질 확보, 공기 단축은 물론 설계단계에서 6~8%, 시공단계에서 5%의 원가절감 |
| Computer화 | • 건축물의 고층화 · 대형화 · 복잡화 · 다양화 등으로 현장시공관리에서 수작업으로는 비능률적임<br>• 공정계획, 노무관리, 자재관리 등을 통하여 시공의 합리화 추구 |
| 재료의 건식화 | • 부재의 MC화가 가능하여 표준화 · 단순화 · 규격화를 도모<br>• 공기 단축, 동해 방지, 보수 유지관리 편리 |
| PC(Precast Concrete)화 | • 공업화에 의한 대량생산으로 공기 단축, 품질 향상, 안전관리, 경제성 확보<br>• 기계화, Robot 시공 가능 |
| 시공의 근대화 | • 환경변화에 따라 도급제도의 개선, 자재의 건식화, 신기술 도입 등을 통하여 대외 경쟁력 강화<br>• 합리적이고 과학적인 계획 수립, 시공관리, 유지관리 도모 |
| 신공법 | • 가설공사 시 강재화 · 경량화 · 표준화<br>• 계측관리, 무소음 · 무진동 공법, PC화 등을 통한 안전 및 경제적 시공 |
| 기술개발 | • 새로운 기술을 개발하여 신기술에 의한 원가절감<br>• PERT · CPM, VAN, Computer 관리, CIC, CAD 등을 통한 공사의 합리화 |

## Ⅶ. 결 론

건설공사에의 원가관리는 공사장소, 시공조건에 따라 가격이 유동적이며, 불확정 요소가 많기 때문에 체계적 · 계획적인 원가관리가 필요하다.

# 문제 5 VE의 추진절차 및 효과

## Ⅰ. 개 요

### 1) 정 의

VE(가치공학, Value Engineering)란 최저의 비용(cost)으로 제품이나 서비스에서 요구되는 기능(function)을 확실히 달성하도록 공사를 관리하는 원가절감 기법이다.

$$\text{Value(가치)} = \frac{\text{Function(기능)}}{\text{Cost(비용)}}$$

### 2) 기본원리

| 구분 | ① | ② | ③ | ④ |
|---|---|---|---|---|
| Function | → | ↗ | ↗ | ↗ |
| Cost | ↘ | ↘ | → | ↗ |

필요 이하의 기능은 받아들일 수 없고, 필요 이상의 기능은 불필요하므로 VE 기법에서 추구하는 가치철학은 ①이다.

## Ⅱ. VE 대상 및 선정기준

### 1) VE 대상

① 총공사비 100억 원 이상인 건설공사의 기본설계 및 실시설계를 하는 경우

② 총공사비 100억 원 이상인 건설공사의 시공 중 총공사비 또는 공종별 공사비를 10퍼센트 이상 조정하여 설계를 변경하는 경우

③ 총공사비 100억 원 이상인 건설공사를 실시설계의 완료일부터 3년 이상 지난 후에 발주하는 경우

④ 총공사비 100억 원 미만인 건설공사에 대하여 발주청이 필요하다고 인정하는 건설공사의 설계를 하는 경우
⑤ 건설공사의 시공단계에서 건설공사의 여건변동 등으로 인하여 발주청이 설계의 경제성 등의 검토가 필요하다고 인정하는 경우

### 2) 선정기준

① 원가절감 금액이 큰 공사
② 공기단축 효과가 큰 공사
③ 반복적으로 진행되는 공사
④ 공정이 복잡하고 물량이 많은 공사
⑤ 하자발생이 빈번한 공사
⑥ 개선효과가 큰 공사

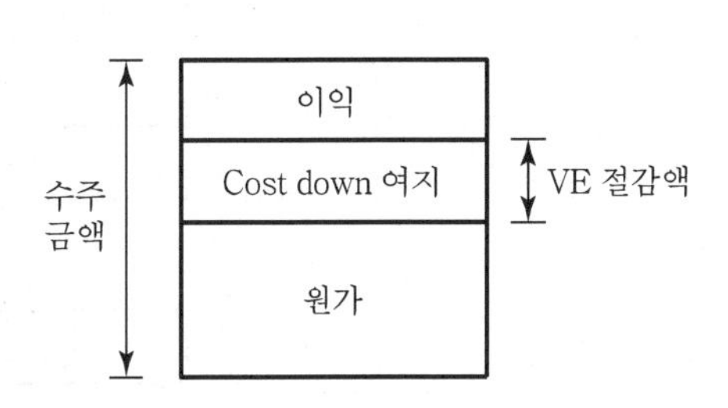


## Ⅲ. 추진절차

### 1) 적용절차

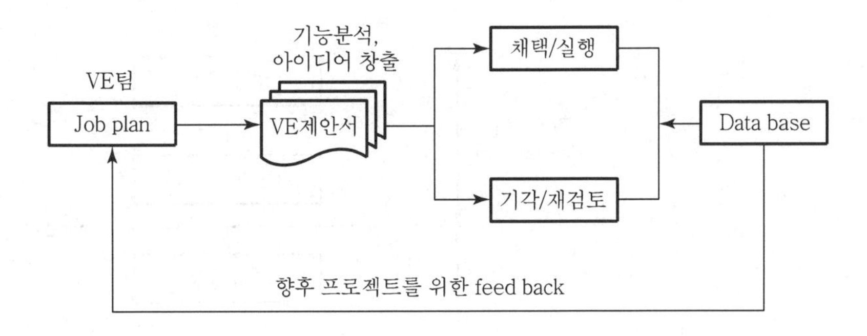

### 2) 기능 분석

기능 분석은 VE활동의 핵심 업무

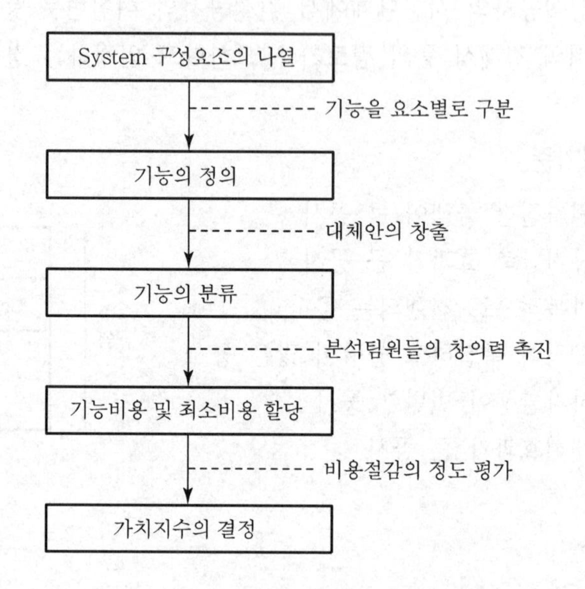


### 3) 세부 추진절차

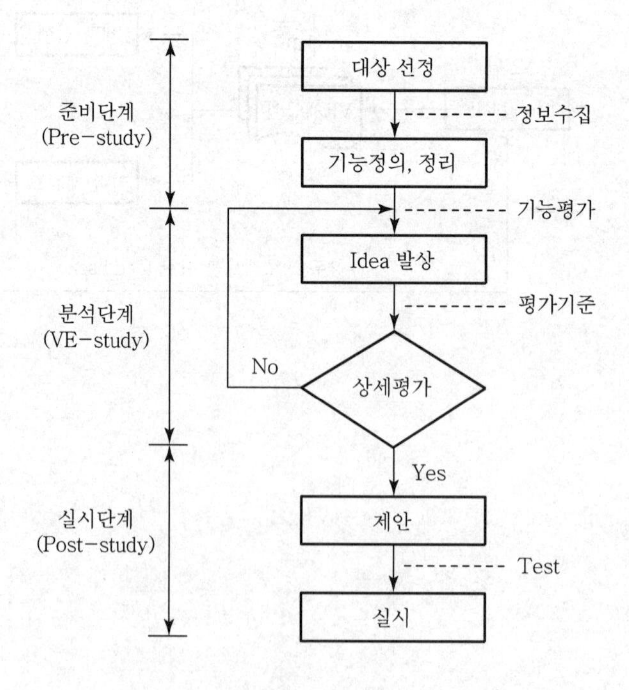

## Ⅳ. VE 효과

### 1) 원가절감

VE 적용 시 원가절감으로 인한 이익 상승

### 2) 기술력 향상

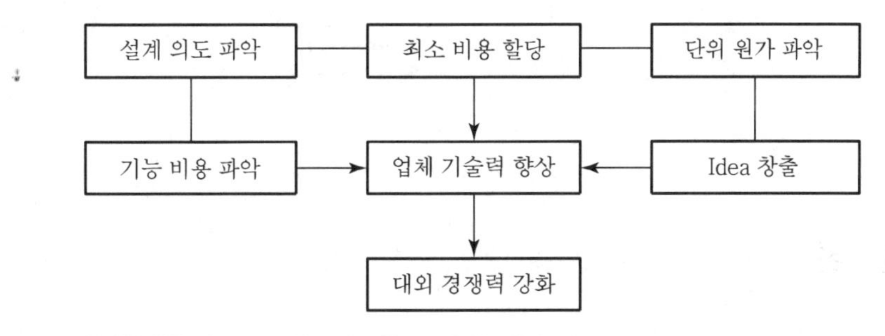


### 3) 가치개념의 정립

전 사원이 가치로 인한 원가의식 제고

### 4) 업무수행의 지속적 향상

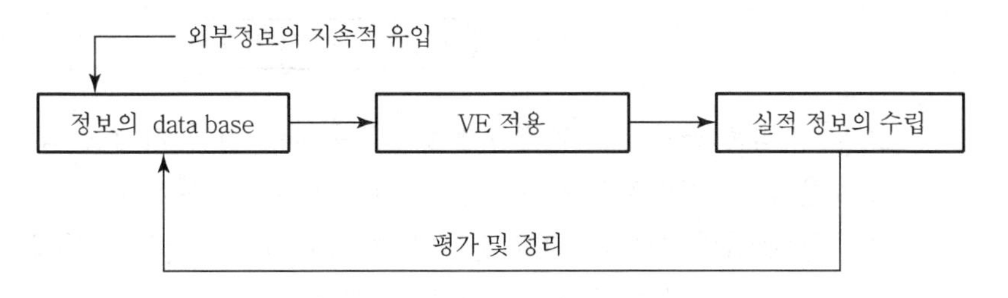


지속적인 VE기법 적용으로 업체의 경쟁력이 지속적 향상

### 5) 최대의 효과

LCC(Life Cycle Cost)가 최소일 때 최대효과 발휘

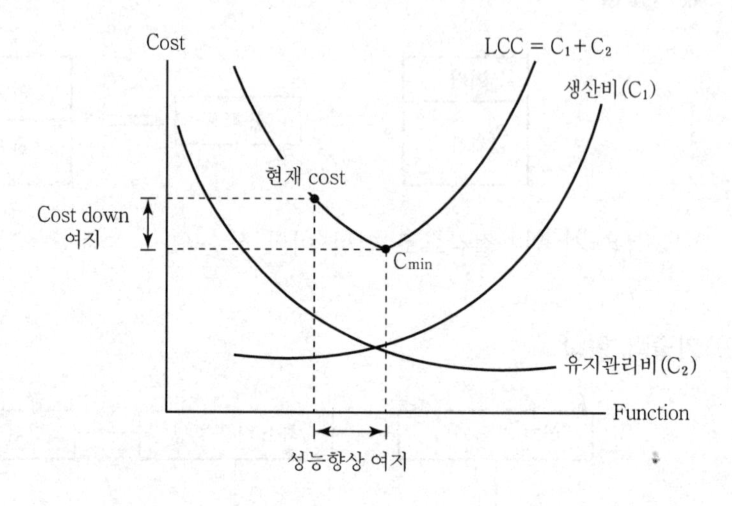


## V. 결 론

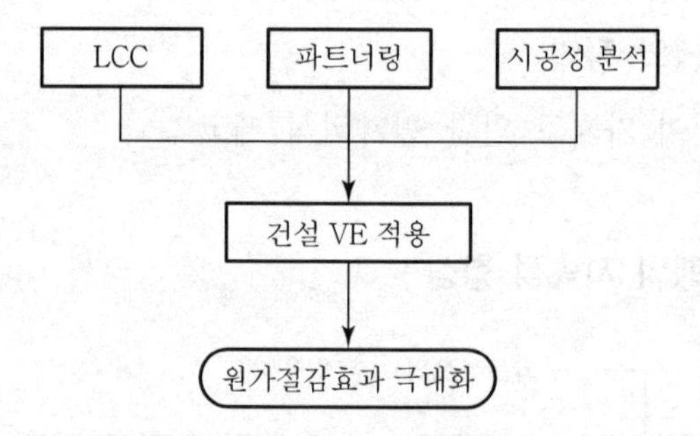


① VE기법은 프로젝트 초기단계에서 적용하는 것이 더 효율적이며 가장 중요한 것은 최고 경영자의 의지와 조직원들의 참여의식이다.

② 최근 관심의 대상이 되고 있는 LCC, 파트너링, 시공성 분석 등도 건설VE와 함께 활용되면 원가절감 효과를 극대화시킬 수 있다.

# 문제 6 LCC기법

## Ⅰ. 개 요

### 1) 정 의

기획, 타당성 조사, 설계, 시공, 유지관리 등 건축물의 전 생애에 요구되는 비용의 합계를 LCC(Life Cycle Cost)라고 한다.

### 2) LCC 비용 cycle

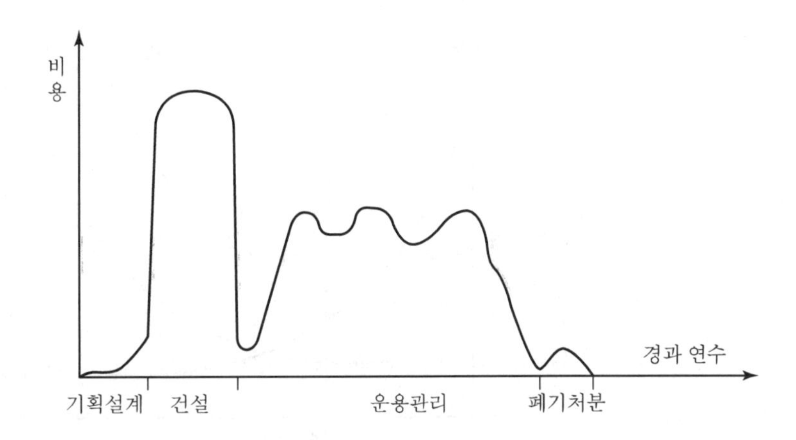


## Ⅱ. 필요성

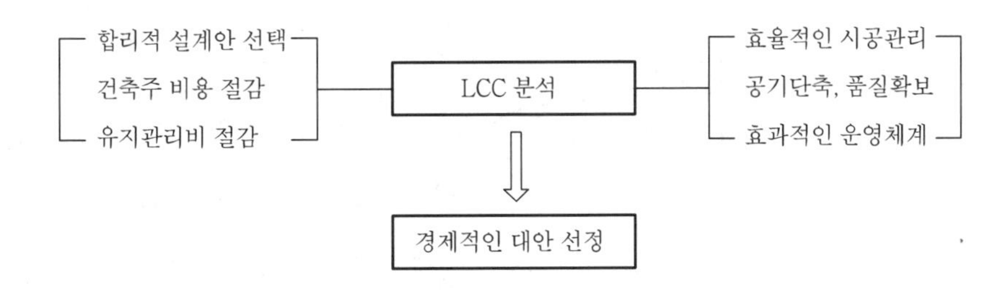

## Ⅲ. LCC 구성 요소

1) LCC 개념

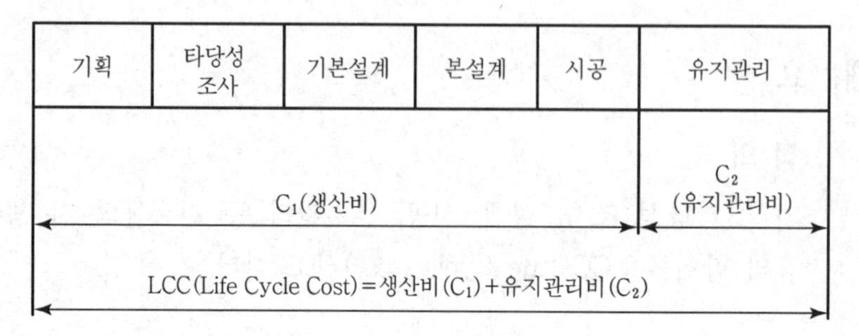


2) LCC 곡선

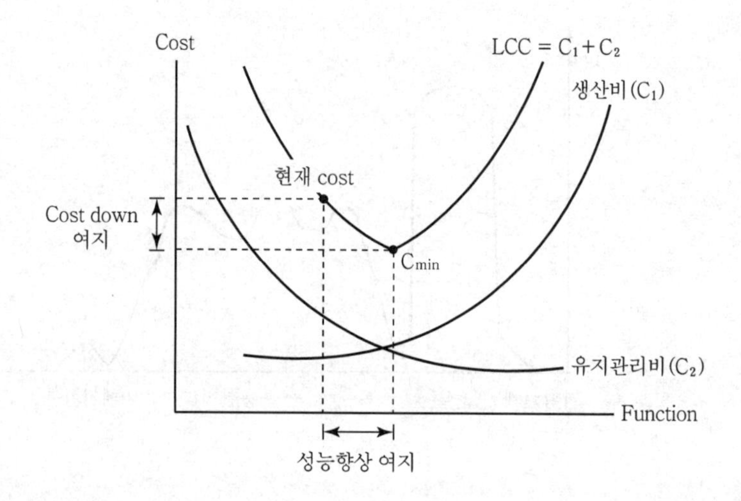


## Ⅳ. Project 단계별 LCC의 적용

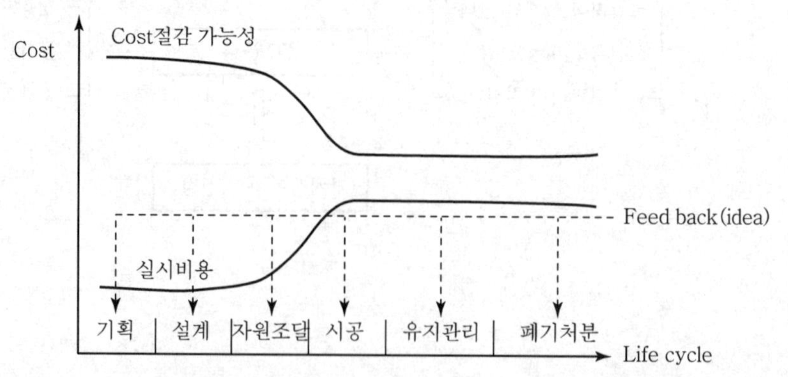


Life cycle의 전 과정에서 생성된 idea를 다음 project에 단계별로 feed back한다.

### 1) 기획단계의 LCC

① 프로젝트 타당성 평가에 요구되는 비용정보 제공

② 비용 대비 효과가 큰 중요한 부분

### 2) 설계단계의 LCC

① 건설비용, 운용관리비용, 폐기물 처리비용 등을 검토

② 상세설계보다는 기본설계 단계에서 효과적

### 3) 자원조달 단계의 LCC

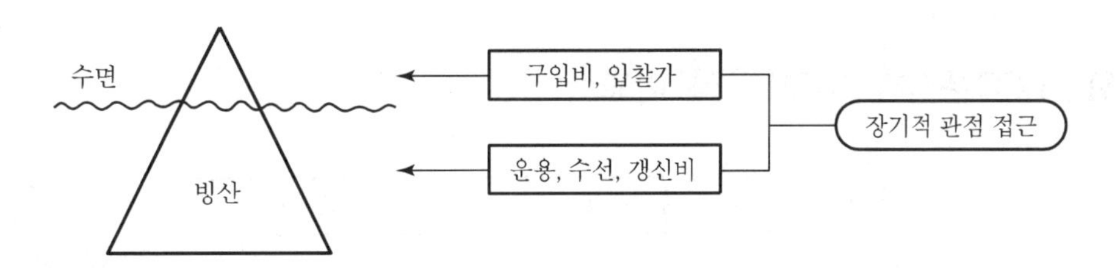


가격경쟁을 기초로 한 저가 입찰보다는 LCC 관점에서 자원 결정

### 4) 시공단계의 LCC

① 설계단계보다는 LCC 도입효과가 저감

② 가설설비, 건설장비 구입 및 임대 등에 적용

### 5) 유지관리 단계의 LCC

① 건축물 각부 수선, 갱신시기 등을 고려한 LCC 분석 적용

② 인건비, 에너지비 등을 고려한 system의 교체 검토에 활용

## Ⅴ. LCC 산정 절차

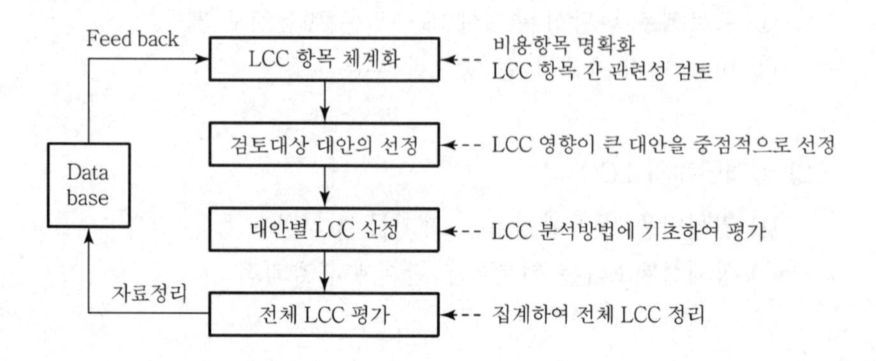


## Ⅵ. LCC분석과 VE기법의 비교

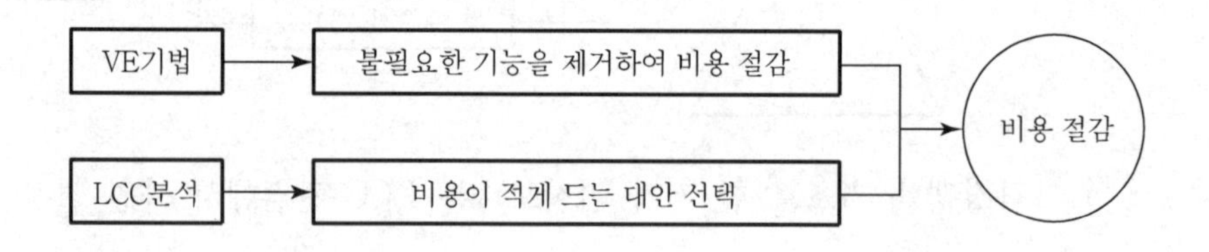


## Ⅶ. 결 론

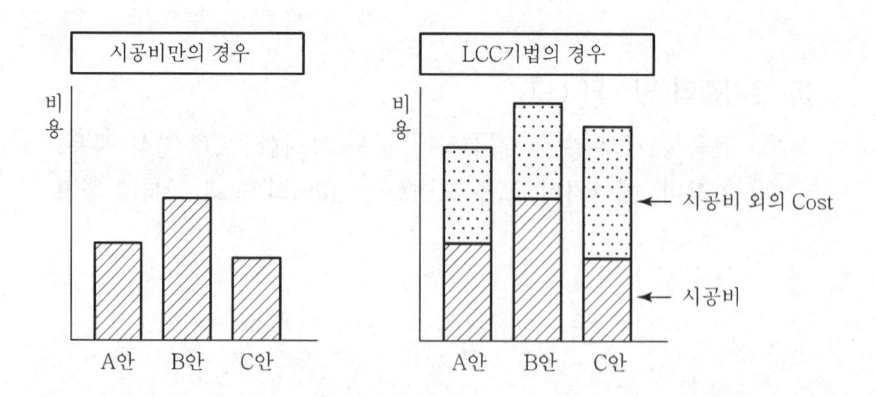


LCC기법은 초기투자비가 아니라 건축물의 전 생애에 요구되는 비용의 합계로서 경제성 평가를 하는 원가절감기법으로 향후 건설 project의 비용분석 및 예측에 많은 기여를 할 수 있을 것으로 판단된다.

# 문제 7 건설공사의 안전사고 발생유형 및 예방대책

## Ⅰ. 개 요

안전관리란 모든 과정에 내포되어 있는 위험한 요소를 미리 예측하여 재해를 예방하려는 관리활동이다.

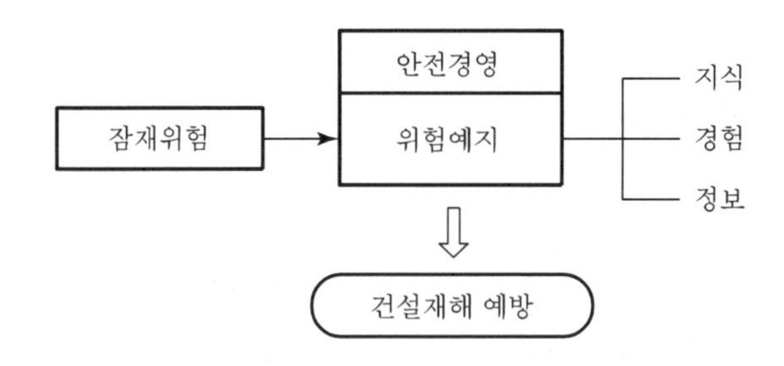


## Ⅱ. 산업안전보건관리비 항목별 사용내역 및 기준

### 1) 건설공사 종류 및 규모별 산업안전보건관리비

| 대상액 / 공사종류 | 5억 원 미만 | 5억 원 이상 50억 원 미만 | | 50억 원 이상 |
|---|---|---|---|---|
| | | 비율 | 기초액 | |
| 건축공사 | 2.93% | 1.86% | 5,349,000원 | 1.97% |
| 토목공사 | 3.09% | 1.99% | 5,499,000원 | 2.10% |
| 중건설공사 | 3.43% | 2.35% | 5,400,000원 | 2.44% |
| 특수 건설공사 | 1.85% | 1.20% | 3,250,000원 | 1.27% |

### 2) 계상기준

① 대상액이 5억 원 미만 또는 50억 원 이상일 때

산업안전보건관리비＝대상액×법적 비율

② 5억원 이상 50억 원 미만일 때

산업안전보건관리비＝대상액×법적 비율+기초액

③ 발주자가 재료를 제공할 경우의 산업안전보건관리비는 재료비를 포함하지 않은 산업안전보건관리비의 1.2배를 초과할 수 없다.

| 산업안전보건관리비=산업안전보건관리비(재료비 포함)≤산업안전보건관리비(재료비 미포함)×1.2 |
|---|

④ 발주자 및 자체사업자는 설계변경 등으로 대상액의 변동이 있는 경우 산업안전보건관리비를 조정 계상

## Ⅲ. 안전사고 발생유형

### 1) 안전사고 발생원인

간접적 원인
- Engineering(기술적 원인)
- Education(교육적 원인)
- Enforcement(관리적 원인)

직접적 원인
- 불안전 행동(인적 원인)
- 불안전 상태(물적 원인)

### 2) 사고발생 기구

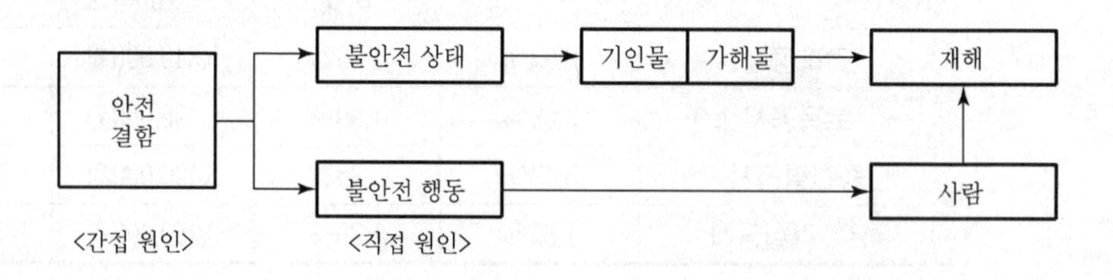


### 3) 재해유형

| 구분 | 재해 유형 |
|---|---|
| 사람에 의한 사고 | 추락, 충돌, 협착 |
| 물체에 의한 사고 | 붕괴, 전도, 낙하 |
| 기타 사고 | 감전, 폭발, 화재, 파열 |

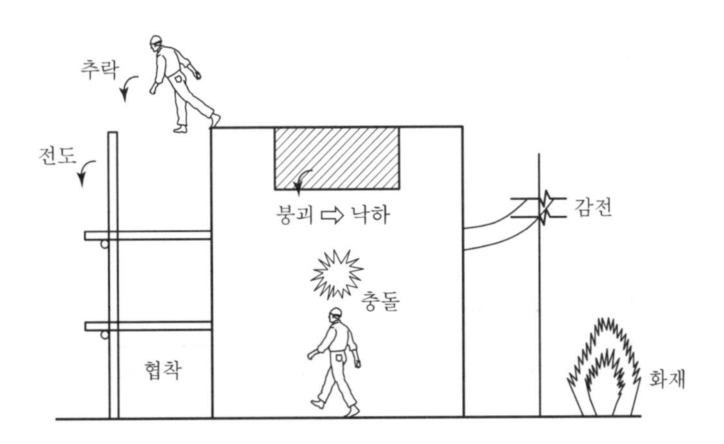


## Ⅳ. 예방대책

### 1) 철저한 안전관리 시행

① 3-5운동의 생활화

| 작업 전 5분 | 안전교육 |
|---|---|
| 작업 중 5분 | 검사 |
| 작업 후 5분 | 정리정돈 |

② 안전 당번제 실시

③ 개구부, EV 출입구에 점검요원 지정

### 2) 위험예지 훈련실시

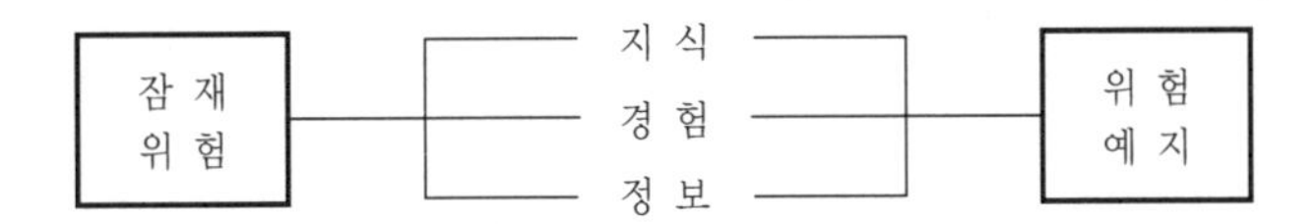


### 3) 적정배치

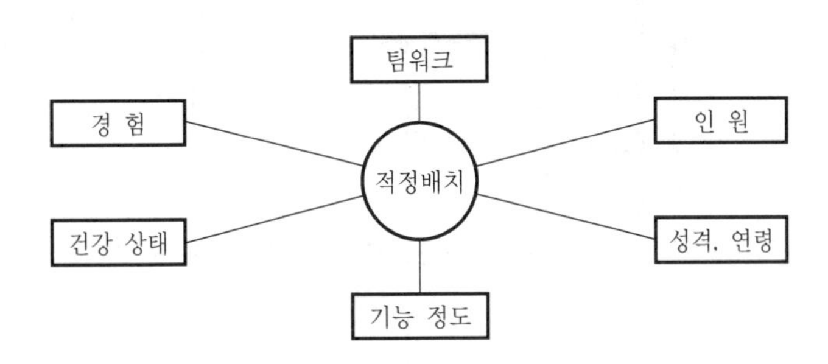


적정배치의 활용으로 현장작업의 안전성 도모

### 4) 건축생산의 공업화

① 구조체의 PC화

② 마감의 건식화

③ 천장 unit화, 바닥 prefab화

### 5) 풍속별 안전작업 범위

| 풍속(m/sec) | 경보 | 안전작업 범위 |
|---|---|---|
| 0~7 | 안전작업 | 전작업 실시 |
| 7~10 | 주의경보 | 외부용접 및 도장금지 |
| 10~14 | 경고경보 | 조립작업 중지 |
| 14 이상 | 위험경보 | 안전대피(고소자 하강) |

### 6) 체계적인 위험도 측정 및 분석

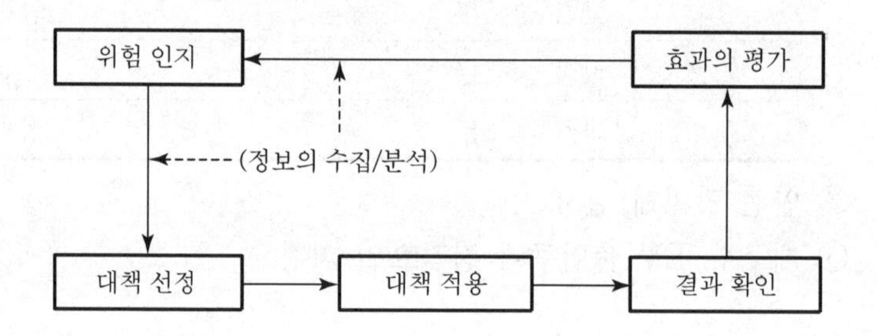


### 7) 안전시설물 설치 및 점검

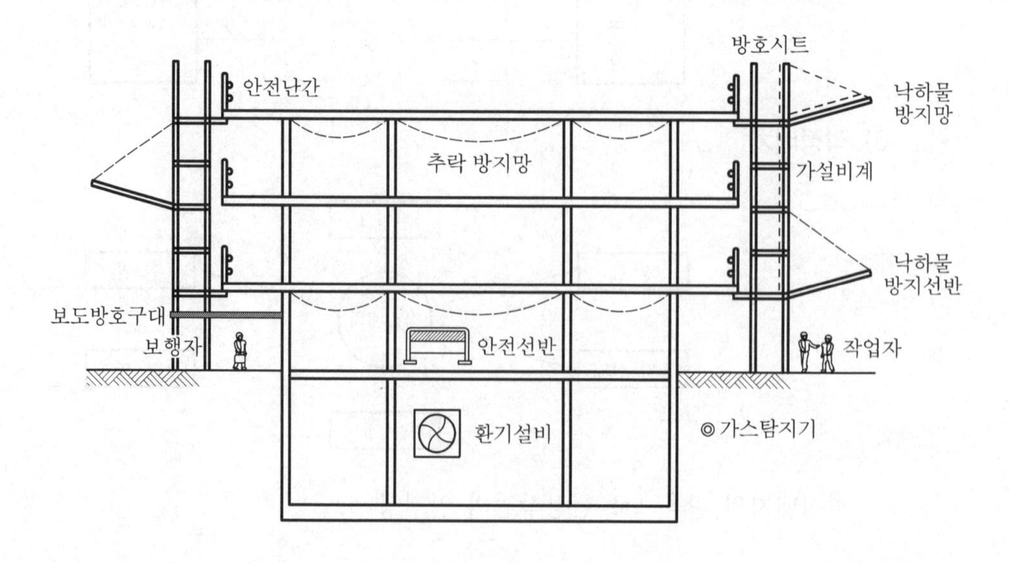

# V. 결 론

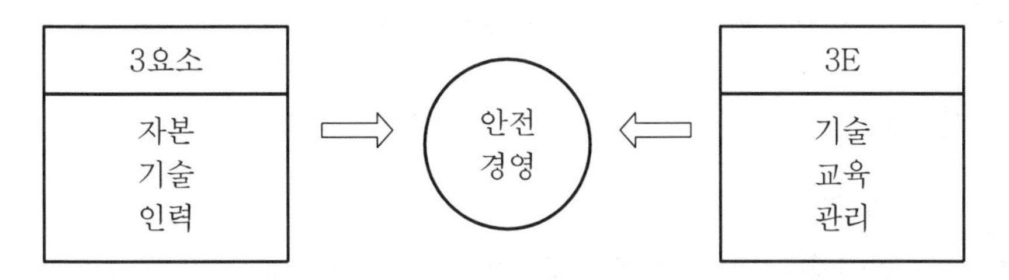


공사의 계획, 설계, 시공의 전작업과정에서 위험요소를 정확히 파악하여 재해 예상부분에 대한 사전예방과 철저한 안전교육 및 점검으로 재해예방에 힘써야 한다.

# 문제 8 건축물 안전진단의 절차 및 부위별 보강공법

## Ⅰ. 개 요

1) 의 의

안전진단이란 시설물의 재해예방 및 안전성 확보 등을 위하여 시설물의 구조적 안전성 및 결함의 원인 등을 조사, 측정, 평가하고 그에 대한 보수, 보강 등의 방법을 제시하는 것을 말한다.

2) 보수 flow chart

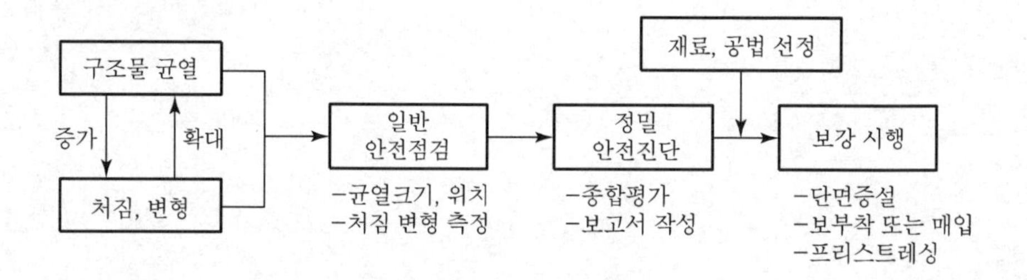


## Ⅱ. 안전진단의 절차

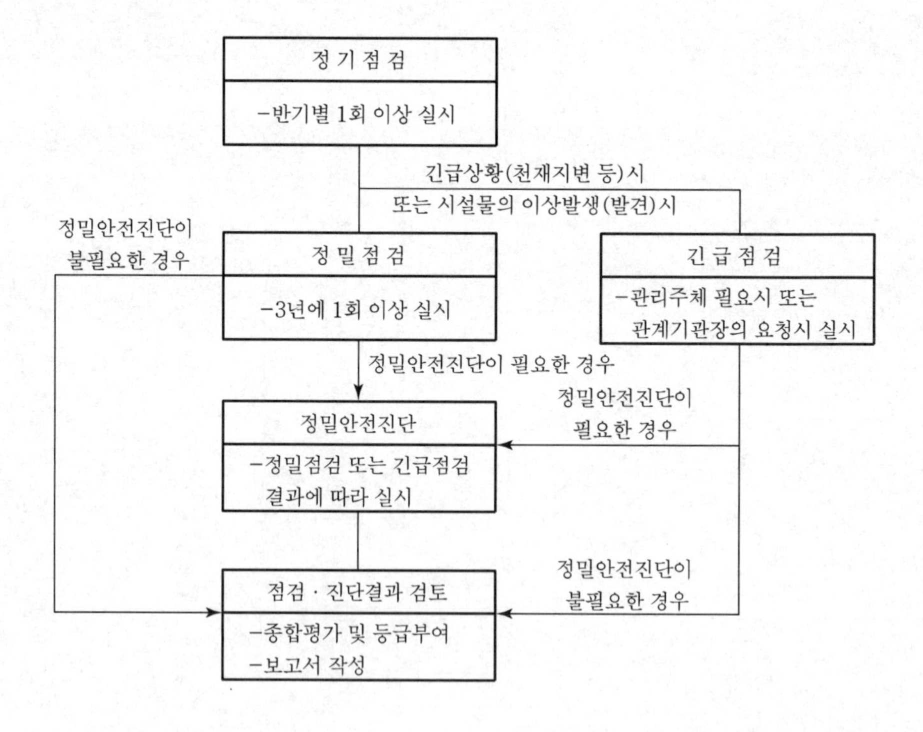

### 1) 정기점검

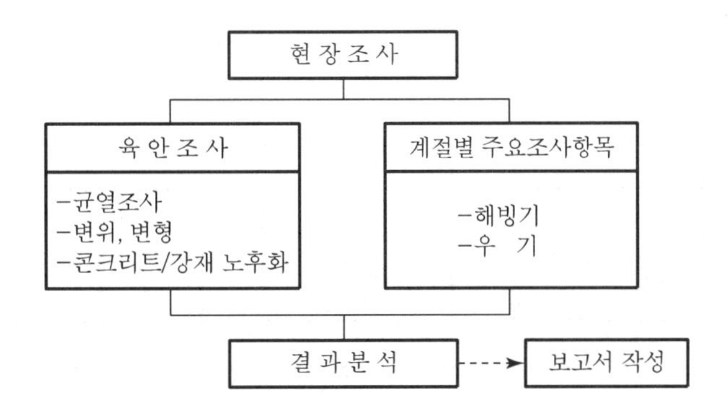


정기점검은 반기별(6개월) 1회 이상 실시

### 2) 정밀점검 및 긴급점검

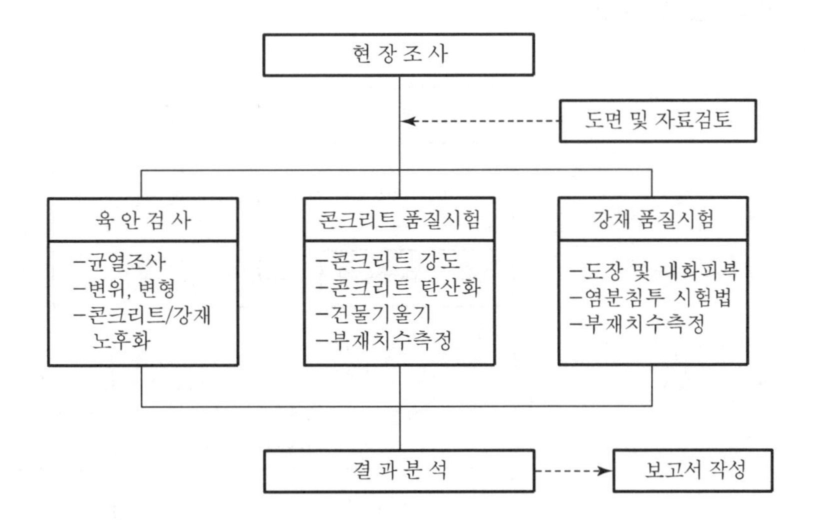


정밀점검은 3년에 1회 이상 실시하며 긴급점검은 사용자가 필요시 요청에 의해 실시

### 3) 정밀안전진단

정밀안전진단은 정밀점검 및 긴급점검의 결과에 따라 필요한 경우 실시

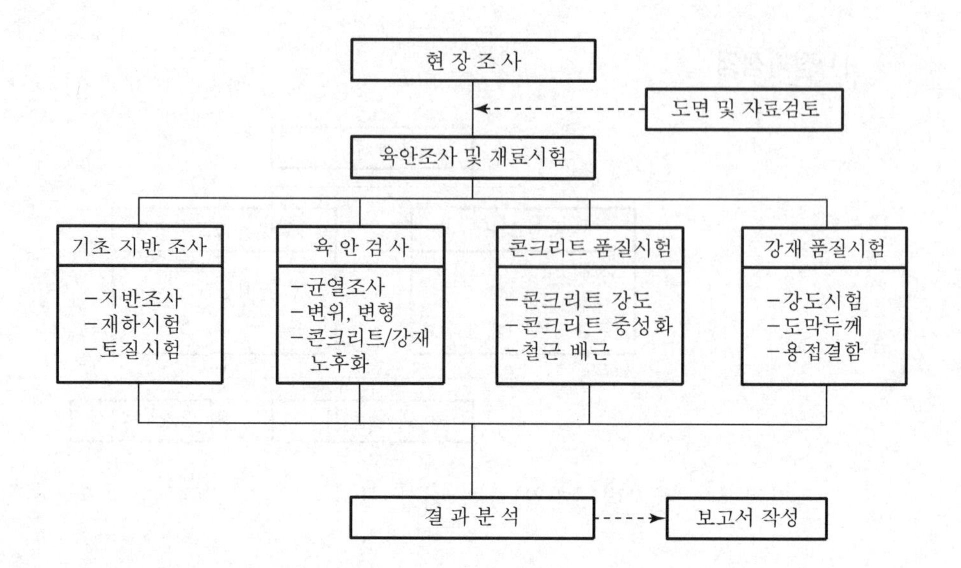
현 장 조 사
도면 및 자료검토
육안조사 및 재료시험
기초 지반 조사
-지반조사
-재하시험
-토질시험
육 안 검 사
-균열조사
-변위, 변형
-콘크리트/강재 노후화
콘크리트 품질시험
-콘크리트 강도
-콘크리트 중성화
-철근 배근
강재 품질시험
-강도시험
-도막두께
-용접결함
결 과 분 석
보고서 작성

## Ⅳ. 부위별 보강공법

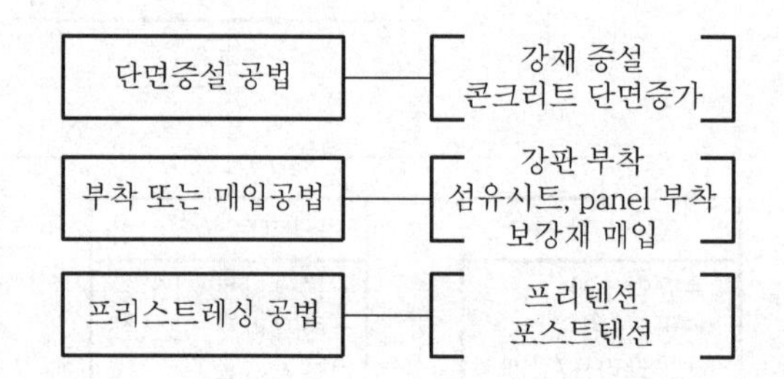
단면증설 공법
강재 증설
콘크리트 단면증가
부착 또는 매입공법
강판 부착
섬유시트, panel 부착
보강재 매입
프리스트레싱 공법
프리텐션
포스트텐션

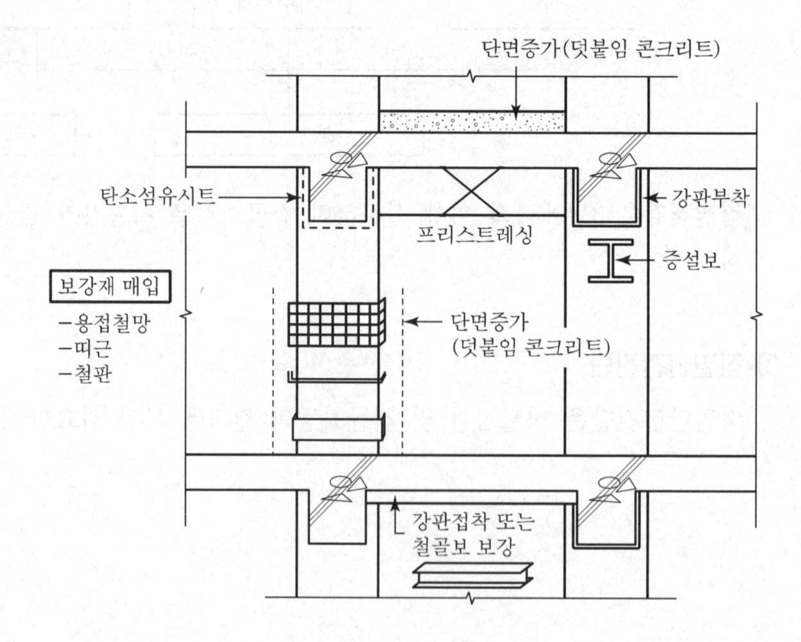
단면증가(덧붙임 콘크리트)
탄소섬유시트
강판부착
프리스트레싱
증설보
보강재 매입
-용접철망
-띠근
-철판
단면증가
(덧붙임 콘크리트)
강판접착 또는
철골보 보강

## V. 결 론

① 건축물은 사용연한이 경과함에 따라 노후화되기 시작하므로 사용기간에 따른 건축물의 안전진단이 법령으로 정해져 있다.

② 안전진단 결과에 따라 건축물이 보수 및 보강공법이 필요한 경우에는 정밀 안전진단을 통하여 건축물에 대한 적정공법으로 안정성을 확보한 후 그 결과를 관할구청에 통보하여야 한다.

# 문제 9 산업안전보건관리비 사용계획서 작성 및 적정 사용방안

## Ⅰ. 개 요

① 건설공사현장의 안전사고 발생률은 타 산업에 비해 높으며, 또한 대부분의 재해가 중·대형 재해로 연결되기 때문에 인적·물적으로 많은 손실을 가져다 준다.

② 적절한 산업안전보건관리비의 집행을 통해 현장의 재해를 예방할 수 있으며, 예전에는 표준안전관리비라고 했다.

## Ⅱ. 산업안전보건관리비 사용계획서 작성

### 1) 계상방법

① 대상액이 5억원 미만 또는 50억 원 이상일 때

| 산업안전보건관리비 = 대상액 × 법적 요율 |
|---|

② 5억 원 이상 50억원 미만일 때

| 산업안전보건관리비 = 대상액 × 법적 요율 + 기초액 |
|---|

③ 발주자가 재료를 제공할 경우의 산업안전보건관리비는 재료비를 포함하지 않은 산업안전보건관리비의 1.2배 초과 불가

| 산업안전보건관리비 = 산업안전보건관리비(재료비 포함) ≤ 산업안전보건관리비(재료비 미포함) × 1.2 |
|---|

④ 발주자 및 자체사업자는 설계변경 등으로 대상액의 변동이 있는 경우 산업안전보건관리비를 조정 계상

### 2) 산업안전보건관리비 계상 비율

| 대상액 / 공사종류 | 5억 원 미만 | 5억 원 이상 50억 원 미만 | | 50억 원 이상 |
|---|---|---|---|---|
| | | 비율 | 기초액 | |
| 건축공사 | 2.93% | 1.86% | 5,349,000원 | 1.97% |
| 토목공사 | 3.09% | 1.99% | 5,499,000원 | 2.10% |
| 중건설공사 | 3.43% | 2.35% | 5,40,000원 | 2.44% |
| 특수 건설공사 | 1.85% | 1.20% | 3,250,000원 | 1.27% |

### 3) 구성항목

| 번호 | 구성 항목 |
|---|---|
| 1 | 안전관리자 · 보건관리자 임금 등 |
| 2 | 안전시설비 등 |
| 3 | 보호구 등 |
| 4 | 안전보건진단비 |
| 5 | 안전보건교육비 등 |
| 6 | 근로자 건강장해예방비 등 |
| 7 | 본사인건비 |
| 8 | 자율결정항목 |

## Ⅲ. 적정 사용방안

### 1) 안전관리자 · 보건관리자 임금 등

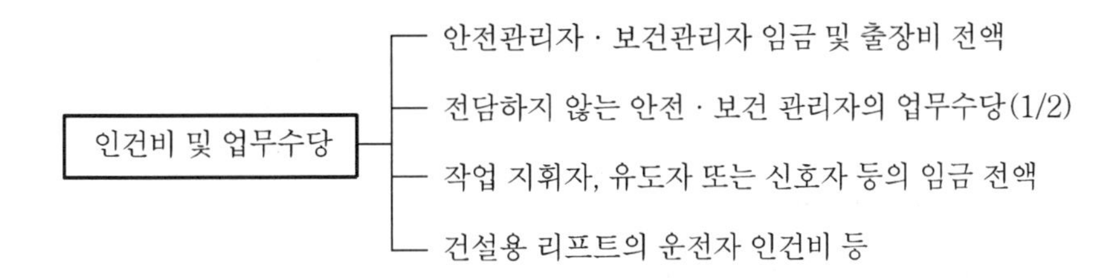

### 2) 안전 시설비

① 추락 방지용 안전 시설비
② 낙하, 비래물 보호용 시설비
③ 긴급 피난용 시설비
④ 안전표지의 제작·설치에 소요되는 비용
⑤ 개인 보호구 보관시설
⑥ 소화기 등 화재예방시설
⑦ 스마트 안전장비 구입·임대비용(40%)

### 3) 보호구 등

① 개인 보호구의 구입, 수리 등에 소요되는 비용
② 절연 장화 및 장갑, 방전 고무장갑의 구입비
③ 안전 관리자의 무전기, 카메라 등
④ 철골 또는 철탑용 고무바닥의 특수화 구입비
⑤ 기타 우의, 장화 등의 구입비
⑥ 안전·보건관리자의 안전보건 점검을 목적으로 하는 차량의 유류비·수리비·보험료

### 4) 안전보건진단비

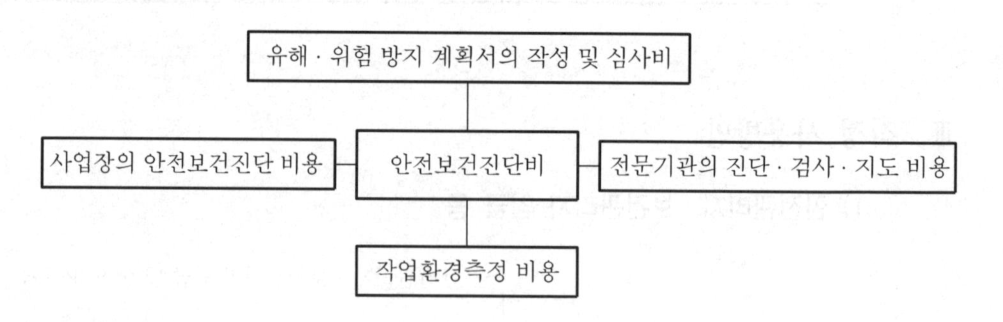


### 5) 안전보건교육비 등

① 안전보건 관리책임자 교육
② 안전관리자의 교육(신규 또는 보수 교육)
③ 사업장 자체 안전보건 교육

④ 교육 교재, 시청각 기재(VTR), 기타 기자재와 초빙강사의 강사료
⑤ 안전보건 행사에 소요되는 비용

### 6) 근로자의 건강장해예방비 등

① 법·령·규칙에서 규정하거나 그에 준하여 필요로 하는 각종 근로자의 건강장해 예방에 필요한 비용
② 중대재해 목격으로 발생한 정신질환을 치료하기 위해 소요되는 비용
③ 감염병의 확산 방지를 위한 마스크, 손소독제, 체온계 구입비용 및 감염병 병원체 검사를 위해 소용되는 비용
④ 휴게시설을 갖춘 경우 온도, 조명 설치·관리기준을 준수하기 위해 소요되는 비용
⑤ 건설공사 현장에서 근로자 심폐소생을 위해 사용되는 자동심장충격기(AED) 구입에 소요되는 비용

### 7) 본사인건비

① 중대재해처벌법 시행고려
② 200위 이내 종합건설업체는 사용제한

### 8) 자율결정항목

① 위험성평가 또는 중대재해처벌법상 유해·위험요인 개선판단을 통해 발굴하여 노사 간 합의로 결정한 품목 허용
② 총액의 10% 한도 내 사용

## Ⅳ. 공사진척에 따른 산업안전보건관리비 사용기준

| 공정률 | 50퍼센트 이상<br>70퍼센트 미만 | 70퍼센트 이상<br>90퍼센트 미만 | 90퍼센트 이상 |
|---|---|---|---|
| 사용기준 | 50퍼센트 이상 | 70퍼센트 이상 | 90퍼센트 이상 |

※ 공정률은 기성공정률을 기준으로 한다.

## V. 「산업안전보건법」과 「건설기술진흥법」의 안전관리비 비교

| 용어 | 산업안전보건관리비 | 안전관리비 |
|---|---|---|
| 관련 법규 | 산업안전보건법 | 건설기술진흥법 |
| 목적 | 산업재해 및 건강장해 예방 | 건설공사의 안전관리 |
| 관할부서 | 고용노동부 | 국토교통부 |
| 수행행태 | 유해위험방지계획서 | 안전관리계획서 |
| 안전관리자 | 건설안전기사, 산업안전기사 | 현장기술사 |

## Ⅵ. 결 론

공사의 계획·설계·시공의 전 작업과정에서 위험요소를 정확히 파악하여 재해예상 부분에 대한 사전예방과 철저한 안전교육 및 점검을 실시하여 재해예방에 힘써야 한다.

문제 10

# 린 건설(lean construction)

## Ⅰ. 개 요

### 1) 정 의

① 린 건설은 '기름기 또는 군살이 없는'이라는 뜻의 린(lean)과 건설(construction)의 합성어로서 낭비를 최소화로 하는 가장 효율적인 생산시스템을 의미한다.

② 린 건설에서는 생산과정에서의 작업(activity)을 시공, 이동, 대기, 검사의 4단계로 구분한다.

### 2) 개 념

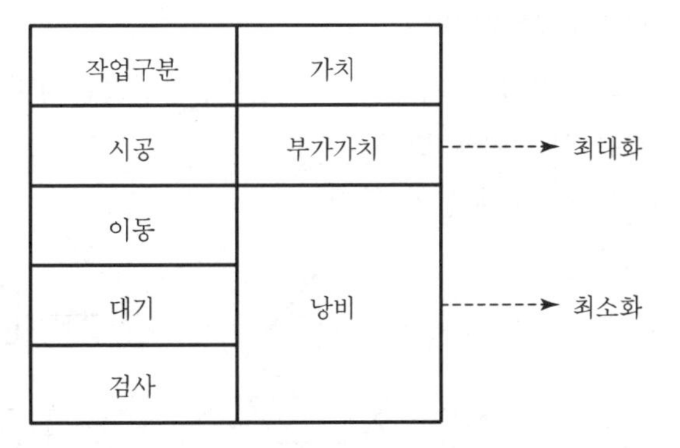


## Ⅱ. 린 건설의 특징 및 적용목표

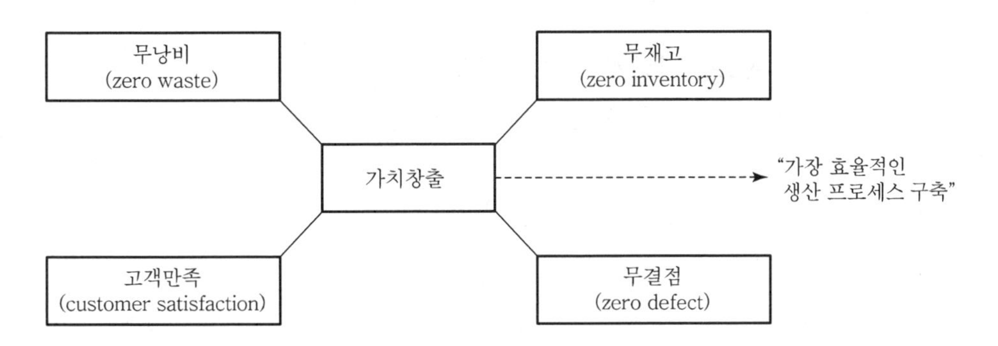

### 1) 무낭비(zero waste)

시간의 낭비 최소화

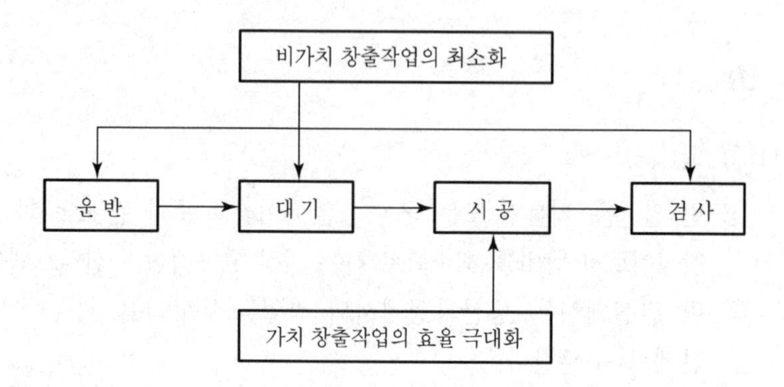


시공을 제외한 이동, 대기, 검사 작업은 비가치창출작업이므로 최소화

### 2) 무재고(Zero inventory)

① 재고를 유지하기 위해서는 구입비용, 창고운영비, 관리비, 각종 세금, 보험료 등 많은 재고비용 발생

② 재고와 생산효율성의 관계

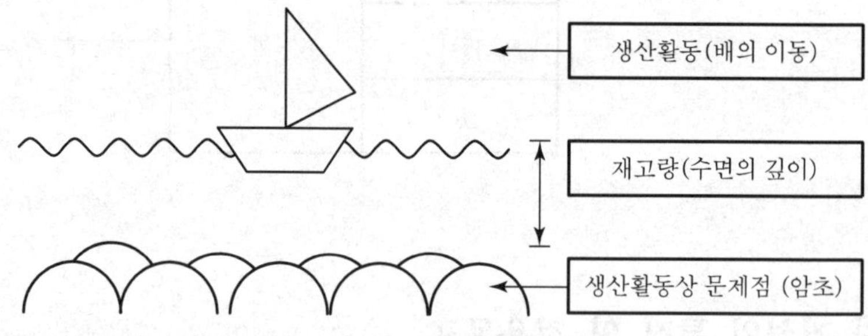


- 재고량 과다시 생산의 비효율성 유발
- 재고량 저감은 공정의 문제점 파악에 용이

③ 원가의 낭비

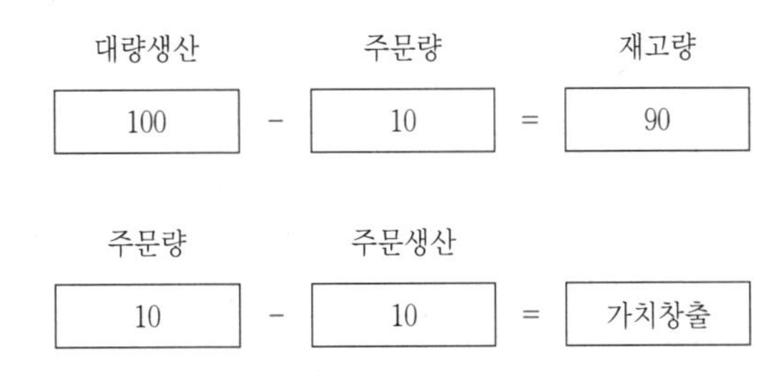


과잉생산은 추가비용을 발생시키는 낭비요소이므로 억제

3) 무결점(zero defect)

지속적인 개선을 통한 고객만족을 위하여 완벽성 추구

4) 고객만족(customer satisfaction)

① 린 건설에서는 선행 프로세스를 갖는 후행 프로세스가 고객이 됨
② 고객인 후행 프로세스의 수행자가 만족하지 않으면 완료된 것으로 보지 않음

5) 품질의 낭비

① 최종생산품이 고객의 요구를 만족시키지 못하는 것은 낭비 요소
② 후속공정을 만족시키지 못하는 선행공정의 결과물도 낭비 요소

## Ⅲ. 린 건설 관리방법

1) 변이관리

① 변이는 시스템에 존재하는 불확실성에 의해 초래되는 것으로 목적물의 성과치가 일정한 값으로 나타나지 않고 불규칙적으로 변하는 현상
② 변이가 크면 클수록 계획에 대한 신뢰성이 저하되므로 이를 극복하기 위해서는 변이관리 필요

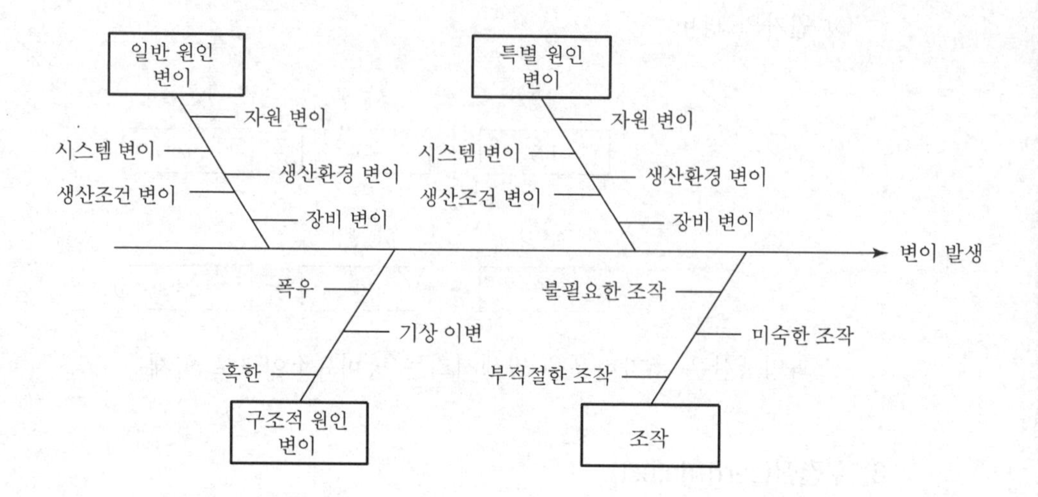


## 2) 소단위 생산

① 린 건설에서는 대량생산보다는 소단위 생산을 요구

② 소단위 생산은 신속한 시험시공에 의해 낭비요소의 조기 발견 및 조치가능

## 3) 당김생산(pull-type system)

① 기존의 건설생산은 후행 프로세스를 고려하지 않고 무조건 생산하여 제품을 밀어내는 밀어내기식 생산

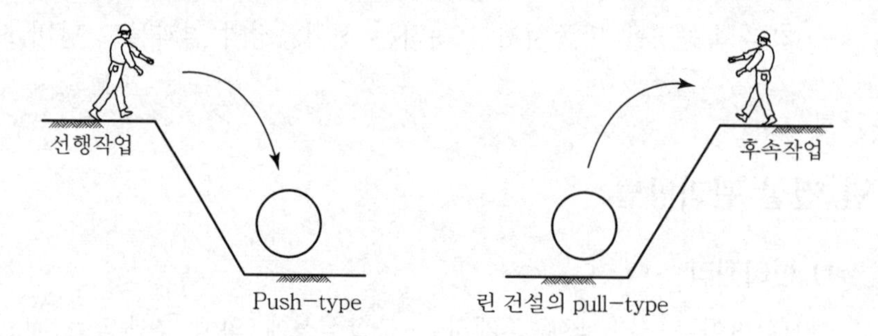


② 린 건설은 후속작업의 상황을 고려하여 후속작업의 필요한 품질수준에 맞추어 필요로 하는 만큼만 생산하는 당김식 생산

## 4) 흐름 생산

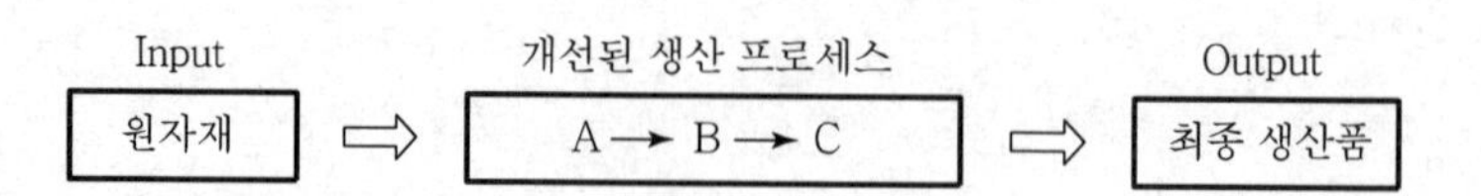

① 전체적인 관점에서의 생산 프로세스의 개선이 중요
② 후속공정의 요구에 따른 생산 및 각 공정 간의 의사소통 확립

## Ⅳ. 기존 생산방식과의 비교

| 구분 | 기존방식 | 린 건설 |
|---|---|---|
| 생산방식 | 밀어내기식 생산 | 당김 생산 |
| 목표 | 효율성(계량적 생산성) | 효용성(질적 생산효율) 제고 |
| 장점 | • 대량생산으로 할인가격 적용<br>• 공급체인(supply chain) 활용 가능 | • 공사의 유연성 확보<br>• 필요한 순서로 작업 진행<br>• 자원의 대기시간 최소화 |
| 단점 | • 설계변경, 물량변경 시 마찰 우려<br>• 작업자의 생산에 대한 소극적 자세<br>• 작업의 대기시간 발생 | • 소량구매로 할인율 적용 난해<br>• 정확한 시간 준수 |
| 관리 | 작업(activity) 관리 | 흐름(flow)관리(시공, 이동, 대기, 처리, 검사 과정에서의 자재, 장비, 정보를 대상) |

## Ⅴ. 결 론

① 건축생산 프로세스의 개선을 위해서는 비가치 창출작업인 운반, 대기, 검사 과정을 최소화하고 가치 창출작업인 시공과정의 효율성을 극대화시킬 필요가 있다.
② 또한 국내 건설환경에 적합한 맞춤형 린 건설 이론과 기법 그리고 도구들이 연구 개발되어야 한다.

# 문제 11 건설 claim 발생유형과 제기절차 및 예방대책

## Ⅰ. 개 요

### 1) 정 의

클레임이란 변경된 사항에 대해 계약자와 발주자 상호간에 합의할 수 없는 의견의 불일치 상태를 말한다.

### 2) 클레임과 분쟁의 개념

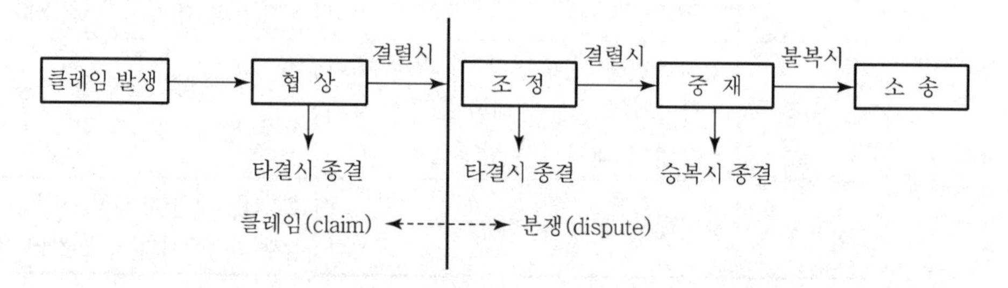


해결되지 않은 클레임은 분쟁으로 발전하게 되며, 이런 분쟁의 해결에는 조정이나 소송 등의 여러 가지 방법들이 사용된다.

## Ⅱ. 클레임 발생유형

### 1) 공사지연 클레임

① 계획한 시간 내에 작업을 완료할 수 없을 경우

② 가장 많이 발생하는 클레임 유형

### 2) 공사범위 클레임

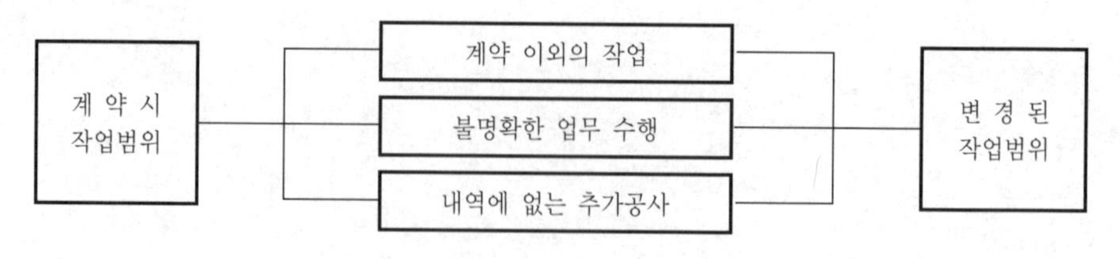

### 3) 공기촉진 클레임

① 발주자가 계약공기를 일방적으로 단축시킬 것을 요구
② 공기단축을 위해 추가로 인력, 장비, 자재 등을 투입

### 4) 현장상이조건 클레임

예상치 못했던 지하 구조물의 출현이나 지반상태가 도면과 상이한 경우에 주로 발생

## Ⅲ. 클레임 제기절차

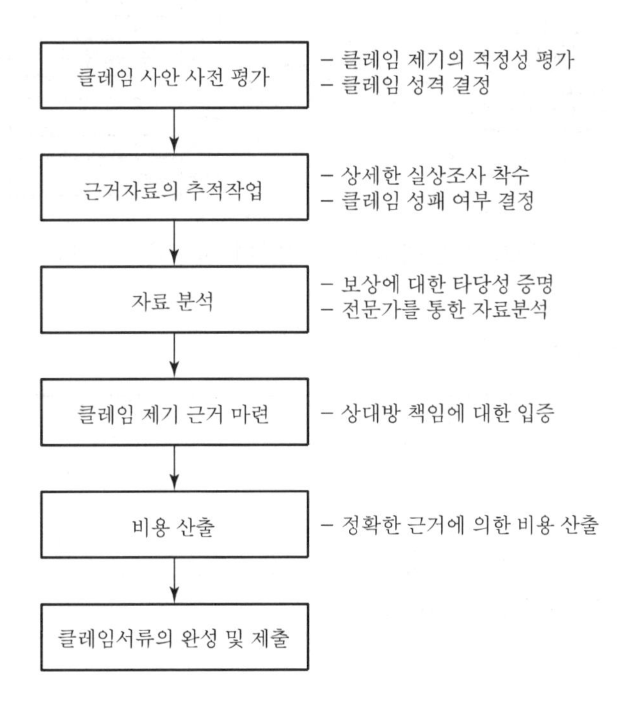

## Ⅳ. 예방대책

### 1) 사전조사 철저

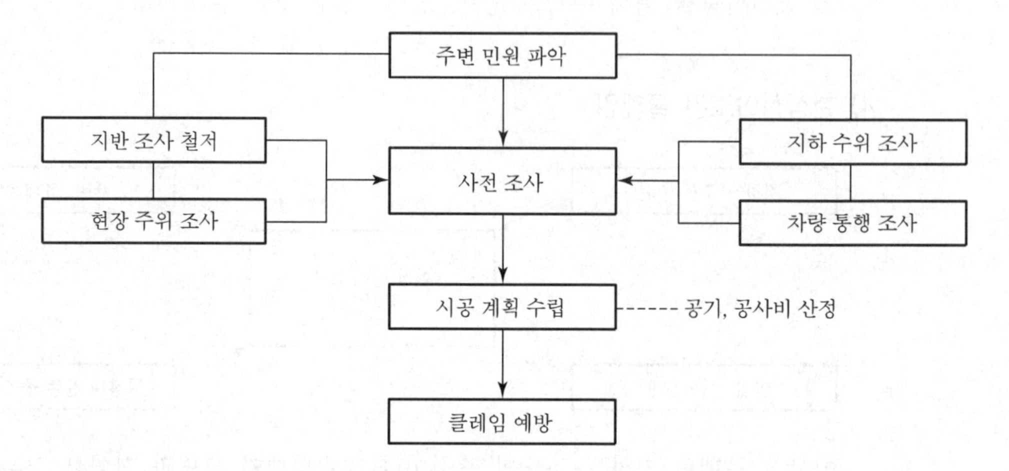


공사 착공 전 철저한 사전조사로 공사 진행에 차질을 없앰으로써 클레임 예방

### 2) 시공자의 적정이윤 보장

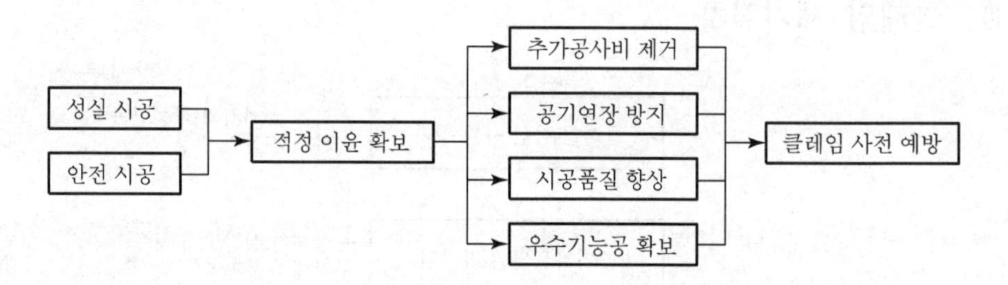


적정이윤 확보시 클레임 발생사안이 사전에 예방될 수 있음

### 3) 표준공기 확보

| 구분 | 표준 공기 |
|---|---|
| 일반건축공사 | 165일+(층수×15일) |
| PC공사 | 155일+(층수×15일) |
| Turn key공사 | 일반건축공사공기+55일 |

단, 지하층은 층당 30일로 계산

#### 4) 책임한계 명확

발주자, 설계자, 시공자 등의 책임한계 구분

#### 5) 기능공의 적정 배치

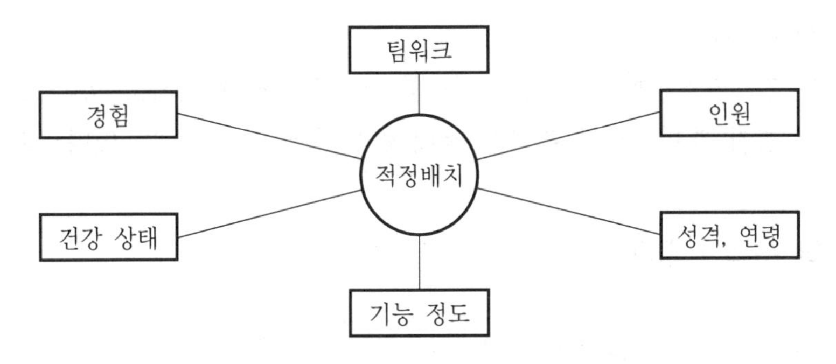


적정배치의 활용으로 시공품질 향상 도모

#### 6) 안전관리 철저

## V. 결 론

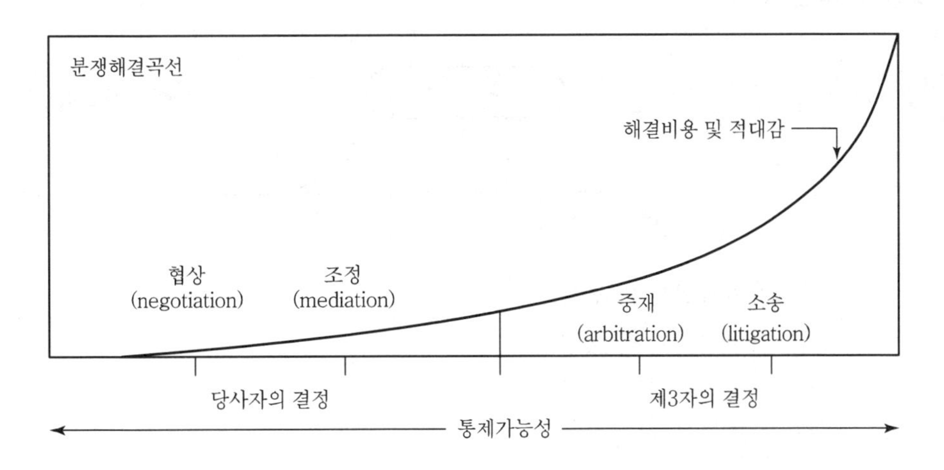


효율적인 클레임관리를 위해서는 철저한 원인규명, 분명한 책임한계, 객관적인 손실산출 등이 필요하지만, 성공적인 프로젝트의 수행을 위해서는 초기단계에서부터 적극적인 예방적 차원의 관리를 해나가는 것이 중요하다.

# 문제 12 부도업체 현장관리방안

## Ⅰ. 개 요

### 1) 의 의

건설시장 개방 등 국내 건설환경이 급속히 변화하고 있는 가운데 경제위기까지 겹쳐 재무구조가 취약한 국내 건설업체들의 부도가 잇따르고 있다.

### 2) 부도의 영향

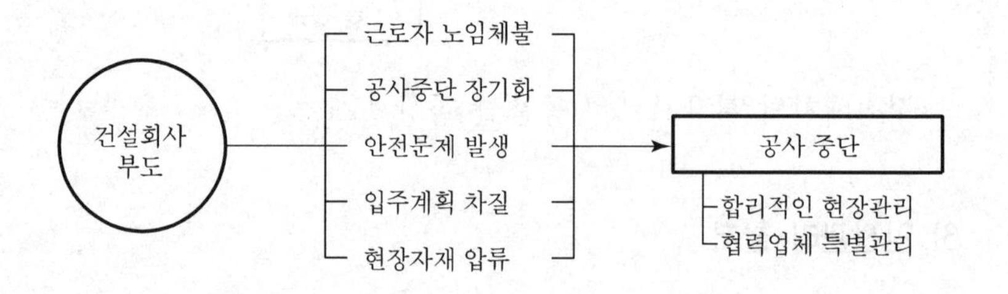


## Ⅱ. 부도발생의 원인

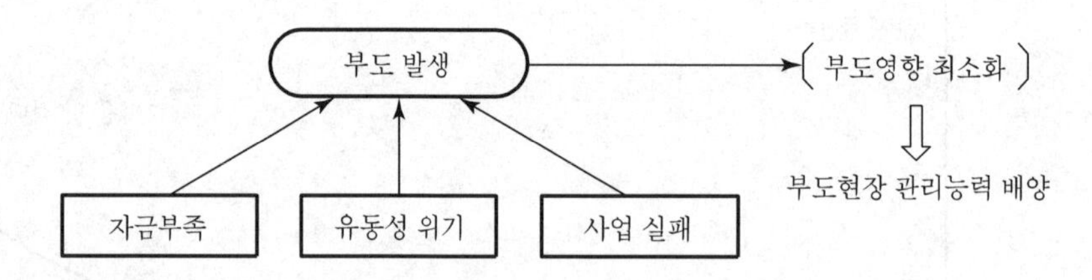


① 경영관리능력 부족
② 건설경기의 구조적 요인
③ 고질적인 덤핑 수주
④ 수주의 불확실성
⑤ 자체 건설사업의 실패
⑥ 예금부족 또는 지급자금의 부족
⑦ 현장관리능력 부족

# Ⅲ. 현장관리방안

## (1) 초기단계

### 1) 부도발생 현황 파악

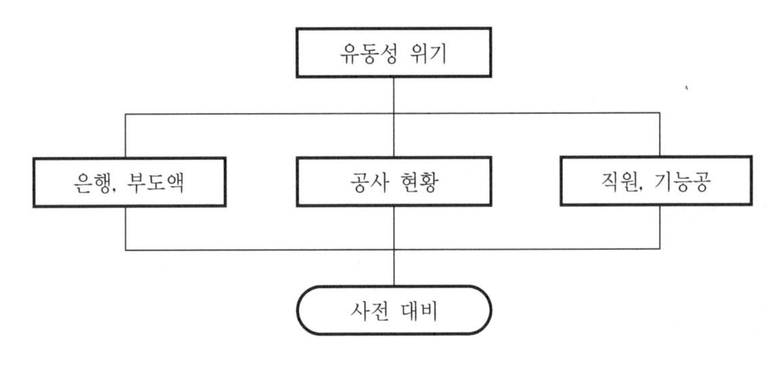


부도업체의 동향 및 공사현황 파악과 현장직원과 기능공의 동태 파악

### 2) 부도발생 보고

유선 보고 후 서면 보고

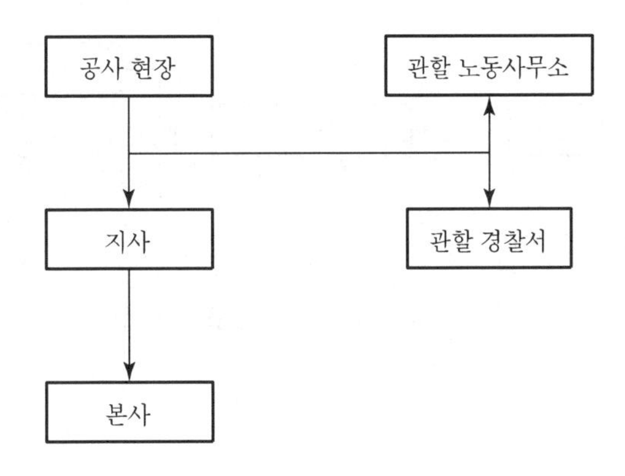


### 3) 관계기관 협조요청

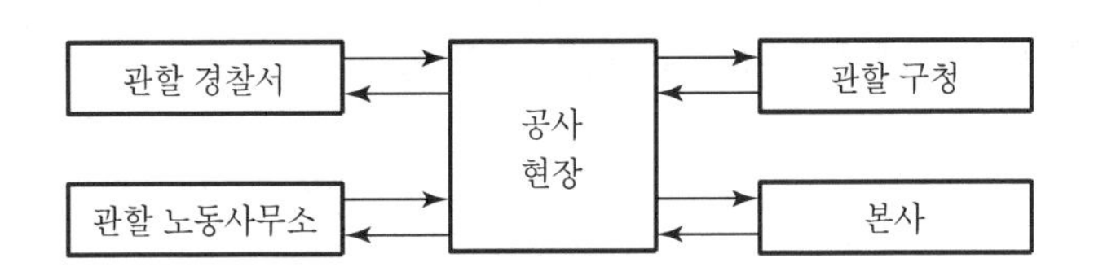


본사 및 관할 관공서에 연락하여 소요사태에 대한 대비책 마련

### 4) 계속 공사 여부 확인

부도업체의 계속 공사 여부를 확인

### 5) 공사재개 촉구

① 부도업체에게 공사재개 촉구 공문 발송
② 보증 시공업체에 착수준비를 통보

### 6) 소요사태 예방

## (2) 중간단계

### 1) 체불노임의 현황 파악

실제 체불액의 조기확정 및 채권변제 우선순위를 파악

### 2) 직불금액 확정

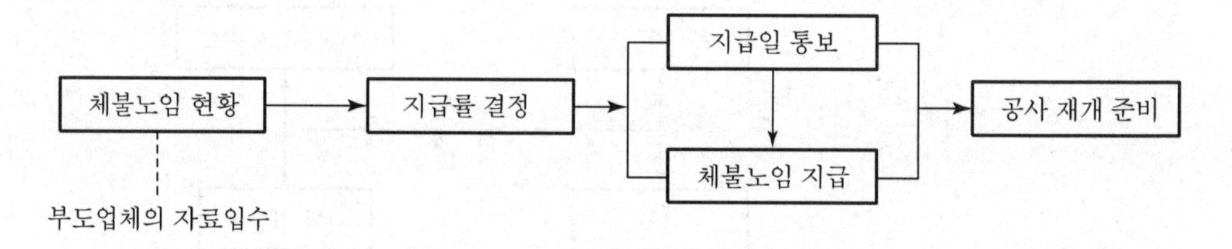


수급업체가 제출한 체불노임 직불요청서상의 명세내역과 비교하여 직불금액 확정

### 3) 공사재개 파악

① 부도업체가 공사를 계속 수행하는 경우
② 보증업체가 보증시공하는 경우

#### 4) 보증 시공

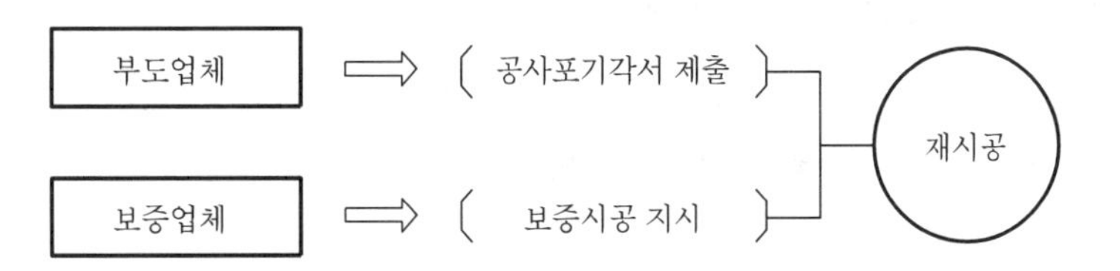


보증업체에게 공사의 보증시공 지시

#### 5) 재계약

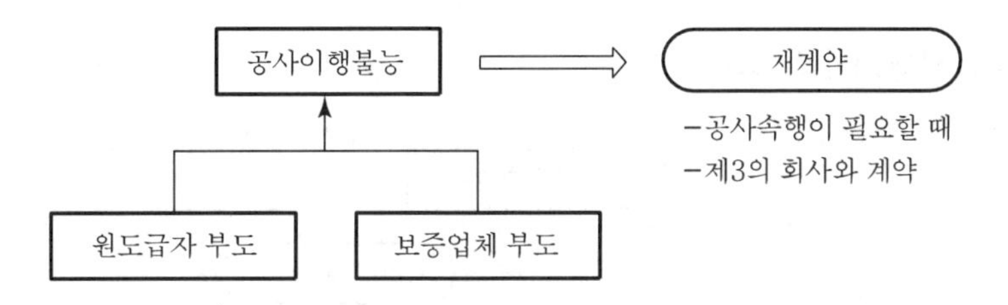


보증업체가 공사를 이행할 수 없을 경우 제3의 회사와 재계약 체결

#### 6) 공동도급 계약공사에 대한 보증시공

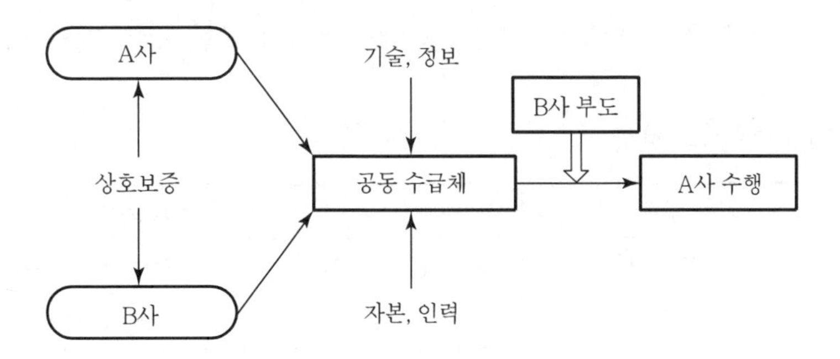


공동도급계약공사는 상호보증으로 1개의 업체가 부도시에는 다른 업체가 보증시공

#### 7) 자재관리

① 지급 자재 : 지급 자재에 가압류된 경우에는 법원에 이의신청하여 해제

② 사급 자재 : 부도업체에게 일정한 장소에 집합시켜 보관 조치

### (3) 마무리 단계

#### 1) 보증시공의 공사기한 적용

① 보증시공 지시일로부터 보증시공 회사의 공사기간이 시작됨

② 근로자 등에 의한 공사 방해가 있을 경우 연기 요청 가능

#### 2) 지체상금의 산출

$$지체상금 = 계약금액 \times 지체상금률 \times 지체일수$$

#### 3) 지체상금의 징수

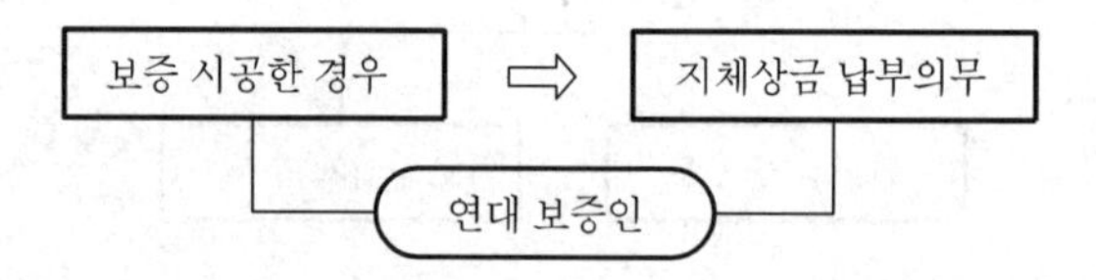


연대보증인이 보증시공한 경우에는 연대보증인이 지체상금의 납부의무를 가짐

#### 4) 지체상금과 계약보증의 관계

지체상금(연체료)이 계약보증금의 금액에 달한 경우 계약 해지

#### 5) 하자보수 보증

| 구분 | 내용 |
|---|---|
| 부도 시 | 공사 진행 시까지는 원수급업체가 하자보수 책임 |
| 준공 후 | 공사 전부분에 대하여 보증업체가 하자보수 책임 |

## Ⅳ. 결 론

① 최근 경영구조가 취약한 건설업체들의 부도가 잇따르고 있어 이에 대한 처리기준 마련이 필요하다.

② 원도급자의 부도로 인한 공사 중단시 여러 가지 어려움이 발생하나, 그중에서 준공시점에 대한 공사 연기시에는 입주민들의 피해가 심각하므로, 빠른 공사 재개를 위하여 정부 및 발주기관의 노력이 필요하다.

# 문제 13 국내 건설업체의 문제점 및 경쟁력 향상방안

## Ⅰ. 개 요

최근 건설환경의 급격한 변화 속에서 국내건설업의 경쟁력 향상을 위해서는 신기술, 신공법의 개발과 건축생산 system의 최적화를 통한 생산성 향상에 주력해야 한다.

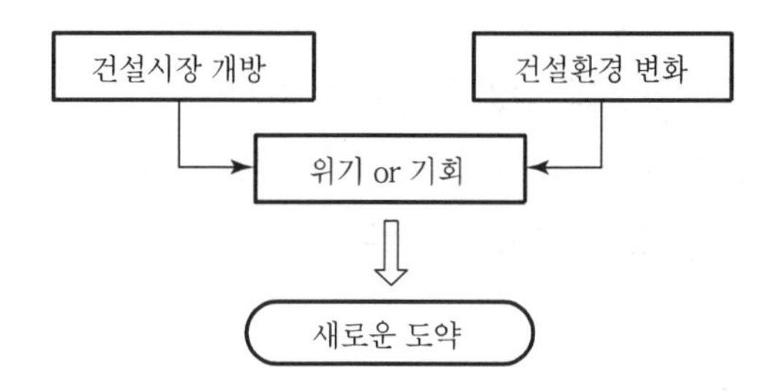


## Ⅱ. 국내 건설산업의 현황

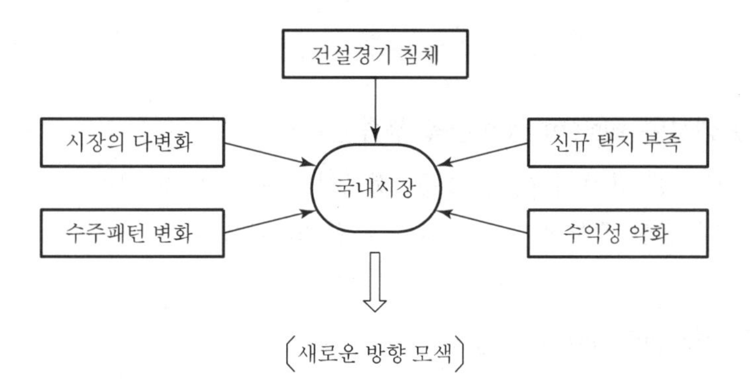


## Ⅲ. 국내 건설업체의 문제점

### 1) 경기침체의 장기화

① 지속적인 불경기로 건설시장 침체

② 정부의 규제 강화로 시장 위축

### 2) 빈약한 건설기술 수준

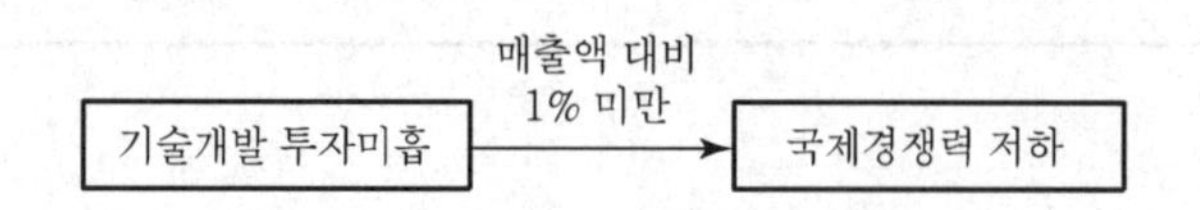


### 3) 건설기능인력의 부족

숙련된 건설기능 인력 부족

### 4) 취약한 재무구조와 경영관리능력 한계

① 비합리적 경영에 따른 금융 리스크 증가
② 합리적인 경영 마인드 부족

### 5) 정부정책의 한계

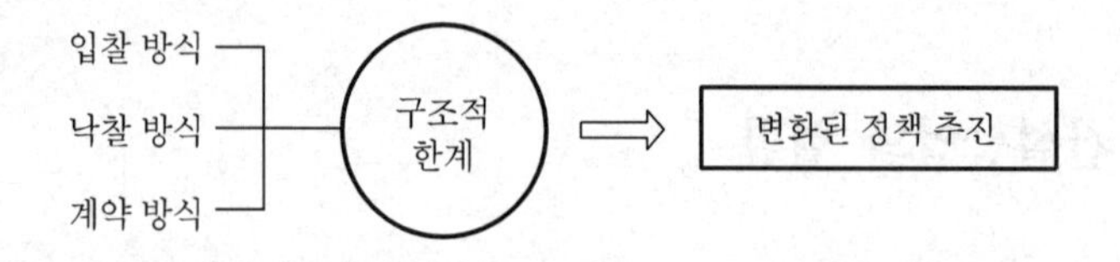


### 6) 정보화 system 활용능력 부족

① 정보네트워크를 이용한 정보화 시공의 의지 결여
② 건설 정보화 tool에 대한 지원 및 교육 부족

### 7) 선진관리기술의 미정착

# Ⅳ. 경쟁력 향상방안

## (1) 계획 · 설계의 합리화

### 1) VE, LCC 활성화

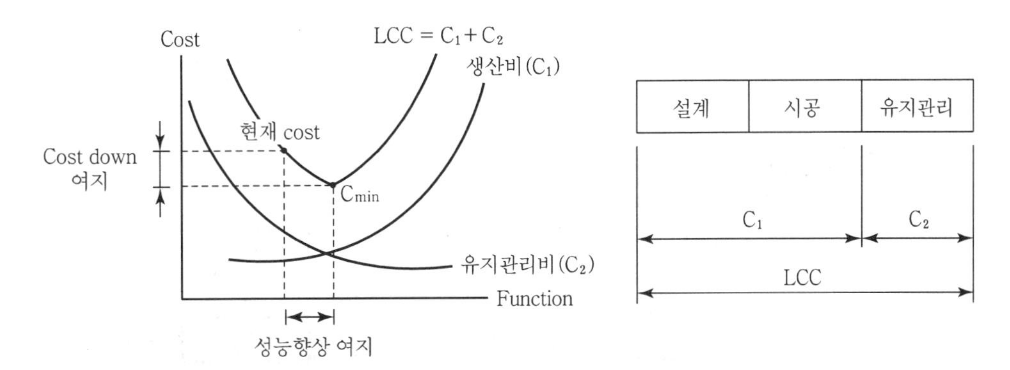


### 2) Engineering 능력향상

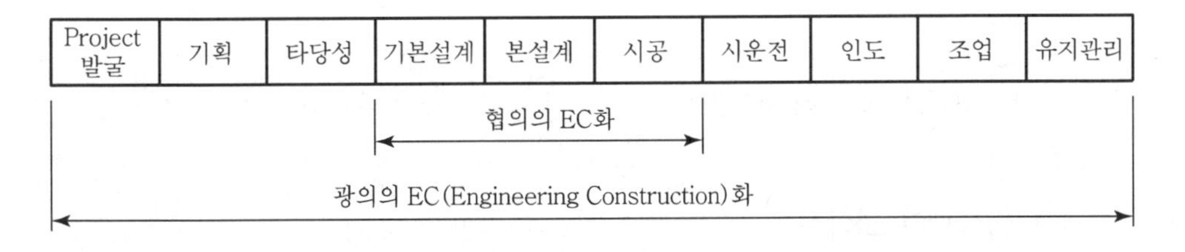


### 3) CAD생산 시스템 구축

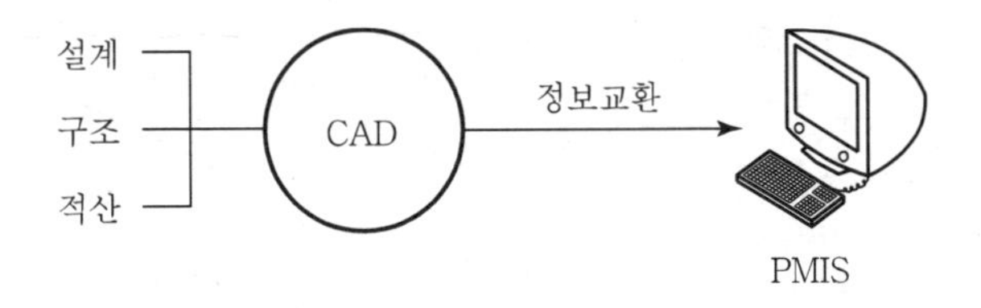


## (2) 생산기술의 공업화

### 1) 표준화

① 설계의 표준화

② 생산, 조립기술의 표준화

2) MC화

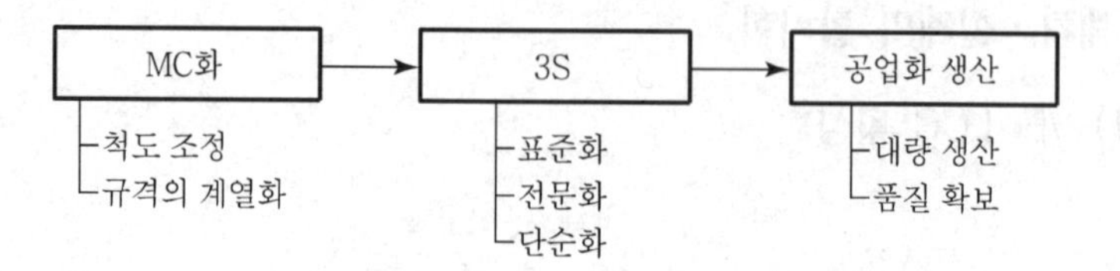


3) 공장생산화

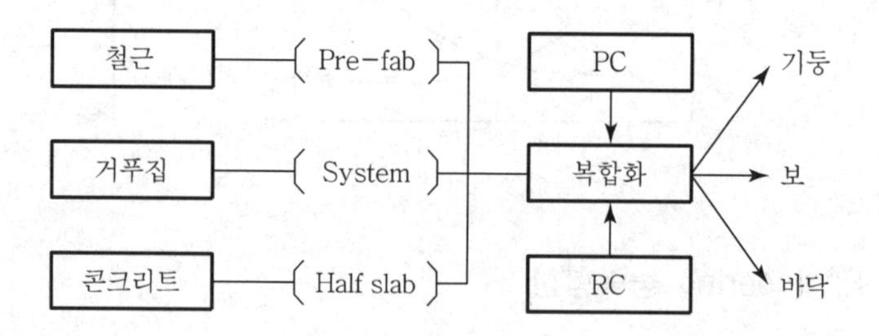


4) 시공의 자동화, 로봇화

(3) 생산관리 과학화

1) 과학적 관리기법

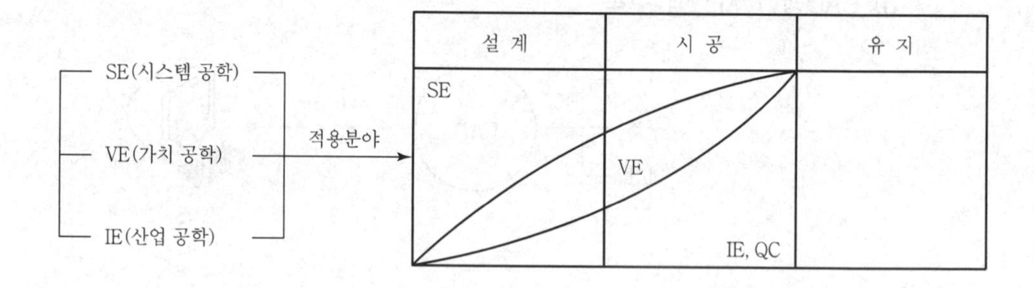

### 2) 관리기술의 정보통합

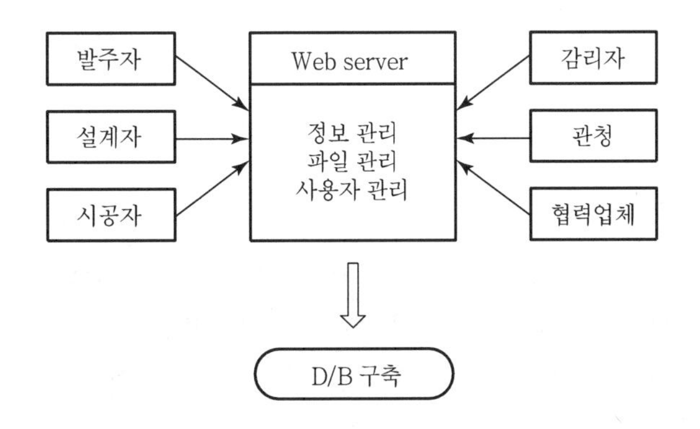


### 3) 녹색건축

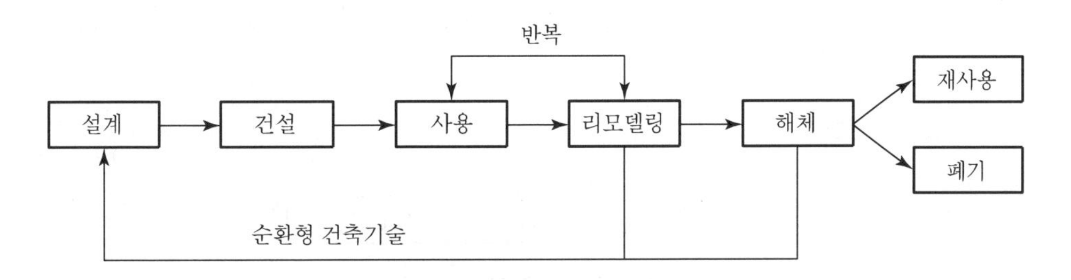


## V. 결 론

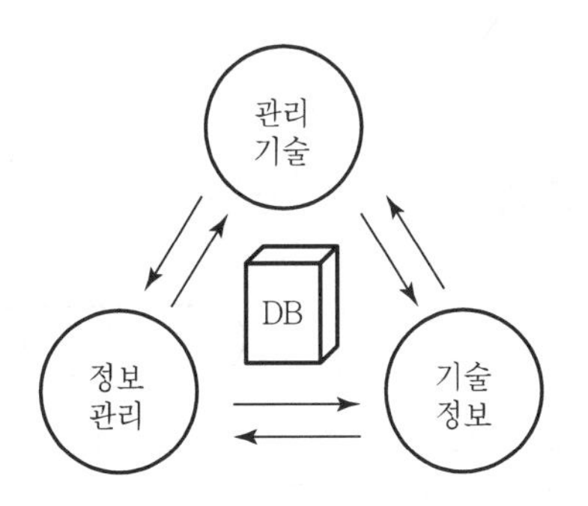


국내 건설업체의 경쟁력 향상을 위해서는 설계 및 작업방법의 표준화, 각종 과학적 관리기법의 도입, 관리기술의 개선 등을 바탕으로 통합정보시스템의 구축이 요구된다.

# 문제 14 복합화공법

## Ⅰ. 개 요

1) 정 의

① 복합화공법이란 현장 노동력 절감(labor saving)을 목적으로, 합리적인 재래공법과 현장관리기법을 복합화한 공법을 말한다.

② 복합화공법에는 구조체 공사를 pre-fab화하는 hard 요소기술과 현장작업을 합리화하기 위한 현장관리기법인 soft 요소 기술로 이루어져 있다.

③ 일반적으로 철근, 거푸집, 콘크리트공사 등에 재래식공법을 개선하여 공기단축, 고품질의 건축물을 얻기 위해, half PC공법, 철근 pre-fab공법, 대형 거푸집공법 등 각종 hard 요소기술을 조합하여 건축물을 완성하는 공법이다.

2) 개 념

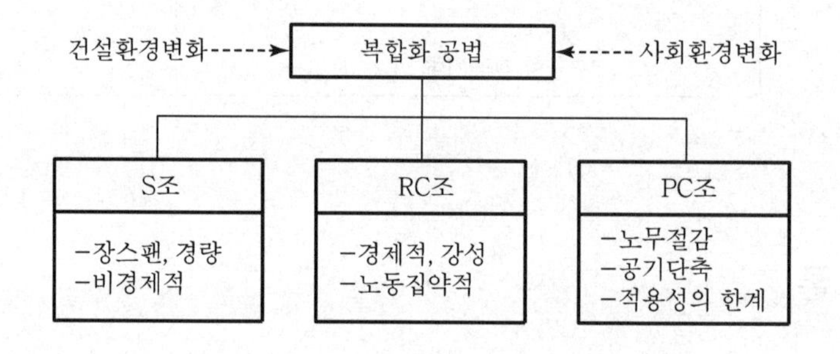


## Ⅱ. 필요성 및 도입효과

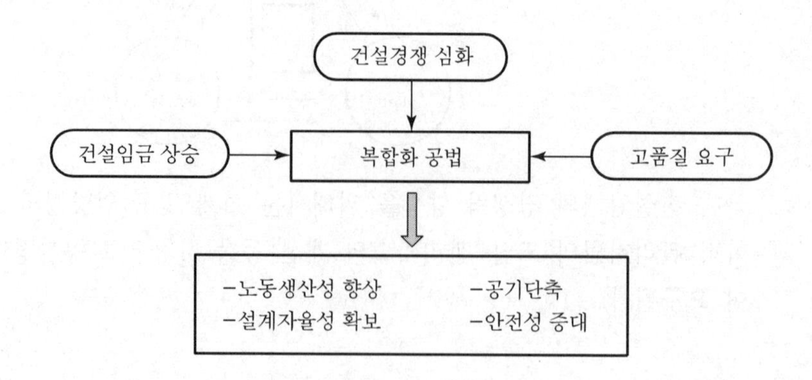

## Ⅲ. 복합화공법의 요소기술

### (1) Hard 요소기술

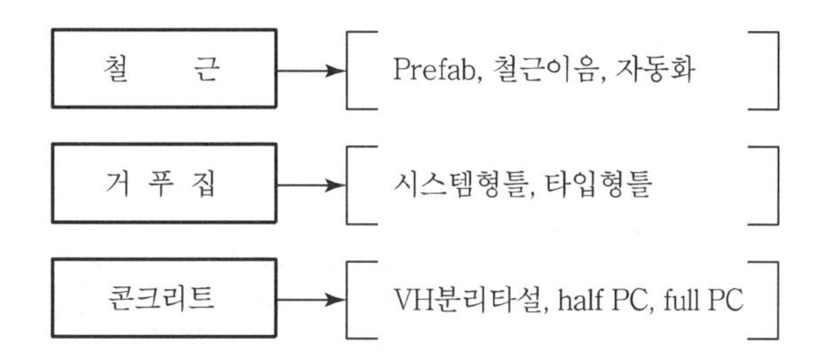


#### 1) Half PC공법

① Half slab

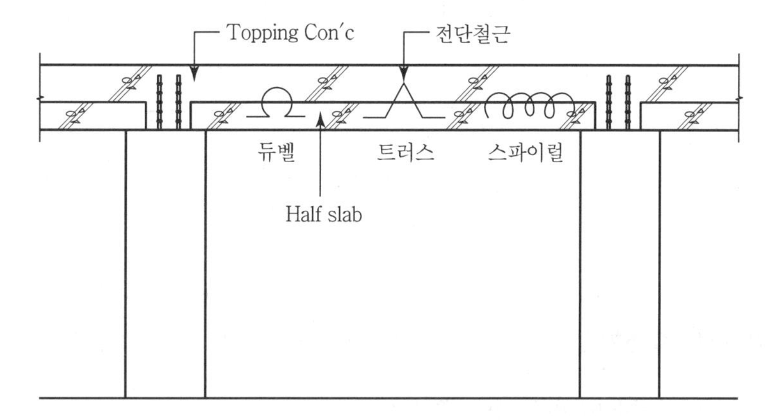


PC 부재와 현장타설콘크리트의 장점을 절충한 것으로 공기단축과 시공성 향상이 목적

② Half PC beam

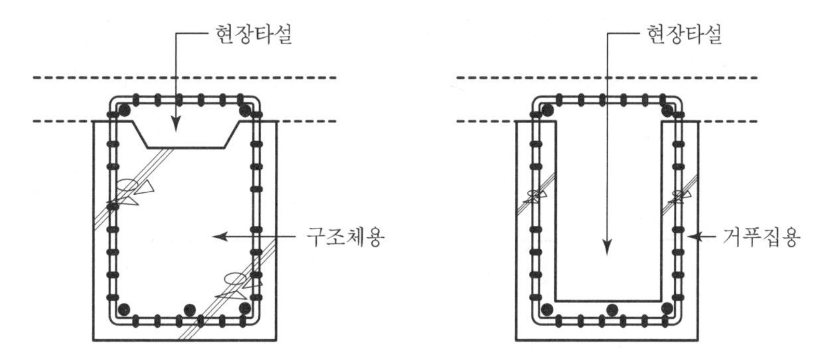


Half slab 공법의 효율을 최대화하기 위해 사용하는 것으로 구조체용과 거푸집용으로 구분

#### 2) System 거푸집

거푸집과 동바리를 일체화 또는 대형 panel로 unit화하여 반복 사용이 가능하도록한 공법

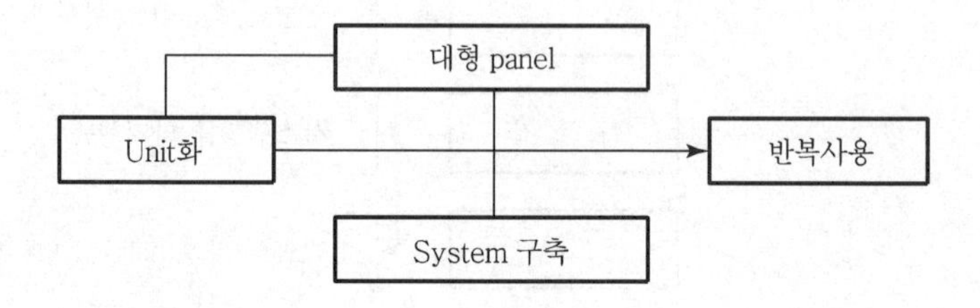


#### 3) 철근 pre-fab공법

철근을 기둥, 보, 바닥, 벽 등의 부위별로 미리 조립해 두고 현장에서 양중장비를 이용하여 조립함으로써 철근공사를 합리화하는 공법

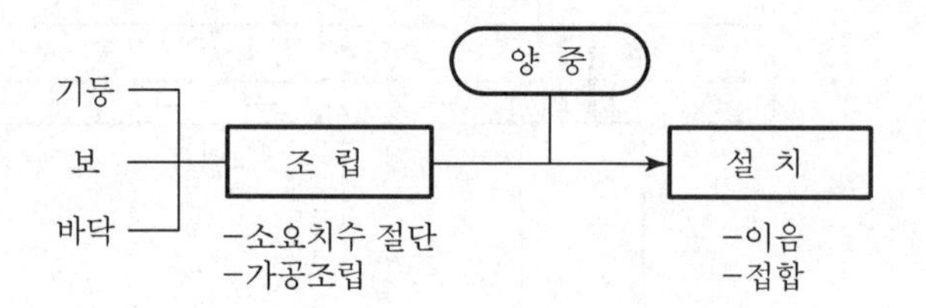


### (2) Soft 요소기술

#### 1) MAC(Multi Activity Chart)

① 각 공종에 대한 작업팀을 편성하여 공구에 투입하는 방법

② 구조체공사에서 월간·주간 등의 공정계획 시 일반적으로 사용하는 방법으로 대기시간이 발생하는 단점이 발생

| 일 / 공구 | 1일차 | 2일차 | 3일차 | 4일차 |
|---|---|---|---|---|
| 1공구 | A | B | C | A |
| 2공구 | C | A | B | C |
| 3공구 | B | C | A | B |

A : 거푸집공사(4일)　B : 철근공사(3일)　C : 콘크리트 타설(1일)

2) DOC(one Day One Cycle)

① 작업 공종수와 작업공구수를 일치시켜 1일에 한 공구씩 작업을 마칠 수 있도록 작업팀을 구성

② 마감공사 시 사용하는 방법으로 현장 작업인원의 대기시간을 최소화

| 공구 \ 일 | 1일차 | 2일차 | 3일차 | 4일차 |
|---|---|---|---|---|
| 1공구 | A | B | C | A |
| 2공구 | C | A | B | C |
| 3공구 | B | C | A | B |

A : 벽체타일(1일)　B : 바닥타일(1일)　C : 줄눈 및 보양(1일)

3) 4D-cycle

DOC의 방법과 동일하며, 다만 작업의 공종수와 작업공구수를 4개로 분할하여 1일에 한 공구씩 작업팀을 구성

| 공구 \ 일 | 1일차 | 2일차 | 3일차 | 4일차 |
|---|---|---|---|---|
| 1공구 | A | B | C | D |
| 2공구 | D | A | B | C |
| 3공구 | C | D | A | B |
| 4공구 | B | C | D | A |

A : 벽체타일(1일), B : 바닥구배시공(1일), C : 바닥타일(1일), D : 줄눈 및 보양(1일)

# Ⅳ. 복합화 시스템 선정방법

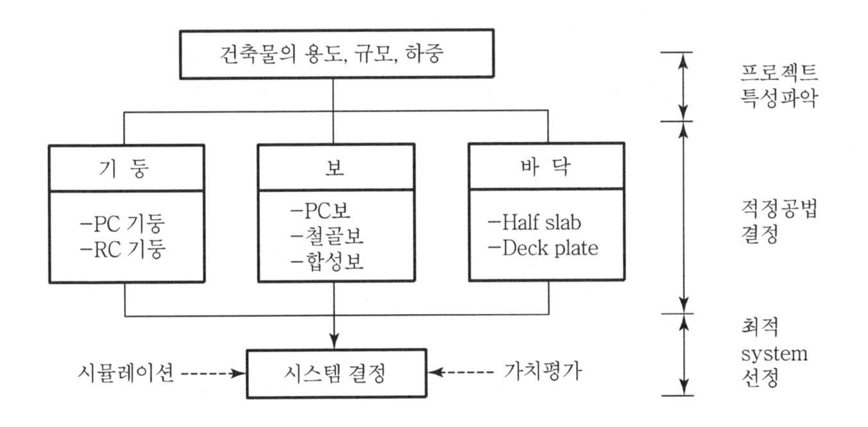

복합화공법은 우선 프로젝트 특성을 파악한 후 건축물의 3가지 구성요소(기둥, 보, 바닥)의 분할과 조합을 통해 최적의 시스템을 결정하는 것

## V. 결 론

복합화공법의 각 요소기술의 개발로 공법을 개선하고, 시공현장을 system화 함으로써 보다 고품질의 건축물을 가까운 시일내에 생산 가능해질 전망이다.

# 문제 15 건축표준화방안과 표준화 설계가 건축시공에 미치는 영향

## Ⅰ. 개 요

### 1) 의 의

① 급변하는 건설환경에 능동적으로 대응할 수 있는 국가적 전략개발의 필요성으로 표준화가 강력히 추진되고 있다

② 설계표준화는 합리적인 건축물 설계를 위한 원칙과 방법을 설정하고 이를 근거로 설계하는 것이다.

### 2) 필요성

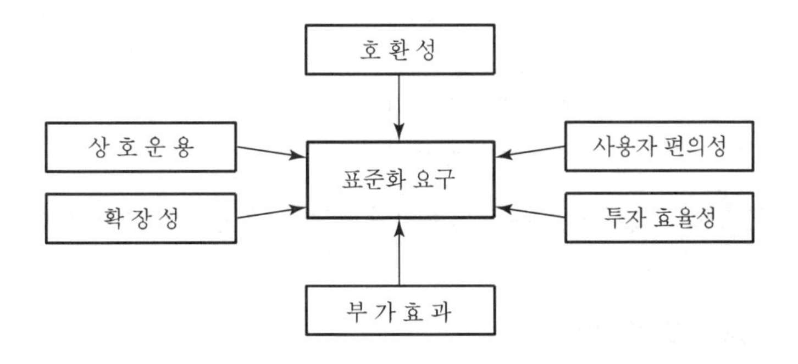


## Ⅱ. 건축표준화의 개념

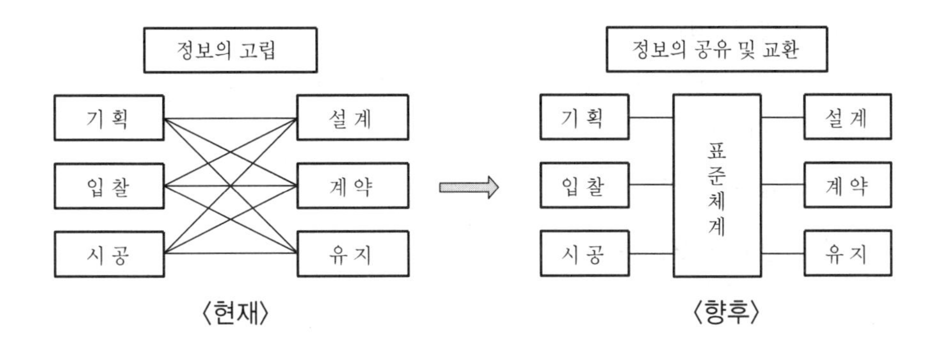


〈현재〉 〈향후〉

# Ⅲ. 표준화 방안

## (1) 설계단계

### 1) 치수의 MC(Modular Coordination)화

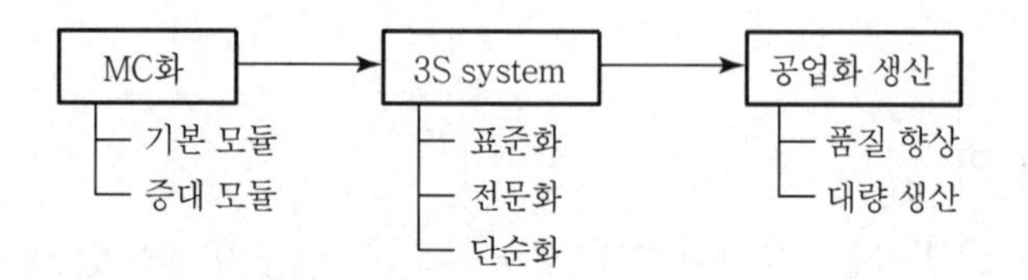


MC는 건축물이나 구성재의 치수관계를 모듈에 따라 조정하는 것

### 2) 설계기준체계 정립

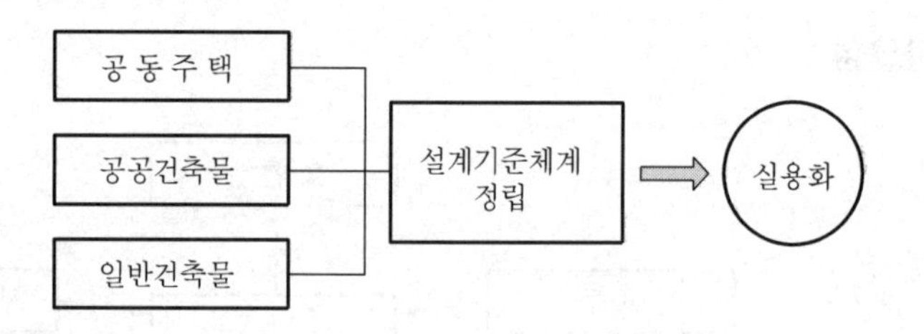


건축물의 용도에 따른 설계기준체계를 정립하여 실용화함

### 3) Open System화

모든 자재, 부품들이 호환 가능하도록 설계

## (2) 재료단계

### 1) 자재규격화

① 건설자재 관련 KS규격 정비 및 신자재의 규격화

② 건설자재 종합카탈로그 시스템

### 2) 성능의 표준화

### 3) 접합부의 표준화

### (3) 시공단계

#### 1) 시방서 표준화

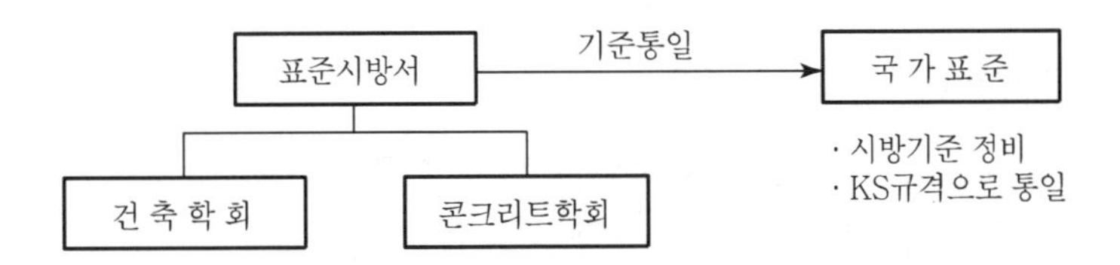


#### 2) 시공지침 표준화

#### 3) 시공관리 표준화

## Ⅳ. 건축시공에 미치는 영향

#### 1) 공기단축 및 노무절감

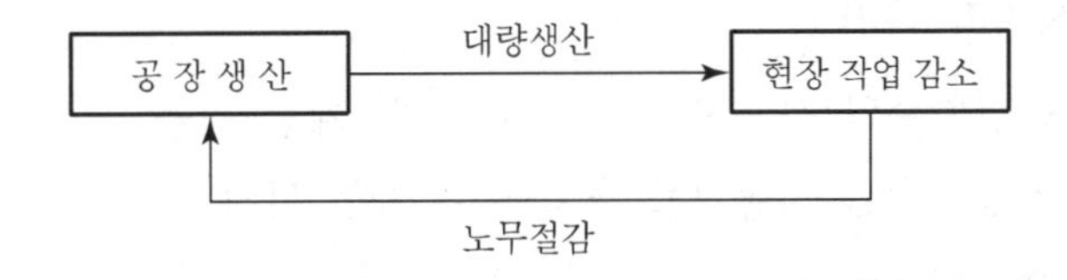


표준화설계를 통해 공업화 대량생산 가능

#### 2) 품질 향상

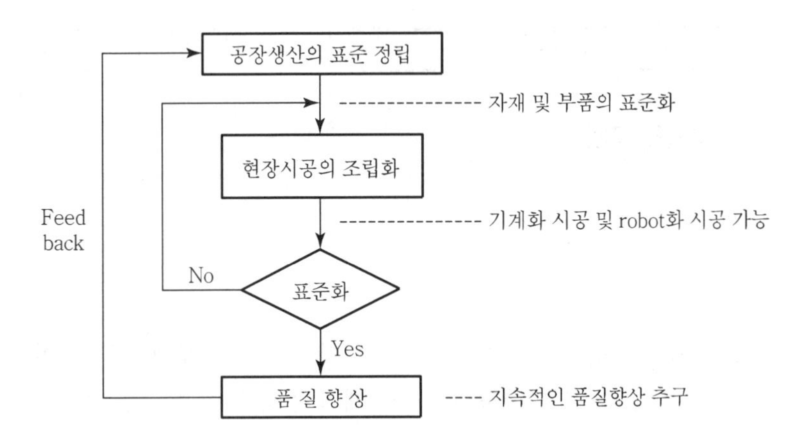


표준화설계로 인한 현장조립기술의 발달로 인력이 아닌 기계화 시공 가능

### 3) 안전관리 용이

① 기계시공으로 인한 건설재해 예방

② 현장시공 감소로 인한 안전효과

### 4) 기계화시공 가능

① 표준화에 의한 공장생산의 규격화 가능

② 규격화 재료에 의한 현장 기계화 시공

### 5) 원가절감

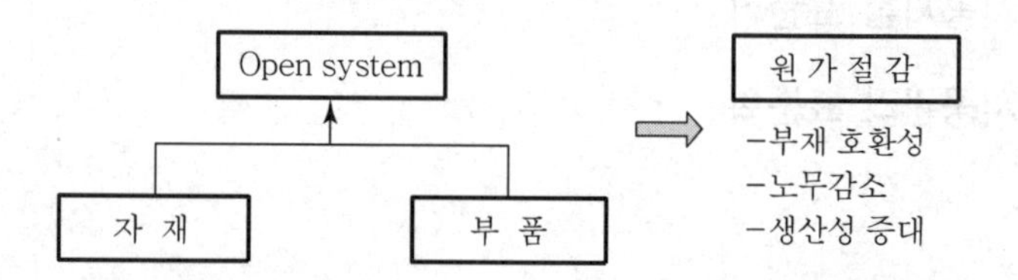


표준화설계로 상호 호환 가능한 open system을 구축하면 생산성을 증대시켜 비용을 절감할 수 있음

### 6) 현장관리 용이

① 공칭치수의 사용으로 전체 치수의 계산 가능

② 제품치수의 시공으로 줄눈치수 사전 파악

### 7) 작업의 단순화

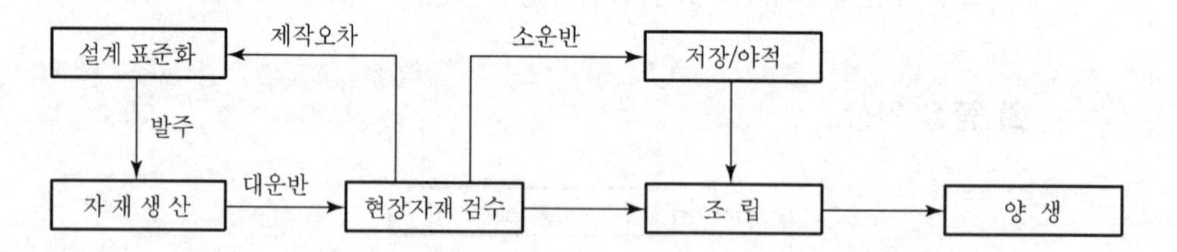


### 8) 환경공해 감소

## V. 결 론

표준화 system 개발과 data에 의한 과학적, 체계적 기술확충을 위해 설계자, 시공자 및 자재 생산자의 연구, 개발에 대한 지속적인 투자가 필요하다.

# 문제 16 건축사업 추진 시 예상되는 리스크 인자 및 리스크 분석방법

## Ⅰ. 개 요

1) 의 의

건설 프로젝트 시공 시 발생하는 불확실성을 체계적으로 규명하고 분석하는 일련의 과정을 건설 프로젝트 리스크 관리라고 한다.

2) 리스크의 변화

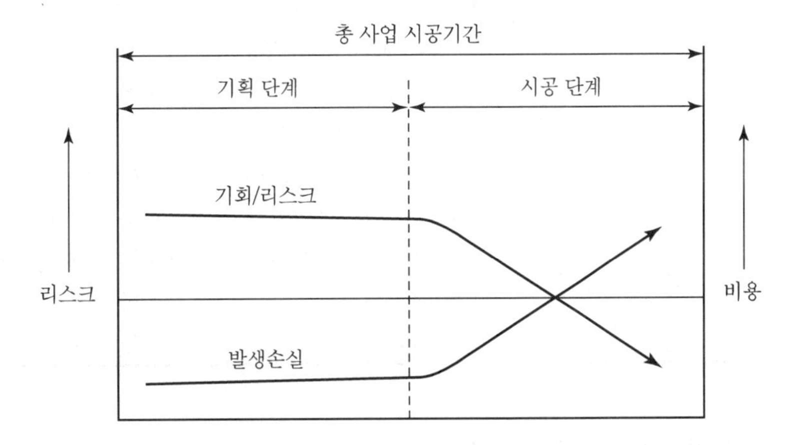


건설사업의 리스크(불확실성)는 뒷단계로 갈수록 리스크 발생으로 인한 손실은 크게 나타난다.

## Ⅱ. 리스크 관리절차

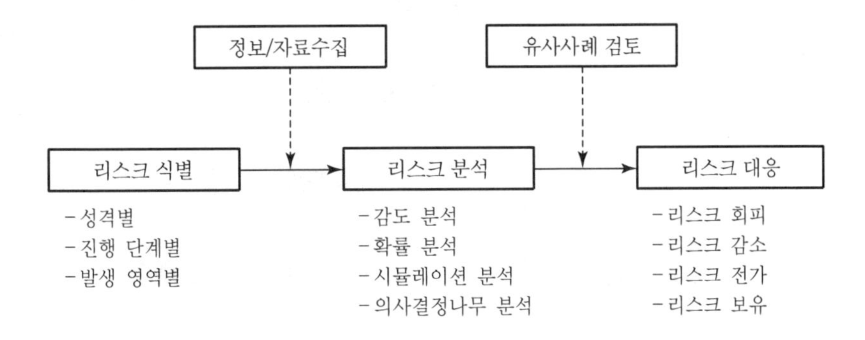

## Ⅲ. 리스크 인자

### 1) 단계별 리스크 인자 및 대응방안

| 구분 | 리스크 인자 | 대응방안 |
|---|---|---|
| 기획/타당성 분석단계 | • 타당성 분석 결함<br>• 자금조달 능력 부족<br>• 지가상승, 금리인상<br>• 기대수익 예측 오류 | • 치밀한 사업성 검토<br>• 적정규모 사업진행<br>• 부동산 시장의 흐름 파악<br>• 다양한 예측기법 적용 |
| 계획/설계단계 | • 설계누락 / 하자<br>• 설계기간 부족<br>• 공사비 예측 오류<br>• 설계범위 미확정 | • 시공성 검토<br>• Fast track 적용<br>• 적산 및 견적 검토<br>• 분명한 업무영역 합의 |
| 계약/시공단계 | • 부적합한 설계도서<br>• 낙찰률 저조<br>• 공사비 / 공기 부족<br>• 설계변경 / 안전사고 | • 공사 전 도면검토 철저<br>• 적정 공사비 계약<br>• EVMS기법 도입<br>• 파트너링 / 안전경영 도입 |
| 사용/유지관리단계 | • 부적절한 관리방식<br>• 에너지비용 상승<br>• 각종 하자발생<br>• 용도 변경 | • 합리적인 관리조직 운영<br>• LCC 관점에서 대안 선택<br>• 하자발생 최대한 억제<br>• 분야별 전문가 의견 청취 |

### 2) 사업단계별 주요 리스크

| 건설단계 | 사업추진과정 | 주요 리스크 |
|---|---|---|
| 기획 · 타당성 분석 | | 투자비회수<br>(investment return) |
| 계획 · 설계 | | 기술 및 품질<br>(technic/quality) |
| 입찰 · 계약 | | 입찰/가격<br>(tendering/price) |
| 시공 | | 비용/시간/품질<br>(cost/time/quality) |
| 점유 · 사용 | 완공 → | 유지운영비<br>(running cost) |

# Ⅳ. 리스크 분석방법

## 1) 감도분석(sensitivity analysis)

감도분석은 특정리스크 인자가 리스크 발생결과에 미치는 영향도를 파악하는 것으로 사용이 간편하다.

## 2) 확률분석(probability analysis)

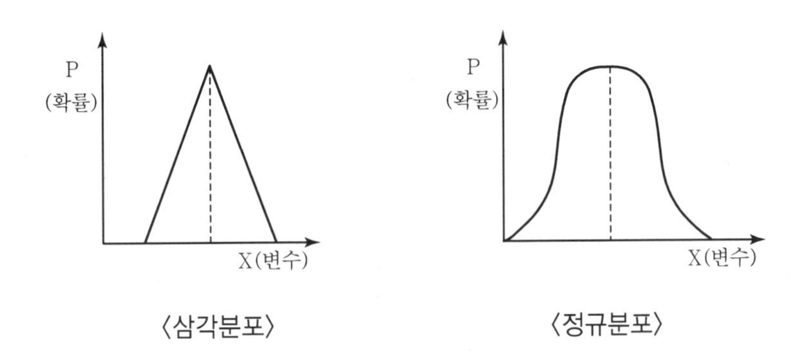


〈삼각분포〉 〈정규분포〉

확률분석은 리스크에 영향을 주는 모든 변수의 변화를 다양한 확률분포로 표현할 수 있다.

## 3) 시뮬레이션분석(simulation analysis)

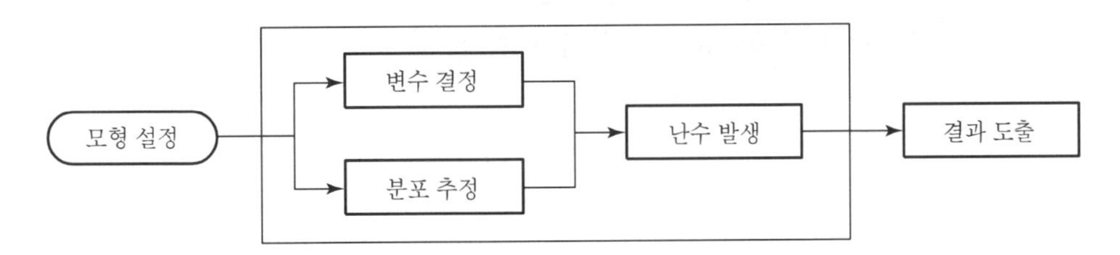


시뮬레이션은 각 리스크 변수에 대한 무작위 값을 취하여 수많은 횟수의 반복적 분석을 실시하는 방법이다.

## 4) 의사결정나무 분석(decision tree analysis)

의사결정나무 분석은 예측과 분류를 위해 나무구조로 규칙을 표현하는 방법이다.

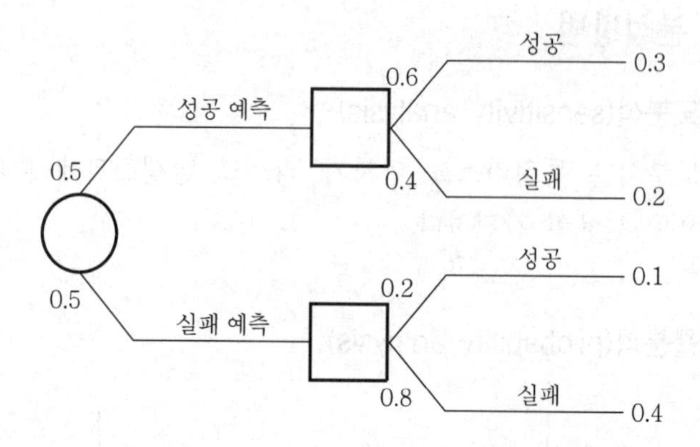


## V. 결 론

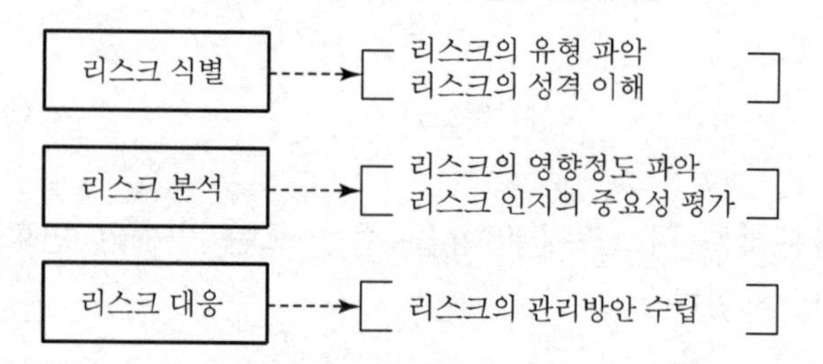


건설사업의 효율적인 리스크 관리를 위해서는 리스크 인자를 체계적으로 분류하고 이에 대한 영향정도를 정확히 평가하여 부정적 리스크는 제거하고, 리스크에 대한 통제력을 증가시켜야 한다.

# 문제 17 아파트 분양원가 공개가 건설업에 미치는 영향 및 발전방향

## Ⅰ. 개 요

### 1) 의 의

아파트 분양원가 공개로 1988년 정부의 분양가 자율화 이후 분양가가 치솟고, 이것이 주변 집값을 끌어올리는 등 부작용이 커지자 나온 대안이다.

### 2) 아파트 사업의 흐름과 원가

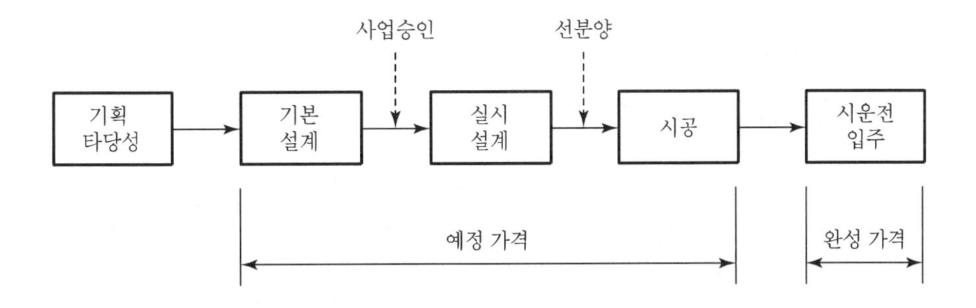


## Ⅱ. 분양원가 공개의 필요성

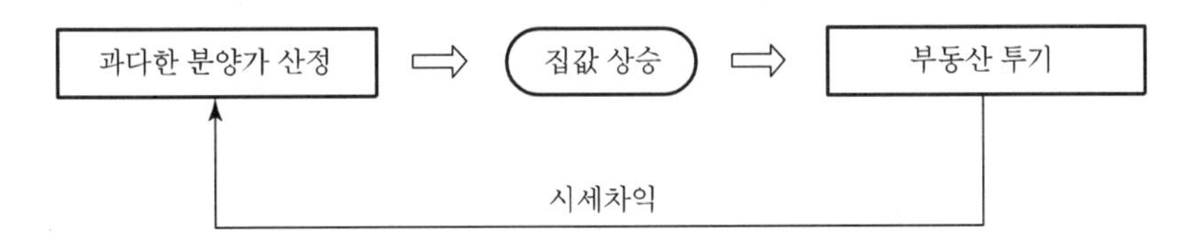


① 저소득층 주거안정
② 경제활성화 유도
③ 소비자들의 알 권리 충족
④ 기업의 투명성 확보

## Ⅲ. 건설업에 미치는 영향

### 1) 건설업체 수익성 악화

① 건설업의 채산성 저하로 재무구조 악화

② 기업의 이윤창출 기대 저하

### 2) 건전하고 투명한 경영활동 기대

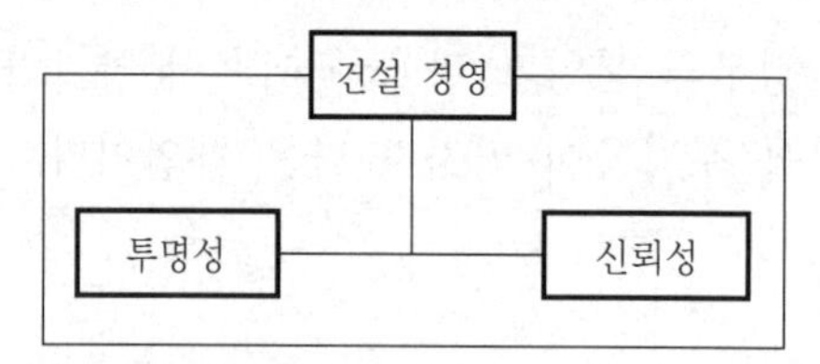


주택업체의 낡은 관행을 타파하고 기업의 건전성 확보

### 3) 기업의 창의성 저하

### 4) 주택공급능력 위축

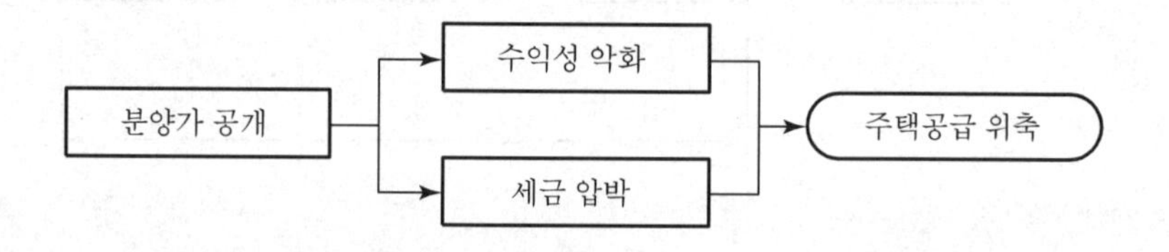


### 5) 건설업체 경쟁력 강화에 대한 동기부여

① 혁신적인 경영 및 경쟁력 강화에 대한 동기부여

② 고객만족을 통한 분양가 상승전략 개발

### 6) 행정 서류업무 증가

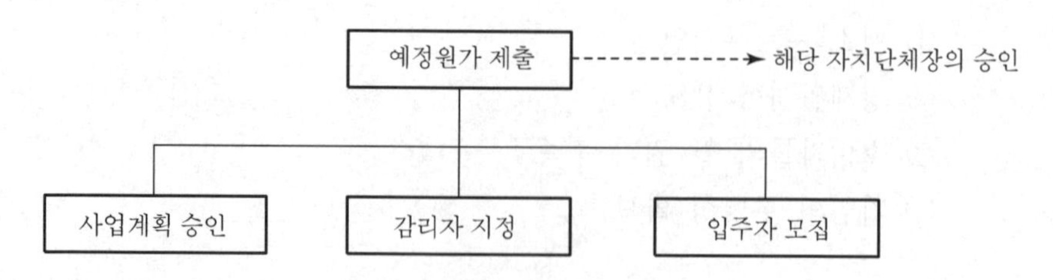


원가내역의 적정성 심사에 대한 부담감 증가

### 7) 재정부담 가중

① 원가공개에 따른 자금흐름의 경직 우려

② 원가공개 범위와 절차에 대한 검토

## Ⅳ. 발전방향

### 1) 후분양제 조기도입

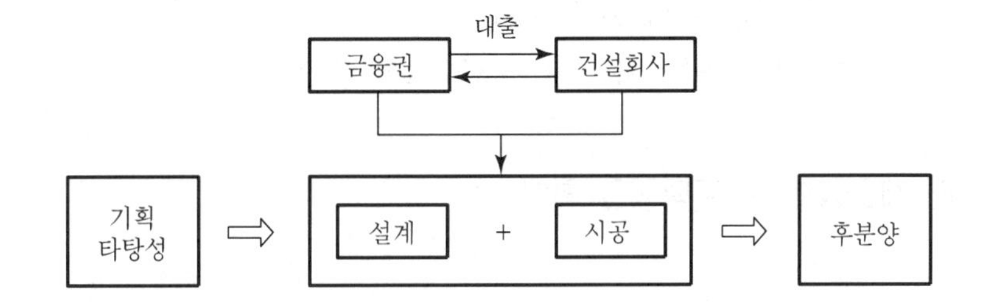


### 2) 민간부분까지 원가공개 확대 시행

① 분양원가 공개의 실효성 증대

② 사업계획 승인과 분양가 승인단계까지 확대 시행

### 3) 원가 공개 심사기준의 확립

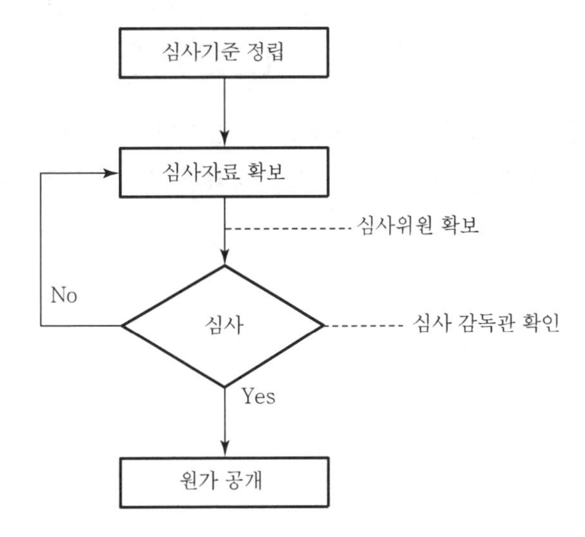


분양원가 승인권자인 지자체의 감독 강화

### 4) 제도개선 및 정부정책의 일관성

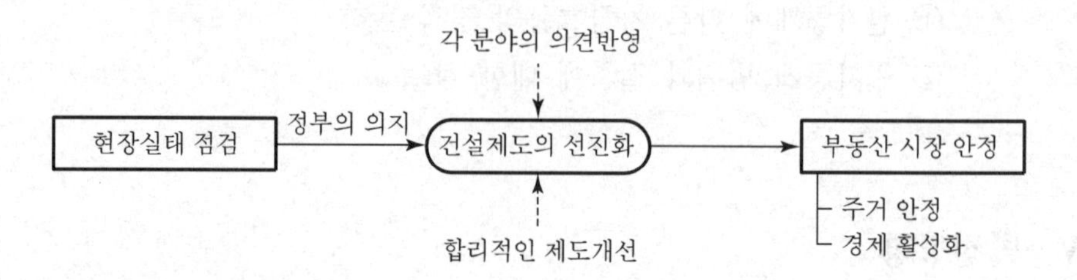


### 5) 분양가 검증위원회 설치

① 전문가와 시민단체로 구성

② 분양가의 심의 및 타당성 검증업무 수행

### 6) 세금정책 및 주택공급 확대

## V. 결 론

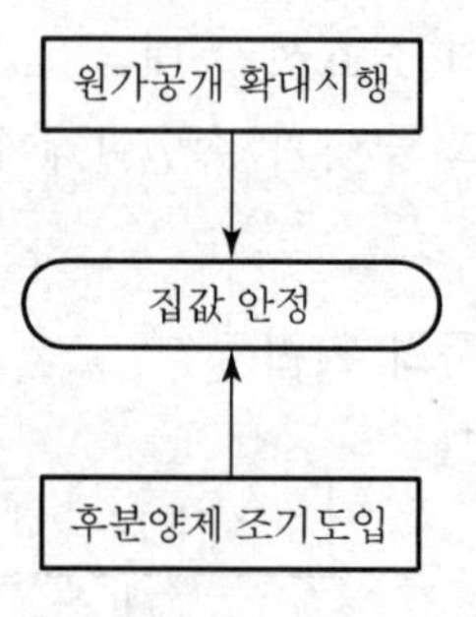


분양원가 공개제도가 성공적으로 정착되기 위해서는 표준화된 원가작성 세부 지침을 개발하고 이를 바탕으로 정확한 원가내역의 심사가 이루어져야 한다.

# 문제 18 BIM(Building Information Modeling)의 필요성과 활용방안

## Ⅰ. 개 요

① BIM(Building Information Modeling)이란 건축정보모델링으로 2D 캐드에서 구현되는 정보를 3D의 입체 설계로 전환하고 건축과 관련된 모든 정보를 Data Base화해서 연계하는 System이다.

② BIM은 컴퓨터프로그램을 통해 미리 건물을 설계·시공 및 운영하여 설계과정과 시공과정 및 유지관리에서 발생하는 문제점을 미리 예측할 수 있으며, 각 공정이 Data Base화되어서 환경부하, 에너지소비량 분석, 탄소배출량 확인, 견적·공기·공정 등 알고 싶은 모든 정보를 제공하는 System이다.

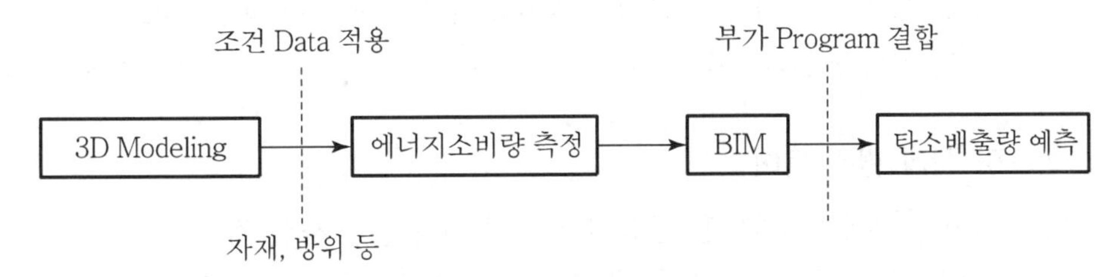


## Ⅱ. 필요성

### 1) 환경부하 측정 및 에너지 분석

① 자재에 따른 환경부하량 계산 가능

② 건축물의 방위에 따른 에너지소모량 분석

③ 건축물 준공 후 전체 에너지소비량 측정 가능

### 2) 탄소배출량 확인

① 부가적인 Program과 결합하여 건축물의 탄소배출량 측정

② 신재생에너지의 적용으로 인한 탄소배출량 변동측정 가능

③ 건축물 준공 후 발생되는 전체 탄소배출량의 사전 확인으로 탄소배출량 저감에너지를 활용하여 건축물의 탄소배출량 저감설계 가능

### 3) 생산성과 투명성 향상

① 공사참여자 간의 원활한 의사소통 및 신속한 의사결정 가능

② 공기 단축과 상호 이해 증진으로 신뢰성 증대

③ 생산성의 획기적 향상

### 4) 정확한 사업성 보장

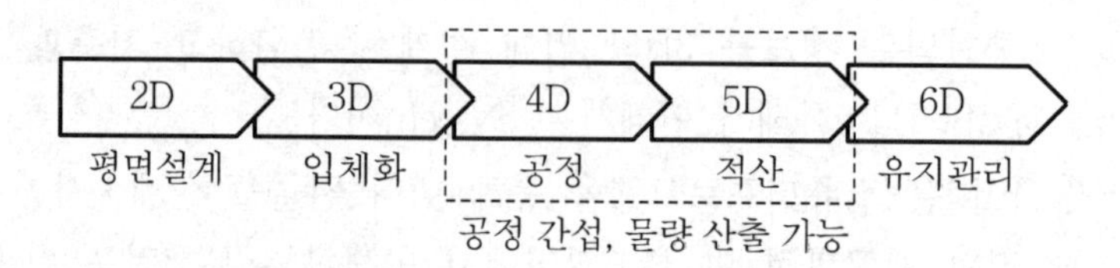


① BIM은 정확한 물량 산출이 가능하고 공기상의 위험성이 사전에 Check되므로 사업에 필요한 정확한 견적이 가능

② 발주자와 시공자가 서로 신뢰하며 합리적 금액으로 계약 가능

③ 정확한 원가계산과 공기 산출로 안전성과 생산성이 향상되고 상호 신뢰성 증진

### 5) 설계 변경 용이

① 디자인된 새로운 공간의 느낌과 효용성의 사전 검증 가능

② BIM은 해당 Data를 변화하면 관련 정보들이 연동되어 변동

③ 설계 변경이 손쉽고 3D 가상공간에 다양한 설계개발 가능

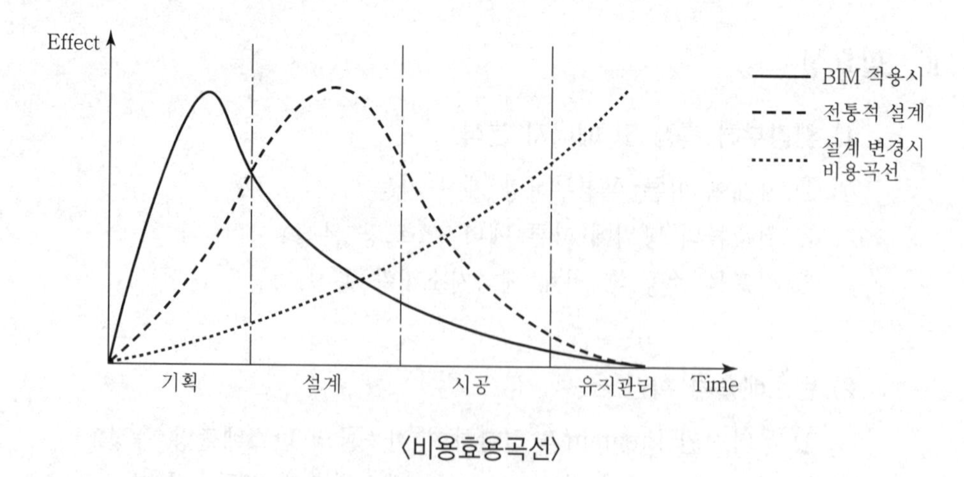


〈비용효용곡선〉

### 6) 설계와 시공의 Data Base 누적

① 지속적 정보 축적의 효용성 확보

② 다른 건축물 건립시 기초 Data Base로 활용 가능

③ BIM은 비용절감, 공기 단축 및 독창적인 디자인과 효율적인 건물 운영이 가능

### 7) 국제 경쟁력 제고

① 새로운 기술을 신속하게 도입하여 시장에서 경쟁력 우위 차지
② 업계와 학계에서 변화를 수용하고 빠른 시일 안에 국제적 생산성과 경쟁력 확보

## Ⅲ. 활용방안

### 1) 에너지 절약

① BIM적용으로 에너지 Simulation 가능
② 건축물의 에너지 소비량 예측 가능

### 2) 탄소 배출량 저감

부가 Program과의 결합으로 탄소배출량 분석 및 저감

### 3) 녹색 건축물 축조

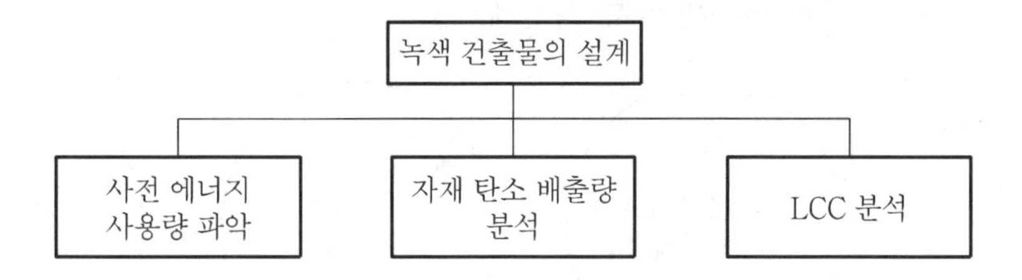


### 2) 생산성 향상

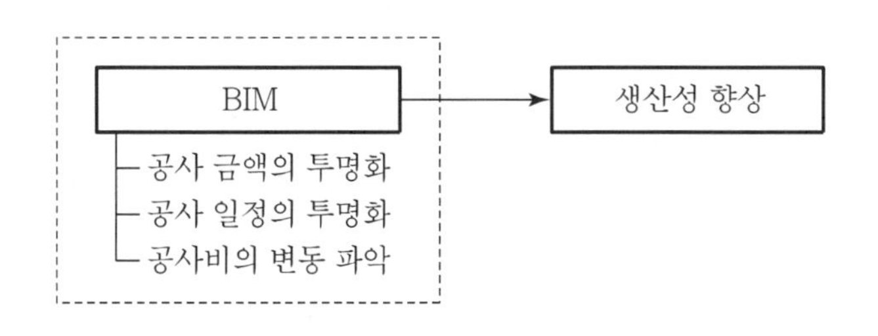

### 3) 건설 Claim 감소

① 건설 Claim의 진행 방향

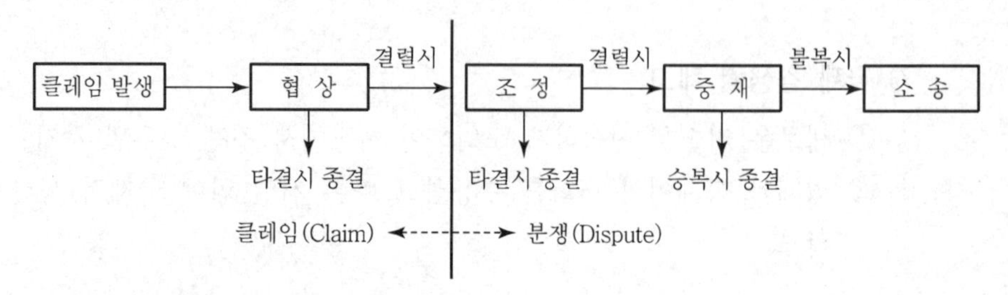


해결되지 않은 클레임은 분쟁으로 발전하게 되며, 이런 분쟁의 해결에는 조정이나 소송 등의 여러 가지 방법들이 사용

② BIM 적용 시 건설 Claim 감소 예상

### 4) 설계의 선진화

설계 기술자의 설계 능력 및 건물 디자인 능력 향상에 기여

### 5) 산·학·연의 연계 강화

① 학계의 신기술에 대한 적용 가능성 확인

② 설계 가능한 기술은 현장에서 적용하므로 학계와 실무의 Communication이 우수

③ 학계와 실무의 교류 증진에 기여

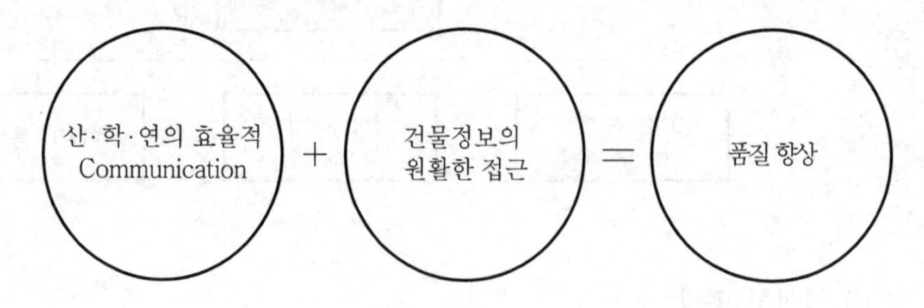

#### 6) 신기술 적용 용이

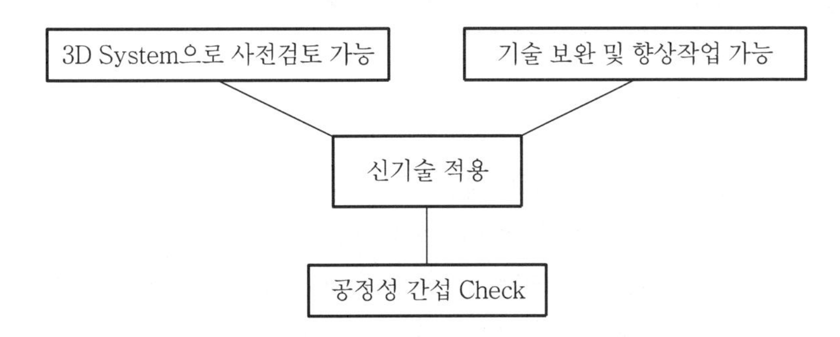


## Ⅳ. 결 론

① 앞으로 공공건축 프로젝트에 BIM을 통한 기본 실시설계가 의무 적용된다.

② BIM의 적극적 도입은 새로운 변화와 무한한 기회를 창출하는 것으로, 건축물의 부가가치 상승과 효율적인 관리에 필수적 요소이다.

# 문제 19 작업분류의 목적과 방법

## Ⅰ. 개 요

① 공사를 효율적으로 계획하고 관리하고자 할 때, 그 공사내용을 조직적으로 분류하여 목표를 달성하는 데 이용해야 한다.

② WBS(작업분류체계)는 공사내용을 작업에 주안점을 둔 것으로, 공종별로 계속 세분화하면 공사내역의 항목별 구분까지 나타낼 수 있다.

## Ⅱ. 분류체계(Breakdown Structure) 종류

Breakdown Structure
- WBS(Work Breakdown Structure, 작업분류체계)
- OBS(Organization Breakdown Structure, 조직분류체계)
- CBS(Cost Breakdown Structure, 원가분류체계)

## Ⅲ. 목 적

### 1) Project 분류체계

① 단위작업이나 구성요소를 Project로 분할

② 지역(Zone)의 개념 고려

③ 기능 및 Project 요구사항의 충족 여부 검토

### 2) 작업의 만족 여부 확인

① Project와 관련된 모든 작업의 만족 여부 확인

② 작업항목에 특정 조직이나 부서를 투입하여 검토

### 3) 원가검토

① 작업항목에 대한 원가조사

② 상위 작업의 원가와 그 하위 작업 원가의 합과 일치 여부 확인

③ 전체 원가의 산정

#### 4) 상호연관성 확인

① WBS와 CBS에서 시방서, 도급내역서 등에 표기된 사항의 충족 여부 확인
② Project별 특기 시방서 내용의 충족 여부 확인

#### 5) 공기 · 공사비 산정

① 단위작업에 투입시간을 대비하여 공기 산정
② 공기에 따른 전체 공사비 산정

#### 6) WBS와 CBS의 통합관리

작업과 원가의 통합관리

## Ⅳ. WBS 방법

### 1) WBS(작업분류체계)

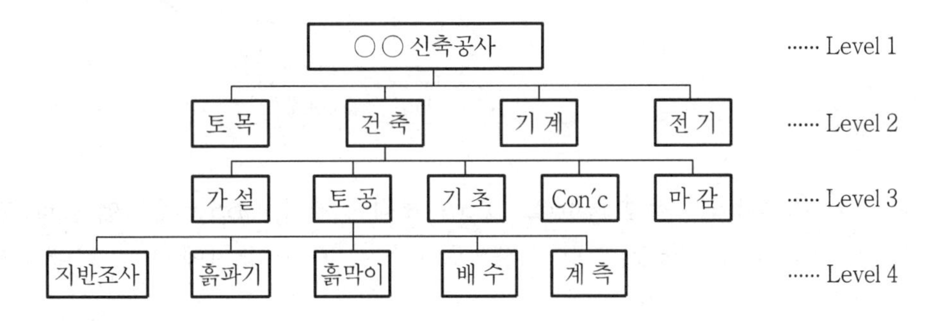


### 2) 분류

① 공종별로 분류할 수 있고, Level(계층) 구조형성
② 하위계층 수준까지 계속 내려가면 공사내역의 항목별 구분까지 표현가능
③ 일반적으로 4단계까지의 분류 사용
④ 원가분류체계와 밀접한 관계로 서로의 자료연계와 공유가 용이
⑤ 관리목표에 따른 분류방법 차이 발생

3) 유의사항

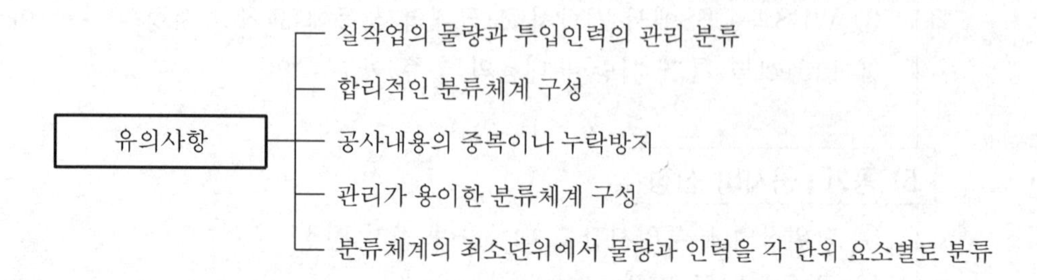


## V. WBS와 CBS의 연계방안

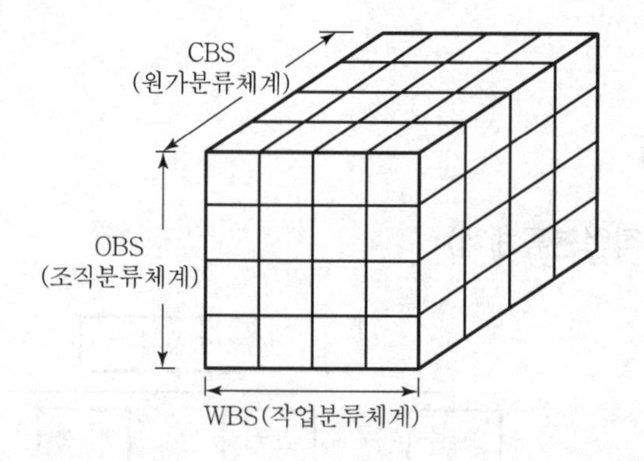


① WBS는 작업에 따라, OBS는 조직에 따라, CBS는 원가에 따라 분류한 것
② 공사 전체를 어떤 시각으로 나누어 관리하느냐에 따라 하나의 단위작업의 의미는 상이
③ 3차원 형식으로 표현하면 CBS의 직접공사부분이 WBS이고, 이를 수행하는 주체별로 나눈 것이 OBS로 표현가능

## VI. 결 론

공사의 분류체계 및 자료로서 WBS의 중요성은 이를 근간으로 협의의 모든 공사관리뿐만 아니라 모든 시방서, 도면, 작업계획, 기술문헌 등이 하나로 통일될 때 의미를 가지게 된다.

## ■ 용서의 능력

천식으로 심하게 고생하던 윌리엄은 정년이 되기도 전에 퇴직 신청을 했습니다. 얼마 전에는 폐렴까지 걸렸는데 회복될 기미가 전혀 보이지 않았습니다. 그는 기도 모임에 와서 예수님께 아픔을 치유해달라고 구했습니다. 그의 얼굴은 너무 굳어 있어서 마치 석고상 같았습니다. 그는 어렸을 때 표현할 수 없을 정도로 심한 고통을 당했습니다. 부모는 그를 원하지 않았고 심하게 때리기까지 했습니다. 결국 양부모 밑에서 자라게 되었는데 그곳에서도 상황은 별반 나아지지 않았습니다. 그들이 그를 입양한 이유는 단지 대를 잇기 위해서였습니다. 그는 현실과 타협할 수 없었고, 자신의 정체성을 발견할 수도 없었습니다.
그는 어린 시절을 고통만 가득한 시간으로 기억했습니다. 그는 웃음을 잃었고 기쁨을 느끼지 못했습니다.

나는 예수님이 그의 이름을 아시고 그에게 개인적으로 말씀하시며 그를 자유롭게 해주기 원하신다는 것을 이야기했습니다. 그리고 그분이 그에게 많은 어려움을 주었던 사람들을 그가 용서하기 원하신다는 것도 전했습니다.
"그들을 용서하라고요? 그럴 수 없습니다."
그의 답변을 들은 나는 물었습니다.
"낫기를 원하십니까?"
결정적인 질문이었습니다. 그는 자기 자신과 싸웠습니다.
"네" 라는 대답을 하기까지 정말 힘든 싸움이었습니다. 그는 그렇게 오랫동안 어깨에 짊어지고 다녔던 무거운 짐을 십자가 아래 내려놓았습니다. 주님이 그에게 용서할 수 있는 힘을 주신 것입니다.

예수님은 일생 동안 갇혀 있던 감옥에서 그를 해방시키셨습니다. 그의 내적인 문제가 해결되고 나니 기관지도 치유되었습니다.
우리 주님의 역사를 함께 경험한다는 것, 그것은 너무나 큰 감격입니다.

# 11장 | 공정관리

# 문제 1 ADM 기법과 PDM 기법의 비교 및 장단점

## Ⅰ. 개 요

① 작업 상호관계를 화살표와 Event로 표시하며 화살표에는 작업명과 공기, Event 안에는 Event Number를 기입하여 작업의 상호관계를 나타내는 공정표로서 CPM이라고도 한다.

② ADM 기법에 비해 Dummy의 생략으로 Activity 수가 감소되고, Network 작성이 더욱 쉬운 기법으로 Node 안에 작업과 소요일수가 표시된다.

## Ⅱ. Network 공정표의 분류

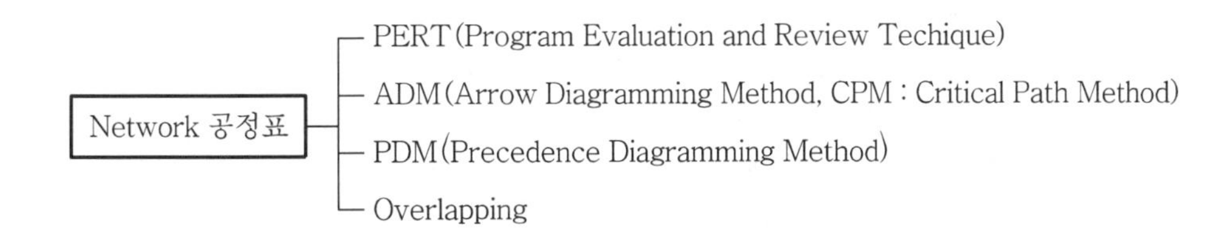


## Ⅲ. ADM기법과 PDM기법의 비교

| 내용 \ 유형 | ADM 기법 | PDM 기법 |
|---|---|---|
| 표기방법 | A, B, C, D | Start, A, B, C, D, Finish |
| 목적 | 공사비 절감 | 반복공사의 효율적 관리 |
| Dummy | 필요 | 불필요 |
| 공정 변경 | 어렵다. | 용이하다. |
| 내용 파악 | 쉽다. | 아주 쉽다. |
| Computer 적용 | 다소 어렵다. | 전산화가 용이하다. |

| 작업 간의 연결 관계 | FTS(Finish To Start)만 허용 | STS(Start To Start)<br>FTS(Finish To Start)<br>FTF(Finish To Finish)<br>STF(Start To Finish) |
|---|---|---|
| 적용공사 | 경험이 있는 공사 | 반복적이고 많은 작업이 동시에 일어나는 공사 |

## Ⅳ. 장단점

### (1) ADM(Arrow Diagramming Method, 화살형 기법)

#### 1) 장단점

| 장점 | 단점 |
|---|---|
| • 상세한 계획 수립 용이<br>• 전체 공기의 정밀산출 가능<br>• 각 작업의 흐름 및 상호관계가 명확히 표시<br>• 공정표상의 문제점 파악<br>• 경험이 있는 사업에 적용<br>• MCX 이론을 근거로 공사비 절감 목표 | • 공정표 작성시간 필요<br>• 공정표 작성에 특별한 기능이 요구<br>• 작업의 세분화 한계 |

#### 2) 표기방법

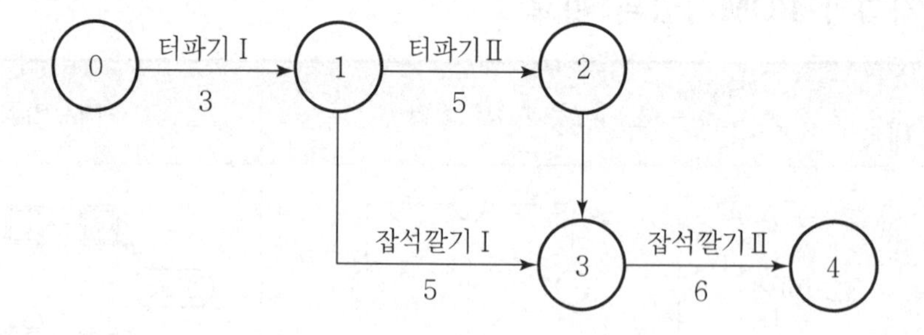


### (2) PDM(Precedence Diagramming Method, 노드형 기법)

#### 1) 장단점

| 장점 | 단점 |
|---|---|
| • Node 안에 작업에 관련된 많은 사항 표시 가능<br>• Dummy의 사용 불필요<br>• Network 작성이 ADM보다 용이 | • 작성 시 전문가 필요<br>• 반복작업이 적을 경우 비효율적 |

| | |
|---|---|
| • Computer 적용이 용이<br>• 선후작업의 연결관계를 다양하게 표현<br>• Network 독해 및 수정 용이 | |

### 2) 표기방법

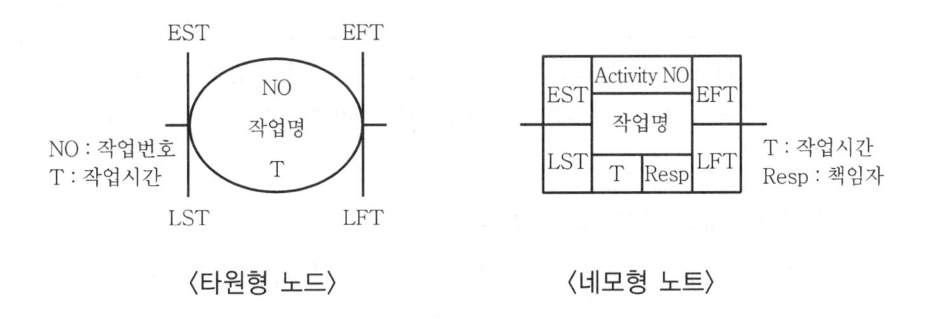


〈타원형 노드〉 〈네모형 노트〉

## V. PDM 기법으로 변화하는 원인

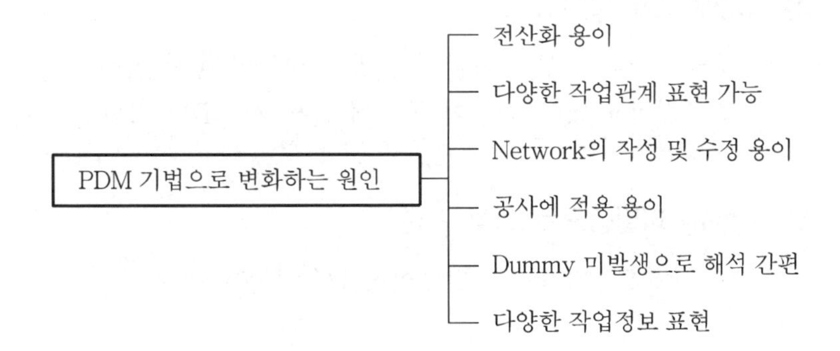


### 1) 전산화 용이

① ADM 기법에 비해 전산화 용이

② Computer의 적용 및 수정 용이

### 2) 다양한 작업관계 표현 가능

① PDM 기법을 4가지의 다양한 연결 관계로 표시

| 연결 관계 | 도해 |
|---|---|
| 1. 개시-개시(STS ; Start To Start)<br>2. 종료-종료(FTF ; Finish To Finish)<br>3. 개시-종료(STF ; Start To Finish)<br>4. 종료-개시(FTS ; Finish To Start) | 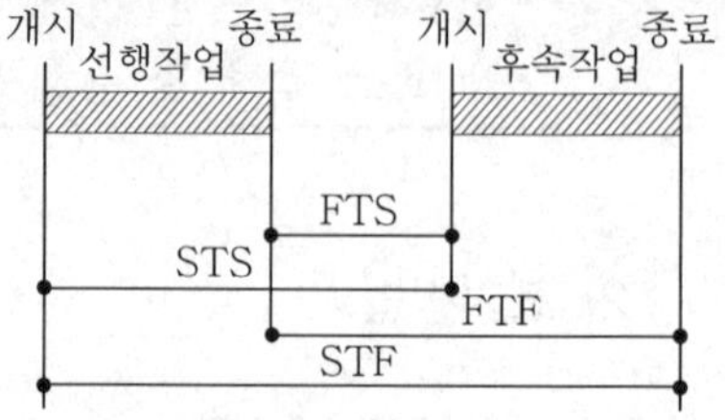 개시 선행작업 종료 개시 후속작업 종료<br>FTS<br>STS<br>FTF<br>STF |

② ADM 기법은 선행작업이 끝나야 후속작업을 시작하는 FTS(Finish To Start)관계만 허용되지만 PDM 기법은 4가지 작업 관계 표현

### 3) Network의 작성 및 수정 용이

① Network의 작성은 PDM 기법이 ADM 기법보다 용이

② ADM기법은 전산상의 수정이 복잡하나, PDM 기법은 전산상의 수정이 매우 용이

### 4) 공사에 적용 용이

① 건축공사의 특성상 반복적인 많은 작업이 동시 발생

② 반복적이고 많은 작업이 동시에 발생 시 PDM 기법의 적용성 우수

### 5) Dummy 미발생으로 해석 간편

PDM 기법은 Dummy가 발생하지 않아 Network의 해석 용이

### 6) 다양한 작업정보 표현

Node 안에 작업에 관한 다양한 정보를 표기 가능

## Ⅵ. 결 론

① PDM 기법은 ADM 기법에 비해 한층 발전된 것으로 작업 상호 간의 연결이 다양하고 Node 안에 많은 정보를 표현할 수 있다.

② PDM 기법은 ADM 기법에 비해 Computer 적용이 더 용이하며, 다양한 작업 관계를 표현할 수 있으므로 현장으로의 적용성이 더욱 뛰어나다 할 수 있다.

# 문제 2 자원배당의 순서 및 방법

## I. 개 요

### 1) 의 의

여유시간을 이용하여 논리적 순서에 따라 작업을 조절하여 자원배당함으로써 자원의 loss를 줄이고 자원수요를 평준화하는 것이다.

### 2) 자원배당 대상

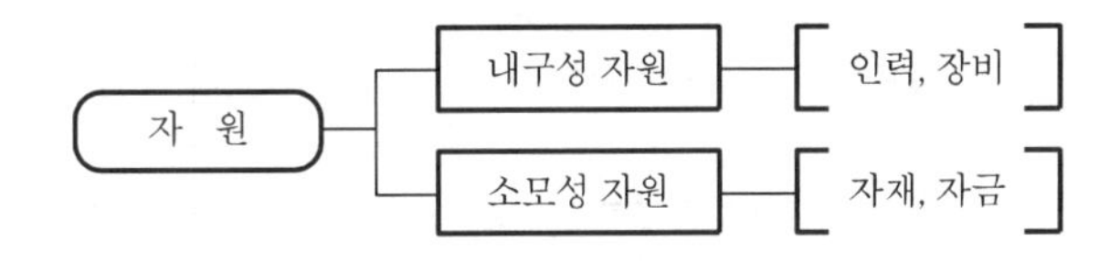


## II. 자원배당의 순서

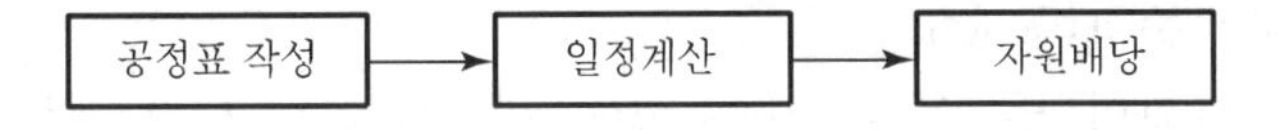


### 1) 공정표 작성

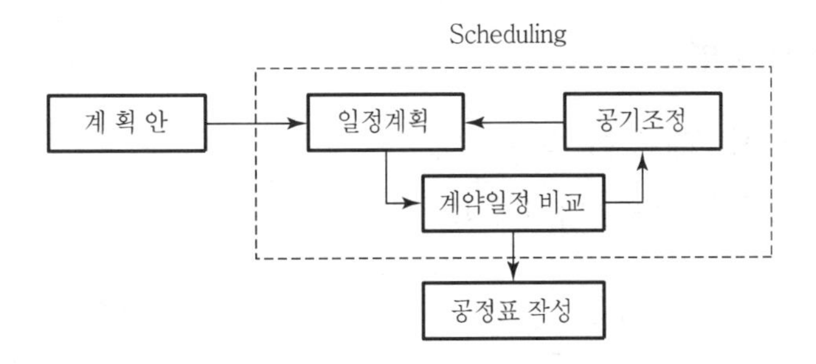

### 2) 일정계산

① Event time 결정

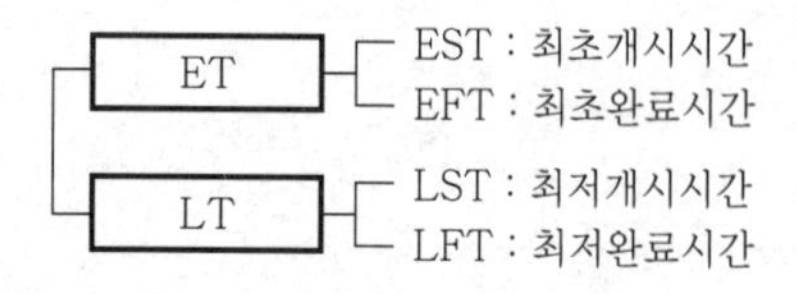


② 여유시간 파악

### 3) 자원배당

① 자원의 투입방식

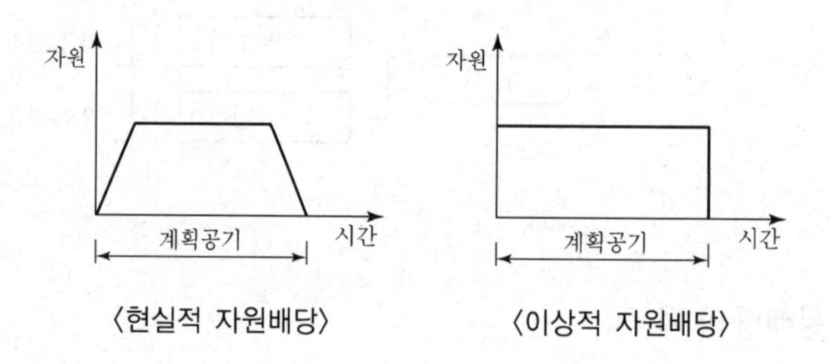


〈현실적 자원배당〉 〈이상적 자원배당〉

② 평준화(균배도)

자원의 불균형을 없애고 투입자원을 최소로 하는 과정

## Ⅲ. 자원배당방법

### 1) 착수시점에 의한 방법

① EST에 의한 자원배당

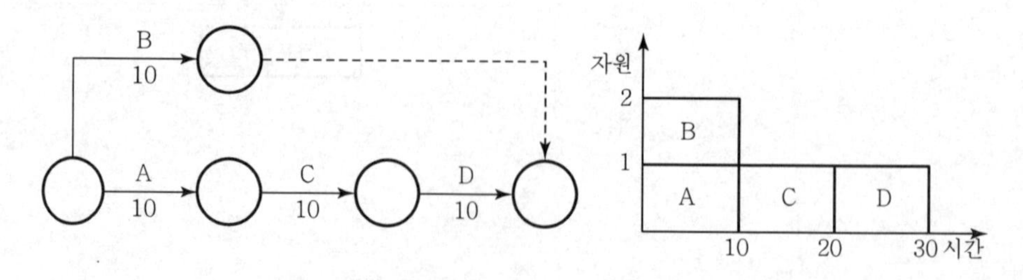

② LST에 의한 자원배당

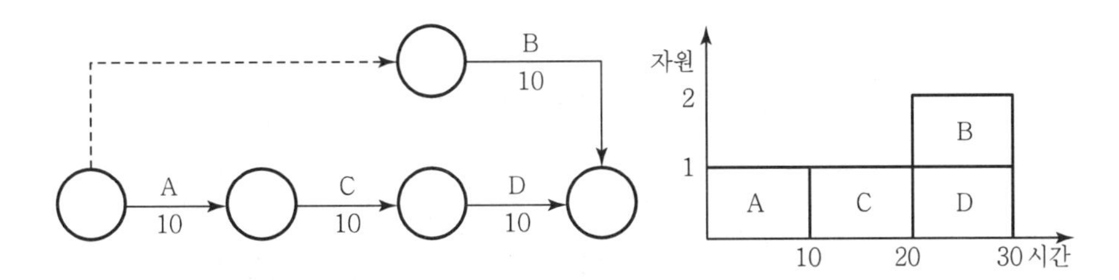


③ 균배도에 의한 자원배당

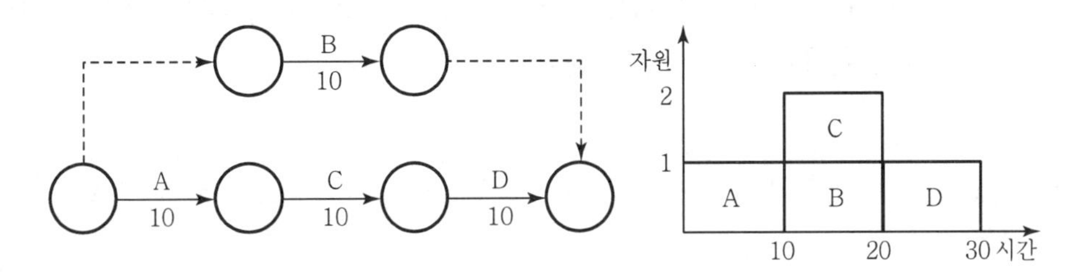


## 2) 전제조건에 따른 할당방법

① 공기를 고정하는 경우(Fixed time)

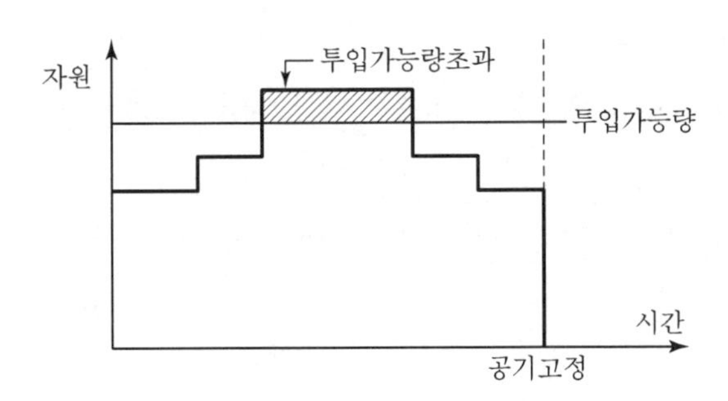


② 투입자원을 제한하는 경우(Fixed resource)

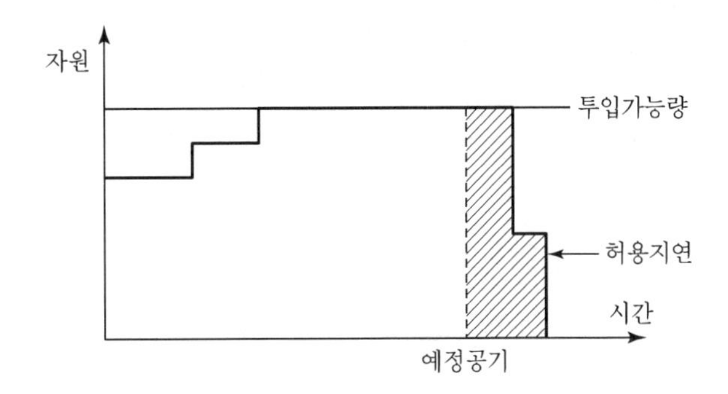

## Ⅳ. 결 론

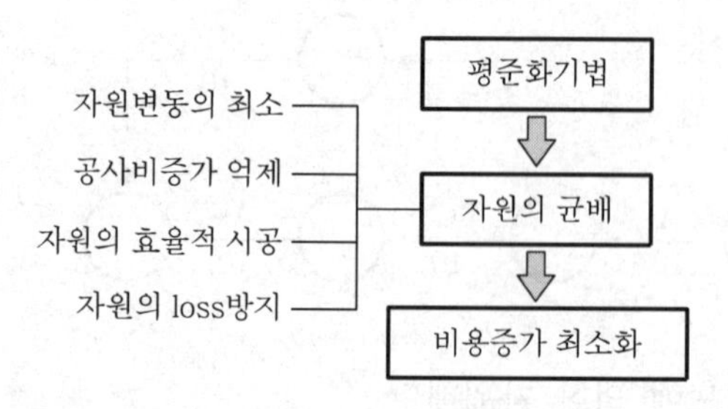


자원배당은 자원의 변동을 최소화하여 고정자원의 확보 및 한정된 자원을 최대한 활용하도록 자원의 균배가 이루어져야 한다.

# 문제 3 진도관리

## Ⅰ. 개 요

### 1) 의 의

진도관리는 각 공정이 계획공정표와 공사 실적이 나타난 실적공정표를 비교하여 전체 공기를 준수할 수 있도록 공사지연 대책을 강구하고 수정 조치하는 것이다.

### 2) 진도관리 개념

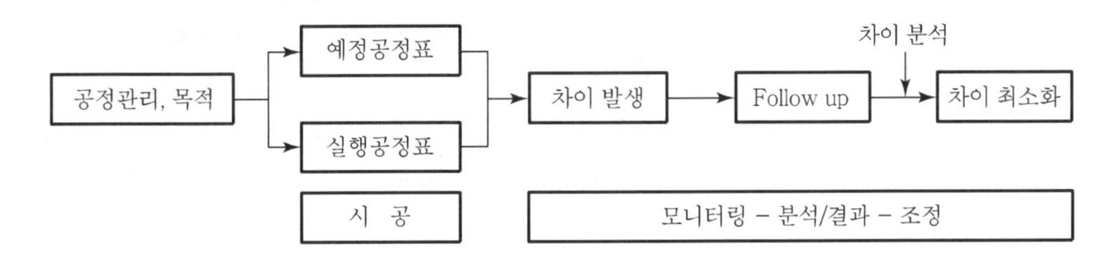


## Ⅱ. 진도관리순서

### 1) 진도관리주기

① 공사의 종류, 난이도, 공기의 장단에 따라 다름
② 통상 2주(15일), 4주(30일) 기준으로 실시공정표를 작성하여 관리
③ 최대 30일을 초과하지 않도록 함

### 2) 진도관리순서

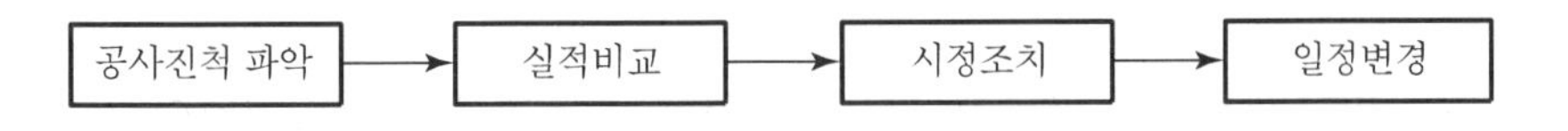


### 3) 진도관리조치

| 완료작업 | 공정표 → 굵은선 표시 |
|---|---|
| 지연작업 | 원인파악 → 공사 촉진 |
| 과속작업 | 내용파악 → 적합성 여부 |

# Ⅲ. 진도관리방법

1) Bar chart에 의한 평가

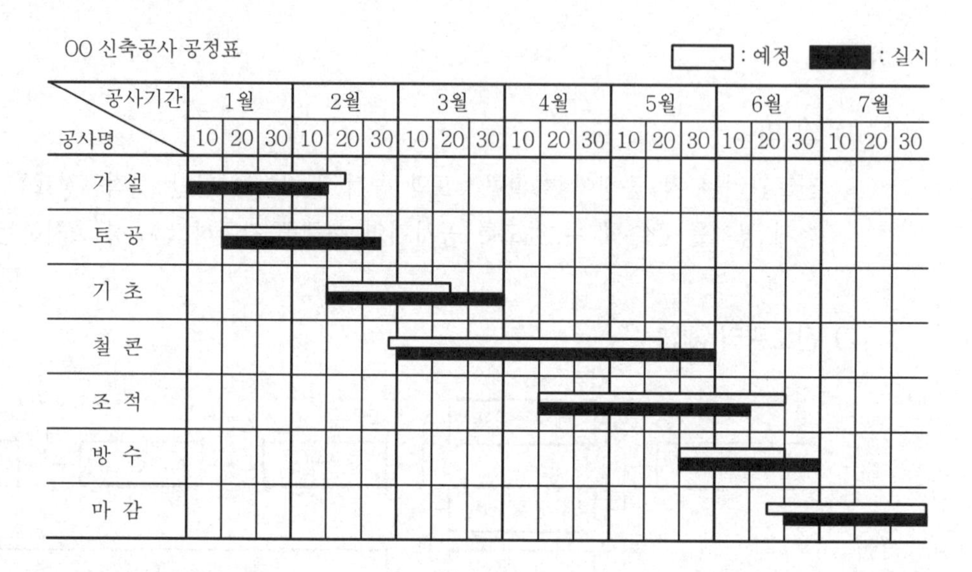


2) 바나나곡선(S-Curve)에 의한 평가

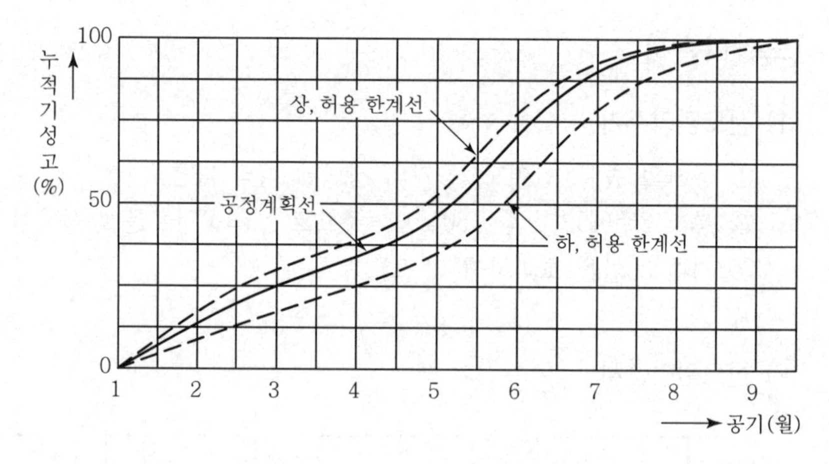


바나나곡선은 공정계획선의 상하에 허용한계선을 설치하여 그 한계 내에 들어가게 공정을 조정

3) 네트워크에 의한 평가

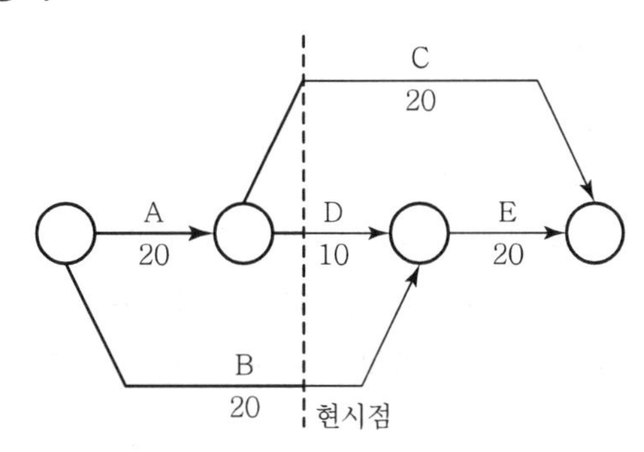


4) EVMS에 의한 평가

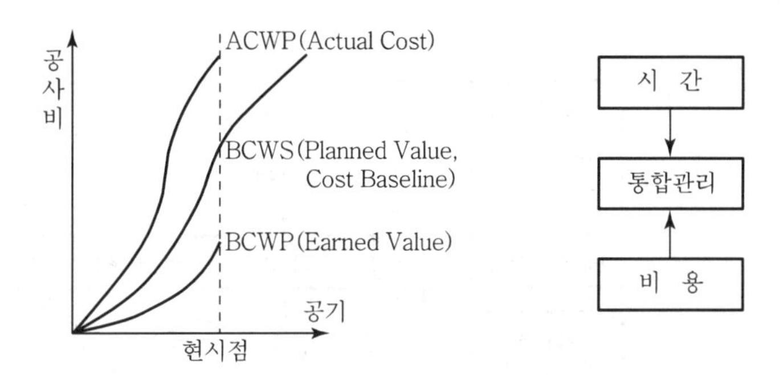


## Ⅳ. 공기지연의 형태

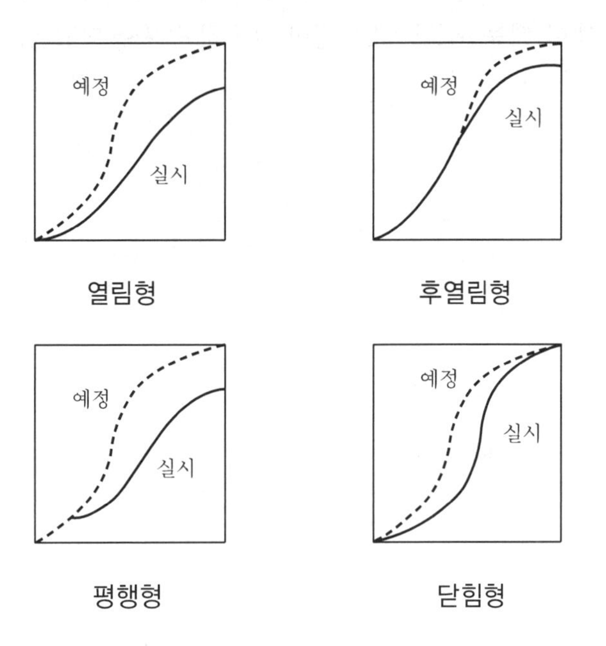

## Ⅴ. 주의사항

① 공정회의를 정기 또는 수시로 개최
② 부분 공정마다 부분 상세공정표 작성
③ Network의 각종 정보 활용
④ 공정계획과 실적의 차이를 명확히 검토
⑤ 작업의 실적치(소요일수, 인원, 자재수량) 기록 및 공정관리에 활용
⑥ 각종 노무, 자재, 외주공사 등의 수급시기 검토

## Ⅵ. 결 론

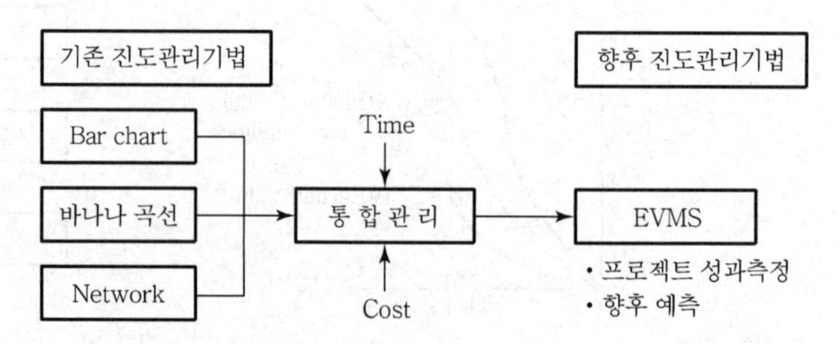


① 예정공정표와 정확한 실시공정표를 비교, 분석함으로써 정확한 진도관리를 할 수 있으며, 담당자의 창의적인 연구, 노력과 data의 feed back이 필요하다.
② 또한 최근에는 시간과 비용을 통합관리하여 프로젝트 성과측정 및 향후 예측이 가능한 EVMS기법이 유용하게 사용되고 있다.

# 문제 4 공정간섭(공정마찰)이 공사에 미치는 영향과 해소방안

## Ⅰ. 개 요

### 1) 의 의

공정마찰은 당초 공정계획의 착오, 설계변경, 민원 등 예기치 않은 상황에 의해 발생하므로 사전에 철저한 공정계획과 작업 중 수시로 공정회의를 실시하여 미연에 방지해야 한다.

### 2) 공정마찰의 개념

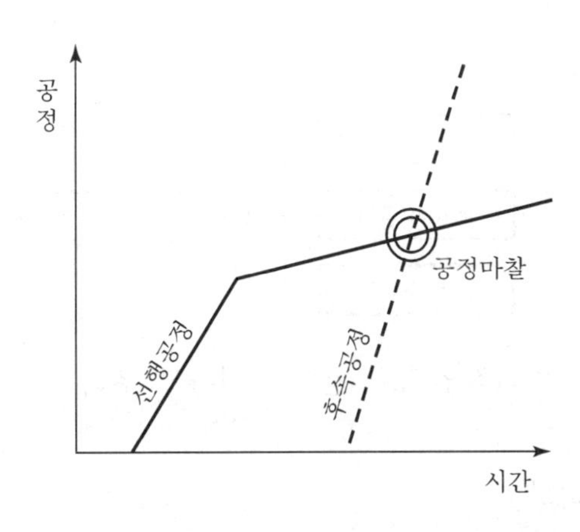


가설계획의 미비시 작업 마찰로 인한 전체 공기지연 가능

## Ⅱ. 공사에 미치는 영향

### 1) 공기 지연

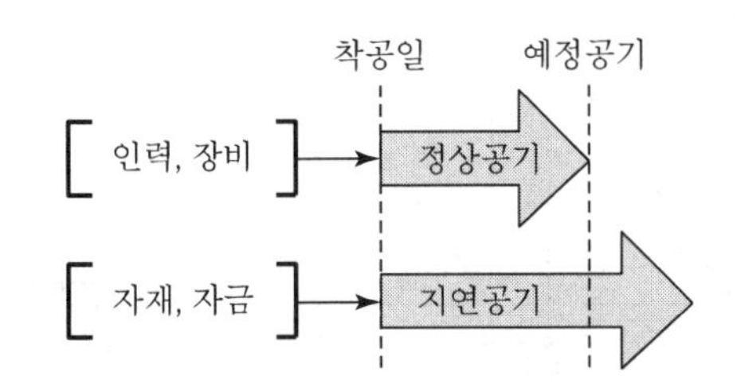


공정마찰로 인한 각 공정 간의 조정작업으로 인한 공기지연

### 2) 품질 저하

① 공정마찰을 피하기 위해 임기응변식 시공

② 돌관작업 등 무리한 공기단축의 시행 시 품질저하 우려

### 3) 원가 상승

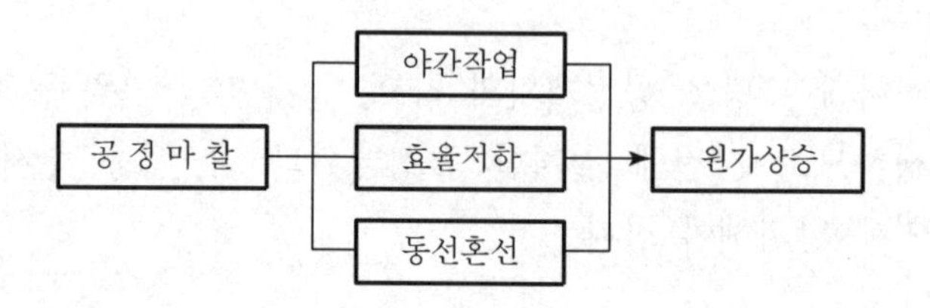


공정마찰로 인한 비능률적인 작업의 수행으로 원가상승

### 4) 안전 미비

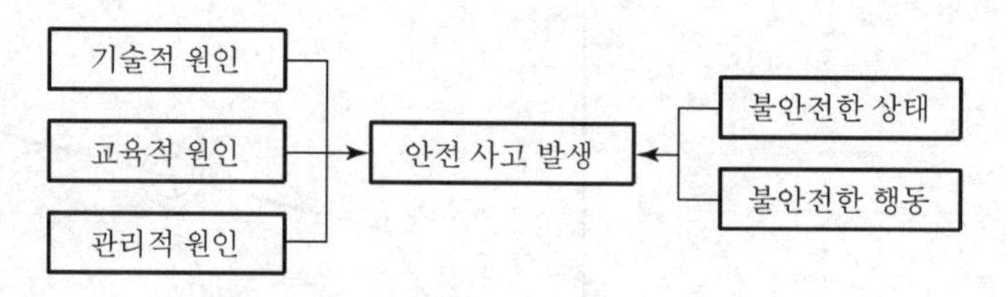


돌관작업, 야간작업으로 인한 안전사고 우려

### 5) 관리의 미비

공사관리의 미비로 부실시공 우려

## Ⅲ. 해소방안

### 1) 적정 공정계획 수립

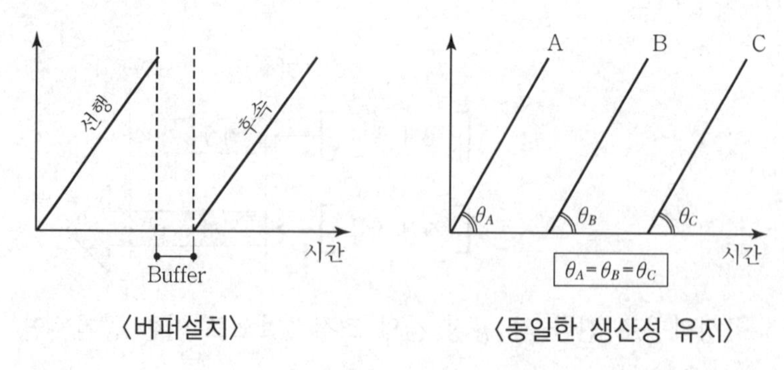


〈버퍼설치〉 〈동일한 생산성 유지〉

① 작업 간의 선후관계 및 일정을 정확히 파악
② 선행작업과 후속작업을 고려하여 각 공종의 착수시기 결정

### 2) 단위 공종의 공기엄수

① 각 단위공종의 공기를 준수하여 선, 후 작업의 영향 최소화
② 특히 공사초기 진행시부터 공정을 일정에 맞추어 관리

### 3) 자원배당 실시

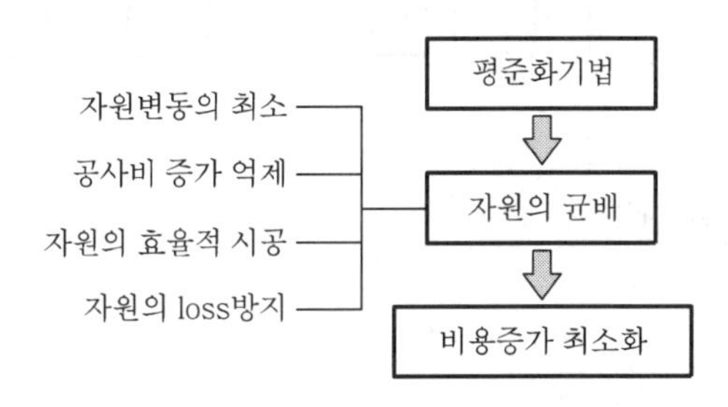


주공정의 관리 시 공정에 지장이 없도록 자원배당 배려

### 4) 진도관리 철저

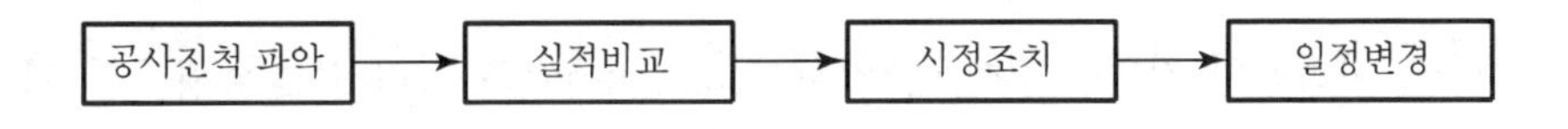


공사의 규모, 특성, 난이도에 따라 적정한 진도관리

### 5) 중간관리일(milestone) 적용

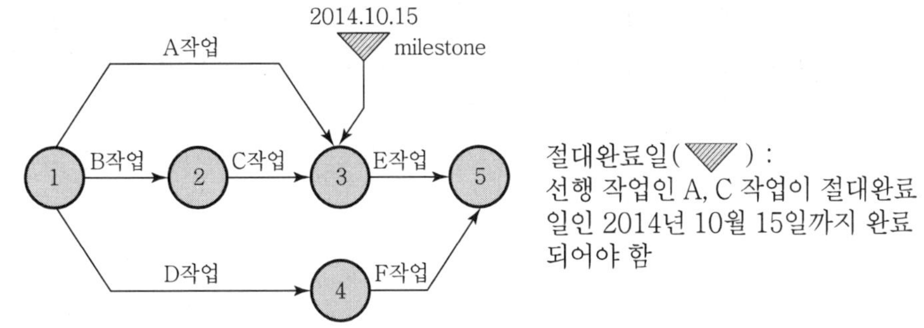


① 공사 전체에 영향을 미치는 작업관리
② 직종 간의 교차부분 또는 후속작업의 착수에 크게 영향을 미치는 작업의 완료 및 개시시점

6) 하도급의 계열화

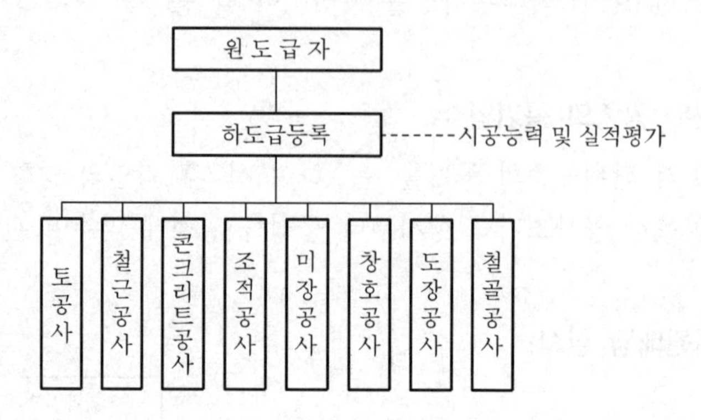


7) Tact 공정관리

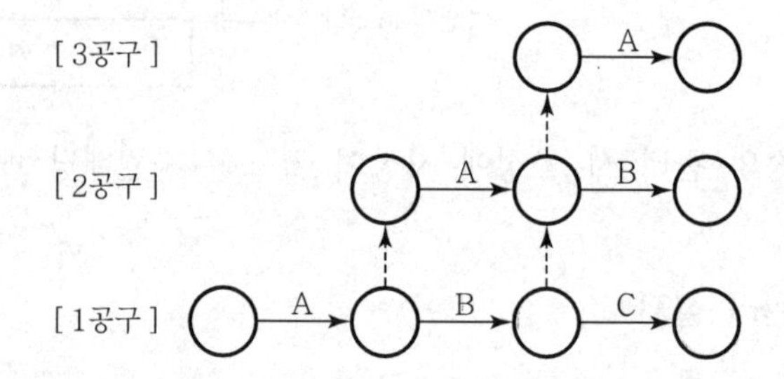


연속적인 작업을 위한 단위시간(tact time)을 정하고 흐름생산이 되게 하는 방식

## Ⅳ. 결 론

공정마찰은 현장관리의 어려움, 공기지연, 품질저하 등 공사 진행상 막대한 지장을 초래하므로 공정계획단계에서부터 적절한 계획이 필요하다.

# 문제 5 공기지연의 유형별(발주, 설계, 시공) 발생원인

## Ⅰ. 개 요

### 1) 의 의

공기가 지연되면 추가적인 자원의 투입으로 인한 원가 상승과 돌관공사로 인한 품질의 악화를 유발하므로 사전에 면밀한 검토와 준비를 통해 최적의 시공속도를 유지해야 한다.

### 2) 공기지연의 영향

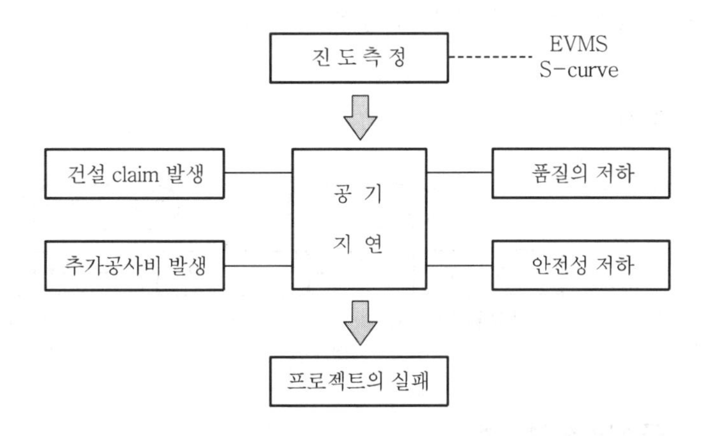


## Ⅱ. 공기지연의 발생원인

### (1) 발주시

#### 1) 기본계획변경

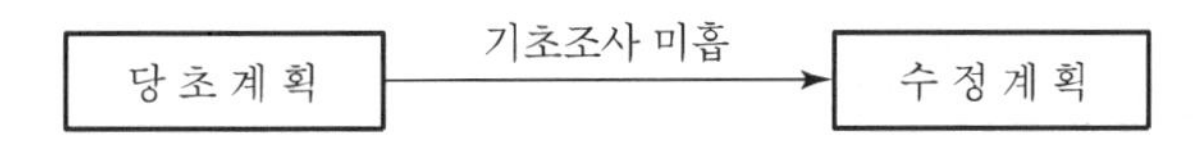


사전조사 및 타당성 분석상의 결함으로 인한 계획변경

2) 각종 민원발생

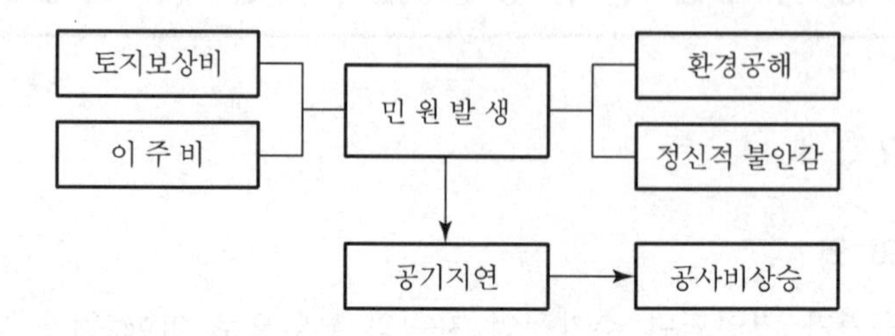


발주시 각종 민원의 미해결로 공사 착공의 지연

3) 착수시기의 조정

① 정부정책 및 제도의 급격한 변화

② 여름의 장마철, 겨울의 동절기 영향

4) 입찰지연

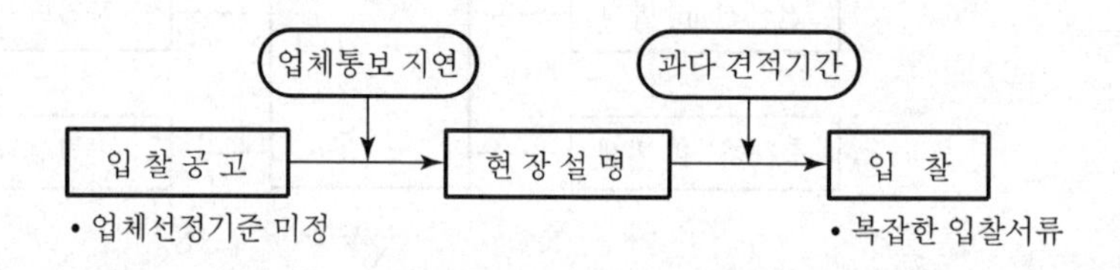


5) 자금조달 능력부족

(2) 설계시

1) 설계도서 수정보완

① 설계누락 및 하자에 따른 보완

② 신기술, 신공법 적용에 따른 타당성 검토 미흡

2) 설계변경

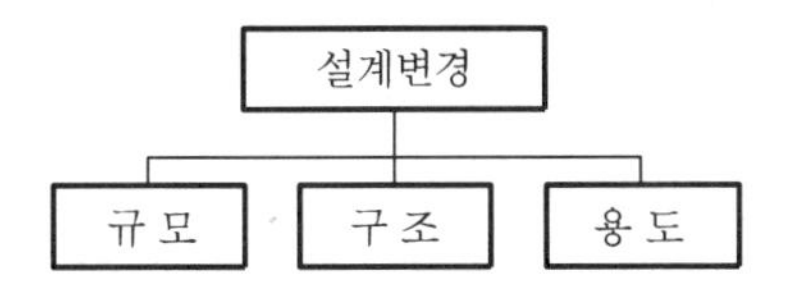


① 잦은 설계변경에 따른 지연
② 공사비 예측의 오류

### 3) 의사소통 부족

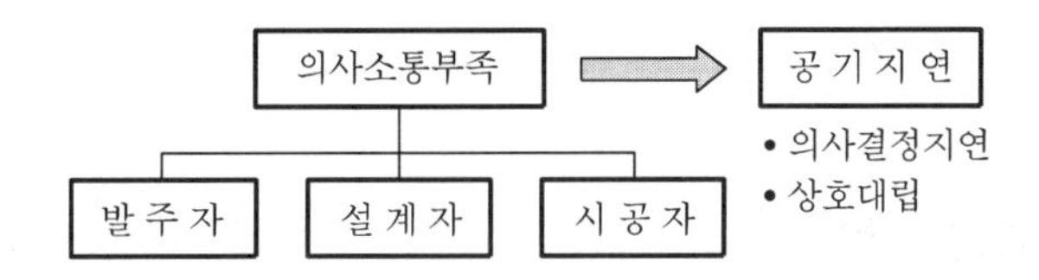


### 4) 시방서 누락 및 보완

## (3) 시공 시

### 1) 기상악화

① 폭우, 폭설 등 기상여건 악화
② 지진, 홍수, 태풍 등의 천재지변 발생

### 2) 조달지연

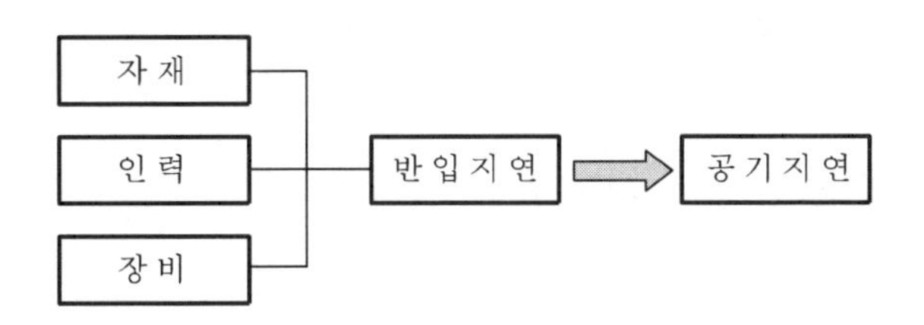


자재, 인력, 장비의 반입지연과 손실 및 고장

### 3) 공정마찰

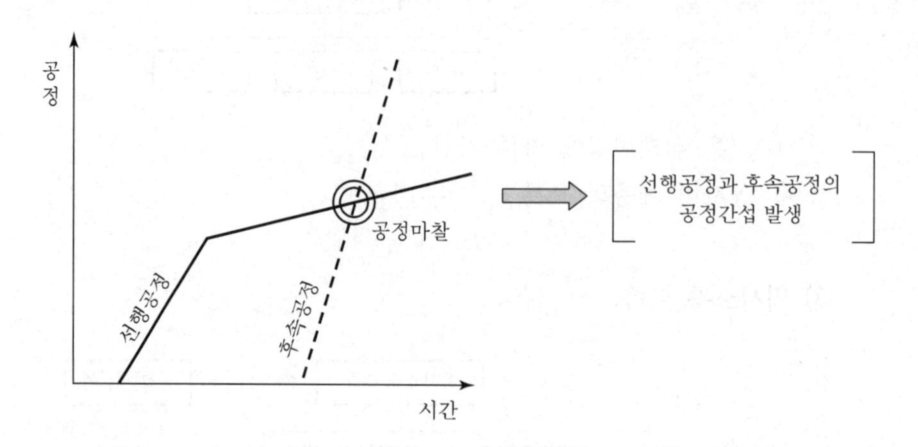


### 4) 현장여건 상이

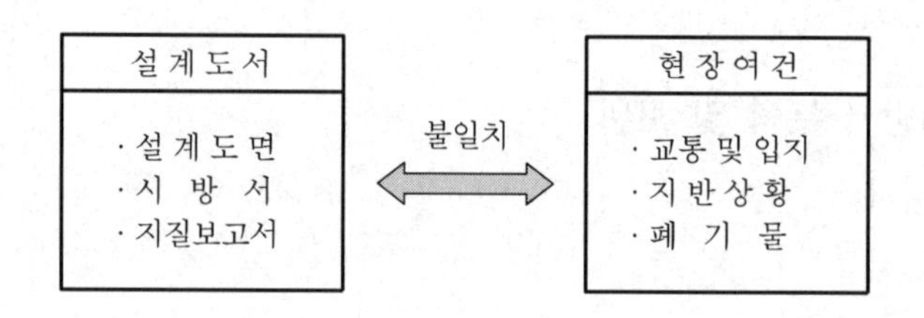


### 5) Claim 발생

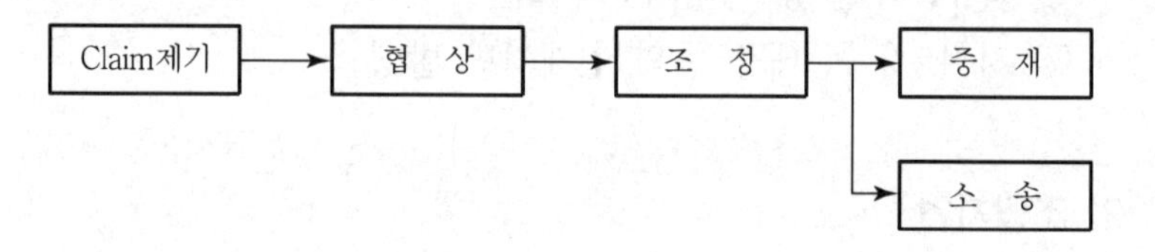


Claim 발생으로 인한 공사기간의 지연

### 6) 업체의 부도 및 노사분규

## Ⅲ. 결 론

건설 프로젝트를 진행시 공기지연을 방지하기 위해서는 실행가능하며 치밀한 공정계획이 수립되어야 하며, 프로젝트의 성공을 위한 공사관계자들의 상호협조와 이해가 필수적이다.

문제 6

# EVMS(Earned Value Management System)

## Ⅰ. 개 요

### 1) 의 의

① 현행 원가관리체계는 계획 대비 실적의 단순한 공사관리로 시간과 비용이 분리되어 있어 향후 공사에 대한 정확한 예측이 불가능하다.

② EVMS(시간과 비용의 통합관리방안)는 시간과 비용을 통합한 종합적인 원가관리 체계로서 각종 지수를 활용하여 공사의 진척 현황 및 향후 공사에 대한 정확한 예측이 가능하다.

### 2) 기대효과

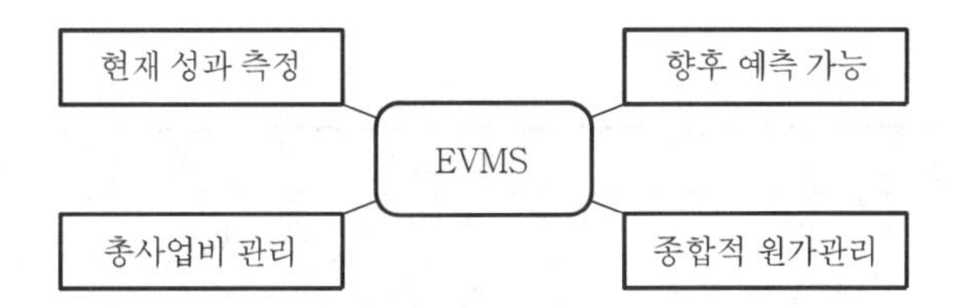


EVMS를 통해 향후의 공사비 및 공기의 정확한 예측 가능

## Ⅱ. EVMS 수행절차

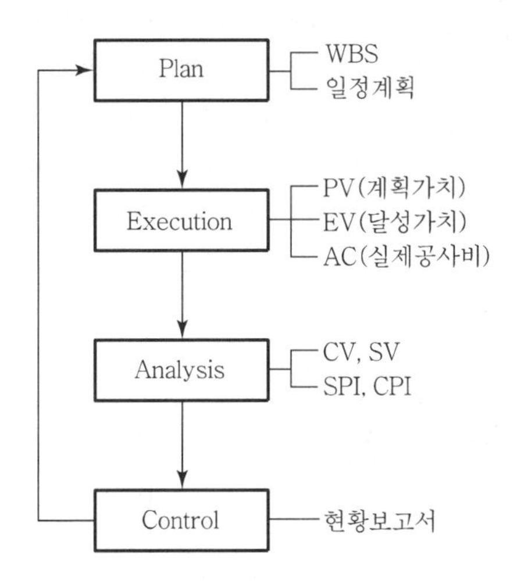

## Ⅲ. EVMS 구성

### 1) 개 념

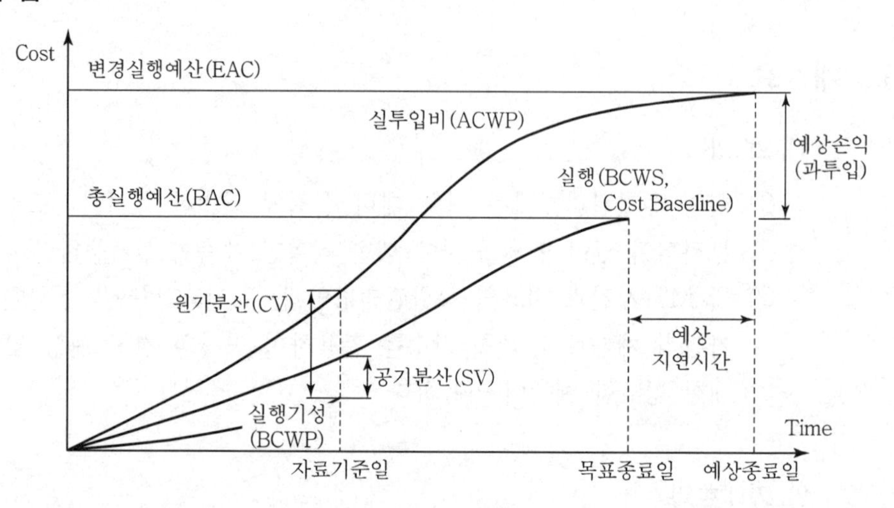


### 2) 구성요소

| 구분 | 약어 | 용어 | 내용 |
|---|---|---|---|
| 계획요소 | WBS | Work Breakdown Structure | 작업분류체계 |
| | CA | Control Account | 관리계정 |
| | PMB | Performance Measurement Baseline | 성과측정 기준선 |
| | CBS | Cost Breakdown Structure | 비용분류체계 |
| | OBS | Organization Breakdown Structure | 조직분류체계 |
| | BAC | Budget at Completion | 목표공사비 |
| 측정요소 | BCWS | Budgeted Cost for Work Scheduled<br>(PV : Planned Value, Cost Baseline) | 실행(계획공사비)<br>(=실행물량×실행단가) |
| | BCWP | Budgeted Cost for Work Performed<br>(EV : Earned Value) | 실행기성(달성공사비)<br>(=실제물량×실행단가) |
| | ACWP | Actual Cost for Work Performed<br>(AC : Actual Cost) | 실투입비(실제공사비)<br>(=실제물량×실제단가) |
| 분석요소 | SV | Schedule Variance | 일정편차(BCWP－BCWS) |
| | CV | Cost Variance | 비용편차(BCWP－ACWP) |
| | SPI | Schedule Performance Index | 일정수행지수(BCWP/BCWS) |
| | CPI | Cost Performance Index | 비용수행지수(BCWP/ACWP) |
| | EAC | Estimate at Completion | 최종 소요비용 추정액(BAC/CPI) |
| | VAC | Variance at Completion | 최종 비용편차 추정액(BAC/EAC) |

### 3) 평 가

① 공기분산(SV), 원가분산(CV)

| 해석 \ 분석값 | − | 0 | + |
|---|---|---|---|
| SV | 계획보다 뒤짐 | 계획과 일치 | 계획보다 앞섬 |
| CV | 원가 초과 | 원가와 일치 | 원가 미달 |

② 공기수행지수(SPI), 원가수행지수(CPI)

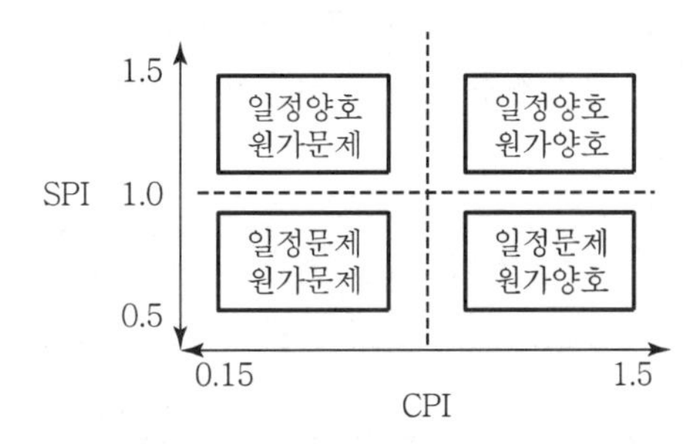


## Ⅳ. 활성화 방안

① EVMS의 명확한 절차와 지침 개발
② PMIS와 연계한 관리체계 구축
③ EVMS의 단계별 현장적용 확대
④ Soft engineering 능력향상

## Ⅴ. 결 론

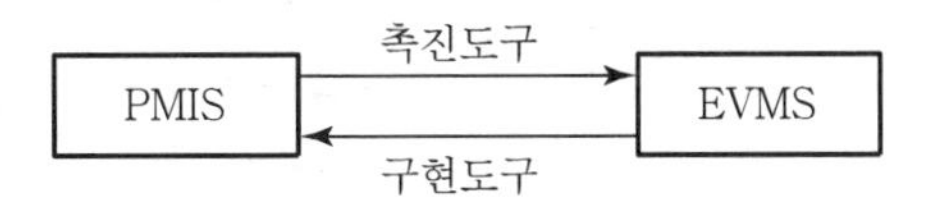


EVMS를 적용하면 원가관리, 견적, 공정관리 등을 PMIS와 유기적으로 원활하게 연결하여 종합적인 원가관리체계를 구축할 수 있다.

## 문제 7 CT(Cycle Time)의 정의 및 단축 시 기대효과

### Ⅰ. 정 의

#### 1) 개 요

① 건축 프로젝트에서 cycle time은 한 개층 또는 단위공종을 완료하는데 수행되는 일련의 작업군(work package)에 소요되는 시간을 의미한다.

② Cycle time은 공사난이도, 장비의 활용도, 노무자 숙련도, 기후조건, 현장여건, 관리능력, 기술수준 등에 의해 결정된다.

#### 2) 개념도

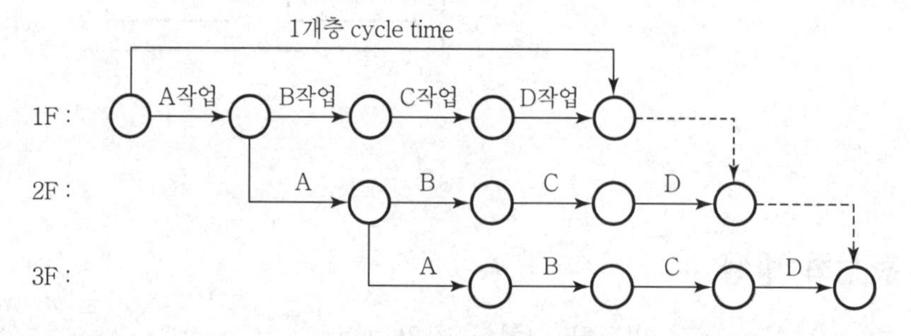


### Ⅱ. Cycle time 단축 시 기대효과

#### 1) 비용 절감

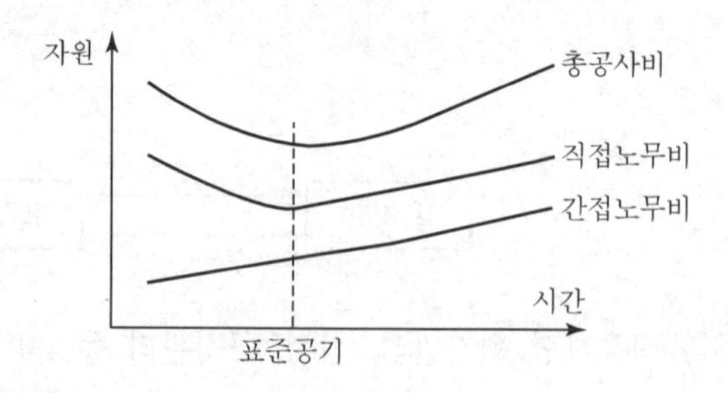


① 표준공기일 때 공사비가 가장 적음

② 표준공기보다 짧을 때는 단축으로 인한 직접 노무비가 증가되어 총공사비 증가

### 2) 낭비 제거

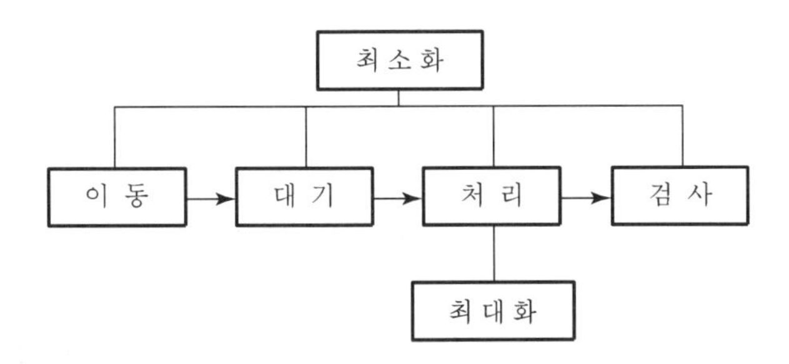


비가치요소에 대한 낭비요소를 제거하여 효율적인 생산시스템 구축 가능

### 3) 생산성 증가

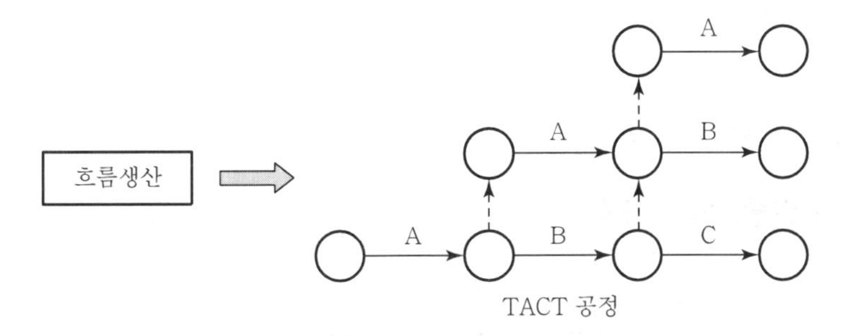


연속적인 작업이 가능하므로 흐름생산으로 생산성 증가

### 4) 작업대기 시간 최소화

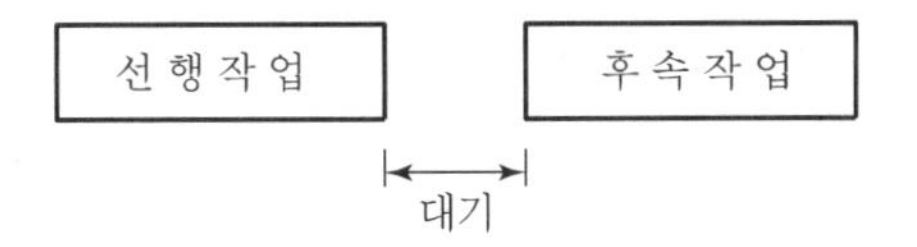


Cycle time 단축 시 선후 작업 간 대기시간 감소

### 5) 생산시스템 개선

| | |
|---|---|
| 설계 표준화 | CAD, CAM |
| 자재 규격화 | Pre-fab, MC화 |
| 시공 합리화 | 자동화, robot화 |

6) Just in time 정착

필요한 것을 필요한 때에 필요한 만큼만 생산하는 적시생산방식 정착

7) 공정마찰 예방

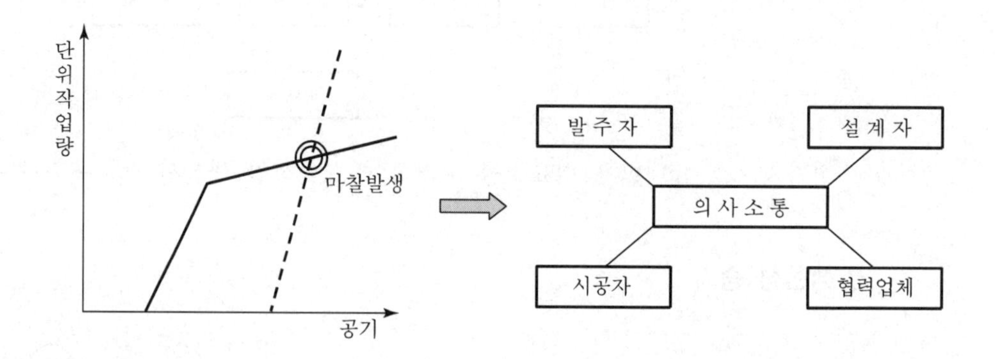


8) 공사관리 기법 향상

9) 양중방법 고도화

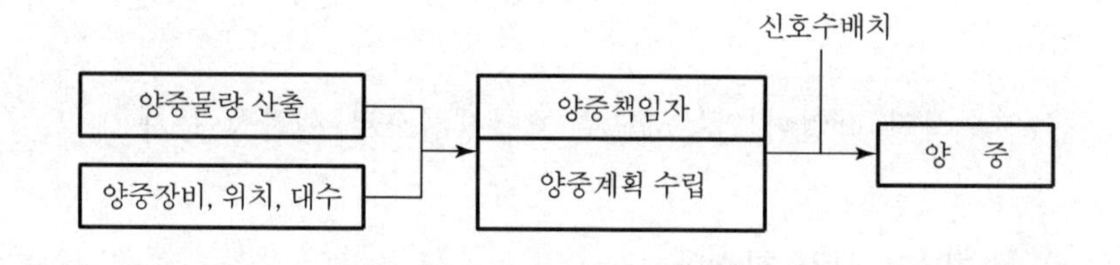


## Ⅲ. 결 론

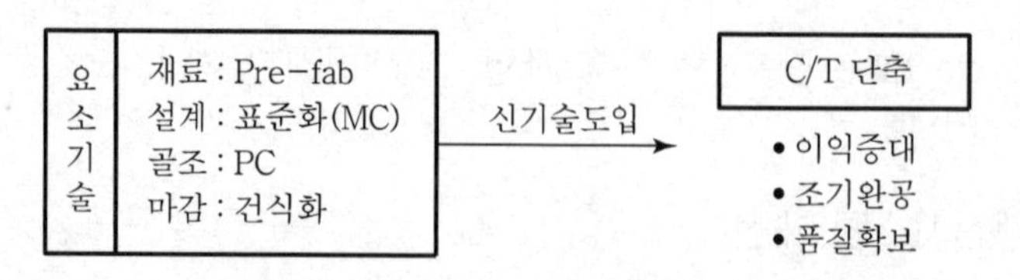


Cycle time의 단축을 위해서는 공기를 단축시키는 요소기술의 이해와 구성원들의 상호협력이 요구된다.

## ■ 하나님의 거미줄

북아프리카에서 사역하는 프레드릭 놀란이라는 선교사가 있었습니다. 그는 북아프리카에서 일어난 기독교 탄압을 받고 원수들을 피해 도망쳤습니다.

언덕을 지나 계곡으로 쫓기는데 몸을 숨길 곳이 없었습니다. 마침 길 옆에 작은 굴이 보여 들어갔지만, 두려움이 몰려왔습니다. 자포자기하는 마음으로 죽음을 기다리다가 그는 하나님을 기억하고 그분께 매달렸습니다.

"주님, 제가 이렇게 죽는 건가요? 제 사명이 이것으로 끝인가요?"
그는 하나님께 부르짖으며 절박한 심정으로 기도했습니다.

그런데 어딘가에서 거미가 나오더니 굴 입구에 거미줄을 치기 시작했습니다. 거미는 순식간에 굴 입구를 가로질러 거미줄을 쳤습니다. 그를 쫓아오던 자가 굴 앞에 멈춰 서서 굴을 살폈는데 입구에 거미줄이 쳐 있고 줄을 건드린 흔적이 없는 것을 보고는 그냥 지나갔습니다. 그들이 떠난 후 굴에서 빠져나온 놀란은 이렇게 감탄했습니다.
"하나님이 계신 곳은 거미줄도 벽과 같고, 하나님이 계시지 않은 곳은 벽도 거미줄 같다."

당신은 두려우십니까?
빛이시요 구원이시며 생명의 능력이신 하나님을 신뢰하십시오! 그리고 그분과 교제하고 예배하면서 그분께 모든 것을 간절히 아뢰십시오. 하나님이 계신 곳은 거미줄도 벽과 같습니다. 그분이 우리로 능히 두려움을 이기게 하실 것입니다.

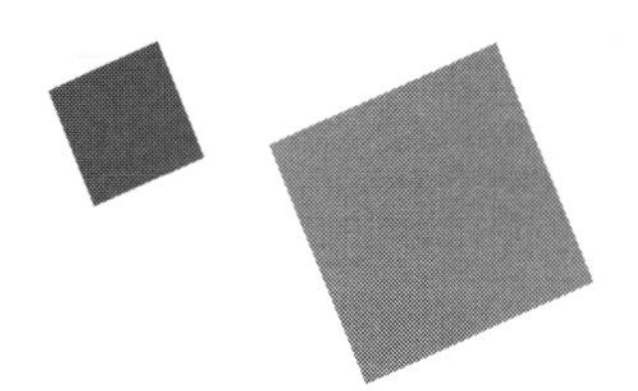

# 부록 | 공정별 비교표 모음

# 1장 계약제도

## 1. 공동이행방식과 분담이행방식의 비교

| 구분 | 공동이행방식 | 분담이행방식 |
|---|---|---|
| 구성 | 출자비율에 의한 구성 | 분담내용에 의한 구성 |
| 대표자권한 | 입찰, 대금청구 및 수령,<br>공동 수급체의 재산관리 등 | 좌동 |
| 각종보증금의 납부 | 출자비율에 따라 부담하거나<br>구성원 중 하나가 일괄납부 가능 | 분담내용별로 구성원별로<br>각각 적용 |
| 도급한도액의 적용 | 합산하여 적용 | 분담내용별로 구성원별로<br>각각 적용 |
| 대가 지급 | 구성원별로 구분 기재된<br>신청서를 대표자가 제출 | 좌동 |
| 계약이행의 책임 | 구성원의 연대책임 | 분담내용에 따라 구성원<br>각자의 책임 |

## 2. 공동도급과 컨소시움의 비교

| 구분 | 공동도급(Joint Venture) | 컨소시움(Consortium) |
|---|---|---|
| 개념 | 공동자본을 출자하여 법인을 설립하고 기술 및 자본 제휴를 통하여 공사를 수행 | 법인을 설립하지 않는 협력 형태이며, 각기 독립된 회사가 하나의 연합체를 형성하여 공사를 수행 |
| 자본금 | 투자 비율에 따라 각 참여사가 공동 출자 | 공동 비용을 제외한 제비용은 각 참여사가 책임 |
| 회사 성격 | 유한 주식회사의 형태 | 독립된 회사의 연합 |
| 운영 | 만장일치제 원칙<br>(경우에 따라 지분 비례에<br>따른 권력 행사) | 만장일치제 원칙<br>(의견이 일치되지 않을 경우<br>중재에 회부) |
| 배당금 | 출자 비율에 따라 이익 분배 | 각 회사의 노력에 의해 변동 |
| 소유권 이전 | 특별한 경우 이외에는 불가 | 사전 서면 동의에 의해 가능 |
| 참여 공사의 유형 | 소형 및 대형 Project | Full Turn key |

| 구분 | 공동도급(Joint Venture) | 컨소시움(Consortium) |
|---|---|---|
| PQ제출 | Joint Venture 명의 | 각 회사별로 제출 |
| 선수금 | 지분율에 따라 분배 | 계약 금액에 따라 분배 |
| Claim | 투자 비율에 따라 공동 부담 | 각 당사자가 책임 |
| 공사 책임 | 출자 비율에 따라 공동 책임 | 계약 당사가 책임 |

## 3. 기존 공사계약방식과 직할시공제의 비교

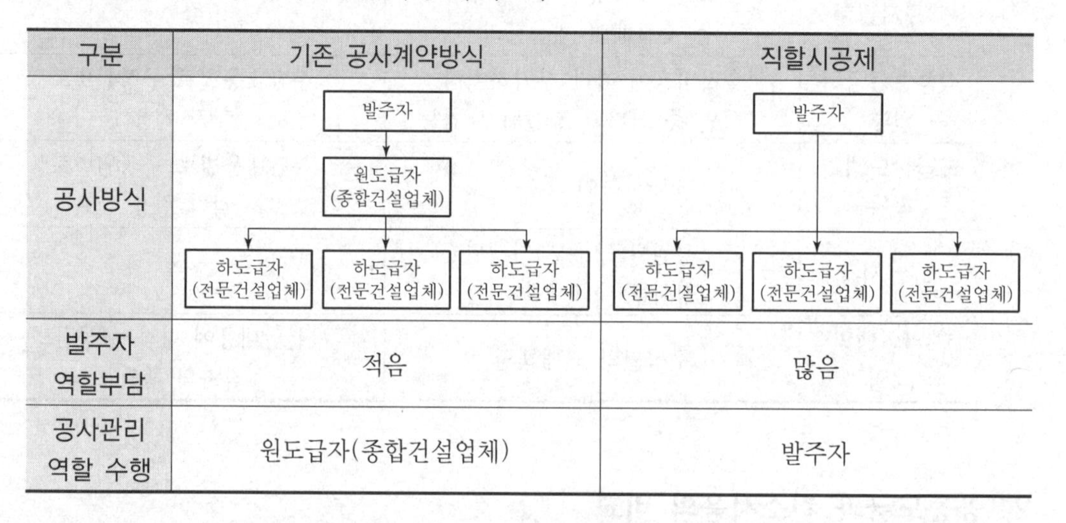

| 구분 | 기존 공사계약방식 | 직할시공제 |
|---|---|---|
| 공사방식 | 발주자<br>원도급자 (종합건설업체)<br>하도급자 (전문건설업체) 하도급자 (전문건설업체) 하도급자 (전문건설업체) | 발주자<br>하도급자 (전문건설업체) 하도급자 (전문건설업체) 하도급자 (전문건설업체) |
| 발주자 역할부담 | 적음 | 많음 |
| 공사관리 역할 수행 | 원도급자(종합건설업체) | 발주자 |

## 4. CM 방식과 Turn Key 방식의 비교

| 구분 | CM방식 | Turn Key 방식 |
|---|---|---|
| 채용 방식 | 발주자의 위임으로 결정<br>통합 관리 System | 사업체 일체를 일괄하여 도급<br>도급 계약 방식의 일종 |
| 업무 내용 | 발주자·설계자·시공자 간에<br>분쟁조정 및 기술지도 | 발주자의 대상 계획의 전권을<br>위임받아 공사 진행 |
| 발주자의 입장 | 발주자의 의견을 시공자·설계자에게<br>CMr이 기술지도 | 시공자의 기술력에만 의존 |
| 목적 | 궁극적으로 발주자의 이익 증대 | 기업의 이윤 추구 |

## 5. BTO와 BTL의 비교

| 구분 | BTO | BTL |
|---|---|---|
| 대상시설 성격 | 사용료 부과(투자비 회수)<br>용이 시설 | 사용료 부과(투자비 회수)<br>어려운 시설 |
| 투자비 회수 | 최종사용자의 사용료 | 정부의 시설 임대료 |
| 사업 Risk | 민간이 수요 위험 부담 | 민간의 수요 위험 배제 |

## 6. 총액입찰제도와 내역입찰제도의 비교

| 구분 | 총액입찰제도 | 내역입찰제도 |
|---|---|---|
| 대규모 공사에 대한 적용성 | 수량 산출에 과다한 시간 소요 | 내역 산출에 대한 오차 적음 |
| 공사비 조정 | 공사비 조정 복잡<br>수량 착오에 대한 설계변경 곤란 | 공사비 조정용이<br>수량 착오에 대한 설계변경 용이 |
| 입찰단가 조정 | 입찰단가 없음 | 조정 불가 |
| 기성고 지불 | 불명확 | 명확 |
| VE | 시공자 기술에 따라 복잡 | 시공자 기술에 따라 용이 |
| 품질향상 | 곤란 | 용이 |

## 7. 국내입찰과 국제입찰의 비교

| 구분 | | 국내입찰 | 국제입찰 |
|---|---|---|---|
| 입찰방법 | | • 경쟁입찰(일반, 제한, 지명경쟁)<br>• 특명입찰 | • 경쟁입찰(일반, 지명경쟁)<br>• 특명입찰 |
| 입찰 공고일 | 일반공사 | 입찰서 제출 마감일부터 10일 전 | 입찰서 제출 마감일부터 40일 전 |
| | PQ 대상공사 | 현장 설명일부터 30일 전 | 현장 설명일부터 30일 전 |
| 입찰보증금 | | 입찰금액의 5% 이상 | 입찰금액의 5% 이상 |
| 낙찰자 선정방법 | | • 최저가 낙찰제, 부찰제, 저가심의제<br>• 제한적 최저가 낙찰제<br>• 적격 낙찰제<br>• 협상에 의한 계약 | • 적격 낙찰제<br>• 협상에 의한 계약 |
| 계약보증금 | | 계약금액의 10% 이상 | 계약금액의 10% 이상 |
| 하자보증금 | | 계약금액의 2~5% | 계약금액의 3% |

## 8. 물량내역수정입찰제도, 순수내역입찰제도 및 내역입찰제도의 비교

| 구분 | 물량내역수정입찰제도 | 순수내역입찰제도 | 내역입찰제도 |
|---|---|---|---|
| 발주자 | 설계도, 시방서, 물량내역서 제시 | 설계도, 시방서 제시 | 설계도, 시방서, 물량내역서 제시 |
| 입찰자 | 제시된 공종에 대한 물량내역서를 수정 | 물량과 내역서를 작성 | 물량내역서에 물량 단가를 기입 |

## 9. 기술제안입찰제도와 대안입찰제도의 비교

| 구분 | 기술제안입찰제도 | 대안입찰제도 |
|---|---|---|
| 내용 | 공법이 정해지지 않은 상태에서 입찰자가 공법을 제시 | 공법이 정해진 상태에서 입찰자가 다른 대안을 제시 |
| 적용범위 | 행정중심복합도시 및 혁신도시 건설공사 중 건설물의 상징성·기념성·예술성 등이 필요하거나 높은 기술이 요구되는 공사 | 추정가격 300억 원 이상인 공사로서 대안입찰 방식으로 결정한 공사 |
| 특징 | 시공법 등과 관련하여 공사비 절감방안 제안 가능 | 발주자가 작성한 설계에 효율적인 아이디어를 적용하여 예산 절감 및 기술력 제고 |
| 입찰방법결정 | 중앙건설기술심의위원회 | 중앙건설기술심의위원회 |

## 10. Charter, Rental 및 Lease 임대방식의 비교

| 구분 | Charter | Rental | Lease |
|---|---|---|---|
| 임대기간 | 짧음(일 또는 시간) | 비교적 짧음(월 단위) | 길다.(1~2년) |
| 기계 운전자 | 필요 없음 | 계약 여부에 따라 다름 | 필요함 |
| 적용기계 | 일반장비 | 일반장비 | 특수장비 |
| 정비·수리 | 임대업체 | 임대업체 | 임대업체 |

## 11. 품목 조정률 및 지수 조정률의 비교

| 구분 | 품목조정률에 의한 방법 | 지수조정률에 의한 방법 |
|---|---|---|
| 조정률 산출 | 모든 품목의 개별적 계산 | 비목군별 지수대비 산출 |
| 장점 | 실질적 반영 가능 | 조정률 산출용이 |
| 단점 | 계산 복잡<br>많은 시간과 노력 소요 | 개념적인 지수이용으로<br>실질적 반영 제한 |
| 용도 | 단기, 소규모, 단순공종 공사 등 | 장기, 대규모, 복합공종 공사 |

# 2장 가설공사

## 1. 공통가설공사와 직접가설공사의 내용 비교

| 공통가설공사 | 직접가설공사 |
|---|---|
| 1. 가설 건물 : 가설 사무소, 자재창고 등<br>2. 가설 울타리 : 판장, 철망, 대문<br>3. 가설 운반로 : 가설도로, 가설교량, 가설배수로<br>4. 동력, 용수, 광열, 통신<br>5. 가설 시설물 : 투시도(조감도), 안내간판, 재해방지시설 등<br>6. 대지측량 및 정리, 도로점용, 차 용지<br>7. 시험 조사 : 재료 시험, 지질조사 등<br>8. 기계 기구 설비 : 기계 기구의 반입, 설치, 이전, 해체, 운전 및 수리 | 1. 대지측량과 정리<br>2. 규준틀<br>3. 먹메김<br>4. 비계 : 외부비계, 내부비계, 비계다리<br>5. 건축물 보양 : 콘크리트 보양, 타일/석재면 보양, 창호재 보양 등<br>6. 보호막 설치<br>7. 낙하물 방지망<br>8. 건축물 현장정리 |

## 2. 통나무 비계, 강관 Pipe 비계 및 강관틀 비계의 비교

| | 통나무 비계 | 강관 Pipe 비계(단관비계) | 강관틀 비계 |
|---|---|---|---|
| 비계기둥간격 | 2.5m 이하 | 띠장(도리)방향 : 1.5m~1.8m<br>장선(보)방향 : 0.9m~1.5m | - |
| 띠장 · 장선간격 | 1.5m | 1.5m | - |
| 기둥 1본당 부담하중 | - | 700kg | 2,500kg |
| 기둥 간 부담 하중 | - | 400kg | 400kg |
| 벽체와 연결간격 | 수직 : 5.5m 이하 | 수직 : 5m 이하 | 수직 : 6m 이하 |
| | 수평 : 7.5m 이하 | 수평 : 5m 이하 | 수평 : 8m 이하 |
| 결속선 | 철선 #8~#10<br>아연도금철선 #16~#18 | Coupler | Pin |

# 3장 토공사

## 1. 사질토와 점성토의 성질 비교

| 구분 | 전단강도 | 투수성 | 압축성 | LL, PI, e | 강도정수 | 동상 |
|---|---|---|---|---|---|---|
| 사질토 | 크다. | 크다. | 작다. | 작다. | Ø가 크다 | 작다 |
| 점성토 | 작다. | 작다. | 크다. | 크다. | C가 크다 | 크다 |

## 2. 토질시험의 분류

| 구분 | 물리적 특성시험 | 역학적 특성시험 | 지지력 특성시험 |
|---|---|---|---|
| 시험항목 | 비중, 함수량, 입도,<br>SL, PL, LL 밀도시험 | 투수, 압밀, 직접전단,<br>일축압축, 삼축압축강도시험 | 다짐, 실내CBR시험 |

## 3. 주요 원위치 시험의 비교

| 구분 | SPT 표준관입시험 | PBT 평판재하시험 | CBR Test |
|---|---|---|---|
| 하중 | 충격하중 | 정적하중 | 정적하중(관입) |
| 변형 | 관입 | 침하 | 관입 |
| 구하는 값 | N | K | CBR |

## 4. Tilt meter와 Inclinometer의 비교

| 구분 | Tilt meter | Inclinometer |
|---|---|---|
| 목적 | 지상구조물 등에 균열발생 시 균열크기와 변화를 측정 | 굴착진행시 흙막이벽체의 수평 변위를 측정 |
| 설치위치 | 측정이 용이하고 전체 건물이 같이 거동하는 부위로서 정면과 측면쪽에 설치 | 흙막이벽체 또는 배면지반에 굴착심도보다 깊게 부동층까지 천공하여 설치 |
| 신뢰도 | 낮음 | 높음 |

## 5. 피조콘관입시험과 표준관입시험의 비교

| 구분 | 피조콘관입시험 | 표준관입시험 |
|---|---|---|
| 자료의 연속성 | ○ | × |
| 자료의 신뢰도 | ○ | △ |
| 간극수압 측정 | ○ | × |
| sand seam 유무 판정 | ○ | × |
| 시료의 채취 | × | △ |
| 응력 경로, OCR 판정 | ○ | × |
| 조사비 | ○ | ○ |

## 6. 입도판정

| Cu | 입도상태 | Cg |
|---|---|---|
| 1 | 균등입도 | |
| ≤4 | 입도분포 나쁨 | |
| ≥10 | 입도분포 좋음 | $1<Cg<3$ |

## 7. 상대밀도와 N치 상관관계

| N치 | 0~4 | 4~10 | 10~30 | 30~50 | 50 이상 |
|---|---|---|---|---|---|
| 상대밀도(%) | 0~15 | 15~35 | 35~65 | 65~85 | 85~100 |
| 상태 | 대단히 느슨 | 느슨 | 중간 | 조밀 | 대단히 조밀 |

## 8. 연약지반의 기준

| 구분 | 사질토 지반 | | | 점성토 지반 | | |
|---|---|---|---|---|---|---|
| | N치 | $q_s$ | 상대밀도 | N치 | $q_s$ | C |
| 기준 | 10 이하 | 100kPa 이하 | 35% 이하 | 4 이하 | 50kPa 이하 | 15kPa 이하 |

## 9. Quick Sand와 Quick Clay의 비교

| 구분 | Quick Sand | Quick Clay |
|---|---|---|
| 원인 | 수두차 | 염분의 상실 흙의 구조변화 |
| 발생토 | 느슨한 사질토 | 해저점성토 |
| 발생형태 | boiling, piping | 강도저하 |

## 10. 토질별 소성지수(PI)

| 구분 | 모래 | 실트 | 점토 |
|---|---|---|---|
| PI | 0% | ≒10% | ≒50% |

## 11. Thixotropy과 예민비의 비교

| 구분 | Thixotropy | 예민비 |
|---|---|---|
| 진행사항 | 경화 | 교란 |
| 흙의 구조 | 면모 | 이산 |
| 외력 | 작용안함 | 작용 |

## 12. Vibro Floatation과 Vibro Composer의 비교

| 구분 | Vibro Floatation | Vibro Composer |
|---|---|---|
| 다짐방법 | 수평진동(사수진동) | 수직진동/충격 |
| 공사규모 | 소규모 | 대규모 |
| 적용토질 | 느슨한 사질토 | 느슨한 사질토, 점성토 |

## 13. 모래다짐말뚝공법와 모래말뚝공법의 비교

| 구분 | 모래다짐말뚝공법 (Sand Compaction Pile) | 모래말뚝공법 (Sand Drain Pile, Sand Pile) |
|---|---|---|
| 적용지반 | 사질토 지반, 점성토 지반 | 점성토 지반 |
| 시공깊이 | 15~25m | 25~30m |

| 구분 | 모래다짐말뚝공법 (Sand Compaction Pile) | 모래말뚝공법 (Sand Drain Pile, Sand Pile) |
|---|---|---|
| 시공 후 직경 | 400~700mm | 300~500mm |
| 사용 케이싱 | 400m | 300mm |
| 시공효과 | 지지력 향상 | 흙 속 간극수 탈수 |
| 개량원리 | 침하저감 | 침하촉진 |
| 진동영향 | 大 | 小 |
| 공사비 | 고가 | 저가 |
| 재료관리사항 | 입도분포와 상대밀도 | 투수성 |

## 14. 약액주입방식

| 주입방식 | 1 Shot | 1.5 Shot | 2 Shot |
|---|---|---|---|
| Gel time | 20′ 이상 | 2~10′ | 순간고결 |

## 15. 고압분사 교반공법의 분류 및 비교

| 종류 | 주입공 개수 | 경화재료 상태 | 주입압(MPa) |
|---|---|---|---|
| Jet Grout 공법 | 단관 | 시멘트 밀크 | 20 이하 |
| JSP 공법 | 2중관 | 시멘트 밀크 | 20 |
| RJP 공법 | 3중관 | 시멘트 | 30~60 |

## 16. 압밀과 다짐의 비교

| 구분 | 압밀 | 다짐 |
|---|---|---|
| 간극 배제 | 간극수 | 공기 |
| 시간 | 장기 | 단기 |
| 적용 지반 | 점성토 | 사질토 |
| 침하량 | 크다 | 작다 |
| 변형 거동 | 소성적 | 탄성적 |
| 함수비 변화 | 변화 발생 | 변화 미발생 |
| 목적 | 강도 증가, 침하촉진 | 강도 증가, 투수성 감소 |

## 17. 압밀의 구분

| 구분 | 발생시기 | 발생현황 |
|---|---|---|
| 1차 압밀 | 재하초기 | 간극수 배출 |
| 2차 압밀 | 1차 압밀 후 | 흙입자 재배열 |

## 18. 과압밀비

| 구분 | OCR>1 | OCR=1 | OCR<1 |
|---|---|---|---|
| 지반의 상태 | 과압밀 검토 | 정규압밀 검토 | 압밀이 진행 중인 점토 |

## 19. Vertical Drain 공법

| 구분 | Sand Drain | Paper Drain | Pack Drain |
|---|---|---|---|
| Drain 크기 | 400~500mm 모래기둥 | 100×3mm 보드 | 120mm 모래기둥+Pack |
| 배수효과 | ○ | △ | ○ |
| Drain의 절단가능성 | 있음 | 막힘 가능 | 작음 |
| 주위지반교란 | 있음 | 작음 | 작음 |
| 시공본수<br>(상대적속도) | 0.55 | 1.0 | 1.6 |
| 시공깊이조절 | 쉬움 | 쉬움 | 어려움 |

## 20. Island Cut공법과 Trench Cut공법의 비교

| 구분 | Island Cut | Trench Cut |
|---|---|---|
| 적용 | 얕고 넓은 굴착 | 깊고 넓은 굴착 |
| 비고 | 굴착 순서 : 중앙 → 외부 | 굴착 순서 : 외부 → 중앙<br>연약지반 적용성 우수 |

## 21. Earth Anchor와 Strut 지보공의 비교

| 구분 | 시공성 | 부재작용력 | 문제점 | 연약지반 적용 | 공간활용 |
|---|---|---|---|---|---|
| Earth Anchor | 양호 | 인장 | 인발 | 불가 | 양호 |
| Strut | 제한 | 압축 | 좌굴 | 가능 | 제한됨 |

## 22. 기존 어스앵커와 제거식 앵커의 비교

| 구분 | 기존 앵커 | 제거식 앵커 |
|---|---|---|
| 시공방법 | Ground 앵커공법 | Ground 앵커공법 |
| 시공장비 | 같음 | 같음 |
| 타공사 영향 | 장애물 발생 | 거의 없다. |
| 민원발생 여부 | 많음 | 적음 |
| 준공 후 영향 | 주위지반 영향 있다. | 거의 없다. |
| 경제성 | 1회 사용 | 재사용 가능 |

## 23. Soil Nailing 공법과 Rock Bolt 공법의 비교

| 구분 | Soil Nailing 공법 | Rock Bolt 공법 |
|---|---|---|
| 보강 원리 | 지반과 Nail 사이 마찰력 | 암반과 보강재(이형철근)<br>사이의 마찰력 |
| 가설 흙막이벽 | 불필요 | 별도시공 |
| 지반 조건 | 토사 또는 토사화 된 풍화암 | 암반 |
| 깊은 심도 굴착 | 곤란 | 가능 |
| 지하수 영향 | 작업 곤란 | 적음 |
| 품질관리 | 어려움 | 인장 확인으로 가능 |
| 건설 공해 | 적음 | 지중 장애물 남김 |

## 24. Soil Nailing 공법과 Earth Anchor 공법의 비교

| 구분 | Soil Nailing 공법 | Earth Anchor 공법 |
|---|---|---|
| 가설 흙막이벽 | 불필요 | 별도 시공 |
| 깊은 심도 굴착 | 곤란 | 가능 |
| 지하수 영향 | 작업 곤란 | 적음 |
| 품질관리 | 어려움 | 인장 확인으로 가능 |
| 건설 공해 | 적음 | 지중 장애물 남김 |

## 25. 흙막이벽의 특징 비교

| 구분 | H-Pile 토류벽 | Sheet Pile | SCW | Slurry Wall |
|---|---|---|---|---|
| 시공성 | 단순 | 단순 | 다소 복잡 | 매우 복잡 |
| 차수성 | 아주 적음 | 보통 | 보통 | 우수 |
| 벽체강성 | 적다. | 비교적 크다. | 크다. | 매우 크다. |
| 공사비 | 매우 저렴 | 저렴 | 보통 | 고가 |
| 공사기간 | 短 | 短 | 中 | 長 |

## 26. 재질의 강성에 따른 벽체 구조의 문제점

| 구분 | H-Pile+토류판 < | Sheet Pile < | SCW < | CIP < | Slurry Wall |
|---|---|---|---|---|---|
| 문제점 | 변형<br>토사유실 )→침하 | 인발 시 배면이동<br>→침하 | 암층시공불가<br>휨 Moment에 취약 | 연결설<br>차수성 )부족 | 장비규모 大,시공성↓<br>이음부 하자 |

## 27. CIP공법과 SCW공법의 비교

| 구분 | CIP공법 | SCW공법 |
|---|---|---|
| 용도 | 주열식 흙막이 벽체 | 지하 연속 벽체 |
| 공사비 | 다소 고가 | 저렴 |
| 시공심도 | 5~8m | 3~6m |
| 시공성 | 붕괴성 지반시공 곤란 | 모든 토질 가능 |
| 공벽보조 | 안정액, 케이싱 | 필요 없음 |
| 강성 | 벽체 강성이 큼 | 강성이 다소 적음 |
| 차수성 | 크다. | 비교적 작다. |

## 28. Slurry Wall공법과 SCW공법의 비교

| 구분 | Slurry Wall | SCW |
|---|---|---|
| 장점 | 영구벽체, 강도·차수성 우수 | 차수성 우수, 경제적 |
| 단점 | 공사비불리, 공정복잡, 장비대규모 | 휨 Moment 취약, 암층시공불가 |

## 29. 안정액 관리기준

| 구분 | | 비중 | 점성 | PH 농도 | 사분율 |
|---|---|---|---|---|---|
| 기준치 | 굴착 시 | 1.04~1.2 | 22~40sec | 7.5~10.5 | 15% 이하 |
| | Slime 처리 시 | 1.04~1.1 | 22~35sec | | 5% 이하 |

## 30. Bentonite 성질

| 구분 | 비중 | | 액성한계 | 6~12%의 용해 시 pH | 비표면적 |
|---|---|---|---|---|---|
| | 진비중 | 겉보기비중 | | | |
| 내용 | 2.4~2.95 | 0.83~1.13 | 330~590% | 8~10 | 80~110m²/g |

## 31. Top down 공법의 종류 비교

| 종류 | 특징 |
|---|---|
| 완전역타공법 (full top down method) | 지하 각 층 slab를 완전하게 시공하여 지하연속벽을 지지하여 주변지반의 움직임을 방지하는 가장 안전한 공법 |
| 부분역타공법 (partial top down method) | 바닥 slab를 부분적(1/2~1/3)으로 시공하는 공법 |
| Beam & girder식 역타공법 | 지하 철골구조물의 beam과 girder를 시공하여 지하연속벽을 지지한 후 굴착하는 공법 |

## 32. CWS공법과 SPS공법의 비교

| 구분 | CWS 공법 | SPS 공법 |
|---|---|---|
| 개발 배경 | • Top Down 공법의 문제점 개선 | • Top Down 공법의 문제점 개선 |
| 흙막이 벽체 | • Slurry Wall외 CIP와 SCW에 적용 가능 | • Slurry Wall |
| 띠장 | • 벽체 매입용 철골 띠장<br>• 흙막이벽과 띄워서 설치하며 좌대에 부착 | • 콘크리트 띠장<br>• 좌대 및 흙막이 벽에 부착 |
| 지상 및 지하 동시시공 | • 동시시공 가능 | • Up-Up 공법 : 동시시공 가능<br>• Down-Up 공법 : 순차시공 |
| 지하외벽 타설 | • Slab 타설 시 외벽체 미타설<br>• 철골 띠장이 외벽에 매입되어 역 Joint 미발생 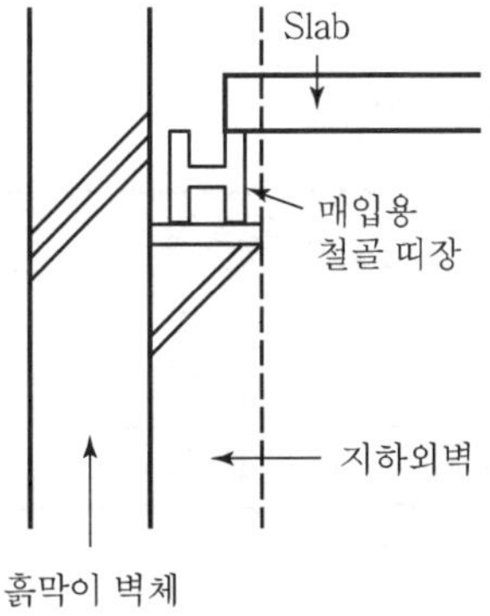<br>Slab<br>매입용 철골 띠장<br>지하외벽<br>흙막이 벽체 | • 철골보 하부에 역 Joint 발생 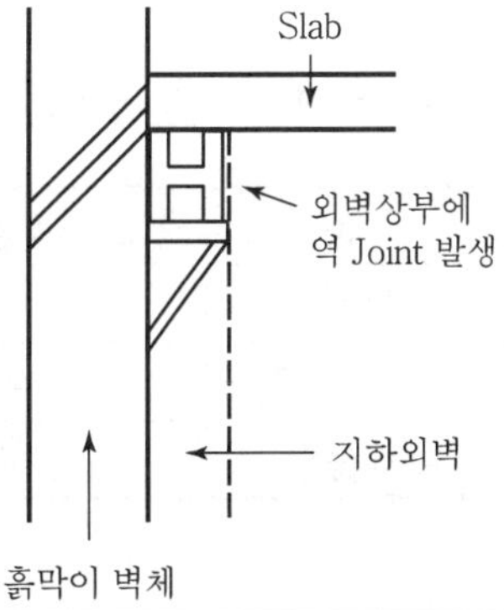<br>Slab<br>외벽상부에 역 Joint 발생<br>지하외벽<br>흙막이 벽체 |

## 33. 흙막이 굴착 시 지하수 대책 공법 분류

| 구분 | | 처리공법 |
|---|---|---|
| 차수공법 | 차수흙막이공법 | Sheet Pile, Slurry Wall 공법 |
| | 약액주입공법 | LW공법, Cement 주입공법 |
| | 고결공법 | 생석회 말뚝 공법, 동결 공법 |
| 배수공법 | 중력배수공법 | 집수통 배수, Deep Well 공법 |
| | 강제배수공법 | Well Point, 진공 Deep Well 공법 |
| | 복수 공법 | 주수, 담수 공법 |

## 34. 배수공법의 분류

| | |
|---|---|
| 중력배수 | 집수통공법, Deep Well 공법 |
| 강제배수 | Well Point 공법, 진공 Deep Well 공법 |
| 복수공법 | 주수공법, 담수공법 |
| 영구배수 | 유공관, 배수관(판), Drain Mat 공법 |

## 35. Deep Well과 Well Point 공법의 비교

| 구분 | 배수원리 | 적용 | 배수규모 | 시공성 | 적용심도 |
|---|---|---|---|---|---|
| Deep Well | 중력배수 | K : $10^{-3}$ 이상 지반 | 대규모 | 복잡 | 30m |
| Well Point | 강제배수 | K : $10^{-4}$ 이상 지반 | 소규모 | 간단 | 10m |

## 36. 수동토압, 주동토압, 정지토압의 비교

| 구분 | 수동토압 | 주동토압 | 정지토압 |
|---|---|---|---|
| 변위 | 허용 | 허용 | 불허 |
| 구조물 안정 | 부정적 | 긍정적 | 부정적 |
| 적용 | 옹벽 | 흙막이 | Box, 라멘구조 |

## 37. Heaving, Boiling, Piping의 비교

| 구분 | Heaving | Boiling | Piping |
|---|---|---|---|
| 지반 | 점성토 | 사질토 | 사질토 |
| 원인 | 중량차 | 수위차 | 유입수 |
| 문제점 | 부풀음 | 전단강도저하 | 토사유출 |
| 범위 | 전반적 | 국부적 | 국부적 |

## 38. Piping 현상의 종류 비교

| 구분 | 흙막이 배면 piping | 굴착저면 piping |
|---|---|---|
| 의의 | 차수성이 적은 흙막이 공법에서 흙막이 배면의 지하수가 흙막이벽으로 유출될 때 지반토가 유실되어 물의 통로를 형성할 때 발생 | 사질지반에서 흙막이벽 배면과 굴착저면과의 수위차가 현저히 클 때 굴착저면이 상향의 침투수에 의해 지반토와 함께 물이 분출하여 지반에 물의 통로가 형성되는 것 |
| 도해 | 흙막이벽<br>사질지반<br>물의 통로 형성<br>굴착면 | 흙막이벽<br>사질지반<br>굴착면<br>물의 통로 형성 |
| 발생원인 | • 지하수 과다<br>• 흙막이 배면 피압수 존재<br>• 흙막이벽의 차수성 부족 | • 굴착면과의 높은 지하 수위차<br>• Boiling 발생<br>• 투수성이 큰 사질 지반<br>• 흙막이 근입 깊이 부족 |
| 방지대책 | • 차수성 높은 흙막이공법 시공<br>• 흙막이벽 밀실 시공<br>• 지하 수위 저하<br>• 지반 고결 | • 흙막이벽 근입 깊이 깊게<br>• 지하 수위 저하<br>• 지반 고결<br>• 흙막이벽 불투수층까지 근입 |

## 39. Boiling과 Heaving의 비교

| 구분 | Boiling | Heaving |
|---|---|---|
| 지반 | 사질토 | 점성토 |
| 문제점 | 전단강도저하 | 부풀음 |
| 원인 | 수두차 | 토괴중량차 |
| 형태 | 토립자 유출 | 부풀음(침하동반) |
| 범위 | 국부적 | 전반적 |

## 40. 계측관리의 목적

| 1차 목적 | 시공 전 | 시공 중 | 시공 후 |
|---|---|---|---|
| | 자료조사 | 안정 Check | 유지관리 |
| 2차 목적 | Feed Back 하여 차후 설계에 반영 | | |
| 3차 목적 | 대민홍보, 법적근거 마련 | | |

## 41. Land Slide와 Land Creep의 비교

| 구분 | Land Slide | Land Creep |
|---|---|---|
| 원인 | 전단응력의 증가 | 전단강도 감소 |
| 발생시기 | 호우 중, 호우 직후, 지진 시 | 강우 후 시간경과 |
| 지형/발생규모 | 급경사면/소규모 | 완경사면/대규모 |
| 대책 | 점토, 압성토, 말뚝, E/A, S/N | 지하수위 저하, 말뚝공 등 |

## 42. 통일분류법(USCS)과 AASHTO의 비교

| 구분 | 통일분류법(USCS) | AASHTO |
|---|---|---|
| 분류인자 | 입도, Consistency | 입도, Consistency, 군자수(GI) |
| 조립토, 세립토 구분 | 0.075mm 체 50% | 35% |
| 모래, 자갈 분류 | 확실 | 불확실 |
| 유기질토 | 개략적 분류 가능 | 분류 없음 |

## 43. 토량환산계수

| 구하는 Q / 기준이 되는 q | 자연 상태의 토량 | 흐트러진 상태의 토량 | 다져진 상태의 토량 |
|---|---|---|---|
| 자연 상태의 토량 | 1 | L | C |
| 흐트러진 상태의 토량 | 1/L | 1 | C/L |
| 다져진 상태의 토량 | 1/C | L/C | 1 |

# 4장 기초공사

## 1. 독립기초와 온통기초의 비교

| 기초의 종류 | 허용침하량(mm) | |
|---|---|---|
| | 모래 | 점토 |
| 독립기초 | 50 | 75 |
| 온통기초 | 75 | 125 |

## 2. 무리말뚝과 외말뚝의 차이점

| 구분 | 무리말뚝 | 외말뚝 |
|---|---|---|
| 지지력 | 주면마찰력 | 선단 · 주면마찰 |
| 말뚝효과 | 다짐 | 다짐 |
| 효과향상방법 | 말뚝수량증가 | 말뚝길이증가 |

## 3. 마찰말뚝과 지지말뚝의 비교

| 구 분 | 마찰말뚝 | 지지말뚝 |
|---|---|---|
| 지지력 | Pile 주면마찰력 | Pile 선단지지력 |
| Pile 깊이 | 보통 | 깊다. |
| Pile 크기 | 공장 생산 규격품 | 규격품 또는 현장 제자리 pile |
| 시공성 | 양호 | 특별한 장비 필요 |
| 경제성 | 경제적 | 비용이 많이 소요됨 |
| 공기 제한 | 공기에 제한이 적음<br>(공기가 짧음) | 시공에 많은 시간이<br>소요됨(공기가 길다.) |
| 기초 신뢰도 | 보통 | 신뢰성이 높음 |
| 지반변화에 대한 영향도 | 지반변화에 예민 | 영향을 거의 받지 않음 |
| 부(負)마찰력 | 발생하지 않음 | 발생 |

## 4. 기성말뚝과 현장타설말뚝의 비교

| 구분 | 말뚝 직경 | 적용성 | 공해 발생 | 근접구조물 피해 | 깊은 시공 | 공사비 |
|---|---|---|---|---|---|---|
| 기성말뚝 | 공장 생산품 | 소규모 구조물 | 大 | 大 | 불가 | 저가 |
| 현장타설말뚝 | 대구경, free | 대구경 구조물 | 小 | 小 | 지지층까지 시공가능 | 고가 |

## 5. 부마찰력 대책공법의 종류

| 구분 | SL Pile | 이중관 Pile | 군 Pile |
|---|---|---|---|
| 저감효과 | 우수 | 우수 | 보통 |
| 경제성 | 양호 | 부담 | 부담 |

## 6. 말뚝이음 공법 비교

| 구분 | 장부식 | 충전식 | Bolt식 | 용접식 |
|---|---|---|---|---|
| 시공성 | 시공간단 | Con'c 경화 필요 | 시공 간편 | 용접품질관리 |
| 경제성 | 저렴 | 보통 | 고가 | 보통 |
| 이음강도 | 적음 | 큼 | 큼 | 큼 |
| 내식성 | 불리 | 유리 | 불리 | 불리 |

## 7. 말뚝지지력 추정방법 안전율

| 구분 | 정역학적 지지력 추정 | 동역학적 지지력 추정 | | | 정재하시험 |
|---|---|---|---|---|---|
| | | Sander | E/N | Hiley | |
| 안전율 | 3 | 8 | 6 | 3 | 3 |

## 8. 말뚝허용 지지력 산출 안전율

| 구분 | 정역학정 공식 | 동역학적 공식 | | |
|---|---|---|---|---|
| | | Sander | Engineering News | Hiley |
| 안전율($F_3$) | 3 | 8 | 6 | 3 |

## 9. 재하시험의 비교

| 구분 | 정재하시험 | 동재하시험 |
|---|---|---|
| 방법 | 복잡 | 간단 |
| 시험비 | 고가 | 저렴 |
| 시간 | 장시간 | 단시간 |
| 정도관리 | 우수 | 보통 |

## 10. 동재하시험과 정재하시험의 비교

| 분류 | 동재하시험 | 정재하시험 |
|---|---|---|
| 방법 | 간단 | 복잡 |
| 비용 | 저렴 | 많이 소요 |
| 시간 | 소요 시간이 짧음 | 소요 시간이 긺 |
| 정도 관리 | 보통 | 우수 |

## 11. 주동말뚝과 수동말뚝의 비교

| 구분 | 주동말뚝 | 수동말뚝 |
|---|---|---|
| 수평변형주체 | 말뚝 | 주변지반 |
| 작용수평력 | 상부구조물로 결정 | 지반과 말뚝의 상호작용으로 결정 |
| 해석방법 | 간단 | 복잡 |

## 12. 개단 Pile과 폐단 Pile의 비교

| 구분 | 선단부 형상 | 지지력 | 시공속도 | 소음 · 진동 | 인접구조물 영향 | 깊은 기초 가능유무 |
|---|---|---|---|---|---|---|
| 개단 Pile | Open | 선단지지력 | 빠름 | 小 | 小 | 가능 |
| 폐단 Pile | Close | 선단지지력+ 주면마찰력 | 느림 | 大 | 大 | 곤란 |

## 13. 현장타설 파일 중 기계굴착공법의 비교

| 구분 | 굴착기계 | 공벽보호방법 | 적용지반 | Pile구경 | 깊이 |
|---|---|---|---|---|---|
| Earth Drill | Drilling bucket | 안정액 | 점토 | 1~2 | 20~50 |
| All Casing | Hammer Grab | Casing | 자갈 | | |
| RCD | 특수 Bit | 정수압(0.2kg/cm$^2$) | 사질 · 암 | 6m까지 | 200m까지 |

## 14. Prepacked Con'c Pile

| 구분 | CIP | PIP | MIP |
|---|---|---|---|
| 굴착장비 | Earth Auger | 중공 Screw Auger | 중공 Auger |
| 굴착토사 | 배출 | 배출 | 교반혼합 |
| 적용지반 | 굳은 점토층 | 연약지반 | 사질(자갈)층 |

## 15. All Casing공법과 Earth Drill공법의 비교

| 구분 | All Casing | Earth Drill |
|---|---|---|
| 개념 | 굴착+Casing | 굴착+안정액 |
| 시공성 | 양호 | 보통 |
| 경제성 | 20m 이내 유리 | 40m 이내 |
| 공벽유지 | Casing | 안정액 |
| 장점 | 경사 말뚝 가능 | 소음이 가장 적음 |
| 단점 | 철근 부상 | 공벽 붕괴 |
| 적용성 | 보통 지반 | 모든 지반 |

## 16. PRD공법과 RCD공법의 비교

| 구분 | PRD공법 | RCD공법 |
|---|---|---|
| 개요 | All Casing 공법으로 Casing 하단부에 Shoe를 부착시켜 불규칙한 지층을 Shoe와 Hammer Bit가 역회전하면서 혼전석층 및 연경암을 상하 Percussion으로 작동하여 설치하는 공법 | 물을 사용하여 자중에 의한 마찰로 토질 및 암반을 갈아내어 물로 Surging하는 방법 |
| 장점 | • 조정 및 수직도 유지에 용이<br>• 건식공법으로 현장관리 용이<br>• 토질의 영향이 적음<br>• 붕괴 우려 저감(All Casing 공법)<br>• 공사비가 RCD공법보다 저렴 | • 소음 및 진동이 적음<br>• 토사층에서 작업 효율 우수 |
| 단점 | • 장비조립 완료 후 이동 시 복공판 설치<br>• 지반 불량 시 작업 난해 | • 공벽 유지 난해<br>• 수직도 유지에 불리<br>• 장비 및 부속자재가 대형<br>• 습식공법으로 현장관리 난해<br>• 암반에서 작업효율 저하 |

## 17. 침하의 종류 비교

| 기초침하형태 | 균등침하 | 부동침하 | |
|---|---|---|---|
| | | 전도침하 | 부등침하 |
| 도해 | | | |
| 기초지반 및 하중조건 | • 균일한 사질토지반<br>• 넓은 면적의 낮은 건물 | • 불균일한 지반<br>• 좁은 면적의 초고층 건물<br>• 송전탑 및 굴뚝 등 | • 점토 기초지반<br>• 구조물 하중 영향 범위 내 점토층 존재 |

# 5장 철근콘크리트공사

## 1절 철근/거푸집공사

### 1. 일반철근과 고강도철근의 비교

| 구분 | 기호 | 항복강도(MPa) |
|---|---|---|
| 일반철근 | SD300 | 300 |
| 고강도철근 | SD400 | 400 |
| | SD500 | 500 |

### 2. 이형철근과 원형철근의 비교

| 구분 | 이형 철근 | 원형 철근 |
|---|---|---|
| 부착력 | 양호 | 낮음 |
| 미끄럼 저항성 | 큼 | 적음 |
| 사용성 | 요철로 인한 사용성 난이 | 사용성 좋음 |
| 정착 길이 | 원형에 비해 짧음 | 정착 길이 김 |
| 정착 방법 | 갈고리 및 기타 방법 | 원형 갈고리 필수 |
| 가공성 | 난이 | 양호 |

### 3. 주철근과 전단철근의 비교

| 구분 | 주철근 | 전단철근 |
|---|---|---|
| 구조설계 | 단면적이 정해지는 철근 | 전단보강용철근 |
| 철근의 분류 | 주철근, 부철근 | 전단보강, 복부보강, 사인장 |
| 철근의 size | 25~32mm | 19~16mm |

## 4. 표준갈고리 내면반지름

| 구분 | D10~D25 | D29~35 | D38 이상 |
|---|---|---|---|
| 최소반지름 | $3d_b$ | $4d_b$ | $5d_b$ |

※ $d_b$ : 철근 직경

## 5. 철근 이음의 분류 및 기계식 이음과 용접 이용의 비교

| 구분 | 기계식 | 용접식 | 이음의 분류 |
|---|---|---|---|
| 작용 | 기둥, 보 | 기둥, 보 | 재래식 : 겹이음, 용접이음<br>기계식 : 충전식 이음 |
| 시공성 | 용이 | 어려움 | |
| 장점 | 이음성 우수 | 경제적 | |
| 단점 | 이음기계필요 | 결함, 국부손상 | |

## 6. 피복두께

| 부위 및 철근 크기 | | | 최소피복두께(mm) |
|---|---|---|---|
| 수중에서 치는 콘크리트 | | | 100 |
| 흙에 접하여 콘크리트를 친 후 영구히 흙에 묻혀 있는 콘크리트 | | | 75 |
| 흙에 접하거나 옥외 공기에 직접 노출되는 콘크리트 | D19 이상 철근 | | 50 |
| | D16 이하 철근, 지름 16mm 이하 철선 | | 40 |
| 옥외의 공기나 흙에 직접 접하지 않는 콘크리트 | 슬래브, 벽체, 장선 | D35 초과 철근 | 40 |
| | | D35 이하 철근 | 20 |
| | 보, 기둥 | | 40 |

※ 피복두께(단순화시켜서)

| 부위 | | 피복두께(mm) |
|---|---|---|
| 흙 · 옥외공기에 접하지 않는 부위 | 슬래브, 장선, 벽체 | 40 |
| | 보, 기둥 | 20~40 |
| 흙 · 옥외공기에 접하는 부위 | 노출되는 콘크리트 | 40~50 |
| | 영구히 흙에 묻힌 콘크리트 | 75 |
| 수중에서 타설하는 콘크리트 | | 100 |

## 7. 강재부식의 발생 Mechanism

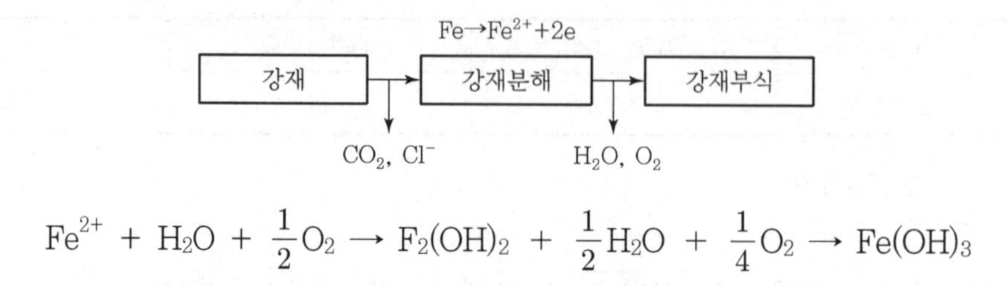


$$Fe^{2+} + H_2O + \frac{1}{2}O_2 \rightarrow F_2(OH)_2 + \frac{1}{2}H_2O + \frac{1}{4}O_2 \rightarrow Fe(OH)_3$$

## 8. 재래식 거푸집과 알루미늄 거푸집의 비교

| 구분 | 재래식 거푸집 | 알루미늄 거푸집 |
|---|---|---|
| 품질향상 | • 시공 잘못으로 인한 골조 처짐 배부름 현상 발생 우려됨<br>• 콘크리트 표면이 Form 사용횟수에 따라 현저한 차이 발생<br>• 시공오차가 시공자에 따라 변화함<br>• 작업자의 편법시공이 가능함 | • 사용횟수에 관계없이 일정한 품질 유지 가능함<br>• 시공오차가 적음<br>• 작업자의 편법시공이 불가능함 |
| 원가절감 | • 6~7일 공정<br>• 골조의 하자 비용 과다<br>• 미장, 마감 등 후속공정 비용 과다<br>• 기능공으로 구성 | • 5~6일 공정<br>• 골조의 하자 비용 절감<br>• 후속공정 비용 절감<br>• 폐기물처리비, 현장정리비 절감<br>• 저기능공, 조공 활동 가능 |
| 작업환경개선 | • 현장 맞춤식(현장 작업 증가)<br>• 동바리 간격 협소<br>• 현장청결에 한계가 있음<br>• 장선, 멍에 증가<br>• 자재관리비 증가 | • 완전조립식의 높은 완전성<br>• 넓은 동바리 간격 작업공간 확보<br>• 현장 청결 유지<br>• 정선, 멍에 추가작업 극소화<br>• 자재관리비 절감 |

## 9. Pecco beam과 Bow Beam의 비교

| Pecco beam | Bow beam |
|---|---|
| • 안보가 있어 span 조절이 자유로움<br>• 전용횟수가 100회 이상<br>• 최대 허용moment는 1.5tonf · m 정도<br>• 4.7～6.4m까지 span 조절 가능 | • 층고가 높고 큰 span의 시공 시 유리<br>• 구조적으로 안전성 확보<br>• Span이 일정한 경우 주문제작으로 적용<br>• Span 조절이 불가능 |

## 10. Gang form, Rail climbing System, Auto Climbing System의 비교

| 구분 | Gang form | Rail Climbing System | Auto Climbing System |
|---|---|---|---|
| 개요 | T/C의 힘으로 인양되는 대형 벽체 거푸집 | T/C의 힘으로 Rail을 타고 인양되는 대형 벽체 거푸집 | 자체 유압기를 이용하여 인양되는 대형 벽체 거푸집 |
| 인양장비 | T/C | T/C | 유압기 |
| 초기 setting 시간 | 10일 | 10일 | 15일 |
| 경비 | 보통 | 보통 | 고가 |

## 11. Deck plate, Key stone plate, Composite deck plate의 비교

| 구분 | Deck plate | Key stone plate | Composite deck plate |
|---|---|---|---|
| 형태 |  인장철근<br>75<br>140 90<br>230<br>골형 plate가 아님 | 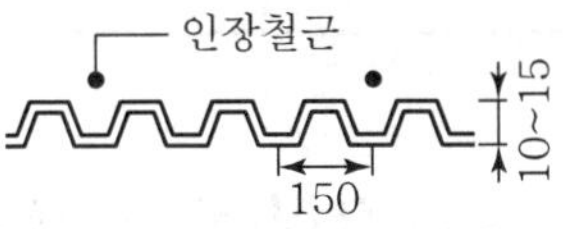 인장철근<br>10～15<br>150<br>골형 plate | 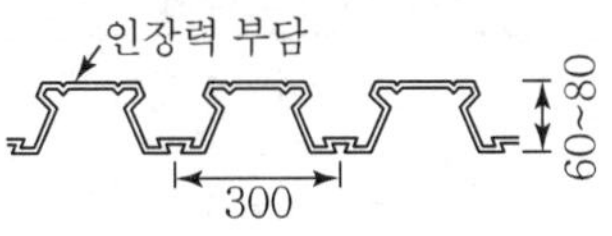 인장력 부담<br>60～80<br>300<br>골형 plate가 아님 |
| 응력 부담 | 콘크리트 - 압축력 부담<br>철근 - 인장력 부담 | 콘크리트 - 압축력 부담<br>철근 - 인장력 부담 | 콘크리트 - 압축력 부담<br>deck plate - 인장력 부담 |
| 구조적 용도 | 구조용 또는 비구조용 | 비구조용 | 구조용 |

## 12. PC박판 거푸집, HMC 거푸집, Pre-big공법의 비교

| 구분 | PC박판 거푸집 | HMC 거푸집 | Pre-big 공법 |
|---|---|---|---|
| 재료 | 유리섬유를 보강한 시멘트 및 석고판 | 높은 비강도의 무기재료 | 콘크리트 |
| 판의 두께 | 8~10mm | 20mm | 50mm |
| 용도 | 기둥 거푸집 및 마감 겸용 | 기둥·보 거푸집 및 마감 겸용 | 기둥·보 거푸집 및 마감 겸용 |
| 특징 | 우수한 의장효과 | 경량으로 취급용이 | 타부재와의 open system 가능 |
| 콘크리트와의 부착성 | GRG 경우 primer 필요 | 부착성이 부족하므로 진동·충격에 유의 | 내부 요철처리로 부착성 양호 |

## 13. 거푸집 존치기간

1) 압축강도 시험을 할 경우

| 부재 | 콘크리트의 압축강도($f_{cu}$) |
|---|---|
| 확대기초, 보옆, 기둥, 벽 등의 측벽 | 5MPa 이상 |
| 슬래브 및 보의 밑면, 아치 내면 | 설계기준강도×2/3 이상 또한 14MPa 이상 |

2) 압축강도 시험을 안 할 경우

| 구분 | 조강포틀랜드시멘트 | 보통포틀랜드시멘트 | 혼합시멘트 |
|---|---|---|---|
| 20℃ 이상 | 2일 | 4일 | 5일 |
| 10~20℃ | 3일 | 6일 | 8일 |

# 2절 일반콘크리트공사

## 1. 보통 포틀랜드 시멘트의 품질기준

| 구분 | 분말도 | 안정도 | 초결 | 종결 |
|---|---|---|---|---|
| KS F 규격 | 2,800cm$^2$/g 이상 | 0.8% 이하 | 60분 이하 | 10시간 이하 |

## 2. 포틀랜드 시멘트의 분말도

| 구분 | 보통 포틀랜드 시멘트 | 중용열 포틀랜드 시멘트 | 조강 포틀랜드 시멘트 |
|---|---|---|---|
| 분말도 | 2,800cm$^2$/g | 2,800cm$^2$/g | 3,300cm$^2$/g |

## 3. 골재의 물리적 화학적 성질의 비교

| 골재 | 물리적 | 화학적 |
|---|---|---|
| 부순골재 | Workability 불리<br>부착력 우수 | 알칼리골재반응 |
| 순환골재 | 강도 저하(5~15%) | 동해 |
| 바다골재 | 입도불량 | 염해 |
| 경량골재 | 흡수율 大 | 탄산화 |
| 중량골재 | 재료분리, 취성파괴 불리 | 알칼리골재반응 |

## 4. 일반골재와 경량골재의 물성비교

| 골재 | 인장강도/압축강도 | 휨강도/압축강도 |
|---|---|---|
| 일반골재 | 1/9~1/13 | 1/5~1/7 |
| 경량골재 | 1/9~1/15 | 1/6~1/10 |

## 5. 굵은골재 최대치수

| 구조물의 종류 | 철근콘크리트 | | 무근 콘크리트 |
|---|---|---|---|
| | 일반적인 경우 | 단면이 큰 경우 | |
| 굵은골재 최대치수 (mm) | 20 또는 25 | 40 | 40 |
| | ※ 부재최소치수의 1/5, 철근 최소간격의 3/4를 초과금지 | | ※ 부재최소치수의 1/4 초과금지 |

## 6. 혼화재와 혼화제의 비교

| 구분 | 혼화재 | 혼화제 |
|---|---|---|
| 첨가량 | 시멘트 중량의 5% 이상 | 시멘트 중량의 5% 미만 |
| 성 질 | 재료 치환 | 약품 첨가 |
| 배합 설계 | 중량 계산 | 중량 미계산 |
| 혼합 시기 | 시멘트 제조 시 | 콘크리트 제조 시 |

## 7. 혼화제별 감수효과

| 구분 | 감수제 | AE제 | AE감수제 | 고성능AE감수제 | 고성능감수제 |
|---|---|---|---|---|---|
| 감수효과 | 5% | 8% | 13% | 20% | 30% |

## 8. 유동화제와 고성능 감수제의 비교

| 구분 | 유동화제 | 고성능 감수제 |
|---|---|---|
| 대상 | 굳지 않은 콘크리트 | 굳은 콘크리트 |
| 목적 | Workability 개선 | W/B 저하, Con'c 강도 증진 |
| 사용량 | 0.75% 이하 | 1.2% 정도 |
| 문제점 | 갑작스런 Slump loss | 기준치 이상 사용 시 강도저하 |

## 9. 공기량 1% 증가에 따른 Con'c 특성변화

| 구분 | Slump | 단위수량 | 압축강도 |
|---|---|---|---|
| 변화비율 | 25mm 증가 | 3% 감소 | 4~6% 감소 |

## 10. 공기량

| 공기량 | 보통콘크리트 | 경량골재콘크리트 | 포장콘크리트 | 고강도콘크리트 |
|---|---|---|---|---|
| 허용오차 | 4.5±1.5 | 5.5±1.5 | 4.5±1.5 | 3.5±1.5 |

## 11. 염화물 허용규정

| 구분 | 콘크리트 | |
|---|---|---|
| | 철근콘크리트 | 무근콘크리트 |
| 염화물($Cl^-$) | 0.3kg/m$^3$ | 0.6kg/m$^3$ |

## 12. 철근 Con'c 중 잔골재의 염화물 허용한도

| 구분 | $Cl^-$ | NaCl |
|---|---|---|
| 허용한도 | 0.02% | 0.04% |

## 13. 포졸란반응과 잠재수경성의 비교

| 구분 | 포졸란 반응 | 잠재적 수경성 |
|---|---|---|
| 개요 | 그 자체에는 수경성이 없으나 $Ca(OH)_2$와 서서히 결합하여 불용성의 화합물(미소경화체)를 형성하는 과정 | 물과 접촉하면 수경성을 나타내지 않으나 알칼리를 촉매로 스스로가 미소경화체가 되는 것 |
| 반응형태 | 직접반응 | 간접반응 |
| 혼화재 | 플라이애쉬, 실리카퓸 | 고로 슬래그 |
| 특징 | 수화열 감소, 장기강도 증진, 수밀성 증진 | |
| | 알칼리골재반응 저감, 중성화 증가 | 해수 저항성 증가, 내구성 향상 |

## 14. Fly Ash를 혼화재로 사용 시 품질기준

| $SiO_2$ | 습분 | 강열감량 | 비중 | 분말도(cm$^2$/g) | 28일 압축강도비 |
|---|---|---|---|---|---|
| 45% 이상 | 1% 이하 | 5% 이하 | 1.95 이상 | 2,400 이상 | 60% 이상 |

## 15. Silica Fume의 물리적 성질

| 구분 | 입형 | 입경 | 비표면적 | 비중 |
|---|---|---|---|---|
| 내용 | 거의 구형 | 평균 0.1$\mu$m 정도 | 20m$^2$/g | 2.1~2.2 |

## 16. 배합강도와 설계기준강도의 비교

| 구분 | 배합강도 | 설계기준강도 |
|---|---|---|
| 적용 | 배합 시 목표 강도 | 부재 설계 시 기준 강도 |
| 적용 강도 | 재령 28일 압축강도 | 재령 28일 압축강도 |
| 표기 | $f_{cr}$ | $f_{ck}$ |

## 17. 배합강도($f_{cr}$)

아래 두 결정식 중 큰 값으로 정함

| 구분 | $f_{cq}$가 35MPa 이하 시 | $f_{cq}$가 35MPa 초과 시 |
|---|---|---|
| 배합강도 결정식 | $f_{cq}+1.34s$<br>$(f_{cq}-3.5)+2.33s$ | $f_{cr}+1.34s$<br>$0.9f_{cq}+2.33s$ |

※ s : 압축강도의 표준편차

## 18. 수화반응 1차반응과 2차반응

| 구분 | 1차반응 | 2차반응 |
|---|---|---|
| 반응대상 | $H_2O$ | $Ca(OH)_2$ |
| 수화열 | 발생 | 감소(없음) |

## 19. 가수(加水) 관련

1) 단위수량 증가로 인한 Bleeding의 영향

| 외적 영향 | 내적 영향 |
|---|---|
| Laitance, Sand Streaking, 표면수축균열 증가 | 수밀성, 부착성 감소<br>(수평철근의 부착력=수직철근의 1/2~1/4) |

시멘트량 감소 영향 : 경제성 증가, 수화열 감소 → 온도응력 감소 → 온도균열 감소

2) W/B 구성(Con'c에 물이 필요한 이유)

| 구분 | 수화반응 | Cement Paste 유동성 | Workability |
|---|---|---|---|
| W/B | 25% | 10~15% | 15~20% |

## 20. Slump의 표준값

| 종류 | | 슬럼프 값(mm) |
|---|---|---|
| 철근 콘크리트 | 일반적인 경우 | 80~150 |
| | 단면이 큰 경우 | 60~120 |
| 무근 콘크리트 | 일반적인 경우 | 50~150 |
| | 단면이 큰 경우 | 50~100 |

| 구분 | 철근콘크리트 | | 무근콘크리트 | |
|---|---|---|---|---|
| | 일반적인 경우 | 단면이 큰 경우 | 일반적인 경우 | 단면이 큰 경우 |
| 슬럼프 값(mm) | 80~150 | 60~120 | 50~150 | 50~100 |

## 21. 슬럼프 및 슬럼프플로의 허용차

| 슬럼프 | 25 | 50,65 | 80 이상 |
|---|---|---|---|
| 슬럼프 허용차 (mm) | ±10 | ±15 | ±25 |
| 슬럼프 플로 | 500 | 600 | 700 |
| 슬럼프플로의 허용차(mm) | ±75 | ±100 | ±100 |

## 22. 배합요소별 Con'c의 영향

| 분류 | 강도 | 건조 수축 | 내구성 | 탄산화 속도 | 재료 분리 | 수밀성 | Creep | 균열 | 철근 부식 |
|---|---|---|---|---|---|---|---|---|---|
| Slump 클수록 | 小 | 大 | 저하 | 빠름 | 大 | 저하 | 大 | 多 | 빠름 |
| W/B 클수록 | 小 | 大 | 저하 | 빠름 | 大 | 저하 | 大 | 多 | 빠름 |
| 단위수량 클수록 | 小 | 大 | 저하 | 빠름 | 大 | 저하 | 大 | 多 | 빠름 |
| 공기량 클수록 | 小 | 大 | 저하 | 빠름 | 小 | 저하 | 大 | 多 | 빠름 |
| $G_{max}$ 클수록 | 大 | 小 | 증가 | 느림 | 大 | 상승 | 小 | 小 | 느림 |
| S/a 클수록 | 小 | 大 | 저하 | 빠름 | 大 | 저하 | 大 | 多 | 빠름 |

## 23. 비빔시간

| 구분 | 가경식 믹서 | 강제식 믹서 |
|---|---|---|
| 비빔시간 | 1분 30초 이상 | 1분 이상 |

## 24. 타설완료시까지 시간 규정

| 일평균기온 | 25℃ 초과 | 25℃ 이하 |
|---|---|---|
| 운반 시간 한도 | 90분 이내 | 120분 이내 |

## 25. 이어치기 시간한도

| 일평균기온 | 25℃ 초과 | 25℃ 이하 |
|---|---|---|
| 운반 시간 한도 | 120분 이내 | 150분 이내 |

## 26. 습윤양생기간의 표준

| 일평균기온 | 조강포틀랜드시멘트 | 보통포틀랜드시멘트 | 혼합시멘트 |
|---|---|---|---|
| 15℃ 이상 | 3일 | 5일 | 7일 |
| 10℃ 이상 | 4일 | 7일 | 9일 |
| 5℃ 이상 | 5일 | 9일 | 12일 |

## 27. 고압증기양생 소요시간

| 전 양생시간 | 온도상승시간 | 정온도시간 | 온도하강시간 |
|---|---|---|---|
| 1~4시간 | 3~4시간 | 3시간 | 3~7시간 |

## 28. 콘크리트 구조물에 설치하는 이음의 특징

| 구분 | 신축이음 | 수축이음 |
|---|---|---|
| 역할 | 수축, 팽창 흡수 | 균열유발 |
| 위치 | 단면변형 | 전단력 적은 곳 |
| 간격 | 얇은 벽 6~7m<br>두꺼운 벽 15~18m | 부재높이 1~2배<br>Mass 4~5배 |
| 방법 | 절연, 지수, 충전 | Cutting 가삽입물, 단면결손 |

## 29. Creep 변형과 탄성변형

| 구분 | Creep 변형 | 탄성변형 |
|---|---|---|
| 하중유형 | 지속(장기)하중 | 활하중 |
| 의존성 | 하중의 지속시간 | 하중의 크기 |

## 30. 강재의 릴렉세이션과 콘크리트의 Creep

| 구분 | 릴렉세이션(Relaxation) | Creep |
|---|---|---|
| 개념 | 시간에 따른 응력 감소 | 시간에 따른 소성 변형 |
| 대상 | 강재 | 콘크리트 |
| 손실 | 응력 | 변형 |

## 31. 균열의 크기별 비교

| 구분 | 한계 | 비고 |
|---|---|---|
| 미세균열 | 0.2mm 이하 | 보수 불필요 |
| 중간균열 | 0.2~1.0mm 미만 | 보수 필요 |
| 대형균열 | 1.0mm 이상 | 보수 및 보강 필요 |

## 32. Concrete의 표면결함

| 원인 | 표면결함 형태 |
|---|---|
| Bleeding | Sand Streak, Laitance |
| 재료분리 | Honey Comb, Rock Pocket |
| 열화 | Efflorescence, Pop out |
| 시공 및 기타 | Air Pocket, Bolt holes, Dusting |

## 33. 파괴검사와 비파괴검사의 비교

| 구분 | 파괴검사 | 비파괴검사 |
|---|---|---|
| 공비 | 고가 | 저가 |
| 공기 | 장기 | 단기 |
| 신뢰성 | 높음 | 낮음 |
| 시공성 | 나쁨 | 좋음 |

## 34. 비파괴검사의 분류

| 구분 | 강도추정을 위한 검사 | | 내부탐사를 위한 검사 | 비고 |
|---|---|---|---|---|
| | 순수비파괴 | 부분파괴 | | |
| 철근탐사법 | | | ○ | |
| 인발법 | | ○ | | |
| 표면경도법 | ○ | | | |
| 탄성파법 | | | ○ | |
| 초음파법 | ○ | | ○ | |
| 방사선법 | | | ○ | |
| Break Off법 | | ○ | | |
| Pull Off법 | | ○ | | |
| 관입저항법 | | ○ | | |
| Maturity법 | ○ | | | |

# 3절 특수콘크리트/일반구조

## 1. 호칭강도와 설계기준강도의 비교

| 구분 | 호칭 강도 | 설계기준강도 |
|---|---|---|
| 강도를 규정하는 경우 | 같은 의미로 사용 | |
| 내구성, 수밀성을 규정한 물결합재비가 다를 경우 | 호칭강도와 설계기준강도의 값이 다름 | |

## 2. PSC부재 단계별 응력변화

| 단계별 | | 응력변화상태 |
|---|---|---|
| 제작 | 긴장 전 | 무근 Con'c 상태 |
| | 긴장 중 | 최대응력 |
| | 긴장 후 | 초기응력 |
| 운반 · 가설 | | 휨응력 |
| 최종단계 | | 유효응력 |

## 3. Pre-Tension과 Post-Tension의 비교

| 구분 | $f_{ck}$ | 제품적용 | 품질관리 | PS강선배치 | 부재길이 |
|---|---|---|---|---|---|
| Pre-Tension | 35MPa | 공장용 | 용이 | 직선배치 | 짧은 부재에 유리 |
| Post-Tension | 30MPa | 현장용 | 난이 | 곡선배치 | 긴부재에 유리 |

## 4. PS강재의 겉보기 Relaxation 값

| PS강재의 종류 | 겉보기 Relaxation 값(r) |
|---|---|
| PS강선, 강연선 | 5% |
| PS 강봉 | 3% |
| 저 Relaxation PS 강재 | 1.5% |

## 5. PS강재 긴장력 손실

| 구분 | 즉시손실 | 장기손실 |
|---|---|---|
| Con'c | 탄성변형 | Creep, 건조수축 |
| PS강재 | Sheath관과 마찰, 정착단의 활동 | Relaxation |

## 6. 서중 콘크리트와 한중 콘크리트의 비교

| 구분 \ 종류 | 서중 Concrete | 한중 Concrete |
|---|---|---|
| 기온 | 일평균 기온 25℃ 초과 | 일평균 기온 4℃ 이하 |
| Cement | 중용열 Portland Cement | 조강 Partland Cement |
| 혼화제 | 응결 지연제 | 응결 경화 촉진제 |
| 양생 | Pipe Cooling | 가열 보온 양생<br>(공간, 표면, 내부가열 등) |

## 7. Mass 콘크리트 온도균열

| 구분 | 내부구속균열 | 외부구속균열 |
|---|---|---|
| 발생시기 | 1~3일(5일 이내) | 1~2주(거푸집 탈형 후) |
| 균열폭 | 0.1~0.3mm | 0.2~0.5mm |
| 균열 방향 | 불규칙 | 세로로 직선형 |
| 관통여부 | 표면균열 | 관통균열 |

## 8. 온도균열지수($I_{cr}$)

| 온도균열지수 ($I_{cr}$) | 1.5 이상 | 1.2~1.5 | 0.7~1.2 |
|---|---|---|---|
| 적용 | 균열방지 | 균열발생제한 | 유해한 균열발생 제한 |
| 균열발생확률 | 10% 이하 | 10~25% | 25~65% |

## 9. 유동화 콘크리트와 고유동화 콘크리트의 비교

| 구분 | 유동화 콘크리트 | 고유동화 콘크리트 |
|---|---|---|
| 혼화재료 | 유동화제 | 고성능 AE감수제, Fly Ash<br>고로 Slag 미분말, 분리 저감제 |
| 다짐 여부 | 다짐 필요 | 자중에 의한 다짐(다짐 필요 없음) |
| 목적 | 시공연도 개선 | 다짐이 불가능한 부분<br>다짐효과를 기대할 수 없는 부분 |
| 효과 | 고강도 콘크리트 제조<br>(40MPa 이상) | 초고강도 콘크리트 제조<br>(60MPa 이상) |
| 유동성 평가 | Slump Test | Slump Flow |
| 주요 특성 | 시공연도 향상<br>균열방지<br>Bleeding 감소 | 우수한 유동성<br>재료분리 저항성<br>충진성 |

## 10. 강섬유보강 Con'c와 폴리프로필렌섬유보강 Con'c의 비교

| 구분 | SFRC(강섬유) | PFRC(폴리프로필렌섬유) |
|---|---|---|
| 인장강도 | ○ | × |
| 인성 | ○ | ○ |
| 내구성 | ○ | ○ |

## 11. 일반 기포콘크리트와 Multi Foam Concrete의 비교

| 구분 | 일반 기포콘크리트 | Multi Foam Concrete |
|---|---|---|
| 시멘트 사용량 | 8.5포/$m^3$ | 7포/$m^3$ |
| 균열발생량 (109$m^2$ 주택기준) | 40m 이상 | 10m 내외 |
| 압축강도(7일) | 0.5MPa | 0.7MPa |
| 기포에 의한 체적감소 | 10% 이상 | 없음 |

## 12. 배력철근과 온도철근의 비교

| 배력철근 | 온도철근 |
|---|---|
| • 2방향 slab에 적용<br>• 부재의 응력을 장변방향으로 분산 | • 1방향 slab에 적용<br>• 건조수축 균열제어<br>• 온도변화에 의한 균열제어 |

## 13. 취성재료와 연성재료의 비교

| 취성(脆性)재료 | 연성(延性)재료 |
|---|---|
| • 부서지거나 깨지는 성질<br>• 건축재료 중 콘크리트가 대표적<br>• 가공경화(硬化) 없이 항복점이 지나면 급격히 파쇄<br>• 파쇄 전 사전 징후가 없음<br>• 건축물의 경우 대피시간 부족 | • 늘어나는 성질<br>• 건축재료 중 철근이 대표적<br>• 항복점이 지난 후에 가공경화가 발생 후 장시간 경과 후 파쇄<br>• 파쇄 전 사전징후 발생<br>• 건축물에서 대피시간 확보 |

## 14. 라멘조, 조적조, 가구식 구조의 비교

| 구분 | 일체식(라멘조) | 조적조식 | 가구식 |
|---|---|---|---|
| 정의 | 전 구조체가 일체화된 구조 | 재료를 하나씩 사용하여 쌓은 구조 | 가늘고 긴부재를 짜맞춘 구조 |
| 해당구조 | • 철근콘크리트 구조<br>• 철골 철근콘크리트 구조 | • 블록구조<br>• 벽돌구조<br>• 돌구조 | • 나무구조<br>• 철골구조 |
| 벽체 | 비내력벽 | 내력벽 | 비내력벽 |

## 15. Flat slab와 Flat plate slab의 비교

| 구분 | Flat slab | Flat plate slab |
|---|---|---|
| 구조 | Drop panel과 capital로 구성 | Drop panel 없이 capital로 구성 |
| 적용 | RC조 | S조, SRC조, RC조 |
| Punching shear | 유리 | 불리 |
| 공간활용 | 불리 | 유리 |
| 층고조정 | 불리 | 유리 |
| 공기단축 | 불리 | 유리 |
| 시공성 | 불리 | 유리 |
| 안전성 | 유리 | 불리 |
| 설비배관 시공 | 불리 | 유리 |

## 16. 이방향 중공슬래브, RC라멘조, 철골라멘조, Flat Plate 슬래브의 비교

| 구분 | 이방향 중공 슬래브 | RC 라멘조 | 철골라멘조 | Flat Plate |
|---|---|---|---|---|
| 단면 높이(보 포함) | 230~600mm | 700~900mm | 800~1,200mm | 200~250mm |
| 스팬(Span) | 8~22m | 8~12m | 10~15m | 6~8m |
| 장점 | • 장span<br>• 공기단축<br>• 친환경 공법 | 경제성 | • 장span<br>• 공기단축 | 층고 절감 |
| 단점 | • 시공난해<br>• 품질관리 난해 | 층고 증가 | • 층고 증가<br>• 진동 취약<br>• 비경제성 | 단span |

# 6장 PC공사 및 C/W공사

## 1. Metal Curtain Wall과 PC Curtain Wall의 비교

| 구분 | | Metal Curtain Wall | PC Curtain Wall |
|---|---|---|---|
| 설계 | 구조 | 경량으로 건물 경량화 가능 | 중량으로 건물자중이 증대 |
| | 디자인 | 마감형태에 제약을 받으며, 양적으로 부족 | 마감 형태에 비교적 유리하고, 양적으로도 유리 |
| | 내화성 | 적음(내화피복 필요) | 높음(PC C/W 내화피복 역할) |
| | 내풍성 | 변형을 적게 하기 위해 부재의 강성을 높여야 함 | 풍압에 의한 변형에는 문제가 없음 |
| | 내진성 | 경량으로 층간변위 추종성이 높음 | 중량으로 층간변위 추종성이 낮음 |
| | 단열성 | 단열재 사용하여 성능을 보완 | 샌드위치 판넬 제작으로 금속제보다 우수 |
| | 차음성 | 낮음 | 높음 |
| 시공 | 시공성 | 운반, 부착 용이함 소형 Crane 사용 | 운반, 부착 어려움 대형 Crane, Stock Yard 필요 |
| | 공기 | 철골세우기와 별도의 소형장비 사용하므로 문제없음 | 대형장비 사용할 때 철골 세우기 완료 후 부착 → 전체공기가 연장됨 |
| | 품질 | 품질에 오차 적음 | 제품의 품질확보가 어려움 |
| | 안정성 | 경량으로 취급이 용이하며 안전함 | 중량으로 안전관리 특히 유의해야 함 |
| 유지관리 | 경계성 | 부재가격 높으나, 시공비용이 적음 | 부재가격 낮으나 운반비 및 시공비가 고가임 |
| | 내구성 | 부재의 녹 발생에 따른 내구성 저하 | 내구성 우수 |

## 2. Lift 공법의 종류 비교

| 종류 | 특성 |
|---|---|
| Lift slab 공법 | • 기둥 또는 코어부분을 선행 제작하여 건조하고 그것을 지지기둥으로 지상에서 몇 개 층분을 적층하여 제작한 slab를 순서대로 달아 올려 고정하는 공법<br>• 빌딩, 아파트, 주택의 지붕 및 바닥의 Con'c slab를 대상 |
| 큰지붕 lift 공법 | • 지상에서 완성도가 높고 설비도장 완료 후 달아 올려 설치하는 공법<br>• 공장, 광장 등의 철골조 대지붕의 건설에 쓰임 |
| Lift up 공법 (full up 공법) | • 지상에서 조립하여 수직으로 높은 곳으로 달아 올려 고정하는 공법<br>• 높이가 높은 무선탑의 플랫폼(platform)의 설치에 쓰임 |

## 3. Fastener 방식의 종류 비교

| 외관 형태 | 특성 |
|---|---|
| Fixed 방식 (고정방식) | • Curtain Wall의 상하부 Fastener를 용접으로 고정하는 방식<br>• 층간변위 시 손상이 발생하지 않아야 하며, 부재의 열팽창을 흡수할 것<br>• 변형하기 쉬운 Metal Curtain Wall 등에 적용하는 방식<br>• Joint 줄눈재에 무리한 변형 방지 |
| Sliding 방식 | • Curtain Wall 하부에 장치되는 Fastener는 고정하고 상부에 설치되는 Fastener는 Sliding되도록 한 방식<br>• 하부 Fastener는 용접으로 고정<br>• 변형을 일으키기 어려운 PC Curtain Wall 등에 적용하는 방식 |
| Locking 방식 (회전방식) | • Curtain Wall의 상부와 하부의 중심부에 1점씩 Pin으로 지지하는 방식<br>• 변형을 일으키기 어려운 PC Curtain Wall 등에 적용하는 방식<br>• 층간변위 발생 시 수직 Joint에 전단변위 방지 |

# 7장 철골공사 및 초고층공사

## 1. 위빙과 위핑의 비교

| 구분 | 내용 |
|---|---|
| 위빙 | 용접 방향과 직각으로 용접봉 끝을 움직여 융착너비를 증가시켜 용접층수를 작게 하여 능률적으로 행하는 운봉방식 |
| 위핑 | 스프링(Spring) 운봉법이라고 하며, 용접부 과열로 인한 언더컷을 예방하기 위해 위핑 운봉의 끝에서 위쪽으로 아크를 빼는 운봉법 |

## 2. 완전용입 맞댄용접과 부분용입 맞댄용접의 비교

| | 완전용입 맞댄용접 | 부분용입 맞댄용접 |
|---|---|---|
| 정의 | 접합부 전면에 용착금속을 완전히 녹이는 접합으로 맞대는 부재의 전단면이 완전하게 용입되어야 한다. | 용접할 부재의 단면을 전부 용접하지 않고 일부분만 용착시키는 용접이다. |
| 시공 | • 양측 용접을 하는 경우 배면 초층 용접 전에 gouging(밑면따내기)한 후 용접한다.<br>• 뒷댐재를 사용하는 경우 충분한 루트 간격을 확보하여 뒷댐재를 밀착시킨다.<br>• 판두께가 다른 이음부<br>- 용접 표면이 얇은 판쪽부터 두꺼운 판쪽으로 원활하게 기울기를 주어 용접한다.<br>- 판두께의 차가 10mm를 넘는 경우 낮은 쪽의 두께에 맞추고 1/2.5 이하의 기울기로 마무리한다. | • 용접덧살의 높이는 완전용입 맞댄용접과 동일하다.<br>• 유효목두께는 개선형상에 의하지 않고 개선 깊이로부터 3mm 감한 것으로 한다. |
| 시공도해 | 〈완전용입 맞댄용접〉 | 〈부분용입 맞댄용접〉 |

## 3. Under cut과 Under fill의 비교

| 구분 | Under cut | Under fill |
|---|---|---|
| 발생 원인 | 과대 전류 | 용접속도 빠를 때 |
| 문제점 | 용접부 단면적 감소 | 단면적 감소, notch 효과 |

## 4. 설계시공 병행 진행방법과 순차적 진행방법의 비교

| 구분 | 설계시공 병행 진행방법 (Fast Track Method) | 순차적 진행방법 (Linear Sequential Method) |
|---|---|---|
| 장점 | • 총사업기간 단축<br>• 목적물 조기완공으로 인한 영업 수익 증대로 경제성 증가<br>• 세부 공종별로 전문기관 선정 및 가격 인하 가능 등 | • 설계가 끝난 다음에 시공 착수로 설계 변경 요인제거<br>• 발주자의 관리인력증가 억제 가능<br>• 건설사업관리에 대한 고도기법 불필요 |
| 단점 | • 건설사업관리 비용증가<br>• 설계와 시공의 공종세분화로 관리 능력 부재 시 품질저하 요인 발생가능<br>• 조기 착공으로 인해 계약변경요인이 과다하게 발생하여 건설비증가 가능 | • 간접비 증가로 총사업비 증가<br>• 사업기간 장기간으로 기회비용손실 발생<br>• 설계변경 요인이 발생할 경우 계약변경에 상당한 인력 및 기간 손실초래 가능 |

## 5. 수직운반과 수평운반의 비교

| 분류 | | 내용 |
|---|---|---|
| 수직운반 | 대형 양중 | • 크기 및 중량은 길이 4m 이상, 폭 1.8m 이상, 중량 2t 이상<br>• 철골부재, 철근, PC판, curtain wall 등을 양중<br>• 종류 : Tower crane, jib crane, truck crane 등 |
| | 중형 양중 | • 크기 및 중량은 길이 1.8~4m, 폭 1.8m 미만, 중량 2t 미만<br>• 창호, 유리, 석재, 천장재, ALC판 등을 양중<br>• 종류 : Hoist, 화물 전용 lift 등 |
| | 소형 양중 | • 크기 및 중량은 길이 1.8m 미만, 폭 1.8m 미만, 중량 2t 미만<br>• 소형 마감재, 작업인원 등을 양중<br>• 종류 : 인·화물용 elevator, universal lift 등 |
| 수평 운반 | | • 양중기에 의한 반입시간 절약, 화물내리기 노력 절감을 위해 운반형식 통일<br>• 전용 컨테이너 또는 파레트를 사용하면 효과적<br>• 운반장비는 fork lift, hand lift, 손수레 |

## 6. 기존철골구조와 PEB system의 비교

| 구분 | 기존 철골 | PEB system |
|---|---|---|
| Design | 구조계산 및 설계 도면을 별도로 작업 | • 전용 software에 의해 구조계산<br>• 설계도면 작업이 동시에 가능(설계기간의 단축) |
| 구조해석 | 부재의 단면변경이 곤란(철골중량의 증대) | 단면변경이 용이(철골중량의 절감 및 건축물의 경량화) |
| 부재형상 | • Roll-beam 또는 조립기둥 사용<br>• Roll-beam 또는 조립보 사용 | Tapered beam(built-up beam) |
| 제작성 | 현장 또는 공장에서 제작 | • 100% 공장제작<br>• 품질 우수 및 표준화 가능 |
| 시공성 | 현장제작설치작업으로 공기가 다소 소요 | 공장 제작품의 현장조립으로 설치기간이 짧다. |
| 중량 | 100% 기준 | 50~70% |
| 가격 | 100% 기준 | 60~80% |
| 기타 | • 구조물 중량이 크다.<br>• 장 span 구조물일 경우 실내이용효율이 낮다.<br>• 실내가 둔탁하다. | • 경량화 가능<br>• 내부기둥이 없어서 실내이용효율을 극대화할 수 있다.<br>• 실내가 미려하고 경쾌하다. |

## 7. Core 선행공법과 Core 후행공법의 비교

| 구분 | Core 선행공법 | Core 후행공법 |
|---|---|---|
| 시공순서 | Core 시공 → 주변부 시공 | 주변부 시공 → Core 시공 |
| 장점 | • 기상영향 최소화<br>• 거푸집 전용 횟수 증가<br>• 장비효율 극대화<br>• 공사관리 원활 | • 철근 이음개소 1/2 단축<br>• 슬래브 및 Core의 단순화<br>• 슬래브 Table Form 적용 가능<br>• 작업의 융통성 부여 |
| 단점 | • 초기투자비 과다<br>• 추락 등 안전사고 우려<br>• 시공 정밀도 등 품질관리 필수 | • 작업순서 복잡<br>• 안전사고 우려<br>• Core작업용 대부재 야적공간 필요 |

## 8. Big canopy공법과 ABCS 공법의 비교

| 구분 | Big canopy 공법 | ABCS 공법 |
|---|---|---|
| 1. 적용구조 | RC구조 | S조 |
| 2. 차양 장치 | 천장 | 천장+벽 |
| 3. 차양장치 처리 | 가설물로서 건물완공 후 철거 | 건물의 본체(지붕층)로 활용 |
| 4. 차양장치 지지구조 | 별도의 tower crane mast로 4개의 기둥 형성 | 본 구조물의 기둥을 사용 |
| 5. 천장 crane의 이동 | 좌우 이동이 자유로움 | 기둥에 간섭을 받으므로 이동의 정밀성 요구 |
| 6. 수직이동장치 | 화물 lift | 자동이동 elevator |
| 7. 부재의 접합 | 천장 crane으로 이동된 부재를 인력으로 접합 | 천장 crane으로 이동된 부재를 조립robot과 용접robot으로 접합 |
| 8. 시공 정도 | 우수 | 매우 우수 |
| 9. 작업 환경 | 우수 | 매우 우수 |
| 10. 자동화 정도 | 반자동 | 완전 자동 |

# 8장 마감 및 기타

## 1절 조적공사/석공사/타일공사/미장공사/도장공사/방수공사

### 1. 벽돌의 종별 품질기준 비교

| 품질항목 | 종류 | | |
|---|---|---|---|
| | 1종 | 2종 | 3종 |
| 흡수율(%) | 10 이하 | 13 이하 | 15 이하 |
| 압축강도(MPa) | 24.50 이상 | 20.59 이상 | 10.78 이상 |

### 2. 석공사의 공법 비교

| 종 류 | 내 용 |
|---|---|
| 습식 공법 | 구체와 석재 사이를 연결철물과 모르타르 채움에 의해 일체화시키는 공법 |
| Anchor 긴결공법 | 구조체에 각종 앵커를 사용하여 석재를 붙여 나가는 공법 |
| 강재 truss 지지공법 | 미리 조립된 강재 truss에 석판재를 지상에서 짜 맞춘 후 조립으로 설치해 나가는 공법 |
| GPC 공법 | 석재와 콘크리트를 일체화시킨 PC를 제작하여 건축물의 외벽에 부착하는 공법 |

## 3. 대전방지타일과 전도성타일의 비교

| 항목 \ 타일 종류 | Static Tile(대전방지타일) | | 전도성 타일 (Conductive Tile) |
|---|---|---|---|
| | PVC | HP Laminate | |
| 용도 | 전산실, 콘트롤룸, 클린룸 | 전산실, 컨트롤실, 전자교환실 | 병원 수술실, 반도체 공장 |
| 목적 | 정전기 방지 | 정전기 방지 | 바닥의 전도화 |
| 내화성 | 발화점 낮음 | 발화점 높음 | 발화점 낮음 |
| 성분 | PVC | Resin(수지)비결정성 | PVC |
| 가격 | 보통 | 보통 | 고가 |
| 유지보수 | 중성세제(No-wax) | 마른걸레질 | 중성세제(No-wax) |

## 4. 인조석과 테라조의 비교

| 구분 \ 종류 | 인조석 | 테라조 |
|---|---|---|
| 시공 | 주로 현장시공 | 공장제작 → 현장설치 |
| 용도 | 바닥 | 창대 및 내부벽 |
| 종석 | 화강석 부스러기 | 대리석 부스러기 |
| 배합비 | 시멘트 : 종석=1 : 2 | 시멘트 : 종석=1 : 2 |
| 보양 | 현장시공 → 습윤보양 | 공장제작 시 → 수중 및 증기 보양<br>현장설치 후 → 진동 및 충격 방지 |

## 5. 게이지비드와 조인트비드의 비교

| 종류 | 특징 | |
|---|---|---|
| 게이지비드 | 재질 | 아연도 강판, 스테인리스 스틸 |
| | 비드높이 | 10, 13, 16, 19mm |
| 조인트비드 | 재질 | 아연도 강판, 스테인리스 스틸 |
| | 비드높이 | 10, 13, 16, 19mm |

## 6. 아스팔트방수, 시트방수, 도막방수의 비교

| 내용 | 아스팔트 방수 | 시트 방수 | 도막방수 |
|---|---|---|---|
| 외기에 대한 영향 | 보통 | 적음 | 민감 |
| 방수층의 신축성 | 우수 | 아주 우수 | 보통 |
| 시공 용이도 | 번잡 | 용이 | 매우 용이 |
| 공사 기간 | 長 | 短 | 短 |
| 경제성 | 고가 | 아주 고가 | 보통 |
| 성능 신뢰성 | 보통 | 우수 | 보통 |
| 재료 취급 | 복잡 | 간단 | 보통 |
| 결함부 발견 | 난해 | 보통 | 용이 |
| 방수층 끝마무리 | 불확실 | 접착제 후 sealing | 간단 |

## 7. 스트레이트 아스팔트와 블로운 아스팔트의 비교

| 항목 | 스트레이트 아스팔트 | 블로운 아스팔트 |
|---|---|---|
| 침입도 | 대 | 소 |
| 伸度(상온) | 대 | 소 |
| 感溫性 | 대 | 소 |
| 부착력 | 대 | 소 |
| 응집력 | 소 | 대 |
| 탄력성 | 소 | 대 |
| 침투성 | 대 | 소 |
| 乳化性 | 양 | 불량 |

# 2절 목공사/유리공사/단열공사/소음공사/공해/폐기물/건설기계/적산/기타

## 1. 목재 건조법의 비교

| 구분 | 자연건조법 | 인공건조법 |
|---|---|---|
| 의의 | 자연의 힘으로 건조 | 건조실에서 증기나 열풍으로 건조 |
| 건조시간 | 많이 소요 | 짧다. |
| 비용 | 저렴 | 다소 비싸다. |
| 목재의 손상 | 손상이 적음 | 뒤틀림 등 손상 발생 |
| 건조장소 | 넓은 장소 필요 | 건조실(비교적 소규모) |

## 2. 목재 방부법의 비교

| 방법 | 내용 |
|---|---|
| 도포법(塗布法) | 목재를 충분히 건조시킨 다음 균열이나 이음부 등에 솔 등으로 방부제를 도포하는 방법으로 가장 일반적인 방법이다. |
| 주입법(注入法) | • 상압주입법(常壓注入法) : 방부제 용액 중에 목재를 침지하는 방법<br>• 가압주입법(加壓注入法) : 압력용기 속에 목재를 넣어 7~12기압의 고압하에서 방부제를 주입하는 방법 |
| 침지법(浸漬法) | 방부제 용액 중에 목재를 몇 시간 또는 며칠 동안 침지하는 것으로써, 용액을 가열하면 15mm 정도까지 침투한다. |
| 표면탄화법 | • 목재의 표면을 두께 3~10mm 정도 태워서 탄화시키는 방법이다.<br>• 가격이 싸고 간편하지만 효과의 지속성이 부족하다. |
| 생리주입법 | • 벌목전 나무뿌리에 약액을 주입하여 수간(樹幹)에 이행시키는 방법이다.<br>• 별로 효과가 없다. |

## 3. 섬유판의 비교

| 판의 종류 | 연질 섬유판 | 중질 섬유판 | 경질 섬유판 |
|---|---|---|---|
| 비중 | A 0.3 미만<br>B 0.4 미만 | 0.4 이상<br>0.8 미만 | 처리(T) 0.9 이상<br>무처리(S) 0.8 이상 |
| 휨강도(MPa) | A 2.5 이상<br>B 1.0 이상 | 5.0 이상 | 처리(T) 45 이상<br>무처리(S) 35 이상<br>20 이상 |
| 함수율(%) | A 10 이하<br>B 16 이하 | 14 이하 | 5 이상<br>13 이하 |

## 4. SSG공법과 DPG공법의 비교

| 구분 | SSG공법 | DPG공법 |
|---|---|---|
| 지지형태 | 구조용 sealant에 의해 지지 | 유리에 구멍을 뚫은 점지지형태 |
| 구조성능 | 보통 | 우수 |
| Design 효과 | 보통 | 우수 |
| Frame | 필요 | 불필요 |
| 층간변위 | 층간변위에 대한 추종성 미흡 | 층간변위에 대한 추종성 우수 |
| 개방감 | 우수 | 매우 우수 |
| 내구성 | 구조용 sealant에 좌우(10년 내외) | 반영구적 |

## 5. 소음 허용 규제치

단위 : dB(A)

| 대상지역 | 조석 | 주간 | 심야 |
|---|---|---|---|
| 주거지역 | 60 이하 | 65 이하 | 50 이하 |
| 주거지역 외 | 65 이하 | 70 이하 | 50 이하 |

## 6. 진동허용 규제치

단위 : dB(V)

| 대상지역 | 주간 | 야간 |
|---|---|---|
| 주거지역 | 65 이하 | 60 이하 |
| 주거지역 외 | 70 이하 | 65 이하 |

## 7. Tower Crane의 벽체지지방식과 와이어로프 지지방식의 비교

| 구분 | 벽체지지방식 | 와이어로프지지 방식 |
|---|---|---|
| 설치방법 | 건물벽체에 지지프레임과 간격지지대를 사용 고정 | 와이어로프로 콘크리트 구조물 등에 고정 |
| 장점 | 건물벽체에 고정하여 작업용이 | 동시에 다수의 장소에서 작업가능하며 작업효율성이 높음 |
| 단점 | • 작업반경이 작음<br>• 장비효율성 저하 | 벽체지지방식에 비해 작업이 난해함 |
| 국내실정 | 도심지역 대형 신축빌딩에 주로 사용 | 대단위 아파트 현장에 주로 사용 |

## 8. 표준시장단가제도와 품셈제도의 비교

| 구분 | 표준시장단가제도 | 품셈제도 |
|---|---|---|
| 내역서 작성방식 | 표준분류체계인 '수량산출기준'에 의해 내역서 작성 통일 | 설계자 및 발주기관에 따라 상이함 |
| 단가산출방법 | 계약단가, 입찰단가, 시공단가 등을 기초로 단가산정 | 품셈을 기초로 원가계산 |
| 직접공사비 | 재·노·경 단가 포함 | 재·노·경 단가 분리 |
| 간접공사비(제경비) | 직접공사비 기준 | 비목(노무비 등)별 기준 |
| 설계변경 | 지수조정방식 | 품목조정방식, 지수조정방식 |

## 9. 표준품셈 적산방식과 실적공사비 적산방식의 비교

| 구분 | 표준품셈 적산방식 | 실적공사비 적산방식 |
|---|---|---|
| 작업조건 반영 | × | ○ |
| 신기술 적용 | △ | ○ |
| 노임 책정 | △ | ○ |
| 공사비 산정 | △ | ○ |
| 적산업무 | 복잡 | 간편 |

# 9장 녹색건축

## 1. Green Building과 기존 건물의 비교

| Green Building | 기존 건물 |
|---|---|
| 자연 에너지의 활용 | 에너지 과소비 |
| 친환경적 건물 | 자연 생태계 파괴 |
| 환경친화적 설계 | 실내 환경오염 |
| 폐기물 발생 저감 및 적정 처리 | 폐기물 발생 |
| $CO_2$ 발생량 억제 | 지구의 온난화(지구 환경파괴) |

## 2. Passive House과 Active House의 비교

| 구분 | Passive House | Active House |
|---|---|---|
| 정의 | 내부의 열에너지를 단열재 등을 이용 외부로 방출하지 않는 방식(보온) | 신재생에너지 등을 이용하여 에너지를 생산하는 방식 |
| 요소 | 고단열, 고기밀, 고성능창호, 외부차양, 건물의 향배치 | 신재생에너지, 고효율 설비기기 |
| 적용 | 설계 및 계획 시에 초기에 적용하여야 함 | 설계 및 시공 후에도 적용이 가능 |

## 3. 3중 유리과 2중 유리의 비교

| 구분 | 3중 유리 | 2중 유리 | 비교 |
|---|---|---|---|
| 단열성능 (열관류율) | 1.27K(W/m²k) | 1.80K(W/m²k) | 약 30% 향상 |
| 차음 성능 | 30dB | 26dB | 약 15% 향상 |
| 결로발생 여부 | 미발생 | 발생 | 결로예방 가능 |

# 10장 총론

## 1. Constructability와 VE의 비교

| 구분 | Constructability | VE (Value Engineering) |
|---|---|---|
| 목표 | 비용 · 공기 · 안전 · 품질의 측면에서 건설 과정의 최적화 | LCC의 전체적인 절감 |
| 수행 | 시공지식과 경험이 프로젝트 계획과 설계 단계에서 반영되면서 종합적으로 프로젝트 관리가 이루어지는 것 | 설계 기능을 유지하면서 LCC 대안을 검토 |
| 시기 | 개념계획에서부터 시공 단계, 사용 단계까지 계속 | 통상 설계 단계에서 시행 |

## 2. Constructability와 품질 향상

| 구분 | Constructability | 품질 향상 |
|---|---|---|
| 목표 대상 | 설계 및 시공 | 고객 |
| 원칙 | 문제의 예방 및 시공 과정의 최적화 | 바르게 시행할 것 |
| 성장 | 프로그램 과정의 측정 · 시정을 통한 문서상 교훈 습득 | 측정 · 시정을 통한 계속적인 향상 |

## 3. 예비 타당성조사와 타당성조사의 비교

| 구분 | 예비타당성조사 | 타당성조사 |
|---|---|---|
| 개념 | 타당성조사 이전에 예산반영 여부와 투자우선순위 결정을 위한 거시적 차원의 조사 | 예비타당성조사를 통과한 후 본격적인 사업착수를 위한 상세 타당성조사 |
| 경제성분석 | 타당성조사의 필요성 판단을 위한 개략적 조사 | 실제 사업착수를 위한 정밀하고 세부적인 조사 |
| 정책적분석 | 경제성분석 외에 국민 경제적, 정책적 차원의 분석 | 검토대상이 아님. 다만, 환경성검토 등 사업추진에 관련된 사항만 면밀한 조사 |
| 기술적 타당성 평가 | 검토대상 아님 | 토질조사 · 공법분석 등 다각적인 기술성 분석 |

| 구분 | 예비타당성조사 | 타당성조사 |
|---|---|---|
| 조사의 주체 | 예산당국(관계부처 협의) | 사업 주무부처 |
| 조사기간 | 단기간(6개월 이내) | 장기간(충분한 시간을 투입) |

## 4. 기존 건설방식과 CM의 비교

| 구분 | 기존 건설방식 | CM 방식 |
|---|---|---|
| 계약방식 | 발주자가 원수급자(종합건설업체)와 단일계약 | 발주자가 다수 하수급자와 직접 계약가능 |
| 설계시공 | 업무연속성 부족 | 업무연속성 유지 |
| VE 실시 | 시공단계에서만 VE실시 가능 | 설계, 시공 전 단계에서 VE실시 및 원가관리 가능 |
| 총공사비 | 건설초기단계에 총 공사비 확정가능 | 사업초기단계에서 총 공사비 미확정 |
| 발주방식 | 설계시공분리방식 | 설계시공병행방식 |
| 비용절감 | 수급자에 대한 공사비 절감동기 유발불가 | VE실시를 통한 공사비 절감가능 (절감액 배분) |
| 통제력 | 발주자의 설계자, 수급자 통재능력 미비 | CM의 조언을 통한 설계자, 도급자 통제능력 구비 |

## 5. ACM와 GMPCM의 비교

| 구분 | ACM | GMP CM |
|---|---|---|
| 방식 | CM for fee(순수형 CM) | CM at Risk(위험형 CM) |
| 책임소재 | 관련 업무 | 시공 상 제반 문제 |
| 적용 | 국내 대부분 | 선진국 대부분 적용 |
| 사업대가 | 1.5~2.5% | 3~9% |

## 6. QC와 QM의 비교

| 구분 | QC(품질관리) | QM(품질경영) |
|---|---|---|
| 목적 | 제품의 불량 감소 | 고객만족과 대외 경쟁력 확보 |
| 효과 | 품질확보 및 품질개선 | 재시공과 보수 작업의 감소 |
| 참여 | 생산 현장 중심으로 참여 | 경영자를 포함한 전 구성원이 참여 |

## 7. 품질통제(QC)와 품질 보증(QA)의 차이점

| 구분 | 품질 통제(QC) | 품질 보증(QA) |
|---|---|---|
| 기법 | 품질이 중요 | 하자 사전 예방 |
| 목적 | 불량 감소 | 하자로 인한 품질 절감 |
| 효과 | 품질 확보 | 재시공 감소 |
| 참여 | 생산 현장 중심 | 경영자, 전구성원 참여 |
| 특징 | 현장 특성에 맞는 기법 | 문서화, 기록화, 체계화 |
| 시기 | 공사 시공 중 | 공사 완료 후 |
| 방법 | 품질 관리팀 형성 | 하자 보수 전담반 |
| 대상 | 전공정에 대한 품질 | 목적물의 목적 수행 |
| 필요성 | 원가절감 품질 향상 | 신뢰성 향상, 책임 시공 |
| 문제점 | 형식적인 관리 | 책임 회피 |
| 개발 방향 | 전문화, 생활화 | ISO 9000 획득 |

## 8. TQC와 TQM의 비교

| 항목 | TQC | TQM |
|---|---|---|
| 목적 | 기업의 체질 개선 | 경영목표달성의 수단 |
| 품질보증 | 공급자 입장의 일반적인 품질보증 | 구매자의 욕구를 충족시키기 위한 품질보증 |
| 품질인증 | 공급자의 품질인증 | 제3자 품질인증 |
| 품질정책 | 품질정책의 필요성 강조 | 품질 정책은 필수요건 |
| 참여범위 | 최고경영자를 포함한 전원 참가를 강조 | 최고경영자 참가를 의무화하고, 전원 참가를 강조 |
| 목표 | 품질문제(불량률, 클레임률, A/S건수)의 극소화와 재발방지 | Zero Defect가 궁극목표 |

## 9. 식스시그마와 TQM의 비교

| 구분 | 식스 시그마 | TQM |
|---|---|---|
| 대상 | 프로세스 | 결과 |
| 기법 | 디자인 | 임기응변적 대처 |
| 목표 기준 | 목표설정 | 불량, 에러 |
| 최적화 | 전체 최적화 | 부분 최적화 |
| 품질 레벨 | 경영의 질 | 현상의 품질 |
| 목표 설정 | 구체적(논리적) | 추상적 |
| 사업성공요인 | 관리레벨 | 연구, 지혜 |

## 10. 전수검사와 발췌검사(Sampling검사)의 비교

| 구분 | 전수검사 | 발췌검사(sampling 검사) |
|---|---|---|
| 검사항목 | 검사항목이 小 | 검사항목이 大 |
| 검사비용 | 大 | 小 |
| 검사시간 | 大 | 小 |
| 실효성 | 大 | 小 |
| 치명적 결점이 있는 경우 | 적합 | 부적합 |
| Lot 크기 | 小 | 大 |
| 불량이 있어서는 안 되는 것 | 적합 | 부적합 |

## 11. 계수 및 계량 Sampling 검사의 비교

| 구분 | 계수 Sampling 검사 | 계량 Sampling 검사 |
|---|---|---|
| 검사 소요 시간 | 비교적 적음 | 소요 시간이 많이 소요 |
| 검사 방법 | 간단 | 복잡 |
| 검사 비용 | 저렴 | 고가 |
| 숙련도 | 필요 없음 | 필요 |
| 검사 기록 | 간단 | 복잡하며 이용률이 높음 |
| 검사 설비 | 간단 | 복잡 |
| 시료수 | 시료가 많이 필요 | 적은 시료로 판정 가능 |
| 판정 기준 | 불량 개수와 결점수 | 계량치와 특성치 |

## 12. ISO 9000과 ISO 14000의 비교

| 구분 | ISO 9000 | ISO 14000 |
|---|---|---|
| 도입이유 | 경제성 확보 | 경제성 및 환경 친화성 확보 |
| 도입효과 | 고객에 대한 품질 인증 | 기업의 신뢰성 증가로 매출 확대 |
| 목표 | 무결점 | 무배출 · 무오염 · 무결점 |
| 평가 | 고객 | 고객, 주주, 민간단체 |
| 주안점 | 제품의 품질 | • 환경법규 준수, 환경영향 평가<br>• 오염물질 최소 발생으로 인한 이익 달성 |
| 전략성 | 제품의 매출확대 | 장기적 · 지속적으로 매출확대 |
| 초기 투자비 | 보통 | 많이 소요 |

## 13. 원가 절감 기법(Tool)

| 관리 기법 | Cost Down 여지 | 관리 기법 | Cost Down 여지 |
|---|---|---|---|
| SE<br>(System Engineering) | 최적 시공 방법 | TQC | 전사적 품질관리 |
| VE(Value Engineering) | Function/Cost | ZD | Zero Defect, 무결점 |
| IE<br>(Industrial Engineering) | 신공법 개발 | OR<br>(Operation Research) | 복수 선택 |
| QC<br>(Quality Control) | 품질 관리 | PERT/CPM | 최적 공정 계획 |

## 14. 경제적 판단 기법의 종류

| 구분 | B/C Ratio(비용편익비) | NPV(순현재가치) | IRR(내부 수익률) |
|---|---|---|---|
| 정의 | 현재 가치를 할인한<br>총 편익과 총비용의 비율 | 현재의 가치로 할인한 총<br>편익과 총비용의 가치차 | B/C=1, NPV=0일 때의<br>할인율 |
| 산정식 | B/C | B=C | B-C=0 |
| 판정 | B/C>1 | NPV>0 | IRR>사회적 할인율 |
| 적용 | 사업 규모 고려 시 | 2개 이상 대안 비교 시 | 여러 개의 대안 비교 시 |
| 특징 | 이해용이<br>사업 규모 고려 시<br>비용과 편익의 예상 난이 | 이해가 어려움<br>대안과 비교 가능<br>사업 규모 측정 난이 | 이해가 어려움<br>사업의 수익성 측정<br>대안과 비교 가능<br>사업 규모 측정 난이 |

## 15. Project 금융과 건설 금융의 비교

| 구분 | Project 금융 | 건설 금융 |
|---|---|---|
| 금융사 투자 기준 | Project 성공 확률 | 건설회사의 신용도 |
| 투자 절차 | 타당성 조사 필요 | 비교적 간단 |
| 투자 기간 | Project의 사업 기간 | 장기간 대출 유지 |
| 금융사 Risk | Risk가 큼 | Risk가 작음 |
| 건설사 Risk | Risk가 작음 | Risk가 큼 |
| 금융사 수입 의존 | Project의 수입률 | 대출이자 |

## 16. 구조적 Fail safe와 기능적 Fail safe의 비교

| 구분 | 구조적 fail safe | 기능적 fail safe |
|---|---|---|
| 목적 | 강도와 안전성의 유지 | 기능의 유지 |
| 실례 | • 항공기의 구조상 대책<br>→ 항공기의 엔진이 고장 났을 때 다른 엔진을 멈추게 하는 것은 추락으로 이어지므로 나머지 엔진으로 날아갈 수 있게 하는 것 | • 철도신호 system의 신호용 전자 릴레이<br>→ 철도신호에서 고장 났을 때 적색이어야 할 신호가 파란색이면 중대한 재해를 초래할 우려가 있으므로 고장 시 항상 적색이 되도록 하는 것 |

## 17. 부실공사와 하자의 비교

| 구분 | 부실공사 | 하 자 |
|---|---|---|
| 의의 | 구조물의 안전에 지장을 초래하는 것 | 건축물의 사용상 지장을 초래하는 것 |
| 건물 내구성에 미치는 영향 | 내구성에 심각한 영향을 미침 | 내구성에 대한 영향은 거의 없음 |
| 주(主)평가자 | 전문가 | 사용자 |
| 보수비용 | 많이 소요 | 간단(적게 소요) |
| 생활에 주는 영향 | 간접적 영향 | 직접적 영향 |
| 문제성 | 심각(대형사고 유발) | 간단(생활에 불편한 정도) |
| 발생이유 | 고의 또는 무지 | 실수 |

## 18. 재건축과 재개발의 비교

| 구분 | 재건축 | 재개발 |
|---|---|---|
| 정의 | 기존 노후 불량주택을 철거한 후 그 대지 위에 새로운 주택을 건립하는 것 | 토지의 고도 이용과 도시기능의 회복을 위해 건축물 및 그 부지의 정비와 대지의 조성 및 공공시설의 정비에 관한 사업과 이에 부대되는 사업 |
| 근거법령 | 도시 및 주거환경 정비법 | 도시 및 주거환경 정비법 |
| 사업주체 | 건물소유자로 구성된 기존 주택의 소유자가 설립한 조합이 사업주체가 되며 민간건설회사는 공동 사업자로 참여 가능 | 토지, 건물 소유자(관 주도의 도시계획사업) 조합 |
| 지구지정 | 불필요 | 필요 |
| 조합 구성원 | 건물 소유자 | 건물, 토지 소유자 및 세입자 개인 |
| 사업시행 절차 | 간소 | 복잡 |

## 19. 린 건설과 기존의 관리방식의 비교

| 구분 | 린 건설 | 기존의 관리방식 |
|---|---|---|
| 생산방식 | 당김식 생산방식 | 밀어내기식 생산방식 |
| 프로세스 개선목표 | 효용성 제고 (질적) | 효율성 제고 (양적) |

## 20. 시공도와 제작도의 비교

| 구분 | 시공도 | 제작도 |
|---|---|---|
| 작성 장소 | 설계사무소 | 공사현장 |
| 용도 | 허가·견적·계약 등 | 현장 시공성 향상 |
| 사용축적 | 1/100, 1/200 등 | 1/10, 1/20 등 |
| 작성방법 | 제반법규에 준함 | 시공성·품질향상 위주 |
| 설계자 의도 | 일반적 표현 | 정확히 표현 |
| 작성 기능도 | 양호 | 불리 |
| 시공범위 | 공사 전반적 | 부분적(Detail) |
| 시공성 | 불명확 | 명확 |
| 종류 | 평면도, 입면도, 구조도 등 | 시공 각 부위별 상세도 |

## 21. 바코드와 RFID의 비교

| 구분 | 바코드 | RFID |
|---|---|---|
| 인식 방법 | 광학식 Read Only | 무선 Read/Write |
| 정보량 | 수십 단어 | 수천 단어 |
| 인식 거리 | 1m 이내 | 최대 100m |
| 인식 속도 | 개별 스캐닝 | 최대 수백 개 |
| 관리 레벨 | 상품 그룹 | 개개 상품(일련번호) |
| 가격 | 저가 | 고가 |

# 11장 공정관리

## 1. PERT와 CPM의 비교

| 구분 | PERT | CPM |
|---|---|---|
| 개발 배경 | 미 해군 핵잠수함 개발 | 미 화학공장 건설 |
| 주목적 | 공기단축 | 공비절감 |
| 주대상 | 신규사업, 미경험사업 | 경험사업, 반복사업 |
| MCX | 무 | 유 |
| 공기 추정 | 3점 추정 | 1점 추정 |

## 2. Gantt식 공정표과 Network 공정표의 비교

| 구분 | Gantt식 공정표 | Network 공정표 |
|---|---|---|
| 기본 원칙 | 시간경과에 따른 진척사항 표시 | 공정, 단계, 활동, 연결의 원칙 |
| 작성 시간 | 간단하여 짧고 일반인 작성가능 | 복잡하여 작성자의 기능 요구됨 |
| 선후 관계 | 표현 불분명 | 표현 가능 |
| 공정 변경 | 곤란 | 가능 |
| 통제 기능 | 없음 | 있음 |
| 원가 관리 | 이론 없음 | CPM에 MCX 이론 있음 |

## 3. ADM과 PDM의 비교

| 구분 | ADM | PDM |
|---|---|---|
| 표기 방법 | 단계 중심 | 요소작업 중심 |
| Time Scale | 가능 | 불가능 |
| 작업선후관계 | Finish-to-Start | 4가지 Relationship 표기<br>(S-S, S-F, F-F, F-S) |
| Dummy | 발생함 | 발생하지 않음 |
| 작성 및 수정 | • 작성 : 용이<br>• 수정 : 난해 | • 작성 : 매우 용이<br>• 수정 : 용이 |
| CPM이론전개 | 용이 | 난해 |
| 운용 관리 | 관리자용으로 관리 | 현장작업자용으로 관리 |
| 적용 분야 | 토목/건축분야 | 기자재 설치분야 |

## 4. 클레임 해결방안의 비교

| 구분 | 협상 | 조정 | 중재 | 소송 | 철회 |
|---|---|---|---|---|---|
| 분쟁 해결기간 | 매우 신속 | 대체로 신속 | 보통 | 길다 | 없다 |
| 해결비용 | 작다 | 보통 | 보통 | 많이 소요 | 최소화 |
| 구속력 | 없음 | 없음 | 계약에 따라 구속 | 법적 구속력 | - |

## 5. 건설사업의 단계별 위험(Risk) 요소

| 구분 | Risk 요소 |
|---|---|
| 기획 · 타당성 분석 | 타당성 분석 결함, 자금조달 능력 부족, 기대수익 예측 오류 |
| 계획 · 설계단계 | 설계 누락/하자, 공사비 예측오류, 설계범위 미확정 |
| 계약 · 시공단계 | 부적합 설계도서, 낙찰률 저조, 공비/공기 부족, 사고 |
| 사용 · 유지관리 단계 | 부적절한 관리방식, 비용증대, 하자, 용도변경 |

## 永生의 길잡이-열

### ■ 당신과 나를 위한 자유

몇 년 전, 우리는 인도 북부의 한 작은 교회에 있었습니다.
그 지방은 모슬렘과 힌두교 지역이기 때문에 그리스도를 전하는 것 자체가 불법입니다. 우리가 그곳에 있는 동안 세례를 받던 여러 사람 중 한 남자를 잊을 수 없습니다. 그는 20대 후반으로 보였습니다.
키가 크고 홀쭉하며 머리와 피부가 아주 검고 수염도 조금 있었습니다. 그는 힌두교도였습니다. 그들은 수백 만의 신들을 기쁘게 하려고 애쓰면서 삽니다. 그들은 두려움 가운데서 삽니다.
그런데 한 사람의 힌두교도가 예수 그리스도를 자신의 구주로, 단 하나뿐인 구주로 고백하고 있었습니다. 목사님은 그를 물에 담갔다가 끌어올렸습니다. 목사님의 표정은 전혀 변하지 않았습니다. 그러나 그 남자는 교인들을 쳐다보더니 두 팔을 하늘 높이 쳐들고는 물 속에서 첨벙첨벙 뛰기 시작했습니다.

그는 "자유다! 나는 자유다!"라고 말하는 것 같았습니다.
이제는 신들이 와서 그를 잡아가는 것이 문제가 되지 않았습니다.
그는 결국 진짜 하나님을 찾은 것입니다.

우리는 이 자유를 너무나 당연시하지 않습니까?

우리가 예수와 함께 죽을 때 우리의 결박이 끊어졌고, 그리스도와 함께 부활할 때 우리가 자유를 얻었다는 사실을…

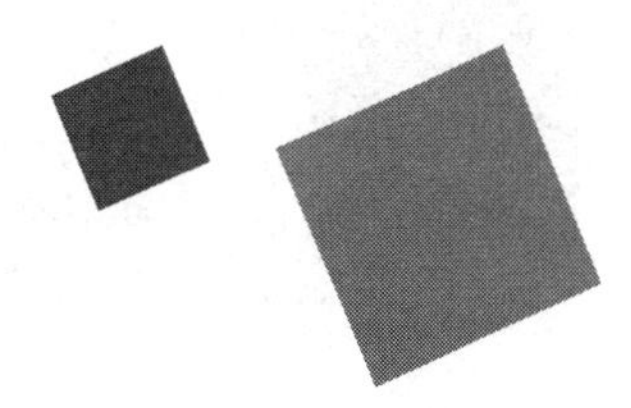

**핵심 · 120문제**

저자 : 金宇植
판형 : 4×6배판
면수 : 570면
정가 : 30,000원

**: 시험 출제 빈도가 높은 핵심 120문제**

다음과 같은 점에 중점을 두었다.
1. 최근 출제 빈도가 높은 문제 수록
2. 시험 날짜가 임박한 상태에서의 마무리
3. 다양한 답안지 작성 방법의 습득
4. 새로운 item과 활용방안
5. 핵심 요점의 집중적 공부

**공종별 · 기출문제**

저자 : 金宇植
판형 : 4×6배판
면수 : 1,024면(上)
정가 : 40,000원
면수 : 1,136면(下)
정가 : 40,000원

**: 고득점을 위한 기출문제 완전 분석 공종별 기출문제**

다음과 같은 점에 중점을 두었다.
1. 기출문제의 공종별 정리
2. 문제의 핵심 요구사항을 정확히 파악
3. 기출문제를 중심으로 각 공종의 흐름파악에 중점
4. 각 공종별로 요약, 정리
5. 최단 시간에 정리가 가능하도록 요점정리

**회수별 · 모범답안**
(최근 5회 : 87회~91회)

저자 : 金宇植
판형 : 4×6변형판
면수 : 474면
정가 : 28,000원

**: 최단기간 합격을 위한 회수별 모범답안**

다음과 같은 점에 중점을 두었다.
1. 회수별 기출문제를 모범답안으로 작성
2. 모범답안으로 기출문제 유형, 문제경향을 요약, 분석정리
3. 차별화된 답안지로 모범답안 작성
4. 합격을 위한모범답안 풀이
5. 기출된 문제를 회수별 모범답안으로 편의제공

**건설시공 실무사례**

저자 : 金宇植
판형 : 4×6배판
면수 : 208면
정가 : 22,000원

**: 현장 시공경험에 의한 건설시공 실무사례**

다음과 같은 점에 중점을 두었다.
1. 현장실무에서 시공중인 공법을 사진과 설명으로 구성
2. 시공순서에 따른 설명으로 쉽게 이해할 수 있다.
3. 시공실무경험이 부족한 분들을 위한 현장 사례로 구성
4. 건설현장의 흐름에 대한 이해를 높여준다.

**면접분석**

저자 : 金宇植
판형 : 4×6배판
면수 : 1,134면
정가 : 50,000원

**: 2차(면접)합격을 위한 필독서 공종별 면접분석**

다음과 같은 점에 중점을 두었다.
1. 면접 기출문제 내용을 공종별로 분석
2. 면접관이 질문하는 공종에 대한 대비책으로 정리
3. 각 공종 면접내용으로 요점정리

# 저자약력
著者略歷


**김우식**
**金宇植**

- 한양대학교 공과대학 졸업
- 공학박사
- 한양대학교 공과대학 대학원 겸임교수
- 한국기술사회 감사
- 한국건축시공기술사협회 회장
- 국민안전처 안전위원
- 제2롯데월드 아쿠아리움 정부합동안전점검단
- 기술고등고시합격
- 국가공무원 7급, 9급 시험출제위원
- 국토교통부 주택관리사보 시험출제위원
- 한국산업인력공단 검정사고예방협의회 위원
- 브니엘고, 브니엘여고, 브니엘예술중 · 고등학교 이사장
- 건축시공기술사 / 건축구조기술사 / 건설안전기술사
- 토목시공기술사 / 토질기초기술사 / 품질시험기술사

**이맹교**
**李孟敎**

- 동아대학교 공과대학 수석졸업
- 국내현장 소장 등 20년 근무
- 해외현장 베이징유한공사 소장 등 3년 근무
- 국토교통부장관상 · 고용노동부장관상 수상
- 부산토목건축학원 원장
- 토목시공기술사 / 품질시험기술사 / 건축시공기술사
- 건설안전기술사 / 에너지진단사
- 저서
  - 건축시공기술사 용어설명 / 그림도해
  - 건축물에너지평가사 건축환경계획 이론서 / 문제풀이
  - 인생설계도(자기계발도서)
  - 건축품질시험기술사 길잡이
  - 토목품질시험기술사 길잡이
  - 건축시공기술사 길잡이
  - 토목시공기술사 길잡이

建築施工技術士

# 그림 · 도해


**발행일** / 2007. 6. 22 초판 발행
2008. 8. 1 개정 1판1쇄
2010. 1. 20 개정 2판1쇄
2012. 1. 20 개정 3판1쇄
2014. 9. 10 개정 4판1쇄
2016. 1. 10 개정 5판1쇄
2016. 9. 10 개정 6판1쇄
2017. 7. 20 개정 6판2쇄
2019. 3. 10 개정 6판3쇄
2020. 6. 30 개정 7판1쇄
2021. 6. 20 개정 8판1쇄
2022. 11. 30 개정 9판1쇄
2024. 8. 20 개정10판1쇄

**저 자** / 김우식·이맹교
**발행인** / 정용수
**발행처** / 예문사
**주 소** / 경기도 파주시 직지길 460(출판도시) 도서출판 예문사
T E L / 031)955-0550
F A X / 031)955-0660
**등록번호** / 11-76호

**정가 : 70,000원**




•파본 및 낙장은 구입하신 서점에서 교환하여 드립니다.
•예문사 홈페이지 http : //www.yeamoonsa.com


**ISBN 978-89-274-5497-7** 13540


본 서적에 대한 의문사항이나 난해한 부분에 대해 아래와 같이 저자가 직접 성심성의껏 답변해 드립니다.


•서울지역 ➜ 매주 토요일 오후 4:00~5:00
전화 : (02)749-0010 (종로기술사학원) 구) 용산건축·토목학원
팩스 : (02)749-0076

•부산지역 ➜ 매주 수요일 오후 6:00~7:00
전화 : (051)644-0010(부산건축·토목학원)
팩스 : (051)643-1074

•대구지역 ➜ 매주 수요일 오후 6:00~7:00
전화 : (053)956-8282(대구건축·토목학원)
팩스 : (053)943-6336

•대전지역 ➜ 매주 토요일 오후 5:00~6:00
전화 : (042)254-2535(현대건축·토목학원)
팩스 : (042)252-2249

•광주지역 ➜ 매주 토요일 오후 6:00~7:00
전화 : (062)514-7979(광주건축·토목학원)
팩스 : (062)512-5547


특히, 팩스로 문의하시는 경우에는 독자의 성명, 전화번호 및 팩스번호를 꼭 기록해 주시기 바랍니다.


• 홈페이지 http://www.jr3.co.kr
• 동 영 상 http://jr3.allwinedu.com(종로기술사학원 동영상 센터)
• 카 페 http://cafe.naver.com/archpass
(카페명 : 김우식 건축시공기술사 공부방)
• E - mail : acpass@hanmail.net